JN176953

原色 野菜の病害虫診断事典

農文協 編

農文協

まえがき

栽培管理で一番困っているものは何ですかという農家へのアンケートで必ず上位にくる答えが，病害虫の防除です。作物を育てていて，病気や害虫に悩まされないことはないし，何とかうまく防除できて被害を回避できるとほっとします。しかし，なかなか思うような対応ができないのが，現実かと思います。

病害虫をコントロールするうえで重要なのは，ふだんの栽培管理のなかで病気や害虫を発生させない環境を整えることです。そうした耕種的な管理に努めることは，実際に病害虫が発生してもその拡大を抑え，被害をより軽微にとどめることにつながります。またもう一つ，病害虫に対処するうえで大事なのが，発生した被害をいち早く発見してそれを同定し，薬剤散布などの必要な対策をとることです。発生させない管理と，いざ発生したらすぐ的確に対処しえるだけの診断，この二つが病害虫をうまくコントロールし，その被害を少なくする基本といえます。

本書は，診断に慣れない人にも早期の対策を組み立てるうえで参考になるよう，病害虫の初期被害や病徴をカラー写真で案内するとともに，どう具体的に対応するのか，またその病気害虫をなるべく出さないようにしていくにはどうすればよいかを，〈被害と診断〉〈病気・虫の生態〉〈発生条件と対策〉に分けて，詳細に解説しました。さらに，より早い同定や対処につなぐインデックスとして，部位別の病徴や加害のようすから原因となる病気や害虫を見つけられる図解目次も，各品目別に設けています。

暖冬や，春先の高温で害虫の分布域が広がったり発生時期が早まったり，そうして広がった害虫によって新しいウイルス病が伝搬されるなど新手の病害虫が増える一方で，耐性菌や薬剤抵抗性の発達で有効な薬剤が減少するなど，生産現場では防除力の向上がいっそう求められています。

本書は，最新の防除情報を年一回の「追録」で加除しながら刊行中の『農業総覧　病害虫診断防除編』を体系的に再編し，トマト，キュウリの大物野菜からチンゲンサイ・タアサイ，ミョウガ，ツルムラサキなど小物野菜まで病気：51品目・345病害，害虫：29品目・182害虫を収録して発刊しました。発行にあたってはすべての解説内容を見直すとともに，写真も新たに集め直すなど大幅な増補改訂を行なっています。

農家の方はもとより，広く農作物を育てることに関わる皆さまに，本事典を防除力アップにつながる診断データベースブックとしてお役立て頂ければ幸いです。

最後に，上記『農業総覧　病害虫診断防除編』からの記事収録を許諾いただき，また本事典のために改訂の労をとって頂いた先生方に篤くお礼を申し上げます。

2015年2月

一般社団法人　農山漁村文化協会

凡例

1. 本事典は『農業総覧 病害虫診断防除編』2014年版を底本とし，図解目次，カラー口絵，本文解説を，病気・害虫ごとに再編，収録しました。収録にあたっては原版の内容を新しい知見にもとづき改訂しています。

2. 収録順は，各野菜品目は，まず大きく「果菜類」「葉茎菜類」「根菜類」「豆類ほか」でくくり，さらにナス科，ウリ科などでまとめて主要野菜順に並べ，病気は「日本植物病名目録」(日本植物病理学会編，2000)を，害虫は「農林有害動物・昆虫名鑑(増補改訂版)」(日本応用動物昆虫学会編，2006)を参考に配列しています。

3. カラー口絵は，各病気，害虫による被害のすばやい同定に役立つよう，初期の病徴，加害を示す写真を中心に各病害虫につき1～5枚程度で構成しています。またその病気・害虫の解説ページを各見出しの脇に付し，案内しています。

4. 目次ページの次に，病気・害虫の発生部位，症状の特色から見た図解目次をおき，病害虫を特定する際の助けとしました。病名や害虫名がわからない場合はこのページからあたりを付け，本文解説ページ，またカラー口絵ページを参照できます。

5. 本文解説ページではそれぞれの病気・害虫について「被害と診断」「病気・虫の生態」「発生条件と対策」に分けて解説しています。

6. 巻末には病名・害虫名(同別名)，およびそれぞれの学名索引を付録しているので，参照，ご利用ください。

目次

病気

《果菜類》

▼トマト

▼ナス

▼ピーマン

▼トウガラシ類

▼ホウレンソウ

▼レタス

▼シュンギク

▼フキ

▼セルリー

▼パセリ

▼ネギ

▼タマネギ

▼ラッキョウ

▼ニンニク

害虫

《果菜類》

【図解】発生部位，症状の特色からみた目次

●トマト

《葉の症状》

緑色部に濃淡の斑(ふ)入り
……CMVによるモザイク病　1
……ToMV，TMVによるモザイク病　2

奇形(糸葉，葉縁波状)となる
……CMVによるモザイク病　1
……ToMV，TMVによるモザイク病　2

葉縁から黄化し，葉巻する。葉が縮葉となる……黄化葉巻病　3

褐色えそ斑点やえそ輪紋を生じて，葉が下側に巻く……黄化えそ病　3

白い粉のようなカビが密生し，葉の表面は黄変する。葉の裏側にわずかに白いカビを生じ，葉の表面は黄化する……うどんこ病　19

《果実の症状》

円形・褐色かいよう状小病斑，病斑は白色部に囲まれ，鳥目状……かいよう病　7

はじめ水浸状褐色で周縁が白く縁取られた小斑点ができ，やがて中心部がコルク化して隆起する……斑点細菌病　6

不整形・アメ色～褐色のやけど状大型病斑，白色の霜状のカビが生える……疫病　8

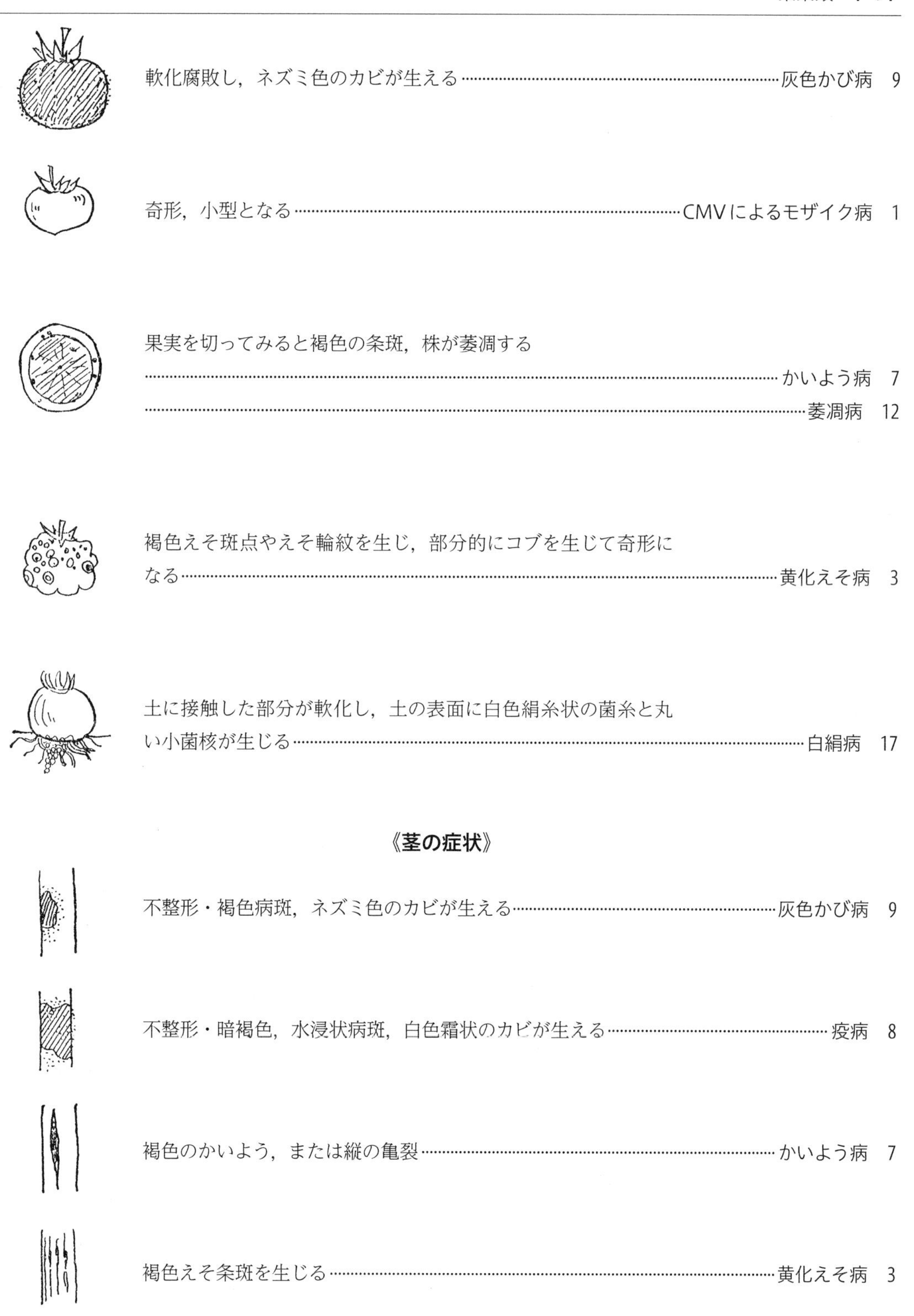

軟化腐敗し，ネズミ色のカビが生える……灰色かび病　9

奇形，小型となる……CMVによるモザイク病　1

果実を切ってみると褐色の条斑，株が萎凋する
……かいよう病　7
……萎凋病　12

褐色えそ斑点やえそ輪紋を生じ，部分的にコブを生じて奇形になる……黄化えそ病　3

土に接触した部分が軟化し，土の表面に白色絹糸状の菌糸と丸い小菌核が生じる……白絹病　17

《茎の症状》

不整形・褐色病斑，ネズミ色のカビが生える……灰色かび病　9

不整形・暗褐色，水浸状病斑，白色霜状のカビが生える……疫病　8

褐色のかいよう，または縦の亀裂……かいよう病　7

褐色えそ条斑を生じる……黄化えそ病　3

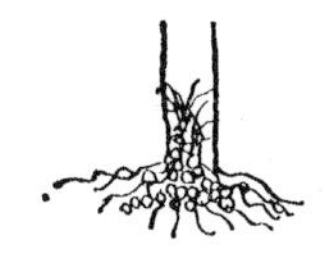

地ぎわ部が褐変し，表面に白色絹糸状菌糸と丸い小菌核が生じる……白絹病　17

維管束が褐変する

手で押すと白濁状の粘液を分泌……青枯病　5

随部黄変，粉状または中空……かいよう病　7

乾燥状，上部まで褐変……萎凋病　12

褐変する場合もある……根腐疫病　15

維管束が黄変する

……半身萎凋病　11

《全体の症状》

萎凋する

茎・葉が急にしおれ，青枯れ症状となる。根は部分的に褐変……青枯病　5

葉はまわりからしおれ，上に巻きあがり枯死，上葉にひろがる。根は正常……かいよう病　7

下葉の葉縁部がくさび状に黄変・しおれ，ゆっくりと上葉にひろがる。根は一部黄変……半身萎凋病　11

下葉から黄変・萎凋，上葉にひろがる。根は部分的に褐変……萎凋病　12

先端葉がしおれ，黄変，上葉へひろがる。根は黒褐変，腐敗……萎凋病　12

下葉の葉縁が黄変・しおれ，上葉へとひろがる。根は太根が褐変・コルク化，細根は腐敗・脱落……褐色根腐病　13

下葉が黄変・しおれ，ゆっくりと上葉にひろがる。根は褐変，表面に小黒粒点……黒点根腐病　14

頂葉・茎が急にしおれ，青枯れ症状となる。根は太根が褐変し，その中心柱が赤褐変，細根は腐敗・脱落……根腐疫病　15

茎基部が侵されるので，株全体が黄化して，衰弱し，萎凋する……白絹病　17

生長点付近がそう生またはわい化する
……CMVによるモザイク病　1
……ToMV，TMVによるモザイク病　2

上位葉の黄化えそ症状が著しく，株全体にえそを生じて，枯死することがある……黄化えそ病　3

●ナス

《葉の症状》

斑点ができる

病斑上に黒い粒，同心円状の輪紋がある……褐紋病　27

病斑上に黒い粒はなく，カビが生える

病斑は褐色。露地栽培で秋口に発生……褐色円星病　27

病斑は紫黒色……黒枯病　30

病斑は褐色。おもに施設栽培で発生
……すす斑病　30
……すすかび病　31

退色斑紋や輪紋からえそ斑を生じる……黄化えそ病　22

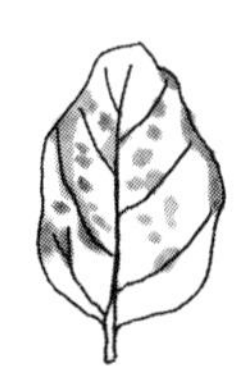

褐色小斑点が融合し，大型不整形病斑を形成する……褐斑細菌病　25

特定の病斑はない

うどん粉のようなカビが生える……うどんこ病　32

《枝・茎の症状》

果梗の切口から発生する。おもにハウス栽培で発生……黒枯病　30

褐色の細長い病斑，黒い粒がある……褐紋病　27

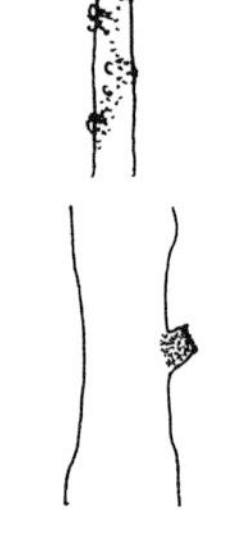

ワタのようなカビが生え，のち菌核ができる……菌核病　28

傷口から発生し，上位が萎凋・枯死する。赤い子のう殻を形成することがある……フザリウム立枯病　32

《株全体の症状》

しおれる

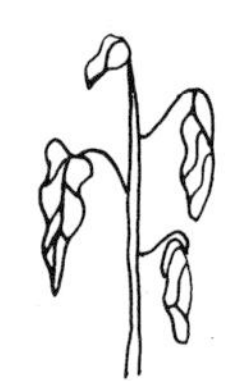

全体がしおれる

台木や穂木の茎が黒変，維管束が褐変し，細菌やカビが認められない……黄化えそ病　22

茎の導管が変色している……青枯病　22

茎の導管に変色は見られない。根の中心柱にも変色は見られない……褐色腐敗病　26

根が褐変し，その表面に小黒点が観察される……黒点根腐病　29

病斑部はややくぼんでおり，中が空洞化している。枝に発生した場合は，そこから上位(株全体でなく枝のみ)がしおれる……フザリウム立枯病　32

しおれない

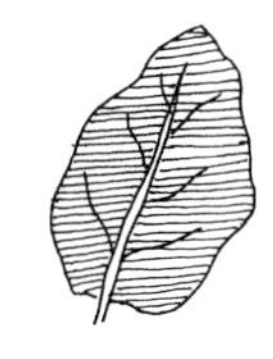

株全体が萎縮・わい化し，先端葉が奇形となる

《果実の症状》

果実に病斑が生じ，腐敗する

果実が奇形になる

●ピーマン

《葉の症状》

斑点ができる

水浸状暗緑色，円形斑点，灰白色粉状のカビが生える……疫病　36

はじめ黄色小斑，拡大すると内側の退色した褐色斑……炭疽病　39

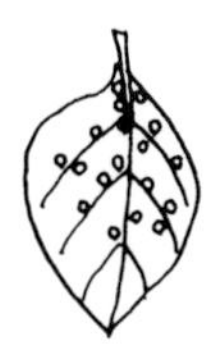

かさぶた状の白色小斑……斑点細菌病　35

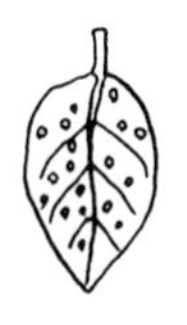

周縁部に褐色を帯びた，白色・明瞭の小斑点を葉一面に生ずる……白斑病　37

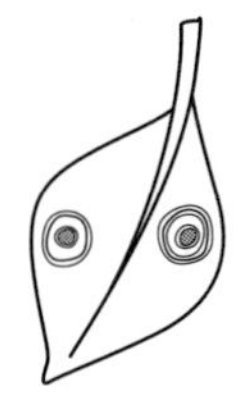

カエルの目玉のような輪紋を伴ったほぼ円形の褐色斑点……斑点病　38

明瞭な斑点をつくらない

葉の表は不鮮明な黄斑，葉裏に霜状の白いカビを生ずる……うどんこ病　39

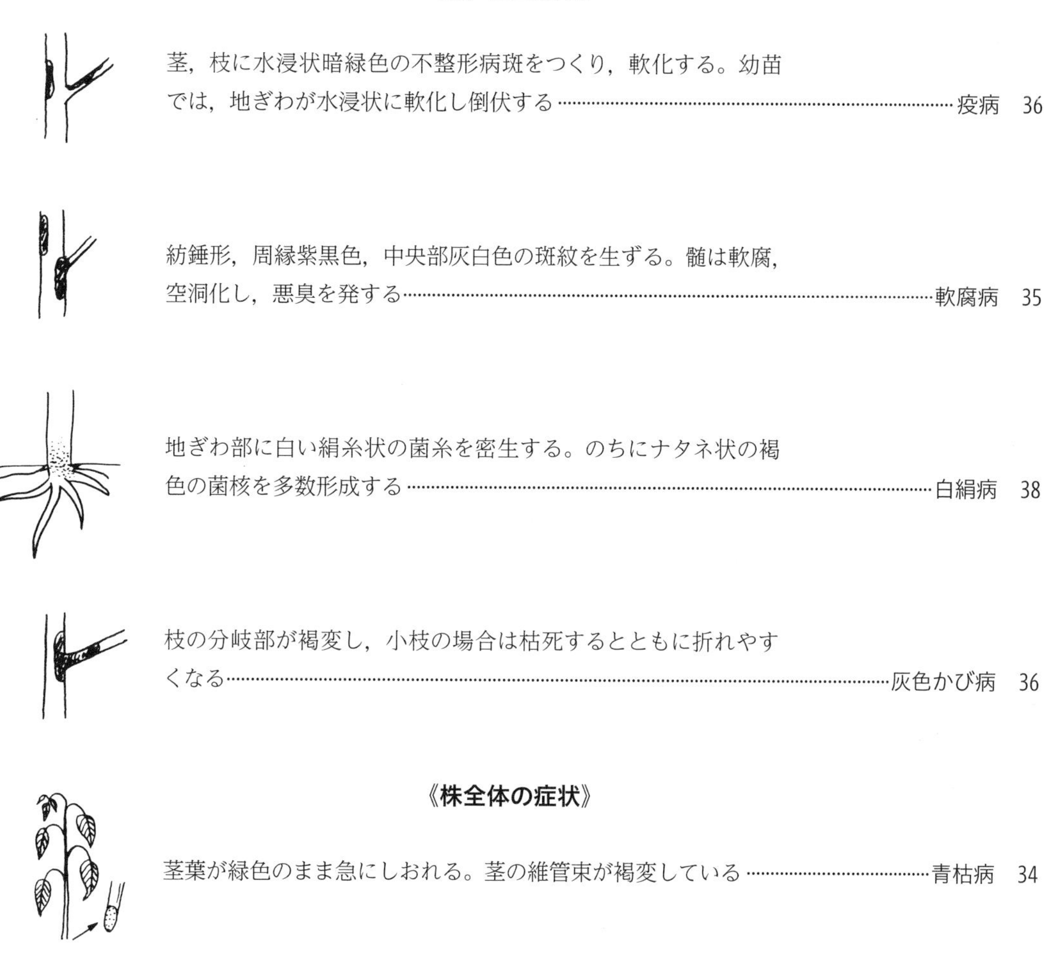

《枝，茎の症状》

茎，枝に水浸状暗緑色の不整形病斑をつくり，軟化する。幼苗では，地ぎわが水浸状に軟化し倒伏する……疫病　36

紡錘形，周縁紫黒色，中央部灰白色の斑紋を生ずる。髄は軟腐，空洞化し，悪臭を発する……軟腐病　35

地ぎわ部に白い絹糸状の菌糸を密生する。のちにナタネ状の褐色の菌核を多数形成する……白絹病　38

枝の分岐部が褐変し，小枝の場合は枯死するとともに折れやすくなる……灰色かび病　36

《株全体の症状》

茎葉が緑色のまま急にしおれる。茎の維管束が褐変している……青枯病　34

葉は奇形，株が萎縮し茎葉がそう生する。茎に条斑，葉にえそ斑を生ずるものもある。新葉にはモザイク症状，果実は凸凹モザイク症状を生ずる……モザイク病　34

株内の一部の主枝で下葉からしおれが見られ，ときに本葉の主脈を中心に半身がえそを生じる。地ぎわの茎部を切断すると萎凋，主枝に通じる維管束の淡い褐変が見られる……半身萎凋病　37

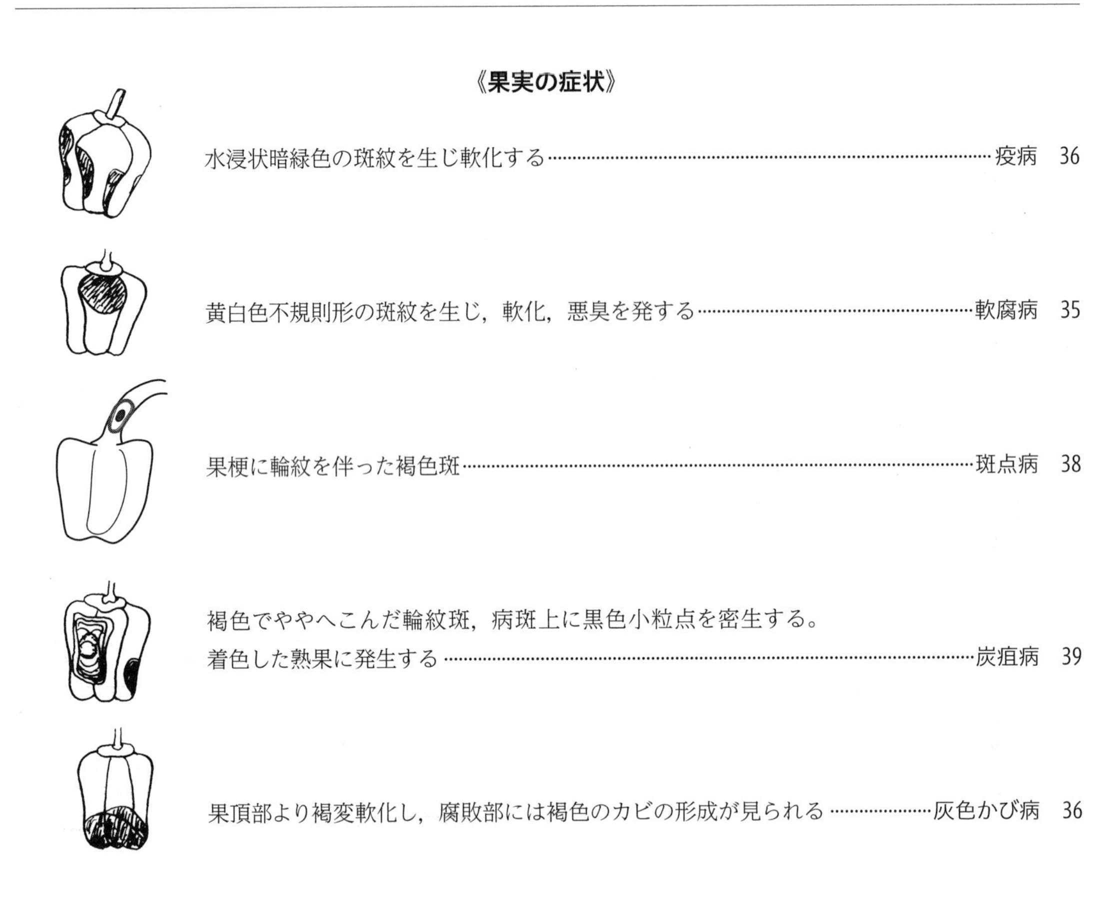

《果実の症状》

水浸状暗緑色の斑紋を生じ軟化する……疫病　36

黄白色不規則形の斑紋を生じ，軟化，悪臭を発する……軟腐病　35

果梗に輪紋を伴った褐色斑……斑点病　38

褐色でややへこんだ輪紋斑，病斑上に黒色小粒点を密生する。着色した熟果に発生する……炭疽病　39

果頂部より褐変軟化し，腐敗部には褐色のカビの形成が見られる……灰色かび病　36

●トウガラシ類

《葉の症状》

葉に明瞭な黄色斑点やモザイク症状，ときにはえそなどを生じる。糸葉や縮葉などの奇形を生じることがある……モザイク病　40

灰白色不整形の小病斑の周りは褐変し，さらにその周りが黄緑色となる。三段変色の病斑は融合して大型となり，のちには落葉する……白星病　42

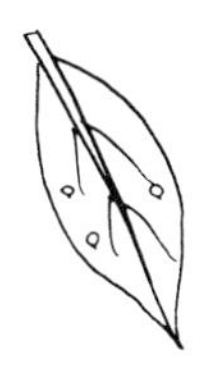

はじめ葉の裏に水浸状でやや隆起した小斑点を生じ，これがのちに中心が褐変し拡大または融合して，径数mm，褐色の不整形の病斑となる。病斑の周囲が暗緑色水浸状になっている……斑点細菌病　41

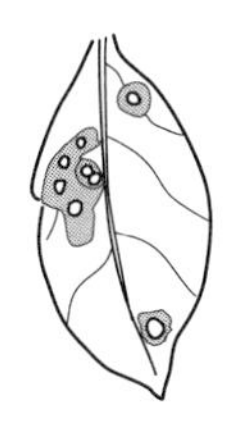

はじめ白色の小さな斑点を生じる。その後病斑の周辺が暗褐色または灰白色に拡大し，輪紋状の大きな円形～楕円形で，中心部が灰白色，周辺部が暗褐色(～暗緑色)の病斑となる。進展すると病斑は互いに融合することがあり，葉全体が黄化し，やがて落葉する……斑点病　42

《果実(熟果)の症状》

黒褐色不整形でややへこんだ大型病斑の中心部に，輪紋状に黒色小粒点(分生子層)が密生する……炭疽病　43

湿潤条件では淡黄褐色～鮭肉色の胞子粘塊を生じる……炭疽病　43

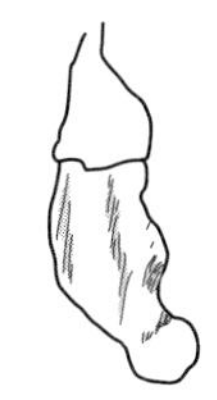

果実にはモザイク，黄化や奇形を伴うこともある……モザイク病　40

《株全体の症状》

株全体の葉が鮮明な黄と緑のモザイク状を呈し，伸長は止まり萎縮してくる。また糸葉となってそう生することもある。茎にはえそを生じることがある……モザイク病　40

地ぎわに近い茎に暗緑色～暗褐色，水浸状のややへこんだ病斑が出現し，地上部は萎凋，枯死する。下葉は黒く枯れて垂れ下がる。果実では暗緑色水浸状の不規則病斑上に白い霜状のカビが見える……疫病　41

茎の地ぎわ部に褐色でへこんだ病斑を形成し，病斑の表面に白い菌糸が現われ，のちにはその表面，付近の地表面に黄褐色のナタネ粒大の菌核が見られる。茎葉のしおれが見られる……白絹病　43

●イチゴ

《葉の症状》

病斑点ができる

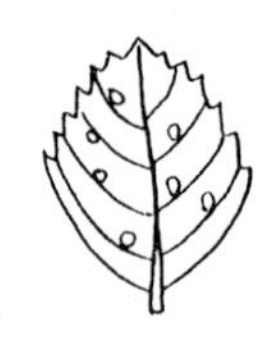

斑点は円形，大きさは均一，蛇の目状斑……じゃのめ病　49

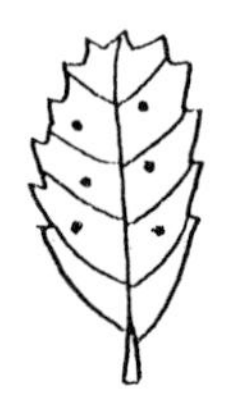

斑点は円形，大きさは直径2～3mmでほくろ状……炭疽病　53

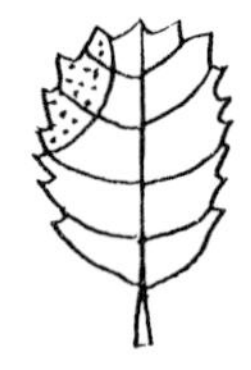

葉縁から生じ，黒色病斑上にサーモンピンクの胞子の塊を形成する……炭疽病　53

……炭疽病（コレトトリカム・アキュティタム菌）　54

褐色の不定形斑，葉は奇形となる……芽枯病　50

斑点は大型，不規則，湿気があると灰色のカビが生ずる……灰色かび病　48

不定形，暗褐色の病斑を生ずる
（トマト，ジャガイモの疫病に類似）……疫病　46

くさび型の病斑を生ずる……炭疽病　53

小斑点から大型輪紋を生じ，小黒点ができる……輪斑病　52

……グノモニア輪斑病　47

病斑ができない

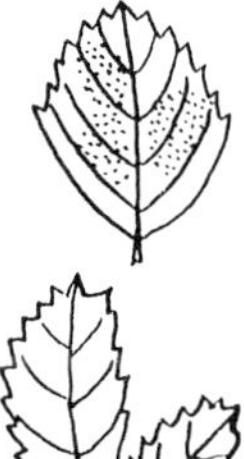

おしろい状物を生ずる……うどんこ病　54

小葉のうち1～2小葉が黄化し，奇形となる……萎黄病　48

《果実の症状》

果実は腐敗しない

種子部が黒褐変してくぼむ……じゃのめ病　49

クモの巣状物，おしろい状物を生ずる……うどんこ病　54

蕚に褐色斑を生ずる……芽枯病　50

果実は腐敗する

灰色のカビを生ずる……灰色かび病　48

《芽部，葉柄基部付近の症状》

幼芽，ツボミがしおれ，葉柄基部などに褐色斑を生ずる……芽枯病　50

黒褐変して灰色のカビを生ずる……灰色かび病　48

白いカビが生え，のち黒い菌核を生ずる……菌核病　49

白いカビが生え，のち褐色球形の菌核を生ずる……白絹病　55

伸長期の新芽の幼葉や花房の生長が止まり，黒褐色の芽枯れ状となる……芽枯細菌病　45

《ランナーの症状》

へこんだ黒褐色の病斑をつくる。高温多湿条件でサーモンピンクの胞子の塊を形成する……炭疽病　53

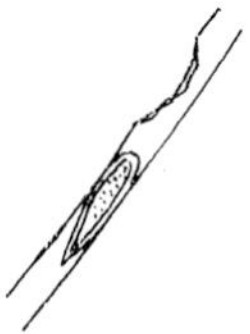

赤褐色から黒褐色の病斑を生ずる……輪斑病　52

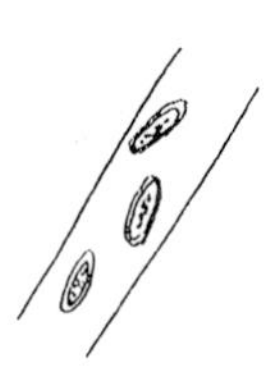

赤褐色の紡錘形の病斑を生ずる。長径が1cm以上にはならない……じゃのめ病　49

《株全体の症状》

株全体がしおれる

根の先，中途が黒褐変，中心柱が赤褐変する……根腐病　51

クラウンの導管部が褐変する。のち外葉から枯死する……萎黄病　48

クラウンが外側から褐変し，萎凋・枯死する。導管は褐変しない

……疫病　46

……炭疽病　53

株全体が萎縮する

……ウイルス病　45

●オクラ

《葉の症状》

黒褐色の小斑点が生じ，拡大してすす状のカビが生える……葉すす病　57

《枝・茎の症状》

葉柄の付け根付近が水浸状になり，拡大して黒褐色になる……菌核病　58

《果実の症状》

幼果の先端部が褐変し，ミイラ状に腐敗……………………………灰色かび病　57

水浸状に軟化腐敗し，白色菌そうで覆われる……………………………菌核病　58

●キュウリ

《葉の症状》

淡褐色・多角形の病斑，裏にカビが生える……………………………べと病　64

淡褐色～暗灰色の不整形の大型の同心円紋を生ずる……………………………褐斑病　67

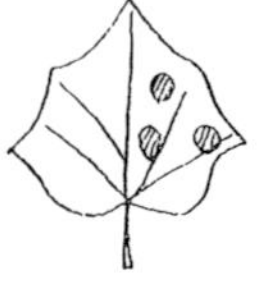

黄色の丸い病斑を生ずる……………………………炭疽病　69

褐色または黒色となり枯れる。葉の縁が赤褐色となる……………………………黒星病　68

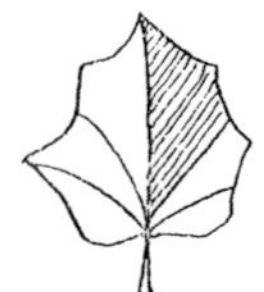

扇形の病斑を生ずる……………………………つる枯病　69

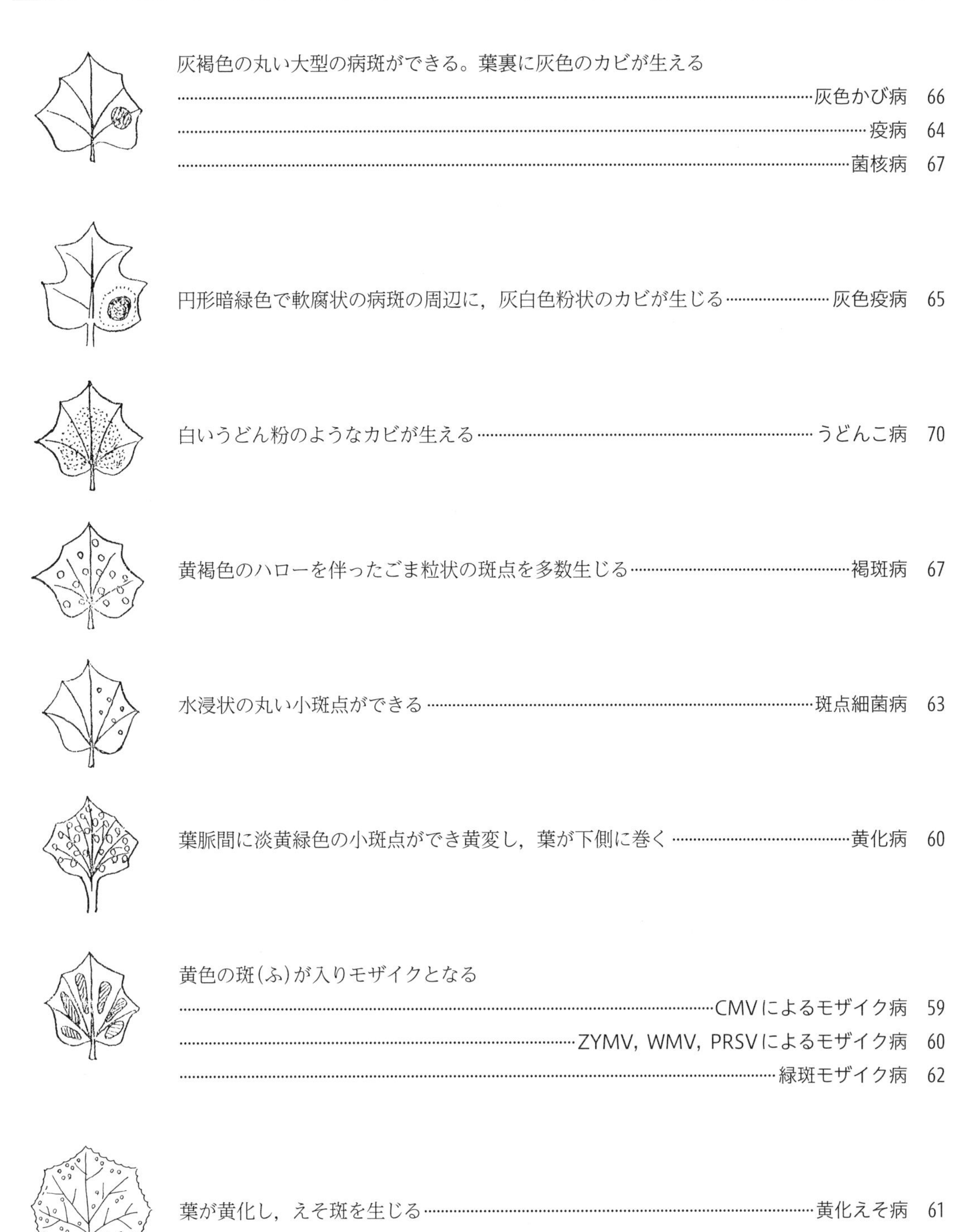

灰褐色の丸い大型の病斑ができる。葉裏に灰色のカビが生える

……灰色かび病　66

……疫病　64

……菌核病　67

円形暗緑色で軟腐状の病斑の周辺に，灰白色粉状のカビが生じる……灰色疫病　65

白いうどん粉のようなカビが生える……うどんこ病　70

黄褐色のハローを伴ったごま粒状の斑点を多数生じる……褐斑病　67

水浸状の丸い小斑点ができる……斑点細菌病　63

葉脈間に淡黄緑色の小斑点ができ黄変し，葉が下側に巻く……黄化病　60

黄色の斑(ふ)が入りモザイクとなる

……CMVによるモザイク病　59

……ZYMV，WMV，PRSVによるモザイク病　60

……緑斑モザイク病　62

葉が黄化し，えそ斑を生じる……黄化えそ病　61

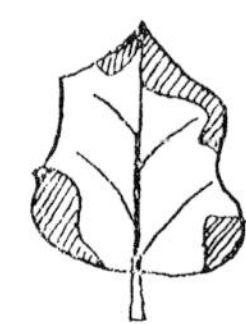

葉縁から変色し，巾心部に向かってくさび形の病斑ができる……………………縁枯細菌病　62

《果実の症状》

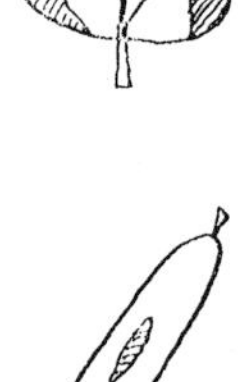

灰色または褐色のへこんだ病斑。鮭肉色の粘質物がでる……………………炭疽病　69

円形，楕円形のへこんだ病斑，黒いカビが生える……………………黒星病　68

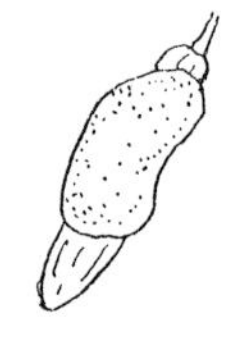

綿毛にくるまれたような白色の菌糸が密生する……………………綿腐病　71

花落部から軟らかく腐る。白色のカビが生える……………………菌核病　67

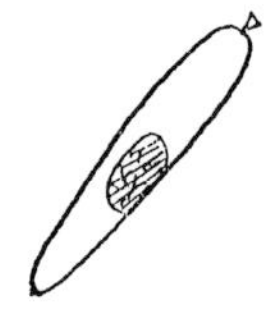

暗緑色油浸状の病斑がでる……………………疫病　64

暗緑色水浸状の病斑部が凹み，周辺に灰白色粉状のカビが生じる……………………灰色疫病　65

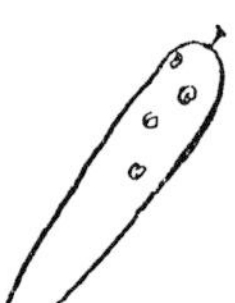

褐色の小斑点がでる……………………斑点細菌病　63

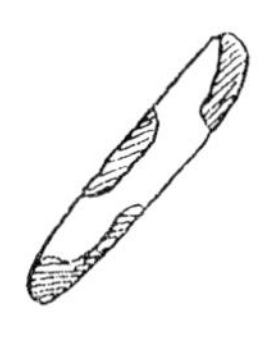

淡黄色の丸い斑点を生じ，のちモザイクとなる
……CMVによるモザイク病　59
……ZYMV，WMV，PRSVによるモザイク病　60
……緑斑モザイク病　62

幼果の果梗の部分が淡褐色になり，のち果実全体が黄化軟化しミイラ状になる……緑枯細菌病　62

花弁部から感染し黄化する……褐斑病　67

《茎の症状》

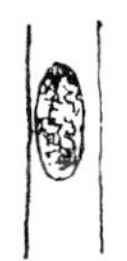

黄褐色縦長の病斑，のちに鮭肉色の粘質物がでる……炭疽病　69

楕円形，紡錘形のへこんだ病斑，黒いカビが生える……黒星病　68

円形水浸状の斑点を生じ，のち白色となり，ヤニをだす……斑点細菌病　63

細くくびれて軟腐し，灰白色のカビが生じる……灰色疫病　65

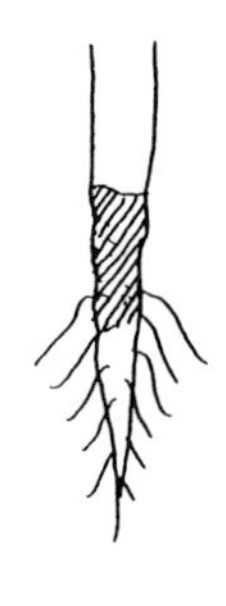

主として地ぎわが侵される

油浸状の病斑，ヤニがでる……つる枯病　69

水浸状となり，やわらかく腐る。白いカビ，のちに鼠糞状の菌核がでる……菌核病　67

暗緑色となり，くびれる……疫病　64

黄褐色となり，ヤニをだす。茎に割れ目ができる……つる割病　70

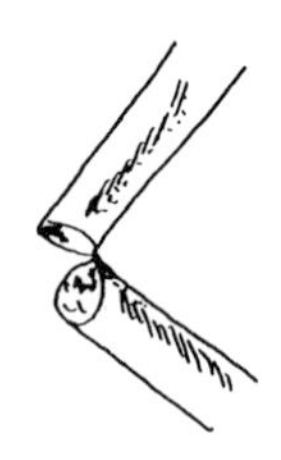

淡褐色の水浸状の病斑，乳白色のヤニを分泌。導管部が褐変……縁枯細菌病　62

《根の症状》

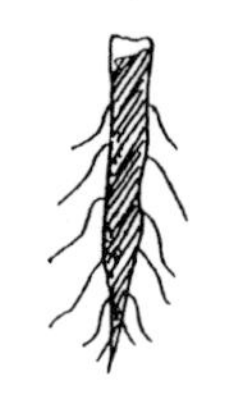

アメ色となり，腐る……つる割病　70

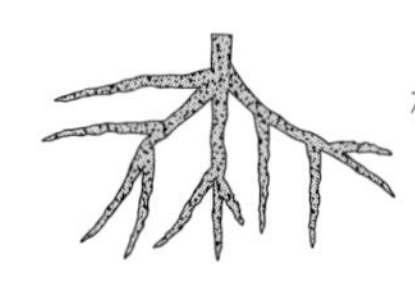

根が褐変腐敗し，表面に黒点ができる……黒点根腐病　72

ところどころが褐色に変色し，軟腐状に腐敗する。地上部はしおれ，やがて枯死……灰色疫病　65

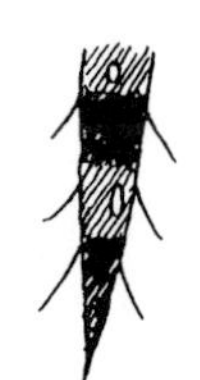

淡褐色ないし褐色になり，部分的に黒色に変わる……ホモプシス根腐病　71

●スイカ

《葉の症状》

暗褐色の病斑で輪紋を生じ中心部には孔があく……炭疽病　77

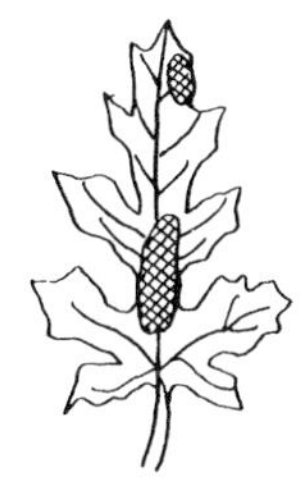

褐色の大型病斑となる……つる枯病　78

白色粉状の直径5mm 前後の円形菌そうを生ずる……うどんこ病　80

油浸状，不整形の緑灰色の病斑を生ずる

……疫病　75

……褐色腐敗病　75

葉に黄化したモザイクや萎縮症状が現われる……モザイク病　73

淡緑色と緑色とのモザイクで緑色が表面に凸出する……緑斑モザイク病　74

中央部が褐色で周辺が黄色の円形～不整形斑点……果実汚斑細菌病　80

《果実の症状》

油浸状の斑点，のち拡大して暗褐色，輪紋を生じ淡紅色のカビが生え，裂ける……炭疽病　77

果尻から腐敗し，白色綿毛状のカビが生え，黒色菌核ができる……菌核病　76

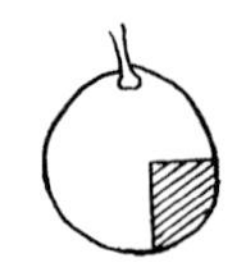

白色絹糸状のカビが生え，のちにアワ粒状の小さな菌核ができる……白絹病　77

油浸状の凹んだ丸い病斑，のち拡大して白色ワタ毛状のカビが生える……疫病　75

油浸状の凹んだ丸い病斑，のち拡大して汚白色ビロード状のカビが生える……褐色腐敗病　75

油浸状の小さな斑点，中央部は枯死斑となり裂け，そこに小黒粒ができる……つる枯病　78

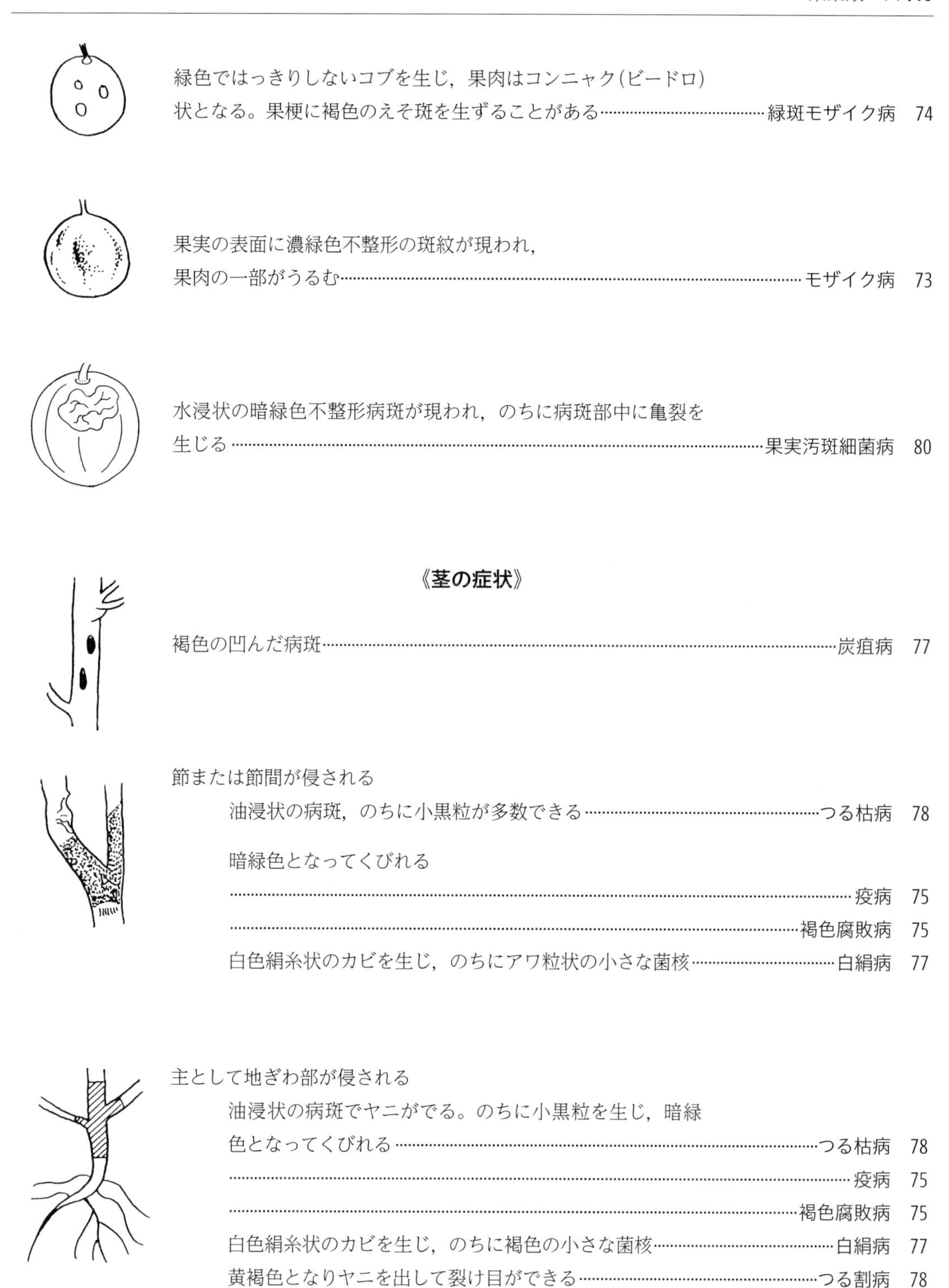

緑色ではっきりしないコブを生じ，果肉はコンニャク(ビードロ)
状となる。果梗に褐色のえそ斑を生ずることがある……緑斑モザイク病　74

果実の表面に濃緑色不整形の斑紋が現われ，
果肉の一部がうるむ……モザイク病　73

水浸状の暗緑色不整形病斑が現われ，のちに病斑部中に亀裂を
生じる……果実汚斑細菌病　80

《茎の症状》

褐色の凹んだ病斑……炭疽病　77

節または節間が侵される

油浸状の病斑，のちに小黒粒が多数できる……つる枯病　78

暗緑色となってくびれる

……疫病　75

……褐色腐敗病　75

白色絹糸状のカビを生じ，のちにアワ粒状の小さな菌核……白絹病　77

主として地ぎわ部が侵される

油浸状の病斑でヤニがでる。のちに小黒粒を生じ，暗緑
色となってくびれる……つる枯病　78

……疫病　75

……褐色腐敗病　75

白色絹糸状のカビを生じ，のちに褐色の小さな菌核……白絹病　77

黄褐色となりヤニを出して裂け目ができる……つる割病　78

着果節部を中心に茎と葉柄が褐色腐敗し，白色のカビと黒色菌核ができる……菌核病　76

《根の症状》

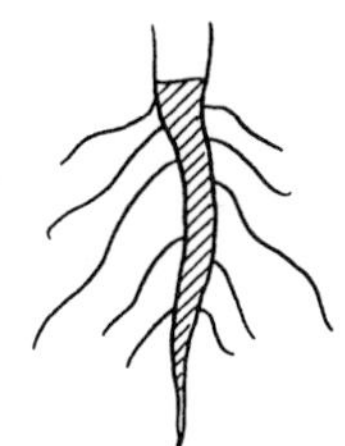

アメ色に変色して腐る……つる割病　78

●メロン（露地メロン）

《葉の症状》

くさび型，黄褐色の大きい病斑，病斑上に小黒粒点あり……つる枯病　91

円形～不整円形，白粉に覆われた病斑……うどんこ病　93

葉脈に囲まれた不整多角形，黄褐色の病斑……べと病　87

葉が萎縮，黄色斑紋が密集して全体に黄化……モザイク病（CMV）　84

緑色濃淡，大型のはっきりした斑入り……モザイク病（WMV）　84

灰褐色～褐色水浸状の斑点。薄くなって孔があく……斑点細菌病　86

《茎の症状》

地ぎわ部やつるの途中に暗緑色の病斑，のちに白色または桃色のカビ……………………つる割病　92

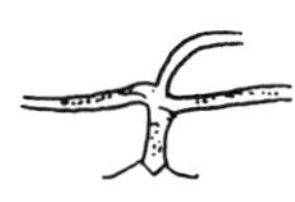

地ぎわ部やつるの途中に灰褐色の病斑。病斑上には小黒粒点……………………つる枯病　91

つるに黄褐色の条斑……………………モザイク病　84

灰白色のやや紡錘形の病斑を生じ，のちに褐変して枯死する……………………斑点細菌病　86

《果実の症状》

緑色濃淡のモザイク，表面が凹凸になる……………………モザイク病　84

●メロン（温室メロン）

《葉の症状》

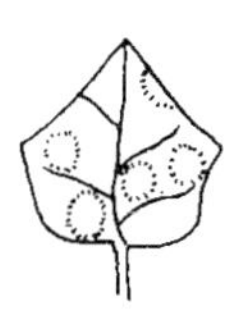

円形～不円形・白粉に覆われた病斑……………………うどんこ病　93

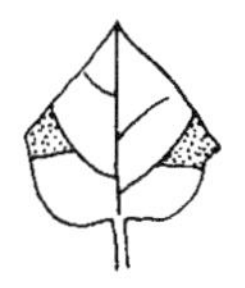

くさび型・黄褐色の大きい病斑。病斑上に小黒粒点あり……………………つる枯病　91

細かい黄褐色の小斑点……………………えそ斑点病　82

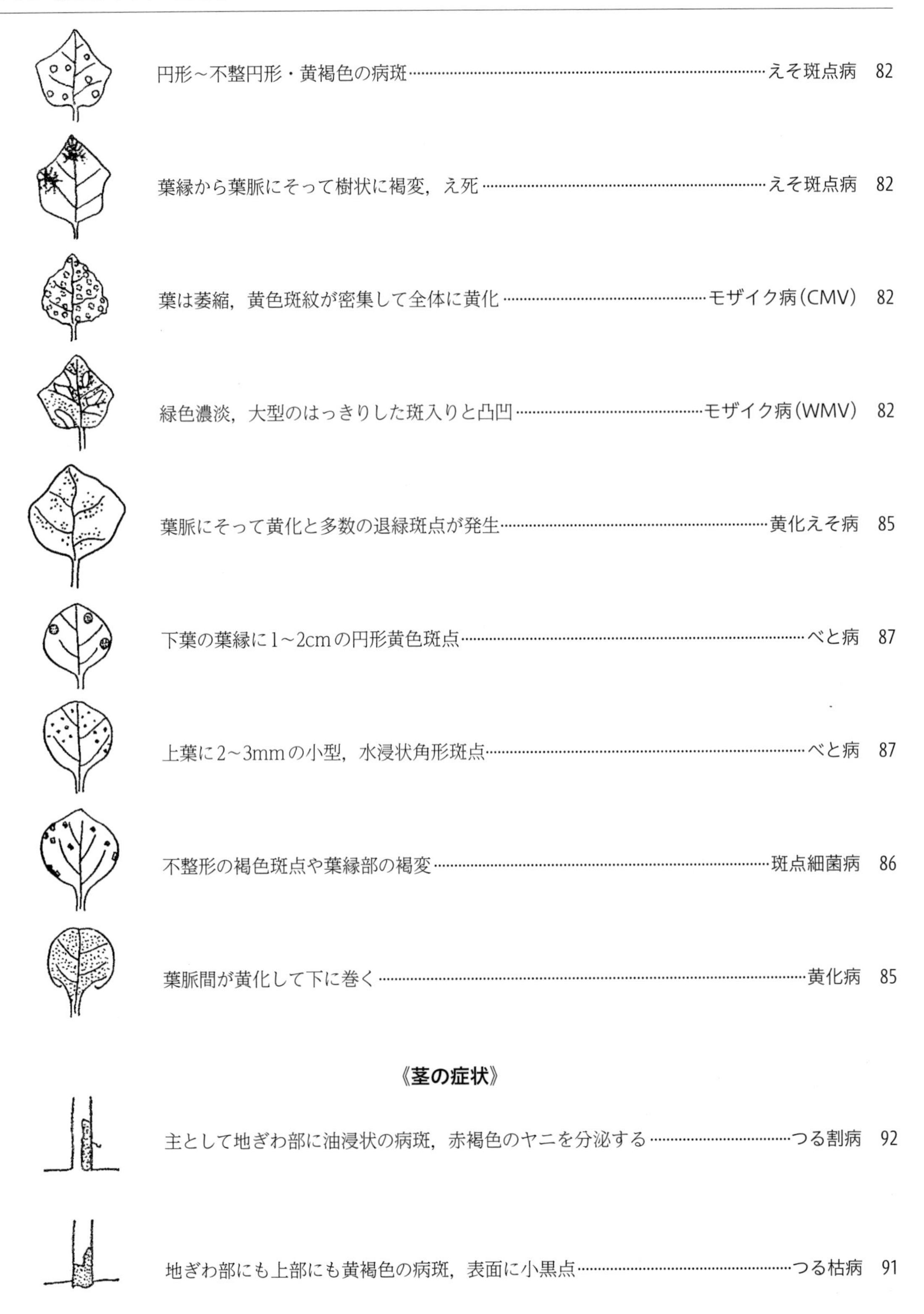

円形～不整円形・黄褐色の病斑……えそ斑点病　82

葉縁から葉脈にそって樹状に褐変，え死……えそ斑点病　82

葉は萎縮，黄色斑紋が密集して全体に黄化……モザイク病(CMV)　82

緑色濃淡，大型のはっきりした斑入りと凸凹……モザイク病(WMV)　82

葉脈にそって黄化と多数の退緑斑点が発生……黄化えそ病　85

下葉の葉縁に1～2cmの円形黄色斑点……べと病　87

上葉に2～3mmの小型，水浸状角形斑点……べと病　87

不整形の褐色斑点や葉縁部の褐変……斑点細菌病　86

葉脈間が黄化して下に巻く……黄化病　85

《茎の症状》

主として地ぎわ部に油浸状の病斑，赤褐色のヤニを分泌する……つる割病　92

地ぎわ部にも上部にも黄褐色の病斑，表面に小黒点……つる枯病　91

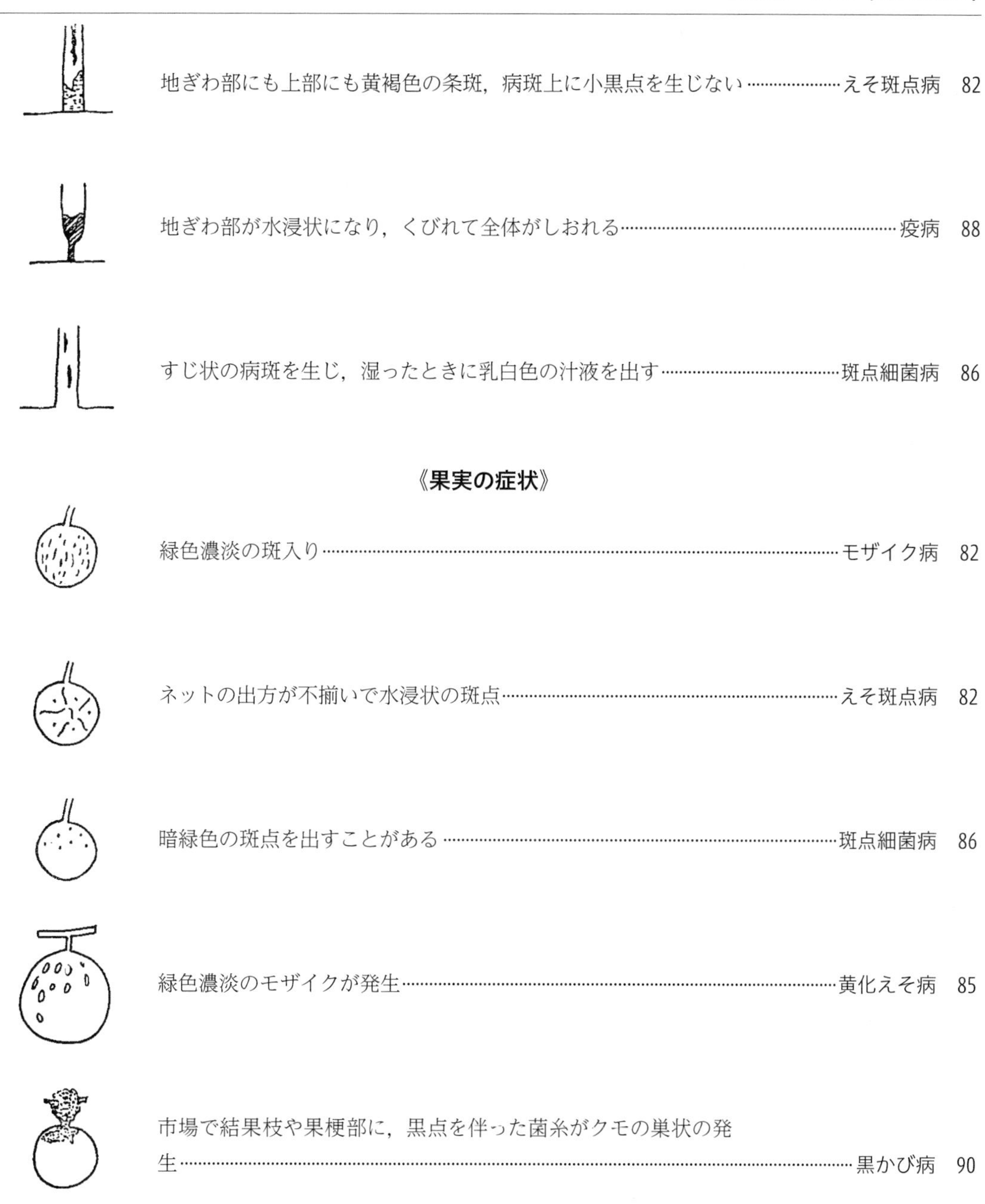

地ぎわ部にも上部にも黄褐色の条斑，病斑上に小黒点を生じない……えそ斑点病　82

地ぎわ部が水浸状になり，くびれて全体がしおれる……疫病　88

すじ状の病斑を生じ，湿ったときに乳白色の汁液を出す……斑点細菌病　86

《果実の症状》

緑色濃淡の斑入り……モザイク病　82

ネットの出方が不揃いで水浸状の斑点……えそ斑点病　82

暗緑色の斑点を出すことがある……斑点細菌病　86

緑色濃淡のモザイクが発生……黄化えそ病　85

市場で結果枝や果梗部に，黒点を伴った菌糸がクモの巣状の発生……黒かび病　90

円形で中央が褐色，周辺は水浸状，ネットにそって割れ，白カビ発生……褐色腐敗病　88

●カボチャ

《葉の症状》

淡黄色の小斑点を生じる……べと病　96

白色小斑点を生じ，ひどくなると白色の粉（分生胞子）が葉一面を覆う……うどんこ病　97

褐色の小斑点を生じ，中心部に孔があく……褐斑細菌病　96

緑色濃淡のモザイクを生じる……モザイク病　95

モザイクを生じて葉が奇形になる……モザイク病　95

《茎の症状》

つるの一部が暗緑褐色になって小黒点を生ずる……つる枯病　97

つるの一部が暗緑褐色水浸状となって軟化腐敗する……疫病　97

《果実の症状》

収穫前の果実に汚白色のカビを生ずる……疫病　97

●ニガウリ

《葉の症状》

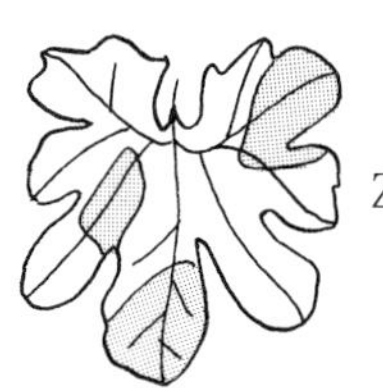
ZYMV，PRSVによるモザイク，斑紋症状……ウイルス病　99

ZYMV，PRSVによる奇形，モザイク症状……ウイルス病　99

WSMoVによる退緑斑点症状……ウイルス病　99

WSMoVによる退緑輪紋症状……ウイルス病　99

褐色の小斑点を生じ，中心部に孔があく……斑点細菌病　99

病斑の周囲は淡黄色となり，中央部は灰褐色に変わり，黒色粒点を生じる……斑点病　101

暗褐色の病斑で輪紋を生じ，中心部には孔があく……………………炭疽病　100

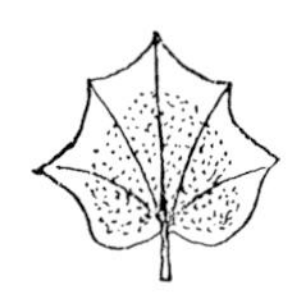

白いうどん粉のようなカビが生える……………………うどんこ病　100

《果実の症状》

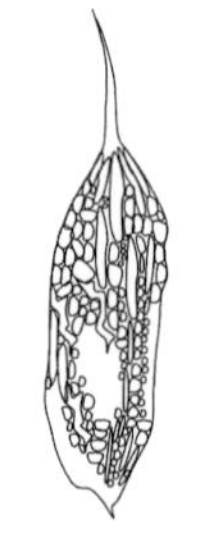

ZYMV，PRSVによるイボの一部欠損……………………ウイルス病　99

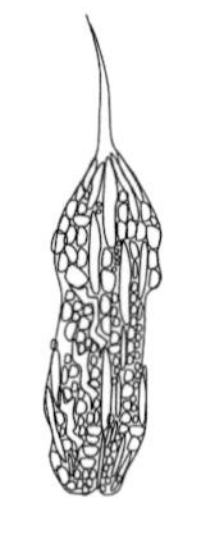

ZYMV，PRSVによる奇形……………………ウイルス病　99

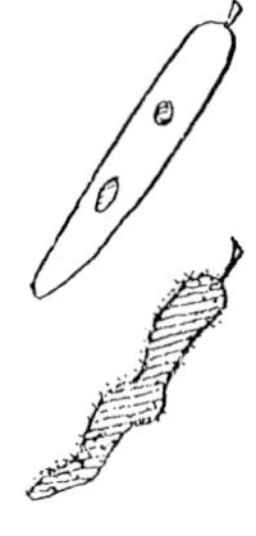

円形，楕円形の病斑，黒いすす状のカビが生える……………………斑点病　101

《茎の症状》

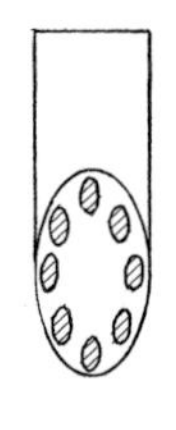

茎の切断図。維管束が褐変する。切断部を水につけると，白い
菌泥が流れるのを確認できる……………………青枯病　101

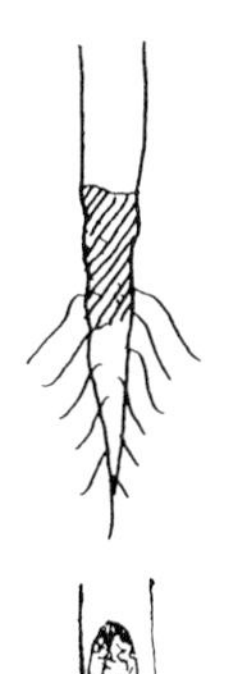

主として地ぎわが侵される。白色絹糸状のカビ，のちに小さい菌核がでる……白絹病　102

主として地ぎわが侵される。黄褐色となり，ヤニをだす茎に割れ目ができる……つる割病　102

灰褐色縦長の病斑，のちに鮭肉色の粘質物がでる……炭疽病　100

《根の症状》

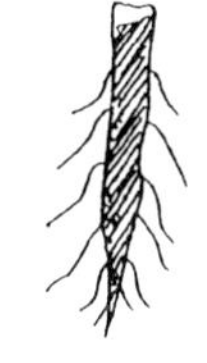

アメ色となり，腐る……つる割病　102

●シロウリ

《葉の症状》

黄褐色・多角形の病斑，葉裏にネズミ色のカビ……べと病　105

白いうどん粉のようなカビが生える……うどんこ病　106

黄色の斑が入りモザイクとなる……モザイク病　104

《果実の症状》

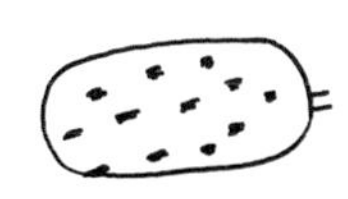

丸い淡黄色の斑を生じ，のちモザイクとなる……モザイク病　104

●ハクサイ

《葉の症状》

淡黄色の斑点，裏にカビが生える……べと病　108

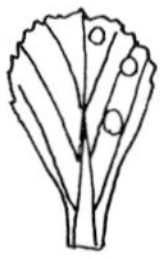

円形，灰白色の斑点がでる……白斑病　108

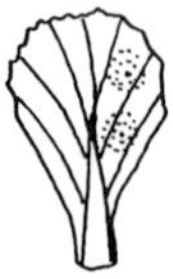

淡褐色，同心円状の斑点がでる……黒斑病　109

萎縮し，モザイク，えそを生ずる……モザイク病，えそモザイク病　107

下葉から鮮やかに黄化し，結球葉は開いて結球不良となる……黄化病　110

《葉柄の症状》

基部に水浸状の斑点，のちに軟腐する(悪臭を発する)……軟腐病　107

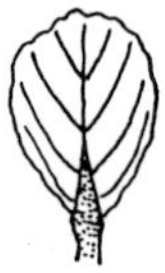

葉柄全面に黒色の小菌核を多数形成する……黄化病　110

《根の症状》

根に大きなコブができる……根こぶ病　109

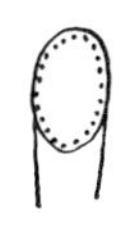

根を切ってみると導管部が褐変している……黄化病　110

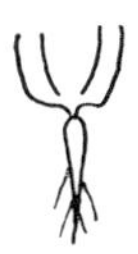

胚軸部がくびれるか主根が腐朽し，根頭部から折れやすい……根くびれ病　110

●キャベツ

《葉の症状》

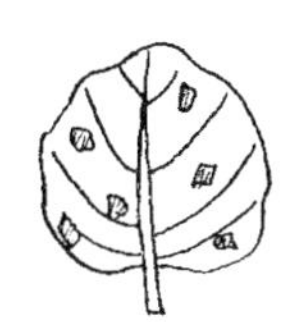

不整形の病斑，葉裏に白いカビがはえる……べと病　112

葉の縁にV字形の病斑，葉脈は黒変する……黒腐病　111

黒～褐色の周縁がはっきりした同心輪紋の円形斑点ができる……黒斑病　114

《株全体の症状》

腐敗する

カビはなく，軟腐し特有の悪臭がする……軟腐病　111

綿のような白いカビが生え，のち菌核ができる……菌核病　114

腐敗しない

株の片側から発病，奇形となる。導管は褐変……萎黄病　112

下葉が黄変し，しおれたり枯れたりする……根こぶ病　115

《根，茎の症状》

根に大型で滑らかなコブが多数できる……根こぶ病　115

●コマツナ

《葉の症状》

葉裏面の葉脈に区切られた角斑上に，霜状の白いカビを生じる……べと病　117

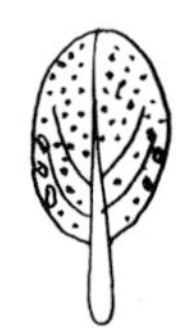

円形～不整円形，淡褐色の小斑を多数生じる……炭疽病　117

葉裏面に白色でやや盛り上がった菌体を多数生じる……白さび病　116

白色～淡灰褐色の不整円斑を多数生じる……………………………………白斑病　118

葉脈が編み目状に黄変し，葉は生育不均衡となる……………………………萎黄病　116

《根・茎の症状》

根，茎の導管部が褐変する……………………………………………………萎黄病　116

根に大小のコブができる……………………………………………………根こぶ病　119

《株全体の症状》

軽いしおれが見られる………………………………………………………根こぶ病　119

黄化し，しおれる………………………………………………………………萎黄病　116

●カリフラワー

《葉の症状》

表面に輪郭不鮮明な黄色斑，裏面に多角形・霜状のカビ…………………べと病　121

V字型，または不整円形・黒色大型病斑，葉脈黒紫色……………………黒腐病　120

《葉柄の症状》

葉柄がアメ色に軟化腐敗し，悪臭を放つ。葉はしおれる……軟腐病　120

葉柄の付け根を切ってみると，導管部が黒変……黒腐病　120

《花蕾の症状》

アメ色に軟化腐敗し，悪臭を放つ……軟腐病　120

一部黒変する……黒腐病　120

《株全体の症状》

軟化腐敗し，悪臭を放つ……軟腐病　120

片側だけが生育するため奇形となる……黒腐病　120

●ブロッコリー

《葉の症状》

表面に不整形の黄色斑を生じ，葉裏に白いカビが生える……べと病　122

葉の縁にＶ字形の病斑を生じ，葉脈は黒変する……黒腐病　123

《花蕾の症状》

アメ色に軟化して悪臭がある……軟腐病　122

一部が黒変する……黒腐病　123

《株全体の症状》

軟化腐敗して悪臭を放つ……軟腐病　122

●チンゲンサイ・タアサイ

《葉の症状》

葉裏に白色の盛り上がった胞子層を生じる……白さび病　124

濃淡のあるモザイクを生じ，生育が低下して奇形化する……モザイク病　124

《茎の症状》

茎の導管部が褐変する……萎黄病　124

《根の症状》

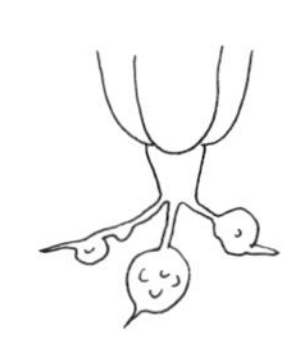

根にコブができる。じゅず状にならない……根こぶ病　125

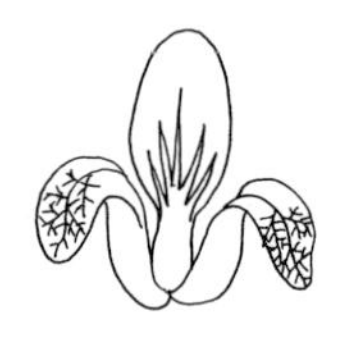

《株全体の症状》

下葉から黄化し，しおれる（葉脈が編み目状に黄化）……………………萎黄病　124

●ホウレンソウ

《葉の症状》

斑点ができるもの

淡褐色，不整形，ネズミ色のカビを生ずる……………………べと病　127

モザイク病と同じく葉脈透明，黄化，モザイクを生じて萎縮する。さらに葉柄や葉に褐色のえそ斑を生じて，株が枯れる……………………えそ萎縮病　126

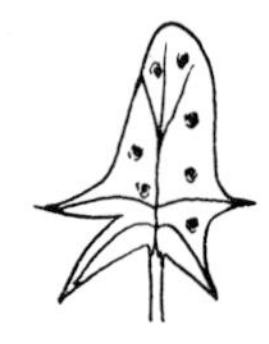

周辺明瞭な淡褐色，円形病斑となり，表面に小黒点を密生する……………………炭疽病　129

斑点のないもの

葉脈が透明になり，葉がねじれて奇形となる。株は萎縮，黄化し，枯れる……………………モザイク病　126

《根の症状》

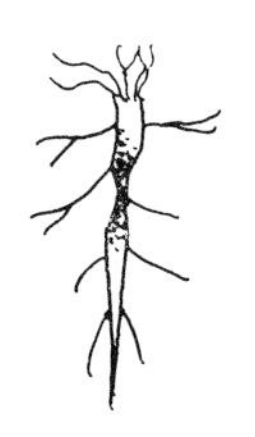

出芽期の立枯れおよび5~6葉期以降には，主根の地ぎわ部が細くくびれ，黒褐色に変わり枯れる。下葉の葉柄も黒褐色に腐敗する……株腐病　128

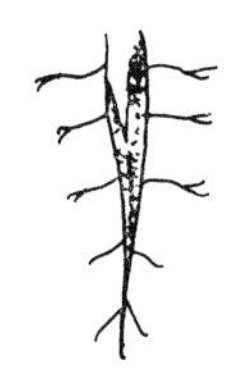

発芽直後から稚苗期にかけて主根や側根に水浸状の褐変病斑をつくり，苗が枯れる……根腐病　129

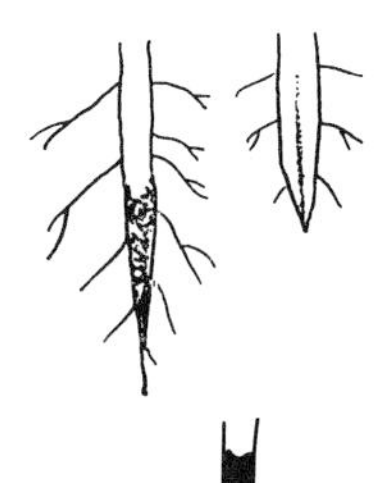

幼苗期から収穫期にかけて地上部が黄変，萎凋して枯れる。根は褐変，腐敗し，切断すると導管部が黒褐色になっている……萎凋病　128

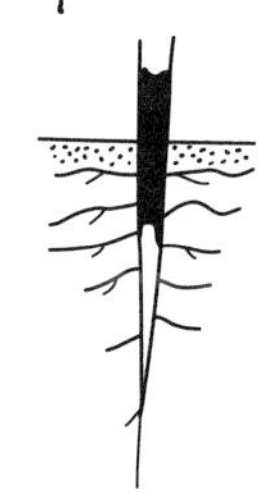

胚軸が水浸状になり軟化，苗立枯れとなる……立枯病　129

●レタス

《結球期以前の症状》

立枯れ性の病害

病斑上にカビが見える

地ぎわの茎や葉の基部が褐変し，しおれて枯れる。地ぎわの部分に白いワタ状のカビが見える……菌核病　136

地ぎわの茎や葉の基部が褐変し，しおれて枯れる。地ぎわの部分に灰色のカビが見える……灰色かび病　136

病斑上にカビが見えない

地ぎわの茎や葉の基部に淡褐色水浸状の病斑が現われ，悪臭がする……軟腐病　135

病斑が認められない

下葉がしおれたり，黄変したりする。主根を切断してみると維管束部が黒褐色に変わっている……根腐病　137

生育が異常

しおれたり枯れたりしないが，葉にモザイクが現われる……モザイク病　132

《結球期以後の症状》

軟化腐敗し，被害植物上にカビが認められる

地ぎわから腐敗し，下葉はしおれ，結球内部は軟化腐敗する。地ぎわや結球部の表面に白い綿状のカビと黒色菌核が見える……菌核病　136

地ぎわの病斑上に灰色のカビが認められ，地ぎわから結球内部へ軟化腐敗する。のちに結球の表面にも灰色のカビを生ずる……灰色かび病　136

軟化腐敗し，被害植物上にカビが認められない

べとべとに軟化腐敗し，ひどい悪臭をだす……軟腐病　135

生育不良

下葉から黄化し，生育が悪い。主根を切断してみると，内部が黒褐色に腐敗している……根腐病　137

生育が著しく悪く葉にモザイクが認められる……………………………………………モザイク病　132

●シュンギク

《葉の症状》

円形，楕円形，不整形で周辺部のぼやけた黄色斑点……………………………………べと病　139

後に褐色の不整形病斑，葉裏に霜状のカビを生じる……………………………………べと病　139

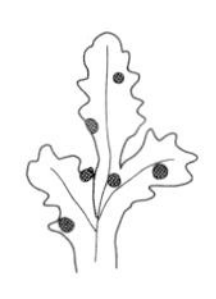

円形，不規則な斑点，のち暗褐色となる……………………………………………………炭疽病　140

《茎の症状》

縦長の楕円形でくぼんだ褐色の病斑……………………………………………………………炭疽病　140

茎の導管が褐変する…………………………………………………………………………………萎凋病　139

《根の症状》

主根の先端が黒褐変し，徐々に全体に及ぶ。側根も変色し脱落，消失する………萎凋病　139

《全体の症状》

下位~中位葉の生気がなくなり，しおれて垂れ下がる。生育が著しく不良となり，枯死に至る……萎凋病　139

●フキ

《葉の症状》

軽いモザイクを示すか，またはケロイド状となり，奇形を呈する……モザイク病　141

《茎・地下茎の症状》

白色のカビが生え，のちに小粒菌核をつくる……白絹病　142

●セルリー

《葉の症状》

褐色の病斑を生ずる……葉枯病　143

黄色の斑(ふ)が入り，モザイクとなる……モザイク病　143

輪郭のはっきりした褐色円形病斑を生ずる……斑点病　144

《葉柄の症状》

褐色の病斑を生ずる……葉枯病　143

葉柄の基部から軟化腐敗するが，悪臭は少なく，病患部に白色のカビを生ずる……菌核病　144

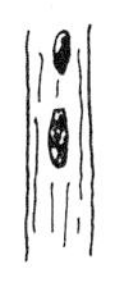

褐色～暗褐色のややくぼんだ病斑を生ずるが，表面に小さな黒点はなく，急激に腐敗しない……斑点病　144

●パセリ

《葉・葉柄の症状》

白色粉状のカビが，葉の表裏，葉柄に生える……うどんこ病　146

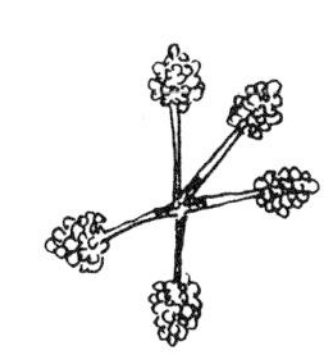

葉が黄化し，葉柄基部がアメ色となって腐敗する……軟腐病　146

●ネギ

《葉の症状》

斑点ができるもの

斑点が小さい(橙黄色)。楕円形，やや隆起……さび病　153

斑点大。黄白色，楕円形……べと病　149

斑点大。淡褐色，楕円形，同心輪紋を生ずる……黒斑病　152

斑点大。白色，楕円形から全周に拡大，病斑から上部は白色枯死……小菌核病　148

斑点が小さい(黄白色，白色)。円形，紡錘形，やや陥没……小菌核腐敗病　149

斑点が大きい(黄白色)。雨天時に白色ワタ毛状の菌糸を生ずる……疫病　150

斑点のないもの

斑入りがでる。黄緑色，紡錘形または条状，株全体が萎縮する全体黄変……萎縮病　148

先枯れを生じる。健全部との境界が明瞭で青白色を呈する……小菌核腐敗病　149

《葉鞘軟白部の症状》

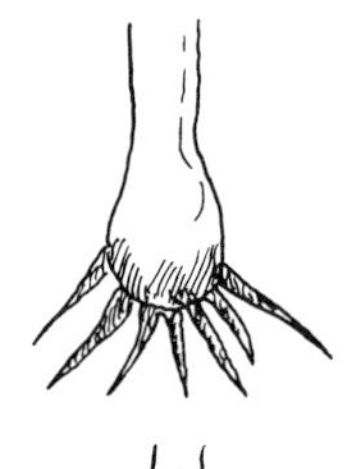

腐る。地ぎわに黒色の菌核ができる……黒腐菌核病　152

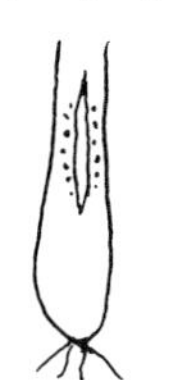

亀裂する。表皮上に黒色の菌核ができる……小菌核腐敗病　149

腐敗部に菌核を形成する

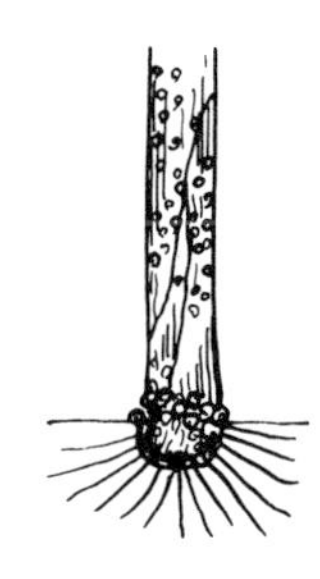

地ぎわ部に黒色菌核の塊を形成する……黒腐菌核病　152

葉鞘軟白部に黒色ゴマ粒状菌核を形成する……小菌核腐敗病　149

●タマネギ

《葉の症状》

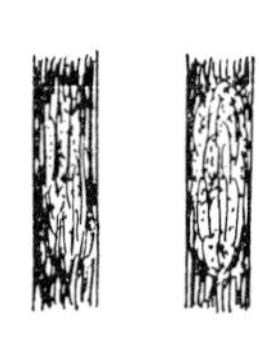

淡黄緑色，長楕円形の病斑ができ，表面に灰白色～暗緑色のカビをそう生する（進行型病斑）。灰白色のくぼんだ微斑紋を同心円状に生ずる（停止型病斑）……べと病　155

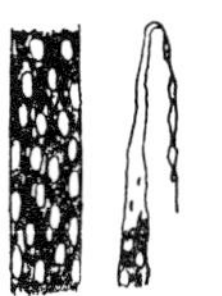

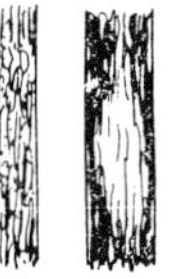

低温期には汚白色円形～楕円形の小斑点を生じ，病勢の急激なときは葉身が萎縮する。高温期には長楕円形微小斑点をカスリ状に生じたり，退色した楕円形病斑を形成したりする……ボトリチス葉枯症　159

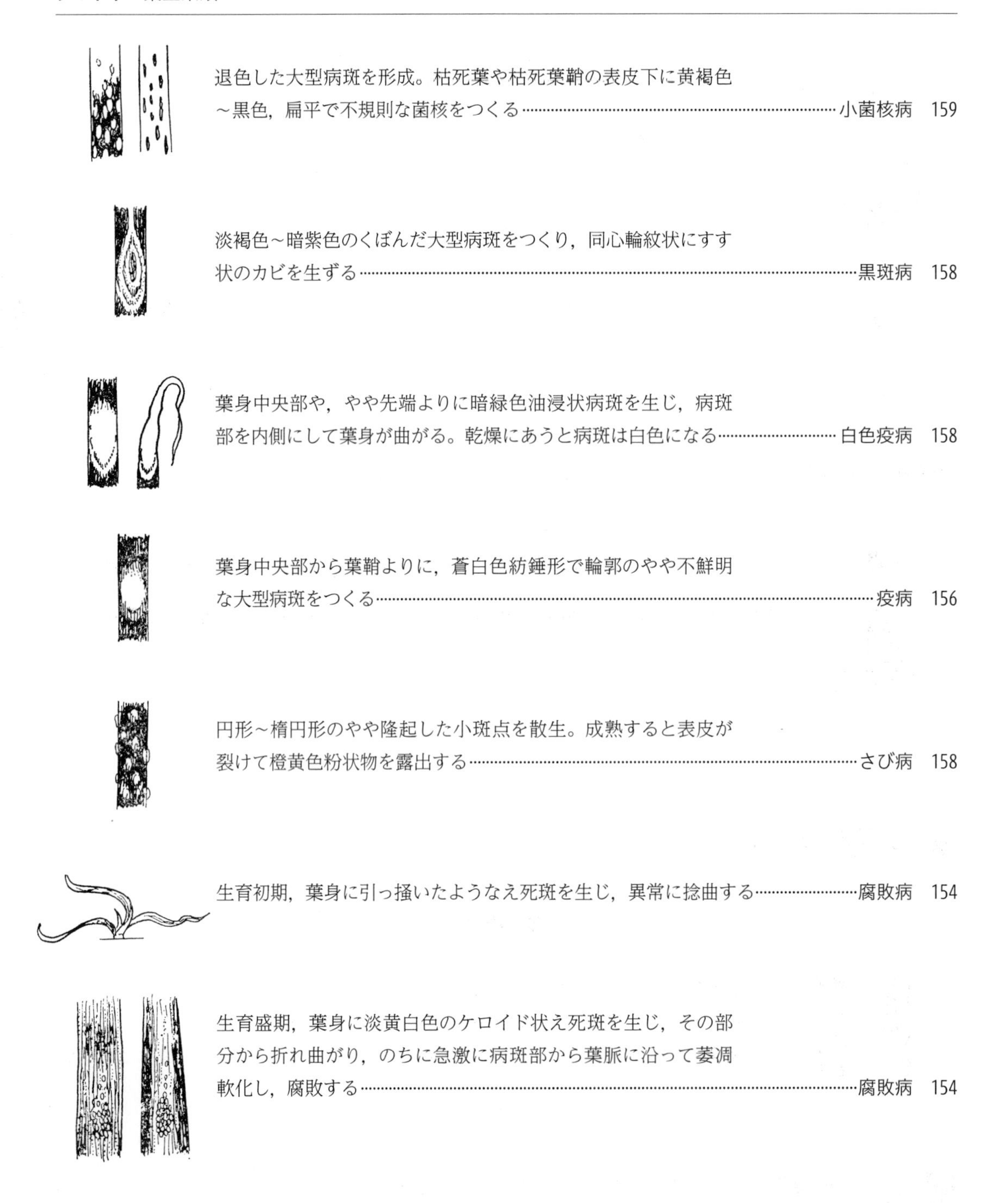

《鱗茎の症状》

外部鱗片から2～3枚内側の鱗片が腐敗している……腐敗病　154

軟化腐敗し，強い腐敗臭を放つ……軟腐病　155

地ぎわ葉鞘部から褐変腐敗し，鱗茎は表皮が裂け，内部まで腐敗する……灰色腐敗病　157

低温貯蔵中の鱗茎に灰色粉状のカビを密生し，黒い菌核を生ずることもある……灰色腐敗病　157

《全身の症状》

生育初期，葉身にケロイド状の死斑を生じて異様に捻曲，やがて全身が枯死する……腐敗病　154

中位葉が，え死斑を生じて折れ曲がり，やがて心葉に緑をとどめたまま全身が軟化腐敗する……腐敗病　154

まず心葉が軟化し，のちに全身が軟化腐敗する……軟腐病　155

生育初期，地ぎわ葉鞘部から褐変腐敗し，やがて全身が枯死する。多湿時には灰白色のカビを密生する……灰色腐敗病　157

生育初期，株全体が萎縮捻曲する。葉身は退色し，多湿時には全面にカビを生ずる……べと病　155

株全身が萎縮し，モザイク斑ができる……萎縮病　154

●ラッキョウ

《葉の症状》

葉はさえた緑色となり，その中に多少黄色の斑が入る。全体として細くなり，ゆるやかに捻れて地に這う……ウイルス病　161

葉先から灰白色に枯れる……白色疫病　165

《球（鱗茎）の症状》

株も球も小さい。抜いてみると球の表面が軟腐して組織が崩壊している。根も少なく，強い悪臭を放っている……軟腐病　162

●ニンニク

《葉の症状》

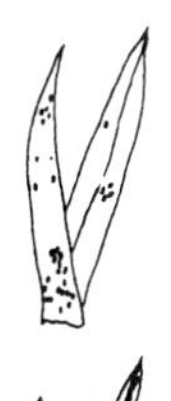

斑点ができる。赤橙黄色の小斑点，のち同色・粉状の胞子を裸出する……さび病　169

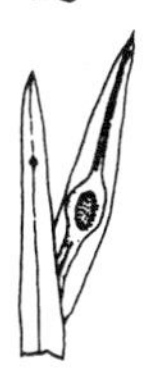

赤紫色の小病斑，のち橙褐色の大型病斑となり，すす状の胞子を形成する……葉枯病　167

斑点がない。すじ状，黄緑色の斑入り(モザイク)がある……モザイク病　166

腐敗する。葉身・葉鞘が軟腐する……春腐病　167

直射日光があたる表皮のみに微小白斑ができ，葉全体に拡大し裂皮する……白斑葉枯病　169

《全身の症状(地下部の病害)》

生育不良，外葉から枯死する

地ぎわ部～地下部に黒色・ごま粒状の菌核が密生する……黒腐菌核病　168

根が紅変，腐敗する……紅色根腐病　168

●ニラ

《葉の症状》

斑点ができる

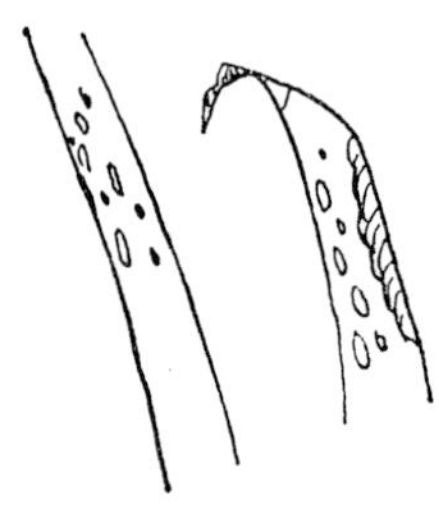

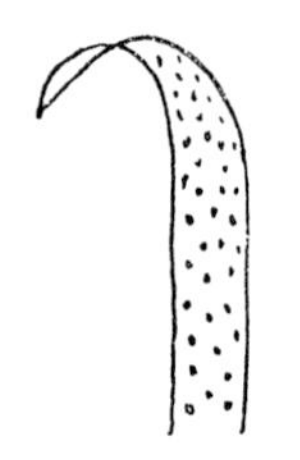

《株全体の症状》

萎凋する

株が倒れる

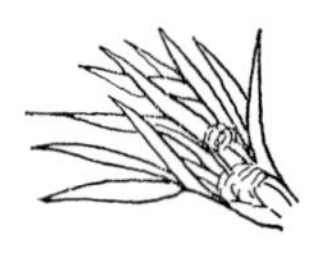

●アスパラガス

《茎葉の症状》

病斑ができる

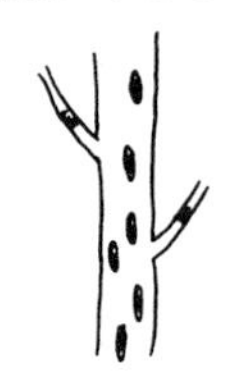

病斑は小型。楕円形または紡錘形で紫褐色の斑点ができる。葉（葉状茎）は落ちる……………………………………斑点病　174

病斑は大型。灰褐色で大型不定形，中に小黒粒を散生する……………………茎枯病　175

《株全体の症状》

地上部の茎葉は生育不良，早期黄変，ときには株は枯死する

根や地下茎に紫褐色の菌糸束，ときにはビロード状の菌糸塊が着生する……………………………………紫紋羽病　175

株齢2～3年の比較的若い株に発生する。茎や貯蔵根の維管束部の褐変は見られない……………………………………株腐病　174

幼茎が褐変する。また冠根が乾燥状に腐敗し，ときには表面に白い菌糸が見られる……………………………………立枯病　176

●ウド

《養成畑での症状》

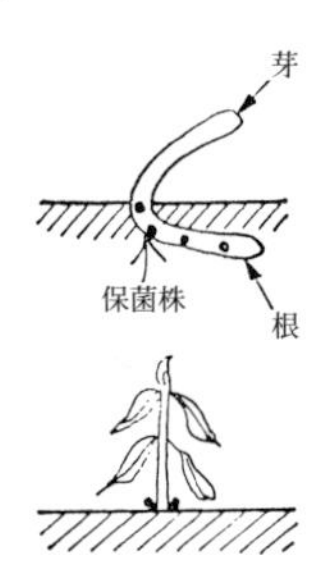

定植直後，苗が軟腐，ネズミ糞状の菌核形成……菌核病　177

夏の終わりころ地上部枯死，地ぎわにナタネ状の菌核……白絹病　179

《軟化中の症状》

軟化茎は茶色に軟腐，地ぎわにワタ状のカビ……菌核病　177

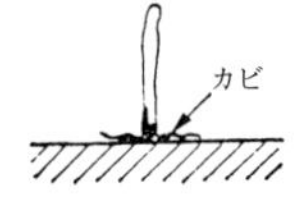

軟化茎は黒く腐り，地ぎわに絹糸状のカビ……白絹病　179

●ツルムラサキ

《葉の症状》

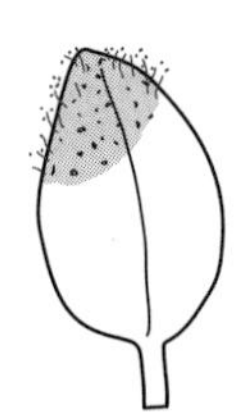

斑点は不定形，暗褐色～褐色。湿気があると灰色のカビを生じる……灰色かび病　180

暗色，不定形，白色のカビが生え，のちに黒色の菌核を生じる……菌核病　181

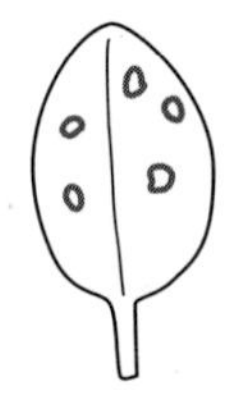

斑点は円形，大きさは不均一，周囲が紫色で中心が白色……紫斑病　181

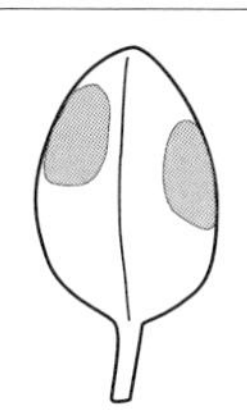

下位葉がまだら状に黄化し，徐々に上位葉も黄化する……半身萎凋病　180

《茎の症状》

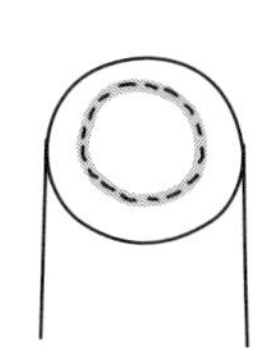

茎を切断すると，導管部が赤褐色に変色している……半身萎凋病　180

●シソ

《葉の症状》

葉裏に黄色粉状の胞子を伴った病斑を生じる……さび病　183

葉に褐色の小斑点を生じる……斑点病　183

高温多湿条件下で病斑が拡大する……斑点病　183

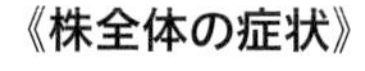

《株全体の症状》

先端部の葉に病斑を生じると奇形になることもある。病斑は茎・葉柄にも生じる。地ぎわ部に黒色の大型病斑を生じ，茎が侵され枯死することもある……斑点病　183

●セリ

《葉の症状》

葉の表，裏や葉柄にやや細長い黄褐色の小斑点を生じる……さび病　185

葉が黄化し，節の部分から細い葉柄がたくさん発生する……萎黄病　185

●ミツバ

《葉の症状》

淡褐色，角形の病斑，裏にカビが生える……べと病　187

褐色円形の病斑で中心部が灰白色となる……斑点病　188

緑色濃淡の斑(ふ)が入り，モザイクとなる……モザイク病　187

《株の症状》

●ジャガイモ

《葉の症状》

葉に斑点を生じない

葉は萎凋しない。下葉から肥厚硬化してスプーン状に巻き上がる……葉巻病　191

葉は萎凋しない。多数の細い芽を生じ，葉は単葉小型化する……てんぐ巣病　192

葉は萎凋しない。頂葉が巻き上がり，葉縁は紫紅色を帯びる……黒あざ病　196

《地ぎわ茎部の症状》

地ぎわ茎部が黒色に軟腐するが，その黒変部は親いもの腐敗部と連続している……黒あし病　192

地ぎわ茎部に白粉を生じるが，白粉付着下の表皮に異常がない……黒あざ病　196

《塊茎の症状》

腐敗は外側から始まる

軟腐症状となる。塊茎表面の傷口，皮目部を中心に水浸状，暗褐色の斑紋を生じ，柔組織なクリーム状に軟腐し，膿状となる……軟腐病　193

……黒あし病　192

軟腐症状となる。ストロンの付着した塊茎基部の表面が黒褐色になり，維管束部も褐変し，ときに小空洞化する……黒あし病　192

腐敗性でない

塊茎表面に，中心部は陥没し周辺部がやや盛り上がった淡褐～灰褐色のかさぶた状の病斑を形成する……そうか病　194

塊茎表面に紫色を帯びた円形斑点を生じ，のちに斑点の表皮が破れて黄褐色粉状物を露出する。病斑周囲に表皮破片がひだ状に残る……粉状そうか病　195

塊茎表面にはじめ淡褐色の塵埃状で，のちに生長して黒褐色に隆起する菌核を生じる……黒あざ病　196

●サツマイモ

《葉の症状》

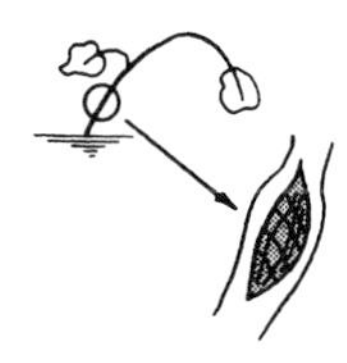

黄変し，つるの地ぎわ部が裂け，枯れる……つる割病　198

《根の症状》

紫褐色の菌糸が網目状に絡みつく。ひどい場合，内部が軟化腐敗する……紫紋羽病　198

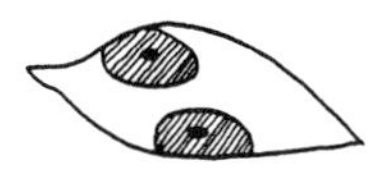

黒褐色の大きい病斑。中央に黒い毛のようなカビが見える……黒斑病　197

●サトイモ

《地上部（葉，葉柄）の症状》

葉に病斑ができる

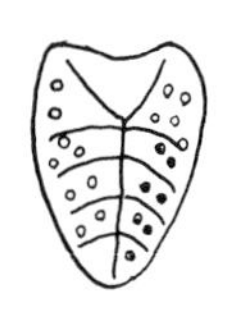

病斑は紫褐色しみ状の円形で，のちに褐変する……汚斑病　200

生育が不良となる

葉脈間が褐変し，葉柄は倒伏し，のちに葉は枯れる……乾腐病　200

《地下部（塊茎，根）の症状》

塊茎が腐敗する

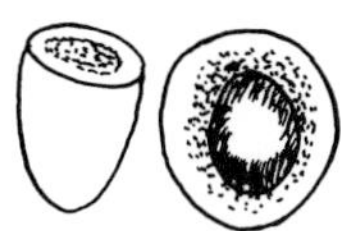

塊茎内部ははじめ赤褐色，のちに黒褐変し，スポンジ状に腐敗して中央が空洞化する……乾腐病　200

●ヤマノイモ

《根（いも）の症状》

カビが生えない。地ぎわから下の茎といもが褐色に変わる……根腐病　202

●ダイコン

《葉の症状》

斑点ができるもの

褐色，不整多角形の斑紋ができる……べと病　206

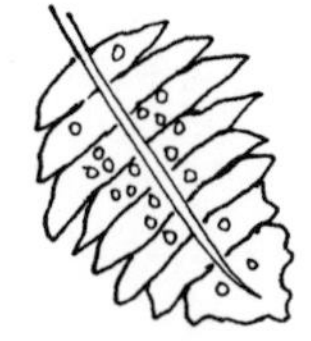

黄白色の円形斑紋を形成（葉裏に白色粉塊を随伴）……白さび病　208

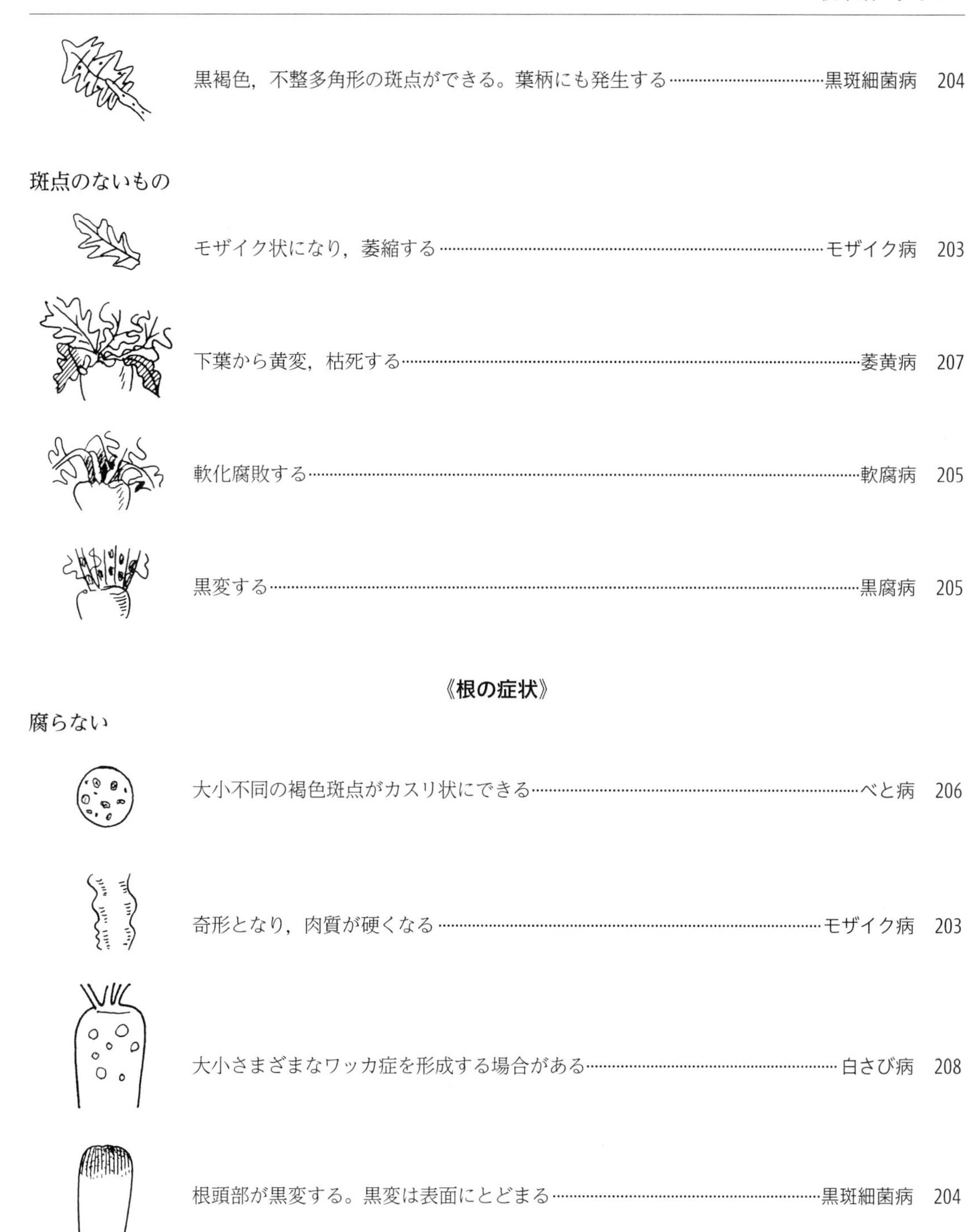

黒褐色，不整多角形の斑点ができる。葉柄にも発生する……黒斑細菌病　204

斑点のないもの

モザイク状になり，萎縮する……モザイク病　203

下葉から黄変，枯死する……萎黄病　207

軟化腐敗する……軟腐病　205

黒変する……黒腐病　205

《根の症状》

腐らない

大小不同の褐色斑点がカスリ状にできる……べと病　206

奇形となり，肉質が硬くなる……モザイク病　203

大小さまざまなワッカ症を形成する場合がある……白さび病　208

根頭部が黒変する。黒変は表面にとどまる……黒斑細菌病　204

腐る

中心部が軟化腐敗して空洞となる。悪臭をだす……軟腐病　205

導管が黒変。中心部が空洞となる。悪臭をださない……黒腐病　205

導管が黒褐色になる……萎黄病　207

●カブ

《葉の症状》

斑点ができるもの

褐色不整多角形の斑紋ができる……べと病　210

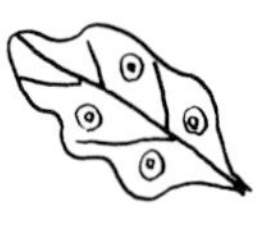

褐色同心円状の斑点ができる……黒斑病　211

斑点のないもの

モザイクになり，萎縮する……モザイク病　210

《根の症状》

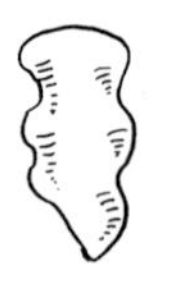

奇形となり，肉質がかたくなる……モザイク病　210

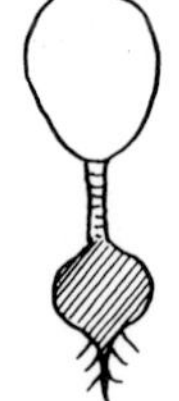

根にコブができる……根こぶ病　211

●ニンジン

《葉の症状》

斑点ができる。褐色または黒褐色の斑点……黒葉枯病　213

葉が黄化する……紫紋羽病　214

《葉柄の症状》

斑点ができる。褐色または黒褐色……黒葉枯病　213

基部が褐変腐敗。白色菌糸が付着……白絹病　215

基部が褐変腐敗。軟化し悪臭を発する……軟腐病　213

《根の症状》

根頭部が侵される。白色絹糸状菌糸とアワ粒状菌核ができる……白絹病　215

根頭部が侵される。軟化腐敗し悪臭を発する……軟腐病　213

根に紫色の太いカビがまつわりつく……紫紋羽病　214

根部にしみ状小斑点や褐色斑点ができる……根腐病　214

……しみ腐病　215

●ゴボウ

《葉の症状》

斑点ができるもの

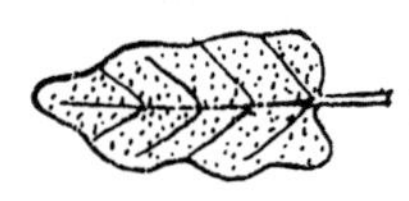

黄色や褐色の斑点ができる……モザイク病　217

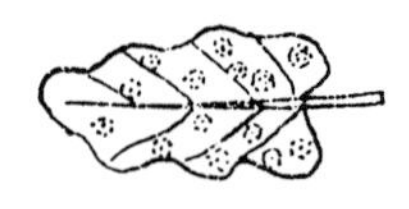

白粉状の斑点ができる……うどんこ病　218

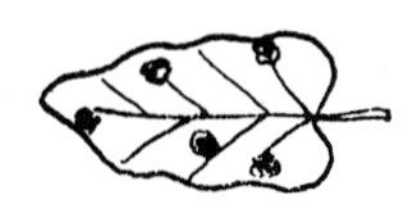

褐色～茶褐色の斑点ができる……黒斑病　219

斑点のないもの

不鮮明な斑紋を生じる……モザイク病　217

葉は黄変し，奇形を起こしてしおれる……萎凋病　218

《根の症状》

カビが生えない

導管は褐変する……萎凋病　218

●ショウガ

《葉の症状》

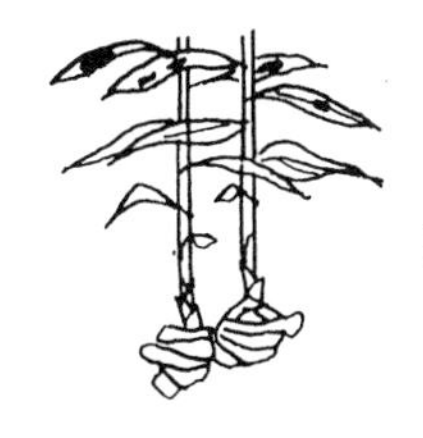

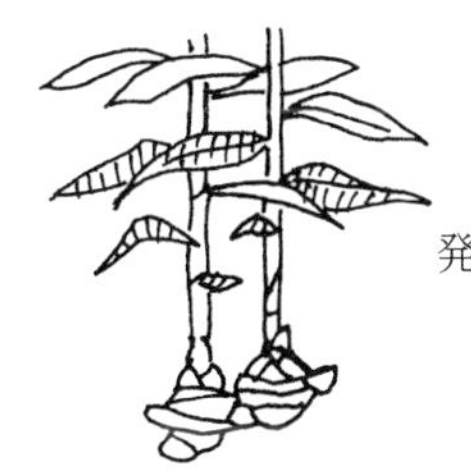

《茎（偽茎）の症状》

《根茎の症状》

腐る

腐らない

褐色～黒褐色の斑点，条斑，斑紋ができる……………………………………いもち病　220

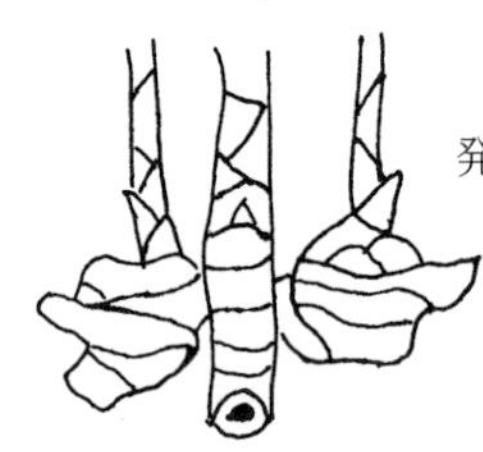

発病初期に，一次茎付近の維管束部が褐変………………………………………青枯病　223

●ミョウガ

《葉の症状》

下の葉から黄化し，枯れてゆく……………………………………………………根茎腐敗病　226

葉に中心灰白色で縁は黒褐色の輪紋となる。病斑の周囲は黄色
である……………………………………………………………………………………いもち病　225

葉の縁から不定形に黄褐色に枯れて，拡大してゆく……………………………葉枯病　225

《茎の症状》

茎が下から黄化し，褐色に軟腐して倒れてくる。茎を引くと，地
ぎわの離層で分離する………………………………………………………………根茎腐敗病　226

茎に白っぽい楕円形の輪紋を生ずる……いもち病　225

《地下茎の症状》

しなやかで折れにくい（正常な地下茎は折れやすい）……根茎腐敗病　226

●レンコン

《葉の症状》

斑点ができる

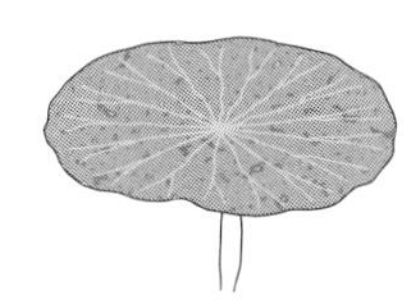

黒褐色，不整多角形の大小斑点……褐紋病　228

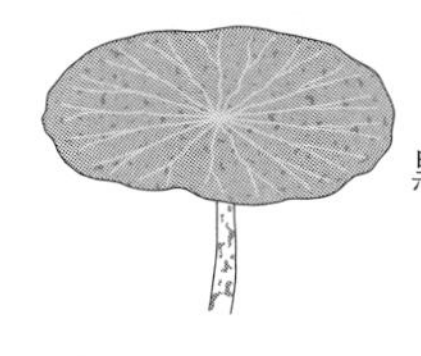

黒褐色，不整多角形の大小斑点。ハウスでは葉柄にも斑点形成……褐斑病　228

斑紋ができる

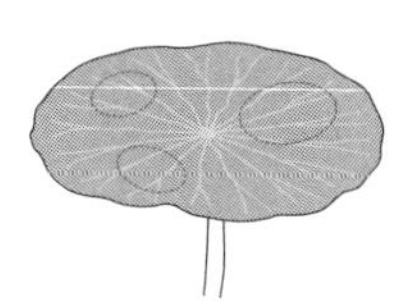

大小種々のきわめて薄い斑紋……えそ条斑病　227

葉枯れを生ずる

葉縁から水気を失って巻き込み，葉枯れを生ずる……腐敗病　227

《レンコンの症状》

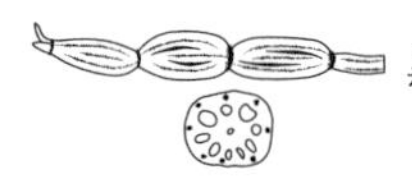
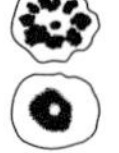

黒褐色のすじ状条斑が表皮下に走る……えそ条斑病　227

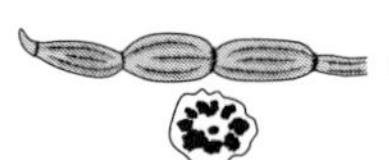

腐敗による内部の褐変が透けて見え，しばしば表面に凸凹を伴う……腐敗病　227

●ワサビ

《葉の症状》

不整形の黒斑ができる……墨入病　231

裏側に隆起した乳白色の病斑を生ずる。表面は黄緑色の凹凸病斑になる……白さび病　231

裏側に灰白色のカビを生ずる。表面には緑褐色の不整形病斑が見える……べと病　230

《根の症状》

黒斑の変色部ができる。維管束が黒変する……墨入病　231

《株全体の症状》

●エンドウ

《葉の症状》

白色粉状の斑点を生ずる

……………………………………………………………………うどんこ病　237

褐色の斑点を生ずる

大型輪紋，茎に黒色病斑……………………………………………………褐紋病　236

小型の赤褐色斑点……………………………………………………………褐斑病　235

淡褐色の円形病斑，表面に灰色のカビ…………………………………灰色かび病　235

葉全体が黄白化してくすむ。着花しない

……………………………………………………………………モザイク病　234

モザイク病斑点を生ずる

葉に切込みが目立ち巻葉する………………………………………モザイク病　234

葉は小さく茎葉にえそを生ずる……………………………………モザイク病　234

下葉からの枯上がりが早い…………………………………………モザイク病　234

《茎の症状》

托葉の基部から水浸状に枯れる…………………………………つる腐細菌病　234

托葉の基部から灰褐色に枯れる。表面に灰色のカビ………………灰色かび病　235

生長点からしおれ，茎は生色を失い，えそを生ずる……………………茎えそ病　233

《莢の症状》

褐色の斑点を生ずる。淡褐色の小斑点……………………褐斑病　235

褐色の斑点を生ずる。褐色の輪形斑点，中央に黒粒……………………褐紋病　236

褐色の斑点を生ずる。褐色の不整形～円形の斑点。表面に灰色のカビ……………………灰色かび病　235

奇形で，ロウ物質が消失する……………………モザイク病　234

《全体の症状》

根が腐敗。茎の地際部が腐敗し，細くくびれる……………………根腐病　236

●インゲンマメ

《発芽初期（子葉期）の症状》

子葉が黒褐変し，胚軸の一部に黒褐変したくびれを生じて，枯死……………………炭疽病　240

直根部表面に赤褐色の着色部を生じ，生育が阻害される……根腐病 240

発芽直後，子葉に赤褐色微小点を生じ，周辺にカサを生じる……かさ枯病 239

《葉の症状》

葉裏面の葉脈にそって黒褐色線状の変色を伴い，病斑部は枯死し，孔となる……炭疽病 240

葉脈に囲まれた多角形暗褐色の病斑を散生する……角斑病 240

水浸状の退色斑が拡大する。発病期が遅い。病斑部および接触する枝，葉柄などに白色菌糸を生ずる……菌核病 239

水浸状の退色斑が拡大する。発病期が早い。病斑外縁部にカサを生ずる……かさ枯病 239

葉に特定の病斑はつくらないが，生育が劣り株全体が黄化する……根腐病 240

葉に退緑モザイクが現われ，萎縮し，生育不良となる……モザイク病 238

《茎の症状》

茎の表面に白色菌糸や黒色菌核を生じる……菌核病 239

《莢の症状》

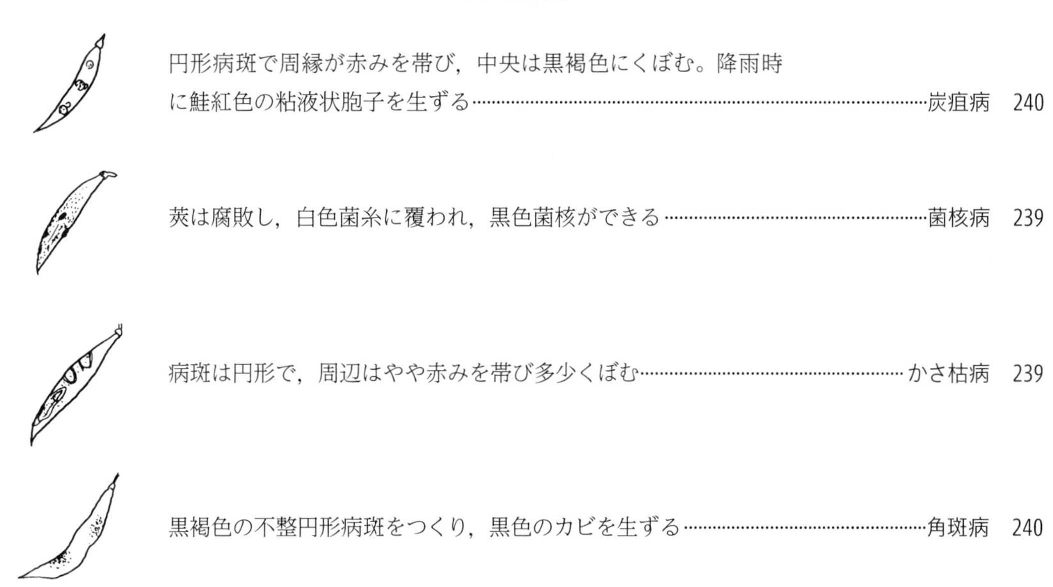

円形病斑で周縁が赤みを帯び，中央は黒褐色にくぼむ。降雨時に鮭紅色の粘液状胞子を生ずる……炭疽病　240

莢は腐敗し，白色菌糸に覆われ，黒色菌核ができる……菌核病　239

病斑は円形で，周辺はやや赤みを帯び多少くぼむ……かさ枯病　239

黒褐色の不整円形病斑をつくり，黒色のカビを生ずる……角斑病　240

●ソラマメ

《葉の症状》

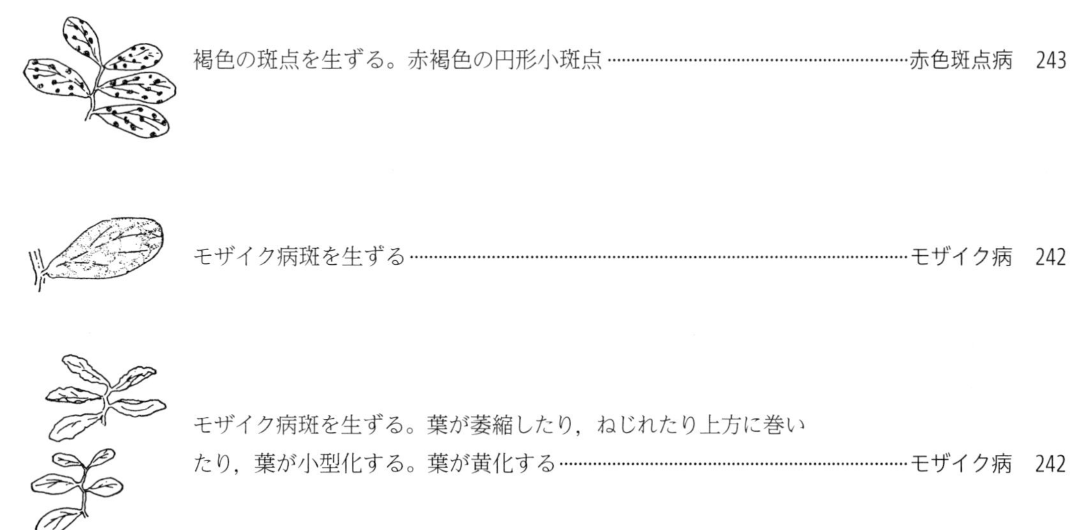

褐色の斑点を生ずる。赤褐色の円形小斑点……赤色斑点病　243

モザイク病斑を生ずる……モザイク病　242

モザイク病斑を生ずる。葉が萎縮したり，ねじれたり上方に巻いたり，葉が小型化する。葉が黄化する……モザイク病　242

えそを生ずる。えそ斑点やえそ輪紋。葉脈にえそ……えそモザイク病　241

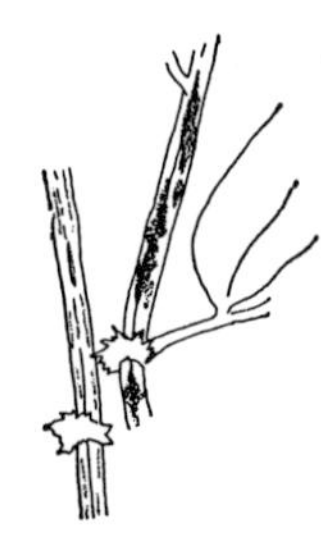

《莢の症状》

莢に褐色の斑点を生ずる。赤褐色の円形小斑点……赤色斑点病　243

《茎の症状》

褐色の斑点を生ずる。赤褐色円形～紡錘形斑点……赤色斑点病　243

褐色の斑点を生ずる。えそ条斑を生ずる……えそモザイク病　241

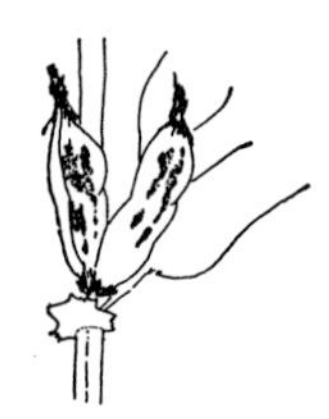

《株全体の症状》

萎縮する……モザイク病　242

生育が停止する……えそモザイク病　241

●スイートコーン（トウモロコシ）

《葉の症状》

葉脈が隆起し，株全体が萎縮する。葉裏の葉脈が白色を呈する……すじ萎縮病　244

《茎葉の症状》

茎や葉の基部が褐色水浸状となる。ひどいとその部分が折れる……………倒伏細菌病　244

《果実（穂）の症状》

内部の粒が異常に肥大してオバケ状となり，白色の膜が破れると黒色の粉が飛び出る……………黒穂病　245

●トマト

《葉の症状》

吸汁して害する

新芽に近い葉裏や下葉に近いところに寄生し，葉を黄化・萎縮させる（モモアカアブラムシ）……アブラムシ類　5

葉脈を加害し，葉が黄化する（ミナミアオカメムシ）……カメムシ類　10

葉柄が激しく加害されると，葉が黄化する（タバコカスミカメ）……カメムシ類　10

葉裏に小さな白い成虫と黄色の幼虫が多数寄生し，黒いススで汚染する……タバココナジラミ　7

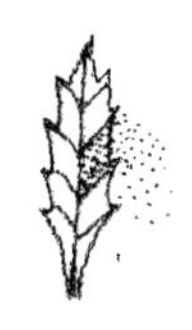

先端部の葉群を手で払うと，裏側から小さな白い成虫が舞いたつ……オンシツコナジラミ　8

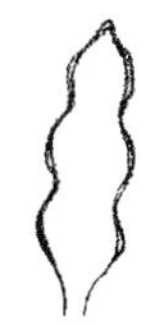

葉の縁が黄褐色になって葉裏側へややそり返る。葉裏は緑褐色で光沢をもつ……トマトサビダニ　2

生長点部が萎凋する（ミナミアオカメムシ，アオクサカメムシ）……カメムシ類　10

茎にリング状あるいはスジ状の褐変が生じる（タバコカスミカメ）……カメムシ類　10

葉の養分が吸収されて，症状がでる

葉の表面や葉裏に，シルバリング症状が見られる……ミカンキイロアザミウマ　4

葉，とくに老化葉の葉脈間に不定形で斑点状のえ死部分が見られる……ミカンキイロアザミウマ　4

かじって害する

葉の裏側を，表皮を残してサザナミ状にかじる……テントウムシダマシ類　11

葉に円形または楕円形の食痕を残し，花蕾・花梗を切断する……オオタバコガ　15

表皮を残し，葉がスカシ状になる……ハスモンヨトウ　17

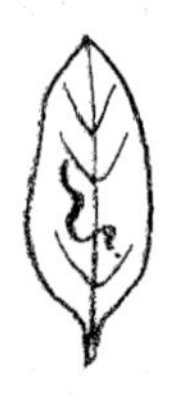

葉面に，くねくねとした線条の食害痕が現われる……マメハモグリバエ　13

《果実の症状》

吸汁して害する

赤く熟してきた実に針で突いたくらいの穴をあけ，腐らせる……吸蛾類　14

青い実を加害し，そこが汚黒色になり，腐敗や早熟着色が起こる（ミナミアオカメムシ，アオクサカメムシ，ブチヒゲカメムシ）……カメムシ類　10

果実表面が硬化して緑褐色ないし灰褐色になり，多数の細かい亀裂が生じる……トマトサビダニ　2

かじって害する

果実表面が硬化して緑褐色ないし灰褐色になり，多数の細かい亀裂が生じる……トマトサビダニ　2

不定形に舐めたようにかじる……ハスモンヨトウ　17

子房内に産卵して害する

果実が大きくなるにつれてふくれあがった白ぶくれの斑紋も拡大……ヒラズハナアザミウマ　3

果実の表面に症状がでる

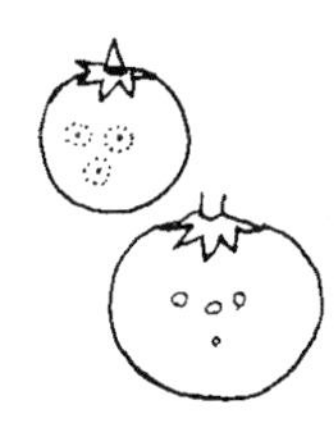

幼果の表面に小さな白ぶくれ症状がでる(上)。また，着色後の成熟果では，黄色い小さな斑点が見られる(下)……ミカンキイロアザミウマ　4

未熟果が加害されると白ぶくれ症状がでる(ミナミアオカメムシ，アオクサカメムシ)……カメムシ類　10

排泄物で汚す

黒いススで汚染したり，縦縞やまだら模様の着色異常が生じる……タバココナジラミ　7

排泄物(甘露)にすす病菌が発生し，スス状に黒ずむ……オンシツコナジラミ　8

《根の症状》

根に寄生する

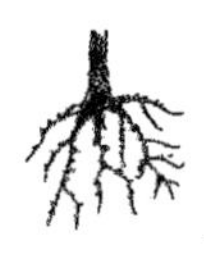

根にコブをたくさんつくる……ネコブセンチュウ類　1

●ナス

《葉の症状》

葉が円形，だ円形に食害される……オオタバコガ　29

葉が蚕食され，ひどいときには丸坊主になる……ナメクジ類　19

……ハスモンヨトウ　30

葉が網目状に食われる……テントウムシダマシ類　26

葉脈間が食われるので，透し状になる

線状の透し……マメハモグリバエ　27

葉の表面に小さく，不正形の食害痕が見られる……ナスナガスネトビハムシ　27

《茎，幹の症状》

根ぎわがかみきられる……ネキリムシ類　29

茎や幹の折れた部分から虫糞が出ている……フキノメイガ　28

……オオタバコガ　29

《葉の養分吸収・奇形》

葉にすす病が発生し，黒く汚れる。葉裏に1mm前後の虫が群生……アブラムシ類　23

葉裏に白色の三角形の虫が群生し，葉が動くと四方に散る……タバココナジラミ　24

……オンシツコナジラミ　25

カスリ状の白斑がわかる……ハダニ類　20

葉脈にそって白斑を生ずる……ミナミキイロアザミウマ　22

カスリ状の白斑を生ずる……ミカンキイロアザミウマ　21

葉や生長点部がしおれる（ミナミアオカメムシ，アオクサカメムシ，ブチヒゲカメムシ，ホオズキカメムシ）……カメムシ類　25

新葉がわい小，奇形となる。葉裏に茶褐色のツヤがでる……チャノホコリダニ　20

新葉に不規則な孔が多数あいたり，奇形となる（コアオカスミカメ）……カメムシ類　25

《果実の症状》

孔をあけられる……ナメクジ類　19

……ハスモンヨトウ　30

孔をあけられ，虫糞が排出している……オオタバコガ　29

《根の症状》

●ピーマン

《葉の症状》

葉が汚れる

すす病で黒くなる……オンシツコナジラミ　37

すす病で黒く(きめ細かい)なる……タバココナジラミ　37

すす病で葉面が黒くなり，脱皮殻が多数見られる(ワタアブラムシ，モモアカアブラムシ)……アブラムシ類　35

葉の養分が吸汁される

葉脈間が薄く黄変し，ひどくなると落葉する(ワタアブラムシ，モモアカアブラムシ)……アブラムシ類　35

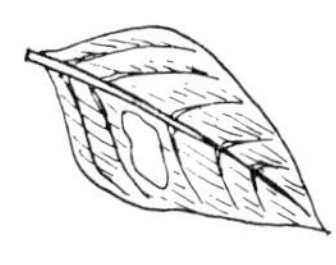

葉脈間に鮮明な黄斑ができる(ジャガイモヒゲナガアブラムシ)……アブラムシ類　35

葉裏の葉脈ぞいにカスリ状の斑点ができる……ミナミキイロアザミウマ　35

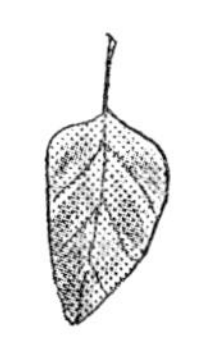

葉にわずかなカスリ状の白斑が生じる。葉の脈間が黄化してくる。ひどくなると落葉する……ハダニ類　33

葉が食害される

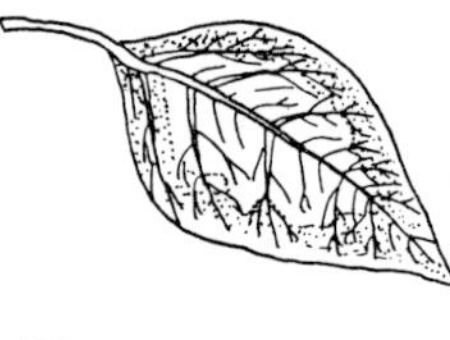

ふ化幼虫の集団食害により葉が白変する……ハスモンヨトウ　39

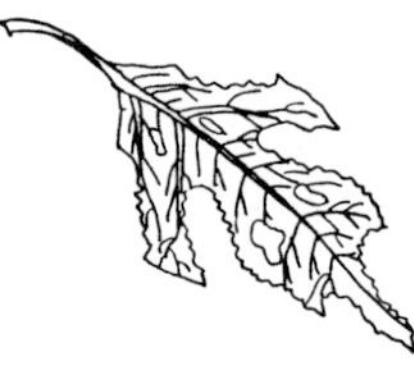

中・老齢幼虫に葉が食いつくされる……ハスモンヨトウ　39

新葉部分が萎縮したり，白黄化したりする

葉縁が葉表側にわん曲，銀灰色に鈍く光り，心止まりする……チャノホコリダニ　32

心止まりし，新葉が萎縮する(ワタアブラムシ，モモアカアブラムシ)……アブラムシ類　35

新葉の葉縁が波打って奇形化し，萎縮する……ミナミキイロアザミウマ　35

新葉が退緑したり，白化する。葉は萎縮しない……タバココナジラミ　37

心芽の伸長が鈍化し，その周辺葉がまだらに白黄化する
……サツマイモネコブセンチュウ　32

《果実の症状》

蕚と果実の境いめや果実のへこんだ部分が褐変する……………………ミナミキイロアザミウマ　35

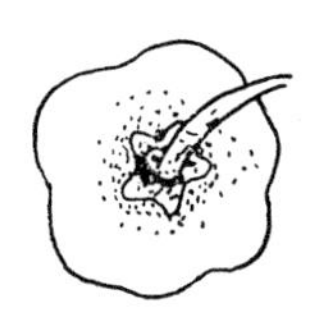

蕚の部分を中心に黒褐色のしみ状の斑点が発生し，蕚周辺の果面も黒っぽくなる………………………………………………………………ヒラズハナアザミウマ　33

果梗部がカスリ状に褐変する………………………………………………ミカンキイロアザミウマ　34

果実が褐変，コルク化する………………………………………………………………チャノホコリダニ　32

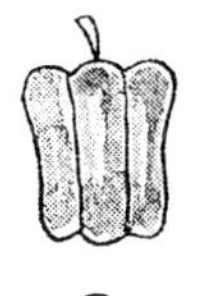

果実がすす病で黒くなる……………………………………………………………オンシツコナジラミ　37
……………………………………………………………………………………………タバココナジラミ　37

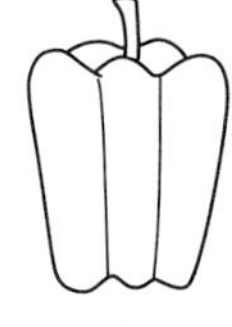

果実全体が退緑あるいは白化する……………………………………………………タバココナジラミ　37

果実の表皮を残して内部が食害される…………………………………………………………タバコガ類　38

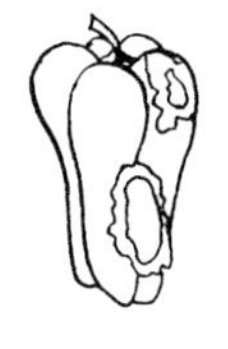

果実に孔があき，内部が食害される……………………………………………………ハスモンヨトウ　39

《根の症状》

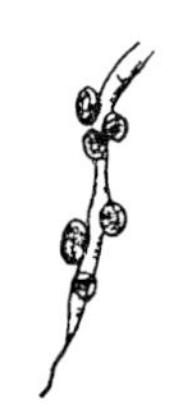

根に小さなコブができる……………………………………………………サツマイモネコブセンチュウ　32

●トウガラシ類

《葉の症状》

葉が汚れる

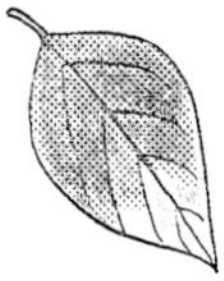

すす病で黒く(きめ細かい)なる……タバココナジラミ　46

すす病で葉面が黒くなり，脱皮殻が多数見られる(ワタアブラムシ，モモアカアブラムシ)……アブラムシ類　45

葉にわずかなカスリ状の白斑が生じる。葉の脈間が黄化してくる。ひどくなると落葉する……ハダニ類　42

葉裏の葉脈ぞいにカスリ状の斑点ができる(ミナミキイロアザミウマ)……アザミウマ類　43

葉の養分が吸汁される。葉の表裏ともカスリ状の斑点ができる。ひどくなると葉全体が白変して落葉する(モトジロアザミウマ)……アザミウマ類　43

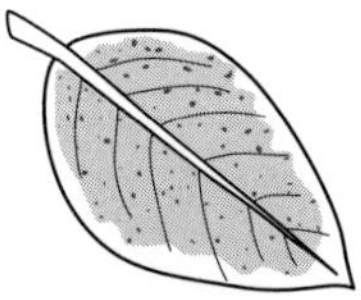

葉裏がカスリ状に食害される。食痕上に暗褐色の排泄物が点状に見られる(クリバネアザミウマ)……アザミウマ類　43

葉脈間に鮮明な黄斑ができる(ジャガイモヒゲナガアブラムシ)……アブラムシ類　45

葉が食害される

ふ化幼虫の集団食害により葉が白変する……………………ハスモンヨトウ　47

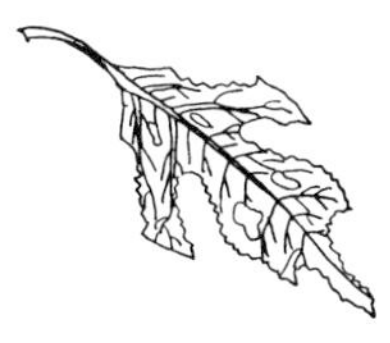

中・老齢幼虫に葉が食いつくされる……………………ハスモンヨトウ　47

ハスモンヨトウの被害症状に似るが，食いつくされることはない。
また，光沢のある粘着物質が付着している……………………ナメクジ類　40

新葉部分が萎縮したり，白黄化したりする

葉縁が葉表側にわん曲，銀灰色ににぶく光り，心止まりする
(チャノホコリダニ，シクラメンホコリダニ)……………………ホコリダニ類　41

心止まりし，新葉が萎縮する(ワタアブラムシ，モモアカアブラムシ)………アブラムシ類　45

新葉の葉縁が波打って奇形化し，萎縮する(ミナミキイロアザミウマ)………アザミウマ類　43

新葉が退緑したり，白化する。葉は萎縮しない……………………タバココナジラミ　46

心芽の伸長が鈍化し，その周辺葉がまだらに白黄化する…サツマイモネコブセンチュウ　40

《果実の症状》

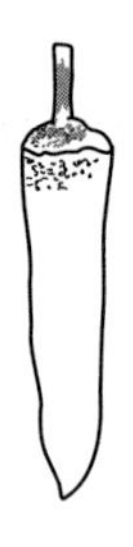

萼と果実の境いめや果実のへこんだ部分が褐変する（ミナミキイロアザミウマ，クリバネアザミウマ）……アザミウマ類　43
（シクラメンホコリダニ）……ホコリダニ類　41

果梗部がカスリ状に褐変～黒変する。萼の部分を中心に黒褐色のしみ状の斑点が発生し，萼周辺の果面も黒っぽくなる（ヒラズハナアザミウマ，ミカンキイロアザミウマ）……アザミウマ類　43

果実が褐変，コルク化する（チャノホコリダニ）……ホコリダニ類　41

果実がすす病で黒くなる……タバココナジラミ　46

果実全体が退緑あるいは白化する……タバココナジラミ　46

果実に孔があき，果実の表皮を残して内部が食害される……タバコガ類　46

果実に孔があくが，内部は食害されない……ハスモンヨトウ　47
……ナメクジ類　40

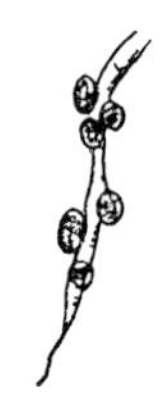

《根の症状》

根に小さなコブができる……サツマイモネコブセンチュウ　40

●イチゴ

《葉の症状》

小さい幼虫により新葉が食われる……ハスモンヨトウ　54

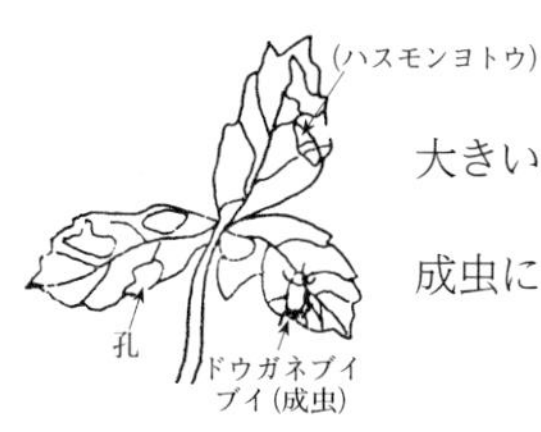

大きい幼虫によりおもに夜間葉を食い荒らされる……ハスモンヨトウ　54

成虫により葉が食害される……ドウガネブイブイ　54

葉に褐変があり，硬くなってひきつれなどの奇形葉となる。花梗や葉柄にも褐変が見られる……チャノホコリダニ　50

芽の生長点が褐変し，心止まりになる……チャノホコリダニ　50

《葉の養分吸収，しおれ》

葉にカスリ状の白斑が現われ，黄化，枯れる（カンザワハダニ，ナミハダニ）…ハダニ類　50

未展開の若い葉や葉裏に寄生し，排泄物で茎葉が汚れベトつく……………ワタアブラムシ　53

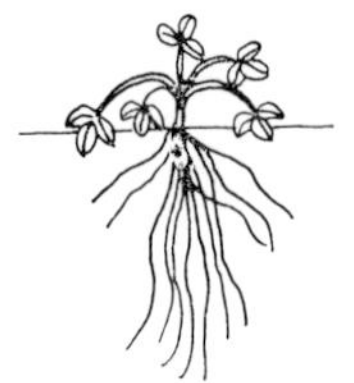

根が褐変し，腐敗して脱落する。葉縁が赤くなり株がしおれる
……………………………………………………………………………………クルミネグサレセンチュウ　49

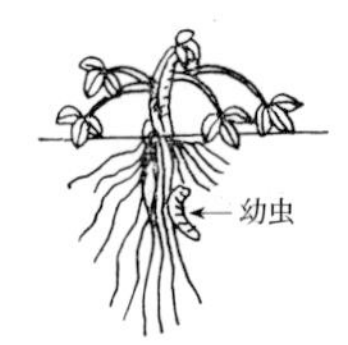

根が幼虫により食害されるので，地上部がしおれる…………………………ドウガネブイブイ　54

《花や果実の症状》

果実が食害されて，穴があき，やがて腐る……………………………………………ナメクジ類　49

花や蕾，幼果が食われる…………………………………………………………………ハスモンヨトウ　54

花の中心部が黒くなる……………………………………………………………ヒラズハナアザミウマ　52
……………………………………………………………………………………ミカンキイロアザミウマ　52

果実が茶褐色になり，硬くなる…………………………………………………ヒラズハナアザミウマ　52
……………………………………………………………………………………ミカンキイロアザミウマ　52

果実は茶褐色になり，肥大せず，種子が浮き出る……チャノホコリダニ　50

●オクラ

《葉の症状》

葉が食害され，ひどい場合には葉脈だけになる……フタトガリコヤガ　58

葉を筒状に巻き，その中で食害している……ワタノメイガ　58

《さく果の症状》

さく果表面が食われる……フタトガリコヤガ　58

さく果を緑色のカメムシが吸汁している（ミナミアオカメムシ）……カメムシ類　57

さく果を褐色がかったカメムシが吸汁している（ブチヒゲカメムシ）……カメムシ類　57

幼果に小さな黒っぽい虫が群生している……ワタアブラムシ　56

《葉の症状》

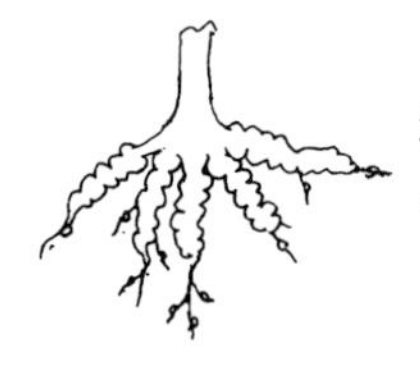

《根の症状》

●ウリ類

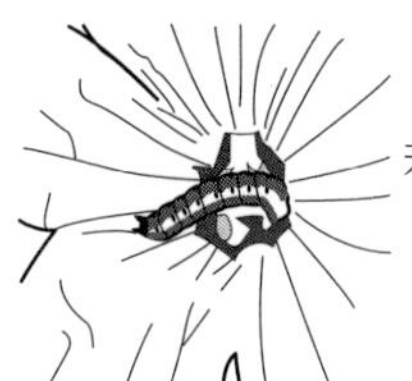

《花の症状》

《葉の症状》

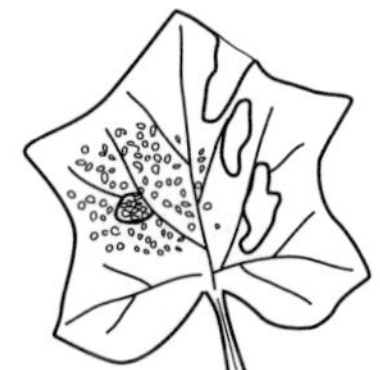

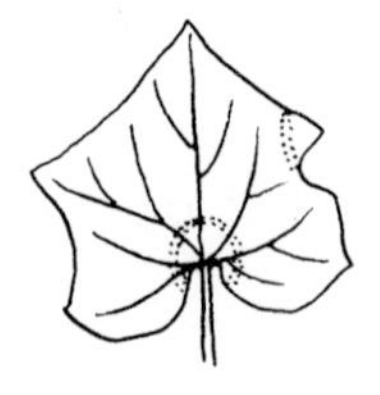

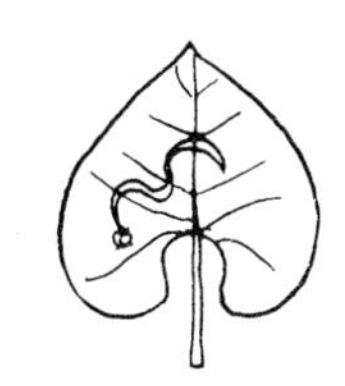

葉面に，くねくねとした線条の食害痕が現われる……マメハモグリバエ　69
……トマトハモグリバエ　69
……アシグロハモグリバエ　68

《生長点の症状》

葉が縮れ，心が止まる……チャノホコリダニ　60
……スジブトホコリダニ　61

《葉，果実の症状》

葉が巻き込まれ，すす病で汚れる……ワタアブラムシ　63

カスリ状の白斑が生じる。ひどくなると葉が黄化し，枯死する……ハダニ類　61

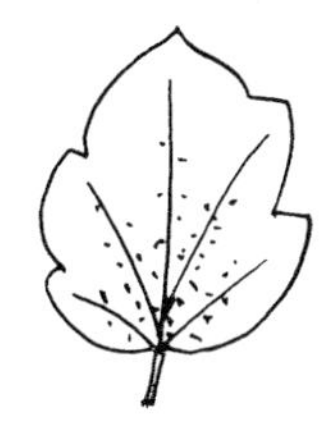

葉がすす病で黒褐色によごれ，葉の裏面に成虫，幼虫，蛹がいる。葉を揺すると白い小さい幼虫が舞い立つ
蛹は白色～緑白色である……オンシツコナジラミ　66
蛹は黄色～淡黄色である……タバココナジラミ　64

葉では，はじめ葉脈にそってカスリ状の白い小斑点を生じる。葉の裏表に黄色で小さい成虫・幼虫が見える。ひどくなると枯死する……ミナミキイロアザミウマ　62

果実の一部にカスリ状の小斑点を生じ，果皮の表面に縦の条斑ができることがある（キュウリ）……………………ミナミキイロアザミウマ　62

果実の上部付近にカスリ状の白褐点ができる（スイカ）……………ミナミキイロアザミウマ　62

幼果はイボが消えて表面が滑らかになる（キュウリ）………………スジブトホコリダニ　61

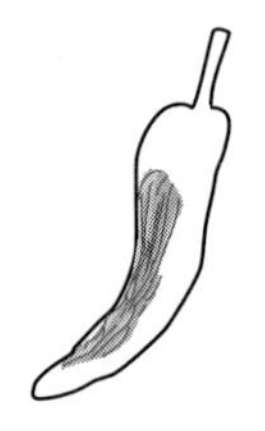

カスリ状に褐変する。幼果では果実全体が褐変，コルク化する…………チャノホコリダニ　60

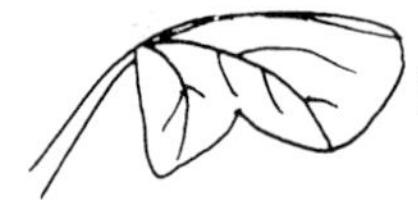

日中下葉がしおれたり，枯れたりする……………………………チビクロバネキノコバエ　67

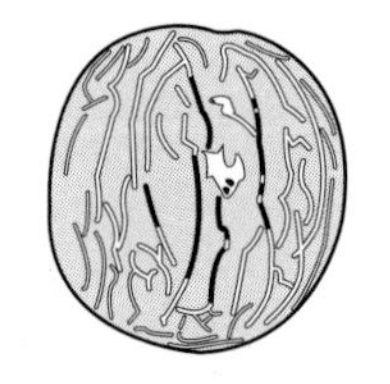

中・老齢幼虫がネット部分にそって加害する…………………………………オオタバコガ　71

《根の症状》

根が害され生育が不良となる

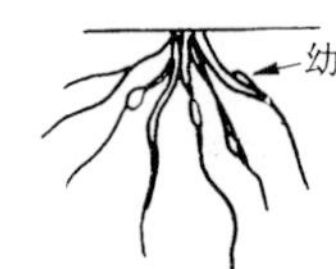

細根や太根が食われ，主根も害される…………………………………ウリハムシ　67

……………………………………………………………チビクロバネキノコバエ　67

根にじゅず状のコブができ，ひどくなると腐る。葉が萎凋して生育が不良となり，下葉から枯れる……ネコブセンチュウ類　59

●ニガウリ

《葉の症状》

葉がすす病で黒褐色によごれ，葉の裏面に成虫，幼虫がいる。葉を揺すると白い小さい成虫が舞い立つ。幼虫は黄色～淡黄色である……タバココナジラミ(バイオタイプB)　65

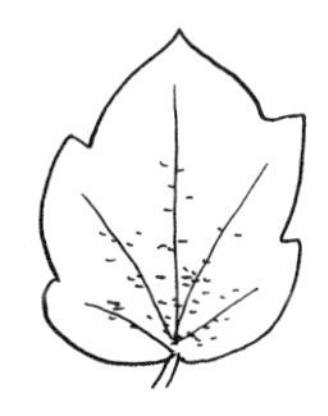

葉では，はじめ葉脈にそってカスリ状の白い小斑点を生じる。葉の裏表に黄色で小さい成虫・幼虫が見える。新葉はやや縮れる

……ミナミキイロアザミウマ　63

ひどくなると葉が巻き込まれ，すす病で汚れる……アブラムシ類　64

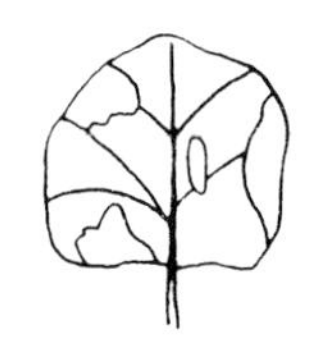

葉が綴り合わされ，その中に幼虫がいる。葉が蚕食される……ワタヘリクロノメイガ　70

《果実の症状》

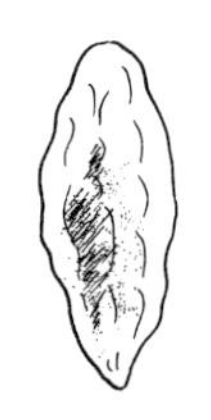

果実の一部がケロイド状となる。ひどい場合は全体におよぶ

……ミナミキイロアザミウマ　63

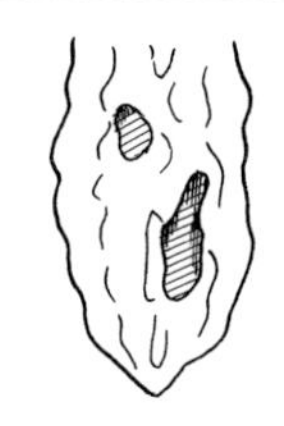

果実の表面をけずるように食害する。または食入し孔をあける …… ワタヘリクロノメイガ　70

《根の症状》

根にじゅず状のコブができる。葉が萎凋して生育が不良となり，
下葉から枯れる ………………………………………………………… サツマイモネコブセンチュウ　60

●アブラナ科

《葉の症状》

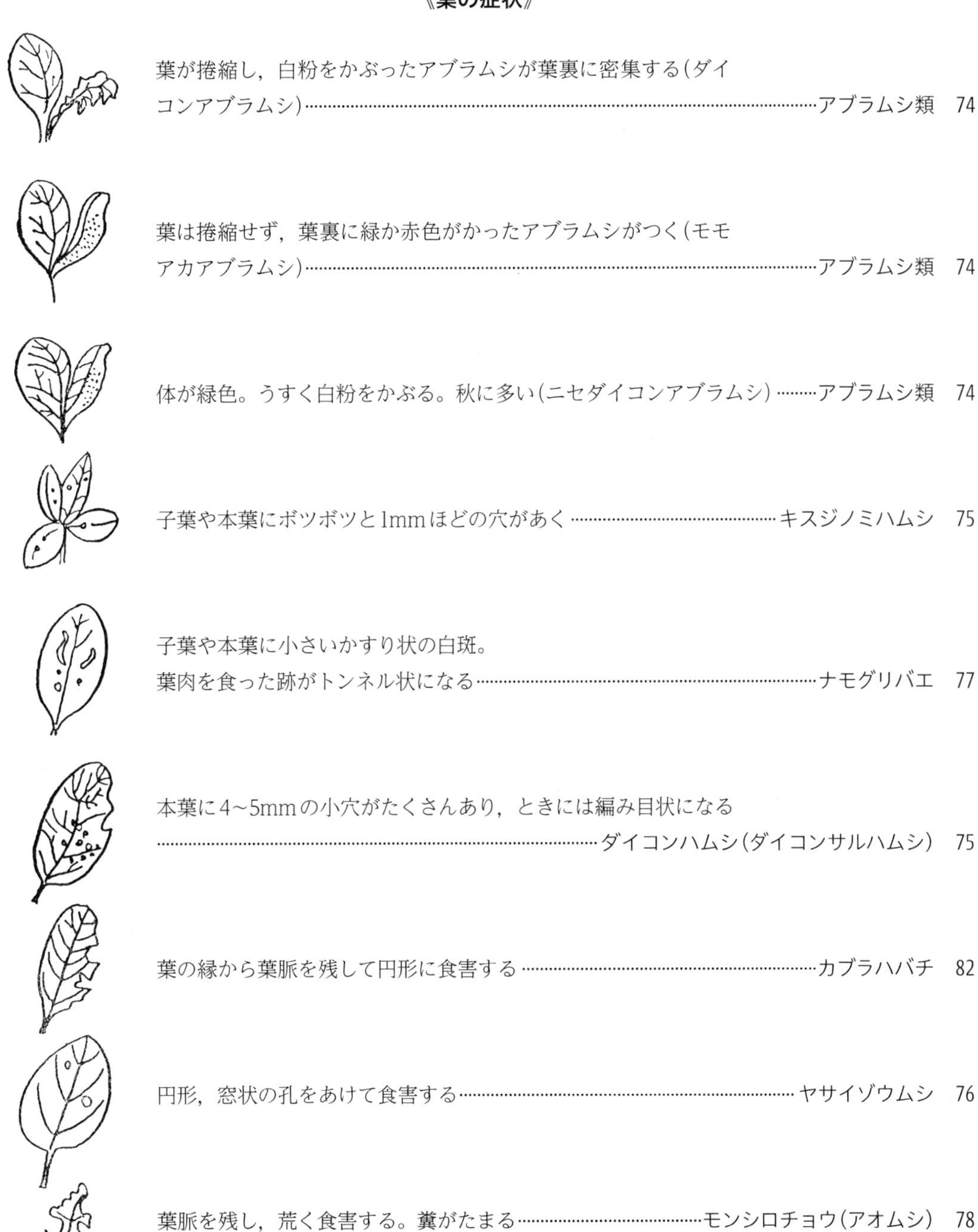

葉が捲縮し，白粉をかぶったアブラムシが葉裏に密集する(ダイコンアブラムシ)……アブラムシ類　74

葉は捲縮せず，葉裏に緑か赤色がかったアブラムシがつく(モモアカアブラムシ)……アブラムシ類　74

体が緑色。うすく白粉をかぶる。秋に多い(ニセダイコンアブラムシ)……アブラムシ類　74

子葉や本葉にボツボツと1mmほどの穴があく……キスジノミハムシ　75

子葉や本葉に小さいかすり状の白斑。
葉肉を食った跡がトンネル状になる……ナモグリバエ　77

本葉に4～5mmの小穴がたくさんあり，ときには編み目状になる……ダイコンハムシ(ダイコンサルハムシ)　75

葉の縁から葉脈を残して円形に食害する……カブラハバチ　82

円形，窓状の孔をあけて食害する……ヤサイゾウムシ　76

葉脈を残し，荒く食害する。糞がたまる……モンシロチョウ(アオムシ)　78

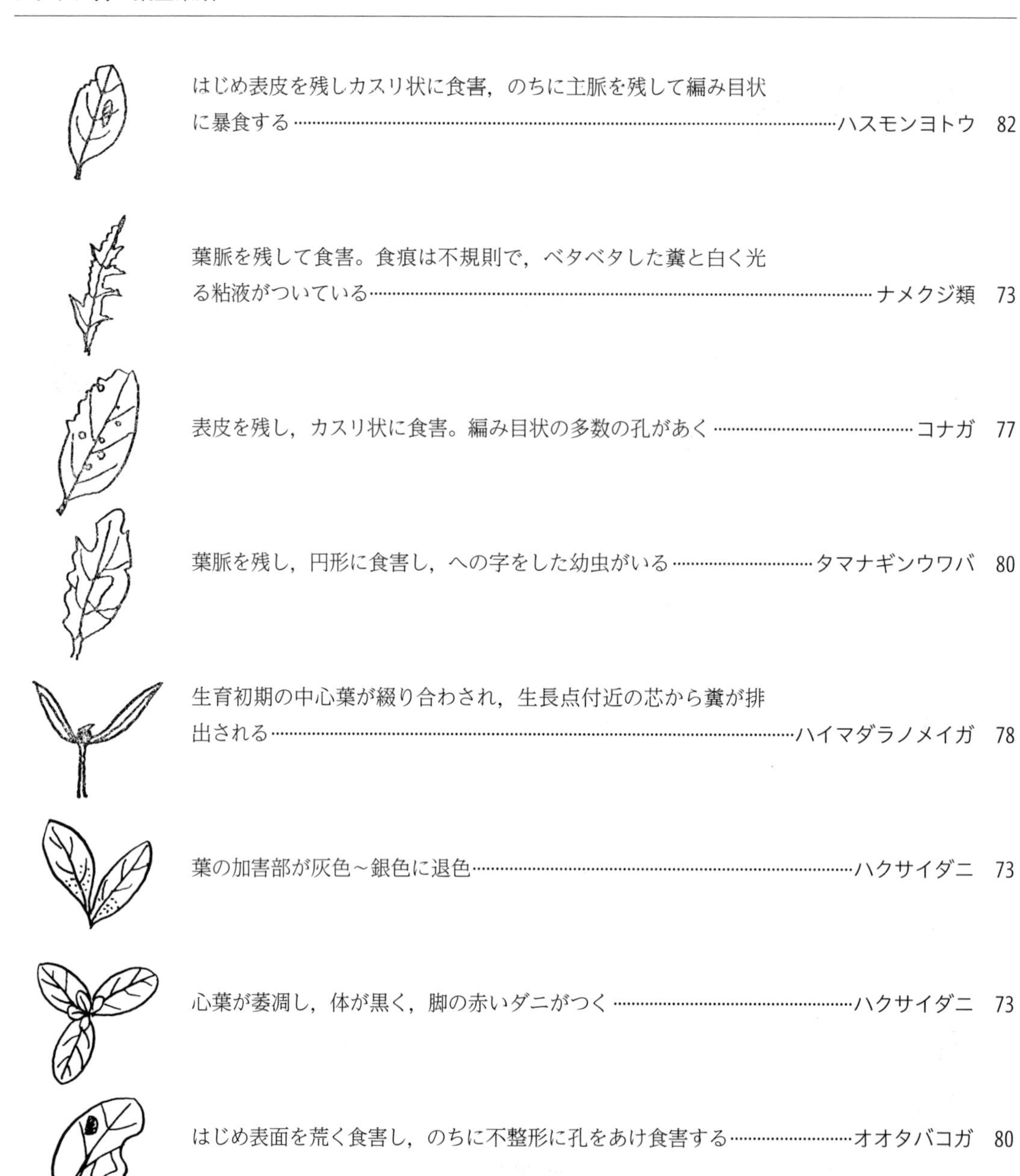

はじめ表皮を残しカスリ状に食害，のちに主脈を残して編み目状に暴食する……ハスモンヨトウ 82

葉脈を残して食害。食痕は不規則で，ベタベタした糞と白く光る粘液がついている……ナメクジ類 73

表皮を残し，カスリ状に食害。編み目状の多数の孔があく……コナガ 77

葉脈を残し，円形に食害し，への字をした幼虫がいる……タマナギンウワバ 80

生育初期の中心葉が綴り合わされ，生長点付近の芯から糞が排出される……ハイマダラノメイガ 78

葉の加害部が灰色～銀色に退色……ハクサイダニ 73

心葉が萎凋し，体が黒く，脚の赤いダニがつく……ハクサイダニ 73

はじめ表面を荒く食害し，のちに不整形に孔をあけ食害する……オオタバコガ 80

《茎の症状》

株元がかみ切られる。土中に丸くなった黒っぽい幼虫がいる……ネキリムシ類 79

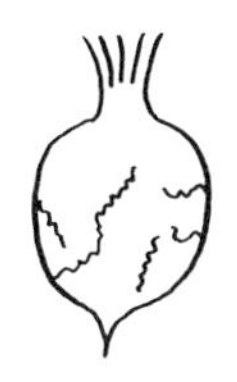

《根の症状》

苗がしおれ，根に白いうじ状の虫がいる。ダイコン，カブの表皮にミミズの這ったような食痕がある……キスジノミハムシ　75

《花または子房の症状》

花梗に密集している。体に厚く白粉をかぶる(ダイコンアブラムシ)……アブラムシ類　74

●ホウレンソウ

《種子の症状》

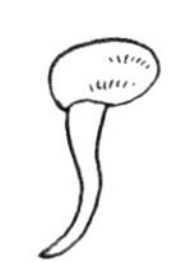

種子の胚芽が食害され，発芽しない……タネバエ　87

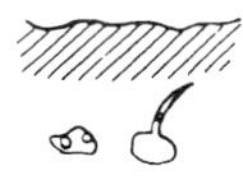

種子および幼植物が地中で加害され発芽しない……コナダニ類　84

《幼植物の症状》

地上部が食害される……ハスモンヨトウ　88

《葉の症状》

葉の奇形(ケロイド，わん曲)を生じ，激しい場合は心止まりになる……ミナミキイロアザミウマ　85

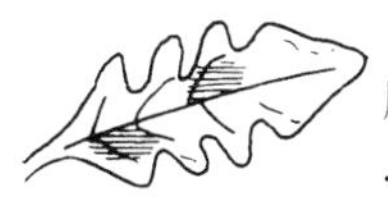

展開葉ではおもに葉裏が加害され，シルバーリング症状となる……ミナミキイロアザミウマ　85

葉表がカスリ状になる……ミナミキイロアザミウマ　85

新葉時に加害され，展開するとコブ状の小突起を生じ縮葉し奇形となる……コナダニ類　84

葉裏から食害を受け，葉に大小の不規則な孔があく。加害が進むと葉が食い破られる……ハスモンヨトウ　88

若齢幼虫が表皮を残して葉裏から食害してスカシ状となる……ヨトウガ　88

表皮だけを薄く残して葉肉が食害される……シロオビノメイガ　87

葉の表面に白い小斑点を生じる（吸汁痕，産卵痕）。時間がたつとやや膨らんで，斑点となる……アシグロハモグリバエ　86

葉面にくねくねとした線状の食害痕が現われる。とくに葉裏に多い……アシグロハモグリバエ　86

中心葉が加害されて小孔があき，その周囲は褐変する……コナダニ類　84

心葉内の若齢幼虫が食害した新葉は，伸長して小さな孔の食害痕となる……ヨトウガ　88

幼虫に食い荒らされて葉柄だけの丸坊主になる……シロオビノメイガ　87

《根の症状》

発芽直後の根部を食害する……タネバエ　87

《株全体の症状》

株全体が萎縮する……ミナミキイロアザミウマ　85

全体に萎縮し，葉は奇形となり，枯死株も見られる……モモアカアブラムシ　85

●レタス

《葉の症状》

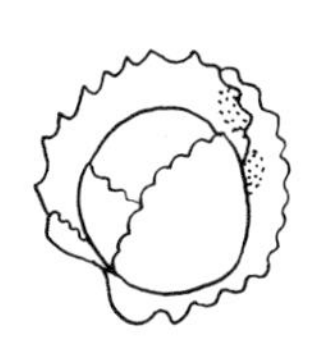

外葉や外葉と結球葉の間にコロニーが見られる……アブラムシ類　90

結球の中心部にコロニーが形成される（レタスヒゲナガアブラムシ）……アブラムシ類　90

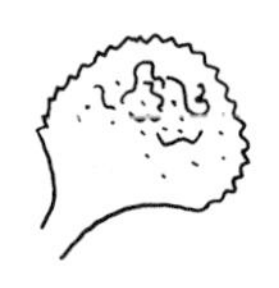

吸汁，産卵痕が白い点として残り，幼虫の食害痕が白く不規則な曲線を描く……ナモグリバエ　91

半分に切ると内部が食害され褐変している。外観上は健全に見える場合がある……オオタバコガ　91

外葉，結球部ともに食害される……ハスモンヨトウ　92

●シュンギク

《葉の症状》

葉や新芽の養分を吸汁する。葉に傷がつき，縮れたり，奇形となる。新芽が硬化し，伸長が止まる……アザミウマ類　94

葉や新芽の養分を吸汁する。粘液状の排泄物が葉や新芽に付着し，すす病が発生して黒く汚れる……アブラムシ類　95

幼虫が集団で葉を食害し，孔があく……ヨトウムシ類　96

葉を食害し，葉に曲がりくねった帯状の白い筋が現われる……ハモグリバエ類　95

●セルリー

《葉の症状》

葉に線状の食害痕が現われる……マメハモグリバエ　101

幼虫が集団で食害する……ハスモンヨトウ　101

孔があいたように食害され，銀色のほふく痕が残っている……ナメクジ類　98

《茎（葉柄）の症状》

表面を深くかじられる……ハスモンヨトウ　101

表面を浅くかじられ，銀色のほふく痕が残っている……ナメクジ類　98

葉や茎の養分を吸汁する

カスリ状の白斑が現われ葉色が黄化する。葉裏に寄生する……ハダニ類　98

葉色が黄化し，新葉が萎縮する。葉裏や茎に寄生する……アブラムシ類　99

葉色が黄化し，すす病が発生する。葉柄が白化する。葉裏に寄生する……………………………………………………タバココナジラミ（バイオタイプB）　100

●パセリ

《葉の症状》

葉の養分が吸汁され，葉色が黄化し，次第に白くカスリ状になる……………ハダニ類　103

若齢幼虫は葉裏から葉表の表皮を食害し，中齢期以降は葉全体を食害する……………………………………………………ヨトウムシ類　104

●ミツバ

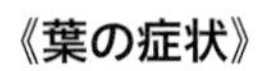

《葉の症状》

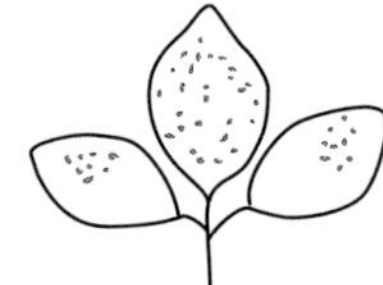

汁を吸われた部分が点々と色抜けする。多発時は葉が黄化し，枯死することもある……………………………………………ハダニ類　106

虫が分泌する透明の粘液状の排泄物質や，その上に繁殖するカビ（すす病）により黒く汚れる。多発時は茎葉がしおれ，枯死することもある……………………………………………………アブラムシ類　106

葉の一部または全部が食われてなくなる。多発時は株全体が食われてなくなることもある……………………………………チョウ・ガ類　107

●ネギ類

《葉の症状》

内側からかじって害する

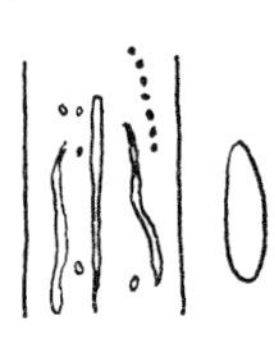

葉に白く線状の食痕をつくる。産卵痕は白い点が規則的に並ぶ………ネギハモグリバエ　110

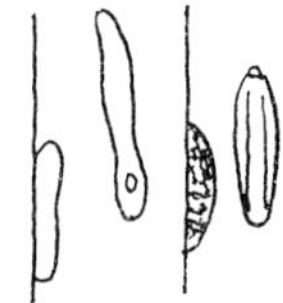

葉に白く透けた幅のある食痕をつくる。葉の表面に目の粗いまゆがついている……………ネギコガ　111

吸収あるいはなめて害する

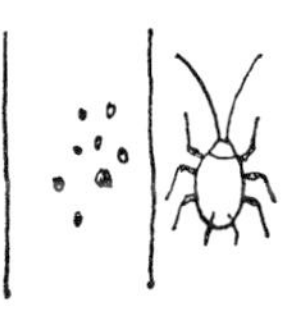

葉の表面にごまのような黒い虫が寄生している……………ネギアブラムシ　110

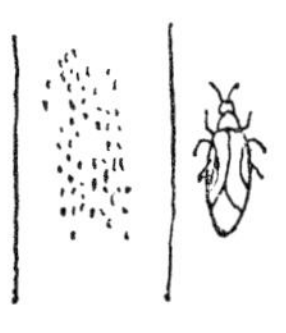

葉の表面に細長い褐色の虫が寄生している。葉は細かいカスリ状斑点となる……………ネギアザミウマ　109

葉身内に食入した幼虫が葉先を内部から食害し，表皮だけ残り白っぽく見える。被害葉をさくと幼虫がいる……………シロイチモジヨトウ　112

《花・実の症状》

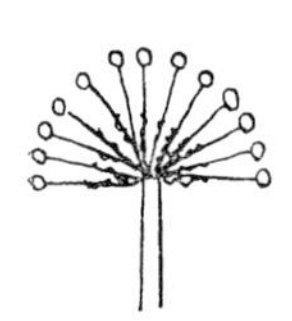

花そう内にごまのような黒い虫が寄生して汁液を吸う……………ネギアブラムシ　110

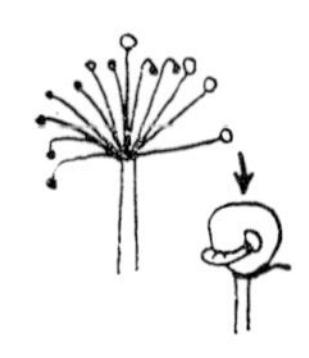

未熟な種子に穴をあけて食害する。著しいときは果そう全体を枯らしてしまう……ネギコガ　111

《地下部の症状》

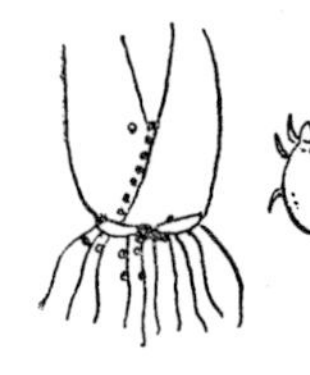

根や茎盤部，枯死した葉鞘の内側などに，ケシ粒のような乳白色の光沢のある虫が寄生して食害する……ロビンネダニ　109

発根部付近に白色のうじが寄生して食害する……タマネギバエ　110

●アスパラガス

《茎葉の症状》

擬葉が食われて少なくなり，茎に削ぎ取られたような痕やえぐり取られたような痕がある

体色の目立たないイモムシがいる……ハスモンヨトウ　114

……ヨトウガ　114

……ジュウシホシクビナガハムシ（幼虫）　113

黒斑のある赤い甲虫がいる……ジュウシホシクビナガハムシ（成虫）　113

カスリ傷や変色箇所がある

カスリ状の傷，スジ状の傷，褐変箇所があり，体長1mmほどの細長い虫がいる……ネギアザミウマ　113

●シソ

《葉の症状》

幼虫が表皮を残して集団で食害し，被害部が白～褐変して見える……………ハスモンヨトウ　117

葉裏に白く抜ける細かな斑点がある……………カンザワハダニ（ナミハダニも同様の症状）　116

葉が縮れたようになり，光沢を帯びて見える……………チャノホコリダニ　116

葉が縮れたようになり，裏側に体長約1mmの虫が群生……………アブラムシ類　117

●ジャガイモ

《茎葉の症状》

成虫・幼虫とも葉の裏側に，太い短線を並べた食痕をつくる。葉脈を残し編み目状となる。のちに葉は縮んで枯れる……………テントウムシダマシ類　120

葉の裏に寄生。群集寄生し，葉が巻いたりしおれたりする（ワタアブラムシ）……………アブラムシ類　119

葉の裏に寄生。群集寄生する。葉は巻いたり，縮んだりしない（モモアカアブラムシ）……………アブラムシ類　119

葉の裏に寄生。群集性がない。寄生部分が縮む（ジャガイモヒゲナガアブラムシ）……………アブラムシ類　119

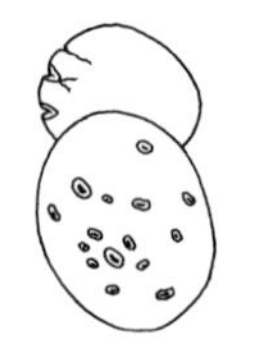

《塊茎の症状》

塊茎に小さな食入痕が発生する……………ナストビハムシ　120

●サツマイモ

《葉の症状》

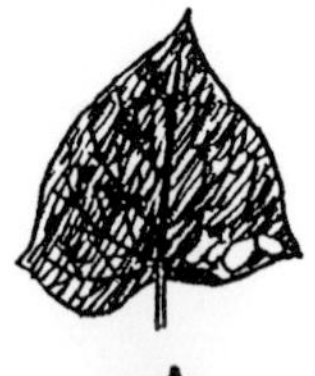

葉を折って綴り，内側から表皮を残して食害する……………イモキバガ（イモコガ）　124

葉の葉脈を残して食害する……………ナカジロシタバ　126

若齢幼虫による葉が白く透けて見えるような白変葉が目に付く……………ハスモンヨトウ　126

葉柄だけが残るような食害をする………………………………………………………………エビガラスズメ　125

新葉の葉裏に寄生する。葉が縮れたり巻いたりする………………………………アブラムシ類　123

《塊根の症状》

皮目部分に黒褐色のしみや小さな亀裂を生じたり，根が褐変して腐る……………………………………………………………………………………ミナミネグサレセンチュウ　123

えぐり取られたような被害であるが，被害の深さは比較的浅い…………………コガネムシ類　124

塊根の細根発生部分がえくぼ状に凹んだり割れ，さらに融合してケロイド状や裂開になる………………………………………………………………ネコブセンチュウ類　122

●サトイモ

《葉の症状》

若齢から中齢幼虫は表皮を残して食害し，白変葉となる。老齢幼虫は葉脈を残して全葉食害する………………………………………………………………ハスモンヨトウ　129

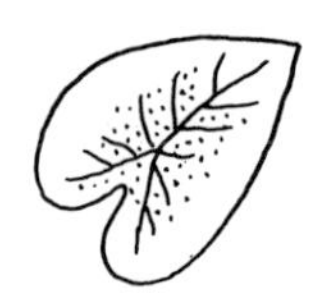

アブラムシは葉裏に多発して，葉が黄変する……………………………………ワタアブラムシ　128

《根の症状》

赤褐色条斑が見られ，その後根全体が褐色に腐敗，消失する
………………………………………………………………………………ミナミネグサレセンチュウ　128

●ヤマノイモ

《つる・葉の症状》

春期につるの先端(生長点)から虫糞が発生している……………………ナガイモコガ(幼虫)　132

葉の表皮を残し編み目状に食害する…………………………………………ナガイモコガ(幼虫)　132

《根の症状》

細根やいもの表皮にコブが発生している。コブが多発すると土が
落ちにくく，腐敗することもある……………………………………………センチュウ類　131

●ニンジン

《葉の症状》

かじって食う

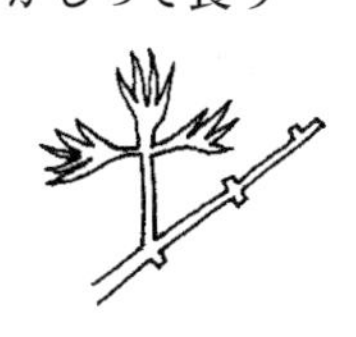

軸だけ残して，丸坊主にする。幼虫は緑色で，シャクをとって歩く……キンウワバ類　135

……キンウワバ類(幼虫)　135

軸だけ残して，丸坊主にする。幼虫の小さいときは黒地に白い模様がある。成長した幼虫は緑と黒の縞模様となり，橙赤色の斑点がある……キアゲハ　134

……キアゲハ(終齢幼虫)　134

《根の症状》

根にコブをつくる

主根やヒゲ根に小さいコブがたくさんついている(ネコブセンチュウ)……センチュウ類　133

根を腐らせる

主根が寸詰まり状に先が切れ，そこからブラシ状に細根をだしたり岐根になる(ネグサレセンチュウ)……センチュウ類　133

白い細根が淡褐色に変色している(ネグサレセンチュウ)……センチュウ類　133

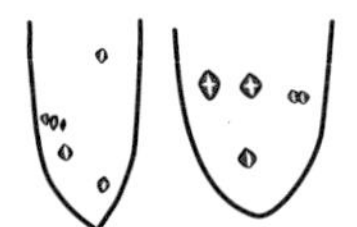

収穫期ごろ，主根に亀裂を伴う菱形状の小褐斑がでる(ネグサレセンチュウ)……センチュウ類　133

●ゴボウ

《葉の症状》

葉に孔をあけて食害する……………………………………………コガネムシ類（成虫）　137

葉裏に集団で寄生する。葉は裏側にわん曲する………………………アブラムシ類　136

《根の症状》

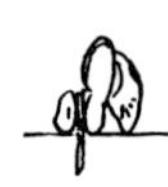

幼苗の根が食害され，株がしおれる…………………………………コガネムシ類（幼虫）　137

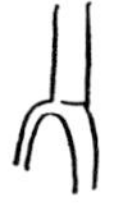

主根が害され，岐根になる（ネグサレセンチュウ）…………………センチュウ類　136

根部表面が食害される…………………………………………………コガネムシ類（幼虫）　137

上位部に黒褐色のしみや小さな亀裂を生じる（ネグサレセンチュウ）…………センチュウ類　136

ひげ根に小さいコブが付いている（ネコブセンチュウ）………………センチュウ類　136

●ショウガ

《茎（偽茎）の症状》

茎の上部が萎れたり，心枯れ茎となる

淡褐色で背面に一本の縦線のある幼虫。動きはすばやい……アワノメイガ　139

茎が元から切断される

……ネキリムシ類　139

●ミョウガ

《葉の症状》

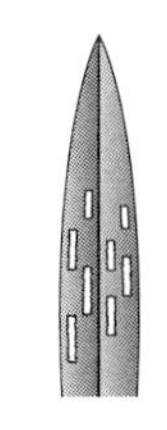

葉脈にそって筋状に葉が白変する……ハスモンヨトウ　141

●レンコン

《葉の症状》

吸汁して害する

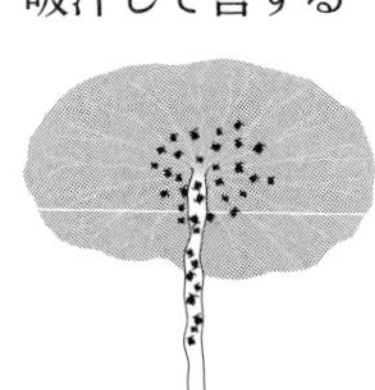

葉裏や葉柄に寄生する……クワイクビレアブラムシ　142

《根茎の症状》

根茎内に寄生する

根茎の表皮にユズ肌のような凹凸の症状を発生させる
……レンコンネモグリセンチュウ　142

●ワサビ

《葉の症状》

葉を食害する……アオムシ類　143
……カブラハバチ　144

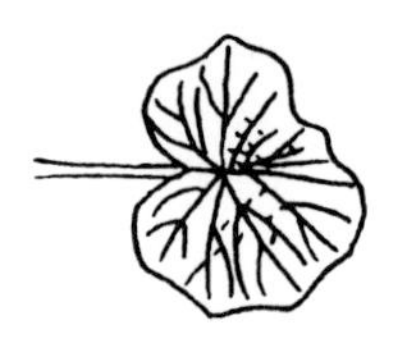

葉裏，幼葉に集団で寄生し，ひきつれたような奇形葉となる……アブラムシ類　143

●マメ類

《葉の症状》

レース状に葉裏から食害される……インゲンテントウ　146

白く点々と葉色が抜ける……ハダニ類　145

幼虫が表皮を残して食害するため白変して見える。または葉が食い破られる……ハスモンヨトウ　147

……シロイチモジヨトウ　147

《茎葉の症状》

若い芽や茎に群がって寄生し，吸汁するので伸長が止まり，枯れる(ソラマメ)(マメアブラムシ)……アブラムシ類　145

《莢の症状》

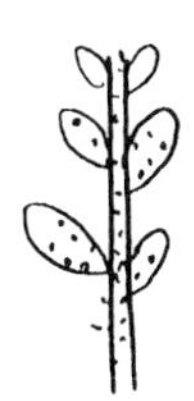

養分が吸収されるので，莢が大きくならない(ソラマメ)(マメアブラムシ)……アブラムシ類　145

●スイートコーン(トウモロコシ)

《葉の症状》

葉が食害される……アワヨトウ　149

葉裏に虫などが付着する。青緑色の虫が群生する。青緑色で少し白粉をつける(灰黄色に見える)(キビクビレアブラムシ)……アブラムシ類　148

葉裏に虫などが付着する。青緑色の虫が群生する。濃青緑色(暗褐色に見える)(ムギクビレアブラムシ)……アブラムシ類　148

太い中央の葉脈の側面に小さな虫糞……アワノメイガ　148

白色，扁平のウロコ状物……アワノメイガ　148

変形する。葉が縮れてシワ状になる(キビクビレアブラムシ)……アブラムシ類　148

《雄穂の症状》

小さな虫が群生する。1～2mmの虫が群生する(キビクビレアブラムシ)……アブラムシ類　148

穂の分岐部から虫糞がでる。雄軸が折れる……アワノメイガ　148

《雌花の症状》

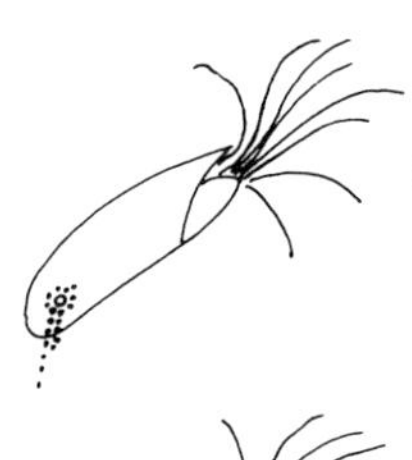

虫糞がでる。虫糞を取り除くと食入孔が見つかる……………アワノメイガ　148

小さな虫が群生する。濃青緑色，1～2mmの虫が群生(ムギクビレアブラムシ)……………アブラムシ類　148

《子実の症状》

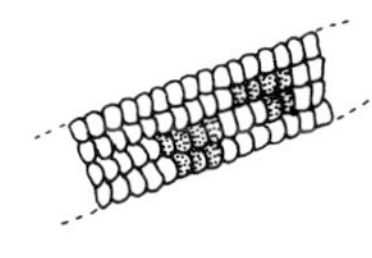

子実が腐り，ときには青いカビが生える。長さ2mm前後の淡灰黄色の虫がいることもある……………アワノメイガ　148

《茎の症状》

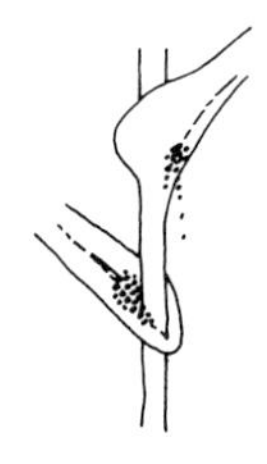

葉の付け根から虫糞がでる……………アワノメイガ　148

《筒状部の症状》

出穂前の株において筒状部に黒褐色の虫糞がたまる。また，葉も食害される……………アワヨトウ　149

トマト

【CMVによるモザイク病】

⇨解説：病1

CMVによる葉のモザイク症状。葉に黄緑色の退色部分が入り混じり，モザイク症状を呈する。

CMVによる果実のえそ症状。表面が凸凹になり，褐色，不整形，ケロイド状のえそ症状を生じることもある。

【ToMV, TMVによるモザイク病】

⇨解説：病2

ToMVによる葉の病徴。葉の濃淡によるモザイク症状はCMVより軽微である。

ToMVによる茎葉のえそ症状。低温期に感染すると葉や茎に褐色斑点状，または茎に条斑状のえそ症状を現わすことがある。

ToMVによる果実のえそ症状。リング状のえそ症状を現わすこともあり，幼果では全体が褐色になることもある。

【黄化葉巻病】 ⇨解説：病3

初期症状。葉の縁から黄化し葉巻きする。

上／大玉トマトの典型的な症状。タバココナジラミにより伝搬される。**下**／ミニトマトの症状。

【黄化えそ病】 ⇨解説：病3

左／上位葉のえそ斑点，輪紋症状。**右**／茎，葉柄のえそ条斑症状。

幼果がえそ斑点・輪紋をともない，部分的にコブを生じた症状。

【青枯病】⇨解説：病5

左／地上部の病徴。水分を失ったように葉茎が萎れ，やがて株全体が急激に萎凋し，枯死する。
中／発病株および感染株では地ぎわ付近の茎部に気根の発生が認められる。
右／萎凋した株の地ぎわ部の茎を切って水に浸漬すると，青枯病菌が溶出して白濁する。

【斑点細菌病】⇨解説：病6

初期の被害状況。下葉から不整形の暗褐色小斑点が発生し，周辺から黄化する。個々の病斑は数mmの大きさにとどまる。

葉身・葉柄の病徴。小斑点が葉全体に広がり，癒合して大型病徴を形成する。進行すると葉柄にも同様の小斑点が発生する。

果実の病徴。周縁が白く縁取られた褐色小斑点が生じ，やがて中央部が少し隆起してコルク化したそうか（かさぶた）状の病斑となる。

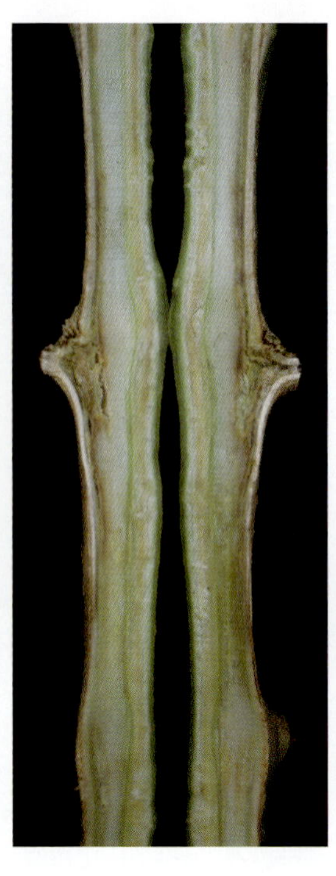

【かいよう病】⇨解説：病7

左／初期の症状。葉が生気をなくしてしおれる。

中／維管束部の褐変。茎や葉柄の維管束部が褐変する。さらに病徴が進むと随部も褐変して粉状となり崩壊する。

右／果実の症状。病斑の中央部は褐色，周りは白色の鳥の目状の小さい病斑を形成する。

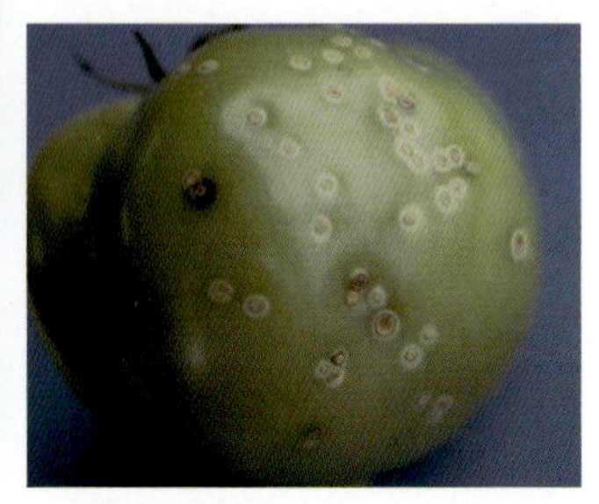

【疫病】⇨解説：病8

上左／葉の被害。発生初期の症状。小さな不規則の湿潤性・灰緑色の病斑を生じる。

上右／多湿時に発生する白い霜状のカビ。

下左／脇芽を欠いた部分の発病。

下右／緑果に発生した輪郭の不鮮明な暗褐色の病斑。

【灰色かび病】⇨解説：病9

葉の病斑。葉に発生した褐色の大型病斑と表面に生じた灰色のカビ。

幼果での発生。咲き終わった花弁に灰褐色のカビが発生し，やがて全体がカビに覆われ，肥大せずに終わる。

【葉かび病】⇨解説：病10

下葉からの激しい発病。

上／葉表の初期症状。退色から白色の円形病斑が形成される。**下**／葉裏の初期症状。灰～黄褐色，茶色，灰紫色，オリーブ色などのビロード状のカビを生じる。

【半身萎凋病】 ⇨解説：病11

左／雨よけ栽培での発病のようす。ハウス入口やサイド部分で発生しやすい。下位葉が慢性的に枯れ上がるものの，枯死することは少ない。**右上**／初期症状。下位の小葉に部分的な黄化が認められる。**右下**／導管部の褐変。発病株の導管部には淡い褐変が認められる。

【斑点病】 ⇨解説：病12

左／典型的な葉の病徴。褐色～黒褐色の斑点を多数生じる。
右／茎・葉柄にも斑点を生じる。

【萎凋病】 ⇨解説：病12

左／萎凋病（レース2）発生初期の症状。下葉の片側が黄化する。**中**／レース3の発病症状。1月に発生した比較的初期の症状。**右**／レース3により甚大な被害を受けた圃場（6月）。

導管褐変。茎の外皮をはぐと導管部が褐変している。

【褐色根腐病】 ⇨解説：病13

茎葉の萎れ。根部腐敗による吸水不良によって茎葉がしおれ，果実肥大が劣る。

罹病根（左）と健全根。罹病根では，細根がほとんどなく，やや太いゴボウ根になっている。

根が侵されると松の幹のようにがさがさになる。

【黒点根腐病】⇨解説：病14

地上部の病徴。トマトの茎葉は下葉から黄化し，やがて株が萎凋して枯死する。

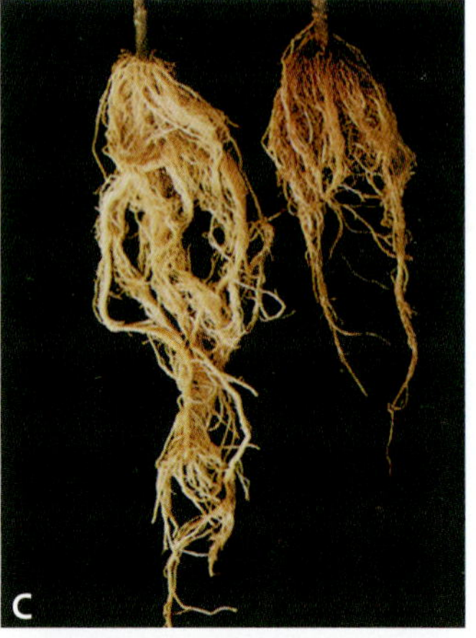

A／罹病株の根。罹病根表面の小黒点は病原菌の分生子層。ここに多数の分生子が形成され伝染源となる。**B**／分生子層と剛毛の顕微鏡写真。根に生じた小黒点を顕微鏡で観察すると，分生子層と剛毛が観察される。**C**／根の病徴。根は褐変腐敗している。左側は健全株。

【根腐疫病】⇨解説：病15

左／果実肥大・着色期頃に先端葉からしおれ始める。**右**／大根は褐変し，細根は腐敗脱落する。

【根腐萎凋病】⇨解説：病16

萎凋症状。全身がしおれ，下位葉から黄化する。

茎の褐変。発病した株の地ぎわ部を切断すると褐変している。

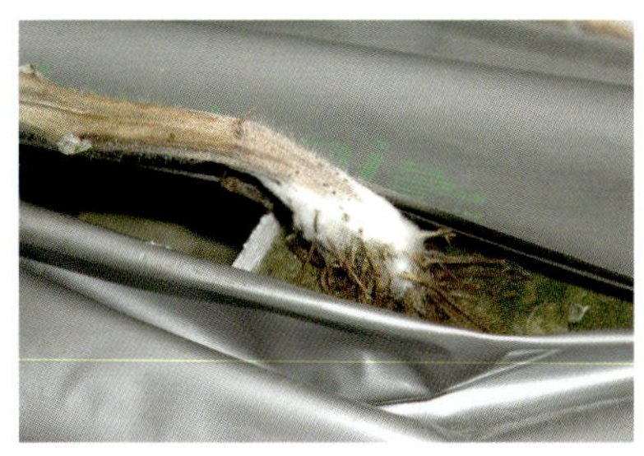

菌体の繁殖。枯死した株は，地ぎわ部の茎表面に菌体が繁殖することがある。

【輪紋病】⇨解説：病17

初発病斑（葉表）。暗褐色の小斑点を形成する。病斑周縁は黄色を呈することが多い。

初発病斑（葉裏）。罹病組織はやや陥没する。

病斑（葉裏）。多湿条件下ではビロード状のカビを生ずる。

【白絹病】 ⇨解説：病17

左／初期の病徴。地ぎわ部の茎が褐変して水侵状となり，白色の菌糸が見え始める。
右／地ぎわ部の茎上にできた，白（未熟）～茶褐色（完熟）菌核と菌糸。
下／残さ上の菌核。夏作物の残さを放置すると菌核をつくり，翌年の伝染源になる。

【すすかび病】 ⇨解説：病18

すすかび病の葉裏の初期病徴。葉かび病よりやや黒っぽい菌叢を形成する。

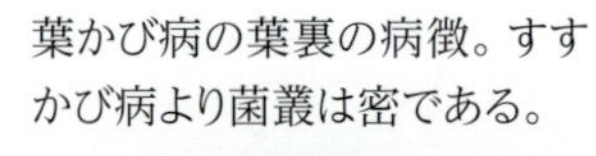

葉かび病の葉裏の病徴。すすかび病より菌叢は密である。

【うどんこ病】⇨解説：病19

発病初期。葉の表面にうどん粉を振りかけたような白いカビが生える。

発病後期。被害部分の葉の表面は黄化し，裏面は褐色になり，のちに褐変壊死・落葉する。

【しり腐病】⇨解説：病20

しり腐れ果は着色が早く，肥大が停止し，小型果となる。

未熟果のしり腐れ果。めしべの根基から病変が始まる。果実は扁平となる（縦方向の生長が停止する）。

ナス

【モザイク病】 ⇨解説：病21

左／初期のモザイク斑紋（CMV）。生長点に近い葉に不明瞭なモザイク斑紋が見られる。すかしてみると，確認しやすい。**右**／葉のモザイク症状（CMV）。葉の表面に円形状に濃い緑色部分とやや薄い緑色の部分がモザイク状に生じる。

果実の表面に生じた凹凸（CMV）。果実の表面が波打ったように凸凹状になることがある。

【黄化えそ病】 ⇨解説：病22

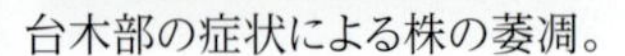

台木部の症状による株の萎凋。

褐変した台木部の維管束。

上／生長点付近の葉での発病。褐色のえそ斑点を生じる。**下**／展開葉での病徴。輪紋状に退緑し，やがて褐色のえそ輪紋となる。

【青枯病】⇨解説：病22

初期の病徴。茎葉の一部が水分を失って急にしおれる。

典型的な症状。病勢の進展は早く，4~5日で枯れてしまう。

【灰色かび病】⇨解説：病24

幼果の萼下部分から発病した症状。褐色の輪紋状の病徴を生じ，のちに灰褐色のカビを密生する。

果実の病斑。灰色かび病菌により果面に水疱症を生じる。

葉の病斑。葯が葉上に落下し，そこから灰色かび病が発生。淡褐色で輪紋状，不整形の大型病斑を生じる。

【半身萎凋病】⇨解説：病25

右／典型的な葉の症状。初め葉脈間が部分的に黄化し，のちに褐変する。**左**／発病初期の症状。下葉のところどころに褐色斑が生じ，葉がしおれる。

【褐色腐敗病】⇨解説：病26

茎の罹病部分は軟腐状に腐敗し，その上部は枯死する。罹病部分に白色～灰褐色のカビ（病原菌菌糸）が見られる。

罹病果実の典型的な症状。果実は軟腐状に腐敗しており，表面に汚れたようなカビを多数生じる。

【褐斑細菌病】⇨解説：病25

育苗ハウス苗の病斑。多湿時には，黒褐色で比較的大きな病斑となる。

葉の病斑。黒褐色で不整型，周辺部がやや黄色の病斑ができる。

発生初期の病斑。周辺部に明瞭な黄色のハローがあり，不整型の病斑ができる。

【褐色円星病】⇨解説：病27

褐色円形の病徴を
多数生じた病葉。

激発した病葉の典型的な症状。
病斑の縁がはっきりしてきて，次
第に中心部が破れて穴があく。

激しく発病した株。

【褐紋病】⇨解説：病27

下葉の病斑。病斑は下葉から
生じる。周辺部が褐色で内部
が淡褐色～白色の円形病斑。

輪紋を生じた病斑。輪紋上に
黒色小点（病原菌の柄子殻）
が見られることがある。

大型病斑上の柄子殻。病変部
には黒色小点（柄子殻）が形成
される。

果実の病斑。果実に生じた円
形の凹んだ病斑。輪紋形成が
見られる。

【菌核病】⇨解説：病28

主に茎が侵されて生じた水浸状の病斑。

茎での発病。枝枯れとなり，病斑上の菌糸は集合して白いかたまりをつくり，のちに黒い菌核となる。

果実での発病。茶褐色の水浸状の病斑を生じ，菌核を形成する。

【黒点根腐病】⇨解説：病29

葉の症状。発病し，下位葉の黄化，萎凋が見られるナス。

根の症状。根が褐変した発病株（左は「トナシム」，右は「台太郎」）。

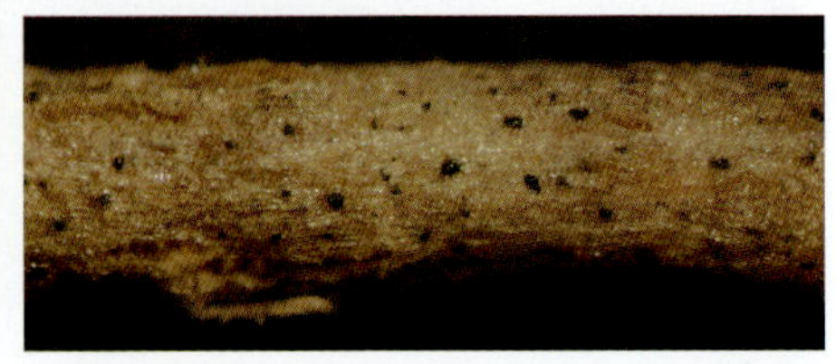

根表面の菌核。根の表面に形成された小黒点の菌核。

【黒枯病】⇨解説：病30

葉の病徴。黒褐色の
病斑を生じる。

果実の症状。多発すると
果実に水疱状の隆起した
小点を生じる。

【すす斑病】⇨解説：病30

典型的な病斑。葉の表面
は径5～10mm，黄褐色，
円形の病斑に拡大する。

【すすかび病】⇨解説：病31

典型的な病斑。葉の表面
は径5～10mm，褐色，円
形の病斑に拡大する。

発病初期の症状。葉裏に2～3mmの円形の
小斑点ができて，白っぽいカビが生じる。

【うどんこ病】⇨解説：病32

左／葉の病徴。主に葉が侵され，はじめ表面に点々とした白色のカビが生じ，しだいに広がって円形の病斑を形成する。のちに葉全体がうどん粉をふりかけたような病斑となる。
右／果実の病斑。多発生状態になると果実の果梗や萼にもうどんこ病の病斑が現われる。

多発時の症状。のちに黄褐色となって落葉する。

【フザリウム立枯病】⇨解説：病32

罹病枝。表面がやや凹んでおり，中は空洞化している。

子のう殻。病徴が進むと本病に特徴的な赤い子のう殻が観察されることがある。

ピーマン

【モザイク病】⇨解説：病34

PVYによる黄斑モザイク症状。

CMVによるモザイク症状。

左／PMMoVによる葉のモザイク症状。
右／PMMoVによる果実のモザイク症状。

【青枯病】⇨解説：病34

全体に生気を失って萎凋・枯死する。急激な青枯れ症状を起こす。盛夏に発病が多い。

【斑点細菌病】⇨解説：病35

A／葉表の症状。はじめ葉脈に沿って水浸状の斑点が形成される。
B／葉裏の症状。やがてやや隆起し，しだいに拡大して円形または不整形の小斑となる。
C／茎に褐色のかいよう状の病斑を形成する。
D／果実の症状。円形または長楕円形になり，やがてこのようにそうか状を呈する。

C

A

B

D

【軟腐病】⇨解説：病35

果実の病斑。黄白色不規則な斑点を生じる。害虫の食痕などから発病することが多い。

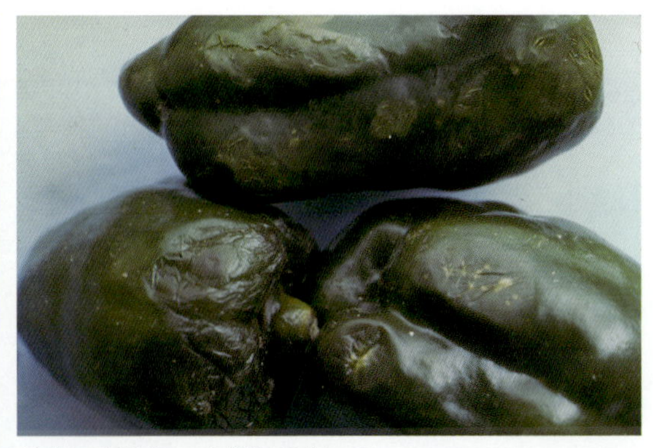

果実に暗褐色の病斑を形成して軟化腐敗する。

【疫病】⇨解説：病36

生育初期の主茎株元の症状。暗褐色水浸状になってくびれ，急速に萎凋・枯死する。

茎での病徴。茎を一周するとそこから上は萎凋・枯死する。

株全体の症状。根，茎が侵され，しおれて枯死する。

【灰色かび病】⇨解説：病36

果頂部からの発病。

果梗部からの発病。

摘果跡の果梗からの発病。

咲き終わった花弁から発病し，果実に灰色のカビを生じて腐敗する。

【白斑病】⇨解説：病37

直径1~2mmの小さな褐点が生じ，次第に拡大して白色の病斑になる。周辺は濃褐色。

ハウス栽培で，主に葉に発生する。

【半身萎凋病】⇨解説：病37

圃場での発生状況。中央の草丈の低い株が発病株。軽いしおれが見られ，生育が停滞気味。

茎の切断面。維管束部に淡い褐変が見られる。

【斑点病】 ⇨解説：病38

左／初発時。葉に直径2~3mmの白色小斑点を生じる。**右**／病勢が進展した症状。病斑の中心は当初の白色小斑を残し，その小斑を中心に，暗褐色または灰白色の輪紋を交互に画きながら拡大する。

果実には中心部に淡褐色の病斑を形成する。

【白絹病】 ⇨解説：病38

左／被害根に形成された菌糸。白い菌糸が形成され，やがてナタネ状の菌核になる。**右**／菌糸が表層から柔組織，維管束にまで至ると根が褐変し，やがて地上部はしおれる。

地表部を匍ふくしている
菌糸と菌核。

【炭疽病】 ⇨解説：病39

左／果実の発病。ややへこんだ褐色斑紋をつくり，輪紋状に拡大する。熟果に多い。**右**／後期。病斑上に分生子層を形成する。

【うどんこ病】 ⇨解説：病39

発生圃場のようす。葉の表面の黄斑と葉の裏の菌叢が見られる。

左／葉裏。白い病斑が見られる。**中**／葉の裏に形成された白色の菌叢（分生子柄と分生子）。多発すると葉の表にも生じる。**右**／黄色に退色した葉の表面。多発し病状が進むと全体が黄化し落葉する。

トウガラシ類

【モザイク病】 ⇨解説：病40

左／TMGMVによるモザイク病。葉に明瞭なモザイク症状が見られる。
右／TMGMVによるモザイク病。茎にえそ症状が見られる。

TMGMVによるモザイク病。果実にモザイク症状が見られる。

【斑点細菌病】 ⇨解説：病41

左／被害葉。融合して径数mmの円形もしくは不整形の病斑が見られる。**上**／不整形の病斑はその周辺部が黄化し落葉しやすい。

【疫病】 ⇨解説：病41

葉には暗緑色水浸状の不規則な病斑があらわれ，進行するとねじれて垂れ下がる。果実にも水浸状の病斑が出現し，多湿時にはその上に白いカビを密生する。

【斑点病】 ⇨解説：病42

左／中心部が灰白色，周辺部が暗褐色の病斑が見られる被害葉。**右**／病勢が進展し，互いに融合した病斑が見られる被害葉。

【白星病】 ⇨解説：病42

被害初期。葉に褐色不整形の小病斑があらわれる。

被害中期～末期。病斑の周辺部は黄変し，中心部は褐色となって亀裂する。

【白絹病】⇨解説：病43

被害株の地ぎわ部に見られる黄褐色のナタネ粒大の菌核や菌糸。

被害株。病勢が進展し，茎葉がしおれ脱水症状を示し，株全体に立枯れ症状が見られる。

【炭疽病】⇨解説：病43

被害初期。主として果実に発生し，黒褐色，不整形の病斑があらわれる。

被害中期。病斑の中心部は黄褐色の壊死状態となり，その部分に黒色の分生子層が点々とあらわれる。

イチゴ

【ウイルス病】⇨解説：病45

収穫圃場で発生した矮化症状。生育が著しく抑制され，下葉が葉緑から赤紫色に変色している。

指標植物（UC-5）に現われたモットルウイルスによる症状。

指標植物（UC-5）に現われたイチゴクリンクルウイルス，イチゴモットルウイルス，イチゴマイルドイエローエッジウイルスとの重複感染症状。

【芽枯細菌病】⇨解説：病45

新芽の被害。新芽の伸長期に，新芽の幼葉や花房の伸長が止まり，黒褐色の芽枯れ状になる。

【疫病】⇨解説：病46

葉柄，葉の黒変，萎凋。

葉の病斑。ジャガイモ疫病に類似。

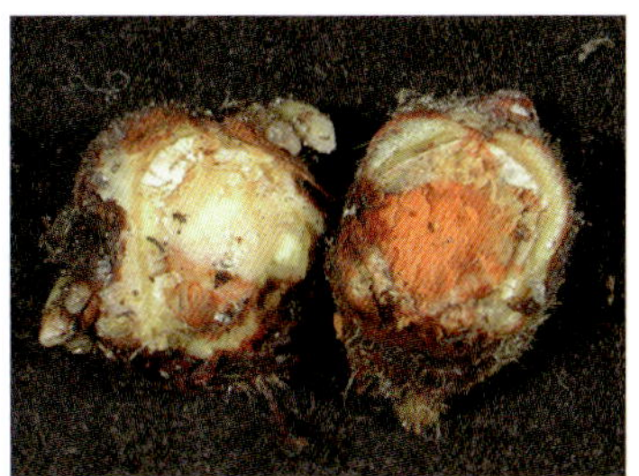

クラウン部横断面。中心部に褐変が進行。

【グノモニア輪斑病】⇨解説：病47

左／病斑。葉脈に達すると病勢は急に進展し，中央脈を先端にしたV字形の大型病斑になる。
右／拡大した病斑。病勢が葉柄にまで及ぶと，それに連なる他の小葉は萎凋・枯死する。

古い病斑。輪状紋が現われ，多くの小粒黒点ができる。病斑部はもろく破れやすい。

【灰色かび病】⇨解説：病48

左／古い葉の葉柄に灰色のカビを生じて腐敗する。
右／果実が淡褐変腐敗し，灰色のカビを生じる。

【萎黄病】⇨解説：病48

圃場での発病。生育が抑制される。萎凋して枯れたり，地上部が萎縮し，新葉が黄変して葉が奇形を示す。

本病の重要な診断マーカー。
左／連続した小葉の奇形。
右／クラウン部の維管束の褐変。

【じゃのめ病】⇨解説：病49

左／収穫期での発生。果実に伝染しないよう防除する。
右／果実の被害。黒色斑点が発生し，商品価値がなくなる。

【菌核病】⇨解説：病49

新芽の被害。激しいときは株全体が枯れる。

果実の病徴の比較。右側は灰色かび病で左が菌核病。品種はとよのか。

【芽枯病】 ⇨解説：病50

つぼみの被害。激発すると，つぼみも侵されて枯死する。

葉柄基部の被害。葉柄基部や托葉が褐変。換気して薬剤散布をする。

【根腐病】 ⇨解説：病51

急性症状初期。4~5月ごろ急に葉がしおれ，ついには枯死する。

根が暗褐色に腐敗して葉がしおれて枯れる。

【輪斑病】⇨解説：病52

ランナーと葉の病斑。ランナーの病斑は炭疽病に似る。品種はさちのか。

しみ状の病斑。品種はさちのか。

V字型に枯れた葉の病斑。品種はさがほのか。

【炭疽病】⇨解説：病53

A／潜在感染株定植による収穫圃場での被害。
B／葉柄に形成された分生子層。葉柄は罹りやすく，分生子層（胞子の塊）を形成し，重要な伝染源となる。

C／クラウン部の褐変症状。クラウン内部が黒褐色に変色し，萎凋枯死する。
D／ほくろ状の斑点型病斑。主に，感染時の柔らかい上位葉に発生する。

【炭疽病（コレトトリカム・アキュティタム菌）】⇨解説：病54

左／ポット育苗でのとよのかの病徴。**右**／ランナーの病徴，分生子層が多数形成されている。

【うどんこ病】⇨解説：病54

A／果実の被害。伝染源にもなり，販売できなくなる。**B**／葉裏の症状。葉裏に激しく発生し，分生子を飛散させている。**C**／葉裏の壊死病斑。夏期の病原菌が弱っている時期に薬剤防除すると効果的。**D**／果梗，花弁の症状。花弁は発病しやすく，紫紅変するので発病マーカーになる。

A

B

C

D

【白絹病】⇨解説：病55

実験により再現された病徴。**上**／菌核の形成。株元や葉柄にナタネ大の菌核が多数形成される。**下**／葉柄部が水浸状になり地ぎわ部に白色の絹糸状の菌糸が見られる。進行すると葉柄基部が軟化。

親株の被害。葉に病斑は出なくとも，地ぎわ部で進行している。

オクラ

【葉すす病】⇨解説：病57

発病初期，葉脈間に黒褐色の斑点が散在する(左)。
黒褐色の斑点が拡大し，不整形病斑になる(右)。

多発時，ハウス栽培では葉の表面にもすす状病斑が覆う。

【灰色かび病】⇨解説：病57

左／開花後の被害。花弁が褐色～黒灰色のカビで覆われる。**右**／花弁から果実に進展すると，幼果の先端が褐変し，果実腐敗の原因となる。

多発時に落下した発病幼果。

【菌核病】⇨解説：病58

左／下位の萌芽葉から発病し，主茎へ進展する。**中**／花弁が落下せず，発病して幼果に及び，白色綿毛状の菌叢で覆われる。**右**／葉の付け根から発病し，水浸状に上下へ進展する。

キュウリ

【モザイク病】⇨解説：病59, 60

上／葉の病徴（CMV）。黄色の斑が入り，ちりめん状となる。生育が悪くなる。**下**／えそを生ずることもある。

果実の病徴（CMV）。モザイクを生ずる。

【黄化病】⇨解説：病60

斑点型初期症状の葉。葉脈間に淡黄緑色の小斑点ができる。

黄化型初期症状の葉。葉脈間に淡黄緑色の斑紋を生じる。

進行過程の病葉。

【黄化えそ病】⇨解説：病61

感染後最初に生じる
葉脈透化症状。

葉に生じたえそ斑。

上位葉のモザイクと中位葉の
退緑症状。この病徴で他のウイ
ルスによる病害と識別できる。

【緑斑モザイク病】⇨解説：病62

葉の病徴。モザイクを生ずる。
葉脈は緑色のまま残る。

果実の病徴。奇形となり，
モザイクを生ずる。

【縁枯細菌病】⇨解説：病62

右／葉の病徴。葉縁から変色し，くさび形に中心部へ向かって進展する。**左**／くん炭栽培での発病株。上葉にはあまり発病葉が認められない。

果実の病徴。全体に変色し，やがてミイラ状になる。

【斑点細菌病】⇨解説：病63

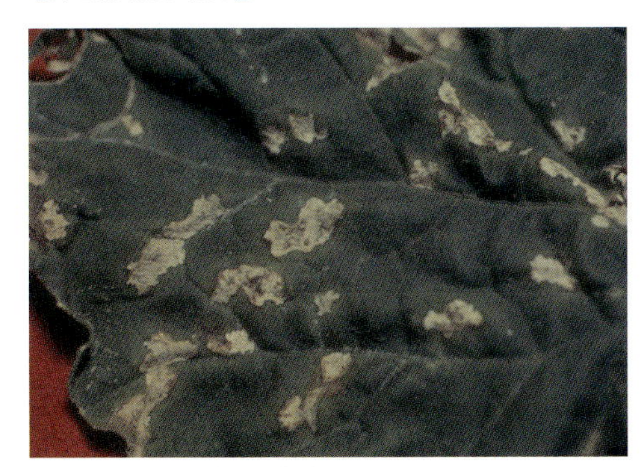

褐色でやや角張った病斑となる。

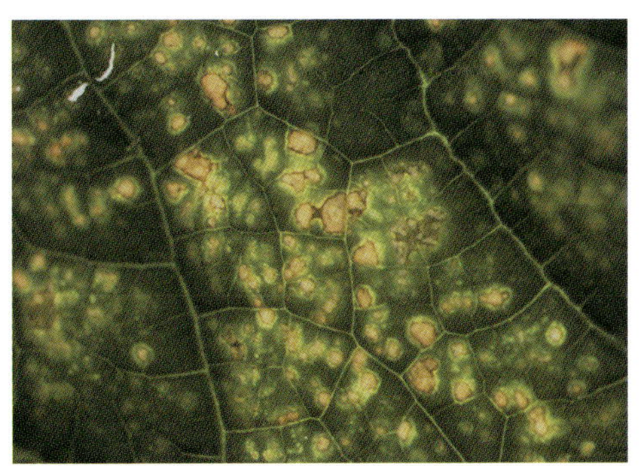

褐色の病斑で周りは黄化したハローとなる。

果実では汚白色の菌泥を出して軟化する。

【べと病】⇨解説：病64

典型的病斑。病斑は葉脈にかぎられた多角形。

初期の病徴。下葉から発生する。
この時期から薬剤散布を始める。

【疫病】⇨解説：病64

葉に蒼白色不整形の
病斑を形成する。

茎がしなびて細くなる。

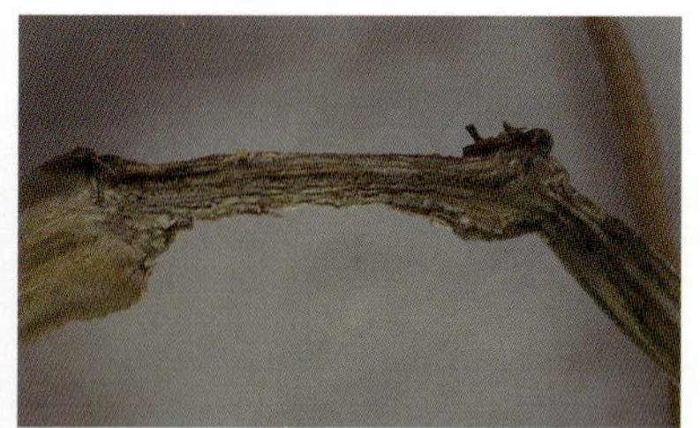

果実の病徴。まるい暗緑色，油侵
状の病斑ができ軟らかく腐る。

【灰色疫病】⇨解説：病65

土耕栽培での発生症状。うねに沿ってしおれが連続して広がり，枯死する。

根の初期症状（養液栽培）。褐変部位が生じ，広がる。

果実の症状。跳ね上げられた病原菌によって発病，暗緑色水浸状になり凹んで，灰白色粉状のカビが生じる。

【灰色かび病】⇨解説：病66

極初期。咲き終わってしおれた花弁に灰褐色のカビが生じる。

初期。果実の先端部が侵され，軟化して透明汁液が出ることがある。

葉の病徴。落下した花弁から発病，感染し，淡褐色で輪郭のはっきりしない大型病斑となる。

【褐斑病】⇨解説：病67

黄褐色のハローを伴った
ゴマ粒大の斑点。

茎の紡錘形の病斑。
収穫後期に見られる
ことがある。

果実の病斑。花
弁部から感染し
黄化する。

【菌核病】⇨解説：病67

葉に淡褐色大形の病斑を形成する。

上／茎に白色綿毛状のカビを生じて枯れる。**下**／果実の先端から発病し，白色綿毛状のカビを生じて腐敗する。

【黒星病】⇨解説：病68

つる先の病徴。つる先が黄化し萎縮，これに続く葉も縁が黄色または赤褐色となり，生育がとまる。

果実に黒色のくぼんだ病斑が形成され，病斑を内側にして曲がる。

【炭疽病】⇨解説：病69

発生初期は葉に褐色の斑点。斑紋が現われ，周辺部が黄色になるが，べと病のように葉脈で明瞭に区切られることはない。

葉に円形，褐色，黄褐色の斑点。斑紋が現われ，日が経過すると中央部が破れて孔があく。

【つる枯病】

⇨解説：病69

茎の病徴。地ぎわ近くに発生。

葉辺からくさび形に病斑が拡大する。

茎の表面が灰白色となり，頭針大の黒点を多数形成する。

【つる割病】

⇨解説：病70

左／被害初期は日中葉がしおれ，夕方には快復するが，やがてしおれがひどくなって枯れてしまう。**右**／しおれた株では，茎の地ぎわ部が褐変している。

【うどんこ病】

⇨解説：病70

発生初期は葉に白いカビが斑紋状に発生する。すぐに薬剤を散布する。

多発すると葉が真っ白になるほど白いカビに覆われる。

【綿腐病】⇨解説：病71

右：綿腐病（ピシウム菌），中：つる割病（フザリウム菌），左：疫病（疫病菌）。

【ホモプシス根腐病】⇨解説：病71

根の症状。根が褐色に変色し，部分的に黒くなる。

地上部の初期症状。葉が生気を失い，緩やかにしおれる。

【黒点根腐病】⇨解説：病72

地上部の症状。葉が生気を失い，萎凋・枯死する。

地下部の症状。被害根上に形成された小黒点（子のう殻）。

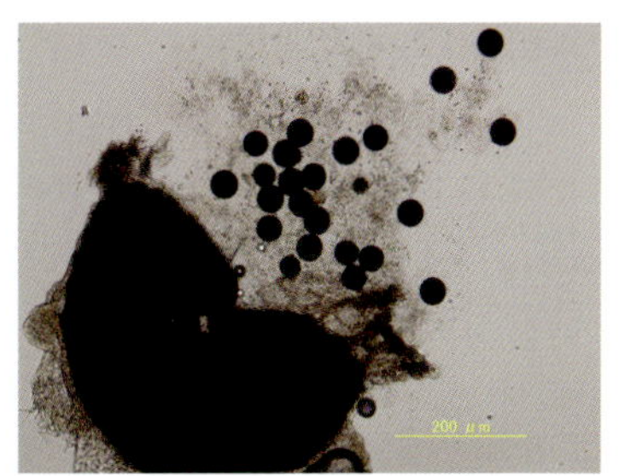

小黒点（子のう殻：左）と放出された子のう胞子。

スイカ

【モザイク病】⇨解説：病73

WMVによるモザイク病の初期症状。
苗に発生した退色病斑と新葉の奇形。

WMVによる典型的な
黄色モザイク症状。

WMVによる果皮の
濃緑色不整形斑紋。

【緑斑モザイク病】⇨解説：病74

左／葉の症状。淡緑色のきれいなモザイクとなり，緑色部が盛り上がる。育苗中から発生する。
右／果実の症状。緑色のはっきりしないこぶができる。

【疫病】⇨解説：病75

左／果実の症状。始め径1cm前後の円形・暗緑色水浸状のくぼんだ病斑が生じ，拡大する。
右／果実表面から褐色に腐敗する。

【褐色腐敗病】⇨解説：病75

左／土壌面から感染した果実。病患部は暗緑色～暗褐色に変わり，のちに表面に白色のカビを生じ腐敗する。
右／果実の腐敗。暗褐色の病斑上に白色のカビを生ずる。

【菌核病】⇨解説：病76

茎の初期病徴。着花節部を中心に，茎と葉柄基部が褐変腐敗し，白色綿毛状のカビが生える。

茎の典型的病徴。着花節部と葉柄が褐変腐敗，ヤニを生じ，菌糸に覆われ菌核ができる。

花落部から褐変軟化腐敗し，白色綿毛状のカビと黒色の菌核が生じる。

【白絹病】⇨解説：病77

果実の病斑。白色絹糸状のカビを生じ，やや褐色でアワ粒大の菌核ができる。高温で発生が多い。

【炭疽病】

⇨解説：病77

病斑の拡大。中心部は灰褐色に凹み輪紋を形成し，裂ける。

茎の病斑。円形~長楕円形のくぼんだ褐色の病斑をつくる。

果実の典型的病斑。輪紋ができ，中心部が裂け，粘質物を生ずる。

【つる枯病】

⇨解説：病78

葉の葉脈にそって褐色病斑が拡大する。

茎に褐色病斑を形成し，そこに黒色の小粒を多数形成する。

果実に褐色のくぼんだ病斑を形成する。

【つる割病】⇨解説：病78

茎の症状。茎に亀裂が生じ，ヤニが発生する。

株のしおれ。収穫前に葉がしおれ，ついには枯れる。坪枯れ状に発生する。

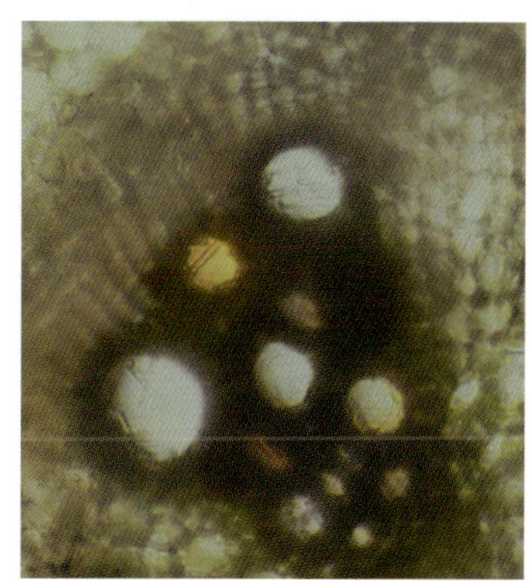

地ぎわ部茎の導管褐変。細い菌糸も見える。

【ユウガオ台スイカのつる割病】⇨解説：病79

左／被害畑。収穫直前に急にしおれて枯死する。**右**／根の症状。つるの外見に異常がなく枯死した株も，根は褐変腐敗している。ひどいとつるは褐変し，ほとんどの根が腐敗してボロボロになっている。

【うどんこ病】⇨解説：病80

典型的な病徴。葉の表面に白色粉状の円形菌叢ができる。

薬剤防除により，進展が抑えられた古い菌叢。

【果実汚斑細菌病】⇨解説：病80

発芽後の子葉の病徴。

本葉の病徴。ハロー（暈）を伴う褐色の円形～不整形斑。

果実の症状。暗緑色水浸状の不整形斑が現われ，のちに病斑部中に亀裂を伴った大型病斑となる。

メロン

【えそ斑点病】⇨解説：病82

左／初期症状。葉に現われた針で突いたような黄色小斑点と，巻ひげのえそ。
右／葉の病斑。小斑点タイプと，葉脈にそってえその広がる大病斑タイプとがある。

【モザイク病】⇨解説：病82，84

CMVによるモザイク（初期）。新葉が黄化・萎縮する。（葉および果実の病徴は温室メロン，露地メロンとも同じ特徴を示す）。

WMVによる葉のモザイク。モザイク斑紋が非常に明瞭なのが特徴。

左／病果（CMV）。濃い緑色のモザイク斑紋がはいる。
右／病果（WMV）。モザイク斑紋が明瞭。

【黄化病】⇨解説：病85

左／斑点型症状の葉。葉脈間に淡黄緑色の斑点ができる。
中／黄化型症状の葉。葉脈間が淡黄緑色ないし黄色の退色斑となる。
右／被害の進行した株の葉。葉脈は緑色を保つが，葉全体が黄緑色ないし黄色に変わり，葉縁が上方に巻く。

【黄化えそ病】⇨解説：病85

上／初期病徴。はじめ新展開葉に，葉脈にそって黄化と多数の退緑斑点が現われる。
下左／多発時の病徴。葉全体が黄化し，えそ斑点が多数発生してくる。
下右／果実の病徴。交配後20日までに本ウイルスに感染すると，果実には緑色濃淡のモザイクが発生する。

【斑点細菌病】⇨解説：病86

上／初期は灰褐色小斑点が現われ，そのまわりが黄色くなる（ハロー）。
下／さらに進むと，円形～やや角形の病斑となり，中心部は灰白色を呈する。

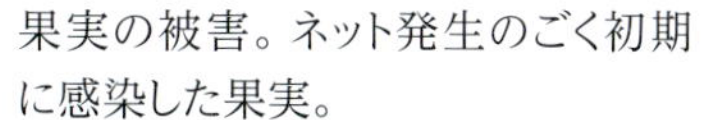

果実の被害。ネット発生のごく初期に感染した果実。

【軟腐病】⇨解説：病87

発病した圃場。ハウスの端の浸水しやすいところから侵されやすい。

茎の病徴。水浸状の茶褐色不整形の病斑を形成し，維管束だけが褐変する。

【べと病】⇨解説：病87

苗の子葉に発生したところ。
枯死状態になっている。

初期の病斑。淡黄緑色で不整形。

典型的な多角形病斑。葉脈に仕切られている。

【疫病】⇨解説：病88

葉の病斑。葉に退色した灰白色の不整形，円形状の病斑が形成される。

地ぎわ部の茎の病徴。水浸状に変色し細くくびれかかっている。

果実の被害。変色して陥没した果実。

【褐色腐敗病】 ⇨解説：病88

温室で発生した被害果。ネットにそって割れ，白カビが生じる。病勢が進むと褐色の円形病斑となる。

被害果の断面。病斑部が褐色に腐敗する。

褐色心腐れの断面。胎座部が褐色に腐敗する。

【菌核病】 ⇨解説：病89

茎の病徴。水浸状に淡褐変し，白色，綿状のカビが生じて軟化腐敗する。

果実の病徴。まず不整形に濃緑色の病斑を形成し，軟化して白色のカビを生ずる。

【黒点根腐病】⇨解説：病89

茎の病斑はないが，しおれが著しい(露地メロン)。

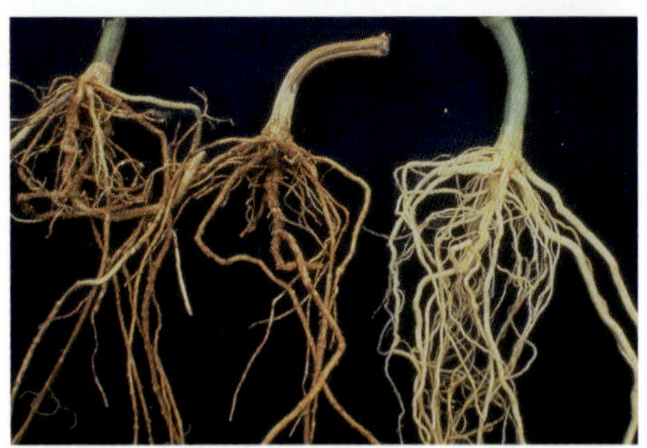

上／露地メロン被害根に形成した黒色小粒点(子のう殻)。**下**／露地メロン被害株の根部の症状。褐変し，黒点ができる。右端は健全株。

【黒かび病】⇨解説：病90

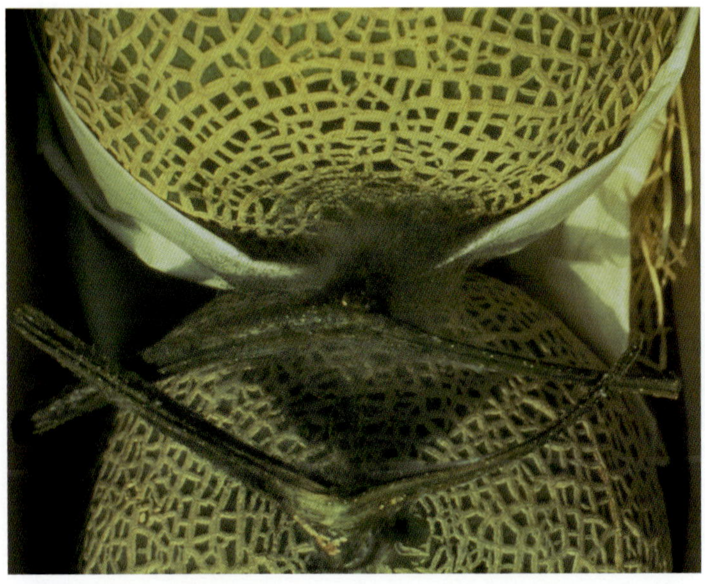

発病果実。微小黒粒を伴った菌糸がクモの巣状に発生し，果実上部が軟腐する。

【つる枯病】⇨解説：病91

左上／初期の病斑。水浸状に広がる。湿度の高いときこんなふうになる。
左下／病葉。葉の縁から発病し，病斑はくさび形に広がる。
右上／茎（つる）の病斑。虫くい状に広がる。病斑は浅いのが特徴。
右下／地ぎわ部の症状。このように子葉から発病し始めるものが多い。

【つる割病】⇨解説：病92

幼苗の発病。茎の片側に病斑を生じ，白い菌叢が現われる。

茎の病斑。節のところに病斑をつくりやすい。

病果。果梗から発病。こんな果実は内部も侵されている。

【うどんこ病】⇨解説：病93

菌叢。拡大して見ると，このようにところどころに固まっている。

上／初期病徴。円形の白い病斑をつくる。
下／菌叢の消失。発病初期に有効な薬剤をまけばこうなる。

【ホモプシス根腐病】⇨解説：病94

晴天時の日中につる先のしおれが認められ，回復しなくなる（露地メロン）。

症状が激しくなると，地ぎわ部に水浸状の病斑ができる場合がある（露地メロン）。

カボチャ

【モザイク病】⇨解説：病95

左／つるの先端部ではモザイク症状がひどく，葉は黄変して小型・奇形化する。**右**／苗での症状。緑色濃淡のモザイク症状となり葉は奇形化する。

【褐斑細菌病】⇨解説：病96

左／小さな丸い病斑を形成し，その中心部は穴があきやすい。**右**／黒褐色の小斑点を形成し，そのまわりはやや黄色を呈する。太陽に透かすと黄色の暈（ハロー）が見られる。

【べと病】⇨解説：病96

病斑。**左**／淡黄色の小さな斑点が生じる。**右**／拡大すると淡褐色に変わる。

【疫病】⇨解説：病97

葉に褐色で大型不整形の病斑を形成する。

葉が褐変腐敗し，果実もカビを生じて軟化腐敗する。

【つる枯病】⇨解説：病97

左／茎の病斑。茎の途中の節や節間も侵される。
右／1本のつるだけに発生したところ。水浸状の病斑ができ褐色になって枯れる。

【うどんこ病】⇨解説：病97

左／初期の病徴。葉の表面にうどん粉のような白い粉を生じる。
右／葉裏の分生胞子。葉の裏側にも広がって葉は枯れてくる。

ニガウリ

【ウイルス病】⇨解説：病99

葉の症状。
左／ZYMV, PRSVによる斑紋。
中／ZYMVによるモザイクおよび奇形。
右／WSMoVによる退緑輪紋。

PRSVによる奇形果実。
イボの欠落や奇形が見られる。

【斑点細菌病】⇨解説：病99

葉の症状。**左**／初期。水浸状の小斑点が生じる。**右**／中期。水浸状の黄褐色の斑点となる。

【炭疽病】⇨解説：病100

葉に輪紋のある褐色の
病斑を生じる。

茎の症状。**左**／灰白色のすじ状の病斑が発生する。**右**／灰白色のすじ状の病斑が取り巻くように広がり，中心部がくびれて枯死する。

【うどんこ病】⇨解説：病100

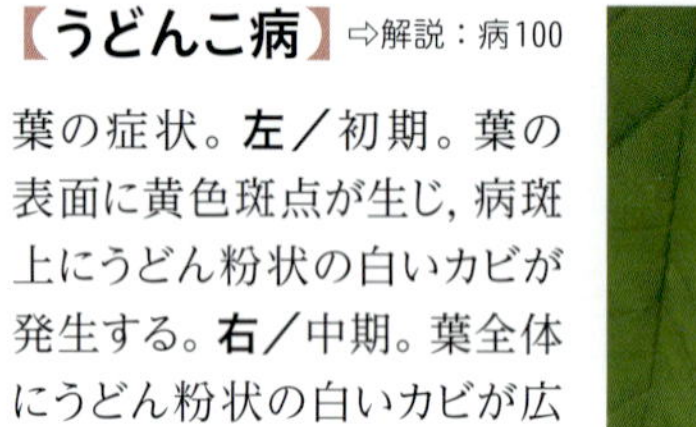

葉の症状。**左**／初期。葉の表面に黄色斑点が生じ，病斑上にうどん粉状の白いカビが発生する。**右**／中期。葉全体にうどん粉状の白いカビが広がる。

【斑点病】⇨解説：病101

左／葉の病斑の周囲は黄色のかさを形成し，中央部は灰褐色となる。
右／果実では表面に黒いすす状のカビを生じる。

【青枯病】

⇨解説：病101

生育後期に株全体の生育が衰え，黄化することなく萎凋して茎は軟化する。症状が進行すると枯死する。

【白絹病】

⇨解説：病102

左／罹病株。株全体がしおれる。**右**／罹病株の地ぎわ部。白色の菌糸がまん延している。

【つる割病】

⇨解説：病102

左／萎凋に先立って葉にウイルス症状様の葉脈黄化や葉枯症状が見られる。**右**／発病株。一部の主枝がしおれ，その後株全体がしおれて枯死する場合や，萎凋した主枝以外はしおれずに残る場合がある。

シロウリ

【モザイク病】⇨解説：病104

葉の病徴（CMV）。
症状は軽微で葉色が黄色っぽい。

葉の病徴（WMV）。
症状は軽微だが，モザイクは明瞭。

果実での病徴（重複感染）。
果実でのモザイク症状と凹凸。

【べと病】⇨解説：病105

典型的病斑。葉脈に限られた
黄褐色の多角形病斑。

初期の病斑。下位葉から発生。
この時期から薬剤散布を開始。

中期の病斑。
黄色斑点が葉全面に発生。

【うどんこ病】⇨解説：病106

左／典型的な病斑。葉表にうどん粉をふりかけたような症状。
右／初期の症状。うどん粉が少し発生。

ハクサイ

【モザイク病，えそモザイク病】

⇨解説：病107

モザイク病。葉に緑色濃淡の斑が入り，ちりめん状となる。

えそモザイク病。葉脈，葉柄にえそ条斑を生じる。

【軟腐病】

⇨解説：病107

結球期の地ぎわ付近や葉柄部が軟化，腐敗して，それが徐々に株全体に拡がる。病患部から独特の悪臭が生じる。

【べと病】

⇨解説：病108

左／葉脈に境された淡褐色やや角形の病斑をつくる。**右**／葉裏。白色のカビが密生したまん延期の状況。

【白斑病】 ⇨解説：病108

左／初期の病徴。葉の表面に灰褐色の病斑。**右**／後期の病徴（葉）。白色円形の病斑は，全葉に広がる。

【黒斑病】 ⇨解説：病109

症状。**左**／葉に暗褐色の同心円紋のある病斑を生ずる。**右**／褐色円形で輪郭が明瞭な病斑となる。

【根こぶ病】 ⇨解説：病109

地上部。生育の途中で，下葉がしおれる。根には大きなこぶができる。

生育不良の株を引き抜くと，根に大小，多数の根こぶが着生している。

【根くびれ病】⇨解説：病110

幼苗期の発病。根の地ぎわ部が細くくびれ，風などで容易に折れる。貝割れ葉は枯死する。左は健全株。

中苗期の被害。根部は褐変し，木化する。右側は健全株。

【黄化病】⇨解説：病110

左／典型的病徴。外葉の先端部がＶ字形に黄化する。
右／導管の褐変。地上部の症状が不明瞭な場合でも，根を縦断すると導管部が褐変～黒変している。

初期病徴。外葉の周辺に黄化症状が見え始め，結球の外側の葉が順に垂れ下がる。

結球期の株の外葉が黄化して小型化し，結球が不十分となって外側に開くようになる。

キャベツ

【黒腐病】⇨解説：病111

左／初期の病徴。葉の縁に，V字形の黄色い病斑ができる。**右**／病斑部の拡大。葉辺からくさび形に黄化し，葉脈は褐色～紫黒色に変色している。

末期の症状。こうなってしまっては，防除は手おくれである。

【軟腐病】⇨解説：病111

下葉から発病した株。病原菌は葉の傷口から侵入する。

典型的な症状。発病部は軟らかく腐り，特有の悪臭がする。

結球葉の上部から発病した株。結球するころから発生が増加する。

【べと病】⇨解説：病112

初期の病徴。この時期から薬剤散布を開始する。

進展中の病斑。病斑は拡大し，数をまして，上の葉に進展する。

病斑部の拡大，葉の裏。カビがはえている。

【萎黄病】

⇨解説：病112

左／苗の発病。2～3枚の下葉が黄変する。症状は株の片側，1枚の葉では主脈を境に片方に出ることが多い。主脈は黄変部側に曲がる。
右／発病葉。黄変部の葉脈は灰色に変色している。のち病勢が進むと落葉する。

【株腐病】

⇨解説：病113

初期病斑。結球した葉の表面に病斑ができる。

病斑の拡大。病斑は葉の表面では速く拡大し，内部へは遅い。

結球底部に見られる葉縁の病斑。

【菌核病】

⇨解説：病114

左／初期の病徴。下葉の一部がしおれ，葉柄の基部が軟腐している。
右／やがて結球葉に進展する。軟腐病のような悪臭はしない。

【黒斑病】⇨解説：病114

苗の病斑。まだ小さい本葉に，淡褐色の淡い輪紋のある大型病斑ができる。

外葉の病斑。太い葉脈の間にはっきりした輪紋のある暗褐色の大型病斑ができる。

【根こぶ病】⇨解説：病115

典型的な症状。下葉がしおれ，結球せず，根にはこぶができる。

地上部は正常だが，根にこぶができている。

根こぶ病のこぶは大型でなめらかである。

コマツナ

【萎黄病】 ⇨解説：病116

初期の病葉。片側の葉基部から発病する。

症状が進むと，葉全体が網目状に黄化する。

発病株。黄化，萎凋する。

【白さび病】 ⇨解説：病116

はじめ葉の表面に淡緑色～淡黄緑色の不整円斑を生じ，後に明瞭な黄色となる。

病斑の裏面には白色の分生子を生じる。

病斑の裏面には白色の分生子層の周辺から腿緑～黄化する。

【炭疽病】 ⇨解説：病117

葉にはじめ小円斑を多数生じる。

次第に病斑は融合して拡大する。

被害が進むと，病斑周辺から黄化や腐敗を生じる。

【べと病】⇨解説：病117

葉の表面に黄緑色の
不整斑を生じる。

葉の裏面では葉脈に区切られた
不整斑となる。

葉の裏面の病斑上には，霜状～粉状の
菌体を生じる。

【白斑病】⇨解説：病118

葉に不整円形の白斑を多数生じ，
病徴が進むと葉枯れ状となる。

発生圃場。葉に多数の大型白斑が目立つ。

【根こぶ病】⇨解説：病119

左／生育初期の罹病株。主根にコブができ，生育不良やしおれを起こす。
右／根部に大小のコブが認められる。

カリフラワー

【黒腐病】 ⇨解説：病120

初期症状。下葉の葉縁部がV字型に黄変する。防除につとめる。

葉脈の黒変。V字型病斑内にある葉脈はほとんどが黒変している。

後期。軟腐病が併発し，枯死するものが多い。

【軟腐病】 ⇨解説：病120

初期。花蕾の一部がアメ色に変色する。

中期。花蕾のほとんどすべてに発生し，軟化腐敗し，悪臭を放つ。

後期。茎や根の髄の部分が軟化腐敗し，地上部がしおれる。悪臭を放つ。

【べと病】 ⇨解説：病121

左／初期。灰色～淡褐色不整形の小斑点が多数形成され，その裏側に白いカビが生じる。
右／後期。病葉は下葉からしだいに黄変枯死する。

ブロッコリー

【軟腐病】⇨解説：病122

まず花蕾が淡褐色から褐色に変色して泥で汚れたように見える。

中期。のちに花梗まで黒変して軟化腐敗する。

【べと病】⇨解説：病122

左／葉の病斑。葉脈に仕切られた多角形の病斑をつくる。
右／葉裏の分生胞子。白いカビが霜状に見られる。

【黒腐病】⇨解説：病123

左／初期の症状。不正形，V字型の病斑が葉縁にできる。
右／害虫による傷から発病したと思われる症状。

チンゲンサイ・タアサイ

【モザイク病】
⇨解説：病124

新葉への発病（チンゲンサイ）。濃淡のあるモザイクを生じる。

激発時の症状。葉は黄化し，新葉はモザイクを生じ生育が停止して奇形化する。左はチンゲンサイ，右はタアサイ。

【白さび病】
⇨解説：病124

初期症状。左が葉表，右が葉裏。

激発時の症状。葉裏に生じた胞子層が連なっている。左はチンゲンサイ，右はタアサイ。

葉柄の激しい病徴。

【萎黄病】⇨解説：病124

チンゲンサイでの病徴。葉脈が網目状に黄化する。症状が進むと葉全体が枯死する。

タアサイでの病徴。下葉が枯死し，生育が抑制される。

導管の病徴。地ぎわの茎を切断すると，導管が褐変している。

【根こぶ病】⇨解説：病125

チンゲンサイに発病した根こぶ病。生育の悪い株，日中に萎凋する株を抜き取ると，根に大小のこぶがあるので診断できる。

ネコブセンチュウによるこぶよりも大きい。じゅず状にならないのが特徴。

ホウレンソウ

【えそ萎縮病】⇨解説：病126

左上／葉脈の透化。心葉ははじめ葉脈透化をおこし，濃淡の斑紋となる。
左下／若い葉の萎縮。若葉はモザイクとともに萎縮し，葉縁が波状で奇形となる。
下／えそ斑。高温時には葉の基部や葉柄にえそ斑をつくり，下葉から枯れ上がる。

【モザイク病，ウイルス病】⇨解説：病126

葉の症状。葉に緑色濃淡のモザイクを形成する。

萎縮した株。若い葉が萎縮して奇形となり，生育がとまり下葉から黄変し，枯れてくる。

【べと病】⇨解説：病127

葉に形成された初期病斑。

葉裏に形成された灰紫色，ビロード状の病斑。

葉に形成された不整円形病斑。

【萎凋病】⇨解説：病128

生育初期の発病。土壌中の菌濃度が高いと本葉2～4期の生育初期にも発病する。下葉が黄化し，生育が停止，枯死する。

生育中期の発病。一般的には株全体がしおれ，生育不良になる。

主根導管部の褐変。主根先端部や側根の褐変にくわえ，主根導管部の褐変が見られる。

【株腐病】⇨解説：病128

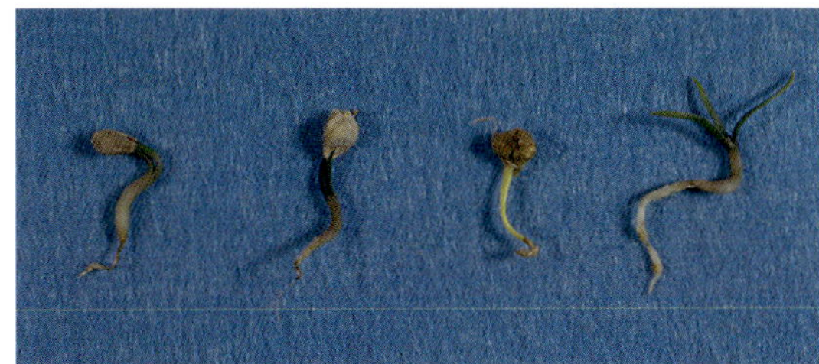

左上／出芽前の立枯れ。発芽直後に感染すると，土壌中で腐敗し出芽しない。**左下**／子葉期の立枯れ。地際部が細くくびれ，胚軸部が褐変し，引き抜くと地ぎわ部で切れやすい。

外側の葉が黄化してしおれ，地際部の茎も褐変する。

【根腐病】⇨解説：病129

子葉期の発病。**上**／子葉付け根が水浸状となり，株がしおれる。**下**／抜き取ると，子葉付け根～胚軸部が水浸状になり，主根は細くなる。

根の被害。根が褐変腐敗し，葉がしおれる。

【立枯病】⇨解説：病129

子葉期の立枯れ。子葉がしおれ，株は胚軸が水浸状となり枯死する。

初期の病徴。葉がしおれ地ぎわ部の茎が褐変し，根も褐変腐敗する。

発病株の根。褐色から黒褐色に腐敗し，抜くと切れやすい。

【炭疽病】⇨解説：病129

水浸状の小さな斑点ができ，徐々に大きくなり灰色～淡黄色で輪郭のはっきりした病斑になる。

淡褐色円形で円心輪紋をもつ病斑を形成する。

レタス

【ビッグベイン病】
⇨解説：病131

左／ビッグベイン病の病徴。まず葉緑部の支脈が透明になり，網目状を呈する。
右／病徴が進んだもの。葉脈に沿って色がぬけ，ビッグ・ベイン（太い葉脈）状になる。

【モザイク病】
⇨解説：病132

左／初期症状。葉の緑が黄化し，葉脈が透けて見える。
右／LMVによるモザイク。葉の緑色に濃淡を生ずる。

【萎黄病】
⇨解説：病132

A・B／心止まり症状。中心葉にアメ色のえ死斑ができ，しだいに下位葉へ移行していく。**C**／叢生症状。葉は細くなり，叢生して，天狗巣状になる。

【腐敗病】⇨解説：病133

生育初期の症状。葉の縁が褐変，枯死する。

結球期の初期症状。中肋または葉縁が褐変，腐敗する。

典型的な症状。結球の内部の葉が褐色水浸状に腐敗する。

【斑点細菌病】⇨解説：病134

葉縁から内側に向かって不整形の褐変が広がる。

結球期の症状。葉身部に水浸状で黒褐色の斑点を生じる。

【軟腐病】 ⇨解説：病135

左／発病初期。地ぎわの葉柄から発病し，下葉が枯れている。
右／中期の症状。外側の葉が淡褐色に軟化腐敗し，悪臭を発する。

【灰色かび病】

⇨解説：病136

上左／結球前の発病状況。地ぎわが褐変し，灰色のカビが生える。
上右／結球期の初期症状。地ぎわ部や結球表面に褐色水浸状の病斑ができ，灰色のカビが生える。
下左／結球表面の発病初期。結球葉の軟弱な葉の一部が褐変する。
下右／結球部の典型的症状。無数のカビができ内部に腐敗が進んでいる。

【菌核病】 ⇨解説：病136

左／初期症状。地ぎわ部や結球表面に淡褐色水浸状の病斑ができ，急速に拡大する。
右／典型的症状。結球部全体に腐敗が進み白色綿状の菌糸におおわれ，黒色菌核ができる。

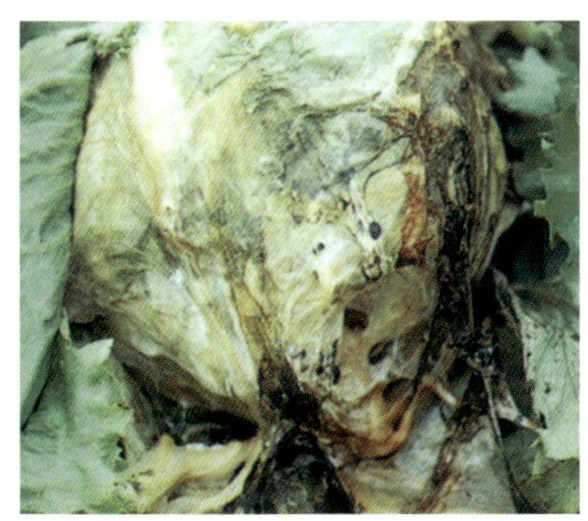

【根腐病】⇨解説：病137

サラダナの発病状況。外葉の周辺から黄褐変し，生育がわるい。

レタスの発病状況。根が腐敗して主根内部まで黒褐変し，下葉は枯死する。

【すそ枯病】⇨解説：病138

発病初期。外葉の葉柄のつけねに褐色の病斑ができる。

発病中期。外葉が枯死し，結球の外葉にも褐色の病斑が広がる。

葉脈部の病斑。地面に接する外側の葉の白い葉脈部に褐色不整形か大形病斑をつくる。

シュンギク

【べと病】

⇨解説：病139

A／初期病徴。感染葉はやや黄化し，裏面に霜状のカビが散生する。B／中期病徴。葉の黄化は全面に広がり，白色のカビが密に発生する。C／激症葉・典型的な被害葉。葉の表裏は霜状のカビでおおわれる。D／末期症状。霜状のカビは少なくなり，病葉は黄化から褐変して枯死する。

A

B

C

D

【萎凋病】

⇨解説：病139

生育中期の発生。下位~中位葉がしおれ，垂れ下がる。葉は黄化しない。

茎の導管部の褐変症状。褐変部を顕微鏡で観察すると，病原菌の菌糸，小型の分生胞子が観察できる。

根部の症状。主根，枝根が茶褐色に腐敗し，細根が脱落し根量が少ない。

【炭疽病】

⇨解説：病140

左／新芽初期被害。新芽の先端が枯れる。
右／葉の初期病斑。褐色の病斑ができる。

フキ

【モザイク病】⇨解説：病141

ButMVの単独感染。葉に不明瞭なモザイク症状（左）または明瞭なモザイク症状（右）を現わし，変形してやや縮れる。品種；愛知早生フキ。

ButMVとCMVの重複感染。葉に明瞭なモザイク症状が現われ，葉面は波打って変形する。株は萎縮する。品種；愛知早生フキ（右）。葉にモザイク症状が現われて，葉面に凹凸ができ激しく縮れて変形する。株は萎縮する。品種；水フキ（左）。

【白絹病】⇨解説：病142

地下茎と地ぎわ部の病徴。白色絹糸状の菌糸が密生し，のちにアワ粒大の菌核を生じる。

被害。日中はしおれ，病勢が進むと株が枯死する。

セルリー

【モザイク病】⇨解説：病143

左は葉脈が黄化するタイプの病斑。右は全体が黄化し，モザイク症状が現われるタイプ。

【葉枯病】⇨解説：病143

左／葉枯病の病徴。病斑は斑点病に比べて暗褐色となる。
右／成熟した病斑。輪紋状となり，輪紋にそって小黒粒（柄子殻）を形成する。

【斑点病】⇨解説：病144

発病株。下葉の葉・葉柄・茎から発生し，枯れ上がって垂れ下がり枯死する。

葉の病斑。はじめ，黄緑・水浸状の斑点が次第に拡大し，暗緑～褐色の病斑になる。

【菌核病】⇨解説：病144

下葉の葉柄基部にはじめ水浸状に発生した病斑が，速やかに拡大・軟腐し，白色綿状のカビが密生する。表面にネズミのふん状の菌核が形成される。

パセリ

【軟腐病】⇨解説：病146

初期病徴。わずかに葉が萎凋する。

葉は黄化枯死し，葉柄基部はアメ色に変化，腐敗する。

【うどんこ病】⇨解説：病146

左／典型的な病徴。葉の裏と葉柄が白粉に覆われたようになる。
右／罹病株の葉。これくらい発生すると，ゆすっただけで白い粉が落ちてくる。

病徴。葉の表裏に白色粉状の菌叢を生じる。

ネギ

【萎縮病】 ⇨解説：病148

左／モザイク型の初期症状。若い葉に黄緑色の条斑ができる。
右／黄化型症状。葉が細くなり，黄変する。

【小菌核病】 ⇨解説：病148

左／圃場での発生状況。発病部から折れて葉の上部が垂れ下がり，灰白色に枯死するため，遠くからでも目立つ。
中／病徴。外葉の先端部や中位部にあずき粒大の白色の斑紋が形成され，急速に拡大する。
右／枯死した発病葉。病斑が葉の全周に拡大すると，上部が垂れ下がり，葉先まで枯死する。

【小菌核腐敗病】 ⇨解説：病149

病徴。葉鞘部が縦に亀裂している。

葉身部に現われた病斑。白色の小斑点（ボトリチス属による葉枯症）が生じる。

病斑上に形成された菌核。黒色で，不整形。

【べと病】 ⇨解説：病149

左／中期の病徴。淡緑色不整形の病斑をつくり，汚白色のカビを生じる。**右**／典型的な病徴。病斑部に灰白色～暗灰色のカビがはえる。症状が進むと折れやすくなり枯れる。

【疫病】 ⇨解説：病150

A／初期症状。水浸状のち黄白色の大型斑になる。**B**／発生初期。防除の適期。**C**／末期になると斑点部が枯死して曲がるか，先が枯死する。**D**／養液栽培での葉鞘の腐敗。生育不良株の葉鞘部は腐敗している。

A

B

C

D

【葉枯病】 ⇨解説：病150

A／先枯れ病斑。葉身先端部7～8cmが褐色に枯れる。**B**／斑点病斑。葉身中央部に褐色で紡錘形～楕円形の病斑を形成する。葉枯病菌の単独感染では，株当たり数個の病斑を形成する程度である。**C**／べと病発生後に二次的に葉枯病菌が感染した場合は多発し，被害となる。**D**／黄色斑紋病斑。収穫期近くの中心葉に黄色の明瞭なモザイク様病斑を形成する。

A

B

C

D

【黒斑病】 ⇨解説：病152

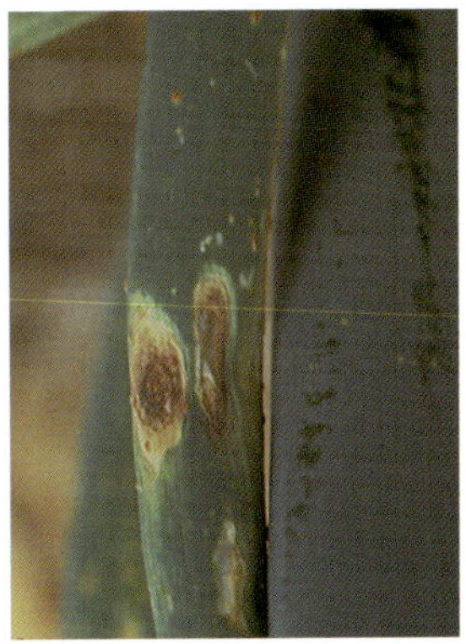

左／畑での被害。下葉の先端や中途に，大型の淡褐色斑点ができる。**右**／中期の症状。黒褐色～淡紫色楕円形の病斑をつくり，黒色のカビを生じる。

【黒腐菌核病】 ⇨解説：病152

左／初期の症状（冬越しネギ）。葉先から黄白色に枯れてくる（苗床）。**中**／外側の葉が黄化してしおれる。
右／根の生えぎわ部分が淡褐色に軟化し，黒色の菌核を生じる。

【さび病】 ⇨解説：病153

左／葉鞘に橙黄色のふくれた小斑点ができる。
右／中期の病斑。橙黄色紡錘状のややくぼんだ小斑点の中に胞子を形成する。

タマネギ

【萎縮病】⇨解説：病154

茎が細くなり葉身はカールして内側が波打ち，黄白色斑が入る。重症では株が黄化し，萎縮する。ネギアブラムシにより伝搬。

【腐敗病】⇨解説：病154

左／生育初期の被害。葉身の病斑が葉鞘部に達すると萎凋軟化し，葉身上に白濁した菌沢を生じる。
右／萎凋した葉身はやがて枯死する。このような被害株を中心に被害は集団的にまん延する。

左／生育盛期の病斑。葉身に淡黄白色のケロイド状壊死斑を生じ，後に葉脈に沿って進展し，萎凋軟化する。**右**／壊死斑ができた葉身は淡黄色～淡褐色になり，やがて病斑は葉鞘部に達する。

【軟腐病】⇨解説：病155

左／被害鱗茎を切断すると内部は軟化腐敗している。
右／被害球は水っぽく，ゆでたような色になる。葉身は早くから軟化し，腐敗。生育後期に多い。

【べと病】⇨解説：病155

生育後期，全身に被害が及び
やがて萎凋枯死する。

進行型病斑にできた分
生子。白いほこりのよう
に見え，盛期には灰色に
見えることもある。

左／越年罹病株。葉は黄化し，萎縮，ねじ曲がり，葉身上には全面に
分生子を形成する。**右**／二次感染株。越年罹病株から飛散した分生
子が葉身に感染すると，同心円状に淡黄色の病斑を形成する。やが
て，多数の分生子が観察される。

【疫病】⇨解説：病156

紡錘形で大形の病斑。

ゆでたように青白くなる。

【灰色腐敗病】

⇨解説：病157

A／定植直後。3月上旬，枯れ込んで萎縮。地ぎわには，灰色～淡褐色の分生子が見られる。B／生育後期。鱗茎は完全に腐敗しないので，貯蔵にもち込まれやすい。鱗片の表面が割れているのが観察できる。

冷蔵貯蔵球。C／冷蔵前に病勢が進展し，出庫したときに発病している。首中根盤部に菌核を形成したり，前面に分子体を形成することが多い。D／冷蔵貯蔵前および貯蔵初期に病勢が進展する。出庫したときには，写真のように鱗茎全体が分生子で覆われており，菌核を形成していることもある。

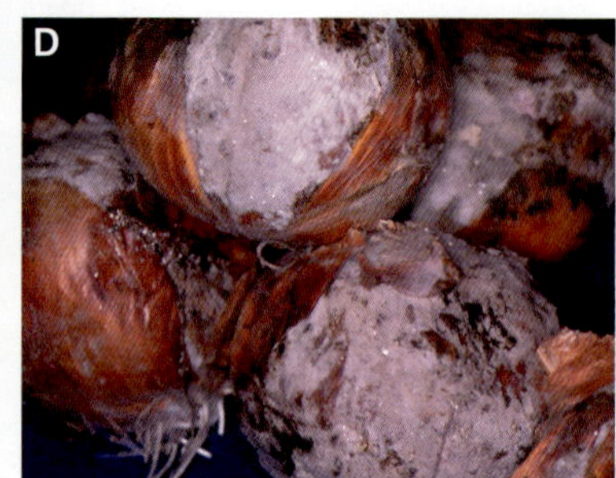

【黒斑病】

⇨解説：病158

病斑（左）と罹病株（右）。生育中期以降，葉身中央部付近に黄褐色で輪紋のある大型病斑をつくり枯れこむ。枯れた中央には黒色粉状の分生子が同心円状にできる。

【さび病】

⇨解説：病158

葉鞘に橙黄色の小斑点を形成する（左）。生育後期（5月ころ），葉に橙黄色粉状の斑点が多数形成される（右）。

【白色疫病】⇨解説：病158

初発株を中心として坪状に発生することが多い。

白色の葉枯れ症状となり，葉は下垂しよじれる。

【小菌核病】⇨解説：病159

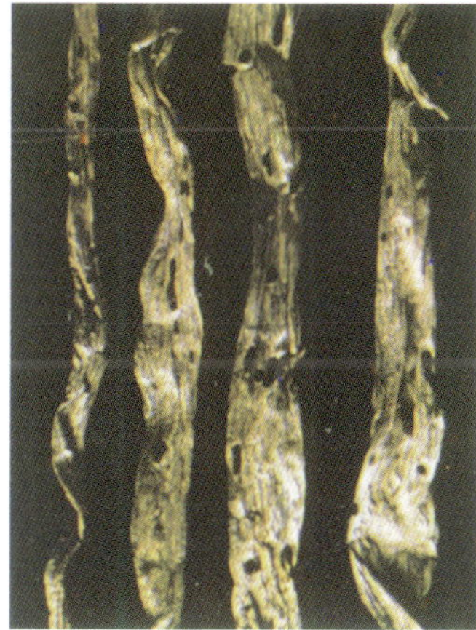

左／被害株。下葉に退色した縦長の大型病斑を生じる。葉はついに枯死し，厚さの薄い不規則で黒色の菌核ができる。
右／枯死葉に形成された菌核。5月中旬以降，本圃で発生。偏平，黒色，不整形の菌核をつくり，この枯葉とともに土中で越冬，翌年の伝染源になる。

【ボトリチス葉枯症】⇨解説：病159

苗床での発病。葉に白色のカスリ状の斑点を生じる。

*B. cinerea*による葉身被害。カスリ状病斑が特徴。右は*B. squamosa*によるまん延期の被害株。

ラッキョウ

【ウイルス病】 ⇨解説：病161

黄色条斑病の被害株。OYDV＋SLV（GLV）の重複感染株では新葉基部に黄色条斑症状が現われる。

黄色条斑病の病徴軽微株。OYDV単独感染では葉身基部に軽微な黄色条斑症状がみられる。

黄斑モザイク病の被害株。SLV（GLV）＋TMVの重複感染株では葉身に黄斑モザイク症状が現われる。

【軟腐病】 ⇨解説：病162

被害球。不規則に褐変腐敗し，悪臭を放つ。

被害圃場。生育は遅れ，株絶えまぢかの状況。間作はラッカセイ。

【灰色かび病】 ⇨解説：病163

斑紋型の病斑。灰白色で縦に流れるような病斑。病原菌の侵入前後が多湿の場合にできやすい。

鱗茎の被害。鱗茎首部の腐敗，消失した症状（左）。右は健全鱗茎。

左／葉先枯れ型の病斑。葉先から褐色になって枯死する初期の病斑。4~5月に茎葉が繁茂し，低温多雨後にみられる。**右**／葉先枯れ型の進展病斑。中期の病斑。進行すると枯死葉に多量の胞子形成が見られる。

【乾腐病】 ⇨解説：病163

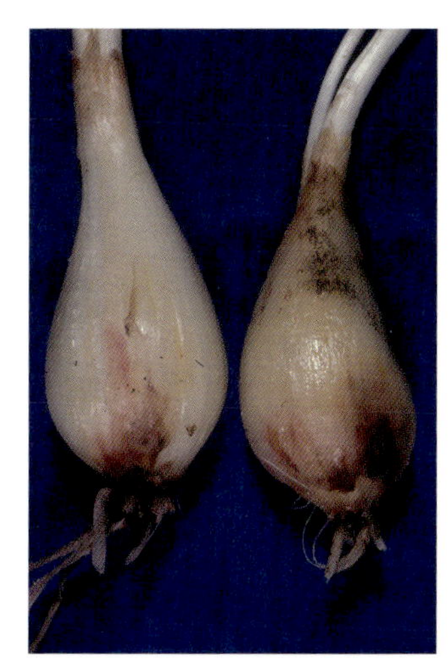

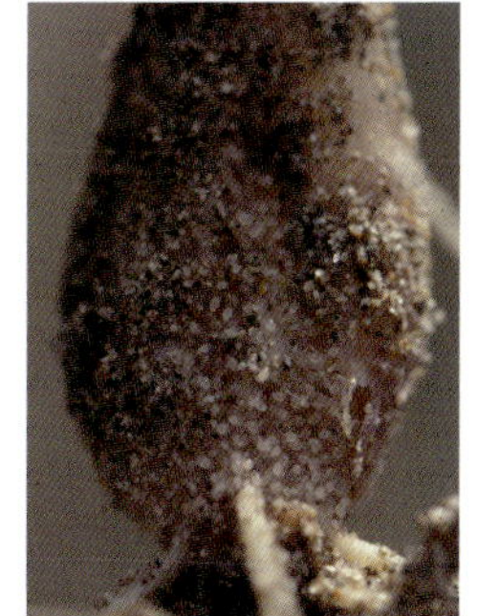

左／鱗茎の病徴。茎盤部から鱗茎へと褐変，腐敗が進む。白色~微紅色の綿毛状の菌糸を生じる。根部は水浸状，扁平化し，褐変する。**中**／鱗茎のネダニ類の寄生。罹病球の被害部では，ネダニの加害により被害が増大する。**右**／植付け1か月後の株の病徴。葉身の褐変，枯死症状。短期間で欠株となる。

【さび病】 ⇨解説：病164

特有の病徴。赤褐色のやや隆起した斑点（夏胞子堆）。黒色斑点は冬胞子堆。

被害葉。赤褐色斑点は縦に割れる。

【白色疫病】 ⇨解説：病165

発病初期の葉先枯れ病徴。葉先端の汚褐色～灰白色症状。

隣接株への発病進展。低温多雨のとき，隣接株にまん延する。

ニンニク

【モザイク病】⇨解説：病166

モザイク症状は晩秋から早春に鮮明に現われる。

左／LYSVによる症状。黄色条斑と濃緑組織の境界が明瞭なモザイクが特徴。生育が進むと黄色みは薄くなる。**中**／OYDVによる症状。LYSVのような条斑にはならず，濃緑色と退緑の組織が角状に区画されている。**右**／アレキシウイルス。濃黄色で細い条線で，輪郭は不明瞭にぼやけた感じのモザイク症状となる。

【春腐病】⇨解説：病167

茎の腐敗。葉基部から腐敗し，葉鞘茎が腐敗して下位葉が腐敗枯死する。

初期白病斑。葉基部の茎に白色のえそ斑を生じ，やがて降雨で濡れると軟化腐敗する。

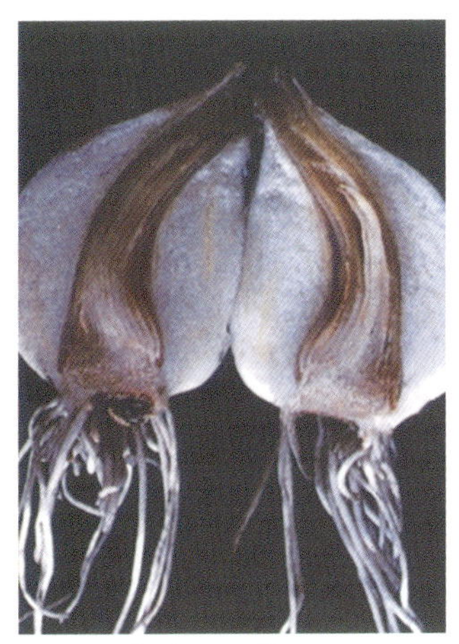

鱗茎の腐敗。心葉が侵されると腐敗は鱗茎にまで達することがある。

【葉枯病】⇨解説：病167

左／黄斑型初期病斑。葉にカスリ状のえそ斑を生じ，やがて紡錘形に拡大。
中／黄斑型病斑。紡錘形の周辺が退緑して中心部に黒色粉状の胞子を形成する。
右／激発。下位葉にえそ斑が多数生じると株全体が枯れ上がる。

左／赤紫斑型。気温が20℃以上になると葉に楕円形の赤橙色のえそ斑を生じ，中心部に黒色粒状の胞子を形成。
右／はじめ圃場の中央部あたりに坪状に発生。やがて病株は周辺に拡大していく。

【紅色根腐病】⇨解説：病168

紅色根腐病に感染し根が腐敗してくると，水分吸収が不良となって葉先枯れが多発する。

濃紅色に変色し，腐敗した根。ウイルスフリー株は左と中，モザイク病株は右。

【黒腐菌核病】 ⇨解説：病168

種子貯蔵葉と根が黒変腐敗し，萎凋枯死する。
左／黒腐菌核病多発圃場で越冬して発病した株。
右／越冬して発病した株の黒色菌核。

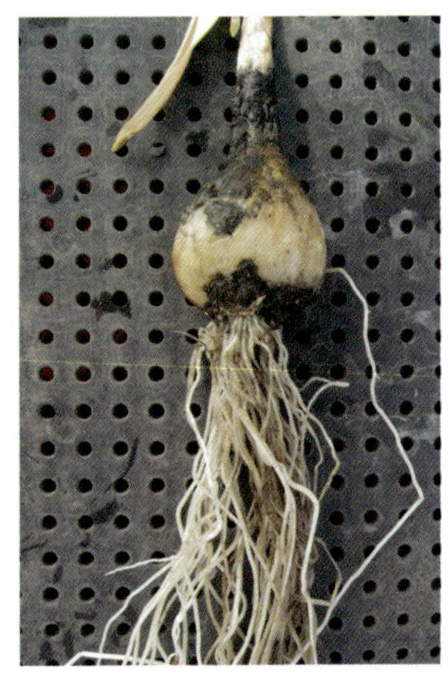

【さび病】 ⇨解説：病169

左／葉に赤橙色の微小斑点を生じ，表皮がやぶれて粉状の夏胞子を吹き出してくる。
右／多発株。赤橙色の夏胞子が吹き出し，感染をくり返して多数の病斑を生じる。

【白斑葉枯病】 ⇨解説：病169

左／直射日光があたる葉の部分に1~2mmの白色楕円形の微小斑点を多数生じる。**中**／葉先枯れとえそ斑。葉先枯れ部に生じた胞子が葉に完成してえそ斑を生じる。日が当たる葉先枯れの付近にえそ病斑は集中して枯れ上がる。**右**／葉先枯れ部位の分生胞子。多数形成された胞子が降雨で飛散して感染する。

ニラ

【白斑葉枯病】⇨解説：病171

葉に病斑が多数形成されて枯れる。

葉に灰白色の病斑が形成されて葉先から枯れる。

【乾腐病】⇨解説：病171

上／初期病徴。葉幅が狭く細くなる。
下／中期病徴。葉が萎凋し，葉先から枯れ込む。

被害株の鱗茎と根。維管束が褐変する。

【さび病】⇨解説：病172

左／黄色でややふくらんだ小型の病斑（夏胞子堆）を生じる。
右／気温が低くなると，黄色の病斑が黒色（冬胞子堆）になって越年する。

【白絹病】⇨解説：病173

初期病徴。白色の菌糸がまとわり，葉が黄化枯死する。

終期病徴。被害株上に褐色～赤褐色で1～3mmの菌核を形成する。

病原菌の菌核（拡大）。

アスパラガス

【斑点病】⇨解説：病174

上左／主茎下部に形成された初期病斑。
上右／茎葉残渣上に形成された斑点病の分生子殻。
下／中心部が茶褐色, 周縁が赤褐色の病斑を形成し, 擬葉が黄化し始めた斑点病の病斑。

病徴。擬葉や茎に褐色の小斑点を多数生じる。

【株腐病】⇨解説：病174

地上部は黄化, 萎凋して株が衰え, 立茎数が少なくなったり, 欠株となる。

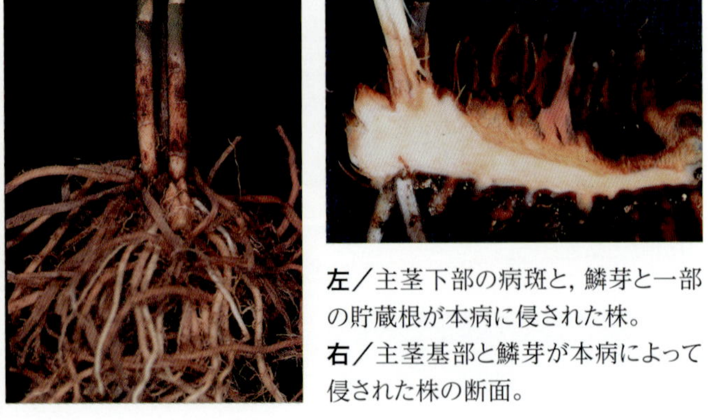

左／主茎下部の病斑と, 鱗芽と一部の貯蔵根が本病に侵された株。
右／主茎基部と鱗芽が本病によって侵された株の断面。

【茎枯病】⇨解説：病175

茎枯病が全体に拡大し，茎葉が枯れた圃場。

主茎に形成された小型の初期病斑。

主茎に形成された大型病斑。病斑上の黒粒小点は柄子殻。病原菌の胞子がつまっている。

前年の残茎と隣接した茎に生じた茎枯病の病斑。

【紫紋羽病】 ⇨解説：病175

紫紋羽病に罹病した根株。

貯蔵根状に形成された菌糸下塊。

貯蔵根をマット状に覆い始めた紫紋羽病の菌糸。

【立枯病】 ⇨解説：病176

改植圃場において，定植1~2か月後に発生した立枯病。

病徴。地上部は黄化，萎凋して株が衰え，立茎数が少なくなったり欠株となったりする。

ウド

【萎凋病】⇨解説：病177

上／被害初期。葉の縁や葉脈間がまだらに黄変する。
下／被害中期。道路ぎわなどから集団的に発生する。

茎の断面。導管部が黄色のち褐色に変色する。

【菌核病】⇨解説：病177

根株養成畑の発病。生気を失い，茎はやわらかく腐る。

根株冷蔵中の発病。右側の白い部分が菌糸の塊，左側の黒い塊が菌核。

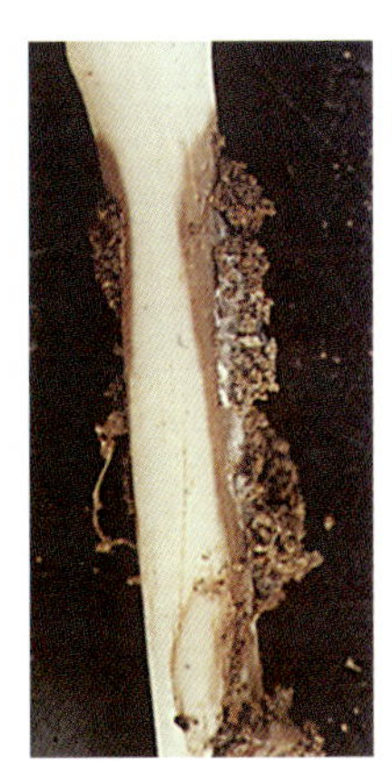

軟化中の発病の拡大。

【黒斑病】⇨解説：病178

被害状況。夏季，下葉が枯れ始め，病斑が上葉にも見える。

葉の病斑。大小の病斑が見える。

葉柄の病斑。黒褐色の長い病斑が葉柄をとりまいている。

【白絹病】⇨解説：病179

被害株。親株が早期に枯死してしまい，芽は秋に出てくる。

被害部の拡大。白い糸くず状の菌糸がまといつく。

ツルムラサキ

【灰色かび病】⇨解説：病180

初期症状。葉の先端から暗褐色となる。

後期症状。葉の先端から褐色化し，灰色の分生子塊を生じる。

【半身萎凋病】⇨解説：病180

黄化症状。下位葉からまだら状に黄化し上位葉へ徐々に進む。

茎の切断面。導管部が，根部から上位へ赤褐色に変色している。

ネコブセンチュウとの混発。被害が助長される。

【菌核病】 ⇨解説：病181

葉の初期症状。暗色水浸状に軟化する。

葉の中期症状。白色綿毛状の菌糸体が形成され，のちに黒色の菌核が形成される。

【紫斑病】 ⇨解説：病181

初期症状。紫色の小斑点を生じる。新葉の場合萎縮または捻れることもある。

後期症状。はじめ紫色の小斑点から，円形に拡大し中心が白色，周囲が紫色となる。

葉柄部の症状。葉が脱落する場合もある。

シソ

【斑点病】⇨解説：病183

初期病徴。針で突いたような小さな黄~黄褐色斑点が生じる。斑点の周辺部にハローを伴う。やがて斑点の部分が褐色から黒色に変色する。

出荷段階で発生した大型病斑。健全葉を出荷しても流通段階で葉に斑点が形成されることがある。

【さび病】⇨解説：病183

上／初期病徴。葉裏に黄色粉状の胞子（夏胞子）を生じる。
下左／葉表の症状。黄褐色から褐色の斑点状に見える。
下右／多発時の病徴。病斑が密生し互いに融合して一面に広がる。

セリ

【萎黄病】 ⇨解説：病185

軟化栽培田での発病株。株全体が黄化し，地ぎわの節部から小型になった黄白色の葉が生じる。

地ぎわ部から葉柄の細い葉が多数発生する。葉は小さく，葉柄は短く，株は萎縮する。

【さび病】 ⇨解説：病185

葉に黄褐色でやや隆起した小さな斑点（夏胞子層）が形成される。

ミツバ

【モザイク病】⇨解説：病187

左／葉全体が黄色く緑色濃淡のモザイクとなり，やや奇形となる。
右／緑色濃淡のモザイク症状を形成する。

【べと病】⇨解説：病187

病徴。葉脈に境されて病斑は不規則である。

葉裏に白色~汚白色のカビを生じる。

【斑点病】⇨解説：病188

褐色でやや円形の病斑を形成する。

褐色で不整形やや星形の病斑を形成する。

【菌核病】 ⇨解説：病188

養成畑の被害初期。地ぎわ部の葉柄が褐変し，腐敗する。

軟化中に葉柄が水浸状に褐変し，白色のカビを生じる。

【立枯病】 ⇨解説：病188

生育株での発病。生育した株では茎葉が侵され，茎葉は枯死する。

上／初期症状。病原菌の気中菌糸が観察され，茎葉が水浸状に侵される。
下／育苗箱での被害蔓延。被害は円形に広がり，苗は枯死する。

ジャガイモ

【葉巻病】⇨解説：病191

左／一次病徴。頂葉が退緑し，小葉基部が巻き，紫紅色を呈する（品種；紅丸）。
右／二次病徴。下葉からスプーン状に巻き，草丈は萎縮する（品種；紅丸）。

【てんぐ巣病】⇨解説：病192

多数の細い枝を生じ，葉は小型化し著しく萎縮する。

【黒あし病】⇨解説：病192

左／*Dickeya dianthicola*による黒あし症状。茎黒変部が伸長し葉柄に達する。
中／*Pectobacterium carotovorum* subsp. *carotovorum*による黒あし症状。地ぎわ部が黒変腐敗する。腐敗・褐変は必ず種いもにつながっている。
右／初期の症状。一部の茎葉が萎凋，下垂する。

【軟腐病】⇨解説：病193

上／地面に接した小葉が軟化腐敗する。
下／腐敗葉柄を経由して発病した主茎の病斑。

皮目感染による軟腐病斑。

【そうか病】⇨解説：病194

上／普通型病斑（commom scab）。
中／隆起型病斑（raised scab）。
下／陥没型病斑（deep scab）。

亀の甲症。九州では象皮病，本州では亀の甲症，北海道では象皮病類似症と呼ばれる病斑（russet scab）。

【粉状そうか病】⇨解説：病195

左／罹病塊茎。周囲に塊茎の表皮断片がひだ状に残された典型的・特徴的な病斑（品種；男爵薯）。
右／隆起病斑。塊茎表面にできたいぼ状の病斑。後に崩壊・陥没して，通常見られる病斑となる（品種；男爵薯）。

【黒あざ病】⇨解説：病196

菌核付着状況。新塊茎上に黒褐色のカサブタ（菌核）が形成される。

幼茎の発病状況。黒褐変して腐敗する。

生育期の症状。ストロンが伸長せず，形成された小いもが茎表面に密生する。

地上部の症状。頂部は紫紅色に着色し，やや小型で展開不良の巻葉となる。萎凋はしない。

サツマイモ

【黒斑病】

⇨解説：病197

左／罹病いも（品種；タマユタカ）。
右／円形にくぼんだ病斑の
中央部に生じたカビ。

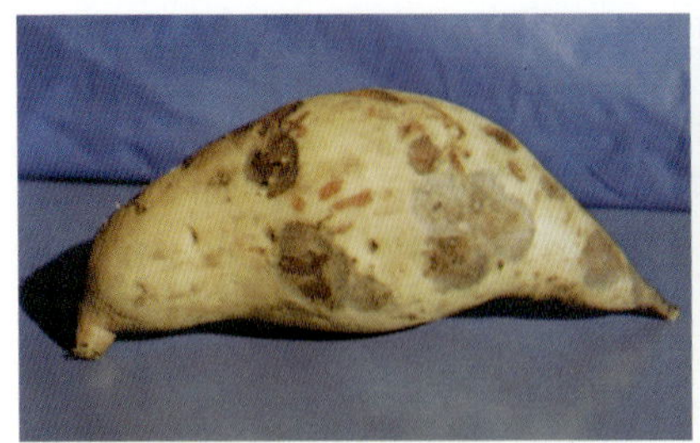

【紫紋羽病】

⇨解説：病198

フェルト状の菌糸束に覆われ腐敗したいも。

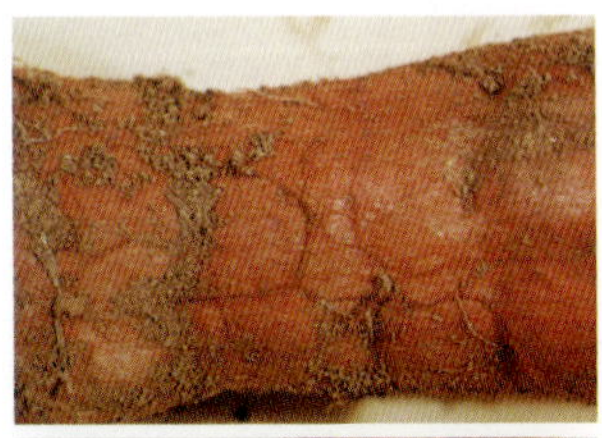

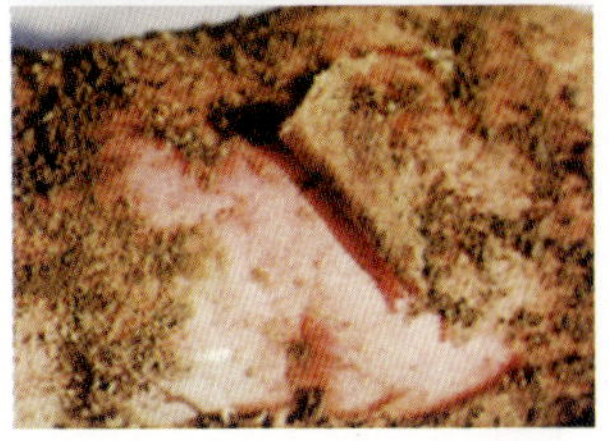

上／いも表面に紫色の菌糸が
からみつく。**下**／菌糸束が密に
なってフェルト状になる。

【つる割病】

⇨解説：病198

葉の黄変。

茎の地ぎわ部のつる割れ症状。

罹病株のいも。成り首がつる割れ症状。

サトイモ

【乾腐病】⇨解説：病200

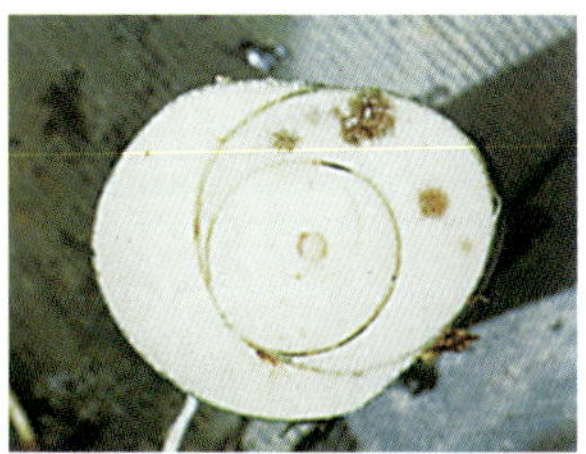

左／葉の病状。葉脈間のしおれと縞模様褐変が特徴。
右上／初期。診断は葉柄部横断面の導管褐変で行なう。
右下／発病いもは中心部に赤色小斑点が見られる。

【汚斑病】⇨解説：病200

初～中期の典型的な症状。径5～10mmのしみ状円形汚斑が葉の表裏にできる。

葉の裏面に発生した典型的病斑。

ヤマノイモ

【根腐病】⇨解説：病202

被害いも。生長点が侵され，異常分岐したいも。

地ぎわ部の褐変病斑。褐色の不定形の病斑が拡大して茎をとりまいている。

茎の立枯れ症状。地ぎわ部の病斑の腐敗が進み，つる枯症状となり，茎葉は枯死，落葉する。

ダイコン

【モザイク病】⇨解説：病203

被害株。葉に淡黄色の斑紋があらわれ，モザイク症状を呈する。

葉の症状にはいろいろな型がある。これは葉脈が黄化し，葉が縮れる場合。

緑色濃淡のモザイクになって葉が小型になる。

【黒斑細菌病】⇨解説：病204

左／根頭部の病斑。根頭部が黒変する。
右上／子葉の病徴。針先で刺したような黒色の微小斑点がある。
右下／葉の病徴。水浸状の小斑点が次第に黒褐色の不整形斑点となる。

【黒腐病】⇨解説：病205

葉の初期症状。はじめ葉が黄変，つぎに葉や葉柄が黒変してくる。

左／葉と根に発生する。根では被害が進むと導管が黒変し，中心柱が空洞化する。**右**／表面が黒変して亀裂を生じる。

【軟腐病】⇨解説：病205

地上部の初期症状。生育が止まり，下葉がしおれ，黄変して枯れてくる。

根くびの症状。汚白色，水浸状となり，葉はゆでたように軟化。

【べと病】⇨解説：病206

葉脈に区切られたやや角形の黄色病斑を形成する。

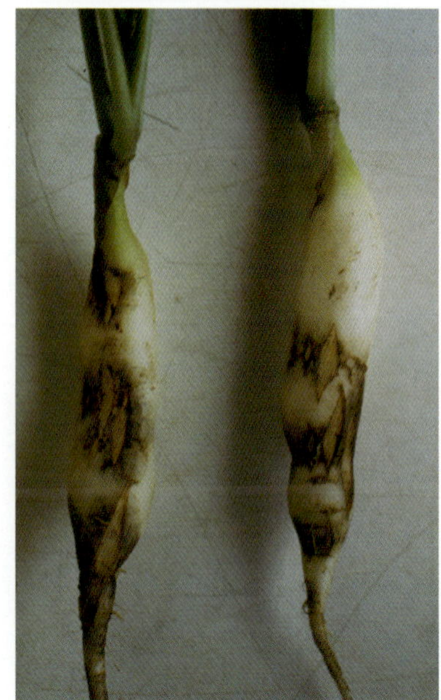

根部表面が黒変し，裂けてくびれる。

【萎黄病】⇨解説：病 207

葉が黄化してしおれて枯れる。とくに下葉の枯れ上がりがひどい。

しおれた根部を縦に切断すると，維管束に沿って黒褐変している。

【根くびれ病】⇨解説：病 207

苗の黒脚症状。

生育中期の根くびれ。

収穫期の帯状亀裂病斑。

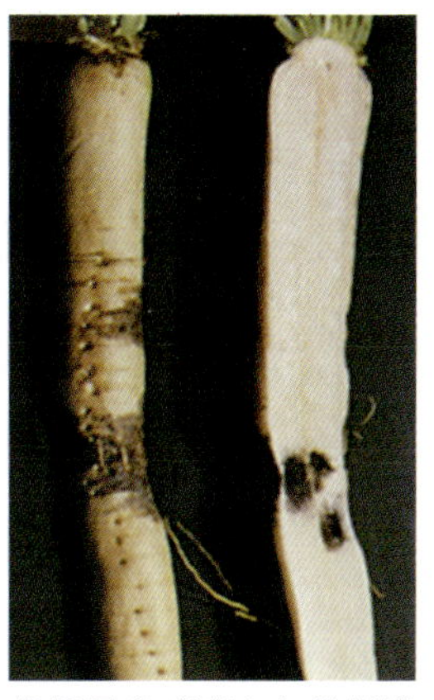

帯状黒色病斑と内部組織の黒変。

【白さび病】

⇨解説：病208

多発圃場では下葉の黄化が散見。

発病初期の症状。**左**／葉表。黄色小斑点が多数散見。**右**／葉裏。小斑点の裏側に白色の小さな胞子堆を形成。

発病後期の症状（葉裏）。白色の大きな胞子堆となり一部は分生胞子を飛散。

【バーティシリウム黒点病】

⇨解説：病209

外側の葉の片側が黄化し，維管束が黒変している。

切断すると維管束から内部にかけて黒変している。

縦断面。**左**／罹病幼根。**右**／肥大根。

カブ

【モザイク病】⇨解説：病210

葉のモザイク症状。**左**／葉色が淡くなり萎縮する(早生大カブ)。
右／黄色のふ入り症状(日野菜カブ)。

株全体が萎縮して，葉がモザイク症状になる(早生大カブ)。

【べと病】⇨解説：病210

病斑には，灰白色のカビ(菌糸や分生胞子)を生じる(耐病ひかりカブ)。

葉の病徴。葉に黄色の病斑を生じる。病斑は葉脈に限られ，不整形となる(耐病ひかりカブ)。

【黒斑病】⇨解説：病211

左／初期の病徴。葉の表面に褐色の小斑点の病斑ができる（早生大カブ）。
右／後期の病徴。病斑は次第に大きくなり，同心円状輪紋となる（早生大カブ）。

【根こぶ病】⇨解説：病211

上／日中，地上部はしおれ，葉はたれ下がる（早生大カブ）。
下左／被害のひどい株。播種後，間もなく罹病すると，株は萎縮して奇形となる（万木カブ）。
下右／根には大きなコブができる。コブは軟化，腐敗しやすい（耐病ひかりカブ）。

ニンジン

【軟腐病】⇨解説：病213

左／中期の症状。根部表面が水浸状に軟化腐敗する。
右／典型的な症状。根部が水浸状に軟化腐敗し，後に崩壊する。

【黒葉枯病】⇨解説：病213

左／葉に褐色の病斑を生じ，やがて葉先枯れを起こす。
右／多発すると葉身が褐変し，葉柄に紡錘状の褐斑が広がり，のち全体が枯死する。

【紫紋羽病】⇨解説：病214

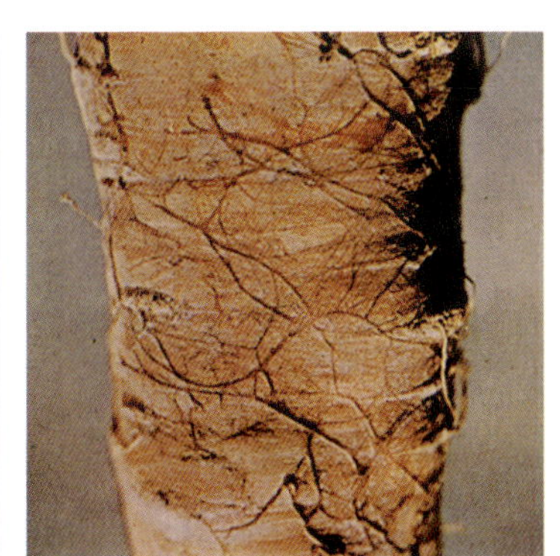

左／根部に褐色不整形大形の腐敗部を形成する。
中／症状が進むと根の表層が柔らかく腐り，土がこびりついて落ちない。
右／病原菌の菌糸。紫色の太い糸状の菌糸が根にまとわりつく。

【根腐病】⇨解説：病214

初期の病徴。病斑は初めしみ状，のちに水浸状となる。

中期の病徴。病斑は拡大して，暗赤色水浸状となる。

地上部の病徴。葉柄基部が褐変し，立枯れ症状となる。

【しみ腐病】⇨解説：病215

春夏ニンジンの典型的病斑。直径3~5mmの円形または長円形の褐色水浸状を呈する。

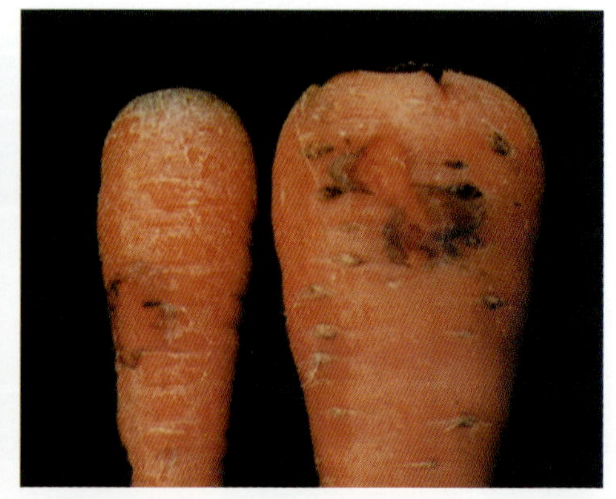

大型病斑。ときにより2~3cm以上の大型となり，その表面は軟化腐敗することがある。

【白絹病】⇨解説：病215

圃場の被害状況。株もとが褐変腐敗し，アワ粒状菌核が地表面にも形成される。

初期症状。根部表面が水浸状となり，白色菌糸がまといつく。

末期症状。根部が完全に腐敗し，白色菌糸に覆われる。茎葉はしおれ，後に枯れる。

【うどんこ病】⇨解説：病216

左／中発生。下葉から上葉へ白いカビが広がる。
右／多発生。白い粉状のカビが葉表面を覆う。

ゴボウ

【モザイク病】⇨解説：病217

左／軽症の場合には葉の一部分だけがモザイク症状となる。
中／病徴のひどい場合には葉全体が明瞭な黄色のモザイク症状となる。
右／不鮮明な斑紋を生じる場合もある。

【黒斑細菌病】⇨解説：病217

左／被害葉の表面。暗緑色の円形~多角形の水浸状小斑点を生じる。
右／被害葉の裏面。葉脈に沿って病斑を形成する。

被害茎の状態。病斑部は少し凹入し，折れやすくなる。

【萎凋病】⇨解説：病218

左／生育初期の病徴。葉の半分がしおれ奇形となる。**右**／根部が褐変腐敗し，切断すると維管束が褐変する。

【うどんこ病】⇨解説：病218

葉の表面にうどんこ状の白いカビが生える。

【黒斑病】⇨解説：病219

左／初期の病斑。葉に褐色ないしは茶褐色の丸い病斑を生じる。
中／病徴が進むと病斑に孔があく。
右／奇形葉。葉に病斑が多くなると奇形となる。

【黒あざ病】⇨解説：病219

左／初期の根部病徴。暗褐色の小さな病斑をつくる。
右／収穫期の病徴。大型黒褐色の病斑ができている。写真は，右が黒あざ病，左がネグサレセンチュウによる被害。

葉柄腐れの症状。葉柄基部から発生する。

ショウガ

【いもち病】⇨解説：病220

葉身での病徴。紡錘形で，内部が灰白色，周縁部が褐色，周囲が黄色（中毒部）になる。葉身の縦方向に裂け，中心部が脱落して穴があく。

根茎での初期病徴。不完全鞘葉が生じる根茎節で感染する。

根茎での典型的な病徴。20mm程度の大型の病斑になり，表面に小さな菌核が見られる。

【根茎腐敗病】⇨解説：病221

初期症状。地ぎわ部が褐変している。

中期の病徴。根が暗褐色に軟化腐敗する。

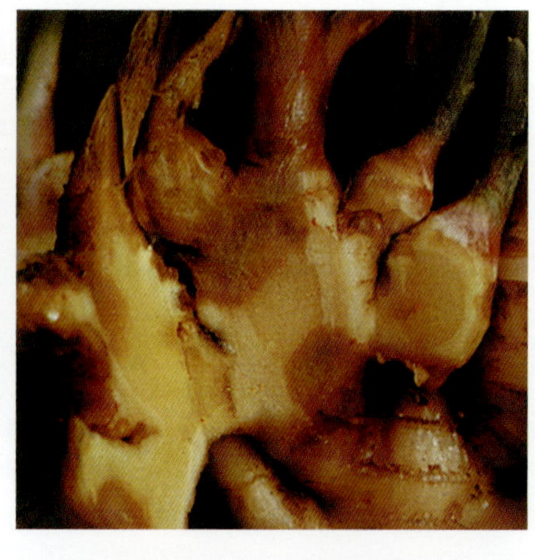

被害株の地下部（根茎）。芽の部分が侵されて，根茎の腐敗が進んでいる。

【紋枯病】⇨解説：病221

左／初期病斑。黄褐色の小斑点病斑を形成している。
中／病勢が進行すると中心部が消失し，周辺だけが残る。
右／根茎上部の症状。わずかなくぼみを伴う病斑を形成する。

【白星病】⇨解説：病222

A／初期病徴。葉に淡い灰緑色の1~2mmの小斑点を生じる。
B／典型的な病徴。灰白色の円形に近い1~3mmの多数の小斑点が星状に見える。
C／病原内部の柄子殻。病斑の表や裏に1~数十個の小黒点粒の柄子殻を形成する。これが診断の決め手になる。

多発により多くの葉が枯れた株。

【立枯病】⇨解説：病223

株全体の症状。1次茎から高次茎へ向かって，順次下葉から黄化し，株全体の生育が劣ってくる。

塊茎での初発の症状。通称「足」（種塊茎と1次塊茎の間で，発根しているところ）の部分を切断すると，導管部を中心に淡褐変〜褐変する。

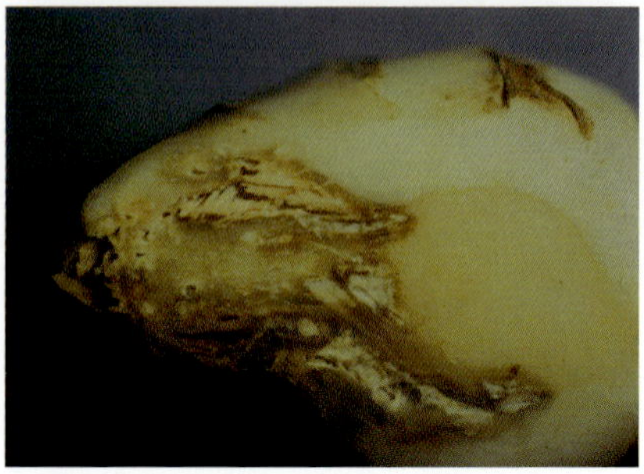

腐敗し始めた根茎。塊茎も腐敗し，スが入っている。

【青枯病】⇨解説：病223

葉の症状。青枯病に罹病し，下位葉から黄化したショウガ。

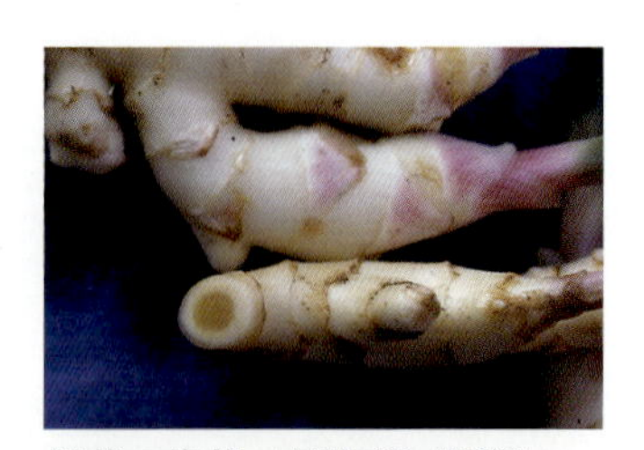

根茎の症状。青枯病に罹病し，維管束が褐変した根茎。

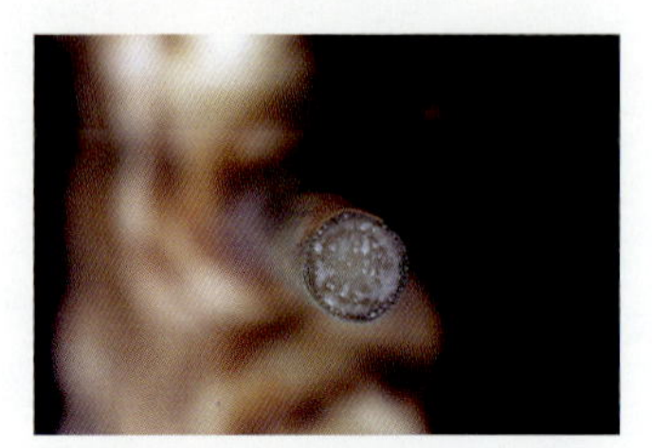

細菌泥。偽茎の切断面から噴出する乳白色の細菌泥。

ミョウガ

【葉枯病】 ⇨解説：病225

左／初期病徴。展開中の新葉に白色斑点が発生する。その後拡大して白い大型病斑となる。**中**／後期病徴。病斑上のあちこちに小黒点を生じる。**右**／大型の病斑が多い葉は，細くなり枯れる。

【いもち病】 ⇨解説：病225

左／初期病徴。灰白色の円形斑点が生じ，周辺は淡黄色になる。のちにすすのような胞子を生じる。**中**／中期病徴。灰白色の斑点が輪紋斑に拡大する。葉裏にもすすのような胞子を生じる。**右**／後期病徴。楕円形の輪紋斑が見られる。微小な黒点のある同心輪になっている。

【根茎腐敗病】 ⇨解説：病226

左／初期病徴。下葉が黄色く変色する。虫の食害でない限り，こうした症状が見られたら本病である。
中／後期病徴。茎が淡褐色に枯れて倒伏する。
右／地下茎の後期病徴。黒褐色となるが，柔軟で折れにくい。

レンコン

【えそ条斑病】⇨解説：病227

左／健全根茎と被害根茎。下3本が被害根茎（無漂白）。**上**／被害根茎。表面から根茎内部のえそ条斑が透けて見える。

【腐敗病】⇨解説：病227

発病の初期病徴。葉の縁から水気を失って退緑色に変色。

枯死葉。水気を失った葉は褐色の枯死葉となる。

重症な発病レンコン（上）と健全なレンコン（下）および断面。重症なレンコンでは表面にしわができ，凹凸を伴うことがある。

【褐斑病】⇨解説：病228

輪紋の形成。左は葉の表，右は葉の裏。

葉の症状。黄緑色から褐色の多数の病斑が見られる。

【褐紋病】 ⇨解説：病228

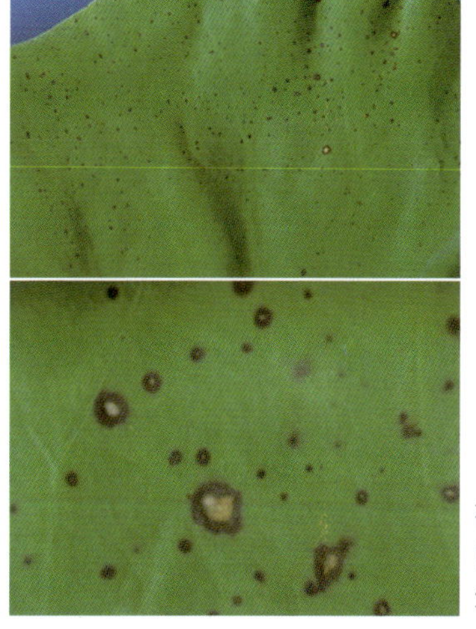

中～後期の病斑。不明瞭な同心輪紋を生じ，病斑上に黒色のカビが見られる。

初期の病斑。輪郭のはっきりした円形斑点を生じる。下の写真は病斑の拡大。

ワサビ

【軟腐病】 ⇨解説：病230

初期症状。外葉が萎凋する。

末期症状。根茎は完全に腐敗し，カビ様のものに覆われる。

根茎断面の症状。高温期を経過した株に発生する。腐敗し，悪臭を伴う。

【べと病】⇨解説：病230

左／発生初期の症状。緑褐色の病斑が現われる。
右／葉裏の症状。葉裏に病斑が見えたら，急ぎ防除する。

【白さび病】⇨解説：病231

発生初期の葉の症状。表面には黄緑色の病斑が（上），裏面には乳白色の病斑が見える（左）。

激発時の葉裏の症状。病斑が広がり，ところどころ葉が破れてくる。

【墨入病】⇨解説：病231

葉の病徴。暗褐色で円形の病斑を生じ，拡大しながら不整形な病斑となる。

A／根茎表皮の病徴。表皮に不整形の黒斑が生じ，しだいに拡大する。
B／根茎内部の症状。維管束に沿って黒変が拡大する。

エンドウ

【茎えそ病】⇨解説：病233

左／托葉のえそ斑。葉脈にそってえそ斑点を生ずる。
右／先端部の萎凋，わん曲。生長点は発育停止し，生気を失いわん曲する。

【モザイク病】⇨解説：病234

左／モザイク症状。葉に緑色濃淡のモザイク症状があらわれる。
右／モザイクと萎縮症状。葉がモザイク状となり，株全体が萎縮する。莢が奇形となる。

【つる腐細菌病】⇨解説：病234

左／早期の病株。早期に感染したが，茎の病斑は乾固した状態。
右／托葉と茎の病徴。托葉の茎接触部と茎が激しく侵されたもの。*Xanthomonas* 菌が分離された。

【灰色かび病】⇨解説：病235

花弁での初期病徴。2~3mmの水浸状斑点を形成し，後に中心が薄く褐変して周囲がやや盛り上がった鳥の目状の病斑となる。

幼莢の被害。もっとも多い萼周辺の発病。

茎での初期病徴。托葉に花殻が付着して感染。

【褐斑病】⇨解説：病235

被害初期。開花始めころから葉に褐色小斑点が多数発生する。

莢の被害。褐色のくぼんだ小病斑ができ，奇形になる。

【褐紋病】

⇨解説：病236

左／被害初~中期。褐色の小斑点が生じ，拡大して2~3層の同心輪紋をあらわす。
右／被害中期。病斑がやや拡大して他の病斑と融合する。

【根腐病】

⇨解説：病236

被害株と根の症状。株は黄化し，すそ枯れ症状となる（左）。根は茶褐色で細根が腐敗消失し，根量が少ない（右）。

地ぎわ部の発病。はじめ水浸状淡褐色，しだいに茶褐色を呈しくびれる。

【うどんこ病】

⇨解説：病237

左／被害初期。はじめ茎葉に白色粉状の小斑を生じる。
右／被害後期。葉の表も裏も全体がうどん粉をふりかけたようになる。

インゲンマメ

【モザイク病】 ⇨解説：病238

左／葉に黄色と緑色が混在した境界不鮮明な黄斑モザイクが現われる。生育の初期に感染すると，ちりめん状に縮葉し，株がわい化する。
右／葉に濃淡の鮮明なモザイクや葉脈緑帯が現われるが，葉縁が湾曲して，火ぶくれ症状を伴うこともある。

【菌核病】 ⇨解説：病239

左／莢の病斑。病斑の中心部にはじめ菌糸が形成される。炭疽病と異なり，病斑の周辺はややぼける。
右／初期の病徴。花弁や茎から感染し，やがて茎，莢が水浸状に腐敗する。発病した莢には白色の菌糸塊が見られ，その後に黒色の菌核が形成される。

【かさ枯病】 ⇨解説：病239

莢の病斑。初め水浸状の病斑が現れ，やがて円形の病斑となる。病斑の進展が停止すると周縁が赤褐色に変化し，病斑の中央部はくぼむ。

葉の症状。初め葉に小さな褐点が生じ，このまわりに黄色の“かさ”を生ずる。罹病葉は葉の展開不良や奇形を起こす。

【炭疽病】⇨解説：病240

左／発芽直後に発病し，子葉の腐敗と茎部の褐変により早期に枯死する。
中／葉柄と葉脈にそって病斑を形成し，暗褐色または黒色のやや陥没した条斑となる。葉にも暗褐色の不定形の輪郭が明瞭な病斑が現れる。
右／莢では最初は暗褐色の小斑点であるが，やがて直径5～10mmの円形病斑となる。その中央部はやや陥没して暗褐色，周縁は赤褐色の輪郭ができる。

【角斑病】⇨解説：病240

左／典型的な病斑。葉脈にはさまれた葉肉の病斑部が角ばって見える。
右／莢の病斑。病斑の中央のほうが色が濃い。

【根腐病】⇨解説：病240

左／地上部は下葉などから黄化しはじめ，生育が著しく不良となる。
右／根には赤褐色の病斑が現われる。

ソラマメ

【えそモザイク病】⇨解説：病241

発病初期。葉面にえそ斑点，えそ条斑を生ずる。

末期。葉面にえそを生じ，生育は不良になる。

【モザイク病】⇨解説：病242

初期。葉脈透化とモザイク症状。

モザイクと縮葉。縮葉症状の併発した株。

【赤色斑点病】⇨解説：病243

左／発病初期。葉の表面または裏面に赤褐色の小斑点を生ずる。
右／中期～末期。円形で境界のはっきりした濃赤褐色の病斑をつくる。内部はややしぼみ，色が淡い。

スイートコーン(トウモロコシ)

【すじ萎縮病】⇨解説：病244

被害株。葉脈がやや隆起したすじ条斑を生じ，株全体が萎縮する。

やや隆起した葉脈がすじ状になるが，葉裏ではそれが白色になるのが特徴である。

葉裏。すじ条斑が葉裏で白色を呈する。

【倒伏細菌病】⇨解説：病244

側枝の被害。葉鞘の内側から発病し，やがて茎の内部まで腐敗して枯れる。

主幹の被害。**左**／茎の途中の表面が水浸状に褐変する。**右**／葉鞘の内側が褐変腐敗し，やがて茎に感染して茎の内部まで発病して褐変する。

【黒穂病】⇨解説：病245

雌雄の穂に発病するが，成熟に近い子実では粒が白色の膜で覆われ異常に膨大する。

このようにふくらんだ部分は，やがて破れて黒い粉（厚膜胞子）を飛散する。

黒色の粉（病原菌の厚膜胞子）が飛散したあとは空になって，やがて乾枯する。

トマト

【ネコブセンチュウ類】

⇨解説：虫1

トマトのネコブセンチュウ被害株（左）と健全株（右）。

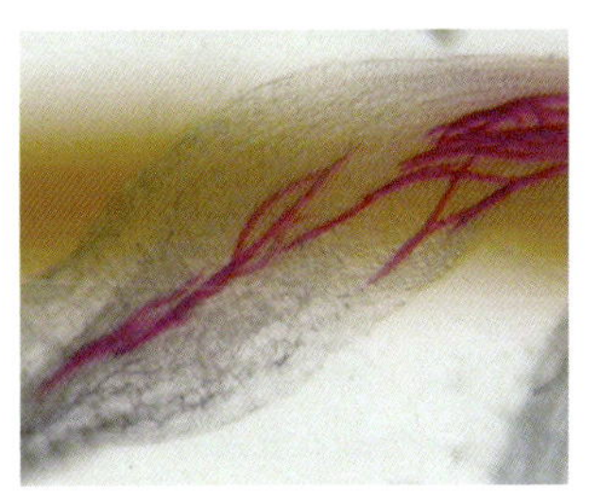

上／ネコブセンチュウの寄生により根こぶができたトマトの根。
下／トマトの根に群れをなして侵入したネコブセンチュウの第2期幼虫（酸性フクシンで染色）。

【トマトサビダニ】

⇨解説：虫2

上／葉の被害。葉の周縁部が黄褐色になり，葉裏側へややそり返る。葉裏は光沢をもち，褐色をおびる。
下左／花茎での発生。黄褐色ないし赤褐色の体長0.2mmのダニが多発すると，先端部やわん曲部に群がる性質がある。
下右／果実の被害状況。灰褐色になり表面が硬化して多数の細かい亀裂が生じ，ナシ（長十郎）の果実のようになる。

【ヒラズハナアザミウマ】⇨解説：虫3

A／トマトの白ぶくれ症果。肉眼でも症状がよく見える。
B／果面傷害の3種。右上；白ぶくれ症状果，右下；灰色かび病菌によるghost spot症状果，左；カメムシ吸汁加害果。白い小点がたくさん見られる。

生育ステージ。左から雌の1齢幼虫，2齢幼虫，1齢蛹，2齢蛹，成虫。右上は雄成虫。

【ミカンキイロアザミウマ】⇨解説：虫4

成・幼虫の加害による葉のシルバリング症状。葉表（左），葉裏（右）。

成熟果の被害状況。幼果時に加害されると着色後も小さな斑点として残る。

夏と冬では成虫の体色が異なる。
左が黄色の夏型雌成虫。右は黒褐色の冬型雌成虫。

【アブラムシ類】 ⇨解説：虫5

左／モモアカアブラムシ無翅成幼虫。吸汁害もあるが，虫の排泄物と付着する脱皮殻の汚れが問題。
中／モモアカアブラムシ無翅成虫。体長は1.2～2.1mm，体色は淡緑～淡黄色，淡紅色，赤，褐色などさまざま。
右／ワタアブラムシ無翅成虫。体長は0.9～1.8mm，体色は黄色～緑色，濃緑色～ほぼ黒色まで変異が大きい。

チューリップヒゲナガアブラムシ。**左**／有翅幼虫。体長は1.8～3.0mm，体色は淡黄緑色～緑色。**右**／無翅成虫。ナス科植物を好み，トマトに加害する4種の中では，もっとも大きい。

【タバココナジラミ】 ⇨解説：虫7

トマト黄化葉巻病。タバココナジラミによって媒介されるウイルス病。発病株では葉が黄化縮葉し，株全体がわい化する。発病するとトマトの開花結実が抑制されるため，深刻な被害をもたらす。

果実表面に発生したすす病。タバココナジラミの排泄物に生えるすす病菌により，果実表面にうすい黒点状の汚染が生じる。

成虫と着色異常果。幼虫が葉に多数寄生することで果実に着色異常症が生じる。

【オンシツコナジラミ】⇨解説：虫8

左／被害果。果面はすすで汚れる。被害がひどい果実はさらに黒くなる。
中／成虫。体長は約1.2mm。若い葉の裏に群がり，吸汁，産卵する。
右／卵。サークル状に葉裏に産み付けられ，卵柄が葉に押し込まれて立っている。長さ約0.2mm。

【カメムシ類】⇨解説：虫10

ミナミアオカメムシ成虫（左）。アオクサカメムシに似るが，側角が体側から外側に出ず，触覚の各節上部の色が褐色であるのが特徴。ミナミアオカメムシ卵塊。数十個の卵を六角形の形に産みつける（右）。

アオクサカメムシ成虫。ミナミアオカメムシに似るが，側角が体側から外側に少し突き出し，触覚の各節上部の色が黒色であるのが特徴。

左／タバコカスミカメによる茎の被害（リング状褐変）。茎にリング状の褐変が生じ，整枝，誘引作業中に折れやすくなる。
右／タバコカスミカメ成虫。コナジラミ類の天敵だが，餌となるコナジラミ類の密度が低くなると，トマトを加害する。

【テントウムシダマシ類】⇨解説：虫11

左／ニジュウヤホシテントウによる葉の食痕。葉を浅く食害し，サザナミ状の食痕を残す。**中**／葉を食害するニジュウヤホシテントウ幼虫。体色は淡黄色，体全体に灰色の枝状突起がある。**右**／ニジュウヤホシテントウの成虫と卵塊。葉裏に30卵前後を産卵する。卵の直径は0.8mm。

【トマトハモグリバエ】⇨解説：虫12

左／幼虫による被害。幼虫が前方へ進みながら食害して潜孔を形成し，潜孔は白い筋のように見える。**右**／多発時の被害葉。光合成が阻害され，葉が白化する。

終齢幼虫。体長約3mm。葉肉を摂食し，潜孔内に黒色の糞を線状に残す。

【マメハモグリバエ】⇨解説：虫13

左／幼虫による葉の被害。**中**／成虫による摂食・産卵痕。成虫は葉に小さな穴を開けて汁液をなめたり，産卵したりする。**右**／雌成虫。腹部末端に黒い産卵管を有する。

【吸蛾類】⇨解説：虫14

左／被害果。収穫期近くに吸汁され，果実は腐って落果する。
右／成虫の加害。夜間，口ばしをさしこんで加害する。

【オオタバコガ】⇨解説：虫15

被害果。内部を食害されて腐敗した果実（左下）と，表面を食害されて傷ついた果実（右）。褐色の虫糞が付着する。

中齢幼虫。茎や果実を食害する。

【ハスモンヨトウ】⇨解説：虫17

左／若齢幼虫による葉の被害。集団で表皮を残して食害する。
右／若齢幼虫。体長5mm。

ナス

【ネコブセンチュウ類】⇨解説：虫18

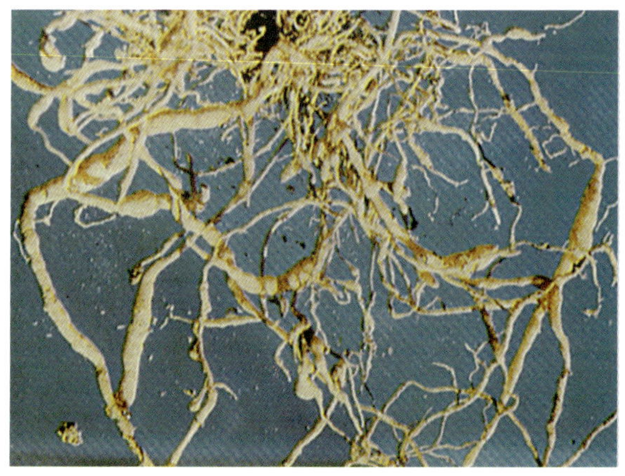

被害根。こぶがいたるところにできる。

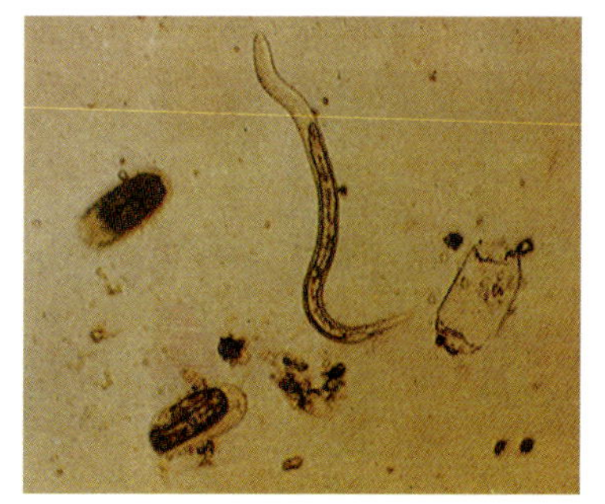

卵から孵化した直後の幼虫と卵。
幼虫の体長約0.4mm。

【ナメクジ類】⇨解説：虫19

果実の表面に直径5mm前後の浅い穴ができ，その穴の底に糞が残されていることもある。

葉に大小不規則な穴ができる。穴の周りが浅く食害されて半透明になっていることが多い（ヨトウムシ類では穴の周りが明瞭）。

左／ノハラナメクジの卵塊。春に産卵するようである。
右／チャコウラナメクジ。野菜を加害するもっとも一般的な種類である。体色は茶褐色で背面に2，3本の黒い筋があり，体の前部背面が甲羅状になっている。

【チャノホコリダニ】 ⇨解説：虫20

左／新芽の被害。新葉が硬くなって変形し展開が止まる，茎の表面がカスリ状に白くなる。
中／葉の被害。被害葉は，展開すると吸汁被害部が裂けて切り裂いたような穴となる。
右／果実の被害。果梗部分が褐変して硬くなる。果実の先端部では被害部が裂ける。

【ハダニ類】 ⇨解説：虫20

左／ナミハダニ。幼虫は黄橙色で，背面に1対の黒紋がある。
卵は半透明の球で1個ずつ産卵されている。
右／ナミハダニによる葉の被害症状。針で突いたような白い小斑点が広がる。

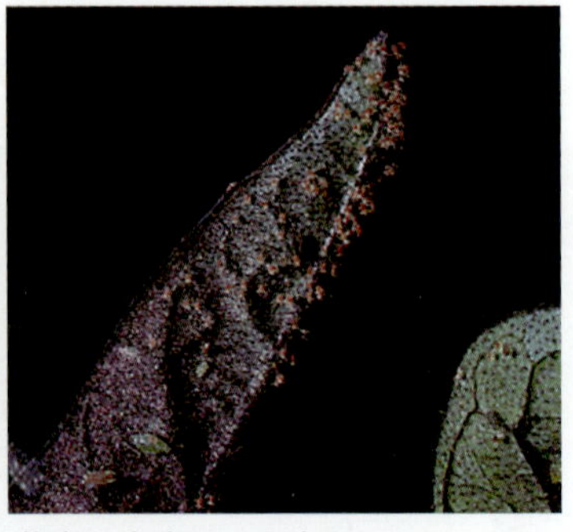

左／カンザワハダニ。やや黒ずんだ赤色の虫が葉裏に寄生して吸汁する。
右／カンザワハダニ。群がって寄生している。ただちに防除する。

葉の被害。ナミハダニによるもの（上）とカンザワハダニによるもの（下）。

【ミカンキイロアザミウマ】

⇨解説：虫21

左上／葉裏の食害痕。吸汁された部分がカスリ状の白色小斑点となる。
左下／葉裏の被害。全体が銀色（シルバーリング）に光る。
下／果実（水なす）では産卵痕を中心に脱色白斑点となる。

雌成虫，体長1.5～1.7mm，体色は淡黄色～褐色で季節により変化する。

【ミナミキイロアザミウマ】

⇨解説：虫22

葉の被害痕。葉脈にそって無数の小斑点が並ぶ。この被害痕を早期に発見することが診断のポイントである。左が初期。右が中期。

上／展葉し始めの葉が吸汁被害を受けると，傷葉になるとともに変形する。ときには心止まりになることもある。
下／虫の発生が少なくても，幼果の頃に吸汁された被害痕が褐色の傷となって残り，商品価値が著しく低下する。

長さ2mm前後，体全体が黄色で，翅脈が黒いことで他の種とは区別できる。

【アブラムシ類】⇨解説：虫23

ジャガイモヒゲナガアブラムシ。葉への寄生状況と被害状況(コロニーは小さく，吸汁部が黄化する)。

左／モモアカアブラムシの成幼虫。淡赤褐色の小さな虫が群生して汁を吸う。
右／チューリップヒゲナガアブラムシの成幼虫。後方に1対の長い角状突起(角状管)をもったやや大型で，緑色の虫が群生する。

すす病による被害。

虫の寄生ばかりでなく，白い脱皮殻も付着し，汚れが目立ち，商品価値がなくなる。

【タバココナジラミ】⇨解説：虫24

成虫の体長は1～2mm。翅は白色，胴部は淡黄色～オレンジ色で，翅先は重ならない。

左／葉に寄生する3～4齢幼虫。**右**／長さは1～2mm。黄色で中央部が隆起し，周辺は薄い。赤色の複眼が透けて見える。

【オンシツコナジラミ】⇨解説：虫25

成虫は生長点に近い新葉の葉裏に多く寄生し，葉が動くと四方に散る。

排泄物に発生したすす病。葉の同化作用や呼吸作用が妨げられ，生育に悪影響が及ぶ。

幼虫はやや古くなった葉裏に寄生し，1～3齢を経て蛹になる。

【カメムシ類】⇨解説：虫25

左／ミナミアオカメムシ成幼虫の加害によるしおれ。多発すると加害部から先がしおれたり，茎葉の伸長が停止する。
右／果実の被害。吸汁された部分はこのようにくぼむ。

口吻を茎に刺して吸汁中のホオズキカメムシ成虫。

コアオカスミカメ成虫。

ミナミアオカメムシ成虫。

【テントウムシダマシ類】

⇨解説：虫26

A／果皮が食害されると，階段状の食痕が残り，商品価値がなくなる。
B／葉裏に黄色の縦長の卵が20～30個が1塊になっている。
C／幼虫。白～黄白色で体全体に黒い棘をもった柔らかい虫が葉や果実を食害する。
D／成虫。28個の黒紋をつけた赤褐色のテントウムシが葉や果実を食害する。

【ナスナガスネトビハムシ】⇨解説：虫27

被害葉。成虫が葉の表面を加害する。

成虫。体長は2.0~2.5mm，体色は黒色で，弱い金銅光沢を帯びている。

【マメハモグリバエ】⇨解説：虫27

左／うす緑色の曲がりくねった細い条になる。激発すると全面に広がり，光合成が抑制される。
中／老熟幼虫は葉から脱出し，主に地上で蛹化する。褐色，俵状。
右／成虫。雌成虫は産卵管で葉に孔をあけて汁を吸う。成虫は黄色に誘引される。

【フキノメイガ】⇨解説：虫28

左／葉がしおれて枯れる。被害は葉単位または茎単位でしおれ，青枯病のように株全体に及ぶことはない。
右／老熟幼虫。

【ネキリムシ類】⇨解説：虫29

左／カブラヤガ幼虫。体長40～45mm，灰色～灰褐色。手でふれるとまるくなる。
中／成虫。体長20mm内外。キャベツの葉上。日中は葉裏に静止，夜間活動する。
右／被害株。老齢幼虫は根ぎわをかみきるが，若齢の幼虫は茎葉を食害する。

【オオタバコガ】⇨解説：虫29

上左／葉の食害，楕円形の穴があく。
上右／果実（水なす）の食害痕。果実表面に直形8mm程度の丸い穴があく。
下左／体長約40mmの老齢幼虫。体表には長い刺毛があり，刺毛基部は黒点となる。緑色タイプ。
下右／老齢幼虫。褐色タイプ。

【ハスモンヨトウ】⇨解説：虫30

左／若齢幼虫。葉裏に群がって食害する。防除適期。**中**／中齢幼虫。灰色～黄色で，背面に1対の黒い紋をつけたイモムシが葉や茎，ときには果実をも食害する。**右**／老熟幼虫。黒地に数本の黄色の縦帯を装い，昼間でも葉上で食害することで，ヨトウガ（夜間のみ）とたやすく区別できる。

ピーマン

【サツマイモネコブセンチュウ】⇨解説：虫32

左／地上部の症状。新葉が白黄化し，次第に生育不良となる。
中／根の被害。根に米粒状の小さなこぶが連なるが，大きくはならない。
右／じゅず状の小こぶにゼラチン状の卵のうを形成。

【チャノホコリダニ】⇨解説：虫32

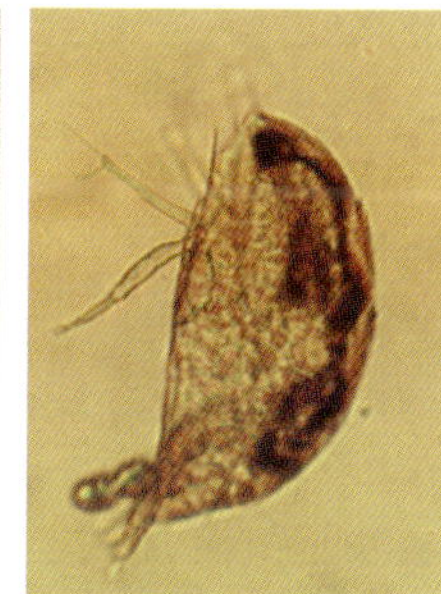

左／新芽の被害。新芽や新葉が内側に巻き込み，表面に凹凸が現われ，展開も止まる。**中**／果実の被害。ヘタや果面が褐変し，ひどい場合は全体が褐変，コルク化する。**右**／成虫。体長は約0.2mm，半透明でややあめ色を呈する。

【ハダニ類】⇨解説：虫33

左／葉の病斑。葉脈間が黄化する。**中**／中位葉などにわずかなカスリ状の白斑が生じ，やや萎縮する。
右／ナミハダニ（雌）。淡黄色ないし淡黄緑色で背中の両側に黒紋がある。

【ヒラズハナアザミウマ】⇨解説：虫33

雌成虫。体長約1.3mm，成虫期間は1か月におよぶ。

花へ寄生し，花や萼部分に産卵する。

果実の被害。幼虫密度が高いと黒くケロイド状になることがある。

果梗部の被害。産卵部が黒く変色する。

【ミカンキイロアザミウマ】⇨解説：虫34

果実の被害。成幼虫が果梗部を加害し，カスリ状に褐変する。

雌成虫。
体長は約1.5mm。

【ミナミキイロアザミウマ】⇨解説：虫35

左／新梢の被害。新葉が巻縮し，一部褐変する。
中／ミナミキイロアザミウマに網目状に食害されたピーマン。
右／ピーマンの果実表面を食害する幼虫。

【アブラムシ類】⇨解説：虫35

ジャガイモヒゲナガアブラムシの被害葉は，吸汁部が黄化する。

ワタアブラムシ。無翅胎生の雌成虫と幼虫。

すす病を誘発。アブラムシが多発すると葉上に油滴状の排泄物が付着し，その上にすす病菌の発生を誘発するので葉は黒く汚れる。

モモアカアブラムシ。
左／生長点付近への寄生状況。
右／無翅胎生の雌成虫と幼虫。

【タバココナジラミ】⇨解説：虫37

左／葉に発生したすす病と生長点部の退緑。**中**／タバココナジラミによる果実の白化症。左が正常果，右が被害果。**右**／成虫。体長は0.8～1mm。体色は淡黄色，翅は白色で，翅先は重ならない。

【オンシツコナジラミ】⇨解説：虫37

左／卵。産卵直後黄白色を呈し，孵化直後に紫黒色となる。
右／成虫。生長点付近の若い葉に集中して寄生し，葉裏に1卵ずつ産みつける。

【タバコガ類】⇨解説：虫38

被害果。被害末期になると果肉が食害され，表皮から透きとおるようになり，腐敗し悪臭を放つ。穴から幼虫は脱出して地下にもぐる。

左／タバコガ成虫。土中から羽化し，成虫は体色の個体変異が大きい。**右**／土中の蛹。老熟幼虫は土中に落下後，地下10~15cmに土窩をつくり蛹化する。

オオタバコガ。果実内部を食害する6齢幼虫。

【ハスモンヨトウ】⇨解説：虫39

A／孵化幼虫の集団食害による白変葉。
B／3~4齢幼虫による被害葉。
C／果実を食害する6齢幼虫。
D／雄成虫。

トウガラシ類

【サツマイモネコブセンチュウ】⇨解説：虫40

左／根こぶ。ウリ類などに形成される根こぶに比べ小さい。
右／雌成虫。体長0.6mm内外，洋ナシ形をしている。

【ナメクジ類】⇨解説：虫40

フタスジナメクジ成体。

ノハラナメクジ成体。昼間は灌水チューブの下などに潜んでいる。

【ホコリダニ類】⇨解説：虫41

上／シクラメンホコリダニによる生長点部の被害症状。
下／シクラメンホコリダニ雄成虫：体長0.2mm内外，第Ⅳ脚の中程から基部が半円形にふくらむのが特徴。

【ハダニ類】⇨解説：虫42

左／被害症状。葉脈の間が斑状に黄化する。
中／ナミハダニ雌成虫（黄緑型）。
右／カンザワハダニ雌成虫。

【アザミウマ類】⇨解説：虫43

A／ミナミキイロアザミウマによる生長点部の被害。葉が奇形を伴ってちぢれる。密度が高くなると，心止まり状態となる。
B／ミカンキイロアザミウマやヒラズハナアザミウマが媒介するTSWVによる黄化えそ病の病徴。

C／モトジロアザミウマによる葉の被害。葉が表裏ともカスリ状になり，ひどい場合は葉全体が白化し，落葉する。**D**／モトジロアザミウマ雌成虫と幼虫。成虫は体長1.6mm内外，前翅のつけ根が帯状に白く見える。幼虫は黄白色で，刺毛が目立つ。

E／クリバネアザミウマによる葉の被害。被害部には暗褐色の排泄物が点状に付着している。**F**／クリバネアザミウマ幼虫。排泄物で茶褐色に汚れていることが多い。

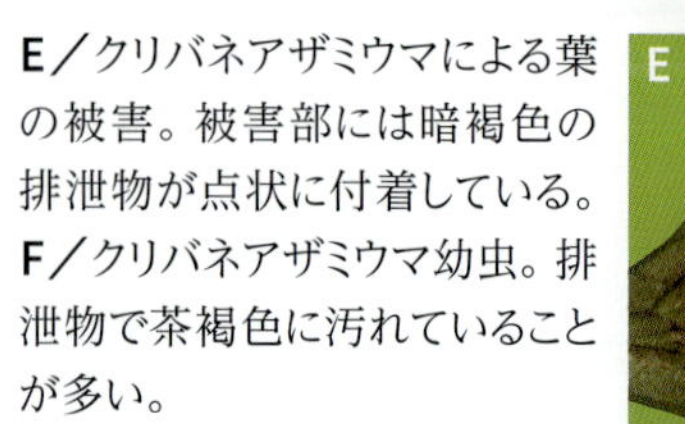

【アブラムシ類】⇨解説：虫45

ワタアブラムシによるすす病の被害。

ジャガイモヒゲナガアブラムシによる吸汁部の黄化。

ジャガイモヒゲナガアブラムシの無翅胎生雌虫。体長約3mm，体色は黄緑色～淡緑色で，体に光沢がある。

【タバココナジラミ】⇨解説：虫46

被害。果実に現われた白化症。

すす病の発生。

【タバコガ類】⇨解説：虫46

左／果実内部を食害するオオタバコガ6齢幼虫。**右**／オオタバコガ成虫。

タバコガ6齢幼虫。

タバコガ成虫。

【ハスモンヨトウ】⇨解説：虫47

孵化幼虫。表皮を残し集団で食害することから葉は白変する。

果実を食害する6齢幼虫。

卵塊。

イチゴ

【クルミネグサレセンチュウ】
⇨解説：虫49

左／被害初期。葉のヘリが赤くなり，生育が止まる。
右／被害根。表皮が赤く腐る。

【ナメクジ類】
⇨解説：虫49

左／熟し始めた果実を食害する。**右**／ナメクジ類は湿り気のある圃場で発生が多い。

【チャノホコリダニ】
⇨解説：虫50

左／被害葉。葉に褐変があり，その部分が硬くなって，ひきつれなどの奇形葉となる。**右**／被害果。果実は茶褐色になり，肥大せず種が浮き出る。

【ハダニ類】
⇨解説：虫50

被害初期。葉が縮んで見える。

被害の進んだ状態。株の生育が止まり，ひどいときは枯死する。

寄生状況。葉裏に寄生しているカンザワハダニ。

【ヒラズハナアザミウマ】⇨解説：虫52

成虫。暖かくなるとイチゴの花に集まり，加害する。

初期の被害果。果実が淡い茶褐色になる。

【ミカンキイロアザミウマ】⇨解説：虫52

多発する場合，幼虫が葉にも寄生し，葉脈間が食害され，黒色の斑紋となる。

成虫が多数寄生すると食害により花弁が縮れ，中央部が褐変する。

幼果では種子周囲のくぼみに幼虫が生息し，食害により褐色になるのが特徴。種子は花のときの食害により褐変する。

成熟果の被害。主に幼虫の食害により，種子周囲の果面が光沢のない黄色または褐色となる。

成虫は花に集中する性質がある。雌成虫は体長1.5mm前後で冬期は体色が褐色である。花に産卵し，幼虫も多発する。

【ワタアブラムシ】 ⇨解説：虫53

黄褐色の個体は幼虫。

ムクゲに卵で越冬し，春に孵化して幹母になる。

【ドウガネブイブイ】 ⇨解説：虫54

土中の根を食害するが，有機物の多い圃場で多発しやすい。

細根が食害され，株全体が衰弱，枯死する。

【ハスモンヨトウ】 ⇨解説：虫54

幼虫によって，おもに心葉が食害される。すぐに防除する。

幼虫に食害されたイチゴの葉。9~10月頃の定植後の株が食害される。

オクラ

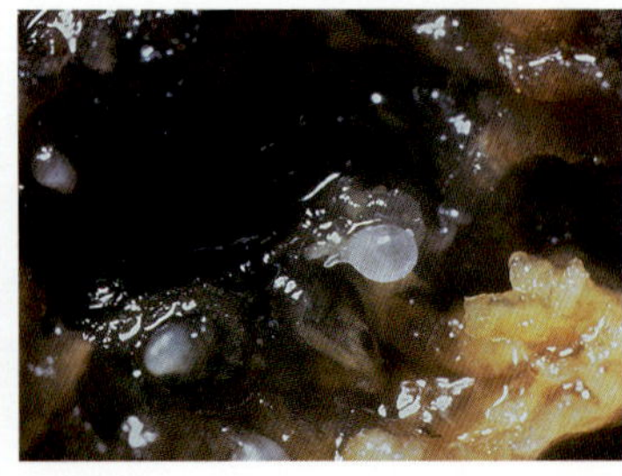

【サツマイモネコブセンチュウ】

⇨解説：虫56

左／寄生が多くなると根こぶだらけになり，ひどい場合には腐敗する。
右／雌成虫。白色の幼ナシ型をしている。被害のひどい根を割ると肉眼でも確認できる。

【ワタアブラムシ】

⇨解説：虫56

上／葉の被害。葉裏に黄色，または暗緑色，または灰色の虫が群生し，葉が内側に巻き込む。
下左／生長点部の幼果を吸汁加害する成虫（無翅）。
下中／圃場のあちこちに有翅虫が散見され始めたら，その後の発生に注意。
下右／無翅胎生雌と幼虫。大きいのが無翅胎生雌，小さいのが幼虫。白いのは天敵ヒラタアブの卵。

【カメムシ類】

⇨解説：虫57

加害された朔果の内部。朔果の基部が加害されると内部がスポンジ状になる。

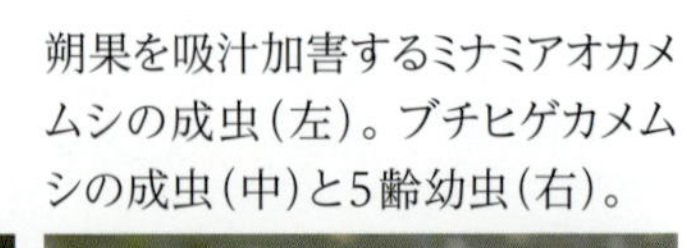

朔果を吸汁加害するミナミアオカメムシの成虫（左）。ブチヒゲカメムシの成虫（中）と5齢幼虫（右）。

【ワタノメイガ】⇨解説：虫58

上左／発生が多いときはほとんどの葉が巻き，食い尽くされる。巻葉の中で蛹化する。**上右**／巻葉内の若齢幼虫。幼虫の頭部と腹部は淡黄食。1齢幼虫は葉脈近くで糸を張る。**下左**／老熟幼虫。体は赤褐色に変わる。**下右**／体長は約10mm，全体的に淡褐色の蛾。

【フタトガリコヤガ】⇨解説：虫58

上左／葉を食害中の老熟幼虫。緑色に黒色の斑紋と黄色の縦帯を装ったイモムシ。
上右／老齢幼虫による葉の被害。発生が多いと葉脈だけを残した状態になる。
下左／緑色をした中齢幼虫。やがて緑色地に黒紋をもつようになり，胴体に黄色の線が入る。**下右**／成虫。全体的に明るい黄褐色。前翅に褐色の条斑があり，末端は褐色。

ウリ類

【ネコブセンチュウ類】 ⇨解説：虫59

キュウリの被害根。こぶ（ゴール）が，いたるところにできている。

キュウリの被害。地上部がしおれ，枯れ上がりが早い。

【サツマイモネコブセンチュウ（ニガウリ）】 ⇨解説：虫60

灌水が十分にもかかわらず晴天時にしおれ，夕方に回復する，という症状をくり返す。

被害根。根こぶが融合した激しい症状。地ぎわ部にも根こぶを形成している。

【チャノホコリダニ】

⇨解説：虫60

左／スイカの被害。生長点部が灰褐色に変色し，心止まりとなる。
中／スイカ果実の被害。カスリ状に褐変する。幼果では果実全体が褐変硬化することもある。
右／キュウリ果実の被害。カスリ状に褐変し，曲がり果となる。

【スジブトホコリダニ】

⇨解説：虫61

キュウリ果実の被害。キュウリ果実特有のイボがなくなる。

左／キュウリ苗の被害。新葉がちぢれたり，奇形となる。
右／キュウリ生長点部の症状。未展開葉が葉表側にわん曲し，心止まりとなる。ただし枯死に至ることはない。

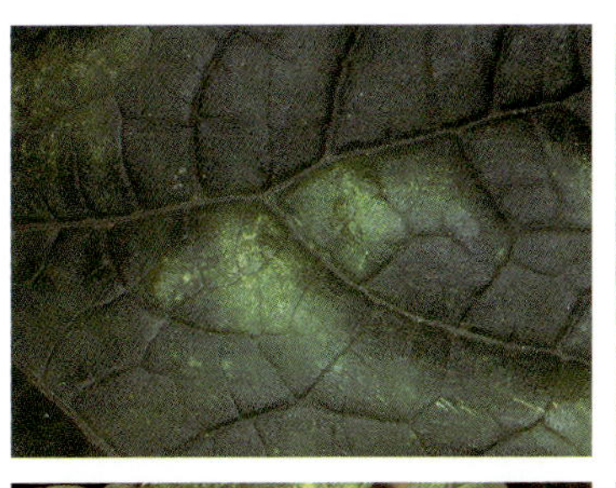

【ハダニ類】

⇨解説：虫61

上左／初期の被害（シロウリ）。吸汁を受けた部分が退色して黄変する。
上右／初期の被害（キュウリ）。点状に色が抜け，しだいに葉全体の色が悪くなる。
下左／多発時の被害（スイカ）。吸汁された部分が黄変し，しだいに褐変して，ときには葉全体が枯死する。
下右／ナミハダニの成虫（赤色）と幼虫（オレンジ色），卵（半透明の球）。

【ミナミキイロアザミウマ】⇨解説：虫62

左／スイカ果実の被害。果皮が不規則状のケロイドを生じる。
右／スイカ葉の食害痕。葉脈に沿って黄褐色の斑点ができる。

キュウリ果実の被害。果実表面に縦の条斑を生じる。曲がり果となる。

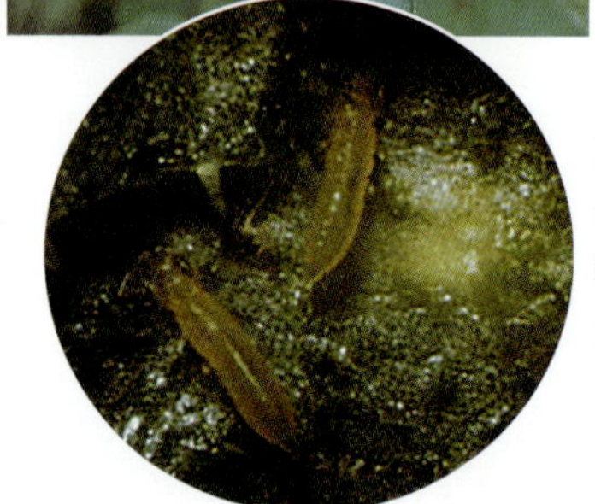

2齢幼虫。黄色，体長は約0.8mm。組織をなめ食いして発育する。

成虫。雌成虫の体長は1.3mm程度。成幼虫とも全体に黄色。成虫は翅の合わせ目が筋状に黒く見える。

【ミナミキイロアザミウマ（ニガウリ）】⇨解説：虫63

葉の被害。吸汁された新葉はやや縮れる。

果実の被害。多発すると，果実がケロイド状（サメ肌状）となる奇形が生じる。

【ワタアブラムシ】

⇨解説：虫63，64

メロンの被害。葉がちぢれ，その下葉にすす病が発生する。

左／キュウリ葉への寄生状況。**右**／キュウリ幼果への寄生状況。

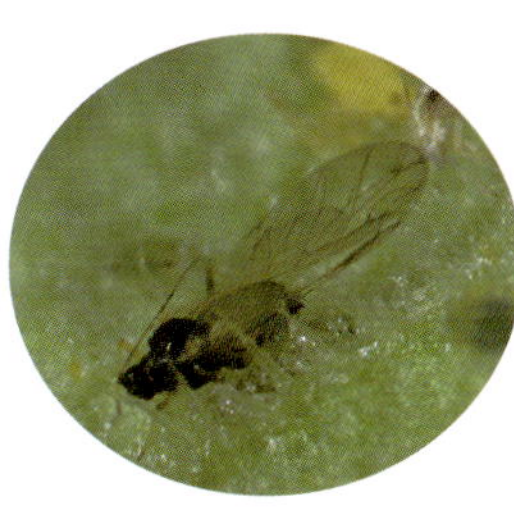

左／無翅胎生雌虫。体長1.2～1.7mm，体色は黄色～濃緑色～黒っぽいものなど変化が大きい。
右／有翅胎生雌虫。

【タバココナジラミ】

⇨解説：虫64

A／すす病が発生したメロン葉。成幼虫の排泄物に糸状菌が発生し，葉の表面を覆う。
B／カボチャの白化葉。バイオタイプB（シルバーリーフコナジラミ）だけでなくバイオタイプQでも発生する。
C／葉裏の寄生。卵，幼虫，蛹，成虫が混在。成虫の左右の翅が重ならないように閉じるため，淡黄色の腹部が見える。

【タバココナジラミ（バイオタイプB/ニガウリ）】

⇨解説：虫65

D／葉裏に寄生するタバココナジラミと葉の被害。葉裏に見える白い点が成虫。その奥に見える黒い葉はタバココナジラミの排泄物によるすす病。

【オンシツコナジラミ】⇨解説：虫66

左／ハウスキュウリでの被害。黒褐色のすす病菌のコロニーができている。**中**／葉裏に群がって寄生する成虫。口針を植物組織に挿しこんで吸汁し，大量の甘露を排泄。**右**／吸汁・産卵中の成虫。体長約1.2mm。

【ウリハムシ】⇨解説：虫67

A／成虫による食害痕。半円形~円形の特徴的な形となる。**B**／成虫。体長7~9mm。**C**／幼虫による根の被害。主根の内部が食害される。ひどくなるとスポンジ状になる。

【チビクロバネキノコバエ】⇨解説：虫67

左／葉が枯れ始め，果実肥大が停止し回復不能になる。
中／成熟幼虫は体長7mm。体は白く，頭部は黒色。
右／体長3~4mm，体色は全体が黒色。2枚の翅を震わせて地表面を歩く。

【アシグロハモグリバエ】⇨解説：虫68

左上／幼虫による食害。葉脈に沿った食害痕が見られ，葉の基部に被害が集中する。
左下／幼虫。葉の内部を線状に食害する。
右上／成虫による摂食・食害痕。小さな白い斑点状になる。
右下／成虫。

【トマトハモグリバエ】⇨解説：虫69

A／幼虫による食害痕。食害痕の中に，幼虫の糞がほぼ途切れることなく黒く細長い線状に続く傾向がある。**B**／幼虫。体長2～3mm（老熟）のウジで，葉に潜って葉肉を食べる。**C**／成虫。体長2mm内外。

【マメハモグリバエ】⇨解説：虫69

左／幼虫は，葉にくねくねとした線状の食害痕を残す。**右**／メロンの被害葉。

雌成虫は腹部末端に黒い産卵管を有する。体長は2mmほど。

【ワタヘリクロノメイガ（ニガウリ）】

⇨解説：虫70

左／ニガウリを食害する幼虫。葉のみならず果実も食害する。果実表面を削るように，または穴をあけて内部を食害する。
右／成虫。翅は銀白色で，縁は黒褐色に縁どられる。

【ウリキンウワバ】

⇨解説：虫70

左／被害状況。葉柄近くを輪状に傷つけ，傘を閉じたようにしおれさせる。
中／幼虫。頭部は比較的小さい。トゲ状の突起が特徴。
右／成虫は前翅長約2cm，暗褐色で目立たない。

【オオタバコガ】

⇨解説：虫71

左／花弁に食入する若齢幼虫。
右／ネット系メロンの果実表面の被害。ネットが形成された部分に沿って点状または面状に加害される。

【ハスモンヨトウ】

⇨解説：虫72

左／3齢幼虫によるキュウリ葉の被害。スカシ状に食害され，多数のイモムシが群生している。**中**／5齢幼虫によるキュウリ果実の被害。**右**／6齢幼虫によるキュウリ葉の被害。不定形の大きな穴があく。幼虫は見られない場合が多い。

アブラナ科

【ナメクジ類】⇨解説：虫73

成虫。昼間は根もとや葉の間にかくれ，夜でて葉を食害する。体長約40mm。

【アブラムシ類】⇨解説：虫74

上／ダイコンアブラムシ。伸長部に多数寄生すると縮れて生育が止まる。
下／ニセダイコンアブラムシの成幼虫。灰色がかった小さな虫が秋にアブラナ科野菜の葉に群生して吸汁する。

【ハクサイダニ】⇨解説：虫73

上／ハクサイの被害。加害部は灰色から銀色となり，後に枯死する。結球する野菜では結球部に侵入する。
下／ダイコンの被害。心止まり症状となり，葉柄基部の小葉が枯死する。

雌成虫。体長0.7mm,胴体部は黒色，暗赤紫色の4対の脚をもつ。

【ダイコンハムシ(ダイコンサルハムシ)】⇨解説：虫75

左／ハクサイの被害。虫の食害が激しいと，葉は食い尽くされて葉脈のみになる。**中**／成虫。テントウムシのような小さな青色の虫がハクサイ，コマツナなどの葉を好んで食害する。**右**／若齢幼虫，中齢幼虫。淡黄色で黒い突起のある柔らかい虫が葉を食害する。

【キスジノミハムシ】⇨解説：虫75

上／幼虫による根部の被害。1mm程度の小さな穴があけられ，ひどいものではサメ肌状になる。**下**／幼虫は5～6mmで白色。アブラナ科植物の根を食害する。

上／葉の被害。成虫が食害すると葉に小さな穴が点々とあく。
下／成虫と葉の被害。黒色で背面に2本の黄色の縦帯があり，人が近づくとピョンと飛び跳ねて逃げさる。

【ヤサイゾウムシ】 ⇨解説：虫76

左／被害と幼虫。葉をふつう丸く窓状に食害する。心に入りこむこともある。体長約14mm。
右／成虫（左）。よくハクサイの葉柄の白い部分を上のほうからかじる。体長約9mm。

【ナモグリバエ】 ⇨解説：虫77

左／幼虫の被害葉。表皮の下をもぐってトンネル状に葉肉を食害，白い蛇行状の跡がつき，中央に糞が残される。
中／成虫の被害。産卵管で葉の表面に穴をあけ葉液を吸う。白い丸い食痕がぽつぽつつけられる。
右／成虫。小型で灰色のハエ。体長1.5mm。

【コナガ】 ⇨解説：虫77

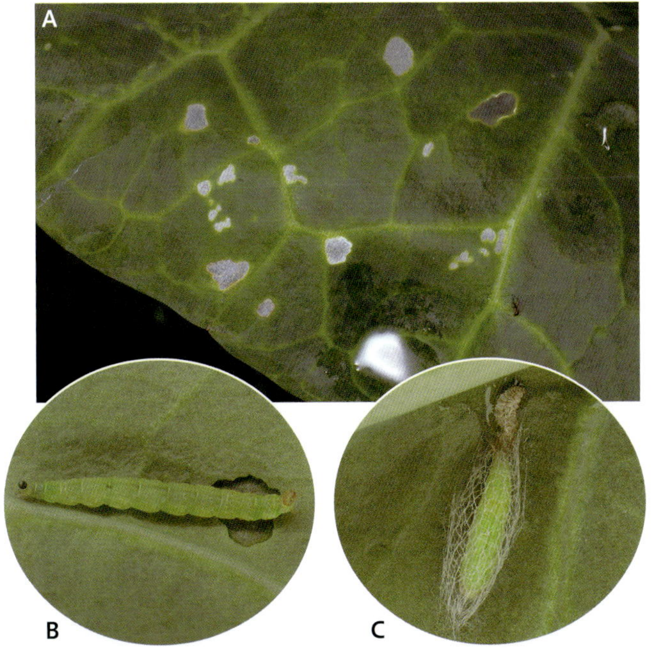

A／葉の被害。葉片面ばかり食害されるので，その部分は窓のように白く半透明になる。

B／幼虫。大きくなっても1cm余りのイモムシで，葉の片面を浅く食害する。とくにキャベツでは心の部分を好むので作物の生長に大きく影響する。
C／蛹。糸を粗くつむいでその中で蛹になる。
D／成虫。長さ1cm前後，白色の筋模様のある褐色の蛾が，葉をゆすると飛び出す。

【ハイマダラノメイガ】 ⇨解説：虫78

左／キャベツの被害。生長点部の食害により数個の脇芽が派生。**中**／ハクサイの被害。幼虫が生長点部を食害。虫糞の排出が見られる。**右**／老熟幼虫。黄白色の地色に淡褐色の縦帯がある。

【モンシロチョウ（アオムシ）】 ⇨解説：虫78

左／中齢幼虫。緑色で，体全体に微毛を装った虫が葉を食害する。**中**／老熟幼虫とその寄生蜂のまゆ。老熟幼虫の周囲に，黄色の俵型の寄生蜂のまゆがよく見つかる。**右**／成虫。白色の蝶で，アブラナ科作物の上を飛びまわり，葉裏に1粒ずつ産卵する。

【ネキリムシ類】 ⇨解説：虫79

左／被害状況。カブラヤガの老齢幼虫にかみ切られたダイコン。**中**／幼虫（カブラヤガ）。体長40～45mm，灰～灰褐色。地表近くの土の中にいて，手でふれると丸くなる。**右**／成虫。

【タマナギンウワバ】 ⇨解説：虫80

左／中齢幼虫。淡緑色でアオムシに類似するが，歩くとき体を伸び縮みさせるのが特徴である。**中**／成虫。昼間飛びまわって葉裏に点々と産卵する。**右**／蛹。老熟すると，葉裏に体の見えるようなまゆをつくり蛹化する。

【オオタバコガ】 ⇨解説：虫80

左／キャベツ葉を食害している老熟幼虫。外葉，結球部ともに食害する。生長点が加害されると結球できない。被害は秋に多い。**中**／中齢幼虫。他のチョウ目幼虫と比べ，体にまばらに生えた毛があるのが特徴。**右**／成虫。左が雄，右が雌。

【ヨトウガ】 ⇨解説：虫81

左／球の被害。食害が激しいときは，外葉ばかりでなく，球の部分をも食害してぼろぼろにする。**中**／若齢～中齢幼虫。集団で葉裏に寄生し，葉の片面を食害する。体色は淡緑色。**右**／老熟幼虫。体色は変異が多いが細かい点が密に散らばる。昼間は土中に潜み，夜になると地上に現われ，葉を食害する。

【ハスモンヨトウ】⇨解説：虫82

左／葉の被害。激しく食害されて葉脈だけになったハクサイ。
右／若齢幼虫による被害。キャベツの葉を集団で食害している。

若齢~中齢幼虫。淡黄色~淡緑色で，背面前方に1対の黒い斑紋が特徴である。

【カブラハバチ】⇨解説：虫82

中齢幼虫。葉を黒色のイモムシが食害し，手を触れると落下する。
葉にたくさんの小孔が生じるので，葉菜類では被害が大きい。

ホウレンソウ

【コナダニ類】⇨解説：虫84

生育中期の激しい被害。葉に小孔があき，周辺が褐変して奇形化する。

収穫時期の被害。展開葉がこぶ状の小突起を生じてわん曲し，中心葉が著しく萎縮し奇形化する。

中心部に寄生したホウレンソウケナガコナダニ。

ホウレンソウケナガコナダニ成虫。

【ミナミキイロアザミウマ】⇨解説：虫85

左／葉の被害（発生初期）。正常な展開ができなくなり，でこぼこで奇形となる。**右**／展開葉のシルバーリング症状。組織の汁液が吸い尽くされるため表皮だけが残って張り付く。

雌成虫。口針を差し込み吸汁する。

【モモアカアブラムシ】

⇨解説：虫85

左／幼苗の被害。吸汁により萎縮し，葉は奇形になり，枯死株も見られる。**右**／葉に寄生したコロニー（緑色タイプ）。

【アシグロハモグリバエ】

⇨解説：虫86

産卵痕と吸汁痕。
A／白い小斑点が現われる。黒い小斑点は糞。
B／上の2つは吸汁痕，下の2つは産卵痕（白色の卵が見える）。透過光の実体顕微鏡で見ると違いがわかる。

C／孵化直後の食害痕。
D／老熟幼虫の食害痕。

【タネバエ】 ⇨解説：虫87

左／幼虫に加害されたホウレンソウの根部。**中**／幼虫。体長約6mm。土中に潜んで有機物や膨軟となった種子や根部を食べて成長する。**右**／体長5~6mmの小さなハエ。

【シロオビノメイガ】⇨解説：虫87

左／被害株。幼虫は葉裏に寄生し，表皮だけを薄く残して葉肉を食害する。**右上**／老熟幼虫。体長は約15mm，頭部は淡い黄褐色で，褐色の斑点が多く散らばる。胴部は淡い緑色で，やや透明。**右下**／成虫。開張20～24mm。翅は茶褐色で，前翅の中央部はよく目立つ白い帯状の斑紋と前縁部にも白斑がある。

【ヨトウガ】⇨解説：虫88

左／初期の被害。孵化幼虫が表皮を残して食害し，葉はスカシ状になる。
中／幼虫の行動。食害がある株元で生息する。**右**／老熟幼虫。葉や軸に新しい虫糞がついている株で見つかる。

【ハスモンヨトウ】⇨解説：虫88

左／葉裏の卵塊と孵化幼虫。卵塊は黄褐色の毛で覆われる。孵化した幼虫は集団で表皮を残して食害し始める。**右**／株元に潜む幼虫。齢が進んだ幼虫は，昼間は株元や土中にいることも多い。

レタス

【アブラムシ類】 ⇨解説：虫90

左／レタス結球中心部に発生するレタスヒゲナガアブラムシ。
右上／葉上のアブラムシのコロニー。白いのは脱皮殻。
右下／チューリップヒゲナガアブラムシ。体色は青緑色。体長3~4mmの長紡錘形。

【ナモグリバエ】 ⇨解説：虫91

レタス最外葉での被害。マイン（幼虫がトンネル状に摂食して通った跡）が多数ある。

多発時には育苗期間中にもマインが見られる。

【オオタバコガ】⇨解説：虫91

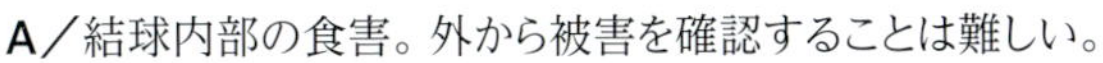

A／結球内部の食害。外から被害を確認することは難しい。
B／交尾中の雌(左)と雄(右)成虫。雌を糸でつないで雄を誘引したもの。
C／結球内部に食入した若齢幼虫。

【ハスモンヨトウ】⇨解説：虫92

左上／多発時の被害株。外葉，結球部ともに食害されている。食害部から感染した腐敗病も発病している。**左下**／1齢幼虫とその食害痕。この時期の防除効果がもっとも高い。**右上**／葉裏に産卵された卵塊。卵塊の表面に成虫の腹部にあった毛を付着させる。**右下**／葉の被害と中齢幼虫。淡緑色で背面に1対の黒い斑紋があるのが特徴である。

シュンギク

【アザミウマ類】 ⇨解説：虫94

葉の傷症状。成幼虫に吸汁された部分に傷がつく。

葉の奇形症状。加害が激しい場合は奇形葉となる。

【アブラムシ類】 ⇨解説：虫95

A／新葉に寄生して吸汁すると，新葉は縮れて変形する。
B／葉に発生したワタアブラムシ。体長1～2mm。成幼虫が葉裏に付着して吸汁する。粘液状の排泄物が葉に付着して商品価値を落とす。体色は黄色，橙黄色，緑色，黒色などさまざま。
C／茎に発生したムギワラギクオマルアブラムシ。成幼虫が新芽や茎に付着して吸汁する。体長は1～2mm，体色は淡黄色，黄緑色などで光沢がある。

【ハモグリバエ類】⇨解説：虫95

葉の被害症状。食害痕は白色の曲がりくねった筋になり，多発すると葉全体が真っ白になる。

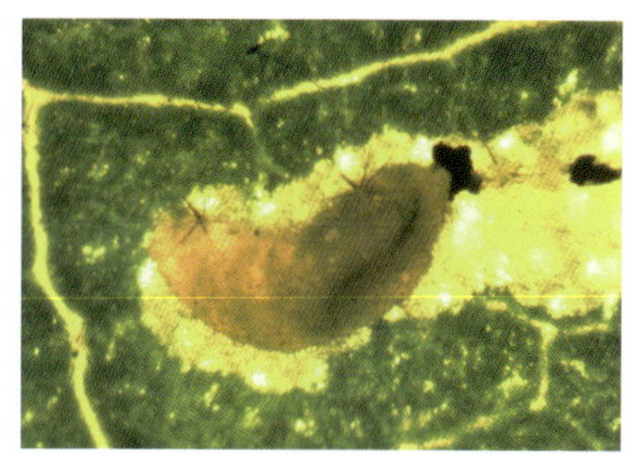

マメハモグリバエ幼虫。体長約3mmの黄色の幼虫が葉の内部を食い進む。

【ヨトウムシ類】⇨解説：虫96

A／ハスモンヨトウの中齢幼虫と葉の被害。体長20～30mm，灰褐色の中齢幼虫が葉を食害し，葉は薄皮を残した透かし状になり，小さな穴が多数あく。B／老熟幼虫。全体に黄褐色で，通常昼間は土中にもぐっているか，葉の混みあった中に潜んでいる。C／ヨトウガの卵塊。卵は径0.6mmのまんじゅう型で，卵塊で産卵される。卵塊が鱗毛で覆われることはない。

セルリー

【ナメクジ類】 ⇨解説：虫98

左／葉の被害。食葉性の害虫の食痕と混同しやすいが，銀色のほふく痕が残るので区別できる。**右**／ノハラナメクジ。昼間はマルチや石の下などに隠れている。

【ハダニ類】 ⇨解説：虫98

葉の初期被害（ナミハダニ）。葉に小さな黄色の斑点が現われる。

葉の多発被害（カンザワハダニ）。葉脈間が小さな黄色の斑点で埋まる。

さらに発生が多いと葉裏全体が白っぽくなる。

【アブラムシ類】 ⇨解説：虫99

A／アブラムシに媒介されたモザイク病。アブラムシの吸汁による被害よりも重い。**B**／主に葉裏に寄生するが，ときには茎にも寄生する。**C**／ニンジンアブラムシ。セリ科植物に寄生する。

【タバココナジラミ（バイオタイプB）】⇨解説：虫100

左／幼虫による被害。幼虫の寄生により葉柄が白化する。多寄生すると株全体が衰弱する。
右／葉の被害。幼虫や成虫の排泄物ですす病が発生する。

【マメハモグリバエ】⇨解説：虫101

葉にもぐって食害するため，線状の食害痕があらわれる。

本圃での被害。幼虫による線状の食害痕が互いに融合し，白斑となる。

苗の被害。育苗期から発生し，苗によって本圃にもち込まれることが多い。

【ハスモンヨトウ】⇨解説：虫101

A／葉柄の被害。幼虫は大きくなると葉柄も食害する。
B／若齢幼虫，卵塊の周辺で集団となって食害する。
C／葉裏に産卵された卵塊の跡。卵塊は葉の裏にあることが多い。

パセリ

【ハダニ類】

⇨解説：虫103

左／被害葉の表。葉色が黄化する。
右／被害葉の裏。カンザワハダニの雌成虫が葉裏に寄生している。

【ヨトウムシ類】

⇨解説：虫104

ヨトウガによる初期被害。ハスモンヨトウもほぼ同じ。この被害を見たらただちに捕殺か薬剤散布する。

ヨトウガの若齢幼虫。緑色で日中も葉上にいる。成熟すると黒褐色になり，日中は地中に潜る。

ハスモンヨトウの若齢幼虫。体色は灰色～黒褐色と変化に富む。地中に潜らない。

ミツモンキンウワバの成熟幼虫。体色は黄緑色で模様がほとんどない。地中に潜らない。

ミツバ

【ハダニ類】

⇨解説：虫106

ナミハダニ。葉の被害症状。

カンザワハダニ。葉裏で多発した雌成虫。

【アブラムシ類】

⇨解説：虫106

左／ニンジンアブラムシ。葉柄と葉に多発した成幼虫。
右／ユキヤナギアブラムシ。葉に多発した成幼虫（写真上部の数個体はニンジンアブラムシ）。

【チョウ・ガ類】

⇨解説：虫107

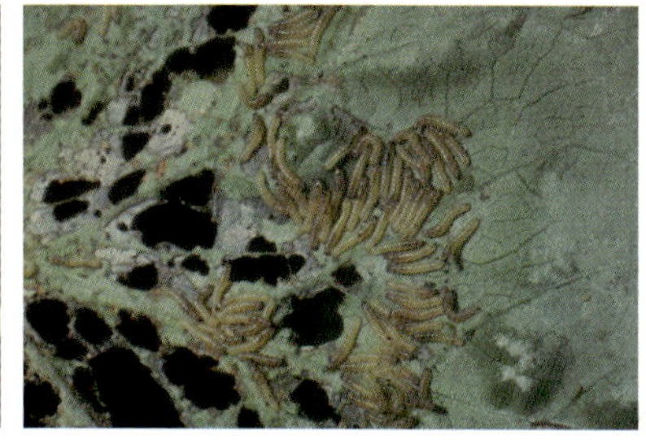

左／キアゲハの中齢幼虫。黒地に白い帯があり，鳥糞に類似する。
中／ヤガ科ウワバ類の一種。羽化失敗のため同定できなかったが，中齢の幼虫。
右／ヨトウガの若齢幼虫。数十～数百の虫が集団で，葉の片面を食害する。

ネギ類

【ロビンネダニ】

⇨解説：虫109

左／被害株。寄生された株は葉色がさえず，萎凋したり生育不良となる。著しい場合は株は枯死する。被害症状は，タマネギバエの被害に似ており，外観では区別できない。寄生部位の寄生種を確認しなければならない。
右／成幼虫。地下部に寄生し，各種生育ステージで地中で越冬する。

【ネギアザミウマ】

⇨解説：虫109

左／食痕。成幼虫が葉に寄生し，葉の表面を舐めるように加害して組織を傷つける。
中／幼虫と食痕。カスリ状に色が抜けて白くなるシルバリング症状を呈する。
右／成虫。体長1.3mm程度で，夏は淡黄色，秋から春には濃色となる。

【ネギアブラムシ】

⇨解説：虫110

左／有翅成虫。やや小型であり，翅脈の黒い縁どりが特徴である。ただし，個体差があり，ほとんど縁どりのない個体もある。
右／寄生状況。群がって寄生し，汁液を吸汁する。葉全面を黒く覆ってしまうこともある。

【ネギハモグリバエ】⇨解説：虫110

左／食害痕は，白いすじ状となり，ひどくなると白斑が続いて，葉の大部分が白くなることもある。ネギコガの食痕に似るが，表皮に穴があくことはほとんどない。
中／舐食痕。成虫の舐食痕および産卵痕は，規則正しく並んだ白い点になる。ほかに似た症状がないので早い時期に発生を知ることができる。
右／幼虫は，黄白色の小さなウジで，大きくなったもので体長4mm程度。葉内にあって葉肉部を食害し，老熟した後に地中に入り，蛹化する。

【タマネギバエ】⇨解説：虫110

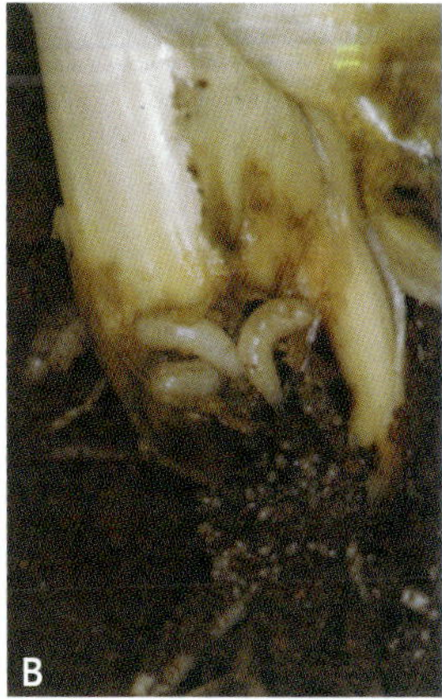

A／被害株。食害され根が切れているので手で引くと容易に抜ける。
B／幼虫の食害。茎の下端から食入する10mm前後の白色の幼虫。

D

C／卵。地中に産卵された1mm前後の乳白色の卵。
D／成虫。雄（左），雌（右）。体長5~6mm。

【ネギコガ】⇨解説：虫111

葉の内側を食害するので白い筋状の被害が葉に現われる。

ワケギの葉の被害。葉の内側が食害され，先端部は白くなって枯れる。

左／中齢幼虫。被害葉を開くと長さ1cm前後，淡緑色でわずかに赤みを帯びたイモムシが見つかる。
中／蛹。葉から外に出て粗い目のまゆをつくり，その中で褐色の蛹になる。
右／成虫。体長は4.5mm程度，開張9mmの小型の蛾で，前翅背面中央の白紋が鮮やかに目立つ。

【シロイチモジヨトウ】⇨解説：虫112

左／被害症状。先端の葉身が表皮だけ残し白く見える。
中／孵化卵塊。白く細長い卵塊が葉身に産みつけられている。
右／葉身内の老齢幼虫。葉身を切り開くと，中に5～10mmの幼虫が見られ，3齢幼虫になると分散して葉の内外から暴食する。

アスパラガス

【ネギアザミウマ】⇨解説：虫113

A・B／若茎の被害。鱗片葉では白い傷や褐変が生じる。茎表面の傷はカスリ状やすじ状などで，色調は白や淡緑から紫まで多様である。
C／成茎の被害。側枝や擬葉に白いカスリ状の傷が生じる。
D／成虫。体長は1～2mm，体色はこげ茶～淡黄色。

【ジュウシホシクビナガハムシ】⇨解説：虫113

左／卵。若茎が伸びると卵が目立ってくる。
中／幼虫の加害。3対の脚でつかまり加害する。
右／成虫の加害。先端部。収穫期の越冬成虫による被害。

【ヨトウガ】⇨解説：虫114

左／幼虫の加害。収穫打ち切り後の株養成のときの被害で，茎葉を食害する。
右上／土中の蛹。
右下／成虫。体長15~20mm，開帳約45mm。

【ハスモンヨトウ】⇨解説：虫114

左／2~3齢幼虫。茎葉面や擬葉をなめとるように摂食する。黒く丸いものは1齢幼虫の脱皮殻。
中／老齢幼虫。摂食痕が深く，被害も甚大になる。土中に潜んでいることもある。
右／側枝に産卵された卵塊。茶色の毛で覆われる。

シソ

【チャノホコリダニ】⇨解説：虫116

生長点付近の葉の被害。葉が表側に巻いて縮れたように変形し，光沢を帯びて見える。密度が高まると葉が縮れ，褐変する。ひどい場合は心止まりをもたらす。

雌成虫。体長約0.25mm。アメ色がかった卵形で，縦に白い線が走る。未展開葉や新葉に寄生する。

【カンザワハダニ】⇨解説：虫116

葉表の初期症状。幼虫が葉裏に寄生して吸汁加害し，葉が緑色（赤ジソでは紫色）を失って白い斑点状となる。

激発時の症状。葉がダニの吐出する糸で覆われている。

【アブラムシ類】

⇨解説：虫117

被害葉。葉が裏側に巻き込み，縮れたように変形する。発生初期は枝単位で被害が見られる。

シソヒゲナガアブラムシ。葉裏に白色または赤褐色（成虫）の虫が寄生する。

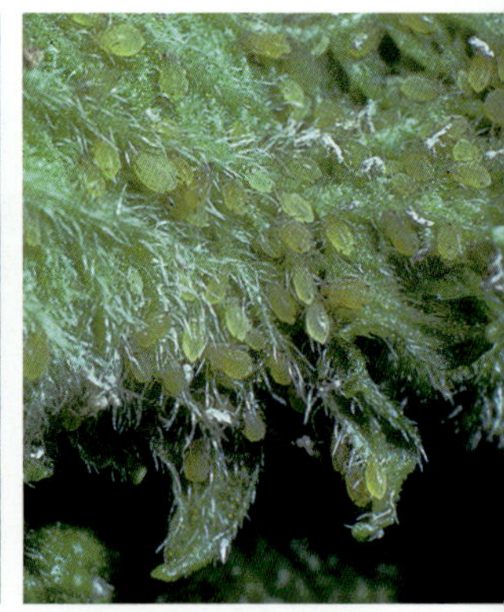

エゴマアブラムシ。主に生長点に近い部分の葉裏に寄生する。

【ハスモンヨトウ】

⇨解説：虫117

葉の被害と老齢幼虫。
孵化幼虫は卵塊の近くの葉の表皮を残して集団で食害し，葉が白~褐変する。3~4齢幼虫は表皮を残さず食害し，葉が食い破られた状態になる。生長点を食害するとシソの生育が著しく悪化する。5~6齢幼虫は葉柄や太い主脈だけを残して大量の葉を食害する。

左／成虫。体長約15~20mmで，左が雄，右が雌。前翅に斜めに走る縞模様が，雄では太い帯状，雌では網目状に見える。
右／卵塊。茶色い毛で覆われる。主に葉裏に産み付けるが，支柱や施設の鉄骨などにも産卵する。

ジャガイモ

【アブラムシ類】 ⇨解説：虫119

A／モモアカアブラムシの被害。吸汁された葉は，裏側に巻きこむ。
B／モモアカアブラムシの無翅胎生雌虫。葉巻病やYモザイク病などを媒介する。
C／ジャガイモヒゲナガアブラムシの無翅胎生雌虫。葉巻病を媒介する。
D／ワタアブラムシの無翅胎生雌虫。Yモザイク病を媒介する。群集して寄生する点が他の2種と異なる。

【テントウムシダマシ類】 ⇨解説：虫120

左／オオニジュウヤホシテントウの幼虫とその被害。幼虫は網目状の食痕を残す。老熟幼虫の体長8mm。**中**／オオニジュウヤホシテントウの成虫。幼虫同様網目状の食痕を残す。体長6～8mm。**右**／葉裏に産み付けられたオオニジュウヤホシテントウの卵。長さ約2mm。鮮黄色，徳利を並べて立てたように産み付けられる。

【ナストビハムシ】
⇨解説：虫120

A／成虫による葉の食害。直径1～2mmの小さい円形の食痕が多数発生する。B／成虫。C／被害塊茎の外観。直径数mmの小さな食害痕が形成される。D／ジャガイモの塊茎に寄生していた幼虫。

サツマイモ

【ネコブセンチュウ類】
⇨解説：虫122

軽度の被害。細根の基部が黒くえくぼ状にへこんで，直径数mm～2cm程度の黒色の症状が現われる。

塊根の正常な肥大が阻害され，ゴボウ状や形状不良となり減収する。

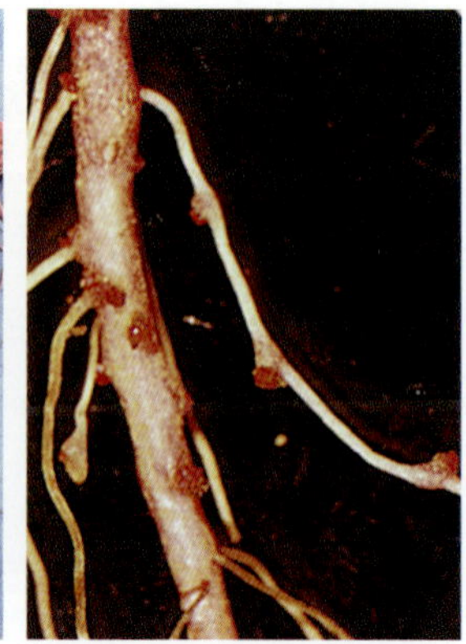

根に形成された根こぶ。直径1～2mmのこぶが連なる。

【ネグサレセンチュウ】

⇨解説：虫123

被害イモ。表皮がブツブツになったり腐ったりする。

【コガネムシ類】

⇨解説：虫124

いもの被害。表面がかじられて凹む。その部分が病害の足がかりとなる。

アカビロウドコガネ幼虫によるミミズ状にえぐった食痕。

ドウガネブイブイ。
左／成虫。**右**／幼虫。

アカビロウドコガネ。
左／成虫。**右**／幼虫

【アブラムシ類】

⇨解説：虫123

アブラムシが寄生した葉。
新葉への寄生が多い。

アブラムシの寄生により縮れた被害葉。

モモアカアブラムシが媒介するサツマイモ斑紋モザイクウイルス（SPFMV）病。

【イモキバガ(イモコガ)】⇨解説：虫124

葉の被害。葉を2つ折にして糸でつづり，内部から食害する。

葉の被害。2つ折した内側から食害され，ぼろぼろになった葉。

幼虫。黒と白のツートンカラーが目立つ。

【エビガラスズメ】⇨解説：虫125

A・B／幼虫の体色は緑～黒褐色まで変異が大きい。尾部に1本の尾角がある。
C／体長50mm，体全体は灰褐色で，腹部背面の両側に赤色と黒色の紋がある。

【ナカジロシタバ】
⇨解説：虫126

左／食害を受けた葉はぼろぼろになる。
右／中齢幼虫。少し青っぽくて黄色の帯模様があるイモムシが葉を暴食する。

【ハスモンヨトウ】⇨解説：虫126

左／若齢～中齢幼虫。灰色を帯びた黄色で，体の前方に1対の黒紋があるのが特徴。
右／中齢～老熟幼虫。暗褐色の地に黄色帯状の斑紋が前から後方へ続く。

サトイモ

【ミナミネグサレセンチュウ】⇨解説：虫128

被害株。下葉から枯れ上がり，地上部が枯死する株も見られる。

生育初期での根の被害。褐色に腐敗し，根量も少ない。左が健全株。

被害が進んだ根の状態。根全体が褐色に腐敗し，消失する。

【ワタアブラムシ】⇨解説：虫128

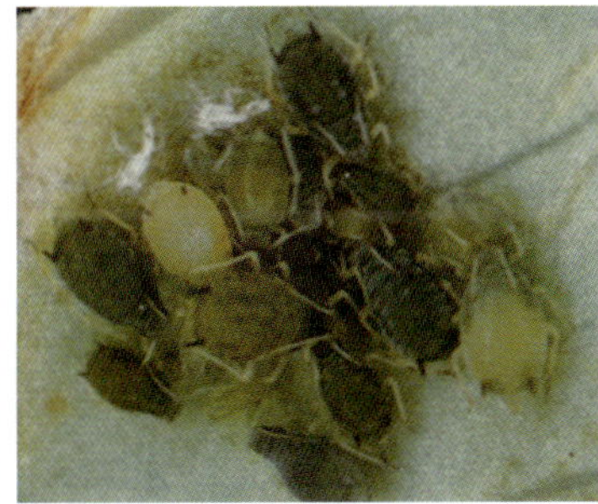

左／虫の排泄物と虫の脱皮殻で葉は汚れる。
右／無翅虫。黄色~暗緑色に体色の変異が大きい。幼虫も見られる。

【ハスモンヨトウ】⇨解説：虫129

左／若齢幼虫。1つの卵塊から生まれた幼虫は集団で葉の片面を集中的に食害する。
中／卵塊のあったところを中心にして被害が四方に広がっていく。
右／茎の被害。老齢幼虫は葉ばかりでなく，太い茎も食害する。

ヤマノイモ

【ネコブセンチュウ】⇨解説：虫131

被害状況。根全体にこぶができ，生育不良となる。品質は低下する。

根の被害。生育初期は根に小さなこぶができる。

【ナガイモコガ】⇨解説：虫132

A／幼虫による葉の食害。夏に通風の悪い圃場で多発する。
B／葉の裏側を浅く食害するので，その部分が窓状に色がぬける。
C／幼虫。淡緑色の小さなイモムシで，葉をつづって食害する。

ニンジン

【センチュウ類】

⇨解説：虫133

左／ネコブセンチュウ被害。ヒゲ根に多数のこぶをつくる。主根は分岐してタマ根になる。
右／キタネグサレセンチュウ被害。被害部から先の主根が消失し，寸づまりになる。

【キアゲハ】

⇨解説：虫134

老熟幼虫。体長約45mm，
緑と黒の縞模様が美しい。

【キンウワバ類】

⇨解説：虫135

A／被害。幼虫が小葉を食害する。
B／ミツモンキンウワバの成熟幼虫。蛹化寸前のもの。
C／キクキンウワバ蛹。まゆを開いてみたところ。
体長約22mm。

ゴボウ

【センチュウ類】⇨解説：虫136

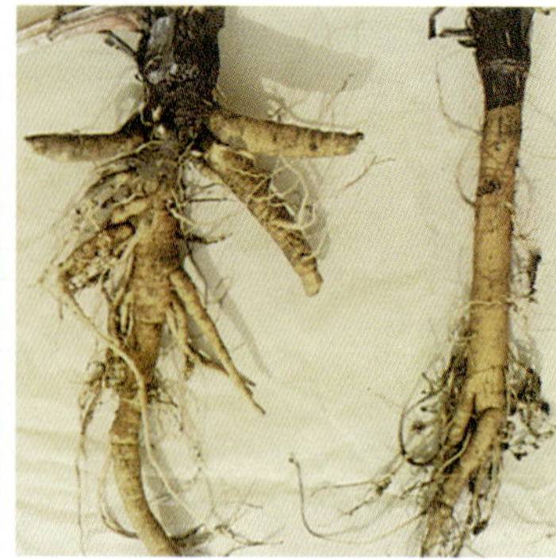

左／ネグサレセンチュウによる生育初期の被害。主根が腐って消失するか，岐根になる。
右／ネコブセンチュウによる被害。細根にゴール（コブ）ができる。

【アブラムシ類】⇨解説：虫136

左／ゴボウヒゲナガアブラムシ。黒色で葉裏に寄生して吸汁する。大きな集団をつくる。
右／ゴボウクギケアブラムシ。

【コガネムシ類】⇨解説：虫137

幼虫による地下部の切断。
右は被害株，左は健全株。

コガネムシ（ヒメコガネ）の成虫。

ヒメコガネの幼虫。

ショウガ

【アワノメイガ】⇨解説：虫139

茎の被害。**左**／食入口から虫糞を排出して茎の内部を食害する。**右**／茎の内部の食害部分から先が枯死する。

老熟幼虫。淡赤褐色のイモムシが茎の中を食い進んでいる。

蛹。茎内で褐色の蛹化する。

【ネキリムシ類】⇨解説：虫139

左／老齢幼虫が茎（偽茎）を地ぎわ部からかみ切る。**中**／カブラヤガ幼虫。灰色～灰褐色で，老齢幼虫の体長は40～45mm程度。体表が顆粒状なのでハスモンヨトウと区別できる。**右**／カブラヤガ成虫。

ミョウガ

【ハスモンヨトウ】⇨解説：虫141

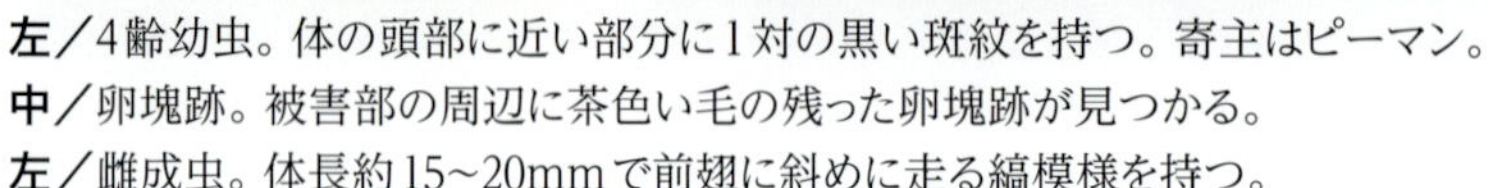

左／4齢幼虫。体の頭部に近い部分に1対の黒い斑紋を持つ。寄主はピーマン。
中／卵塊跡。被害部の周辺に茶色い毛の残った卵塊跡が見つかる。
左／雌成虫。体長約15~20mmで前翅に斜めに走る縞模様を持つ。

レンコン

【レンコンネモグリセンチュウ】⇨解説：虫142

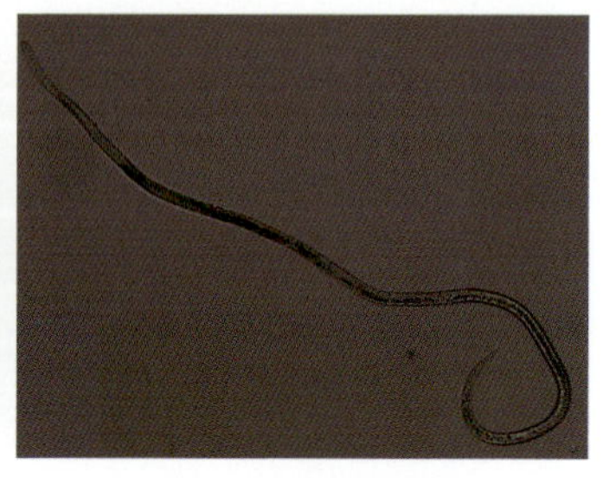

左／肥大根茎の表皮に，ゆず肌のような凹凸が生じる。**中**／肥大根茎の黒褐変は，食害部分の組織が枯死し，その部分に鉄が沈着したもの。**右**／レンコンネモグリセンチュウ（雌成虫）。

【クワイクビレアブラムシ】
⇨解説：虫142

左／葉裏におけるクワイクビレアブラムシの寄生状況。
右／葉柄に寄生するクワイクビレアブラムシ。

ワサビ

【アブラムシ類】

⇨解説：虫143

左／発生初期の被害。加害によって葉が萎縮する。**右**／多発時の被害。著しい加害により葉が白化する。

【アオムシ類】 ⇨解説：虫143

A／葉の被害。葉を大きく切り取って食害する。**B**／スジグロシロチョウの成虫。モンシロチョウと違い，翅脈に沿って黒い筋がある。**C**／スジグロシロチョウの幼虫。気門のまわりが黄色く，モンシロチョウの幼虫よりやや大きい。

【カブラハバチ】 ⇨解説：虫144

幼虫は体長15～18mm，葉裏にいることが多い。柔らかい新葉を食害する。

マメ類

【ハダニ類】⇨解説：虫145

A／葉の初期被害。葉に周囲が判然としない黄色の斑紋が現われる。B／被害が進むと，葉表の黄変部が茶色に変色する。C／葉裏では葉脈間が紫褐変し，成幼虫や白い抜け殻が見つかる。
D／成幼虫。葉裏に赤色，または淡橙色の小さな虫が群生する。

【アブラムシ類】
⇨解説：虫145

左／マメアブラムシ幼虫の群生。おもに若芽の部分に寄生が多い。すぐに防除する。
中／マメアブラムシ成虫と幼虫。有翅虫の体長は1.6～1.8mm。
右／ソラマメヒゲナガアブラムシの成虫。マメアブラムシについで発生が多い。

【インゲンテントウ】⇨解説：虫146

A／4齢（終齢）幼虫と成虫（左）。成虫の体長は5～8mm，体幅は約6mm。体色は黄色から赤褐色で変化に富む。
B／被害状況。葉がレース状に食害され，真白になる。

【シロイチモジヨトウ】⇨解説：虫147

サヤエンドウの被害。

左／若齢幼虫。表皮を残して食べるため，葉が白変する。
右／老齢幼虫。全体に淡緑色，体長30mm。

【ハスモンヨトウ】⇨解説：虫147

左／サヤエンドウの被害。幼虫の食害で，ひどい場合は丸ぼうずになることもある。**中**／中齢幼虫。頭部やや後方に1対の黒い斑紋をもつ。**右**／成虫。左が雄，右が雌。体長約15～20mm。

スイートコーン（トウモロコシ）

【アブラムシ類】⇨解説：虫148

左／キビクビレアブラムシ。吸汁害を受けた葉は不規則に縮む。
右／ムギクビレアブラムシ。雌花の外皮に群生して排泄物で汚す。

【アワノメイガ】 ⇨解説：虫148

左／雄穂の被害。食入により軸折れして雄穂が垂れ下がる。
中／雌花の被害。食入孔の周囲は変色する。
右／茎の被害。茎に幼虫が食入すると食入孔から虫糞が吹き出す。

雄穂の中に潜って穂の部分を食害する若齢幼虫。

子実を次々に加害する幼虫。

【アワヨトウ】 ⇨解説：虫149

葉の被害。初期は葉に小さな穴が点々とあく。

被害。中肋を残して食害する。

幼虫。筒状部の虫糞を取り除くと幼虫が見つかる。

病気

トマト

◉CMVによるモザイク病 ⇨口絵：病1

• キュウリモザイクウイルス
Cucumber mosaic virus (CMV)

●被害と診断　CMVによるモザイク病は全国各地で発生し，被害が大きい。一般に初期にかかると，矮化がひどく現われ，草丈が健全株の半分以下になることもある。生長点の生長が止まるため，その付近の節間が短縮し，その部分に多くの茎，葉，腋芽が集合するので叢生状になることが多い。

はじめ新葉の葉脈が黄変し，次第に葉脈にそった部分が帯状に退色し，緑色部に濃淡のモザイクを生ずるようになる。このモザイク症状は，一般に生長点に近い2～3枚にもっとも鮮明で，下葉にいくほど不鮮明となる。葉にモザイク症状を生じた後に新しく展開した葉は奇形となり，細く糸のようになり，いわゆる糸葉症状になることが多いが，葉，葉柄，茎，果実などに黒褐色のえそを生じることもある。葉，茎などにえそを生じた株は萎凋し，やがて枯死する。

花に現われると着花が不良となり，花弁は小型となり，花弁や萼にモザイクを生ずる。また花弁が細くなることもある。モザイク病はトマトを矮化させ，着果数を著しく減少させる。しかも果実が小型となるため，著しく減収する。幼苗期にかかると被害が大きい。

モザイク病はアブラムシによって媒介されるので，4～11月ごろ，アブラムシの発生期間中に発生する。トンネル栽培ではトンネル除去後に発生する。

●病原ウイルスの生態　CMVはトマトのほか，ナスやピーマン，キュウリほか多くの野菜類，花卉類，雑草なども侵すきわめて宿主範囲の広いウイルスである。CMVは生きた宿主植物の細胞内でのみ増殖する。冬期間はツユクサやイヌガラシなどの雑草，ミツバやミョウガ，栄養繁殖性の野菜や花卉類に感染し，これら罹病植物上に寄生したモモアカアブラムシやワタアブラムシの有翅型によってトマトなどの感受性植物に非永続的に伝搬される。これらのアブラムシ類は罹病植物の葉液を吸汁して，ウイルスが付着した口針で別の健全植物を吸汁するさいに，ウイルスも一緒に注入し感染を成立させる。

感染から発病までに要する日数は6～15日くらいである。一般に生育ステージの進んだ株では潜伏期間が長く，病徴が現われにくい。芽かきや誘引，収穫作業で病汁液の付着した手指やはさみ，農機具によって伝染する。

CMVには多くの系統が知られており，寄生性の違いから普通系統群，マメ科系統群，アブラナ科系統群，ヒユ・アカザ科系統群，マメ・アブラナ科系統群，ラゲナリア属系統群の6つに分けられ，トマトには一般的に普通系統群が見られる。

●発生条件と対策　4～5月ごろから初夏にかけて，アブラムシ類の発生が多くなると発生しやすい。施設栽培に比べて露地栽培で発生が多い。アブラムシ類の飛来最盛期に定植したりトンネルを除去したりすると発生しやすい。

定植時期とアブラムシ類の飛来最盛期が一致しないようにする。定植時は薬剤によりアブラムシ類の防除を徹底し，シルバーマルチやシルバーテープを展張して飛来を防止する。圃場周辺の除草を励行する。常発地ではトンネルやハウス栽培，寒冷紗障壁などを導入する。ToMVによるモザイク病の対策も併せて行なう。

［岡田清嗣］

◉ToMV，TMVによるモザイク病 ⇨口絵：病1

- トマトモザイクウイルス　*Tomato mosaic virus* (ToMV)
- タバコモザイクウイルス　*Tobacco mosaic virus* (TMV)

●被害と診断　ToMVによる病徴は，主として葉にモザイク症状が現われるが，ときには果実，茎，葉に黒褐色のえそを生じ激しく枯死したりする場合や，施設栽培で低温時に一時的に先端葉のしおれを生じたりする場合がある。葉のモザイク，株の矮化，生長点付近の叢生化，花部での被害，減収などは，CMVによるモザイク病と判別することは困難である。幼苗期にかかると被害が大きい。

トマト黄化えそウイルス(TSWV)でも葉や茎，果実にえそ症状を生じる場合がある。トマト黄化葉巻ウイルス(TYLCV)に感染した株では，生長点付近の葉が黄変して葉縁が下側へ巻き込むような症状を示すので，区別は比較的容易である。

モザイク病は種子伝染し，発病株に健全株が接触したり，または病汁液によっても伝染したりするので，トマトの栽培期間中，随時発生する。また，ToMVはセイヨウオオマルハナバチのような訪花昆虫によっても媒介されるが，アブラムシでは媒介されない。アブラムシの発生が少ない12～4月ごろの温室，ハウス，トンネル内に発生するモザイク病は，ほとんどがToMVによるものである。

●病原ウイルスの生態　TMVはトマトのほか，トウガラシ，タバコ，その他ナス科植物の多くにモザイク病を起こす。TMVにはいろいろな変異系があるが，トマトにモザイク病を起こすのはおもにトマト系と普通系である。このうちトマト系の発生が圧倒的に多いため，トマト系をトマトモザイクウイルス(ToMV)と呼称することとした。

ToMVはトマトに高い親和性をもっているので，トマトの組織内で旺盛に増殖する。TMVの普通系もトマトに感染してモザイク症状を起こすが，トマト系に比べて組織内での増殖は緩慢である。伝染源は，ToMVに汚染された種子および前作トマトの罹病株根である。これらから種子伝染および土壌伝染によってごく少数株に発病が起こる。続いて管理作業のさいに，汚染した手や農機具などで健全株に触れると接触伝染により効率的に伝搬する。種子伝染による発生はごく少ないが，土壌伝染では前作トマトの罹病株の根，葉，茎などが十分腐敗せずに土中に残っていれば，ウイルス粒子は長期間伝染力を失わない。乾燥土壌中で2年間，多湿土壌中でも半年間伝染能力を失わなかった例もある。病汁液による接触伝染はきわめて激しく，500万倍以上に希釈しても感染能力を失わない。病株の芽かき作業を行なったその手で健全株の芽かき作業を行なったところ，続けて15株に発病が見られた例もある。

侵入したToMVは生きた細胞内で増殖し，枯死した残渣中でも伝染能力を保持している。侵入から発病までの日数は，トマトの生育ステージによる差はほとんどなく6～13日である。

●発生条件と対策　発病株から採取した種子を使用すると発生しやすく，連作すると発生しやすい。タバコ屑を苗床の醸熱材料にすると発生しやすい。発病株を圃場に放置したり残渣処分を怠ったりするとまん延しやすい。

種子は第三リン酸ナトリウム10倍液に10～20分間浸漬してから十分水洗する。時間の経過とともに発芽率は低下するので，播種する分に留めて，できる限り早めに使い切る。多くの市販種子は種子消毒済みである。　[岡田清嗣]

◉黄化葉巻病 ⇨口絵：病2

- トマト黄化葉巻ウイルス
  Tomato yellow leaf curl virus (TYLCV)

●被害と診断　発病初期では新葉の周縁部が退緑しながら葉巻き症状となり，葉脈間が黄化し縮葉となる。病勢が進展すると，節間が短縮し，頂部が叢生して株全体が萎縮症状を呈する。感染時に展開していた下葉には葉巻症状がほとんど認められないが，ウイルスは全身的に感染する。生長した株が感染した場合は発病前に開花し着果することもあるが，発病後は開花してもほとんど着果しなくなり，また結実したとしても果実の肥大性に影響が現われることが多く，その場合は収益性を著しく損なう。幼苗期に感染し発病すると枯死することがある。

本病はタバココナジラミにより永続的に媒介される。タバココナジラミの発生が増加する初夏から本病も多発しやすくなる。タバココナジラミは強風に乗り数十kmの距離を移動でき，本病の発生を拡大させうることが明らかになっている。保毒虫は1頭でも終生にわたりウイルスを高率に媒介することから，施設内でタバココナジラミの発生が低密度であっても本病は拡大しやすい。発病株は二次伝染源となるため，タバココナジラミが発病株上で増殖した場合，ウイルスを保毒した保毒虫が多数発生しまん延を助長する。病徴は高温時に激しく現われ，感染から発病に至る期間も高温時では短くなる。感染したトマトは夏期には2週間程度で発病する場合が多い。雨よけ栽培などで夏期に露地栽培する作型では，本病の発生には十分に注意する必要がある。

●病原ウイルスの生態　TYLCVはタバココナジラミによって永続的(非増殖，循環型)に媒介される。罹病トマトの接ぎ木により伝染する。種子伝染，土壌伝染，汁液伝染は認められていない。また，タバココナジラミのウイルス経卵伝染は認められていない。オンシツコナジラミ，アブラムシ類による媒介はない。保毒虫はトマトを数十分間吸汁しただけでウイルスを媒介することが報告されている。

●発生条件と対策　タバココナジラミの発生が増加する初夏～初秋に発生が多い。とくにこれらの時期に育苗～定植する作型で被害が大きい。高温時では感染してから2週間程度で発病し，病徴も激しく現われる。一方で，低温では発病までに時間がかかり，症状も激しくはないが，果実の肥大性などには影響が現われる。本病が発生した地域でトマトが周年栽培されていると，本病の伝染環が切れにくいため多発しやすい。

本病はウイルス病であり，発病株に対する効果的な農薬はない。タバココナジラミは低密度でもウイルスを媒介するので，施設内への侵入防止と防除を徹底して，まん延を防ぐ必要がある。発病株はタバココナジラミが吸汁することによりウイルスの二次伝染源となるので，撤去，処分する。健全苗の育苗と管理を徹底し，定植時に感染苗を本圃へ持ち込まないように努める。施設内・周辺に黄色粘着板・テープを設置して定期的に調査すると，タバココナジラミの捕殺と発生実態のモニタリングに効果がある。

タバココナジラミのバイオタイプQは薬剤抵抗性が発達しやすいので，同一薬剤を連用すると効果が劣ってくる。ローテーション散布を行ない，異なる系統の薬剤を考慮して組み合わせる。地域におけるまん延防止と次期作へのウイルス伝染環を断ち切るためにも，栽培終了時の蒸し込みと残渣処理が重要である。

［大西　純］

◉黄化えそ病 ⇨口絵：病2

- トマト黄化えそウイルス
  Tomato spotted wilt virus (TSWV)

●被害と診断　トマト黄化えそウイルスは，全国各地のトマト，ピーマン，ナスなどの野菜類やキク，ダリア，アスター，ガーベラなどの花卉類で発生し，全身えそ症状を起こして大きな被害をもたらしている。本ウイルス病は，局地的に発生するのが特徴であり，育苗期には一般に半促成栽培以外の作型で発生し，本圃では全作型で発生する。

露地栽培(4月下旬定植)では5月中旬ごろから周辺のうねに発病株が見られ，初発病株を中心にまん延して7月ごろから急に被害が多くなる。はじめに上位葉が生気を失い，急に褐色えそ斑点やえそ輪紋が現われて葉は下側に巻くが変形はしない。のちに葉柄や茎にも褐色えそ条斑を生じる。生育初期に感染した場合にはえそ症状が激しく，株全体が枯死することもある。生育後期に感染した場合にはえそ症状が比較的軽く，上・中位葉が黄化する。果実は，褐色えそ斑点やえそ輪紋を生じ，部分的にこぶを生じて奇形になる。とくにウイルス感染後に着果した幼果では，えそ症状が激しく脱落しやすくなる。また，感染前にかなり肥大していた果実でも，症状は軽いものの，果実の着色がまだらとなって商品価値がなくなる。

ハウス促成栽培(9月下旬定植)では，10月中旬ごろから発病株が見られることが多く，徐々にハウス内に広がる。症状は露地栽培と同様だが，えそ症状が露地栽培の場合より激しく，上位葉が急速に枯死することが多い。

●病原ウイルスの生態　病原ウイルスの宿主範囲は広く，ナス科，マメ科，キク科，ヒユ科など多くの植物に感染する。病原ウイルスはアザミウマによって伝搬され，種子伝染・土壌伝染はしない。通常の栽培では接触や管理作業により伝染することもない。

ウイルスを伝搬するアザミウマとして，ネギアザミウマ，ダイズウスイロアザミウマ，ミカンキイロアザミウマ，ヒラズハナアザミウマ，チャノキイロアザミウマなどがあるが，主要媒介種はミカンキイロアザミウマと考えられる。アザミウマは，幼虫期にのみウイルスを体内に取り込む(これを保毒と呼ぶ)。10日程度の潜伏期間の後，おおむね成虫になってからウイルスを媒介する。一度保毒したアザミウマは，終生その能力を失わないが，経卵伝染はしない。幼虫期に保毒しなかったアザミウマは成虫になってから感染植物を食害しても保毒しない。アザミウマの種や生息地域により，ウイルス媒介率は大きく異なる。

ミカンキイロアザミウマは野外で越冬可能であることと，病原ウイルスはオランダミミナグサ，コハコベ，イヌホオズキ，ノゲシ，オニタビラコ，ヨモギ，ヒメジオン，メジロホオズキなどの畦畔越年性雑草に感染することから，春にトマトが定植されると，暖かくなって行動が活発になったアザミウマによって周辺の伝染源から伝搬され，罹病したトマトが逆に伝染源となって再び周辺の越年性雑草などに伝搬されて越冬するものと思われる。ダリア，キク，ヒオウギなどの栄養繁殖性作物や，トルコギキョウ，ガーベラ，バーベナなど本ウイルスに感染しやすい花卉作物がトマト圃場付近に栽培されている場合，これらが伝染源となる場合がある。

●発生条件と対策　露地栽培(4月下旬定植)では，気温の上昇に伴ってアザミウマが活動し始めると，トマト圃場周辺の伝染源で保毒したアザミウマによってウイルスが伝搬される。アザミウマは自力での飛翔力が弱いので，発病株(5月中旬ごろ)は伝染源側の外うねに多く見られる。発病株が見られるころになると，アザミウマは次第に活動的になり，着生した株を中心に繁殖し，発病株を二次感染源として圃場内でウイルス伝搬を行なう。6月上旬ごろからアザミウマの生息密度，保毒虫率が次第に高まり，圃場内の移動も活発になるので，7月に入って急に発生が多くなる。アザミウマは降雨に弱いため，梅雨期には一時生息密度，伝搬活動が低下するが，梅雨明けから再び急速に高まる。したがって，少雨年にはアザミウマの生息密度が高まり，本病が多発して被害が増大する。

促成栽培では，定植期(9月下旬)がアザミウマの活動期であり，周辺の伝染源で保毒したアザミウマがすぐにハウス内に侵入してウイルスを伝搬し，10月中旬ごろに発病株が見られる。その後，低温期に入るが，ハウス内ではアザミウマが活動できる温度条件であり，降雨の影響もないので，発病株を二次伝染源として発生が広がる。感染株の果実残渣や枝にミカンキイロアザミウマが定着し，翌年の保毒虫の発生源となる。

今までに本病が発生した地域では，トマト圃場周辺の雑草の除去に努める。本病に対する抵抗性品種が市販されているので，恒常的に発生する場合は導入を検討する。アザミウマの初期飛来防止に，圃場周辺にムギ類などの障壁作物を植え付けたり，防虫網を障壁にしたりすると有効である。また，シルバーポリフィルムをマルチするとアザミウマに忌避効果がある。アザミウマの薬剤防除に努め，とくに常発地では育苗期からの防除が必要である。

露地栽培(4月定植)では，5月ごろから見られる発病株が二次伝染源となるので，早期発見に努め，見つけ次第薬剤散布を行なってウイルスを保毒したアザミウマを駆除したのち，抜き取って処分することが大切である。保毒虫率が高まってくる6月からの防除が大切であり，とくに7月からの徹底防除が重要である。

促成栽培(9月定植)では，開口部にできるだけ細かい目合い(0.4mm以下)の防虫網を張り，アザミウマの侵入を抑制する。光反射ネットも侵入防止効果が高い。紫外線除去フィルムで施設を覆うと，アザミウマの侵入，増殖抑制効果がある。ただし，マルハナバチを導入する場合は活動に影響があるので，影響が少ない近紫外線フィルムがよい。また，ククメリスカブリダニやタイリクヒメハナカメムシなどの天敵は，トマトでもミカンキイロアザミウマの密度抑制事例がある。発病が見られた場合はただちに発病株を抜き取って薬剤散布を定期的に行なえば，露地栽培と違って隔離されているので効果的である。栽培終了後は速やかに残渣を処分する。完全に枯死させるため，焼却または埋没して処分する。

［奥田　充］

◉青枯病 ⇨口絵：病3

• *Ralstonia solanacearum* (Smith 1896) Yabuuchi *et al.* 1996

●被害と診断　全国各地に発生し，とくに梅雨明けから夏にかけての高温期に被害が大きい。温暖化により高冷地，寒冷地や春秋期への被害の拡大が問題となっている。夏秋栽培では5～9月，越冬栽培では9月および5～7月，冬春栽培および半促成栽培では5～7月，抑制栽培では7～9月に多発する。

病徴は，日中急に水分を失ったように葉茎の一部がしおれ，その後株全体が急激に萎凋し，枯死する。地ぎわ付近の茎部に気根の発生が認められ，維管束がやや褐変していることが多い。

●病原菌の生態　青枯病菌は土壌中で腐生的に存在し，根の傷や自然開口部から感染して根の皮層や導管を通じて茎へ移行する。導管内で増殖し，水分通導機能を低下させ萎凋症状を引き起こす。地上部のしおれ症状が見られるころには，根部から病原菌が土壌中に排出されて圃場の病原菌密度を高め，被害植物の残渣とともに次作の伝染源となる。冬季の低温や乾燥などで作土層(地表～20cm前後の深さ)の青枯病菌密度は低下するが，耕盤層以下の深層部では安定的に生存する。

●発生条件と対策　ナス科作物を連作した圃場で多発する。被害株(発病株，無病徴感染株)からの芽かき，誘引，摘葉，摘果などの作業により傷口から病原菌が感染する。青枯病菌は過湿な圃場状態を好み，排水不良，過灌水や冠水によって爆発的に発生する。根部にネコブセンチュウが寄生すると発生が助長される。

露地栽培では，イネ科作物などの非宿主を中心に数年間の輪作を行なう。栽培期間はできるだけ乾燥ぎみにする。とくに発病が見られた圃場では灌水量を少なくする。高温時には寒冷紗など日覆いやマルチ栽培により，施設内の温度(気温，地温)を下げる。発生圃場や発病履歴のある圃場では，青枯病抵抗性の台木品種を用いた接ぎ木栽培を行なう。この場合，深植え，接ぎ木部の接地および株元への籾がらの被覆などを避け，穂木からの不定根が発生しないようにする。慣行接ぎ木(子葉上で接ぎ木)栽培では，圃場の汚染程度が高い場合や高温条件，圃場の多湿条件などにより，台木から穂木へ青枯病菌が移行し発病することが知られている。このため，慣行接ぎ木栽培でも発病が見られた圃場では，台木の抵抗性を強化した高接ぎ木(第2，3葉上で接ぎ木)栽培の導入を検討する。

青枯病菌は耕盤層以下の深層部にも分布している(深さ1mでも分布)。圃場の深層部に生息する青枯病菌の消毒には米ぬかを利用した深耕還元消毒，廃糖蜜を利用した土壌還元消毒，薬剤を用いた深耕処理消毒が有効であり，接ぎ木栽培と組み合わせることで持続的な青枯病防除が可能である。土壌消毒ができず，ほかに防除手段がない場合，抑制作型ではナス台木トマトの導入を検討する。また，はさみの消毒や作業手袋の交換などを行なう。　[中保一浩]

◉斑点細菌病 ⇨口絵：病3

- *Xanthomonas campestris* pv. *vesicatoria* (Doidge 1920) Dye 1978

●被害と診断　全生育期間を通して葉身，葉柄，茎，果梗，果実に発生する。葉身では，初め1～2mmの暗褐色円形あるいは不整形の小斑点が葉脈に沿って発生し，周辺が黄化する。やがて病斑は周縁が淡黄色に縁どられ，ややへこんだ黒褐色斑点となる。個々の病斑は数mmの大きさにとどまり，多数寄り集まると大型病斑となり枯死する。葉柄，茎，果梗では葉身と同様な暗褐色小斑点が発生するが，のちに多少隆起した灰褐色病斑となる。果実でははじめ褐色水浸状で周縁が白く縁どられた小斑点が発生する。やがて病斑中央部は少し隆起し，コルク化して褐色のかさぶた状となる。

下葉から発生し，次第に上葉に及ぶ。無支柱加工用トマトでは，梅雨期に発病しやすい。かいよう病，軟腐病などの細菌性病に多く見られる，茎内部の異常である維管束や髄の褐変は本病では見られない。梅雨期以降，多湿条件が続くと急激に発生が多くなる。

●病原菌の生態　病原細菌は5～40℃の範囲で発育し，発育適温は27～30℃である。一次伝染は種子と土壌である。種子表面で1年以上生存するため，発病圃場から採種すると保菌率が高く，種子伝染しやすい。発病地では被害茎葉とともに土中に残り，土壌伝染源となる。二次伝染は，病原が水滴や風によって分散し，茎葉では気孔や傷口から侵入する。果実では，毛茸のとれたあと，害虫による食痕から侵入する。

●発生条件と対策　気温が20～25℃の多湿条件でもっとも感染しやすい。露地栽培では梅雨期と秋雨期に，施設栽培では4月以降に，換気不良で高温多湿の状態で局部的に発生しやすい。無支柱加工用トマトは適切な時期の枝分け作業を怠ると株内の通風が悪くなり，多湿状態になってとくに発生が多い。窒素過多で茎葉が繁茂し，徒長軟弱に生育したときにも発生が多い。排水不良の圃場でも発病が多い。連作すると，被害茎葉が残りやすいため発生が多い。

採種栽培では無病株，無病圃場から採種する。種子消毒済みの種子を使用する。被害茎葉は除去して焼却する。また，連作を避け，数年間単位の輪作体系をたてる。生食用のトマトでは雨よけ栽培とする。ビニールマルチは土壌からの伝染を防ぐものと考えられる。育苗期から薬剤を予防散布する。また，梅雨入り前までに通路を稲わら，防草シートなどで被覆し，泥はねを防ぐ対策をとる。　[坂元秀彦]

◉かいよう病 ⇨口絵：病4

• *Clavidacter michiganensis* subsp. *michiganensis* (Smith 1910) Davis et al. 1984

●被害と診断　トマトの茎，葉柄，果実，葉などに発生する。施設栽培（促成，半促成，抑制）や雨よけ栽培と露地栽培（夏秋）で症状や被害が異なる。露地栽培では葉や果実などに病斑が多く発生する。しかし，施設栽培や雨よけ栽培では葉や果実などに病斑は発生せず，摘芽，摘葉で生じた傷口からの感染で萎凋症状が多く発生する。

施設栽培や雨よけ栽培では，はじめ中位葉～下葉の周辺部がしおれ，葉に脱水様の斑点が現われる。または，次第に縁のほうから乾燥して上に巻き上がる。続いて，葉脈の間が黄化し，しまいには小葉全体が褐変枯死する。枯死した葉は落葉しないで葉柄とともに垂れ下がる。初期には複葉の片側だけが垂れ下がるが，ひどくなると複葉の全小葉が垂れ下がることが多い。病気が進むと同じ株のほかの複葉も萎凋し，最後には頂芽が萎凋して全身が枯死する。

露地栽培では，葉，茎に直径1～2mmくらいの小さな白い褐色で，やや盛り上がったコルク状の斑点を生ずる。葉の周辺部がしおれ，次第に縁のほうから乾燥して上に巻き上がる。二次伝染のまん延期に入ると，葉，葉柄，若い茎，萼，花梗，果実などに小さな病斑ができる。果実には，はじめ小さな白色の盛り上がった直径2～3mmの病斑を生じ，のちに褐変し，表面がザラザラになる。しまいには，病斑の中心部はヒビ割れて硬くなりかいよう状になる。果実に生じた病斑のまわりに，白いクマを生じて鳥目状になることもある。その他の部位には，直径1～2mmくらいの小さな白い褐色でやや盛り上がったコルク状の斑点を生ずる。

かいよう病にかかった株や葉柄を切ってみると，上部の若い茎や葉柄の髄部は淡黒褐色～淡黒色となり，多少軟化しているが，下方の髄部は黄変し，組織がボロボロにくずれ，粉状となって木質部から分離している。ひどいときには髄部は消失して中空となる。早めに株が枯死するが，青枯病と異なり急性的に萎凋枯死することはまれで，収穫期まで残るものが多い。しかし，発病株に着果した果実は小果や奇形が多いため，著しく減収する。

●病原菌の生態　かいよう病は一種の細菌（バクテリア）によっておこされる。この病原細菌は，植物病原細菌のなかでもごくまれなグラム陽性菌である。菌体は短桿状の細菌で鞭毛をもたず，運動性がない。日本ではもっぱらトマトを侵す。

病株上に生じた果実から採種した種子内外で長い期間生存し，有力な伝染源となる。接種後2年半以上も生存したという例もある。また，被害茎葉などとともに，土壌中に入って長期間生存し伝染源となる。土壌中では，3年以上トマトを栽培しなくても生き残ることができる。種皮の内外に生存しているかいよう病菌は，種子が発芽すると種皮とともに地上部に持ち上げられ，展開した子葉の気孔から侵入し，導管内に移行して繁殖する。土壌中のかいよう病菌は，農作業で生じた根の傷口から侵入する。本畑での二次的な伝染は，病株上のかいよう病菌が風雨の際にできた傷口や，摘芽，摘葉，摘心，誘引などの農作業の際にできた傷口などから侵入しておこる。農作業により次々に病原細菌が伝搬されるため，施設・雨よけ栽培では二次伝染による被害が多発生にもっとも寄与する。

かいよう病菌は導管部を侵し，維管束の部分で増殖し，茎や葉柄の髄部を次々に崩壊させる。25～28℃でもっともよく生育する。

●発生条件と対策　連作畑，輪作年限の短い畑，床土更新または消毒を怠った床土などで栽培すると多発しやすい。種子消毒の不完全なものを使用すると多発しやすい。被害果から接種した種子で，30～50％の種子伝染が行なわれたという例もある。梅雨が長引き降水量の多いときに多発しやすい。トマトの生育適温より低い温度（25～28℃）を好み，しかも露地栽培では風雨が激しいときにまん延する。逆に空梅雨で，早く高温になるような年には発生が少ない。

種子は無病の圃場から採種された健全なものを

用いる。輪作を計画的に行ない，種子消毒を励行する。市販種子は必ず消毒済みのものを購入する。床土を更新または消毒する。施設・雨よけ栽培では，はさみ，手袋の消毒を行ない，農作業による二次伝染を防止する。露地栽培では薬剤散布を行なって，本畑での二次伝染を防止する。毎年同じ圃場で発病している場合には，土壌中に残っている病原細菌が伝染源となっている可能性が高いので土壌消毒を行なう。発病株は見つけ次第抜きとり処分する。

［川口　章］

◉疫病 ⇨口絵：病4

• *Phytophthora infestans* (Montagne) de Bary

●被害のと診断　疫病は葉や果実に多く発生し，低温のときには茎に発生しやすい。葉の病斑は下葉から発生し，次第に上葉にひろがる。はじめ，葉の一部に小さな不規則，湿潤性の灰緑色の病斑を生じ，次第に拡大して暗褐色の大型病斑となり，健全部との境は灰緑色となる。曇天で湿度の高いときには，病斑の裏面や病斑のまわりの灰緑色部に白色霜状のカビを生じる。また晴天が続き，湿度が低くなると，病斑は乾燥し褐変してもろくなる。果実では，緑果が侵されやすく，輪郭の不鮮明な，褐色の光沢のある火傷状の病斑を生じる。のちに病斑は拡大し，暗褐色になってくぼみ，ついには軟腐する。茎には，はじめ湿潤性，暗褐色の病斑を生じ，のちにややくぼんで暗褐色になる。果実も茎も，多湿のときには白いカビを生じる。

誘引した部分や，腋芽をかいた部分などに発病しやすく，病斑が茎を一周すると，その部分から折れやすくなる。病勢の激しいときには，病斑は急激に拡大し，また数をまして，全葉が発病する。さらに，若い先端部も侵されて褐変し，ついには枯死してしまう。晴天のときは乾枯してカサカサになるが，曇天のときには茎葉や果実が腐敗して悪臭を放つ。疫病にかかると果実は小型になる。多発したときは収穫皆無となる。

露地栽培では5～7月，抑制栽培では9～11月，促成栽培では12～2月，半促成栽培では3～5月，長期収穫栽培では10～3月に発生が多い。

●病原菌の生態　疫病菌には，トマトやジャガイモへの病原性の違いから3種の生態型がある。トマトに関係のあるものは，トマトとジャガイモに強い病原性を示すトマト型と，トマトには中程度で，ジャガイモには強い病原性を示す中間型である。疫病菌はレモン型の分生子をつくる。まれに卵胞子を形成する。低温のときには，分生子の内容が多数に分割され，それぞれが一つの遊走子となる。遊走子は2本の鞭毛をもっており，水の中を遊泳する。疫病菌は，圃場に残されたトマトの被害茎葉上，またはジャガイモの塊茎の病斑上で越冬し，生き残って伝染源となる。ジャガイモの塊茎上の病原菌は，はじめジャガイモの茎葉に疫病をおこしたのち，周囲のトマトへ伝染する。

圃場での伝染では，分生子または遊走子による。病斑上にできた分生子は風雨によって飛散し，トマトの葉に達し，水滴の中で発芽して菌糸によって気孔から侵入する。この場合，比較的高温（24℃くらい）のときには分生子が直接発芽して侵入するが，低温の場合（20℃以下），分生子はほとんど遊走子のうとなり，いったん内容が分割して遊走子を生じ，これらが水の中を泳いで気孔付近に達し，運動を停止してから発芽して，気孔から侵入する。前者の場合を直接発芽，後者の場合を間接発芽という。

低温多湿のときに疫病が多発するのは，低温により遊走子が形成され，1個の分生子（遊走子のう）から多数の伝染源が生ずることと，多湿により遊走子の遊泳，発芽，侵入が容易に行なわれるためである。分生子は，病斑または病斑付近の気孔から突き出した分生子柄上に形成される。病斑上または病斑付近に生じた白色霜状のカビはこれらである。

疫病菌の発育適温は15～20℃，分生子の形成適温は21℃，分生子内に遊走子が形成される適温は12～13℃，分生子から直接発芽して発芽管(菌糸)をだす適温は24℃くらいである。

●発生条件と対策　疫病は，20℃くらいの低温で多湿の条件が続くと発生しやすい。ふつう，露地栽培では梅雨期と秋雨期に降水日数の多い年が発生しやすい。施設栽培では10～5月がこのような条件になりやすい。促成栽培や半促成栽培では育苗期間が低温多湿条件になりやすいため発生することが多い。施設栽培ではこのような発病株の持ち込みによって多発する事例も多い。トマトやジャガイモの跡地や，ジャガイモ畑の近くで発生しやすい。窒素肥料を過用すると，茎葉が軟弱となり発生しやすい。また施設などでは，換気や通光不良，灌水過多などによって発病が多くなる。

露地栽培では，発病前から薬剤による予防散布を定期的に行なう。とくに発生しやすい時期には，雨のあいまを利用して薬剤散布を行なう。初発を認めた場合は，散布間隔を短縮して集中的に薬剤散布を行なう。露地栽培ではマルチを行なって，病原菌の雨水によるはねかえりを防ぐ。施設栽培では地表面をフィルムでマルチするとともに，灌水を最小限に留め，保温や換気を十分に行なって，施設内の多湿を避ける。施肥，とくに窒素肥料の過用を避ける。トマトやジャガイモの跡地や，ジャガイモ畑の近くでは栽培しないようにする。付近のジャガイモにも，トマトと同様に薬剤散布を行なう。初発時には，発病葉をつみとり，圃場外に持ち出し適正に処分する。施設や苗床では，換気，通光，灌水，加温などに注意し，低温多湿にならないよう心がける。

［黒田克利］

◉灰色かび病　⇨口絵：病5

• *Botrytis cinerea* Persoon

●被害と診断　果実，花弁，葉などに多く発生するが，茎，葉柄にも発生する。幼果では，はじめ，咲き終わった花弁に灰褐色のカビが密生し，花落部から幼果に広がり，幼果全体が灰白色のカビで覆われ，肥大せずに終わる。未熟果では，被害部は水浸状となり，その表面に灰白色のカビを生じ軟化腐敗する。葉では，葉身に落ちた花殻を足がかりに紫褐色に囲まれた淡褐色の病斑を生ずる。拡大して周囲の葉や葉柄に広がり，ついに褐変枯死する。また葉縁からは淡褐色に枯込む病斑を生じる。被害部には灰白色のカビを密生することが多い。

幼苗期や定植後に茎の地ぎわ部に発生すると被害部は褐変し，その部分に灰白色のカビを生じ，病勢の激しいときは株全体が枯死することがある。また地ぎわより上の茎に発生すると，紫褐色に囲まれた淡褐色～暗褐色で長楕円形の，大型の病斑をつくる。発病した茎の付近にある葉や葉柄も侵されることがあり，枯死して垂れ下がる。このような被害は，土壌に接触している茎葉に多い。病斑が茎を一周すると，その部分から上がしおれて枯死する。

施設栽培で多発する。20℃くらいで多湿のときに発生しやすいので，一般に11～4月に見られるが，曇雨天が続くと5～6月にも発生することがある。また，トンネル栽培や露地栽培では，育苗期や梅雨期に発生することがある。灰色かび病はハウス病害の中でもおそろしい病気で，とくに果実に発生が多いので，多発すると著しく減収する。

●病原菌の生態　不完全菌に属する一種のカビによっておこされる。灰色かび病菌はナス，ピーマン，イチゴ，キュウリ，レタスなどの野菜や多数の花卉類，果樹類も侵す多犯性の病原菌である。本菌は，被害部に生じた菌糸，分生胞子，または菌核(菌糸のかたまり)で越年するだけでなく，有機物の上で腐生的に繁殖を続けることができ伝染源となる。生育適温は23℃くらいである。低温の場合には分生胞子をほとんど形成しない。越年した分生胞子や菌糸，菌核から生じた分生胞子は風によって飛散し，宿主上にうまく付着すれば発芽して菌糸を伸ばし，柔軟な植物組織から侵入して感染する。とくに咲き終わった花弁の上でよく繁殖し，続いて菌糸によって幼果にまん延し発病させる。

●発生条件と対策　ハウス栽培で11～4月に発生しやすい。この時期には外気温が低いため，とくに夜間の冷え込みをおそれてハウスを密閉しがちである。20℃くらいの室温も低く多湿になりがちで，葉先に水滴が滞留する環境になると発病しやすい。密植，軟弱な生育，過繁茂で発生しやすい。朝夕の急激な冷え込みは，発生を著しく助長する。着果後の花落ちの不良な品種にも発生しやすい。

低温にならないように保温に努める。多湿にならないように，日中高温のときは積極的に換気を行ないハウス内の水分除去に努める。発病前から薬剤による予防散布を行なう。ビニールなどでうね面や通路のマルチを行ない，施設内の湿度の低下と土壌中の罹病残渣からの伝染を防ぐ。果実に付着した花は早期にとり除く。ブロアーやコンプレッサーによる花殻の吹き飛ばしも省力的である。発病した果実や茎葉は分生胞子形成前に見つけ次第，摘除し，施設外へ搬出して土中深く埋める。被害部位に分生胞子形成が認められたら胞子が飛散しないようにていねいにビニール袋などに密封して処分する。ポリビニルアルコールフィルムは吸放湿性や透湿性があるので，これを内張りに用いると夜間や早朝の多湿環境が改善され，発病は抑制される。

［岡田清嗣］

◉葉かび病　⇨口絵：病5

• *Passalora fulva* (Cooke) U. Braun & Crous

●被害と診断　最初，中～下部の葉に発生し，退色から白色の円形病斑が形成され，病斑が拡大するとともに黄化し，葉裏では病斑上に灰～黄褐色，茶色，灰紫色，オリーブ色などのビロード状のカビを生じる。潜在感染期間が約2週間あり，感染から二次伝染源となる胞子形成までにある程度の期間がある。しかし，胞子形成開始後は大量に胞子が形成されるため，圃場内の風の流れに沿って急速に伝染が広がる。

まん延後には，中～下部を中心に株全体に葉の病斑が広がり，株の勢力が衰える。乾燥すると葉が枯れ上がる。また，茎や果実のへたの先などにも発生する。施設では，夏の高温期を過ぎた初秋から梅雨明けまで発生しやすい。露地での夏秋栽培では梅雨時期から発生し，高温期を過ぎた9月以降に増加するが，まん延することは少ない。各圃場内では風上になりやすい地点から発生することが多い。低段栽培では，植物の残渣の処理を適切に行なえばまん延しにくい。

●病原菌の生態　葉かび病は，不完全菌に属する一種のカビによっておこされる。本菌はトマトだけを侵す。前作で発生した場合には，施設の資材などに付着した胞子が感染源となる場合もある。また，自家採種した場合などには，胞子が種子に付着して伝染する。二次伝染以降の感染は大量の胞子によるため，圃場全体の株でほぼ一様に発病する。国内でトマトの栽培品種に導入が認められている葉かび病抵抗性遺伝子*Cf*-2, *Cf*-4, *Cf*-9を打破したレースが国内で発生している。複数の抵抗性遺伝子を打破するレースも存在している。各品種の抵抗性遺伝子は，種苗会社によって公開されている場合とそうでない場合がある。

●発生条件と対策　20～25℃の多湿が発病に適した条件である。施設では，暖房期間中の結露にともなう多湿により被害が広がる。15℃以下の低温や30℃以上の高温では病勢の進展が遅くなる。

施設では換気，露地では土壌の排水や通風を妨げない株の配置など，株間の通気性を保ち，高湿度条件にならないよう気をつける。周辺に発病圃場があり，胞子の飛び込みが予想される場合には，予防剤を定期的に散布する。治療剤では薬剤耐性菌が発生しやすいため，予防剤による発病前からの防除が望ましい。前作で多発した場合には，塩素系などの消毒剤で施設や資材を消毒する。中～下位葉から発病するので，そこを重点的に観察して，初発を見逃さないよう心がける。発病が認められた場合は，まず治療剤を散布して，既発病や潜在感染から形成される病斑上での胞子形成を抑える。多発生してしまっている場合には，作用機作が異なるグループの治療剤をローテーション散布して，圃場内の胞子密度を下げる。治療剤による効果が認められれば，予防剤との交互散布などにより，長い世代更新期間(約2週間)を利用して，新たな発病を抑える。農薬による防除では，葉裏に十分に薬剤をかけることが重要である。

各地域，圃場において有効な抵抗性品種がある場合もあるが，全国的に多様なレースが存在しているため，抵抗性品種を過信しない。植物残渣の処理は圃場外で行なう。 ［窪田昌春］

◉半身萎凋病 ⇨口絵：病6

• *Verticillium dahliae* Klebahn

●被害と診断　露地栽培では4月下旬ごろから発生が見られる。夏場の高温時7月中旬から9月上旬にかけては被害は沈静化するが，気温の低下とともに再び被害が増加する。株の下葉から小葉の葉脈間が褪色し，葉がしおれる症状が観察される。葉のしおれた部分は黄化し葉縁部分が枯れることがある。葉の症状は次第に上位葉へ拡大し，やがて株が萎凋する。4月下旬に発病した株では生育不良となって株が小さくなり，収量が低下する。生育が悪くなった株の地ぎわ部の茎を切断すると，維管束に褐変が認められる。維管束の褐変は，萎凋病のように明瞭ではなく，維管束の一部である。

●病原菌の生態　本菌はナス科作物のほか，160属350種の植物に感染性を有する。本邦における病原菌*V. dahlia*には，アブラナ科系，トマト系，ピーマン系，ナス系，トマト・ピーマン系，エダマメ系が存在し，アブラナ科系はアブラナ科作物にのみに，ナス系はナスに，トマト系はナス，トマトに，トマト・ピーマン系はナス，トマト，ピーマンに感染性があるなど，系統によって作物への感染性に違いがある。

トマトに感染すると，病原菌は根部維管束に入り，維管束にそって地上へ伝染する(維管束内を菌糸が伸長するが，出芽により胞子を形成して，これが導管中を上昇して上部へ広がる)。病原菌は，葉柄，葉，果実にまで達し，種子伝染の可能性がある。

茎葉，葉柄内の病原菌は，時間が経過すると組織内部に菌糸が芽胞分裂し，細胞壁にメラニンを蓄積した菌核(微小菌核)を多数形成する。病原菌の伝染源は，この微小菌核と菌糸から分化して車軸状に分岐した分生子柄に形成される分生子による。罹病葉，被害残渣中に形成された菌核は土壌中に埋没し，10年以上生存して伝染源となる。土壌中の越冬菌核は，翌年，新しい作物が定植されると，作物根近傍で発芽して再び感染する。病原菌が維管束に入ると維管束内で毒素を産生し，そのため葉が黄化し，やがて株が萎凋枯死する。

●発生条件と対策　病原菌の生育適温は25℃付近であり，22～28℃の温度条件下で多発する。地温が20℃以下，30℃以上では発生が減少する。露地栽培では4月下旬ごろから発生し，6～7月上旬にピークになる。7月中旬ごろの気温が上昇する時期から夏場の高温時は被害発生が緩慢となり，9月下旬ごろから再び発生が増加する。

畑地でトマト，ナス，ピーマンなどを連作している圃場で発生が多い。また，ピーマン，ナスに半身萎凋病が発生している場合，トマトへの感染に注意が必要である。水田との輪作をしている圃場ではほとんど発生がない。多肥栽培，湿潤な土壌で被害発生が多く，日照不足は被害発生を助長する。病原菌は苗について圃場に持ち込まれることが多い。苗の段階では発病はほとんどわからないことから，見分けるのが難しい。

発病圃場では土壌消毒する。薬剤による土壌消毒のほか，太陽熱消毒，熱水土壌消毒，土壌還元消毒，土壌湛水，湛水ヒエ移植栽培などによっても発生を抑制できる。トマト半身萎凋病菌にはレースがあり，レースに対応した抵抗性品種が知られているが，発病抑制程度はそれほど強くはなく，下葉などが黄化して萎凋や生育不良となることもある。台木用にも，レース1に対する抵抗性品種がある。近年，レース2の出現が報告されており，レース2に対する抵抗性品種が検討されている。　［草刈眞一］

◉斑点病 ⇨口絵：病6

- *Stemphylium lycopersici* (Enjoji) Yamamoto
- *Stemphylium solani* G. F. Weber

●被害と診断　病徴はおもに葉に見られるが，葉柄，茎，果実のへたにも病斑を生じる。被害は育苗時から発生し，生育期～収穫時に増加する。葉では下葉から発生し，はじめ小さな褐色～黒褐色の斑点を生じ，その後，拡大してまわりが黒褐色，中心部が灰褐色でやや光沢のある直径2mmくらいの円形～不整形の病斑となる。病斑のまわりは黄変しており，病気が進むと病斑の中心部に穴があく。多発すると葉に多数の病斑を生じ，融合して大型病斑となる。被害株の葉は下葉から黄化し枯死する。また，葉柄や茎にも斑点を生じる。果実では，へたの部位が赤褐色に変色して乾燥し，症状が進展すると腐敗は内部にまで入り込み，離層部から果実が落下することがある。

ハウス栽培で多く見られ，やや気温の低い多湿条件下で発生する。抵抗性品種があり，抵抗性系統では被害は少ないが，罹病性品種では被害が激しいこともある。ミニトマトの耐病性のない品種で被害発生が多い傾向がある。

●病原菌の生態　斑点病菌は輪紋病菌と近縁の糸状菌類で，不完全菌類に属する。*S. lycopersici*は，わが国ではトマトのほか，ピーマン，トウガラシ，カランコエ，キキョウ，キク，スミレ類，ゼラニウム，トルコギキョウ，スターチスなどに感染が報告されている。病斑上で分生子をつくり，風によって飛散してまん延する。葉面上の分生子は結露水などの水分により発芽し，発芽菌糸によって表皮を貫通して作物に侵入する。感染後，組織内にまん延し，被害葉とともに菌糸や分生子の形で生き残り，越冬して伝染源となる。24℃でもっともよく生育し，発病は20～25℃のやや冷涼な気温と多湿のときに多い。

●発生条件と対策　ハウス栽培で発生しやすい。耐病性品種の抵抗性は完全ではないが，発病程度が低くなる。窒素肥料切れで発病が増加するので計画的に施肥する。

多くの品種に耐病性が導入されているので抵抗性の品種を用いる。抵抗性のない品種を作付けしている場合には，発病前から定期的に薬剤散布を行なう。施設栽培では，気温較差の大きくなる秋期に換気を行なって除湿に努める。　［草刈眞一］

◉萎凋病（レース1，レース2，レース3） ⇨口絵：病7

- *Fusarium oxysporum* Schlechtendahl f. sp. *lycopersici* (Saccardo) Snyder et Hansen

●被害と診断　トマトの導管部が侵される導管病で，病徴は地上部と根に現われる。苗に発生すると生気を失って，下葉が黄化してしおれる。幼苗では，茎に褐色の条が透けて見えることもある。定植後の株では，はじめ下葉が黄化してしおれ，葉柄が垂れ下がる。のちに病葉は枯死する。病気が進むと，葉の黄化，萎凋は次第に上の葉に現われ，激しいときは全葉が黄変，萎凋し，葉は葉柄の部分から垂れ下がり，ついには全株が黄褐色になり枯死する。被害の軽いときには，複葉の片側だけや，茎の片側だけについている複葉が黄化，萎凋して半枯れ症状になる場合がある。発病株の根部は太根，細根とも局部的に褐変している。重症株の果実は早期に着色する。上位の花房に着果した果実は，肥大しないうちに着色するので，著しく減収する。高温時には，枯死した茎の表面に白～淡紅色のカビを生ずることがある。

萎凋病にかかった株の茎や黄化した葉の葉柄などを切ると，導管部が褐変している。茎の褐変は比較的高い位置まで認められ，症状の見られる葉の着生部位あたりまで褐変していることが多い。

●病原菌の生態　萎凋病は，不完全菌類に属する糸状菌によっておこされる。本病原菌はトマトだけを侵す。萎凋病菌は分生子を形成するとともに，分生子や菌糸の一部が厚膜胞子という耐久性のある胞子となる。被害植物の茎葉，根とともに土壌中に残った厚膜胞子は，外界の不良環境にも耐えて長い間(2～3年)生き残ることができる。土壌中の萎凋病菌(厚膜胞子)は，トマトが定植されて発芽すると根から侵入し，組織中で増殖しながら細胞や組織を次々と侵す。病原菌の分生子は空気中を飛散し，育苗中の用土や本圃土壌に落下して伝染源となることもある。また，病原菌が種子に付着し，種子伝染することもある。

維管束がとくに侵されやすく，病原菌が増殖したとき生ずる代謝物質のため，導管壁の作用が阻害される。その結果として水分が上方に供給されなくなり，下葉からしおれて黄化し，上方の葉も萎れる。やがて回復しなくなって枯れる。病原菌の生育適温は25～28℃である。

●発生条件と対策　発病はやや高温時期に多く，施設栽培では定植後の9～11月や地温が上昇し始める3月下旬以降に発病することが多い。露地栽培では，梅雨明けの7月ごろから発病が多くなるが，盛夏期には少なくなる。土壌の過湿，過乾燥や窒素質肥料の多用は，根を傷め発病を助長する。また，ネコブセンチュウなど有害動物の加害も発生を助長する。

圃場へ病原菌を持ち込まないために，農薬や乾熱処理による種子消毒を徹底する。育苗用土は発病のおそれのない土壌か，十分に土壌消毒を行なった土壌を用いる。汚染された施設内やその周辺で育苗しない。収穫後の残渣はできるだけ除去し，伝染源とならないように処分する。完熟堆肥など有益な微生物の増殖を助ける資材を投与して微生物の均衡を良好に保ち，病原菌の増殖を抑制することと，作物に活力を与えることによって被害は軽減する。できれば計画的な輪作体系を組み，トマトは連作を避けることが好ましい。しかし，病原菌に汚染された圃場では，輪作だけで本病を回避するのは困難なので，農薬や太陽熱利用による土壌消毒を行なう。また発生している病原菌のレースに対応した抵抗性品種や抵抗性台木を用いる。

養液栽培でも本病は発生する。養液栽培では培養液を介して施設全体へのまん延が容易であることから，圃場衛生に留意し，培養液，栽培槽などへの病原菌の侵入を防ぐことが重要である。　［森田泰彰］

◉褐色根腐病　⇨口絵：病7

• *Pyrenochaeta lycopersici* Schneider et Gerlach

●被害と診断　11～3月にかけて栽培する半促成，促成栽培で発生し，1～3月の低温期に発生が多い。はじめ，下葉の黄化と茎頂部にしおれが見られる。下葉の黄化は萎凋病と類似し，茎頂部のしおれは根腐萎凋病と類似する。下葉が黄化した萎凋株の根を調べると，褐色の斑点が見られて本病と診断される。本病は萎凋病と異なり，地ぎわ部の茎を切断したときの維管束の褐変はない。症状が進むと根は太くなり表面に亀裂が入り，コルク化して黒褐色になって腐敗する。根の腐敗症状は乾腐状で，被害が進むと大部分の根が変色腐敗する。発生が甚だしくなると株全体が変色し，枯死する。

●病原菌の生態　病原菌は，トマトの根または地ぎわ部の茎に感染し，根部を侵して罹病組織内に埋没した柄子殻を形成する。柄子殻には，孔口部周辺に長い剛毛が形成され，内部に柄胞子（分生子）が形成されるが，分生子柄は分化しておらず，柄子殻内壁の細胞が形成細胞となる。病原菌は，罹病植物体上の柄子殻および菌糸で越冬し，次年度の感染源となる。

●発生条件と対策　病原菌の生育適温は22～24℃であるが，比較的低温の時期に発生しやすく，発病の適地温は15～18℃で低温の多湿土壌で被害が多い。

被害発生圃場ではトマトの連作を避ける。土壌くん蒸剤（ダゾメット粉粒剤，クロルピクリンくん蒸剤など）による土壌消毒のほか，太陽熱，熱水，土壌還元消毒，有機物（フスマ）施用などの土壌伝染病対策を行なう。また，抵抗性台木（ドクターK，グリーンガードなど）を用いた接ぎ木栽培を導入する。被害発生圃場では，罹病植物および根を速やかに除去する。

［草刈眞一］

◉黒点根腐病　⇨口絵：病8

• *Colletotrichum coccodes* (Wallroth) S. Hughes

●被害と診断　地上部の症状として，下葉からの黄化があり，葉柄から葉身までムラなく明るい黄色になる。葉の黄化は次第に上位葉におよび，下葉から落葉する。罹病株の茎頂部は，はじめ日中萎凋し，夜間回復する症状を示す。被害株の根は褐変し，細根は変色腐敗して脱落する。支根や直根，さらには茎の地下部の表皮に褐色の細長い病斑が形成される特徴がある。被害株の根は全体的に細根が少なく，赤褐色で汚れて見え，直根から茎地ぎわ部まで表皮が褐変，腐敗してひび割れ，亀裂を生じる。

根の褐変した病斑部の表面には，黒色の小粒点を多数生じる。小黒点の部分を虫めがねで観察すると，長い黒色剛毛が観察できる。罹病株の生育は劣り，着果障害が発生する。

本病は1972（昭和47）年，褐色根腐病の発生分布を調査する過程で，千葉県の半促成トマトに最初に見いだされた。その後，ほぼ全国の施設栽培などで発生が認められている。

●病原菌の生態　病原菌は，ナス，トウガラシ，ピーマン，ジャガイモ，ボウマ（アオイ科）の根に感染し，根，茎の地ぎわ部を侵して，罹病部位に分生子堆を形成してまん延する。罹病残渣に形成された分生子堆や菌糸が土壌中に残り，寄主が作付けされると再び感染する土壌伝染病菌である。罹病根，茎地ぎわ部などに形成された分生子堆は，1年以上，土壌中で生息する。分生子堆に形成された分生子が，雨水によって周辺土壌に拡散し，苗などに感染して被害を大きくする。寄主を連作し，発病をくり返すと土壌中に病原菌密度が高くなって被害が増加し，寄主となる作物の栽培ができなくなる。

●発生条件と対策　連作が被害発生の要因となる。トマトを地温の低い（18℃以下）時期に栽培する作型で発生が多い。低温下で根の活性が衰えて発生する。

本病原菌によって感染を受ける作物（寄主作物）を連作しない。地温の低下を抑制する（透明マルチなどが有効）。被害発生圃場では土壌消毒（太陽熱，熱水など）を行なう。罹病株の根をていねいに掘り起こして，残渣を残さないようにする。耐病性台木などの接ぎ木栽培とする。

［草刈眞一］

◉根腐疫病 ⇨口絵：病8

- *Phytophthora cryptogea* Pethybridge & Lafferty

●被害と診断 促成・半促成・抑制および露地の全作型に発生する。典型的な発生は，各作型とも第1果房が肥大・着色を始めるころから，株の頂葉付近が萎れる。一見して青枯病の兆候に類似する。しばらくは日中に萎れ，朝夕回復するが，のちに株全体が萎れてしまう。感染は育苗期から始まるが，定植時の発病はなく移植用苗での見分けは難しい。本圃定植後の感染が多く，灌水の回数が多くなると病勢の進展はいっそう助長され，うねに沿ってまん延することが多い。

茎には気根の発生が多い。維管束の褐変は地ぎわから数cmあるいは50～60cmに達することもあるが，褐変を認めない場合もある。灰色疫病には地ぎわ部のくびれ・軟化症状が見られるが，本病にはないので区別できる。根は細根が腐敗脱落している場合が多く，太根だけが残る。一見して根腐萎凋病と酷似しているが，本病の罹病根は太根の中心柱が赤褐色～褐色に変色するので区別できる。病勢の進展はやや急性的である。青枯れ症状から末期的な症状になると，全葉が黄褐変し枯れ上がってしまう。第1～2果房は肥大するが上位果房は肥大せず，次第に下位果房も脱水症状を呈する。ハウストマトではときに収穫皆無となる。

促成・半促成ではハウス内の地温が比較的高い中央部や，南面のうねから発生し拡大する。露地トマトでは水口付近のうねから発生を始めるが，うね間灌水によって被害が広がる。

●病原菌の生態 土壌や被害作物残渣のなかで，周年にわたり休眠→活動→侵入・増殖→休眠のサイクルで生活している。トマトが植え付けられると，休眠した耐久器官，また菌糸が発芽発育して特有の形をした遊走子のうを形成する。遊走子のうの活動に好適な温度・湿度条件に遭遇すると，盛んに直接・間接発芽する。とくに，間接発芽によって数多くの遊走子が遊泳し，根群付近に集散して菌密度が高くなる。その後，根部に集まった遊走子は比較的短時間で根組織へ発芽侵入を始める。侵入・増殖をくり広げて根の褐変・腐敗を起こし特有の病徴を呈する。罹病トマトの根部には，多くの菌糸，遊走子のう，耐久器官(卵胞子など)が形成される。

この病原菌は土壌中の好適な水分によって隣接するトマトの根部へ次々に侵入し，まん延・加害してしまう。のちにこれが土壌中へ被害残渣としてとり込まれ，再び病原菌は休眠状態となって生存し続ける。病原菌(菌糸)の生育温度範囲は5～30℃であり，最適温度は20～25℃で，35℃ではまったく生育しない。

●発生条件と対策 促成栽培，半促成栽培には1～6月ごろ発生するが，なかでも3～5月ごろに目立って多く，抑制型には9～11月ごろ多発する。露地トマトには6～7月ごろに初発，7～9月ごろにまん延する。気温がやや高まり，トマトの生育が盛んになって灌水量がふえてくるころに感染・発病が著しくなり，まん延・萎凋・枯死してしまうため被害は大きい。

促成栽培，半促成栽培では，比較的ハウス内で高温となりやすい中央付近から始まる。抑制栽培ではハウスのサイド付近から始まることが多い。これは，病原菌の活動に好適な地温に達した箇所が発生源となるためであり，フィルムマルチなどにより地温の変動を少なくすると抑えられる。毎作ほぼ同じ箇所から始まりまん延することが多い。これは病原菌が土壌中に高密度で生存しているためであり，病原菌密度の低下のためには初発箇所付近の残渣処分が大切である。

露地栽培では，中山間地域に目立って多い。平坦地では作期が比較的早く，梅雨期ごろに第1，2果房が肥大・着色する作型で被害が多い。地温が上昇しやすい箇所，南東面のうねから発病する。初発後のまん延は灌水量の増加に伴って起こる。降水量が一時的に多く，うね肩付近まで浸水，滞水があれば急激に発生する。過湿，高水分状態が多発の原因となるため，高うね栽培や排水に努める。

どの作型でも，まん延は灌水量の増加時期と合致し，極端なうね間灌水などをすると発病がふえる。有効な登録農薬はないので連作を避ける。また，被害残渣を取り除き，太陽熱消毒を実施する。

［神頭武嗣］

◉根腐萎凋病 ⇨口絵：病9

• *Fusarium oxysporum* Schlechtendahl f. sp. *radicis-lycopersici* Jarvis & Shoemaker

●被害と診断　はじめ茎の先端の若い葉が晴天の日中だけ萎れ，次第に生気を失う。しおれは徐々に全身的になり，続いて下葉から黄化し，最後には株全体が黄褐変して枯死する。発病した株は脱水状態になり，髄の部分が空洞化するために茎を押さえると簡単につぶれる。病気の株では細根が腐ってちぎれ，太い根には黒褐色の小さな斑点ができ，ところどころが暗褐色に腐敗している。病気が進むとほとんどの根が腐り，ごく一部の太い根だけが残るので，株は簡単に引き抜ける。病気の株の根や茎の維管束は黒褐変しているが，茎の維管束の褐変はふつう地ぎわから10～20cm程度の高さまでで，あまり上の部位までは変色しない。株の地ぎわや主根のつけ根などにも暗褐色の斑点をつくり，のちにはその部分が腐ってぼろぼろに崩れることもある。

おもに施設栽培で発生し，とくに促成栽培と抑制栽培で発生しやすいが，半促成栽培では比較的少ない。促成栽培では12月中旬ごろから発病し始め，3月ごろまで進行するが，気温の高くなる4月以降には軽症の株では新根が発生し，根の病斑は治癒して生育を続けることがある。

●病原菌の生態　病原菌は不完全菌に属するカビで，トマトとその野生系統の植物を幅広く侵す。わが国の根腐萎凋病菌とトマト萎凋病菌の3つのレース（レース1，2，3）は，それぞれトマトの品種の侵し方が違っている。根腐萎凋病の病原菌は，萎凋病菌（レース1，2，3）と同様に土壌および種子伝染する（萎凋病参照）。発病圃場の周辺では，茎の地ぎわなどにできた病原菌の分生子が空気伝播して汚染が起こる。病原菌は分生子や厚膜胞子をつくり，土壌中での生存期間は5～15年ときわめて長い（萎凋病参照）。萎凋病菌に比べてトマトの導管を侵す力が弱く，多数の菌が根にとりつき，根を腐らせて発病させるために，土の中の菌密度が高まらなければ発病しにくい。また，本病原菌は，分生子の飛散により空気伝染し，果実の柱頭部から侵入して果実腐敗症をひき起こす。

●発生条件と対策　連作は土の中の菌密度を高めて発病を多くする。病原菌の発育適温は28℃であるが，発病の適温は10～20℃と低い。初冬から早春の地温が低く，日照量が不足し光合成が低下する環境下で多発しやすい。窒素質肥料の多用や土壌の乾燥，そのほか根を傷めるような管理は発病を多くする。またネコブセンチュウの根の加害も発病を助長する。

圃場へ病原菌を持ち込まないために，農薬や乾熱処理による種子消毒を徹底する。育苗用土は，発病のおそれのない土壌か，十分に土壌消毒を行なった土を用いる。市販育苗培土の利用も有効である。育苗は病原菌に汚染されていない場所で行なう。連作を避け，計画的な輪作，作付け時期の移動，栽培期間の短縮などによって発病を回避する。ただし，病原菌に汚染された圃場では，輪作だけで本病を回避するのは困難である。発病地では本圃を土壌消毒剤で，施設栽培の土壌は太陽熱利用による土壌消毒を行なう。抵抗性台木を利用した接ぎ木栽培を行なう。抵抗性品種を栽培する。

［山本　馨・黒田克利］

◉輪紋病 ⇨口絵：病9

• *Alternaria solani* Sorauer

●被害と診断　輪紋病は葉に多く発生するが，茎，葉柄，果梗，果実などにも発生する。葉の病斑は，はじめ暗褐色，水浸状の小斑点を生じ，次第に拡大して直径6～10mmくらいの円形または楕円形となる。病斑上には同心輪紋を生じ，病斑のまわりには黄色のくまが入る。茎，葉柄，果梗，果実などにも，葉とほぼ同様の暗褐色の同心輪紋のある病斑を生ずる。病勢が進み，多湿になると，病斑の上に黒いビロード状のカビを生ずる。病勢の激しいときは，葉に多数の病斑を生じ，下葉から枯れ上がる。茎や果梗などが侵されると病斑の部分から折れやすくなり，果実が侵されると商品価値が低下する。

輪紋病は栽培期間中発生するが，とくに28～30℃くらいの気温のときに多発しやすい。温室，ハウス栽培では早くから発生するが，トンネル栽培ではトンネル除去後，露地栽培ではかなり生育して果実が着き始めるころ高温で乾燥すると発生する。とくに空梅雨の年に多発する。平坦地では4月上旬ごろから発生し始めるが，高冷地では発生が遅れ，梅雨後半から夏にかけて発生する。8月ごろがまん延期である。一般に，輪紋病は疫病より被害は軽いが，栽培の後期にかなりの被害を生ずることがある。

●病原菌の生態　土中に埋没した被害残渣とともに越冬したり，他のナス科作物やナス科雑草（ワルナスビ，イヌホオズキ）の病斑上で菌糸，分生子のままで越冬する。また種子に付着して越冬し，種子伝染する。翌年，越冬した分生子や菌糸から新たに形成された分生子が風雨によって飛散し，健全なトマトの葉に付着，葉上で発芽し，おもに表皮のクチクラ層から侵入する（一次感染）。分生子の発芽適温は28～30℃で，潜伏期間は2～3日である。病斑部に形成された多数の分生子が周囲に飛散して二次感染が行なわれる。

●発生条件と対策　生育後半，肥料切れ状態で発病しやすい。また，24時間周期でみると，分生子は日の出の後，湿度が下がってくる日中がもっとも飛散しやすい。日中よく晴れて，夕方以降，弱い雨が降るなどして結露状態が続くと，分生子の侵入率が上がる。

生育後半も適正な施肥と水管理で肥料切れを起こさないようにする。ほかのナス科作物の近くに植えない。ナス科雑草を除去するなど，圃場衛生に気を配る。

［神頭武嗣］

◉白絹病 ⇨口絵：病10

• *Sclerotium rolfsii* Saccardo

●被害と診断　施設栽培，露地栽培とも，夏期高温の時期に発生する。地ぎわ部付近の茎や地表面に近い根が侵される。茎地ぎわ部が褐変して水浸状となり，土壌表面から茎部分にかけて肉眼でも十分に見分けられるほどの白色絹糸状の菌糸束がまといつき，やがて白色球状の小さな菌核が形成される。白色菌核は数日後には完熟して，茶褐色で直径1～2mmの球形になる。萎凋枯死株周辺では，株を中心に白色～茶褐色の菌核が多数形成される。被害部よりも上部の茎葉は，夏期高温時では急速に衰弱して，黄化，萎凋して枯死する。

●病原菌の生態　病原菌は担子菌類だが完全世代が確認されておらず，不完全菌類に属する。多種の作物を侵し，罹病植物上および周辺部に多数の菌核（直径0.6～2.5mm）を形成して越冬し，翌年，菌核が発芽して作物に感染，被害がまん延する。

土壌中では菌核の形態で越冬し，高温多湿環境下で白色絹糸状の菌糸を形成して，寄主作物の地ぎわ部茎に感染，発病する。感染すると作物体を侵して軟腐状に腐敗させて組織内にまん延し，罹病患部や土壌表面に多数の菌核を形成する。寄主体上の菌核は風雨などで土壌に落下後，土壌に埋もれて越冬し，有機物などで繁殖後，菌糸を伸長させて寄主作物地ぎわ部へ感染する。菌核は地表付近に多く見られ，土壌中では5～6年間程度生存する。本菌は好気性の糸状菌類で，地表付近の未分解有機物を分解して繁殖することができる。しかし，湛水中や土壌深部の酸素の少ない条件下では生息できない。

●発生条件と対策　15～35℃で高温多湿な条件下が発生が多い。とくに，土壌温度が25℃以上で多湿な条件下で多発する。10月から5月上旬までの気温の低い時期の露地栽培では発生が少ない。ハウス栽培も，気温の低い時期の被害発生は少なく，4月下旬～10月中旬に発生が多い。定植直前に稲わらなどの未分解有機物を多量に施用したり，敷わらをすると被害発生を助長する。通気のよい土壌で，土壌湿度が高いと発生しやすい傾向がある。砂質土壌，火山灰土で発生が多く，酸性土壌で被害が多い。

登録農薬はない。多発すると土壌中に菌核が多数蓄積している可能性があり，被害が増加する。前年度多発圃場では，太陽熱消毒，土壌還元消毒によって菌密度を減らす。圃場を湛水することで軽減できる。水田との輪作にすると被害回避ができる。本病菌は多犯性のため，前作物に白絹病が多発している場合には，トマトの作付けに注意が必要である。前年度発生圃場で未分解有機物を施用すると多発することがあるので，有機物の施用はできるだけ避ける。敷わらによっても発生が増加するので設置は避ける。株元の排水や過湿によって被害発生が増加するので，多湿な圃場では高うねとして株元を乾燥させる。被害株が発生したら，株を除去するとともに地表部の周辺土壌も除去する。酸性土壌で発生しやすい傾向があるので，石灰を十分施用しpH6.5～7.0に調整する。以下，密植を避ける，高うねとして株元を乾燥するようにする，苗を深植えしない，敷わらは株元から離す，窒素過多を避ける，などの注意をする。

［草刈眞　］

◉すすかび病　⇨口絵：病10

• *Pseudocercospora fuligena* (Roldan) Deighton

●被害と診断　はじめ葉裏に不明瞭な淡黄緑色の病斑が現われ，やがて灰色褐色の粉状のカビを生じる。病斑は次第に拡大して，円形あるいは葉脈に囲まれた不整形病斑となり，灰褐色～黒褐色に変わる。葉の表面には裏面よりやや遅れて不明瞭な淡黄褐色の病斑を生じ，カビを生じるが，裏面に比べて少ない。被害葉は早期に垂下し，乾燥巻縮して全葉が濃緑褐色のカビで覆われる。発病は下位から中位葉に留まり，葉かび病に比べ上位葉への進展は少ない傾向にある。

●病原菌の生態　病原菌は糸状菌の一種である。分生子は淡褐色のムチ状または円筒状で，先端は少しくびれ，小型の油胞がある。本菌の生育適温は26～28℃で，分生子の形成適温は18～22℃，分生子の発芽適温は26℃前後である。病原菌が葉に感染してから，初期の病斑が発生するまでに2週間以上かかり，低温時では3週間かかることがある。病斑上にできた分生子は，風によって葉に運ばれ感染する。被害植物の残渣で越年し，翌年の伝染源となる。

●発生条件と対策　発病は真夏から秋にかけてが多く，抑制栽培～促成栽培に被害が多い。真夏から秋にかけての施設栽培トマトの生育ステージは，収穫前か収穫初期ごろが多いと考えられ，肥料切れや着果による負担は比較的少なく，草勢も旺盛な時期である。現地では，すすかび病と葉かび病が混発している事例が見られることから，両病害の発病条件が共通する場面がある一方，すすかび病は高温時期や草勢が旺盛なトマトにも発生する病害であると考えられる。国内で葉かび病抵抗性品種として利用されているものの多くが，抵抗性遺伝子*Cf*-9をもつ品種であり，全国ですすかび病の発生事例を認めた品種の多くがこれらに該当する。現在市販されているトマトおよびミニトマト品種は，葉かび病抵抗性の有無に関係なくすすかび病は発病すると考えられる。

葉かび病に準じた耕種的防除を行なう。発病葉，被害残渣は伝染源となるため，圃場外に持ち出し適切に処分を行なう。密植，過繁茂，換気不十分な施設栽培で発生しやすいことから，施設内が多湿にならないように管理する。多発してからでは薬剤散布の防除効果が劣るため，予防散布に重点をおく。

［黒田克利］

◉うどんこ病 ⇨口絵：病11

- *Oidium neolycopersici* Levente Kiss
- *Oidiopsis* sp.
- *Leveillula taurica*

●被害と診断　*Oidium neolycopersici*（不完全世代）は植物葉で発生するが，多発すると葉柄・へた・果梗にも発生する。葉面にうどん粉を振りかけたような白い菌叢を密生させる。葉の組織内部に侵入して増殖することはない（表生型）。菌叢周辺部の葉が黄変する場合もあるが，落葉・枯死することは少ない。発生時期は3月末から7月，9月から11月末ごろである。日本各地で発生している。宿主範囲は広く，トマト，タバコ，ジャガイモ，ナス，トウガラシ，ペチュニアなどに感染する。

Oidiopsis sp.（不完全世代），*Leveillula taurica*（完全世代）は葉の表と裏面に白い菌叢を生じる。気孔から侵入し，葉の組織内部で増殖，まん延する（内生型）。感染葉は局部的に黄変し，中央部の組織から褐変壊死する。発生は3月以降からである。日本各地で発生が確認されている。宿主範囲は広く，トマト，ピーマン，トウガラシなどに感染する。

●病原菌の生態　うどんこ病菌は絶対寄生菌であり，生きている植物にしか感染できず，枯死した残渣や栄養培地では増殖することができない。生活環は不完全世代（無性の分生子世代）と完全世代（有性の子のう胞子世代）に分けられる。表生型の菌の場合，完全世代はまだ見つかっていない。

*Oidium neolycopersici*では，分生子柄上の分生子が飛散して宿主植物葉上に付着する。分生子は発芽し，発芽管の先端部で付着器を形成した後，表皮細胞に侵入糸を挿入して吸器を形成する。吸器で植物から栄養を摂取する。植物葉上の菌糸は分枝・伸長し，分生子柄を形成した後，その分生子柄上に新たな子孫分生子をつくる。この分生子が次の伝染源となる。

Oidiopsis sp., *Leveillula taurica*は分生子柄上の分生子が飛散して宿主植物葉上に付着する。分生子は発芽し，発芽管の先端部で付着器を形成した後，さらに，その付着器から二次発芽管が伸長する。その二次発芽管は気孔から侵入し，葉内で菌糸をまん延させた後，気孔から外部へ分生子柄と菌糸を突出させる。分生子柄上には，最初に舟形，その下位に数個の長楕円形の分生子が連なって形成される。これらの分生子が次の伝染源となる。

●発生条件と対策　*Oidium neolycopersici*は露地栽培や施設栽培で発生する。最適生育適温は20～28℃であり，湿度の影響を受けない。

Oidiopsis sp., *Leveillula taurica*は露地栽培や施設栽培で発生する。最適生育適温は18～25℃であり，湿度の影響をうけない。

表生型のうどんこ病菌の場合，分生子が葉上に付着した後，約6～8日で薄い白色の菌叢（初期菌叢）が確認される。症状が進行すると防除が困難となるため，農薬散布による早期防除に努める。温室および圃場周辺の雑草を除去する。内生型のうどんこ病菌の場合，分生子が葉上に付着した後，24時間以内に気孔に侵入し，約16～21日で葉の裏面に薄い白色の菌叢が確認される。本菌は葉内部で増殖・まん延するため農薬散布による効果は現われにくい。温室および圃場周辺の雑草除去を行なう。

［野々村照雄・松田克礼・豊田秀吉・草刈眞一］

◉しり腐病 ⇨口絵：病11

• 生理障害

●被害と診断　しり腐病は果実に発生する生理障害で，症状は果実だけに見られる。果実が指頭大になったころから発生し始め，はじめ花落部を中心にして暗色のややくぼんだ斑点ができる。果実の肥大にともなって円形のくぼみは拡大し，中央部が淡い褐色から褐色に変色し，やがて黒変腐敗する。果実は扁平ぎみで，早く着色する。茎葉など作物体には生育異常は見られない。しり腐病にかかった病変部分にはビロード状のカビが生えることがあるが，これは病原菌ではなく，二次的に繁殖した糸状菌(雑菌)である。

●病原菌の生態　しり腐病は，病害ではないので病原菌は存在しない。

●発生条件と対策　カルシウム欠乏で発生することが多いが，トマトがカルシウムを十分吸収できない場合にも発生し，カルシウムを施用しても，乾燥，窒素過多，地温上昇，根部腐敗などが原因で果実にカルシウム欠乏が生じると被害が発生する。とくに多肥，高温，土壌の乾燥で被害が多くなる。高温時の多肥栽培と土壌が乾燥した状態が続くと発生頻度が高くなる。酸性土壌ではカルシウムは不溶化するので，トマトが吸収できなくなり，カルシウム欠乏となってしり腐れが発生することが多い。開花以降のカルシウムの吸収が重要で，果実へのカルシウム補給ができないとしり腐れが発生する。ミニトマトは大型トマトより発生が少ない傾向がある。

養液栽培では，水溶性カルシウム濃度がしり腐病の発生に関係しているが，窒素濃度が高くなる(カルシウム濃度8meに対して，窒素濃度16me以上)ことでも，発生量が増加する。高濃度養液を使った高糖度栽培では，発生が多くなる傾向がある。養液栽培の過湿などによる根部障害から発生するほか，根腐病など根部を侵す病害によっても発生する。これらは，いずれも根部の障害によるカルシウム欠乏に起因すると考えられる。

6月以降の土壌温度の上昇抑制，過湿，乾燥の抑制は重要である。適量の施肥，地温上昇に対してはシルバーマルチなどの地温抑制と，土壌が乾燥しないように適度な灌水が必要である。土壌の高温，乾燥はトマトのカルシウム吸収への影響があり，カルシウム不足となってしり腐れが発生すると考えられる。この場合，地上部へのカルシウム製剤の葉面散布が有効である。塩化カルシウム，硝酸カルシウムが使われる。養液栽培では，溶存酸素低下の防止，培養液濃度の調整，固形培地方式では，培地への給液回数，量を調節し，根部の過湿障害を除去し，通気性を保持する。　［草刈眞一］

ナス

◉モザイク病 ⇨口絵：病12

- キュウリモザイクウイルス　*Cucumber mosaic virus* (CMV)
- トマトモザイクウイルス　*Tomato mosaic virus* (ToMV)

●被害と診断　おもに葉，茎頂部の葉に症状が現われる。果実にも表面に凹凸，硬くなる，内部にえそを生じるなどの症状が見られる。果実の症状はToMVの感染では多く見られる。

生長点に近い葉にモザイク斑紋を生ずる。モザイク斑紋は発生初期では脈間にやや不明確な黄色斑を生ずるが，透かしてみるとはっきり見られる。症状が進むと明確な斑紋になる。株によっては黄斑モザイク，淡黄色のリング状斑などを示すこともある。症状のひどい株ではやや草丈が低い。果実は表面がやや凹凸またはわん曲し，縦断すると胎座部にえそが見られる。症状のひどい場合は果面が赤褐色になる。

●病原ウイルスの生態　CMVは非常に寄主範囲が広く，ウリ科，ナス科，アブラナ科，キク科など100種以上の作物，雑草に寄生する。ナスの場合は，主としてモモアカアブラムシ，ワタアブラムシによって媒介される。土壌伝染，種子伝染はしない。圃場では農機具，人の手，衣服による接触伝染はほとんどしない。一次伝染源は圃場周辺部の雑草，近隣圃場の感染作物などの罹病植物であり，罹病作物，雑草を吸汁して保毒した有翅アブラムシが飛来して伝染が発生する。

アブラムシ類によるCMVの伝搬は非永続型伝搬(罹病植物を吸汁したアブラムシのみがウイルスを媒介する能力を獲得し，次世代の子や孫のアブラムシには伝染能力がない)。アブラムシによるウイルス伝染能力は，数分間，罹病植物から吸汁することで獲得される。また，ウイルスを獲得したアブラムシは，数分間のナスの吸汁によりウイルスを伝搬するが，ウイルスの保毒時間は短く数時間程度である。

ToMVはアブラムシ伝染はしないが，種子伝染，土壌伝染のほか，芽かきなどの作業により汁液伝染する。頂上葉に生じるToMVのモザイク症状は，葉の黄化と軽いモザイク症状で，CMVのモザイク症状より軽度である。果実を切断すると果肉部分にえそ症状(褐変部分)が見られる。

●発生条件と対策　全般的にモザイク病は育苗時期にアブラムシの発生が多いと被害が増加する。ハウス，露地とも定植直後から発生が認められ，被害が順次増加し，栽培期間を通じて発生する。

ハウス，圃場周辺に保毒植物(おもに雑草)が多いときやアブラムシ類の発生が多い年に発生しやすい。ToMVは土壌伝染するので，発生圃場ではナスを連作すると被害が増加する傾向がある。

育苗床ではアブラムシの飛来を防止するために寒冷紗やべたがけ資材で被覆する。アブラムシの発生時期には定期的に薬剤散布してアブラムシの発生を防止する。苗の購入時には罹病株に注意し，圃場への罹病株定植は避ける。育苗床，本圃周辺の雑草，罹病作物は伝染源となるので早めに抜き取り処分する。定植後，罹病植物の発生を認めたら，早期にアブラムシの防除を徹底する。シルバーポリフィルムによるうね面をマルチし，また，シルバーテープ，白色テープを株間に設置してアブラムシの飛来を防止することで被害発生を軽減できる。　［草刈眞一］

◉黄化えそ病 ⇨口絵：病12

• トマト黄化えそウイルス
Tomato spotted wilt virus (TSWV)

●被害と診断　トマト黄化えそウイルスは宿主範囲がきわめて広く，650種以上の植物に感染することが報告されている。とくにナス科(ピーマン，ナス，タバコなど)，キク科(キク，ガーベラ，アスターなど)などでは全身感染し，激しい病徴を示すものが多い。

局地的に発生するのが特徴で，ナスでは育苗期から本圃で発生する。同一または隣接施設内のトマトなどと同時に発生が認められることが多い。成葉にやや不鮮明な大型の退色斑紋を生じ，褐色のえそ斑になる。生長点付近の葉はえそ斑点やえそを生じ，奇形となる。また，小型の退色斑紋や輪紋からえそ斑を生ずるが，生長点が枯死することは少ない。台木や穂木の茎が黒変し，維管束が褐変した場合，進展すると全葉が萎凋し，株が枯死する。

●病原ウイルスの生態　病原ウイルスはアザミウマ類(ミカンキイロアザミウマ，ヒラズハナアザミウマ，ネギアザミウマ，チャノキイロアザミウマなど)によって媒介される。なかでもミカンキイロアザミウマにより効率よく伝搬される。アザミウマ類は幼虫のみが本ウイルスを獲得でき，羽化した保毒成虫によって伝搬される。保毒成虫は終生伝搬能力を保持する(永続伝搬)が，経卵伝染はしない。試験的な汁液接種は可能であるが，ウイルスが不安定であるため管理作業による伝染の可能性は少なく，アザミウマ類による伝搬が主と考えられる。土壌伝染，種子伝染はしない。

●発生条件と対策　本病はトマト，キク，アスターなどで発生が多くなっており，これらの圃場付近でナスを栽培すると発生しやすくなる。また，常発地ではオニノゲシなどの雑草が伝染源になっていることが考えられ，これらの雑草がナス圃場やその周辺に多いと発生しやすい。アザミウマ類，とくにミカンキイロアザミウマの寄生密度が高いと発生しやすいが，高知県のナスではミカンキイロアザミウマの発生は少ない。発病株を1株でも圃場に残していると伝染源となりまん延しやすい。

トマト，キク，アスターなどで本病が発生していると伝染源になるので，これらの圃場付近でのナス栽培を避ける。また，常発地では伝染源となるオニノゲシなどのキク科を主体とした雑草の除去に努める。ナス栽培にあたってはアザミウマ類の薬剤防除に努め，とくに常発地では育苗期からの防除を徹底する。また，タバコカスミカメなどの天敵類の利用もアザミウマ類防除に有効である。

発病株を早期に発見し，保毒したアザミウマ類を対象に薬剤散布を行なったのち，速やかに抜き取り圃場外に除去，処分する。併せて除草を徹底する。促成栽培では開口部にできるだけ細かい目合い(1mm以下)の防虫網を展張することと，シルバーポリフィルムによるマルチをするとアザミウマ類の侵入防止効果が高い。苗による本圃への持込みに注意し，また，栽培と関係のない花木や鉢物を圃場内に持ち込まない。

［下元祥史］

◉青枯病 ⇨口絵：病13

• *Ralstonia solanacearum* Smith 1896 Yabuuchi, Kosako, Yano, Hotta and Nishiuchi 1996

●被害と診断　地温が20℃になるころから発生し，25℃を超える高温時に多発する傾向がある。露地栽培では5月上旬～10月上旬，施設栽培では加温程度によって異なるが3月上旬～11月上旬に見られる。水媒伝染し，降雨により水路の水によって上位畑から下位畑へ伝染することがある。養液栽培，養液土耕においても被害が発生する。

発病初期では，日中に一部の茎葉(茎頂部)がしおれ，夜間に回復する症状，また，晴天時にしおれて曇雨天の日には回復する症状が見られる。しかし，数日後にはしおれ症状は回復することはなく，終日，茎頂部にしおれが持続する。その後，株全体のしおれ症状が強くなり，やがて株は枯死する。発病株の地ぎわ部の茎を切断すると導管部が淡褐色～褐色に変色している。数分後には茎の切断面に乳白色の菌泥がにじみでる。

罹病株の剪定や果実を収穫時にはさみが病原菌によって汚染され，この汚染したはさみで健全株を切断することで伝染する。この場合，地上部からの感染が起こり，株全体のしおれ症状ではなく，一部の枝がしおれることが多い。

●病原菌の生態　病原細菌は罹病株の根，茎，葉などとともに土壌中に長期間生息しており，発病が繰り返される土壌伝染性の病害である。わが国では，トマト，ピーマンなどナス科作物を含めて28科100種以上の植物に対して感染する多犯性の菌である。病原菌は導管内で増殖，生息しているため，地上部への農薬散布では防除はできない。定植前の土壌消毒，抵抗性台木による接ぎ木が防除対策として有効。

病原菌は水の移動とともに拡散して被害を拡大し，水路，降雨などによって周辺の圃場へ伝染，まん延する。また，養液栽培，養液土耕では培養液伝染し，ナス科作物に大きな被害が発生する。しかし乾燥には弱く，土壌が乾燥すると早期に死滅する。そのため，地表面の青枯病菌の菌密度の変動は大きいが，土壌深部では土壌湿度の変動が少ないため長期に生息することができる。そして土壌中の病原菌密度が高まると被害が発生するとされる。

ナスが栽培されると病原細菌は根の周辺で増殖し，根の傷口から，あるいは側根が発生するときに生じる細胞の隙間などからも侵入，感染する。その後，導管内で増殖するため，水分の移行が阻害されて青枯れ症状を示すようになる。青枯病菌には非感受性の植物であっても，植物組織内に青枯病菌が侵入すると増殖することがあり，輪作体系としての非寄主作物の栽培により土壌中の菌量低下は期待できないことがある。

青枯病菌は分離される作物および宿主範囲により5つのレースに分けられ，また，ナス科作物への寄生性からⅠ～Ⅴの菌群に分類されている。抵抗性台木を利用する場合，発生圃場の菌群を知ることが必要である。トルバム，台太郎などの台木は，ヒラナス台木よりは抵抗性であるが，圃場における菌群の構成が変化することで発病することがある。台木の茎の長さが短いと，抵抗性台木であっても被害が発生することがある。台木の本葉2葉上で接ぎ木する高接ぎにすることで発病を遅らせることが可能で，被害の抑制につながるケースがある。

●発生条件と対策　青枯病菌は水で移動するため，地下水位の高い圃場では土壌深部の青枯病菌が浮上する。また，水はけの悪い圃場でも発生しやすい。高温性の病害であるため気温が20℃以上になると発病しやすくなる。露地栽培では梅雨明けころ，施設栽培では5月以降から発生する。とくに施設栽培でナス科作物を連作すると，土壌中の病原菌密度が増加して多発しやすい。ナス科作物の連作により年々被害が増加している場合，土壌中の病原菌密度が上昇し被害が多くなる。抵抗性台木を経年栽培で繰り返すと病原菌の菌群が変化して，抵抗性台木でも被害が発生することがある。

土壌の乾湿度差が大きい場合，土壌中の根が切断し被害発生につながる。センチュウの生息密度が高い圃場では，センチュウの寄生によって根が傷つき発病を助長することがある。窒素過多で発病が増加する。高温時，ナス果実の品質低下を防止する目的で，うね間を湛水すると多発することが多い。

育苗は青枯病が発生したことのない圃場で行ない，購入苗には注意する。多発の原因は連作と土壌消毒の効果不足がおもな原因であることから，連作を避けることがもっとも有効である。常発圃場では抵抗性台木品種を利用することが有効であるが，トルバム・ビガーを侵すⅣ群菌に高度に汚染された圃場では，防除効果は低いため，土壌消毒を入念に実施する。

抵抗性台木としてトルバム・ビガー，トレロ，台太郎，トナシムなどがあるが，抵抗性台木による栽培を継続すると圃場における菌群の構成が変化することで被害が増加してくることがある。したがって圃場における菌群の構成を確認して台木を導入するようにすることも重要である。

剪定，収穫作業時のはさみにより地上部から伝染することがあるので，発病が疑わしい株の作業は最後に実施する。発病株は圃場外に持ち出すことが必要であるが，根を引き抜き，除去すると隣接株の根をいため感染する確率が高くなるので，地ぎわ部の茎を切断して地上部を圃場外に持ち出す。

ナス科作物の連作により被害が増加している場合，施設内と外界との境界付近の土壌中に青枯病菌が生息する。施設内を土壌消毒しても，施設外の土壌中の青枯病菌は殺菌されないため再び施設内へ青枯病菌が侵入し，発病することがある。本病は高温性の病害で，地温が上昇すると発病が増加する。敷わらによるマルチ，シルバーポリマルチは地温上昇を抑制するので，被害抑制効果がある。カルシウムの施用は，発病抑制効果がある。排水不良の圃場では発生しやすいので，高うねにして排水の改善を図る。土壌が過度に乾燥しないように水管理に注意する。傾斜地の圃場で栽培する場合には一番低い圃場から栽培を始め，順次高い圃場で栽培する。

［草刈眞一］

◉灰色かび病 ⇨口絵：病13

• *Botrytis cinerea* Persoon

●被害と診断　咲き終わってしぼんだ花から発生し，花弁に灰色のカビが生える。病勢が激しいと，果実から萼や果梗まで侵されてしまう。幼果では柱頭や果頂部，ガクと果実の境界部分に発生することが多く，茶色～淡褐色のへこんだ病斑ができ，輪紋を伴うこともある。その上に灰色のカビが密生する。葉には不整形で大型の茶色～淡褐色の輪紋状の病斑をつくる。葉柄や枝にも発生して大型の病斑ができ，その部分より先端がしおれ，枯死することもある。

●病原菌の生態　病原菌は不完全菌類に属する一種のカビで，ナスのほかトマト，キュウリ，イチゴ，レタスなど非常に多くの植物を侵す。腐生能力が強く，枯れ葉の上でも良好に繁殖する。菌糸や分生子の形で被害残渣上で残存して，次作の伝染源となる。気温が15～20℃になり，湿度が高いと病斑上に盛んに胞子を形成し，これが周囲に飛散する。植物体に到達した分生子は，発芽して菌糸を伸ばして直接植物体に侵入する。病原菌の侵入は花弁を足がかりとすることが多く，また生活力の衰えた葉や傷口からも侵入する。

侵入後2～3日たつと病斑ができ，その上には再び無数の分生子が形成されて，さらに周囲の株に二次伝染する。環境が不適となると，菌糸が集合して黒色，2～5mmの菌核をつくって不良環境に耐える。

●発生条件と対策　発病の適温は20℃前後であるが，本病の発生は適温よりも湿度との関係が深い。降雨が多く，日照の少ない年に多発する。施設では換気が不十分だと発生しやすい。生育不良の苗や，軟弱に育った株は発病しやすく，密植や過繁茂は発生を助長する。また，朝夕の急激な冷え込みは，結露を誘発し発生を著しく助長する。

換気などにより，施設内の湿度をできるだけ低く保つ。開花後のしぼんだ花弁を摘みとる。発生初期のうちに薬剤を散布する。被害果，被害葉はできるだけ早く処分する。

［岡田清嗣］

◉半身萎凋病 ⇨口絵：病14

• *Verticillium dahliae* Klebahn

●被害と診断　はじめ下葉のところどころの葉脈間に周縁不鮮明の褪色斑が生じ，葉はしおれ，葉の縁は上面に軽く巻き上がる。褪色部は1～2日後には黄白色となり，しだいに病斑の中央部から枯死する。発病は徐々に上の葉にすすみ，発病葉はしおれて垂れ下がり，最後には落葉する。

初期の症状は枝の片側の葉だけにかぎられ，一枚の葉では，主脈を中心として片側だけがしおれることが多い。病勢がすすむと反対側の葉も発病し，さらに健全であった枝も発病して株全体が枯死する。茎を切断してみると導管が褐変している。発病株は生育が非常にわるく，着果と果実の肥大も不良となる。

●病原菌の生態　病原菌は不完全菌類に属するカビで，ナスのほかトマト，ピーマン，トウガラシ，ジャガイモ，メロン，イチゴ，ホウレンソウ，オクラ，ハクサイ，ダイコン，キャベツ，カブ，フキ，キク，ホオズキなどかなり多くの植物を侵す。

本菌は菌糸のほかに分生子と菌核を形成する。菌核は地上に落ちた枯死病葉上に豊富に形成され，菌核の形で土壌中で越年している。苗が植えられると，菌核は発芽して菌糸を伸ばし，根の先端部や傷口から植物体に侵入する。侵入した菌は導管内に多量に分生子をつくり，この分生子が導管流によって地上部に運ばれ，分枝部や葉柄基部，葉身基部など導管が密に分布する部分に定着する。この菌が導管内で増殖し，水分の上昇を妨げ，あるいは毒素を産生し，植物にしおれを起こす。

培地上における本菌の生育適温は22～25℃であり，30℃以上になるときわめて生育不良となる。周囲の畑へは菌核が被害残渣とともに風雨によって伝染し，また，未発生地への病原菌持込みは苗による場合が多い。

●発生条件と対策　地温22～26℃の時期に発生しやすく，18℃以下の低温や30℃以上の高温では発病しにくい。したがって，施設の前進型栽培や冷涼地の露地栽培で多発する。平坦地の露地栽培の場合に，夏の高温期に発病が一時休止し，秋口から再発病するのも温度の影響である。土壌湿度は乾燥よりも湿潤状態で発病しやすく，日照不足は発病を助長する。ナスの連作畑やトマト，イチゴ，ウドなどとの輪作頻度の高い畑で発生しやすい。床土消毒が不完全で，苗床で感染を受けた場合には，とくに被害が激しい。市販品種はすべて本病に感受性である。老熟苗は発病しやすいので，本圃への定植には用いない。

ナスの連作あるいはトマトなどとの輪作を避ける。床土消毒を励行する。発生の多いハウスや畑では，土壌を消毒するか，抵抗性台木に接ぎ木する。7～8月の湛水処理や施設における太陽熱利用による土壌消毒，ふすま，米ぬか，糖蜜などを用いた土壌還元消毒および熱水土壌消毒も有効である。

［久下一彦］

◉褐斑細菌病 ⇨口絵：病14

• *Pseudomonas cichorii* (Swingle 1925) Stapp 1928

●被害と診断　育苗時から定植後のトンネル被覆，ハウス栽培で発生が多い。ナスの葉，果柄，茎，果実に被害が認められる。発病適温は20～23℃であるが，17℃前後でも発病する。施設栽培で発生が多く，12～3月ごろの低温多湿条件下の施設栽培，育苗ハウス，トンネル栽培で多く見られる。

葉ではじめ暗紫色水浸状の小斑点ができ，やがて周辺部がやや黄色い，褐色から黒褐色の不整形病斑になる。病斑にはしばしば同心円紋が見られ，病斑の多い葉では葉が巻き上がり，病斑が多数生じると多い側の生育が抑制され，縮んでわん曲する。病斑が多くできた葉は落葉することが多い。花蕾でははじめ萼の一部に灰色の病斑を生じ，のち花全体に及ぶことが多い。花柄が侵されると，それに若生する花蕾はほとんどが枯死する。花柄の病斑が茎へ拡大することもある。

比較的若い葉や葉柄に発生する。茎の患部は灰色に変色腐敗して茎をとりまき．その上部は枯死する。果実はへたの部分から発病し，果実全体に広がり腐敗するが，果実での発生は少ない。苗の若い時期に発生すると生育が抑制され，被害が大きい。結実期に発生すると生育抑制は少ないが，果実が侵され，直接的な被害が生じる。

●病原菌の生態　病原細菌は土壌中に生存しており，降雨，風などで作物体地上部へ飛散して付着，傷口，気孔などから侵入して感染する。被害作物の茎，葉などの残渣が土壌中に残って，土壌中に病原菌が蓄積して被害発生が増加する。降雨があると，水滴に病原菌が混じって飛散したり，葉面に付着した土壌粒子中の細菌が葉面の水滴とともに拡散したりして，作物体に広がり感染する。

●発生条件と対策　施設栽培では12～3月に発生が多く見られる。本菌の発病適温は25℃，発病適温は20～23℃付近で，15～17℃の低温下でもよく発病する。また，27℃の高温域まで発病し，29～30℃では発病は低下する。感染には12～18時間以上の葉面の濡れ条件が必要とされるが，50時間以上の乾燥条件下でも再び葉面にぬれが生じると感染する。

育苗中の感染した苗を圃場に定植することで被害が発生する。育苗期間中，葉面への黒色小斑点の発生に注意する。頭上灌水によって被害が拡散する。苗を定植後は，じょうろで株上からの灌水をさける。灌水はチューブ灌水とし，うね面に黒マルチをすることで被害発生を防止できる。圃場における罹病株は早めに除去する。

［草刈眞一］

◉褐色腐敗病　⇨口絵：病14

• *Phytophthora capsici* Leonian

●被害と診断　各作型の育苗期と定植後に発生する。育苗期には苗の地際部に淡褐色，水浸状の病斑ができて葉がしおれ，進行すると病斑部がくびれて苗は枯れる。葉や葉柄に発生すると，熱湯をかけたように軟腐して枯れる。定植後には根，地際部，枝，果実などが侵されるが，地際部や根が侵されてしおれ，枯れるものは自根栽培に限定される。枝や果実での発病は，6～9月に露地栽培に多発する例が多い。

根や地際部が侵されると，細根が褐変腐敗して新根の発生，伸長が不良となる。地際部は水浸状に軟化，褐変して進行した株は皮層部が崩壊して少しくびれる。いずれの場合にも地上部の生育は不良になり，下葉からしおれ，黄変し，重症株は枯れる。枝梢には淡褐色，水浸状の病斑をつくり，のちに拡大して枝梢をとり囲むと病斑部から上部は枯れる。果実では熟果の被害が多く，淡褐色ないし褐色の少しくぼんだ病斑をつくり，進行すると果実全体が黒褐色に変わり，多湿のときは果面に灰白色，うす霜状のカビを生じ，のち軟化腐敗する。乾くと被害果は光沢を失って収縮し，褐変乾固する。

果実の被害は畑で発生するほか，多発時には収穫後の輸送中，あるいは店頭において発生することも多く，市場病害としても無視できないものがある。褐色のくぼんだ病斑を生じ，のち広がって，果面全体が黒褐色になり表面に灰白色のカビを生ずる。

●病原菌の生態　病原菌は疫病菌の一種で鞭毛菌類に属し，ナスのほかトマト，ピーマン，キュウリ，スイカ，カボチャ，シロウリ，ユウガオなど，ナス科およびウリ科の野菜を侵す多犯性菌である。被害植物上に遊走子のう（分生子）と卵胞子をつくり，卵胞子が第一次伝染源となる。被害植物とともに卵胞子が土中に残存して越年し，翌年ナスなどが作付けされると，卵胞子から生じる遊走子によって感染，発病する。

土壌伝染と水媒伝染で発生するので，多雨，多灌水が発生を助長する。これは遊走子のうの形成，あるいは遊走子のうから遊走子を放出するのに適した条件のためである。また，高温性で生育適温は28～30℃，地下部は22℃以上，果実では25～30℃のときにそれぞれの被害が著しい。

●発生条件と対策　育苗用土を連用したり発病地に連作したりすると苗の立枯れ，果実の腐敗などの被害が多い。排水不良のハウスや畑，水田に作付けすると多発しやすい。苗床やハウスでは多灌水，畦間灌水によって発生は増大する。また，梅雨以降の一時的な大雨によって，ハウスや露地が浸・冠水すると激発する。6～7月の梅雨後半の降雨，7～9月に雷雨や台風などによる集中的な大雨が多い年には被害が多く，夏秋期の降雨は重要な発生要因となる。収穫後の果実腐敗は，降雨期に収穫して濡れた果実を箱詰めした場合，あるいは高温時に収穫して果温の高い状態で箱詰めしたものが多い。

育苗用土や発病圃場の土壌はガスタード微粒剤，バスアミド微粒剤またはクロルピクリン剤で土壌消毒する。地下部の被害が多い地域では，ヒラナス，VFナス，あるいはトルバム・ビガーを台木にして接ぎ木を行なう。ハウス栽培では灌水方法を改善する。排水不良地に作付けする場合は，圃場内外の排水を良好にし，かつ高うね栽培を行なう。敷わらまたはフィルムマルチを行なう。露地栽培では，発生前または発生初期から薬剤散布を行なって防除する。被害植物は集めて乾燥後，焼却処分する。

［久下一彦］

◉褐色円星病　⇨口絵：病15

• *Cercospora solani-melongenae* Chupp

●被害と診断　8月ごろから秋にかけて，葉に発生する。はじめ輪郭のはっきりしない，小さな褐色の斑点ができる。病斑はしだいに拡大して3～5mmぐらいの円形または楕円形となる。このころになると，病斑の縁がはっきりしている。病斑の色は周縁が褐色～紫褐色で，中心部は灰色～灰褐色である。病斑上には暗灰色のカビが生えている。病斑は古くなると中心部が破れて穴があく。まん延期には一枚の葉に多数の病斑ができる。病斑はしばしば融合する。ひどく侵されると落葉する。

●病原菌の生態　病原菌は不完全菌に属するカビで，ナスだけを侵す。本菌は被害葉とともに，菌糸塊または分生子の形で畑で越年している。翌年の夏になると菌糸塊から分生子が生じ，周囲に飛散して葉を侵す。その後は，病斑上に生じた分生子でまん延する。病原菌の性質については試験例が少なく，はっきりしない。比較的低温を好むと考えられている。

●発生条件と対策　秋口に降雨が続くと発生しやすい。肥切れすると発生が多くなる。

本病防除用の登録薬剤はないが，黒枯病や灰色かび病，褐紋病の防除を行なっていれば同時に防除できる。リン酸とカリ肥料を十分に施用し，肥切れしないようにする。収穫が終わったら茎葉を集めて焼きすて，翌年の伝染源をできるだけ少なくする。

［久下一彦］

◉褐紋病　⇨口絵：病15

• *Phomopsis vexans* (Saccardo et Sydow) Harter

●被害と診断　苗床から本畑まで引き続いて発生する。苗床では地ぎわの少し上が暗褐色になり，苗は立枯れとなる。トンネルや本畑初期には，主として葉に発生する。はじめ下葉に蒼白色で周辺がぼやけた病斑ができ，しだいに拡大して直径1cmぐらいの褐色で丸い病斑となる。病斑の境は明瞭で，同心円状の輪紋があり，その上に小さな黒い粒（柄子殻）が輪状にできる。

本畑後期のまん延期には，若い葉にも多数の病斑ができ，枝や果実にも発病する。若い葉では最初周辺のぼやけた紫褐色の病斑で，ときには病斑の周囲を紫色の色素がとりまくこともある。病斑が拡大すると互いに融合して大型になる。病斑が古くなると破れやすくなり，裂けたり穴があいたりする。長雨のときや晩秋には病斑の境は不明瞭で，輪紋もはっきりせず，柄子殻の形成も少ない。

葉脈の付近が侵されると病斑は葉脈にそって流れるように拡大する。葉の裏側をみると葉脈の上に小さな亀裂のような病斑があり，葉脈は褐色または黄色に枯れる。枝にはややへこんだ褐色の細長い病斑ができ，多数の病斑ができたり病斑が拡大したりして茎をとりまくと枝は枯れる。新芽の近くの茎が侵されると，細長いくびれた病斑ができ，新芽は病斑の側に垂れ下がる。

果実には最初やけどのような丸みをおびた病斑ができ，のちにへこんで同心円状の輪紋が現われ，小さな黒い粒が生じてくる。発病した果実はへたの部分から落ちるか，そのまま乾燥してミイラ状となる。果梗が侵されて幼果が枯死し，ミイラ状になることもある。

●病原菌の生態　病原菌は不完全菌類に属するカビで，ナスだけを侵す。胞子や菌糸の形で種子に付着し，また病斑上の柄子殻(小さな黒い粒)が畑で越冬して，翌年の伝染源となる。柄子殻は土中で2年くらい残存する。種子に付着していた病原菌は苗に立枯れを起こし，土中で越冬していた柄子殻からは胞子が飛散して茎や下葉を侵す。

苗床やトンネル内で一度発生すると病斑上に柄子殻ができ，その中に無数の胞子が形成され，これが周囲に飛散する。ナスの上に到達した胞子は，発芽して気孔や傷口から侵入し，6日から12日たつと病斑ができる。柄子殻の中には伝染力のある胞子と，伝染力のない胞子の2種類ができる。気温28℃以上では伝染力のある胞子だけができ，26℃では2種類の胞子が混生し，24℃以下では伝染力のない胞子ができるか，あるいは胞子ができない。したがって，28℃以上でまん延が激しく，24℃以下ではほとんど発生しない。

●発生条件と対策　トンネル栽培では，トンネル内が高温多湿のときに一時多発するが，本格的に発生するのは梅雨明けのころからである。平均気温が24～26℃になると発生し，28℃以上でまん延が激しい。連作すると発生しやすい。苗床では過密になると通風不良，多湿によって発病が助長され多発する。排水不良，密植，窒素過多は発生を助長する。採種栽培では，果実をおそくまでつけておくので発生しやすい。播種期がおくれると被害をうけやすい。

本病に登録のある薬剤はないため，耕種的な対策が主体となる。排水不良の畑は高うねにして排水をはかる。密植を避け，窒素肥料をやりすぎないようにする。被害枝や被害果は見つけしだい切りとり，土中深く埋没させるか，肥料袋などに密閉し腐敗させる。

［石井貴明］

◉菌核病　⇨口絵：病16

• *Sclerotinia sclerotiorum* (Libert) de Bary

●被害と診断　はじめ一部の茎葉がしおれる。茎を調べてみると，分枝部などに水浸状の病斑ができている。病斑は上下に拡大し，病斑の上には白い綿のようなカビが生える。病斑が茎をとりまくと，そこから上の茎葉は枯れてしまう。このころになると，病斑上の菌糸は集合して白いかたまりをつくり，2～3日もすると，ネズミの糞状の黒い菌核となる。果実の発病は比較的少ないが，萼や肩の部分に茶褐色水浸状の病斑が生じる。

●病原菌の生態　病原菌は子のう菌類に属するカビで，キュウリやレタスの菌核病の病原菌と同じである。この菌は，ほとんどすべての野菜を侵し，菌糸—子のう盤—子のう胞子—菌糸—菌核の生活をくり返す。

菌核は，菌糸がち密に集合した一種の組織で，不良環境に耐える働きをする。菌核の生存期間は地表面で2年くらい，湿地または地下10cm以下では1年以内といわれている。乾燥状態では20年以上も生存したという報告がある。被害部に形成された菌核は，離脱して土中に混入する。土中の菌核は気温が20℃ぐらいになると発芽して，子のう盤という直径5mmぐらいの小さなキノコをつくる。子のう盤の発生する時期は暖地の施設内では10～3月ごろである。

子のう盤の上には無数の子のうが形成され，その中に子のう胞子ができる。子のう胞子が成熟すると，子のうの先端が破れて，中の胞子はいきおいよく飛び出す。飛び出した胞子は，風にのって周囲に飛散する。ナスの上に落下した胞子は，発芽して菌糸を伸ばし，茎の傷口などから植物体に侵入する。侵入した菌糸は，茎を腐らせ，最後には緻密に集合して再び菌核をつくる。菌糸は0～30℃で生育し，適温は15～24℃である。子のう胞子は16～28℃，湿度100%のとき，良好に発芽する。

●発生条件と対策　室温20℃前後の比較的低温のときに発生しやすい。したがって，加温栽培よりも無加温栽培で被害が大きい。ナスに限らず，キュウリ，トマト，ピーマンなどに前年本病が発生した施設は多発しやすい。促成栽培は低温期であり，ハウスを密閉するので多湿，軟弱な生育となり発生が多くなる。

天地返しや夏季湛水，田畑輪換により，土中の菌核の死滅を早める。マルチを行ない，子のう盤発生と子のう胞子に飛散を抑える。薬剤散布は予防を重点に行ない，発生後は罹病部位を切除してから防除する。圃場の排水をよくし，晴天日はできるだけ換気を行ない，畦上にはポリマルチをする。紫外線除去フィルムで施設を被覆することで，伝染源となる子のう胞子の形成を抑制することができる。

［久下一彦］

◉黒点根腐病　⇨口絵：病16

• *Colletotrichum coccodes* (Wallroth) S. Hughes

●被害と診断　高知県では中山間地の夏秋雨よけ栽培に発生したが，平坦地の促成栽培では発生が確認されていない。5~6月ごろに下位葉が黄化，萎凋し，やがて株全体に及び，最後には枯死する。高温では発病しにくいことから，盛夏期には一時病勢の進展が緩慢になるが，気温が低下する秋になると再び病勢の進展が見られる。

根が褐変し，根の表面に1mm以下の微小な菌核が黒点として観察される。ルーペや実体顕微鏡を用いると，菌核の表面に剛毛が観察できる。根の表面に形成される小黒点は少なく，ほとんど形成されないこともあるので，注意深く観察する必要がある。

●病原菌の生態　本病は病原菌の菌核が土壌中に残存し，次作の伝染源になると考えられる。したがって，発生の翌年に同じ圃場にナスを栽培すると再び発生し，被害がより甚大になる可能性が高い。

高知県で発生が確認された品種は‘十市小ナス’，‘くろわし’であるが，ナスの品種による発生の違いはないと考えられる。ナスは通常接ぎ木栽培されるので，台木の種類による違いが大きく，トナシム，トルバム・ビガー，トレロでは発生しないが，台太郎は弱い。ヒラナスは中間的な抵抗性であると考えられる。

●発生条件と対策　比較的低温で発生しやすい。盛夏期には病勢の進展は緩慢になるが，冷夏の年には被害が拡大することが予想される。

茎葉の萎凋まで至らず，根の褐変のみにとどまる場合も多い。このような圃場で気付かずに翌年もナスを栽培すると，被害がより甚大になる。したがって，栽培終了時に株を引き抜いて根を調査し，根の褐変と小黒点の有無を確認して次作の対策を考える必要がある。黒点根腐病と確認できれば，根を圃場外に出し菌密度の低下を図る。

［矢野和孝］

◉黒枯病 ⇨口絵：病17

• *Corynespora melongenae* Takimoto

●被害と診断　主として葉に発生し，最初は紫がかった褐色の点状または丸い病斑ができる。病斑はしだいに拡大して直径0.5～1cmの円斑となり，まれには4cmに達する。葉脈の上にできた病斑は細長くなる。古い病斑は周辺が紫黒色で，中央は色あせて灰褐色となり，輪紋をつくることもある。一枚の葉に多数の病斑ができると落葉してしまい，生育が著しく抑制される。葉の基部に発生すると，葉全体が枯れるだけでなく，茎に達して病斑をつくる。果梗に発生すると，同様に茎が侵されて枝枯れとなる。果梗の発病は，果実を切りとった切り口からはじまることが多い。

果実の発病は比較的少ないが，へたの部分や果頂に赤褐色の病斑ができ，へこむか亀裂を生ずる。また，幼果の表面に水泡状の隆起した小点を生じ，果実はわん曲することが多く，商品価値を著しく損なう。

●病原菌の生態　病原菌は不完全菌類に属するカビで，自然状態ではナスだけを侵す。人工的に接触すると，トマトやジャガイモなど他のナス科植物も発病する。菌糸や分生子の形で，被害茎葉，ハウスなどの資材，種子について残存し，伝染源となる。生き残った病原菌は，湿度が高く，気温が15～25℃になると分生子を形成し，これが周囲に飛散する。

植物上に到達した分生子は，気温20～28℃で多湿のとき良好に発芽し，植物体に侵入する。葉や茎に傷があると，病原菌の侵入はいっそう容易になる。果実をとった切り口から発病しやすいのは，このためである。侵入後4～5日たつと病斑が現われ，病斑が古くなると，その上に分生子が形成されて再び周囲の株に伝染する。

●発生条件と対策　平均気温が20～25℃で湿度の高いときに発生しやすい。苗床や定植初期の施設では，温度管理が不適当で高温にしすぎると多発する。5～6月ごろ晴天が続き，施設内の気温が著しく上がるようなときにも発生しやすい。

苗床や施設内の気温，湿度が高くなりすぎないようハウスの開閉，灌水量を適切に管理する。早期発見につとめ，発生初期のうちに薬剤を散布してまん延を防止する。多発時は下位の罹病葉をできるだけ取り除き，株元の落葉も除去してから薬剤をたっぷり散布する。［久下一彦］

◉すす斑病 ⇨口絵：病17

• *Pseudocercospora fuligena* (Roldan) Deighton

●被害と診断　ハウス促成栽培，半促成栽培では10～12月，3～6月に発生し，早いものでは育苗期や着果直後から，ふつうは収穫期に株の下葉から発生し始める。はじめ下葉に径2～3mm，黄色の小さな円形の斑点ができる。症状が進むとこの斑点はしだいに大きくなり，径5～10mmの円形病斑となる。病斑の色は淡黄褐色ないし淡褐色で，その周縁部は黄色を呈する。病斑の裏側には灰褐色，すす状のカビが密生するが，表側にはほとんど形成されない。ふつう1葉当たり数個の病斑をつくるが，多発すると10個以上に及び，被害葉は落葉しやすくなる。

●病原菌の生態　本菌は不完全菌類に属するシュードサーコスポラ属菌の一種で，ナスとトマト（すすかび病）の葉を侵す。被害葉に菌糸や胞子の形で付着して生存し，翌年の伝染源となる。胞子の発芽適温は24～28℃である。

●発生条件と対策　天候が不順で曇雨天が続くと発生が多くなる。ハウス半促成栽培では，ハウス内の小トンネルやハウスの換気が不良なもの，灌水の多いもの，畦間灌水を行なっているものなど，ハウス内が高温多湿状態となっているときに多発する。本病の発生，病勢の進行と温度，湿度の影響を見ると，24～28℃で湿度が92％以上のときにもっとも発病が多く，この温度でも湿度が50～60％の場合には発病程度は軽い。土壌条件，栽培条件と発生の多少はとくに認められないが，フィルムマルチを行なわないハウスは，内部が多湿になりやすいため発生は多い傾向を示す。ナスの品種間には発生程度に差異は認められない。

ハウス内の高温多湿が多発要因になっているため，通風，換気などの温度管理のほか，灌水方法や灌水量などの水管理に注意し，またフィルムマルチを行なうことがもっとも重要である。発生した際には落葉の処分，被害葉の早期摘除を行なって圃場衛生をよくし，伝染源の密度を低下させる。発病前または発病ごく初期から，随時に薬剤散布を行なって予防につとめる。本病には適用農薬はないが，トマトすすかび病に適用がありナスに適用がある農薬は，防除効果があると思われる。 ［松崎聖史］

◉すすかび病 ⇨口絵：病17

• *Mycovellosiella nattrassii* Deighton

●被害と診断　ハウス促成栽培では11月ごろ，半促成栽培では3月ごろに初発が確認され，いずれも収穫開始以降の下葉から発生することが多い。はじめ，葉の裏側に白っぽいカビが固まって密生する小さい斑点ができる。症状が進むと病斑上のカビはしだいに灰褐色，すす状またはビロード状に変わる。病斑は径5～10mmほどで，ふつうは円形だが，葉脈付近に生じた病斑は不整形に拡大しやすい。葉の表側の病斑は淡黄褐色ないし褐色，病斑部と健全部との境界は不明瞭である。多発すると葉に十数個の病斑を生じてこれらが結合し，葉全体が退色黄化して落葉することが多い。葉表にも分生子を生じることがある。

●病原菌の生態　不完全菌類に属するカビで，ナスの葉だけを侵し，トマト，ピーマン，オクラなどには発病しない。被害葉上で菌糸や分生子の形で付着して生存するほか，ハウス内の骨組み，資材，ビニルフィルムなどに分生子が付着して生き残り，これらが次作の伝染源となる。その後は病斑上に形成された分生子の飛散によってまん延する。菌糸の発育適温は20～28℃で，30℃以上では発育はきわめて不良である。分生子の発芽適温もこれと同様の傾向にある。

●発生条件と対策　本病の発生しやすい条件は黒枯病とよく似ており，ハウス内の温度が23～28℃の範囲で，しかも湿度が高い場合に多発する。また，このような条件のときには病斑上の分生子形成もきわめて良好である。したがって，通風がよく，とくに昼間の湿度が低い露地栽培では発生しないが，ハウス栽培では2～4月にかけて内部の湿度が高くなりやすいので，換気不十分なハウス，灌水量の多いハウス，フィルムマルチを行なわない管理，下葉の摘除が不十分で通風の悪い管理などには発生しやすい。露地では梅雨期または秋雨期に発生することがある。土壌条件，ナス品種間には発病程度にも差異がみられないが，2～4月にかけて天候不順の日が続くと，とかく換気が行なわれないため発生は多くなりやすい。

乾燥条件のときはほとんど発病せず，ハウス内の多湿条件が多発要因としてもっとも大きいので，十分に換気することが重要である。同じくハウス内部の多湿化を防止するため，地表面のフィルムマルチと，適切な水管理を行なう。早期発見につとめ，発生初期の防除を徹底してまん延を防止する。また，できる限り被害葉は摘み取ってハウス外で処分する。発病したハウスは，収穫終了後に茎葉を集めて処分し，さらに夏季にハウスを密閉，蒸し込みをして伝染源の根絶をはかる。

［岡田清嗣］

◉うどんこ病　⇨口絵：病18

• *Sphaerotheca fuliginea* (Schlechtendahl) Pollacci

●被害と診断　施設栽培では施設内が高温・乾燥するころに多発する。露地栽培では夏から秋にかけて発生する。

ふつうの病害と違って，特定の病斑をつくらない。はじめ葉の表面に点々と白いカビがかすかに生える。しだいにカビの量がふえ，色も濃くなる。激発時には葉全体が小麦粉をふりかけたように真白になる。このころには，葉の裏側にもカビが生える。カビは古くなると灰色になり，まれには小さな黒い粒ができる。葉のカビが生えている部分は，多少黄色くなるが，組織が死ぬことはあまりない。発生の多いときには葉柄や果梗，へたなどにもカビが生え，下葉が黄変し落下する。

●病原菌の生態　子のう菌類に属する一種のカビで，キュウリのうどんこ病と同じ病原菌である。アズキやゴボウ，フキなど多くの植物を侵す。生きた植物にしか寄生できない活物寄生菌である。菌糸―分生子―菌糸を繰り返すサイクルと，菌糸―子のう殻―子のう胞子―菌糸のサイクルとがある。越冬は，被害植物上の子のう殻によると思われるが，ナスでは子のう殻の形成がまれである。ほかの植物に子のう殻をつくり越冬しているのかもしれない。暖地や施設栽培では，生きた植物上に分生子をつくり越冬している。

分生子や子のう胞子は，風にのって周囲に飛散する。植物体に落下した胞子は，発芽して葉の表面に菌糸を伸ばす。菌糸の一部は表皮を貫通し，表皮細胞内に吸器を挿し込んで栄養をとる。この点がほかの病原菌と非常に違う点である。

●発生条件と対策　気温が25～28℃で，湿度が50～80%のときに発生しやすい。湿度が100%になると発生は少ない。強い直射日光下よりも，ハウスなど弱い光線下で発生しやすい。露地では，株が繁茂する生育後期の下位葉から発生する。激発したら，うどんこ病専用剤を散布する。　［久下一彦］

◉フザリウム立枯病　⇨口絵：病18

• *Fusarium striatum* Sherb.〔*Haematonectria ipomoeae* Halst.〕

●被害と診断　整枝痕や収穫痕から感染することが多く，感染部位を中心に枝がやや黒ずみ，腐敗が広がっていく。腐敗部と健全部の境界を観察すると罹病部位はやや凹んでいる。病勢が進むと枝の内部が空洞化し，上位葉の黄化，あるいは萎凋症状が観察され，やがて感染部位から上位が枯死する。感染部位の腐敗が進むと枝の表面に赤い子のう殻を形成することがある。なお，高知県東部で発生している本病の場合，根の腐敗は観察されない。果実の裂け目から感染して果肉部に子のう殻を形成した事例もある。

本病はゆっくりと進行する。接種試験の結果では，接種後1～2か月程度で上位葉の萎凋症状が観察され，さらにその2～4週間後に枯死する。ただし，植物のステージや圃場環境によって病勢の進行には差がある。高知県では‘土佐鷹’と‘竜馬’で発病が認められているが，品種間差については不明である。

●病原菌の生態　新しい病害であり，十分調査されていない。おそらくは腐生性が強く，土壌中で植物残渣などを餌にして生活しており，宿主植物に傷口などがあった場合は，そこから感染し，植物体上で形成した分生子や子のう胞子が風で飛散することで周囲の作物に伝染していくと考えられる。

●発生条件と対策　高湿度条件で発生しやすい。スプリンクラー型の株元が濡れるような灌水方法を用いていると発病が多い傾向がある。高知県では春秋に発生が多く，冬は比較的少ない傾向にある。

土壌中の菌密度を低く維持することが重要である。数株の発病が見られた時点で次作で多発することを想定して，罹病株の除去と，次作植付け前の土壌消毒をしっかり行なう。薬剤による防除を行なう場合，感染時期は葉の萎凋症状が出る1か月ほど前なので，散布時期を誤らないようにする。現時点で登録農薬はないが，セイビアーフロアブル20で灰色かび病との同時防除が可能である。　［岡田知之］

ピーマン

◉モザイク病 ⇨口絵：病19

- タバコモザイクウイルス　*Tobacco mosaic virus* (TMV)
- トウガラシ微斑ウイルス　*Pepper mild mottle virus* (PMMoV)
- パプリカ微斑ウイルス　*Paprika mild mottle virus* (PaMMV)
- キュウリモザイクウイルス　*Cucumber mosaic virus* (CMV)
- ジャガイモYウイルス　*Potato virus Y* (PVY)
- ソラマメウイルトウイルス　*Broad bean wilt virus* (BBWV)
- トマトアスパーミィウイルス　*Tomato aspermy virus* (TAV)

●被害と診断　感染しているウイルスの種類によって症状は異なる。全身症状を現わし，モザイク型とえそ斑点型(条斑を含む)に大別できる。茎に条斑，葉にえそ斑を生じるものがある。このような株は落葉することが多く，激しいときは枯死する。頂葉の凹凸，葉色の黄化，濃淡のモザイクを生じるものもある。発病株は萎縮し，茎葉は叢生するものがある。被害葉は不整形，小型となり葉肉が厚くなる。果実では表面に凹凸を生じ，肥大が悪くなり不整形となりやすい。

●病原ウイルスの生態　TMV, PMMoV, PaMMVは汁液，接触，種子，土壌伝染する。とくに作業中の接触伝染の機会が多い。虫媒伝染はしない。

CMV, BBWV, TAV, PVYは汁液とアブラムシ類により伝染する。モモアカアブラムシ，ワタアブラムシが媒介することが多い。CMVは多くの植物に寄生し，相互に感染する。

●発生条件と対策　TMV, PMMoV, PaMMVは抵抗性をもたない品種を栽培すると多発する。前作の被害残渣が未分解のまま残っていると土壌伝染しやすい。管理作業による接触伝染で急激に感染が拡大する。

CMV, BBWV, TAV, PVYなどは，露地栽培で5～6月のアブラムシ類の春の発生期は感染が少ないが，7～8月に感染率が高くなる。抑制栽培でも，育苗期が7～8月にかかるものでは甚大な被害を受けることがある。乾燥が続くとアブラムシ類の発生が増し，CMVが多発しやすい。

対策は，どのウイルスも圃場周辺の発病株は伝染源となるので早めに取り除く。TMV, PMMoV, PaMMVは作業中の接触感染に注意する。発病圃場はできるだけ早く栽培を切り上げ，罹病残根の腐熟を行なう。抵抗性品種が利用できるが，土壌中のウイルス濃度が高いときに定植すると枯死する場合がある。CMV, PVY, BBWV, TAVは防虫ネットや反射マルチなどを利用したアブラムシ対策を徹底する。

［小川孝之］

◉青枯病 ⇨口絵：病19

- *Ralstonia solanacearum* (Smith 1896) Yabuuchi, Kosako, Yano, Hotta & Nishiuchi 1996

●被害と診断　高温時にとくに発病が多く，急性の萎凋性病害である。はじめ生長点付近の葉が日中しおれ，夕方や曇天になると回復する状態をくり返すが，やがて株全体がしおれて青枯れの状態になる。数株発生すると，急に全体にまん延発病する。病状の進行が遅い場合は葉が黄変して次第に褐色となり，立枯れることもある。根，茎を侵す。根では細根の先端部が褐変を起こし，腐敗消失する。茎では外部病徴は見られず，維管束が褐変を起こす。切断すると，切り口から乳白色の粘稠な汁液（病原細菌）を出す。

●病原菌の生態　病原細菌は土壌中に長期間生存する。土壌中での生存期間はふつう4年間程度であるが，水田では1年間で死滅する。植物体へは根や傷口から侵入する。植物体内に入った病原細菌は，維管束内に侵入して盛んに増殖し発病させる。発病枯死した植物体から再び外に出て，雨水に混じって他の植物に伝搬感染を起こす。トマト・ナス・タバコ・ジャガイモ・ゴマ・ダイコンなど多くの植物に寄生する多犯性の細菌である。地温が20℃以上のときに発生を始め，25～30℃のときにもっとも多く発生する。

●発生条件と対策　多犯性であり，前年に発病した圃場に栽培した場合は発生が多くなる。低湿地に発生しやすい。降雨が続いた後，晴天となり，気温が急上昇したような場合に症状が出やすい。窒素過多は発生を助長する。

連作やナス科植物の跡地での栽培を避ける。施設栽培では，気温が高い時期の定植を遅らせる。露地栽培では，降雨が滞水しないように排水路を整備する。敷わらなどによって地温が上るのを防ぐ。

［櫛間義幸］

◉斑点細菌病　⇨口絵：病20

• *Xanthomonas campestris* pv. *vesicatoria* (Doidge 1920) Dye 1978

●被害と診断　露地栽培で発生し，ハウス栽培ではあまり発生しない。おもに，葉，葉柄，茎に発生して早期落葉を起こし，果実の着生・肥大を悪くする。はじめ葉裏にやや隆起した小斑点をつくり，次第に拡大して円形または不整形の小斑となる。中央部は褐色を呈し，ややへこむ感じであり，盛夏には病斑の中央が白色となって乾き，そうか状になる。若葉では，葉脈にそって水浸状の斑点を生じ奇形葉になることがある。葉柄にもよく発生し，褐色のへこんだ病斑を生じ，融合して不整形となり落葉しやすくなる。茎では，はじめ水浸状の条斑ができ，のちに裂開してそうか状となる。果実にも発生し，円形または長楕円形となり，のちにそうか状を呈する。

●病原菌の生態　細菌によってひき起こされ，気温が20～25℃で発生しやすい。病果から採取した種子の表面に病原細菌が付着して越年し，播種されると発芽した幼苗の茎葉に伝播，発病する。被害茎葉とともに土壌中に残り伝染源となる。茎葉の病患部の細菌によってまん延する。トマトにも発生して，相互に伝染源となる。

●発生条件と対策　高温多湿の条件で発生する。旱天が続き乾燥したあとに降雨が多い年に多く発病する。重粘土で土層の浅いところで，有機物を含め施肥不足の条件で発生が多い。逆に窒素過多でも発生しやすい。風当たりが強い場所では発生しやすい。

無病種子を用いて無病土に栽培する。肥培管理を良好にする。

［櫛間義幸］

◉軟腐病　⇨口絵：病20

• *Erwinia carotovora* subsp. *carotovora* (Jones 1901) Bergey, Harrison, Breed, Hammer & Hantoon 1923

●被害と診断　ハウス栽培ではおもに茎に発生し，収穫後の残存果梗や摘芽後の傷口が水浸状に腐り，そこを中心に節の上下が腐敗する。湿度が高い条件では，茎のずい部が悪臭をともなって腐敗し空洞となる。病気が進むと病患部から上部が枯れる。ハウス栽培の果実では，収穫～輸送中の傷口から発病し軟化腐敗を起こす。露地栽培では未熟果によく発生し，黄白色～黄褐色の不規則な斑点を生じ，周縁は水浸状となる。病勢が進むと果実は軟化し，繊維のみを残して腐敗する。

●病原菌の生態　病原細菌は土壌中で数年間生存する。多犯性で多くの植物に寄生し，それらの根圏で生存を続ける。種子に付着した病原細菌も重要な伝染源となる。第一次伝染源は種子や土壌中の細菌であるが，発病後は病患部に生じた細菌が水滴とともに飛散してまん延する。整枝や収穫作業などによる傷の部分から侵入感染する。果実の場合はタバコガやハスモンヨトウの食害により生じた傷口から侵入する。発育適温は32～33℃前後である。

●発生条件と対策　露地栽培，施設栽培とも多湿条件で多発する。連作または前作に発病しやすい作物が作付けされ，しかも軟腐病が発生していた圃場はきわめて危険である。害虫の食害，その他の傷痕が多いようなときや，ハウス栽培では天井からしずくが落ちるところで発生が多い。

発病圃場では3～4年間イネ科植物を栽培する。排水をはかり，施設などでは雨もれのないようにする。傷口からの感染が主体であるので，降雨時の管理作業は避ける。　［櫛間義幸］

◉疫病　⇨口絵：病21

• *Phytophthora capsici* Leonian

●被害と診断　施設栽培ではおもに地ぎわ部や根に，露地栽培では茎，葉，果実に発生する。苗のときに地ぎわ部が侵されると暗緑色水浸状になってくびれ，急速に萎凋・枯死する。本圃では，地ぎわ部に近い茎に暗緑色水浸状の病斑が現われ，病勢の進展にともなって病斑は拡大し，へこんでくる。病斑が茎を一周すると病斑から上部は萎凋・枯死する。葉では，はじめ下葉に暗緑色水浸状の斑点を生じ，融合して大型病斑になる。発病は下葉から順次上部の葉に及び，湿度が高いと葉裏に白いうす霜状のカビを生じる。病斑は多湿時は軟腐し，乾燥時には枯渇して破れやすくなる。果実では軟化腐敗し，多湿時には表面に白いうす霜状のカビを生じる。

●病原菌の生態　病原菌は水によって伝搬されることがもっとも多い。高温多湿を好み，遊走子のうと卵胞子を形成する。卵胞子で土壌中で生存し，条件が整うと発芽して遊走子のうを形成し，これから生じた遊走子が第一次伝染する。遊走子のうは卵円形で頂端に乳頭突起があり，ここから遊走子を生ずるか直接発芽管を生ずる。遊走子は水中を移動してピーマンの根や地ぎわ部に達して侵入する。生育適温は28～30℃，遊走子のうの発芽適温は20℃前後で，発芽や侵入・感染には水を必要とする。ピーマンのほかカボチャ，トマト，キュウリ，ナス，スイカ，メロンなども侵す。

●発生条件と対策　高温多湿条件で発生しやすい。とくに浸・冠水すると壊滅的な被害を被ることがある。前作で発生した圃場に作付けすると発生が多い。

連作，ナスやスイカなど感染作物の跡地を避ける。浸冠水への対策を講じておく。灌漑水などは病原菌を運んでくることがあるので灌水などには使用しない。床土や圃場は土壌消毒を実施する。雨よけ，ポリマルチ，敷わらをして遊走子のはね上げを防ぐ。　［櫛間義幸］

◉灰色かび病　⇨口絵：病21

• *Botrytis cinerea* Persoon

●被害と診断　ハウス栽培で冬～晩春に発生することが多く，初めに花弁が褐変腐敗すると，その幼果は軟化腐敗して早期に落果する。茎では褐色の病斑を形成し，葉では輪紋をともなう円形病斑を生じる。生育が進んだ果実では，付着部の生育が抑えられるために奇形になることが多い。また，収穫後の残存果梗に発病し，次第に枝まで発病が及んで褐色の病斑を形成し，その上部が萎凋・枯死する。若い枝葉での発病が多く，発病部より上部は萎凋・枯死する。病斑上には灰色のカビを生じる。

●病原菌の生態　本病原菌はナス科やウリ科などの野菜のほか，多くの花卉類や果樹類も侵す。施設内の温度が15℃前後の低温多湿な時期に発生が多いが，施設ピーマンの最低温度は18℃程度に設定されることから多発することはあまりない。病原菌は菌核の形で土中で生き残ったり被害植物や有機物で生活し，条件が整うと分生胞子をつくって伝染する。

●発生条件と対策　加温機の設定前後の温度では作動時間が短いため，降雨が続くと多湿になり多発する。無加温栽培では温度が20℃前後の時期に雨が多いと発生が多い。

第一次伝染源は主として前作の被害茎葉上の菌糸や菌核なので，栽培終了後は残渣を圃場外に持ち出し処分する。ポリマルチをし，過繁茂を避け，適切な換気，灌水を行なって多湿にならないようにする。加温機の設定前後の気温で降雨が続くときは，強制的に加温機を作動して湿度を上げないようにする。ハウス内は，くず果や整枝くずなどを放置せず清潔にしておく。　［櫛間義幸］

◉白斑病　⇨口絵：病22

• *Stemphylium lycopersici* (Enjoji) W. Yamamoto

●被害と診断　ハウスに定植してまもないころから発生する。おもに葉に発生するが，多発生すると，がく，果柄や若い枝にも病斑を形成する。果実には，ろう質物が多いためか，病斑を形成しない。葉には，はじめ直径1～2mmの小さな褐点を生じ，次第に拡大して周縁部は濃褐色，中心部は白色の病斑となる。多湿条件になると，直径10mm以上の大型・不整円形病斑となることもある。このような大型病斑は，伸展途上の乾・湿のくり返しによって輪紋を形成することが多い。葉以外の部分では，褐色不整形の病斑を形成する。若い枝では，枝に沿って細長い病斑となる。通常の小型の病斑が形成された場合は，斑点病に比較すると落葉は少ないが，大型病斑を形成するようになると黄化・落葉しやすくなる。

ししとうがらし，さきがけみどり系統は罹病性であるが，エース，緑王は比較的抵抗性である。

●病原菌の生態　ピーマンのほかトマト(斑点病)を侵す。ピーマン・トウガラシでは分生子の形成が著しく不良であるが，近隣にトマトの発病株が存在すると分生子が飛散してきて多発する。被害植物で越年し，翌年これに生じた分生子が第一次伝染源となる。病原菌は高温多湿性で，温度20～30℃，湿度90～100％でよく発育する。発育適温・適湿の範囲内では，高温多湿になるほど被害は著しい。

●発生条件と対策　ハウス栽培で発生する。やや肥料切れのときに発生しやすく，窒素質肥料が多い場合には発生が少なく，病斑伸展も抑えられる。とくに，定植初期の肥料吸収が十分でない時期に発生することが多い。

苗の育成はできるだけ適切に行ない，抑制した苗をつくらない。どの生育ステージでも肥料切れを防ぐ。定植時にはかん水をたっぷり行ない，肥料の吸収を早めて活着をよくする。抵抗性品種を栽培する。ハウス内を高温多湿にしない。　［堀江博道］

◉半身萎凋病　⇨口絵：病22

• *Verticillium dahliae* Klebahn

●被害と診断　はじめ株の一部で侵された茎の下葉から退色し，徐々に上位葉まで進展し，下位葉から落葉する。株全体が萎凋枯死するまでは相当の日数を要する。ときに本葉主脈の半分の葉脈間にえそを生じ，株内のみならず，1枚の葉の中でも半身のみの萎凋として症状を現わすことがある。このような症状を呈する株の地ぎわ付近の茎を切断すると，しおれの生じている主枝に通ずる維管束が淡く赤褐色ないし黒褐色に変色している。

●病原菌の生態　微小菌核で越年し，根の先端や傷口から侵入して導管内で増殖する。生育適温は22～25℃であるが，培地上での生育は遅い。発病適温は20～25℃前後とされる。病原菌はナス科，ウリ科，アブラナ科など多くの作物を侵すが，ピーマンに病原性を有する菌群はピーマン系，トマト・ピーマン系である。

●発生条件と対策　苗床には市販の園芸育苗培土を用いる。自然土を用いる場合には本病以外の立枯性病害の被害を避けるため，蒸気など物理的手段により床用土を消毒する。

アルカリ性や多湿の土壌は発生を助長しやすい。また，連作しない。やむをえず発生歴のある圃場に作付けする場合は，太陽熱利用または土壌くん蒸剤による土壌消毒を行なう。

被害株を見つけた場合は早期に抜き取り，落葉残渣とともに圃場外で焼却などの処分を行なう。また，病原菌は多犯性で，周辺雑草にも感染するので圃場から除去するなど圃場衛生に努める。

［勝部和則］

◉斑点病　⇨口絵：病23

• *Cercospora capsici* Heald et Wolf

●被害と診断　苗の時期から発生するが，多くなるのは初冬の加温開始時期からである。おもに葉が侵されるが，多発すると若い枝梢，果梗，ヘタにも発生する。葉でははじめ白色の小斑点を生じ，やがて周囲が暗褐色～灰白色の輪紋状の病斑となる。多湿条件下では病斑上にすす状のカビを生じる。多発すると上位葉まで発生し，激しく落葉して著しい減収をまねいたり，果梗部に発生して品質低下をまねく。

●病原菌の生態　病原菌は不完全菌類に属し，病斑上に形成された分生胞子の飛散によって伝染する。分生胞子の発芽，侵入には湿度が必要で，高湿度条件で多発する。潜伏期間は好適な温湿度条件下で7～10日であるが，実際の栽培では冬季には20日前後である。

●発生条件と対策　15～25℃でよく発病し，適温は20～25℃である。多湿条件のハウス栽培で発生が多い。雨が降り，加温機の稼働設定温度ぐらいの夜温が続くようなときは，ハウス内が高湿度になりやすいので，設定温度を上げるなどして湿度を下げる。ハウス内の罹病残渣を徹底して除去する。

［櫛間義幸］

◉白絹病　⇨口絵：病23

• *Sclerotium rolfsii* Saccardo

●被害と診断　地ぎわ部に白い絹糸状の菌糸を密生する。のちに発病部位や地表に，ナタネの種子に似た褐色の円い菌核を多数形成する。病勢の進展に伴い，菌糸が表層から柔組織，維管束にまで至ると急速にしおれ，のちに立枯れする。育苗期の発生はまれであり，一般的には定植後の本圃に発生し，切りわらなどの未分解有機物をすき込んだ圃場での発生が多い。

●病原菌の生態　ピーマンをはじめ，ナス科，ウリ科，マメ科などの食用作物のほか，多くの花卉類にも発生する。本菌の第一次感染源は土壌中の菌核である。土壌の深いところにある菌核は腐敗分解しやすいが，乾燥しがちな地表面の菌核が伝染源となる。本菌は酸素を好むため，地表面から10cm以下の土層ではほとんど生育できない。土壌表面近くの菌核から伸びた菌糸は，有機物を利用し繁殖する能力に優れている。発育適温は30～35℃で，やや多湿条件で生育が良好である。

●発生条件と対策　未分解の有機物は，本菌の繁殖を促し発病を促進する。高温多湿の条件で多発する。露地栽培では夏期に降雨が多いときに，施設では早植えで気温が高い時期に発生しやすい。寄主範囲が広いので，前作はどんな作物でもその残渣は伝染源となりやすい。生わらその他の有機物の施用が多い圃場では土壌間隙が大きく，10cm以下の土壌中でも菌核から菌糸が伸長し発病する。

菌核の死滅を早めるために耕起を行ない，菌核を土中に深く埋める。休作期間の湛水は菌核の分解を促進する。生わらなどの未分解有機物を施用しない。施設栽培では，梅雨明けからの太陽熱利用による土壌消毒効果が高い。発病株は早めに表層土とともに除去する。

［櫛間義幸］

◉炭疽病　⇨口絵：病24

• *Colletotrichum gloeosporioides* (Penzig) Penzig et Saccardo

●被害と診断　おもに露地栽培で発生する。温暖多雨の条件で多く発生する。葉・果実に発生し，とくに熟果の被害が大きく，はじめ水浸状の小斑点を生じ，のちに褐変して少しへこむ。病斑は拡大して輪紋を生じ，中央部は灰褐色になり，その部分に黒色の小粒点を密生する。湿潤条件では鮭肉色の分生子塊を生じる。葉では，はじめ黄色の小斑点を生じ，拡大して褐色不規則な病斑となり，のちに中央部が多少退色して灰色になる。幼苗の葉や茎も侵すが，被害は軽くほとんど目立たない。

●病原菌の生態　病原菌は被害植物上で生存して次作の伝染源となる。種子伝染もする。発病後は病斑上に生じた分生子が水滴とともに飛び散って伝染する。果実の病斑上には分生胞子の形成が多い。

●発生条件と対策　降雨の多い場合に多発する。排水不良の圃場，若葉・熟果に発生が多い。

健全種子を清潔な圃場に栽培する。雨よけ栽培を行なう。ポリマルチをするなど雨滴による土壌のはね上がりを防止する。

［櫛間義幸］

◉うどんこ病　⇨口絵：病24

• *Oidiopsis sicula* Scalia

●被害と診断　おもにハウス栽培に発生し被害が大きい。葉に発生する。はじめ葉の裏面に葉脈に区切られて薄く霜状のカビを生ずる。葉表には淡黄色に退色した部分ができる。褐点を生ずることもある。病状が進むと罹病株は次第に全体が黄化し，非常に落葉しやすくなり，先端の幼若葉を残して落葉する。ほかの多くの植物のうどんこ病のように葉の表面に白い菌そうが盛り上がらない。

●病原菌の生態　トウガラシ，オクラ，トマト，ナス，キュウリなどにも発生する。15～28℃で発病し，最適温度は25℃である。空気湿度の変化するとき，とくに乾燥したときに発病しやすい。一般に乾燥条件下でよく発生するが，高温時には多湿条件下で菌の侵入感染が盛んである。病原菌の葉での潜伏期間は10～12日である。

●発生条件と対策　25℃前後の温度を好み，乾燥した場合に発生が著しいので，ハウス内の湿度をあまり乾燥状態にしない。病勢が進行すると防除がきわめて困難となるので初期防除に努める。落葉した発病葉は伝染源になるので搬出して処分する。

［櫛間義幸］

トウガラシ類

◉モザイク病 ⇨口絵：病25

- キュウリモザイクウイルス　*Cucumber mosaic virus* (CMV)
- トウガラシ微斑ウイルス　*Pepper mild mottle virus* (PMMoV)
- タバコモザイクウイルス　*Tobacco mosaic virus* (TMV)
- タバコ微斑モザイクウイルス　*Tobacco mild green mosaic virus* (TMGMV)
- ジャガイモYウイルス　*Potato virus Y* (PVY)

●被害と診断　CMVによるモザイク病は葉に明瞭な黄色斑点やモザイク，えそなどを生じ，のちに糸葉や縮葉などの奇形になる。茎には条斑えそを生じるほか，果実には激しいモザイクや黄化を伴うことがある。おもにアブラムシ類によって伝染する。PMMoVによるモザイク病は葉に軽いモザイクを生じ，果実は退緑～黄化症状を示し，奇形を伴うこともある。TMVとTMGMVによるモザイク病は，葉や果実に明瞭なモザイクを生じ，落葉や落果しやすいほか，葉や茎にえそを生じることがある。PVYによるモザイク病は葉に黄色斑点や黄斑モザイクを生じ，茎や果実にも黄色状斑を生じる。上記の症状は単独感染で現われる場合もあるが，一般的には何種か重複感染していることがあり，この場合症状がひどくなる。

●病原ウイルスの生態　CMVは球状ウイルスで系統がある。宿主範囲はかなり広く，ナス科をはじめ45科190種以上の植物から見つかっている。おもにアブラムシ類によって伝染され，接触伝染性は弱く，通常の管理作業ではほとんど伝染しない。

PMMoV，TMV，TMGMVは300×18nmの棒状ウイルスである。第一次伝染はおもに保毒種子および汚染土壌から起こる。発病後は病株との接触，収穫作業などで容易に汁液伝染する。PVYは730×11nmのひも状ウイルスである。寄主範囲はナス科，アカザ科の一部と狭い。アブラムシ類によって非永続伝搬される。

●発生条件と対策　苗床，圃場でアブラムシ類の飛来防止対策を行なわないと，CMVなどの病原ウイルスを保毒した有翅虫が飛来し感染発病しやすい。PMMoVなどの病原ウイルスを保毒した種子を種子消毒しないで使用したとき，種子伝染による発病が起こりやすい。PMMoVなどの被害植物組織中で長期間活性をもつことから，前作で発病したトウガラシ類やピーマンの植物残渣が残っている状態で栽培すると土壌伝染しやすい。PMMoVなどは収穫作業などで容易に汁液伝染するため，発病株を放置すると圃場内で感染発病を繰り返しまん延しやすい。

CMV，PVYなどは，アブラムシの防除を徹底する。アブラムシ類を発見してからでは手遅れとなることが多いので，飛来防止に主眼をおく。露地栽培ではシルバーポリフィルムのマルチングやシルバーテープによる忌避効果の利用，あるいは圃場周辺にトウモロコシなどの障壁作物の栽培，防虫ネットの展張などによる侵入防止対策を行なう。施設栽培では施設の開口部に目合い1mm以下の防虫ネットの展張を励行する。近紫外線除去フィルムも飛来防止に有効である。同時に薬剤防除も徹底する。圃場周辺の雑草が伝染源となることも考えられることから，周辺雑草の除去に努める。

PMMoV，TMV，TMGMVの第一次伝染はおもに種子および土壌からおこる。種子は70℃の乾熱で3～4日処理したものを使用する。土壌伝染防止のために，3～4か月以上宿主作物を作付けせず，その間土壌水分に注意して土壌中の被害植物残渣の腐敗を促し，ウイルスの不活性化をはかる。容易に接触または汁液によって伝染するので，発病株の早期発見に努め，ただちに取り除いて処分する。発病株に触れた場合は手を石鹸などでよく洗い，作業服なども頻繁に洗濯する。抵抗性品種の栽培が有効であるが，抵抗性品種を侵す新たな系統がすでに発生しているので注意する。　［高橋尚之］

◉斑点細菌病 ⇨口絵：病25

• *Xanthomonas campestris* pv. *vesicatoria* (Doidge 1920) Dye 1978

●被害と診断　葉，葉柄，茎に発生する。葉にははじめ裏面にやや隆起した水浸状の小斑点を生じる。のちに拡大または融合して径数mmの円形もしくは不整形の病斑となる。展開中の若い葉では葉脈に沿って不整形の病斑を生じて奇形になるほか，その周辺部が黄化し落葉しやすい。露地栽培で発生しやすく，秋口に発生すると大打撃を受けることがある。施設栽培では発生が少ない。

●病原菌の生態　本菌は5～40℃で生育し，発育適温は27～30℃である。トマトにも寄生し，類似の病徴を示す斑点細菌病を引き起こす。おもに露地栽培で発生する。感染には発育適温よりもやや低温の20～25℃が適する。種子および土壌伝染して幼苗の茎葉に感染し，6～7月の梅雨の後半から梅雨明けにかけてと9月の秋雨のころに進展する。強風雨は伝播発病を助長する。

●発生条件と対策　多湿環境下で多発するが，とくに晴天が続いた後，降雨が連続すると発生が多い。

作土の浅い圃場や土壌の乾燥，肥切れあるいは窒素の偏用などは発病を助長する。したがって，排水良好な肥沃地を選んで栽培し，堆肥を十分施すと同時にカリ肥料も十分施し，肥培管理を適正にする。敷わらを行なって土壌の乾燥を防止する。手遅れになると防除が容易でないので予防に心がけ，梅雨の前から7～10日間隔で薬剤防除を行なう。種子消毒済みの無病種子を使用する。　［高橋尚之］

◉疫病 ⇨口絵：病26

• *Phytophthora capsici* Leonian

●被害と診断　本病は地下部を含めすべての部位で被害がある。育苗期の苗床では幼苗の地ぎわ部が水浸状暗緑色となって軟腐し，くびれて倒伏する。地ぎわ部に近い茎の側面に暗緑色水浸状の病斑があらわれ，病勢進展とともに病斑は拡大しこの部分がしぼむ。病斑が茎を半周すると，この部分から折れやすくなる。根は部分的に褐変腐敗し，地上部は萎凋枯死する。葉では，はじめ下葉に暗緑色水浸状の斑点を生じ，隣接する病斑と合流して大型化し，葉裏には白いカビを生ずる。病気は下葉から順次上葉におよび，雨の日は軟腐し，晴天には枯渇して破れやすくなり，のちに落葉する。果実は未熟のころから侵され，水浸状病斑は拡大するとくぼみを生じ灰褐色となり，多湿条件ではこの部分に霜状の白いカビが密生する。

●病原菌の生態　本菌は高温多湿を好む。遊走子は長短2本の鞭毛をもち，水中を自由に泳いで地表面近くに分布するトウガラシ類の細根または茎の地ぎわ部から侵入する。侵入の適温は22℃である。卵胞子は被害植物の組織中に無数に埋没し，あるいは土壌中にあって越冬する。越冬した卵胞子は発芽すると遊走子のうを形成し，これから生じた遊走子が第一次伝染源となる。本菌は10～37℃で発育し，生育適温は28～30℃，やや酸性土壌のほうがアルカリ性より発病しやすい。

●発生条件と対策　病原菌は水媒伝染し，菌の侵入発病にも水が重要な役割を果たすために，露地栽培では降雨が連続すると発生しやすく，圃場が浸冠水するとさらに多発する。施設栽培でも土壌水分が多いと多発する。

対策は予防に重点をおき，苗床や施設栽培の本圃では土壌消毒を行なう。発病初期の薬剤散布はまん延を防ぐので，ぜひ実行する。大雨などによる浸冠水が予想される場合，予防的に薬剤散布を行なうと効果的である。露地栽培では地上部の茎葉への薬剤による予防散布を行なう。露地では高うねにして敷わらを行ない，施設栽培では土壌水分が多く多湿にならないよう，日常の水管理やうね上への水滴の落下防止などに注意する。露地・施設を問わず，圃場の浸冠水防止が基本である。未熟有機物の施用は本病菌の増殖を招きやすい。被害株や根は完全に除去して適切に処分し，発病地での連作は避ける。

［高橋尚之］

◉斑点病 ⇨口絵：病26

• *Cercospora capsici* Heald & F. A. Wolf

●被害と診断　葉に感染すると，はじめ白色の小さな斑点を生じる。その後病斑の周辺が暗褐色または灰白色に拡大し，径10～20mmの輪紋状の病斑を形成する。のちに大きな円形～楕円形の病斑となって互いに融合し，葉全体が黄化し，やがて落葉する。通常下位葉から発生するが，発病の好適な条件が続くと多発し，上位葉まで進展し激しく落葉する。多発生して落葉すると生育不良や減収となり，被害が大きくなる。

●病原菌の生態　発病適温は20～25℃で，発病には多湿条件を好むため，露地栽培では梅雨期と秋の長雨の時期に進展しやすく，促成栽培では初発は11月ごろから見られ，4～5月に漸増する。伝染源はおもに前作の茎葉で，圃場周辺で越年し，翌年これより分生子を生じて伝染する。

●発生条件と対策　菌の発育最適温度は25℃内外で，比較的多湿条件が発病に適する。施設栽培で発生が激しいが，露地栽培でも発生する。

前年の被害葉および周辺のトウガラシ類やピーマンは伝染源として重要なので，被害残渣はていねいに除去する。通常はほかの病害防除を兼ねて定期防除を行ない，進展期には7日間隔で2～3回防除する。多湿環境で発病しやすいので，施設では適切な水管理に留意する。また，整枝・摘葉を適度に行なって軟弱徒長，過繁茂を避け，換気や通風を良好にして湿度低下をはかる。土壌表面をマルチ被覆すると発病抑制効果が期待できる。

［高橋尚之］

◉白星病 ⇨口絵：病26

• *Alternaria solani* Sorauer

●被害と診断　病斑は主として下葉に発生する。はじめ，小さい褐色斑点が下葉の成葉にあらわれ，やがて病斑の中心部は灰白色の点となり，周辺は褐色のぼやけた部分ができる。病斑の大きさは2～3mmであるが，近隣の病斑が融合すると大きな褐色病斑となり，乾燥してついには落葉する。

●病原菌の生態　本菌はトウガラシなどナス科植物の被害葉上で生存しており，乾燥，低温に強く，越冬も容易である。

●発生条件と対策　多窒素だと葉が軟弱となり抵抗性が弱まり，多発する傾向がある。密植でも多発する。茎葉が混み合うと風通しが悪くなり，下葉はとくに罹病しやすくなる。

適用のある薬剤を7～8月に1～2回散布する。落葉をふくめて茎葉は畑に残さず清掃・処分する。

［堀江博道］

◉白絹病 ⇨口絵：病27

- *Sclerotium rolfsii* Saccardo

●被害と診断　おもに茎の地ぎわ部や主根の基部が侵される。そこに白色の菌糸を形成する。地上部に菌糸があまり見えなくても，地下部に菌糸が形成されていることがある。のちに罹病株の地ぎわ部には白い菌糸がマット状に伸び，植物上と地面両方の菌糸上に多数の菌核を形成する。菌核は白い絹糸状の菌糸を密生させて，のちに黄色～黄褐色に変わり，最後には暗褐色のナタネ粒に似た形になる。病勢が進展すると生育は衰え，茎葉がしおれ，脱水症状，株全体が立枯れ症状を引き起こす。

●病原菌の生態　通常，罹病組織の表面に白い菌糸と褐色の菌核を生じる。菌核はナタネ粒大で，大きさはほぼ斉一である。当初は白い絹糸状の菌糸を密生させて白色を呈するが，のちに黄色～黄褐色に変わり，最後には暗褐色になる。寄主範囲は広く，ナス科，ウリ科，アブラナ科，マメ科など66科251種以上が確認されている。本菌の生育適温は32～33℃，最低13℃，最高38℃である。高温多湿環境で多発する。

残渣上に形成された菌核が第一次伝染源である。温度と水分が好適になると菌核は発芽伸長し，植物体の表面に到達すると組織を殺して侵入し，感染発病させる。罹病株上で増殖した菌糸は地表面を伸長し，隣接株に到達すると再び侵入し，感染発病する。発病株上や土表面で増殖した菌糸は，そこで再び多量の菌核を形成し，次作物の第一次伝染源となる。一般の畑土壌では菌核は5～6年間生存するが，湛水条件下では3～4か月で死滅するので，田畑転換または休作期に湛水すると被害が激減する。

●発生条件と対策　病原菌の発育適温は30℃付近であるが，気温25℃内外で多湿の場合に発生が多く，露地では5～10月に降雨が多いと多発し，促成栽培では定植後11月ごろまでの間に発生しやすい。土壌中や地表面に稲わらなどの未分解の有機物が多いと，その上で病原菌が増殖して多発の原因となる。白絹病の発生した圃場での連作は多発を招く。

露地ではイネとの輪作を行ない，ハウス栽培では夏の休閑期にイネを栽培するか，その期間湛水して菌核の死滅をはかる。露地栽培での敷わらは株ぎわまで覆わないよう注意し，土壌に多量の生わらを施す場合は，植付けの1か月以上前に施用して土壌とよく混和する。発病株は圃場に放置することなく，菌核形成以前に除去すれば隣接株へのまん延も防止でき，次作への第一次伝染源の撲滅もはかれる。

［高橋尚之］

◉炭疽病 ⇨口絵：病27

- *Colletotrichum gloeosporioides* (Penzig) Penzig & Saccardo
- *Colletotrichum scovillei* Damm, P. F. Cannon & Crous
- *Colletotrichum capsici* (Sydow) E. J. Butler & Bisby

●被害と診断　果実および葉に症状がみられ，果実での被害が目立つ。はじめ水浸状の褐色小斑点を生じ，のちにくぼんだ灰褐色の病斑となる。さらに進むと病斑は輪紋状となり，中心部は灰白色になり，表面に小黒点（分生子層）を同心状に無数形成する。湿潤条件になると淡黄褐色～鮭肉色の胞子粘塊を生じる。病果は，その後降雨に遭うと，病斑表面に二次寄生菌が付いて灰褐色病斑はすす色になってしまう。果実は病斑部を内側にしてわん曲，収縮し，収穫の対象とはならない。葉では成葉の下葉に現われ，はじめ黄色の小斑点を形成し，しだいに褐色不整形の病斑が拡大し，のちに中心部がやや退色し灰褐色不定形の病斑となる。

●病原菌の生態　炭疽病菌は菌糸や分生子が罹病

組織の病斑上で越年し，第一次伝染源となるほか，種子伝染もする。二次伝染は分生子が粘質物に包まれており，水には溶けやすいので雨水に流され，雨滴などの飛沫とともに飛散して起こる。そのため露地栽培で発生しやすく，施設栽培では発生はまれである。本菌は8～33℃で生育し，発病適温は23～28℃である。また，*C. scovillei*の最適生育温度は25～27.5℃である。

●発生条件と対策　比較的高温で多湿を好み，雨期，盛夏期～秋雨時期に発生しやすい。

土壌表面や土中の被害植物残渣から炭疽病菌の分生子が降雨や灌水時にはね返るのを防ぐため，敷わらやポリフィルムによるマルチ栽培を行なう。排水不良，窒素肥料の過多は本病の発生を助長するので，圃場の排水をよくし，適正な肥培管理を行なう。

［高橋尚之］

イチゴ

◉ウイルス病 ⇨口絵：病28

- イチゴクリンクルウイルス　*Strawberry crinkle virus* (SCV)
- イチゴマイルドイエローエッジウイルス　*Strawberry mild yellow edge virus* (SMYEV)
- イチゴ斑紋ウイルス　*Strawberry mottle virus* (SMoV)
- イチゴベインバンディングウイルス　*Strawberry vein banding virus* (SVBV)
- イチゴ潜在Cウイルス　*Strawberry latent C virus* (SLCV)

●被害と診断　イチゴウイルス病とは，数種のイチゴウイルスの単独または重複感染によっておこる病気の総称である。本病にかかったイチゴは，葉の黄化やねじれ症状が現われ，草丈が低く葉は小さくなり，株は矮化する。ランナーの発生量も少なくなり，生産力も低下する。果実は小さくなり，一般にやせた感じとなるため市場性が劣る。軽症(1種類のウイルスの感染)のときの草勢は，ウイルスフリー株(ウイルスに感染していない健全な株)に比較してあまり劣らないが，大果は少なく，20～30%減収すると考えてよい。重症(ウイルスの重複感染)のときは草勢の退化が顕著になり，いわゆる老化現象と呼ばれるような株の矮化が見られ，収量は50%以下となる。

●病原ウイルスの生態　本病の原因ウイルスには，モットル，ベインバンディング，クリンクル，マイルドイエローエッジなどがあり，わが国に広く分布している。イチゴウイルスはランナーを通して親株から子株に伝わり，一度感染すると薬剤などによる防除は期待できない。イチゴウイルスはアブラムシにより媒介される。もっとも重要なのはイチゴケナガアブラムシであり，上記のウイルスをすべて媒介する。そのほか，ワタアブラムシはモットルを媒介し，モモアカアブラムシ，ジャガイモヒゲナガアブラムシはベインバンディングを媒介する。モットルは，アブラムシの1時間の吸汁で伝染する半永続性のウイルスで，もっとも広く分布している。重複感染している場合は，これとほかのウイルスの組合わせが多い。イチゴウイルスは接触伝染しない。

●発生条件と対策　粗放な栽培や管理不十分の場合アブラムシが繁殖するため，ウイルスの伝搬が早く被害が大きい。古い株は重複感染している可能性が高いので，伝染源とならないよう栽培管理に気をつける。

本病に対する根本的対策は，ウイルスフリー株を用いることである。ウイルスフリー株は研究機関などでつくられるが，これを隔離栽培し組織的に増殖した苗を用いることがもっとも望ましい。再感染を防止する。せっかく導入したウイルスフリー株が再感染して価値を失わないように，アブラムシの防除は年間を通して行なう。　［中山喜一］

◉芽枯細菌病 ⇨口絵：病28

- *Pseudomonas marginalis* pv. *marginalis* (Brown 1918) Stevens 1925

●被害と診断　ハウス栽培では保温開始3～4週間後，新芽が伸長してくるころ，新芽(幼葉や花房)が伸長しないで黒褐色の芽枯れ状となる。あるいは伸長した新芽が生気を失ってしおれ，やがて新芽は褐色～黒褐色に腐敗枯死して芽枯れ状となる。芽を枯死させると発病は終息し，回復に向かう。露地栽培では早春の寒暖の差が激しい年に，新芽の伸長するころ，凍霜害に遭遇した株で発生する。病徴はハウス栽培と同様であるが，ハウス栽培に比べ被害程度は軽く，発生量も少ない。発病株は枯死することはないが，芽枯れとなるため第一果房の収穫は期待できず，被害は見た目以上に大きい。また，露地栽培では第一果房のみの収穫となるため，発病株はほとんど収穫ができず被害は大きい。ハウス，露地栽培とも，温度の上昇や日照の増加に伴ってイチゴの生育が旺盛になると発病は終息し，腋芽が伸長して病徴は回復する。

●病原菌の生態　病原菌はレタス，ハクサイ，ニンニクなど多くの野菜類やシクラメン，フリージア，プリムラなど多くの花卉類に寄生する。また腐生生活も行なうため，病原細菌は農地には広く分布すると考えられている。このため，環境条件と罹病性が整えばどこでも発病する可能性がある。しかし病原力は弱いため，軟弱徒長や凍霜害などでイチゴの体質が弱ったとき，あるいは深植えなどの栽培方法に無理があった場合に感染する日和見的な病害でもある。深植えや水滴の落下で芽の部分に土塊が付着すると，病原細菌は土壌中から幼芽上に付着して増殖する。次に，老化した下葉やランナー取り，管理作業や凍霜害などで生じた傷口から感染し，導管から内部へ侵入して増殖する。品種間差が認められ，女峰は強く，麗紅，ダナー，はるよいは本病に弱い傾向がある。

●発生条件と対策　ハウス栽培では定植～保温開始までに曇雨天が続き，深植えになった場合や，保温開始～新芽の伸長期に高温によって軟弱徒長ぎみに生育した株が低温に遭遇すると発生しやすい。また，ハウスの谷間で水滴が落ち，土をはね上げられた株で多い傾向がある。露地栽培では深植えされた株が，冬季に霜柱がくり返し発生し，芽の部分に土塊が入った株，また寒暖の差が激しい年に凍霜害を受けた株で発生しやすい。

感染・発病してからでは有効な薬剤や防除法はないため，発病前に耕種的な防除対策を講ずる。苗床では平床採苗方式だと病原細菌が土壌から水滴とともに芽に入り，感染しやすくなる。このため，土がはね上がりにくい雨よけのポット育苗や空中採苗方式とする。本圃での平うね栽培は深植えになりやすいうえに，風通しが悪く株元が多湿になる。そこで，浅植えで風通しのよい高うね栽培とする。また，保温開始後の頭上灌水はひかえるとともに，ポリエチレンフィルムで早めに被覆し，土のはね上がりによる感染を防止する。露地栽培では感染時期となる萌芽前に，早めにポリエチレンマルチやわらで被覆する。ハウス栽培では谷間に水滴が落ちないようにカーテンを張る。また，カーテンの開閉は1か所に水が落ちないように，水滴を落としてから行なう。発病株は老化葉や被害芽を取り除き，腋芽の伸長を促進させて回復を早める。

［木嶋利男］

◉疫病　⇨口絵：病29

- *Phytophthora nicotianae* van Breda de Haan var. *parasitica* (Dastur) Waterhouse

●被害と診断　促成栽培の育苗期に発生し，地床育苗の場合に発生が激しい。夏期高温時にクラウン部や葉に発生する。クラウン部に発生した場合，急激な萎凋を示した後，枯死する。そのような株のクラウンを切断すると，外側から内側にむけて褐変している。これらの症状は炭疽病と同様であり，肉眼での識別は困難である。葉に発生した場合，初期病斑は黒色で，形は紡錘形，楕円形あるいは長楕円形で，病患部はやや陥没している。空気湿度が高いと病斑は拡大して不定形暗褐色の病斑となり，トマトやジャガイモの疫病に類似し，新葉が壊死することがある。

●病原菌の生態　病原菌はトマト，ナス，ピーマンの苗および果実なども侵す多犯性菌である。被害植物上に遊走子のう(分生胞子)をつくり，おもに菌糸，卵胞子，厚膜胞子の形で，直接土壌中に，あるいは被害組織とともに生存し越冬している。土壌伝染と水媒伝染で発生する。多水分，高湿度環境は，遊走子のうの形成，あるいは遊走子のうから遊走子を放出するのに適するため，多灌水になると発生が助長される。本病菌は高温性であり，生育温度は10〜35℃で，20〜35℃でよく生育し，30℃前後が適温である。しかし40℃以上，5日間の処理で死滅する。本病菌は土壌中あるいは罹病残渣で越夏し，次作の伝染源となる。

●発生条件と対策　発病地に連作すると被害が多い。地床育苗で排水不良の圃場では多発生しやすい。育苗床で多灌水を行なうと発生しやすい。夏期の気温が平年より高く経過した年に発生が多くなる傾向にある。

疫病菌の汚染がない優良な親株を使用する。ポット育苗に用いる土壌は，無病土または殺菌土で排水のよいものを用いる。育苗床は高設にする。水媒伝染もするので，地床育苗では苗床に水がたまらないように排水対策を行なう。灌水する場合は土壌粒子が水とともに飛び散らないように，ていねいに行なう。育苗床をビニルにより雨よけを行なうと，疫病菌の周辺への飛散を少なくし伝染を抑制できる。被害株はまん延の伝染源となるので，ただちにとり除く。前年発生があった圃場では，夏期休閑時に土壌消毒を確実に行なう。　［松崎正文・古田明子］

◉グノモニア輪斑病　⇨口絵：病29

- *Gnomonia comari* (Karsten) Fall
- *Zythia fragariae* Laibach

●被害と診断　はじめ葉に赤紫色ないし紫褐色のしみ状の斑点ができる。病斑は不整形に拡大し，病斑の一部が葉脈に達すると急に病勢の進展が速くなり，葉脈を先端にしてV字形に枯れる。進展中の病斑は，葉脈部が赤褐色，周囲は暗緑色ないしは黄緑色で，内部は褐色または暗褐色となる。病斑の裏面は表面よりやや色が淡いが，同じような形および色彩をおびる。病勢の進展が止まって日時が経過すると病斑は褐色または赤褐色になり，病斑部から裏側に大きくわん曲する。

病斑が古くなると，輪状の紋が現われ，小粒黒点が多数形成される。病斑はもろくなっているので破れやすい。葉縁から発病するとV字形の大きな病斑となり，葉の中央部では丸い大きな病斑となる。1小葉当たりの病斑数は少なく，ふつうは1個が多い。葉の中央脈を侵した病原菌は，さらに小葉の葉柄にまで進展するので，それに連なるほかの小葉は萎凋枯死する。葉の病斑が葉柄から葉柄基部まで達し，さらに茎を侵して株全体を枯死させることが確認されている。果実での発生はまだ認められていない。

●病原菌の生態　本病は空気伝染性の病害である。第一次伝染源は，前年の被害葉，葉柄や茎の病斑であると考えられる。枯死した病葉では，柄子殻または子のう殻で越年するといわれるが，正確な調査はなされていない。理論的には不完全世代で伝染，まん延をくり返し，不良環境になると完全世代(子のう殻)を形成して，子のう胞子の状態で越冬または越夏する。再び生育に適した環境になると，子のう胞子を飛散させ，その年の最初の発生となる。第一次発生以後は，葉などに侵入した病原菌は増殖したのち，病斑組織内に繁殖器官(柄子殻)を形成する。柄子殻内で形成された胞子は胞子粘塊となって外部に噴出される。胞子粘塊は雨水などでばらばらになり，風雨によって飛散し，再び健全葉に侵入する。本病は比較的低温期に多発するようである。本病原菌の発育は25℃以下の低温で良好である。

●発生条件と対策　ハウス栽培で10月から翌年の3月にわたって発生し，2月が発病盛期である。また管理不良のハウスで多発する傾向が見られる。

定植する苗は，葉と葉柄に病斑がまったく見られないものを用いる。被害茎葉は肥料袋などに詰め，空気をできるだけ排出し，口をしっかり閉じて嫌気的発酵処理(サイレージ処理)し，病原菌の隔離および不活化を行なう。　［石川成寿］

◉灰色かび病 ⇨口絵：病29

• *Botrytis cinerea* Persoon: Fries

●被害と診断　灰色かび病はイチゴの地上部すべてを侵すが，果実がもっとも侵されやすい。最初は，下葉など枯死した部分に病原菌が寄生増殖し，これが有力な伝染源となって果実も侵され発病する。果実が発病すると，褐変，暗褐変し，灰色のカビを密生する。幼果が侵されると病斑は速やかに果実全体にひろがり，褐変あるいは黒褐変し，湿気の少ないときにはミイラ果症状となり，多湿のときには軟化腐敗し，灰色のカビを密生する。葉，葉柄，果梗，がくも褐変または黒褐変し，灰色のカビを生ずる。発病直後に乾燥すると必ずしも灰色のカビを生じないが，多湿のときには必ず形成する。

●病原菌の生態　灰色かび病菌はキュウリ，トマトなど多くの野菜や花類などに寄生する。被害組織中で菌糸や胞子で越年し，病斑上に形成された胞子が飛散して広がる。病原菌は，傷口や枯死した部分から侵入する。老化葉，枯死葉，枯死した部分は最初の寄生部位となり，ここで増殖した菌が有力な伝染源となる。果実では，枯死した花弁やメシベの柱頭にまず寄生し，ここから果肉に広がるようである。病原菌の発育温度は最低2℃，最高31℃で，最適23℃である。胞子の飛散は曇雨天のときに多く，快晴時にはほとんど行なわれない。

●発生条件と対策　窒素肥料が多く，生育が良好で，茎葉が繁茂しすぎた場合には，通風が不良となって湿度が高まり，発病が増加する。密植した場合にも，同様な理由で発生が多くなる。曇天，降雨が続くと激発しやすくなる。20℃前後で，多湿の状態が続くと激しく発病する。ハウスやトンネルでは，灌水過多で室内が多湿になると発病が多くなる。逆に晴天が続き乾燥すると，ほとんど発生しなくなる。水田裏作など排水不良の湿気の高いところは発病が多くなる。大雨で湛水した場合にも激発しやすく，水につかった果実はとくに侵されやすくなる。

施肥量や栽植密度に注意する。多湿にならないように圃場の排水をよくし，灌水過多にしないように注意する。ハウスでは室内が多湿にならないように換気をする。下葉や枯れた部分をときどき取り除き，ビニルマルチを行なう。老化葉，枯死葉，枯死部，発病果は2か月に1回ぐらいの割合でときどき除去する。罹病残渣は肥料袋などに詰め，空気を排出し，口をしっかり閉じて嫌気的発酵処理(サイレージ処理)によって病原菌を死滅させる。発病期には薬剤の予防散布を行なう。露地栽培では，開花期ごろから予防散布を行なえば効果的である。ただし，薬剤散布単独では十分に防ぐことができないので，総合的に防除する。［石川成寿］

◉萎黄病 ⇨口絵：病30

• *Fusarium oxysporum* Schlechtendahl: Fries f. sp. *fragariae* Winks & Williams

●被害と診断　新葉が黄緑色に変わり，小葉は小さくなり，舟形にねじれて奇形となる。3小葉のうち1～2の小葉がほかの小葉に比べて小さくなる。この症状は株の一方に片寄ることが多い。株全体の生育は悪く，萎黄症状を示して，葉は生気や光沢を失って紫紅色を帯び，しおれて，最後には株全体が枯れる。被害株のクラウン部，葉柄，果梗を切断すると，導管の一部または全体が褐色から黒褐色に変わっている。根は白色の新しい根がほとんどなく，黒褐色に腐敗しているものが多い。採苗床の親株に発生するとランナーの発生数が少なくなり，子苗の新葉にも奇形葉を生ずる。収穫期に発生すると着果が少なくなり，果実の肥大が悪い。本圃での発生は促成栽培で多く，半促成栽培では比較的少ない。急性症状株は新葉の黄化や奇形を示すことがなく，急激に萎凋から株枯れを起こす。低温時には被害の軽い株は症状が消えることがある。

●病原菌の生態　病原菌はイチゴだけを侵す。おもに厚壁胞子が土中に残って伝染源となり，イチゴの根から侵入し，導管を侵して感染発病する。厚壁胞子は耐久力が強く，自然土壌中で4～5年以上生存できる。潜在感染株や被害の軽い株を親株に使用すると，導管内の菌糸はランナーを通り子苗に移行して株伝染する。本菌の発育適温は28℃，最低限界8～12℃，最高限界32～36℃，死滅温度は60℃，10分間である。発病最適土壌温度は25～30℃，厳寒期の野外では発病しない。また最夏期には症状が不明瞭になることがある。

●発生条件と対策　本病は被害の大きい重要病害である。萎黄病の発生した圃場の株を親株に使用すると，採苗床で親株やこれから発生した子苗が発病したり枯れたりするものが多い。その子苗を育苗床や本圃に植えると，育苗床や本圃での発生が多くなる。発生圃場に連作（親株床，育苗床，本圃）すると被害は多くなる。宝交早生，はるのか，ダナーは本病にかかりやすく，抵抗性品種にはアスカウエーブ，芳玉などがある。女峰，とよのかも菌密度が高くなると発病する。

親株は無病地（畑）から選別して無病畑に植えて採苗する。子苗もよく選別して無病畑で育苗する。無病地を選定して定植する。本病の発生する畑には，かかりやすい品種の作付けを見合わせ，抵抗性品種を栽培する。発生の危険がある圃場は作付け前に土壌消毒を行なう。土壌消毒と抵抗性品種の栽培を組み合わせて実施すると効果的である。発病株はすみやかに圃場外に除去し，嫌気的発酵処理（サイレージ処理）をする。

［石川成寿］

◉じゃのめ病　⇨口絵：病30

• *Mycosphaerella fragariae* (Tulasne) Lindau

●被害と診断　果梗，ガク，種子にも発生するが，葉におもに発生する。1葉に多数の病斑を生ずると，その葉は枯れる。葉では径数mmの円形，楕円形の斑点となる。最初，淡紫紅色の不鮮明な斑点を生じ，拡大して径数mm内外の円形または楕円形となる。病斑の周囲は濃紫褐色，中央が灰褐色の蛇の目状を呈する。種子が侵されると，その部分の果面がくぼむ。果実では種子の部分から侵されることがあり，その部分が黒変して凹陥し，奇形となる。

●病原菌の生態　じゃのめ病は病斑中にできた子のう殻で越年し，次年に子のう胞子を生じて伝染する。また，病斑中の菌糸や柄子殻でも越年し，翌春胞子を生じて伝染する。それ以後は，病斑上に形成される胞子でまん延する。春から秋にかけて発生する。中位葉がもっとも感受性が高く，新葉，古葉では病斑が少ない。

●発生条件と対策　低湿な圃場，湿気の多い重粘な土のところに発生が多い。プロパンガスを燃やし，二酸化炭素を発生させ暖房もとる栽培法は発生が多いようである。

多湿のところに発生が多いから，圃場の排水をよくして多湿にならないように工夫する。被害茎葉は肥料袋などに詰め，空気をできるだけ排出し，口をしっかり閉じて嫌気的発酵処理（サイレージ処理）し，病原菌の隔離および不活化を行なう。または集めて焼却するか土中に埋める。発病期には薬剤を散布する。

［石川成寿］

◉菌核病　⇨口絵：病30

• *Sclerotinia sclerotiorum* (Libert) de Bary

●被害と診断　果実，新芽，葉柄，果梗などが侵されるが，とくに果実と新芽に発病が多い。果実では，硬く若いものより着色期以降のものに多い。はじめは果実の一部が局部的に軟化し，着色した果実では赤色がややあせて白っぽく軟腐する。間もなく表面に白い綿毛状のカビが生える。のちにカビの表面に不整形の白い菌糸の塊ができ，やがて黒色ネズミ糞状に変わる。これが菌核である。新芽でも，果実の場合と同様に白色のカビと菌核をつくる。新芽に発病すると中心部からクラウン部が侵されて株の枯死を招くことが多い。発病は一般に散発的で集団的に発病することはない。

●病原菌の生態　菌核病菌は多犯性で，キュウリ，ナス，レタス，花卉など150種以上の多くの植物に寄生する。病原菌の発育適温は18～20℃である。患部に形成された菌核は成熟すると地面に落ちる。乾燥などの不良環境に耐えて夏を越し，秋から冬(ハウス内)にかけて小さいキノコ(子のう盤)を生じ，これから無数の子のう胞子を空中に放出，飛散させる。伝染はおもにこの子のう胞子によっておこる。病原菌は菌糸の上に胞子を生ずることはないが，綿毛状の菌糸が伸びて，これに接触した果実や葉柄に伝染することも多い。また，地上に落ちた菌核から直接菌糸を生じて株の地ぎわ部に侵入，発病させることもある。

●発生条件と対策　発病を助長するもっとも大きな要因は低温，多湿である。したがって発病の時期は12～3月，ことに1～2月の厳寒期に曇雨天が数日続くと発病が多くなる。低温は多湿を招くとともに植物の病害抵抗性を弱めて発病を助長する。窒素肥料のよく効いたできすぎの株や，管理が悪く下葉を除いていないときは，株間の湿度が高まり発病がふえる。

窒素をやりすぎると軟弱になり，茎葉が繁茂しすぎて発病が多くなるので注意する。被害部は早く取り除く。発病した株や果実を放っておくと菌核を形成し，これが落ちると翌年の伝染源になるので早めに取り除く。発生が多かったハウスでは，栽培が終わったあとも湛水するかイネを作付けして，地中に落ちた菌核の腐敗死滅をはかる。子のう盤の発生を防止する。発病株は速やかに圃場外に除去し，嫌気的発酵処理(サイレージ処理)をする。ビニルマルチすると，ハウス内の湿度低下ばかりでなく，地中に残った菌核からの子のう盤発生防止にも役立つ。

［石川成寿］

◉芽枯病　⇨口絵：病31

- *Rhizoctonia solani* Kühn〔*Thanatephorus cucumeris* (Frank) Donk〕

●被害と診断　つぼみや幼芽が青枯れ状にしおれ，枯死して黒褐色に変わる。激しく発生すると，つぼみや芽の部分が侵されて，青枯れ状にしおれて枯れる。枯死部は順次黒褐色に変わり，成葉も生気を失って垂れ下がる。このような発病株は，生育が悪くなり着果数が減少する。托葉や葉柄基部はもっとも侵されやすく褐変し，古くなると黒褐色に変わって組織が崩壊する。病斑が葉柄の中途まで広がると葉身はしおれ，ついには枯死する。葉やガクのところどころに褐色斑を形成する。葉では病斑部が伸長しないので，健全部分の伸長とともに奇形になる。ガクが侵された場合にも果実奇形をおこすことがある。

芽枯病斑には灰色かび病菌が二次的に寄生しやすい。病斑が古くなるにつれて灰色かび病菌が二次的に寄生し，このため灰色かび病にはじめから侵されたように見える場合が多い。芽枯病は，灰色かび病発生の大きな誘因になると考えられる。

●病原菌の生態　本病菌は土壌病害の一種で，土中では腐生的な生活力が強く，菌糸や菌核の形で長く生存できる。菌の繁殖に適する環境条件になるとイチゴを侵して病原性を発揮する。芽枯病菌はおもに苗伝染し，土壌伝染もする。発病地からとった子苗は保菌しており，保菌苗によって病原菌を本圃に持ち込む。このようにして，菌は苗床と本圃のあいだを循環すると考えられている。低温多湿の条件で発生する。発育温度は，最低5℃以上，適温22～25℃，最高30～33℃である。ハウス，トンネル栽培で2～3月に発生が多いが，ちょうどこの時期は密閉することが多く，室内が多湿になり激しくまん延する。外気温が上昇して，換気を十分に行なうようになると発生しなくなる。低温で密閉期間が長い年に発生が多い。

●発生条件と対策　露地栽培に少なく，ハウス，トンネル栽培に多いが，これは密閉して室内の温度が病原菌の増殖適温となり，しかも多湿の状態が続くためである。また2～3月はイチゴの生育が盛んになる時期で，芽や葉が軟弱であるから，いっそう侵されやすくなる。茎葉が繁茂すると通風が悪くなって湿気が高まり，同時にイチゴも軟弱になるので，発生が多くなる。水田転換畑のハウス，トンネルに発生が多いが，これは水田が低地にあり土壌の水分が多く多湿になりやすいためである。

深植え・密植を避け，適度の間隔で定植する。密植はイチゴを軟弱にし，通風が悪く湿度が高くなるから発病が多くなる。茎葉が繁茂しすぎたときには下葉の除去を強く行ない，通風をよくする。灌水量を制限して室内の多湿を避ける。2～3月は外気温が低いので密閉しがちであるが，日中はなるべく換気して室内の多湿を避ける。

［石川成寿］

◉根腐病　⇨口絵：病31

• *Phytophthora fragariae* Hickman

●被害と診断　株全体がしおれ，ついには枯死する。慢性型と急性型の二つがあり，慢性型は定植後から冬期間にわたって発生し，急性型は4～5月に発生が多い。慢性型は，定植後，生育が進まず，下葉から葉のへりが紫赤または紫褐変して枯れ上がり，株全体が萎縮したようになり，徐々にしおれて枯死する。急性型は，健全株と変わりなく生育していたものが，4～5月ごろ急にしおれて葉先が垂れ，青枯れの状態になって枯死する。発病株を抜き取ってみると，支根が先端あるいは中途から褐変枯死し，中心柱は赤褐色に変わり，古くなれば腐朽する。中心柱の赤褐変は，皮層部の褐変よりも進行が速い。一般に露地栽培の低湿地に発生しやすく，降雨後に発病が多い。

●病原菌の生態　病原菌は土中で生存越年し，土壌伝染をする。一度発生したところに連作すると発病が激しくなる。苗によっても伝播する。発病圃でとった子苗や，病原菌汚染地で育成した苗は，根や床土に病菌が潜伏しており苗とともに伝搬される。発育温度は最低5℃，最適22℃，最高30℃以下で，比較的低温性の菌である。侵入と発病は温度の低い時期で，秋の定植後から5月ごろまでのあいだに発病し，以後温度の上昇とともにまったく生じなくなる。

土壌が乾いているところや，ビニルマルチを行なって土が乾燥しているところは発生が少なく，排水不良の低湿地ほど発生被害が大きくなる。また冬から早春のあいだに大雨があり，湛水したり冠水すると激発しやすくなる。春に発生する急性症状は降雨後に現われやすい。

●発生条件と対策　本病はハウス栽培に発生が少なく，露地栽培に被害が大きい。ハウスやトンネルに少ないのは，露地よりも地温や気温が高くイチゴの生育が促進されること，土壌が比較的乾いていることなどが関係していると考えられる。露地栽培でも，マルチを行なったほうが発生被害が軽減する。一般に水田転換畑に発生が多いが，これは土壌の湿気が多くなりやすいためで，畑でも湿気の多いところは発病しやすい。また，山上げしたときの冷涼地でも発生が多い。うね間に湛水したり，とくにイチゴが冠水したような場合には激しく発生し，しばしば全滅の惨害を受ける。

本病は苗伝染するので，採苗は無病圃で行ない，無病地で育苗する。苗を購入する場合は生産地の状況を確かめる。根腐病は土壌病害であるため的確な薬剤防除が難しい。したがって発病地での連作を避け，なるべく無病地を選んで栽培する。低湿地に発生が多く，とくに湛水したり冠水したりすると激発しやすいので，圃場の排水をよくして土壌の多湿化を防ぐ。露地栽培ではマルチを行なって地温の上昇をはかり，イチゴの生育を促進させる。マルチをすれば，降雨があっても土壌の多湿化が防げるため発生被害が軽減される。

促成・半促成栽培では発病が少なくほとんど被害がないので，発病地帯では促成・半促成栽培に切り替えるほうが安全である。しかしこの場合にも，湛水したり冠水したりすると激発するので注意する。被害株は肥料袋などに詰め，空気をできるだけ排出し，口をしっかり閉じて嫌気的発酵処理（サイレージ処理）して病原菌の隔離および不活化を行なう。

［石川成寿］

◉輪斑病 ⇨口絵：病32

- *Dendrophoma obscurans* (Ellis & Everhart) Anderson

●被害と診断　最初の病斑は，中葉ないしは下葉に紫赤色の小斑点となって現われる。病斑は拡大するにつれて不整形となり，紫赤色ないし紫褐色となるが，中心部はやや色が淡い。さらに拡大すると，病斑の周囲が幅広く紫褐色のまま残り，内部は褐色または灰褐色になる。病斑の裏面は表面よりもやや淡色であるが，同じような形，色彩をおびる。病斑が古くなると輪状の紋が現われてくるが，不鮮明なこともある。病斑内部の組織はもろくなっているので破れやすい。また注意して見ると，灰褐色になった病斑面に，小粒黒点がまばらに多数形成されているのがわかる。病斑が拡大して葉脈に達すると，葉脈に沿って病勢の進展が速くなるので，病斑はくさび形などに変わる。1小葉当たりの病斑数は数個内外である。病斑どうしが重なり合うと大型不整形となり，葉が枯死することもある。

葉柄やランナーにも発病するが，病斑は最初，紫赤色の小斑となって現われる。のちに葉柄の長軸に沿って進展，拡大するので，長楕円形の病斑になる。病斑の表面は浅くくぼんでおり，葉柄は病斑部から内側にわん曲することがある。葉柄やランナーの病斑が拡大すると，くぼみはさらに深くなり，最後にはその部分から先は枯死する。

●病原菌の生態　本病は空気伝染性の病害である。第一次伝染源は，前年の被害葉または葉柄やランナーの病斑であると考えられる。前年の被害葉は株について残っていることもあり，落葉して表土に埋もれていることもある。被害葉またはランナーの病斑で越冬した病原菌は，翌年胞子を飛散させ，その年の最初の病斑を葉につくる。葉に侵入して増殖すると，やがて病斑組織内に繁殖期間（柄子殻）を形成する。柄子殻の内部には多数の柄胞子ができ，外表面に開孔している柄子殻の頂部から噴出される。柄子殻は肉眼では小粒黒点になって見え，噴出する柄胞子は汚黄白色の粘塊になって見える。しかし胞子粘塊の噴出は多湿条件下でなければ見られない。胞子粘塊は水や雨で容易に溶けて流され，風雨によって飛散し，再び葉や葉柄，ランナーに病斑を形成する。

本病の伝染，まん延は秋まで継続するが，夏がもっとも活発である。本病原菌の発育適温は28～30℃である。温度が低下すると病勢の進展がやみ，病原菌は被害葉または株の病斑組織内で越冬する。

●発生条件と対策　本病は葉を侵す病害のなかではもっとも代表的なものである。収穫が終わって粗放管理になると多発する。したがって採苗床の親株やランナーが被害を受けやすく，当然，子苗も侵されることになる。病原菌は風雨によって伝搬されるので，そのような気候条件が続くと多発する。多くの品種に発病する。とくに多発するのは，女峰，ダナー，福羽，堀田ワンダー，宝交早生などであり，とちおとめ，芳玉，幸玉，紅富士などは比較的発生が少ない。圃場衛生が不良であると発生が多くなる。圃場衛生を向上させるために，発病茎葉などは速やかに圃場外に除去し，嫌気的発酵処理（サイレージ処理)をする。

収穫後の管理は粗放になりがちであるが，少なくとも育苗用の親株には発生させないように注意する。とくに病斑が目立つものは親株としては不適当である。また病斑があまり多くない場合は，生育に支障のない範囲内で病葉を摘除する。耐病性品種を栽培する。潜在感染親株を除去し，圃場への持ち込みを防ぐ。

［石川成寿］

◉炭疽病 ⇨口絵：病32

- *Glomerella cingulata* (Stoneman) Spaulding & Schrenk〔*Colletotrichum gloeosporioides* Penz.〕

●被害と診断　ランナー，葉柄，托葉などに発生する局部的な症状(病斑)と，株が萎凋枯死する全身症状がある。病斑はランナーと葉柄，葉に生ずる。また，収穫ハウス内でも発生するが，果実に発病を見ることは少ない。ランナーや葉柄に発生する病斑は長径3～7mmの黒色，少し陥没した紡錘形ないし楕円形で，この病斑が拡大するとランナーや葉柄をとり巻き，折れたりして先端部は枯れる。多湿時には病斑上に鮭肉色の粘塊状の胞子塊(分生子層)を形成する。クラウン部が侵され，株が枯れる。苗床に移植した苗の若い葉の1～2枚が生気を失って垂れる。この時期には夕方や曇雨天には回復するが，病気が進むと下葉もしおれて株全体が枯れてしまう。しかし，心葉が黄化したり矮化したりすることはない。しおれ始めた株のクラウン部を切断してみると，托葉のあたりから褐色ないし暗褐色の変色腐敗が内部に向かって進行している。

炭疽病が発生した親床から採った苗では，葉柄に病斑がまったく見えないのに，しおれて枯れることが多い。親床では，苗ばかりでなく，親株が枯死することもある。発病が激しいときには多くの苗が枯死して苗不足を生ずる。収穫ハウスでは，苗床で枯死をまぬかれていた罹病株の一部が，早い時期および収穫後期に枯れることがある。収穫ハウス内での伝染はほとんどない。

●病原菌の生態　イチゴの炭疽病菌は，シクラメン，ソラマメ，エンドウおよび雑草のノゲシなどに伝染する。病原菌の発育適温は28℃前後で，高温を好む。第一次伝染源は，外観健全な潜在感染親株による場合と，病茎葉，ランナーなどとともに土中に残った菌による場合との2つがある。

●発生条件と対策　6月下旬から9月下旬にかけて発病するが，高温の時期にとくに発生しやすい。気温が下がると発病は止まる。雨や頭上灌水が伝染を助ける。病原菌の胞子が雨や灌水のしぶきなどに混じって飛散，伝染するので，盛夏期の強い風雨，夕立などのあとには発生が急にふえる。女峰，とよのか，とちおとめは弱いが，かおり野，サンチーゴ，宝交早生は強くほとんどかからない。はるのか，麗紅などはその中間にある。

親床には無病の苗を植える。前年発病した育苗圃場の苗は，潜在感染しているおそれがあるので用いない。前年の発病床は用いない。親株および仮植床で雨よけ栽培を行ない，灌水は水はねのないドリップチューブなどを使用する。前年の発病床には菌が残っている危険があるので連作しないようにする。連作せざるをえないときには土壌消毒する。発病株は速やかに圃場外に除去し，嫌気的発酵処理(サイレージ処理)する。次年度用の親株には，必ず無病株を用いる。

［石川成寿］

◉炭疽病（コレトトリカム・アキュティタム菌） ⇨口絵：病32

• *Colletotrichum acutatum* Simmonds ex Simmonds

●被害と診断　親株床，仮植床で発生する。症状は葉，葉柄，ランナーに現われる。葉では，上位葉の葉縁部から黒～黒褐色の不整形病斑をつくる。しばしば健全部との境に赤紫色の帯が生じる。最後には病斑は破れやすくなり葉枯れ症状を示す。葉柄，ランナーでは楕円形ないし紡錘形のややくぼんだ黒褐色の病斑をつくり，多湿条件下でサーモンピンクの胞子の塊（分生子層）を多数形成する。クラウン内部まで侵されることはなかったが，品種けんたろうは，萎凋・枯死する。葉枯れ症状株を収穫圃場に定植すると，水滴などで胞子が飛散し，収穫後に実腐れ症状をおこす。露地，雨よけ栽培の四季成り性品種では，はじめ果実の種子周辺に黒色斑点が生じ，やがて実腐れ症状を呈する。販売できなくなる。

●病原菌の生態　病原菌は，イチゴ株への潜在感染と土中に残った罹病残渣によって越冬し，第一次伝染源となる。第二次伝染は，病斑上に形成された胞子が降雨や灌水の水滴とともに飛散して伝染する。病原菌の菌糸は10～30℃で生育し，適温は25℃前後にある。従来の炭疽病菌に比較して最適温度が低く，どの温度帯でも菌糸の伸長が遅い。

●発生条件と対策　梅雨期間が長く，しとしと雨が長期間続く天候の年や冷夏の年は多発する。排水不良で風通しが悪く，イチゴ株の濡れ時間が長い場合は発病を助長する。

無病の親株を選抜する。土壌消毒，排水対策を実施する。雨よけ栽培を全育苗期間中実施し，かつ水はねしない灌水を行なう。　［石川成寿］

◉うどんこ病 ⇨口絵：病33

• *Sphaerotheca aphanis* (Wallroth) Braun var. *aphanis*

●被害と診断　うどんこ病は，葉，果実，葉柄，果梗，つぼみに発生する。植物体表面にクモ糸状のカビと白粉状物を形成する。発病が激しくなると，表面全体が白粉状物で覆われる。つぼみに発生すると花弁にアントシアンを形成し，紫紅色に着色する。つぼみの内部にはクモ糸状物と白粉が形成されており，このようなつぼみは開花しないか不完全開花となる。開花しても果実は肥大しない。果実に発生すると果面が傷みやすくなり，商品価値が失われる。未熟な果実に発生すると肥大が悪くなり，成熟しても果色が悪く味も低下する。

ハウス栽培の促成イチゴに発生して被害が多く，とくに高冷地育苗の促成イチゴに激発しやすい。半促成栽培の場合には，ビニルで被覆すると発生が増加し，被害を生ずるようになる。うどんこ病の被害は非常に大きい。発病のために株全体が枯死したり果実が腐敗するようなことはないが，果実に発生すると商品価値が失われる。

●病原菌の生態　病原菌は，各種作物に発生するうどんこ病菌に近縁のカビで，子のう菌類に属する。菌体はクモ糸状の菌糸であり，白粉状物は胞子の塊である。うどんこ病菌は活物寄生菌であるから，つねに生植物に寄生して生存する。周年イチゴ植物体に寄生生存して越年越夏し，親株から子苗に容易に伝染する。イチゴ以外の宿主として，エゾヘビイチゴ，シロバナヘビイチゴなどが知られている。うどんこ病菌は植物体表面にのみ寄生し，その存在が菌叢として認められる。胞子は空中を飛散して広がり，植物体上に落下したものは発芽して菌糸を生じ，菌糸の一部（吸器）を植物体内に挿入して養分を吸収する。菌糸が発達すると菌叢となり，胞子が形成されてうどん粉をまいたようになる。菌叢上の白粉は非常に多数の胞子の集まりで，これが飛散して広がり，周囲のイチゴに伝染する。

うどんこ病は，最初葉裏に発生しやすい。本病菌はイチゴの地上部各所に寄生するが，最初は葉に寄生して増殖し，発病が多くなると葉の表面やそのほかの部分にも菌叢を形成するようになる。夏の高温期には減少するが，気温の低下とともに再び増加する。胞子の発芽適温は17～20℃前後であるが，0℃内外の低温にあうと，かえって発芽がよくなる比較的低温性の病原菌である。したがって，ランナー発生期，採苗期までは盛んにまん延して多くの菌叢を形成するが，育苗中の7～8月の高温期には菌の活動が抑えられ，菌叢は急激に減少する。高冷地苗圃は低温のため8月中でも発病適温であり，平地苗圃は9月以降，気温の低下とともに再び菌の活動温度となり，発生が順次増加する。

うどんこ病は乾燥，多湿のいずれの状態でも発生する。多くの空気伝染性の病害は乾燥すると発生が少なくなるが，うどんこ病は乾燥状態でも発生が多い。開花結実期に発病すると被害が大きくなる。本病菌は活物寄生菌であるから，寄生された植物は急に枯死するようなことはなく，果実の収量そのものはあまり減少しない。しかし，発病した果実は商品価値が失われるので，経済的に大きな損失を招く。

●発生条件と対策　露地栽培では発生が少なく，ビニルなどで被覆したトンネルやハウスに激しく発生する。促成栽培に発生が多い。うどんこ病の発生は栽培型で異なり，被覆栽培のうちでも，半促成よりも平地育苗促成のほうが，平地育苗促成よりも高冷地育苗促成のほうが発生が多い。草勢が衰えたときに多発する。生育が旺盛なものに発生が少なく，結実収穫期の草勢が衰えたときに多発し被害が大きくなる。とよのか，とちおとめは本病にかかりやすく，女峰は比較的かかりにくい。

促成栽培では，育苗期から薬剤の予防散布をする。うどんこ病は一度激しく発生すると完全な防除が難しくなるので，促成栽培では夏期の菌叢減少期にも薬剤防除する。育苗期以後はつねに発病に気をつけ，発生を認めたなら治療効果のある薬剤を散布し，その後定期的に予防散布する。半促成栽培では，ビニル被覆(1月)以後は発病に注意して，ときどき薬剤を散布して予防し，発生を認めたときには促成栽培と同様に処置する。発病果は有力な伝染源となり，たとえ薬剤で治療してもほとんど商品価値が失われるので，見つけ次第取り除き，ハウス内に放置してはならない。 ［石川成寿］

◉白絹病　⇨口絵：病33

• *Sclerotium rolfsii* Saccardo〔*Athelia rolfsii* (Curzi) Tu et Kimbr.〕

●被害と診断　親株圃・仮植圃・本圃などの野外およびハウス内が高温になる時期に発生する。発病初期には葉柄基部が水浸状になり，地ぎわ部には白色絹糸状の菌糸が観察される。進行すると，浸潤はクラウン部に達し，軟化腐敗が進むため，各小葉への水分提供ができなくなり，株全体がしおれ生育が停滞する。株元にはナタネ大の褐色の菌核が多数形成される。発生地点は圃場の1か所ないしは数か所で，胞子で伝染する病害のように圃場全体に発生することはない。高温・多湿の場合は，病原の菌糸が葉や土壌表面を伸長することにより，周囲の株への伝染が速やかに起こり，被害が拡大する。原発株から同心円状またはうねに沿って伝染する。発病初期には葉に病斑が出ないが，地ぎわ部で進行していることがあり，葉が密集している圃場では発見が遅れやすい。

●病原菌の生態　白絹病菌はイチゴだけでなく，ナス科，アブラナ科，ウリ科，マメ科をはじめ多くの植物に病気を引き起こすが，イネ科にはほとんど寄生しない。土壌伝染性の病害で，おもに菌核で越年し，水分，温度が適切になると発芽する。菌糸が作物組織に遭遇すると，組織表面に菌糸の集塊をつくり，シュウ酸や各種の酵素の働きにより組織を腐敗させる。菌核の発芽限界最低温度は15℃，菌糸伸長の適温は32～33℃，最低温度は13℃，最高温度38℃である。適温では菌糸の伸長は非常に速く，被害が拡大しやすい。菌糸伸長の最適pHは5.9で，弱酸性で生育がよい。発病株から土壌表面に菌糸を伸長させ，近隣の株に伝染する。菌核は耐久体であり土壌中で数年生存するが，土中深くに埋没させたり湛水したりすると死滅しやすい。

●発生条件と対策　高温・多湿の環境で，土壌にも水分が多いときに発生が多い。前年に栽培された作物で白絹病が発生した場合には菌核が残るので発生率が高い。酸性土壌で発生が多い。土壌表面に，作物の枯葉，敷わらなどがあると病気が拡大しやすい。

発病土壌は土壌消毒する。酸性土壌の場合は作付け前に消石灰を散布し，土質の改良をはかる。本圃の場合はフィルムマルチを行なう。発病株は菌核，菌糸を含めてただちに取り除き，圃場外で処理する。土壌表面に落ちた枯葉などは放置せず早めに取り除き，圃場を清潔にする。田畑輪換を行なう。休栽時には反転耕を行ない，菌核を土中に埋没させる。

［羽山　潔］

オクラ

◉葉すす病 ⇨口絵：病34

• *Pseudocercospora abelmoschi* (Ellis & Everhart) Deighton

●被害と診断　葉の裏面に黒褐色の小さな斑点が散在して生じ，次第に拡大してすす状に盛り上がり，暗黒色の不整形病斑になる。すす状の病斑は融合し，葉全体がすす状のカビで覆われる。病斑は葉の表裏に生じるが，葉裏で顕著に見られる。葉の裏側に生じた病斑の反対側の表面は黄色となり，のち褐変する。ハウス栽培や多湿条件下では葉の表面にも病斑を生じる。

●病原菌の生態　分生胞子は病葉上で多数形成され，容易に飛散し周囲に伝播する。菌叢発育適温は28℃前後にあり，22～32℃の範囲でよく生育する。分生胞子の侵入は乾燥より多湿条件下で良好である。被害葉上の病原菌は長期間生存し，次回作の伝染源となる。分生胞子は50℃以上の高温下では短時間で死滅する。

●発生条件と対策　比較的温度の高い(25～28℃)，しかも多湿条件下で発生しやすい。ハウス栽培では密閉状態が続くと多発する。過繁茂で密植栽培すると発生しやすい。露地よりハウス栽培で発生しやすい。

病葉上に形成された胞子は容易に周囲に飛散し急速にまん延するので，発生初期の防除に努める。ハウス内は換気を十分に行ない，加湿にならないように努める。下位の病葉や残葉は速やかに集め処分する。栽培終了後に病茎葉や株は集め，焼却あるいは陽熱処理し，次回作の伝染源を断つ。ハウス栽培終了後に蒸し込み処理を行なう。日照，通風をよくする。病勢が伸展したのちは薬剤の処理効果が低いので，発病初期に重点防除を行なう。密植を避け，排水対策を十分にする。マルチ下かん水を行なう。連作は避ける。

[堀江博道]

◉灰色かび病 ⇨口絵：病34

• *Botrytis cinerea* Persoon

●被害と診断　低温多湿時期の果実腐敗および落果の大きな原因となる。開花終了後の花弁に水浸状の病斑が生じ，次第に拡大して花弁全面に広がり，褐色～黒灰色のカビで覆われる。菌叢上には多数の分生胞子が形成される。花弁から果実に進展すると幼果の先端が褐変し，果実腐敗の原因となる。発病した幼果は肥大することなく生育初期の段階でほとんどが落果する。樹上に残った病果はカビで覆われ，周囲への汚染源となる。茎葉での発生はきわめて少なく，発病花弁や病果の落下・付着で発病する。

●病原菌の生態　生植物への感染力は比較的弱く，活力の弱った組織や傷口から侵入・感染が多い。寄生性は強くない。本菌は腐生的性質が強く，あらゆる有機質資材で繁殖する。病植物および有機質資材で増殖し形成された分生胞子は風などで容易に飛散し，周囲にまん延する。病原菌の増殖はきわめて早い。分生胞子は低温・多湿条件下でよく形成される。病原菌の生育温度の範囲は広いが，発育の適温は比較的低く22℃付近にある。

●発生条件と対策　比較的低温(20℃以下)で多湿条件が続くと発生しやすい。低温で果実の生長が遅く，花弁が落下しないで付着したままだと発病しやすい。低温期にはハウスが密閉状態になるため結露を生じやすく，多湿になり多発を招きやすい。暖房施設のない無加温栽培で発生しやすい。密植栽培すると徒長し，過繁茂になるため発病を助長する。無マルチ栽培で発生しやすい。落葉や落下した果実などが多いと汚染源になり多発生の原因になる。

低温多湿条件下では薬剤散布だけで防除することは難しい。防除は薬剤だけでなく耕種的および物理的防除法を組み合わせて総合的に行なう。低温期の加温栽培は防除対策としてきわめて効果的である。とくに夜間の保温と日中の換気を十分に行なうことで発生を抑止することができる。病果や発病花弁は速やかに除去する。マルチ栽培を行ない，マルチ下灌水で過湿防止に努める。開花後の果実付着花弁は取り除く。落葉や落下果実は集め処分する。

［堀江博道］

◉菌核病　⇨口絵：病34

• *Sclerotinia sclerotiorum* (Libert) de Bary

●被害と診断　冬の低温期に花弁および果実，茎葉に発生する。葉での発生は少なく，罹病部との接触や花弁，病果の落下・付着により発病する。幼果期に花弁やその付着部から発病し，水浸状に果実全体に広がる。花弁が落下せず発病し幼果に及び，白色綿毛状の菌叢で覆われる。側芽や茎の分枝部などから発病し，主茎に水浸状病斑を形成して上下に進展する。病斑の上部はしおれて枯れる。果実などの罹病部は最初白色の菌叢で覆われるが，しだいに菌糸の塊を生じ，のち黒変して菌核となる。病茎の内部には黒色ネズミ糞状の菌核が形成される。

●病原菌の生態　菌核は被害茎中や病果上に形成され，被害株とともに地上に落下し，次回作の汚染源になる。菌核は長期間生存し，地表面では2年程度，土中では1年程度生存する。湛水などの多湿条件下では死滅しやすい。土中の菌核は低温条件下(20℃前後)で発芽し，子のう盤を形成して子のう胞子を周囲へ飛散させる。子のう盤の形成は5～20℃で見られ，適温は15℃付近にある。多湿条件下で多くなる。子のう胞子の発育適温は18～20℃前後にある。本病の発生は20℃前後で多い。25℃以上では発生がきわめて少ない。病原菌はきわめて多犯性で，150種以上の植物をおかす。

●発生条件と対策　第一次伝染源である菌核は低温多湿条件下で容易に発芽し，急速に伝播する。低温で果実の発育が遅い場合に多発する。低温期にはハウス内が密閉条件になるため，多湿になり結露を生じやすく多発を招く。密植や過繁茂な栽培は発病を誘発する。無加温栽培で発生しやすい。窒素質肥料が多いと軟弱徒長になり発病を助長する。

前年の多発圃場は避ける。前年の発生圃場では植付け前に薬剤処理などの防除対策を行なう。菌核は土中深く埋め込むと発芽困難になるので，天地返しを深く行なう。夏季高温期に透明ビニールを用いて太陽熱消毒を行なう。ビニールマルチにより地表面を覆い，マルチ下灌水を行なう。低温期の加温栽培，とくに夜間の加温は有効な手段である。近紫外線を除去した場合に子のう盤の形成が抑制されるので，施設栽培では近紫外線除去フィルムを外張り資材として用いる。病果や病茎葉などの被害植物は見つけ次第，焼却処分する。栽培終了後に湛水処理を行ない菌核を腐敗させる。

［堀江博道］

キュウリ

◉CMVによるモザイク病 ⇨口絵：病35

- キュウリモザイクウイルス
  Cucumber mosaic virus (CMV)

●被害と診断　モザイク病は全身病であるが，葉，果実に病徴が現われる。CMVの普通系による病徴は，新葉に小さな退緑斑点を多数つくり，それが互いに集合してモザイク症状になる。果実にも軽微なモザイクを生じる。CMVのラゲナリア系では，新葉に軽いモザイク症状を現わすと同時に，中位葉に淡黄褐色の不整形小斑点を生じる。この小斑点が葉脈に沿って並んでえそ症状を現わすことが多い。果実は明らかなモザイク症状になり，奇形になることがある。カボチャを台木とした接ぎ木栽培では，CMVとZYMV，WMV2，PRSVのいずれかあるいは2種以上の重複感染によって萎凋を引き起こすことがある。

●病原ウイルスの生態　CMVは，キュウリのほか45科190種以上の植物に寄生する。雑草や他作物からアブラムシ類によって伝染する。管理作業によってもある程度伝染するが，種子および土壌では伝染しない。CMVは発病した植物体に残り伝染源となる。イヌガラシなどの多年生雑草にも発病する。イヌガラシなどは，冬には地上部が枯れ翌春にまた葉が出てくるが，この葉に発病していて伝染源となる。

CMVは数種のアブラムシによって伝播されるが，キュウリの場合はワタアブラムシ，モモアカアブラムシなどによることが多い。病気の株の汁液を吸い，健全な株に行き口吻（吸収口）を挿入することによって伝播する。アブラムシは4月から11月ころにかけて発生が多く，移動も活発である。その他の時期は発生が少なく移動も少ない。したがって，モザイク病は春から秋に，とくに夏期に発生が多い。

アブラムシには有翅型と無翅型とがあるが，キュウリに最初飛来するのは，多くの場合空中を浮遊してくる有翅型である。一般に作物は生育初期にモザイク病になった場合被害が大きい。この場合，有翅型にウイルスをうつされることが多い。したがってモザイク病を防ぐには，生育初期に空中を浮遊してきて飛来する，有翅型のアブラムシを防除することがもっとも重要である。

●発生条件と対策　キュウリ，トマト，ダイコン，ハクサイ，ホウレンソウなどのCMVの寄生植物の作付けが多いと，その地帯のCMVの密度がだんだん高くなり発病が多くなる。この場合，各種の雑草にも発病株が多くなり，そのうち多年草のものではCMVが根に残って翌春の伝染源となるので，モザイク病の多発傾向をますます助長する。露地で栽培される期間が長い早熟栽培，抑制栽培に発生が多い。とくに夏期露地で生育初期をすごす抑制栽培では，早くから発生し被害が大きい。一方，施設栽培では一般に発病が少ない。これは施設ではアブラムシの飛来が少ないためである。しかし，施設栽培でも露地で育てた苗を定植した場合，多発することがある。乾燥した天気がつづくとアブラムシの発生が多くなり，モザイク病の発生も多くなる。

アブラムシの発生の多い春から秋にかけて露地で育苗する場合は，付近に発病株のないところで行なう。また薬剤散布によりアブラムシ防除を徹底する。防虫ネットで苗床を被覆し，アブラムシの飛来を防止する。春から秋の期間に行なう露地栽培では，付近に発病株のない畑を選定し，薬剤散布によるアブラムシ防除を徹底する。発芽または定植直後から防虫ネットでトンネル状に1か月くらい被覆しアブラムシの飛来を防止すると，発病を著しく少なくすることができる。さらにアブラムシの飛来を防止するためにシルバーテープの利用，またはシルバーポリフィルムで被覆しておくと，その反射光をアブラムシが忌避し，有翅型アブラムシの飛来が少なくなり，モザイク病の発生も軽減される。

施設栽培でも，アブラムシの発生の多い時期には，入口や天窓や横窓などに防虫ネットを張る。近紫外線除去フィルム（UVカットフィルム）を展張するとアブラムシの侵入防止に有効である。［高橋尚之］

◉ZYMV，WMV，PRSVによるモザイク病 ⇨口絵：病35

- ズッキーニ黄斑モザイクウイルス　*Zucchini yellow mosaic virus* (ZYMV)
- スイカモザイクウイルス　*Watermelon mosaic virus* (WMV)
- パパイア輪点ウイルス　*Papaya ringspot virus* (PRSV)

●被害と診断　葉，果実に病徴が現われる。一般に，CMVに比べ発生の度合いが少ない。ZYMVによるモザイク病は，はじめ生長点付近の小葉に明らかな葉脈透化症状が見られ，その後奇形を伴った激しいモザイク症状となる。果実にも激しいモザイクと奇形症状を生じる。WMVによるモザイク病は，CMVやZYMVと比べ葉の症状がきわめて軽く，一見すると健全株と見分けがつかない場合が多い。果実には明らかなモザイク症状が見られる。PRSVによるモザイク病は，葉脈透化，モザイクなどの症状を生じるほかに，黄化症状が強く現われる。カボチャを台木とした接ぎ木栽培では，CMVとZYMV，WMV，PRSVのいずれかあるいは2種以上の重複感染によって萎凋症状を引き起こすことがある。モザイク病にかかるとキュウリの生育が劣り，収量が低下する。早期に発病するほど被害が大きい。

●病原ウイルスの生態　病原のWMVは，キュウリのほか各種のウリ科植物，エンドウ，ソラマメ，ホウレンソウなどに全身感染，ZYMVは多種のウリ科植物に全身感染するが，ホウレンソウ，エンドウ，ソラマメの上葉に症状を現わさない。しかし，CMVに比べるとはるかに寄生範囲がせまい。アブラムシ伝播が主であり，整枝，摘心，収穫などの農作業による接触伝染によりある程度発病するが，種子伝染，土壌伝染はしない。アブラムシによる伝播はCMVの場合と同様である。

●発生条件と対策　発生しやすい条件はCMVの場合と同様である。伝染は急ではないが，接触伝染によって生育後半に多発することがあるので，発病株は早く処分し接触株への伝染を防ぐ。その他の対策は，CMVの場合と同様である。

［高橋尚之］

◉黄化病 ⇨口絵：病35

- ビートシュードイエロースウイルス
  Beet pseudoyellows virus (BPYV)

●被害と診断　育苗後期から定植後間もないころに発生しはじめ，その後は収穫末期まで発生が続く。下葉から発生するが，初期の症状は斑点型と黄化型に大別される。斑点型はおもに若葉の葉脈間に退緑色，不整形の小斑点を多数生じ，多湿時には水浸状を呈する。黄化型は小斑点の形成が不明瞭で，葉脈間に不整形，黄緑色のやや大型の斑紋状退色斑を生じる。進行すると，いずれの症状も葉脈間が黄変し，葉全体が鮮黄色となり，硬化して葉縁を下側に巻く。葉脈は比較的長く緑色を保つ。初期症状の株では，全葉が発症せずに健全葉が混在したり，1枚の葉全体が黄化せずに基部や支脈に限られた局部的な黄化を示す。被害株は草勢が著しく衰弱し，側枝の発生と伸長が不良になり品質不良果が増加する。近年，類似症状を示すキュウリ退緑黄化病（CCYV）が発見されている。

●病原ウイルスの生態　BPYVの寄主範囲はウリ

科，キク科，ヒユ科，アカザ科の植物である。これらのうち自然発病植物はウリ科のみである。このウイルスはもっぱらオンシツコナジラミにより伝搬される。重要な伝染源は，キュウリ産地内に周年的に作付けされているキュウリの被害株である。キュウリ以外のウリ科野菜や雑草も伝染源になっていると考えられる。伝染源を吸汁したオンシツコナジラミの成虫が育苗期から定植後のキュウリに飛来して本病を媒介する。CCYVはタバココナジラミによって媒介される。

●発生条件と対策　オンシツコナジラミの成虫が野外から施設内に飛来・侵入する時期はおもに10～11月であるから，抑制作型および越冬作型など，秋から冬にかけて収穫するキュウリに多発する。また，抑制作型で発生すると，その後作となる促成作型および半促成作型でも早期から発生することが多い。夏秋期の気温が低い年は媒介虫の密度が高く，施設内への飛来侵入も早いため多発する傾向にある。キュウリを周年的に生産する産地では伝染源が絶えないので被害が多い。また，換気部に防虫ネットや寒冷紗を被覆しない施設では，いずれも早くから発病して被害が著しい。

媒介虫の飛来侵入を防止するため，育苗施設や定植施設の側窓部，出入り口に防虫ネット・寒冷紗を張る。育苗期および定植直前に黄色粘着板や同質のテープを吊り下げて媒介虫を誘引，捕捉する。育苗期および定植後から収穫期にかけて，随時に殺虫剤を散布してオンシツコナジラミの防除を行なう。オンシツコナジラミの発生前または発生ごく初期に天敵を導入するのもよい。キュウリを作付けしている施設で育苗しない。被害株は早めに抜取り処分を行なう。施設内外の除草を徹底し媒介虫の密度を下げる。

［橋本光司］

◉黄化えそ病 ⇨口絵：病36

- メロン黄化えそウイルス
  Melon yellow spot virus (MYSV)

●被害と診断　症状はおもに葉に発生する。はじめ生長点付近の展開中の葉に葉脈透化症状が現われ，続いて展開してくる葉には明瞭なモザイクが現われる。この頃になると，はじめに葉脈透化症状を現わした葉が退緑あるいは黄化症状を呈するようになり，葉脈に沿って斑点状のえそを生じる。果実には目立った病徴が見られないことが多いが，モザイクや火ぶくれ状の奇形を生じる場合もある。

●病原ウイルスの生態　MYSVは寄生範囲が比較的狭く，キュウリ，メロン，スイカ，ニガウリなどのウリ科作物のほか，オランダミミナグサなど数種の野草に限られる。アザミウマ類の媒介で伝染するが，種子伝染や土壌伝染は認められていない。管理作業によって接触伝染する頻度もそれほど高くないと考えられる。したがって，MYSVは多くの場合，罹病キュウリあるいはメロンなどからアザミウマ類を介して，健全キュウリに伝搬する生活サイクルをくり返していると考えられている。

●発生条件と対策　圃場周辺にキュウリやメロンの罹病株が多い場合や，アザミウマ類の発生が多い場合には多発するおそれがある。キュウリやメロンが周年栽培されている地域ではウイルスの伝染環が途切れることがないため，一度発生するとその後も慢性的に発生が続く。

発生初期に罹病株の抜き取りを行ない，アザミウマ類の防除を徹底すると，圃場内でのその後のまん延を防止することができる。逆に，初期対応が遅れ罹病株を圃場に残すと，徐々にまん延して防除が困難になるので，罹病株の早期発見と早期抜き取りがもっとも重要である。抜き取った罹病株は，ただちに土中に埋めるなどの処理を施す。物理的なアザミウマ対策として，施設栽培では紫外線カットフィルムを使用する。ハウスの天窓やサイドなどの開口部を防虫ネットなどで被覆し，外部からの侵入を防ぐ。栽培が終了したら蒸し込み，アザミウマ類を死滅させる。土壌中のアザミウマ類の蛹を死滅させるために5日以上の湛水処理を行なう。露地栽培では，圃場周辺に寒冷紗などによる垣を設け，アザミウマ類の圃場への侵入を防ぐとともに，シルバーポリフィルムによるマルチを行なう。　〔竹内繁治〕

◉緑斑モザイク病　⇨口絵：病36

• キュウリ緑斑モザイクウイルス
Kyuri green mottle mosaic virus (KGMMV)

●被害と診断　緑斑モザイク病は，葉，果実に病徴が現われる。葉は激しいモザイク症状となる。発病初期は新葉に淡黄色の小斑点が現われ，しだいに明瞭なモザイク症状となる。葉脈緑帯や葉脈透過などの症状を示し，葉の表面は凸凹になる。果実は，症状が軽い場合は淡黄色のモザイク果となり，症状が重い場合は濃緑色のこぶを形成し，凸凹の奇形果となる。生育は不良になる。刃物などによる管理作業により汁液伝染しやすいため，うねに沿って連続して発生することが多い。

●病原ウイルスの生態　KGMMVはほかのウリ類にも感染する。種子伝染，土壌伝染，汁液伝染，接触伝染し，虫媒伝染はしない。汚染種子，汚染土壌によって最初の感染がおこり，管理作業による汁液伝染，接触伝染によって圃場全体にまん延する。とくに汁液伝染しやすく，刃物を用いた管理作業などにより容易に隣接株に伝染する。

●発生条件と対策　種子伝染するので，発病株から採取した種子を播種すると発生する。罹病株の残渣が伝染源となって土壌伝染するので，KGMMVが発生した圃場で連作すると発病が多くなる。

種子伝染を防止するため健全種子を播種する。種子消毒は70℃で3日間乾熱処理する。発病株の早期発見に努め，発病株はただちに抜き取り，他の株への伝染を防止する。管理作業中に汁液伝染，接触伝染しやすいので，刃物などは第三リン酸ナトリウムなどで消毒し，うねごとに交換する。発病株周辺の管理作業は最後に行なう。効果のある土壌消毒剤はないので，前作でKGMMVが発生した圃場は，土壌伝染を防ぐため残渣の腐熟促進処理を行なう。

KGMMVが発病した圃場は，栽培終了後に罹病残渣を圃場外へ持ち出し処分する。このとき，根もできるだけ取り除く。土壌中に残った細かい残渣を腐熟させるため，牛糞堆肥を4t/10a入れ，水分調整し(手で土を握ると固まって少しひびがわれるくらい)，よく耕起し，3か月間置く。湛水状態，乾燥状態だと腐熟が進まないため，1か月に1回程度水分調整し耕起する。温度は微生物の活動の盛んな30℃くらいが適しているため，夏場ハウスを開放して行なうとよい。　〔武山桂子〕

◉緑枯細菌病　⇨口絵：病37

• *Pseudomonas marginalis* pv. *marginalis* (Brown 1918) Stevens 1925
• *Pseudomonas viridiflava* (Burkholder 1930) Dowson 1939

●被害と診断　葉，茎，葉柄，巻きづる，果実，根などに発生する。葉では，下位葉や栄養状態の悪い葉などに発生が多く，若い葉には少ない。葉の縁からくさび形に大型水浸状の病斑をつくるのが特徴で，はじめ葉縁の水孔付近に水浸状の小斑点となって現われる。この小斑点はしだいに大きくなり，やがて暈紋(うんもん)を伴った不規則な淡褐色の病斑となる。病斑は葉の縁に沿って広がるとともに，葉の中心部に向かってくさび形に拡大してゆく。葉縁から発病するのがふつうだが，傷があるときにはその部分からも発病する。健全部との境は水浸状を呈し，病斑部は褐色の波形を描きながら拡大し，葉脈の線をはっきり残して褐色ないし灰白色に枯死する。

茎や葉柄，巻きづるにも淡褐色水浸状の病斑を生じ，茎を切断すると導管部の褐変が認められる。果実では，初め果梗の部分が淡褐色水浸状になり，その部分が褐変するとともに，果実全体が黄化萎凋して軟化し，のちミイラ状になる。ミイラ状果実は5cm前後の幼果に多く，10cm以上の成果には少ない。腐敗果はほとんど見られない。果実を切断してみると病斑部の褐変が認められ，根でも褐色水浸状の病斑が見られ，切断すると導管部に褐変が認められる。

●病原菌の生態　*P. marginalis*の発育適温は28～33℃，最低2～3℃，最高36℃である。*P. viridiflava*の発育適温は30～31℃，最低0.5℃，最高35℃である。ふだんは腐ったもので生活し，キュウリの抵抗力が弱ったときに発病する，いわゆる日和見菌である。

●発生条件と対策　栄養条件が悪いと発生しやすい。すなわち，肥料不足ぎみの場合や，老化した株に発生しやすい。登録農薬はないので斑点細菌病の防除に準じる。病葉や病株は放置することなく，切り取って集め処分する。

［高橋尚之］

◉斑点細菌病　⇨口絵：病37

• *Pseudomonas syringae* pv. *lachrymans* (Smith & Bryan 1915) Young, Dye & Wilkie 1978

●被害と診断　葉，茎および果実に発生する。子葉には水浸状，円形あるいは卵円形，暗色のへこんだ病斑を生じ，のちに褐色に変わる。本葉には，はじめきわめて小さい水浸状で暗褐色の点を生ずる。この点はしだいに広がり，色も黄褐色に変わり，径3mmほどの葉脈に囲まれた多角形の病斑となる。このとき，病斑の周囲が黄変し，ハローとなることもある。湿潤状態では病斑部からはしばしば白濁の液汁（細菌）がしみだす。初期の病斑は早期に観察するとよくわかる。病斑はのちに白色に変わり，もろくなり，穴があきやすくなる。茎および葉柄には，最初円形の水浸状斑点を生じ，のちに白色に変わり，ヤニをだす。成熟した果実では，果皮の内側にも褐色の病斑を生じ，褐変はときに維管束に沿って種子の部分までおよび，つづいて腐敗をおこす。春秋の比較的気温の低い時期に発生が多い。

●病原菌の生態　斑点細菌病菌は多数のウリ科植物を侵すが，ウリ科以外は侵さない。病原細菌は，主として種子について越年し伝染する。種子についた病原細菌は2年くらい生きている。土壌中に入っていたり，被害茎葉についていて越年することもある。生育期には，葉および果実の気孔，水孔，傷口などから入り発病させる。雨により病原細菌が飛散し伝染する場合が多い。農作業時に細菌が農機具や衣服などについて伝染することもある。病原細菌の生育適温は25～27℃，最低1℃，最高35℃である。低温でも繁殖する。

●発生条件と対策　気温20～25℃，多湿条件下で病勢の進展は激しく，露地，施設栽培を問わず，雨天が連続すると多発する。連作すると発病が多くなる。窒素肥料の過用や軟弱なキュウリの生育は発病を助長する。

発病地では連作を避ける。保菌種子または被害植物の残渣からは初期から伝染するので，種子は処理（70℃，3日）を行ない，前作キュウリの残渣は除去する。発病後の防除は難しいので，月1，2回の薬散の予防散布を行なう。天候不順あるいは発病を認めたら，7～10日間隔で防除を徹底する。比較的低温で多湿環境が発病に適するので，施設栽培では温度管理に注意し，マルチ栽培や多発時には加温温度を上げるなどによって湿度を下げる。窒素肥料の過用や軟弱な生育は発病を助けるので，施肥や日常の水管理に注意する。

［高橋尚之］

◉べと病 ⇨口絵：病38

- *Pseudoperonospora cubensis* (Berkeley & M. A. Curtis) Rostovzev

●被害と診断　べと病は葉だけで発生し，その他の部分には発生しない。ふつう下葉から発生し，次第に上葉に広がる。はじめ淡黄色をした，境界のはっきりしない小さな斑点を生じ，のちに拡大して淡褐色に変わり，葉脈に囲まれた角形で黄褐色病斑となる。

病斑は古くなると黄褐色～灰白色となり，近くの病斑が合併し，一枚の葉全体に広がることもある。このような病葉は，雨天がつづくときは湿気を帯びてベトベトになるが，晴天になり乾燥するとガサガサになり，もろくなる。ふつう露地栽培で発生が多いが，ときにはトンネル栽培で被覆中にキュウリの葉に侵入まん延しており，被覆除去後にいっせいに発病することがある。ハウス栽培などでも急激にまん延し，大きな被害をもたらすことがある。

●病原菌の生態　べと病はキュウリのほかカボチャなどにも発生する。べと病菌は分生子および卵胞子をつくる。越年の方法はまだ十分明らかにされていない。キュウリが周年栽培されるところでは分生子により次々と伝染発病する。病斑上にできた分生子は風などで飛ばされ，空気中を浮遊してキュウリの葉に到達し，ここに水滴があると発芽して遊走子を生ずる。さらに遊走子から菌糸を生じ，気孔から侵入し，葉の組織内に菌糸が広がり発病させる。

●発生条件と対策　気温がやや低温（20～24℃）で多湿条件が発病に適する。露地栽培では6～7月頃発生が多い。しかし，施設栽培では周年発生し，薬剤防除が不十分であるとひどく発生することがある。トンネル栽培ではふつう被覆を除去してから発生する。肥料が切れたり生育初期に果実をつけすぎ，株の勢いがおとろえた場合にも発病が多くなる。密植した場合発病が多くなる。

密植を避け，通風，透光をよくする。排水をよくして過湿を避ける。土壌からの感染を防ぐためにポリマルチや敷わらをする。肥料を十分に施し，肥切れしないようにする。施設栽培では換気をよくする。トンネル栽培では，晴天温暖の日にはビニルをはぎ，日光に当てて換気をはかる。発病前から薬剤散布を行ない，予防に重点をおき，子葉展開期から7～10日間隔で行なう。初発後，病勢の進展が激しいときは薬剤の散布間隔を縮める。生育初期に果実がなりすぎると，勢いがおとろえ発病が多くなるので，摘果し着果数を調節する。

［高橋尚之］

◉疫病 ⇨口絵：病38

- *Phytophthora melonis* Katsura
- *Phytophthora nicotianae* Breda de Haan

●被害と診断　疫病は，苗床から収穫を終わるまで発生する。露地では，茎，葉，果実に発生する。施設栽培では地上部の発生がほとんどなく，もっぱら茎の地ぎわ部や根に発生し株枯れをおこす。苗床では幼苗が侵され立枯れをおこす。茎では地ぎわ部に暗緑色，水浸状，紡錘形のへこんだ病斑を生じ，拡大して茎を取りまき，ひどいくびれを生じ，この部分から上は急激に萎凋して枯れる。葉では暗緑色，水浸状の円形または不整形の病斑ができ，急速に拡大し，湿潤状態では軟化して霜状の菌叢を生じ，乾くとガサガサとなり，破れやすくなる。乾いたとき病斑は灰白色となる。下葉から発病することが多い。果実の場合，ごく幼果では暗緑色となり腐敗する。やや肥大した幼果では，へこんだ丸い暗緑色，油浸状の病斑をつくり，わん曲することが多い。病斑は急速に全葉に広がり，白色の綿状物を密生し，軟化腐敗して特有の臭気を発する。疫病は病勢の進展が急速で，萎凋枯死するので被害が大きい。

●病原菌の生態　*P. melonis*による疫病はウリ科植物以外侵さない。*P. nicotianae*による疫病は，キュウリのほかナス科など多くの植物で発生する。疫病菌は，被害茎葉および被害果実などとともに土壌中に入り，主として菌糸，卵胞子などの形で越年する。また，支柱や温床の枠に付着していて発病のもととなる。また，遊走子のうから放出される遊走子が水中を泳いで分散することから，大雨のあとに多発することがある。発育適温は28～32℃であるが，24℃くらいで多湿のときに発生が多い。露地栽培では5月上中旬から発生しはじめ，全生育期間にわたるが，6月中旬～7月上旬にもっとも多く発生する。

●発生条件と対策　圃場が冠水した場合や排水の悪いところ，酸性土壌で，地這い仕立てで発生が多い。養液栽培の培養液に病原菌が入ると，猛烈な速さで病気が広がる。

菌の侵入から発病までが非常に速く発病後の対策では手遅れになるため，防除は予防に重点をおく。施設栽培では苗床および本圃の土壌消毒を，露地栽培では地上部への薬剤の定期散布を中心に防除する。圃場の浸冠水防止をはかり，高うね，浅植え栽培を行ない，施設栽培では多湿にならないよう日常の水管理あるいは畦土への水滴落下防止などに気をつける。露地栽培では敷わらなどによって地表からの雨滴のはね上がりを防ぐ。圃場が浸冠水した場合や，通常の条件下でも発病が見られ始めた場合には，ただちに灌注剤の処理を行なってまん延防止をはかる。常発あるいは連作圃場では，カボチャ（新土佐など）が抵抗性が強いので，これを台木として接ぎ木栽培を行なうと地下部の発病はほぼ回避できる。

養液栽培では，施設内に病原菌が侵入するのを防止する。疫病は遊走子により水媒伝染するので，病原菌を含んだ水が養液タンクや培地に混入しないようにする。施設に入るときに専用の履き物を使用するなど施設内への出入りに気をつける。培地および施設を消毒する。

［高橋尚之］

◉灰色疫病　⇨口絵：病39

• *Phytophthora capsici* Leonian

●被害と診断　茎葉，果実，根が侵される。葉では，はじめ円形暗緑色で軟腐状の病斑を生じ，多湿条件下では病患部に灰白色粉状のカビを生じる。果実では，病患部が暗緑色で水浸状または軟腐状となって，中心部は凹んだ状態となり，周辺部に白色～灰白色で粉状のカビを生じる。茎では，はじめ病患部に水浸状病斑を生じ，やがて軟腐状となり，くびれて細くなる。多湿条件下では，病患部に灰白色のカビを生じる。

養液栽培では根部が侵される。根は，はじめところどころが褐色に変色した部分が生じ，やがて根全体が淡褐色になって軟腐状に腐敗する。地上部では日中，茎頂部にしおれが生じ，夜間に回復する症状が見られ，やがて回復することなくしおれた状態となり枯死する。枯死株の地ぎわ部は黄変して軟腐状となり，多湿条件下では灰白色のカビを生じることがある。

●病原菌の生態　ナス科（ナス，トマト，トウガラシ），ウリ科（カボチャ，シロウリ，スイカ，マクワウリ，ユウガオ）など広く感染し多犯性である。感染後，宿主内にまん延し，宿主体上に遊走子のうを多数形成し，遊走子によって伝染する。やがて，宿主体内に休眠器官である卵胞子を形成し，罹病残渣とともに土壌中に残存する。土壌中の病原菌が地上に降雨などによってはね上げられ茎葉に感染する。また，根や地ぎわ部の茎に感染して作物体を枯死させることがある。生育適温は28～30℃，最高温度は35℃，最低気温は10℃である。気温が23～26℃の範囲のとき被害が多い。

養液栽培では，おもに根に感染して根腐れ症状となって枯死することが多い。感染後培養液中に遊走子を形成し，培養液によって病原菌がまん延，被害を大きくする。罹病植物の根，作物残渣に病原菌が残って，次作の感染源となる。

●発生条件と対策　過湿な圃場，地下水位の高い圃場で発生が多い。23〜26℃で多湿な条件下で発生しやすい。自根栽培では被害が多い傾向がある。連作は発病を助長する。被害をくり返すことで土壌中に病原菌の休眠器官である卵胞子が蓄積し，被害が増加する。

病原菌はキュウリ疫病菌と同属に属することから，土耕栽培での防除対策は疫病に準じる。多発圃場では，太陽熱消毒などの土壌消毒が必要。地下水の高い，排水不良な畑で作付けする場合には高うね栽培とする。苗床の感染を圃場に持ち込むことが多い。育苗時には，できるだけ新しい土(さら土)を用いる。苗床の土を交換しないで使用する場合，土壌消毒するほうがよい。酸性土壌で被害が多いので，石灰などを施用して土壌酸度を調整する。

養液栽培では病原菌が罹病植物や土壌の混入などで栽培系に持ち込まれ，培養液を介して施設内にまん延する。圃場衛生に注意する。施設内はシートを敷くなりして土埃が舞い上がらないようにする。栽培槽を地表面に設置している場合，土壌の飛び込みから被害の発生することがあるので，地表面から30cm程度高くして設置するようにする。栽培施設内と外部との履き物の区別，手洗い，罹病圃場への出入りなどに注意する。苗から圃場に持ち込まれて，施設を汚染して発病をくり返すケースが多い。健全な苗の確保に留意する。育苗時に根腐症状の株を除くようにする。培養液を汚染してまん延するので，発病圃場では栽培槽，定植パネル，タンク，配管，ポンプなど栽培施設すべてが汚染する。発泡スチロールの汚染は，次亜塩素酸などの表面殺菌剤では難しいので，被害圃場では熱による消毒方法(パネルフィッシャーなど)を導入する。発泡スチロールの定植パネルを使っている場合，植物の根が発泡スチロール内に入り込むので，被害が出たら定植パネルを交換するか熱消毒する必要がある。

［草刈眞一］

◉灰色かび病 ⇨口絵：病39

• *Botrytis cinerea* Persoon

●被害と診断　花，幼果，葉に発生する。咲き終わってしぼんだ花の部分から侵され，灰色のカビが発生する。病菌は続いて幼果を侵し，黄褐色となり軟らかく腐る。地面に近い果実に発生しやすい。葉の縁に近いところに灰褐色の丸い大型の病斑を生じ，灰色のカビを密生することもある。地面に接した葉が発病しやすい。巻きひげにも発生する。20℃くらいで多湿のときや，12月から4月にかけて暖地の施設栽培に発生しやすい。気象条件が発病に好適なときは急速にまん延する。

●病原菌の生態　灰色かび病菌は，ナス，トマト，イチゴなど各種植物にも寄生する。菌糸または菌核などの形で被害部につき越年し，伝染源となる。また菌核は，土中にあって越年し伝染源となる。越年した菌糸や菌核から生じた菌糸からできた分生子は，咲き終わってしぼんだ花に感染し，ここで菌糸を生じてまん延し，続いて幼果を侵す。病原菌がまん延した花弁が落ちて葉についた場合，また葉に落ちた花弁に病菌が繁殖したときは，葉も侵し病斑を生ずる。病原菌の生育適温は20〜25℃，最低2℃，最高31℃である。

●発生条件と対策　比較的低温の20℃くらいで，多湿のときに発生しやすい。暖地では，12月から4月ころにかけて施設栽培に発生が多い。とくに暖房施設のない無加温施設栽培で多い。朝夕の急激な冷えこみは，本病の発生を著しく助長する。一般的に，草勢がやや衰えたときに罹病しやすい傾向がある。

換気をはかり多湿にならないようにする。マルチを行ない，土壌からの病菌の伝染を防止する。授粉が終わった花の花弁は摘みとり，病原菌が侵入するのを防ぐ。また，発病果，発病葉は速やかに取り除き処分する。発病前から薬剤散布をして予防する。

［高橋尚之］

◉褐斑病 ⇨口絵：病40

- *Corynespora cassiicola* (Berkeley & Curtis) Wei

●被害と診断　生育期の全期間を通じて発生が見られるが，おもに収穫期に入ってから増加する。とくに収穫が進んで成り疲れや肥料不足となる後期にまん延が著しいのが本病の特徴である。おもに葉に発生が見られ，最初黄褐色でハローを伴ったごま粒大の斑点を生じ，病斑はしだいに拡大する。

露地栽培では直径1cmほどの斑点となり，内側は淡褐色で周辺がやや不鮮明な角形あるいは不整形の病斑となる。ハウス栽培での病斑は露地栽培に比べ大型となり，内部は淡褐色ないし灰褐色で，濃淡の差による不整形の同心円紋を描き，葉を透かしてみると，周辺の暗灰色部分が他の地上部病害より鮮明である。健全部との境界の暗灰色の部分に灰白色の綿毛状のカビ(分生子と分生子柄)を生ずる。病斑は最初下位葉に現われ，しだいに上位葉へと進み，収穫後期の草勢の衰えと相まって早期枯上がりの原因ともなる。

●病原菌の生態　病原菌は28～32℃で旺盛に発育する高温菌であるが，発病の適温はこれよりやや低く25～30℃である。いったん発生した圃場では，以後毎年のように発生する。これは本病の第一次伝染源が，使用した各種の農業資材や被害茎葉，土壌表面の分生子などであり，病原菌は土壌表面の被害茎葉上で約2年間生存可能だからである。種子表面に付着した分生子や，種皮内部に感染した菌糸により種子伝染する。第二次伝染は病斑上に形成された分生子の飛散により，日中とくに10～14時ごろが最盛期となる。降雨が連続した場合，分生子の形成，飛散が絶え間なく行なわれ多発に結びつく。

●発生条件と対策　前年の発生圃場では病原菌が残っており，発病しやすい。水田に作付けした場合や，排水不良の畑，うね間灌水などで土壌が過湿の状態で多発しやすい。高温多湿条件で発生するので，夏秋期の連続降雨は重要な発生要因となる。窒素肥料の過多は発病を助長する。肥料切れの場合にも発病が増加する。

ハウス栽培では換気を十分行ない，灌水も過多にならないようにし高温多湿を防止する。窒素過多を防ぐとともに，肥料切れと成り疲れによる草勢の衰えを防ぐため，基肥の窒素肥料は標準量にとどめ，リン酸，カリが不足することのないようにする。下葉の老化葉や被害葉は第二次伝染の感染源として重要であるので，除去するなど圃場衛生に努める。

[山岸菜穂]

◉菌核病 ⇨口絵：病40

- *Sclerotinia sclerotiorum* (Libert) de Bary

●被害と診断　茎，果実，葉に発生する。茎では被害部は水浸状となり，軟らかく腐る。この部分は後に乾固し，白色のカビが生える。果実では多く花落部から侵され，軟らかく腐り，白色のカビを生ずる。また輸送中や市場，店頭の果実に発生し，白色綿状のカビを生ずる。茎や果実のカビを生じた部分には，あとになって黒色のネズミの糞のような菌核(菌糸のかたまり)を生ずる。葉には淡褐色～灰色の大型病斑ができる。施設栽培に発生が多く，露地栽培では少ない。発病適温は20℃前後であるが，10℃以下の日が数日続くと発生が多くなる。晩秋から春先のまだ温度の低いときに発生し，被害が大である。温度が高くなるにつれ被害は減る。

●病原菌の生態　菌核病菌は多犯性で各種植物を侵す。被害部に菌核を生じ，菌核は地面に落ち，春と秋に菌核から小さいきのこ(子のう盤)を生じ，その表面に子のうができ，さらにその中につくられる多量の子のう胞子が飛び散ってキュウリを侵す。施設栽培では，11月から春まで引き続き子のう盤，子のう胞子が形成される。菌核は地表では2年くらい生き残る。湿地または地下10cm以下では1年以内に死滅する。子のう盤は成熟後20日くらいで死滅する。子のう胞子の寿命は7日くらいである。

●発生条件と対策　施設栽培で発生しやすく，感染の適温は15～21℃と低く，とくに無加温ハウスは本病発生の好適条件である。加温ハウスでは，秋期の暖房開始前と3月以降の暖房を弱める時期に多く発生する。子のう盤形成の適温は16℃前後で，適度の温度条件で多量の子のう胞子を噴出して伝染する。連作すると発病が多くなる。菌核病菌は，ナス，トマト，トウガラシ，レタスなどにも発生するので，これらの野菜を栽培した跡地は発生に注意する。

床土は無病のものを使用する。前年の発病苗床では，床土を更新するか床土消毒を，前年の発病施設では培養土を更新する。菌核を地中深く埋めると子のう盤を生じないから，施設では上層30cmの土と下層30cmの土とを天地返しする。休閑期に水稲を栽培するか，2か月以上湛水して菌核の死滅をはかる。太陽熱消毒も有効である。肥料切れしないようにする。受粉が終わった雌花の花弁は早期に摘みとる。施設内を全面マルチを行なうと，子のう胞子の飛散を防ぐことができ，また室内湿度を低下させることができるので発病が減少する。地下給水も発病防止にきわめて有効である。夜間保温に気をつける。発病初期を目安に薬剤散布を行ない，7日間隔で数回防除する。被害株は菌核を生じる前に，速やかに抜き取り処分する。

［高橋尚之］

◉黒星病　⇨口絵：病41

• *Cladosporium cucumerinum* Ellis & Arthur

●被害と診断　ふつう生長点に近い茎の先端，若い葉，幼果などに発生する。若い茎や葉にとくにひどく発病し，はじめ湿潤状を呈し，のちに褐色または黒色になって枯れ，しばしば発病部から先の生長が止まる。また葉縁が侵され，赤褐色となることもある。軽微な場合は再び伸長を始めるが，発病のひどい場合はそのまま生育が止まってしまうことが多い。幼果に発生すると暗緑色となり萎縮してしまう。巻きひげもしばしば侵される。やや生長した果実では，最初病原菌の侵入した部分からヤニを出し，その後，円形～楕円形のへこんだ病斑になり，黒いカビを生ずる。そして病斑を内側にして，くの字に曲がる。果実では収穫後も病勢が進展する。生長点からやや離れたところの茎や葉や葉柄では，楕円形，紡錘形のへこんだ病斑を生じ，のちにこの病斑部に黒いカビを密生する。一度発生するとひんぱんに薬剤を散布しても防除しきれないことがある。

●病原菌の生態　主としてキュウリに発生する。被害茎葉や農業用資材とともに菌糸や分生子の形で越冬し，伝染源となる。種子伝染することもある。分生子が風によって飛散し，葉について気孔から侵入する。生育適温は21℃，最高35℃，最低2℃で生育する。しかし，発病の最適温度は17℃付近である。

●発生条件と対策　冷涼（17℃くらい）多湿の天候が続くときに多発する。したがって，東北・北陸地方で発生するが，年により関東地方でも多発することがある。通常，トンネル栽培のビニル除去後，早熟露地栽培に発生が多い。しかし，施設栽培やトンネル栽培のビニル被覆中でも低温にあうと発生する。また，苗床で発生することがある。キュウリが軟弱に生育していると，いっそう被害がひどくなる。

種子伝染を防ぐため，無病株から採種した種子，あるいは消毒済みの種子を使用する。トンネル栽培のビニルや支柱もよく洗ったものを使用する。支柱についた巻きひげは除去する。苗床やハウス，トンネルの中が低温多湿にならないように注意する。このためには，保温に注意し，灌水はひかえる。密植を避けて風通しをよくする。トンネル栽培では，トンネルをはずす時期に注意し，ビニル除去後低温にあわせないようにする。発病前から薬剤を散布し防除する。発病株は見つけしだい除去する。発生した畑では，収穫後，茎葉を敷わらとともに処分する。

［高橋尚之］

◉炭疽病 ⇨口絵：病41

- *Colletotrichum orbiculare* (Berkeley & Montagne) Arx

●被害と診断　葉，茎，果実に発生する。子葉では，黄白色の丸い病斑をつくり，のちにその上に鮭肉色の粘質物(分生子)を生ずる。葉には，はじめ小さな黄色の丸い病斑ができ，のちに拡大して円形となり，周縁は褐色，内部は淡色で，同心輪紋を生ずることもある。葉の病斑はしばしば裂けて穴があく。茎には，黄褐色で縦に長いへこんだ病斑を生じ，その上に小さいツブツブができる。多湿時には，病斑上に鮭肉色の粘質物ができる。果実でも，はじめ黄色の斑点を生じ，のちに灰色または褐色のへこんだ病斑となり，鮭肉色の粘質物を生じる。

●病原菌の生態　スイカ，ユウガオ，トウガン，露地メロンなどにも発生する。病原菌は同じと考えられている。病斑上に分生子をつくり，雨にたたかれて飛散し，他のキュウリの葉などに到達する。分生子は発芽すると表皮を貫通して侵入し，組織内に菌糸がはびこり栄養分を吸収するので，その部分が病斑となる。主として菌糸，ときに分生子の形で被害部や支柱などに付着して越年し，翌年の伝染源となる。発育適温は23℃である。

●発生条件と対策　一般に露地で発生が多く，6月頃から秋まで発生し，とくに降雨の連続したとき被害が大きい。湿地や排水不良畑に栽培した場合，発生が多い。窒素肥料の多すぎるときにも発生が多くなる。

本病に対してはべと病防除薬剤の効果が高いので，通常のべと病防除条件下ではほとんど発生はみられない。連作を避ける。排水のよい畑を選んで栽培し，畑の排水をよくする。窒素肥料をやりすぎないように注意する。支柱についた巻きひげなどは伝染源となるから取り除く。敷わらやビニルマルチをする。被害果や被害葉は除去して処分する。　［高橋尚之］

◉つる枯病 ⇨口絵：病42

- *Didymella bryoniae* (Auerswald) Rehm

●被害と診断　茎，葉柄，葉まれに果実に発生する。茎では地ぎわに発生することが多く，はじめ油が浸みたようになるが，しだいに表面が白くなり亀裂を生ずる。たまたまヤニを出し，のちに黒い小粒(柄子殻)がたくさんできる。葉には丸い淡褐色～灰褐色の病斑ができる。病斑は炭疽病に比べ大型で，周縁が不明瞭である。葉縁から広がることが多い。この場合，多く葉脈に境されて扇形となる。病斑の部分は破れやすい。

●病原菌の生態　柄子殻および子のう殻の形で被害植物について越年し，翌年これから胞子を飛散して伝染する。病原菌の生育の適温は20～24℃，最低5℃，最高36℃で生育する。

●発生条件と対策　本病は秋から春の比較的低温期から，やや気温の高い時期まで，かなり長期間にわたって発生する。とくに多湿のときまん延が激しい。露地や施設栽培に発生する。窒素過多その他の生育障害や成り疲れによる株の老化などにより発病が助長される。

支柱はなるべく新しいものを使用する。古い支柱は，被害茎葉，巻きひげなどをよく取り除いて使用する。発病前から薬剤散布を行ない予防する。被害株は除去し処分する。水のはね上がりによって伝染がおこるので，露地では雨滴の地表からのはね上がり防止に努め，施設栽培では灌水法に留意する。高うねなどで多湿条件にならないようにする。

［高橋尚之］

◉つる割病 ⇨口絵：病42

- *Fusarium oxysporum* Schlechtendahl f. sp. *cucumerinum* J. H. Owen

●被害と診断　根，茎を侵す。はじめ下葉がしおれ，次第に上葉におよび，ついには全葉がしおれて枯死する。茎の地ぎわの部分が黄褐色に変色してヤニを生ずる。その部分に白色のカビと淡紅色の粘質物ができる。茎を切ってみると，維管束の部分が褐色に変わっている。根はアメ色になり病勢が進展すると腐敗する。収穫途中で枯死するので被害が大きい。

●病原菌の生態　病原菌は，主として厚膜胞子の形で土中で越年し，土壌伝染する。そして根の先端部から侵入して導管に達し，そこで増殖しながら導管および導管部付近の組織を侵して水分の通過をさまたげる。土中で数年間生存できる。種子伝染も行なう。病原菌の生育の適温は24～27℃，最高38℃，最低4℃である。

●発生条件と対策　連作すると発生が多くなる。地温が20℃以上になると発生し始め，28℃内外が発病に適し，施設栽培では露地栽培より早くから発病する。露地では梅雨期に雨が多く，そののち晴天が続き，急激に気温が上がるようなとき発病が多い。土壌の物理性の不良や多肥，とくに窒素の多用あるいは植傷み，土壌の乾燥，土壌線虫害などによる根の傷みは発病を助長する。

発病が予測されるところではカボチャ台木への接ぎ木を行なう。抵抗性の品種を選んで栽培する。無病の床土を使用するか，侵入のおそれのある床土は消毒する。苗を丈夫に育て植え傷みを少なくする。連作を避け，輪栽年限をなるべく長くする。排水のよい畑を選ぶ。発病のおそれのあるところは，土壌くん蒸などで土壌消毒を行なう。塩類集積の多い施設栽培では，一時湛水したり，夏のあいだビニルをはぎ土に雨をあてたりして集積塩類を除去する。発病株は速やかに抜き取り処分する。

［高橋尚之］

◉うどんこ病 ⇨口絵：病42

- *Sphaerotheca cucurbitae* (Jaczewski) Z. Y. Zhao
- *Oidiopsis sicula* Scalia

●被害と診断　うどんこ病は，通常葉に発生する。おもに葉の表面に，うどん粉のような白い粉を生ずる。下位の成葉から徐々に上位葉に進展する。発病がひどいときは葉が枯れ上がり，著しく減収する。*O. sicula*は葉の表面に若干黄化した斑点を生じ，その裏面にやや角ばった淡黄色の不鮮明な斑点となる。

●病原菌の生態　*S. cucurbitae*はカボチャ，メロン，マクワウリにも発生する。病斑上にできる黒い小粒は閉子のう殻で，この中に子のう胞子がつくられる。*S. cucurbitae*は一般に閉子のう殻の形で被害部について越冬し，翌年これから子のう胞子を飛散して空気伝染する。施設内では，生きた植物の上で菌糸または分生子の形で越年する。一度発生すると，その後は病斑上に生じた分生子でまん延する。*O. sicula*はピーマン，オクラ，ナスにも発生する。

●発生条件と対策　比較的高温でやや乾燥条件が発病に適する。ハウス栽培では10～11月および3月以降に冬作型で発生し，とくに3月以降多発する。露地抑制栽培では9月をピークに発生する。

乾燥したときに被害が大きくなるので注意する。発病を認めたら薬剤を散布し防除する。薬剤によっては耐性菌を生じやすいので連用を避ける。

［高橋尚之］

◉綿腐病 ⇨口絵：病43

• *Pythium aphanidermatum* (Edson) Fitzpatrick

●被害と診断 露地栽培の梅雨期または秋雨前線が停滞するような時期に発生する。ハウス栽培では浸水した場合を除いてほとんど発生しない。ふつう果実に発生する。多湿な土壌に接した果実面に，はじめ周辺が不鮮明な，退色した水浸状の病斑を生じ，果実全面に拡大する。のち果実は純白の綿毛状の菌糸に覆われて軟化腐敗する。乾燥すると綿毛状の菌糸は速やかに消失し，その後果実はミイラ状になる。

●病原菌の生態 病原菌の遊走子が水中を遊泳して果実に侵入する。病菌の発育に不適当な低温や乾燥が続くと土壌中では卵胞子のかたちで生存し，好適な作物が植えられるとその根圏内で発芽して侵入の機会をうかがっている。およそ10～40℃で生育するが，34～36℃の高温を好む。

●発生条件と対策 高温多湿条件下で，果実が地表面にじかに接した状態で発病する。土壌中に施用された未熟有機物を栄養源として増殖する力が強い。

高温多湿時の地這つくりは避ける。立体栽培での立上げの時期は遅れないようにする。露地栽培はなるべく避け，雨よけ栽培(屋根かけ栽培)をする。作付け直前に，青刈りした作物などC/N比の低い未分解有機物を施さない。 ［堀江博道］

◉ホモプシス根腐病 ⇨口絵：病43

• *Phomopsis sclerotioides* van Kesteren

●被害と診断 キュウリでは自根栽培がほとんどないため，発生の確認はカボチャ台への接ぎ木栽培に限られている。施設における越冬，促成，半促成，抑制栽培から，露地栽培まで，どの作型にも発生し，いずれも収穫初期ないし摘心期以降に症状が現われる。葉ははじめ生気を失い，晴天の日中には萎凋するが，朝夕や曇雨天日には回復する。これをくり返して下葉から徐々に枯れ上がり，側枝の発生が抑えられ，草勢が衰えて着果や果実の肥大が不良になる。根ははじめ淡褐色ないし褐色になり，進行すると部分的に黒色に変わる。発病後期の根には，不整形で中心が灰白色の黒色帯状病斑(偽子座)を形成したり，表皮付近に針先ほどの微小黒点を密生したりし，のちに癒合して菌核様組織塊となる。

●病原菌の生態 ウリ科作物全般を特異的に侵す。罹病根には偽子座や菌核様組織を形成し，これらが残根とともに土壌中にあって，次作の伝染源になる。土壌中の病原菌の垂直分布は地表ないし地表下30cmで，とくに地表下20cmまでの浅層部に密度が高い。栽培期間中病原菌の水平移動はほとんどないので，前作の発生場所を中心に拡大して発生することが多いが，軽症の作型を2～3作見すごすと広い範囲に激甚の被害を受けることもある。病原菌の生育適温は24～28℃，最低限界8℃，最高温度は32℃付近にある。

●発生条件と対策 土壌伝染により発生し，ウリ科作物を連作すると被害がひどくなる。ハウスおよび露地栽培では作型と無関係に発生し，被害を受ける。地温15～30℃の範囲で発病するが，低地温側で根群の伸長が抑えられて被害がひどくなる。土壌水分は発病に大きく影響しないが，乾燥ぎみの条件で根量が少なく，早期から重症となる傾向がある。

床土は無病のものを使用する。病原菌が侵入しているおそれがある床土は蒸気消毒を行なうか，他の土壌病害防除に準じて薬剤消毒したものを使用する。発生の見られたハウスでは，梅雨明け後に太陽熱利用の土壌消毒をする。方法は作付け終了後，10a当たり細切した稲わら1,000kg，石灰窒素100～150kgを施用してロータリ耕耘し，60～80cmの小うねをつくる。次に，地表にフィルムマルチを行ない，うね間に一時湛水する程度に十分水を注ぐ。作業終了後，施設を密閉しておよそ30日間放置する。土壌くん蒸剤の使用は他の土壌病害防除に準じて行なう。台木カボチャには比較的耐病性があるが，本病を完全に回避できる品種は見当たらない。生育期間中の地温の低下や著しい土壌の乾燥を避け，適度の灌水と昇地温管理によって根群の発達を促し，被害の軽減をはかる。作付け終了後，発病株の根はできるだけ土壌中に残さないように取り除く。［橋本光司］

◉黒点根腐病　⇨口絵：病43

• *Monosporascus cannonballus* Pollack & Uecker

●被害と診断　収穫期を迎えたころから発生が見られ，はじめのうちは晴天の日中に萎凋し，朝夕や曇雨天には回復する。軽い萎凋が発生してから数日すると，萎凋症状は激しくなり，回復しなくなる。その後，急激に枯れ上がる。なお，果実や葉，茎には病徴が見られない。病勢が進んだ株の根ははじめ細根が腐敗脱落し，残った根はアメ色に褐変腐敗する。腐敗した根の表面に，黒色の小黒点(子のう殻)が形成される。

●病原菌の生態　病原菌はメロン黒点根腐病菌と同一であり，宿主範囲はウリ科作物に限られる。

●発生条件と対策　自根キュウリの連作圃場で発生しやすい。カボチャは耐病性で発病しにくいため，カボチャ台のキュウリを定植するとほとんど発病しない。［堀江博道］

スイカ

◉モザイク病 ⇨口絵：病44

- キュウリモザイクウイルス *Cucumber mosaic virus* (CMV)
- スイカモザイクウイルス *Watermelon mosaic virus* (WMV)

●被害と診断　病原ウイルスは2種類あり，CMV，WMVともに葉にモザイク症状を示す。CMVでは新葉に軽いモザイク症状を示すが不明瞭で，健全株との区別がはっきりしないことが多い。WMVでは葉と果実に現われる。葉では，はじめ退色斑紋が現われるが，のちに明瞭な黄色モザイクとなる。ときに，その葉は奇形を呈したり，褐色のえそ斑を生ずることがある。WMVによる葉のえそ斑は，のちに崩壊・脱落するため，その葉は虫かじり状になることがある。果実は，果皮に不整形の濃緑色斑紋を生じる。

●病原ウイルスの生態　CMVは宿主範囲の広いウイルスで，ウリ科を含むきわめて多くの野菜・花のほか多くの雑草にも感染する。WMVは寄生性が比較的せまいウイルスで，自然感染植物はウリ科を中心とし，そのほかではエンドウ，ソラマメなどのマメ科の一部とホウレンソウなどである。スイカでは，WMVはCMVよりも発生が多く重要である。

　CMV，WMVともに，アブラムシにより伝搬される。スイカの汁液を吸い，ウイルスをとり込んだアブラムシは，ただちに健全株にウイルスを伝搬することができるが，しばらくするとウイルスを失い伝搬できなくなる。このような伝搬様式を非永続伝搬という。WMVやCMVを伝搬するアブラムシの種類は多いが，主要なものはワタアブラムシとモモアカアブラムシである。CMVとWMVは種子伝染や土壌伝染をしない。WMVの第一次伝染源は，温室栽培のウリ科作物とエンドウやソラマメなど冬作のマメ科作物，それにホウレンソウが考えられる。第二次伝染はアブラムシによる伝搬が中心であるが，摘芽，摘心，整枝などの管理作業時の汁液伝染や接触伝染も考えられる。

●発生条件と対策　モザイク病は，露地普通栽培やトンネル早熟栽培で春から秋口まで発生し，ハウスや温室栽培では少ない。気温が上昇し，トンネルの換気を行なうようになると発生しやすい。関東以西で発生しやすい。ウリ科作物やエンドウ，ソラマメ，ホウレンソウなどの栽培の多い地域では発生しやすい。ハウス・温室栽培地域でトンネル早熟栽培を行なうと発生しやすい。高温・多照の年にはアブラムシの発生が多く多発しやすい。

　育苗から栽培の前半までアブラムシの防除を徹底的に行なう。苗床では，炭疽病などに対する薬剤散布の際には，殺虫剤を混用し同時防除する。定植時に殺虫粒剤を植え穴に施用する。定植後約1か月間効力が持続する。スイカの生育初期にアブラムシが多発すると生育が著しく阻害されるので，定植後から果実肥大期ころまでの間，殺菌剤と殺虫剤を混用して病害と同時防除する。ムギなどを障壁作物として，そのうね間に栽培するとアブラムシの飛来を避けることができる。苗床の発病苗は早めに除外し，定植しないようにする。［長井雄治］

◉緑斑モザイク病　⇨口絵：病44

- スイカ緑斑モザイクウイルス
  Cucumber green mottle mosaic virus
  (CGMMV)

●被害と診断　葉，果梗，果実に病徴が現われる。展開後間もない若葉では不規則の淡緑色～黄色の退色斑を生じ，モザイク症状となり，緑色部は表面に突出して，葉縁は上方に巻き上がり，葉片がやや細くなる。成葉でも淡緑色と緑色とのモザイク症状となり，緑色部分がやや表面に盛り上がり，葉縁が上方に巻く。発病株のつるの伸長は不良となり，葉は全般に小型となって繁茂の状態も悪くなる。果梗に褐色のえそ斑が見られることが多い。接ぎ木活着後の苗では上方の展開葉に不規則の，淡緑色の退色斑が生じてモザイク症状となり，緑色部が上方に盛り上がってでこぼこになる。病株の生育は健全株に比べて劣る。

果実表面の病徴は見分けにくいが，健全果に比べて病果は弾力があり，たたいたときの音はにごっていて鈍い。果肉では果皮と果肉との中間部分が油浸みのように淡黄色となり，また種子の周辺が暗紫赤色の油浸状になって，種子のまわりが空洞となる。果実の中心部では繊維質が黄色となって，果肉内にすじ状にかたまり，症状が進むと，その変色した部分は軟化溶解して棚落ち症状となる。完熟期の病果の果肉は全体に軟化し，かんでみるとスイカ独特のシャキッとした爽快感がまったく感じられず，歯ごたえのない不快感が残る。このような症状からスイカのコンニャク病と俗称された。

採種用のユウガオにも発病し，葉では明瞭なモザイク症状となって，緑色部が上方に突出したり，葉脈のまわりに緑色が残ってモザイクとなる。このほか，モザイクとともに葉縁が切れ込んだり，でこぼこになったり，葉脈がちぢれたりなどの奇形になることが多い。

●病原ウイルスの生態　本病はスイカ緑斑モザイクウイルス(CGMMV)によって起こされる。スイカのほかに，ユウガオ(カンピョウ)とメロンにも発生する。CGMMVは病原力が強く安定しているので，芽かき，交配など，管理作業のときに容易に接触伝染し，種子伝染や土壌伝染もする。採種後の日数が短いほどその伝染率が高く，また発病株の残根中にウイルスは1年以上も残って伝染するが，アブラムシ伝染はしない。第一次伝染は種子によると考えられ，次いで接ぎ木による伝染や土壌伝染によって発病し，それから隣接の株へ，あるいは人の指や農具などへの接触により伝播されて広がるものと考えられる。

●発生条件と対策　ビニルハウス，トンネル栽培などでは4月中～下旬から，露地では5月下旬～6月上旬には発生が見られる。一般に高温，多湿のもとで軟弱徒長ぎみに育った苗に発生が多い。本葉5～6枚以上の大苗を摘心定植したり，老化苗を用いたりした場合に発病が早く激しい。ハウス，トンネル，露地の各栽培型による発病の差はなく，スイカの品種による差もない。発病株から採種した種子を播いた場合に発生が多くなる。種子の皮に付着したり種子の内部に入っていて，発芽後に感染して発病する。この場合とくに問題になるのは台木のユウガオ種子である。自家採種をしているユウガオでは，このCGMMVに侵されたかどうかを確かめる必要がある。もし罹病した株から採種して，それを台木としてスイカを接ぎ木すると，かなりの高率でこのウイルスによりスイカが発病する。このウイルスは前年発病した株の残根の中に入っていて発病のもとになるので，連作すると発病が多くなる。

スイカおよび台木用ユウガオともに，未消毒種子は第三リン酸ソーダまたは70℃乾熱で種子消毒をする。支柱やビニルなどの資材は新しいものを使用する。再使用の場合は必ず消毒する。苗床，本畑ともに病株はただちに抜き去る。床土は土壌消毒をする。3～4年の輪作をする。

［長井雄治］

◉疫病 ⇨口絵：病44

- *Phytophthora drechsleri* Tucker
- *Phytophthora parasitica* Dastur

●被害と診断 苗床時期から定植後～収穫期まで発生する。苗床では立枯れをおこす。露地では茎，葉，果実に発生し，茎では油浸みのような暗緑色の病斑ができ腐敗し，そこから上方は枯れる。葉では不整形油浸状の暗褐色ないしは緑灰色の病斑ができる。果実では幼果，熟果ともに発生し，はじめ丸いくぼんだ油浸みのような暗褐色の病斑ができ，速やかに拡大して暗緑色ないしは暗褐色となって腐敗し，ついには暗褐色不整形の病斑になり，その表面に白色綿毛状のカビが生え，悪臭を発し軟腐する。

●病原菌の生態 病原菌はスイカをはじめキュウリ，カボチャなどのウリ科作物にも発生し，またトマトの褐色腐敗病，ナスの綿疫病などを起こす。おもに卵胞子の形で土中で越年するが，菌糸によっても越年し，翌年の第一次伝染源になる。発病後は病斑上に生じた分生胞子が，雨などにより飛び散ってまん延する。発病の最適温度は25～30℃だが，24℃前後で多湿のときに発生が多い。

●発生条件と対策 梅雨期に多湿の天候が続いたときに発生が多い。湿地や排水不良の畑で発生しやすく，大雨で浸水したような場合にも発生しやすい。酸性土壌に多く発生する。果実が地面に直接触れたりすると発生しやすい。

連作を避けて4年以上の輪作とする。排水のよい畑を選んで栽培するようにし，排水不良畑は排水をよくする。麦稈による敷わらをする。床土，本畑を消毒する。酸性土壌に多発するので，消石灰を10a当たり100kg前後施用する。前年発病畑で使用した栽培資材は消毒する。ウリバエ，コオロギなどの食害により発病することが多いので，害虫を駆除する。梅雨期に入ったら，発病前から7日おきに薬剤散布をして予防する。 ［長井雄治］

◉褐色腐敗病 ⇨口絵：病45

- *Phytophthora capsici* Leonian

●被害と診断 苗床や本圃で発生し，露地栽培では5～8月の天候不順時に発生しやすい。葉，茎，果実が侵されるが，つるの先端部がとくに発病しやすい。苗では，地ぎわ部が侵されて細くくびれ，軟腐し倒伏を起こす。葉でははじめ暗緑色水浸状に軟腐し，のちに暗褐色になり，乾枯すると砕けやすくなる。茎でははじめ暗緑色水浸状で紡錘状病斑を生じる。病斑は速やかに拡大して茎をとりまき，茎は細くくびれたように軟腐する。果実でははじめ暗緑色水浸状で径1cmくらいの円形陥没病斑を生じ，のちに拡大し暗褐色～暗赤褐色の大型病斑になる。まもなく病斑面に白色粉状のカビが生じ，やがて汚白色ビロード状の菌叢となる。果実は感染後1週間くらいで全体が軟腐する。

●病原菌の生態 本菌はおもに耐久体の卵胞子が土壌中で越年し，土壌伝染する。土壌中の卵胞子は，環境が好適（梅雨期など）になると発芽して遊走子のうを形成する。遊走子のうは間接発芽し遊走子を放出する。放出された遊走子は地ぎわ部や付傷部に集泳し，被のう胞子となり植物体へ侵入する。降雨の際の雨滴のはね上がりにより地上部にも伝染する。発病後は，病斑上に多数形成される遊走子のうにより第二次伝染を行なう。

●発生条件と対策 気温が25℃前後で，降雨が多いときにまん延しやすい。水媒伝染するので，排水が不良な圃場に定植したり，過度の灌水をしたりすると発生しやすくなる。前年本病が多発したり，本病と同一の病原菌により起きるナス褐色腐敗病，トマト灰色疫病，キュウリ灰色疫病およびカボチャ疫病などが発生した圃場に定植すると多発しやすい。

遊走子の植物体への侵入は降雨中の短時間内に完了するため，降雨後の防除は効果が低い。降雨前に薬剤散布を行なう。苗床土壌は消毒し，発病を認めた苗は定植しない。前年本病が多発した圃場や，本病と同一の病原菌によりおきるナス褐色腐敗病などが発生した圃場への定植は避ける。うねを高くし，排水を良好にし，かつ灌水による過湿は避ける。雨滴による伝染を防ぐためビニルマルチを行なう。窒素肥料の過剰施用は本病の発生を助長するので避け，整枝などの管理作業は過繁茂にならないように適期に行なう。つるがうね間の溝に落ちると本病が発生しやすいので，つるが落ちないように管理する。

［加藤公彦］

◉菌核病

⇨口絵：病45

• *Sclerotinia sclerotiorum* (Libert) de Bary

●被害と診断　ハウス促成または半促成栽培に特有の病害である。花・果実・葉・葉柄・茎・巻づるなどに発生する。花では，はじめ雄花や雌花の花弁が水浸状となり，やがて白色綿毛状の菌糸を生じ軟化腐敗する。茎では，雄花や雌花の発病に引き続き，着花節部を中心に，茎，巻づる，葉柄基部などが淡褐色水浸状となり，白色綿毛状のカビ(菌糸)を生じる。病斑からは，しばしば褐色のヤニが分泌される。やがて，病斑上には白色の未熟菌核ができ，のちに黒色の球形またはネズミのふんに似た菌核となる。

病斑が進展すると罹病節より上部の茎葉はしおれて枯れる。交配数日後の幼果が発病すると，黒変腐敗して落果する。テニスボール大以上に肥大した未熟果では，花落ち部が水浸状となり，やがて褐変腐敗し，その表面に白色綿毛状の菌糸が密生する。のちに病果は軟化腐敗し，その表面に多数の黒色の菌核を形成する。ハウスが乾燥すると茎の病斑は乾枯して褐変し，病斑上の白色のカビもほとんど消失する。

●病原菌の生態　被害植物上の菌核は落下して土中に埋もれ，越夏または越冬して伝染源となる。土中の菌核は乾燥状態では1～2年間生存し，多湿の状態では1年以内に死滅する。土中の菌核は春または秋に適度の水分を得ると発芽して，子のう盤と呼ばれる径3～5mmの小さな褐色のキノコを形成する。子のう盤は成熟すると，無数の子のう胞子を飛散させる。子のう盤の形成および発病の適温は15～20℃である。子のう胞子は，発芽後，花弁などの柔軟な組織には容易に感染するが，無傷の茎や葉には感染しにくい。罹病した花弁などの病組織中には無数の菌糸が迷走し，葉や茎や果実に付着すると容易に伝染する。

●発生条件と対策　子のう盤の形成と発病の適温は15～20℃であるから，ハウス栽培，温室栽培では，晩秋から翌年5月ころまでの間はつねに発生しやすい。この期間に開花・結実期を迎えると，いっそう発生しやすくなる。とくに，この時期に雨天が続き，ハウス・温室内が多湿になると著しく発生しやすくなる。開花・結実期に茎葉が茂りすぎ株内の通気が不良となると，発生しやすくなる。排水不良地では，ハウス・温室内が多湿となり多発しやすい。周辺のハウスや圃場で菌核病の発生が多いところでは，子のう胞子が風により飛散するため，はじめてスイカを作付けする場合でも発生のおそれがある。

連作すると発病が増加するが，果菜類と輪作しても効果がない。湛水後ポリでマルチし，盛夏の約1か月間ハウス・温室を密閉し，太陽熱による土壌消毒を行なう。土壌中の菌核を殺滅できるばかりでなく，疫病，つる割病などの土壌病害やネコブセンチュウも同時防除できる。定植後は，ハウス・温室内の全面に白色ポリでマルチを行ない，同時に換気を励行する。密植を避けるとともに，側芽を早めにかきとり茎葉の過繁茂を抑える。被害茎葉はハウスの外に集めて焼却するか10cm以上の深さで土中に埋める。予防散布の適期は，ハウス抑制栽培では11月上旬から10日おきに2回，促成栽培では3～4月の交配終了後から10日おきに2～3回である。多発地域では，開花期から10日おきに3回ほど予防散布をする。発生が少ないと予想される地域では，初発生を認めた後に10日おきに3回ほど薬剤散布をする。

［長井雄治］

◉白絹病

⇨口絵：病45

• *Corticium rolfsii* (Saccardo) Curzi

●被害と診断　地ぎわ部の茎とともに，土と接している上部の茎や葉が侵されることが多い。果実の発病も多く被害が大きい。はじめ白色絹糸状のカビで覆われ，しまいにはその部分に最初淡黄褐色で，のちに濃茶色の小さな粒(菌核)が多くできる。被害部より上方はしおれて枯れる。

●病原菌の生態　病原菌はきわめて多犯性でウリ科作物のほかナス科，アブラナ科，マメ科などの植物を侵す。菌核は土中に残って越年し，翌年これから菌糸を生じ，これによって広く伝染する。菌核は土中で5～6年間生存する。発育適温は32～33℃，最低13℃，最高38℃で，pH1.9～8.4で生育し，最適pHは5.9である。

●発生条件と対策　白絹病は暖地に多く発生する。露地では初夏から収穫期まで発生し，ハウス，トンネル栽培ではやや早くから発生する。高温・多湿のときに発生しやすい。土壌が酸性のときや連作畑では多く発生する。

床土や発病畑は土壌消毒を行なう。連作を避け，5～6年間イネ科作物などを輪作する。また菌核は3～4か月間の湛水により死滅するので，田畑輪換をすれば発病は少なくなる。定植前に消石灰を10a当たり150～250kg施用する。発病株や発病果実はすぐに除去する。

［長井雄治］

◉炭疽病

⇨口絵：病46

• *Colletotrichum lagenarium* (Passerini) Ellis et Halsted

●被害と診断　葉，茎，果実に発生する。子葉では大きさが不同の黄白色の丸い病斑をつくる。台木のユウガオの子葉も侵されやすい。スイカでは葉に円形または長円形，暗褐色の病斑を生じ，のちに中心部がややくぼんで灰褐色に変わり，同心輪紋を生ずる。病斑部は乾くと裂けたり破れたりする。茎には暗褐色のくぼんだ円形または長楕円形の小さな病斑を生じ，中心部は灰褐色となって乾枯し，湿潤な天候のときには病斑上に鮭肉色の粘質物を生ずる。果実では，はじめ油が浸みたような小さな汚点を生じ，のちに大きくなって病斑は暗褐色となり輪紋を生じてくぼむ。多湿のときには病斑上に淡紅色の粘質物(分生胞子のかたまり)を生じ，乾燥すると病斑に裂け目を生ずる。

●病原菌の生態　病原菌はウリ科作物の炭疽病をおこす病原菌と同じものといわれている。病斑上に分生胞子をつくり，分生胞子は雨などによって飛び散り，ほかのスイカの葉などに付着する。菌糸は組織内部にはびこり，そこが病斑となる。その病斑上に分生胞子をつくり，ほかのスイカにまん延する。このようなことは採種用台木ユウガオについても同じである。病原菌は，主として菌糸の形で土中に残った被害茎葉などについたり，支柱などの資材に付着して越年し，翌年の第一次伝染源となる。発育適温は23℃である。

●発生条件と対策　ハウス，トンネル，露地，いずれの栽培でも発生するが，露地では一般に6月ころから発病し始め，収穫期まで見られる。とくに降雨が多く，比較的低温な年に多発する。連作畑や湿地，排水不良畑および日当たりが悪くて，通風不良のところに多く発生する。窒素質肥料が多すぎると発生が多くなる。

連作を避ける。日当たり，通風，排水のよい畑に栽培し，湿地，排水不良畑では排水をよくする。窒素質肥料をやりすぎないようにし，カリ肥料を十分に施す。支柱などの栽培資材は薬剤散布などを行なって消毒する。敷わらをして，土から病原菌がはね上がるのを防ぐ。苗床時期にはとくに通風をよくし，薬剤散布を行なう(台木用ユウガオについても同様)。接ぎ木する前日に散布しておき，接ぎ木活着後にも薬剤散布をする。被害果実，被害茎葉は除去して焼却するか，深い穴を掘って埋める。種子を消毒する。本畑では発病前から薬剤散布をていねいに行なう。散布量が少ないと効果がない。［長井雄治］

◉つる枯病 ⇨口絵：病46

- *Mycosphaerella melonis* (Passerini) Chiu et Walker

●被害と診断　茎，葉，果梗，果実に発生する。茎では，地ぎわの部分に発生することが多く，被害がもっとも大きい。はじめは節の部分が退色して油が浸みたようになり，ヤニを出しややくぼむ。この病斑はやがて灰白色になり裂け目ができ，ヤニは乾いて赤褐色となる。病斑上には針の頭くらいの小さい黒い粒が無数にできる。このような病斑が茎をひとまわりすると，その病斑から上のほうはしおれて枯れる。茎の途中の節や節間，および葉柄，果梗にも同様の病斑ができる。病斑は初め褐色油浸状で，しだいに淡褐色から灰白色になってくぼみ，裂け目ができて病斑上に小黒粒が多数できる。

葉ではおもに葉縁や葉柄，それに続く葉脈が侵されやすく円形または楕円形の淡褐色～灰褐色で，境界がはっきりしない大型の病斑ができる。病斑は不規則で輪紋ははっきりせず，乾くと破れやすく，のちに病斑上に無数の小黒粒ができる。葉脈が侵されるとその裏側は褐変して亀裂を生じ，それを中心として不規則，大型の褐色病斑となる。葉柄が侵されると葉柄全体が赤褐変し亀裂を生ずる。果実では，はじめ油浸状の小さな斑点ができ，やがて病斑は暗褐色となり，中央部が褐色の枯死斑となる。乾いてくると病斑に裂け目ができて，内部はコルク状となり，のちに病斑上に小黒粒ができる。

●病原菌の生態　病原菌はウリ科作物のつる枯病をおこす病原菌と同じものである。病斑上に，小さな黒い粒（柄子殻。中に柄胞子がある）や子のう殻（中に子のう胞子がある）をつくる。被害茎葉に柄子殻，子のう殻の形で越年し，翌年これらから胞子が飛び散って伝染する。発育最適温度は20～30℃で，最低5℃，最高35℃。pHは3.4～9.0で生育し最適pHは5.7～6.4である。

●発生条件と対策　苗床でも発生し，定植後は5月下旬から収穫期まで発生する。とくに梅雨明けころに激しく発生する。高温多雨，湿潤なときにまん延が激しい。連作畑では多発生する。通風・日当たりの悪い畑や，生育が衰えた場合に発生が多い。

連作を避ける。日当たり，通風，排水のよい畑に栽培する。種子は消毒する。無病苗を植え付け，敷わらをする。苗床時期には加湿にならないよう，とくに通気をよくして薬剤散布を行なう。被害茎葉などは除去して焼却する。本畑では発病前から塗布剤を茎に塗り，薬剤散布は7日おきに行なう。株元の葉をつみとって通風をよくする。［長井雄治］

◉つる割病 ⇨口絵：病47

- *Fusarium oxysporum* Schlechtendahl f. sp. *niveum* (E. F. Smith) Snyder et Hansen

●被害と診断　苗では株全体がしおれ，生長した株では，はじめ下葉がしおれ，次第に上葉までしおれ，しまいに全葉がしおれて枯れる。このような株では地ぎわ部の茎が黄褐色に変色してヤニを生じ，やがてその部分に白色のカビと淡紅色の粘質物（分生胞子）ができる。茎を切ってみると，維管束の部分が褐色に変わり，根は褐色アメ色に変色する。

●病原菌の生態　病原菌はウリ類つる割病菌と種は同じであるが，寄生性に差があって，スイカのつる割病菌はメロン，トウガンを侵すが，その他のウリは侵さないといわれている。土中で越年し，根の先端部付近の細胞間隙から侵入し，増殖しながら中心柱に達し，維管束やその周辺の柔組織を侵す。このため導管部がつまったり組織がこわれたりして，水分の通過がさまたげられる。土中で数年間生存できるし，雑草の根のまわりでもふえる。種子伝染する。病原菌の発育の最適温度は24～27℃，最低4℃，最高38℃で，最適pHは4.3～5.8である。

●発生条件と対策　連作すると発生が多くなる。地温が20℃以上になると発生し始める。ハウス，トンネル栽培では露地栽培より早くから発病する。露地栽培では，降雨が長く続き，のちに晴天になって急激に気温が上昇するような，片降り片照りになったときに発病が多い。センチュウに加害されると発病が多くなる。排水不良の畑や酸性土壌では多く発生する。

床土は無病土を消毒してから使用する。種子も消毒する。連作を避け，排水のよい畑に栽培する。ユウガオまたはカボチャを台木として接ぎ木をする。発病のおそれのある畑は消毒する。酸性畑では石灰を多量に施用する(10a当たり500～750kg)。発病株を見つけたらすぐに抜き取り焼却する。発病畑では収穫終了茎葉を敷わらとともに焼却する。敷わらをする。　［長井雄治］

◉ユウガオ台スイカのつる割病　⇨口絵：病47

• *Fusarium oxysporum* Schlechtendahl f. sp. *lagenariae* Matsuo et Yamamoto

●被害と診断　接ぎ木前の台木ユウガオでは苗床で発生する。子葉や本葉の片側の葉辺が黄化してから褐変し，生気がなくなり，しおれる。地ぎわ部の茎を切ると維管束が褐変しており，根もアメ色になり腐敗している。スイカを接いだあとでは，台木ユウガオの子葉の葉辺が黄化ないし褐変し，生気がなくなり，接ぎ木したスイカがしおれる。定植後では，日中に株全体がしおれ，朝夕は回復する。2～3日後には，しおれたままになり枯死する。しおれた株の地ぎわ部の茎(ユウガオの胚軸)の片側がアメ色に変色したり，褐変腐敗したりしている。茎を切断すると維管束が褐変しており，根は一部分あるいは全部が褐変，腐敗している。

●病原菌の生態　ユウガオにだけ病原性を有する(最近，黒種カボチャをも侵すとされている)。厚膜胞子のかたちで土壌中で長年月生存する。ユウガオの根の先端から侵入し，根の細胞間隙を侵しながら増殖し，維管束やその周辺の柔組織を侵すため導管部の機能が破壊され，水分の通導が妨げられる。25～28℃前後が生育適温で，腐生性が強く，土壌中では未分解の有機物や雑草などの根のまわりでも増殖する。ユウガオの種子により伝染する。

●発生条件と対策　連作すると発生が多くなる。20～25℃前後の地温で発生しやすく，ハウス，トンネル，露地，いずれの作型でも被害が大きい。降雨が続いたりして土壌中の水分が多くなったのちに，晴天になって急激に気温が上昇したあとに激発する。排水不良畑，酸性土壌では発生が多い。

種子伝染，土壌伝染するので，無病種子，無病土を使用するか，種子消毒，土壌消毒をする。連作を避け排水良好な畑に作付ける。発病畑では石灰を多量(10a当たり500～750kg)に施す。発病株は抜き取り，まわりの土とともに除去し焼却する。発病畑では収穫終了後茎葉，敷わらを焼却する。カボチャを台木とした接ぎ木栽培をする。スイカの自根が発生するとスイカつる割病菌に侵されるので，自根を発生させないように，若苗を接ぎ木し深植えしない。ユウガオの種子は無病株から採種するか種子消毒をする。　［長井雄治］

◉うどんこ病 ⇨口絵：病48

- *Sphaerotheca fuliginea* (Schlechtendahl) Pollacci

●被害と診断　葉と葉柄に発生する。はじめ，葉の表面または裏面に直径3～5mmくらいの白色円形の粉状のカビが生える。このカビは，菌糸と分生子および分生子柄からなる菌叢である。白い菌叢は葉柄にも現われる。初発時に薬剤散布などにより進展が抑えられて，菌叢が消失すると，その跡に淡黄褐色のしみ状の汚斑点が残る。スイカのうどんこ病は，キュウリ，メロン，カボチャなどのうどんこ病に比べると，発生が少ない。問題になるのは，主としてハウス・トンネル栽培である。ハウス栽培では5月上旬ごろから，トンネル栽培では5月下旬ごろから発生し，気温の上昇とともに増加する。

●病原菌の生態　病斑上の菌叢は，菌糸，分生子，分生子柄からなる。うどんこ病菌は，通常子のう殻の中の子のう胞子で越年するが，スイカでは子のう殻はなかなか認められない。しかし，他のウリ科のうどんこ病と同様，被害部についた子のう殻が越年し，翌年春に伝染源となるものと推定される。ハウス栽培では，被害部についた分生子が越年し，翌年の伝染源になると考えられる。分生子は空気中を飛散し，空気伝染をする。分生子は水滴がなくても発芽し，感染することができる。病原菌は活物寄生菌であるから，感染したスイカの葉はすぐに枯れることはない。しかし，病勢が進み菌密度が高まると，葉は衰弱し，下葉から黄変し，ついには枯れる。

●発生条件と対策　うどんこ病はいくらか乾燥した環境で発生しやすい。このため，降雨にさらされる露地よりも，ハウスやトンネルなどで多発しやすい。通常生育初期には認められず，生育中期から発生し始め，生育後半に急速にまん延することが多い。

ウリ類のうどんこ病は，発生後に薬剤散布をしても防除できるが，多発状態になってから薬剤散布を開始するのでは，防除効果が上がりにくい。早期発見に努め，発生初期から7～10日おきに薬剤散布を行なうのが効果的である。薬剤の散布は，かけむらのないように十分に行なう。ハウス栽培ではくん煙処理を行なう。

［長井雄治］

◉果実汚斑細菌病 ⇨口絵：病48

- *Acidovorax avenae* subsp. *citrulli*

●被害と診断　育苗期から収穫期まで発生し，苗の枯死や果実腐敗が発生した場合の被害が大きい。発芽後間もない子葉や接ぎ木後の子葉に，暗緑色水浸状で葉肉部が陥没した斑点が現われる。症状が進むと胚軸も水浸状となり，軟化して枯死する。本葉には，中央が濃褐色で周囲が黄色の円形～不整形の斑点または葉肉部が陥没した褐色の不整形斑点が現われる。茎には水浸状の病斑が現われる。果実には，暗緑色水浸状の不整形斑点が現われ，後に病斑部中に亀裂を伴った大型病斑となる。果実の病斑は，上部や側部などの陽光面に多く，底部には認められない。果実内部は皮層から水浸状に褐変し，果肉が軟化腐敗する。

●病原菌の生態　病原細菌は高温多湿を好み，41℃でも生育できる。多くのウリ科植物に寄生し，トウガン，カボチャ，キュウリ，ハネデューメロン，カンタロープメロン，シトロンメロンでの自然発病が報告されている。種子伝染性であり，汚染種子が第一次伝染源となる。汚染された種子が播種されると，育苗期間中に発病する。汚染量が少ない場合は，育苗期間には発病しないが保菌苗となる。発病苗や保菌苗は伝染源となり，灌水や接触によって周囲の健全苗が感染する。とくに頭上灌水は発病を助長する。保菌苗が本圃に定植されると，風雨によって他の健全株に伝染し，つるや本葉が発病する場合があるが，枯死に至ることはない。

発病した本葉やつるは，果実への伝染源となる。

着果2～3週間目の若い果実がもっとも感受性が高い。成熟果では表面の傷口から感染する。発病果を圃場に放置した場合，汚染された種子が圃場に放出され，翌年発芽して保菌苗となり，本圃での伝染源となる。また，圃場周辺のウリ科雑草も本圃での伝染源となる。

●発生条件と対策　病原細菌は高温性の菌であることから，降雨が多く，高温多湿条件で感染や発病が多くなる。

消毒済みの健全種子を使用する。同一種子ロット単位に育苗し，発生が確認された場合は同一ロットの苗を全量処分する。接ぎ木に使用するナイフなどの器具類は，接ぎ木する個体ごとに消毒する。育苗期の散水は株元灌水を基本とし，多湿状態にならないようにする。本圃では，定植前に圃場内および圃場周辺のウリ科雑草を除去しておく。降雨後の管理作業は植物体が乾いてから行なう。発病が確認された場合は株単位に早急に抜き取り，土壌埋没などにより処分する。収穫後の植物残渣，ウリ科雑草，マルチなどの栽培資材は，すべて圃場外に持ち出して処分する。

［加藤智弘］

メロン

◉えそ斑点病 ⇨口絵：病49

• メロンえそ斑点ウイルス
Melon necrotic spot virus (MNSV)

●被害と診断　おもに温室メロンで，あらゆる部分にえそ症状を現わす。本葉10葉期前後から発病し始める。このころの発病株は大部分小斑点タイプの症状で，葉の全面に黄褐色の細かい斑点を散生する。小斑点タイプの発病株が何本か見られるようになってから，いろいろな症状をもった株が次々と発生する。葉にはこのほかに，直径数mmから1～2cmに及ぶ大型の不整円形病斑を散生する場合と，葉脈に沿ってえその広がる場合とがある。茎，葉柄，果柄には，黄褐色で虫くい状に広がるえそ条斑を生ずる。茎のえそ条斑は，初期には地ぎわ部に発生することが多い。果実にはあまり顕著な症状は現わさないが，場合によっては果肉に空洞を生ずることがある。果実は玉のびが悪く，ネットの出方が不ぞろいで糖度ののりも悪い。根は淡褐色や褐色に変色し細根は消失していることが多い。

●病原ウイルスの生態　メロンえそ斑点ウイルスは隔離床または地床の施設栽培のメロンのほか，露地メロンに発生することが確認されている。本ウイルスは宿主範囲が狭く，メロン類とスイカに強い病原性を示すほかには，ユウガオ，カボチャ(白菊座)，キュウリ，ヒョウタンに寄生性がある。本ウイルスは土壌，種子，汁液(接触)伝染する。土壌伝染は本病のもっとも重要な伝染法であり，オルピディウム菌が媒介する。汁液(接触)伝染は，発病株があると，管理作業や温室内の通行による接触で起こると推定される。本ウイルスはアブラムシによっては媒介されない。

●発生条件と対策　夏には発生が少なく，秋から春にかけて発生が多い。重粘な土で栽培した場合，発生が多い。水田土壌をとって使う場合，未風化のものをすぐ使うとよくない。温室の入り口，雨漏り箇所，北側の列などに発生しやすい。定植時に地温不足で根を冷やしたとき，灌水量が多いとき，土壌が中性～アルカリ性のときに発生しやすい。

抵抗性品種を栽培する。種子は健全株から採種し，70℃・72時間の乾熱処理を行なって用いる。栽培資材，用土，堆肥を消毒する。用水はオルピディウム菌の汚染の危険があるので，溜水の灌水は避ける。育苗は清潔な場所で行なう。室内は明るく清潔にし，適度な灌水を行ない，石灰は使いすぎないようにする。発病株は管理作業を分けるなど接触伝染を防ぐ。

［鐘ヶ江良彦］

◉モザイク病(温室メロン) ⇨口絵：病49

• キュウリモザイクウイルス　*Cucumber mosaic virus* (CMV)
• スイカモザイクウイルス　*Watermelon mosaic virus* (WMV)
• パパイア輪点ウイルス　*Papaya ringspot virus* (PRSV)
• スイカ緑斑モザイクウイルス　*Cucumber green mottle mosaic virus* (CGMMV)
• トマト輪点ウイルス　*Tomato ringspot virus* (ToRSV)
• スカッシュモザイクウイルス　*Squash mosaic virus* (SqMV)

【CMVによるモザイク病】

●被害と診断　葉および果実に症状を現わす。まず最新葉が黄化し，葉縁が下向きに巻き込む。展開した発病株は葉面に細かいしわを生じ，萎縮して健全葉より小さく，全体として黄化する。透かしてみると黄色のあまりはっきりしないモザイク斑紋，あるいは黄色・円形の小さい斑紋が一面に入っている。発病後の株は節間の伸びが悪く，葉が小さく全体として萎縮する。果実では，幼果にあまり明瞭でないモザイク斑紋が入る。しかし，ウイルスの系統によっては，葉や茎にえそ症状を示すものもある。

●病原ウイルスの生態　CMVは非常に宿主範囲のひろいウイルスで，ウリ科，アブラナ科，ナス科，アカザ科，キク科など多数の作物，雑草などに感染する。本ウイルスはアブラムシによって媒介される。メロンの場合は，おもにワタアブラムシによって媒介される。温室外の雑草，他作物などの病植物上で増殖したアブラムシのうち有翅のものが飛来し，メロンで吸汁するために伝染がおこる。土壌伝染，種子伝染などは行なわれないが，汁液伝染する。

●発生条件と対策　アブラムシの発生が多く，窓を開放する機会の多い春から秋までの期間に発生が多い。温室周辺に罹病植物が多いときや，アブラムシの発生の多い年に発生しやすい。アブラムシの飛来防止，発病株の早期抜きとりに努める。病株と無病株とを作業時に区別する。

【WMVとPRSVによるモザイク病】

●被害と診断　葉および果実に症状を現わす。葉には緑色濃淡のはっきりしたモザイク症状を現わし，CMVのような黄色斑紋や黄化は示さない。色の淡いモザイク部は生育が遅れ，その部分がへこんだり，ひきつれたりする。果実にもはっきりしたモザイク斑紋が入る。

●病原ウイルスの生態　WMVは主としてウリ科植物に感染する。ウリ科以外の植物ではエンドウ，ソラマメ，インゲンマメ，オクラなどに感染する。これらのうちエンドウや雑草のオランダミミナグサ，コハコベは越冬性なので伝染源として重要である。一方，PRSVはほぼウリ科植物のみに感染する。両ウイルスはアブラムシによって非永続的に伝搬される。土壌伝染はしないが，管理作業による汁液伝染が行なわれる。

●発生条件と対策　CMVとほぼ同様であるが，発病時期がCMVよりやや遅く，夏を中心に発生が多い。対策はCMVに準ずる。

【CGMMVによるモザイク病】

●被害と診断　葉および果実に症状を現わす。葉では，茎の上葉あるいは側枝の若い葉に淡いモザイクを生じるが，成葉になると症状が軽くなり消失することもある。果実では“ナマズ”，緑色斑および玉えその3種の病徴を現わす。“ナマズ”とは，激しい発病株の幼果に緑色と白色のモザイク症状を示すものをいう。緑色斑は，果実のネット期ころに緑色斑紋を現わすもので，成熟期になると緑色斑以外の部分に黄斑を生ずる場合もある。玉えそは，交配25〜35日後に緑色のニキビ状斑点を一斉に現わしてくるもので，市場価値がまったくなくなる。発病果実はネット不良，果形の粗剛化が見られることが多いが，果肉の劣変は見られない。

●病原ウイルスの生態　CGMMVの宿主範囲は狭く，感染する植物は主としてウリ科植物に限られているが，少数のアカザ科，ナス科にも感染する。種子伝染，接触伝染および土壌伝染する。虫媒伝染はしない。種子伝染は，本病に汚染されていない遠隔地への拡散に重要な役割を果たしている。接触伝染(汁液伝染)は，手指，刃物，衣服などによって，管理作業や温室内の通行による接触で，発病株から健全株へ，発生温室から無発生温室へと行なわれる。土壌伝染は，前作に本病が発生した温室で，床土の消毒が不充分だった場合におこることがある。媒介者はない。

●発生条件と対策　発病と環境条件との関係は明らかでない。無病種子の使用，土壌消毒，資材の消毒，発病株の早期抜きとりに努める。栽培が終わったら，被害茎葉を土壌中に残さないようていねいに取り除く。接触対策。弱毒ウイルスの利用。

【ToRSVによるモザイク病】

●被害と診断　葉に症状を現わす。新葉に退緑斑点や輪紋を生じ，次第にそれが軽いモザイク症状に変わる。成葉になると，症状が消失する場合が多い。

●病原ウイルスの生態　ToRSVは宿主範囲が広く，ウリ科，ナス科など多くの植物に感染する。主として土壌伝染によって伝搬するが，汁液伝染，種子伝染もある。アブラムシによる伝染はない。主要な伝染経路は土壌伝染であり，土壌線虫（*Xiphinema americanum*, *X. rivesi*）によって伝搬される。種子伝染はメロンでは確認されていないが，ダイズで行なわれるので注意する必要がある。

●発生条件と対策　発病と環境条件との関係は明らかでない。対策は無病種子の使用，土壌消毒，発病株の早期抜きとり。

【SqMVによるモザイク病】

●被害と診断　葉および果実に症状を現わす。葉は，明瞭な濃緑斑紋，葉脈緑帯，モザイク症状を現わすと同時に，舟形，広卵形などの奇形になる。果実は激しいモザイク症状を示し，表面が凹凸になり，一部ネットが欠落することがある。

●病原ウイルスの生態　SqMVの宿主範囲は狭く，自然発生はウリ科植物に限られるが，マメ科，セリ科，ヒユ科，アカザ科などの一部の植物にも感染が見られる。本ウイルスは，甲虫類のウリハムシ，ウリハムシモドキ，オオニジュウヤホシテントウ，トホシテントウなどによって伝搬されるほか，種子伝染，汁液（接触）伝染する。アブラムシでは媒介されない。土壌伝染もしない。種子伝染は，本病に汚染されていない遠隔地への拡散に重要な役割を果たしている。ウイルス保毒種子が第一次伝染源になる。整枝，枝のこすれなどの接触により，発病株から健全株へ容易に伝染する。摘心，摘葉などの作業を行なうとき，手指や刃物によって伝染する。

●発生条件と対策　発病と環境条件との関係は明らかでない。対策は無病種子の使用，媒介虫対策，発病株の早期抜きとり，接触対策など。　［加藤公彦］

◉モザイク病（露地メロン）

⇨口絵：病49

- キュウリモザイクウイルス　*Cucumber mosaic virus* (CMV)
- スイカモザイクウイルス　*Watermelon mosaic virus* (WMV)
- スカッシュモザイクウイルス　*Squash mosaic virus* (SqMV)

【CMVによるモザイク病】

●被害と診断　葉，果実および茎に症状を現わす。新葉が黄色になり縮む。茎の先端を見ると，あるところまで正常な濃緑色の葉が出ているのに，上のほう数枚の葉が急に黄色が濃くなり，ちぢれ，節間がつまるので，発病した時期がよくわかる。発病葉は，光に透かしてみると小さな黄色斑紋が入っている。発病株は新葉がみな黄化するので，遠方から見てもよくわかる。発病時すでに展開していた葉に，葉脈に沿ったえそ，つる枯病病斑に似たV字形のえそなどを生ずることがある。茎や葉柄には褐色のえそ条斑を生ずる。果実には緑色濃淡のモザイク，濃緑色・水浸状のやや隆起した多数の斑紋を生ずる。

●病原ウイルスの生態　CMVの生態は温室メロン参照。露地メロンはトンネルをはずしたあと裸になるので，アブラムシの飛来は温室メロンに比較してきわめて多く，また作付け時期がアブラムシの活動時期と一致するので，モザイク病発生の多いことは温室メロンの比ではない。CMVの伝染源はメロン畑周囲のCMV罹病雑草や作物で，そこに寄生していた有翅アブラムシが飛んできて媒介する。

●発生条件と対策　アブラムシの発生が多い年に多発しやすい。周囲に各種の野菜の栽培が多いところでは伝染を受けやすい。対策はアブラムシの飛来防止，アブラムシの駆除，周辺の罹病植物の除去など。

【WMVによるモザイク病】

●被害と診断　葉，果実および茎に発病する。葉には明瞭なモザイクを生じ，ひどいときは葉が小さくなり，各種の奇形化を伴う。果実にもはっきりしたモザイク斑紋を現わす。CMVと混合感染すると，症状はそれぞれ単独のときより激しくなり，とくに茎のえそがひどくなる。

●病原ウイルスの生態　温室メロンの項参照。

【SqMVによるモザイク病】

温室メロンSqMVによるモザイク病の項参照。

［加藤公彦］

◉黄化病　⇨口絵：病50

• ビートシュードイエロースウィルス
Beet pseudoyellows virus (BPYV)

●被害と診断　温室メロンの育苗期から定植後間もないころに発病し始め，その後収穫期まで発生が続く。初期の症状は斑点型と黄化型とに大別される。斑点型は若葉の葉脈間に退緑色，不整形の小斑点を多数生じ，多湿時には水浸状を呈する。黄化型は小斑点の形成が不明瞭で，葉脈間に不整形，斑紋状の退色斑を生じ，苦土欠乏や薬斑に似た症状を発現する。進行すると，いずれの症状も葉脈間が次第に黄色に変わって黄色のモザイク斑を示し，発病末期には株の全葉が黄化して粗剛となり，葉縁を下方に巻く。しかし葉脈は緑色を保つ。

育苗期から定植直後の苗に早くから発病し始めた場合には，株の萎縮症状は認められないが，草勢が衰弱するため側枝の発生が抑えられ，根群の発達も著しく不良となる。交配前ないしその直後から発病した株の果実は，肥大不良となるほかネットの形成が悪く，そのうえ糖度が低いため，商品価値がない。

●病原ウイルスの生態　BPYVはメロンのほか，ウリ科植物，キク科植物，アブラナ科植物などにも発生する。このウイルスはオンシツコナジラミによって媒介され，種子伝染，土壌伝染，汁液伝染はしない。おもな伝染源は，温室メロンの内外に存在するメロンの被害株，近接のキュウリの被害株，雑草である。これらを吸汁したオンシツコナジラミの成虫が育苗期から定植後のメロンに飛来・着生して媒介する。オンシツコナジラミの成虫が野外から施設内に飛来・侵入する機会の多い時期は10～11月であるから，この時期以降の作型に多発しやすい。

●発生条件と対策　秋から冬どり栽培に発生が多く，春どりの被害は少ない。夏秋期の気温が低い年は，媒介虫の発生が多いため多発する傾向が見られる。施設内にメロンやキュウリが作付けしてある中で育苗すると，これらの被害株が伝染源となり多発しやすい。また，オンシツコナジラミが多発した施設にも被害が多い。

育苗施設や定植施設の出入口，側窓部には防虫ネットを張り媒介虫の侵入を防止する。黄色粘着トラップを施設内に設置し，媒介虫の発生に応じて防除を開始する。育苗期，定植後に随時，殺虫剤を散布してオンシツコナジラミの防除を徹底する。被害株は早めに抜き取り処分する。

［加藤公彦］

◉黄化えそ病　⇨口絵：病50

• メロン黄化えそウイルス
Melon yellow spot virus (MYSV)

●被害と診断　施設栽培では，側窓や天窓などの施設開口部付近から発病が始まることが多い。初期病徴は葉に発生し，葉脈にそった黄化と多数の退緑斑点が観察される。この葉はのちに全体が黄化し，多数のえそ斑点が発生する。果実は緑色濃淡のモザイク症状を呈する。栽培初期に感染すると病徴が激しくなるが，交配後20日より遅い時期に本病に感染しても病徴は現われない。

●病原ウイルスの生態　ミナミキイロアザミウマによって媒介され，幼虫のみがウイルスを保毒でき，成虫は感染植物を食害してもウイルスを獲得できない。感染植物上で保毒した幼虫が成虫になり，健全植物に飛来し，そこで植物を加害吸汁することによりウイルスが伝搬される。保毒した成虫は終生ウイルスの伝搬能力を失わないため，何度でもウイルスを伝搬できる。感染できる植物があまり多くないため，ミナミキイロアザミウマの保毒源として重要な植物はウリ科の植物である。

●発生条件と対策　メロンやキュウリなどのウリ科の作物が周年栽培される産地内では，一度本病が発生すると，病原ウイルスの伝染環が断ちにくいため，一年中発生するようになる。とくに，ミナミキイロアザミウマの活動が活発になる高温期に被害が発生しやすい。

伝染源となる植物をメロン温室周辺では栽培しない。圃場内でミナミキイロアザミウマの薬剤防除がしっかりと実施されていれば，本病が多発する危険を回避できる。前作で発生したミナミキイロアザミウマを完全に殺してから，次作のメロンの定植を行なう。温室内へのミナミキイロアザミウマの侵入を物理的に防ぐとともに，育苗から収穫期まで，ミナミキイロアザミウマの徹底防除を行なう。発生を認めたらただちに発病株を抜き取り，ミナミキイロアザミウマを薬剤防除する。圃場内での伝染速度が非常に速いので，本病の初発に気付くのが遅れると激発を招く。

［加藤公彦］

◉斑点細菌病　⇨口絵：病51

• *Pseudomonas syringae* pv. *lachrymans* (Smith et Bryan) Young, Dye et Wilkie

《温室メロン》

●被害と診断　葉，果実，葉柄，茎に発生する。本葉では，緑褐色水浸状の不整形病斑（淡いハローを伴う）が葉脈にそうように広がり，次第に褐変し，葉脈間を埋めて不規則な多角形病斑となる。病斑の内側は枯れ上がり，穴があくこともある。果実でははじめ小さな暗緑色の斑点ができるが，その後不整形となり，ネット形成期以降はネットに囲まれた暗緑色病斑となる。病斑部と健全部との境は明瞭である。ネットのひとつひとつを順次塗りつぶすように広がるのが特徴である。果実表面の病斑にとどまらず，果肉に褐変を起こす。葉柄，茎では縦長のやや白みをおびた褐色病斑が見られる。

●病原菌の生態　マスクメロンの斑点細菌病はキュウリの斑点細菌病と同一の菌で，周囲に斑点細菌病が発生しているキュウリやメロンの畑があれば，風雨とともに，あるいは衣服などに付着して伝搬する。種子伝染も重要な第一次伝染源と考えられる。ネットは亀裂発生からコルク化まで約2週間を要するが，この間はとくに亀裂を通して菌が侵入しやすい。乾燥した被害茎葉が地表部の吊りひもなどの資材とともに残り，越年して伝染源となる。

●発生条件と対策　菌の発育適温は25～28℃であるが，ハウスでの発生は，これより気温が低めで多湿のとき多発する。したがって東北地方の場合は抑制メロンで発生しやすい。ネットの盛り上がりをよくするための玉ふきや，湿度を故意に高める管理が発病を助長することがある。一方，亀裂がだらだらと形成されネットの盛り上がりが悪いときも感染の機会が増す。

対策は次のとおり。種子消毒と苗床管理の徹底。低温多湿にしない。被害茎葉の処分，輪作，汚染土壌の消毒。薬剤散布。

《露地メロン》

●被害と診断　葉，茎，果実に発生する。定植後ビニルトンネルをつくる早熟栽培に発生が多く，降雨のあと急激にまん延する。葉では，はじめ黄色のハローを伴った中心部が灰白色ないし灰褐色の小斑点を生じ，次第に円形ないしやや角形に拡大して褐色の水浸状病斑となり，薄くなって穴があくようになる。葉の病斑は，ときどき重なりあって褐色不整形の大型病斑となる。また，葉の周縁から褐変が始まり，やがて葉全体に広がることがある。葉脈の裏側は黄褐色のえそを起こして亀裂を生じ，病勢が進むと葉柄が褐変し，葉全体が枯死することがある。茎では，灰白色のやや紡錘形の病斑を生じ，健全部との境が褐色となり，中心部に裂け目ができる。果実は葉より遅れて発病する。初め緑色針頭大の小斑点を生じ，やがて中央部がコルク状の灰白色となり，緑色のハローを伴う直径1～1.5mmのやや盛り上がった小斑点となる。

●病原菌の生態　病原細菌は1～35℃で発育し，適温は25～27℃である。多数のウリ科作物に寄生するが，ウリ科以外の植物には寄生しない。種子伝染，土壌伝染，雨媒伝染がおもな伝染経路である。病原細菌は種子に付着して越年し，翌年の第一次伝染源となる。また，被害茎葉とともに土壌中に残って越年し，翌年の第一次伝染源となる。雨水に混じり，雨滴のはね上がりとともに周囲へ病原細菌が飛び散る。感染は，おもに気孔や水孔を通して行なわれる。

●発生条件と対策　トンネル栽培では，トンネルを除去するころから発病が多くなる。生育の全期間を通じて冷涼で多雨のときに多発しやすい。排水不良の畑で発生が多い。

対策は次のとおり。健全種子の使用。連作しない。健全苗だけ定植する。ポリエチレンなどによるマルチング。早期診断による早期防除。薬剤散布。栽培が終わったら，被害茎葉を土壌中に残さないようていねいに取り除く。

［市川　健］

◉軟腐病　⇨口絵：病51

• *Pectobacterium carotovorum* (Jones 1901) Waldee 1945 emend. Garden, Gouy, Christen & Samson 2003

●被害と診断　株全体あるいは1本のつるの葉が急にしおれて枯死するのが特徴である。これらの株では，伸長したつるの中間から先端部にかけて茎に数cmの暗緑色水浸状の病斑を生じ，軟化腐敗して維管束が褐変する。接ぎ木接着部分付近が侵されると，その部分の穂木メロンの茎が暗褐色水浸状に変色し，維管束が褐変する。維管束の褐変は，つるの先端部のほうにも認められる。

●病原菌の生態　本菌は多くの作物を侵して軟化腐敗させる。被害部の組織とともに土中で生息して翌年の第一次伝染源になる。ほとんどの野菜類に寄生して軟化腐敗させ，その組織とともに土中で越年するので，日本全国のどの畑にも本細菌が生息している。

●発生条件　ハウス半促成栽培では4月下旬～5月上旬ころから発生する。一般に，灌水すると激発する傾向がある。6月以降になると発生はほとんど見られない。接ぎ木接着部や摘心の傷あとから発生することが多い。排水不良のハウスや，低地で降雨により一時的に浸水するようなハウスは発生しやすい。

［市川　健］

◉べと病　⇨口絵：病52

• *Pseudoperonospora cubensis* (Berkeley et Curtis) Rostowzew

《露地メロン》

●被害と診断　葉に発生する。はじめ葉脈に囲まれた不整多角形の黄色斑紋を生ずる。のちに病斑は黄褐色になり，病斑の多い葉は枯れ上がる。湿度の高いときは病斑裏面にすす状のカビを生ずる。

●病原菌の生態　病斑の裏面に生ずるすす状のカビは，分生子柄と分生子である。分生子は水滴があると発芽し，1～8個の遊走子を生ずる。遊走子は2本の鞭毛をもって泳ぎまわり，分散したのち鞭毛を失い，一時休眠してから発芽し，気孔から侵入する。

本菌はメロンだけでなくウリ類全般に寄生し，各ウリ類間でたがいに伝染がおこりうる。露地メロンに対しては，越冬してつくられるキュウリなどから分生子が飛んできて第一次伝染がおこる場合が多いと見られる。感染のよくおこるのは15～28℃の間で，適温は20～25℃である。

●発生条件と対策　降雨が多いと多発しやすい。排水が悪く，乾燥しにくい畑で発生しやすい。付近にべと病の多発しているキュウリやカボチャなどがあると，これらから感染を受けて多発する。メロンが軟弱に育った場合に被害が大きい。

ビニルやポリエチレンによるマルチングを行ない，雨滴などのはね上がりを防ぐと同時に，土壌からの蒸散による夜間の結露を少なくする。トンネル被覆中には日中の換気を十分に行ない，湿度を上げない。排水を良好にする。肥切れさせない。早期防除。

《温室メロン》

●被害と診断　発生は葉で，はじめは下葉の葉縁の近くに1～2mmの丸形黄色病斑が現われる。症状には慢性症状と急性症状が見られる。発病が進展すると，上葉に小形の水浸状角形の病斑が見られる。病斑は淡黄色で，古くなると灰白色になる。被害が進むと葉は枯死する。

●病原菌の生態　被害葉の気孔から生じた分生子柄の上に分生胞子を形成する。病斑の裏側に形成されるネズミ色のカビは，分生子柄と分生胞子の集団である。胞子の発芽は，最低4℃，最高32℃，最適21～24℃で，夜間によく形成される。

●発生条件と対策　感染の適温は27℃とされているが，温室メロンではもう少し低温時に多発する。環境衛生に注意することが大切で，発病苗の放置，除去した病葉の放置などは伝染源となるので，集めて焼却する。

［市川　健］

◉疫病　⇨口絵：病52

- *Phytophthora nicotianae* Breda de Haan var. *parasitica* Waterhouse

●被害と診断　温室メロンの株全体に発生し，地ぎわ部の茎，葉，果実などである。茎でははじめ水浸状に変色し，1～2日後に細くくびれてくる。葉では葉縁から淡灰白色に変わり始め，やがて大きな病斑となる。病勢が進むと葉全体が変色して枯死する。果実では表面にはじめは水浸状，円形状の病斑となって現われる。この病斑はやがて果実全体に広がり，被害果実は軟腐状となる。地ぎわの茎が侵された株は，やがて株全体の茎葉がしおれ枯死する。

●病原菌の生態　病原菌は被害植物とともに土壌中で生き残り，土壌伝染する。汚染用水，浸水，不良土壌などを用いたときに発生しやすい。病原菌の発育温度は，最適温度30～32℃，最低10℃，最高37℃である。遊走子のうは，被害部分を水に浸漬しておくと簡単に形成されることが多い。

●対策　温室内の水槽に長くためてある水は灌水に使わない。栽培期間中，作土とくに株の地ぎわ部付近が多湿にならないよう灌水に注意する。［市川　健］

◉褐色腐敗病　⇨口絵：病53

- *Fusarium solani* (Martius) Saccardo
- *Fusarium roseum* Link
- *Fusarium moniliforme* J. Sheldon
- *Fusarium oxysporum* Schlechtendahl

●被害と診断　温室または市場などで発生し，果実表面に褐色腐敗斑や白カビ腐敗斑，軸腐れ，果実内部に褐色心腐れなどを生じる。褐色腐敗斑は，おもに温室やハウスで栽培中の果実で発生するが，出荷後の市場などでも発生することがあり，もっとも被害が多い。早いものではネット最盛期ごろから発生し，はじめにネット部が水浸状に変色する。病勢が進むと中心部が褐色の円形病斑となる。ネットにそって割れて白色のカビを生じる。

褐色心腐れはおもに温室やハウスで発生し，果実の外観から識別できる症状の発生は少なく，果実を切ってみると胎座部が褐色に腐敗している。軸腐れは出荷後に市場などで発生し，結果枝，果梗，果実の上部が水浸状に腐敗し，果梗に接続する果実の上部付近に白いカビを生じる。陥没病でも軸腐れ症状となるが，陥没病では白いカビを生じないので区別できる。発生は少ない。

●病原菌の生態　病原菌は*Fusarium*属菌の4種で，これらの菌は不定性病原菌で病原性は弱い。菌の寄主範囲は明らかにされていない。メロンなどの残渣，有機物などで増殖して分生胞子を形成し，これがネット発生期の果実に飛散してネット傷から感染する。発病した果実の病斑部に多数の分生胞子を形成し，これが飛散して二次伝染する。生育温度は5～35℃，適温は25℃前後である。

●発生条件と対策　6～7月の梅雨期，9～10月の秋雨期など曇雨天が続く時期に発生が多い。ネット期が多湿になると発生が多くなる。また，ネットが大割れすると発生を助長する。発病果実，メロンの残渣，その他の有機物など病原菌の増殖場所が温室周辺にあると発生しやすい。

ネットが発生し始める交配後18日ごろから約5日間隔で3回，つる枯病を対象とした薬剤散布を行なうことにより同時防除ができる。温室内は，暖房，炭酸ガス施用，窓あけなどによって乾燥に努める。ネットが大割れしないように灌水を加減する。温室周辺にはメロンの残渣や有機物を放置しない。発病した果実は早期に除去して二次感染を防ぐ。　［大沢高志］

◉菌核病　⇨口絵：病53

• *Sclerotinia sclerotiorum* (Libert) de Bary

●被害と診断　果実，茎，葉に発生する。茎では，はじめ油浸状の病斑を生じ，やがて拡大すると病斑上に白色綿状の菌糸を生じ，その部分より先がしおれて枯れる。のちに黒色大形の菌核を形成する。葉に発生することはまれである。果実での被害が大きく，はじめ果面に水浸状暗緑色の小さな病斑を生じ，のちに拡大して果面上に円形で大型の病斑を形成し，白色綿状のカビを生じて果実は軟化腐敗する。これらの病斑部は後期にはへこみ，そこに黒色大型（2～10mm×2～6mm）の菌核を多数形成する。露地型メロンのうち，ネットを形成する品種が発病しやすい傾向がある。

●病原菌の生態　病斑上の黒色大型の菌核が地表に落ち，土中で越年して翌春適温になると，この菌核から子のう盤という小さなキノコを生じる。このキノコの中の子のう胞子が飛散して伝染源になる。菌糸の生育適温は18～20℃付近であって，比較的低温を好む。発病には20℃以下の温度が適し，ハウスやトンネルによる半促成栽培での被害が大きい。

●発生条件　ハウスやトンネル栽培で発生するが，とくに15～20℃前後で，降雨が続いたときなどには激発する。茎葉が過繁茂になって通気が悪い部分での発病が多い。茎葉が果実上にあって通気が悪い場合に発病しやすい。排水不良畑，低地で日当たりの悪い畑で発生しやすい。　［米山伸吾］

◉黒点根腐病　⇨口絵：病54

• *Monosporascus cannonballus* Pollack & Uecker

●被害と診断　露地メロンの果実が十分に肥大したころ（定植後の40日前後，ネットメロンではネット形成が完了）から，初めのうちは日中地上部が軽くしおれるが，夜間は回復する。軽いしおれが起きてから数日すると，しおれ症状は激しくなり，夜間も回復しなくなる。激しいしおれ症状株の葉は黄褐変し，急激に枯れ上がり，地ぎわ部は水浸状となる。しおれ症状株の根は腐敗して褐変し，細根は消失し太根だけが残る。病勢が進み枯死寸前になると，腐敗した根の表面に黒色の小粒点(子のう殻)が形成される。

地上部に現われるしおれ症状に先立って根が侵される。はじめは細根が褐色水浸状となり腐敗する。その後，細根は脱落し，太根が褐変腐敗し，その表面に隆起した黒色の小粒点(子のう殻)を形成するところが特徴である。細根が褐変腐敗し始めてから地上部がしおれ始めるまでに，2～3週間かかるようである。

●病原菌の生態　本菌は，被害根に形成された子のう殻の中の子のう胞子が土中に埋もれ，長期間生存し伝染源となる。宿主範囲はウリ科作物に限られる。連作すると，土中の菌密度を高め多発しやすくなる。種子伝染は確認されていない。また，地上10cm以上の茎や果実，種子などに病原菌は認められていない。汚染土に植えると細根は速やかに感染し，15～20日後には褐変し始める。地上部がしおれ始めるのは，根部が60％以上褐変し，果実が肥大した後で，とくに収穫直前に急激にしおれることが多い。果実をつけていない株は，たとえ根が褐変してもしおれない。

●発生条件と対策　トンネル栽培では，定植時期が遅れて盛夏期に収穫期を迎えると発生しやすい。ハウス・温室では促成栽培，抑制栽培のいずれも発生しやすいが，高温期に収穫する作型では発生が激しい。連作圃場で，自根またはメロン共台で栽培すると発生しやすい。

連作を避ける。輪作するにしても，ウリ科作物とは組合わせない。輪作年限は少なくとも3年以上は必要と思われる。ハウス，トンネルのいずれの栽培でも，春作では，盛夏期に入る前に収穫期を迎えるように，できるだけ早期の栽培を行なう。地這いづくりでは，1株の着果数をなるべく少なくして，株の負担をできるだけ軽くする。収穫期まで地上部の草勢をできるだけ強く維持するため，着果後の上位節の側枝はなるべく残す。発病のおそれのあるところでは土壌消毒をする。トンネル・マルチ栽培では，マルチ内に土壌くん蒸剤を注入し，ガスが抜けたことを確認してから定植する。深耕しているところでは，表層(15～20cm)と深層(35～40cm)の2段土壌消毒を行なうと，より高い効果が得られる。土壌の乾きすぎはしおれを早めるので，適正な土壌水分を保持することは必要であるが，過剰灌水すると裂果することがある。しおれ株は放置せずに枯死前に抜き取って，圃場外で野積みにして完熟させるか焼却処分とする。枯死株を圃場に放置すると，根の腐敗とともに病原菌の子のう殻も土壌中に残り菌の密度を高めることになる。　［長井雄治］

◉黒かび病　⇨口絵：病54

• *Rhizopus stolonifer* (Ehrenberg) Vuillemin

●被害と診断　出荷後に市場や店頭で発生する。はじめ果実の結果枝や果梗の切り口付近が水浸状になり，1～2日後にはこの部分に小黒点をともなった菌糸がクモの巣状に発生し軟腐する。4月から10月ごろまで発生し，とくに梅雨期や秋雨期に収穫した果実では，曇雨天で出荷箱内が多湿になり，発生が多くなる。

●病原菌の生態　病原菌は，ごみ捨て場，ごみ箱，メロンを荷造りする作業室などに放置されたメロンの残渣やその他の有機物で生息し，胞子が空気伝染して結果枝などの切り口に感染し発病する。病原菌の生育温度は7～30℃，適温は20～30℃である。

●発生条件と対策　果実の荷造り作業室，温室の近くは清潔にし，ごみ捨て場をつくらない。荷造りのときにでる結果枝の残渣は，その日のうちに焼却するなどの処理をする。荷造り作業室は，毎日掃除をして清潔にする。果実を箱詰めする直前に，食品添加物用エチルアルコール原液(99.5%)を含ませたちり紙や脱脂綿で，結果枝や果梗部の切り口を2～3回ふいて消毒し，箱に詰める。

収穫後に病原菌が感染し市場などで発生するため，農薬による防除はできない。予防対策がすべてとなる。防除対策のポイントは，周辺を清潔にして病原菌の生息場所をなくすことにある。

［大沢高志］

◉つる枯病 ⇨口絵：病55

- *Didymella bryoniae* (Auerswald) Rehm 〔*Mycosphaerella melonis* (Passerini) Chiu et Walker〕

《温室メロン》

●被害と診断　茎，葉，葉柄，まれに果実にも発病する。茎の地ぎわ部にもっとも発病しやすい。はじめ灰緑色，のちに黄褐色に変わる病斑を生ずる。湿度の高いときは病斑は水浸状を呈し，急速に広がる。春または秋の発病適期に温室内の湿度が高いと，地ぎわだけでなく茎の至るところに発病し，病勢の進行も急で，病斑から上が枯れることがある。このような発病はビニルハウス栽培のメロンでおこりやすい。葉柄にも茎と同様な病斑を生じ，ひどくなると葉が枯れる。果梗にも発病し，果実に接したところに発病すると果実にまで及ぶ。葉にはくさび形あるいは扇形の病斑をつくる。

茎，葉，葉柄とも，病斑が古くなると病斑上に黒色の小粒点を多数生ずる。これは分生子殻(柄子殻)または子のう殻である。茎の病斑はえそ斑点病による茎のえそ条斑と似ている。しかし，えそ条斑のほうは内部にあるえそがところどころに現われた感じの虫くい状に広がるのに対して，本病の場合は病斑が表生的で深くなく，表面に黒色小粒点を生ずるので区別がつく。

●病原菌の生態　病原菌は被害植物片とともに，子のう殻あるいは分生子殻(柄子殻)の形で土中あるいは温室内に散乱して生き残り，伝染する。まず子葉に感染し，子葉の病斑を通じて茎基部に感染することが多い。多くの場合，第一次伝染源となる病原菌は，床土内あるいはその表面にあることが多く，灌水の際の水滴のはね返りとともに飛散するので，第一次感染はまず茎の地ぎわからおこる。第一次感染による病斑上にいったん子のう殻や分生子殻(柄子殻)がつくられると，それからの二次感染によって葉や茎の上部などにも次々と発病する。本菌の発育適温は20～24℃，最低5℃，最高36℃であり，発病の適温は16～20℃である。

●発生条件と対策　温室内では一年中発生するが，春季や秋季の比較的低温の時期に発生しやすい。ガラス室よりビニルハウスのほうが湿度が高いので発生が多い。灌水のさい，いつも茎の地ぎわ部まで濡らすような水のかけ方をすると発病しやすい。発病株のある温室内で次の作付けのための育苗をすると，苗のうちに感染を受け発病が多くなる。

無病の種子を用い，健全苗だけを定植する。茎の地ぎわ部はいつも乾燥させておく。被害茎葉の完全な処分。病斑部に対する薬剤塗布。

《露地メロン》

●被害と診断　温室メロンは立ちづくり，露地メロンは這いづくりなので，病徴がだいぶ違う。茎は地ぎわに近いところだけでなく，子づるにも孫づるにもひどく発病する。茎の病斑ははじめ灰緑色，のちには灰褐色に変わり，表面がざらざらしてややへこみ，後期になると小さな黒い粒点(柄子殻)を多数生ずる。降雨が続くと病斑は水浸状になり，病勢が早く進み，また傷が深くなって枯上がりを早める。葉にははじめ葉縁から病斑が生じ，V字状，褐色の大きい病斑を生じて，ひどくなると枯れる。葉柄にも茎と同じような病斑を生じ，葉柄の病斑がひどくなると葉が枯れる。本病の病斑は浅いから注意しないと見落とす。健全な茎は表面が滑らかで緑色をしていることを忘れずに見分ける。

●病原菌の生態　病原菌が同じなので温室メロンを参照のこと。露地メロンは温室メロンと違い，伝染は主として降雨のときにおこる。雨が降ると分生子（柄胞子）や子のう胞子が雨水に混じってとび散って伝染する。這いづくりにしている露地メロンは，茎も葉も全部地面に近いところにあるため，雨の多いときは伝染がおこりやすく被害が大きくなる。病原菌は被害茎葉とともに土に入り，あるいは畑の周囲などに散らばって生き残り伝染源になる。つる枯病菌はウリ類全部に共通して発生するから，キュウリやスイカのあと地にメロンをつくっても発病する。

●発生条件と対策　降雨の多いときやウリ類を連作したとき，また風の当たりやすい畑で多発しやすい。トンネルがかかっている間は発病は少ないが，トンネルをとると発病が多くなる。地下水位が高く乾きにくい畑で多発しやすい。

ウリ類の連作を避ける。ビニル，ポリエチレンなどによるマルチングをする。種子消毒をする。健全苗だけを植え付ける。発病初期からの薬剤散布。

［市川　健］

◉つる割病　⇨口絵：病55

- *Fusarium oxysporum* Schlechtendahl: Fries f. sp. *melonis* (Leach et Currence) Snyder et Hansen

《温室メロン》

●被害と診断　つる割病は温室メロンにとってもっとも恐ろしい病害で，栽培者の間でアールス病と呼ばれているのは本病である。はじめ，茎の基部に水浸状の部分がところどころに現われ，表皮がひび割れてそこからヤニが出てくる。ヤニが出始めるころになると，上部の葉がしおれる。4～5日間は葉に元気がなくなり，昼間だけしおれ，夕方になると回復したりしているが，ついにはしおれたままになる。茎もしおれ，病斑がはっきりしてくる。

茎の病斑は必ず下部から始まり，同一側を伝わって上部に伸びる。茎の病斑は，はじめは水浸状だが，だんだん黄褐色ないし暗褐色に変わり，のちには表面に白色または赤紫色がかった白色の菌叢を生ずる。発病株の根を掘ってみると，たいがい太い根の1本か2本がアメ色に変色しているか，または腐ってぼろぼろになっている。茎の地ぎわ部が何となく病的な色，不透明な感じになり，下葉の1～2枚が生気を失う。これを見分けられればもっとも早期に発見できる。

●病原菌の生態　病原菌は分生子と厚膜胞子とをつくる。分生子には楕円形で単胞の小型分生子と，三日月形で1～3個の隔膜をもつ大型分生子とがある。病斑部の白色または桃色の菌叢には大型分生子，小型分生子が多量につくられている。分生子は落ちて土に入り，発芽してすぐ厚膜胞子化する。大型分生子の一部がふくらんで厚膜胞子化することも多い。被害根の中には主として菌糸，ときには小型分生子の形で存在し，これも土に入ると厚膜胞子になる。厚膜胞子は耐久性が強く，長く生存する。厚膜胞子のある土にメロンが植えられると，根の近くの厚膜胞子は発芽し，根端や傷から侵入する。菌糸は主として維管束部を侵し，導管の中を通って上に伸び，ときには導管内に小型分生子を形成する。果実の成っている側の導管が侵されると，菌糸は果柄を通って果実内部にまで侵入し，種子に入って種子伝染のもとになる。病原菌の生育適温は24～27℃，最低6℃前後，最高37℃前後である。

●発生条件と対策　発病に最適な地温は20～23℃である。これより地温が高くなると発病は少なくなり，37℃以上では発病しない。窒素肥料過多だと発病が多くなる。土壌が乾きすぎる場合や乾湿の差が激しい場合に発病が多い。土壌が酸性で多発し，アルカリ性では減少する。ベンチの底が土で，メロンの根が生育中期以後そこに入っていくような構造のときは，底土内に病原菌が残るため発病しやすい。

発病株をいつまでも残しておくと，温室内に分生子が飛散するのであと作に発病しやすくなる。発病株のある温室内で幼苗を育成すると，いくらポットや土を消毒しても育成中に汚染し，定植後発病するもととなる。接木苗では自根が出ると，これから菌が侵入するため発病しやすくなる。

常発地では必ず接ぎ木栽培する。発病株を見つけ次第できるだけ早期に抜きとる。抜きとった被害株を温室内外に散乱させない。健全種子を用いる。

《露地メロン》

●被害と診断　はじめは1本か2本のつるがしおれる。そのつるを伝って調べると，つるの根元のほうに病斑がある。発病は根から始まって導管を伝って進行するので，病斑といっても特定の形のものではなく，つるのある一側にところどころ水浸状の部分が現われ，のちにややへこみ，しばしば赤褐色のヤニを分泌する。株全体として病勢が進むと，子づる全部が萎凋枯死する。雨が多かったり湿度が高かったりするときには，発病した茎のところどころに白色または赤紫色の菌そうが現われる。露地メロンの葉柄は比較的硬いため，発病してもなかなか倒れず，直立した葉柄の上に枯葉がついている状態がよく見られる。病株からとれた果実はへたもげの状態になりやすく，また店頭に出てから，へたの部分に水浸状のへこんだ病斑を生じやすい。

●病原菌の生態　温室メロンのつる割病菌と同じ菌である。病原菌は被害株の根や茎といっしょに土中に入り，また病斑面にできた分生子が落ちて土に入り，大部分がいったん厚膜胞子化してから長く生き残る。発病あとの畑では1～2年間は病原菌が残り，4～5年後でもなお発病の危険が残る（その他は温室メロンを参照）。

●発生条件と対策　発病あと地に連作すると発病しやすい。地温が20～23℃近くに上がってくると発病しやすくなる。トンネル栽培ではトンネルをはずすころから発病が多くなる。酸性土壌で発生しやすい。窒素肥料の多用は発病を助長する。

種子伝染をおこす恐れがあるので，種子は無病果からとる。種子消毒をする。また育苗用の土や鉢は完全に消毒する。発病あと地に作付けしない。カボチャ，ユウガオ，耐病性メロンなどを台にして接木する。抵抗性品種を栽培する。

［市川　健］

◉うどんこ病　⇨口絵：病56

• *Sphaerotheca fuliginea* (Schlechtendahl) Pollacci

《温室メロン》

●被害と診断　葉に発生する。はじめ淡黄色，円形の斑紋を生じ，のちにその表面に白いうどん粉状の菌叢を生ずる。菌叢は葉の表にも裏にも生ずるが，1個の病斑についてみると，裏か表かどちらかに生ずる。菌叢のある面の反対側から見ると，病斑部は淡黄色に見える。病勢の激しいときは，病斑が連なって全葉面を覆うこともある。

●病原菌の生態　古くなった菌叢の中に黒い小さな粒を生ずる。これが子のう殻で，中に1個の子のうを生じ，子のう内には5～8個の子のう胞子を生ずる。本菌の生活史は，露地では子のう殻が主体をなして完成されるが，温室内では一年中次々とメロンがつくられているので，分生子だけで生活史が完成される。

本菌には系統があり，メロンのうどんこ病菌はキュウリ，カボチャ，ユウガオ，コスモス，ホウセンカ，エノキグサなどに伝染し，逆にこれらの植物のうどんこ病菌は本病の伝染源になり，同一の系統である。スイカの菌は，メロン，キュウリ，カボチャなどに伝染するが，逆にメロンの菌はスイカに伝染しない。ナス，ゴボウ，キンセンカ，タンポポ，ヨメナなどのうどんこ病菌は別の系統で，メロンには伝染しない。

白い菌叢は菌糸と分生子柄および分生子である。分生子は風で飛びやすく，典型的な風媒伝染をする。分生子は水滴がなくても発芽する。

●発生条件と対策　温室内が乾燥ぎみのとき発生しやすい。メロンの生育中期以降にひどくなりやすい。

病苗を持ち込まないようにする。発病初期に薬剤散布をする。薬剤散布で菌叢が消えたら，菌叢が復活する前にまた散布する。

《露地メロン》

●被害と診断　露地メロンのうどんこ病は，温室メロンの場合よりはるかに被害が大きい。初めは表面にうどん粉状の菌そうをもった円形の病斑となる。ふつうの品種はいずれもうどんこ病にきわめて弱く，病斑はたちまち全葉にひろがり，また病斑部がえ死を起こしやすい。病葉は古くなると乾いて枯れ上がり，がさがさになる。うどんこ病のために，畑のところどころに大きな穴があいたような枯れ上がりの場所ができることがある。

●病原菌の生態　温室メロンのうどんこ病菌と同一菌である（温室メロン参照）。

●発生条件と対策　乾燥ぎみの年に発生が多い。生育後期に多発しやすい。対策は薬剤散布，早期防除。

［市川　健］

◉ホモプシス根腐病　⇨口絵：病56

• *Phomopsis sclerotioides* van Kesteren

●被害と診断　定植後1か月ごろから発生し始め，収穫直前まで発生する。発病初期には晴天時の日中につる先のしおれが認められる。のちには株全体がしおれるようになり，曇りや雨の日でもしおれが回復しなくなる。さらに進むと最終的には枯死するが，急激な病勢の進展は少なく，徐々にしおれが進行してゆく。発病株の根部は細根が脱落し，太い根は褐変しており，腐敗の進んだ部分は黒変する。腐敗の進んだ根には黒い帯状菌組織と疑似微小菌核が形成される。

●病原菌の生態　カボチャ台キュウリホモプシス根腐病と同一の菌によって発病する。メロンのほかキュウリ，カボチャ，スイカ，ユウガオなどのウリ科作物に病原性が認められる。耐病性の品種は確認されていない。病原菌の生育温度は6～33℃で，生育適温は26℃付近である。本菌の生態についてはほとんど研究されておらず，不明な点が多いが，被害根上に形成された菌核や菌組織が土壌中で越冬し，翌年の発生源になると考えられている。

●発生条件と対策　露地トンネル栽培で被害が多いが，施設栽培でも発病する。排水の悪い圃場で発生が多く，被害が激しい。5～6月に大雨が降り，その後晴天になると急激に病勢が進展する。着果量が多かったり，強い整枝をしたりした場合に発病が多くなる。

病原菌はウリ科作物を広範囲に侵すため，ウリ科作物の連作は避ける。病原菌は熱に弱いため，夏期のハウス密閉による太陽熱消毒の効果が高い。露地のトンネル栽培でも，収穫後マルチを傷つけないように地上部を片づけ，栽培に利用したトンネルをそのまま密閉して1か月以上太陽熱消毒を行なうと，病原菌密度が低下する。次作のためにセンチュウの消毒を行なう場合は，薬剤処理後ビニルで全面を覆い，太陽熱消毒と併用すると本病に対しても高い効果が認められる。高うね栽培とし排水用の溝をつくる。着果負担が大きいと病勢の進展が早いので，適正着果量以下とする。収穫期近くに発病した場合は，寒冷紗などで遮光し蒸散を抑制すると病勢の進展が遅くなる。ただし，遮光が強すぎると生育を抑制し，かえって被害を助長する。

［小林正伸］

カボチャ

◉モザイク病 ⇨口絵：病57

- ズッキーニ黄斑モザイクウイルス　*Zucchini yellow mosaic virus* (ZYMV)
- パパイア輪点ウイルス　*Papaya ringspot virus* (PRSV)
- スイカモザイクウイルス　*Watermelon mosaic virus* (WMV)
- キュウリモザイクウイルス　*Cucumber mosaic virus* (CMV)

●被害と診断　4種類のウイルスによって発病する。洋種カボチャには4種すべてのウイルスが発生するが，和種カボチャでは大部分がZYMVによる発病である。ZYMVによる場合は，葉の葉脈にそって緑色が濃く，それ以外は緑色が淡くなるモザイクになり，葉が変形したり奇形になったりし，果実も変形する。CMVは生長点付近の葉に黄色の斑点をつくり，それがのちに融合してモザイク症状となる。病徴を見ただけで病原ウイルスを判断することは難しいが，現在では数種のウイルスについては診断キットが提供されている。

●病原ウイルスの生態　ZYMV：カボチャから分離されるウイルスは750nmのひも状粒子で，ソラマメとエンドウに病徴を示さない。おもにウリ科作物に発生し，激しいモザイク，奇形葉となり，果実の奇形が著しい。比較的に容易に汁液伝染し，多種類のアブラムシによって非永続的に伝染される。関東以西では一般に春に少なく，秋に発生が多い。

WMV：ウイルスの粒子は長さ750nmのひも状で，ウリ科の作物に寄生するほか，オクラ，エンドウ，ソラマメに寄生する。比較的寄生範囲が狭い。

PRSV：以前はスイカモザイクウイルス(WMV)と呼称されていたが，パパイヤ輪点ウイルス(PRSV)と血清学的にきわめて類似しているため区別された。パパイヤに病原性を示さないことから，PRSV-W(スイカ系)と呼ぶこともある。カボチャにはモザイク症状を示す。罹病したウリ科作物から多種類のアブラムシによって非永続的に伝染する。自然に感染する植物はウリ科植物のみである。

CMV：ウイルス粒子は30nmの球状で，寄生範囲がきわめて広く，ほとんどの作物に寄生し，ウイルス自体も数種類の系統に分かれている。カボチャに対してはウイルスの系統によって多少寄生性が異なる。CMVの普通系は，和種カボチャに汁液接種するとその葉に局所病斑をつくるだけであるがCMVのラゲナリア系では全身感染をおこし，最近はこの系統のウイルスがふえている傾向が見られる。

●発生条件と対策　ZYMV，WMV，PRSVともにアブラムシによって伝搬される。ZYMV，WMVは寄生範囲が狭いので，冬期に寄生作物がなくなるような地域での春期の発生は少ないが，冬期にハウスなどでキュウリなどが栽培されるような地域では，それらが伝染源になる。一般に夏秋期の発病が多い。ZYMV，WMV，PRSVは汁液伝染もする。とくにはさみによる汁液伝染が多い。CMVはアブラムシによる伝染が主体で，しかも寄生範囲が広いため多くの感染植物が越冬すると見られ，春にアブラムシが活動するようになると発病が多くなる。アブラムシは緑色，黄色に好んで飛来する。

本病は一度感染すると薬剤による防除は不可能である。生育初期に感染するほど実害が大きいので定植直後の防除対策を徹底する。敷わらをすると媒介虫のアブラムシの飛来が多くなるのでポリマルチなどをする。またシルバーストライプマルチ，シルバーテープを張り，アブラムシ発生期に殺虫剤による防除を徹底する。 ［櫛間義幸］

◉褐斑細菌病 ⇨口絵：病57

• *Xanthomonas campestris* pv. *cucurbitae* (Bryan 1926) Dye 1978

●被害と診断　おもに葉に発生するが，果実にも発生することがある。はじめ水浸状の褐色の小さな斑点を生じる。この病斑を太陽に透かすと病斑のまわりに黄色の暈(ハロー)が見られる。病斑は拡大するとその中心部が破れやすく，風雨にあうとボロボロになる。病斑の初期から中期にはべと病の病斑と区別しにくいが，太陽に透かすと本病では病斑のまわりが黄色になっている。また葉脈が褐変することもある。本病に似た病害に斑点細菌病があるが，これは病斑が角型で大きい。施設栽培では，朝方結露して果実が長時間濡れたりした場合，果実にのみかいよう症状を呈することがある。

●病原菌の生態　25～30℃が本細菌の発育適温で，pH5.8～9.0で生育するが，最適pHは6.5～7.0である。被害茎葉の組織とともに土中で越年し，これが翌年の第一次伝染源になったり，種子により伝染したりする。

●発生条件と対策　種子伝染をする。苗床で子葉に発生して畑にもち込まれたりする。一般的には4月末～5月に発生し始め，降雨によりまん延する。盛夏の乾燥した時期には一時発生が止まるが，秋に降雨があると再び多発生する。排水不良な畑や，降雨で一時的に冠水した場合などは，その後に多発生する。

葉や果実に水滴が長時間付着しないようにする。

［櫛間義幸］

◉べと病 ⇨口絵：病57

• *Pseudoperonospora cubensis* (Berkeley et Curtis) Rostowzew

●被害と診断　子葉，本葉に発生する。キュウリのべと病のようにはっきりした角型にならず，むしろ丸みを帯びたような病斑となる。はじめは葉にぼんやりとした黄色の斑点であるが，やがて葉の裏側には暗紫色のカビを生じる。病勢の進展が急激なときには病斑部の枯れ方が早く，また葉縁から枯れてくる。

●病原菌の生態　ウリ科のべと病菌はすべて同一の病原菌によるものであるが，生態種が異なる。カボチャを侵す菌はキュウリに寄生するが，キュウリを侵す病原菌はカボチャには寄生しない。病斑部の裏側の気孔から分生子梗を出して，その先端が樹枝状に分岐し，そこに分生胞子(遊走子のう)を形成する。分生胞子は水滴があると発芽して運動性をもった遊走子を生じ，これが別の葉に侵入して病斑を形成する。分生胞子形成の適温は19℃前後で，その発芽は21～24℃が適温である。

●発生条件と対策　露地では降雨が続いた場合や，排水不良な畑などで発生しやすく，ハウスやトンネル栽培でも，多湿な条件下では多発する。葉に水滴が付着するような条件で，20～25℃前後の気温のときにはいつでも発生する。

日当たり，排水，通風のよい畑に栽培する。露地では敷わらをして病原菌のはね上がりを防ぐ。恒常的に発生しやすい病気なので予防につとめ，初発確認後には速やかに薬剤を葉裏にていねいに散布する。散布量が少ないと防除効果が劣る。疫病との同時防除を心がける。

［櫛間義幸］

◉疫病 ⇨口絵：病58

• *Phytophthora capsici* Leonian

●被害と診断　幼苗，葉，茎，果実に発生する。苗では地ぎわ部の茎がくびれて軟化腐敗して枯れる。葉でははじめに暗色水浸状でやや円形の病斑を生じ，のちに乾くと灰褐色になる。降雨が続くと病斑は拡大し，葉が軟らかくなって葉柄からしおれる。茎では，水に浸かったり，多湿な土に接したりした部分が黒褐色に軟腐する。果実では若い果実ほど発病しやすい。はじめ水浸状でやや変色した病斑が，やがて拡大してその部分に汚白色のカビを生じる。内部は軟化腐敗する。

●病原菌の生態　本菌はキュウリ，トマトの灰色疫病，スイカ，ナスの褐色腐敗病，ピーマン，トウガラシの疫病と同一である。菌糸は10～31℃でよく生育し，最適温度は28～30℃である。土壌中で被害茎葉，果実などの組織とともに菌糸，卵胞子や厚膜胞子のかたちで越冬する。これらが好適条件下で遊走子のうを形成し，その中の遊走子によって伝染する。

●発生条件と対策　本病発生は降雨との関連が深く，前年多発生した畑でも，乾燥した晴天が続くとほとんど発生しない。したがってハウス栽培ではほとんど発生せず，トンネル栽培でもビニルを除去したのち降雨が続くと発生する。露地栽培でも，降雨が続いたときや，梅雨期の高温多湿時に多発する。畑が一時的に冠水した場合には激発する。

　畑の排水を良好にし，冠水しないように努める。茎葉，果実が地表に接しないようにする。べと病と同時防除をする。　［櫛間義幸］

◉つる枯病 ⇨口絵：病58

• *Mycosphaerella melonis* (Passerini) Chiu et Walker

●被害と診断　頂芽の先端に褐色の病斑を形成し，心止まり状になる。開花してしぼんだ雌花の基部に暗褐色で不整形水浸状の病斑を形成する。のちに果実はミイラ状になる。茎には茶褐色の病斑を形成し，のちに黒色の小粒点をつくり，その先端部は枯れることがある。

●病原菌の生態　カボチャのほかスイカ，メロン，キュウリなどウリ科の作物を侵す。病斑上に小さな黒い粒（柄子殻で中に柄胞子を形成する）や子のう殻をつくる。被害茎などとともに柄子殻や子のう殻の形で越年し，翌年これらから胞子が飛び散って伝染する。病原菌の生育適温は20～30℃で，pH3.4～9.0で生育し，最適pHは5.7～6.4である。

●発生条件と対策　やや高温で多雨あるいは湿潤な天候のとき，まん延が激しい。通風，日当りの悪い畑，あるいは生育が衰えたときに発生しやすい。対策はべと病に準ずる。

［櫛間義幸］

◉うどんこ病 ⇨口絵：病58

• *Sphaerotheca fuliginea* (Schlechtendahl) Pollacci

●被害と診断　おもに葉に発生する。はじめは葉の表面に白色の粉をふりかけたような円形の病斑を形成する。白色粉状のものは病原菌の分生子柄と分生胞子で，円形の白色病斑は拡大して葉の表面を一面に覆う。さらにひどくなると葉の裏面にも白色粉状の分生胞子を多数形成する。円形の白色病斑が古くなると，その中心部は黒色に変色する。病勢がさらに進展すると，葉は葉縁から乾燥して褐色に枯死するようになる。

●病原菌の生態　病斑上に黒色の子のう殻を形成して越冬し，翌年の伝染源になるが，暖地での形成はまれである。子のう殻の中に子のう胞子を形成する。分生胞子は水滴がなくても発芽する。カボチャのほかキュウリ，メロン，マクワウリなどを侵す。

●発生条件と対策　ハウス栽培では葉の上で菌糸または分生胞子が越年し，しかもウリ科には共通して発病するので，これらが伝染源になる。東北地方より北では子のう殻のかたちで越冬し，その中で形成される子のう胞子が第一次伝染源になる。やや乾燥ぎみのときに多発生しやすい。老化したような葉から発生する傾向がある。ハウス，トンネルおよび露地栽培で，やや乾燥したときに発生する。

日当たりをよくし，密植を避け，老葉は除去して通風をよくする。ハウス栽培では暖房機の近くから発病しやすいので，よく注意する。

［櫛間義幸］

ニガウリ

◉ウイルス病 ⇨口絵：病59

- ズッキーニ黄斑モザイクウイルス　*Zucchini yellow mosaic virus* (ZYMV)
- パパイア輪点ウイルス　*Papaya ringspot virus* (PRSV)
- スイカ灰白色斑紋ウイルス　*Watermelon silver mottle virus* (WSMoV)

●被害と診断　ZYMVおよびPRSV-Wは，生育初期に感染すると葉に退緑斑紋やモザイク症状が発生し，生育が遅延する場合がある。果実に奇形や，ニガウリ特有の突起が欠落するなどの被害も発生する場合がある。WSMoVは，葉に不明瞭で小さな退緑輪紋が現われる場合が多く，ときにはえそに見えるような斑点が認められる場合がある。これらの症状は，緑の薄い若い葉より成熟した葉で識別しやすいことが多い。

●病原ウイルスの生態　ZYMVおよびPRSV-Wは，汁液伝染し，モモアカアブラムシやワタアブラムシなどのアブラムシ類によって非永続的に伝搬される。土壌伝染，種子伝染はしない。WSMoVはミナミキイロアザミウマによって永続的に伝搬される。土壌伝染，種子伝染はしない。ZYMVおよびPRSV-Wのおもな寄主植物はウリ科植物である。WSMoVは，ウリ科植物のほか，ナス科植物など多くの植物を寄主とする。

●発生条件と対策　次のような条件で発生が多い。ZYMVおよびPRSV-Wは，圃場周辺に宿主となるウリ科の作物や雑草があり，有翅アブラムシの飛来が多い露地栽培。施設栽培でも，有翅アブラムシの発生が多い時期(沖縄県では秋～春)に，苗の保管条件が不適切でアブラムシの飛来を受ける場合。WSMoVは，圃場周辺に宿主となるウリ科植物やナス科植物などがあり，ミナミキイロアザミウマが発生する圃場。沖縄県では周年発生する。

アブラムシの発生が多い時期には，防除しても感染を避けることができないので，露地栽培を避けて，網かけや開口部を1mmメッシュ以下のネットで被覆する施設栽培をする。ZYMVおよびPRSV-Wは，着果前の生長期に感染すると生育の遅延や奇形果実が発生し，商品化率が低下するので，栽培初期の感染に気をつける。施設栽培では，罹病株であっても子房部に奇形が認められない健全な雌花であればほぼ正常に果実は肥大するので，交配の際には健全な雌花を選ぶ。WSMoVは症状が軽微であるため，感染しても奇形果実や収量の低下はほとんどない。しかしミナミキイロアザミウマは，多発すると葉や果実が奇形となる場合があるので注意する。生育が旺盛な場合はウイルス症状が軽微になったりマスキングしたりするため，草勢が低下しないように灌水，施肥などの肥培管理を適切に行なう。

［河野伸二］

◉斑点細菌病 ⇨口絵：病59

- *Pseudomonas syringae* pv. *lachrymans* (Smith & Bryan 1915) Young, Dye & Wilkie 1978

●被害と診断　葉では，はじめ水浸状の小斑点が生じ，やがて葉脈にそって角張った黄褐色の病斑となる。病斑が古くなると灰白色となり，破れやすくなって穴があく。湿潤状態のときに病斑部の葉裏は，病原菌の流出により白濁し，乾燥すると白い粉をまいたようになる。果実では暗褐色の斑点が発生し，病勢の進展に伴い軟らかくなって腐敗する。

●病原菌の生態　病原菌は1～35℃で生育し，適温は25～27℃である。被害残渣とともに土壌中で越年して翌年水滴などにより土粒とともにはね上がり，ニガウリに付着して感染する。一度感染・発病すると病斑部に本菌が多数にじみ出て，それが水滴などによって周囲に飛び散り，二次伝染する。病原菌は気孔，水孔などの植物の開口部のほか，毛茸の折れ目や害虫による食害痕あるいは風，管理作業によって生じた傷口から感染する。

●発生条件と対策　冷涼で多雨のときに多発しやすい。排水不良や通気性の悪い圃場で発生しやすい。

予防薬剤として銅水和剤を定期的に散布する。圃場をなるべく乾燥させるように敷わらを行なう。土壌表面からの病原菌のはね上がりを防止するためポリマルチの被覆を行なう。二次伝染は罹病部で増殖した病原菌が起こすので，罹病葉や残渣は速やかに取り除き圃場外で処分する。発病が圃場の一部にとどまっている場合には，その場所の管理作業を最後に行なう。前作で発病したときに使用した支柱などの資材は水でていねいに洗浄し，乾燥させる。

［澤岻哲也］

◉炭疽病　⇨口絵：病60

- *Colletotrichum orbiculare* (Berkeley & Montagne) Arx〔*Colletotrichum lagenarium* (Passerini) Ellis & Halsted〕

●被害と診断　葉では，はじめ褐色円形の病斑が生じ，のちに円形または紡錘形となり，周辺は暗褐色となる。病斑の中央部は灰褐色で同心円状となり，乾くと破れやすい。茎では，灰白色のすじ状の病斑が茎を取り巻くように広がり，のちに腐敗して病斑の中心付近でくびれ，それより先の茎は枯れる。

●病原菌の生態　病斑上の分生子が雨などによって飛び散り，葉や茎に付着する。分生子は湿気があると24時間以内に発芽して，48時間以内に発芽管の先端に付着器を形成し，72時間以内には表皮を貫通して侵入する。さらに菌糸は組織内部にまん延し病斑を形成する。病斑上には新たに分生子が形成され，飛散，まん延する。病原菌は土中に残った被害茎葉や支柱などの栽培資材に付着して越年し，翌年の一次伝染源となる。

●発生条件と対策　病原菌は雨滴伝搬するため，露地での発生が多い。一般に梅雨時期に発生が多い。排水および通風の悪い圃場では，多湿条件となり発生が助長される。ハウス内でも頭上灌水を行なうと発生が助長される。

圃場の通風と排水をよくする。窒素過多にならないように適切な施肥管理を行なう。敷わらを施用して，土からの病原菌のはね上がりを防ぐ。被害茎葉は圃場外に除去して処分する。発病前から薬剤散布をかけムラがないようにていねいに行なう。［澤岻哲也］

◉うどんこ病　⇨口絵：病60

- *Oidium* sp.
- *Sphaerotheca fusca* (Fries) Blumer
- *Podosphaera xanthii* (Castagne) U. Braun & Shishkoff

●被害と診断　はじめ葉の表面または裏面に直径3～5mmくらいの黄色円形の斑点ができる。その後，黄色斑点が広がり，病斑上にはうどん粉状の白いカビが発生する。発生がひどくなると，白色粉状のカビが葉の全面を覆うようになる。

●病原菌の生態　病斑上の菌叢（うどん粉状の白いカビ）は，菌糸，分生子，分生子柄からなる。通常，子のう殻中の子のう胞子で越年するが，暖地では子のう殻はほとんど見られない。ハウス栽培では，罹病部の分生子が越年して，翌年の伝染源になると考えられる。分生子は空気中を飛散して伝染し，水滴がなくても発芽し感染することができる。感染したニガウリの葉はすぐに枯死することはないが，病勢が徐々に進み菌密度が高まると葉は衰弱し，下葉から黄化して，ついには枯れ上がる。

●発生条件と対策　うどんこ病はある程度乾燥した環境で発生しやすいため，降雨にさらされる露地よりもハウスで多発しやすい。生育初期には発生は少ないが，生育中期(着果期)以降から目立ち始め，生育後半に急速にまん延することが多い。

着果期前から予防効果のある薬剤を定期的に散布する。早期発見に努め，発生初期から定期的に薬剤散布を行なう。薬剤防除は作用点の異なる薬剤を交互に使用し，かけムラのないようにていねいに散布する。密植を避け，日当たりをよくする。罹病葉や老化葉はなるべく除去して通風をよくする。　［澤岻哲也］

◉斑点病　⇨口絵：病60

• *Cercospora citrullina* Cooke〔*Cercosporina elaterii* Passerini〕

●被害と診断　葉では，はじめ淡黄色の病斑を生じ，これが次第に拡大して大きさ3～6mmになる。その後，周囲に黄色のかさを形成して，中央部は灰色に変わり，黒色粒点を生じる。おもに下葉から発生し，次第に上位葉に及ぶが，発生が多い場合には下葉は乾燥して枯死する。

●病原菌の生態　被害残渣中に病原菌が生存し，一次伝染源となる。罹病葉および罹病果の組織内の菌糸，または病斑上の分生子で越年し，菌糸から生じた分生子，または越年した分生子が風や雨水により飛散してまん延すると考えられる。ニガウリのほかにキュウリ，スイカ，カボチャ，メロンなどに寄生し，各作物相互間で伝染するものと考えられる。

●発生条件と対策　暖冬多雨の年や梅雨時期に発生が多い。換気の悪いハウスでは高温多湿となり発病を助長する。露地では雨水が植物体に直接かかり，病原菌の二次伝染が頻繁におこり，発病が助長される。ハウス内でも頭上灌水を行なうと発病が助長される。

発生前からの定期的な薬剤散布により予防する。雨よけ栽培により二次伝染が少なくなるため発病が減少する。密植を避け多湿条件にならないようにする。また，頭上灌水を避け，病斑上に形成された分生子の水滴による飛散を防ぐ。敷わらまたはポリマルチをする。被害残渣は集めて園外に持ち出し，乾燥後，処分する。　［澤岻哲也］

◉青枯病　⇨口絵：病61

• *Ralstonia solanacearum* (Smith 1896) Yabuuchi, Kosako, Yano, Hotta and Nishiuchi 1996

●被害と診断　発病初期は株の先端の茎葉がしおれるが，朝夕や曇雨天日には回復する。さらに症状が進展すると，株全体が急激にしおれる。

●病原菌の生態　青枯病菌はニガウリのほか，ナス科，ダイコン，イチゴ，ゴマ，そのほか多数の植物を侵す多犯性の病原細菌である。被害残渣や土壌中で生存し，第一次伝染源となる。土壌中での生存期間は数年であるが，乾燥土壌では比較的短期間で死滅する。宿主植物が植え付けられると，土壌害虫の食害や定植時の傷から侵入した病原細菌は根や茎の維管束で増殖し，地上部を萎凋させるとともに，根から排出されて第二次伝染源となる。感染株の管理作業中に，剪定ばさみなどを介して感染が拡大する。農機具や資材に付着した汚染土壌の移動，降雨による水の移動で病原菌の生息範囲が拡大する。

●発生条件と対策　発生は地温と深い関係があり，20℃を超えると発病し始め，25～30℃で激しく発病する。過剰な土壌水分は発病やその後のまん延を助長するため，排水不良畑で多発する。肥料(窒素成分）や未熟有機物の多量施用，センチュウなどの土壌害虫の食害で根を傷つけられると本病の発生が助長される。連作は細菌密度の増加に加え，塩類濃度が高まって根を傷つけやすいため発生が助長される。罹病植物を連作した畑，床土更新または床土消毒を怠った床土などで栽培すると多発しやすい。

栽培期間中は有効な防除方法がないため，予防に重点を置く。圃場の排水性を改善するため，暗渠や明渠の設置，高うね栽培，灌水をひかえるなどの対策が肝要である。前作の残渣はていねいに集めて圃場外で処分する。その後に太陽熱消毒や土壌消毒を実施する。前作の発生圃場で使用した農機具や資材は必ず消毒する。栽培期間中の地温の上昇を防ぐために寒冷紗被覆や敷わらをする。連作は避け，少なくとも2～3年間はイネ科などの非宿主作物を栽培するか休作とする。栽培期間中に発病した株を引き抜くときに隣接株の根を傷めると感染拡大が助長されるため，注意深く抜き取り，圃場外に持ち出して処分する。

［澤岻哲也］

◉白絹病 ⇨口絵：病61

• *Sclerotium rolfsii* Saccardo

●被害と診断　地ぎわ部の茎で，はじめ褐色の病斑を生じ，白色絹糸状の菌叢が形成され，菌叢上に多数の菌核が形成される。果実が地面に接している場合，果実にも同様の被害が見られることもある。

●病原菌の生態　病原菌は菌糸や菌核の形で土壌の表面あるいは浅い土壌中，被害残渣で生存し伝染源となる。とくに，菌核は5～6年間生存するといわれ，おもな伝染源となる。菌核は酸素を好むので，地表下10cm以上の深い層では生存できない。温度が30～35℃で多湿条件になると菌核の発芽がよくなるため，梅雨明けから多発しやすい。宿主範囲はきわめて広い。

●発生条件と対策　5～9月の気温が高く多湿な時期，土壌が酸性または多湿状態のとき，連作畑で発生しやすい。

栽培期間中は有効な防除法がないことから，予防に重点をおく。防除は前作の栽培終了時から次作の定植前に行なう。予防には土壌消毒が有効である。前作の発生圃場で使用した農機具や資材は必ず消毒する。残渣はていねいに集めて圃場外で処分し，その後に土壌消毒を実施する。圃場の排水性を改善するために暗渠や明渠の設置，高うね栽培をする。菌核は3～4か月の湛水により死滅するので，田畑輪換をすれば発病は少なくなる。菌核は地表下10cmより深い層では生存できないため，20cm以上の天地返しが有効である。土壌が酸性の場合，消石灰を散布後混和して土壌のpHが中性付近になるよう調整する。発病株や被害残渣株は，土壌中に菌核を形成している場合には地表の土壌とともに菌核を取り除き，土中深くに埋め込む。発生圃場では栽培終了後5～6年間はイネ科作物を栽培する。

［澤岻哲也］

◉つる割病 ⇨口絵：病61

• *Fusarium oxysporum* Schlechtendahl: Fries

●被害と診断　はじめ株の一部がしおれ，葉脈が黄化して茎に亀裂が入っているのが認められる。さらに病徴が進展すると株全体が萎凋し枯死する。

●病原菌の生態　病原菌は被害残渣で生存し，雑草の根の周りや有機物を利用しても増殖するため伝染源となる。根から侵入した菌は進展して茎に達すると，茎の維管束も下方から上方へ褐変腐敗し，水分の通導機能を破壊する。病原菌は維管束を通って広がり，果実に達すると種子に付着あるいは侵入する。病株から採種すると種子伝染する。

●発生条件と対策　地温が20℃以上になると発病

する。被害は高温条件で大きいため，ハウスやトンネル栽培では露地栽培に比べて早くから発病する。露地栽培では，降雨が長く続き，のちに晴天になって急激に気温が上昇するような状況下で発病が多い。センチュウ害，湿害，窒素過多による肥やけが原因で根に傷があると感染が助長される。連作圃場や土壌pHが酸性のときに発生しやすい。

栽培期間中は有効な防除法がないことから，予防に重点をおく。予防には太陽熱消毒法や土壌消毒剤処理を行なう。前作の発生圃場で使用した農機具や資材は必ず消毒する。被害残渣はていねいに集めて圃場外で処分し，その後に土壌消毒を実施する。罹病株は感染拡大を防ぐためにも早期に抜き取り圃場外で処分する。播種前に種子消毒を行なう。本病に抵抗性を有するカボチャ台木‘新土佐一号’を台木として使用する。圃場の排水性を改善するために，暗渠や明渠の設置，高うね栽培などを行なう。つる割病菌は酸性土壌で生育が良好であるため，石灰を多めに施用して土壌pHを中性付近に調整する。

［澤岻哲也］

シロウリ

◉モザイク病 ⇨口絵：病62

- キュウリモザイクウイルス　*Cucumber mosaic virus* (CMV)
- スイカモザイクウイルス　*Watermelon mosaic virus* (WMV)

【CMVによるモザイク病】

●被害と診断　モザイク病はウイルスによる全身病であるが，病徴は主として葉，果実に現われる。葉では，まず小さな黄色斑点を多数つくり，それが互いに集合して濃淡のあるモザイク症状になる。果実では，葉と異なりきわめて薄い黄色の斑が入り，それが集まって軽いモザイクになる。生育初期に感染すると激しく発病し，生育が止まったり枯死して，収量が低下し被害が大きい。病徴が激しい株ではCMV単独感染株は少なく，WMVが重複感染している場合が多い。

●病原ウイルスの生態　病原のCMVは寄生範囲がきわめて広い。主としてアブラムシの媒介により伝搬される。またCMVは圃場周辺のイヌガラシなど多年生雑草にも発病する。イヌガラシなどは，冬には地上部が枯れ翌春にまた葉が出てくるが，この株が伝染源となる。シロウリではワタアブラムシ，モモアカブラムシなどによる伝搬が多いようである。病気の株の汁液を吸い，健全な株に行き口吻(吸収口)を挿入することによって伝搬する。伝搬された株は10日あまりで発病する。アブラムシは4月から11月にかけて発生が多いので，モザイク病は春から秋，とくに夏期以後に発生が多い。モザイク病は一般に作物の生育初期にかかった場合被害が大きい。この場合は，有翅型にウイルスをうつされることが多い。したがってモザイク病を防ぐには，生育初期に空中を飛んできて着生する有翅型アブラムシを防除することがもっとも重要である。

●発生条件と対策　ウリ科，ナス科，キク科，アブラナ科作物すなわちキュウリ，トマト，ゴボウ，ダイコンなどCMVの寄生植物の作付けが多いと，その地域のCMVの密度がだんだん高くなり，発病が多くなる。春以後晴天が続くなどでアブラムシの発生が多いとモザイク病の発生も多くなる。シロウリは主として露地栽培のため，定植以後早くからアブラムシが飛来すると発病が多くなる。

発病株は早期に抜き取り除去する。アブラムシの発生の多い春から秋にかけて，被害発生の大きな生育初期を中心に薬剤散布により防除する。定植直後に寒冷紗などでトンネル状に1か月くらい被覆し，アブラムシの着生を防止すると，発病を著しく少なくすることができる。シルバーなどの光反射フィルムでうね面を前面を被覆しておくと，その反射光をアブラムシが忌避し，発病防止効果がある。有翅型アブラムシの飛来着生が少ないと，モザイク病の発生も軽減され有効である。光反射フィルムに加えて，シルバーなど光反射テープを併用すると飛来防止効果がさらに大きい。隣接圃場の他の作物にアブラムシが多発するような条件下では，イネ科作物などの障壁作物の栽培も有効である。

【WMVによるモザイク病】

●被害と診断　全身が発病するが，病徴は主として葉，果実に現われる。一般に，CMVに比べ発生の度合いが少ない。CMVと同様モザイク症状を示すことが多く，症状はやや激しいことが多い。葉では，はじめ葉脈透化となり，その後次第に脈間に黄色の斑が入り，葉脈の両側に緑色が残る葉脈緑帯となる。早期に発病するほど被害が大きい。病徴が激しい株ではWMV単独感染株は少なく，CMVが重複感染している場合が多い。

●病原ウイルスの生態　WMVは寄生範囲が比較的広い。エンドウ，ソラマメ，アカザ，オクラ，ゴマなどに寄生性があるが，CMVに比べると寄生範囲ははるかに狭い。ウイルスの越冬植物については，エンドウ，ソラマメなどのマメ科作物やカラスウリ，アレチウリなどのウリ科植物が問題になると思われる。接触(汁液)伝染あるいはアブラムシ伝染により発病するが，種子伝染や土壌伝染はしない。

●発生条件と対策　ウリ科，マメ科，アオイ科，アカザ科の作物すなわちカボチャ，エンドウ，オクラ，ホウレンソウなどのWMVの寄生植物の作付けが多いと，ウイルス汚染が進んでいると考えてよい。そのほかはCMVの場合と同様である。

WMVとして取り扱われた時代には種子伝染するとされていたが，WMVの近年の試験結果では種子伝染しないと考えられている。そのほかはCMVの場合と同様である。

［金磯泰雄］

◉べと病 ⇨口絵：病62

- *Pseudoperonospora cubensis* (Berkeley et Curtis) Rostowzew

●被害と診断　べと病は，子葉および本葉に発生し，葉以外の部分には発生しない。ふつう下位葉(古い葉)から発生し，次第に上位葉(新しい葉)に広がる。葉にははじめ淡黄色で，境界のはっきりしない小さな斑点を生じ，のちに拡大して淡褐色に変わり，葉脈に限られた多角形の病斑となり，裏面にうすネズミ色のカビがはえる。病斑は古くなると黄褐色～灰白色となり，近くの病斑が合併し，一枚の葉全体に広がることもある。このような病斑は，雨天が続くときは湿気を帯びてベトベトになるが，晴天になり乾燥するとガサガサになり，もろくなるが穴はあかない。春期以後雨が続いて温度条件などが適当だと著しくまん延する。

●病原菌の生態　分生胞子の飛散，発芽，侵入には湿度，温度，水滴が大きく影響する。すなわち病斑上にできた分生胞子は風などで飛ばされ，空気中を浮遊してシロウリの葉に到達し，そこに水滴があると発芽して遊走子を生ずる。さらに遊走子から菌糸を生じ，気孔から侵入して葉の組織内に菌糸が広がり発病させる。気孔は葉の表裏にあるので，病原菌は葉の表裏から侵入する。

●発生条件と対策　気温が20～24℃くらいのとき発病まん延する。降雨が続く多湿のとき発生が多いが，空梅雨のときでも葉が密生するとかなり発生する。露地栽培では6～7月ころ発生が多い。窒素肥料の多用あるいは肥料切れ，また生育初期に果実をつけすぎ，株の勢いが衰えた場合にも発病が多くなる。密植した場合発病が多くなる。排水不良の圃場で発生しやすい。

密植を避け，通風，透光をよくする。排水をよくして過湿を避ける。敷わらやマルチングをし，病原菌が土と一緒に下葉にはね上がるのを防ぐ。肥料を適切に施し，肥切れしないようにする。常発地では発病前から薬剤散布を行ない予防する。発病後，病勢の進展が激しいときは病葉を除去し，薬剤の散布間隔を縮める。生育初期に果実がなりすぎると草勢が衰え，収穫期に発病が多くなるので摘果し着果数を調節する。

［金磯泰雄］

◉うどんこ病 ⇨口絵：病62

- *Sphaerotheca fuliginea* (Schlechtendahl) Pollacci

●被害と診断 うどんこ病は通常葉に発生する。成葉に多く，葉の表面や裏面に，うどん粉のような白い粉を生ずる。白粉は後に灰色となり，その中に黒点の小粒(子のう殻)を生ずる。多発すると中～下位葉が黄変して枯れ上がり，著しく生育を損なう。

●病原菌の生態 うどんこ病菌は分生胞子および子のう胞子をつくる。病斑上にできる黒い小粒は子のう殻で，この中に子のう胞子がつくられる。一般に子のう殻の形で被害部について越冬し，翌年これから子のう胞子を飛散して空気伝染をする。ハウス栽培すると生きた植物上で菌糸または分生胞子の形で越冬する。一度発生すると，その後は病斑上に生じた分生胞子でまん延する。うどんこ病菌は生きた植物体の上だけで繁殖する。春植えの露地栽培では栽培初期から発生することは少なく，夏秋期以後収穫期に発生しやすい。

●発生条件と対策 発病適温は15～28℃で，30℃で抑制される。気温がかなり高くなり，草勢が低下すると発生が多くなる。感染発病には多湿が必要だが，まん延は乾燥条件で著しい。日当たりの悪い場合や多肥栽培あるいは肥切れのとき発生が多い。

適切な水管理，肥培管理に努め，草勢を維持する。発病を認めたら薬剤を散布して防除する。周辺のウリ科を中心とした作物での発生にも注意する。

[金磯泰雄]

ハクサイ

◉モザイク病, えそモザイク病 ⇨口絵：病63

- カブモザイクウイルス　*Turnip mosaic virus* (TuMV)
- キュウリモザイクウイルス　*Cucumber mosaic virus* (CMV)

●被害と診断　モザイク病は，はじめ葉の一部または全体が萎縮し，典型的なものでは濃緑色の地に黄白色の斑入りがモザイク状に入り，ちりめん状となる。生育の後期に感染した軽症のものでは，葉脈透化や軽いモザイクを示すだけのものもある。生育初期に感染，発病したものは株の発育も悪く，被害が大きい。えそモザイク病は，葉脈間に多数の1～3mmの黒褐色，水浸状の斑点または輪点を生じ，葉脈や葉柄には紫褐色，水浸状のえそ条斑を生じる。この症状は結球の内部にまで見られる。また，症状が株の半身だけに見られ，結球がいびつになったものや，生育後期に感染，発病し結球内部の葉だけに症状の見られるものなどがある。ふつうは両者が同一株に合併症として発生していることが多く，この場合の被害は甚だしい。モザイク病，えそモザイク病にかかった株は軟腐病にかかりやすい。本病が発病した株は，商品価値を失う。

●病原ウイルスの生態　ハクサイでは，TuMVの単独およびCMVとの混合感染による場合が多く，一部CMVの単独感染による場合もある。TuMVは，アブラナ科植物に発生する。一方，CMVはウリ科，ナス科，マメ科など多くの植物に発生するので，伝染源は非常に多い。

モザイク病，えそモザイク病ともアブラムシの媒介で伝搬する。アブラムシが病株の汁液を吸うことにより保毒し，このアブラムシがほかのハクサイを吸汁することによってウイルスが伝搬される。アブラムシは一年中生息しているが，有翅虫が発生する5～6月頃と8月頃に播種または定植されるハクサイに発病が多い。病原ウイルスは，アブラナ科作物などの発病株，さらにはイヌガラシなど多年生のアブラナ科雑草の根などに残って冬を越す。土壌や種子によっては，伝染しない。

●発生条件と対策　ハクサイの播種や定植後に，温度が比較的高く，雨が少なく，乾燥した気象が続くときは，アブラムシの発生が多く，ウイルスが伝搬されやすいため発生が多くなる。

生育初期にアブラムシが飛来するのを防ぐため，育苗中は防虫ネットで被覆する。光反射マルチを利用すると，アブラムシの忌避効果がある。秋冬ハクサイでは早まきするほど発病が多くなる傾向なので，なるべく遅く播種する。定植時の殺虫粒剤処理やアブラムシ防除の薬剤散布を定期的に行なう。ウイルスの保毒源，アブラムシの飛来源となる圃場周辺のアブラナ科雑草は，周年的に除草をする。早期に発病した株は，見つけ次第抜き取り，適正に処分する。

［千葉恒夫］

◉軟腐病 ⇨口絵：病63

- *Pectobacterium carotovorum* (Jones 1901) Waldee 1945 emend. Gardan, Gouy, Christen & Samson 2003

●被害と診断　結球前の株では，地面に接する葉柄や根頭部が侵され，葉柄では，水浸状に腐敗する。外側の葉から生気を失って萎凋し，ついには株全体が枯れ，たやすく引き抜けるようになる。結球期以降では，おもに地ぎわ付近の葉柄が，はじめ水浸状の小さな斑点を生じ，次第に拡大して，ついには全体が腐敗軟化して特殊な悪臭を発し，被害部はとけてドロドロになる。キスジノミハムシやコオロギの食害痕や暴風雨などによる傷口から病原細菌が侵入し，被害が多くなる。本病が発生すると，ほとんど商品価値がなくなる。

●病原菌の生態　病原細菌は，土壌中において寄生植物の根圏で長く生存している。降雨のときなどに土粒とともにはね上がり，ハクサイの葉柄部の傷口，害虫の食害痕などから侵入する。発育適温は32～33℃と，高温で増殖しやすい。

●発生条件と対策　本病は25℃以上の高温で，降雨が多いと発生しやすい。このため，秋冬ハクサイでは早植えの作型に発生が多く，秋季が温暖の年には後期まで発生が多い。圃場の低湿地に被害が多く，乾燥ぎみの所には少ない。管理作業後に降雨があった後や台風などの後に発生が多くなる。

多発圃では，イネ科，マメ科の作物を数年間栽培し，病原細菌の密度を低減させる。高温時の播種を避け，できるだけ遅くする。圃場の排水をよくし，また高うね栽培を行なう。結球始期頃より，降雨が続いた後や台風の後には，薬剤を予防散布する。キスジノミハムシやコオロギなどの害虫を防除する。雨の日の収穫は，輸送中の腐敗の原因となるので避ける。発病株は，伝染源とならないように集めて処分する。

［千葉恒夫］

◉べと病　⇨口絵：病63

• *Peronospora parasitica* (Persoon) Fries

●被害と診断　はじめ下葉に淡黄色の不規則な形をした斑紋ができ，次第に拡大して，その裏に汚白色のカビがはえる。病斑はやがて淡褐色となって，激しいときは下葉から枯死する。近年，栽培の多い黄芯系の品種で，結球した内側の葉柄や中肋部に病斑（俗に茎べとと呼称）を形成することがある。本病が多発生すると，著しく商品価値を失う。

●病原菌の生態　べと病菌は，菌糸や卵胞子のかたちで被害植物の体内で生き残り，これから分生子を形成して空気伝染する。分生子は葉から侵入し，葉の組織内にまん延し病斑を生ずる。べと病菌は，生きたアブラナ科植物の上でのみ生き続ける。本菌のアブラナ科野菜に対する寄生性には系統があり，ハクサイを侵す系統はコマツナ，カブ，タイサイを侵すが，ダイコン，キャベツは侵さない。

●発生条件と対策　晩秋および春の比較的気温の低い多湿期に発生が多い。透光，通気の不良なときに発生しやすい。うすまき，間引きを励行し，通風，透光を良好にする。育苗中の発病株は早期に抜き取る。発病初期から薬剤を散布して防除する。病葉は地中深く埋める。アブラナ科以外の野菜や作物と輪作する。

［千葉恒夫］

◉白斑病　⇨口絵：病64

• *Cercosporella brassicae* (Fautrey et Roumeguere) von Hohnel

●被害と診断　はじめ，葉の表面に灰褐色の小さい斑点ができ，のちに拡大して円形，多角形または不規則な形の光沢のある灰白色または白色の病斑となる。外葉の老葉から発生し，次第に新葉に進み，病斑が古くなると破れやすくなる。生育期間を通じて発生するが，とくに春ハクサイでは4～5月，秋冬ハクサイでは10～11月に発生が多く，多発生すると外葉が火であぶったように枯れ上がり，著しく商品価値を低下する。

●病原菌の生態　白斑病菌はコマツナ，カブ，チンゲンサイなどアブラナ科作物に発生する。おもに被害葉の中で菌糸や菌糸塊のかたちで生き残り，これから分生子を形成し空気伝染する。分生子は葉から侵入し，侵入後3～15日くらいに病斑がつくられる。葉の病斑上にも分生子ができ，風や雨などで飛ばされて周囲にひろがる。

●発生条と対策件　晩秋から初冬にかけて，雨の多い年に発生が多い。連作すると発病が多くなる。秋冬作では早播きすると多くなる傾向がある。前年に病葉を放置した圃場や，肥料の不足した場合に発生が多い。

連作を避け，イネ科作物などと輪作をする。土壌pHを適正に調整する。肥料が不足しないように適度に追肥する。発病しやすい圃場では，結球始期より予防散布を行なう。収穫後には残渣を地中深く埋める。

［千葉恒夫］

◉黒斑病　⇨口絵：病64

• *Alternaria brassicae* (Berk.) Saccardo

●被害と診断　はじめ，葉に淡褐色で円形，径2～3mmの病斑を生じ，次第に拡大して同心円状の輪紋が現われる。病斑は輪郭が明瞭で，その周囲は油浸状となる。収穫まぎわの結球葉上部に発生すると，商品価値を低下させる。

●病原菌の生態　黒斑病はカブ，キャベツ，ダイコン，コマツナなど多くのアブラナ科作物に発生する。菌糸や胞子のかたちで病葉および種子に付着して伝染源となり，これから分生子を形成して，空気伝染する。分生子は葉から侵入し，数日間の潜伏期を経て発病する。病斑上にはさらに分生子を生じ，風で飛ばされ周囲に広がる。秋冬のハクサイでは，結球期後半に発生が多い。

●発生条件と対策　真冬を除き年中発生するが，とくに晩秋～初冬に発生が多い。秋冬ハクサイでは早播きすると発生が多い傾向である。肥切れした場合に発生が多くなる。

消毒済の健全種子を用いる。施肥を適正にし，肥切れしないよう適度に追肥する。発病初期から薬剤散布を行なう。病葉は地中深くに埋める。

［千葉恒夫］

◉根こぶ病　⇨口絵：病64

• *Plasmodiophora brassicae* Woronin

●被害と診断　春から秋にかけ発生する。茎や葉の生育が衰え，晴天の日には日中しおれることがある。葉の色があせ，淡黄色となる。株を引き抜いてみると，根に大小不ぞろいのコブが多数できている。被害根はのちに褐色に変わり，二次的に寄生する細菌のため腐敗し，悪臭を発することもある。生育初期に発病したものは早くに枯死するか，茎葉の生育が非常に悪いので商品価値を失う。

●病原菌の生態　根こぶ病菌はアブラナ科植物を侵す。土壌中に長く生存し土壌伝染する。寄主根毛から侵入し，侵入をうけた根では細胞が増殖，肥大して，コブを形成する。このコブの組織の中に多数の休眠胞子ができる。休眠胞子は土壌中で数年間生存し，寄主の根が近づくと遊走子を放出し，侵入と休眠胞子の作成をくり返す。遊走子は水によって運ばれるため，侵水のあとに発生することがある。土壌が酸性のときよく発生し，pH7.2以上のアルカリ性では発生しにくい。

●発生条件と対策　酸性土壌，地下水位の高い圃場，アブラナ科野菜の連作などで発生が多い。秋冬ハクサイでは，8～9月播種または定植するハクサイに被害が多い。春から夏にかけても発生するが，春ハクサイでは発生時期(5月頃)が生育の後期になるため被害が少ない。

発病地では，少なくとも5～6年アブラナ科作物を栽培していないところを選ぶ。圃場の排水をよくし，高うね栽培をする。秋冬ハクサイの播種期はできるだけ遅くする。抵抗性品種を栽培する。薬剤防除は，播種または定植前に，土壌殺菌剤をていねいに土壌混和処理する。発病株は見つけ次第抜き取り，適切に処分する。　［千葉恒夫］

◉根くびれ病　⇨口絵：病65

• *Aphanomyces raphani* J. B. Kendrik

●被害と診断　幼苗期や定植初期に発病した株は，地ぎわ部がくびれ，そこからぽっくり折れて欠株になるのが特徴である。苗が大きくなれば発病率は減少するが，ややおくれて発病した株では，根が細くなり著しく生育が遅延しても，大部分は枯死することなく生育を続ける。しかし，被害株は結球不十分で，著しいものは結球しない。これらの株の根部は極端に細くなり，主根は腐朽し，地ぎわ茎部からは不定根が発生している。圃場全体で多発生すると収穫量に大きく影響する。

●病原菌の生態　被害残渣中の卵胞子から遊走子を放出し，これが雨水中を遊走してハクサイに侵入し，感染する。アブラナ科作物だけに寄生し，立枯れや根部障害を起こす。おもにハクサイやダイコンなどで被害が多い。

●発生条件と対策　連作圃場に多発する。土壌水分の高い圃場ほど発生が多い傾向で，同一圃場でも水路側やくぼ地に被害が多い。

アブラナ科作物の連作を避ける。畑の排水改善，高うね栽培をする。収穫後の被害残渣は圃場から除去する。　［千葉恒夫］

◉黄化病　⇨口絵：病65

• *Verticillium dahliae* Klebahn

●被害と診断　結球期に入ると，葉がなんとなく黄ばみ，しおれや生育不良を生じ，結球が不十分で外側に開くようになる。症状が激しいと外葉が小型化し，ハボタン状となって葉柄基部から離れやすくなる。被害株の茎や根の導管部は，褐色～黒褐色に変色している。軟腐病などが二次寄生して軟化・枯死することはあっても，黄化病自体で軟化・枯死することはない。発病した株は商品性が低下し，病株は，商品価値を失う。

●病原菌の生態　病原菌は比較的低温の20～23℃で最もよく生育する菌で，前年の被害残渣などで生きのびたものが，土壌伝染してハクサイの根部から侵入し，根茎の導管部を侵す。発病株は，下葉や枯死葉上に黒色スス状の微小菌核をつくり，これが土壌中に被害残渣とともに残存し，次作の伝染源となる。

●発生条件と対策　連作圃場で発病する場合が多い。初発圃場では急に畑全体に発病することは少なく，複数年かかって全面に拡がるようになる。土壌が湿潤な場所に発生しやすい。最初，傾斜下部やくぼ地などの土壌水分の高い部分から発病し，年次の経過とともに圃場全面にひろがる。

ハクサイの連作をしない。局所的に発生した場合には，連作を中止する。被害株の枯死葉をていねいに集めて，圃場外で適切に処分する。発病した圃場では，ほかの作物に転換するか土壌消毒をする。また，できるだけ耐病性の品種を栽培する。［千葉恒夫］

キャベツ

◉黒腐病 ⇨口絵：病66

• *Xanthomonas campestris* pv. *campestris* (Pammel) Dowson

●被害と診断　苗床では，発芽数日後に子葉頂部のへこんだところから黒変し始め，葉脈を中心として拡大し，子葉はしおれて垂れ下がる。本葉が出てくるころになると，新葉や芽も侵されて苗は枯死する。被害が軽い場合は，被害を受けない側だけが生育し，苗は奇形となる。

本畑では下葉から発生し，葉のへりに丸みを帯びた不整形，あるいは葉脈を中心としたV字形の黄色い病斑ができる。病斑は次第に拡大し，葉脈は褐色から紫黒色に変わり，脈らく状(葉脈が網目状に認められる状態)となる。やがて病斑部は乾燥して破れやすくなる。葉身部に傷があると，傷口を中心に同様の病斑ができる。結球葉では球頭に淡黒色の病斑ができ，病斑部の葉脈は紫黒色に変色してくる。

●病原菌の生態　アブラナ科の各種野菜を侵す。種子伝染，土壌伝染し，畑では種子伝染よりも土壌伝染が多い。種子に付着していた病原菌は，種子の発芽後，子葉頂部のへこんだところにある気孔から侵入する。前年の被害茎葉とともに土の中に残存していた病原菌は，降雨の際に雨滴と一緒にはね上がり，葉のへりの水孔や傷口から侵入する。侵入した病原菌は導管を伝わって組織中にまん延し，侵入後4～6日もすると病斑が現われる。病斑部の病原菌は雨風のときに飛散して，周囲の葉に二次伝染する。5～35℃で生育し，29℃でもっともよく生育する。乾燥状態で12か月ぐらい生存する。

●発生条件と対策　育苗中に大雨があると苗床で発生し，定植後の発生も多くなる。5月ごろと9～10月ごろ比較的気温が低いと発生しやすい。秋に降雨の多い年は多発する。台風の被害を受け葉に傷ができると発生しやすく，害虫の食害も発生を助長する。アブラナ科の野菜を連作した畑では被害が大きい。

苗床や仮植床の土壌消毒を行なう。アブラナ科野菜の連作を避ける。予防散布に努める。とくに台風などで茎葉が傷ついたときの直後の薬剤散布は大切である。　［長井雄治］

◉軟腐病 ⇨口絵：病66

• *Erwinia carotovora* subsp. *carotovora* (Jones 1901) Bergey, Harrison, Breed, Hammer et Huntoon 1923

●被害と診断　ふつうは結球してから発生する。はじめ結球部の柔らかい葉に水浸状の小さな斑点ができる。ごく短時間のうちに急に拡大して，発病部はアメ色となり，最後には株全体がべとべとに腐る。発病部は独特の悪臭があり，ハエが集まる。病勢が緩慢なときは結球部の外側の葉だけが侵され，発病葉はとけて消失する。ほかのバクテリアが混入すると病斑の色は黒くなる。結球前にも，台風などの被害を受けると発生する。下葉の葉柄の基部から発病して，葉はしおれ，あるいは黄変し，やがて心葉も侵されて株は片側に傾く。

●病原菌の生態　アブラナ科の野菜のほかに，イネ科やマメ科を除くほとんどの植物を侵す。土の中ではあまり長時間は生き残れない。しかし，雑草の根圏では長期間腐生的に生存し，寄主となる植物があると根のまわりに集落をつくり，土中で長く生存できる。土中の病原菌は降雨の際雨滴と一緒にはね上がり，葉や葉柄に達する。葉に風雨などでできた傷や害虫の食害痕があると，傷口を通って侵入する。黒腐病など，ほかの細菌性病害の病斑部からも侵入しやすい。本菌は高温を好み32～33℃でもっともよく増殖するが，生育温度の幅はひろい。病斑部で増殖した病原菌は風雨のときに周囲に飛散し，二次伝染する。

●発生条件と対策　夏降雨の多い年や，秋温暖多雨な年に発生しやすい。乾燥地よりも低湿地に発生が多い。窒素過多で軟弱に育った株は発病しやすい。台風などの被害を受けた場合や害虫の食害が多いときは発生が非常に多くなる。

連作を避け，畑の排水をよくする。キスジノミハムシやコオロギ，ナメクジなどを防除する。台風などの被害を受けた直後と，結球初期に薬剤を散布する。発病株の処分を確実に行なう。　［長井雄治］

◉べと病　⇨口絵：病66

• *Peronospora brassicae* Gäumann

●被害と診断　苗床から本畑まで，引き続いて発生する。はじめ，下葉に輪郭のはっきりしない淡黄緑色の病斑ができる。病斑は次第に拡大して，葉脈で区切られた多角形となる。病斑の色は淡黄褐色または褐色の小さなえ死病斑のまま終わってしまう場合も多い。病斑の裏側には，汚白色のカビが霜のように生える。一枚の葉に多数の病斑ができると，葉全体が白くなってしまう。落葉したり株全体が枯れたりすることは少ない。下葉がひどく発病した場合でも，結球内部の茎まで侵されることはない。

●病原菌の生態　アブラナ科の各種の野菜を侵す。本菌は畑に放置された被害株，とくに根の中に菌糸のかたちで潜在し，また卵胞子という抵抗力の強い胞子のかたちで土中で越冬している。気温が3～25℃になり，降雨があると分生胞子を形成して，この胞子が風にのって周囲に飛散する。キャベツ上に落下した分生胞子は発芽して，気孔または表皮の細胞のあわせ目から植物体に侵入する。病斑上，とくに病斑の裏側に分生胞子を形成し，それが周囲に飛散して二次伝染を行なう。

●発生条件と対策　湿度が高く，日中の気温が24℃以下で，夜間が8～16℃のときにもっとも発生しやすい。アブラナ科の野菜を連作した場合に発生が多い。低湿地に発生が多く，窒素肥料にかたよりすぎたキャベツは発病しやすい。

春まき栽培および秋まき栽培では，苗床で1～2回，定植後2～3回，薬剤の予防散布を行なう。できるだけ早く発見し，発病初期の薬剤散布に重点をおく。　［長井雄治］

◉萎黄病　⇨口絵：病67

• *Fusarium oxysporum* Schlechtendahl f. sp. *conglutinans* (Wollenweber) Snyder et Hansen

●被害と診断　おもに夏まき栽培で発生する。苗床から本畑まで引き続いて発生するが，ふつうは，定植後2～4週間たってから発生し始める。定植後の苗では，最初2～3枚の下葉が生気を失って黄変する。この症状は株の片側だけに起こることが多い。一枚の葉について観察すると，主脈を中心として葉の片側だけが黄変し，主脈は黄変部側に曲がって，葉は奇形となる。発病葉の葉脈は灰色に変色している。葉柄を切断してみると，黄変した側の導管が黄色～暗褐色に変色している。発病株は生育がとまり，古い葉から脱落して新葉だけが残る。

●病原菌の生態　アブラナ科野菜に寄生するが，ダイコン萎黄病の病原菌とは別種である。厚膜胞子という耐久力の強い胞子のかたちで畑土中に残存し，土壌伝染する。土壌中に残存していた病原菌は，根の先端や傷口から侵入する。とくに移植や定植のときの傷口から侵入することが多い。植物体に侵入した病原菌は導管の中で繁殖する。このため水分の上昇が妨げられ，また病原菌の産生する毒素によって植物はしおれて枯れる。病原菌は7～35℃で生育するが比較的高温を好み，適温は25～27℃である。

●発生条件と対策　キャベツ専作的な連作地で発生が多い。育苗中に断根すると感染しやすく，苗床で感染すると被害が激しい。地温が23℃以上になると多発するようになり，27～28℃以上のころにもっとも発生しやすく，17℃以下ではほとんど発生しない。秋の彼岸すぎに栽培すると発生は非常に少ない。土壌中にカリが不足すると発生しやすい。

床土消毒，輪作などを励行し，畑に病原菌をもち込まないように注意する。常発地では抵抗性品種を栽培する。

［長井雄治］

◉株腐病　⇨口絵：病67

• *Rhizoctonia solani* Kühn

●被害と診断　病斑は初め，結球した葉の表面に現われる。病斑は淡黒色となり不整形に大きく拡大する。展開している外葉にはまったく発病が見られないので，結球部だけが黒く腐ったように見える。病斑は外側から順次内側の葉におよぶが，内側への進展速度は表面の拡大速度よりはるかに遅いので，被害葉を取り除くと，その内側は健全である。病斑が内側の葉におよぶと，はじめ淡黒色不整形の斑点が現われ，それらの斑点は拡大するとともに融合して大きな不整形の病斑になる。このようにして病斑は順次内部の結球葉におよぶ。

結球内部の病斑部には，淡褐色の菌糸がまばらにはびこっており，ときには菌糸が集まって，小さな綿屑状の塊になり散在している。病斑部は腐敗するが，古くなると乾腐状になる。軟腐病が併発したときは，軟腐病が先行して結球部は腐敗，消失する。乾燥状態が続くと病勢の進展が止み，湿潤状態が続くと速くなる。収穫したキャベツの底部を見ると，結球内部の葉縁が部分的にまたは広い範囲に枯死して黒くなっている。

●病原菌の生態　病原菌は土壌の表層部で，枯れた植物残渣の断片などに腐生し生活している。また発芽直後の種子や幼植物の地ぎわ部を侵して，発芽不良の原因や苗立枯病の原因にもなっている。病斑部の菌糸は増殖しつつまん延し大型の病斑を形成するが，間隙があるとクモの巣状に気中菌糸を伸ばし，隣接した組織に侵入する。侵入部位は黒色不整形の斑点になって見える。このようなことをくり返し，病斑は次第に結球内部におよぶ。病斑内に菌糸が増殖すると，病斑面に茶褐色，綿屑状の菌糸の塊が生じ，これはやがて菌核に発展する。菌核は暗褐色不整形である。病原菌は被害葉とともに，または菌核となって再び土壌中にもどる。発育適温は22～25℃であり，5℃以下，30℃以上ではあまり発育しない。

●発生条件と対策　病原菌は土壌中の植物残渣などに寄生または腐生するので，未熟な堆肥を施したり，収穫後の作物を散乱させておいたりすると，病原菌の密度が高まる。病原菌は温暖な気温を好むので，発病は春から梅雨期にかけて多い。多湿条件下では病勢の進展が速く，数日のうちに葉の全面におよぶ。

キャベツの下葉は収穫後圃場に散乱しやすいので，集めて処分する。被害葉は葉柄から取り除き，必ず集めて焼却するか土中深く埋没する。被害株をそのまま放置すると，病勢が進み，さらに病原菌の密度が高まるから早めに取り除く。結球期近くなったら10～15日おきに2～3回薬剤を散布する。

［長井雄治］

◉菌核病 ⇨口絵：病67

• *Sclerotinia sclerotiorum* (Libert) de Bary

●被害と診断　結球を始めるころに，地面に近い下葉がしおれる。よく観察してみると，主脈の基部に近い部分に水浸状の病斑ができている。病斑はやがて拡大して葉柄を伝わって結球部に進展し，結球部の一部あるいは全体が柔らかくくさる。このころには発病部に白い綿のようなカビが生えている。被害株はやがて腐敗，枯死，乾燥して，発病部の表面や内部に黒いネズミの糞のような菌核ができる。

●病原菌の生態　病原菌は非常に多犯性で，発病しない野菜はほとんどない。本菌は菌核－子のう盤－子のう胞子－菌糸－菌核の生活をくり返す。菌核は，菌糸が組織状となった耐久体で，被害株に無数にできる。畑に落下した菌核は，春と秋，気温が20℃ぐらいで大雨のあったのちに発芽して，子のう盤という直径5mmぐらいの小さなキノコをつくる。子のう盤は，日中の湿度が低くなったときにおびただしい数の子のう胞子を噴射し，風にのって広範囲に飛散する。子のう胞子の飛散距離は数百mといわれている。キャベツ上に落下した子のう胞子は発芽して菌糸を伸ばし，葉の傷口や生活力の衰えた葉から侵入する。侵入した菌糸は比較的短期間のうちにまん延し，株を軟腐させ，最後には菌核をつくる。この菌核は環境に対する抵抗力が非常に強く，土の中で4～6年も生きていることがある。菌糸は0～31℃で生育するが，どちらかというと低温を好み適温は20℃前後である。

●発生条件と対策　子のう盤が発生する3～4月，または9～10月に大雨があり，20℃前後の気温が続くと発生しやすい。北海道ではダイズやアズキ，関東ではレタスや春キャベツ，関西以西ではナタネの栽培地帯に発生が多い。山間地や高冷地でも発生が多い。

キャベツはもちろん，レタスやナタネなどの菌核病常発地での栽培をひかえる。子のう胞子が飛散する春先の時期に薬剤を散布し，植物体を保護する。発病株を早期に除去する。被害株を圃場外にもち出して処分を確実に行ない，畑に菌核を残さないことが大切である。

[長井雄治]

◉黒斑病 ⇨口絵：病68

• *Alternaria brassicae* (Berkeley) Saccardo

●被害と診断　結球期から収穫期にかけて下葉に発生する。病斑は直径2～10mm程度の周縁が明確な円形斑点で，淡褐色から黒褐色を呈し，明瞭な同心斑紋を生じる。秋冬どりと春どりの作型に発生し，とくに晩秋に発生が多く，高冷地では8月後半以降に発生する。発生は下葉に限られるため実害は少ない。

●病原菌の生態　キャベツのほかにも種々のアブラナ科作物に感染して，下葉に円形病斑をつくるなど本病類似の病斑を生じる。また，病斑上やその遺体・残渣に胞子をつくり空気伝染する。病原菌の分生胞子は15～20℃でよく発芽する。低温乾燥状態の土壌中では長く生存する。種子に付着した菌糸や胞子が第一次伝染源となり，種子伝染することがある。

●発生条件と対策　結球期以後，平均気温16～17℃前後で，降雨日が多く日照が少ない多湿状態が続くときには発生しやすい。感染は水滴が5時間以上乾かないときに起こり，その時間が長いほど感染が多くなる。したがって，土壌が過湿のところや風通しが悪いところは多発しやすい。

種子消毒をする。肥料不足のときに発生が多くなるので，窒素肥料が不足しないようにする。元肥では石灰，苦土，ホウ素なども不足のないように施す。肥料不足がなく生育旺盛なら黒斑病の予防散布は必要なく，発病が認められてからでよい。べと病や軟腐病の薬剤散布をしていれば黒斑病も予防される。水はけの悪い苗床や圃場では排水をはかり，高うねで栽培する。

[長井雄治]

◉根こぶ病 ⇨口絵：病68

• *Plasmodiophora brassicae* Woronin

●被害と診断　播種または定植1か月後ころ根にコブができ始めるが，この時期には地上部に異常は認められない。感染部位は根であるが，発病株は播種または定植の40～60日後になると，晴天の日中に下葉からしおれるようになる。発病株は生気が失われ，下葉は淡黄色または紫赤色に変色し，生育が進まず，結球期になってもほとんど結球しない。通常は，生育が進まないままで枯死しないことが多い。

根こぶ病のコブはネコブセンチュウのコブよりかなり大型で，表面はなめらかである。コブの形は球形，長円形，紡錘形などさまざまで，初めは白色であるが，古くなると腐敗して黒褐変して軟化し，のちに消失する。被害株は収穫期近くになるとほとんどの根が腐敗しているので，容易に引き抜ける。

●病原菌の生態　根にできたコブの中には，直径2.4～3.9μmで球形の休眠胞子が多数存在し，コブが腐敗すると土壌中に分散し，宿主植物がなくても，4年以上ときには10年以上にわたって生存する。宿主植物が植えられると，土壌中の休眠胞子は発芽して1個の遊走子(一次遊走子という)を生じる。一次遊走子は鞭毛を有し，根毛に侵入して増殖し，第一次変形体を形成し，第二次遊走子を放出する。この遊走子は根の皮層部に侵入，感染してアメーバ状の第二次変形体となり，さらに細胞膜を貫通して細胞から細胞へと増殖する。菌の増殖に伴い根の細胞は異常に増殖し，多数のコブができる。コブの中の変形体はやがて休眠胞子を形成する。菌の発育温度は9～30℃で，発育の適温は20～24℃である。休眠胞子は6～27℃で発芽し，18～25℃が発芽の適温である。宿主範囲はアブラナ科の作物と雑草である。菌の伝搬は，洪水や灌漑水など水の流れによることが多い。

●発生条件と対策　春まき栽培や秋の早まき栽培をアブラナ科の連作圃場で行なうと多発しやすい。連作圃場でも秋まき春どりの作型ではほとんど発生しない。夏から秋にかけて降雨が多いと発生しやすい。とくに転換畑などの排水不良畑や低湿地では多発しやすい。逆に，土壌水分が少ない(最大容水量の40%以下)乾燥した土壌では発生が少ない。土壌がpH6.0以下の酸性のときに菌の発育は旺盛で，pH7.2以上のアルカリ性のときは発育が抑えられる。

常発地では，アブラナ科以外の作物と3年以上の輪作を行なうか，春どり栽培を行なう。圃場の排水を図り，排水不良地や低湿地での作付けを避ける。酸性土壌では定植の10日以上前に，石灰窒素を施用(60～80kg/10a)して土壌と混和する。苗床は，苗立枯病や萎黄病との同時防除をねらいとして土壌消毒をする。本畑では，定植前または定植時に薬剤を植え穴または圃場全面に施用し土壌と混和する。被害株は早めに抜き取って焼却し，圃場衛生に努める。

［長井雄治］

コマツナ

◉萎黄病 ⇨口絵：病69

- *Fusarium oxysporum* Schlechtendahl: Fries f. sp. *conglutinans* (Wollenweber) Snyder et Hansen
- *Fusarium oxysporum* f. sp. *rapae* J. Enya, M. Togawa, T. takeuchi & T. Arie

●被害と診断　露地では6～10月，施設では5～11月に発生し，とくに7～9月に被害が激しい。高温期には，しばしば苗立枯れや出芽前立枯れを起こし，圃場に欠株が目立つ。収穫期近くになって発病すると急に青枯れ状にしおれ，のちに黄変枯死する。比較的気温が低い時期や菌密度があまり高くない場合には，はじめ外葉の葉身片側の葉柄に近い部分が黄緑色に退色し，葉脈部が網目状に黄変する。この症状は葉身片側から全体へと広がる。展葉とともに生育が不均衡となり，主脈が初期発病の側へ曲がり，奇形葉となる。やがて葉全体が黄化し，しおれ，乾燥枯死する。罹病株の導管部は淡褐色～暗褐色となる。根の内部も褐変している。

●病原菌の生態　地温が高まり，適度な土壌水分であるなどの条件となり，コマツナなどのアブラナ科野菜が作付けされると，土中の病原菌の厚膜胞子は発芽して根部から侵入し発病させる。病原菌の分化型はアブラナ科アブラナ属の野菜に広範囲に寄生する。病原菌の菌叢の生育は10～35℃で認められ，生育適温は22～30℃である。

●発生条件と対策　病原菌の厚膜胞子は罹病残渣中や土壌中で長期間生存するため，連作圃場で発生が多い。発病適温は25℃である。雨水の停滞や過乾・過湿のくり返しは発病を助長する。ほかのアブラナ科野菜で萎黄病発生の前歴がある圃場では発生しやすい。

アブラナ属野菜の連作を避ける。発生圃場では抵抗性品種を作付けする。土壌消毒するか無病地で栽培する。発生圃場からの農機具の移動などは十分に注意する。雨水の排水に留意する。発病株は抜き取り処分する。

［堀江博道］

◉白さび病 ⇨口絵：病69

- *Albugo macrospora* (Togoshi) S. Ito

●被害と診断　葉と葉柄に発生する。葉の表面に淡緑色～淡黄緑色，不整円形～不整形で直径数mmの小斑点を多数生じる。のち明瞭な黄色となる。病斑の裏面には乳白色でやや盛り上がった円形の菌体(分生子層)を形成する。やがて分生子層を覆う表皮が破れ，白色粉状の菌体(分生子，胞子のう)が表面に現われる。病葉は病斑周辺から黄化し，葉縁の黄化も見られる。子葉や展葉し始めの小苗に発生すると苗立枯れを起こす。本病はきわめて目立つので，少発生でも商品価値がなくなり，しばしば出荷不能となる。

●病原菌の生態　本病菌はハクサイ，チンゲンサイ，カブなどアブラナ属の野菜に病原性がある。ダイコンやワサビを侵す白さび病菌と同一種だが，系統は異にし，相互に感染することはない。本病が一度発生した圃場では連年発病が認められることから，土壌中や罹病残渣中で卵胞子で生存することが推察される。また，種子伝染している可能性もある。発病株からは分生子が風で飛散し，降雨や水湿により分生子から遊走子が泳ぎだし感染・発病する。感染は2～25℃で可能で，適温は12℃である。

●発生条件と対策　露地栽培で発生が多い。平均気温が15℃前後で，降雨が多いと発生しやすい。3月下旬から4月上旬にかけて発生が始まり，5月から梅雨期半ばまで多発する。高温期には発生しないが，10月初めから再び発生が増加し，11月が秋期の発生ピークとなる。暖冬で雨が多い年には12月までまん延する。罹病残渣を放置したまま耕うんすると，病原菌がそのまま土壌中に残り，次作で発病する。

常発圃場では代替えの作物があれば，コマツナその他アブラナ属の感受性の高い作物の栽培を避ける。雨よけ栽培や施設栽培はきわめて有効である。露地栽培では，降雨が多く湿度が高い時期には排水に留意する。過繁茂になると高湿度が維持されるので，播種量は適正にする。土壌消毒は効果が高い。

［堀江博道］

◉炭疽病 ⇨口絵：病69

• *Colletotrichum destructirum* O'Gara
〔*Colletotrichum higginsianum* Saccardo〕

●被害と診断　本病は露地栽培特有の病害で，7～9月に低温多雨の気象条件下で突発的に発生し，潰滅的な被害を起こす。おもに葉に発生する。葉に初め淡緑色～淡灰緑色，水浸状の小斑点を多数生じる。この病斑は乾燥すると淡灰褐色～淡灰黄色，1～3mm大の，ややくぼんだ明瞭な小円斑となる。連続降雨などにより多湿状態が続くと，病斑は水浸状に拡大して不整斑となり，のち乾燥すると病斑周辺部から黄化が進み，葉枯れ状を呈する。しばしば軟化腐敗するため，小苗は消失することがある。中肋や葉柄では淡灰褐色，長さ2～8mmで，ややへこんだ紡錘斑を生じる。病斑上にはきわめて微小な黒点が散在して認められる。

●病原菌の生態　本病菌は広範囲のアブラナ科の作物や雑草に病原性を示し，それぞれ炭疽病を起こす。菌叢は4～35℃で生育し，適温は25℃，分生子発芽は4～35℃で認め，適温は25℃である。本病は毎年発生することは少ないが，発生すると被害は甚大である。発生には連続降雨が必要である。第一次伝染源は確認されていないが，秋に発病したコマツナの残渣上で病原菌が生存している場合や，近くに栽培されているアブラナ科作物および雑草に炭疽病が発生している場合には，その分生子が飛散して発病することも考えられる。発病適温は20～30℃で，14時間以上高湿度下に保たれると発病が激しい。感染してから病斑形成までの期間は3～7日である。

●発生条件と対策　露地栽培で発生が多い。大発生時の気象の例は，平均気温が25～29℃，12日間連続降雨があり，合計降水量は204mmであった。梅雨期に発生し始め，とくに8～9月に降雨が続き湿潤な冷夏だと多発し，被害が大きい。10月後半から翌年6月中旬まではほとんど発生しない。罹病残渣を放置したまま耕うんすると，病原菌がそのまま土壌中に残り，次作で発病することがある。

雨よけ栽培や施設栽培は本病の防除対策としてきわめて有効である。露地栽培では，降雨が多く湿度が高い時期には，土壌が過湿とならないように雨水の排水に留意する。過繁茂になると高湿度が維持されるので，播種量は適正にする。小苗で発生したらその作は処分して，しばらく間隔をあけてから再播種する。

［堀江博道］

◉べと病 ⇨口絵：病70

• *Hyaloperonospora brassicae* (Gäumann) Göker, Voglmayr, Riethmüller, Weiss & Oberwinkler

●被害と診断　本病は春期や秋雨期など，比較的気温が低い時期に発生しやすい。葉に発生する。初め下葉の表面に黄緑色～淡褐色，不整円形～不整角形の病斑を多数生じる。葉の裏面では葉脈に区切られた角形～不整形で，淡灰褐色となる。裏面の病斑上に汚白色～灰白色，霜状～粉状の菌体（分生子柄と分生子）を密生する。病斑周辺から黄化し，発生が多いと葉枯れを起こす。通常は収穫期を過ぎた株に発生することが多い。

●病原菌の生態　病原菌には寄生性の分化が認められるが，コマツナのべと病菌はダイコン，ハクサイ，タイサイに寄生する系統と同一で，相互に感染する。第一次伝染源についての報告はないが，他のアブラナ科野菜のべと病のように，卵胞子や菌糸が罹病植物や残渣中で生存すると考えられる。分生子が風で飛散して伝搬・まん延する。分生子は水湿を得て発芽し，気孔や細胞の縫合部から侵入し感染する。発病の適温は7～13℃である。梅雨期に発生し始め，とくに8～9月に降雨が続くと多発し被害が大きい。10月後半から翌年6月中旬まではほとんど発生しない。

●発生条件と対策　本病は露地栽培で発生が多い。施設栽培でも頭上灌水などを行ない，高湿度に維持されると発生することがある。おもな発生時期は気温が低く，湿潤な条件が続く春期および晩秋である。種子を厚まきすると，多湿となり発生しやすい。罹病残渣を放置すると近隣のコマツナへの伝染源となる。

露地栽培では，発生時期に過湿とならないように雨水の排水に留意する。トンネル栽培では過湿にならないように注意する。過繁茂になると高湿度が維持されるので播種量は適正にする。小苗で発生したらその作は処分して，しばらく間隔をあけてから再播種する。

［堀江博道］

◉白斑病　⇨口絵：病70

- *Pseudocercosporella capsellae* (Ellis & Everhart) Deighton〔*Cercosporella* brassicae (Fautrey & Roumeguère) Höhnel〕

●被害と診断　春期や秋雨期など，比較的気温が低い時期に発生しやすい。葉に黄白色～灰白色，円形～不整形，径5～10mmの病斑を多数形成する。病斑は古くなると暗色を呈し裂孔を生じる。病斑周辺から黄化枯死する。本病はコマツナでは収穫期を過ぎた株に発生することが多いが，降雨が連続すると収穫前にも発生し，ときに被害をもたらす。露地栽培で発生が多い。

●病原菌の生態　病原菌はハクサイなどアブラナ科野菜に白斑病を起こす。第一次伝染源は，他作物での本属菌の生態から，罹病組織中に菌糸や子座の状態で生存し，適温適湿を得て分生子を生じると考えられる。分生子は雨風により伝搬する。分生子は水湿を得て発芽し，気孔から侵入し感染する。分生子が飛散してまん延する。

●発生条件と対策　露地栽培で発生が多い。おもな発生時期は気温が低く，湿潤な条件が続く春期および秋期である。密植では多湿となり発生しやすい。罹病残渣を放置すると近隣のコマツナへの伝染源となる。

露地栽培では，発生時期に過湿とならないように雨水の排水に留意する。トンネル栽培では過湿にならないように注意する。過繁茂になると高湿度か維持されるので播種量は適正にする。

［堀江博道］

◉根こぶ病 ⇨口絵：病70

• *Plasmodiophora brassicae* Woronin

●被害と診断　春から秋に発生するが，夏の高温期にはやや少ない。根にコブが多数でき，黄白色～淡褐色，表面は平滑で，大きさはさまざまである。古くなると腐敗し崩壊する。生育初期に主根が罹病すると水分上昇が妨げられて地上部が萎凋し，著しい生育不良や株枯れを起こす。感染が遅い場合には，コブが形成されてもしおれや生育不良は目立たないが，コマツナは関東地域では根付きで出荷されるため商品性がなくなる。

●病原菌の生態　本種はキャベツ，ハクサイなどアブラナ科野菜に広範囲に寄生する。休眠胞子は罹病残渣や土壌中で長期間生存し，アブラナ科野菜が植え付けられると発芽し感染する。

●発生条件と対策　水が停滞する圃場で発病が多く，水田転作での発生例がある。酸性土壌や他のアブラナ科野菜で本病発生の前歴がある圃場において，地温18～25℃の条件で発病しやすい。

無病地ではコマツナや他のアブラナ科野菜の連作を避ける。発生圃場からの農機具の移動および雨水の排水に留意する。石灰を施用し土壌酸度を矯正する。発病株は抜き取り焼却する。発病圃場では少なくとも5~6年間アブラナ科野菜を栽培しない。土壌消毒を行なう。

［堀江博道］

カリフラワー

◉黒腐病 ⇨口絵：病71

• *Xanthomonas campestris* pv. *campestris* (Pammel 1895) Dowson 1939

●被害と診断　黒腐病はアブラナ科野菜に広く発生する。苗床では，発芽直後に発病すると子葉の縁のくぼんだところから黒変が始まり拡大する。子葉はしおれたまま垂れ下がり，早期に落葉する。このような株から出た新葉も黒変し，被害が大きいときは苗が枯死する。また苗のとき片側だけが侵されると，反対側だけが生育するため奇形となる。

定植後は，はじめ下葉の葉縁部にV字形または不整形の黄色の病斑を生ずる。葉片の中央部に発生すると円形～楕円形の病斑となる。病斑は葉脈にそって徐々に拡大し，褐変し，枯死，乾燥して破れやすくなる。病斑内にある葉脈は褐色～暗紫色になり，網のように見える。病斑は次第に上葉にも広がっていく。病斑を生じた葉柄や茎の断面は導管部が黒変している。茎では次第に内部が乾腐し，しまいには空洞を生ずるようになる。花蕾部に発生すると黒変し商品価値がなくなる。黒腐病は一般に比較的気温の低い9～10月ころに発生が多い。春5月ころにも発生する。とくに夏まき栽培で被害が大きい。

●病原菌の生態　病原菌は31～32℃でもっともよく増殖する。種子の表面に付着したり，被害茎葉とともに土壌中に残存して越年し，次の伝染源となる。土壌中では1年以上生存できる。種子に付着している菌は，発芽と同時に地上部に種皮とともにもちあげられ，子葉の縁のくぼんだところにある気孔から侵入する。本病の広範な地域への伝搬は主としてこのような種子伝染によって行なわれる。被害茎葉とともに土壌中に入った黒腐病菌は，風雨による土砂のはね返りによって葉に達し，葉縁部にある水孔から侵入する。また，風雨，農作業，土壌害虫などによって生じた傷口からも侵入する。本病の畑内での伝搬は，おもにこのような土壌伝染によって行なわれる。侵人した黒腐病菌は導管部を伝わって組織中にまん延し，5日ほどで病徴として現われる。

●発生条件と対策　アブラナ科植物を連作すると病原菌密度が高まる。中性～アルカリ性の畑で発生しやすい。床土更新や床土消毒を怠ると病原菌が残存している。苗床期に大雨にあうと発生しやすい。傷口から侵入しやすいので，台風などで葉茎が傷付けられると多発しやすい。害虫の食害などの傷を受けると発生しやすい。品種間に発病の差異があり，一般に早生種は発生しやすい。

輪作，床土更新・床土消毒，無病株からの採種，種子消毒を行なう。育苗中から予防的に薬剤散布し，発病株は早期に抜き取り，焼却するか土壌中深く埋める。黒腐病を誘発する鱗翅目，キスジノミハムシ，コオロギ，ネコブセンチュウ，ナメクジ，カタツムリなどの害虫を駆除する。　［堀江博道］

◉軟腐病 ⇨口絵：病71

• *Pectobacterium carotovorum* (Jones 1901) Waldee 1945 emend. Gardan, Gouy, Christen & Samson 2003〔*Erwinia carotovora* subsp. *carotovora* (Jones 1901) Bergey, Harrison, Breed, Hammer et Huntoon 1923〕

●被害と診断　軟腐病は，水分にとんだ柔軟な組織に発生する。黒腐病にかかった株にとくに併発しやすい。軟腐病にかかると茎や根の髄の部分が水浸状に軟化し，べとべとに腐敗して悪臭を放つ。花蕾が侵されるとアメ色に変色し，軟化腐敗して悪臭を放つため，商品価値がまったくなくなる。8～9月ころに温暖，多湿のときに多発しやすい。貯蔵中や輸送中にも発生し，まん延する。

●病原菌の生態　軟腐病菌は32～33℃でもっともよく増殖する。アブラナ科のほか，多くの野菜，作物，花などに軟腐病を起こす。本菌は被害株とともに土壌中に残存し，罹病作物や雑草などの根圏部で腐生生活をして増殖し長く生存する。土壌中の菌は，作業や風雨，害虫によってできた傷口から侵入する。

●発生条件と対策　次のようなときに発生しやすい。秋季温暖で雨の多い年，排水の悪い多湿の土壌，罹病する植物が連作されるとき，土性がアルカリ性の場合，窒素肥料が過多になって生育が軟弱になったとき，台風や害虫などで傷ができたときなど。

排水の悪い多湿土壌での栽培を避ける。輪作を計画的に行なう。発病株は早期に抜き取り焼却する。土壌害虫や咀しゃく性の害虫を防除する。

［堀江博道］

◉べと病　⇨口絵：病71

• *Peronospora parasitica* (Persoon) Fries

●被害と診断　べと病はおもに葉に発生する。葉の病斑は，はじめ小さな不規則な形をした暗緑色の斑点を生ずるが，次第に拡大する。病斑の表面は輪郭の不鮮明な病斑となる。その裏面は葉脈にかこまれた部分が淡黄色となり，多湿のときに白い霜状のカビを生ずる。病勢が進むと葉脈にかこまれた部分が褐変し，鮮明な不整多角形病斑となる。病葉は下葉から次第に黄化して枯れる。茎，花梗，さやに発生すると葉の場合と同様に白い霜毛状のカビを生じ，黒紫色の斑点となる。被害部は植物組織が増生生長が行なわれるため，ややふくれ，奇形となる。

●病原菌の生態　アブラナ科に発生するべと病の病原菌には寄生性の分化があり，キャベツ系，カラシナ系，ダイコン系に分けられる。カリフラワーにべと病を起こすものはキャベツ系で，ブロッコリー，ケール，コールラビーなどにも発生する。

病葉の裏面などに生じた白色のカビは分生子と分生子柄の集合したものであり，気孔から抽出する。病斑上にできた分生子は雨滴や風によって運ばれて葉に達し，水分を得て発芽し，発芽管によって多くは表皮細胞の縫合部から侵入し，一部は気孔から侵入して発病をおこす。侵入した菌糸は細胞間隙を迷走し，吸器によって養分を吸収し繁殖する。気孔から分生子柄を2～3本抽出し，その上に分生子を着生する。

畑での伝搬は分生子によって行なわれる。べと病菌は，病組織とともに卵胞子および菌糸のかたちで畑に残り，越冬または越夏する。また種子の組織内にも卵胞子が形成されることがある。べと病菌の越冬または越夏は，このようにして生き残った菌が適温になると菌糸を伸ばし，分生子を生じて最初の伝染源になるものと考えられる。分生子は3～25℃で発芽するが，7～13℃のときが最適である。病気の進展は10～15℃くらいのときもっとも激しい。

●発生条件と対策　気温の低い早春と晩秋の2回発生する。とくに気温が10～20℃くらいの低温で，湿度の高いときに多発する。肥切れ，アブラナ科作物の連作，苗の密植，排水不良によって発生しやすい。

肥料ぎれしないように施肥を適正に行なう。排水の悪い畑では水はけをよくする。苗床では，苗を間引いて湿度を低くする。収穫が終わったら茎葉などを集めて処分するか土中深く埋める。アブラナ科以外の作物を輪作する。

［堀江博道］

ブロッコリー

◉軟腐病 ⇨口絵：病72

- *Erwinia carotovora* subsp. *carotovora* (Jones) Bergey, Harrison, Breed, Hammer et Huntoon

●被害と診断 花蕾部，葉柄，茎に発生する。傷口や黒腐病，寒害などを受けたところに発生しやすい。初めは水浸状に変色するが，やアメ色に変色する。高温の場合にはべとべとに腐敗して悪臭を発する。花蕾部に発生したものは，ほとんど商品にならない。収穫後でも管理条件が悪いと発病することがある。

●病原菌の生態 多くの作物に寄生して軟腐病を発生させる多犯性の病原菌である。通常は根圏などで生活しているが，傷口などから植物体に侵入すると発病を起こす。発育適温は30℃前後で，最低0～3℃，最高40℃である。

●発生条件と対策 病原菌は傷口から侵入し発病するため，台風などで傷がつくと発生しやすくなる。

発病の多い場所ではアブラナ科作物の連作を避けるようにする。

［小林正伸］

◉べと病 ⇨口絵：病72

- *Peronospora parasitica* (Persoon: Fries) Fries

●被害と診断 べと病は葉に多く発生する。葉の病斑は，はじめは小さな不整形の暗緑色の小斑点となって現われ，しだいに拡大して淡黄褐色の病斑となる。病斑は葉脈に仕切られた多角形のものもあるが，多くは不定形で不揃いなものとなる。多湿のときには葉裏に汚白色，霜状のカビを生じる。1枚の葉に病斑が多数発生すると葉は白っぽくなり，やがて乾燥し葉は巻く。苗床での密植や窒素過多の栽培で，定植後まもない時期に発生すると病勢の進展は急激であり，そのため下葉が白く枯れ上がる。茎，花梗，さやに発生すると白い綿毛状のカビが生え，黒紫色の斑点を生じる。べと病は，一般に気温の低い早春と晩秋の2回発生する。とくに気温が10～20℃くらいの低温で，湿度が高いときに多発する。

●病原菌の生態 べと病菌はブロッコリーのほかカリフラワー，キャベツなどを侵す。病斑上に生じる白いカビは分生子と分生子梗の集まりである。病斑上にできた分生子は風に乗って周囲に飛散する。葉に落ちた分生子は水分を得て発芽し，植物体に侵入して繁殖する。気孔から分生子梗を2～3本出し，その上に分生子を形成する。

べと病菌は，病組織とともに卵胞子と菌糸のかたちで畑に残り越年すると考えられている。気温が3～25℃になって，降雨があると分生子を形成する。分生子の形成適温は8～10℃，発芽適温は8～12℃，侵入適温は16℃，発病適温は10～15℃といわれている。とくに夜間8～16℃のときに多発しやすい。

●発生条件と対策 比較的気温が低く，降雨の続く春と秋に発生しやすい。肥切れしたり窒素質肥料が多すぎるとき，アブラナ科作物の連作，苗の密植，排水の不良によって発生しやすい。

できるだけ早く発見し初期の薬剤散布を重点とする。発病期には定期的に薬剤を散布する。適正な肥培管理を行なう。苗床では密植を避ける。排水不良畑は水はけをよくする。収穫が終わったら，茎葉などを集めて堆肥にするか土中に深く埋める。アブラナ科以外の作物を輪作する。

［小林正伸］

◉黒腐病 ⇨口絵：病72

- *Xanthomonas campestris* pv. *campestris* (Pammel) Dowson

●被害と診断　発生はおもに葉で，子葉に発生すると落葉する。被害のひどい場合には生育不良になったり枯死したりする。成葉では比較的下葉から発生しやすく，葉縁に不整形，V字形の黄色の大きな病斑となって現われる。病斑は葉脈にそって大きくなり，やがて黒褐色になり，被害部は枯死する。病勢が進むと発生は上葉にまで及ぶ。発生がひどいと葉全体が黄化して生気を失う。花蕾部に発生すると侵された部分は黒変し，商品価値を低下させる。

●病原菌の生態　病原菌はアブラナ科作物に広く寄生し，黒腐病を発生させる。土壌中で長期間生存し，次作の発生源となる。発育適温は31～32℃，最低5℃，最高38～39℃である。乾燥には強く乾燥条件下で1年間以上生存する。本病は種子伝染する。

●発生条件と対策　降雨などによるはね返りにより土壌中の病原菌が葉に付着し，傷口や水孔から侵入し発病する。発病すると治療は困難なため，予防散布を行なう。発病した畑にはアブラナ科作物の連作は避ける。

［小林正伸］

チンゲンサイ・タアサイ

◉モザイク病 ⇨口絵：病73

- カブモザイクウイルス
  Turnip mosaic virus (TuMV)
- キュウリモザイクウイルス
  Cucumber mosaic virus (CMV)

●被害と診断　葉は黄色と緑色のモザイクを生じ，株は萎縮する。新葉はモザイクまたは黄化して奇形を生じ，伸長が停止する。

●病原ウイルスの生態　病原体であるTuMVおよびCMVはアブラムシにより伝搬する。行きずりのアブラムシにより非永続的に伝搬する。いずれのウイルスも種子伝染，土壌伝染はしない。

●発生条件と対策　アブラムシの発生しやすい春，秋を中心に発生が多い。寒冷紗やビニルで，またシルバーマルチやシルバーテープでアブラムシの飛来を防止する。殺虫剤を散布する。

［手塚信夫］

◉白さび病 ⇨口絵：病73

- *Albugo macrospora* (Togoshi) S. Ito

●被害と診断　葉，葉柄，茎，花柄などに発生する。葉では，はじめ淡緑色で周囲がぼんやりとした小斑点を生じ，のちに白色の盛り上がった胞子層を生じる。胞子層はおもに葉裏に形成され，のち表皮が破れて胞子のう（分生子）を飛散する。葉の全面に胞子層が形成されると葉は奇形となる。茎，花柄などに発生するとねじれて奇形となる。

●病原菌の生態　葉などに白色の盛り上がった小斑点（胞子層）を生じ，表皮が破れて白色の粉状物を露出し，胞子のう（分生子）を飛散する。胞子のうは発芽して遊走子を放出する。胞子のうは0～20℃で発芽するが，最適温度は10℃である。葉や花柄などの組織が肥大して，内部に卵胞子を形成する。遊走子は水滴内を移動して発芽し，気孔から侵入し感染する。アブラナ科野菜の罹病組織内で越夏，越冬し，適した温度，湿度条件になると胞子のうを形成する。

●発生条件と対策　比較的涼しく，空気湿度が高いときに発生が多い。対策はアブラナ科野菜の連作を避ける。圃場の水はけをよくして，多湿にならないように管理する。

［手塚信夫］

◉萎黄病 ⇨口絵：病74

- *Fusarium oxysporum* Schlechtendahl f. sp. *conglutinans* (Wollenweber) Snyder et Hansen

●被害と診断　露地栽培では6～10月，施設栽培では5～11月に発生するが，とくに7～9月に被害が激しい。発芽後まもなく発病すると，双葉が黄変して苗立枯れを起こし，やがて枯死する。発芽前に発病すると発芽せずに欠株となる。生育中の株が発病すると，はじめ外葉の葉片の片側が黄緑色に退色し，葉脈部が網目状に黄変する。主脈は黄変部側に曲がって，葉は奇形となる。黄化は次第に葉の全体に広がり，ついには枯死する。発病葉の葉柄を切断してみると黄変した側の導管が黄色～暗褐色に変色している。発病株は生育が止まり，下葉から黄化してしおれ，やがて乾燥枯死する。罹病株の茎の導管は淡褐色～暗褐色になる。

●病原菌の生態　病原菌は被害株の組織とともに厚膜胞子のかたちで土壌中に長期間生存し，土壌伝染する。寄主植物が植えられると厚膜胞子は発芽し，菌糸が根から侵入して発病する。多くのアブラナ科の植物に寄生する。病原菌は7〜35℃で生育し，生育適温は25〜27℃である。侵入から発病までの期間は地温によって異なるが，25℃では10日前後である。

●発生条件と対策　病原菌が土壌中に長く残るため連作圃場で発生が多い。夏期の高温時に発生が多い。過湿や乾燥は発病を助長する。

アブラナ科野菜の連作を避ける。発生圃場では高温期にアブラナ科野菜を作付けない。発病株は見つけ次第抜き取り，圃場外に持ち出す。発生圃場で使用した農機具はよく洗浄し，汚染土を他の圃場に持ち込まない。　［竹内妙子］

◉根こぶ病　⇨口絵：病74

• *Plasmodiophora brassicae* Woronin

●被害と診断　早期に罹病した株は葉の生育が劣り，晴天の日中には萎凋するが，朝夕には回復する。後期に罹病した株では，地上部にはほとんど症状が見られない。根に大小のコブができるのがもっとも特徴的な病徴である。

●病原菌の生態　根に形成されたコブの中に，直径3μm程度で球形の休眠胞子を多数形成し，コブが腐敗すると土壌中に分散し，土壌中で発芽して2本の鞭毛を有する第一次遊走子を生じ，根毛に侵入，感染する。侵入，感染した菌は増殖して第一次変形体を経て，第二次遊走子を放出する。根の皮層部に侵入，感染して第二次変形体となり，やがて休眠胞子を形成する。このとき菌の増殖とともに根にコブを形成する。休眠胞子は土壌中で数年間生存し，好適な条件になると発芽して根毛に侵入，感染する。

●発生条件と対策　酸性土壌で発生しやすく，pH7ではほとんど発生しない。水はけの悪い圃場や，地温が20℃前後，日照時間が長いときに発生しやすい。秋まきでは，播種期が早くなるほど地温がまだ比較的高いので発生しやすい。高価に出荷したいので，できるだけ早く播種して早く収穫したいが，本病を抑えるためには播種を遅くする。

土壌の水はけをよくする。石灰を施用して土壌の酸性を矯正する。アブラナ科野菜の連作を回避する。発生の多い圃場では，定植前に圃場に薬剤を混和する。　［手塚信夫］

ホウレンソウ

◉えそ萎縮病 ⇨口絵：病75

- ソラマメウィルトウイルス
  Broad bean wilt virus (BBWV)

●被害と診断　はじめ心葉に軽いモザイク症状が現われ，葉脈が黄緑色に変わって透明になる。症状が進むと葉が萎縮し，生育は止まり，葉の基部や葉柄に黄褐色～黒褐色，不整形のえそ斑ができる。被害株は外葉からしおれ，枯れ上がり，ついには株全体が黄褐変して枯れる。生育初期に発病すると，葉全体が急に黄化して立枯病に似た枯れ方をするが，ある程度生育した株では，外葉には異常がなく，心葉部に症状を示して，やがて外葉から枯れ込むことが多い。

●病原ウイルスの生態　病原ウイルスの寄生範囲は，ホウレンソウ，ナス，ピーマン，ソバ，エンドウ，スイセン，ケイトウのほか，雑草のアカザ，イノコヅチなど多数に及び，これらが互いに伝染源となる。おもにモモアカアブラムシによって媒介される。種子や土壌からの伝染はない。

●発生条件と対策　秋まきの作型では，9月下旬から10月上旬に播種したものに被害が多く，秋から初冬の天候が高温で降雨が少なく，アブラムシの発生が多い年に多発する傾向にある。春まきの作型では，暖冬の年や4～5月の気温が高く，乾燥した天候が続くと多発するが，これもアブラムシの増殖や有翅アブラムシの飛来が多くなるためと考えられる。

　薬剤散布を行なってアブラムシの防除を徹底する。寒冷紗や防虫ネットを播種後20～30日間被覆し，有翅アブラムシの飛来を防止する。畦上にシルバーテープを張るか，シルバーフィルム，シルバーストライプフィルムをマルチして有翅アブラムシの飛来を防止する。

[橋本光司]

◉モザイク病，ウイルス病 ⇨口絵：病75

- インゲンマメ黄斑モザイクウイルス　*Bean yellow mosaic virus* (BYMV)
- ビートモザイクウイルス　*Beet mosaic virus* (BtMV)
- キュウリモザイクウイルス　*Cucumber mosaic virus* (CMV)
- タバコモザイクウイルス　*Tobacco mosaic virus* (TMV)
- カブモザイクウイルス　*Turnip mosaic virus* (TuMV)
- ビートえそ性葉脈黄化ウイルス　*Beet necrotic yellows vein virus* (BNYVV)
- ビート西部萎黄ウイルス　*Beet western yellows vein virus* (BWYV)
- ビート萎黄ウイルス　*Beet yellows virus* (BYV)
- タバコえそ萎縮ウイルス　*Tobacco necrotic dwarf virus* (TNDV)
- タバコ茎えそウイルス　*Tobacco rattle virus* (TRV)

●被害と診断　病原ウイルスとして，モザイク病にはBYMV, BMV, CMV, TMV, TuMV，ウイルス病にはBNYVV, BWYV, BYV, TNDV, TRVなどが知られている。

　生育初期に感染したものは，苗のうちに枯れて立ち消えになる場合が多く，畑で点々と欠株を生ずる。生育の後半に発生したときには，外葉の数枚には異常はないが，新葉が黄緑色に変わってくる。その後，新葉の葉脈が透明になり，濃淡のモザイク症状(斑入り)を生ずる。被害が進むと葉縁が波状に縮れて奇形を呈し，萎縮してくる。さらに症状が進むと，外葉から黄褐色に変わって枯れてくる。春先には，ふつう下葉の数枚が正常で，その上の葉が萎縮してダンゴのような形になる。

●病原ウイルスの生態　TMV, BNYVV, TRVを除き，アブラムシにより非永続的に伝搬される。病原ウイルスはアブラナ科野菜，フダンソウ，キュウリなどやアカザ，ヒユ，ツルナ，イノコズチなどの雑草の罹病株で夏を越して伝染源となる。これらの被害株を加害した有翅アブラムシがウイルスを保毒し，保毒虫がホウレンソウ畑へ飛来してモザイク病を媒介する。ホウレンソウが本病に感染する時期は，有翅アブラムシの多く飛来する10月半ばから12月はじめまでである。

●発生条件と対策　秋の天候が高温乾燥に経過し，アブラムシの発生が多い年に多発する。台風のあと，アブラムシが異常発生する年には被害が激しい。9月下旬から10月上旬に播種したものに被害が多い。暖冬で乾燥するとアブラムシの越冬が多く，春の発生が多くなる。

本病に強い品種を選んで栽培する。圃場周辺のマメ科，アカザ科，アブラナ科などの雑草が伝染源となる場合があるので注意する。圃場内の罹病株は早めに処分する。次の方法でアブラムシの飛来を防止する。圃場周辺へのイネ科作物の植付け，寒冷紗・べたがけ資材の播種時からの利用，雨よけハウスの被覆資材に近紫外線カットフィルムを用いサイド・妻に防除ネット(0.6mm)を張る，寒冷紗の被覆，シルバーフィルム・シルバーストライプフィルムのマルチ。アブラムシの発生初期から薬剤散布を行なう。

［棚橋一雄］

◉べと病　⇨口絵：病76

• *Peronospora farinosa* (Fr.) Fr. f. sp. *spinaciae* Byford〔*Peronospora effusa* (Greville) Cesati〕

●被害と診断　はじめ下葉の表面に健全部との境界がはっきりしない黄白色の小さな斑点ができる。斑点は次第に拡大して淡黄色，淡紅色の不整円形の病斑となり，さらに被害が進むと葉の大部分が淡黄色となる。病斑の裏側にはネズミ色ないし灰紫色のカビを生ずる。冬のあいだは一度症状が消えたようになるが，春先になると株が萎縮して奇形を呈する。

●病原菌の生態　主として菌糸のかたちで被害株についたまま冬を越し，春先に分生胞子を形成して空気伝染を行なう。被害葉の組織の中に卵胞子が形成され，土中で夏越しする。被害株から採種すると種子に菌糸が侵入したり，表面に卵胞子が付着して生き残り伝染源となる。胞子の発芽には高い湿度が必要で，発芽したべと病菌(発芽管)は気孔から侵入する。発病適温は10～20℃で最適温度は15℃付近である。

●発生条件と対策　春と秋の2回発生し，盛夏と冬の間は一時発生が止まる。しかし近年，暖地では12～3月にも発生が見られる。平均気温が8～18℃，とくに10℃前後で曇天や雨が続くと多発しやすい。冬期の施設栽培，トンネル栽培では湿度が高くなりやすいので多発する。早まき，厚まき，施肥量の多いものなどは葉が繁茂して軟弱となるため被害が大きい。

軟弱にならないように肥培管理に注意する。発生前から薬剤散布を行なって予防する。雨よけ栽培も有効。春，秋の発生しやすい時期には抵抗性品種を利用する。

［堀之内勇人］

◉萎凋病 ⇨口絵：病76

- *Fusarium oxysporum* Schlechtendahi f. sp. *spinaciae* (Sherbakoff) Snyder et Hansen

●被害と診断　本葉展開期の幼苗から収穫期間近の株に発生する。幼苗では子葉が萎凋し，やがて枯死する。本葉4～6枚ころから収穫期にかけて発病が顕著となる。最初古い下葉から黄化，萎凋が起こり，次第に内側の葉に進展し，生育不良となり枯死する。主根，側根の先端部あるいは側根基部から茶褐色～黒褐色になり，導管は褐変する。褐変導管内には病原菌の菌糸や小型分生子が観察される。萎凋の激しい場合は主根および側根が腐朽，脱落し，葉柄基部の導管も褐変する。

●病原菌の生態　典型的な土壌伝染性病原菌で，厚膜胞子のかたちで畑土壌中に残存し感染源となる。アカザ，シロザ，サナエタデ，シソ，コイヌガラシ，キンエノコロが保菌雑草として知られている。土壌中の病原菌は根の先端や側根基部から侵入する。病原菌は導管内で増殖し枯死させる。生育適温は25～28℃と比較的高く，高温になるほど激発する。地温15℃以下では発病しない。発病畑での連作は菌量を増加させる。

●発生条件と対策　7～9月の高温時の夏どりホウレンソウに発生が著しい。黄褐色軽埴土，連作年数の多い土壌，水田跡地より畑地土壌で発病が多い。

発病畑での連作を避ける。気温が上がり病害の発生が多くなる第1作終了後の5～6月に土壌くん蒸剤を処理する。ガスの拡散に影響するので，多湿時，過乾時を避け，適湿時（土壌水分20％程度）に行なう。

熱水による土壌消毒：ボイラーなどで沸かした90℃の熱水を土壌表面から灌水チューブなどで，表層から30cmの深さの地温が65℃になるまで注入し，保温シートで3日間程度被覆する。

太陽熱による消毒：7～8月に完熟堆肥2～4t，石灰窒素100～150kg/10aを混和し湛水，10日間ビニルなどで密閉する。

土壌還元による消毒：10a当たりふすまを1t散布して耕耘し，その後，十分灌水し土壌を還元状態にしビニル被覆する。処理期間は1週間～1か月であり，25℃以上の地温を確保できる時期が望ましい。

［棚橋一雄］

◉株腐病 ⇨口絵：病77

- *Rhizoctonia solani* Kühn

●被害と診断　種子の発芽が悪く，また発芽したばかりの幼苗が黄変してしおれ，枯れてくる。発芽しないところを掘ってみると，種子が少し軟らかく腐敗しているか，発芽したばかりの芽や根が腐敗している（出芽前立枯れ）。枯れた株を抜いてみると，苗の地ぎわや根が少しくびれ，褐色ないし黄褐色に腐敗している。5葉期以降では地ぎわ部の葉柄が暗緑色に腐敗し，主根地ぎわ部が細くくびれ，下葉は黄化し，地ぎわ部から倒伏しやすくなり，生育不良や腐敗枯死する。病株を抜いてみると，根部が少しくびれたり，亀裂を生じて褐色～黒褐色に腐敗している。

●病原菌の生態　病原菌は土壌中に生き残って伝染源となる。発芽したホウレンソウの根や地ぎわ部から侵入感染し，発芽阻害，苗立枯れ，根腐れをおこす。土壌温度が20℃以上のとき多発し，12℃以下ではほとんど発生しない。

●発生条件と対策　発生の多い畑に連作すると被害が多い。夏まきの高温多湿時に多発する傾向がある。播種後，気温が高めの年や降雨の多い年に多発しやすい。

毎年被害が多くでる畑はホウレンソウの作付けを見合わせ，ほかの作物を栽培する。連作する場合は播種前に土壌くん蒸剤で土壌消毒を行なう。播種時に，種子粉衣されていないものは種子に薬剤を粉衣するか，発芽直後に薬剤を灌注する。雨よけ栽培も有効である。

［棚橋一雄］

◉根腐病　⇨口絵：病77

- *Aphanomyces cochlioides* Drechsler

●被害と診断　播種後7～10日くらいの子葉期ごろから発生する。胚軸部が黒～暗緑色となり，子葉付け根部が水浸状になり枯れ込むので，立枯れや生育不良になる。とくに主根が細くなり，地ぎわ部から切れる。高原地など夏期に冷涼なところで発生する。

●病原菌の生態　本菌は土壌病原菌で，ホウレンソウの被害組織または裸で土の中に残る。雑草のアカザの根にも寄生する。土中では卵胞子や菌糸の形態で残存し，条件が整えば再び感染を起こす。ホウレンソウの組織では菌糸を伸ばし，水があれば盛んに遊走子をつくる。この遊走子が泳ぎ出して新しい感染をひき起こす。

●発生条件と対策　比較的低温となる中山間～高冷地帯の夏どりホウレンソウで，過湿になりやすい圃場で発生が多い。対策は，畑の排水を良好にする。土壌くん蒸剤による土壌消毒を行なう。雨よけハウスの夏ホウレンソウでは年間4～5回の作付けとなるので，萎凋病などの防除も含め，地温の上昇する第一作終了後の5月ごろに土壌消毒を行なう。発生が予想される場合は，播種前に薬剤を土壌混和する。熱水による土壌消毒を行なう。ボイラーで沸かした熱水(70～80℃)をチューブなどで下層土壌(20cm)が55℃になるまで注入し，保温シートで3日間保温する。　［棚橋一雄］

◉立枯病　⇨口絵：病78

- *Pythium aphanidermatum* (Edson) Fitzpatrick
- *Pythium ultimum* Trow
- *Pythium paroecandrum* Drechsler
- *Pythium myriotylum* Drechsler

●被害と診断　種子の発芽が悪く，また発芽したばかりの幼苗が黄変してしおれ枯れてくる。発芽しないところを掘ってみると，種子が少し軟らかく腐敗していたり，発芽したばかりの芽や根が腐敗している(出芽前立枯れ)。枯れた株を抜いてみると，胚軸は水浸状となり，褐色ないし黄褐色に腐敗している。

●病原菌の生態　病原菌が罹病残渣などとともに土壌中に残り伝染源となる。本菌には低温～高温性のものまで生存するため，年間を通じて発生する。

●発生条件と対策　発生の多い畑に連作すると被害が多い。夏まきや早まきに多発する傾向がある。播種後，気温が高めの年や降雨の多い年に多発しやすい。

　毎年被害の多くでる畑はホウレンソウの作付けを見合わせ，ほかの作物を栽培する。連作する場合は播種前に土壌くん蒸剤で消毒する。播種期に種子に薬剤を粉衣するか，発芽直後に薬剤を灌注する。雨よけ栽培も有効である。排水が悪いと発生が多くなるので排水溝をつけ，過灌水を避ける。　［棚橋一雄］

◉炭疽病　⇨口絵：病78

- *Colletotrichum dematium* f. *spinaciae* (Ellis & Halst.) Arx

●被害と診断　春の発生は4月中旬から見られ，発生初期は葉に周辺が明瞭な円形病斑が認められる。5月になると増加して圃場の各所で罹病株が見られ，その外葉には拡大した病斑が目立つようになる。梅雨期の訪れとともに，6月下旬から7月中旬にも発生する。降雨が多いこの時期はまん延が早く，病斑上の胞子が飛び散って葉に多くの病斑が現われ，葉柄にも認められるようになり，ひどいときは外葉が垂れ下がる。7月下旬から9月上旬の夏季は病勢が衰え一時停滞する。秋は9月中旬ころから発生し，秋雨とともに増加し10月下旬まで続く。病状が進んでくると，罹病葉には不規則な融合病斑ができ，古くなると穴があきやすくなる。発病による収量減よりも病斑が残るための品質低下による被害が大きい。

●病原菌の生態　病原菌は被害茎葉に，主として菌糸のかたちで寄生したまま越冬し，土中に残る。また，種子伝染もする。播種後は，このような形態で生き残った菌が第一次感染源となり，初発をもたらす。風雨にあうと病斑上の胞子が盛んに分散し，隣接株に二次伝染し次々に発病させる。通常10～25℃の気温で葉身，葉柄に感染し新しい病斑をつくる。本病原菌は，ホウレンソウ以外の作物をほとんど発病させない。

●発生条件と対策　8月の夏季高温期や11～3月の冬季低温のころはほとんど発生しない。発生の多い時期は4～5月，梅雨期，9月下旬～10月下旬である。多雨，冷涼な年に発生が多い。毎年栽培する地域では，連作によって被害茎葉が土壌に残るようになり，次第に発生が増加する。播種量が多すぎた場合や間引きが不十分な場合は密植になり，株内湿度が高まって発病しやすくなる。多肥栽培も過繁茂で軟弱な生育になりやすく，罹病的な体質となり発病が多くなる。低湿地，粘質土壌で排水の悪い畑では，降雨後の長時間滞水や灌水後の乾きの遅いことが原因で発病が助長される。

　雨よけハウスで栽培すると，降雨時の雨滴による病斑上の胞子の飛散を避けることができ，また畑が乾きやすくなるため，露地栽培に比べ発生がかなり減少する。とくに梅雨期に遭遇する夏まき栽培では効果が大きい。多発，常発地では畑やその周辺での残存菌量が高くなっているので，2～3年くらいほかの作物を栽培するか，輪作を行なう。株間の通風をよくするために厚まきは避け，間引きによって密植にならないよう調整する。肥料は適量を施用する。発病を認めたら早めに病斑部分を摘み取り，ビニル袋に入れて捨てる。収穫後の残渣は集めて土中に埋没させるか，堆肥化する。　［橋本光司］

レタス

◉ビッグベイン病 ⇨口絵：病79

- レタスビッグベイン随伴ウイルス
  Mirafiori lettuce big-vein virus (MiLBVV)

●被害と診断　水田裏作の連作レタスに発生が多く，秋から春にかけて，感染，発病しやすい。初め葉緑部の支脈が透化して網目状に見え，その後の生育遅れで株は小さめとなる。病勢が進むと葉脈にそって退色し，葉脈が幅広くなったように見え，いわゆるビッグ・ベイン(太い葉脈)の症状を呈する。さらに進むと，葉脈に囲まれた葉肉部の緑が斑点状の虎斑状となって見える。レタスは葉縁が縮れているが，この病気にかかるとさらに縮れが細かくなる。移植後1か月以内までに発病すると，結球はするものの球太りが悪い。結球部は本来色が淡いために症状がわかりにくいが，老化して結球するため歯ざわりが固く，球も小さい。

●病原ウイルスの生態　MiLBVVはレタスのどの品種も侵すが，ほかの野菜を侵さない。糸状菌を介した見せかけの土壌伝染し，種子伝染や虫媒伝搬はない。ウイルスは土壌中で藻菌類の一種*Olpidium virulentus*の遊走子によって伝搬される。この菌そのものはレタスの根に寄生しても直接害をもたらさないが，ウイルス伝搬者として問題となる。罹病植物根組織内に耐久器官である休眠胞子をつくり，そのなかにウイルスを保毒して好適環境になるまで活動を停止する。保毒遊走子が再びレタスの根に侵入し，これをくり返す。未汚染畑への伝搬は，苗，農機具，資材，はきものなどに付着した土によるほか，流水によっても行なわれる。

●発生条件と対策　多発圃に隣接する低い圃場に伝搬しやすい。レタスの感染や発病は*Olpidium*菌の活動条件に左右される。感染適温は地温15～20℃で，定植時に17℃前後の場合は発生が早くて多い。病徴は20℃以下で明瞭となる。年内どりでは10月下旬～11月に初発が見られる。11月中旬以降に定植したものは年内に発生するのはまれであるが，冬季に防寒のためのトンネルを行なうと早春から発病する。土壌pHが高いと発生が多く，定植時の土壌pH6.0以下では，*Olpidium*菌の遊走子の放出が抑制され，発病は減少するため，定植時の土壌pH6.0以下を目標に，できるだけ酸性化する。

汚染地域の土をよそへ持ち出すようなことは一切避ける。発生圃ではレタスの連作を避け，キャベツなどとの輪作を行なう。育苗時の感染を防ぐために無病土で育苗する。耐病性品種の利用も有効である。夏季日射量の多い地域では，物理的防除として赤外線透過型マルチフィルムを用いた太陽熱利用による土壌消毒を行ない，不耕起栽培とする。

化学的防除は，病原ウイルスをターゲットとするのではなく，媒介菌の*Olpidium*菌を対象として施用される。現在，チオファネートメチル，TPN，アゾキシストロビン，カーバムナトリウム塩，クロールピクリンなどが登録されているが，前者3つと後者2つは施用法が異なる。前者は圃場定植後の灌水の代わりに処理するが，後者は土壌消毒であり，定植前に処理する。カーバムナトリウム塩の施用法として，マルチャー装着式散布機を使用することにより，マルチうね内消毒が効率的に作業できる。

［岩本　豊］

◉モザイク病 ⇨口絵：病79

- レタスモザイクウイルス　*Lettuce mosaic virus* (LMV)
- キュウリモザイクウイルス　*Cucumber mosaic virus* (CMV)

●被害と診断　発生が早い場合は種子伝染により，本葉2～3枚の苗のころに葉脈が透明になり，葉の緑色にムラを生じ，いわゆる軽いモザイク症状が現われる。定植後の罹病株は，生育が著しく悪く，結球不良となる。葉が枯れたりしおれたりすることはないが，よく注意して見ると，葉の緑色に濃淡を生じる。著しい場合は，緑色の葉に黄色部分が入り混じって，はっきりモザイク症状が見られる。葉が平らなサラダ種は症状がはっきりでやすいが，凹凸のある品種ははっきりしないことが多いので注意を要する。

●病原ウイルスの生態　病原ウイルスにはレタスモザイクウイルス(LMV)とキュウリモザイクウイルス(CMV)の2種類がある。いずれもモザイク症状を呈し，CMVによるモザイクのほうが明瞭で激しい。しかし，病徴だけでは，どちらのウイルスによるものか区別できない。発生はCMVによるもののほうが多い。

LMVは宿主範囲が狭いウイルスで，キク科植物とアカザ，アメリカアリタソウ，センニチソウなどに感染する。汁液伝染，アブラムシ伝染，種子伝染などが確かめられており，土壌伝染はしない。アブラムシ伝染の場合は，モモアカアブラムシ，ニガナノフクアブラムシによって非永続的(一時的)に伝搬される。CMVは宿主範囲の広いウイルスで，多くの野菜や花や雑草など39科117種の植物に寄生性がある。汁液伝染とアブラムシによる非永続伝染をし，種子伝染や土壌伝染はない。

●発生条件と対策　各地で発生しているが，がいして散発程度で，大発生することは少ない。LMVは低率(1～6%)ながら種子伝染するので，種子が不良の場合は苗床で認められる。LMVによる場合は，第一次伝染は種子伝染によることが多いので，罹病苗に気がつかず，そのまま本畑に定植すると，その後アブラムシにより伝搬され，かなり発生することがある。CMVは野菜や花卉類のほか雑草にも保毒植物が多く，ツユクサ，ハコベ，ミミナグサ，カラスウリ，ドクダミなどのモザイク株が有力な伝染源となる。

種子伝染を防ぐことがまず大切だから，採種は必ず健全株から行なう。一般農家では，種子伝染株を本畑に植えないことが大切で，苗床で葉脈透明，モザイクなどに注意し，あやしいと思うものは定植しないようにする。LMVやCMVに感染しているおそれのある雑草は圃場内外から除去する。アブラムシ類を早期に防除する。苗床は寒冷紗で被覆し有翅アブラムシの飛来を防ぐ。　［長井雄治］

◉萎黄病 ⇨口絵：病79

- ファイトプラズマ　Phytoplasma

●被害と診断　病徴は，心止まりとそう生(てんぐ巣)の2種類が見られる。

心止まり症状は新芽の生長が完全に止まる。下葉も黄化してくる。生長の止まった葉では，アメ色の壊死斑が現われ，これがしだいに拡大し，葉の基部を中心に壊死が広がる。壊死部は二次的に腐敗しやすく，こうなると株は急速に枯死する。地上部の病徴が進むのと並行して根の状態も悪くなる。そう生症状は株全体の発育が不良となり結球しない。頂芽および腋芽から小さな細い葉が多数出て，そう生する。新葉はやや退色し，下葉も緑葉から黄化してくる。根もしだいに弱まり腐りやすくなる。

心止まり症状は病徴の進み方が速く，比較的急速に枯死に至る。そう生症状は，心止まり症状に比べるとやや慢性的症状で，感染時期が遅かったときなどは単なる生育遅れのように見える。ごく若い幼苗の時期に感染したときに心止まり症状となり，本葉数葉の時期以後に感染したときにはそう生症状となる。両者はまったく同一の病気であり，感染時のレタスの大きさによって病徴が違ってくる。

●病原微生物の生態　病原体のファイトプラズマは，広義の細菌の一種であるが，虫媒伝染するなど生態的・防除的にはウイルス病と考えてもそう違わない。主としてヒメフタテンヨコバイによって媒介されるが，キマダラヒロヨコバイによっても媒介される。ヒメフタテンヨコバイは体長3.5mmで，頭部の2個の黒点と胸部背面の2個の三角形の黒い斑紋とが目立ち，見分けるときの特徴となる（フタテンヒメヨコバイは別種のヒメヨコバイである）。伝染はこの2種のヨコバイによってしか起こらない。つまり，本病の発生は媒介虫の生態と密接な関係がある。

媒介虫が病植物を吸汁すると，病原体も虫体内に吸い込まれる。病植物を吸汁後20～25日を経たのち病気を伝搬し始める。吸汁されたレタスは，20～30日の潜伏期間を経たのちに病徴を現わし始める。そして，2～3週間もたてば典型的な病徴が見られるようになる。レタスでの潜伏期間は夏の高温時では短く，秋になるにつれて長くなる。ミツバてんぐ巣病も同じ病原体によって起こり，ホウレンソウ，シュンギク，セルリー，パセリなどの作物のほか，ボロギク，タガラシ，ツユクサなどの雑草を含めて，多くの種類の植物に伝染する。これら宿主植物のうち，あるものが越冬して第一次伝染源となり，春季に媒介虫によって他の植物に伝染していく。その間に，レタスに伝染した場合は萎黄病となり，ミツバに伝染した場合はてんぐ巣病となる。

ヒメフタテンヨコバイは，水田地帯を中心として広く分布するごくふつうのヨコバイで，発生もきわめて多い。関東地方では4月から9月にかけて，西南暖地では4月から11月にかけて発生し，10月末までに終息する。

●発生条件と対策　平地の年内どり栽培に多く発生する。早まき，早植えのものほど発病が多い傾向がある。すなわち，媒介虫が活発に活動している夏の終わりから，せいぜい初秋までのころに育苗，定植などが終わっている場合は被害を受けやすい。気温が低くなると虫体内潜伏期間もレタスでの潜伏期間も長びくので，媒介虫の活動末期では，萎黄病の伝染はごく少なくなる。ヨコバイが終息したあとは，新たな伝染はまったく起こらない。伝染源となるほかの作物や雑草の発病株が周辺に多いときは多発する。

伝染源となる発病植物を見つけ次第抜き捨てる。多くの種類の作物や雑草に感染するので，レタスの栽培期間だけでなく，春から続けて周辺の発病植物に注意する必要がある。媒介虫の発生経過をよく調べたうえで，その数を減らすことに重点をおいて殺虫剤をまく。レタスの平地栽培では早まきの作型で発生が多いから，早期に媒介虫を防除するよう心がける。苗床のときだけでも寒冷紗で被覆できれば，その間は伝染を完全に防ぐことができる。

［堀江博道］

◉腐敗病　⇨口絵：病80

- *Pseudomonas viridiflava* (Burkholder) Dowson
- *Pseudomonas marginalis*
- *Pseudomonas cichorii*

●被害と診断　結球期前のレタスでは，はじめ葉のふちが水浸状になり，次いで淡褐色から暗緑色に変色し，部分的に組織が枯死して縮れたようになる。結球期のレタスでは，はじめ外側の葉の中肋または葉縁に淡褐色水浸状の病斑が現われ，やがて葉脈が褐変し，病斑は急速に拡大するが，カビは生じない。内部の葉も次々に褐変，軟化腐敗し，ついには株全体が腐敗して枯れる。結球部の表面は，乾くと紙のような褐変枯死葉に被われる。

●病原菌の生態　レタス腐敗病は3種の*Pseudomonas*

属細菌によって起こされるが，*P. cichorii*は，ハクサイ，キュウリ，トマト，ダイコンなど多くの作物に寄生する。*P. marginalis*と*P. viridiflava*もゴボウ，トマト，キュウリ，ハクサイなどに寄生性があるが，両細菌とも*P. cichorii*に比べるとレタスに対する病原性は弱いので，凍霜害などがある場合に発病しやすい。いずれも土壌中で被害植物の残骸について1年以上生存し，土壌伝染する。

●発生条件と対策　暖地の冬・春どりトンネル栽培に発生しやすい。高冷地では8～9月どりに発生する。細菌の病原性は強くないが，凍霜害を受けたり，結球期になり感受性が高まったりすると発病しやすい。とくに収穫が遅れると被害が急増する。連作すると発生しやすい。前年発病したところでは，次の年はほとんど必ず発病する。秋から暮に収穫する作型では発生が少ないが，厳寒期を経過したレタスでは，トンネル栽培でもハウス栽培でも発生する。結球レタスでは耐寒性の強い品種は発病が少ない傾向があり，サラダナには発生しないようである。

前年発生の多かった畑では連作しない。冬・春どりの栽培で発生の多いところでは，秋・暮どりの栽培を行なう。トンネルかけは早めに行ない，なるべく雨に直接あてないようにする。トンネルは大型にして保温性を高め，トンネル内には不織布をべたがけにすると凍霜害を軽減できる。病株は速やかに抜きとり焼却する。平坦地の秋冬どりおよび高冷地の夏どりなど凍霜害と無関係の作型では，結球初期から農薬を予防散布する。冬春どりなど厳寒期の作型では，耕種的防除を中心に総合的対策をたて，薬剤防除は補足的対策と考える。排水不良畑や多雨の年に発生が多い傾向があるので，畑の排水を図り，水田裏作ではなるべく高畦にする。収穫は適期に行ない，発病増加のおそれがあれば早めに収穫する。

［長井雄治］

◉斑点細菌病　⇨口絵：病80

- *Xanthomonas axonopodis* pv. *vitians* (Brown 1918) Vauterin, Hoste, Kersters & Swings 1995

●被害と診断　レタスの栽培地では，どこでも見られる普遍的な病害である。高冷地の露地栽培では初夏から初秋にかけて，暖地のトンネル栽培や露地栽培では秋から春にかけて発生する。主として結球し始めるころからの発生が多く，被害もこの時期以後に目立ってくる。初め地ぎわに近い外葉の葉縁部および葉肉部から水浸状の小型の丸い斑点ができる。この水浸状の斑点は，次第に拡大して褐色不整形または紡錘形の病斑となり，やがて中心部が灰褐色に変わり，のちに破れて穴があく。発生はおもに外葉で，結球葉にまで及ぶことは少ない。

褐色病斑となる型は比較的乾燥している状態のときに多く，高冷地の露地栽培で夏期に発生する。この褐色の病斑になる型のほか，湿度が高いときには，はじめに現われる水浸状の斑点がそのまま拡大して黒褐色の病斑となり，腐敗に進むことがある。この場合には病斑が抜けて穴になり，発生が多いといくつかの病斑が重なって腐敗する。この症状はトンネル栽培で多く見られ，露地栽培では雨の多いときに現われる。いずれの症状も球全体が腐敗することは少なく悪臭もないが，商品価値は著しく低下する。

●病原菌の生態　病原菌は被害植物の組織のなかで土壌中に残り，翌年の伝染源となる。キク科のノゲシ，ノボロギクやアカザ科，ゴマノハグサ科，シソ科，マメ科の一部雑草も宿主となるため伝染源となる。土壌中や雑草上に生存する病原菌は雨滴やエロゾルによって植物体上に運ばれて伝染する。

●発生条件と対策　降雨との関係が深く，結球始期以降の降雨量が多いほど多発する。トンネル栽培では，トンネル内が結露するような高湿度のときに発生が多い。初夏どりの作型でナモグリバエが多発生すると，その食害痕から感染する場合がある。収穫期に近づくほど本病に対する抵抗性が衰えるため，この時期降雨を受けると多発する。

被害株を圃場に放置せず，収穫後できるだけ被害葉を集めて圃場から搬出する。全面マルチ栽培を行なって土壌からの病原菌のはね上がりを少なくする。トンネル栽培では換気に努め，内部の湿度を下げるように管理する。収穫後も，雑草が繁茂しないよう圃場衛生に努める。連作を避け，ほかの作物との輪作を行なう。薬剤による防除は予防に重点をおき適期防除に努める。抵抗性の強い品種を作付けする。シナノホープ，シナノスター，バレイなどは比較的抵抗性が強い。

［小木曽秀紀］

◉軟腐病

⇨口絵：病81

- *Erwinia carotovora* subsp. *carotovora* (Jones) Bergey, Harrison, Breed, Hammer et Huntoon

●被害と診断　地ぎわの茎や葉柄の基部などに，はじめ水浸状の小さな斑点が現われる。これは，次第に拡大して淡褐色水浸状の大型病斑となり，やがて軟化する。定植後結球前のものでは，葉柄基部が軟化腐敗すると，その葉はしおれる。地ぎわの茎が軟化腐敗すると，茎の内部も軟化腐敗して空洞化し，のちに株全体がしおれて枯れる。結球期のものでは，やはり地ぎわの茎や葉柄基部から水浸状病斑が現われることが多いが，結球上部から発病することもある。これらの病斑は拡大するとともに，急速に結球の内部に向かって進展する。結球表面の病斑は，淡褐色・水浸状を呈しているが，内部は変色せずに軟化し，どろどろに溶けるように腐る。

一般に，本病にかかって腐敗すると，はなはだしい悪臭を伴うのですぐわかる。病斑上には，菌核病や灰色かび病などと異なり，カビを生じないのが特色。

●病原菌の生態　本菌は非常に多犯性で，レタスのほか，セルリー，パセリなどの洋菜類をはじめ，ハクサイ，ダイコン，キャベツ，カブ，ジャガイモ，トマト，タバコ，ネギ，タマネギ，ニンジンそのほか多くの作物を侵す。宿主植物への侵入は，ヨトウムシ，ナメクジ，センチュウなど害虫の食痕や強風雨あるいは栽培管理，とくに中耕除草などの際に生じる傷口によることが多い。これらの傷があるとき，降雨による土砂のはね返りがあると，きわめて発生しやすくなる。いわゆる土壌病害で，病原細菌は土壌中で数年あるいはそれ以上生存し，伝染源となる。土壌中での分布は，宿主植物の根圏土壌に多い。太陽光線に対する抵抗性はかなり強いが，乾燥に対する抵抗性は弱い。

●発生条件と対策　厳寒期を除いて年中発生するが，病原菌の発育の適温が32～33℃であることから，初夏から初秋までの気温の高い時期に，きわめて発生しやすい。収穫期が4月の春どりのものでは，ビニルハウスあるいはトンネル内の気温がかなり高くなるが，収穫が遅れて，このような高温多湿の状態が長く続くと急激に発生することがある。露地では，初夏どりのもので，5月，6月の収穫期に高温と多雨が重なると被害が大きい。高冷地では7～8月の収穫期に多雨が重なると多発しやすい。連作地では病原細菌が土壌中に蓄積され大発生のおそれがある。低湿地など排水不良のところは発病が多い。

夏どりなど高温期に収穫する作型では，できるだけ抵抗性の強い品種を栽培する。発病の多い畑では連作を避け，イネ科の作物を3～4年輪作する。ハウス栽培でどうしても連作するときは土壌消毒を行なう。春・初夏どりで多発するところは，栽培時期を変えることができれば，12～2月の冬どり栽培を行なうとよい。低湿地では，畑の周囲に溝を掘ったり高畦にすることなどで排水をはかる。春～初夏どり，高冷地の夏どりは発病が多いので，結球初期から農薬で予防散布する。根や地ぎわを害する害虫類を防除する。

［長井雄治］

◉灰色かび病 ⇨口絵：病81

• *Botrytis cinerea* Persoon

●被害と診断　苗の時期には立枯病のように地ぎわ部分が侵されて，しおれて枯れる。定植から結球期までの時期には，はじめ地ぎわの茎や葉の基部に淡褐色の水浸状病斑が現われる。これは次第に広がり，やがて株全体がしおれて枯れる。菌核病とよく似た発病経過をたどるが，本病は病斑上に白色綿毛状のカビを生ずることはなく，灰色のカビが無数に認められる。結球期も，同様に下葉の基部や地ぎわの茎に病気が現われることが多い。空気が乾燥していると，病斑は進展が遅いかまったく進展がとまって，被害をまぬかれることもある。曇雨天が続くようなときは，結球の内部および表面に急速に進展し，結球の内部は軟化腐敗し，表面は褐色水浸状となり，その上に灰褐色のカビを密生するが菌核をつくることはない。

採種レタスでは，おもに開花期に花や花梗の部分が侵されて褐変し，病斑上には無数の灰色のカビを生ずる。

●病原菌の生態　本菌はほとんどすべての野菜や花を侵すばかりでなく，多くの畑作物や果樹，林木までも侵す。被害組織上のカビは分生胞子と分生子柄の集まりである。分生胞子の発芽には水滴が必要である。伝染方法は，隣接株に菌糸によって接触伝染する場合と，分生胞子による空気伝染があるが，まん延は主として分生胞子による。病原菌の越年は，被害組織上の菌糸や分生胞子の形で容易に行なわれる。分生胞子の病原性は必ずしも強くないので，健全な組織から侵入することはほとんどなく，開花後のしぼんだ花弁や傷口，活力の衰えた組織などから侵入する。しかし一度侵入すると，こんどは病原性の強い菌糸が植物の健全な組織を次々に侵して病気が進展する。

●発生条件と対策　比較的低温で多湿のときに発生しやすい。発病の適温は20℃前後といわれているが，暖地では，11月から翌年3～4月までの間に雨が続いて多湿になると急激に発生する。とくに朝夕の冷え込みは発生を著しく助長する。4月以後，気温が上がるにしたがって次第に減少するが，採種レタスでは5月ごろの開花期に雨が続くと激発する。ハウスやトンネルでは，低温時には換気が不十分になり湿度が高くなりやすいので，露地よりも多発しやすい。結球期には株元が繁茂して過湿となるので発生しやすい。

低湿地や排水不良地での栽培はなるべく避ける。密植すると株間の湿度が高まるので避ける。予防が大切なので，育苗期および定植後30～40日の本葉8～10枚のころ薬剤を散布し，その後は天候状況により決定する。連続降雨が予想されるときは，その前に散布しておく。ハウスやトンネルでは換気に努め，高温，多湿を避ける。灌水の際，茎葉に直接かけず，できればパイプによる地中灌水がよい。　［長井雄治］

◉菌核病 ⇨口絵：病81

• *Sclerotinia sclerotiorum* de Bary

●被害と診断　はじめ地ぎわの茎または葉の基部，あるいは土に接している葉の裏などに水浸状の病斑が現われる。これはやがて拡大して淡褐色水浸状となり，地ぎわの茎あるいは葉の基部は軟化腐敗し，下葉から順次しおれてくる。このとき，地ぎわの部分や土に接している葉の裏などを注意してみると，白色綿状のカビが容易に認められる。すでに結球期に達していると，病気の進行に伴って，結球の内部は軟化，腐敗し，外部は紙のような薄い枯れ葉に包まれるが，内部の腐敗がさらに進むと，ついにはつぶれて枯れる。湿度が高いときには，白色綿毛状のカビが結球の内部だけでなく表面にも密生する。やがて，結球の表面あるいは土に接している部分などに，ネズミの糞に似た黒色の菌核が数個ないし数十個できる。

●病原菌の生態　本菌は非常に多犯性で，ほとんどの野菜や花は侵されるおそれがある。とくに被害が著しいものには，レタスのほか，セルリー，パセリなどの洋菜類，キャベツ，ハクサイ，ナタネなど十字花科，およびハウス，温室栽培のキュウリ，トマト，ナス，スイカ，花ではストック，キンギョソウなどがある。

前年の被害株から脱落して畑に残った菌核から10～11月，または3～4月のころ直径3～5mmの小さなキノコ状の子のう盤が発生する。子のう盤の発生適温は15～20℃とされているが，11～12月のかなり気温の低いときにも，適当な土壌水分があれば発生する。子のう盤は無数の子のう胞子を飛散させる。子のう胞子はレタスの葉の基部や地ぎわの茎などに付着して，適当な水分に恵まれると発芽して侵入を始める。発芽適温は20℃だが，10℃前後でも発芽，発育し病気をおこす。子のう胞子による感染発病には，空気湿度が100％であることが必要で，98％では発病がほとんどないか，発病しても非常にわずかである。

被害株とともに畑に残っている菌糸によっても，伝染が行なわれると思われる。発病株からは菌糸が伸長し，たがいに接触している葉を伝わり，あるいは土の中や葉陰の地表を伝わって隣接の株へまん延していく。これが二次伝染で，このため畔に沿って数株連続して発生していることがしばしばある。菌糸による感染発病は，空気湿度が98％以上のときによくおこる。菌糸あるいは子のう胞子によって感染したレタスには，病勢が進むと菌核ができるようになるが，これは，植物が枯死しても土の中で数年間生存し伝染源となる。

●発生条件と対策　発病は平均気温15～20℃で多いが，5～10℃でも条件によってはかなり発生する。ビニルハウスやビニルトンネルでは，晩秋から初冬，あるいは春先の発生が多い。秋から冬にかけて気温が次第に下がって，平均気温が20～15℃になると発生の危険がある。

レタスが結球期に達すると隣接株と互いに接触し合い，また葉は巻き込んで重なり合っているので，株間あるいは地ぎわの葉の基部や，土に接している葉の裏などは湿度がたえず高く保たれやすい。このため，結球期以前には曇雨天が続くときに発生するにすぎないが，結球期には必ずしも曇雨天が続かなくともしばしば発生する。

なるべく連作を避ける。被害株は発見次第抜きとって堆肥にするか水田にすき込み，畑の周辺に放置しない。収穫後の切り株も放置しておくと菌の繁殖場所になるので，速やかに取り除くなど圃場衛生に努める。ハウスやトンネル栽培ではとくに換気に留意し，気温の上がり過ぎや過湿の状態にならないように努める。水田裏作を利用すると夏季の湛水期間中に菌核が死滅するので，本病の防除対策として非常に合理的である。ただし，野菜や花の畑が近くにあって，ここで菌核病が発生する地帯では効果が少ない。薬剤散布の開始時期は，常発地では定植後30～40日で，本葉が8～10枚くらい出葉したころを目安とする。予防散布が大切で，発病後の散布で効果がおちる。散布方法は，発病部位を考えて，茎の地ぎわや葉の基部，あるいは葉の裏側などに十分かかるよう株の周囲からていねいに散布する。　［長井雄治］

◉根腐病　⇨口絵：病82

• *Fusarium oxysporum* Schlechtendahl f. sp. *Lactucae* Matuo et Motohashi

●被害と診断　苗床と本畑で発生する。苗床では本葉2～3枚のころ，葉が黄化してしおれ，のちに枯れる。根は褐変腐敗するが維管束の変色は明らかでない。本畑では，はじめ下葉の葉の周辺から黄褐色に変色し，やがて次々に下葉から枯れ上がってくる。多くは下葉が枯れる程度で，株全体が枯死することは少ない。発病株は生育が悪く，健全株に比べて小型となる。根張りが悪いので，簡単に引き抜くことができる。また，地ぎわから折れやすくなっている。根を切断すると主根の維管束部が黒褐変している。支根も褐変腐敗し，根の発育が著しく悪い。

●病原菌の生態　病原菌は大型・小型の分生子と厚膜胞子を形成する。厚膜胞子は被害株の根部に生じ，土中で数年間生存し土壌伝染する。厚膜胞子は発芽して菌糸を生じ，レタスやサラダナの根の表皮を貫通して侵入する。本病の宿主範囲はレタスとサラダナに限られる。

●発生条件と対策　土壌病害であるから，連作していると病原菌が年々畑に蓄積され，次第に発病が多くなる。春～夏の作型で発生が多く，秋冬の作型では少ない。サラダナに発生が多く，結球レタスには少ない。しかし結球レタスにも，ときによりかなり発生することがある。ふつうは定植後の本畑で発生が認められるが，苗床でも発生することがある。排水不良のじめじめした畑では発生が多い。

なるべく連作を避ける。輪作はレタス，サラダナ以外の作物であれば，どのような作物でも差しつかえない。水田裏作を利用するとよい。発生の多い畑では，床土や苗床はもちろん本畑も土壌消毒する。排水が悪い畑では周囲に溝を掘る。サラダナに発生が多いので，発生しやすいところでは結球レタスをつくるのも一つの方法である。　［長井雄治］

◉すそ枯病　⇨口絵：病82

• *Rhizoctomia solani* J. G. Kühn

●被害と診断　結球前のレタスでは下葉の基部が褐変し葉色が淡くなり，褐変は拡大して葉柄全体に及び，葉はしおれて下垂し，やがて枯死する。株全体が枯死することはほとんどない。結球開始期から病勢が進展してくる。外葉の地面に近い部分の病斑が拡大する。外葉は変色し，やがてしおれて枯死する。結球期に病勢が進むと，外葉部の褐色病斑が結球部にまで及び，結球葉にもアメ色の病斑が見られそこからやがて腐敗してくる。

●病原菌の生態　病原菌は菌糸や菌核のかたちで被害植物について土中で生き続け，伝染をくり返す。多くの植物の苗立枯病・葉腐病ほかの病気を起こす典型的な土壌伝染性病害である。病原菌の発育適温は24℃，最高40～42℃，最低13～15℃である。病原菌は土中にいて，土が葉や株元にかかると伝染する。そのため，深植えしたり，中耕除草の際に土が株にかかったりすると発病が多くなる。

●発生条件と対策　気温が高く雨の多い時期に結球する作型のレタスに発生しやすい。夏どりレタスでは播種期が4月下旬から5月上旬になるが，早まきほど発病が多い。春どりの被覆栽培では収穫期のおそいものに発生が多い。

なるべく連作を避ける。発病の多い作型では抵抗性の強い品種を選ぶ。土中の病原菌を遮断するためマルチを行ない，深植えを避ける。薬剤散布は発病前から行なう。

［堀江博道］

シュンギク

◉べと病　⇨口絵：病83

• *Peronospora chrysanthemicoronari* (Sawada) Ito et Tokunaga

●被害と診断　多発圃場では，播種後の子葉展開時に発病が認められ，生育とともに上位葉へ感染が拡大し，株が枯死することもある。葉では，はじめ周辺部が不明瞭なやや黄色みを帯びた病斑が生じる。病斑は次第に拡大し，不整形の大型の黄色みを帯びた病斑となり，やがて病変部分が枯死して褐色となる。多湿条件下では，病斑の裏側に白色～淡黄色のカビが密生する(分生子)。

葉柄や茎の病斑は，淡褐色，楕円形，ときには細長い楕円形となり，くぼんだ病斑となる。時間が経過すると，発病した葉では葉縁が内側に巻き上がって，乾燥して枯死する。被害のまん延は早い場合，1～2日で圃場全体に及ぶことがある。大葉や中葉の株張系の品種では被害まん延が早く，枯死株が発生しやすい。中葉で立生系の品種では被害が少ない。

●病原菌の生態　ダイズのべと病では種子伝染が確認されており，種子による伝搬が考えられる。ハウス栽培など周年栽培では，発病が認められると分生子による伝搬で周年発生するケースも見られる。

●発生条件と対策　露地栽培では4～11月(6月，10月に多発)に，施設栽培では周年(5～6月，9月下旬～10月下旬に多発)発生し，7～8月の高温時期には減少する。発病は，子葉展開時から収穫時までほぼ全期間で認められるが，気温較差が大きくなり，夜露が多くなる時期に発生することが多い。灌水量の多い圃場で発生が多く，密植栽培は被害を助長する。大葉系統で発生が多い。窒素過多，上部からの散水は発病を助長する。

密植を避ける。点滴灌水とする。春先や晩秋の栽培，多発圃場，一度発生した圃場では薬剤の予防散布を行なう。

［草刈眞一］

◉萎凋病　⇨口絵：病83

• *Fusarium oxysporum* Schlechtendahl

●被害と診断　子葉から本葉が展開する幼苗期には，地ぎわ部の褐色やくびれを生じ，葉の萎凋や株の倒伏が認められる。生育が進んだ罹病株は，下位葉から上位葉にかけて生気がなくなり，ほとんど黄化を伴わず徐々にしおれた葉が垂れ下がり，生育不良が顕著となる。根部は主根，側根が茶褐色を呈し，茎の維管束が褐変する。主根の先端は初期から黒褐色に腐敗している。

●病原菌の生態　本菌は土壌中では通常0～25cmの深さで生息しており，40cmの深さまで菌が検出される。発病によって枯れた植物の組織には厚膜胞子がつくられ，土壌中に残って生存し続ける。植物の根から出る栄養物質に出会うと厚膜胞子が発芽し，植物体に侵入し，新たに菌糸や分生子を形成し発病させる。連作によって発生が増加してくると菌密度が高まる。

●発生条件と対策　発生は春から秋にかけて長期に見られ(5～10月)，とくに7～8月の高温期に多発する。本菌の最適温度は26～28℃，発病もこの温度域で多くなる。10月に入ると地温が低下するため発病は少なくなり，15℃以下では発病しなくなる。本菌は好気性であり，多湿土壌では増殖が抑えられる。酸性土壌では生息しやすく，石灰施用によって土壌pHを高めると，ほかの微生物の作用で厚膜胞子の溶菌が進み，発病が次第に少なくなる。

3年くらい連作すると初発生が認められることが多いので，シュンギクと他作物とを組み合わせた作付体系を導入する。また，ほかに圃場があれば場所を替えて栽培し，できるだけ連作を回避する。施肥が過剰になると土壌の塩類濃度を高め，根傷みを招いて発生を助長する。播種前に土壌pH, ECを調べ，適正値が保たれるよう肥料の施用量を調節する。作土層が浅くなり，下層土が固化した状態になると，健全な根の生育が妨げられ発病しやすくなる。このような圃場では化学肥料の多用を避け，完熟堆肥や石灰などを適量施用する。また，深耕や排水をよくし，根群が健全に生育するように土壌環境を良好に保つようにする。

発病圃場では，夏期高温期に太陽熱利用土壌消毒を行なうか，土壌殺菌剤で消毒を行なってから播種する。栽培中の発病した株は見つけ次第抜き取り，処分する。収穫後は作物残渣は残らず圃場外に出して焼却するか，地中深く埋める。　［福西　務］

◉炭疽病 ⇨口絵：病83

- *Schlechtendahl chrysanthemi* Hori
- *Schlechtendahl carthami* (Fukui) Hori et Hemmi

●被害と診断　発病は露地，ハウス栽培ともに認められる。発病適温は23℃程度で，暖かい地方で被害が多い。葉，葉柄，茎に被害が発生する。葉では，はじめ淡褐色，油浸状の病斑(直径2～5mm)ができ，やがて拡大して淡褐色～褐色で周辺部の明瞭な円形～楕円形の病斑になる。病斑には，褐色小点状の分生子層が観察され，多湿条件下では，鮭肉色の粘質物(分生子)を形成する。葉柄や茎の病斑は，淡褐色，楕円形，ときには細長い楕円形となり，くぼんだ病斑となる。茎では，病斑部で折れやすくなる。また，茎頂部が侵されると，生長点部分が褐色になり，壊死して生長が停止(心止まり)する。子苗の時期に発生すると，茎が侵され枯死することがある。

●病原菌の生態　病原菌は分生子または組織内に侵入した菌糸で越冬する。罹病組織内の侵入菌糸や病斑上に分生子層を形成し，これに分生子が多数形成され，雨滴などにより飛散して伝染する。分生子が種子に付着して伝染する種子伝染性病害である。種子に付着した分生子が発芽して子苗に感染して広がる。

●発生条件と対策　やや高温多湿時に発生しやすく，6月の気温の上昇した時期から発生し，7月中旬ごろまで発生が多くなる。高温乾燥時の7月下旬から8月は発生が少なく，9月から10月にかけて再び発生する。ハウス栽培では，4～5月や冬期でも発生することがある。湿地や排水不良の圃場で発生が多い。窒素過多で被害が助長される。

種子表面に付着した胞子は1年程度生存することから，2～3年程度経過した“古種”を用いる(シュンギクでは，2～3年の保存では発芽率の低下は少ない)。ハウス栽培では多湿にならないよう注意する。散水による灌水を避け，点滴式のチューブ灌水にする。発病圃場での連作は被害を助長する。多発圃場ではシュンギクの連作を避ける。多発圃場で採取された種子は使わない。汚染種子は50℃で20分間，55℃で10分間の温湯中に浸漬して種子消毒する。登録薬剤があり，発病初期に薬剤を散布することで被害発生を抑制できる。　［草刈眞一］

フキ

◉モザイク病 ⇨口絵：病84

- フキモザイクウイルス　*Butterbur mosaic virus* (ButMV)
- キュウリモザイクウイルス　*Cucumber mosaic virus* (CMV)

●被害と診断　3～4月ころ，フキの萌芽直後の小さな葉に，また8～9月定植の促成・抑制栽培では，9～10月ころから病徴が現われる。はじめ葉の一部に不明瞭な淡緑色の斑紋ができ，次第に全面に広がって濃緑色と淡緑色の部分が入り混じったモザイク症状が現われる。同時に葉脈が透けたようになったり，葉脈にそった部分が濃緑色になったりする症状もある。葉の表面に凹凸がたくさんでき，激しく縮れたり巻いたりして変形する場合もある。なかには葉の表面に黄色の小斑点がたくさんできて，葉の縁が下側に巻き込んだ症状を現わす場合もある。

病株の生育は健全株より劣り，不揃いである。春期には，株から最初に出る葉よりも第2葉のほうが激しい病徴を現わす例が比較的多い。以後，生育とともに病徴は消え，葉柄の長い成葉では無病徴となる場合もある。一般に病徴が軽いため被害はそれほど重大視されないこともあるが，促成，保温などの集約栽培ではモザイク病による生育障害が問題になる。

●病原ウイルスの生態　フキモザイク病の病原ウイルスとして，フキモザイクウイルス(ButMV)，キュウリモザイクウイルス(CMV)の2種類が知られている。アルファルファモザイクウイルス(AMV)，アラビスモザイクウイルス(ArMV)は，フキモザイク病を発症するが，感染してもほとんど病徴を現わさない。ButMVを単独に接種した場合には，不明瞭な，またははっきりとしたモザイク症状を現わす場合(愛知赤早生フキ)と，黄色の小斑点がたくさんできる場合(水フキ)とがある。ButMVとCMVが混合感染したときには，はっきりとしたモザイク症状か，モザイク症状を伴って葉が縮れたり巻いたりして変形した症状を現わす。本病は栽培品種に発生するが，野生のフキではほとんど発生しない。これらモザイク症状を示す株からAMV，ArMVが同時に検出されることもある。

ButMV，CMVは，フキアブラムシ，モモアカアブラムシ，ワタアブラムシ，ジャガイモヒゲナガアブラムシなどによって非永続伝搬される。ButMVの寄主範囲は狭く，キク科，アカザ科，ナス科の数種の植物に限られる。自然発生植物ではフキに限られているようである。CMVの寄生範囲はきわめて広く，ウリ科，ナス科，キク科，アブラナ科，バラ科，ユリ科などの植物が感染する。フキは種子による繁殖ができず，促成栽培や抑制栽培では，収穫後株を掘り上げて株分けによって種茎を採るので，病株からとった種茎はウイルスを保毒したままで植え付けられ，伝染源となる場合が多い。ArMVは土中のセンチュウによって媒介される。

●発生条件と対策　病株からとった種茎を植え付けた場合に発生が多く，被害が著しい。フキの栽培歴史の古い地域ほど発生が多い傾向がある。生育初期に高温乾燥が続くとアブラムシの発生が多くなり，モザイク病は多発する。

種茎をとる親株を厳選し，健全株からとるようにする。種茎伝染した発病株は，なるべく早く抜き取り処分する。アブラムシの防除を励行する。［草刈眞一］

◉白絹病 ⇨口絵：病84

• *Sclerotium rolfsii* Saccardo

●被害と診断　白絹病は，根腐線虫病とともにもっとも被害の大きい，フキの重要病害で，地ぎわ部の茎に発生する。被害部は，はじめ絹糸状の白色菌糸で覆われ，被害組織は水浸状になり，次第に葉は萎凋，枯死する。被害部やその周辺土壌に，はじめ白色，のちに茶褐色のアワ粒大の菌核を多数生ずる。フキ畑では一般に5月下旬から発生し始め，梅雨時に拡がり，8～9月に被害が目立ってくる。被害の激しい畑では坪枯れ状を呈する。

●病原菌の生態　白絹病は多犯性の病害で，ウリ科，ナス科，マメ科など各種の園芸作物，雑草を侵し，土壌伝染をする。菌核は土壌で越年し，翌年これから菌糸を生じて広く伝染する。野外で菌核は5～6年生存する。病原菌は13～38℃で発育し，発育の適温は32～33℃である。

●発生条件と対策　高温多湿時に多発する。対策は，田畑輪換を行なう。白絹病が発生しやすい作物は連作しない。

［堀江博道］

セルリー

◉モザイク病 ⇨口絵：病85

- キュウリモザイクウイルス　*Cucumber mosaic virus* (CMV)
- セルリーモザイクウイルス　*Celery mosaic virus* (CeMV)

●被害と診断　葉に緑色の濃淡や黄色の斑が入り，外葉が黄化する。葉脈の部分が透きとおったり，小葉が細小となったり糸状となったり，巻縮したりする。生育初期に感染すると重篤な症状を呈する。

●病原ウイルスの生態　病原ウイルスにはキュウリモザイクウイルス（CMV）とセルリーモザイクウイルス（CeMV）が知られている。アブラムシ類により非永続伝搬される。実際の感染はウイルスを保毒した有翅アブラムシによる伝搬が大部分と考えられる。そのため，薬剤によるアブラムシ類防除とともに各種耕種的防除対策が必要になる。

●発生条件と対策　5～6月に播種する夏まき栽培に発生が多い。この栽培では，育苗期と定植直後にモモアカアブラムシ，ワタアブラムシなどの有翅虫の発生が多いので，モザイク病の発生が多くなる。また早期に感染・発病すると，いっそう被害が大きくなる。この時期に乾燥した天候が続くとアブラムシの発生が多く，モザイク病の発生も多くなる。

防除は，アブラムシ有翅虫をセルリーへ寄生させないことが重要となる。そのために，育苗施設または栽培施設開口部を防虫ネットで被覆する。育苗施設や栽培施設へは感染植物を持ち込まない。さらに媒介虫であるアブラムシ類を薬剤防除する。薬剤防除の際は，アブラムシ類の殺虫剤抵抗性を発達させないため，作用性の異なる薬剤を用いたローテーション防除を行なう。また発病株は早期抜き取り処分し，施設内や圃場周辺の伝染源となる雑草などを除草する。

［小木曽秀紀］

◉葉枯病 ⇨口絵：病85

- *Septoria apiicola* Spegazzini

●被害と診断　葉には，はじめ淡黄色の丸い病斑を生じ，次第に暗褐色に変わり，3～10mmの輪郭のはっきりした病斑となる。古い葉から発生し始め，だんだん新しい葉に広がる。茎や葉柄には長円形のややへこんだ病斑を生ずる。古い病斑上には柄子殻（小さい黒い粒）が見られる。ひどくなると葉は褐色に変わって乾枯する。斑点病の病斑も葉枯病とよく似ているが，葉枯病と比べ病斑の色がやや濃く，病斑中に黒色小粒点は見られない。

●病原菌の生態　葉枯病菌は，病斑上に柄子殻（小さい黒い粒）を生じ，その中に柄胞子を形成してそれが飛散することによりまん延する。種子伝染をする場合もある。種皮に寄生した菌糸および胞子は2年間ぐらい生存し，種子の発芽とともに感染する。また病葉に寄生した菌糸および胞子は8～11か月間生存し，伝染源となる。葉枯病菌の発育の適温は22～29℃である。

●発生条件と対策　降雨の多い時期に発生が多い。葉枯病は6月末ころから晩秋にかけて発生するが，とくに梅雨期に発生が多い。露地，施設を問わず，セルリーは灌水チューブや灌水パイプによる頭上灌水が一般的となっているため，恒常的に発生することが多い。

病原菌がついているおそれのある種子は，3年以上経過し菌が死滅してから使用するか，48℃の温湯に

30分間浸漬後，冷水で冷やして播種する。罹病葉は下葉かきなどで除去し，発病初期から薬剤を散布して防除する。収穫後，被害茎葉を集めて焼却するか土中深く埋却する。 ［小木曽秀紀］

◉斑点病 ⇨口絵：病85

• *Cercospora apii* Fresenius

●被害と診断　生育期間を通じて，葉，葉柄，茎に発生する。葉では，はじめ黄緑色，水浸状の斑点を生じ，ついで暗緑色，円形～やや不整形になり，周辺はやや黄色を帯びる。葉柄，茎では，水浸状の条斑を生じ，褐色～暗褐色で，ややくぼんだ状態となる。下葉から発生し，次第に上位葉に及ぶが，発生が多い場合には乾燥して葉枯れを起こす。高温多湿のときには病斑上に微細な菌体(分生子の集塊)を生じるが，これは雨水や灌水により離脱する。

●病原菌の生態　本菌は，植物体に形成された病斑上に分生子を形成する。分生子は雨滴な灌水により飛散しやすいが，菌糸塊(子座)は耐久力が強く長く生存する。菌糸塊が種子または，その狭雑物に付着して種子伝染する。また被害残渣中で越年し，これによって伝染する。生育適温は25～30℃で，高温側で生育のよい菌である。分生子の形成適温は15～20℃，発芽温度は10～35℃，発芽適温は28℃である。

●発生条件と対策　被害残渣中に病原菌が生存し第一次伝染源となるため，連作圃場に発生が多くなる。高温多湿条件で発生が多くなる。育苗時の密植や換気の悪いハウスでは，高温多湿となり発病を助長する。新しい種子は，病原菌が付着していて，発病することがある。露地状態では雨水が植物体に直接かかり，病原菌の二次伝染が頻繁に起こる。ハウス内でも頭上灌水を行なえば発病は助長される。

連作を避け，3年程度の間隔をおいて輪作する。発病畑に連作する場合は土壌または資材の消毒を行なう。3年以上経過した種子を用いると，種子中の病原菌密度が著しく低下するため，種子伝染を防ぐことが可能となる。雨よけ栽培をすれば，二次伝染が少なくなるため発病が減少する。密植や頭上灌水を避け，病斑上に形成された分生子の雨滴や灌水による飛散を防ぐ。マルチフィルムも有効である。発病したら，すぐに薬剤散布を行なう。被害植物は集めて処分する。

［堀江博道］

◉菌核病 ⇨口絵：病85

• *Sclerotinia sclerotiorum* (Libert) de Bary

●被害と診断　春と晩秋から冬にかけての低温時期に発生し，被害が大きい。はじめ下葉の葉柄の基部近くに水浸状の病斑が生ずる。病斑は速やかに拡大し，病患部は軟腐するとともに，葉がしおれてくる。さらに病斑は葉柄から茎へと拡大し，株全体がアメ色に軟化，腐敗する。葉柄が重なりあった内側には，白色綿状のかびが密生している。被害の末期には，発病部の表面に3～5mm大，黒色，不整形の菌核が形成される。腐敗しても悪臭は少ない。

●病原菌の生態　本菌はきわめて多犯性で，多くの野菜や花き類が侵される。栽培上，とくに被害の見られるのは，セルリー，パセリ，キャベツ，ハクサイ，キュウリ，トマト，ストック，キンギョソウなどである。

前年の被害株に形成された菌核は土中に落ち，10～11月，3～4月の2回，子のう盤を生ずる。子のう盤は，はじめ円柱状，のちにキノコ状となり，頭部に子のうを多数形成する。生存期間は約20日である。子のう盤の発生適温は15～20℃であり，25℃以上では発生は著しく抑制される。子のうには子のう胞子を生ずる。子のう胞子は成熟すると風により飛散する。生存期間は約1週間である。子のう胞子は飛散して植物体上に達すると，多湿条件下で発芽し，植物体上に侵入する。子のう胞子の発芽は16～28℃，高湿度のとき盛んに発芽する。被害株上の菌糸によっても伝染が起こると考えられる。菌糸による伝染は接触によるため，隣接する株に次々と拡がり，うねに沿って連続して発生が見られる。病原菌は地面に落ちた菌核で越夏・越冬する。菌核は地表で2年程度生存する。地下10cmまたは湿地の条件では1年ぐらいで死滅する。

以上のように本病は，土壌で越夏・越冬した菌核が，子のう胞子を形成し，これが空気伝染して発病にいたる土壌伝染性，かつ空気伝染性の病害である。

●発生条件と対策　平均気温が15～20℃の晩秋から初冬，あるいは春先にかけて発生が多い。気温が適当で，雨が多いと空中湿度が高まり子のう盤が発生し，子のう胞子が飛散して感染，発病にいたる。夜間のハウス内は，暖房しない限り湿度はほとんど100%となるため，温度が低下するものの，子のう胞子の植物体への侵入に好適な条件となりやすい。株が繁茂してくると互いに株が重なり合うため，つねに高湿度の状態となる。このため発病は助長され，とくに雨が続かなくても発病に好適な条件となりやすい。

土壌伝染を防ぐことが防除の第一段階である。次の事項に留意する。連作を避ける。圃場衛生に気をつける。たとえば被害株，収穫後の切り株は，抜き取って土中深くに埋める。また水田に投入し，すき込むことで菌核は死滅する。土壌消毒をする。防除の第二段階としては，空気伝染を防ぐことと，植物体上の病原菌の侵入を防ぐことである。すなわち換気をよく行ない，できるだけ結露を防ぐ。過繁茂・密植は株間の湿度を高め発病を助長するので，窒素過多，密植を避ける。　[堀江博道]

パセリ

◉軟腐病 ⇨口絵：病86

• *Pectobacterium carotovorum* (Jones 1901) Waldee 1945 emend. Gardan, Gouy, Christen & Samson 2003

●被害と診断　葉柄，茎に発生する。はじめ地ぎわ茎および葉柄基部から発生することが多く，不整形で水浸状の病斑が現われ，のちにアメ色になって軟化腐敗する。茎が侵されると先の葉はしおれて黄化する。病気が進むとしおれは株全体に広がり萎凋する。萎凋株は全体が黄化し，そのまま枯死腐敗する。枯死株はアメ色に変色し，軟腐病特有の悪臭を放つ。施設・露地栽培を問わず発生する。

●病原菌の生態　軟腐病菌は多くの野菜や花などに病原性を有する多犯性の細菌である。本菌は罹病株とともに土中に入り，多くは罹病植物の残渣や寄主植物の根圏土壌中に生存する。土壌中の病原菌は，降雨などで土粒と一緒に茎葉にはね上がり，茎葉で増殖後，組織内に侵入する。傷口や葉の自然開口部が進入門戸となる。病原菌は風雨などでエアロゾルとなって二次伝播する。発育適温は25～30℃であり，初夏～初秋までの高温多雨条件下で多発する。生育初期に発病することは少なく，多くは生育中期から収穫期にかけて発病が顕在化する。

●発生条件と対策　梅雨期から夏にかけて気温の上昇期に雨が多いと多発しやすい。病原菌は多湿を好み，土壌が湿潤な条件下で発病が助長される。さらに多肥栽培などで軟弱に生育したものに発病しやすい。

パセリは腋芽かきや収穫などにより恒常的に傷口がつくられるため，病原菌の侵入門戸は多い。露地栽培ではマルチをする。敷わらも効果がある。畑の排水をよくし，高うね栽培を行なう。かん水が必要な場合はできるだけ水道水を用い，植物体の上からかけないで，うね間灌水が望ましい。雨の日の収穫は輸送中の腐敗の原因となるので避ける。発病株は伝染源とならないよう枯死茎葉とともに集めて圃場外に埋却するか焼却処分する。宿主となる植物との連作は行なわない。薬剤防除は，登録薬剤による予防散布に心がける。露地栽培では降雨の直前か直後に薬剤散布を行なうと効果的である。とくに台風などの強風雨後には，できるだけ早く薬剤散布を行なう。さらに食葉性害虫は葉に傷をつけて本病の発生を助長するので，害虫防除も行なう。　［小木曽秀紀］

◉うどんこ病 ⇨口絵：病86

• *Erysiphe heraclei* de Candolle

●被害と診断　葉と葉柄に発生する。葉の表裏を問わず，葉柄を含めて白粉に覆われたようになり，典型的なうどんこ病症状を呈する。罹病株の生育はやや劣り，古葉や外葉は黄白色化して枯れ上がるが，株が枯死することはない。しかし，多発すると株の生育は停滞する。7月から9月に発生が多い。10月以降気温が低下すると病勢は衰え，病気の進展は緩慢となる。施設・露地栽培を問わず発生する。施設では8月中旬ごろ発生盛期を迎えるが，露地栽培ではそれよりやや遅く，9月に入ってからである。

●病原菌の生態　病原菌はニンジンに対して強い病原性を有し，ニンジンうどんこ病菌と同じと考えられる。パセリのうどんこ病に対する感受性の品種間差が認められる。本菌は雑草の一種であるヤブジラミに対しても病原性が強く，本種が伝染源の可能性になっているとの報告がある。宿主植物で越冬した分生子などにより第一次伝染する。罹病株の白粉状物はうどんこ病菌の菌そうであり，二次伝染はそこに形成された分生子が空気中に飛散することにより行なわれる。

●発生条件と対策　露地に比べ施設栽培で比較的発生が多い。発生する温度域は広いが，梅雨時期から発病が増加する。一般に乾燥条件下で発生しやすいが，広い範囲の湿度条件下で発病する。多湿と乾湿のくり返しで多発生する傾向がある。

多肥や軟弱徒長・過繁茂は発生を助長するので注意する。発病茎葉を除去することにより発生の拡大を防ぐ。夜間の高湿度は分生胞子の形成を促進するので，夕方の灌水は避ける。薬剤による防除は，発病前からの定期的な薬剤散布が必要であり，発病した場合は，発病葉の徹底した除去が重要である。在来種の選抜系統は発病しやすいので，多発するようなら品種を変更する。周辺雑草が伝染源となることがあるので圃場衛生に気をつける。

［小木曽秀紀］

ネギ

◉萎縮病 ⇨口絵：病87

• タマネギ萎縮ウイルス
Onion yellow dwarf virus (OYDV)

●被害のようす 本病の症状にはモザイク型と黄化型とがあるが，一般にはモザイク型の発生が多い。モザイク型症状では，はじめ若い葉の基部に淡黄緑色，紡錘形のモザイク斑紋（斑入り），または長短いろいろの明瞭な条斑を生ずる。症状が進むと，モザイク斑紋や条斑が葉全面に生じて葉は扁平となり，波状を呈する。被害株は新葉の伸びが悪く，下葉は垂れ下がって葉先から枯れ込んでくる。最後には株全体が黄緑色に萎縮して，株が立ち消え状態となる。採種ネギでは，花梗の伸びが悪くなり種子の収量が少なくなる。黄化型症状は，株全体が黄変して萎縮し，分げつが多くなり，葉が細かくなる。

●病原ウイルスの生態 このウイルスはネギのほか，タマネギ，ニラ，ラッキョウなどを侵す。おもにモモアカアブラムシやキビクビレアブラムシによって媒介され，種子伝染や土壌伝染はしない。ネギを周年栽培する地帯でのおもな伝染源は，ネギ畑の被害株である。たとえば春まきネギでは，苗床周辺に存在する秋まきネギや，採種ネギに見られる罹病株が伝染源となる。被害株を加害した有翅アブラムシが苗床へ飛来して本病を伝搬する。春まきネギの場合，本病に感染する時期は，有翅アブラムシが多く飛来する4～6月である。秋まきネギでは，4～6月と9～11月に感染する。ネギが小さいときほど感染しやすい。15～25℃のときに症状が明瞭である。

●発生条件と対策 4～6月と9～11月に高温乾燥の天候が続くと，有翅アブラムシの発生が多くなるために多発する。とくに，暖冬で春先から初夏にかけて雨の少ない年には発生が多い。ネギ畑の近くの裸地に苗床を設けると被害が多くなる。被害苗を植え付けると，定植畑での被害は大きくなる。株分けネギでは，親株を選別しないで植え付けると多発する。春まきネギでは，おそまきすると発病が多い。

苗床を設ける場所に注意し，また育苗方法を改善する。なるべく本病に強い品種（石倉ネギや晩ネギ）を栽培する。薬剤散布を行なって，有翅アブラムシの防除を徹底する。畑の被害株を早めに抜き取って伝染源を除く。無病苗や無病親株を選別して植え付ける。自家採種をやめて，採種圃場を遠く離れた場所に設ける。坊主知らずなど株分けネギではウイルスフリー株を用いる。

［竹内妙子］

◉小菌核病 ⇨口絵：病87

• *Sclerotinia allii* Sawada

●被害と診断 本病の発病部位は葉身の中位部に多く，発病部から折れて上部が垂れ下がり，灰白色に枯死するため，遠くからでも目立つ。発病した葉身の1/3～1/2程度が枯死するので，多発圃では生育が遅延し減収につながる。

●病原菌の生態 本菌はネギのほかタマネギも侵す。病原菌は被害部の菌核で越年し伝染源となり，翌年，子のう盤を生じ，子のう胞子を飛散して伝染する。子のう盤の開盤は15℃前後で良好となる。したがって本病の発生は年2回と考えられているが，冷涼な北海道では6月下旬ころから秋期まで発生する。

●発生条件と対策 気温が15℃前後と低く，多雨・多湿のときには子のう胞子の形成量が多くなるとともに，子のう胞子の感染にも好適するため，発生が多くなる。逆に気温が高いときには子のう盤の開盤が少なく，子のう胞子密度が低くなる。

被害茎葉上の菌核は伝染源となるので，焼却または土中深く埋める。多発圃ではネギやタマネギの連作を避け，2～3年間他の作物を栽培する。土壌水分が高いと子のう盤が開盤しやすいので，圃場の透排水に努める。初発期が15℃前後で曇雨天が続きそうなときには，薬剤散布による予防を行なう。

［阿部秀夫］

◉小菌核腐敗病 ⇨口絵：病87

• *Botrytis squamosa* Walker

●被害と診断　葉鞘部と葉身部に発生する。葉鞘の病斑は淡黄色で外葉から内葉に進展し，病斑部を中心に縦に亀裂する。激しい場合は亀裂部から内葉が突出することもある。病斑上に2～5mm大の暗褐色～黒色の楕円形～不整形で偏平～やや盛り上がった菌核を多数形成する。葉身では白色の小斑点や葉先枯れ（いわゆるボトリチス属による葉枯症）が生じるほか，多湿時には暗緑色水浸状の不整形大型病斑となり灰色のカビを多数生じる。発病が軽い場合は地上部にはきわだった症状が認められないため，収穫時まで発病確認できないことが多い。関東では2～3月収穫の秋冬ネギで被害が大きいが，北海道では10～11月の発生が多い。また5～6月の苗で発生することもある。

●病原菌の生態　病原菌は10～30℃の範囲で生育し，生育適温は20～25℃であるが，発病の適温は病原菌の生育適温よりも低い10～15℃である。伝染方法は二つ考えられる。一つは，圃場などに残った菌核上に胞子が形成され，これが飛散してネギに付着し発病する。もう一つは土中に残った菌核から直接菌糸が伸びてネギ苗に侵入する。前者は広域に一斉に伝搬し，後者は発病株を中心に周辺の株へ伝搬する。ネギのほか，タマネギ，ニラにも寄生する。

●発生条件と対策　胞子は高湿度のとき多数形成され，風によって広く飛散してネギ葉に付着し，高湿度条件に遭うと発芽，侵入すると思われる。葉鞘部に胞子を接種し，土寄せをした後に土壌水分を変えて管理したところ，土壌水分か多いほど発病しやすいことが明らかになった。

本病の発生は年次変動が非常に大きく，通常の露地栽培では特別防除する必要はない。排水不良の圃場で多発しやすいので，このような圃場は暗渠などにより排水をよくする。

［竹内妙子］

◉べと病 ⇨口絵：病88

• *Peronospora destructor* (Berkeley) Fries

●被害と診断　全身感染した冬越しネギは生育が停止して草丈が低く，葉全体が厚みを増し，白色から黄色に変悪。下葉1～2枚は健全な場合が多く，葉の一部が黄変すると，その部分からわん曲する。この株は，春と秋に降雨が続くと葉の表面に白いカビ（分生子）が生じ，黄変して枯れる。病斑はとくに生じない。二次感染したネギは，葉や花梗に長い楕円形または紡錘形の黄白色，大型の病斑ができて，表面に白いカビを生じる。このカビは，しだいに暗緑色あるいは暗紫色に変悪。病斑は，降雨のあとには灰色となる。病状が進むと，被害株は淡黄色にしおれて枯れる。この病斑には雑菌が生じて，黒いビロード状のカビに覆われることが多いため畑全体が黒く見えることがある。

●病原菌の生態　本菌はネギのほか，タマネギ，ワケギを侵すが，ニラ，ラッキョウ，アサツキなどにはほとんど寄生しない。本菌は，卵胞子や菌糸の状態で葉についたまま冬を越し，翌年の春これから分生子を形成して第一次伝染源となる。分生子は夜間に多く形成され，昼間に多く飛散する。分生子は発芽すると葉の気孔から侵入し，葉の表面に多数の分生子を生じ，これが第二次伝染源となり周囲の株にまん延する。分生子の寿命は乾燥状態では短い（1～3日）。

●**発生条件と対策**　冬の間，高温で降雨が多く，また3～4月の気温が高く降水量の多い年には被害が多い。気温が15℃前後となる春と秋の2回多く発生するが，とくに4～5月ごろ降雨の多い日が続くと発生しやすい。発生の多い畑に連作したり，また排水が悪く低温の畑や，日陰で風通しの悪い畑に作付けしたりすると発生しやすい。厚まきの苗床や肥料を多く施用した苗床では，葉が繁茂して多湿となるため被害は多めになる。

発生の多い畑はネギの作付けを見合わせる。種子は水洗いして播種する。種子は薄まきにし，肥料を多く施用しない。発生前や発生のごく初期から定期的に薬剤散布を行なって予防し，まん延をくい止める。［竹内妙子］

◉疫病　⇨口絵：病88

• *Phytophthora nicotianae* van Breda de Haan var. *nicotianae* Waterhouse

●**被害と診断**　春まき栽培の育苗床，各作型の定植畑に発生する。育苗床は発生しやすく，葉の中央部より先端の部分に，最初，灰緑色水浸状でその後黄白色になる比較的大型の斑点を生じる。病斑部は雨天が続くとその上に白色の菌糸を薄く生じ，その部分がまもなく枯死して，そこから大きく曲がるか，それより先が枯死して垂れ下がる。定植畑における被害は育苗床とほぼ同様であるが，若葉に発病しやすい。養液栽培では土耕栽培と症状が異なり，葉の斑点はほとんど認められず，葉がしおれ葉鞘部が腐敗する。根もアメ色に腐敗する。

●**病原菌の生態**　病原菌はネギのほか，タマネギ，ニラ，ウリ科など多くの作物を侵す。病原菌は罹病葉組織内で卵胞子などのかたちで生存して越年し，伝染源になると推察される。翌春以降，発生に好適な条件になると遊走子のうを生じ，そこに形成された遊走子が飛散して発病すると見られる。病原菌は好高温性で，生育温度が約10～37℃の範囲にあり，その適温は28～30℃である。

●**発生条件と対策**　本病は水媒伝染する。梅雨期ころから初秋期にかけて，とくに夏期に降雨が多いと発生しやすく，台風や雷雨などで集中的な大雨があると激発する。前作の多発圃場で連作すると多発しやすい。低湿地や排水不良の畑は土壌が多湿になり発生が多い。窒素質肥料を多施用し軟弱に生育させると発生しやすい。

前作で発生した圃場では連作を避け，ネギ類やウリ科以外の作物を栽培する。低湿地やくぼ地では栽培を避けるか高うね栽培とし，排水不良畑では排水を改善する。前作での罹病葉はていねいに拾い集め，圃場外へ搬出して処分する。肥培管理を適正にし，株を強健に生育させる。発病前から発病初期に薬剤を散布する。養液栽培では培養液のECを高めに，培養液温を低めに管理する。［竹内妙子］

◉葉枯病　⇨口絵：病88

• *Pleospora herbarum* (Fries) Rabenhorst ex Cesati & De Notaris〔無性世代：*Stemphylium herbarum* Simmons〕
• *Stemphylium vesicarium* (Wallroth) Simmons

●**被害と診断**　本病の病徴は，先枯れ病斑，斑点病斑，黄色斑紋病斑の3つに分類できる。先枯れ病斑は，生育中期以降の葉身先端部7～8cm程度が褐色を呈し，枯れる。露地夏秋どり栽培であれば，生育中期に初発後20～40日かけて徐々に発病が増加する。減収することはない。

斑点病斑は，葉身中央部に褐色で紡錘形～楕円形の病斑を形成する。本病斑は，おもにべと病発生後に二次的に葉枯病菌が感染して発生する。そのため，斑点病斑の発生量はこれに先立って発生するべと病の発生量とほぼ同等である。葉枯病菌の単独感染でも発生するが，減収または出荷部位にまで病斑を形成することはない。しかし，べと病の発生を伴う場合は，減収および出荷部位での病斑形成により実害が生じる。

黄色斑紋病斑は，生育後期の中心葉に黄色のモザイク様病斑を形成する。本病斑は，ネギの出荷部位である中心葉に発生するため商品価値が著しく低下する。本病斑の発生好適条件は，平均気温15～20℃，曇雨天条件であり，このような条件では数日間で発病が急増する。

●病原菌の生態　本病原菌は，被害植物上に偽子のう殻を形成し越冬する。翌春，偽子のう殻から子のう胞子が飛散し，これが一次伝染源となる。その後，病斑上に分生子を形成し，分生子の飛散により二次伝染をくり返し，発病が拡大する。先枯れ病斑および斑点病斑上には多量の分生子を形成し，これが飛散して中心葉に付着・感染して黄色斑紋病斑を形成する。黄色斑紋病斑は，中心葉に付着した分生子が感染するのみで，病斑上で胞子を再形成しない。

病原菌のうち主要な菌種は*Stemphylium vesicarium*であり，本菌はネギ畑だけで伝染環が完結していると考えられる。黄色斑紋病斑の発生に先立って，必ず先枯れ病斑または斑点病斑が発生し，黄色斑紋病斑が単独で発生することはない。先枯れ病斑または斑点病斑の初発後20～30日で黄色斑紋病斑が初発し，ネギの生育が進むにつれて，いずれの病斑も発生量が増加する。収穫期近くのネギの葉数は8枚程度であり，中心葉3枚を除く5葉に葉当たり1個，すなわち株当たり約5個の先枯れ病斑を形成する。これだけの病斑があれば，黄色斑紋病斑形成に十分な分生子を形成可能であり，発病に好適な環境であれば，先枯れ病斑の発生のみで黄色斑紋病斑が多発する。

●発生条件と対策　先枯れ病斑は定植後3か月ころから発生が多くなり，収穫期（定植後約4か月）ころには発病株率100％に達する。培土時に根が切断されることにより発生が助長される。斑点病斑は，べと病などの病害が発生したあとに二次的に葉枯病菌が感染して発生する。べと病発生圃場では，べと病の病勢が停止するとすべてのべと病斑が斑点病斑へと置き換わる。さび病発生圃場では，さび病斑を中心に斑点病斑を形成するが，斑点病斑を形成するのはさび病斑の一部である。黒斑病発生圃場では，黒斑病と葉枯病の混発状態が続く。

黄色斑紋病斑は，平均気温15～20℃の時期に発生しやすい。降雨後または曇天で発生が増加するため，収穫期の天候により発生量の年次間差は大きく，好天であれば発生はほとんど問題とならない。黄色斑紋病斑は，収穫遅れの株でとくに発生しやすい。また，過繁茂で風通しの悪い圃場，うね間が狭い圃場で発生しやすい。いずれの病斑も，土壌pHの低い圃場および窒素施肥量の多い圃場で多発する。

先枯れ病斑は，薬剤散布により防除することができない。斑点病斑はべと病を防除することで防除できる。黄色斑紋病斑は，収穫前に薬剤を散布することにより防除できる。曇雨天が続くと，薬剤散布を行なっても黄色斑紋病斑の発生がしだいに増加するため，適期に収穫する。葉身全体，とくに黄色斑紋病斑が発生する葉身基部に薬液が付着するように，ネギの生育量に合わせて十分量をていねいに散布する。草丈の低い品種を選択する。または，うね間をあけ風通しをよくする。培土は数回に分けて行なう。土壌pHおよび窒素施肥量を適正化する。　［三澤知央］

◉黒斑病 ⇨口絵：病89

• *Alternaria porri* (Ellis) Ciferri

●被害と診断　葉，葉鞘，花梗に斑点性の病害が発生する。はじめ白色の小斑点を生ずる。やがて淡紫色となり，中型の楕円形～紡錘形の病斑となる。発生中期には病斑は淡紫～暗紫色となり，大型の長楕円形～紡錘形となる。発生後期には黒褐色～黒色の同心輪紋状となり，病斑部は折れやすくなる。まん延時には，下位葉では大型の病斑が1葉当たり数個しか認められないが，上位～中位葉には小型の病斑が5～10個以上生じ，病斑が互いに融合しあい大部分の葉が枯死する（葉先枯れ，葉枯れ症状）。葉鞘部では，病斑部から折れ，枯死する株が確認される。

●病原菌の生態　黒斑病の病原菌はネギのほかにタマネギ，ニンニク，リーキなどにも寄生する。胞子や菌糸のかたちで畑に取り残された被害植物で生き残り，伝染源となる。種子伝染もする。胞子は風によって飛散し空気伝染する。胞子の発芽と形成適温は24～27℃である。

●発生条件と対策　中～高温期，多湿条件で発生しやすい。秋冬作の作型では，生育中期から後期まで発生する。発生のピークは二山型（梅雨期，秋雨期）で，夏期は停滞する。ほかの作型でも梅雨期，秋雨期での発生が多い。ハウス栽培の場合は周年で発生する（多湿時のみ）。肥料不足や過多で発生が多くなる。

罹病ネギまたは他のネギ類作物からの病原菌飛散により発生しやすいので，発生圃場の近辺では栽培しない。圃場排水をよくし，風通しをよくする。発生初期から定期的に農薬散布をする。適正な肥培管理を実施する。被害葉，株などは圃場外へ運び出し焼却処分する。　［菅野博英］

◉黒腐菌核病 ⇨口絵：病89

• *Sclerotinia cepivorum* Berkeley

●被害と診断　秋まきネギの苗床では，苗の葉先が黄変して，葉先から灰白色に枯れ込み，生育が止まる。しだいに苗がしおれて灰白色から黄白色に枯れ，引き抜いてみると，地ぎわや根が褐色に腐敗して白いカビを生ずる。病状の進んだものは，根が全部腐敗して切れ，地ぎわ部にゴマ粒状の黒い菌核が生ずる。これが固まってできると，コブ状やカサブタ状に盛り上がる。12月ごろ水田裏作に定植したもの，あるいは3月から4月初めに早植えしたものでは，苗が枯れて欠株となる。冬越しのネギや採種ネギでは，葉先から灰白色に枯れてきて生育が悪くなり，症状の進んだ株は枯れる。軟白部が黒変して腐敗し，ゴマ粒状の菌核が多数形成される。

●病原菌の生態　本菌はネギのほか，タマネギ，ワケギ，ニラ，ラッキョウ，ニンニクなども侵す。菌核は，畑の土中で長年にわたって生き残って伝染源となる。この畑にネギを作付けすると，秋から春先にかけて菌核が発芽して菌糸を伸ばし，苗の地ぎわや根から侵入して発病させる。気温が10℃前後のときに激しくまん延し，20℃以上になるとまん延は停止する。また，酸性の土地でもよく生育する。地表や地表下5cmくらいのところまでに存在する菌核が，本病の伝染源として重要な役割をもつ。

●発生条件と対策　本病の発生する畑に苗床を設けたり，ネギを作付けすると多発する。酸性が強く排水の悪い畑に連作すると発生は多くなる。春先に冷たい雨や雪が降った場合，または3月から4月の気温が低い年には被害が多い。本病が発生した苗床のネギを植え付けた場合，定植後の発生はひどくなる。

発生の多い畑はネギの作付けを見合わせ，苗床は無病地に設ける。酸性の強い畑は消石灰を施用する。苗床は，夏期に太陽熱利用の土壌消毒を行なう。無病苗を選別して定植する。　［竹内妙子］

◉さび病 ⇨口絵：病89

- *Puccinia allii* (de Candolle) Rudolphi

●被害と診断　おもに葉や花梗に楕円形ないし紡錘形の少し盛り上がったふくれた斑点ができる。斑点の中央部はオレンジ色で，まわりは黄白色のぼかしを生じ光沢がある。のちに斑点の中央部が縦に破れ，さび色の粉(夏胞子)が飛び出す。病状が進むと，この斑点に接して褐色の長い楕円形ないし紡錘形の別の斑点ができる。この斑点は鉛色でふくれ，縦に破れて紫褐色の粉(冬胞子)を出す。本病は春と秋に発生し，盛夏や厳冬時には一時的に終息する。

●病原菌の生態　本菌はタマネギ，ニンニク，ニラ，ラッキョウ，アサツキなどにも寄生する。冬胞子または夏胞子の形で被害植物についたまま冬を越して生き残り，第一次伝染源となる。冬胞子は空気中に飛散してネギにつき，発芽して葉や花梗の気孔から侵入する。侵入してから10日間くらいで発病し，夏胞子を形成する。夏胞子は空気中に飛散して周囲の株へまん延する。夏胞子の発芽適温は9～18℃である。

●発生条件と対策　本病の感染，発病の適温は15～20℃であり，湿度は100%が最適で，95%では少なくなる。湿度の保持時間は6時間以上必要である。しかし，感染時の温度が25℃以上の場合は，湿度保持時間がいくら長くても発病しない。潜伏期間の温度も25～30℃の高温では発病に至らない。それ以下の温度では，温度が高いほど潜伏期間は短く，20～25℃では8日程度であるのに対し，5～10℃では14日以上である。すなわち，25℃以上となる真夏にはほとんど感染，発病せず，真冬は潜伏期間が非常に長い。真夏には一時的にさび病は姿を消すが，枯死葉などに付着したさび病菌が秋の発生の伝染源になると考えられる。病斑上に形成される夏胞子の量は湿度100%のときもっとも多く，湿度が低下するに従って減少し，湿度80%以下での胞子量はわずかである。ポット栽培のネギで，追肥の量を変えて夏胞子を接種したところ，追肥量の多い区ほど本病の発生は多かった。また，養液栽培で窒素濃度を変えてネギ苗を栽培し，夏胞子を接種したところ，植物体内の窒素含量が多いほど発病が多かった。

本病に強い品種として五月姫，夏婦人が千葉県農業試験場(現千葉県農林総合研究センター)で育成され，とくに五月姫はかなり強い圃場抵抗性を有している。

発生は年次変動が大きく，ほとんど問題のない年と，激発して大被害を招く年があるので，多発生が予測される場合は早めに防除する。　[竹内妙子]

タマネギ

◉萎縮病 ⇨口絵：病90

- シャロット黄色条斑ウイルス
  Shallot yellow stripe virus (SYSV)〔Welsh onion yellow stripe virus〕

●被害と診断　苗床末期以降に病徴が認められる。発病株は生育が劣り，とくに早く感染したものは生育が停止する。葉は扁平となり，波状を呈し下垂する。被害株の病徴は，全体が萎縮し，葉は緑色でモザイク症状を示し，淡黄色の縦長の紡錘形またはすじ線の斑入りを生ずる。病徴は春秋に明瞭に現われるが，厳冬期にはマスクされる。

●病原ウイルスの生態　タマネギ，ネギ，ニラ，ニンニク，ラッキョウ，アサツキ，スイセンを侵す。病原ウイルスはモモアカアブラムシ，キビクビレアブラムシの両種を主体に，ほかに4～5種のアブラムシによって媒介される。媒介アブラムシが病汁を2分以上吸汁し，健全株を2分間以上加害すれば媒介可能である。種子伝染や土壌伝染はしない。自然状態では，健病両植物の葉や根部の接触伝染は起こらない。アブラムシ媒介後の潜伏期間は15～20日である。

●発生条件と対策　周辺にユリ科植物・雑草などの保毒植物が存在するような環境下で発生しやすい。とくに苗床で感染すると被害も大きくなる傾向がある。苗床に飛来するアブラムシ類の防除を考えることが大切で，薬剤散布を実施し，障壁作物を苗床周辺に栽培する。苗床はネギ属作物の畑から離れた場所に設置する。定植には生育の正常な苗を用いる。

［西口真嗣］

◉腐敗病 ⇨口絵：病90

- *Erwinia rhapontici* (Millard) Burkholder
- *Pseudomonas marginalis* pv. *marginalis* (Brown) Stevens

●被害と診断　秋まき作型の定植後に発生が見られる。春季の生育初期(2～3葉期)に，葉身に引っかいたような傷を生じて硬化し，その部分が異常に捻曲した生育不良株ないし奇形株となる。この病株はやがて全身が軟化し，腐敗にいたる。生育盛期には葉身の一部に引っかいたような傷がケロイド状の塊となって硬化し，ときにはその部分で葉身が折れ曲がったりねじれたりする。やがてその葉身は萎凋軟化して，表面に白濁した菌泥を点滴状に溢泌する。生育初期から盛期にかけて現われる病株は腐敗消失に至るが，後期の病株は病葉身につながる葉鞘部に淡桃色または褐色の腐敗斑を生じ，次第に鱗茎内部にまで腐敗が進展するので，心葉だけが漸時生葉色をとどめることが多い。貯蔵中にも腐敗を起こし，表皮からやや内側の鱗片が軟化して肌腐れ症状を呈する。

●病原菌の生態　*Erwinia*属，*Pseudomonas*属に属する2種の病原細菌が関与しているが，後者はレタス，ハクサイなど種々の野菜を侵す。第一次伝染源は被害残渣であり，両細菌は土壌中で腐生的に生活することが知られているが，健全な植物体上でも表生菌的生活を営んでいるものと考えられ，20～23℃前後の比較的低温域で発育が盛んとなる。両細菌とも病原性が弱く，無傷の健全植物を侵すことは少ないが，風害，凍霜害，虫害，農作業などによって生じた機械的な傷害部から侵入し，多湿条件下で急激に増殖して著しい被害をもたらす。両細菌は土壌伝染を行なうほか水媒，虫媒伝染も行なう。とくに初発病株の萎凋軟化した葉身上に溢泌した菌泥は，強雨によって飛散して周辺株へまん延することが多い。圃場で感染した鱗茎は，収穫後の貯蔵期間にも発病して腐敗を起こすので，この腐敗鱗茎も重要な第一次伝染源となっている。

●発生条件と対策　発病跡地や野菜連作地で育苗や栽培をすると，感染発病しやすい。また，堆肥や窒素肥料の多用は茎葉の徒長，軟弱化を招いて多発にいたる。排水不良圃場や地下水位の高い圃場に作付けすると多発しやすく，生育期に降雨が続き土壌湿度が高い状態では激しくまん延する。春先から定期的に通過する低気圧のもたらす強風雨によって植物体が傷つき，これが病原細菌の大きな侵入門戸となるうえ，すでに発病した病株上の菌泥を飛散させることにもなるので，低気圧の通過が多い年ほど多発生となる。多発生圃場から収穫した鱗茎は貯蔵期間中の発病，腐敗量も多い傾向があり，とくに風乾貯蔵の場合に貯蔵量過多で通風が悪いところや，梅雨期に降雨日数が多いときは被害が大きい。

育苗床は発病跡地や野菜連作地を避けて設置するか，苗立枯病の防除とあわせて土壌消毒剤で床土を殺菌する。基肥，追肥とも適量とし，窒素肥料の過用は避ける。排水不良の圃場や地下水位の高い圃場では，暗渠を施工するか高うねにするなどの改善を図る。強風雨に遭遇する前後に薬剤を臨機的に散布し，予防に努める。病株は発見次第抜き取り，焼却または堆肥化する。収穫は晴天時に行ない，鱗茎を十分に乾燥させる。風乾貯蔵は詰め込みすぎないようにする。腐敗鱗茎も栽培圃場や灌漑用水路近くに放置しないよう，徹底した堆肥化処分が必要である。

［入江和己］

◉軟腐病　⇨口絵：病90

- *Erwinia carotovora* subsp. *carotovora* (Jones 1901) Bergey, Harrison, Breed, Hammer & Huntoon 1923

●被害と診断　5月以降に発病が多くなり，収穫後，貯蔵中または輸送中に病勢が進み，被害が多い。立毛中での発病は中・下位葉の葉鞘部が1～2枚軟化し，葉身基部も軟化して葉は倒伏する。タマネギの鱗茎は表層から軟腐し，悪臭を放つ。

●病原菌の生態　本病原菌はダイコン，ハクサイ，トマトなど数十種の作物を侵す。発育適温は32～33℃である。病原菌は土壌中に長く残存し，降雨のさいに飛沫とともに下葉に感染したり，傷口や害虫の食害痕からも侵入したりする。

●発生条件と対策　発病跡地や野菜連作地で育苗したり栽培すると，感染，発病しやすい。また，堆肥や窒素肥料の多用は茎葉の徒長，軟弱化を招いて多発にいたる。低湿地，連作地に多く，多雨年に発生しやすい。とくに収穫時が雨天にあうと発病は多くなる。

基肥，追肥とも適量とし，窒素肥料の過用は避ける。4月以降の生育期を中心に薬剤を散布する。とくに，降雨前後は有効である。収穫は晴天日に行ない，傷をつけないように注意する。風乾貯蔵は，風通しのよい，雨や直射日光のあたらない，涼しい場所を選ぶ。

［入江和己］

◉べと病　⇨口絵：病91

- *Peronospora destructor* Caspray

●被害と診断　おもに葉に発生し，春秋に見られる。ネギ，ワケギにも発生する。秋期発生は10月末～12月に見られるが，発生量は少ない。秋期に感染して発病する株はほとんどが衰弱，枯死するが，潜在感染株は翌春に全身感染株となる。全身感染株は越年罹病株とも呼ばれる。前年秋に卵胞子や分生胞子から感染し，冬期間に株全体に菌糸が増殖，まん延して，2～3月になって発病する株である。葉色は光沢のない淡黄緑色で，生育も劣る。葉は外側にややわん曲しているので，草丈も低く横に開きぎみに見える。越年罹病株上には，全身に白色のつゆ状または暗紫色のカビが観察されることが多い。カビは2～3月に降雨があり多湿で，気温が10℃以上の条件で形成される。胞子を1～2回形成すると枯死する株が多い。

春期の二次感染株は，気温が15℃くらいで雨が多いと多くなる。とくに4月中下旬～5月上旬に曇雨天が続くと大発生する。5月中旬以降も低温多湿が続くとさらに大きな被害となるが，ふつうは気温の上昇とともに病勢は衰える。二次伝染株は，葉身に楕円形から長卵形の病斑を形成することが多い。

二次病斑には，次のような種々の形態が見られる。葉形や葉色に変化がなく，突然に分生胞子を形成するもの。これは適温下の降雨後に見られる。葉の先端や一部につやのない淡黄緑色部ができ，表面に著しい胞子を形成するもの。また，葉の表面に灰白色の微斑点(カスリ状の病斑)をつくるもの。これは病原菌量が多いときに見られる症状で，病斑上におびただしい胞子をつくる。二次伝染による病斑上につくられた分生胞子は白または暗紫色である。病斑を形成した葉は，その部分から折れやすくなり枯死する。

●病原菌の生態　分生胞子と卵胞子をつくる。分生胞子は6～19℃(最適13～15℃)で形成され，発芽侵入は15℃前後が最適で，湿潤な天候が続くと分生胞子により二次伝染をくり返す。分生胞子の発芽力は乾燥にあうと急激に失われるが，高湿度下では7日程度生存する。卵胞子は，5～6月に病斑上に，病斑部が枯死したときにつくられる。畑や水田の土壌中で休眠越夏し，9～10月ころ苗床で幼苗に雨滴などで伝染し，葉上で発芽して侵入する。罹病株の鱗茎では菌糸の形態で越夏は起こらない。卵胞子により感染した苗の生長点に菌糸は侵入する。葉の伸長とともに菌糸も伸長して株全体が保菌し，越年罹病株となる。

●発生条件と対策　春の最低気温の旬平均が5℃を上回るのが早い年は，4～5月に多雨に遭遇すると発生が多くなる。湿度95～100%，気温10～20℃で発生しやすい。とくに15℃くらいで，葉上に露滴が形成されるときに発生しやすい。発病した苗床や圃場で連作すると，発病が増加する。付近にネギ，ワケギがあると，そこからの感染で発生が多くなる。

苗床は苗立枯病防除と併せて土壌消毒し，無病地で育苗する。越年罹病株は二次感染の始まる3月下旬までに抜き取り，焼却するか土中深くに埋没する。ネギ，ワケギにも越年罹病株が発生するので，発病したら抜き取り処分する。本圃では発病したら早いうちに薬剤散布を行ない，まん延を抑える。［入江和己］

◉疫病　⇨口絵：病91

• *Phytophthora nicotiana* van Breda de Haan

●被害と診断　タマネギ，ネギに発生し，葉や花梗を侵す。葉上に，はじめ水浸状で青白色の周辺が不明瞭な病斑を生じ，のちに急速に拡大して葉身をとりまくと，その部分から折れて枯死する。天候の湿潤なときは，病斑上に白色綿毛状の菌糸を生ずる。罹病葉を裂くと，内面に白色菌糸が存在する。苗床では9月中下旬に，本圃では5月末～6月上旬に，高温多湿の条件が続くと多発生する。

●病原菌の生態　分生子，卵胞子，遊走子をつくる。菌の発育温度は12～36℃で，30℃が最適である。卵胞子は土中で越夏・越冬し，雨滴で土粒とともにはね上がって第一次伝染源となる。第二次伝染は分生子によって行なわれる。

●発生条件と対策　平均気温が25℃以上で，連続降雨があると発病しやすい。9月中下旬の苗床では，早生種の早まきで，上記の気象条件が続くと多発する。5月末～6月上旬には茎葉が倒伏し，梅雨にあえば発病しやすい。

温暖地帯では9月初旬の早まきを避け，9月中旬以降に播種する。収穫は，茎葉倒伏後には速やかに行なう。［西口真嗣］

◉灰色腐敗病 ⇨口絵：病92

• *Botrytis allii* Munn

●被害と診断　灰色腐敗病は鱗茎に発生し，冷蔵中の球で多発生する。また，立毛中のタマネギの鱗茎にも発生する。立毛中では3～5月に，下葉から2～3枚目の葉がやや黄色に変わり，軟化，下垂する。このような株は，球部が赤褐色に変わり，灰色粉状の菌そうを生じており，おびただしい分生胞子をつくっている。軽症の場合は，気温の上昇に伴って病勢は停止し，球は肥大を続けるが，正常球より発育は劣る。灰色腐敗病菌の胞子は，緑葉に対しては病原性がほとんどない。

被害球は球形が縦長に近づき，球の表面肩部に不整形の大型黒色菌核が連なって形成される。菌核上と，その周辺の外皮上や外皮との間には，ビロード状の灰色の短いカビが密に形成され，おびただしい分生胞子をつくる。被害球を切断すると，鱗片はやや黒ずんだ水浸状に変わっており，鱗片の間隙には菌糸塊が見られることが多い。本病による被害は，立毛中で100%に近いものもある。冷蔵中に50%程度が腐敗する例も認められる。

●病原菌の生態　冷蔵中の被害球や屋外に放置したくず球などの球表につくられた分生胞子が風に乗って栽培圃場に達し，立毛中の生理的に衰えた下位葉の葉鞘部から侵入し，地ぎわ部以下で発病する。白色疫病やべと病の発生も本病の多発を招きやすい。貯蔵中に発病するものは，立毛中の被害が継続した株や，立毛中に病菌胞子が茎葉，とくに葉鞘部に付着した株で，吊り球貯蔵中に侵入して葉鞘部の内部を菌糸が下方に進み，球に達する例が多い。

●発生条件と対策　立毛中は1～3月の多雨の影響が大きい。この時期の多雨で多発する白色疫病も本病を誘発する。収穫直前に浸冠水を受けたり，収穫期が梅雨と重なって雨中で収穫をしたり，収穫後も陰湿な日が続いたりする場合，あるいは収穫後，梅雨明けが遅れて7月末まで陰湿な気象が続く年は多発する。栽培圃場の付近に，くず球や罹病球を放置したり，200m以内に胞子の飛散源があったりすると多発しやすい。堆厩肥の多施用や，遅い追肥は，首部が太く，球も締まりのない大玉となりやすく発病しやすい。また，リン酸の吸収過多は貯蔵力が劣る。

多肥栽培を避け，追肥は3月上旬までに終える。基肥の堆厩肥は多用を避ける。リン酸の多い連作土壌では，苦土肥料の施用によりリン酸の吸収を抑えると貯蔵性が増す。首の締まりがよく，球の締まりもよい中玉を生産する。高うねとして浸冠水を防ぐ。くずタマネギや腐敗球などの処分は早期に完全に行なう。薬剤散布は，他の*Botrytis*菌による葉枯れ症の防除も兼ねて，3月上旬～5月下旬にかけて3～4回行なう。収穫期が梅雨期と重なったり，7月末まで陰湿多雨が続いたりする年は，冷蔵中に本病が多発するので，なるべく早期出荷を行なう。たとえ冷蔵する場合も，貯蔵用の球は厳選する必要がある。集荷・冷蔵などの諸施設周辺で生産されたタマネギは，立毛中に病原菌の飛来が多いので青切り出荷を行なう。吊り小屋での貯蔵は首部が早く乾燥することが大切なので，球を詰めすぎないようにし通風をよくする。ビニルハウスなどの施設で収穫球の首部の乾燥を早める。葉鞘部を8～10cm残して切断し，半日ぐらい地干ししたものを20kg入りポリコンテナに8分目ぐらい詰め，ビニルハウス内へ並べる。最上段は日焼け防止のため，わらのこもを掛ける。ハウス内温度は40～45℃として早く首部を乾燥させる，乾燥後は涼しい倉庫などへ移動させるか，サイドを開放して風通しをよくする。　［西口真嗣］

◉黒斑病 ⇨口絵：病92

• *Alternaria porri* (Ellis) Ciferri

●被害と診断 本病は苗床でも発生するが，秋植えタマネギでは4月上旬以降に発生し，収穫期に至るまで漸増する。葉および花梗に発生し，病斑は淡褐色で，長楕円形または紡錘形を示し，のちにややへこんで暗紫色を呈し，3cm前後の病斑となり，やがて同心輪紋が現われる。輪紋上にはすす状の粗粉状のカビ（分生胞子）をつくる。病斑の上下は長く帯状に，淡褐色に変わる。

●病原菌の生態 本菌は分生胞子や菌糸の形で被害植物に付いて越冬する。翌年，菌糸から分生胞子を形成し，これが飛散して感染，発病する。それ以後は，病斑上に生ずる分生胞子が風で飛散して病気が広がっていく。分生胞子の形成と感染には，降雨や露が長く残ることが必要である。生育適温は25～27℃で，12～13℃以下では感染はほとんど起こらない。

●発生条件と対策 風ずれによる傷や，スリップスなどの食害痕が多いと発生しやすい。連作すると発生しやすい。対策としては，被害のひどい圃場は連作を避ける。3～4年はネギ類をつくらない。発病前から予防的に薬剤散布を行なう。同時に，害虫の防除に努める。収穫時に被害葉を集めて焼却し，圃場衛生に努める。 ［西口真嗣］

◉さび病 ⇨口絵：病92

• *Puccinia allii* (de Candolle) Rudolphi

●被害と診断 葉と花梗に発生する。はじめ青白い微小斑点を生じ，その中央に赤褐色円形の小隆起を生ずる。病斑の周辺には，くまどりを生ずることがある。病斑は円形または楕円形，ときに菱形を呈し，成熟すると中央が縦に裂けて，黄褐色粉状の夏胞子を露出する。

●病原菌の生態 夏胞子によって二次発生をくり返す。越冬は冬胞子による。ネギ，ワケギ，ニンニク，ラッキョウ，ノビルなどにも病原性を示す。本菌は寄生性に分化型が見られ，ネギ，タマネギ，ニンニクを侵す系統（型）と，ニラ型，ラッキョウ型の3分化型が知られている。

●発生条件と対策 周辺にニンニク，ネギなど本病の発生が多い作物が植えられている圃場では発生しやすくなる。対策としては，本病の春期の発生は古株のネギに始まるので，古株のネギ畑に接近してタマネギを栽植しない。 ［西口真嗣］

◉白色疫病 ⇨口絵：病93

• *Phytophthora porri* Foister

●被害と診断 発病はおもに葉で，はじめ中央部付近に，不整形で周縁がやや不鮮明な油浸状・青白色の病斑を生じる。病斑が拡大すると，葉は下垂したりよじれたりする。被害が進むと，株のほとんどの葉が白色の葉枯れ状となり，玉の肥大が阻害される。ただし，苗床では立枯れ症状を呈することもある。発生期は晩秋から春3～4月にかけ，厳寒期を除いた時期である。葉枯れがもっとも目立つのは，西日本では2～3月，タマネギの生育時期が第5～8葉期ごろである。

●病原菌の生態 菌糸の発育温度は，最低5℃，最適15～20℃，最高28℃で，30℃では発育しない。このように比較的低温性の疫病菌であることが重要な特徴で，これが発生時期に大きく影響している。主要な伝染源である卵胞子は，堆肥として十分発酵させれば死滅すると思われる。菌糸，卵胞子，厚膜胞子が直接，土壌中や被害植物上で越夏越冬し，好適な環境になると発芽して寄主体に侵入する。菌の伝染まん延には雨滴や水が大きな役割をもつ。このように土壌伝染と水媒伝染とを行なう。

●発生条件と対策　定植畑では，第5葉期ごろ以降の天候が15～20℃で，多雨の場合発生が多い。したがって，2～3月温暖，4月冷涼で連続降雨があれば，まん延が著しい。苗床で感染した病苗を植え込んだ定植圃場が，以上のような気象条件に遭遇し，さらに浸冠水をくり返すと激発する。連作すると発生しやすい。一度発生した苗床で，そのまま連作育苗した場合，定植圃場で多発した事例が多い。疫病菌のまん延に好適な2～3月ごろ，タマネギの生育が進み，葉が下垂しやすいような品種や栽培条件も多発の誘因となる。

もっとも重要な対策は，病苗を定植畑に植え込まないこと。このため苗床の選択や消毒の励行によって健苗育成に努める。排水不良の湿田や，降雨によって浸冠水するようなところは定植圃場としない。圃場の見回りを励行して早期発見につとめ，早めに薬剤散布を開始する。　［西口真嗣］

◉小菌核病　⇨口絵：病93

• *Ciborinia allii* (Sawada) Kohn

●被害と診断　タマネギやネギに発生し，春秋2期に見られるが，秋まきタマネギでの発生は春期に限られる。葉と花梗を侵す。葉の先端や中位から，退色して枯死した縦長の大病斑をつくる。ついには葉全体が枯れて垂下し，最後には漂白されて白色になる。病斑の表皮下に，はじめ乳白色，次第に黄褐色，ついには黒色になる直径1～7mmのきわめて薄い菌核を散生する。発生は下葉に限られている。5月および10月ころの，降雨があって気温14℃程度のときに感染しやすい。

●病原菌の生態　枯死葉につくられた菌核は土中に入り，春秋に子のう盤を形成し子のう胞子をつくる。14℃前後の気温で雨が続くと，1菌核から2～6個の子のう盤を形成し，子のう胞子を飛ばして伝染する。

●発生条件と対策　4月中下旬，10月下旬に雨が続き，14℃内外の気温であれば発生は多くなる。収穫後の枯死葉をそのまますき込めば菌核は土中で越夏し，次作で発病の原因となる。

収穫後に圃場に散乱する枯死葉などを集めて，焼却または土中に深く埋める。残り苗を放置すると本病の発生源になりやすい。湿りやすい圃場は排水を図る。苗床や本圃で薬剤散布を行なう。発病地では連作を避け，2～3年間他作物を栽培するか水田化する。　［西口真嗣］

◉ボトリチス葉枯症（小菌核性腐敗病，灰色かび病）　⇨口絵：病93

• *Botrytis squamosa* Walker
• *Botrytis cinerea* Persoon

●被害と診断　生育全期間に見られる。*Botrytis squamosa*, *Botrytis cinerea*の2種類の菌が主体となって発生する。両菌による被害は酷似しており，混合発生もあり，症状の判別は困難である。*B. squamosa*菌による被害は比較的寒冷期に発生し，苗床末期に著しい。とくに2月定植を行なうための苗床末期で激しく発生する。発生部位は葉身，花茎である。3月までの寒冷期には，円形～楕円形の汚白色でへこんだ，直径1～2mmの輪郭の明瞭な病斑を散生する。また，葉身に多数の病斑が生じると急速に萎凋，枯死する。4月以降の病斑は楕円形～紡錘形で，輪郭も不明瞭になる。*B. cinerea*菌による病斑は4月以降に多くなるが，とくに4月中旬ころから降雨後に急激に発生し，本圃や採種圃で葉身，花梗，小花梗を侵す。病斑は汚白色・長楕円形～紡錘形のややかすれた感じである。病斑は，形成当初のままの大きさで停止し拡大しない。4月中旬~5月に発生する病斑は一葉に何百となくつくられ，葉はかすり状を呈する。それも葉身の一定方位に面した部分に多く，したがって，見る方向によって被害程度が異なってみえる。

●病原菌の生態　枯死葉組織上の菌核や胞子，組織内の菌糸などによって残存する。伝染に役立つものは吊り小屋貯蔵した茎葉である。*B. cinerea*菌は各種野菜，草花，果樹などを侵し，これらの宿主上で増殖した胞子もタマネギ苗床に侵入する。分生胞子は菌糸や菌核から生じ，風や雨滴で離脱し空中に飛散する。好適条件下ではタマネギ葉上で発芽し，発芽菌糸が組織内侵入を行なう。*B. squamosa*菌はタマネギの“小菌核性腐敗病菌”として知られており，吊り玉中に球の外皮上に小菌核を形成する。*B. squamosa*菌は15℃付近で分生胞子形成が良好であり，*B. cinerea*菌は20℃付近で胞子を形成する。両菌とも菌糸の伸びは5～30℃の範囲で，20～25℃が最適である。

●発生条件と対策　ひどい植え傷みや冬期の寒さや乾燥で，下葉枯死や葉先枯れが多発すれば，これらの部分で菌が増殖して伝染源となりやすい。苗床に残る苗を遅くまで放置すれば，病原菌の巣窟となる。苗床での厚まきや雑草の多発生も，風通しを悪くして発病の好条件となる。冬から春にかけて温暖多雨の年に多く，低気圧や前線の通過後に多発生しやすい。

植え傷みのないように定植し，冬期の乾燥害を防止する。湿りやすい圃場では，降雨後なるべく速やかに排水をはかるか，高うねにする。苗床末期に1～2回薬剤散布をし，本圃でも薬剤散布を実施する。前年の吊り球の茎葉や腐敗球は，できるかぎり早い時期に完全に処理する。

［入江和己］

ラッキョウ

◉ウイルス病 ⇨口絵：病94

- シャロット潜在ウイルス＝ニンニク潜在ウイルス
  Shallot latent virus (SLV)〔*Garlic latent virus* (GLV)〕
- タマネギ萎縮ウイルス
  Onion yellow dwarf virus (OYDV)
- タバコモザイクウイルス
  Tobacco mosaic virus (TMV)

●被害と診断　シャロット潜在ウイルス（SLV）＝ニンニク潜在ウイルス（GLV）は，ほとんどすべてのラッキョウに無病徴感染している。ウイルスフリー株がSLV（GLV）に当代感染すると，ウイルスフリー株に比べて鱗茎の分球数が減少し，収量も低下する傾向が見られる。当代感染した鱗茎を種球に用いて2～3作すると，生育，収量の差はウイルスフリー株に比べて明瞭に現われる。SLV（GLV）とネギ萎縮ウイルス（OYDV）による重複感染株では，新葉基部に黄色条斑症状を生じ，葉のねじれ，および萎縮を伴う病徴を示す。

ウイルスフリー株がネギ萎縮ウイルス（OYDV）に単独感染すると，感染当代で症状は現われないが，次作株からは葉身基部を中心に軽い黄色条斑が見られる。OYDV単独感染株は2作目でウイルスフリー株に比較して生育と収量の低下が明瞭となる。SLV（GLV）との重複感染株は，OYDV単独感染株に比べて激しい病徴を示す。新葉基部に黄色条斑症状を生じ，葉のねじれ，および萎縮を伴う病徴が再現され，著しい生育抑制を受ける。

SLV（GLV）とタバコモザイクウイルス（TMV）による重複感染を受けた黄斑モザイク病株は，葉の中～下位葉の葉身に黄斑モザイク症状が見られ，やがて晩秋には葉がやや細くなり，先端がねじれて，株元が赤褐色となり生育不良となる。黄斑モザイク病株は，無病徴のSLV（GLV）単独感染株に比較して分球数，葉数，1株全重が減少し，顕著な生育不良となる。ウイルスフリー株がTMVに単独感染すると，感染当代で症状は現われないが，次作株からは葉身の中～下位部にきわめて軽い黄斑モザイク症状が見られる。

黄色条斑症状および黄斑モザイク症状のモザイク症状は，晩秋から早春の時期に鮮明に現われるので判別しやすい。そのほかの時期には症状がはっきりしないことが多い。

●病原ウイルスの生態　SLV（GLV）は，おもにモモアカアブラムシ，ワタアブラムシ，ネギアブラムシなどによりラッキョウへ非永続的に伝搬される。ウイルス再感染株は，植付け当年の秋季までと翌年春季までの2シーズンでそれぞれ増加する。ウイルスの再感染は，圃場へ飛来してくるアブラムシ類による「ゆきずり感染」が主である。SLV（GLV）の種苗伝染については，自然感染株の種球で形成される新分球へは高率に移行するが，当代感染したラッキョウに形成される新分球への移行は比較的低率である。圃場での接触伝染，土壌伝染は認められない。

OYDVによる単独感染株は認められず，SLV（GLV）とOYDVが重複感染した「黄色条斑病」株のみが自然発生している。また，ウイルスフリー株にOYDVが当代感染すると種球伝染する。OYDVは，10種類以上のアブラムシにより非永続的に伝搬される。モモアカアブラムシ，キビクビレアブラムシによる伝搬が多く，そのほかにワタアブラムシ，ネギアブラムシ，バラヒゲナガアブラムシなどにより伝搬される。アブラムシは，植付け当年の秋季までと翌年春季までの2シーズンに発生し，乾燥条件が続くと多発する傾向がある。圃場での接触伝染はないと思われる。土壌伝染はしない。

圃場ではTMVによる単独感染株は認められず，SLV（GLV）との重複感染によることが多く，「黄斑モザイク病」株が自然発生している。黄斑モザイク症状を現わす葉の部分でウイルス濃度が高く，局在する傾向がある。黄斑モザイク病株の発生は，TMVの汚染圃場では容易におこり，TMVは土壌伝染する。また，種球伝染すると思われる。

●発生条件と対策　SLV(GLV)はラッキョウのほぼ全株に発生しているので，ウイルスフリー鱗茎を種球として得る必要がある。SLV(GLV)は他のネギ属植物でも自然発生している。とくに栄養繁殖性のニンニク，株分けネギ，ワケギ，アサツキでは高率に発生している。また，ネギ，ノビル，タマネギの種子繁殖性植物では低率に，ラッキョウ圃場周辺のニラからは高率に検出されている。保毒ラッキョウ以外に栄養繁殖性ネギ属植物とそれらの近傍に生育する種子繁殖性ネギ属植物が伝染源になり，近傍にウイルスフリーのラッキョウを植え付けると，アブラムシ類による伝搬で再感染は容易におこる。OYDVの伝染源にはネギが重要であり，そのほかにワケギ，ニラなどのモザイク株が伝染源になりアブラムシ類による伝搬がおこる。OYDV感染株に近接した場所にウイルスフリー株を栽培する圃場があると再感染は容易におこる。

いったんウイルス病に侵されると，カビによる病害とは異なり，農薬によって防除(治療)することはできない。ウイルス保毒株が伝染源になって発病が多くなる。圃場で黄色条斑病株および黄斑モザイク病株が散見されると，発病株が多発する傾向がある。TMVの汚染圃場では土壌伝染は容易におこり，隣接株に連続して発病していることが多い。

栄養繁殖性野菜のため種球はほとんどがウイルス保毒しているので，防除にはウイルスフリー種球を得る必要がある。とくに被害が大きい黄色条斑病株および黄斑モザイク病株は，種球として使用しない。圃場では黄色条斑病株および黄斑モザイク病株の抜取りを徹底する。罹病株からの再感染を防ぐため，できるだけ隔離した圃場で栽培する。SLV(GLV)とOYDVの再感染防止対策としては，忌避資材の利用によりアブラムシ類の飛来を遮断する。とくに採種圃場ではウイルスフリー株の供給システムを設定し，各段階でアブラムシ類の防除を徹底する。TMVは，黄斑モザイク病の発生していない圃場を選定する。ウイルスフリー種球を罹病株に隣接する条件で栽培すると，生産圃場では数年でほとんどがSLV(GLV)，OYDVに再感染することから，ウイルスフリー種球に更新する必要がある。　［佐古　勇］

◉軟腐病

⇨口絵：病94

- *Erwinia carotovora* subsp. *carotovora* (Jones 1901) Bergey, Harrison, Breed, Hammer and Huntoon 1923

●被害と診断　4～5月ころになって生育が次第に衰えて球(鱗茎)の地ぎわ部が水浸状となり，葉が細いままで太らず，そのうえ新葉も少なく，やっと生きている状態が続く。6月に入って気温が上がり病勢が進むと，葉先から枯れ，ついに株絶えしてしまう。根は褐変腐敗し，球は小さく，アメ色に変わってねばりけを帯び，悪臭を放って腐敗している。

●病原菌の生態　本細菌は土壌中に生存し，ジャガイモ，トマト，ダイコン，ハクサイ，キャベツ，ネギ，チューリップなど各種の作物に寄生する多犯性細菌である。発育適温は30～33℃であるので，気温の上昇に伴って病勢も進む。土壌伝染し，自らラッキョウに侵入することはできない。種球の傷口，ネダニの食害痕などから侵入する。また種球に付着していて翌年の発病の原因ともなる。発病株からは細菌が溢れ出し，隣接する株へ次々と伝染する。

●発生条件と対策　排水不良地，低湿地，酸性地への連作は本病を誘発しやすい。一部損壊した球，褐変した球，ふつうより小さい球などは本細菌の付着のおそれがたぶんにある。強風などで葉が傷ついた場合には多発しやすい。種球の選別がもっとも重要である。採取圃をつくり健全種球を生産する。

［佐古　勇］

◉灰色かび病 ⇨口絵：病95

- *Botrytis cinerea* Persoon
- *Botrytis squamosa* Walker
- *Botrytis* spp.

●被害と診断　春期は4月上中旬ころから発生し，5月下旬～6月上旬が最盛期となり6月中旬～7月上旬には終息する。秋期は10月下旬ころから発生し，11月下旬ころ最盛期となる。

病徴には三つの型がある。1)白点型＝長さ約1mmのややくぼんだまたはカスリ状の白色斑点で，いわゆる止まり型病斑である。胞子形成は認められない。2)斑紋型＝白色ないし灰白色で，5～10mm以上の流れるような病斑で，いわゆる急性型である。胞子形成は認められないが，その部位から上部の葉身はしおれて枯死し，のちには枯死葉上に灰色かび病独特の胞子形成が見られる。3)葉先枯れ型＝葉先から灰褐色～紫褐色になって枯れ込み，枯死部には多数の胞子が形成される。白点型，斑紋型では病斑の周縁部が明瞭であり，病斑が進展，拡大することはほとんどない。葉先枯れ型では症状が進み，多発圃場では坪枯れ状に発生し，遠くからでもそれとわかる。葉身の枯死程度がごく軽い場合は，一株重，球重などに影響はない。しかし重症(茎葉の枯死割合が70～100%)になると，一株重，球重，葉重，根重のいずれも大きく減少し，球重では20～40%も減収する。

圃場において，*Botrytis cinerea*および*B. squamosa*に起因する場合は球(鱗茎)に発生を認めていないが，*Botrytis* spp. に起因する場合は，葉の被害および鱗茎の首部の腐敗が問題となって被害が大きい。

●病原菌の生態　*B. cinerea*および*B. squamosa*の生育温度は5～30℃，適温は20～25℃で，やや低温性の菌である。培地のpHはやや酸性がよい。一方，*Botrytis* spp. の生育適温は25℃前後である。圃場で菌核は見つかっていないので，枯死葉または被害植物の組織内菌糸や分生胞子で越冬し，越夏は枯死葉内あるいは種球内の菌糸で行なわれると見られる。*Botrytis* spp. による場合は，最初菌糸は黄褐色の半枯死葉にだけ存在するが，次第に黄化した新葉や葉鞘部，さらには鱗茎首部にまで侵入していくと見られている。

●発生条件と対策　4月が高温で5月に雨が多い年は発生が多い。さらに5月が低温であれば，なお発生を助長する。10月に雨が多い年は越冬前の発生が多く，このような年は春の発生も多い傾向がある。日陰になるような圃場，多肥その他で過繁茂のところ，多湿なところに多い。風通しの悪い場所も多い傾向がある。玉ラッキョウは福井在来，九頭竜，ラクダに比べてやや強い。二年掘り栽培の場合，1年目のラッキョウより2年目のものに多い。

春期に発生し始めると急速に広がるので，早期発見，早期防除がもっとも大切である。多肥とくに窒素過多を避ける。

［佐古　勇］

◉乾腐病 ⇨口絵：病95

- *Fusarium oxysporum* Schlechtendahl f. sp. *allii* Matuo, Tooyama et Isaka
- *Fusarium solani* (Martius) Saccardo f. sp. *radicicola* (Wollenweber) Snyder & Hansen

●被害と診断　一年掘り栽培では，植付け後20～40日ころの9～10月に発病最盛期になる。葉身が褐変し球(鱗茎)も腐敗枯死し，欠株となる。翌年の5月上旬から再び発生し，収穫前および収穫中の5～7月に発病が多くなる。二年掘り栽培では5月下旬ころから発生し，収穫前ごろの6～7月に発病最盛期となる。

葉は，はじめ下葉からしおれて褐変し，その後全葉身が褐変枯死する。球(鱗茎)は，最初球根基部(盤茎)から水浸状となり，黄褐色，のちにはアメ色に変色腐敗する。根も基部付近から水浸状または淡褐色となり，光沢もなく半透明，扁平化し切れやすい。多湿の場合，鱗茎は淡褐色水浸状となって腐敗が早まり，白色ないし微紅色の綿毛状のカビを生ずる。乾燥している場合，表面は乾燥状となっているが，内部はやや軟化腐敗している。しかも，鱗茎の盤茎部際に白色ないし微紅色のカビが見られる。外皮を剥ぐと鱗茎基部は水浸状，または黄褐変し，根盤部際は白色ないし微紅色のカビを生じていることが多い。

●病原菌の生態　第一次伝染源は，保菌種球および土壌中の被害残渣中の厚膜胞子と考えられている。菌糸は厚膜胞子から発芽，伸長して健全ラッキョウの茎盤部に直接侵入するか，あるいは根から侵入して茎盤部に達し，保菌種球となる。連作土壌中の菌密度は5～6月にかけて増加し，7月下旬にピークとなる（砂丘畑）。鱗茎は8～9月にもっとも乾腐病菌に対する感受性が高くなる。

●発生条件と対策　種球の保菌による発病が主である。ウイルスフリーの種球を汚染畑で栽培すると保菌率が次第に高まり，3作目で多発生することが多い。連作は土壌中の菌密度を増加させ，被害を増大させる。ネダニ類は乾腐病菌の鱗茎侵入後の腐敗を助長する。追肥が多いと多発する傾向が見られる。植付け時期は8月に比べて9月の遅いほうが多い傾向にある。深植えになると発病が多くなる。

無病種球を植え付ける。薬剤による種球消毒を徹底する。早期に植え付け，基肥に消石灰を過用しない。追肥量をひかえ，とくに窒素施肥量が過剰にならないようにする。貯蔵中にも病気が進展するので，種球は植付け近くまで圃場に植えた状態にする。または，病原菌に対する感受性の高くなる前の7月に掘り上げ，ただちに5℃以下で冷蔵貯蔵する。貯蔵後は薬剤による種球消毒を行ない，植え付ける。ネダニ類の種球植付け時の防除を徹底する。連作しない。

［佐古　勇］

◉さび病　⇨口絵：病96

• *Puccinia allii* (de Candolle) Rudolphi

●被害と診断　葉身に発生する病害のなかではもっとも目立つ。葉身に多数の赤褐色，楕円形のふくらんだ斑点（夏胞子堆）を生じ，のちに表皮が縦に破れて赤褐色の粉末（夏胞子）を飛散する。年に2回発生する。春期には4月下旬ころから発生し，5月下旬～6月上旬が発病の最盛期となり，6月下旬には終息する。秋期は10月上旬ころから発生し，10月下旬～11月中旬ころ最盛期となる。冬胞子堆は黒色で，夏胞子堆と混発して春期には5月中旬ころから形成され，6月中旬ころ最盛期となる。秋期は11月上中旬から形成される。

●病原菌の生態　夏胞子は気孔から侵入し，潜伏期間約10日で発病する。越夏は日陰などの涼しいところの被害植物や枯死葉で，夏胞子または組織内菌糸で生存し，秋の伝染源となるものと思われる。越冬は被害植物や枯死葉内の菌糸，夏胞子または冬胞子のかたちで行なうものと思われる。さび病菌にはラッキョウ系，ネギ系，ニラ系，ノビル系，南部系の5系統があり，ラッキョウ系はラッキョウに病原性が強く，ネギには弱い。タマネギには病原性はない。

●発生条件と対策　一般に気温22～23℃以下で雨が多いと発生が多い。春期発生は4月が高温，5月が低温多雨の年に多い。気温が24℃以上になると終息する。秋期発生は10月ころ低温で多雨の年に多い。秋期の発生が多く，しかも暖冬の場合（多雨ならばさらに），翌春の発生も多い傾向がある。気温の低い地方に発生が多いようである。一年掘り栽培では秋期に比べて春期に発生が多い。とくに種球生産圃場では被害が大きい。二年掘り栽培の場合は春期発生し，かつ夏に低温多雨ならば，秋の初発生が早くなり，発生も多くなる。また，1年目に比べて2年目に発病がやや多い。肥料切れの場合にも発生が多い傾向がある。

早期発見，早期防除がポイントである。極端な多肥栽培や肥料切れを起こさないようにする。緩効性肥料，堆肥の施用もよい。日陰になる圃場，風通しのよくない圃場では発生が多い。被害植物，こぼれラッキョウがないように圃場を清潔にしておく。

［佐古　勇］

◉白色疫病 ⇨口絵：病96

• *Phytophthora porri* Foister

●被害と診断　白色（しろいろ）疫病菌は低温性であり，11月中旬～翌春3月ころまで発生する。秋期は11月中旬ころ，気温が低くなると発生し始める。おもに下位葉の葉先から発病し，次第に全葉に広がる。葉先の発病部は，水浸状から灰白色および汚灰色の病斑となり，次第に葉身全体におよんで地面に垂れ下がり，這うようになって腐敗する。12月中旬～2月中旬にかけて進展が目立つ。以後，冬期2～3月ころになると球（鱗茎）の腐敗が進み，3月ころの気温上昇とともに鱗茎は腐敗，消失する。この時期中1～3月に降雨が多い，または積雪が多いと融雪後に新たな発生を見る。

発病した葉身の大部分が枯死すると，その基部は水浸状となって球（鱗茎）へと進行する。侵された鱗茎は次第に暗色度を増し，粘性を帯びてくる。腐敗が進行すると特有の臭気を発し，鱗茎は崩壊し始める。鱗茎の腐敗が進むと，根はアメ色の水浸状となり，さらに暗色度を増してくる。ついには側根から腐敗，消失し，主根も切れやすくなる。被害は種球が植え付けられた年の冬期に多く，圃場全体が収穫皆無となることもある。二年掘り栽培では，2年目の冬期の被害は比較的少ない。

●病原菌の生態　病原菌は越年器官として卵胞子を形成するので，被害枯死植物とともに土中で越冬し，土壌伝染すると見られる。種球が植え付けられてから，次第に低温となり，頻繁な降雨があると，卵胞子が発芽し遊走子のうを形成するものと見られる。遊走子のうは発芽して遊走子を出し，葉身の気孔や傷口から侵入する。風雨の強いときは葉身が地面に触れて傷口ができやすく，病原菌のもっとも大きな侵入口となるようである。発病した葉身病斑上に遊走子のうが形成され，次第に他の葉身に二次伝染する。とくに秋期～冬期の低温多雨のときには遊走子のうの形成がよく，まん延が速く多発しやすくなる。ネギ，タマネギにも同様な発生をし，大きな被害を与える。チューリップにも発病する。

●発生条件と対策　ラッキョウは秋期8月中旬ころを中心に種球の植付けを行なうが，植付け時期が遅いほど，とくに9月中旬以降になると被害が増大する。低温に向かう時期のため，遅植えすると生育が遅延して抵抗力が弱まり，発病しやすくなると思われる。消石灰などの石灰類を基肥として施用すると，著しく被害が多くなる。病原菌の発育適温は15～20℃であるが，発病好適温度は15℃以下で，とくに5℃前後の，ラッキョウの抵抗力が低下する時期の1～3月に病勢の進展が著しい。秋期生育期の11月が低温多雨のときに発生しやすい。同一畑でも低湿地で被害が大きい。

被害の発生期までに十分生育するよう，種球はなるべく早植えする。植付け時期は8月中旬～9月上旬がよい。石灰類の施用を避ける。ただし，石灰が欠乏するとラッキョウの品質が悪くなるので，温度が上昇に向かう春季になって追肥として用いる。無発病圃場から採取した種球を用いる。薬剤防除は発病前の予防散布を心がける。　［佐古　勇］

ニンニク

◉モザイク病 ⇨口絵：病97

- リーキ黄色条斑ウイルス　*Leek yellow stripe virus* (LYSV)
- タマネギ萎縮ウイルス　*Onion yellow dwarf virus* (OYDV)
- アレキシウイルス〔ニンニクAウイルス　*Garlic virus* A (GarV-A),
  ニンニクBウイルス　*Garlic virus* B (GarV-B),
  ニンニクCウイルス　*Garlic virus* C (GarV-C),
  ニンニクDウイルス　*Garlic virus* D (GarV-D)〕

●被害と診断　LYSVによるモザイク症状は，淡く退緑した斑紋から黄緑色の条斑などさまざまで，健全組織との境界は明瞭である。OYDVによる症状は，濃緑色の組織と退緑した組織の境界が明瞭なモザイク症状で，条斑症状になることはほとんどない。アレキシウイルス単独の場合は，軽いモザイクになり，健全組織との境界は不明瞭にぼやけている。これらのウイルスや潜在感染するシャロット潜在ウイルス(SLV)が重複感染すると症状は激しくなり，生育不良となって減収するが，枯死することはない。病徴は肥料が効いている時期は明瞭であるが，肥料が切れたり，収穫期になると不明瞭になる。モザイク病に感染した株では紅色根腐病が発病しやすくなる。また，モザイク病によって葉がねじれることはない。チューリップサビダニが寄生した種子鱗片を植え付けると，萌芽した葉の葉縁がすじ状に退緑黄化し，その後伸長してきた葉が展開できずに巻き込むタングルトップ症状となり，モザイク病と区別はできる。青森県で栽培されるニンニクではLYSV単独感染またはLYSVとアレキシウイルスの重複感染が多く，OYDVの発生は少ない。九州などで栽培される品種ではOYDVの感染株も多く見られる。ネギで発生するネギ萎縮ウイルス(SYSV)はニンニクには感染しない。

●病原ウイルスの生態　LYSVはニンニクとリーキに，OYDVはニンニクとタマネギに，アレキシウイルスはニンニクとリーキに全身感染する。LYSVとOYDVはアブラムシ類で非永続伝染する。青森県ではネギアブラムシは圃場で越冬できないため，ウイルス伝染は圃場に飛来するジャガイモヒゲナガアブラムシやワタアブラムシなどによる「行きずり伝染」であるが，ネギアブラムシが越冬できる暖地ではつねに感染拡大している。LYSVとOYDVは感染当代での発病はほとんど見られず，収穫したニンニクを種球として植付けることで感染に気づくので注意が必要である。アレキシウイルスはチューリップサビダニ(サビダニ)で永続的に伝染し，おもに種球(種子鱗片)を調整する作業中にサビダニが移動して伝染する。

●発生条件と対策　ニンニクは栄養繁殖性作物であるため，ひとたびウイルスに感染すると種球を通じて後代に伝染する。福地ホワイトや上海早生などはモザイク症状が明瞭に発現するが，富良野在来や八幡平在来などの品種ではきわめて軽微な症状となる。モザイク病感染圃場の近くにウイルスフリー種球を植付けて継代栽培した場合，LYSVがほぼ全株に感染するのに3～5年程度かかる。一方，サビダニ伝染するアレキシウイルスは，種子鱗片の調整作業中に保毒したサビダニが種球間を移動すると，数日で全株感染することがある。

茎頂培養によって作出したウイルスフリー種球を利用する。殺虫剤によるアブラムシ防除でモザイク病感染を防止することは困難であるから，種球用圃場はモザイク病感染圃場から隔離するか，網や障壁植物などで囲む。種子鱗片は必ずサビダニ対策の種子消毒をする。

［山下一夫］

◉春腐病 ⇨口絵：病97

• *Pseudomonas marginalis* pv. *marginalis* (Brown 1918) Stevens 1925

●被害と診断　下位葉の葉身基部から発病することが多いが，いずれの部位からも発病する。消雪後，心葉が軟化腐敗して枯死することがある。生育が進むと，葉身基部に楕円形の白色えそ病斑を生じ，多湿条件で水浸状に軟化し，腐敗は上下方向に拡大して葉全体や茎が軟化腐敗する。腐敗した葉が隣接した株へ接触すると伝染・拡大する。葉鞘の腐敗が激しいと茎の途中で折れ，倒伏することがある。花茎(珠芽)の伸長が悪い株では，最上位葉の腐敗が生じやすく，葉鞘内部を下降した病原菌による鱗球内部の変色・変質や裂球(球割れ)など品質低下の原因となる。

●病原菌の生態　発育温度などは明らかにされていないが，土壌中に生存し，野菜類の軟腐病菌と同様の行動をするものと思われる。

●発生条件と対策　泥がはねるような強い降雨があると多発する。排水不良の過湿圃場や，多肥や未熟堆肥を多用した圃場，土壌くん蒸消毒した圃場などで発生しやすい傾向がある。ネギコガの食害痕から腐敗することもある。チューリップサビダニや青かび病菌が寄生した鱗片を植付けると，萌芽から越冬後に心葉腐敗する枯死株が増加する。

発生後の薬剤散布では効果が劣るので，発生前，とくに降雨前に湿展性のよい展着剤を混用して予防散布を徹底する。適切な肥培管理とネギコガ防除を努める。被害茎葉は抜き取り処分する。　［山下一夫］

◉葉枯病 ⇨口絵：病98

• *Pleospora herbarum* (Fries) Rabenhorst〔*Stemphylium vesicarium* (Wallr.) E. G. Simmons〕

●被害と診断　葉や葉鞘，鱗片が侵されるが，葉の発病がほとんどである。はじめ葉に白色の小斑点を生じ，次第に拡大して中央部が赤紫色，周囲が淡褐色の紡錘形ないし楕円形の病斑となり，病斑上には黒色，すす状のカビ(分生子柄，分生胞子)が密生する典型的な病斑となる。また，中央部が赤紫色にならないで，淡褐色のまま病斑の上下に帯状ないし線状に長く黄変退緑する黄斑型の病斑となることもある。また病斑は互いに融合して大きくなり，葉鞘まで進んで，ついには枯れ上がる。

●病原菌の生態　本病原菌は3～30℃の温度範囲で生育するが，分生胞子の発育適温は20～25℃，発芽適温は28～32℃とやや高温である。ニンニクのほか，ラッキョウ，タマネギ，ネギ，ニラなどのネギ属植物を侵し，また，グラジオラス，ササゲ，ダイコンなどにも病原性がある。圃場に取り残された被害植物上に菌糸や分生胞子，または子のう殻のかたちで生存して伝染源になるものと思われる。また植付け後の展開した葉には，圃場周辺の罹病ネギなどから飛散した分生胞子が感染し，初期病斑または潜在感染で越冬する。圃場周辺に越冬した罹病ネギがあると，発生は早くなる場合がある。暖地の露地栽培では4月頃から，寒地の露地栽培では5月中旬ころから発生し，ともに収穫期まで圃場全体にまん延する。

●発生条件と対策　雨が多く温度が高いときには典型的な病斑の発生が多く，ヤマセ気象のように低温の霧が発生するところでは黄斑型病斑の発生が多くなる傾向がある。福地ホワイトや上海早生などで本病の発生は多く，富良野や加州早生では本病の発生は少ない傾向がある。

発病のごく初期から殺菌剤を予防散布してまん延を防ぐ。青森県ではQoI剤耐性菌の発生が確認されている。多発生すると薬剤散布だけでは防除できないことが多いので，耕種的防除対策も同時に励行する。収穫後，被害茎葉は圃場に放置しないで処分する。早植えは秋期の感染を助長するので，植付け適期を守る。

［山下一夫］

◉紅色根腐病 ⇨口絵：病98

• *Pyrenochaeta terrestris* (Hansen) Gorenz, Walker et Larson

●被害と診断　慢性的な被害様相を呈する。はじめ根の一部または全体が紅変し，やがて赤紫色に軟化腐敗する。株全体が枯死することはないが，葉先枯れを生じる。とくに越冬後，乾燥少雨で経過すると葉先枯れは著しい。ハウス栽培では根の腐敗が進むと生育が不良となり，下位葉が黄変し枯れ上がりが早まることもある。連作圃場で発生し，さらにモザイク病感染株を植付けると被害は大きくなる。本病により鱗球の肥大は劣り，葉鞘は褐変して品質低下の原因となるので，被害は大きい病害である。

●病原菌の生態　本病原菌はタマネギ，ネギ，ヤマノイモ，ジャガイモ，トマト，キュウリ，ホウレンソウなど多くの作物に病原性がある。種子鱗片による伝染はない。罹病根組織中の厚膜化した菌糸や柄子殻が土壌中に残り，伝染源になるものと思われる。比較的高温を好み，25～30℃で生育が盛んである。土層10～20cmの深さにもっとも多いが，根が伸長する50cmくらいまで分布している。

●発生条件と対策　土壌伝染性病害であり，連作すると発生する。青森県ではウイルスフリー種子が広まっているので本病による被害は大きくないが，モザイク病感染株を植え付けた圃場で，高温乾燥少雨の年に被害は大きい。とくに，ハウス栽培や乾燥しやすい砂質土壌などで被害は激しくなる。本病に対する品種間差は認められない。

連作は避ける。本病原菌は多犯性なので輪作する場合には作物選定に注意する。連作する場合は，土壌くん蒸消毒する。ウイルスフリー種球を利用する。

［山下一夫］

◉黒腐菌核病 ⇨口絵：病99

• *Sclerotium cepivorum* Berkeley

●被害と診断　はじめ圃場の一部で発生が見られるが，連作することで圃場全体に拡大する。水田転作地や排水不良の圃場ではいったん発生すると壊滅的な被害となり，その後の防除は困難となる。越冬前に地上部の生育で診断することは難しいが，排水不良の箇所では越冬直後，生育が極端に不良で，葉が黄変して枯死する株が発生する。その周辺には生育不良で下位葉から黄変・枯死する株が見られ，坪枯れの様相を呈する。

本病はニンニクの地下部のすべてを侵すが，初めは根の一部が水浸状に腐敗する。根の腐敗が進むと葉の黄変が発生し，下位葉の先端から葉縁にそってすじ状に黄化が見られ，葉全体に広がって枯死する。やがて黄変はさらに上位葉へ拡大し，株全体が黄変する。このような株の根はほとんど腐敗しているため，容易に引き抜くことができ，葉鞘基部には灰白色の菌糸がまとわりついたり，黒変して表面にゴマ粒状またはかさぶた状に黒色の小さい菌核が多数形成されたりしている。感染時期が遅くなると発病程度や被害は軽くなり，肥大した鱗球表面のみに黒変や菌核が見られる程度の場合もある。また，地上部や鱗球には症状がなくても，根の一部が水浸状に腐敗していることも多い。

●病原菌の生態　菌糸の生育適温は15～20℃で，比較的低温を好む糸状菌である。5℃以下の低温でも生育するが25℃では劣り，30℃では生育しない。菌核は10～20℃で形成される。ネギ，タマネギやユリなどを侵すが，ネギ属植物以外には病原性はない。ニンニク菌の菌核の大きさは約1mm程度であるが，ネギ菌の菌核は0.2mm程度と大きさが異なる。病原性は，ニンニク菌よりネギ菌のほうが強い傾向がある。被害株に形成した菌核は土壌中に残り，長期間生存して伝染源となる。地表面から30cm深までの土中にある菌核はニンニクを侵すことができる。種子鱗片による伝染はない。

●発生条件と対策　連作は被害を激化させるが，ネギやタマネギなどとの輪作では被害は減少しない。低温性の病原菌で，15～20℃で適度な土壌水分があると病勢の進展は激しい。耕盤ができるなど土壌水分が高い箇所や水田転作圃場，粘土質圃場などで発生しやすく，菌密度が高くなると種子消毒だけで発生を抑制することはできない。発根した種子鱗片や大きい鱗片に種子粉衣剤を処理すると発根伸長が抑制され，根が細くなったり変質して発病しやすくなる。本病に対して，福地ホワイトや上海早生，嘉定など品種による発病の差異は認められない。

激発圃場では連作せず，緑肥やネギ属植物以外を組み合わせて輪作する。プラソイラ耕などの深耕や明渠などの排水対策を実施する。発生しやすい圃場では，発根した種子鱗片に種子消毒したものは使用しない。被害株は見つけ次第抜き取り処分する。

［山下一夫］

◉さび病　⇨口絵：病99

• *Puccinia allii* (de Candolle) Rudolphi

●被害と診断　葉に紡錘形ないし楕円形のやや盛り上がった小さい斑点が，散生あるいは群生する。病斑は赤橙黄色(夏胞子堆)を呈し，はじめは表皮に覆われている。その周辺は黄ないし黄白色になる。のちに病斑の中央部分が縦に破れて，赤橙黄色，粉状の発胞子を飛散する。

●病原菌の生態　本病原菌にはネギ属植物への寄生性が異なる菌株が知られている。青森県のニンニク菌は，ネギ，タマネギ，アサツキ，ノビルなどに寄生するが，ニラやラッキョウなどには寄生しない。一方，ネギ菌やニラ菌はニンニクには寄生する。植付け後，秋期に展開した葉に感染し，夏胞子堆または潜在感染で越冬する。越冬後，損傷を受けていない葉が多い場合には本病の発生は早まり，多発傾向になりやすい。越冬病斑の夏胞子が飛散して二次感染をくり返し，周囲にまん延する。収穫期には夏胞子のほか冬胞子も形成されるが，冬胞子が伝染源となることは少ない。圃場周辺に罹病ネギがあると発生は増加し，また秋期の伝染にもなる。

●発生条件と対策　降雨がなくても，葉が結露する条件下で多発する。多肥栽培で発生しやすく，またモザイク病感染株よりウイルスフリー株で発生が多い。福地ホワイトや上海早生などで本病の発生は多いが，富良野や加州早生では本病の発生は少ない傾向がある。

被害茎葉は圃場に放置しないで処分する。早植えは秋期の感染を助長するので，植付け適期を守る。適切な肥培管理に留意しニンニクを強健に育てる。圃場周辺のネギ属植物での発生に留意する。　［山下一夫］

◉白斑葉枯病　⇨口絵：病99

• *Botrytis squamosa* Walker

●被害と診断　はじめ葉先枯れの部分に暗灰褐色の分生胞子を多数形成する。やがて葉の直射日光が当たる部分のみに，表皮が浮いたような1～2mm程度の白色微小斑点を多数生じ，とくに降雨後に多発する。白色微小斑点は，一見するとアザミウマの食害痕に見えるが，やがて微小斑点は拡大，融合して発病した葉面全体の表皮が浮き上がり，裂皮して乾枯する。病斑上に菌糸や胞子は観察されないが，株全体が枯れてくるころになると暗灰褐色の菌糸塊を生じ，やがて扁平の黒色小菌核を多数形成する。本病の特徴は，白色微小斑点を生じる部位は葉の表裏に関係なく，直射日光があたる部分だけだという点である。

●病原菌の生態　病原菌はPDA培地上で5～30℃の温度範囲で菌糸は生育し，30℃前後でもっとも良好であるが，分生胞子の形成はBLB照射下でもよくない。ニンニクのほか，ネギやタマネギなどのネギ属植物を侵す。圃場内に残された被害植物上の菌核のかたちで生存し，伝染源になるものと思われる。青森県では，5月上～中旬の降雨により葉先枯れ部分への感染と分生胞子の形成をくり返し，圃場内の菌密度が上昇する。5月下旬以降の降雨により分生胞子が飛散し，白色微小斑点を生じる。ヤマセなど曇天では病勢の進展は遅いが，降雨後晴天になると病徴の進展は速く，数日で裂皮・乾枯して圃場全体が急速に枯れ上がる。

●発生条件と対策　葉先枯れが多発した圃場で本病の発生は多く，とくにモザイク病感染株を植付けた圃場では紅色根腐病が発生しやすく，葉先枯れが多発するので本病の発生が多い。乾燥少雨でも葉先枯れは生じやすい。本病に対して，福地ホワイトや富良野在来，上海早生，嘉定，島ニンニク，加州早生など品種による発病の差異は認められない。

本病原菌はQoI剤やイミノクタジン酢酸塩・ポリオキシン水和剤，イミノクタジンアルベシル酸塩水和剤に感受性がないことから，発生した圃場ではこれらは使用しない。ウイルスフリー種子を用い，植付け前に圃場をプラソイラ耕などで深耕すると葉先枯れの発生を少なくし，本病の発生も減少する。

［山下一夫］

ニラ

◉白斑葉枯病　⇨口絵：病100

- *Botrytis byssoidea* Walker
- *Botrytis cinerea* Persoon: Fries
- *Botrytis squamosa* Walker

●被害と診断　葉に白色の小斑点を散生し，のちに円形ないし長紡錘形の病斑となる。病斑の大きさはふつう5mm前後，大きいものは15mmに達し，中央部は灰白色，周辺部とくに長径の両端は葉脈にそって淡黄色を帯び，健全部との境界は不明瞭である。病斑がさらに進展すると葉先や葉縁から枯れ上がり，のちに乾枯する。枯死部には黒色小粒の菌核を多数形成する。

●病原菌の生態　被害葉上の小さな黒い粒は菌核であり，菌核からは直接卵形の分生子を生じる。本病原菌の菌糸は培地上で25℃前後でよく発育する。

●発生条件と対策　ハウス栽培，トンネル栽培は被覆後から発生し始める。露地栽培では4～5月ごろ発生し始め，収穫期近くには激発する。秋にも発生して葉の枯死が早くなり，株の充実が不十分となる。被害葉上の菌核が越年して，これから生じる分生子によって空気伝染する。ハウス，トンネルが多湿状態のときに被害が激しく，露地栽培では4～5月に降雨が続く年に多発する。露地状態で秋に発生して枯葉上に菌核を形成する。このような株にビニルを被覆してハウス栽培，トンネル栽培をすると，菌核から分生子が飛散して多発するようになる。施肥窒素量が多く，過繁茂になると発生しやすくなる。

ハウス栽培，トンネル栽培では換気を十分に行ない，通路などを乾燥させるようにする。露地栽培では低湿地や排水不良地を避ける。被害葉は取り除き，畑のまわりに放置しないで土中深く埋めるか焼却する。

［石川成寿］

◉乾腐病　⇨口絵：病100

- *Fusarium oxysporum* Schlechtendahl: Fries

●被害と診断　年間を通じて発生するが，病徴は11～12月と冬季の収穫期に鮮明となる。苗床では子葉が本葉展開後，早期に種皮付着部から褐色に腐敗枯死する。また，茎盤や鱗茎が紫紅色に着色する。播種床で感染した株は，本葉展開から定植までの期間はやや生育不良ではあるが，顕著な病徴は現われない。

定植後感染程度の高い株は萎凋して枯死するが，軽い株は健全な部分が分げつするため，9～10月には見分けにくくなる。しかし，分げつが少ないため，茎数は健全株に比べて少なくなる。分げつが終わると，株内の発病茎の病徴は判然とする。株内の一部の茎葉が紫紅色を帯び，葉幅が狭くなり生育不良となる。やがて発病鱗茎は消えるように腐敗枯死する。病徴の軽い株は晩秋に葉先が紫紅色を帯び，生育不良となる。しかし，株が枯死することはなく冬枯れとともに病徴は消失する。

施設で保温され，萌芽してくると再び病徴は判然とする。株内の一部の茎葉の葉幅が狭くなったり，生育不良な状態で萌芽したりする。やがて発病茎葉は萎凋して枯死する。発病株の病徴は刈取り回数が多くなるほど顕著になり，萌芽しなくなるか，萌芽しても葉先が紫紅色を帯び，やがては枯死する。1株全体が発病することは少なく，株内の一部の茎葉に発病することが多い。しかし，発病株は多大な収穫調製労力がかかるため，被害は予想以上に大きい。発病株から収穫したニラは日持ちが悪く，商品価値が低下する。

●病原菌の生態　本菌は3～35℃で生育し，25℃前後が生育適温である。種子伝染を高率に行なう。土壌伝染性が強く厚壁胞子を形成して長い間土壌中で生存する。種子および土壌中に残存した厚壁胞子が第一次伝染源となり，苗床で発病する。苗床では発芽後子葉が展開すると，種子付着部位から病原菌が侵入する。子葉は発病すると速やかに枯死するが，病原菌は茎盤に移行して定着する。茎盤に定着した病原菌はニラの生育が悪くなったり，ニラの感受性が高まったりすると活動して維管束を閉塞し，ついには鱗茎を腐敗させる。このため，地上部は葉幅が狭くなり，葉先が紫紅色を帯び萎凋し，ついには枯死する。発病株は健全な鱗茎が分げつするため，株は小さくなるが全体が急激に枯死することは少ない。しかし，茎盤から次々と伝染するため，やがては枯死する。分げつ期に病徴が不鮮明になり，分げつしない冬季の施設栽培で病徴が顕著になるのはこのためである。

健全に生育した苗は土壌中に残存した厚壁胞子が伝染源となり，定植時に根から感染する。感染後病原菌は苗床での感染と同じように茎盤に定着する。感染株が枯死すると，病原菌は厚壁胞子を形成して土壌中で長期間残存する。病徴が発現する株は苗床と定植時に感染した株であり，発病株からの二次伝染による発病はほとんど認められない。発病に至らなかった株は改植時に伝染源となる。

●発生条件と対策　定植直後の乾燥はニラの発根に悪影響を及ぼすため感染を助長する。窒素肥料の多用は発病を助長する。過乾，過湿をくり返し，根を傷めた株に発病しやすい。刈取り回数が多くなると，ニラの抵抗性が弱まり発病しやすくなる。pHが6以下になると発病を助長する。タマネギ，ニンニク，ネギなどのネギ属植物が栽培されている隣接地帯では，伝染する可能性がある。ネダニの発生によって鱗茎に傷口を生じた株で春先の発生が多い。

発病圃場はネギ属以外の野菜類に転作するか，土壌消毒を行なう。苗床を消毒する。ニラと相性のよいウリ科野菜や双子葉の野菜などと輪作をする。常発地帯では感染期間の長い秋まきから感染期間の短い春まきに変える。pHを6以上に矯正する。窒素肥料はひかえめにする。水分管理を適正にする。改植時に古い鱗茎は圃場外に搬出する。ネダニを防除する。

［石川成寿］

◉さび病　⇨口絵：病101

• *Puccinia allii* (de Candolle) Rudolphi

●被害と診断　葉の表，裏面に楕円形ないし円形の，少し盛り上がり，ふくれた黄色～黄褐色の斑点(夏胞子層)を生じる。秋以降になると，これら黄褐色斑点に混ざって，小黒色の冬胞子層を生じる。

●病原菌の生態　ネギ属に寄生するさび病菌は，寄生性によって5系統に類別されている。ニラ系の菌はニラにのみ寄生する。ネギ系の菌はニラには寄生しない。本菌は，冬胞子のかたちで被害植物についたまま冬を越して生き残り，翌年の第一次伝染源となる。ニラは数種類の作型によって一年中生育しているので，それらの葉に発病して夏胞子を形成したり，冬胞子のかたちで越冬したりして伝染環をつくっている。冬胞子は，春になって空気中に飛散してニラにつき発芽し，葉の気孔から侵入して病斑を形成する。

●発生条件と対策　気温が16～25℃前後で降雨が続いたり，葉が長時間濡れたりすると多発生する。窒素肥料を多施用すると発生しやすい。

発病前から定期的に薬剤散布を行なって予防する。発病のごく初期に薬剤防除をして，その後のまん延，多発生を防止する。密植を避け通風をよくする。ハウス栽培，露地栽培ともに発病株の葉を捨刈りした場合には，それらの葉を畑におかずに土中深く埋めるか，ただちに焼却する。

［石川成寿］

◉白絹病 ⇨口絵：病101

• *Sclerotium rolfsii* Saccardo

●被害と診断　7～9月の盛夏期に発生する。梅雨あけの7月中旬ころ，株元に白色の菌糸がまとわりつき生育不良となる。菌糸は老化した外葉に侵入して黄化枯死させ，次第に若い茎葉にも侵入して黄化枯死させる。このためニラは倒伏する。倒伏したニラ上では，さらに菌糸が繁殖して茎葉を腐敗させる。やがて被害茎葉上には1～3mmの淡褐色～黒褐色の菌核を多数形成する。病勢が軽い場合や気温が低下すると，おもに老化した茎葉に寄生し，株を倒伏させることはない。成株では発病部位は地上部に限られ，地上部が腐敗しても根や鱗部が侵されることはなく，株が枯死することはない。

地上部が枯死した被害株は9月中旬以降，気温の低下とともに回復し，再び新葉を展開する。しかし，発病株は葉幅が狭くなり，茎数も減少する。定植直後で養成中の若い株が感染すると，根や株元に白色の菌糸がまとわりつき生育不良となる。

●病原菌の生態　本菌はユリ科，マメ科，ナス科など多くの植物に寄生性を示すきわめて多犯性の菌である。土壌伝染性が強く，菌核のかたちで長い間土壌中で生存する。30℃前後の高温を生育適温とするため，秋，春の発生は少ない。ニラは一般的に定植が病原菌の生育適温となる6～7月に行なわれるため，定植直後から感染する。ニラが定植され気温が上昇すると，病原菌は菌核から菌糸を伸長させ，外側の鱗茎に侵入する。このため，株は生育不良となり，外葉が黄化して倒伏する。湿度が低下した場合や温度が低下すると，被害茎葉上に菌核を多数形成する。気温が23℃以下になると病原菌は活動を停滞する。このため，発病株は新葉を展開して徐々に回復する。気温が低い間の病原菌は菌核の形で土壌中に残存し，越冬後，次の伝染源となる。

●発生条件と対策　6～7月が高温に経過した年，夏の気温が高い年，残暑が遅くまで続く年に多発する傾向がある。過乾，過湿をくり返し根が傷んだ圃場で発生しやすい。マメ科やナス科が過去に栽培されていた地帯やこれが水系の上流に位置した地帯は，菌核を持ち込み発生が多い。

発病圃場は冬作の野菜類に転作するか土壌消毒を行なう。株内の多湿は発病を助長するため，株間を広げ過繁茂にならないようにする。多肥栽培は発病を助長するため，とくに盛夏期前の窒素肥料はひかえめにする。発病株は9月中旬以降追肥して株の回復を図る。ニラと相性のよいウリ科野菜や双子葉の野菜などと輪作をする。発生時期を回避した作型に変える。常発地帯では春まきから早い定植が可能な秋まきに変え，病原菌が活動する前に活着して分げつするように定植時期を早め，6月中旬までに行なうようにする。発生の多い圃場では冬～春収穫は行なわず，この期間に株を養成して6～9月の高温期に収穫する。水分管理を適正にする。　［石川成寿］

アスパラガス

◉斑点病　⇨口絵：病102

• *Stemphylium botryosum* Wallroth

●被害と診断　アスパラガスでは一般的な病害で，とくに擬葉に発生するが，枝や茎にも発生する。はじめ紫褐色の小斑点が現われ，のちに拡大して楕円～紡錘形の病斑となる。この病斑は外側が紫褐色，内側が淡褐色～灰褐色となる。ひどくなると細い枝から枯れ込んでくる。病勢が進行すると病斑部位に胞子が形成され，擬葉全体が黄化し落葉する。病徴が類似する病害に褐斑病がある。肉眼による両病害の区別は難しいが，病斑上に形成される胞子の形態を顕微鏡で観察することで，区別できる。

●病原菌の生態　病原菌は病斑上で分生胞子を形成する。病原菌の菌糸，分生胞子が被害茎葉で越冬し，それが翌春の伝染源になると考えられる。

●発生条件と対策　過繁茂で風通しが悪いと発病しやすく，8月中下旬からの秋雨期以降発生が多くなる。分生胞子の飛散量もこのころ増大し，とくに降雨の2～3日後に増大する傾向がある。

防除は，耕種的対策として通風をよくするため1株当たりの茎立数を5～7本ぐらいに制限し，倒状を抑えるために120～150cm程度で刈り取る。また老茎や枯れた枝などは除去する。株の衰弱を招くような過度の収穫を避ける。発病茎葉は速やかに除去し，圃場外で処分する。薬剤防除は登録薬剤によるが梅雨，秋雨期に多発するので，発病初期の防除に重点を置き，7～10日ごとに薬剤散布する。降雨がつづくと発病が増えるので，降雨後できるだけ早く薬剤防除する。

［小木曽秀紀］

◉株腐病　⇨口絵：病102

• *Fusarium moniliforme* J. Sheldon

●被害と診断　春の収穫時期になっても幼茎の萌芽が見られず，欠株になっている。わずかに幼茎の萌芽，茎葉の伸長が見られる株もあるが，6月中旬ころになると茎葉は黄化，枯死し，欠株となる。罹病株を掘り上げてみると，冠部の芽部や地下茎が褐色～赤褐色に激しく腐敗している。

●病原菌の生態　土壌伝染性の病害で，罹病株内で厚膜菌糸などの耐久器官を形成して生存し，それが伝染源になると考えられる。

●発生条件と対策　未熟堆肥の投入や排水不良などの不適切な圃場管理をした場合や，茎枯病の発生や過度の収穫などによって株が衰弱した場合に発生しやすい。

土壌伝染性の病害で，一度発生すると防除が困難であるため，無病かつ健全な苗を育成し，育苗期を含めて定植後早期の圃場での感染，発病を防止することが基本となる。種子伝染の可能性が考えられるので，種子消毒された種子を用いる。育苗用土は畑土をそのまま用いることを避け，土壌消毒するか，市販の園芸培土を用いる。

とくに茎枯病の徹底防除に努めるとともに，過度の収穫を避けて株の衰弱を防ぐ。アスパラガスは通常，株齢4，5年で成株になるとされているので，株齢2，3年(本病が発生する時期)での収穫期間は2～3週間と短くするのが適当である。完熟堆肥を用い，暗渠の設置などにより圃場の排水を十分に行なう。

［橋本典久］

◉茎枯病

⇨口絵：病103

• *Phomopsis asparagi* (Saccardo) Bubák

●被害と診断　発病初期は茎の表面に水浸状小斑点をつくり，次第に紡錘形に拡大し大型病斑（数cm以上）になる。病斑拡大とともに淡褐色ないし暗褐色を呈し，ついには灰褐色となり，この部分に針頭状の小黒点を無数に形成する。近接した病斑が伸展融合して，茎全周に及ぶと茎は折損したり立ち枯れたりする。立茎初期に感染を受けるか多発条件になると全身症状を呈し，茎が枯れて乾燥枯死したり茎立数が少なくなったりする。次第に株全体が弱り，欠株となる。

●病原菌の生態　病斑の中に生じた黒色の小斑点は柄子殻であり，内部には病原菌の胞子が多数含まれる。茎枯病菌は，罹病残茎や地表の残渣に形成された柄子殻により越冬し，翌春の第一次伝染源になる。アスパラガスの立茎時に，降雨により柄子殻から放出された柄胞子が若茎に感染し，生じた病斑部からさらに胞子が飛散して発病がまん延する。胞子の飛散と感染には水が必要であることから，降雨は本病の発生を助長する。春期では罹病残茎の柄子殻に雨滴などが付着すると胞子が溢出し，若茎に伝染して発病する。降雨により柄子殻から噴出した胞子が，雨滴とともに飛散して感染に至るため，梅雨期は発病がどんどん進展する。

立茎完了後の夏秋期は新たな若茎が次々と萌芽してくるが，その際に立茎した養成茎に病斑があると，病斑から胞子が若茎に飛散し，夏芽が感染してしまう。これは茎枯病菌の第二次伝染である。夏秋期は，この第二次伝染がくり返される。茎枯病はとくに若茎先端などの柔らかい組織から感染すること，また胞子の飛散は降雨により生じることから春の立茎開始時，梅雨期，秋雨期はとくに重点防除時期となる。

●発生条件と対策　発病好適温度は27～28℃の比較的高温である。春期は発病まで20日程度の長期間を要するが，秋雨期は発病好適温度帯であり，感染から発病までの期間が短く，収穫物に病斑を生じることもある。また，降雨は本病の発病を助長する。胞子の噴出，感染，飛散いずれも水分が必要である。したがって梅雨や秋の降雨の多いときに発生が多い。

耕種的な防除対策として，露地であれば雨除けにすることがもっとも効果が高い。さらに伝染源除去のため，栽培終了後，罹病茎葉を圃場外へ持ち出し，地面に残った残渣はバーナーなどで焼却する。栽培中も発病茎葉は速やかに除去する。通風をよくするため適正な立茎数を維持し，老茎や枯れた枝などは除去する。さらに株の衰弱を招くような過度の収穫を避ける。春の立茎開始前における，畝面の盛り土処理も効果がある。薬剤散布は，春収穫打ち切り後の幼茎への防除と，梅雨期および秋雨期の防除が重点となる。立茎開始後，3～4回の初期防除を実施したのち定期防除するが，とくに降雨後はできるだけ早く薬剤防除する。　［小木曽秀紀］

◉紫紋羽病

⇨口絵：病104

• *Helicobasidium mompa* Tanaka

●被害と診断　土壌伝染性の病害である。進展は遅いが，毎年徐々に罹病地域を拡大していく。発病初期（感染1年目以内）は地上茎葉に病変は少なく，発病に気づかないことが多い。わずかに生育が抑制され，早期黄変も軽度である。発病中～後期（感染後1～2年目以上）には立茎しても早期に黄変し，または欠株となる。このころになると周辺株も発病，黄変するようになる。根を掘り上げてみると腐敗し，貯蔵根の表面に紫色の菌糸が着生する。

●病原菌の生態　本病菌はジャガイモ，サツマイモ，ニンジン，アルファルファ，リンゴなど多くの作物に寄生し，紫紋羽病をおこす多犯性の病原菌である。これら作物や，アスパラガスの根に寄生した病原菌が伝染源になる。アスパラガスの根に感染した病原菌は根の表面を覆い，表皮上に菌塊状の子座をつくる。そして，ここから侵入して作物の養分を吸い取り，根は表皮のみになる。この頃には表皮上の菌糸はまとまって層となり，マット状を呈して被害部を包むようになる。

●発生条件と対策　新耕地などの粗大有機物の多いところでは発病の危険性が高まる。アスパラガス苗の植付け前に，他作物で本病が発生していたところでは高率に発生する。過収穫などにより衰弱した株で被害が大きい。

新植の場合，植付け前にあらかじめ畑の本病菌の有無を調査し，無病の畑に植える。本病菌有無の予診には，ヤナギ，クワ，ブドウなどの枝を春に畑に挿しておいて，秋にこれを抜き上げ，表面の紫色菌糸の有無を調べる。あるいは，アスパラガスの前作としてジャガイモかテンサイを作付けし，本病の有無を観察する。ハチジョウナなどの雑草の根を調べてもわかる。育苗の際は無病土を用いる。作付け後は生育不良株や早期黄変株，欠株などを早めに抜き取って根を調査する。紫色の菌糸が付いていて発病を認めたら，その株と隣接株を含めて掘り上げて圃場外に埋却するとともに，跡地を消毒する。

［小木曽秀紀］

◉立枯病　⇨口絵：病104

• *Fusarium oxysporum* Schl. f. sp. *asparagi* Cohen

●被害と診断　初期は地上部の茎葉が黄化，萎凋する。進行すると，罹病株はほとんど萌芽しなくなる。わずかに萌芽した若茎も，生育は緩慢で株全体の生育が抑制されたり，茎葉が黄化したりして枯死に至る。地下部では，クラウン内部が褐変腐敗し，地下茎の維管束に褐変が認められる。若茎に感染した場合は，若茎が曲がったり若茎先端に菌糸が生じたりする。ひどい場合は若茎のまま枯死する。

類似病害に*Fusarium proliferatum*による株腐病がある。株腐病の場合，鱗芽郡(冠部)や地下茎が褐変したり腐敗したりしている。罹病クラウンは上部から下部に腐敗が進行している。病勢が進行すると貯蔵根も腐敗するが，根あるいは維管束の褐変は認められない。ただし両病害の病徴はよく似ており，正確な診断には菌の分離などを行なう必要がある。

●病原菌の生態　病原菌は罹病残渣とともに厚膜胞子のかたちで土中に残り土壌伝染する。土壌中の厚膜胞子は改植などでアスパラガスの根に遭遇すると発芽して菌糸を伸ばし，根の先端部や傷口などから侵入する。侵入した病原菌は維管束部やクラウン部で繁殖して発病に至る。

●発生条件と対策　本病は，連作による病原菌密度の上昇とともに，湿害などの耕種的要因により発生が助長される。水田転換畑のような排水性の悪い圃場では立枯病の発生が多い。さらに極端な干ばつ，過湿，冬季の低温などもアスパラガスにストレスを与えるため，発病が助長される。

防除は，薬剤による場合は改植時に土壌消毒する。しかしアスパラガスのように数年にわたって栽培する作物は，土壌消毒したとしても，その効果を永続的に期待することは難しい。そこで耕種的対策と併せて防除に取り組む。

新植，改植時には明渠，暗渠の設置や高うねなどにより圃場の排水性の向上を図る。また新植，改植時には完熟堆肥を施用し，未熟堆肥は施用しない。1年目，2年目の早期に病原菌や湿害の被害を受けると影響が大きいので，とくにその時期の管理をおろそかにしない。密植は避け，過繁茂にならないように草勢を維持する。草勢を弱めないため斑点病や茎枯病の防除を徹底する。少なくとも成園までの間，株の衰弱を招くような過度の収穫を避ける。被害残渣は伝染源になるので，改植時はできるだけ圃場から除去する。土壌の移動を避けるため，農業機械は使い回さず，ロータリーなどはよく洗浄する。

［小木曽秀紀］

ウド

◉萎凋病

⇨口絵：病105

• *Verticillium dahliae* Klebarn

●被害と診断　ふつう7月上旬ころから発生し始め，盛夏を過ぎた9月上旬以降に発病株が急増し，病徴も激しくなる。発病は下位葉から始まり，はじめ葉脈と葉脈の間がまだらに淡黄色に変色し，発病葉の縁は上側に軽く巻く。病勢が進むと葉身全体が鮮やかに黄変し，葉柄の一部にも長いすじ状の黄変が生じる。病勢は下葉から順次上位葉に進み，複葉は枯死するが，小葉が落葉したり葉柄ごと離脱したりすることはない。茎や葉柄の導管部は，黄色のち褐色に着色し，根の中心柱も褐変している。発病株の根はごく一部の細根が腐敗する程度であり，太い根に病斑を生ずることはない。

●病原菌の生態　病原菌はナスやトマト，オクラ，フキ，キクなどの半身萎凋病菌と同じで，きわめて多犯性である。微小菌核は畑土中に少なくとも1年以上生存し，土壌伝染する。ウドが植えられると，根のまわりの微小菌核は発芽して根の表皮から侵入し，導管内で多量の分生子をつくる。この分生子は導管流によって地上部に移動する。茎や葉の導管内で菌が増殖すると，導管は菌体でつまったりゴム様物質などが充填したりし，植物体は水分上昇を妨げられて発病する。植物体が発病して枯れると，葉や茎の遺体上に無数の微小菌核を形成し，遺体とともに畑土中に埋没されて翌年以降の伝染源となる。発病株の根株を株分けすると，苗によって伝染する。苗中の病原菌は菌糸の形で生存していると思われる。病原菌の生育適温は22～25℃であり，20～30℃で発病し，22～26℃付近で激しい。

●発生条件と対策　連作すると2年目から急に発生が増加する。山ウド（山に生えているウドではなく，畑に植えた株に土盛りをし，短い軟化茎を出荷する栽培）など，根株の掘上げを行なわない栽培はとくに発生しやすい。栽培のたびに畑土の微小菌核密度が高まるので，輪作年数が短いほど，作付け回数が多くなるほど多発してくる。生育不良株や芽の充実が悪い株から苗をとっても多発する傾向がある。

根株養成はイネ科作物など非感受性作物を3年以上栽培した畑で行なう。根株養成用の苗は健全な根株から株分けし，念のために根株切断面を調べ，導管部や中心柱に変色が認められる根株は処分する。根株養成畑では発病株の早期発見に努め，発病株は見つけ次第処分する。なお，根株養成畑では，道路ぎわなど苗かごを下した場所から発生することが多い。

［飯嶋　勉］

◉菌核病

⇨口絵：病105

• *Sclerotinia sclerotiorum* (Libert) de Bary

●被害と診断　根株養成畑，掘り取り後の仮伏せ中，抑制用根株の冷蔵・保存中およびムロでの軟化中に発生するが，被害が大きいのは根株の冷蔵中と軟化栽培中の発病である。冷蔵中の根株の発病は，芽の部分や根の傷口から始まり，発病部は軟腐して白色綿毛状の菌糸が発生する。病勢が進むと根の表皮の下の組織が腐敗・消失して表皮を残すだけとなる。発病根株の表皮上や内部には，白色の菌糸塊や5mm大で黒色不整形の菌核が多数に形成されている。このころには発病根株に接触しているほかの根株も次々と発病し，激しい場合は全根株が腐敗する。

軟化中の発病は軟化茎の基部から始まり上部に進展する。病斑は水浸状で茶色，表面にかすかに白色の菌糸が生える。病勢が進むと地ぎわ部全体が軟腐して，軟化茎は倒伏する。発病株のまわりの土には，白い綿状の菌糸が密生する。根株養成畑では4月下旬から6月上旬に発生し，不発芽になったり発芽後の茎が地下部から軟腐したりして倒伏する。仮伏せ中の発病は，冷蔵中の発病根株の症状とほぼ同様である。

●病原菌の生態　病原菌は非常に多犯性で，キュウリ，トマト，ナス，イチゴ，キャベツ，ハクサイ，ネギ，レタス，ミツバ，ニンジン，エンドウなど多数の植物に菌核病をおこす。菌核は不良環境に対する抵抗力が強く，土の中で4～6年生存し，春と秋，降雨などの高湿条件下で発芽して，子のう盤をつくる。子のう盤は日なたでも1～2週間，日陰では3週間以上も生存し，盛んに子のう胞子を噴射する。子のう胞子は気温16～28℃で湿度が100％のとき良好に発芽し，菌糸を伸ばして植物体に侵入する。菌糸は20℃前後のときもっとも良好に生育する。植物体が発病して罹病した組織が腐敗・消失するころになると，菌糸は密に集合して白色の菌糸塊をつくり，やがて黒色の菌核となる。

養成畑における苗の発病は，保菌株を株分けした場合におこる。このとき形成された菌核は，秋になると子のう盤をつくり，子のう胞子を噴射して掘上げ前の株に付着する。感染を受けた根株は畑では発病せず，健全な根株とともに仮伏せ，冷蔵，軟化され，温度・湿度が良好な条件になると菌糸を伸ばして根株や軟化茎を次々と発病させる。軟化室では，菌糸のまま土中に残存し，軟化茎を発病させる場合も多い。

●発生条件と対策　充実の悪い根株や消耗した根株は発病しやすい。高冷地養成根株は一般に発生が多く，とくにレタスやキャベツ作付のあと地で養成栽培した根株は保菌率が高い。ウドの軟化は室温20℃前後，湿度100％で行なわれるが，これは発病の生育最適条件と一致する。したがって病原菌が根株に付着して混入したり，土中に残存していたりすると急激に発生する。合土（軟化の際，根株を覆う土）を更新した場合には，周辺土壌に病原菌が残存していると，急激にまん延することがある。

根株養成用の苗は，健全な根株から株分けする。5月中下旬に養成畑を見まわり，不発芽株や枯死株を見つけたら，菌核を含む土ごとていねいに抜きとって処分する。抑制用根株や軟化用根株は無病のものを厳選する。定期的に合土を更新し，軟化室とその周辺の環境を清潔に保つ。　［堀江博道］

◉黒斑病　⇨口絵：病106

- *Alternaria panax* Whetzel
- *Alternaria* sp.

●被害と診断　出芽後まもなく，5～6月ころから葉，葉柄，茎に発生する。発病は下位葉から始まり，上位葉に伝染する。夏まではおもに下位葉の発病が激しく，上位葉ではあまり目立たないが，初秋以降上位葉でも顕著となり，ほとんどの葉が枯死することもある。肥切れの圃場では発病しやすい。

葉では，はじめ1～2mmの水浸状の小点であるが，中央部から褐変しながら拡大し，褐色ないし暗褐色で周辺が濃い，径2～4cmの不整円形の病斑となる。いくつかが融合すると葉の全面を覆うほどの大型病斑になる。葉柄や茎では，それらにそって紫褐色ないし黒褐色で長円形の病斑を生ずる。

●病原菌の生態　病斑が古くなると，その上に分生子が形成される。分生子が飛散して伝染する。初夏から秋の間，葉では侵入後2～3日で小さな病斑が生じ，1～2週間で大型の病斑となる。このころから分生子が形成され始め，伝染がくり返される。菌糸や分生子が被害部に付着して越年し翌年の伝染源となる。菌の生育適温は24～28℃。16℃前後でも比較的よく生育するが，32℃ではほとんど生育しない。

●発生条件と対策　多湿時に多発し，梅雨期や秋雨時には発病が急増する。肥切れの圃場では多発する。生長の盛んでない株に発生しやすい。

施肥や深耕などの肥培管理に注意し，盛んに生長させる。通風をよくする。南北のうねがよい。秋，茎葉は集めて焼却する。軟化促成栽培で，圃場の一部に掘り上げないまま残した株は伝染源となりやすいので残さないようにする。 ［堀江博道］

◉白絹病 ⇨口絵：病106

• *Sclerotium rolfsii* Saccardo

●被害と診断 根株養成畑および軟化栽培中に発生する。養成畑では夏から秋に発生し，次第に樹勢が衰えて地上部は早期に枯死する。地ぎわ部に白い糸くずのような菌糸がまといついており，アブラナの種子に酷似した淡褐色，1～2mm大の菌核が多数形成されている。軟化中の発生は根株の発芽と同時に始まり，芽を中心にして絹糸状の菌糸が合土の表面を放射状に走る。軟化茎が伸長してくると地ぎわよりやや上の茎が黒褐色に変色するが，軟化茎が倒伏することは少ない。

●病原菌の生態 本菌は非常に多犯性で，ウリ類，フキ，コンニャクをはじめ，多数の植物に寄生する。菌核は不良環境に対する抵抗力が強く，自然状態で5～6年生存する。菌糸は13～38℃で生育するが，高温を好み，生育適温は28～33℃である。根株養成畑では，畑に残存している菌核から直接菌糸が伸びて感染がおこる。軟化中の伝染は，根株に付着している菌糸と菌核，および合土中に残存している菌糸と菌核による。

●発生条件と対策 病原菌が高温を好むため暖地で発生が多い。1枚の畑では，水の溜りやすい箇所に発生が多い。未熟の有機物を多施用すると発生しやすい。対策として，軟化栽培用の根株は無病のものを厳選する，合土を定期的に更新する，発病株は土ごと処分する。 ［堀江博道］

ツルムラサキ

◉灰色かび病 ⇨口絵：病107

• *Botrytis cinerea* Persoon: Fries

●被害と診断　灰色かび病は葉，茎に発生する。とくに新芽や収穫後の切り口での発病が多い。被害部は暗緑色から水浸状になり，軟化腐敗し，灰色のカビを形成する。乾燥すると，必ずしも灰色のカビを生じないが，多湿のときは必ず形成する。茎に発病すると立枯れ症状を示す場合もある。ハウスの谷下部や奥など湿度の高い場所で発生しやすく，発生源となりやすい。

●病原菌の生態　被害植物やほかの有機物で腐生的に繁殖して伝染源となる。また，土壌中で生存する菌核が伝染源となる。これらの伝染源となる被害植物などの上に形成された分生子が飛散し，各部位に感染し発病させる。その後，発病した被害植物上でまた分生子が形成され，次々に伝染し，まん延する。傷口や枯死した部分から侵入する。ツルムラサキ以外の多くの植物にも寄生する。生育適温は20℃前後である。胞子は風によって飛散し空気伝染する。

●発生条件と対策　多湿，降雨が続く時期，地下水位が高く排水不良圃場および密植，過繁茂で風通しが悪い条件で発生しやすい。肥料過多で軟弱徒長ぎみのときや，ハウス栽培で温度確保のため密閉状態が続いた場合などに発生しやすい。

換気をはかり多湿にならないようにする。排水不良圃場は排水を良好にし，低湿地での栽培は避け，株間をあけて風通しをよくする。ハウスは加温機や送風機などを用いて強制的に換気を行なうことにより通風をよくする。密植を避け老葉は除去する。発病した葉は第二次伝染源となるので，早急に取り除き処分する。肥料不足や過多を避け適正な肥培管理を実施する。多犯性の菌であるため，周辺を含めた圃場衛生に努める。マルチを行ない，土壌からの伝染を防止する。発病前から薬剤散布を行ない予防する。

［菅野博英］

◉半身萎凋病 ⇨口絵：病107

• *Verticillium dahliae* Klebahn

●被害と診断　春から秋にかけて発生しやすい。発病は下位葉から始まり，葉脈と葉脈の間がまだらに黄色に変色する。病勢は下位葉から順次上位葉に進み，徐々に萎凋する。被害程度が中～軽症株は正常な生育をするが，葉縁や葉脈間が局部的に萎凋黄化し，葉枯れが生じる。葉柄は赤色～淡褐色を帯び硬く折れやすくなり，地ぎわから茎葉が倒伏，枯死しやすい。

●病原菌の生態　ナス，トマト，キクなどの半身萎凋病菌と同じものである。この病原菌はきわめて多犯性であり，草本および木本植物にも寄生する。菌核は土中で長期間生存して土壌伝染を行なう。苗の定植や播種などにより根から病原菌が侵入し導管をおかす。被害植物の組織内に無数の菌核を形成するため，被害根，地下茎および地上部の茎葉などを放置すると次作の伝染源となる。生育適温は20～25℃で，発病は20～30℃である。

●発生条件と対策　ツルムラサキをはじめて栽培した圃場であっても，前作にトマトやナスなどの他作物で半身萎凋病が発生した圃場であれば初年度から発生する可能性が高い。連作すると，2年目から発生が増加する。排水不良圃場や，多灌水栽培などによる土壌湿度が高い圃場では発生しやすくなる。対策として，過去に半身萎凋病が発生した圃場では栽培しない。無病地で栽培する。排水のよい圃場で栽培し灌水をひかえめにする。

［菅野博英］

◉菌核病 ⇨口絵：病108

• *Sclerotinia sclerotiorum* (Libert) de Bary

●被害と診断　葉と茎に発生し，とくに新芽や収穫後の切り口での発病が多い。被害部は，暗緑色から水浸状になり，軟化腐敗し，白色綿毛状の菌糸体が認められる。のちに不整形で白色の菌糸の塊ができ，やがて黒色鼠糞状(菌核)になる。茎では，茎内部に菌核を生じ，被害部から上部は萎凋枯死する。新芽や収穫後の切り口では，発病部位から茎の内部が侵され，株が枯死する場合がある。菌核が茎内部に形成されると上部は萎凋枯死する。

●病原菌の生態　菌核病菌は被害部に菌核を形成し，成熟すると地面に落ち，越夏または越冬して伝染源となる。菌核は，春から秋に適度の水分を得ると発芽し，子のう盤と呼ばれる2～10mmの小さな黄褐色のきのこを形成する。子のう盤は成熟すると，無数の子のう胞子を飛散させ伝染源となる。発育適温は15～20℃である。罹病した葉などの部位には白色の菌糸が密生し，健全な葉や茎などが付着すると容易に感染する。宿主範囲は非常に広く，ツルムラサキ科，ウリ科，ナス科，マメ科，アブラナ科，バラ科などの菌核病を引き起こす。

●発生条件と対策　施設栽培で発生しやすく，感染の適温が15～21℃と低いため，無加温ハウスではとくに発生しやすい。加温ハウスの場合は，暖房開始前後が発生しやすい。連作すると発生しやすくなる。多犯性病害であるため前作で発生した場合は注意する。茎葉が過繁茂で通気が悪い場所や，排水不良畑，低地で日当たりが悪い圃場でも発生しやすい。

冬期はとくに夜間の保温に注意し，ハウスは早めに閉めて温度をなるべく高く，しかも長く保つようにする。ハウスの換気を行なうと，灰色かび病の減少にもつながる。窒素をやりすぎると軟弱になり，茎葉が繁茂しすぎて発病が多くなるので，作付け前に土壌診断を実施し，適正な施肥を実施する。被害部は，放置すると接触や菌核などからの菌糸侵入などによる健全部への感染を招くので，速やかに抜き取り処分する。毎年発病する苗床では床土を更新するか消毒を行なう。毎年発病する圃場では菌核が生存している可能性が高いことから，太陽熱消毒，熱水土壌消毒，土壌還元消毒，天地返しを行なう。土中の子のう胞子の飛散を防ぐため，施設内全面マルチ栽培を実施する。雑草にも発生するので圃場内外の管理を徹底する。発病前から薬剤散布を行ない予防する。

［菅野博英］

◉紫斑病 ⇨口絵：病108

• *Fusarium proliferatum* (Matsushima) Nirenberg ex Gerlach et Nirenberg

●被害と診断　紫斑病は葉，茎，花に発生する。はじめ紫色の小斑点が発生し，徐々に円形状に拡大し，中心が白色となり周囲が紫色となる。乾燥すると，斑点の中心から亀裂が入ることもある。一葉当たりの病斑数は1～10数個以上で，病斑が癒合する場合もある。新葉に発病すると，病斑の出現により葉が萎縮または捻れる場合もある。葉柄に発生すると，その部位の葉が脱落する場合もある。花に発生すると花自体が紫色であるため判別しにくい。

●病原菌の生態　病原菌は被害植物上に分生子を形成し，風によって飛散し空気伝染する。種子伝染もするので，発生圃場では種子の自家採取はひかえる。生育適温は25℃前後である。

●発生条件と対策　排水不良圃場や多灌水管理を行なうと発生しやすい。露地栽培では梅雨や秋雨時期，雨よけ栽培では多湿時，とくに施設内では空気がこもりやすいところで発生しやすい。連作すると発生しやすい。

ハウスの換気を行なうと灰色かび病や菌核病の減少にもつながる。窒素をやりすぎると軟弱になり，茎葉が繁茂しすぎて発病が多くなるので，作付け前に土壌診断を実施し適正な施肥を心がける。被害部

の放置は健全部への二次伝染源になるため，速やかに抜取りまたは切取り処分する。発生初期に農薬を散布する。 ［菅野博英］

シソ

◉斑点病 ⇨口絵：病109

- *Corynespora cassiicola* (Berkeley et Curtis) Wei

●被害と診断　シソの栽培地域で普遍的に観察される。6月から10月にかけて発生し，7月から9月に多発する傾向にある。栽培形態によって発生が異なり，とくにハウス栽培や雨よけ栽培では露地栽培に比較して被害が大きい。被害は株の中央部から下位葉にかけて認められ，次第に上位葉に発生する。発生時期は，気温の上昇する5月中旬ころから認められることもあり，6月になると全般的に圃場で認められる。発生程度によって被害が異なり，軽微な場合は葉に小さな斑点を生じるにとどまるが，多発すると多数の病斑が形成され，融合病斑が生じて被害が大きい。発病の初期は，葉に針で突いたような小さな黄～黄褐色斑点が生じる。斑点の周辺部は透かしてみるとハローを伴っているのが特徴である。時間が経過すると斑点の部分が褐色から黒色に変色する。

葉に発生する病斑は大葉生産にとっては致命的で，収穫葉に病斑が生じた場合出荷できなくなる。圃場における病斑形成葉の除去と低温での流通が必要となる。また，調製時に斑点の小さなものが見逃されてパック詰めされ出荷されると，市場でパックを開いたときに黒色円形の大型病斑が形成されることがある。

●病原菌の生態　病原菌は罹病残渣中に菌糸の形態で生存しており，多湿条件下で分生子を形成して伝染する。病原菌は植物残渣中で2年以上生存する。病原菌の寄生範囲は広く，ハス，アジサイ，キュウリ，メロン，ナス，トマト，トウガラシ，レタス，ダイズ，セントポーリアなどに感染する。多種の作物のほか雑草などにも寄生する可能性が考えられる。圃場周辺に本菌による病害の発生がないかを確認する必要がある。16～32℃の条件下で感染が見られ，20～28℃で多発する。

●発生条件と対策　高温多湿条件下で発生が多い。ハウス栽培で発生が多く，シソの養液栽培でも被害が認められる。新しく栽培を始めた栽培圃場では被害が少ないが，古い圃場(栽培年数の長い)ほど発生の多い傾向が認められる。また，栽植密度が高いと被害が大きい。

発病初期から予防的に株元へ薬剤を散布して被害発生を少なくすることが必要となる。多発時からの薬剤散布では防除効果が低い。収穫近い時期に葉にかかるように散布すると，葉に汚れを生じることがあるので注意が必要。散布はできるだけ株元への散布に限定する。発病圃場では罹病葉の除去が重要で，放置すると発生をくり返すことになる。罹病葉は集めて廃棄し，圃場周辺に放置しないように注意する。また，圃場に土壌全面マルチすることで胞子飛散量が減少し，被害を軽減できるとされる。

[草刈眞一]

◉さび病 ⇨口絵：病109

- *Coleosporium plectranthi* Barclay

●被害と診断　はじめ葉裏に黄色～黄橙色の隆起した小型の円形病斑を生じる。病斑はしばしば互いに融合して不規則な形状になる。やがて表皮が破れ，黄色粉状の胞子(夏胞子)を生じる。葉の表側には胞子を生じないが，このころになると病斑部は黄褐色～褐色の斑点として確認できる。病斑を生じた葉は商品価値がなくなるとともに，多数の病斑が発生した葉は落葉することもある。植物が生育するにしたがい，下位葉から順次上位葉へ発病が広がる。

●病原菌の生態　病原菌はシソのほかにエゴマにも寄生する。また，本種は異種寄生種を示すことが知られており，精子・さび胞子世代はアカマツの葉上で経過する(アカマツでは葉さび病と呼ばれる)。罹病葉の表皮下に形成される冬胞子が越冬して伝染源となると考えられる。施設栽培では夏胞子で越冬が可能である。生育期間中は夏胞子によって空気伝染し，次々に伝染がくり返される。

●発生条件と対策　露地栽培，施設栽培とも5～6月と9～10月に発生が多い。盛夏期には発生は一時停滞する。施設栽培では周年発生することがある。多湿条件下で発生しやすい傾向がある。肥料切れは発病を助長する傾向がある。

発病初期の防除が大切である。下葉の葉裏に病斑を発見したら，ただちに薬剤散布を始める。罹病株や罹病葉は伝染源となるので，圃場外に持ち出し土中に埋める。

［堀江弘道］

セリ

◉萎黄病 ⇨口絵：病110

• ファイトプラズマ　Phytoplasma

●被害と診断　はじめ新しい葉の葉脈間の緑色が退色して黄化してくる。やがて茎も黄色くなって萎縮し，節部から細かい葉がたくさん生じ叢生するようになる。これら黄化した葉や，上方の黄化した茎は，後期には褐色になって枯れる。収穫時には株元からたくさんの小さな葉が生じて叢生し，それらの葉柄は細くて長く伸びない。これら発病株は葉，葉柄，茎とも緑色が淡く，黄白色で，節部から葉がたくさん生じて叢生する。

親株養成中の種ゼリ田では6月上旬ころから発生し始める。また，前年に収穫しなかった軟化栽培田では，前年に感染した株は，4～5月ころに萌芽するときに節部から淡緑化した葉がたくさん生じて叢生する。葉の緑色が淡くなり，黄白色になるのが特徴である。モザイク病は葉が赤褐色となるので，見分けられる。

●病原微生物の生態　病原ファイトプラズマ(マイコプラズマ)はレタス，ミツバ，ホウレンソウ，シュンギク，ニンジン，セルリーなどの野菜やエゾギク，ミシマサイコにも発病する。畑の雑草ノミノフスマ，ツメクサなどにも発病して，ヒメフタテンヨコバイによって媒介される。ヒメフタテンヨコバイは，発病した植物に寄生して汁を吸収したあと，健全なセリに飛来し吸汁して媒介する。ヒメフタテンヨコバイは卵で越冬し，3月下旬ころからふ化し始め，10月下旬ころまで4回発生をくり返す。

●発生条件と対策　まわりに前年の掘り残しのセリやミツバがあれば，まず本病が多発するとみてよい。媒介虫のヒメフタテンヨコバイは卵で越冬するが，本病は経卵伝染しない。春にふ化した媒介虫が，まわりの畑に発病して掘り残されたセリやミツバの葉の汁を吸って保毒虫となる。比較的降雨の少ない年に多く発生する傾向がある。発病した養成ゼリ田から種ゼリを採取して使用すると多発生する。

周辺の畑と前年作で掘り残したミツバやそのほかの発病した作物を除去する。適切な施肥を行なって生育を良好にさせる。種ゼリ田で発病した株を種ゼリとして使用しない。薬剤散布を適正に行なって媒介するヒメフタテンヨコバイを防除する。［米山伸吾］

◉さび病 ⇨口絵：病110

• *Puccinia oenanthes-stoloniferae* Ito Tranzschel

●被害と診断　葉に黄褐色のやや隆起した小斑点を生じ，そのまわりがやや黄色に退色する。小斑点はのちにやや大きくなり，隆起した部分が裂けて中から橙色の粉(夏胞子)が飛散する。これらの症状は葉のほかに，葉柄や茎にも発生する。黄褐色に隆起した小斑点の夏胞子層は，気温が低下する晩秋～冬には黒褐色(冬胞子層)に変色する。発生がひどいと葉が枯れる。

●病原菌の生態　葉や茎の黄褐色の斑点の中で夏胞子が成熟し，これが飛散して健全な葉に付着し，そこから侵入して伝染する。この斑点は気温が低下すると黒褐色に変色して，中に冬胞子を形成する。この冬胞子は，春になると小生子を形成する。それが飛散して翌年の第一次伝染源となって葉，葉柄などに黄褐色の小斑点を形成し，その中に夏胞子を形成する。被害茎葉の組織内で越冬して，翌年の伝染源になる。

●発生条件と対策　密植，肥切れ，降雨が続くようなときに発生しやすい。初発生を見たら薬剤を散布する。予防的に散布しないと効果がないので，発生の初期に散布するよう心がける。多発生して枯死した葉が見られれば，それらの葉を摘除して薬剤を散布する。発病した種ゼリが第一次伝染源になるので，無病の種ゼリを使用する。 [米山伸吾]

ミツバ

◉モザイク病 ⇨口絵：病111

- キュウリモザイクウイルス
  Cucumber mosaic virus (CMV)

●被害と診断　葉に濃淡の斑が入ったり，葉が黄化したり，葉脈が透きとおるようになったりする。発病株は生育が衰えて萎縮したり，葉が小型になったりすることが多い。モザイク症状の葉は小さな凹凸が多数みられ，奇形になったりする。

●病原ウイルスの生態　キュウリモザイクウイルスにより発病する。モモアカアブラムシなど多くのアブラムシ類によって媒介される。

●発生条件と対策　根株の養成中に発生する。ミツバは，春に播種してから晩秋の株の掘上げまで，長期間にわたり畑で株を養成するため，早くからアブラムシの飛来を受けやすく，いっそう被害が大きい。アブラムシの発生時期に乾燥した天候が続くと，モザイク病の発生もいっそう多くなる。対策として，株が大きく育つまでビニルや寒冷紗を被覆するのもよい。殺虫剤を定期的に散布する。　［米山伸吾］

◉べと病 ⇨口絵：病111

- *Plasmopara nivea* (Unger) Schröter

●被害と診断　本葉にだけ発生する。はじめは淡黄色をした境界のはっきりしない小さな斑点を生じ，しだいに拡大して淡褐色となり，葉脈に区切られた角形の病斑となり，その裏側に薄ネズミ色のカビが生える。病斑は古くなると黄褐色～灰白色となり，2～3の病斑が融合して葉全体に広がる。このような病葉は，雨天が続くと湿気をおびてベトベトになるが，晴天になり乾燥するとガサガサになって，もろくなる。

●病原菌の生態　病斑上にできた分生胞子が風などで飛ばされ，新しいミツバの葉につき，湿気があると発芽して遊走子を生ずる。この遊走子から菌糸を生じ，気孔から葉の中に侵入し発病させる。病斑の裏側には分生子梗を生じ，その先端に分生胞子をつくって，これが飛散してほかの葉に付着し，その部分から葉に侵入して再び発病させる。病斑の裏側の薄ネズミ色のカビがこれで，虫めがねでも見える。分生胞子形成の適温は15～20℃前後，発芽適温はやや高く21～24℃である。

●発生条件と対策　べと病は気温が20～24℃のときに発病，まん延する。降雨が続き，多湿のときに発生が多い。春，秋に発生するが，春に比べて秋の発生が多い。秋の長雨のときなどには大発生する。肥料切れのように株が弱ったり播種量が多かったりすると発生しやすい。

　対策としては，厚まきを避け，風通しがよく排水のよい畑を選ぶ。肥切れしないよう堆肥を十分に施す。発病前から，あるいは発病の初期から防除を行ない，まん延を防ぐ。　［米山伸吾］

◉斑点病 ⇨口絵：病111

• *Cercospora apii* Fresenius

●被害と診断 おもに葉に発生する。はじめは淡褐色で水浸状の斑点を生じ，ついで暗褐色，円形となり，病斑の周辺はやや黄色を帯び，中心部は灰白色となる。病斑が古くなると，病斑上に小さな黒い粒(柄子殻)を生ずる。

●病原菌の生態 病原菌は被害茎葉中で越年し，これが翌年の伝染源となる。春から夏にかけて胞子を生じ，ミツバの新葉を侵す。それ以後は病斑上に形成された病原菌の分生胞子が飛んで，まん延する。

●発生条件と対策 日陰，排水不良畑，風通しの悪い畑などでは発生が多い。対策は播種量を多くしないようにすること。 ［米山伸吾］

◉菌核病 ⇨口絵：病112

• *Sclerotinia sclerotiorum* (Libert) de Bary

●被害と診断 葉柄や葉に発生する。葉柄の被害部は水浸状となり，軟らかく腐る。このような部分には，のちに白色綿状のカビが生える。軟化中には坪枯れ状に発生して腐り，白色の菌糸が生え，あとになって黒色のネズミの糞のような菌核(菌糸のかたまり)を生ずる。葉では淡褐色～灰色の病斑を生ずるが，株全体が発病して腐るので，葉だけ被害に遭うようなことはない。

●病原菌の生態 本菌はアブラナ科，ウリ科作物，レタスなどを侵して菌核病を起こす。被害部の菌核が地面に落ちて，春と秋に菌核から小さなキノコ(子のう盤)を生じ，そこに子のうができ，その中につくられる子のう胞子が飛び散ってミツバを侵す。軟化中には，株の養成畑で発生して生じた菌核が根株とともに軟化床へ持ち込まれ，その菌核が発芽して直接ミツバを侵す。菌核は地表で2年くらい生き残る。

●発生条件と対策 根株の養成畑および軟化床で発生が多い。根株の養成畑でまず発生する。発病温度は20℃前後であるが，10℃以下の日が数日続き，降雨があると発生が多くなる。早春や晩秋の温度が低いときに発生し被害が大きい。温度が高くなるにつれて発病は減少する。軟化床では軟化の全期間に発生し被害が大きい。根株の養成畑では連作すると発病が多くなる。ナス，トマト，キュウリ，レタス，アブラナ科作物などにも発生するので，これらの野菜を栽培した跡地では注意する。

本病が発病しないほかの作物と輪作する。前年発生した畑では土壌消毒をする。また，菌核は地中深く埋めると活力がなくなるので，上層30cmの土を天地返しする。肥料を十分に施し，また堆肥を多量に使用して肥料切れしないようにする。被害株は菌核を生じないうちに，まわりの土とともに抜き取り焼却するか，土中深く埋める。軟化床で発生すると被害が大きいので，軟化床に伏せ込む前に根株の土をよく落とし，とくに黒色の菌核を必ず取り除く。

［米山伸吾］

◉立枯病 ⇨口絵：病112

• *Rhizoctonia solani* Kühn

●被害と診断 養液栽培ミツバにおいて，育苗時に発生することが多い。ミツバは，ウレタンマットに播種して育苗するが，育苗時，苗の一部に葉がやや黄化した部分が見られ，付近にクモの巣状のカビ(菌糸)が生じる症状が見られる。被害部位は円形状に数日で大きくなり，苗箱全体に広がることがある。罹病部位では子葉，茎が水浸状になり，やがて淡褐色～茶褐色になって枯れ上がる。被害株や感染の見られた育苗箱の健全な苗を定植すると，栽培槽において茎地ぎわ部が水浸状になり，やがて軟腐状になって腐敗する症状が見られ，株の葉が垂れ下がった状態になる。被害株では，外葉がパネル上に垂れ下がって枯れ，生育は著しく悪くなる。被害は栽培槽にまばらに発生した状態で広がり，ピシウム属菌による根腐病のように，栽培槽全体の株が急速に萎凋することはない。

●病原菌の生態　病原菌は褐色の菌糸でまん延し，ミツバに感染して茎葉を軟腐状に腐敗させる。病原菌は罹病残渣中の褐色菌糸や罹病部位に形成した菌核で越冬し，翌年，褐色菌糸が発芽，または菌核に形成された担胞子により伝染する。ミツバでは，定植パネルとして発泡スチロールパネルが用いられており，罹病株があると発泡スチロール内に入り込んだ根に病原菌の菌糸，菌核が残り，これが感染源になることがある。また，種子伝染が確認されており，種子への病原菌の菌糸，担胞子，菌核の付着が疑われる。

●発生条件と対策　本病の発病適温は25～30℃で，やや高温で多湿条件下で発生が多い。露地栽培でも発生することがあり，25℃以上で密植条件下で多湿な状態で発生することがある。養液栽培の育苗時では，子葉展開時は少ないが，本葉が1葉展開する時点で被害の見られることが多い。子葉が展開し，根がウレタン下部に少し出た時点で早めに定植することで育苗時の被害を少なくできる。5～6月の育苗時では発生すると急速にまん延することがあるので注意が必要である。本圃での被害発生は，パネルなどを汚染し，施設での被害発生の恒常化につながる。

近年，種子汚染による被害発生が報告されており，汚染種子から育苗時の被害発生，本圃への拡大に至る事例がある。種子消毒には，50℃10分の温湯処理，77℃3日間，80℃2日の乾熱処理が有効とされる。本圃で発生するとパネル内への根の侵入よりパネルが汚染することがあり，汚染パネルについては次亜塩素酸塩などの表面殺菌では効果が低く，温湯による消毒が必要となる。薬剤は，バリダマイシン液剤5の散布が有効である。　［草刈眞一］

ジャガイモ

◉葉巻病 ⇨口絵：病113

• ジャガイモ葉巻ウイルス
Potato leafroll virus (PLRV)

●被害と診断 保毒いもを植え付けた場合の次代(二次)病徴は，萌芽後，下葉から葉縁が上向きに巻き上がり，とくに葉の先端部が上方に巻き，著しくなると管状となる。この巻葉は漸次上葉に及び，草丈は萎縮し，葉色は退緑して直立する傾向がある。葉はデンプンがたまるので厚く，もろくなり，握ると容易に砕ける。罹病株のストロンは短く，小型の塊茎を多数生じる。重症の場合健全株に対して80%，軽症でも50%の減収となる。生育期間中に健全株が感染した場合の当代感染(一次)病徴は，頂葉がやや退緑し，小葉基部が内側に巻いてくるが，品種によって小葉が桃～紫紅色を帯びることがある。早い時期に感染すると，上，中葉とも巻いてくるが，二次病徴のように葉が厚く硬くなったりすることはない。一次病徴株は二次病徴株に比べて，減収することは少ない。

●病原ウイルスの生態 葉巻ウイルスはアブラムシ類によって伝染し，保毒塊茎で次代にもちこされる。モモアカアブラムシ，ジャガイモヒゲナガアブラムシ，チューリップヒゲナガアブラムシ(バレイショアブラムシ)による伝搬が知られているが，前二者が媒介者として重要である。

モモアカアブラムシによる獲得吸汁時間は1時間で，約1日間の潜伏期間ののち，健全植物を5～10分間吸汁するとウイルスを伝搬することができる。保毒後のウイルス保持期間は長く(約3週間)，また幼虫は成虫よりも伝搬率が高い。さらに，長時間吸汁するほど伝搬率が高く，かつ長期伝搬能力を保持している。保毒モモアカアブラムシによってジャガイモ葉に接種注入された本ウイルスの茎への移行は3～6日，塊茎への移行は1～2週間であるが，若い植物体ほど移行が早く，開花後の植物体では3～4週間を要する。とくに生育後期に感染した場合，ウイルスの移行が遅く，植物体に病徴が現われなくとも新塊茎が保毒し，翌年の伝染源となる。ジャガイモヒゲナガアブラムシのウイルス伝搬方法も，モモアカアブラムシの場合と同様とみられる。

ジャガイモヒゲナガアブラムシがもっとも早く活動する。北海道では5月末のジャガイモの萌芽前に冬寄主であるクローバ類，ギシギシなどで認められ，その後ジャガイモ畑に飛来し，6月中下旬にピークに達しその後減少するので，生育初期の伝搬に重要な役割を果たしている。これに対して，モモアカアブラムシはスモモ，ウメなどバラ科の果樹で卵態越冬し，6月末に有翅虫が出現し，ナス科，マメ科など多くの夏寄主に移動する。そして，ジャガイモ上で7月下旬から増殖するので，生育中期から後期の伝搬に重要な役割を果たしている。

●発生条件と対策 種いもに保毒いもの混入している率が高いほど発生しやすい。さらに，ジャガイモ生育期が高温少雨に経過する年次はモモアカアブラムシの繁殖に好適となるので，発生時期が早く，発生量も多くなる。その結果，後期の当代感染が多くなるので，次年の葉巻病の発生は多くなる。

無病種いもの使用が防除対策の要点で，原採種圃場における対策がもっとも重要となる。無病種いもの生産のため，種いも生産畑では罹病株の発見に努め，抜き取りを早めに，しかも徹底して行なう。生育期のアブラムシ徹底駆除のため，浸透性殺虫剤と茎葉散布剤を併用する。飛来有翅アブラムシによる生育後期のウイルス感染は，多飛来時には殺虫剤による茎葉散布だけでは防ぎきれないので，黄色水盤によってアブラムシの消長を正確に把握し，早期に茎葉枯凋処理を行なうか，ストローチョッパーなどによる茎葉の刈り取りを行なう。茎葉枯凋処理では，枯凋が完全でないとアブラムシは緑色部に集まり，種いもの保毒率が増加するので完全に行なう。野良生えは伝染源になりやすいので，早期に抜き取る。種いも生産畑はその周辺の環境を整備し，一般圃場から離れた場所で集団栽培する。また，一般圃場では毎年無病種いもに更新するほか，種いも生産畑に近接した圃場ではアブラムシ防除に心がけ，ウイルス伝染源の低下に努める。

［萩田孝志］

◉てんぐ巣病 ⇨口絵：病113

• ファイトプラズマ　Phytoplasma

●被害と診断　病徴は特異的で，感染当年では上葉が小さくなり，葉縁は退緑黄変し，中肋は下方にわん曲する。さらに，葉腋および茎の基部から細い枝を叢生し，これに生じる葉は退緑した単葉となる。罹病株には多数の小いもを生じるが，これは休眠することなく多数の萌芽を生じ，親株の周囲に叢生する。保毒いもが発芽すると，多数のせん芽を生じ，葉は単葉で小さく，著しく萎縮したハコベ状の異常株となる。

●病原微生物の生態　本病の病原体はキマダラヒロヨコバイの媒介によって伝搬される。本病原体の寄主範囲は広く，ナス科，マメ科，キク科その他多数の植物に感染し，アカクローバ，アルサイククローバ，ナンテンハギ，ヒメジョオンそのほかの雑草の根で越冬する。

●発生条件と対策　保毒いもの混入した種いもを植え付けると発病が早まり，感染が拡大しやすい。越年性の保毒植物が圃場周辺に多いと，それらを吸汁したキマダラヒロヨコバイがジャガイモ畑に飛来し，感染が多くなる。

対策としては，無病の種いもを用いるほか，罹病株は早期に抜き取る。畑付近の保毒雑草でキマダラヒロヨコバイも越冬するので，本病発生地では畑周辺の清掃が必要である。

［萩田孝志］

◉黒あし病 ⇨口絵：病113

• *Pectobacterium atrosepticum* (van Hall 1902) Hauben *et al.* 1999〔*Erwinia carotovora* subsp. *atroseptica* (van Hall) Dye〕
• *Pectobacterium carotovorum* subsp. *carotovorum* (Jones 1901) Hauben *et al.* 1999〔*Erwinia carotovora* subsp. *carotovora* (Jones) Bergey *et al.*〕
• *Dickeya dianthicola* Samson *et al.* 2005〔*Erwinia chrysanthemi* Burkholder *et al.*〕

●被害と診断　本病は多くの場合，徐々に進行し，茎を侵害して黒あし症状となる。その茎の基部は種いもの腐敗部位と連続しており，同一種いもでも未腐敗部から伸長した茎に発病はない。茎葉部の外観症状は，早い場合には萌芽後約1～2週間で現われる。はじめ下葉がやや退色して萎凋し，重症株では茎の伸長が停止して株全体が黄化し，ジャガイモ葉巻病類似症状を呈し，地ぎわ茎の黒変腐敗部から倒伏することが多い。軽症株ではその後回復して生育するが，頂部小葉に黒あざ病罹病株で見られる変色症状を現わすことがある。

多湿時には茎黒変部が伸長し，葉柄に達することがある。この場合，茎維管束の褐変が茎上部にまで達している。しかし，一般に茎部柔組織の軟腐は遅く，茎基部の黒褐変で終わるものが多く，外観上健全な株でも，地ぎわから下の茎維管束の褐変が高率に認められる。発病株の根および形成初期の塊茎に病徴は見られないが，塊茎の肥大と地上部症状の進展に伴い，茎部からストロン維管束部に褐変が進行する。この褐変が塊茎維管束部に達すると，ストロン基部から塊茎中心部の柔組織に褐変が拡大し，この部位は空洞化する。新塊茎の軟化腐敗部は，空気にふれると次第に黒変する。

D. dianthicola(Dd)による発病株の種いもはやや褐色を帯びたゼリー状に，*P. atrosepticum*(Pa)および*P. carotovorum* subsp. *carotovorum*の一系統菌(Pcc)によるものはクリーム状に軟腐していることが多い。また，PccおよびDdの感染株の症状はPaのそれに比べて，葉の黄化と茎の伸長抑制程度が軽い傾向にある。Ddによる感染株は茎の髄部腐敗による空洞化が顕著であるが，7月が高温乾燥に経過する年にはPaおよびPccによるものでも，このような症状が多く認められる。

●病原菌の生態　第一次伝染源は汚染および感染塊茎である。汚染あるいは感染した種いもを播種すると，種いもの腐敗に伴い茎の発病が起こり，病原菌はストロンを経由して新塊茎内部に侵入感染するほか，種いもと茎の腐敗部から土壌中に放出される。この放出病菌は雨水などで土中を動き，隣接する健全株の新塊茎を汚染あるいは感染する。放出された病原菌は単独では土壌中で生存越冬できない。病原菌はまた，罹病塊茎を切断した刃物で健全塊茎に接触伝染する。

●発生条件と対策　PaおよびPccによるものは，播種から初発病日までの気象が低湿で多雨(約150mm以上)の年に多い。また，接種いもを播種すると，用いた菌株および菌量によって病株率が異なるほか，品種間に明らかな発病差異がある。エニワは強抵抗性，タルマエは極罹病性で，農林1号，紅丸などは抵抗性に，男爵薯は罹病性に属する。本病の多発圃産の塊茎を翌年に種いもとしても，必ず多発するとはかぎらない。むしろ貯蔵前から播種前までの種いもの管理が重要である。貯蔵前に霜害を受けた塊茎が貯蔵中に腐敗し，選別種いもで38%(欠株率28%)の病株率を示した農家の例や，Pa感染株からの塊茎を種いもとしたとき，十分に風乾してむしろ貯蔵したものは2%(欠株率0.7%)に対して，収穫後ただちに土中貯蔵したものは29%(欠株率29%)の病株率に達した例がある。

本病の防除対策の根幹は無病種いもの生産と安定供給にある。このため，原採種圃では3年以上の輪作を行ない，病株の早期発見と抜き取りに努め，さらに収穫塊茎は十分に風乾してから良好な条件下に貯蔵する。本病の常発地帯では，すべての種いもを一度に無病なものに更新することは不可能で，また原採種圃でも本病の発生がある。これらのことから，一般圃の防除および原採種圃での無病種いもの生産のため，薬剤による種いもの処理，切断刀および種いも収容資材などの殺菌は必要である。　［田中文夫］

◉軟腐病　⇨口絵：病114

- *Erwinia carotovora* subsp. *carotovora* (Jones 1901) Bergey *et al.*

●被害と診断　はじめ地面に接した小葉に，水浸状に軟化腐敗した不整形の病斑を形成する。この病斑は速やかに葉柄に進行し，主茎に達する。主茎の病斑は葉柄付着部から上下に広がって黒褐変し，維管束部も褐変するので，黒あし病に著しく類似した病徴を呈することが多い。また，茎の皮層部に病徴は見られず，髄部が腐敗して中空化し，上部葉が萎凋枯死することもある。しかし，ジャガイモの生育中，茎葉に多発生しても新塊茎は健全なことが多い。

塊茎では，はじめ皮目部に赤褐色の小斑点が現われる。この小斑点は塊茎表面の湿度が高いと拡大して，周囲が褐色の不明瞭な斑紋となる。斑紋下の柔組織は浅くクリーム状に軟化腐敗し，膿状となる。塊茎表面が乾燥していると，赤褐色の小斑点を中心にやや拡大した病斑は，白色円形に浅く陥没し，拡大を停止する。本病菌は茎葉および塊茎の傷口から感染し，柔組織を軟化腐敗させることも多い。

●病原菌の生態　地面に接した小葉の発病は土壌中，塊茎内外で越冬した本病菌によって起こる。また，昆虫，エアロゾルによっても伝搬され，それらが第一次伝染源となっている可能性もある。株元土壌の本病菌は，新塊茎の表面および皮目部を汚染する。高温多湿な条件下で皮目部あるいは傷口から侵入し，塊茎を腐敗させるが，雨水が停滞した場合とくに激しい。疫病菌，乾腐病菌などに感染した塊茎が，二次的に本病菌に侵されて腐敗することも多い。茎葉部の発病は，エニワ，ユキジロ，シレトコ，農林1号，ホッカイコガネ，コナフブキ，ハツフブキなどの品種は抵抗性，男爵薯，トヨシロなどは罹病性，タルマエは強度の罹病性に属する。窒素を過用したり，倒状して上部葉が感染したりすると，抵抗性品種でも主茎の発病が多くなる。

●発生条件と対策　7～8月が高温多雨の年に発生が多く，茎葉が倒状した圃場で被害が多い。

茎葉部の発病防止のため，小葉の発病初期から7日間隔で薬剤を茎葉散布する。茎葉の過繁茂は薬剤の感染部位への到達を妨げるので，窒素を過用しない。土壌感染による新塊茎の腐敗防止のため，圃場の排水をよくする。塊茎を汚染している本病菌は表面の乾燥によって短期間に死滅するので，貯蔵前の風乾は貯蔵中での塊茎腐敗を防止するうえで有効である。健全いも中に凍霜害などの障害いも，他病害の罹病いもが混入すると，貯蔵あるいは輸送中に本病菌が二次的に侵入して軟化腐敗し，この接触によって健全いもが汚染，感染するので，収穫後の管理に注意し選別を行なう。　［田中文夫］

◉そうか病　⇨口絵：病114

- *Streptomyces scabies* Lambert et Loria
- *Streptomyces turgidiscabies* Miyajima *et al.*
- *Streptomyces acidiscabies* Lambert et Loria
- *Streptomyces* spp.

●被害と診断　主として塊茎に病斑を形成するため，激しい場合，食用品，食品加工用としての価値を著しく低下させる。新塊茎重量が減少することはないが，重症塊茎ではデンプン価が健全および軽～中症塊茎に比較して著しく低下するほか，デンプンの品質にまで悪影響を及ぼす。一般に塊茎の表面に大きさ不同で周辺部がやや盛りあがり，中央部がやや陥没した淡褐～灰褐色のかさぶた状の病斑を形成する。病斑下の肉質部は淡褐色を呈し，わずかに腐敗している程度である。この症状が本病の典型的病徴である。ケラの食害跡のような，塊茎に深く陥没した大型の病斑が形成される場合も多い。これとは反対に，病斑がクッション状に盛りあがるものがある。また，浅在性の病斑が網目状亀裂を生じて形成されたり，その他の症状がある。

●病原菌の生態　本病菌はジャガイモが存在しなくとも，土壌中の腐敗植物体上，他植物の根とともに，あるいは家畜廃物を多量に施した畑土壌中などで長期間生存できる腐生型生存菌である。寄生範囲は広く，レッドビート，ビート，ダイコン，カブ，ニンジン，ゴボウなどの根に感染してそうか病を起こすほか，*S. scabies*ではコムギ，ダイズ，インゲンマメなどの各種植物根に感染して壊死病斑を形成するとされる。種いもおよび土壌伝染の2つの伝染経路がある。本病菌はジャガイモが導入される以前の自然土壌中に局所的に存在していたが，これから感染した汚染種いもの使用，あるいは本病原菌を含む未熟堆肥の施用などによって土壌中に持ち込まれ，拡散したと見られ，これによる新塊茎の感染が主で，土壌が主要な伝染源とされる。しかし，感染，汚染種いもを栽培して伝染が起こり，とくに黒あざ病菌によってストロンが侵害され，このため種いもの近くに新塊茎が形成された場合に顕著である。

●発生条件と対策　本病は乾燥しやすく通気のよい圃場で発生が多い。発生は年次によって大きく変動し，気象要因の影響が強い。すなわち*S. scabies*，*S. turgidiscabies*のいずれの病原放線菌によるそうか病でも，6月中旬～7月上中旬（塊茎形成～肥大初期）に地温が高く，少雨乾燥に経過した年次に早発し，発病も多くなる。この時期が多湿な場合，発病は抑制される。これは塊茎皮目は土壌湿度が高いと，肥大した添充細胞がそう生し，皮目孔から感染部位を噴出，除外するほか，多湿な条件では拮抗微生物の活動も盛んとなり感染が阻止されるためといわれる。*S. scabies*の場合，塊茎の周皮，目からは侵入できず，傷口を除くと気孔の変化した若い皮目が主要な感染部位である。土壌pH5.2以上，とくに石灰を多量に施した圃場，あるいはアルカリ土地帯で多い。多くの品種は罹病性であるが，ツニカ，ユキジロ，スタークイーン，ユキラシヤ，スノークイーン，スノーマーチ，三重丸などは抵抗性である。

防除には基本的に健全畑への病原菌の侵入と，その増殖を防止することが重要である。そのため，種いもは健全無病のものを使用するほか，種いも消毒を行なう。連作，過作を避け，過度の石灰施用を避け酸性肥料を使用する。さらに，粗大有機物の施用をひかえ，完熟堆肥を用いるなどの耕種的対策も必要である。多発生圃場では転作，輪作によって病原菌量の低下をはかることが重要であるが，フェロサンド（硫酸第一鉄資材），硫黄粉施用による土壌pHの低下，薬剤による土壌殺菌，塊茎着生から約4週間土壌湿度を多湿（pF1.5～2.0）に保つなどの方法もある。前作緑肥としてイネ科作物，とくにエンバク野生種は発病軽減効果がある。休閑緑肥，後作緑肥のいずれでも効果がある。マメ科作物はイネ科に次いで有効である。抵抗性品種の利用はもっとも効果的である。

［田中文夫］

根菜類

◉粉状そうか病 ⇨口絵：病115

• *Spongospora subterranea* (Wallroth) Lagerheim f. sp. *subterranea* Tomilinson

●被害と診断 病徴は地下部だけに認められる。罹病組織残渣から土壌中に放出された胞子球中の休眠胞子から遊走子（一次遊走子）を生じ，それが幼根，根毛に侵入感染する。根部に形成された遊走子のうから再び遊走子（二次遊走子）を生じて感染をくり返す。6月下旬～7月上旬に塊茎表面に円形，瘡蓋状の病斑を形成するほか，根にゴール（こぶ状物）をつくる。ゴールはしだいに黄褐色となり，皮が破れ，黄褐色の粉状物を露出するようになる。

塊茎では表皮の下部がやや紫色を呈し，淡褐～赤褐色のやや隆起した円形の斑点が現われる。感染細胞の増殖，肥大に伴って病斑は次第に拡大し，表皮が裂けていぼ状の隆起病斑となる。塊茎の成熟に伴って病斑組織は褐変，崩壊し，内部に形成された無数の胞子球が土壌中に放出されるとともに病斑は陥没し，周囲に表皮断片がひだ状に残された特徴的な病斑となる。塊茎への侵入門戸は新鮮な傷口，未熟皮目，芽部である。食用，加工用用途の塊茎の商品価値を著しく低下させる。

●病原菌の生態 第一次伝染源は土壌中および罹病塊茎病斑中の胞子球である。胞子球は耐久性が高く，家畜の消化管を通過しても死滅しないとされ，土壌中で10年以上生存できる。胞子からの遊走子の形成は，低温（13～20℃），多湿で良好である。本病の発生は気象，土壌条件にも強く支配されるため，病原菌が存在する圃場にジャガイモを栽培しても常発するとはかぎらない。病原菌の侵入は13～20℃で起こり，17～19℃で盛んである。

病原菌はジャガイモ塊茎褐色輪紋病の原因ウイルス（ジャガイモモップトップウイルス）を媒介する。ナス科植物のほか，アカザ科，アカネ科，アブラナ科，イネ科，イラクサ科，キク科，シナノキ科，スミレ科，タデ科，ヒユ科，フウロソウ科，ユリ科の根に感染することが報告されている。男爵薯，とうや，キタアカリ，トヨシロは抵抗性弱，農林1号，ワセシロはやや弱，メークイン，さやか，コナフブキ，デジマは中，紅丸，ホッカイコガネ，サクラフブキ，スタークイーン，エニワはやや強，ユキラシャは強に属する。

●発生条件と対策 発病は塊茎の形成期以降に多

雨のとき，とくにある期間乾燥が続き，その後降雨があるとき著しい。しかし，20℃を超えると発病は抑制される。本病は腐植に富む土壌で，排水不良の低湿地に発生被害が多い。

無病種いもの使用，4年以上の輪作，常発畑での栽培回避，暗渠排水や心土耕による圃場の排水改善，抵抗性強の品種の栽培，殺菌剤の植付前土壌施用などの防除対策を行なう。 ［中山尊登］

◉黒あざ病 ⇨口絵：病115

- *Thanatephorus cucumeris* (Frank) Donk（完全時代）〔*Rhizoctonia solani* Kühn（菌糸融合群の3群および2群2型）〕

●被害と診断 最初，萌芽間もない幼茎が発病し，激しい場合には，幼茎が地上部に現われることなく黒褐色になって腐敗する。さらに，この枯死幼茎の下部からは新たに第二，第三次の幼茎を生じ，はなはだしい場合にはそれらも侵害される。このため，萌芽遅延，不揃い，あるいは欠株の原因となるばかりか，萌芽生育しても細茎となる。生育中期では，地ぎわ付近あるいは地中の茎に褐色病斑を生じ，激しい場合には下葉が黄化し巻き上がり，頂葉はやや小型となり，やや萎凋して展開不良となるとともに紫紅色を呈するようになる。このような茎では同化物質の地下部への転流が阻害されるため，病斑上部の節が異常に肥大したり，腋芽が肥大して気中塊茎となったりすることがある。

ストロンにも褐～黒褐色の病斑を生じ，激しい場合には病斑がストロン周囲をかこみ，また先端が腐敗し，伸長は停止する。ストロンの形成と感染のくり返しの結果，新塊茎の着生が妨げられるとともに，肥大も遅延する。さらに，ストロンは短くなるため，新塊茎は主茎付近にかたまって形成される。このため，新塊茎の形はいびつとなりやすいばかりか，地上に露出する場合も多く，また塊茎と塊茎とが接触し，その表面が亀の甲症状を呈することが多く，商品価値は著しく低下する。ストロンの発病は初期の幼茎の発病と関連しており，地ぎわ部付近あるいは地中の茎に病斑の見られる株はストロンの発病も多い。新塊茎上に菌核が形成されるが，これは地上部茎葉の活性の高い時期では少なく，茎葉が枯死したのちに顕著となる。

●病原菌の生態 第一次伝染源は，土壌中に存在する病原菌と種いも表面に付着した菌核である。すなわち，土壌中で越冬，生存した病原菌が幼茎，ストロンおよび根に接触してそれらを侵害するほか，塊茎上の菌核が伸長し，これが幼茎，およびジャガイモの生育に伴ってストロンと根を侵害する。土壌伝染と一部認められるが，最近の研究では土壌中に残存した病原菌より，むしろ塊茎に付着した菌核が次年の伝染源として重要であるとされる。

●発生条件と対策 幼茎の発病は，植付け後地温が低く多湿に経過し，萌芽に長時間を要するときに多く，被害も激しくなる。生育期の本病の被害も低温多湿のときに多い。

種いも上の菌核を殺すため，種いも消毒を行なうほか，土壌伝染の見られるところではイネ科作物をとり入れて3～5年の輪作をする。塊茎への菌核付着は，茎葉枯凋後，土中に存在する期間が長いほど多くなるので，茎葉枯凋後7～10日以内に掘り取る。さらに，ジャガイモの連作を避けることはむろんであるが，本病の被害は萌芽日数が長いと多くなるため，浴光催芽した種いもを使用し，深植えを避ける。 ［田中文夫］

サツマイモ

◉黒斑病 ⇨口絵：病116

• *Ceratocystis fimbriata* J. A. Elliot

●被害と診断 苗床や畑で苗，茎，いもに発生するが，とくに貯蔵中のいもの被害が大きい。いもは掘り取ったときにすでに発病していることがあるが，多くは貯蔵中に病気が進む。病斑ははじめは浅く，緑を帯びた黒褐色をしているが，時間がたつと黒色がより強くなり，表面がくぼんだ円形となる。その中央部にカビを生じる。病いもから感染した苗では，地下部や地ぎわ部の茎に黒い病斑をつくる。軽いものは健全な苗と外観上変わりがない。畑では，地下の茎とくに基部に黒い病斑をつくるが，地上部に発生することはない。

●病原菌の生態 本菌は厚膜胞子，分生胞子，菌糸のかたちで病いも中で越冬する。貯蔵中に病いもと接触することによって，ほかのいもにまん延する。病いもを種いもに使った場合，子のう殻に子のう胞子を生じて苗に寄生する。病苗を圃場に植えると病斑から分生胞子が形成され，病原菌が土壌中に放出される。7～8月の盛夏期には胞子の形成は減少するが，秋に近づくと多くなる。発病は15～30℃で生じ，25℃が最適である。10℃以下または35℃以上では発病しない。本菌は高温に対して弱い。

●発生条件と対策 多くの場合，生傷から侵入する。苗床では苗取り時に病いもから感染することが多く，基部の切断傷からの発病が圧倒的に多い。いもの健全な外皮に侵入することはなく，サツマイモを食害するハリガネムシ，コガネムシ類の幼虫，アリモドキゾウムシ，ハタネズミ，モグラ，コオロギなどの食痕からの発病がもっとも多く，自然の裂開，皮目部，発根部からも発病する。貯蔵中のいもでは大部分が収穫・貯蔵作業中の打傷やすり傷から侵入して発病する。主な伝染経路は病いも→苗→いもであるが，連作し多発した畑では土壌中の病原菌密度がきわめて高く，無病苗をもち込んでも土壌伝染が起こることがある。

対策の基本は無病苗を植えることで，必ず病斑のない無病の種いもを選ぶ。床土は更新し必ず無病土を用いる。病原菌の混入のおそれのある場合は床土の消毒を行なう。発病のおそれのある種いもは，伏込み直前に47～48℃の温湯に40分間浸漬し（温湯消毒），ただちに温床に伏せる。温湯消毒は表面のみならず種いもの深部に侵入している病原菌も殺すことができる。温湯消毒ができない場合は薬剤による種いも浸漬または粉衣を行なう。苗床では種いもをなるべく浅く伏せる。発芽は遅くなるが苗に発病することが少ない。

苗床で種いもに発病すると，床土に病原菌がしみ出しているので，苗はいもぎわから取ることなく，いもから3cm以上を残して切る。薬剤浸漬による苗消毒を行なう。温湯消毒も効果があり，苗の葉が温湯にひたらないよう基部だけ6～9cmを47～48℃の温湯に15分間浸漬する。一度畑に植えて伸び出したつるからつる先を切り取れば健全苗が得られるので，次年度の種いも用にはつる先苗の利用も一方法である。

収穫の際に発病株の掘取りは別に行ない，健全株だけを先に収穫，貯蔵し，病いもには触れないよう注息する。キュアリング倉庫のあるところでは，35～36℃，湿度100％にあげ，4日間保つ。病原菌の活動を抑えるとともに，傷口にコルク層ができて治癒し，病原菌の侵入を阻止することができる。キュアリング処理終了後は，いもの温度を貯蔵適温である12℃までなるべく早く低下させる。貯蔵庫，貯蔵箱，貯蔵穴などはホルマリンを散布して消毒する。［小川 奎］

◉紫紋羽病 ⇨口絵：病116

• *Helicobasidium mompa* N. Tanaka

●被害と診断　いものほか，根や地ぎわ部の茎に発生するが，掘り取ってはじめて被害がわかることが多い。掘り取ったいもの表面に，紫褐色の糸のような菌糸束が網目のように絡み付いている。さらに病気が進んだものは，菌糸束が密になってフェルト状になっている。手を触れると，その外皮は菌層とともにはげ落ちるが，内部まで軟化，腐敗している。

●病原菌の生態　寄主範囲はクワ，チャ，果樹，樹木類をはじめ，コンニャク，ダイズ，ニンジン，ダイコンなどの野菜類などきわめて広い。しかし，イネ科作物は侵さない。土壌中で菌核，子実体や被害残渣上の菌糸体で越冬する。翌年，苗が植えられると菌糸が土壌中を伝わって，地下の茎やいもに密生，侵害する。そのため，毎年同一場所で発生することが多い。土壌中の菌核，子実体は4年以上の伝染力をもっている。本菌の生育はpH6.0付近，温度は22～27℃が最適である。

●発生条件と対策　桑園跡，果樹園跡，開墾地に発生しやすい。寄主がなくても，未分解有機物を栄養源として旺盛に生育できるので，未分解有機物の多い畑で発生しやすい。発生しやすい畑は，粘土含量が少なく土壌が軽く膨軟で，pHが低く乾土効果が高く，また土壌中の糸状菌群が多く，細菌群が少ないなど未熟な土壌の性質をもっている。前作物に本病が発生した跡地ではサツマイモにも発病する。

土壌中の病原菌を自滅させるためには，オカボなどのイネ科作物を5年間栽培する。開墾間もない未熟な畑では，石灰150kg/10a以上を施用し，土壌中の有機物の分解を早める。病いもは除去し焼却するか，埋めないで地上に放置する。地上に放置すると菌は死滅する。寄主範囲が広いため，その畑の来歴に注意する。薬剤による全面被覆あるいはマルチ畦内処理による土壌消毒を行なう。　［小川　奎］

◉つる割病 ⇨口絵：病116

• *Fusarium oxysporum* Schlechtendahl f. sp. *batatas* Snyder et Hansen

●被害と診断　植え付けて間もない活着期から発生し，枯れて欠株となる。その後，掘取り期まで発生し，つるが伸び繁った大きな株でも，株全体が枯れる。掘取り期近くでは，つるの一部だけが枯れることもある。葉は黄色みを帯び生気がなくなり，黒ずんで紫褐色になる。日射しの強い日中には株全体がしおれる。このような株のつるの地ぎわ部は，縦に大きく裂け，茎の繊維が目立ち，典型的なつる割れ症状となる。しかし，つる割れ状にならず，つるが地下部から黒褐色に腐ってくることもある。このつる割れ症状は，掘取り期近くに罹病した株では，つるからいもの成り首にまで及ぶことがよくある。

●病原菌の生態　病原菌はサツマイモだけを侵す。厚膜胞子のかたちで長期間土壌中に生存し，ここに苗をさすと，苗の切り口，土壌中の茎や根の傷口から侵入する。侵入した菌は導管の中に菌糸を伸ばし，導管流にのった分生胞子によって上部にまん延する。掘取り期近くに感染した株では，外観上病徴が見られなくても，そのいもの導管の中に病原菌が潜在し，保菌種いもとなる。菌はいもの成り首に多く存在し，先端にいくにつれて少なくなる。すなわち萌芽する位置に多く分布する。菌は萌芽した苗に導管を通じて移行し，苗伝染が起こる。侵入，発病は土壌温度12～35℃で起こり，最適温度は本菌の生育適温である30℃前後である。

●発生条件と対策　もっとも弱い品種はベニコマチであるが，紅赤，ベニアズマにも発生して枯れることがある。ツルセンガン，コガネセンガン，農林1号，高系14号などは枯れるような被害は少ない。抵抗性の強い品種は，タマユタカ，農林2号，シロセンガンなどである。苗伝染による発生が多い。発病畑からとれた種いもは，外観異常が認められなくても病原菌を保菌し，苗伝染をもたらす危険性がある。苗取りに使うハサミやナイフなどによって，健全な苗にも伝染が広がる。高温の気象条件で発生が多い。

対策は，苗伝染を防止することが一番大切である。種いもは本病の発生していない畑からとる。これができない場合には，発病した株から種いもをとらない。いもの成り首断面の導管が褐変しているいもは除外する。良質な苗を基部から3cm以上離して切り取る。薬剤による苗消毒，汚染された畑の土壌消毒を行なう。苗床で病徴のある苗はその種いもごと掘り出し焼却する。

［小川　奎］

サトイモ

◉乾腐病 ⇨口絵：病117

• *Fusarium solani* (Martius) Saccardo

●被害と診断　サトイモ栽培でもっとも被害の大きな病害である。軽症の場合は地上部に病徴が現われないので，収穫したのちに初めて発病に気づく。重症の場合は，生育中期から地上部に病徴が現われる。すなわち，8月中下旬から地上部の生育が悪くなり，葉脈間がしおれて，のちにその部分が縞模様に褐変する。病状がさらに進むと茎葉が倒伏したり枯死したりする。

発病は大部分が親いもの茎葉で，子や孫いもの茎葉は健全なことが多い。発病初期の葉柄を切断すると一部の導管が褐変し，その塊茎(いも)を切断すると中心部に赤色の小斑点が認められる。さらに病勢が進むと，塊茎の断面は一面に赤色または赤褐色となり，中心部はスポンジ状に乾腐してついには空洞化し，表皮と皮層の一部を残すだけとなる。皮層部から腐敗が始まった塊茎は，最初赤色ないし赤褐色の変色部を表皮下に生じ，次第に乾腐してついには皮層の一部が欠落する。

●病原菌の生態　菌の発育適温は25～30℃，菌糸の色は白または淡紅色で，その生育は速い。伝染経路は土壌と種いもとがあり，土壌伝染の場合，病原菌は被害残渣とともに土中に残る。種いも伝染の場合は，親いもの伝染率がもっとも高く，次いで子いもであるが，孫いもやひ孫いもでは少ない。立毛中のみならず貯蔵中でも発病が増加し，28～30℃の高温貯蔵下でとくに激しい。

●発生条件と対策　長年連作した畑で激発しやすく，連作障害の重要な要因である。病原菌は被害残渣とともに土中に長く残り，4～5年後に作付けしても発病することがある。一般に凹地で土壌が湿潤な畑地ほど発病しやすい。

イネ科作物を含む4～5年以上の長期の輪作をする。種いもは無病畑から収穫した健全な子いもおよび孫いもを使用し，親いもは種いもとしない。とくに発病畑では，外観上健全でも，親いもは種いも伝染の危険が高い。発病のおそれのあるときは，種いも消毒と土壌消毒をする。　［長井雄治］

◉汚斑病 ⇨口絵：病117

• *Cladosporium colocasiae* Sawada

●被害と診断　サトイモではきわめて普遍的な病害で，秋口になると必ず圃場の全面に発生する。しかし，収量に及ぼす影響はそれほど大きくはない。葉の表面および裏面に別々に病斑を生じるが，表面のほうが多い。しかし，第1～2葉の新葉にはほとんど認められず，主として第3葉以下の中下位葉に発生する。はじめ，油浸状の小さなしみ状の斑点を生じ，次第に拡大して径1cm前後の淡褐色から黒褐色あるいは薄ずみ色の円形または類円形の病斑となる。秋口以降，病斑は急速に増加し，あるいは互いに融合し，ついには葉の全面を覆うようになる。しかし，病斑の形成により，ただちに葉の一部が枯死したり腐敗したりすることはない。いもの肥大にも影響しない。多湿のときは古い病斑上にはすす状のカビ(分生子柄と分生子)が生じる。石川早生，土垂，八つ頭などは弱く，赤芽，大吉は強い。

●病原菌の生態　病原菌はサトイモだけを侵す。伝染経路は明確でないが，被害葉の残渣上で越冬した菌糸あるいは分生子柄から生じた分生子が飛散して感染・発病するものと思われる。感染・発病の適温は25℃前後，潜伏期間は4～7日であるが，気温のほかに品種や生育の状態が大きく影響する。生育の前半はほとんど発病せず，後半，とくに秋口以降の気温低下とサトイモの成熟期が重なるころになると急激に増加する。

●発生条件と対策　8月から9月に降雨が多いと多発しやすい。初期生育が旺盛で，晩夏のころに茎葉が繁茂していると発生しやすい。このようなサトイモが秋口に肥切れを起こすと著しく多発生しやすい。

連作を避け，なるべく長期の輪作を行なう。窒素肥料の多用を避け，堆肥や有機質肥料を十分に施用し，元肥には緩効性肥料を施用して肥切れしないようにする。生育後半に肥切れのおそれがあれば，追肥を行なう。

［長井雄治］

ヤマノイモ

◉根腐病 ⇨口絵：病118

• *Rhizoctonia solani* Kühn

●被害と診断　萌芽前から初秋にかけて，茎，いも，根に発生する。茎では伸びが遅れ，葉は十分に展開せず，生気を失って黄化する。地ぎわ部にははじめ紫褐色あるいは褐色の不整形の病斑が形成され，やがて拡大して暗褐色に変わり，茎をとりまくようになって腐敗が進む。ついには茎の繊維質を残すだけとなり，つる枯れによる立枯れとなる。軽度の場合は地ぎわ部にやや凹んだ不整形の病斑のままでつる枯れ症状には至らない。いもの症状として，つる枯れ症状株の大半および茎に褐色病斑のある一部の株では，新いもはついてはいるが，正常ないもに比べて細く短く，しかも2～5本以上にも異常分岐して奇形となり，分岐部は褐色あるいは暗褐色に腐敗している。根では基部あるいは中途の部分が暗褐色に腐敗消失することが多い。

●病原菌の生態　本病菌は被害植物などとともに菌糸または菌核を形成して土壌中で生存する。すなわち，病気にかかった茎，いもの残片，残根，さらには有機物残渣とともに土壌中に残り土壌伝染する。またムカゴ養成した一本いもの頂芽部に寄生し，それを種いもに用いると伝染源となることがある。

●発生条件と対策　前年発生した圃場に連作すると多発しやすい。有機物，とくに未熟な堆肥や生わらなどを多用すると発病が多くなる。

土壌伝染の割合が高いので，被害いも，残りいもは除去する。多発圃場では輪作してイネ科，アブラナ科，キク科など他作物を栽培する。ただしダイコン，ニンジンなどの根菜類，サヤエンドウは好ましくない。一本いも（ムカゴ養成いも）は種いも伝染するので，芽をとって植え付けるか，切りいも（成いもを6～8個に分割したもの）を用いて浅植えとならないようにする。発生圃場では土壌消毒を行なう。また，種いも消毒も行なう。種いもは無病圃場から採取したものを用いる。土壌酸度（pH）が低いと発生が多くなる傾向があるので，苦土石灰など土壌改良資材を用いpH6～7に改良する。

［佐古　勇］

ダイコン

◉モザイク病 ⇨口絵：病119

- カブモザイクウイルス　*Turnip mosaic virus* (TuMV)
- キュウリモザイクウイルス　*Cucumber mosaic virus* (CMV)
- カリフラワーモザイクウイルス　*Cauliflower mosaic virus* (CaMV)
- ダイコンひだ葉モザイクウイルス　*Radish mosaic virus* (RaMV)

●被害と診断　葉および根を主として，株全体に発生する。病徴ははじめに葉に見られ，葉脈が淡黄色となり，葉脈透明の症状を示す(葉脈透化)。次いで黄色の部分が次第に増して，緑色部と入り混じった濃淡の斑紋(モザイク)症状となる。生育初期に感染発病すると，葉全体がモザイク症状を呈して奇形となる。また株全体の生育がきわめて悪くなり，矮化や萎縮が激しい。葉の症状としては，淡黄色の斑入りになるもの，細かいしわができて縮緬状に萎縮するもの，葉の中肋を中心にして両側の小葉片が上に巻くものなどがある。モザイク症状とともに葉や茎にえそ斑点や条斑が生ずるもの，小葉に舌状突起を生ずるものなども見られる。生育後期に感染発病したときは，モザイク症状や萎縮の程度が軽く，症状が新葉だけに止まることもふつうに見られる。品種・地域によっては根の表面が凹凸になって奇形を呈し，品質がガリガリにかたくなり，商品価値を損なうものがある(ガリ病)。モザイク症状は季節性があり，秋季に明瞭な発病株でも，1～2月の収穫期には症状が軽減する場合があるので，出荷にあたっては注意が必要である。

●病原ウイルスの生態　モザイク症状を呈する病原ウイルスとして，TuMV，CMV，CaMVおよびひだ葉モザイク病の病原となるRaMVの4種類が知られている。これらはほとんどのアブラナ科野菜を侵し，ダイコンやキャベツでの被害が大きい。ダイコンではTuMVによって発生するものがもっとも多く，CMVがこれに次いで多い。CaMVやRaMVによる発生は少ない。圃場では単独感染は少なく，2～3種類のウイルスに重複感染して発生する場合が多い。TuMVとCMVに重複感染しているのが普通である。TuMVはホウレンソウ，シュンギクなどにも感染発病する。CMVはアブラナ科系統といわれているもので，CaMVと同様アブラナ科作物を侵す。RaMVはアブラナ科作物とホウレンソウにモザイク病をおこす。汁液接種によりいずれも伝染するが，TuMVが未熟種子で種子伝染する以外，種子や土壌伝染をしない。

TuMV，CMV，CaMVはいずれもモモアカアブラムシ，ニセダイコンアブラムシ，ダイコンアブラムシにより媒介され，RaMVはキスジノミハムシが媒介する。主要な伝染源はウイルスに感染したアブラナ科の野菜や雑草(イヌガラシやナズナなど)で，これらは一年中圃場の周辺に存在することが多い。感染株(伝染源)を吸汁加害したことでウイルスを保毒した有翅アブラムシが，圃場に作付けされたダイコンに寄生するとウイルスが移され，10日前後の潜伏期間を経過してモザイク病の病徴を発症する。秋冬季の栽培では，感染時期は有翅アブラムシが多く飛来する9月から10月上中旬で，発芽直後から幼苗期のころに感染するものが多い。

●発生条件と対策　春先から有翅アブラムシ類の飛来が例年どおり見られ，夏～秋が高温乾燥の年には飛来数や個体数が増加するため，モザイク病の発生が多くなりやすい。秋冬栽培では播種期が早いと多発しやすく，遅まきすると発生しにくい傾向がある。通常8月中旬～9月下旬播種では9～10月に感染発病が増加して10～11月にピークとなり，12月に入って終息に向かう。2～3月播種のトンネルやハウス栽培では，被覆を除去して以降の感染発病がおもに見られ，5月以降発生が顕著となることがある。

ほかに作物のないダイコン単作栽培地域での発生が多く，サトイモやソバなどほかの作物が多く栽培される地域での発生が少ない傾向がある。圃場周辺にアブラナ科の野菜や雑草の割合が多いと伝染源となりやすく，多めの発生となる。抵抗性に品種間差が見られ，耐病総太りなどウイルス病耐病性の品種では病徴が軽いことが多い。しかし，過去から栽培されてきた宮重，二年子や聖護院は耐病性をもたないため，幼苗期に感染すると病徴が甚だしく，大きな被害となりやすい。

対策として，絶対的な抵抗性ではないが，みの早生，献花37号，夏風，秋千楽など耐病性の品種を栽培する。秋冬作地帯では播種時期をなるべく遅くする。サトイモやソバなどを間作する。アブラムシ類を忌避するため，シルバーフィルムなどによるマルチ栽培やシルバーテープを利用した栽培を行なう。連作圃場ではアブラムシ類の発生状況を把握して，発生前から定期的に薬剤散布を励行する。毎年多発生する地域では，品種，播種期，間作，マルチ栽培，薬剤散布などを適切に組み合わせた，総合的な予防対策を行なう。

［金磯泰雄］

◉黒斑細菌病

⇨口絵：病119

- *Pseudomonas syringae* pv. *maculicola* (McCulloch) Young, Dye et Wilkie

●被害と診断　主として葉に発生するが，根頭部にもしばしば発生する。葉柄では暗色水浸状の小斑点が次第に黒色となり，3～10mmくらいの斑点や条斑を生ずる。採種用では果梗や莢にも葉柄と同様な黒色の斑点や条斑を生じる。葉でははじめに水浸状の小斑点を生じ，のち黒褐色に変わる。葉脈にそった部分では5～10mmくらいの大きさで，周囲に明瞭な黒褐色の境界をもつ灰色～褐色の病斑を生ずる。発病が進むと葉は次第に黄褐色に変色し，さらに進むと下葉から落葉する。根頭部では初め水浸状，あるいは灰色病斑が黒変して不整円形の病斑となる。

●病原菌の生態　ほとんどのアブラナ科野菜を侵し，とくにダイコン，ハクサイ，キャベツに被害が多い。土壌中で1年以上生存し，これが第一次伝染源となり，土壌伝染および空気伝染する。種子や被害植物の遺体とともに越年して伝染する。発育温度は0～30℃，最適は25～29℃とされる。

●発生条件と対策　春まきでは6～7月に，また秋まきでは10～11月に降雨が多いと発生しやすい。とくに発生が問題となる秋まきでは，秋冬季が温暖多雨の条件下で発生が早まる。生育が衰えたときや肥切れした場合に発生しやすい。砂質土壌は粘質土壌に比べて発生しやすい傾向があり，排水不良や水のたまりやすい場所で発生しやすい。

連作あるいはアブラナ科作物との輪作を避け，他科作物と2～3年輪作する。圃場の排水性，保水性を改善する土つくりを実施し，肥料切れしないような土壌とする。地下水位の高い圃場では高うね栽培をする。窒素質肥料の多施用を避け，過繁茂にならないようにする。自家採取する場合は無病株から採取する。汚染のおそれのある種子は50℃の温湯に10分間浸漬する。不良天候が続くときや初発生を見たら，ただちに薬剤による防除を実施する。

［金磯泰雄］

◉黒腐病 ⇨口絵：病120

• *Xanthomonas campestris* pv. *campestris* Dowson 1939

●被害と診断　葉と根に発生する。葉でははじめ葉縁が黄変し，次いで病勢が進むとその周囲の葉脈の維管束部や葉柄が黒変し，ついには葉全体が黒変する。葉縁の黄変はときとしてV字状を示すことがあるが，一定の形をとらないことが多い。根は初期には外観的な異常は見られないが，透かしてみると透明感があり，導管部がアメ色に変色している。病状がさらに進むと黒変し，根を縦に切断すると，導管が黒褐色化している。

●病原菌の生態　ほとんどのアブラナ科野菜を侵すが，ダイコンやキャベツの被害は大きい。採種時に発病株の葉や莢から種子に混入し，その表面に付着して伝染源となる。また発病株に付着したまま土壌中で生き残って伝染源となる。種子に付着した病原細菌は発芽時に子葉の葉縁にある気孔から侵入する（種子伝染）。土壌中で生き残った病原細菌は，降雨時に下葉や根頭部にはね上がり，葉縁の水孔や葉，葉柄，根頭部などの傷口から侵入する（土壌および傷口伝染）。生育温度は5～39℃，適温は31～32℃と高いが，圃場での発病が顕著になるのはやや遅く，秋冬作では10月以降となることが多い。乾燥に対する抵抗力が強く，乾燥状態で1年以上生存する。葉に形成された病斑部が第二次伝染源となり，降雨などにより周囲にまん延する。

●発生条件と対策　ダイコンの連作やアブラナ科野菜を連作した跡地へのダイコンの作付けで発生や被害が大きい。播種後の気温が高いときに多発しやすく，秋冬作では9月下旬ころから発生する。降雨が多い年に発生しやすく，育苗中の大雨や定植後の台風などによる被害で多発する。またスプリンクラーの散水は発病まん延を拡大する場合がある。キスジノミハムシやコオロギなど害虫の被害が多いと傷口感染が進み，発生を助長することがある。

種子は罹病していない無病株から採取する。発生圃場では連作を避けるか，連作する場合は発生前から定期的に薬剤散布を行なって予防する。発生の甚だしい圃場は，アブラナ科以外の作物を輪作する。発病を認めた葉や株は早めに除去あるいは抜き取り処分する。薬剤防除との併用は防除効果を高める。薬剤防除では，病原細菌の侵入口になる茎葉の傷口を可能なかぎり早く保護することが基本となる。発生のおそれのある圃場では育苗中から薬剤の予防散布を徹底するとともに，大雨や台風の被害を受けた場合は，天候が回復次第，薬剤散布を実施する。キスジノミハムシやコオロギなど害虫の防除を並行して実施する。　［金磯泰雄］

◉軟腐病 ⇨口絵：病120

• *Erwinia carotovora* subsp. *carotovora* (Jones 1901) Bergey, Harrison, Breed, Hammer et Huntoon 1923

●被害と診断　幼苗期から発病すると地ぎわ部が水浸状に，葉柄はゆでたように軟化し，葉は生気なく萎凋してやがて枯死する。生育が進んだ場合，春夏作では地下部で発生することが多く，下葉が黄変，萎凋して生育が止まる。秋冬作では根頭部が汚白色，水浸状になり，軟らかくなって腐り始める。のちに次第に根の中心部や葉柄に被害が進み，葉柄はゆでたように軟化して下垂し，根部が軟化，腐敗して悪臭をだし，最後には空洞になる。

●病原菌の生態　病原菌はハクサイ，ツケナ類，キャベツ，カブ，ジャガイモ，ネギ，セルリーなど100種類以上の作物を侵す。乾燥に対する抵抗力が弱いため，被害植物上で冬越しすることはほとんどない。土中の被害植物体内では長く生き残り，越冬や伝染は主として土中で行なわれる。土中で越冬した細菌は降雨のときに水とともに周辺へ移動し，農作業によって生じた傷口や虫の食害痕から侵入する。細菌はまた，降雨のときに土とともにはね上がり，地表に近い根頭部や下位葉に侵入する。病原菌の発育最適温は32～33℃である。

●発生条件と対策　排水の悪い低湿地に被害が多い。秋口が温暖多雨の年に多く，秋冬作では台風や大雨後に多発する。秋冬作では早まきすると被害は多くなる。キスジノミハムシなどの害虫の被害が多いと発生が多くなる。

排水の悪い圃場では排水溝や暗渠を設置する。有機堆肥の連用による土つくりも重要で，トラクターなどで締め付けられる土層を膨軟に保ち，水の縦浸透を促す。窒素過多の栽培にならないようにする。発生の多い畑は，ダイコンの連作を避けるか播種期をできるだけ遅くする。毎年発生の多い畑は，アブラナ科野菜の作付けをやめて，イネ科やマメ科作物を3～4年ほど栽培するのがよい。発生前から定期的に薬剤散布を行なって予防するが，降雨前後の施用はとくに有効で，また被害株は早めに抜き取って処分する。薬剤による予防散布を定期的にしても，キスジミノハムシ，コオロギ，ナメクジなどの害虫防除を行なわないと被害が多く出る場合がある。そのような畑では，翌年からこれらの害虫の防除も徹底するように計画する。

［金磯泰雄］

◉べと病　⇨口絵：病120

• *Peronospora parasitica* (Persoon: Fries) Fries

●被害と診断　葉，花梗，莢，根が侵されるが，ふつうは葉の発生が多い。はじめ葉に輪郭のはっきりしない黄緑色の斑紋ができ，次第に拡大して灰白色～灰褐色の多角形不整形の病斑になる。葉の裏面に薄い灰白色，粉状のカビが生ずる。その後，この白いカビが消えて，黒褐色ないし紫黒色の不整多角形の斑紋となり，被害葉は下葉から次第に枯れる。茎，花梗，莢には少しふくれた病斑ができ，花梗はゆがんで奇形を示す。根が侵されると健全なものに比べて黒ずんでおり，入れ墨症などとも呼ばれている。外皮をはいでみると，大小不定の黒褐色斑点がかすり状に現われている。

●病原菌の生態　各種のアブラナ科野菜を侵す。卵胞子および菌糸のかたちで被害株の葉や根で越冬または越夏し，第一次伝染源となる。菌糸などは被害植物体内で伸長し，春と秋に降雨にあうと分生胞子をつくり，空気伝染を行なう。分生胞子の発芽適温は7～13℃で，胞子は発芽すると，おもに葉の表皮細胞の合わせめ（縫合部）から，また一部は気孔から侵入する。葉に形成された分生胞子が第二次伝染源となり，周囲にまん延する。

●発生条件と対策　気温の低い時期，秋は8～10℃以下の晩秋，春は5～6℃くらいの早春のころから発生しまん延する。アブラナ科作物の連作を行なうと発生しやすい。

窒素肥料が不足ぎみのときに発病の傾向があるので，適切な肥培管理に努める。連作圃場では発生前から定期的に薬剤散布を行なって予防するが，被害はキャベツやハクサイに比べて軽い場合が多い。発生のひどい畑はアブラナ科以外の作物を輪作する。

［金磯泰雄］

◉萎黄病 ⇨口絵：病121

- *Fusarium oxysporum* Schlechtendahl: Fries f. sp. *raphani* Kendrick et Snyder

●被害と診断　発芽間もないころの苗に発生すると，双葉が黄変，萎凋して生育不良を呈する。その後症状が進むと，生育が止まり苗は枯れる。苗を抜くと細根が腐敗褐変し，根の導管部が褐色に変わっている。生育が進んでから発生した場合は，はじめは地上部の生育は健全株と変わらないが，軽い萎凋をくり返しながら，次第に下葉から黄変して生育が鈍る。さらに症状が進むと株全体がしおれ，黄変した下葉から心葉3～4枚を残して落葉する。その後，株全体が萎縮症状を呈して枯れる。

被害株の根は灰白色を呈し，切断してみると，軽い症状のものは皮層の内側の導管の一部や片側が黒褐色に変わっている。導管の片側が侵されたときには，被害を受けたほうを内側にしてダイコンが曲がり，地上部の生育がいびつになることがある。

●病原菌の生態　ふつうダイコンだけを侵すが，汚染圃場ではキャベツ，ハクサイ，カブ，カリフラワーなどほかのアブラナ科作物を作付けしても寄生して生存し，菌密度が下がることはない。被害根に形成される厚膜胞子が土中に生き残って伝染源となり，耕うん時にトラクターや耕うん機とともに急速に周辺へまん延する。ダイコンを播種すると，種子や土中で生き残っていた病原菌は，発芽した根の先端から侵入して導管に達し，増殖をくり返しながら次第に上方に及び，最後には根頭部まで導管が侵される。発育適温は26～27℃，発病の最適土壌温度は26～29℃である。

●発生条件と対策　本病の発生する圃場にダイコンを連作すると被害が甚だしい。地温の高い夏季の高冷地栽培などに発生が多いが，秋まき栽培では早まきしたもの，あるいは播種後の気温が高い年に多発生する。春まき栽培では生育後半から，秋まき栽培では生育初期から発生し始める。赤土地帯に発生が多く，黒ボク地帯では少ないとされている（抑止土壌）。

抵抗性品種を選んで栽培する。秋まき栽培ではなるべく播種時期を遅くする。本病が発生する圃場は作付け前に土壌消毒を行なう。　［金磯泰雄］

◉根くびれ病 ⇨口絵：病121

- *Aphanomyces raphani* Kendrick

●被害と診断　本病は根部異常症状の原因のひとつである。被害がもっとも大きいのは収穫期の根の異状であり，一般に被害に気づくのも収穫後根面を洗ってからである。しかし，注意深く観察してみると，生育初期から次のような各種病徴が認められる。播種10日後ころには，胚軸（茎）が内部から黒変し，苗は黒脚症状を呈する。根が小指ほどの太さになると，側根基部の根面に不定形，パッチ状の淡褐色ないし紫黒色の小さな病斑が現われる。この病斑は例外なく側根基部の根面に生じてこれをとりまき，病斑内には縦長の微細な亀裂がある。播種30～40日後ころが高温過湿に経過すると，地ぎわからやや下の5～10cm付近の根部が黒色ないし褐色に変色してくびれ，地上部はしおれる。根くびれ病斑部から下の根は白色のまま残っているのが特徴である。

収穫期の根面には，感染した時期と環境条件によって数種の病斑が生じる。播種20日後ころまでに感染し，土壌水分に急激な変動はなく，根の肥大につれて病斑が順調に拡大した場合には，帯状亀裂褐変病斑となる。病斑は側根基部から生じ，はち巻き状に根をとりまく。色は病斑中央部が褐色，周縁部は墨色であり，病斑内に太くて浅い縦の亀裂を伴うのが特徴である。感染後土壌が乾燥した場合や低温が続いたときには，細い横しま状の病斑が生じる。これは側根基部のへこみの肩に小さなかさぶた状の灰褐色の病斑が分布し，さらに根面の線状隆起に沿って同様の病斑が数条左右に伸び，全体として横しま状に見えるものである。本病による横しまは，病斑内に幅1mm以下，長さ3～5mmの浅い亀裂が平行して横に分布し，病斑は亀裂部分で縦長に広がる特徴がある。生育中期以降に高温多雨にあい急激に発病したときには，帯状黒色病斑が生じる。病斑面に亀裂はなく，黒褐色ないし紫黒色の病斑が帯状に根をとりまく。

根面に帯状黒色病斑が生じたときは高率に，帯状亀裂褐変病斑のときにはまれに，内部組織の黒変がおこる。この黒変は表皮病斑の内部5mm付近から根の中心に向かって水平に広がり，中心部で上下に伸びる傾向がある。色は一様にまっ黒で，べと病菌による入れ墨症とは区別できる。

●病原菌の生態　本菌はアブラナ科植物だけに寄生する。卵胞子が土中に生き残って土壌伝染する。ダイコンを播くと，土中の卵胞子は発芽して菌糸状の遊走子のう，さらに遊走子を内生し，この遊走子が泳いで植物体に達する。植物体への侵入は，地下部の胚軸と根面の側根基部（発生部）に生じると思われる。発病の適温は23～27℃あるいは27℃といわれている。

●発生条件と対策　関東地方では6～9月に収穫する作型で発生し，7～8月どりの夏みの早生でとくに被害が激しい。石川県では10月どりの源助で多発しているようであり，京都府では青首宮重や聖護院のほか早生大カブにも多発しているという。排水不良畑，水のたまりやすい場所に発生しやすく，播種後20日間くらいの間に降雨が多いと発生が多くなる。東京都の例では，気温が高いほど発生が多く，病徴，被害程度が激しくなる。

連作はもちろん，アブラナ科作物との輪作を避ける。畑の排水をはかる。強い品種を選んで栽培する。最近の青首ダイコンは本病に強い品種が多いようである。発生したことのある畑に栽培するばあいには土壌消毒を行なう。

［飯嶋　勉］

◉白さび病　⇨口絵：病122

• *Albugo macrospora* (Togashi) Ito

●被害と診断　葉，花梗，莢，根が侵され，ふつうは葉の発生が多い。初めに中～下位葉に針で突いたような黄緑色の小斑点が発生し，拡大して黄白色の円形斑紋になる。葉の裏面に白色の小粉塊が形成され，拡大して直径3～5mm程度の白色粉塊が形成される。茎にも多数の白色粉塊が形成され，種取り用では花梗（果梗）にも寄生が見られる。白さび病菌の寄生したダイコン根部での症状としてワッカ症が報告されているが，通常根部に白色粉塊が直接形成されることはない。

●病原菌の生態　病原菌には寄生性の分化があり，ダイコンの菌はハクサイ，カブ，タイサイなどを侵す。卵胞子および菌糸のかたちで被害株の葉や根で越冬または越夏し，第一次伝染源となる。菌糸などは被害植物体内で伸長し，春と秋に降雨にあうと分生胞子をつくり，空気伝染を行なう。分生胞子，卵胞子ともに水分をえて発芽すると遊走子を生じ，遊走子は水滴内を移動して定着，変形し，ふたたび発芽しては気孔などから侵入し，5～7日間の潜伏期間を経て発病する。葉の病斑部に形成された分生胞子が第二次伝染源となり，周囲にまん延する。

●発生条件と対策　気温の低い時期，秋は8～10℃以下の晩秋，春は5～6℃くらいの早春のころから発生しまん延する。ダイコンの連作を行なうと発生しやすい。窒素肥料が不足ぎみのときに発病の傾向があり，適切な肥培管理に努める。連作圃場では発生前から定期的に薬剤散布を行なって予防するが，被害はキャベツやハクサイに比べて軽い場合が多い。

［金磯泰雄］

◉バーティシリウム黒点病 ⇨口絵：病122

- *Verticillium albo-atrum* Reinke & Berthold
- *Verticillium dahliae* Klebahn

●被害と診断　幼苗期から収穫期を通して畑全面に発生する。導管病であるため発病部位は植物全体にわたるが，とくに根が著しい。葉では，下葉がしおれ，退色，黄化して枯れる。また，中肋脈を境に葉の半分がしおれて，ついには枯れることもある。病徴は一般に下葉に限られるため，畑では目立たない。根は外観では健全のものと区別できず，切断すると維管束が黒変しているので被害に気づくという厄介な病害である。

●病原菌の生態　土壌伝染性の病原菌で，菌核の形で土壌中に越年し，それから菌糸を伸ばし感染する。多犯性で広範囲の双子葉植物を侵す。生育温度は5℃から30℃の間で，好適温度は18～25℃である。土壌温度12℃から30℃の間で発生するといわれている。

●発生条件と対策　本病は連作で発生が多くなる。キュウリ，スイカ，メロン，シロウリ，ピーマン，イチゴなどから得た本菌もダイコンに対して病原性を示す。したがってダイコン以外の作物でも，本菌の病害が発生した畑にダイコンを栽培すると発病する。発病畑では，イネ科作物と裸地を組み入れた8年以上の輪作を行なっても防除効果がなかったといわれている。

対策として，土壌くん蒸殺菌剤はいちおう効果が認められるが，経済的に難点がある。輪作も本菌の寄生範囲が広いため効果は期待できない。［堀江博道］

カブ

◉モザイク病 ⇨口絵：病123

- カブモザイクウイルス
  Turnip mosaic virus (TuMV)
- キュウリモザイクウイルス
  Cucumber mosaic virus (CMV)

●被害と診断　はじめ葉脈が淡黄色となり，葉脈透化の症状を示す。次第に黄色の部分が増し，緑色部と入りまじって濃淡の斑紋（モザイク症状）となる。モザイク症状とともに，えそ斑点や条斑を伴うことも多い。生育初期に発生すると，葉全体がモザイク症状を示して奇形となる。株全体の生育はきわめて悪くなり，萎縮がひどく枯死することもある。発病すると根部の生育が悪くなり，肉質が低下し，凹凸など奇形を生じ，根部はガリガリにかたくなり，出荷不能となることがある。生育の後期に発生したときは，萎縮の程度がかるく，新葉だけにモザイク症状を現わす。発病が早いほど収量や品質への影響が大きい。

●病原ウイルスの生態　TuMVによって発生するものがほとんどである。CMV単独感染で明瞭なモザイクを現わしている株は少なく，明瞭なモザイク症状株の多くが，TuMV単独かCMVとの重複感染である。TuMVは，アブラナ科植物のほか，キク科，アカザ科，ナデシコ科，ナス科など20科の植物に感染する。約50種のアブラムシによって伝搬され，非永続型の伝搬を示すが，モモアカアブラムシは高い伝搬能力をもっている。CMVは，アブラナ科系統と呼ばれているもので，各種のアブラムシによって伝搬されるが，ワタアブラムシは高い伝搬能力をもっている。両ウイルスとも種子伝染や土壌伝染は認められていない。

本病のおもな伝染源は，周辺のアブラナ科の野菜や雑草などの罹病株・感染株である。これらの伝染源は，ほとんど一年中，畑の周囲に存在している。罹病株（伝染源）を吸汁加害し，ウイルスを保毒した有翅アブラムシが畑に飛来し，カブを加害するとウイルスが移され，10日前後の潜伏期間を経て，モザイク病が発生する。夏まきの場合，生育初期が有翅アブラムシの飛来時期と重なるので多発する。

●発生条件と対策　夏から秋にかけて高温乾燥の年には，有翅アブラムシの飛来が多いため多発する。夏まきの場合，早まきするほど発生が多くなる。畑の近くに伝染源となる罹病性の作物が多くあるほど，またカブの作付け割合が高いほど発病が多くなる。

夏まきの場合，早まきを避ける。光反射フィルム（シルバーフィルムやシルバーストライプフィルム）でマルチ栽培し，有翅アブラムシを忌避する。幼植物は感受性が高いので，生育前期には寒冷紗で被覆し有翅アブラムシの飛来を防止する。アブラムシの防除を徹底する。とくに幼苗時の防除が重要である。発病株は見つけ次第除去し廃棄する。［堀江博道］

◉べと病 ⇨口絵：病123

- *Peronospora parasitica* (Persoon) Fries

●被害と診断　はじめ下葉に淡黄色の不規則な形をした斑紋ができ，その裏に灰白色のカビが生える。病斑は小葉脈に限られ，多角形となることが多い。病斑は広がり，また上葉にも発生する。病斑はやがて淡褐色となる。茎，果梗，莢には少しふくれた病斑ができ，花梗はゆがんで奇形となる。根が侵されることもある。透かして見ると健全なものに比べて黒ずんでいる。外皮をはいでみると，大小不定の褐色斑点がかすり状に点在する。

●病原菌の生態　病原菌は各種のアブラナ科作物を侵す。卵胞子および菌糸の形で被害株の葉で越年し，第一次伝染源となる。春と秋に降雨にあうと分生胞子をつくり空気伝染する。分生胞子の発芽適温は7～13℃で，胞子は発芽すると，おもに葉の表皮細胞の合わせめから，一部は気孔から侵入し，2～3日間の潜伏期間を経て発病する。葉に形成された分生胞子が第二次伝染源となり，周囲にまん延する。本菌は生きたアブラナ科植物の上でのみ生存する。発育の最適温度は7～13℃である。

●発生条件と対策　気温の低い時期，秋は8～10℃以下，春は5～6℃くらいのころからよくまん延する。6～7月でも梅雨時の長雨の続くときは多発する。窒素肥料が不足ぎみのときに多発する傾向がある。透光，通気の不良なときやアブラナ科作物の連作で発生しやすい。

種子伝染の可能性があるので，発病圃場から採種しない。発病葉は畑に散乱させることなく，堆肥に積み込むか土中深く埋める。薄まき，間引きを励行し，通風，透光をよくする。アブラナ科以外の作物と輪作し，畑周辺のナズナ，イヌガラシなどのアブラナ科雑草を除草する。肥切れさせないよう肥培管理に注意する。

［堀江博道］

◉黒斑病　⇨口絵：病124

• *Alternaria brassicae* (Berkeley) Saccardo

●被害と診断　はじめ葉の表面に淡褐色から褐色の円形で2～3mmの病斑を生ずる。病斑は次第に大きくなり，径1cm内外の同心円状輪紋が見られる。病斑のまわりははっきりしており，その周囲が油浸状を呈する。収穫まぎわに葉の上部に発生すると，著しく商品価値をおとし，出荷できない。根に発生することは比較的少ないが，根では褐色～黒褐色の輪紋の病斑をつくる。

●病原菌の生態　病原菌は各種のアブラナ科野菜を侵す。菌糸や分生子のかたちで，病葉および種子について生存し，分生子によって空気伝染する。表皮を貫通して侵入するが，ときには気孔からも侵入し，2～3日間の潜伏期間を経て発病する。病斑上には分生子を生じ，雨や風で飛散し周囲に広がる。本菌の発育適温は17℃，分生子発芽の適温は15～20℃である。

●発生条件と対策　秋季温暖で，雨の多い年に発生が多い。早まきおよび肥切れ，アブラナ科作物の連作で発生しやすい。対策として，種子は無病株からとる，肥切れをさせない，病葉は焼却するか地中深く埋める，収穫後は被害株をただちに地中深くすき込む。

［堀江博道］

◉根こぶ病　⇨口絵：病124

• *Plasmodiophora brassicae* Woronin

●被害と診断　春から秋にわたって発生し，被害株は商品性がなくなる。播種20日後から根にコブができ始め，生育とともに次第にコブは大きくなる。播種後，間もなく罹病すると，株は萎縮して奇形になり，激しい場合は萎凋枯死する。コブは一般に白色～淡褐色，大形で，その表面はなめらかでしわを生ずることは少ない。温度の高いときは，コブは軟化，腐敗しやすい。根部に発生すると地上部の生育が衰え，晴天の日には日中しおれる。葉の色はあせ，淡黄色となる。

●病原菌の生態　病原菌はキャベツ，ハクサイなど多くのアブラナ科作物を侵す。アブラナ科の雑草にも寄生する。コブ1g中には数億個の休眠胞子をつくる。休眠胞子はコブが腐敗すると土壌中に分散し，寄生植物がなくても数年間生存する。寄生植物の根が近づくと発芽し，アメーバ状の遊走子となり，根毛から侵入する。増殖後いったん根毛から出て，再び根の皮層細胞より侵入し，変形体となったのち休眠胞子となり，コブ内に充満する。菌の発育温度範囲は9～30℃で，適温は20～24℃で，休眠胞子は6～27℃で発芽し，18～25℃が発芽の適温である。菌の伝搬は水の流れによることが多い。農機具などに汚染土壌が付着し，その移動とともに運ばれることもある。菌の発育は土壌が酸性のときに旺盛で，pH7.2以上のときは発育が抑えられる。

●発生条件と対策　アブラナ科作物の連作，酸性土壌や排水不良畑，低湿地では多発しやすい。夏まきの場合，早まきするほど，また夏から秋にかけて降雨が多いと発生しやすい。

発病地ではアブラナ科作物を少なくとも5~6年間栽培しない。畑の排水をよくする。高うね栽培をする。酸性土壌では消石灰を施用し，pH7.0以上に矯正する。播種10日以上前に石灰窒素を80kg/10a施用し，ただちに土壌とよく混和する。夏まきの場合，早まきを避ける。発病地域では，用水中に病原菌が混入していることがあるので，用水を畑に灌水しない。発病株は見つけ次第抜き取り処分し，圃場衛生につとめる。発病地では伝染源となるアブラナ科雑草(タネツケバナ，スカシタゴボウ)の除草につとめる。夏季に1か月間くらい太陽熱消毒を行ない菌密度を下げる。発病地で使用した農機具などはよく洗浄する。発病地では耐病性品種(赤カブでは近江万木かぶ，CR京紅，CR若紅。白カブではCR京の味，CR白根，CR白涼，みやしろ)を使用。

［堀江博道］

ニンジン

◉軟腐病 ⇨口絵：病125

• *Erwinia carotovora* subsp. *carotovora* (Jones) Bergey, Harrison, Breed, Hammer et Huntoon

●被害と診断　梅雨期から発生し，梅雨明け後の高温期に多発しやすい。根頭部や葉柄基部が水浸状となり，のちに淡褐色となって軟化腐敗する。病株の葉はしおれる。初期の発病株は根部に大小の水浸状軟化病斑が認められ，拡大，軟化腐敗し悪臭を放つ。

●病原菌の生態　病原細菌は土壌中で残渣に付着して長年生存する。とくに各種作物や雑草の根圏では著しく細菌密度が高く，長年にわたって生存する。多湿の土壌中で活動し，生育適温は28～34℃，最適pHは7.1である。地表面から深さ25cmまでのところに多く分布する。セルリー，レタス，ネギ，タマネギ，キャベツ，ハクサイ，キュウリ，メロン，トマト，ピーマン，その他多くの作物を侵す。感染は主として根や地ぎわ部で，傷口や昆虫，センチュウの食痕部から侵入し，急速に増殖し病斑部を軟化腐敗させる。

●発生条件と対策　春まき夏どり栽培では収穫期に多発しやすい。とくに収穫が遅れたり，高温・多湿の気象条件が続くと多発しやすい。土壌害虫やセンチュウの被害が出るところでは軟腐病も多発しやすい。夏まき栽培では，密植の場合や低湿地で発生しやすい。台風などの後に高温が続くと多発しやすい。収穫後の洗浄に際し，被害株が混入していると洗浄時の傷口から感染・発病しやすい。

イネ科作物との輪作を行なう。とくに前年の発生畑では連作しない。ニンジン以外の作物での発生にも注意し，発病畑での作付けをひかえる。排水をよくする。根部や地ぎわ部を加害する害虫(ネキリムシ，ヒョウタンゾウムシ，キスジノミハムシ，ニンジンノメムシなど)やネコブセンチュウ，ネグサレセンチュウを防除する。根や茎葉を傷つけないように管理する。収穫・調製に際し，被害根が混入しないよう選別に留意する。洗浄後はただちに風乾し，十分に乾いてから出荷する。土壌害虫やセンチュウの被害が多いところでは土壌消毒を行なう。収穫後の残渣や被害株は集めて焼却する。　［長井雄治］

◉黒葉枯病 ⇨口絵：病125

• *Alternaria dauci* (Kühn) Groves et Skolko

●被害と診断　夏まき秋冬どり栽培で発生が多い。葉，葉柄あるいは茎に，褐色または黒褐色，不整形の小さな斑点を生じ，その葉はやや黄化する。発生は下葉から始まる。病斑は次第に大きくなり，多数発生した場合は互いに融合する。そして，病葉は葉の縁が巻き上がり枯れる。根には発病しないが，肥大が悪くなる。葉柄上の病斑はややくぼむ。湿度の高いときには，病斑上に黒色のカビが密生する。

●病原菌の生態　菌糸や分生子の形で，被害植物に付いて長期間生存し，分生子の飛散により伝染する。種子に付着している病原菌は種子伝染し，発芽障害や苗立枯れを起こすことがある。

●発生条件と対策　生育の全期間を通じて発生するが，8～9月に発生しやすい。この時期に乾燥と曇雨天がくり返されると発生が多くなる。発生の適温は28℃前後である。短根ニンジンに発生しやすい。地力の低い畑や肥料切れの場合に多発しやすい。

無病の畑から採取した種子を使用する。種子消毒を行なう。夏まき栽培では生育初期から発生しやすいので，8～9月に10日おきに2～3回予防散布する。発病初期から農薬を10日おきに2～5回散布し，まん延を防止する。敷わらや灌水をして乾燥を防ぐ。また，肥料切れをさせない。　［長井雄治］

◉紫紋羽病 ⇨口絵：病125

• *Helicobasidium mompa* N. Tanaka

●被害と診断　ニンジンの生育がかなり進んでから，畑の一部がつぼ状に草丈が低くなり，また葉が黄色になる。根には紫色の太い糸状物（菌糸束；束になった菌糸体）がまつわりついており，この菌糸束が根を軟らかく腐らせる。はじめは畑の一部に発生することが多く，年とともに発生部分が周囲に広がる。

●病原菌の生態　病原菌は多犯性で，ゴボウ，サツマイモなどの紫紋羽病も同じ病原菌によって起こされる。イネ科作物は侵さない。罹病残渣とともに，菌糸，菌核で土中で越年し，この畑にニンジンが栽培されると菌糸が土中を伸びていき，根の表皮を貫通して侵入する。病原菌の菌糸は根を伝わって，土中深くまで分布する。根の表層に菌糸がまん延し，そこに小菌核を多数形成する。

●発生条件と対策　連作すると発病が多くなる。ゴボウ，サツマイモなどの根菜類を続けてつくった場合も，同様に発生が多くなる。松や桑にも発病するので，松林や桑畑を野菜畑にした場合も発生することがある。対策として，発病畑では2～3年イネ科作物を栽培し，病原菌の密度を下げるようにする。発病畑では土壌消毒を行なう。部分的に発病する畑では，その部分と周辺部だけ消毒してもよい。

［堀江博道］

◉根腐病 ⇨口絵：病126

• *Rhizoctonia solani* Kühn

●被害と診断　梅雨期に収穫する春まき短根ニンジンの主として根部に発生する。根部表面にはじめはしみ状の小斑点が現われ，やがて拡大して不整形の褐色水浸状病斑となる。のちに病斑上に汚白色クモの巣状の菌糸がまといつく。病斑はさらに拡大し，軟化腐敗する。病斑は初めはくぼまずに拡大してゆくが，のちにややくぼみ，暗赤色を呈する。

●病原菌の生態　本菌は菌糸と菌核からなり，菌糸ははじめ無色であるが，のちに褐色を帯びる。直角に分岐する特徴がある。菌糸が集まり，互いにからみ合って菌核を形成する。菌核はニンジン根部に付着し，暗褐色を呈し，大小の板状で不整形である。菌糸の生育適温は25℃前後である。ニンジンの根腐病菌はジャガイモに強い病原性があり，インゲンマメも侵す。宿主植物がないときには土壌中の有機物について，菌核または菌糸の形で少なくとも数年は生存し土壌伝染する。

●発生条件と対策　ニンジンを連作すると発生が多くなる。2～3年の短期輪作では土壌中の病原菌が消滅しないので，つねに発病の危険性を伴う。春まき夏どりの作型に発生しやすく，夏まき冬どりの作型では少ない。関東以西では5月中旬～7月中旬に発生しやすい。この時期に収穫期が合致すると発生し，とくに雨の多い年には多発する。

　なるべく連作を避ける。輪作はなるべく長期間にわたるものがよいが，何年ならば安全ということは明らかにされていない。輪作する作物のなかにジャガイモとインゲンマメを入れない。発生の多い畑では冬どりの作型とする。発生のおそれのある畑では播種前に土壌消毒を行なう。

［長井雄治］

◉しみ腐病　⇨口絵：病126

• *Pythium sulcatum* Pratt and Mitchell

●被害と診断　ニンジンの直根と側根（細根）に発病し，地上部は侵されない。直根上の病斑は，はじめ水浸状の小斑点であるが，やがて直径3～5mm前後の円形または長円形の褐色水浸状となる。病斑の症状から，俗に「しみ」と呼ばれる。しみ状病斑の中央に縦の亀裂ができることがある。病斑は，直根の上中部に数個または十数個散在し，下部には少ない。収穫期に雨が続くと拡大して，2～3cm以上の水浸状の不整形大型病斑となり，その表面は軟化腐敗することがある。細根が侵されると褐変腐敗し，のちに脱落する。

●病原菌の生態　病原菌は土壌中で数年間生存するものと思われる。病原菌の生育適温は28℃前後であるが，地温20～30℃で発病が確認された。病原菌に汚染された土壌では，ニンジンの発芽率が著しく低下するので，発芽前に侵されることがあると思われる。病原菌は土壌中に潜伏し，急速に移動することはないが，大雨や大風の際に土砂や土ほこりの移動によって広がるおそれがある。排水不良地では，降雨の際に雨水の流れとともに病原菌が移動すると推定される。

●発生条件と対策　連作すると発生が多くなる。地温が高く，土壌水分の多いときに発生する。したがって，梅雨期後半に収穫する春まき夏どりの作型で多発しやすい。収穫時期に雨が降り続くと病斑が大型となりやすい。夏まき冬どりの作型では，秋に長雨が降ると多数のしみ状小斑点ができるが，大型病斑はできにくい。土壌の過湿期間が3日以上続くと発病することが確認されている。水田転換畑では発病しやすい。

連作を避け，できれば3～4年の輪作を行なう。排水不良の畑では排水に留意する。とくに水田転換畑では，暗渠などの排水施設をつくる。やむをえず前年発生した畑で連作するときは土壌消毒を行なう。春まき栽培では，収穫期が遅れると被害が急増するので適期に収穫する。

［長井雄治］

◉白絹病　⇨口絵：病127

• *Sclerotium rolfsii* Saccardo

●被害と診断　梅雨期から発生し始め，梅雨明け後に急増しやすい。初期の発病株は，日中葉が軽くしおれるが朝夕は回復する。ひどくなると激しくしおれ，葉は褐変枯死する。被害株の地ぎわ部を調べてみると，根冠部や葉柄基部が軟化腐敗し，その表面に白色絹糸状の菌糸が着生し，多湿のときには，被害株周辺の地表面にも菌糸が伸長する。被害が進むと，地ぎわ部とその周辺に，褐色または黄白色アワ粒状の小さな菌核が多数生じる。被害株の根も侵されて軟化腐敗する。新しい発病は，最初の発病株を中心にして周囲に広がることが多い。被害株は，数株または十数株が一団となって，圃場のそこここに散在しやすい。

●病原菌の生態　病原菌は菌糸と菌核のかたちで土壌中で越年し，土壌伝染する。菌核は土壌中で5～6年間生存するといわれる。越年した菌核は，土壌中で適当な温度と湿度に恵まれると発芽して菌糸を生じ，宿主植物の根や地ぎわ部に侵入する。被害株の株元や根に菌糸が付着し，その周囲の地表面にも広がる。被害が進むと，菌糸とともにアワ粒状の菌核が形成される。未熟の菌核は白色であるが，成熟するにしたがって黄白色から黄褐色へ，さらに褐色へと変色する。菌核の大きさは変わらない。菌糸の生育適温は32～33℃，最適pHは5.9である。宿主範囲はきわめて広く，マメ科，ウリ科，ナス科，その他フキ，ウド，コンニャクを含む多くの作物に寄生する。

●発生条件と対策　盛夏期を中心に発生が多いが，とくに高温の年に多発しやすい。暖地で発生が多く，寒冷地では少ない。排水不良畑や通風不良畑で発生しやすい。連作畑で発生しやすいが，ラッカセイなどマメ科の後作も多発することがある。春まき夏どりの作型で発生しやすく，とくに収穫期に雨が多いと多くなる。夏まき秋冬どり栽培では，生育初期に密植の状態にあると，8～9月に発生することがある。

前年発生したところでは，少なくとも3年間はニンジンの作付けを避ける。常発地では，イネ科作物と3年以上の輪作を行なう。輪作して有効な作物は少ないが，前作と前々作に発病がない圃場では突発的に多発することはない。排水をよくし，排水不良地では作付けを避ける。酸性土壌では消石灰を施用し，酸度を矯正する。発生のおそれのあるところでは土壌消毒をする。早期発見につとめ，発病株は見つけ次第抜き取って焼却する。菌核を形成している場合には，発病株を中心に菌核と一緒に地表の土壌も取り除き，土中深く埋め込む。収穫後は速やかに圃場の清掃を行ない，残渣は集めて焼却するなど，圃場衛生につとめる。 ［長井雄治］

◉うどんこ病 ⇨口絵：病127

• *Erysiphe heraclei* de Candolle

●被害と診断　春まき栽培では5月中下旬から発生し始め，6～7月にかけてまん延するが被害は少ない。夏まき栽培では9月半ばごろから発生し始め，10～11月にかけて被害が多い。下葉の葉裏や葉柄から発生し始め，徐々に上葉に進行する。はじめ白色ないし灰白色，粉状の斑点を生じ，進行すると葉の表裏や葉柄の表面が灰白色のカビで覆われる。発生初期の被害葉は，表面に淡黄色，周囲が不鮮明な斑点が見られる。被害が進むと，下葉から黄変して枯れ上がり，葉や葉柄に小黒点(子のう殻)ができることがある。

●病原菌の生態　本菌は被害葉上に分生子と子のう殻を形成するが，次作の伝染源は子のう殻と越冬ニンジンの生葉中の菌糸とみられ，翌春にこれらから子のう胞子や分生子を形成して，空気伝染で第一次伝染をおこすと考えられる。その後は病葉上に生じた分生子によってまん延する。秋の発生には，前年の初冬または春に形成された子のう殻が伝染源になる場合と，雑草上に生じた分生子が伝染源になる可能性とが考えられる。

●発生条件と対策　春まき栽培では5～6月，夏まきのものでは9～10月に降雨が少なく，乾燥ぎみの年に多発する。本病のまん延は気温が20℃前後のときのようである。排水がよく乾燥しやすい畑，早まきや多肥栽培によって生育が進み茎葉が繁茂したものは，いずれも早くから発生して被害も多い傾向にある。

黒葉枯病との同時防除をねらいとして，発生初期から薬剤散布を行なう。 ［長井雄治］

ゴボウ

◉モザイク病 ⇨口絵：病128

- ゴボウモザイクウイルス　Burdock mosaic virus (BuMV)
- ゴボウ斑紋ウイルス　*Burdock mottle virus* (BdMV)
- キュウリモザイクウイルス　*Cucumber mosaic virus* (CMV)

●被害と診断　BuMVによる病徴は，葉に鮮明な黄色の斑点がモザイク状に生じ，葉面は縮んで凸凹となる。この症状は低温時に明瞭にでるが，夏季高温時には不鮮明となる。BdMVやCMVによる病徴は，不鮮明なモザイク，葉脈透化，葉脈えそなどを示し，低温時には不鮮明でほとんど病徴を現わさない。本病による減収率は明らかでないが，多少生育が抑制されるので根部肥大が悪くなり，減収するものと思われる。

●病原ウイルスの生態　BuMVは，種子，土壌伝染をせず，ゴボウヒゲナガアブラムシが媒介して容易に伝搬される。モモアカアブラムシではまれに伝搬されるが，ジャガイモヒゲナガアブラムシは伝搬しない。汁液伝播も可能である。BdMVおよびCMVは，いずれもゴボウヒゲナガアブラムシ，モモアカアブラムシによる伝播は確認されていないが，汁液接種は可能である。両ウイルスの畑での伝播方法は明らかでない。

●発生条件と対策　周辺に被害株があると伝搬して罹病株が増加する。対策として，ゴボウをムギの間作にすると，生育初期のアブラムシの着生が少なくなり本病の発生が少なくなる。二次伝搬を避けるため，罹病株は見つけ次第ただちに抜き取って乾燥し焼却する。播種時に薬剤を土壌施用するとともに，生育期には定期的にアブラムシ類の薬剤防除を行なう。

［堀江博道］

◉黒斑細菌病 ⇨口絵：病128

- *Xanthomonas campestris* pv. *nigroniaculans* (Takimoto 1927) Dye 1978

●被害と診断　葉や葉柄に6月中旬ごろから発生し，生育期間を通じて認められる。はじめ葉に暗緑色の円形～多角形の水浸状小斑点を生じ，次第に拡大して黒褐色～黒色に変わり，幼葉ではほぼ円形，成葉では葉脈に境された多角形病斑となる。さらに進むと，中央部は退色して灰白色となる。多くの病斑は融合して大型病斑となり，病斑は乾固し，破れやすくなる。

葉柄には，はじめ黒色の短い条斑ができ，次第に拡大し，紡錘状の大きな浸潤状の黒色病斑となって少し凹入する。この部分から折れやすくなる。葉柄や葉に病斑が多数形成されると生育は抑制され，葉柄，葉身の枯死を早める。

●病原菌の生態　病原菌の生育適温は27～28℃である。病組織で越年するとともに種子伝染すると考えられている。

●発生条件と対策　連作，窒素過多，多肥栽培，密植栽培は多発しやすい。畑灌栽培，とくに散水は発生を助長する。6~7月の長雨は発生および病勢進展を助長する。秋まきゴボウは春まきより早く発生しやすい。対策としては，窒素肥料の過多を避け，適切な肥培管理をする。病葉は圃場に放置せず，ていねいにかき集めて廃棄する。多発のおそれのあるときは薬剤を散布すると有効である。

［堀江博道］

◉萎凋病 ⇨口絵：病128

• *Fusarium oxysporum* Schlechtendahl f. sp. *arctii* Matuo, A. Matsuda & K. Kato

●被害と診断　生育初期の苗に発生した場合，まず葉の半分が黄変し，次に葉がしおれて枯れてくる。苗を抜き水洗いしてみると，主根の一部，あるいは支根が褐色～黒褐色になっている。根を切断すると，その部分から根くびまでの導管が褐変しており，被害の著しいものは葉柄の導管にまで褐変が及んでいる。生育中期から後期にも同じような被害が見られ，葉の半分に黄化や萎凋を起こして枯れる。また，被害株の葉柄や根の導管が褐変している。

●病原菌の生態　病原菌はゴボウだけを侵す。大型分生子，小型分生子，厚壁胞子を形成するが，おもに厚壁胞子が土中に生き残って伝染源となり土壌伝染する。ごく一部には，分生子や菌糸が種子に付着して種子伝染することも考えられる。播種したゴボウが発芽，発根を始めると，土中や種子で生き残っていた病原菌も発芽して菌糸を伸ばし，根から侵入して導管に達し，次第に上方に及んで，最後には根くびまでの導管が侵される。本菌の発育適温は25℃付近，発病の最適土壌温度は25～30℃である。

●発生条件と対策　本病の発生する畑にゴボウを連作すると被害が多くなる。沖積土壌の酸性土に発生が多く，洪積土壌は比較的少ない。消石灰または炭酸石灰を多用すると発生が抑えられる。

種子は薬剤粉衣して播種する。酸性土壌は，pH6～6.5をめやすに石灰を施用する。発生畑はゴボウの作付けを見合わせるか，作付け前に土壌消毒を行なう。間引き作業のときに注意して，葉が黄化したり奇形となったりしている株は必ず抜きとる。　［堀江博道］

◉うどんこ病 ⇨口絵：病128

• *Sphaerotheca fusca* (Fries) S. Blumer emend. Braun-pro parte Sawada

●被害と診断　夏から秋にかけて発生するが，とくに7～9月に多発する。下葉から発生して徐々に上葉に及ぶ。葉の表面にはじめ白色ないし灰白色，粉状の斑点を生じ，被害が進むと葉全面が灰白色，粉状のかびで覆われ，葉色は少し黄緑化する。秋も深まり気温が低くなると，病斑上に黒褐色の小粒点(閉子のう殻)が形成される。

●病原菌の生態　病原菌はウリ類，ナスなどの野菜にも寄生する。閉子のう殻で冬を越し，夏期に子のう胞子を形成して第一次伝染源となり，その後は，病斑上に形成された分生子により第二次伝染を行なう。

●発生条件と対策　気温が高く，降雨の少ない夏期に多く発生する。生育の進んだもの，茎葉の繁茂したものには早くから発生し，被害が多い。陰地，通風の悪い畑，肥料を多用したものには発生しやすい。対策として，発生初期から薬剤散布を行なって防除する。　［堀江博道］

◉黒斑病 ⇨口絵：病129

• *Ascochyta phaseolorum* Saccardo

●被害と診断　初夏から秋にかけて発生するが，とくに6月の梅雨期と9月の秋雨期に多発する。8月下旬以降の生育転換期の多雨は病勢の進展を早める。下葉の老成葉や不良株に発生し，葉の枯死を早める。

●病原菌の生態　病原菌はナス科，ウリ科，マメ科作物などにも寄生する。病葉についた柄子殻で越冬し，翌年これより分生子を出して伝染する。

●発生条件と対策　気温が高く，降雨の多いとき多発する。生育の進んだものや茎葉の過繁茂なものには早くから発生し，被害も多い。陰地，風通しの悪い畑，窒素肥料を多用した畑では発生しやすい。対策としては，連作を避ける。風通しと日当たりのよい畑に栽培する。密植を避けて，適切な肥培管理を行なう。発生初期から薬剤散布を行なう。被害葉は集めて乾燥後，焼却する。

［堀江博道］

◉黒あざ病 ⇨口絵：病129

• *Rhizoctonia solani* Kühn

●被害と診断　本病は生育初期から収穫末期まで発生する。とくに8月下旬以降から急激に進展する。生育初期の地上部の被害は一般的に生育が不揃いで，被害は軽くあまり目立たない。しかし，連作あるいは栽培回数の多い畑では胚軸または根部に茶褐色で数mm内外の病斑を形成し，生育不良あるいは苗立枯れを生じる。生育中期には葉柄基部が黒褐変し，いわゆる葉柄腐れを起こし，これをもとに根部へと枯れ下がる。

根部では播種2か月後(6月ころ)から発生してくる。この病斑は暗褐色で，円形または楕円形の比較的明瞭な小さな斑点を生じ，次第に進展し，黒褐色の大きな病斑となり，根の全周をとりまく。病斑は表層だけにとどまり，内部組織への進展はほとんどない。しかし，組織の弾力性を失い，掘取り時に病斑部から折れやすくなる。根の病斑は地表から10cmまでの浅い部分にもっとも多いが，40～60cmの深いところにも形成する。

●病原菌の生態　本菌の生育適温は約30℃で，25～30℃の高温で強い病原性を発揮する。宿主範囲が広く，炭酸ガス耐性も強い。作物の地下部を侵す性質も強い。本菌はいずれの畑にも多少の差はあるが分布している。土壌中の被害植物あるいは他の植物残渣上で厚壁細胞または菌糸塊の形で越年する。

●発生条件と対策　連作，栽培回数の多い畑，前作にナガイモ，ニンジンなどを栽培した畑，排水不良な低湿地および酸性畑，罹病した茎葉，根などゴボウ残渣を播種前にすき込んだ畑で発生しやすい。しかし，他作物を2作以上栽培すると，その影響は軽くなる。C/N比の低い未分解有機物を多量施用すると，発生を多くする傾向がある。トレンチャーによる播種前掘削は，無掘削より深層部の発生を激しくする。また土寄せ作業でも発生が多くなる。

連作は避け，少なくともゴボウの作付けを2～3作以上休作する。前作にはイネ科作物がもっともよく，根菜類の作付けは避ける。低湿地への作付けは避け，土壌酸度は5.5～6.0(KCl)に矯正する。間引き作業はていねいに行ない，葉柄部あるいは胚軸部に異常のある株，枯死葉のある株などは除去する。被害の予想される畑では，できるだけ早めに掘り取る。春播きゴボウの場合，早まきするほど被害が激しくなる。秋まきは適期(7～8月)に収穫し，遅掘りは避ける。販売不能と思われる品質不良根でも，ていねいに掘り上げ，残渣は畑には埋め込まない。土壌消毒を行なう。土壌消毒と輪作体系を組合わせると，防除効果はいっそう高まる。

［堀江博道］

ショウガ

◉いもち病　⇨口絵：病130

• *Pyricularia zingiberis* Nishikado (zingiberi)

●被害と診断　露地栽培で発生するが，施設栽培では発生しない。品種間で感受性に差が認められ，大ショウガがもっとも高く，次いで中ショウガ，小ショウガの順に低い。根茎，葉，偽茎などに発生する。地上部の発病は比較的少なく，被害もほとんど出ない。一方，根茎での発病は収量に影響しないが，外観品質を大きく低下させる。

地上部での発生は通常は9月に入ってからである。根茎では，10月上旬以降の充実期から収穫期にかけて，地表面へ露出した部分に病斑を生じる。葉身では，内部が灰白色，周縁部が褐色，周囲に黄色の中毒部をもつ紡錘形の病斑を生じる。葉身の病斑は比較的大きく，長径が30mm程度に達することもある。また，縦に裂けたり，中央部に穴を生じたりすることもある。葉舌，葉節，偽茎でも中毒部をもつ褐色不整形の病斑を生じる。いずれの病斑も古くなると，0.5～1.0mm程度の小黒点粒（菌核）を生じる。

根茎では，その節が病原菌の感染部位になるため，節を中心とした円形または不整形の病斑，あるいは節に沿った条斑を生じる。病斑の色は褐色～黒褐色であり，大きさは種々であるが，直径20mm位の病斑もしばしば見られる。病斑の表面には多数の菌核を生じるが，葉身の菌核よりもやや大きく，1～2mm程度あり，融合してさらに大きくなることもある。

●病原菌の生態　病原菌はショウガ，ミョウガを発病させる。イネのいもち病菌とは別種である。菌核は越冬器官であり，越冬後の6月下旬～7月上旬に分生子柄により発芽して分生子を生じる。分生子は地上部の各器官にある病斑上でも形成され，二次伝染の役割を担う。分生子は飛散して作物体の組織表面に到達した後，発芽して付着器を形成し，組織内に侵入する。感染した後，菌糸が作物組織の細胞内を伸展し，やがて病斑を形成する。

根茎や葉などの病斑が古くなると，その表面に菌核を形成し，被害残渣とともに越冬する。ショウガの栽培では，毎年行なわれる土壌消毒によって圃場中の菌核は死滅する。しかし，圃場の周辺には栽培あるいは自生のミョウガが散在することが多く，この発病株がショウガに対する伝染源となっているものと考えられる。

●発生条件と対策　近くにミョウガがあると発生しやすい。土壌消毒を行なわずに連作すると，前年度の残渣も第一次伝染源となりうる。降雨が続くと，分生子の形成と病原菌の作物体への感染が促進される。気温の日較差が大きい場合，夜間から早朝にかけて作物体上での結露が見られ発生しやすくなる。ショウガの生育がよい年には，根茎が地表面に早くから露出するので，根茎での発生が多くなる。土寄せ作業を怠ったり降雨によって被覆土が流亡すると，露出根茎か多くなって発病しやすくなる。

定植前には根茎腐敗病の防除を兼ね，くん蒸剤による土壌消毒を行なう。土壌消毒を行なわない場合，収穫時には罹病根茎を圃場外に持ち出して処分する。重要な伝染源となる自生のミョウガを圃場の周辺部から可能な限り除去する。とくに，根茎の肥大期にあたる9月下旬から収穫直前までは土寄せをこまめに行ない，根茎の露出を極力防止する。秋季は根茎への重要な感染時期にあたるので，9月下旬と10月はじめの2回，薬剤による防除を実施する。

［古谷眞二］

◉根茎腐敗病 ⇨口絵：病130

- *Pythium myriotylum* Drechsler〔*Pythium zingiberis* Takahashi〕
- *Pythium ultimum* Trow var. *ultimum*

●被害と診断　露地栽培，施設栽培のいずれでも発生するが，露地栽培での発病が多く，被害も大きくなりやすい。初めに茎の地ぎわ部が淡褐色水浸状に変色し，やがて地上部の葉が黄化して萎凋し，ついには枯れる。茎の地ぎわ部が軟化腐敗するため，茎が倒れて枯死することも多い。発病した茎を引くと，地ぎわ部から簡単に抜けることが多い。幼芽は水浸状に黄～褐変し，速やかに腐敗する。根茎は表面が淡褐色～黒色の水浸状に変色するとともに，内部が淡褐色水浸状に腐敗する。発病した部分には，高温多湿条件下で白色綿毛状の菌糸が認められることがある。

保菌した種ショウガから発病した場合は，萌芽期から発病が始まり，土壌中で芽や根茎が腐敗する場合がある。露地栽培では，高温期に降雨などで多湿条件が続くと多発する。発病に好適な条件のもとでは被害は坪状に拡大する。施設栽培では，高温期に施設内が多湿条件となると発病しやすい。病原菌に感染した根茎を貯蔵すると，貯蔵期間中に軟化，腐敗する場合がある。

●病原菌の生態　露地栽培での発病は20℃付近で始まり，25℃以上で激しくなると考えられている。卵胞子を形成して土壌中に残存して土壌伝染するほか，感染した種ショウガによる伝染，水中に放出された遊走子による水媒伝染をする。前作の罹病残渣などとともに土壌中に残り，次作の伝染源となる。土壌中では長期間生存し，何も栽培せずに放置した場合，病原菌はほとんど減少しない。水稲を栽培した場合は病原菌が減少して発病に要する期間が長くなるが，4年間連続して水稲を栽培しても発病することが確認されている。

●発生条件と対策　高温多湿条件で発病しやすい。露地栽培では梅雨時の感染がもっとも多く，梅雨の後半ごろから発病が目立ってくる。降雨が多い年には秋まで発病が続く。圃場内では発病株から隣接株へと徐々に伝染するが，大雨などで圃場が冠水した場合は，水中に放出された遊走子により広範囲に感染が拡大し，短期間で多発する。圃場の外から泥水など表層水が浸水すると，病原菌が水とともに持ち込まれて感染し，短期間で多発する場合がある。

また，保菌した種ショウガを植え付けると，早期から多発して壊滅的な被害を生じることがある。栽培圃場で気温が低下する10月以降に感染した場合は，地上部には症状が認められず根茎の一部が腐敗するにとどまる場合があり，保菌に気づかず種ショウガとして用いる危険性が高くなる。

土壌伝染を防ぐために，植付け前に土壌くん蒸剤による土壌消毒を行なう。生育期間中には，殺菌剤の土壌灌注や土壌表面散布を行なって防除する。種ショウガは病原菌に汚染されていないものを使用する。圃場は排水のよい場所を選び，大雨などで浸冠水しないように圃場内外の排水路を整備する。発病株はすぐに抜き取り，周辺圃場および次作の伝染源とならないように適切に処分する。

［森田泰彰］

◉紋枯病 ⇨口絵：病131

- *Rhizoctonia solani* Kühn

●被害と診断　おもに葉鞘の地ぎわ部付近に発生する。ほかに，葉や根茎に発生することもある。葉鞘では灰緑色ないし茶褐色の不規則な楕円形の病斑を生じ，のちに病斑の中心部が淡褐色になり腐敗，消失して周辺部だけ残ることが多い。このような病斑の周辺部は黄褐色～褐色に変色するが，変色部の幅は比較的狭い。葉では水浸状病斑を生じ，速やかに拡大して雲形状ないし不整型病斑となる。根茎では表面がアメ色を呈する。激しい場合には出芽後から芽枯れを生じ，生育が抑制され，根茎肥大が不良となる。

●病原菌の生態　罹病株に形成されて圃場に残った菌核が伝染源となる。また，罹病根茎や病原菌の付着した種根茎によっても伝染する。菌糸により次々と新たな伝染が起こり，やがて菌核を形成する。

●発生条件と対策　高温多湿を好むことから，高温期に降雨が続いたり，株が繁茂してくると発生しやすい。施設栽培では，高温多湿となりやすいことから発生しやすく，被害も大きくなりやすい。

葉鞘の地ぎわ部から発病が始まるので，この部分の観察を怠らない。発病を認めたら，速やかに薬剤を散布して防除を開始する。罹病根茎を種根茎として用いない。できれば，発病がないことを確認した圃場のものを使用する。施設栽培では灌水方法に留意し，過湿にならないようにする。根茎腐敗病の防除を兼ねて圃場を土壌消毒することで，本病の同時防除を図ることができる。　［森田泰彰］

◉白星病　⇨口絵：病131

• *Phyllosticta zingiberis* Hori (zingiberi)

●被害と診断　露地栽培で発生する。圃場の一部で発生し始め，そこから順次圃場全体に拡大する。初発時期は通常7月ごろで，秋雨前線が活発となる9月ごろに病勢の急激な伸展が見られ，10月ごろまで発生する。おもに葉に発生する。病斑は下位葉から上位葉にかけて形成されるが，秋季に展開した上位葉に多い。

初期病斑は淡い灰緑色あるいは周辺がぼやけた1～2mm程度の黄斑となる。典型的な病斑は灰白色の円形に近い1～3mm大の斑点である。また，黄色の中毒部が顕著で，褐色の縁取りがある紡錘形あるいは長紡錘形の病斑も生じる。このような病斑は，通常やや大きく，長さ10mm，幅3mm程度になることもあり，しばしば縦に裂けるか，内部が脱落して穴があく。数個の病斑が集まって形成されると，不規則な大型病斑や，葉の縦方向に伸びる条斑となる。1枚の葉に多数の病斑が形成されると，その葉の全体が枯れ上がる。病斑の内部には1～数十個の小黒点粒を形成する。これは柄子殻である。

●病原菌の生態　本病は露地栽培や自生のミョウガでも発生する。柄子殻に水滴が付着すると，その内部から柄胞子が噴出する。この柄胞子は雨滴や風によって周辺へ飛散する。飛散して葉上に付着した柄胞子は，発芽して感染する。病斑は早ければ感染2日後に現われ，4日後には柄子殻を生じる。作物残渣とともに圃場に残った柄子殻が，翌年の伝染源になるものと考えられている。

●発生条件と対策　降雨の日が続くと発生しやすい。とくに風雨の後には病勢が急激に拡大しやすいので，9月以降は要注意の時期である。排水不良の圃場でも発生しやすいとされている。これは葉上の水滴の乾きが遅くなることに関係しているものと思われる。肥料切れでも発生しやすいとされている。

適切な肥培管理に努める。とくに降雨期には肥料切れのないよう留意する。圃場の排水を改善する。降雨が予想される場合には事前に薬剤を散布しておく。　［古谷眞二］

◉立枯病 ⇨口絵：病132

• *Fusarium oxysporum* Schlechtendahl: Fries

●被害と診断　露地栽培で発生している。発病初期の地上部の症状は，一次茎の下葉が黄化し，株全体の生育がやや劣っているだけであり，生理的症状との区別は難しい。しかし，通称"足"(種塊茎と一次塊茎の間。発根しているところ)の部分を切断すると，導管部を中心に淡褐変～褐変している。症状が進展すると，一次茎から高次茎へ向かって，順次下葉から黄化し，株全体の生育が劣る。そのような株の低次塊茎間を切断すると，導管部を中心に淡褐変～褐変しており，スが入ったように，小さな白い空洞部が見られる。さらに症状が進むと，茎は低次茎から枯死し，塊茎も低次茎から腐敗してくる。このような株は翌年の第一次伝染源になる。軽度の罹病塊茎であっても，貯蔵すると腐敗する。

●病原菌の生態　第一次伝染源は，罹病塊茎中の厚膜胞子，菌糸(種塊茎伝染)，土壌中の厚膜胞子(土壌伝染)と伝えられる。病原菌は根から侵入し，"足"部分の導管部を通って，一次塊茎から二次塊茎へと導管部を通って上位塊茎に進展する。そのため，一次茎から高次茎に向かって順次黄化，枯死する。また，種塊茎にも導管部を通って進展し，感染時期が早い場合は腐敗する。種塊茎伝染の場合は発病が早く，6～7月ごろから見られるが，土壌伝染の場合は8～9月以降である。第二次伝染源は，罹病塊茎に形成される分生子と考えられるが，土壌中での水平・垂直方向への移動はほとんどないと思われる。ただし，土寄せ・耕うんなど，人為的な土壌の移動には注意を要する。

●発生条件と対策　罹病塊茎を種塊茎に用いると，発病する可能性がかなり高い。発病時期も早くなる。地温が20℃付近で感染が始まると思われる。土壌水分との関係は明らかではないが，適湿～多湿で発病すると思われる。

おもな第一次伝染源は罹病塊茎であるため，必ず無病の種塊茎を用いる。そのためには，必ず前年度に発病のまったくない圃場から種塊茎を確保する。土壌伝染を行なうので，作付け前に必ず土壌消毒を行なう。発生を認めたら早期に抜き取り，圃場外に持ち出し処分する。　[野中英作]

◉青枯病 ⇨口絵：病132

• *Ralstonia solanacearum* (Smith 1896) Yabuuchi, Kosako, Yano, Hotta and Nishiuchi 1996

●被害と診断　露地栽培では気温が高い7～9月に発生しやすい。気温が低下する10月以降になると，病勢の進展は緩慢で，感染しても発病しない場合がある。施設栽培では，冬季に発生することがある。最初，下位葉が黄化し，次第に上位葉に進展する。やがて株全体が黄化するが，葉の黄化を伴わずに，葉に脱水症状の淡褐色不整形の斑紋を生じ，株全体が緑色のまま急激に萎凋する場合もある。最後には株全体が枯死し，倒伏する。

地下の根茎は，最初は腐敗が見られずに表面に淡灰色水浸状の斑紋が見られることがあるが，病勢が進展すると激しく腐敗する。根茎を切断すると1次茎の維管束部が褐変していることがあり，切断面から乳白色の細菌泥の噴出が観察される場合がある。発病株を貯蔵すると腐敗するが，無病徴感染株では腐敗しない場合がある。

高温期の病勢の進展は急激で，発病し始めると1週間程度で倒伏枯死する。また，周囲の株への伝染も早く，とくに雨が降ると雨水によって病原菌が運ばれて広範囲にまん延する。発病圃場の排水先でショウガが栽培されていると発病する場合が多い。

●病原菌の生態　ナス科植物青枯病の病原菌名と同一だが，系統が異なり，ナス科植物青枯病菌はレース1，ショウガ青枯病菌はレース4に該当する。ナス科植物青枯病菌と同様に，一度発病すると長期間土壌中に残存し，次作の伝染源となる。また，本病の病原菌が付着した根茎を種として使用すると，これが第一次伝染源となる。本病の病原菌は水で運ばれ，そこにショウガが栽培されていると発病する。ショウガ以外ではミョウガやクルクマにも感染し，発病する。

●発生条件と対策　本病の病原菌は，もともと土着しているわけではないので，圃場に侵入させないように注意さえすれば発病することはない。高温期に発病しやすく，大雨により広範囲に発生が拡大する。露地栽培では，種根茎伝染などにより早期に発病が始まると圃場全体に広がり，収穫皆無となることも珍しくない。

種根茎伝染，水媒伝染，土壌伝染するので，これらの対策を実施する。発生したあとの生育中の有効な防除対策はないので，農機具や資材などに病原菌が付着して圃場に侵入するのを防止するために，圃場衛生には細心の注意を払う。一度圃場で発生が見られると，その後のショウガ栽培をあきらめざるをえないのが実状である。したがって，可能性のある圃場への病原菌の侵入経路については，徹底的な対策を実施する。

［矢野和孝］

ミョウガ

◉葉枯病 ⇨口絵：病133

• *Mycosphaerella zingiberis* Shirai & Hara

●被害と診断 草丈伸長期に発生する病害である。5月中旬以後，株の頂部付近の軟らかい展開中の新葉に白色斑点が発生する。その後，葉脈方向へ拡大した大型白色病斑になる。発病3日以降に病斑の中心付近に微小黒点を生ずる。あとになってから，病斑部分は薄くなって黒褐色不定型に枯れる。夏ミョウガなどの葉の軟らかい株では発病程度が高くなる。展開し終えた葉は，新たに感染することはない。

●病原菌の生態 ミョウガとショウガに共通の病原菌である。地表の前年発病した植物残渣上で越冬している。気温が高いほど発生が多くなる。病斑の中心付近に生ずる小黒点は分生子殻であり，水滴にぬれると，ここから多数の分生子が表面に押し出され，水滴とともに辺りに飛散する。発病株から周囲の株に2か月で5mくらい伝播する。

●発生条件と対策 日最低気温が15℃前後になると発生し，気温の高い圃場ほど発生時期が早い。強めの降雨では，分生子が洗い流されて感染率が低下する。ぬれ時間を短くする条件をつくれば，感染率が低下する。それには風通しをよくする，地面のぬれ時間を短縮する，圃場の遮へい物除去をし，排水を良好にすることが有効である。降雨のない期間は発生しない。

［堀江博道］

◉いもち病 ⇨口絵：病133

• *Pyricularia zingiberis* Y. Nishikado

●被害と診断 梅雨期間後半の7月上旬前後に発生することが多い。梅雨が明けると発生しない。本病は激発しなければ減収にならない。病斑ははじめ，葉や茎の葉鞘に5mmくらいの灰白色円形斑点を生じ，周囲が水浸状淡黄色の病斑として現われる。その後，黒褐色に縁取られた灰褐色の円形～楕円形で大きさ10mm前後の病斑になる。中心部から同心円状の輪紋が3～7重に認められる。病斑の周縁は黄色になる。その後，日を経るとともに褐色で20mm以上の大型輪紋斑となり，病斑部分は乾燥して枯れる。病斑を生じた茎の葉鞘は枯れなくても，その葉鞘の先に付いている葉が弱る。

●病原菌の生態 本菌はショウガとミョウガだけに発病する。病斑に輪紋となっている小黒点は菌糸のかたまり，すなわち菌核である。この菌核は，老化した病斑や枯死植物上に，また土の中でも20～25℃で形成されやすい。菌核は越冬して第一次伝染源となる。菌核上には，高い湿度が4～5日続くと分生子を形成する。病原菌は植物体上でも越冬していると思われる。

●発生条件と対策 雨量が多い場合には分生子が洗い流されて感染率が低下する。濡れ時間を短くする条件をつくれば，発病が少なくてすむ。それには風通しをよくし，また，地面の濡れ時間を短縮する。圃場の排水を良好にし，遮へい物除去を行なうことも有効である。軟弱に生育する品種ほど発病が多い傾向である。また，窒素肥料が多いと発病が多い。

［堀江博道］

◉根茎腐敗病 ⇨口絵：病133

• *Pythium zingiberis* M. Takahashi

●被害と診断　6月下旬の，平均気温が25℃になったころから発生し始める。初期症状は，まず1～2本の茎に発生し始め，下葉が黄色くなる。やがて茎が下から淡褐色に変色して枯れ，軟化して倒れてくる。このような茎は地ぎわに離層ができており，簡単に摘み取ることができる。

前年発生した箇所では坪状に発生してくる。暑い夏の経過とともにさらに被害は激しくなり，地下部は腐敗し，消失する。いったん感染しても，翌年6月までは正常に生育してくる。地下茎や土中には病原菌が潜在しており，地温20℃以上になると病原菌が活動を始め，夏には前年よりもひどく発病する。このため収穫は望めず，ミョウガ栽培ではもっともおそろしい病気である。

6月下旬以後の雨ごとに，発生箇所や被害面積は拡大する。地温25℃くらいで水に媒介されて感染すると，まず茎の地ぎわ部分が緑色のまま水浸状の色調になり，その後褐色に変色して倒伏しやすくなる。このときはすでに地下茎へ病原菌がまん延している。

●病原菌の生態　本菌はミョウガとショウガの病原菌である。土壌温度が20℃を超えると病原菌が活動し始める。地下茎内の菌糸は，ミョウガの植物体内に菌糸をまん延させて発病させ，また遊走子のうを形成する。休眠していた卵胞子は発芽して活動を開始する。28℃前後で多量の水があると，鞭毛で泳ぐ遊走子が水に泳ぎだし伝染する。ミョウガの植物体に侵入感染すると，たとえ症状が生じなくても，そこに遊走子のうを形成する。あるいは耐久性の卵胞子も形成され，翌年以後の伝染源になる。地温15℃以下では活動を停止している。

●発生条件と対策　南斜面の日照が多く，地温が高まるところほど発生時期が早く，発病程度も高まる。収穫の時期や品質にこだわらないなら，山の下，高い木の下，あるいは樹をところどころに植えて，日陰をつくって栽培すると，発生が遅く，被害は軽くなる。水で媒介されるので，傾斜地では雨水が畑の表面を流れないように暗渠や排水溝をつくり，圃場内に水がたまらないように整備しておく。真夏の灌水は流れない程度にとどめる。地下部の傷は感染の原因になるので，株が込んできたときの間引きは，病原菌の活動しない地温15℃以下の時期に済ませておく。発病のない圃場から種株を選ぶ。病原菌の圃場への持込みは，使用した器具，機械に付着した病原菌や，これらの洗い水で起こり，圃場のあちこちにばらまいてしまうことがあるので注意する。現地では窒素肥料が多いところに発生が多いといわれているので，施肥量を間違わないように気をつける。　［堀江博道］

レンコン

◉えそ条斑病 ⇨口絵：病134

- ハス条斑ウイルス
  Lotus streak virus (LoSV)

●被害と診断　症状は地下部の根茎(レンコン)に現われ，褐色の斑点または条斑を生ずる。条斑は根茎の先端から2～3節位に多く現われる傾向があり，表面から見ると幅1mm程度で長さ2cmから10cmに及ぶものがある。本病に感染発病したレンコンは外観を損なう点から商品価値が低下する。

●病原ウイルスの生態　種苗伝染，種子伝染，クワイクビレアブラムシによる虫媒伝染をする。土壌伝染はせず，汁液伝染はないものと考えられる。ハス以外の寄生植物は不明である。

●発生条件と対策　耐病性の低い品種の連作と媒介虫アブラムシ類の多発生で発病しやすい。品種では支那白ハスや明星が弱く，伊予，加賀はやや強いとされている。対策としては，健全な種レンコンに更新する。耐病性品種を栽培する。発生のあったハス田では種子をできるだけ取り除く。植付け時および生育初期にアブラムシ類を薬剤防除する。

［金磯泰雄］

◉腐敗病 ⇨口絵：病134

- *Fusarium oxysporum* Schlechtendahl: Fries f. sp. *nelumbinicola* (Nisikado et Watanabe) Gorden
- *Pythium afertile* Kanouse et Humphrey

●被害と診断　地下部の根茎(レンコン)および根が侵され，地上部では葉の萎凋症状として現われる。はじめ葉縁が水気を失って退緑色に変わり軽く萎凋し始め，症状が急性の場合は退緑灰白色になってしおれ，内側へ巻き込む。退緑症状は次第に葉の内側へ広がるとともに褐変化し，ついには葉全体が萎凋褐変し，やがて葉柄が枯死して折れたり倒伏したりする。発病初期にはレンコンに外観上明瞭な症状は見られないが，病気が進行すると表面にしわができ凹凸を生ずる。初期のレンコンでは切ってみると中心部がかすかに褐変した乳白色を呈しているが，病状がさらに進むと淡褐色から暗褐色に変わり，内部の褐変が外から透けて見える。内部が褐変せず，外側から紫黒色～黒色にやや軟化して腐敗するのはピシウム菌によるものと考えられている。

●病原菌の生態　本病は罹病した種レンコン，被害茎葉，発病田から流入する灌漑水とともに病原菌が移動するなどして伝染する。病原菌は根茎または葉柄の傷口から侵入する場合と，地下茎節部の吸収根の先端から侵入する場合とがある。侵入した病原菌は細胞内でまん延し，しだいに隣接細胞など周辺組織へと繁殖・まん延していく。

●発生条件と対策　6月中下旬から発生を始め，梅雨明け以降気温の上昇とともに盛夏期を中心に急速に発病が拡大する。水稲との輪作による発病軽減効果は期待できず，圃場条件によっては逆に発病を助長する場合がある。窒素の多施用，水温の上昇，夏期の落水は発病を助長する。品種は備中種に比べて支那種，白加賀などが強いが，品質・収量面ではやや劣る。

　種レンコンは無発病田から採取した健全なレンコンを使用する。掘り取り後のくずレンコン，被害茎葉は圃場外へ搬出し，レンコンを栽培しない畑に埋めて十分腐敗させるか，焼却処分する。ハス田は，掘り取り時以外は冬期を含めて常時湛水する。植付け後はただちに湛水し，栽培期間中落水しないように管理する。とくに地温の上がる夏期の落水に注意する。地上部が繁茂するまでの間は地温が上昇しやすいので，深水またはかけ流し灌水を行なう。スクミリンゴガイの適用薬剤で肥料登録のある石灰窒素の施用は本病の発生を軽減する。トンネル栽培では掘り取り期が早まることもあり，発病が軽減される。激発田では掘り取りを1年延ばし，2年掘り（現地における通称）を行なうと，かなりの収穫が期待できる。常発田では，支那種，白加賀などの抵抗性品種を選ぶ。

［金磯泰雄］

◉褐斑病 ⇨口絵：病134

• *Corynespora cassiicola* (Berkeley et Curtis) Wei

●被害と診断　葉（主に葉身）に発生し，はじめ若い葉の表面に針で突いたような暗褐色の小斑点を多数形成する。小斑点は葉の生長および病原菌の伸長とともに拡大し，直径5～20mmのやや角張った褐色から暗褐色の病斑となる。病斑は周辺部が黄緑色で，成葉などでは古くなると内部に輪紋を生じ，中央に淡褐色の部分ができる。病斑は晴天が続くなど発病に不適な条件下では，停滞型の輪紋や丸みを帯びた斑点となる。葉柄での発病は主にハウス栽培で見られ，葉身に近い部分に直径1～2mmの黒褐色病斑が形成される。病斑は後に幅1～3mm，長さ3～10mmの縦長黒褐色紡錘状斑となり，しばしば陥没するか裂け目を伴う。

●病原菌の生態　ハウス栽培では4月中旬ころから発生し始め，5月上中旬に増加，まん延する。露地栽培では早い年は梅雨期間の6月中下旬から発生し始め，この期間に曇雨天が続くと多発生しやすい。露地における初発生は，ハウスからの飛散によることが多い。換気口や出入り口から飛び出した胞子はほとんどがハウス近くに落下するが，一部は風に乗って風下方向に飛散する。飛散した胞子はおもに葉表に付着し，そこで形成された病斑は，発生適温で多湿条件下では，おもに葉表に活発に胞子を形成し飛散していく。発育最適温は25～28℃である。

●発生条件と対策　気温が20～30℃（病原菌の発育適温）で多湿条件が続くと発生しやすい。台風時のように，2～3日曇雨天が続いた後で強い風雨があると，胞子形成が多いうえに胞子飛散距離も長くなるため広範囲にまん延する。

病原菌は罹病葉で越冬するので，発病田では葉柄を年内に刈り取り，畦畔などに残った罹病葉とともに焼却処分する。ハウスでは早期発見，早期防除を行なう。ハウス内での適温多湿は発病を助長するので，できるだけ換気を行ない除湿に努める。ハウスで発病したときは掘り取り，罹病葉を野外に放置しない。露地での初発生はレンコンハウスの周辺で起こることが多いので留意する。

［金磯泰雄］

◉褐紋病 ⇨口絵：病135

• *Alternaria nelumbii* (Ellis et Everhart) Enlows et Rand

●被害と診断　大小さまざまな暗褐色～黒褐色の斑点が葉に発生し，葉枯れを生ずることがある。露地栽培では6月ころから発生し，ハウスやトンネルなど被覆栽培では4，5月から発生する。はじめ密生あるいは重なった葉に微小な褐色斑点を形成し，その後，赤褐色～暗褐色の輪郭の明瞭な円形斑点となる。若い葉では生育とともに病斑が拡大し，成葉でも発病好適条件下ではやや大型の不明瞭な輪紋斑となる。過繁茂および多湿条件下では病斑が融合して大型の斑紋となることがある。気温の上昇や土壌条件に伴い，根腐れなどを生じた葉では病斑は周縁部に多く発生し，葉枯れにつながる。多湿条件下では病患部上に黒色のカビ（分生胞子）が多数形成される。

●病原菌の生態　病原菌は被害葉などの病患部で越冬し，翌年の伝染源になると考えられる。発病後は病斑上に形成される分生胞子の飛散によって周辺に伝播する。

●発生条件と対策　葉が密生し，通風がよくない栽培下では，曇雨天が続くような蒸れた条件で発生しやすい。不良な土壌条件や肥料の不適切な施用による根傷みなどにより，地下部で根の活力が衰えた場合に葉における発生が多くなることがある。肥料の付着や日光などによる葉焼けは発病を誘因することがあり，葉焼けした場所に病原菌が二次的に寄生し斑点症状となることも少なくない。施肥時や液剤処理時には注意が必要である。

湿度が高く，蒸れたようなときに病原菌の胞子形成が多く，飛散しやすいなど伝播も盛んとなるので注意する。通常防除の必要性は少ないが，発病まん延が著しいときには発病葉の除去などにより，病原菌密度の低下と通風の改善を図る。病斑の多い葉を中心に取り除き，発生後も枯死葉を適宜摘み取るなど対処すると，まん延防止に役立つ。　［金磯泰雄］

ワサビ

◉軟腐病 ⇨口絵：病135

- *Erwinia carotovora* subsp. *carotovora* (Jones) Bergey, Harrison, Breed, Hammer et Huntoon
- *Erwinia carotovora* subsp. *wasabiae* Goto and Matsumoto

●被害と診断　おもにワサビ田で夏期に発生する。はじめ根茎の水際部に暗色水浸状の病斑を生ずる。病斑部からは強い悪臭(腐敗臭)がする。病斑の拡大とともに地上部がしおれるようになり，生育も急激に衰える。その後根茎は軟化腐敗し，根・分げつの根茎も侵され，さらに生長点を経て葉柄にも腐敗が及び，枯死する。気温・水温の低下とともに病勢が衰えるので，罹病株のなかには秋～冬に再び生育するものもある。しかし，このような枯死に至らなかった株も，翌春～夏には気温の上昇とともにいちはやく発病する。

●病原菌の生態　分根苗，土壌，用水によって伝染する。被害は罹病株から下流に向かって広がる場合が多い。

●発生条件と対策　気温30℃以上，水温18℃以上で発生が多くなるため，夏期に直射日光が当たる場所や，用水に濁りが多く，作土の透水性が悪くなりやすいワサビ田では発生に注意する。静岡県においては暑さのため，ワサビの畑での夏越しは困難である。ワサビ田は夏越しのための冷房装置の一面があるが，高温時に水が多い条件のため，本病の発生は宿命ともいえる。多くの防除対策があるが，発生しやすい環境下にあっては，どれも的確な対策とはなりにくい。

高温期を経過した株には，明らかな症状がなくても発病している場合があるため，次の高温期には被害が甚大となりやすい。このため，可能であれば品種，定植時期の選択により，夏を2回越さない作型とする。また，畳石式ワサビ田では，パイプ栽培を導入する。また高温を避けるための遮光の改善と，無病苗の定植によっても発生の軽減が期待できる。さらに，品種・系統によっても本病の発生が異なるとされており，本病に強い品種・系統を作付けするなどの対策がある。

［杉山泰昭］

◉べと病 ⇨口絵：病136

- *Peronospora alliariae-Wasabiae* Gäurnann

●被害と診断　おもに葉に発生するが，茎，花軸，さやにも発生する。葉の裏側に灰白色のカビを生じ，そのカビが拡大していく。白色の分生子が見られる場合もある。病斑が古くなるとカビが消失して黒褐色の斑紋となり，葉が破れやすくなる。白さび病と併発することも多く，白さび病病斑の周囲にうすい灰白色のカビを形成する。根茎部分には発生せず，株全体が枯死することはないが，葉が発病すると光合成能力が低下するため，根茎の肥大が悪くなる。花軸やさやに発生した場合は，発病部分が肥厚し，灰白色のカビを生ずる。原料用の畑ワサビ，とくに葉を利用する場合は問題になる。

ワサビ田では4月に発生し始め，5～6月にまん延し，7～8月の高温期に活動を停止する。9月に再び発生し始め，10月ころにまん延するが，冬の低温期には発病しない。施設内の畑ワサビや苗床では冬期にも発生することがある。ハウス内での発生は3～4月がピークとなる。

●病原菌の生態　病斑上に形成された分生子が風によって飛び散り，周辺のワサビの植物体上に落下し，適当な湿度を得ると発芽して侵入する。

●**発生条件と対策**　ワサビの栽培地であれば，沢，畑を問わず，たいていのところで発生が見られる。ワサビ田では12～13℃で発生し始め，15～18℃でまん延し，22～23℃程度で発生が停止する。夏の高温期と真冬の低温期には発生は見られない。分生子の発芽には湿度が必要なため，湿潤なところで発生する。実生育苗で春まきをした場合に発生が多い。

分生子の飛散による空気感染なので，発病した葉は早期に除去する。除去した葉はワサビ田周辺に放置せず焼却処分する。実生育苗を秋まきで行なうことで発生を予防することが可能である。

［石井ちか子］

◉白さび病　⇨口絵：病136

• *Albugo wasabiae* Hara

●**被害と診断**　おもに葉に発生するが，茎や花軸，さやにも発生する。発生初期には葉の裏側に光沢のある青白色の斑点を生じ，症状が進むと乳白色の隆起した斑点になり，リング状に連生する。葉の表面から見た場合は，黄緑色の斑点状に色が抜け，やや凹凸となる。症状が進むと縁の周りが黄色くなる。根茎部分には発生せず，株全体が枯死することはないが，葉が発病すると光合成能力が低下するため，根茎の肥大が悪くなる。花軸やさやに発生すると発生部位が肥大し，奇形となりやすく，実生苗用の種子が採取できなくなるため，採種圃で発生した場合は被害が大きい。また，原料用の畑ワサビ，とくに葉を利用する場合は問題になる。

ワサビ田においては3月下旬に発生し始め，4～5月にまん延し，6月からの高温期に活動を停止する。9～10月に再び発生し始め，11月ころにまん延するが，冬の低温期には発病しない。施設内の畑ワサビや苗床では冬期にも発生することがある。ハウス内での発生は3～4月がピークとなる。

●**病原菌の生態**　本菌はワサビの地上部病斑上で，外観が健全な部分では潜伏して越冬する。春になると病斑上に新たに胞子のうを形成し，ここでつくられた胞子が風などによって飛び散り，周囲のワサビの植物体上に落下して発芽，侵入する。

●**発生条件と対策**　ワサビの栽培地であれば，沢，畑を問わず，たいていのところで発生が見られる。ワサビ田では7～8℃で発生し始め，13～14℃でまん延し，19～20℃程度で停止する。夏場の高温期と真冬の低温期には発生は見られない。胞子のうが分割し胞子を生ずるためには適当な温度が必要なため，湿潤なところで多く発生する。

胞子の飛散による空気感染なので，発病部分は見つけ次第除去する。除去した葉などはワサビ田の付近に放置せず焼却処分する。発病が認められた苗床，畑では定植前の土壌消毒を入念に行なう。［石井ちか子］

◉墨入病　⇨口絵：病136

• *Phoma wasabiae* Yokogi

●**被害と診断**　根茎や根では，はじめ表皮に不整形の黒斑を生じ，次第に拡大する。内部に病斑が拡大すると維管束にそって黒変を生じる。これに伴って外見的な生育は全体的に衰えるが枯死することはない。また，定植苗の根や根茎がすでに罹病していた場合は，定植直後から生育が悪いため欠株となりやすく，出荷可能な大きさにまでならないことが多い。

葉では，はじめ暗褐色で円形の病斑を生じ，拡大するとともに不整形となり，小黒点（柄子殻）を形成する。葉柄，花茎でも暗褐色の病斑を生じ，維管束に沿って黒変が拡大する。葉柄や根の維管束から根茎内部へ病害が進展することもある。

●**病原菌の生態**　本菌の生育適温は26℃である。種子・分根苗・土壌での伝染と，根茎では害虫の食害痕などの傷からの感染が認められている。

●発生条件と対策　ほとんどのワサビ田で発生が見られるが，とくに河川水を利用している場所で多い。根茎，根では周年発生が見られ，葉，葉柄ではとくに5～9月の高温期の発生が多い。

分根苗の継続的な使用により本病が発生しやすくなるので，その場合は実生苗などの本病のない苗に更新する。根茎の傷から感染しやすいので，根茎を食害する水生動物の発生や管理時の茎葉の折損に注意する。

［杉山泰昭］

エンドウ

◉茎えそ病 ⇨口絵：病137

- エンドウ茎えそウイルス
  Pea stem necrosis virus (PSNV)

●被害と診断　おもに水田裏作の連作エンドウに多く発生し，3月初めから4月にかけて発病する。はじめ葉に黄斑やモザイク症状が現われ，托葉の葉脈にえそ斑点を生ずる。生長点はややしおれてわん曲し，生育は止まる。この症状が現われてから10～15日後には株全体が黄化し，茎の維管束にえそを生じて外見はアメ色に変わり，やがて枯死する。発生が少ないときは，1株に数粒まいた個体のうちの1個だけが発病したり，個体による発病に早晩が見られたりする。

ふつうの発生圃場内では局所的に株が連続して発病し，多発圃場ではほとんど全株発病して，4月中旬にはほとんどの株は枯死する。多くの場合，開花期から発病して急激に進行枯死するため，病株は収穫皆無となり，もっとも被害が大きい病害である。遅く発病するものは結実するが，莢にえそ斑点を生じ，子実の登熟はきわめて劣る。

●病原ウイルスの生態　病原ウイルスは汁液接種により，エンドウのほかインゲンマメ，ダイズ，クローバにモザイクやえそ斑を生じ，アカザ，ゴマに局所斑点を生ずる。ソラマメには反応しない。エンドウ特有のウイルスとして，エンドウ茎えそウイルスと呼ばれる。土壌伝染し，根から侵入したウイルスはやがて全身に広がって，生長点がしおれる時点には茎葉，莢皮，登熟途上の子実からウイルス粒子が検出される。土壌伝染性のウイルスとしては比較的不安定なようで，1年間休作すると病原力が低下する。2年間休作すればほぼ実害をこうむらないまで病原力を失う。きわめて低率ではあるが種子伝染もする。アブラムシや茎葉の接触による伝染はしない。20℃以上で病勢進展は鈍り，25℃くらいではマスクされる。

品種間に抵抗性の差異があって，強いものでは汁液接種による病徴が軽く，根部感染させたウイルスも胚軸部まで増殖するが上部への進展増殖は緩慢である。強い品種はグリーントップ，パーフェクションでほとんど発病することがなく，次いで久留米7号，久留米緑，アラスカ，興津1号，利根，絹莢が強いグループに属する。弱い品種は遠州，ウスイ，アメリカチャンピオン，オラクル，久留米豊，滋賀白花，オランダ，インプルーブテレホン，アルダーマン，久留米3号である。これらの抵抗性の差はいずれも開花期の早晩とは関係がない。

●発生条件と対策　発生地域で採種される種子を未発生地へ持ち出さない。発生圃場では3年間以上エンドウを栽培しない。実エンドウでは久留米7号が適すほか，グリンピース向きの品種が強い。莢エンドウでは白花種のキヌサヤ(絹莢)が強い。

温暖な地方での莢エンドウ栽培は年内どりを目標に，夏播きの作型を選ぶ。高うねにして排水をよくし，過剰な灌水をしない。支柱類は使用後ホルマリン浸漬し，耕うん機や用具はそのつどよく水洗いする。畑地では播種前に土壌消毒する。ハウスや水田転換畑では盛夏に湛水し，ビニルで全面被覆して土壌消毒する。

［堀江博道］

◉モザイク病 ⇨口絵：病137

- インゲンマメ黄斑モザイクウイルス
  Bean yellow mosaic virus (BYMV)
- ソラマメウイルトウイルス
  Broad bean wilt virus (BBWV)

●被害と診断　病原ウイルスの種類によって病徴は異なるが，その違いは明瞭でない場合が多い。葉にモザイク症状が現われるほかに，葉が変形したり，茎葉にえそを生じたり萎縮したりするものがある。花弁や莢にモザイクを生じたり，莢の発育が劣ったりする。また，奇形のものや表面のろう質物が消失し，品質・収量ともに低下する。全株が黄化し，葉は小さく縮み，叢生して着花しないものがある。

●病原ウイルスの生態　BYMVはマメ科，アヤメ科の作物や雑草化したクローバーに感染しており，これらが伝染源となる汁液接種で伝染する。アブラムシによって伝染するが，種子伝染，土壌伝染はしないとされる。

BBWVは宿主範囲がきわめて広く，多くの作物や雑草に感染しているため，伝染源はいたるところにあるといえる。汁液接種で容易に伝染する。また，アブラムシによって伝搬される。種子伝染，土壌伝染はないとされる。

●発生条件と対策　アブラムシの多い温暖な地方で発生している。とくに10～11月が高温で雨が少なく，12月にも有翅アブラムシが飛翔しているようなときや，暖冬の年に多発する。有翅アブラムシを駆除するか，アブラムシを根絶する。前作物がウリ類，マメ類の場合は，エンドウを播くまで期間を十分とるとともに，前作茎葉は放置せずに処分する。発病した苗や株は早く除去する。　［堀江博道］

◉つる腐細菌病 ⇨口絵：病137

- *Pectobacterium carotovorum* (Jones 1901) Waldee 1945 emend. Gardan, Gouy. Chisten & Samson 2003
- *Pseudomonas marginalis* pv. *marginalis* (Brown 1918) Stevens 1925
- *Pseudomonas viridiflava* (Burkholder 1930) Dowson 1939
- *Xanthomonas pisi* (ex Goto & Okabe 1958) Vauterin, Hoste, Kersters & Swings 1995

●被害と診断　はじめ托葉の茎と接する部分に水浸状～暗緑状の不規則な斑点を生じ，上下の托葉間に広がる。若い茎が侵されると軟化腐敗する。成熟した茎では托葉基部から上下に進展して暗緑色，水浸状の長い病斑となり，やがて節間全体は褐色となる。多湿なときには，この広がりは早く，次々に節間をこえて広がり，その茎全体が枯れ上がる。

●病原菌の生態　*Xanthomonas pisi*はエンドウ，スイトピーだけを侵すが，*Pectobacterium carotovorum*, *Pseudomonas marginalis*は広く野菜類を侵す。エンドウを特異的に侵す*X. pisi*は，茎葉組織や種皮内外について越年し，種子伝染する。連作畑や集団栽培地で集中的な発生をみる。種子や風雨の媒介で幼植物に一次伝染し，病斑組織内で増殖して再び風雨の媒介で上部の茎葉の傷口から二次伝染する。晩夏から秋，春高温になって発生が目立つ。*Pe. carotovorum*, *Ps. viridiflava*は植物組織や土の粒子間でも越夏・越冬し，野菜栽培地帯で常習的に発生する。

●発生条件と対策　夏まき年内どりの抑制エンドウでは，播種後多雨のときに幼苗発生しやすい。台風後または秋の長雨の年に発生が多い。秋まきであって，水田裏作の連作の場合でも多湿のときは多発して欠株を生ずることがある。春には，凍霜害のあとやハモグリバエの食痕からも発生しやすい。多肥で軟弱，過繁茂なものに多発する。青エンドウのアラスカ，久留米緑などに発生しやすい。対策は，種子を温湯消毒する，開花初期までに銅剤を散布する，窒素質肥料を減らす，防風垣を設ける。　［堀江博道］

◉灰色かび病 ⇨口絵：病138

• *Botrytis cinerea* Persoon

●被害と診断　莢，花弁，葉，茎などに発生する。花弁にはじめ2～3mmの水浸状斑点を形成し，のちに中心が薄く褐変して周囲がやや盛り上がった鳥の目状の病斑となる。病勢が激しいときは花弁全体が軟腐し，表面に灰色のカビを生じる。罹病花弁は花殻となり，エンドウの茎葉に落下し，強い病原性を示す。幼莢にはややへこんだ不整形～円形の褐色病斑を生じ，多湿下では軟腐する。

病斑は花弁や葯が付着しやすいがく周辺，花弁が付着しやすい莢の先端に形成されやすい。葉には淡褐色の輪紋状を呈する円形病斑を形成する。花殻が落下し，付着した部分から発病する。茎には灰褐色の病斑を形成する。病斑が茎全面を覆うと上部茎葉が枯死する茎枯れ被害となり，収量に与える影響が大きい。托葉部の病斑には灰色の毛羽だったカビを生じる。茎での発病は花殻がとどまりやすい托葉部の病斑から進展したものが多い。そのほか，傷害による枯死部には不整形病斑を形成する。

●病原菌の生態　病菌は多犯性であり，ナス，トマト，イチゴ，レタスなどの野菜や多数の花卉類，ブドウ，カキ，モモなどの果樹類を侵すため，混作地帯では互いに伝染源となる危険性がある。伝搬は主に分生子（分生胞子）の飛散によるが，分生子からの感染は通常では花弁に限られ，そのほかの健全な組織には直接感染しない。ところが，花弁に感染し増殖した菌糸塊は強い侵害力を示す。そのため，感染花弁は幼莢を侵し，また茎葉に落下，付着して激しく発病させるなど，二次感染源として重要となる。一方，傷害による枯死部は飛散した分生子より直接感染を受ける。自然界では菌核または被害部に生じた菌糸，分生子で越冬する。

●発生条件と対策　灰色かび病は好湿性病害であり，多湿になりやすいハウス栽培で問題となる。とくに地下水位の高い水田転換畑やうね間灌水した場合などに多発する。胞子発芽には95％以上の湿度が必要で，厳密には植物体の"ぬれ"が発病の条件となる。温度条件では，胞子発芽は10～25℃で良好であり，花弁組織への侵入・感染は15～20℃が最適となる。朝夕の急激な冷え込みは，ハウス内での霧の発生による植物体の濡れを誘発し，発生を助長する。茎葉が込みすぎると発病が助長される。

ハウスの被覆には必ず防霧性加工のフィルムを用いる。加えて，紫外線除去フィルムを用いると発病抑制効果が高まる。施設の換気により湿度低下を図る。とくに曇天日には目標温度を下げて，換気を促進する。茎枯れ被害に対して，電動ブロアによる花殻除去は発病抑制効果が高い。　［増田吉彦］

◉褐斑病 ⇨口絵：病138

• *Ascochyta pisi* Libert

●被害と診断　栽培地に広く分布する。2月以降春にかけて発生し，主として莢を侵す。茎や葉にも病斑を生ずることがある。病斑は淡褐色で，輪郭は濃褐色に明瞭に画され，小型であるから，褐紋病と見分けが容易である。莢の病斑は直径2～5mmくらいのものが多く，病斑の周辺は濃色で，中央部は薄い赤褐色を帯びてややへこみ，のちには黒色の小粒を生ずる。莢部に発病しても種子を侵すことはまれである。莢エンドウでは品質の点で致命的被害となるが，実エンドウでは被害は軽い。

●病原菌の生態　エンドウだけを侵し，とくにオランダ，キヌサヤが弱い傾向がある。菌糸や胞子が種子や被害部についたものが伝染源となる。

●発生条件と対策　菌の発育適温が高いため，実際に発生が多く被害が出るのは5月ころの莢とみてよい。対策は褐紋病に準ずる。

［堀江博道］

◉褐紋病 ⇨口絵：病139

• *Mycosphaerella pinodes* (Berkeley & A. Bloxam) Vestergren

●被害と診断　草丈が10cmくらいの幼苗期から発生し，収穫末期まで引き続いて被害を与える。途中，低温期にやや進展が停滞するが，湿潤な気候のときは発病が激しい。病斑は初めは茎に現われ，黒色～黒紫色で5mm内外の不整形であるが，進行すれば茎を囲む。茎の病斑は表皮下に深く進展することはない。葉の表面に黒褐色の小斑点を生じ，進行して円形となる。大型の病斑は周辺が淡褐色の同心輪紋をえがく。とくに托葉が侵されてその基部まで進行したとき，上部の複葉が萎凋することもある。莢に発生すると，大型輪紋を生ずるほか，不整形の黒色病斑と入り乱れ，著しく品質を低下させる。茎葉だけが侵されても減収を招く。キヌサヤは茎葉が激しく侵されるが，莢の被害は軽い傾向がある。

●病原菌の生態　エンドウのほか，ソラマメ，アルファルファなども侵す。菌糸の状態で種子に付いているものや，子のう胞子や柄胞子の形で被害植物とともに地表にあるものが第一次伝染源となっている。5℃以上で発生し，平均10℃以上でまん延し，20℃前後で被害が著しい。

●発生条件と対策　水田裏作の場合には5月ころ結莢期に大発生をまぬかれない。反面，暖地の抑制エンドウは播種直後から収穫期まで発生するが，まん延は下り坂で，莢での被害は普通栽培のものより軽くすむ。多湿なときに発生が多い。ウイルス防除のために，寒冷紗で被覆した中で多発しやすい例も多い。

種子は健莢からとり，播種前には種子消毒する。連作を避けるとともに過湿の土地も避ける。密植や過繁茂にさせず，また通風や日照をよくする。薬剤散布は抑制栽培では生育初期から11月の結莢期前半くらいまで，普通栽培では4月以降，とくに雨が多いときは薬剤散布を適切に行なう。　［堀江博道］

◉根腐病 ⇨口絵：病139

• *Aphanomyces euteichs* Drechsler

●被害と診断　播種後1か月を過ぎるころから，地ぎわ部が淡褐色となり，軽くくびれる。根は全体が淡褐色を呈し，生気がない。被害が進むと淡黄褐色，茶褐色に腐敗し，細根が脱落して根量が少なくなるが，しおれたり枯れ込んだりはしない。株元が発病すると，やや傾きかげんになる。生育は次第に遅れ，草丈が低く，茎葉が小さく，分枝が少なくなる。大部分の畑では，株元が発病していても葉は繁茂し，初めのうち外観は健全株と変わらない。このような株も生育後期（4月上旬）になると下位葉から黄化し始め，次第に進展して上部まで鮮明に黄変し，畑が全体に黄色っぽくなる。株の黄化が進むにつれて下位の葉から枯れ始め，すそ枯れの状態となる。

●病原菌の生態　感染時期は早く，播種後10日くらいで根部組織内に菌が侵入し，30日ほどたつと胚軸部が変色する。根もこのころから生気を失い淡黄色となり、表皮には卵胞子が形成されてくる。この時期の発病は見逃がしやすく，多くの農家が発生に気づくのは4月に入って目立ってくる黄化，すそ枯れをみてからであり，この時期の症状は末期的な病徴である。被害株の根で形成された無数の卵胞子は，栽培の終わったあと土中に残り長期に生存する。

●発生条件と対策　播種期が早くなると，地温が高くなるため発病が多くなる。発病適温は25～28℃とやや高い。遊走子による水媒伝染性の病原菌であるから，多湿な畑ほど激しく発病する。畑の低くなったところ，排水溝のある畑の端のほうから発生し，しだいに畑全体に広がってゆく。次期のエンドウ作付けまで3～8年あけて他の作物が栽培されているが，輪作期間が短い畑ほど発病が多く，生育もよくない。古い産地では，これまでの植付回数が多くなっており，菌の生息密度が高くなっているため被害が大きい。有機質の補給の乏しい畑では土粒が粗く，過湿・過乾が強く現われ，株の生育が悪く，発生も多くなる。晩秋から冬にかけて温暖で雨の多い年に発生が多い。とくにこのような天候のあと，生育後期の春先から降雨が少なく乾燥するような年は，すそ枯れ症状の発生がいっそう激しくなる。

イナ作の跡に作付けされる畑では，水はけをよくするため十分に耕起し，畑の周辺には深い溝を掘って雨水が速やかに流れ出るようにする。うねは幅を広くし，できるだけ高くする。発生する畑では，次のエンドウの作付けまで少なくとも5年間くらいは他の作物を栽培する。有機質肥料を多く施用する。石灰を10a当たり200kg施用する。栽培の終わった畑は株を根と一緒にていねいに除去する。播種期は適期を守り，早くならないようにする。発生する畑は播種前に土壌消毒するか，播種時に粉剤または液剤を施薬する。

［福西　務］

◉うどんこ病 ⇨口絵：病139

• *Erysiphe pisi* de Candolle

●被害と診断　開花期から収穫末期まで発生する。抑制栽培(一部の暖地で晩夏まき，年内収穫の栽培型)では10月上旬から発生し，以後ゆるやかに増加して，3月下旬以降急速に増加する。普通栽培では4～5月から収穫末期まで急速に増加する。病斑は初め葉の表面に白粉(分生子)を生じ，のちには葉の裏面や茎にも発生する。結莢後，草勢が衰えるころから病斑上に小黒粒(子のう殻)を生ずるとともに，葉は黄化する。下葉から上葉へ進展上昇する。はじめは下葉や日陰の部分から発生し，のちには全面に広がる。托葉や比較的大きい小葉に発生が多く，先端の小葉での発生は少ない。

●病原菌の生態　子のう殻で残って第一次伝染源となるようであるが，初発後は分生子で広がる。

●発生条件と対策　最低気温ほぼ10℃以上で発生が多くなるが，一度発生すると冬期間でも徐々に増加する。湿気の多いときや，エンドウが軟弱なときや徒長ぎみのときに発生が多く，ハウスや温室で多発する。

収穫期間が長い莢エンドウ(オランダ，キヌサヤなど)では草丈が50cmくらいのときから，下葉や日陰側の発生を早期に発見して薬剤散布する。日照時間の少ない場所は作付けを避けたほうがよい。エンドウは土壌の多湿に対して根が弱いから，うねを高くして，株間をあけて通風をよくする。リン酸，カリ，ホウ素肥料を十分に施して強健に育てる。下葉の結莢しない部分で発生した茎葉は，除去して通風をよくする。とくに降雨直後の散布が有効である。莢エンドウでは草型の大きい仏国大莢，オランダは本病に弱い傾向がある。

［堀江博道］

インゲンマメ

◉モザイク病 ⇨口絵：病140

- インゲンマメモザイクウイルス　*Bean common mosaic virus* (BCMV)
- インゲンマメ黄斑モザイクウイルス　*Bean yellow mosaic virus* (BYMV)
- キュウリモザイクウイルス　*Cucumber mosaic virus* (CMV)
- ラッカセイ矮化ウイルス　*Peanut stunt virus* (PSV)

●被害と診断　病徴は病原ウイルスにより若干異なるが，共通の病徴は葉に濃淡のある退緑モザイクが現われることである。発病初期には葉脈が透化し，後になると葉脈周辺が濃緑色になることが多い。発病株は萎縮し，生育が悪くなる。病徴から病原ウイルスを区別することは一般には困難である。

BCMVによるモザイク病は共通病徴のほかに，葉の縁が下側に巻きやすい。また，モザイク症状は鮮明に現われる。種子伝染に基づく発病では，初生葉に緑色濃淡のモザイクや退色斑紋が現われる。全国各地のインゲンマメに広く発生し，4種類の病原ウイルスのなかでもっとも被害が大きい。BYMVによる病徴の特徴は，モザイク症状や萎縮の程度が比較的軽いことである。発生は全国的であるが，散発程度で被害は少ないと思われる。CMVによる病徴もBYMVによるものとよく似ている。北海道，東北，中国地方で散発し，発生・被害ともに軽い。PSVによる病徴は，はじめ葉脈が透化し，後に葉脈にそって濃緑色となり，退緑モザイクが現われるという特徴がある。病徴は激しいが発生は少なく，北海道や東北地方で散発しているくらいである。

●病原ウイルスの生態　インゲンマメにモザイク病を起こす病原ウイルスは4種類知られている。BCMVの宿主範囲は狭く，ほぼマメ科植物に限られる。インゲンマメ，ダイズ，アズキで発生が認められている。インゲンマメでは種子伝染し，伝染率は品種やウイルスの感染時期により異なるが，およそ30%である。種子伝染による発病株からアブラムシにより非永続的に伝搬されるが，土壌伝染はしない。

BYMVの宿主範囲はウイルスの系統により異なるが，マメ科植物を中心にアヤメ科，アカザ科．ナス科にわたり，インゲンマメ，ソラマメ，エンドウ，ダイズ，クローバ類，グラジオラス，フリージアなどで発生が認められている。BYMVは圃場周辺の罹病マメ科植物，雑草化したクローバやグラジオラスなどが伝染源となり，アブラムシにより非永続的に伝搬されるが，種子伝染や土壌伝染はしない。

CMVは宿主範囲が非常に広く，野菜・花卉類にもっとも普遍的に発生している。インゲンマメに発生するCMVはマメ科系統であり，マメ科植物に寄生性があるが，他の系統はインゲンマメには感染しない。圃場周辺のマメ科雑草や罹病マメ科植物が伝染源となり，アブラムシにより非永続的に伝搬されるが，種子伝染や土壌伝染はしない。

PSVも宿主範囲は広く，マメ科，ナス科，アカザ科などである。インゲンマメのほかに，クローバ類，ラッカセイ，アズキ，ダイズ，エンドウなどで発生が認められている。PSVは圃場周辺のクローバ類がおもな伝染源となり，アブラムシにより非永続的に伝搬される。インゲンマメでは種子伝染も土壌伝染もしない。

●発生条件と対策　圃場周辺にクローバ類を含む草地や雑草の多いところ，あるいはソラマメやエンドウ，ダイズなどマメ科作物の圃場があるところでは発生しやすい。BCMVのように種子伝染するものもあるので，誤って病株から採種したものは種子伝染発病のおそれが高い。4種類の病原ウイルスはいずれもアブラムシにより非永続的(一時的)に伝搬されるので，アブラムシの発生の多い年は多発しやすい。春～夏の露地栽培で発生しやすく，秋冬の施設栽培では少ない。

クローバ類を含む草地の隣接地では作付けを避ける。圃場周辺の除草に努める。種子は健全株から採取したものを用いる。苗床は寒冷紗で被覆し，アブラムシの飛来を防ぐ。苗床では初生葉に注目し，モザイクや奇形の見られるものは圃場に植え付けないよう注意する。生育初期に初生葉や本葉を重点的に点検し，モザイクや斑紋，萎縮などの症状の認められる株は抜き取って処分する。播種時または定植時に薬剤を播種床または植え溝に混和し，アブラムシを防除する。苗床および定植後の生育初期のころに殺虫剤を10～15日おきに散布し，アブラムシを防除する。 ［長井雄治］

◉菌核病 ⇨口絵：病140

• *Sclerotinia sclerotiorum* (Libert) de Bary

●被害と診断　インゲンマメだけでなく，ダイズ，アズキ，ナタネ，ジャガイモ，トマト，タバコのほか多くの作物を侵し，本邦に広く分布している。初発生は，北海道では7月中旬から老衰花弁や葉に認められ，逐次茎枝，幼莢などに及び，ついには株全体を侵す。葉の病徴としては，はじめ不定形水浸状の病斑を形成し，のちに淡褐色輪紋状となる。高温多湿のときは葉面上に白色菌糸および菌糸塊を形成し，接触する茎葉に伝染する。

●病原菌の生態　罹病した茎葉や莢に形成された菌核が土に落ちて越年し，翌年の伝染源となる。越冬した菌核は，5月下旬から10月までに適時に発芽し，子のう盤を土表面上に形成して子のう胞子を飛散させる。飛散した子のう胞子は，直接インゲンマメに侵入することは少なく，落下した花弁，活力の衰えた有機物体上で発芽し，菌糸となって活力を高め，作物に侵入する。ただし，活力の衰えた作物の組織上から直接侵入することもある。

●発生条件と対策　北海道ではインゲンマメ開花後20℃前後で，多湿が続くときに大発生することがある。マメ類の連作畑では本病が多く発病しやすい。対策は，効果ある散布薬剤が開発されたのでこれで防除する。 ［堀江博道］

◉かさ枯病 ⇨口絵：病140

• *Pseudomonas savastanoi* pv. *phaseolicola* (Burkholder 1926) Gardan, Bollet, Abu, Ghorrah, Grimont & Grimont 1992

●被害と診断　本病は6月中旬ころから圃場で目につきだし，下葉から発病する。病斑ははじめは赤褐色の点状に現われ，やがてその周縁部が黄白色にぼやけ，特徴あるカサ(ハロー)を生ずる。この病斑が拡大するとともに周辺株に伝染し始める。病勢が進むと，拡大した病斑は褐色不整形となり，全葉に感染して，全株が黄褐変枯死することがある。莢にも感染を起こし，周縁のぼやけた水浸状円形病斑を形成し，種子を侵す。

●病原菌の生態　本病原菌は罹病種子(おもに表面付着)で越年し，これを播種すると発病する(種子伝染)。発病部分で本菌が増殖し，風，雨水で上葉や近隣株に感染をくり返す。罹病茎葉でも越年し，伝染源となりうるとも推定される。

●対策　無病圃場から採種した種子を用いる。これが防除対策の第一である。種子は消毒してから使用する。発芽後は葉の病斑を注意し，発生を見たら速やかに罹病株を抜き取り，処分する。初発生を見たら，病勢に応じ早めに3回くらい薬剤を散布する。

［堀江博道］

◉炭疽病 ⇨口絵：病141

• *Colletotrichum lindemuthianum* (Saccardo & Magnaghi) Scribner

●被害と診断　本病は幼茎の地ぎわ，葉，莢などに発生し，莢の被害がもっとも目立つ。幼茎の場合，子葉の下の部分が土中で侵され，表面に黒色線状の病斑ができる。多少くぼみ，割れ目を生ずることもある。ひどくはならないので培土のときは気づかないことが多い。葉の場合は，病斑は葉の裏，葉柄，葉脈にまず現われ，黒褐色凹凸状を呈した線状病斑となる。葉脈が侵されるので葉は萎縮し，奇形を呈することもある。莢の病斑がもっともわかりよく，初期の小褐点から拡大し，周縁は黒褐色，中央は赤褐色となり，中心はくぼんで鮮紅色の粘質な分生子の集塊を形成する。

●病原菌の生態　種子伝染する。病斑部組織内で菌糸で越冬し，翌年これから胞子を形成し，伝染を始める。10日内外で分生子を形成して新感染をくり返す。

●発生条件と対策　耐病性品種を選ぶ。地上部の病気類はすべて罹病した茎葉や莢が越冬源をもつので，この処分を徹底する。連作をしない。種子粉衣や薬剤散布を行なう。　［堀江博道］

◉角斑病 ⇨口絵：病141

• *Phaeoisariopsis griseola* (Saccardo) Ferraris

●被害と診断　葉に特徴ある葉脈にかこまれた角状病斑を生ずる。病斑は黄褐色ないし赤褐色を呈し，裏面には黒い短毛様に胞子を形成する。莢に発病すると不整円形の黒褐色病斑を生じ，黒色に胞子を密生する。

●病原菌の生態，対策　病部組織内に菌糸のかたちで越冬する。対策は炭疽病に準ずる。　［堀江博道］

◉根腐病 ⇨口絵：病141

• *Fusarium cuneirostrum* O'Donnell & T. Aoki

●被害と診断　生育が劣り，株全体は黄化してくるが，外見では気づきにくい。

●病原菌の生態　本病の発生地では*F. oxysporum* f. sp. *phaseoli*による萎凋病が混発することがあり，時期によっていずれかが優位となる。病原菌は宿主の根圏土壌内で増殖し，土中で越冬する。

●発生条件と対策　連作を避けること。早期に株元に土寄せすることにより，不定根の発生を促進させることなどが予防に有効である。発生畑では土壌消毒を行なう。

［堀江博道］

ソラマメ

◉えそモザイク病 ⇨口絵：病142

- ソラマメえそモザイクウイルス
  Broad bean necrosis virus (BNV)

●被害と診断　通常2月ごろから病徴が現われる。はじめ葉および托葉に赤褐色の病斑を，多くは表面の葉脈上または葉脈間に平行して形成し，条斑となるものが多いが，さらに斑点状，輪紋状，紡錘形または不整形を呈して，大きさや数も不同であることが多い。葉上に病斑が多く形成されると，灰褐色に乾枯して漸次落葉する。2月下旬から3月上旬になると，分げつ茎の葉にも発病し，早期に主稈が枯死し始めるものもある。病斑の発生は通常3月下旬ごろまでである。斑紋症状は3月ごろから赤褐色病斑のある下部葉と新梢に見られ，後者の場合は葉のちぢれた漣葉症状を呈することが多い。しかし4～5月になるとしだいに不明瞭となる。

病茎は草丈が短く，細小である。発病株は早期落葉が多く，着花，着莢が少ない。したがって減収は軽い場合で30%，激しい場合には70～80%に達し，品質も低下する。

●病原ウイルスの生態　種子伝染は認められないが，被害株から採種した種子は健全種子より30%内外不良である。発病土に播種した場合，無発病土のものの発病株率0%に比べ約93%の発病株率を示し，本病は土壌伝染する。本病は主として発病初期の新根の先端から感染する。そのため，病土が種子の周辺にあるときにもっとも発病しやすい。汁液接種の結果，本ウイルスの寄主範囲は比較的狭く，全身感染はエンドウ，ソラマメ，スイトピーに限られる。

品種との関係では，長莢ソラマメ，大分ソラマメ房州在来種が発病が少なく，お多福ソラマメ，有明種，芦刈種，川副種，岡山在来種，早生ソラマメ，房州八分，一寸ソラマメ，筑後在来種などが発病が多い。

●発生条件と対策　連作圃場で発病が多い。土壌の種類では砂土でもっとも発病が多く，砂壌土，壌土，埴壌土は中間で，埴土がもっとも少ない。土壌温度は15℃のとき，土壌湿度は20～30%のときもっとも多く発生する。播種期は11月中旬まではかなり発生が多いが，下旬から急激に減少し，12月になるとほとんど発生しない。発病株からとった種子は，健全種子よりも本病にかかりやすい体質をもっている。麦稈および稲わらを2月中旬に敷わらとして使用すると，しないときよりも発病は少ない。施肥では窒素肥料として硫酸アンモニアを施用しない場合に発病が多い。また堆肥無施用区は施用区に比べ病徴の激しい傾向がある。土壌pHが中性に傾いた場合に発病が少なく，酸性に傾いた場合多発する。

病原ウイルスは土壌伝染するので，発病圃場では輪作によって発病を回避する。薬剤による土壌消毒のほか，耕種的防除法として抵抗性品種の導入，施肥改善，高畦栽培，敷わらなどをとり入れる。

［草刈眞一］

◉モザイク病

⇨口絵：病142

- ソラマメウイルトウイルス　*Broad bean wilt virus* (BBWV)
- インゲンマメ黄斑モザイクウイルス　*Bean yellow mosaic virus* (BYMV)
- ピーナッツ斑紋ウイルス　*Peanut mottle virus* (PnMV)
- エンドウ種子伝染モザイクウイルス　*Pea seed-borne mosaic virus* (PSbMV)
- スイカモザイクウイルス　*Watermelon mosaic virus* (WMV)

●被害と診断　発病初期には若い葉の葉脈が透明になり，のち不整形の退色斑をつくり，モザイク症状となることが多い。モザイク症状にも軽い不鮮明なもの，鮮明な黄色のものがあり，葉の変形がほとんど見られないものや，変形して小型になったり，萎縮してねじれ，上方に巻いたりするものがある。モザイク症状に伴って，葉に壊死部を生じたり，モザイクをほとんど示さないが壊死斑点や輪紋を生じたりすることがある。葉の主脈に沿って，または茎に壊死条斑をつくることもあり，株が著しく萎縮したり下葉から落葉したりすることもある。苗床も含め生育初期に感染すると全身的な萎縮や激しいモザイク症状が現われるが，4月以降の後期感染では先端葉のモザイク症状にとどまることが多い。

●病原ウイルスの生態　マメアブラムシが主体であって，エンドウヒゲナガアブラムシ，モモアカアブラムシ，ワタアブラムシ，ムギクビレアブラムシなどによっても媒介される。ソラマメ圃場におけるマメアブラムシの有翅成虫は11月上旬から12月中旬に多く発生し，冬期は著しく減少して4月以降に再び増加する。モザイク病の発生は，苗床も含めて定植後の12月下旬ごろまでの初期感染による発病は10%前後である。冬期間は有翅アブラムシの減少と低温によるソラマメの感受性低下のため発病の増加は見られないが，4月以降は有翅アブラムシの多発生によりモザイク病が急増する傾向がある。

BBWVは比較的寄主範囲が広く，その伝染源植物として，ホウレンソウ，エンドウ，インゲンマメ，ニンジン，ダイズ，ナス，ヤマノイモ，ペチュニア，スターチス，ストック，デルフィニウム，イリス類などがある。BYMVの伝染源植物としては，インゲンマメ，エンドウ，アズキ，スイトピー，シロクローバなどがある。

BYMVとPSbMVは種子伝染し，種子伝染率は1～15%になることが知られ，汚染種子から0.8～6.8%の発生株率になるとされる。ウイルスの種子伝染は感染時期と関係があり，苗床から開花期までに感染した株から採種した場合に汚染種子が認められるが，4月以降の開花期後に感染した株から採種したものでは汚染種子は認められない。

●発生条件と対策　アブラムシの発生が多い温暖な地方では多発する。とくに10～11月が高温で降雨が少なく，12月に有翅アブラムシが多い年や暖冬の年に多発する傾向がある。BBWVは周辺に寄主植物が栽培されていると，それらが伝染源となって発生することが多い。WMVは，前作にウリ類が栽培されていると発生が多い傾向がある。

種子は無病株からとったものを使用する。苗床時期に注意深く調査し，種子伝染に由来する発病株は抜き取り処分する。採種圃場ではとくに注意してウイルスの種類を確認し，PSbMVやBYMVの発生している場合には苗床や定植後早期に発病株を処分する。一般圃場でも早期発病株は以後の伝染源となるので抜き取る。苗床の寒冷紗被覆，圃場へのシルバーポリフィルムでの畦面マルチ，薬剤散布は有翅アブラムシの飛来を防ぎ有効である。　［草刈眞一］

◉赤色斑点病 ⇨口絵：病142

- *Botrytis fabae* Sardina
- *Botrytis cinerea* Persoon
- *Botrytis elliptica* (Berkeley) Cooke

●被害と診断　ソラマメの葉，茎，莢に被害が発生する。葉では表面または裏面に赤褐色の小斑点を生じ，のち拡大して1～2mmの円形病斑が多数形成される。病斑の周辺部は明瞭な濃褐色を呈するが，内部は淡褐色で，やや凹んでいる。多発すると病斑は融合し，落葉する。葉柄，茎では，はじめ葉と同様の赤褐色の斑点ができるが，のちに拡大して長さ2～3mmの紡錘型の病斑となる。莢でも同様の赤褐色の病斑ができ，のちに黒褐色にかわり，病斑が融合して不整型になることがある。病斑の内部はくぼみ，やや淡い色になる。雨天が続くと，葉縁や葉先，莢の先端部に淡褐色～褐色の大型病斑ができ，病斑上に分生胞子を多数形成することがある。

発生時期は12月頃からで，1～2月の厳寒期は病勢の進展は止まり，病斑も小斑点にとどまるが，3～4月にかけて急速にまん延し，病斑が拡大する。5～6月期では激発状態となり，落葉，株の枯死が見られることがある。本病は別名チョコレート斑点病ともいわれる。病原菌は*B. fabae*とされたが，最近，*B. cinerea*, *B. elliptica*が塚本ら(1997)により分離され，同様の病斑を形成することが報告され病原菌に加えられた。

●病原菌の生態　病原菌は菌糸，分生胞子，菌核を形成する。菌核は，立毛中には認められないが，収穫後の茎葉を放置すると，枯死した茎の病斑上，または表皮下に形成される。病原菌の発育温度は菌糸で20～25℃で，分生胞子の形成適温は15～20℃である。病原菌は被害茎葉上で菌核を形成し越夏する。晩秋から翌春までの間に菌核上に形成された多数の分生胞子が水滴や風によって飛散し，表皮や傷口から侵入する。

●発生条件と対策　5～6月の雨天が続く条件下で多発する。発病が激しいと，病斑も1cm以上に拡大し，葉や茎が腐敗し，株が枯死することもある。連作し，発病をくり返すと罹病残渣，菌核が圃場に蓄積して発生が増加する。収穫後の被害残渣は，圃場周辺に放置しないことが重要である。3月中～下旬にかけて銅水和剤などの薬剤を予防散布する。排水不良の圃場で多発する傾向があるので，排水をよくするなど土壌水分を下げるようにする。また，肥料切れは発病を助長するので，急激な肥料切れを起こさないように適度に追肥する。

［草刈眞一］

スイートコーン(トウモロコシ)

◉すじ萎縮病 ⇨口絵：病143

• イネ黒条萎縮ウイルス
Rice black streaked dwarf Virus (RBSDV)

●被害と診断 草丈が低くなり，葉脈が隆起して条線となって見られることが特徴である。重症のものは，葉の長さ，幅が小さくなり，雌穂，雄穂が抽出しなくなる。発病の初期には緑色が濃く，濃緑色となって，のちに葉縁が切れたり上に巻いたりする。発病株は節間が著しく短くなって，雌穂が出ても実が十分に入らないことが多い。軽症のものでは一見健全に見えるが，よく観察すると雄穂がすくみ状態となっており，葉脈および葉鞘，包皮などの脈が隆起して条線となっている。

●病原ウイルスの生態 病原ウイルスはイネの黒条萎縮病，ムギ類のすじ萎縮病の病原となっている。ヒメトビウンカによってだけ永続的に伝染されるが，経卵伝染は行なわない。トウモロコシに伝染する経路は，まず発病したイネで保毒したヒメトビウンカが，ムギ類に発病させて越冬し，翌春さらにムギとともに生活して世代をくり返し，ムギが生長して刈り取られるころあるいは刈り取られたあと，保毒したヒメトビウンカがトウモロコシに寄生して発病させるものと考えられる。本ウイルスはイネ科に限る25種類に発病させるが，とくにイネ，ムギ類，トウモロコシでの被害が大きい。ゴールデンクロスバンタムはとくに感受性が高く，感染後7～10日で葉の裏側に白色すじ状の条線を生じる。

●発生条件と対策 ヒメトビウンカの発生消長は年により地帯により多少異なるので，感染時期もそれぞれ地帯によって異なる。一般にスイートコーンの作期がマルチの利用によって早くなっているので，幼苗期の5～6月ごろに発病が見られる場合が多い。本ウイルスはヒメトビウンカでは経卵伝染しないので，幼虫発生時以後，もしウイルスの補給が絶たれれば，無毒になるはずである。ところがヒメトビウンカの第1世代幼虫が発生するころにはムギ類その他のイネ科植物ではすでに発病しているので，これらの発病した作物がウイルスの供給源となる。これらの発病した作物の多少とヒメトビウンカの多少との相互関係が，トウモロコシのすじ萎縮病の発生を左右する。ムギ畑に隣接した圃場での被害が大きい。

幼苗期の感染は被害が激しいので，本病が発生しているムギ畑からヒメトビウンカが大量に飛来してくるような時期と，トウモロコシの幼苗期とが重ならないようにする。作期を遅らせられる地帯では播種期を遅くする。透明マルチやシルバーマルチはヒメトビウンカの飛来忌避効果があるといわれており，発病を遅延させる効果がある。ヒメトビウンカを防除する。

［米山伸吾］

◉倒伏細菌病 ⇨口絵：病143

• *Erwinia chrysanthemi* pv. *zeae* (Sabet 1954) Victoria, Arboleda & Munõz 2005
• *Pseudomonas marginalis* (Brown 1918) Stevens 1925の1系統

●被害と診断 幼苗期には葉鞘に淡褐色水浸状の病斑を生じる。病気の進展は速やかで，茎も軟化腐敗し，その部分が折れて倒伏して枯れる。幼苗期以降は葉鞘，側芽，雄穂，雌穂などに淡褐色水浸状の不整形病斑を生じる。

●病原菌の生態 本病は2種類の細菌が関与している。それらの病原細菌の発育と温度との関係は明らかでないが，4℃では発育しない。湿熱による死滅点は49℃で10分間であり，1℃低下するごとに10分間延長し，45℃では50分間で死滅する。

●発生条件と対策　第一次伝染源は種子によると考えられ，市販種子では8%の種子伝染率を示すこともある。本病は幼苗期，あるいは定植後でかなり生育が進んでからは，降雨が続いたのちに急激に発病するのが特徴である。一般的には5月下旬から6月にかけて高温で多雨のときに多発する。しかし最近は作期が早まっていることもあり，降雨が続くと早い時期からでも発病する。食入性の害虫も，本病を多発させる原因となる。自然発病ではハニーバンタム極早生，同中生，サンゴールド，ハニーバンタム36に被害が大きく，在来種や飼料用トウモロコシでの被害は見られていない。

種子伝染による発病が多いので，種子消毒を必ず行なう。幼苗期などではなるべく雨が当たらないよう，ビニールで被覆しておく。連作を避け，排水不良の圃場での栽培はやめる。被害株は抜き取って焼却する。

［米山伸吾］

◉黒穂病　⇨口絵：病144

• *Ustilago maydis* (de Candolle) Corda

●被害と診断　雌穂，雄穂，葉，稈に発病し，とくに雌雄の穂に発生する。病患部は大きく肥大して，特徴のある病徴を示すので「おばけ」とも呼ばれる。肥大した部分は径10cmにも達し，白色の膜で覆われているが，のちに破れて黒色の粉（厚膜胞子）を飛散する。とくに子実が大きくなったころ，雌穂から発病して肥大するので，子実の先端部の皮が裂けておばけ状になり，収穫不可能になる。

●病原菌の生態　病原菌は厚膜胞子をつくる。厚膜胞子は小生子をつくる。小生子は8～38℃前後で発芽し，適温は26～32℃であり，ほかの黒穂病に比べて暖地または高温の時期に発生する。黒穂病菌には多くの生態種がある。

●発生条件と対策　本病はどの栽培地でも発生する。幼苗期の発病はまれで，ふつうは生育の中期以降から発生し始め，生育後期に多発することが多く，とくに結実の中期～後期の被害が目立つ。厚膜胞子は生存期間が長く，7年間くらい生存し，多くは土壌中で越冬するが，堆厩肥にしても生存することがある。越冬した胞子は発芽して小生子を生じ，小生子が風によって飛散してトウモロコシに達し，軟らかい組織から侵入発病するので，主として生育盛期で組織が侵されやすい。植物に到達した小生子が発芽して侵入するためには水分が必要なので，多雨の年に多発する傾向が大きい。

輪作する。発病した株や子実は，白色の膜が破れて中の厚膜胞子が飛散しないうちに取り除いて焼却するか，土中深く埋める。この病原菌は土中で長年生存するので，発病のひどい圃場では少なくとも3年間くらいはほかの作物を栽培する。堆肥や厩肥にしても，発病部に付着した病原菌は全部が死滅することはないので，被害株を積み込んだ堆厩肥はスイートコーン栽培には用いない。窒素質肥料の過用を避ける。種子消毒をする。

［米山伸吾］

害虫

トマト

◉ネコブセンチュウ類

⇨口絵：虫1

- サツマイモネコブセンチュウ　*Meloidogyne incognita* (Kofoid et White) Chitwood
- アレナリアネコブセンチュウ　*Meloidogyne arenaria* (Neal) Chitwood
- キタネコブセンチュウ　*Meloidogyne hapla* Chitwood
- ジャワネコブセンチュウ　*Meloidogyne javanica* (Treub) Chitwood

●被害と診断　ネコブセンチュウが根に寄生すると，細かい根の組織がふくらみコブ(ゴール)ができる。収穫末期には無数のコブができ，根系全体がコブ状となっている。株全体の生育は悪く，乾燥すると早くしおれ，葉が黄変して枯上がりが早い。しかし，センチュウの発生が少ないときや生育後半に寄生されたときは，コブの数も少なく被害は少ない。

ネコブセンチュウの種類によりコブの形は異なっており，それぞれ特徴がある。サツマイモネコブセンチュウ，アレナリアネコブセンチュウは数珠状に連なってコブは大きい。キタネコブセンチュウのコブは比較的小型で数珠状に連なることはなく，個々の小型の根コブから放射状に細根が分岐・発生している。

●虫の生態　1年に数世代をくり返す。卵から孵化した幼虫は，根の先端付近から組織中に侵入する。侵入後3回の脱皮を経て，雌虫は洋ナシ型となり，雄虫はウナギ型となって土壌中に脱出する。冬季は野外では卵が多い。しかし，植物がある場合は寄生した成虫や幼虫でも越冬する。春，地温が10～15℃以上になると活動を始め，夏から秋にかけて婚殖する。雌成虫はゼラチン状の卵のうの中に産卵する。1頭の雌の産卵数は200～800個(平均400個程度)である。

ネコブセンチュウの寄主植物は多数にのぼる。しかし，種類により寄生しない植物もあり，サツマイモネコブセンチュウはイチゴ，ラッカセイには寄生しない。一方，アレナリアネコブセンチュウはイチゴ，ピーマン，ワタには寄生しない。キタネコブセンチュウはサツマイモ，スイカ，トウモロコシ，ムギには寄生しない。なお，ダイズ，ヤマノイモ，コンニャク，キウイフルーツに寄生しているセンチュウは，アレナリアネコブセンチュウである確率が高い。

センチュウの種類により増殖適温は異なる。サツマイモネコブセンチュウ，アレナリアネコブセンチュウでは暖地種で発育適温は25～30℃，キタネコブセンチュウは20～25℃である。一世代は適温下で約30日である。サツマイモネコブセンチュウは関東以南の地帯に多い。サツマイモネコブセンチュウの卵は5℃15日間の暴露で低温障害を被るため，最低地温が分布を制限している。アレナリアネコブセンチュウはサツマイモネコブセンチュウより低温に対する適応性が高く，東北地方南部から九州南端に分布する。また，アレナリアネコブセンチュウは，サツマイモネコブセンチュウよりやや内陸部まで分布する。キタネコブセンチュウは東北，北海道に広く分布している寒地種で低温にも強い。ジャワネコブセンチュウは千葉県南端と沖縄県に分布するのみであり，日本での重要性は低い。

●発生条件と対策　砂地や火山灰土など排水の良好な土壌で発生しやすい。露地栽培より施設栽培で発生が多い。施設の固定化，専作化，連作などでセンチュウ密度が高まっており，施設では地温も高いので増殖が早く，問題が大きい。

センチュウのいない畑を選ぶ。研究機関，防除所や普及所に頼み，植付け前にセンチュウの生息の有無や密度を調べておく。または植付け予定畑の数か所から採取した土壌を鉢に入れ，ホウセンカを播種して20～30日後に根を抜いて調べる。コブの有無，多少からセンチュウ密度が診断できる。定植のとき苗の根をよく観察し，コブがあるかどうかを調べ，センチュウ寄生苗は本畑に持ち込まない。センチュウが発生している場合，あるいは発生のおそれのある畑では，作付け前にD-Dなどのくん蒸剤で土壌消毒するか，粒剤の線虫剤を全面混和する。

抵抗性品種の極端な連作は，これに寄生する新しいレースの発生を促すおそれがあるので十分に注意する。

対抗植物としてクロタラリア(ネマキング，ネマコロリ)，ギニアグラス(ナツカゼ，ソイルクリーン)，ソルゴー(つちたろう)，エンバク(たちいぶき，スナイパー)などを3か月以上栽培すると，ネコブセンチュウの密度を低く抑制できる。また，堆きゅう肥の施用は天敵寄生生物の定着と増殖を促すので，積極的に増施したい。

いくつかの土壌消毒法が行なわれている。太陽熱消毒法は盛夏にハウスを密閉し，湛水処理とビニルマルチングなどで地温を高め，殺線虫と殺菌が可能な方法だが，日照量の多い7月から8月に限って実施できる。還元消毒法は10a当たり1tのふすまや米ぬかを深さ15～20cmまで混和し，灌水チューブを設置して透明フィルムで被覆後，ぬかるむくらい(圃場容水量)まで灌水したのちハウスを20日間程度密閉する。関東以南では6月から9月まで実施できる。熱水土壌消毒は80～95℃の熱水を土壌表面から灌注する方法である。土壌の作土層を高温に維持するので各種土壌病害の防除もできるが，屋外専用の移動式ボイラー装置が不可欠である。　［水久保隆之］

◉トマトサビダニ　⇨口絵：虫1

• *Aculops lycopersici* (Massee)

●被害と診断　葉の周縁部が黄褐色になるとともに，葉裏側へややそり返る。葉裏には光沢があり，褐色を帯びる。症状が進むと葉が褐変，枯死する。また，茎にも多数の虫が寄生し，被害部は緑褐色～褐色になる。果実は灰褐色になり，果実表面が硬化して多数の細かい亀裂が生じる。被害果を一見するとナシ(幸水や豊水などの赤梨)の果実のような印象を受ける。

おもに施設内で発生し，露地では少ない。圃場内での分布は不均一で，初期には1～2か所に発生のツボが見られ，ツボを中心に徐々に被害が広がるとともに，ツボがあちこちに飛び火していく。虫の体長は0.2mm，体色は黄褐色～赤褐色で，クサビ形をしている。非常に小さいので肉眼では見えないが，葉裏や茎に多く，多発すると植物体の上端部(茎の折れ曲がった部分や萼の先端など)に群がる性質がある。

●虫の生態　発育ステージは成虫—卵—1齢若虫—2齢若虫—成虫の順に経過する。1世代に要する時間は25℃では6～7日，20℃では10～14日で非常に短い。休眠はなく，氷点下の温度では数時間～数日で死滅するため，越冬は施設内，または冬季温暖な地方に限られる。乾燥を好み，低湿度のほうが世代時間が短く，産卵数も多い。雌は葉裏に産卵し，実験条件での最大産卵数は53個である。

トマトのほか，ジャガイモ，ナス，タバコ，ペチュニアなどのナス科作物に寄生するが，トマト以外ではほとんど実害はない。イヌホオズキなどのナス科雑草や，一部のヒルガオ科雑草にも寄生する。

●発生条件と対策　圃場外からはおもに苗による持ち込みにより侵入すると考えられる。前作のナス科作物の残渣や，ナス科雑草からの侵入もあると思われる。圃場内ではおもに残渣処理時に残渣がサビダニ未発生の株に接触することにより分散し，実際の圃場でこれを確認済である。作業者の衣服に付着して分散することもあると思われる。

薬剤には弱いので，症状に早く気づいて早期に防除を行なう。定植時の虫の持ち込みを避けることがポイントである。発生地では圃場内および圃場周辺の残渣処理，除草を徹底するとともに，育苗中または定植後に防除を行なう。天敵としてトマトツメナシコハリダニが圃場でトマトサビダニの被害を抑制することが確認されているが，商品化されていない。

［田中　寛］

◉ヒラズハナアザミウマ ⇨口絵：虫2

• *Frankliniella intonsa* (Trybom)

●被害と診断　白ぶくれ症の症状部は白く，楕円形に盛り上がり，中心部にえくぼ状の陥没が生じる。青い果実でとくに目立ち，完熟するとほとんど目立たなくなるが，症状が激しい場合には着色不良となる。被害果は商品価値が著しく低下する。花に雌成虫が飛来して子房，雄ずい，雌ずい，花弁などに産卵する。この子房への産卵痕が孵化直後に白斑となり，果実が肥大すると白く盛り上がり，白ぶくれ症となる。症状は落花後まもない幼果でも観察されるが，果実が肥大すると明瞭になる。産卵痕の多い果実では症状が重なり，数個の陥没が認められる。症状は果頂部または果腹部に多く見られる。

被害は5月定植の露地栽培および雨よけハウス栽培の夏秋トマトで多く見られ，被害果率が30％以上となる場合もある。ハウス栽培トマトでは発生が少ない。被害は6月上旬から発生し，6月下旬〜7月中旬にもっとも多くなり，その後一時減少するが9月に再び多くなる。雌成虫は花に集まる習性があり，開花が上位の花房へ移ると，被害の発生も上位の果房へ進展する。

●虫の生態　雑草や落葉下において成虫態で越冬する。3〜4月に活動を開始した成虫はウメ，サクラ，ボケなどの花で見られ，その後は多くの作物や雑草の花に移動して発生する。クローバのように春から秋まで連続して花が咲く植物では，その植物だけで世代をくり返す場合もある。シロクローバの花では5〜12月に成虫の発生が認められ，6〜7月に発生ピークとなる。トマトでは定植直後の第1段花房から成虫が見られ，その後に上位の花房の開花とともに発生は上位の花へ及ぶ。雌成虫は花の各所に産卵するが，子房に生まれた産卵痕が白ぶくれ症となる。

発育期間は温度により異なるが，25℃の発育期間は卵が3日，1齢幼虫と2齢幼虫がそれぞれ2日，前蛹が1日，蛹が2日，産卵前期間が1日である。雌成虫の生存期間は約50日であり，平均産卵数は約500個（最多900個以上）である。また年間世代数は10世代ほどである。

雌成虫の体長は約1.3〜1.7mm，体色は褐色ないし暗褐色。雄成虫の体長は約1.0〜1.2mmで黄白色，卵は長さ約0.4mmで乳白色であり，植物の組織内に産み込まれている。幼虫は花や葉で見られ，体色は黄白色。成虫は午前中，とくに8〜9時に風に向かって飛翔する。飛翔高度は地上高1.5mくらいで，障害物のないところでは地上高8.5mを飛翔するのが観察されている。成虫は青色に誘引される。

繁殖は両性生殖と単為生殖の両方で行なわれ，両性生殖の次世代はほとんどが雌成虫となるが，単為生殖の次世代はすべて雄成虫となる。10月下旬に蔵卵している雌成虫は見られず，この時期に雌成虫は産卵休眠して越冬する。

トマト黄化えそ病の原因となるトマト黄化えそウイルス（TSWV）を永続伝搬する。幼虫は15分以上の吸汁でトマト黄化えそウイルスを獲得し，成虫では獲得できない。幼虫体内にとりこまれたウイルスは10日前後の潜伏期間をへたあと，吸汁によって他の作物に伝搬される。トマト黄化えそウイルスの保毒虫率は6月中旬から高まる。本種の捕食性天敵としてヒメハナカメムシ類の存在が知られている。

●発生条件と対策　露地栽培や雨よけ栽培のトマト圃場では雌成虫の飛来侵入が多くなり，白ぶくれ症の発生が多くなる。また，周辺にクローバなどの発生源がある場合には成虫の飛来侵入が多くなり，白ぶくれ症の発生が多くなる。トマト品種の違いによる被害程度の違いは見られないが，5〜6月に開花する作型や品種では白ぶくれ症の発生が多くなる。

果菜類の圃場周辺や雑草が繁茂した隣接地での栽培は避ける。定植前に圃場周辺の除草を行ない，越冬場所を除去する。蛹化防止および成虫忌避効果があるシルバーポリフィルムでうね面をマルチする。施設栽培では苗からの成幼虫の持ち込みを防止するとともに，防虫ネットを展張して野外からの成虫の侵入を防ぐ。早期に発見し，低密度時に薬剤を散布する。なお，マルハナバチに対して悪影響のある薬剤は使用に注意する。 ［柴尾　学］

◉ミカンキイロアザミウマ ⇨口絵：虫2

• *Frankliniella occidentalis* (Pergande)

●被害と診断　幼虫と成虫が，葉表や葉裏の表面組織を食害する。食害された表面は，光が当たるとてらてらと銀色にみえる「シルバリング」症状を示す。幼虫は，くぼんだ場所を好むため，初期は葉脈にそって食害痕が集中する。虫の密度が高く被害が進むと，組織が壊死してシルバリング症状から不定形の白斑に変化する。さらに被害が進み，葉の老化も伴うと葉脈間が壊死して葉全体が枯死することもある。なお，枯死を伴う著しい被害は老化した下葉に発生しやすく，展開したばかりの若い葉や生長点では発生しない。

成虫は花の子房に産卵するため，この産卵痕が果実の成熟後まで残って「白ぶくれ症状」になり，商品価値が損なわれる。産卵痕は，幼果の段階では小さな斑点を中心にその周囲が円形に腫れたような症状となり，果実が赤く着色したあとも，その部分は白または黄色に変色したまま残る。また，著しく虫の密度が高い場合には，成・幼虫が幼果の表面，とくに萼の周囲を食害して果実の表面にリング状の食害痕が残ることもある。

本種はトマト黄化えそウイルス（TSWV）を媒介する。このウイルスに感染すると，トマトでは生長点からえそが始まり，株全体が枯死する激しい病徴を示す。トマトでは，本虫による直接的な被害より，媒介されるウイルス病による被害のほうが実害が大きい。

●虫の生態　雌成虫は体長1.4～1.7mmで，アザミウマ類のなかでは比較的大きい。体色は冬季には茶～褐色であるが，夏季には体全体が淡黄色である。一方，雄成虫は雌よりも小型で体長約1.0mm，体色は1年を通して淡黄色である。成虫は花を好んで生息し，春，秋は2か月，夏は2か月程度生存し，植物組織中に200～300卵を産卵する。

幼虫は花，果実および葉の表面組織や花粉を食べ，2齢を経て，土中で蛹となり，新成虫となる。卵から成虫までの発育期間は，15，20，25，30℃でそれぞれ34，19，12，9.5日である。休眠性がないため，冬でもハウス内で発育増殖することができる。西日本では野外で越冬することができ，4月上旬から飛翔分散が始まる。5月には急増し，6月に発生数がピークとなる。7月下旬から8月には発生が少ないが，9月に再び増加し，10月には減少するが，野外では11月末まで飛翔が見られる。

多くの植物に発生し，海外では200種以上の植物で寄生が確認されている。農作物，雑草を問わず，花を好んで生息，増殖し，西南暖地では1年中野外に生息することができる。

1齢幼虫がトマト黄化えそウイルス（TSWV）に感染発病した植物を摂食すると，高率でウイルスを体内にもった成虫となる。そのような成虫は摂食時にウイルスを植物に媒介し，死ぬまで何度もウイルスを媒介し続ける。TSWVの感染によりトマト，ピーマン，レタス，キク，ガーベラなどで葉，芽，茎にえそ症状が発生し，生育が抑制され，商品価値の低下や収量低下となる。

●発生条件と対策　本種は植物の花で増殖しやすいため，圃場周辺で花卉類が栽培されていると発生数が多い。野外では降雨により増殖が左右され，雨が少ないときに発生数が多い。暖冬や春の高温により，春の発生時期の早まりや発生数増加傾向が見られる。

5~7月は各種雑草の開花期にあたり，野外での発生量が多くなる。とくに空梅雨の年には多発しやすく，注意が必要。花卉類や雑草の花で増殖しやすいため，圃場周辺の不要な花卉類や雑草を取り除く。

トマト黄化えそウイスル（TSWV）発生地域では育苗時や生育初期に徹底防除が必要である。本ウイルスはキク科，ナス科およびマメ科作物にも感染するため，圃場周辺ではこれらの作物をできる限り栽培しない。栽培する場合は薬剤によるアザミウマの防除を徹底する。

施設には周辺から開口部を通って施設内に侵入するため，開口部に防虫ネット（1mmより細かな目合い）を張り，侵入を防止する。UVカットフィルムの使用も施設内への侵入を抑制する効果がある。

開花前のトマトでは葉表に数mmの白斑および葉裏のシルバリングを発生させるので，発生確認の目安となる。成虫は花をもっとも好むため，開花中の花は本種を見つけるポイントとなる。軽く息を吹きかけるとアザミウマが花の中から出てくる。または白紙上で花を叩き，虫を落として観察する。ピンク色や青色，または黄色の粘着トラップを施設開口部付近の株上に設置して定期的に観察すると，アザミウマ類の発生を把握しやすい。

栽培終了後はただちに残渣を土中に埋める，またはビニル袋に密封するなどして，周囲に分散する前に虫を死滅させる。また，土壌中の蛹や成虫を死滅させるために，ハウスを密封して次作の定植まで10日程度蒸し込むか，土壌消毒を行なう。　［片山晴喜］

◉アブラムシ類　⇨口絵：虫3

- ワタアブラムシ　*Aphis gossypii* Glover
- モモアカアブラムシ　*Myzus persicae* (Sulzer)
- ジャガイモヒゲナガアブラムシ　*Aulacorthum solani* (Kaltenbach)
- チューリップヒゲナガアブラムシ　*Macrosiphum euphorbiae* (Thomas)

●被害と診断　アブラムシ類によるトマトの被害には，寄生と吸汁，排泄物による汚れなど，虫が存在することによる直接的な被害と，植物ウイルスをトマトに媒介する間接的な被害とがある。ここではおもに前者について述べる。後者についてはトマトのモザイク病の項を参照されたい。

苗床や本圃のトマトにアブラムシ類が寄生すると，葉が巻いて萎縮し，場合によっては部分的に黄褐色になる。この場合，葉裏にはアブラムシ類のおもに無翅胎生雌虫（翅のないタイプで，無翅虫と略称する）や幼虫が繁殖し，加害している。アブラムシ類が加害している葉の下方にある果実や茎，葉の表面が黒くなる。これはアブラムシ類の排泄物（甘露またはハニーデューと称し，糖分に富む）にすす病菌が繁殖したためである。茎や葉がすす病で汚れると光合成が阻害され，収量が減少すると考えられる。また，果実がすす病で汚れると拭き取るための労力が必要である。

トマトではナスやキュウリで観察されるようなアブラムシ類の寄生，吸汁による株の生長停止，枯死のような甚大な被害は少ない。苗床，本圃への侵入はおもに有翅胎生雌虫（翅のあるタイプで，有翅虫と略称する）によると考えられる。有翅虫は葉裏で幼虫を産子するので，葉が巻き，萎縮する。アブラムシ類の寄生が疑われるときには葉裏を調べる。また，すす病がある場合には，すす病が見られる部位の上部の葉裏を調査する。

●虫の生態　アブラムシ類の生態は複雑で栄養条件や寄生密度，日長などにより，無翅虫や有翅虫，産卵雌虫，雄虫が出現する。基本的な生活環は，秋季に一次寄主と呼ばれるおもに木本植物上で両性生殖を行ない，卵越冬し，春から秋にかけて二次寄主と呼ばれるおもに草本植物に移動し，その上で単性生殖により世代をつなぎ，秋季に一次寄主に戻る周期性単性生殖(完全生活環)である。この生活環のほかに両性生殖を喪失した永久単性生殖(不完全生活環)や両生活環の途中の段階の生活環が存在する。トマトを加害する4種も，起源と考えられる地域ではこれらの生活環が存在する。日本ではワタアブラムシとモモアカアブラムシ，ジャガイモヒゲナガアブラムシはこれらの生活環が確認されているが，チューリップヒゲナガアブラムシは永久単性生殖(不完全生活環)だけが見つかっている。

無翅虫は増殖に適したタイプで，栄養条件がよいとき，低密度時などに出現する。有翅虫は移動分散に適したタイプで，栄養条件が悪いとき，寄生密度が高いとき，短日のときなどに出現する。有翅虫は一般に無翅虫よりも幼虫期間が長く，産子数が少ない。単性生殖の時期には幼虫期間が7～10日程度で，1頭の雌虫が1か月で3, 000頭以上に増える。

ワタアブラムシは世界中に分布しているが，東アジアが起源と考えられている。寄主植物は非常に多く，ナス科のナス，ジャガイモ，トマト，ウリ科のキュウリ，カボチャ，メロン，アオイ科のワタ，ムクゲ，オクラなど多くの経済的に重要な作物を含んでいる。本種はトマトを加害する4種のなかではモモアカアブラムシやジャガイモヒゲナガアブラムシよりもやや小さい中型のアブラムシである。体長は無翅虫で0.9～1.8mm，有翅虫で1.1～1.8mmである。無翅虫の体色は黄色～緑色，濃緑色からほとんど黒色に見えるものまで変異がある。有翅虫は腹部に側班が発達する。触角は体よりも短い。また，本種は50種以上の植物ウイルスを媒介する。なお，本種はアリ類を随伴することが多い。

モモアカアブラムシも世界中に分布しており，起源はワタアブラムシと同様に東アジアと考えられている。寄主植物はナス科のナス，ジャガイモ，トマト，アブラナ科のキャベツ，ハクサイなど経済的に重要な作物を含む40科以上の植物で確認されている。大きさはジャガイモヒゲナガアブラムシよりもやや小さな中型のアブラムシで，体長は無翅虫，有翅虫とも1.2～2.1mmである。無翅虫の体色は淡緑～淡黄色，淡紅色，赤，褐色など，さまざまである。有翅虫は腹部側面に黒い紋がある。触角は体と同程度かやや短い。また，本種は100種以上の植物ウイルスを媒介する。

ジャガイモヒゲナガアブラムシも世界中に分布しているが，ヨーロッパが起源と考えられている。多種類の植物に寄生し，とくにナス科のジャガイモ，タバコなどでは著名な害虫である。2000年代に東北地方の転作ダイズを早期落葉させ，大きな被害をもたらした。同様な被害は1984年に島根県でも認められた。本種はチューリップヒゲナガアブラムシよりも小さな中型のアブラムシで体長は無翅虫，有翅虫とも1.8～3.0mmである。無翅虫の体色は淡黄緑色～緑色で，有翅虫は腹部背面に帯状斑がある。触角は体よりも長い。また，本種は約40種の植物ウイルスを媒介する。

チューリップヒゲナガアブラムシも世界中に分布しているが，北米が起源と考えられている。寄主植物は多く，200種以上の植物で確認されており，とくにナス科植物を好む。大きさは4種のなかでもっとも大きい。体長は無翅虫で1.7～3.6mm，有翅虫で1.7～3.4mmである。無翅虫の体色は黄緑色～淡緑色で，斑紋はないが，腹部背面の色彩に部分的な濃淡が縦条状にある。有翅虫も斑紋はない。触角は体よりも長い。本種は40種以上の植物ウイルスを媒介する。

●発生条件と対策　一般に暖冬で，春から夏にかけて高温，乾燥が続くと発生が多い。7～8月の高温期を除き，ハウス栽培はアブラムシ類の発育に好適な条件(適度な温度，乾燥，少ない天敵)であるため，アブラムシ類が寄生した場合は野外に比べ，被害が発生しやすい。圃場周辺にアブラムシ類に寄生した植物があると，そこが発生源となる可能性がある。

圃場への侵入は有翅虫であることが多く，ウイルス病の媒介を阻止するためにも，有翅虫の飛来を防ぐ。4～7月上旬は有翅虫の飛来が多い時期である。麦間栽培はウイルス病の媒介を抑制する。

被害が発生した場合は薬剤などで防除する。4種のアブラムシ類のうちジャガイモヒゲナガアブラムシとチューリップヒゲナガアブラムシは薬剤抵抗性が顕在化していないが，ワタアブラムシとモモアカアブラムシは合成ピレスロイド系剤と有機リン系剤に抵抗性のクローンが多い。また，近年ワタアブラムシにはピーマンやキュウリにネオニコチノイド系剤に抵抗性のクローンが確認された。

ウイルス病に感染した株は感染源となるため，圃場から搬出し処分する。 ［奈良井祐隆］

◉タバココナジラミ ⇨口絵：虫3

• *Bemisia tabaci* (Gennadius)

●被害と診断　タバココナジラミの幼虫がトマトの葉に多数寄生することによって生じるトマト果実の着色異常症は，収穫時に果実全体が赤くならずに，淡橙色，黄色ないし黄緑色の縦縞やまだら模様が残り，収穫後もこの部分は赤く着色しない。果実内部も果肉が白いままで硬く，完熟した味と香りがしない。このため着色異常果は，商品価値が著しく損なわれ，症状の激しいものは出荷できず，栽培上大きな問題となっている。また，成虫・幼虫が多数寄生した場合に，その下の果実や葉に排泄物が落下し，すす病菌が繁殖して黒く汚染する。汚染された果実は商品価値が著しく低下する。

タバココナジラミが媒介するウイルス病として，トマト黄化葉巻病がある。病徴は名前のように葉が黄化して巻き，感染時期が早いと株が枯死する。本病が多発したトマト栽培施設では，果実の収穫が皆無となる場合もある。関東地方以西の温暖地で広く発生する。

施設栽培トマトでは通常，タバココナジラミはオンシツコナジラミと混じって生息している。しかし，夏～秋期作の施設栽培トマトでは，タバココナジラミの発生が多くなる。幼虫は1齢から4齢まで固着生活を送り，蛹をもたない不完全変態昆虫である。4齢幼虫は中期以降になると扁平な体の背面がわずかに盛り上がってくる。トマトの下位葉には4齢幼虫や脱皮殻が多く見られ，上の葉にいくほど発育段階の若い幼虫が多く，展開後まもない若い葉では卵ないし若齢幼虫しか見られない。

タバココナジラミ成虫の体長は約0.8mmで，翅は白く，体色は淡黄色である。オンシツコナジラミ成虫は体長が約1.2mmである。両者の判別は，成虫よりも4齢幼虫で見たほうが容易である。タバココナジラミの4齢幼虫は，後部がやや細い楕円形で，長さ1.0～0.7mm，幅0.8～0.5mm，体色は黄色で突起がほとんど見られない。オンシツコナジラミの4齢幼虫は，楕円形で体色が白く，突起が多いのが特徴である。なお，脱皮殻は，両種とも白く見えるが，オンシツコナジラミの場合は突起が多い。

●虫の生態　タバココナジラミバイオタイプBは，以前はシルバーリーフコナジラミと呼ばれていた。現在でも防除薬剤の対象害虫名としてシルバーリーフコナジラミの名称が使われている例があるが，これらはタバココナジラミと読み替えて差し支えない。タバココナジラミバイオタイプBの発生当初は，各地でトマト果実の着色異常症が多発し大きな問題となったが，ネオニコチノイド系剤やピリプロキシフェン剤などを活用した防除対策により着色異常症の発生は減少した。しかし，これらの剤にも抵抗性をもつバイオタイプQが発生し，東北地方以南の各地に分布を広げた。

1989年にわが国への侵入が確認されたバイオタイプB（シルバーリーフコナジラミ）は，わが国在来の系統（バイオタイプJpL）と形態的にきわめて類似しており，同一種として扱われている。さらに2004年ころ侵入が確認されたバイオタイプQも，ほかのバイオタイプと外部形態での区別は困難である。しかし，これらのバイオタイプは互いに交雑しない，寄主植物の範囲に差がある，遺伝子の塩基配列パターンが異なるなどのため，種分化の途中にあると考えられている。わが国土着のバイオタイプJpLは，ダイズやサツマイモ畑に生息しスイカズラで露地越冬するが，トマトでは繁殖しにくい。ただし，土着のベゴモウイルスを病原とするトマト黄化萎縮病を媒介することが知られている。

タバココナジラミの発育適温はオンシツコナジラミのそれよりもやや高く，30℃でもっとも発育が速い。高温下での発育限界温度は 32～36℃程度，低温下での発育限界温度は約10℃である。卵から成虫までの発育期間は，27℃で20日程度である。施設内では夏から秋にかけて発生が多く，成虫は餌植物がなければ，3日後にはすべて死滅する（25℃）。

タバココナジラミバイオタイプBとQは，冬期間には加温施設内の野菜や花卉などで増殖をくり返し，春先に施設から野外に分散するため，これが野外での主要な発生源となっている。ハウス周辺のセイタカアワダチソウ，イヌタデなどの雑草，サツマイモ，ダイズ，キャベツなどで増殖し，これが夏から秋にハウス内へ侵入する集団の発生源となっている。冬期間に氷点下となる野外では，越冬ができない。

タバココナジラミの天敵としては，オンシツツヤコバチやサバクツヤコバチ，チチュウカイツヤコバチなどの寄生蜂，バーティシリウム・レカニ，ボーベリア・バシアーナ，ペキロマイセス・フモソロセウス，ペキロマイセス・テヌイペスなどの寄生菌，テントウムシやクサカゲロウ，スワルスキーカブリダニ，タバコカスミカメなどの捕食性天敵が知られている。現在わが国では，オンシツツヤコバチなどの天敵が施設野菜栽培でのコナジラミ用生物農薬として登録されている。

●発生条件と対策　タバココナジラミは気温が上昇してくると増殖が盛んになるので，施設栽培トマトの冬春期作では5～6月，夏秋期作では8～10月ころに発生が多くなり，このころに着色異常果やすす病が発生しやすい。とくに8～10月のトマトでは，周辺に他作物，たとえばメロン，キュウリ，ナスなどがトマトの前作，あるいは同時に栽培されている場合が多く，それら作物からトマトへの成虫の飛来により，寄生密度が上がりやすい。トマトの苗を自家生産あるいは購入する場合にも，苗の段階で幼虫寄生があればその後の発生源となる。

ほかの植物が栽培されているハウスでは育苗しない，育苗ハウスには他の植物を持ち込まない。ハウス内外の雑草を除去する。育苗ハウスに目合い0.4mm以下の防虫ネットを張るなどしてクリーン苗を確保する。

定植前に，施設内から植物を完全に除去し，1週間程度密閉してタバココナジラミを死滅させる。タバココナジラミの寄生していない苗を定植する。施設栽培の場合は近紫外線カットフィルムを使用したり開口部に目合い0.4mm以下の防虫ネットを張って外部からのコナジラミ成虫の侵入を防止する。メロン，キュウリ，ナスなどに近接してトマトを栽培する場合には，これら他作物でもコナジラミ防除を十分に行なう。幼虫のほとんどが葉裏に寄生しているので，薬剤を散布する場合には葉裏に十分にかかるようにし，散布ムラが生じないようにする。また，トマト黄化葉巻病の発病株を発見したらすぐに除去する。　［本多健一郎］

◉オンシツコナジラミ ⇨口絵：虫4

• *Trialeurodes vaporariorum* (Westwood)

●被害と診断　コナジラミが尾端から排泄する「甘露」の小滴が，コナジラミが生息する下の葉や果実の表面にたまり，手で触れると粘りつく。やがて，甘露の堆積の表面に点々と黒褐色のすす病菌のコロニーができる。すす病は急速に広がり，葉や果実が黒ずんで見えるようになる。すすの発生は，最初はそり返った葉の裏面先端部に現われることが多い。

すすが葉を覆うようになると，葉の同化作用や呼吸作用が妨げられてトマトの生育に悪い影響を及ぼす。また果実につくと，収穫物の商品価値が著しく低下するので，そのまま出荷することができない。すすは通常，果実を布で拭き取ったり水洗いしたりするときれいになるが，場合によっては果皮が部分的に侵されている。すす汚染果が生じると，調製出荷作業に大変な労力を要する。

コナジラミの発生を発見する最良の方法は，先端部の葉群(上位5葉程度)を手で払ってみることである。寄生していれば，若い葉の裏側から小さな白い成虫が舞いたつ。黄色粘着トラップを草冠部よりやや上位に吊るしておくと，コナジラミ成虫の初期発生が確認できる。

●虫の生態　本種は野菜，工芸作物，鑑賞作物，雑草，樹木など200種以上の植物に寄生することが知られている。被害の多いおもな作物は，トマト，ナス，キュウリ，インゲン，ホクシャ，ランタナ，ハイビスカス，ペラルゴニウム，サルビア，ガーベラなどである。経済的に被害のない作物や雑草であっても，発生源の役割を果たしているので防除上は無視できない。

加温施設内では年中生息し，冬季も発育と増殖を続ける。野外では雑草上で休眠せずに越冬する。越冬寄主としてオオアレチノギクやノゲシのキク科ロゼット葉などが好まれる。卵から成虫まで全ステージが越冬可能であるが，おもな越冬態は卵と老熟幼虫，蛹などである。露地における発生は，6～7月と9～10月に多い傾向で，夏場には少ないがアサガオやヒマワリなどの広葉の植物には生息している場合がある。

成虫は若い葉の裏に群がり，吸汁，産卵する。雌雄は交尾するが，交尾しなくても増殖可能である。雌の成虫寿命は3～5週間。1雌当たり産卵数は30～500粒。孵化幼虫はしばらく徘徊し，吸汁に最適な場所を探す。2齢，3齢幼虫と蛹は固着的な生活をして移動することはない。幼虫，蛹，成虫は口吻を植物組織に刺して維管束から吸汁し，必要なアミノ酸を吸収したあと，不要な甘露を尾端から大量に排泄する。

卵が産下されてから成虫になるまでの期間は，24℃恒温条件下で約3週間である。春から秋の間，温室内では約1か月で世代が入れ替わるとみておけばよい。成虫寿命は約1か月で長期間産卵するので，多発するとつねに卵，幼虫，蛹，成虫が混在している状態になる。

●発生条件と対策　暖冬年は，野外越冬のコナジラミ死亡率が低く，春先の発生を多くする。コナジラミの発育には23～28℃の温度範囲が最適で，40℃以上ではかなり発生が抑えられる。風雨から保護された環境では発生が多い。作物が連続して栽培されるような条件下では多発しやすい。

次の耕種的な措置を徹底するか否かで，後の発生量に大きな差が出る。新しく作物を植え付ける前に施設内を空にしてコナジラミの発生を中断させる，コナジラミの寄生を許さないよう育苗管理を徹底し，きれいな苗を植え付ける，摘み取った茎葉や栽培終了作物は完全に埋設または焼却処理する，施設周辺に発生源をつくらない，などが大切である。施設は出入り口，換気口に寒冷紗(0.6mm目合)を張ったり紫外線除去フィルムを被覆したり，施設外周に黄色粘着テープを展張すると，コナジラミ成虫の侵入防止効果が高い。

茎葉がまだ繁茂せず，コナジラミの発生も比較的少ない作物生育初期に防除をすると，少ない労力で高い防除効果をあげやすい。防除効果と農薬安全使用の面から，収穫期に入るまでに発生密度を低下させておくことが大切である。園芸施設内だけでなく，その周辺の発生源をも防除対象とする。多発地では，申し合わせて一斉防除を実施すると効果が大きい。

［林　英明］

◉カメムシ類 ⇨口絵：虫4

- ミナミアオカメムシ　*Nezara viridula* (Linnaeus)
- ブチヒゲカメムシ　*Dolycoris baccarum* (Linnaeus)
- タバコカスミカメ　*Nesisiocoris tenuis* (Reuter)
- アオクサカメムシ　*Nezara antennata* Scott

●被害と診断　ミナミアオカメムシやアオクサカメムシのような大型のカメムシでは，茎や葉が加害されると，加害部から先がしおれることがある。また，若齢幼虫は集合性があり，群がって茎を加害するため，その場合も加害された部分から先がしおれる。果実が加害されると，未熟果では口器を刺した部分を中心に円状に白く退色し，その部分の着色が遅れる。また，加害された果肉部はスポンジ状になり，腐敗しやすくなる。

これらのカメムシはトマトで繁殖するというよりも周辺の雑草やマメ科およびイネ科作物などで繁殖し，そこからトマト圃場に移動してくる。発生は野外での密度が高くなる夏から秋にかけて多く，露地栽培や雨よけ栽培のトマトで被害が多い。

タバコカスミカメは生長点近くの茎や葉柄を加害するが，虫体が小さく吸汁によるダメージが少ないため，萎凋や枯死するような被害症状は現われない。しかし，加害された部分が時間の経過とともに褐変してくる。なお，葉柄部への加害が激しい場合には，葉が黄化することがある。典型的な被害症状としては茎にリング状の褐変が生じることから，整枝，誘引作業中に被害部が折れやすくなる。

タバコカスミカメはコナジラミ類の天敵でもあり，コナジラミ類の発生している圃場でよく見られる。しかし，餌となるコナジラミ類の密度が低くなってくるとトマトを加害し始める。その被害がよく見られるのはマルハナバチや天敵を導入し，薬剤の使用が少ないハウス栽培であり，このようなハウスでは，春先から秋季にかけて本種が発生しやすい。薬剤防除を頻繁に行なうハウスでは，本種の発生はきわめて少ない。

ミナミアオカメムシとアオクサカメムシは成・幼虫とも非常によく似ているが，成虫の場合，触角の各節上部の色はミナミアオカメムシでは褐色であるのに対し，アオクサカメムシでは黒色である。なお，翅を広げてみて，腹部背面部が緑色ならミナミアオカメムシ，腹部背面部が黒色ならアオクサカメムシである。老齢幼虫では背面の白紋が5, 6対であればミナミアオカメムシ，3, 4対であればアオクサカメムシである。

ブチヒゲカメムシ成虫は赤褐色または黄褐色であり，成・幼虫ともに体全体が白い毛で覆われており，近似種はいないので見分けは簡単である。タバコカスミカメの成虫は体長3～4mmと小さく，淡黄緑色で細長く，楔上部に暗色斑がある。幼虫は全体的に緑色で，取り立てて特徴はない。

●虫の生態　ミナミアオカメムシは成虫で越冬し，四国や九州では4月上中旬から活動し始め，ムギ，ナタネで第1世代を経過する。その後はおもにイネやダイズなどで増殖し，年間3～4世代を経過する。世代が重なる8～10月に密度が高くなり，この時期にトマト圃場への侵入も多くなる。1雌当たりの産卵数は200個前後で，数十個の卵を六角形の形に産み付ける。卵から成虫になるまでの期間は，夏季で約1か月である。幼虫は1, 2齢ころまでは集団を形成するが，3, 4齢ころから分散し始める。

アオクサカメムシは成虫で越冬し，四国では3月下旬～4月上旬から活動を始める。寄主植物はダイズなどマメ科，ナス科，イネ科など広範囲に及ぶ。四国，九州では年間2～3世代を経過する。8, 9月に現われる2, 3世代成虫がトマト圃場に侵入してくることが多い。産卵数や発育期間はほぼミナミアオカメムシと同じである。

ブチヒゲカメムシは成虫で越冬し，四国では3月下旬～4月上旬から活動を始め，年2世代を経過する。マメ科，ゴマ科，イネ科など多くの植物に寄生するが，トマトでの発生はミナミアオカメムシやアオクサカメムシに比べると少ない。

タバコカスミカメの野外での生態については，わが国ではほとんど調べられておらず，不明である。食肉性と食植性の両面を有し，とくにコナジラミ類を好んで捕食する傾向があり，トマト圃場への侵入はコナジラミ類の発生がきっかけとなっていると考えられる。

●発生条件と対策　ミナミアオカメムシ，アオクサカメムシ，ブチヒゲカメムシともにトマトが好適な寄主植物というわけではなく，トマト圃場周辺のマメ科，イネ科の作物や雑草で繁殖した個体が侵入し，トマトを加害する場合が多い。したがって，トマトの被害もこれらの寄主植物でカメムシ密度が高くなる8，9月に多くなる。とくにトマト圃場の周辺で栽培されているダイズやイネで発生が多い場合には，これらの作物が収穫されるとトマトが集中的に加害されることがある。

タバコカスミカメの場合には，コナジラミ類が発生しているトマト圃場で発生に気をつける必要がある。本種はコナジラミ類の有力な天敵なので，コナジラミ類の密度が高いときには天敵として利用し，コナジラミ類の密度が下がった時点で対策を検討するとよい。発生は春先から秋にかけて見られ，施設栽培や雨よけ栽培で目立つが，殺虫剤を頻繁に使用する圃場では少なく，マルハナバチや天敵を利用し，殺虫剤の使用が少ない圃場で発生する場合が多い。

ミナミアオカメムシやアオクサカメムシは，おもに葉裏に卵塊で産み付け，孵化幼虫から3齢幼虫ころまでは集団で加害するため，この時期には比較的目につきやすい。管理や収穫作業中に卵塊や集団の幼虫を見つけ次第，葉ごと取り除くか捕殺する。薬剤防除する場合でも，この時期であれば効果的に防除できる。

トマト圃場周辺にイネやダイズなど繁殖に適した寄主作物が栽培されている場合には，それらの作物から移動してくる可能性が高いので，圃場周辺での発生状況に注意し，侵入が見え始めたら防除対策を講じる。周辺圃場が多発状態になっている場合には，侵入が始まる前に周辺作物での防除を行なうとよい。とくに，多発状態のままでイネやダイズが収穫されると，一斉に侵入してくるので注意する。

雨よけ栽培や施設栽培の場合，サイドに防虫ネットや防風ネットを張ることで大型のミナミアオカメムシ，アオクサカメムシ，ブチヒゲカメムシの侵入を防止できる。同時にヤガ類やヨトウムシ類などの侵入防止にもなる。タバコカスミカメはコナジラミ類の発生が多い圃場で多発する傾向があるので，コナジラミ発生圃場では本カスミカメの発生に注意する。

［下元満喜］

◉テントウムシダマシ類　⇨口絵：虫5

- ニジュウヤホシテントウ　*Henosepilachna vigintioctopunctata* (Fabricius)
- オオニジュウヤホシテントウ　*Henosepilachna vigintioctomaculata* (Motschulsky)

●被害と診断　成虫，幼虫とも葉の表皮を残して食害するので，葉が上からすいて見える。葉の裏を脈だけ残してサザナミ状に食害する。食害された葉は，のちに褐色に枯れる。葉を食いつくすと，茎や実までもサザナミ状に舐めたようにかじる。

●虫の生態　ナス科を加害するテントウムシダマシ類はおもに2種類で，関東以西の太平洋沿岸と山陰地方の沿岸部にはニジュウヤホシテントウが，関東以北，山陰地方以北，中国山地ではオオニジュウヤホシテントウが分布する。両者の境界の指標としては，年平均気温14℃等温線や夏季(5～10月)平均気温21℃等温線，11月の最高気温平均14．9℃等温線などがある。

両種とも成虫は触ると体から黄色の液体を出し，葉から落ちる。卵は砲弾型をしており，葉裏にかためて産み付けられる。幼虫と蛹にはトゲがある。成虫で木の割れ目，石垣，枯草の中などで越冬し，5月ごろから越冬成虫がナス科植物に飛来して産卵する。

ニジュウヤホシテントウは年2～3回発生する。越冬世代成虫は5月ごろにナス科作物や雑草の葉裏に30粒前後の卵を卵塊として産卵し，40～50日の生存期間中に約500個の卵を産む。卵期間は約7日，幼虫期間は約30日，蛹期間は約1週間で，第1世代成虫は6月中旬～7月中旬に羽化する。第2世代成虫は8月中旬～9月中旬に出現する。

オオニジュウヤホシテントウは北海道，東北地方では年1回発生である。北陸，山陰地方では年1～2回の発生である。越冬世代の雌成虫は5月中旬ごろから産卵を始め，葉裏に30～40粒を一卵塊として産み，20～40日間に200～400個の卵を産む。卵期間は4～7日，幼虫期間は15～20日間，約7日の蛹期間を経て新成虫は6月下旬～7月上旬に羽化する。第2世代成虫は8月上中旬に出現する。

●発生条件と対策　山間地やそれに近いところでの発生が多い傾向にある。6～7月に蒸し暑い日が続くと8月に被害が多くなる。トマト圃場周辺にイヌホオズキなどのナス科雑草や春作栽培のジャガイモがあると，そこで繁殖し6～8月にトマトに飛来する。

サザナミ状の食害はテントウムシダマシ類だけの特徴である。数枚の葉で食害を認めたら，葉裏を調べて成・幼虫を捕殺する。この程度では農薬による防除は必要ない。ほぼすべての株に食害があれば，農薬による防除が必要である。　［奈良井祐隆］

◉トマトハモグリバエ

⇨口絵：虫5

• *Liriomyza sativae* Blanchard

●被害と診断　雌成虫が産卵管で葉の表皮に小さな穴を開けて葉肉内に産卵する。孵化した幼虫は，葉肉を食べながら前方に進むので潜孔が形成され，潜孔は白い筋のように見える。幼虫は潜孔内に黒色の糞を線状に残す。加害が著しい場合は，葉が白化する。ただし本種の潜孔はマメハモグリバエ，ナスハモグリバエの潜孔とは異なり，発生初期の段階から上位葉にも見られる。トマトなどの果菜類では，収穫対象である果実は加害されないので，加害が少ない場合には生産物の収量と品質に影響はない。しかし，加害が多い場合には，光合成が阻害されるため収量が減少する。

暖房設備の整った施設で越冬し，夏季から秋季にかけて発生が多くなる。成虫の体長は1．5～2mm，胸部の背面は黒色で光沢がある。頭部の外頭頂剛毛の着生部は黒色である。孵化した幼虫は，葉肉を摂食し，潜孔内に黒色の糞を線状に残す。幼虫は淡黄色のウジであり，後気門には3個の気門瘤がある。終齢幼虫は体長が約3mmである。

●虫の生態　発生は夏季から秋季にかけて多くなり，施設では一年中発生が継続する。産卵から羽化までの発育所要日数は，15℃で約59日，20℃で約30日，25℃で約17日，30℃で約13日である。25℃条件下で，卵期間と幼虫期間はそれぞれ約3日で蛹期間は約11日である。発育零点は約10℃であり，35℃では発育できない。15℃および18℃短日条件下において休眠はしない。25℃長日条件下における雌成虫の寿命は約28日，総産卵数は約640個であり，増殖能力が非常に高い。

トマトハモグリバエの寄主範囲は広く，中国では14科69種の植物が寄主として報告されており，わが国ではウリ科，マメ科，ナス科，アブラナ科，キク科，アオイ科の合計6科32種の作物で発生が確認されている。とくにキュウリ，カボチャなどのウリ科作物での発生が目立つ。雑草では，イヌホウズキ，スカシタゴボウ，ヨモギに寄生する。

●発生条件と対策　キュウリ，カボチャ，インゲンマメ，ナスなどの好適寄主作物が周辺に作付けされている圃場で発生しやすい。

多発後の防除は困難なので，発生初期（施設内に数枚設置した黄色粘着板に成虫が数匹誘殺されたときやトマトの葉に食害痕が見られ始めたとき）の防除を徹底する。購入苗を使用するときは，葉上の食害痕の有無を十分に調べる。成虫の施設内への飛来を防ぐため，施設栽培では側窓部や出入り口などの開口部に防虫ネット（1mm目合い以下）や黄色粘着フィルム（ロール）を展張すると，同時に発生するコナジラミ類に対しても有効である。近紫外線カットフィルムを利用することにより，本種成虫の施設内への侵入を抑えることができる。

摘葉や収穫後の残渣は発生源となるので，圃場外へ持ち出して処分する。圃場とその周辺の除草を行ない，圃場衛生に努める。　［德丸　晋］

◉マメハモグリバエ　⇨口絵：虫5

• *Liriomyza trifolii* (Burgess)

●被害と診断　幼虫が葉にもぐって食害するため，くねくねとした線状の食害痕が葉面に現われる。発生量が少なければ実質的な被害はないが，多発生すると植物体が衰弱し，収量が減ってしまう。果実には寄生しない。産卵は充実した葉にのみ行なわれ，展開まもない未熟葉には産卵しない。したがって，幼虫による被害は，下葉から上葉へと進展する。

成虫は体長2mmほどの小さなハエで，胸部と腹部の背面は黒，その他の大部分は黄色を呈する。雌成虫は腹部末端によく発達した産卵管を有し，これで葉面に穴を開け，にじみ出る汁液をなめたり，産卵したりする。こうした摂食・産卵痕が葉面に白っぽい小斑点となって残る。肉眼では摂食痕と産卵痕を識別できない。

幼虫は無脚のウジで，濃い黄色を呈する。葉を透かしてみると，黒い鎌状の口器で葉肉をかきとるようにして食害するようすが観察できる。糞粒は，細い線状となって連なり，孔道内に交互に2列に並ぶ特徴がある。幼虫は3齢を経過し，体長3mmほどに発育した老熟幼虫は葉から脱出し，地上に落下してから囲蛹となる。

●虫の生態　寄主範囲はきわめて広く，ナス科をはじめ，キク科，マメ科，アブラナ科，セリ科，ウリ科などの各種農作物に寄生する。トマトのほか，セルリー，チンゲンサイ，インゲンマメ，キク，ガーベラなどでも被害が大きい。イネ科植物（イネ，トウモロコシなど）には寄生しない。雑草では，ノボロギク（キク科）やナズナ（アブラナ科）を好む。

野外における成虫の発生は，静岡県の場合7月下旬から8月上旬にかけてもっとも多く，12月から翌年2月ごろまでは，成虫がほとんど見られなくなる。野外における越冬は蛹が主体と考えられる。休眠しないことから，施設栽培では一年中発生をくり返し，卵，幼虫，蛹，成虫の各態が混在する。一世代の所要日数は，15℃で約50日，20℃で約25日，25℃で約16日，30℃で約13日である。施設栽培における年間の発生回数は，10回程度と推定される。

卵，幼虫，蛹の発育零点は，いずれも約10℃で，発育上限温度は35℃付近にある。1雌当たりの総産卵数は，インゲンマメ，チンゲンサイ，キクなどでは200～400個であるが，トマトでは約50個と少ない。

成虫は地上30～50cm付近をもっともよく飛翔する。成虫には趨光性があり，南側や通路に面した箇所の寄生が多い。夜間は活動しない。数時間のうちに100mほど飛翔するといわれている。成虫は黄色に誘引されるため，黄色の粘着リボンや粘着板を設置しておくと多数の成虫が誘殺できる。しかし，誘殺されるのは雄が多く，防除に利用するのには無理がある。黄色の粘着リボンや粘着板は，あくまで発生量を把握するモニタリング用の資材と考えたほうがよい。

●発生条件と対策　畑作地帯と水田地帯をくらべると，前者のほうが発生が多く，防除もより難しくなる傾向がある。これは，畑作地帯では圃場周辺に寄主となる植物が多いことが一因と思われる。マメハモグリバエに寄生する土着寄生蜂は約30種が知られ，自然条件ではこうした天敵によってマメハモグリバエの密度が抑えられている。しかし，殺虫剤を散布すると，寄生蜂だけが影響を受けるため，マメハモグリバエは野放し状態となり大発生に至る。この現象はリサージェンスと呼ばれている。

マメハモグリバエの寄生が疑われる苗は本圃に持ち込まないようにする。多発生してからの防除はきわめて困難となることから，発生の有無の監視を怠らず，もし発生してしまったら初期防除に努める。施設栽培では側窓，天窓，出入り口などに寒冷紗を張り，成虫の侵入を防ぐ。植物残渣には卵や幼虫が寄生しているため，放置すると重要な発生源となる。残渣は土中に埋めるかビニルなどで20日間以上密封する。

［西東　力］

◉吸蛾類 ⇨口絵：虫6

- アカエグリバ　*Oraesia excavata* (Butler)
- アケビコノハ　*Eudocima tyrannus* (Guenée)
- ヒメアケビコノハ　*Eudocima phalonia* (Linnaeus)
- ヒメエグリバ　*Oraesia emarginata* (Fabricius)
- オオエグリバ　*Calyptra gruesa* (Draudt)

●被害と診断　野菜や果樹などの果実に口吻をさし込んで吸汁加害する蛾類の総称で，成虫が夜間活動して果実を加害する。吸蛾類の発生源は山林原野であるが，果実を加害する成虫は周辺の山林に潜むため昼間の所在が不明である。加害様式には，直接果実に口吻をさし込み吸汁加害するものと，直接にくちばしをさし込む力はないものの，にじんでいる汁液を吸汁し，細菌や糸状菌で汚染するものもあるが，こちら(二次加害種)は今回は含めない。

被害は中間山地の山林に近い畑が主で，そうした環境に多い有機栽培や家庭菜園での被害が多いようである。はじめは針でつついたくらいの小穴であるが，口吻のさし込みにより果実が細菌や糸状菌で汚染され，2～3日もすると，ここを中心として腐り始める。果実は最後には腐って落果する。被害を受ける果実は，ある程度熟したもの，または収穫期に入ったものである。吸蛾類の蛾の口器の先端部はキチン化し硬く鋭くなっていて，先端部の側面には円錐突起などの特殊化した付属物があり，みずからの力で野菜や果樹などの果実の果皮に穴をあけることができる。紙袋をかけても，袋の上から吸汁加害できる。

吸蛾類は正式には果実吸蛾類といい，野菜や果樹などの果実に口吻をさし込んで吸汁加害する種の多くはヤガ科シタバ亜科に属する。トマトの害虫としては9種が記録されている。蛾の大きさや斑紋は種類によってそれぞれちがうが，ヒメアケビコノハは開張95mm内外で，前翅の翅頂はややとがっている。アケビコノハは翅の開張95～100mmの大型の蛾で，前翅の翅頂はとがっていて，ヒメアケビコノハよりも鋭い。ヒメアケビコノハとは前・後翅の模様が異なるので容易に区別できる。

ヒメエグリバは開張36～40mmで前翅第4脈の外縁はやや突き出ている。アカエグリバは前種より大きく，開張47～50mmで前翅は赤褐色をしていて，翅頂は横に突き出るようにとがっている。オオエグリバは前種よりさらに大きく開張60mm程度で，翅頂は横に突き出るようにとがっているが，色彩は淡色。

●虫の生態　吸蛾類幼虫はツヅラフジ科に属するアオツヅラフジを食草とする種類が多い。ウスエグリバやキタエグリバのように，ツヅラフジ科の植物でなくキツネノボタン科のカラマツソウ類を食草とする種類もある。アケビコノハやオオエグリバのように食性が広いものと，ツヅラフジ科に属する植物のみを食草とする種類，アオツヅラフジのみを食草とする種類などがある。

アケビコノハは年3～4世代程度発生すると考えられている。卵はアオツヅラフジ，アケビ，ミツバアケビ，ムベ，ヒイラギナンテン，ホソバノヒイラギナンテン，ヘビノボラズの葉や茎などに1～数十粒ずつ産み付けられ，5～6齢を経過する。成熟幼虫は枯葉でつづった内部の粗繭の中で蛹化する。成虫で越冬する。ヒメアケビコノハは年3回程度発生すると考えられており，幼虫の食草はアケビやアオツヅラフジである。

ヒメエグリバは年3世代程度発生すると考えられている。卵はアオツヅラフジの葉や茎などに1～数十粒ずつ産み付けられ，6齢を経過する。成熟幼虫は枯葉でつづった内部の粗繭の中で蛹化する。若齢幼虫の状態で越冬すると考えられている。アカエグリバは年3～4回程度発生すると考えられている。卵はアオツヅラフジの葉や茎などに1粒ずつ産み付けられ，幼虫は5～6齢を経て蛹になる。成熟幼虫は枯葉でつづった内部の粗繭の中で蛹化する。越冬は卵や幼虫態で行なわれる。オオエグリバは年2回程度発生すると考えられている。幼虫の食草はアオツヅラフジ，ツヅラフジ，コウモリカズラ，ムラサキケマンである。

成虫はいずれも日没後の早い時間帯に飛来が始まり，ピークは種によりそれぞれ異なる。そして，上空が白み始めるころには，加害場所を去る行動をとる。

●発生条件と対策　幼虫が生息する雑木林があり，成虫の餌となる熟れた果樹や野生の果実が豊富で，さらに，成虫が潜む雑木林などがそろっているような環境で発生しやすい。

薬剤による対策は効果が期待できないばかりでなく，登録薬剤もない。有効と思われる対策は，黄色光を用いたもの（行動制御）と防虫網を用いたもの（物理的防除）の二つの方法があるものの，一長一短がある。

黄色光を用いた行動制御は吸蛾類を昼間と勘違いさせる方法である。昼間は雑木林に潜み，吸汁加害行動を起こさない吸蛾類の性質を利用したものである。トマトでは，タバコガ類やハスモンヨトウ対策としてすでに利用されているので，この対策と同様にする。黄色ナトリウムランプや黄色蛍光灯などの製品がある。欠点は，電源が必要であり，設備費も必要な点である。また，イネ，ホウレンソウやキク科植物など光によって影響を受ける作物が隣にある場合は，これらへの影響を考慮せずに使用しないよう注意する。

防虫ネットを用いた物理的防除は，夜間にトマト園またはうねを防虫ネットで被覆し，吸蛾類の侵入を遮断する方法である。利点は，高価な設備を必要とせず，トマト栽培の面積に合わせて設置できることである。反面，昼夜防虫ネットで被覆したままにしておくと，夜間の加湿によりトマトに疫病が出やすくなるという欠点がある。昼間は開放し，日没前には閉め切るなどの操作が必要になる。　［根本　久］

◉オオタバコガ　⇨口絵：虫6

• *Helicoverpa armigera* (Hübner)

●被害と診断　若齢幼虫による被害は，花蕾の食痕・しおれ・枯死，花梗の切断など，樹の先端部分から出始める。2～3齢までは植物体の上部にとどまり，葉に円形または楕円形の食痕を残す。また，茎にも小穴をあけ，ときには腋芽を切断する。中・老齢幼虫は太い茎や果実を加害する。被害果にはふつう侵入口と脱出口とがあり，脱出口は侵入口よりも大きく，食痕が新しい。

穴が一つの被害果は，果実の内部に幼虫がまだ脱出しないでいると考えてよい。侵入口と脱出口は幼虫の胴周りに合わせて丸くあけられるのが特徴であり，ハスモンヨトウの食痕が不整形にあけられるのと対照的である。

加害された果実は，熟期がまだこないのに被害部分から不自然に色づく。1個の果実への加害は3～5日間であり，脱出口が新鮮な場合は新しい果実への加害が考えられるので注意する。色づいた被害果が目につく状態は，防除のうえから手遅れの状況である。

●虫の生態　オオタバコガの年間発生回数は鹿児島県では4～5回，千葉県では4回，長野県では3～4回，福井県では3回。鹿児島県では越冬蛹が4月上旬から羽化するが，福井県では露地では越冬できない。成虫は夜間に活動する。8月中下旬以降に発生が多く，露地栽培では栽培期間の後半に，施設栽培とくに抑制栽培では栽培初期から被害が多くなる。

卵は直径0.5mm程度の饅頭形をしており，卵殻には縦に放射線状の細刻が見られる。卵は一粒ずつ植物体の表面に産み付けられ，産卵当初は淡黄色であるが，孵化が近づくと黄褐色となり，赤道部に褐色の帯が形成される。幼虫の齢期は5または6齢で，老熟幼虫は体長40mmくらいになる。体色は老熟幼虫では緑色から褐色までさまざまである。オオタバコガの発育は25℃では卵期間が3.0日，幼虫期間が約20日，蛹期間は雌が12.2日，雄が13.5日で，発育零点は卵が8.4℃，幼虫と蛹が13～14℃である。

越冬は蛹で，地表から数cmのところに土窩（どか）をつくり，蛹化する。成虫は体長15mm，開張35mm内外，前翅は灰黄褐色を示し，横線や紋はあまりはっきりしない。後翅の外縁部は黒い。成虫の寿命は2週間ほどである。雌成虫は，交尾後2日目くらいから産卵を始め，4日目をピークとし6～8日目に完了する。1雌の産卵数は個体差が状きく，400～600個である。

卵寄生蜂であるキイロタマゴバチの寄生をうけた卵は，孵化前に黒色に変化する。卵寄生蜂の発生は年によって変動があるが，60％以上の高い寄生率を示すことが知られている。天敵としては，卵寄生蜂のほかにヒメバチの一種とトビコバチの一種が確認されている。

孵化直前の幼虫の体は淡褐色ないし淡緑色で，頭部は黒褐色を示す。2齢幼虫になると，体色は一般に黄褐色となり，胸部の各環節には数本の刺毛をもつ。刺毛の基部はこぶ状に隆起し，特徴的な黒点となる。この黒点はタバコガにも見られるが，オオタバコガでは隆起がやや小さく，気門線より下部の刺毛基部は，老齢幼虫ではほとんど黒色を示さない。また，オオタバコガの刺毛はタバコガよりも長い。中齢幼虫は保護色を示し，茎葉や未熟な果実を食害するときは緑色を示す。この場合，刺毛基部の黒色はほとんど消える。着色した果実を加害するときは赤褐色を示し，黒点がはっきり現われることもある。

本邦に生息するタバコガ亜科には，タバコガ，オオタバコガ，キタバコガなどが知られている。タバコガはこれまで大分県下のピーマンにしばしば発生したが，トマトに発生するものはすべてオオタバコガであり，タバコガを確認していない。このことは島根県でも同様である。

●発生条件と対策　夏季の気温が高く，雨が少ないときに発生が多い。

畑を見回り，新しい食痕や虫糞を見つけたら，その付近に必ず幼虫がいるので注意深く調べ，捕殺する。とくに発生の早期発見に努め，若齢幼虫期に防除対策を講ずる。摘心，摘花した腋芽や花蕾などには卵や若齢幼虫がついているので，畑に捨てないように注意する。被害果の早期摘果と処分は，その後の発生を抑えるうえで重要である。本種には性フェロモンルアーが市販されており，それを利用して雄成虫の発生状況を把握し，若齢幼虫期を推定することも可能である。

［奈良井祐隆］

◉ハスモンヨトウ ⇨口絵：虫6

• *Spodoptera litura* (Fabricius)

●被害と診断　葉裏に卵塊で産卵し，孵化幼虫は葉裏にかたまり集団で葉を食害するため，被害発生初期にはスカシ状の複葉が発生する。齢期が進むと分散して摂食量が多くなり，葉だけでなく果実も食害し，被害が大きくなる。

同じ時期にオオタバコガも発生するが，オオタバコガの幼虫は表面の粗い毛が肉眼で観察されることで区別できる。老齢幼虫になると茎や果実も食害する。オオタバコガの幼虫は，丸い穴をあけて茎や果実に食入するのに対して，本種は表面を舐めるように不定形に食害することが多いので，被害の症状から区別することができる。

●虫の生態　成虫は夜間に活動し，作物の葉裏に黄土色の鱗毛で覆われた卵塊で産卵する。孵化した幼虫は集団で葉を食害したあとに分散し，6齢を経て，土中で蛹化する。1世代に要する期間は，20℃で約54日，25℃で約36日，30℃で約27日である。西南暖地では発生量が多く，野外で年4世代以上を経過すると考えられる。休眠性がなく野外での越冬は困難であるが，加温しているハウス内では容易に越冬し，翌年の発生源になっていると考えられている。

雑食性の害虫で多くの野菜類，花き類，畑作物などを加害する。フェロモントラップでは，おもに3～11月に成虫が捕獲され，8～10月にもっとも多くなる。

天敵として，寄生蜂，クモ類，アシナガバチ，アマガエルなどが密度抑制に有効に働くことがある。また，多発生時には寄生菌やウイルスによる死亡幼虫も見られる。

●発生条件と対策　秋季に密度が高まるので，トマトでは抑制および促成栽培での発生が多く，おもに9～11月に被害が見られる。

卵塊で産卵し，孵化幼虫は集団で葉を食害するため，発生初期にこれらを除去することは防除効果が高い。また，薬剤が効きにくい老齢幼虫は，薬剤散布後でも見つかり次第処分する。被害葉が見られたら幼虫とともにただちに処分し，殺虫剤を散布する。この場合，若齢幼虫が中心で被害葉の周辺に幼虫がいるので，被害株を中心とした部分散布でもよい。初発の防除後にも被害葉が見つかる場合は，成虫の飛来が多く多発生である。被害葉の除去とともに殺虫剤を7～10日間隔で2～3回散布し，若齢幼虫を防除する。

フェロモントラップへの成虫の捕獲時期や量は，防除時期を判断する目安となる。予防的な薬剤散布は必要ない。被害が見られたらただちに防除する。

ハウス開口部の防虫ネット被覆や黄色蛍光灯を利用し，成虫のハウス内への侵入抑制，行動抑制を図る。圃場周辺の雑草でも幼虫が見つかるので，侵入防止のため雑草を除去する。　［古家　忠］

ナス

◉ネコブセンチュウ類 ⇨口絵：虫7

- サツマイモネコブセンチュウ　*Meloidogyne incognita* (Kofoid et White) Chitwood
- キタネコブセンチュウ　*Meloidogyne hapla* Chitwood
- ジャワネコブセンチュウ　*Meloidogyne javanica* (Treub) Chitwood
- アレナリアネコブセンチュウ　*Meloidogyne arenaria* (Neal) Chitwood

●被害と診断　ネコブセンチュウ類が寄生すると根の組織がふくれ，コブ(ゴール)ができる。ナスはネコブセンチュウ類の寄生しやすい作物の一つで，生息密度が高い圃場に定植するとコブを多数生じる。被害がひどいと根が腐敗，脱落し，そのため葉が黄化・落葉して枯死に至る場合もある。とくに苗や定植後間もない株に寄生が多いと被害が大きい。密度が低いときや栽培の後半に寄生を受けた場合の被害はほとんど問題にならない。ネコブセンチュウ類による寄生を受けることで青枯病などの土壌病害の発生が助長され，被害が大きくなる。

●虫の生態　卵から孵化した第2期幼虫は土壌中を移動し，寄主植物の根に侵入，定着して養分を吸収する。根内に定着した幼虫は2回の脱皮をし，体は徐々に肥大しソーセージ状となる。その後1回脱皮して雌成虫の場合は洋ナシ型，雄成虫の場合はウナギ型になる。雌成虫はそのまま根の組織内に定着し，移動することはないが，雄成虫は土壌中に脱出する。雌成虫はゼラチン状の卵のう中に数百個の卵を産む。野外での越冬は，おもに卵や第2期幼虫で行なわれるが，植物の根に寄生した状態で幼虫，成虫で行なわれる場合もある。春になり，地温が10～15℃くらいになると活動を始める。冬期の施設栽培では，発育期間は長くなるが，栽培期間を通して増殖を続ける。

ネコブセンチュウ類はきわめて多くの作物に寄生する。しかし，サツマイモネコブセンチュウはイチゴやラッカセイには寄生しない。キタネコブセンチュウはサツマイモ，スイカ，トウモロコシ，コムギ，ワタには寄生しない。ジャワネコブセンチュウはイチゴ，トウガラシ，ラッカセイには寄生しない。アレナリアネコブセンチュウはイチゴには寄生しない。発育適温はサツマイモネコブセンチュウ，ジャワネコブセンチュウ，アレナリアネコブセンチュウでは25～30℃，キタネコブセンチュウでは20～25℃である。好適条件下では，1世代は約25～30日で，年間数世代をくり返す。サツマイモネコブセンチュウ，アレナリアネコブセンチュウは暖地種で，発生は関東以西に多い。ジャワネコブセンチュウも暖地種であるが，おもに沖縄県に分布しており分布域は限られる。キタネコブセンチュウは寒地種であり，関東以北に広く分布するが，西日本でも発生は見られる。

●発生条件と対策　砂質土壌や火山灰土壌など通気性の高い土壌で発生が多い。施設栽培では冬期も増殖に好適な条件が維持されることから，被害が発生しやすい。ネコブセンチュウ類がいない圃場に作付けすることがもっとも重要である。1～2年水田化すればネコブセンチュウの密度を下げることができる。被害根は次作の発生源となることから，栽培終了後にはできるだけていねいに根を掘り上げ，圃場外に持ち出す。定植の際に苗の根をよく観察し，苗による持込みを防ぐことはもっとも重要である。防除対策としては殺線虫剤が中心になるが，定植後の防除対策はないため，発生密度が高い場合には物理的防除法や耕種的防除法などを組み合わせ，できるだけ土壌中の密度を下げておく。　［下元満喜］

◉ナメクジ類 ⇨口絵：虫7

- ナメクジ　*Meghimatium bilineatum* (Benson)
- ヤマナメクジ　*Meghimatium fruhstorferi* (Collinge)
- チャコウラナメクジ　*Lehmannina valentiana* (Férussac)
- ノハラナメクジ　*Deroceras laeve* (Müller)

●被害と診断　発芽直後の幼芽では，子葉や新葉が食害され生育遅延を生ずるだけでなく，枯死による苗の消失も多い。展開葉での被害は，直径1cm前後の不規則な形をした孔がぽつぽつあく。果実では直径5mm前後の孔があく。孔の深さは0.5～1cm前後であるが，きわめて明瞭なタテ孔を生じ，へたなどに粘着物が付着しており，粘着物は乾くと光る。

●虫の生態　ナメクジ類は夜行性で日没直後から活動を始める。通常冬季には休眠状態にあるが，加温施設では冬期も活動する。ナメクジ類は，はった跡をたどって戻る帰家習性がある。

ナメクジとヤマナメクジはナメクジ科(Philomycidae)に属し，チャコウラナメクジとノハラナメクジはコウラナメクジ科(Limacidae)である。

ナメクジの成体の体長は約80mm，体色は淡褐色～灰色で変化に富む。背面に2～3本の黒い筋があるが，うち2本がよく目立つ。背面に黒褐色の小斑があるものもいる。甲羅はない。在来種で，人家の周りから森林まで生息する。3～6月に40～120個の卵が入ったゼラチン質の卵嚢を石や落ち葉の下，小枝や雑草などに産み付ける。卵は約60日で孵化し，孵化した幼虫は秋までに成体となり越冬する。年1回の発生である。

ヤマナメクジは，成体の体長は10～16cmと大型で，全体に茶色っぽく体の左右にまだら模様がある。在来種で，山地や丘陵地などに発生が多い。

チャコウラナメクジは成体の体長は約5cm，茶褐色で背面に2，3本の黒い筋がある。体の前部背面が甲羅状になっている。移入種であり，人家の周りや畑，草地などに多く，ふつうに発生する種で，農作物の被害はおもに本種による。年1回の発生で，寿命は約1年で，秋に成体になる。産卵は11～5月にあり，200～300個の卵を産む。卵は透明で長卵型のゼリー状で，1回に20～30個石の下などにまとめて産む。卵は11～5月に孵化するが，5～7月に発生が多く梅雨期に活動が盛んである。移動力に優れ，木に登る習性があり果樹の害虫としてよく知られている。一晩に10m以上移動することが可能である。比較的乾燥に強く，集団生活を好む傾向がある。

ノハラナメクジの成体の体長は約2cmと小型である。体色は灰褐色～茶色がかった濃いネズミ色で，体の前部背面が甲羅状になっている。移入種であり，市街地や畑地の雑草内などに生息する。背面に筋や縦線はない。おもに春季に産卵するようであるが，生態はよくわかっていない。

●発生条件と対策　畑作を続けると発生が多くなる。水田への転換や夏期の太陽熱消毒は密度低下の効果が大きい。好天の昼間はほとんどの個体が植物残渣の下や土中に潜む。ナメクジ類の発生が多いところでは潜伏場所となるゴミ，箱，資材などを除去し，土壌表面の乾燥を図る。

ナメクジ類にはメタアルデヒド剤やリン酸第二鉄剤の効果が高い。腐敗し始めた植物残渣や動物の死骸を主食とするので，生きた植物に対する加害はそれらの状況により異なる。ナメクジ類はアルコールに誘引される。チャコウラナメクジはビールや酒かすによく誘引される。ビールをトラップにして誘殺し発生消長を知ることができるが，防除にまでは使えない。

小面積の場合には，日没後から午後9時の間に圃場を見回り捕殺する。とくに，昼間降雨があった夜には活動が盛んである。ナメクジ類の潜伏場所となるように発泡スチロールを湿気た地面の上に置いたり，湿らせた段ボール箱や素焼鉢などを圃場に設置したりして誘引し，毎朝見回って捕殺することもできる。この場合レタス，ハクサイなどの野菜クズや果物の残渣を餌として入れておくと効果が高まる。

［永井一哉］

◉チャノホコリダニ ⇨口絵：虫8

• *Polyphagotarsonemus latus* (Banks)

●被害と診断　展開中の新葉がねじれて裂けめを生じ，かつ硬く，奇形葉となる。葉が小さいままで生長を停止するため，心止まりとなる。果実はカスリ状に褐変し，果皮が硬化するなど独特の被害症状となる。初発は非常に局部的で，1～数株に被害が現われ，次第に隣接株へ広がる。被害発現株の周囲の株は，外見上健全であってもすでに虫は寄生しており，気付いたときには周辺の数株にも広がっていることが多い。

●虫の生態　発育は卵→幼虫→静止期→成虫という経過をたどる。25～30℃条件下での卵から成虫までの発育期間は5～7日ときわめて短く，増殖は速い。高温でやや多湿条件が発生に好適な条件である。発育限界温度は約7℃であるので，冬期の気温が低い地方では露地で越冬できない。関東以西の地方では，枯死したトマト，ダイズ，セイタカアワダチソウ，オオアレチノギクなどの茎葉上で成虫越冬する。

越冬後，スベリヒユ，クローバなどの雑草やサザンカ，チャ樹などで繁殖したものが発生源と考えられる。本圃への侵入は苗による持込み，人に付着したりしても行なわれる。コナジラミ類などの脚にとりついて移動したりもする。

●発生条件と対策　育苗圃や本圃の隣接地でナス，ピーマン，チャなど本種の生息好適作物が栽培されていると寄生が多くなる。また，周囲の除草が不十分な場合には，そこからの侵入により発生が多くなる傾向がある。

早期発見に努め，少発生時の防除に重点をおく。被害が多発してからの防除では株の勢力回復に時間がかかるうえに，傷果も多くなる。発生圃場では，外見上健全な株であってもすでに寄生している可能性が高いので，圃場全体に薬剤散布する。生長点部の葉の隙間や果実のヘタの隙間などに寄生していることから，薬量を十分使い，ていねいに散布する。散布むらがあると，その場所が発生源となって再発生する。育苗は専用ハウスを設ける。雑草防除を十分に行なう。摘除した枝葉は速やかにハウス外に持ち出し，土中に埋めるか焼却する。

［山下　泉］

◉ハダニ類 ⇨口絵：虫8

• ナミハダニ　*Tetranychus urticae* Koch
• カンザワハダニ　*Tetranychus kanzawai* Kishida

●被害と診断　初期症状は葉に針で突いたような円形の白色斑点（脱色）が現われる。多発状態になると，圃場全体に白色斑点を生じた葉が見られるようになり，発生の中心株付近では，黄化または脱色して白っぽくなった葉が目立つようになる。最初はごく一部の株で局部的に発生し，圃場全体に同時に発生することはない。施設栽培では，暖房機の周辺，施設のサイド部，天窓下，出入口付近で最初に発生することが多い。

●虫の生態　卵，幼虫，第1若虫，第2若虫，成虫と発育する。両種ともに25℃における卵～成虫までの期間は約10日である。カンザワハダニは野外では冬期に休眠するが，ナミハダニは暖地ではほとんど休眠しない。また，両種とも施設内では無加温でも休眠せず，冬期にも繁殖する。高温乾燥条件は発生を助長するが，過度の高温乾燥は逆に発生を抑制する。そのため，夏期に晴天が続く場合には発生は抑制される。寄主植物はきわめて広範で，風に乗って遠くまで移動分散する。圃場への侵入は風による移動のほか，苗による持ち込み，人などに付着して行なわれたりもする。

●発生条件と対策　露地栽培では梅雨明け後の7月中旬以降，促成栽培や半促成栽培では気温が上昇してくる3月以降に多発生しやすい。圃場内またはその周辺に発生源となる雑草などがある場合や，施設栽培ではハダニ類の寄生しやすい植物（作物以外の鉢花や観葉植物など）を持ち込むことで，それが発生源となることがある。

多発すると防除は困難になるので，少発時からの防除を徹底する。とくに施設栽培では，内部環境がハダニ類の繁殖に好適条件であるため，いったん発生すると短期間に増殖して著しい被害が出るので，発生を認めたらただちに薬剤散布をする。発生初期は葉色の変化などをよく観察して，早期発見に努める。おもに葉の裏側に寄生しているため，薬量を十分に使い，ていねいに散布する。散布むらがあると，その場所が発生源となって密度が急激に上昇する。薬剤抵抗性虫が出現しやすいので，系統の異なる3～4種の薬剤でローテーション散布する。

チリカブリダニなどの天敵はできるだけ低密度時から導入する。

［山下　泉］

◉ミカンキイロアザミウマ　⇨口絵：虫9

• *Frankliniella occidentalis* (Pergande)

●被害と診断　成幼虫が葉裏に寄生して吸汁するので，吸汁された部分がカスリ状の白色小斑点となり，次第に光沢をおびて銀色に光る（シルバリング）。加害が激しい場合は葉表にもカスリ状の白色小斑点ができ，葉裏は褐色の斑紋となる。果実では果頂部に円形状の脱色白斑点が生じ，ひどい場合は果頂部全体が着色不良となる。

脱色白斑点症状は，開花中の花に成虫が集まり，子房部分に産卵した際の産卵痕である。産卵痕は幼虫が孵化，脱出した後の幼果時にすでに白色斑点となっており，中心部がやや陥没している。果実が肥大するにつれて脱色白斑点部分が拡大する。果実の被害は顕著な品種間差が認められ，大阪府特産品種の水ナスでは発生が目立つが，千両2号では発生が目立たない。

●虫の生態　雌成虫は体長1.5～1.7mm，体色は淡黄色～褐色と変異が大きい。雄成虫は体長1.0～1.2mm，体色は淡黄色である。幼虫は黄白色である。寄主範囲は非常に広く，野菜ではイチゴ，キュウリ，スイカ，トマト，ピーマン，エンドウなど，花卉ではキク，バラ，シクラメン，ガーベラ，トルコギキョウなど，果樹ではミカン，ブドウ，モモなど，雑草ではカラスノエンドウ，ノボロギク，セイヨウタンポポなど非常に多岐にわたる。越冬はおもに施設内で幼虫・蛹・成虫の各発育ステージで行なわれるが，露地栽培作物や雑草においても可能である。越冬世代成虫は4月下旬ごろから越冬場所を離脱して各種作物，雑草に移動する。施設栽培ナス（1～2月定植）では3月ごろから，露地栽培ナス（5月定植）では定植直後から発生が認められ，6～7月にもっとも寄生密度が高くなり，夏季にはやや減少するが，秋季にまた増加する。年間の発生回数は10回以上である。

発育ステージの推移は成虫→卵→1齢幼虫→2齢幼虫→1齢蛹→2齢蛹→成虫の順である。卵は葉，花弁，子房などに1卵ずつ産み付けられるため，肉眼では見えない。蛹化は土中，植物の地ぎわ，落葉下などで行なわれる。各ステージの発育期間は高温ほど早くなる。20℃では卵5日，幼虫9日，蛹6日で，卵から成虫まで約20日であり，25℃では卵3日，幼虫5日，蛹4日で，卵から成虫まで約12日である。25℃

での雌成虫の生存期間は約45日，雌当たり産卵数は210～250卵である。成虫は花に集まる性質があり，花粉を食べることで産卵数を増加させる。1齢幼虫はトマト黄化えそ病の原因となるトマト黄化えそウイルス(TSWV)を保毒することができ，保毒した幼虫が成虫になるとウイルスを永続伝搬する。

●発生条件と対策　高温・乾燥条件下で多発する傾向があるため，梅雨期に降雨が少ない年，施設栽培や雨よけ栽培で発生が多い。圃場の隣接地にイチゴやピーマンなど発生の多い作物が栽培されていると発生が多くなる。圃場内または周辺に雑草が多いと，そこが発生源になる。暖冬年は越冬量が増加するため，春季の発生が多くなる。

成虫は青色または白色の粘着トラップに誘引されるので，多発地域では4月ごろから成虫の誘殺状況を調査し，誘殺成虫数が多くなったら被害の発生に注意する。育苗専用の施設を設けて隔離育苗し，苗による成幼虫の持ち込みを防止する。圃場内や周辺の除草は定植前に行なう。施設栽培では定植前に圃場内の除草を徹底し，20日以上ハウスを閉め切って，越冬している成幼虫を餓死させる。定植前に開口部を目合い1mm以下のネットで被覆し，成虫の侵入を防止する。シルバーポリフィルムなどの銀白色資材を用いてうね面をマルチし，成虫の飛来侵入と蛹化を防止する。施設栽培では収穫終了後に残渣を持ち出して処分した後，施設を閉めきって蒸し込みを行なう。露地栽培では収穫終了後に残渣を持ち出して処分した後，4～5日間圃場に水を張り，湛水状態にして地中の蛹を殺虫する。

捕食性天敵としてヒメハナカメムシ類(タイリクヒメハナカメムシ，ナミヒメハナカメムシなど)やカブリダニ類(スワルスキーカブリダニ，ククメリスカブリダニなど)があり，アザミウマ類の成幼虫を捕食する。天敵糸状菌としてボーベリア菌があり，感染するとアザミウマ類の成幼虫は白色のカビが生えて死亡する。

［柴尾　学］

◉ミナミキイロアザミウマ　⇨口絵：虫9

• *Thrips palmi* Karny

●被害と診断　発生の初期は葉の主脈にそって白色または褐色の小斑点が生じる。これは成幼虫の食害痕で，ウリ科などに発生した場合の斑点に比べて大きく明瞭である。その後，生息密度が増加して食害が進むと，葉裏の組織が次第に光沢を帯びて銀色に光り(シルバリング)，加害が激しい場合は褐変する。また，葉縁が褐変して内側に巻き込むようになり，落葉することもある。葉柄，軟弱な茎，果梗・萼・果実にもカスリ状の傷が発生する。果実の食害痕は，萼の裏側などに生息する成幼虫が幼果期から連続的に食害するため，萼下から果頂部に向かって縦にケロイド状の傷が生じる。萼の食害痕は生息密度が低くても発生する。1葉当たり生息密度が100個体を超えると，株の生育が遅延し，茎の伸長や着花数が減少する。

●虫の生態　卵は葉や果梗，萼などの組織内に1卵ずつ産み付けられる。孵化した幼虫は，植物表面を舐めるように食害して成長する。2齢幼虫の後半になると，ほとんどが地表に落下して土壌の浅い部位で蛹化する。土壌内で羽化した成虫は，植物上に飛来して交尾，産卵する。受精卵は雌成虫となり，未受精卵は雄成虫となる。発育零点(発育限界温度)は約11℃，発育速度は温度によって異なり，25℃では卵期間が6日，幼虫期間が4～5日，蛹期間が約4日で，卵から成虫になるまで約14～15日である。1日当たりの産卵数は4～7卵で，1雌成虫当たり総産卵数は60～94卵である。九州以北では低温のため露地あるいは無加温施設での越冬は不可能であり，冬期は加温施設のみで発生する。沖縄県では真冬でも露地作物に高密度で生息している。

●発生条件と対策　果菜類の栽培地帯，周辺に雑草が繁茂しているような場所，加温施設のような高温で長期にわたり作物が栽培される地域で発生が著しい。露地では気温が高くなる6~9月に発生が多くなる。

土着のアザミウマ類に比べて増殖率が高く，薬剤が効きにくいので，栽培期間の初期から計画的な防除対策が必要である。果菜類の圃場周辺や雑草が繁茂した隣接地での栽培は避ける。蛹化防止および成虫忌避効果があるシルバーポリフィルムで畝面をマルチする。定植時に粒剤を施用または薬剤を灌注する。早期に発見し，低密度時に薬剤を散布する。施設栽培では，苗からの成幼虫の持ち込みを防止し，防虫ネットを展張して野外からの成虫の侵入を防ぐ。

捕食性天敵としてヒメハナカメムシ類（タイリクヒメハナカメムシ，ナシヒメハナカムシなど）やカブリダニ類（スワルスキーカブリダニ，ククメリスカブリダニなど）があり，アザミウマ類の成幼虫を捕食する。天敵糸状菌としてボーベリア菌があり，感染するとアザミウマ類の成幼虫は白色のカビが生えて死亡する。

［柴尾　学］

◉アブラムシ類 ⇨口絵：虫10

- ワタアブラムシ　*Aphis gossypii* Glover
- モモアカアブラムシ　*Myzus persicae* (Sulzer)
- ジャガイモヒゲナガアブラムシ　*Aulacorthum solani* (Kaltenbach)

●被害と診断　直接の吸汁害と排泄物へのすす病の発生による茎葉，果実の汚染，ウイルス病の媒介がある。寄生密度が低いときは吸汁害はほとんど問題とならないが，密度が高まると排泄物の量が増え，これにすす病が発生し，茎葉や果実が汚れる。すす病が多発すると光合成が抑制され，生育が悪くなるばかりでなく品質が低下する。生長点付近への寄生が多くなると，花や幼果が落ちたり，心止まりとなる。CMV（キュウリモザイクウイルス）などのウイルスを媒介するが，ナスでは被害は比較的少ない。

モモアカアブラムシは生長点付近の葉，蕾，花，幼果などに寄生する傾向が強い。ワタアブラムシは生長点付近にも寄生するが，おもに中下位葉に寄生する傾向が強い。ジャガイモヒゲナガアブラムシはモモアカアブラムシやワタアブラムシのように高密度になることはなく，すす病の発生も少ないが，吸汁部が黄化する。

●虫の生態　モモアカアブラムシは主（冬）寄主植物であるモモ，スモモなどで卵で越冬し，春から秋にかけてナス科植物やアブラナ科植物など中間（夏）寄主植物に寄生する。しかし，関東以西の温暖な地帯や施設栽培では，冬期も胎生雌虫や幼虫で越冬することが多い。年間30世代以上経過するといわれているが，春期と秋期に発生が多く，夏期には一時期発生が減少する。

ワタアブラムシは主（冬）寄主植物であるムクゲ，フヨウ，クロウメモドキなどで卵で越冬し，春から秋にかけてナス科，ウリ科などの中間（夏）寄主植物に寄生するもの（完全生活環）と，冬期もイヌノフグリ，ナズナなどの中間寄主植物上で胎生雌虫や幼虫で越冬するもの（不完全生活環）がある。関東以西の温暖な地帯や施設栽培では，冬期も胎生雌虫や幼虫で越冬することが多い。本種も年間30世代以上経過し，夏期に発生が多い。

ジャガイモヒゲナガアブラムシは寒冷地ではギシギシやアカツメクサなどで卵越冬するが，暖地では胎生雌虫や幼虫で越冬する個体が多い。モモアカアブラムシ同様，春期と秋期に発生が多い。春期から初夏にかけて圃場への有翅虫の飛来が多くなる。定着した有翅虫はまもなく産子をはじめ，幼虫が発育して無翅胎生雌虫になると，産子数が増えて，急速に密度が高まる。高密度になりすす病が発生して寄主植物の状態が悪くなると有翅虫が現われ，分散が始まる。

●**発生条件と対策**　一般的には降雨が少なく，乾燥した条件で発生が多い。施設栽培では降雨や天敵の影響を受けないことから，防除を怠ると短期間のうちに高密度になり，被害が発生しやすい。

モザイク病対策も兼ねて，圃場内への有翅虫の飛来侵入を防止する。小さなコロニーが散見され始めたらただちに薬剤散布などの防除対策を講じる。コレマンアブラバチなどの天敵類は，できるだけアブラムシ類が低密度のときから導入する。栽培圃場周辺の寄主植物を除去する。［山下　泉］

◉タバココナジラミ　⇨口絵：虫11

• *Bemisia tabaci* (Gennadius)

●**被害と診断**　被害の様子はオンシツコナジラミと類似し，成幼虫が葉に多数寄生して吸汁するため，株の生育が衰える。葉に粘液状の排泄物が付着するとともに，排泄物にすす病が発生して葉が黒く汚れ，光合成が妨げられる。果実では排泄物が付着し，すす病が発生して黒く汚れる。

●**虫の生態**　タバココナジラミは数多くのバイオタイプからなる種複合である。形態によるバイオタイプの判別はできない。成幼虫とも葉裏に寄生して吸汁する。寄主範囲は広く，トマト，ピーマン，メロン，キュウリ，カボチャ，ダイズ，サツマイモ，ポインセチア，ハイビスカス，キクなどのほかに多くの雑草にも寄生する。バイオタイプBおよびバイオタイプQでは日本の野外条件での越冬は困難と考えられている。

野外では年に3～4回発生し，7～9月に発生が多くなる。また，施設内では周年発生し，年間10回以上の発生をくり返す。とくに，加温設備のある施設栽培では3～4月から急増して，5～6月に多発する。成虫は生長点に近い上位葉に多く見られるが，幼虫はやや古くなった下位葉に多く見られる。バイオタイプBは25℃での卵から成虫までの平均発育期間がナスとキュウリでは22日，ピーマンでは23日，トマトでは26日である。また，雌成虫の平均生涯産卵数は寄主植物により異なるが，63～221卵である。幼虫は4齢を経過して羽化する。老齢幼虫は赤色の複眼が透けて見える。成虫はトマト黄化葉巻病ウイルス(TYLCV)を媒介する。

●**発生条件と対策**　寄主作物を連作すると，前作から羽化した成虫が新しく栽培された作物に移動するため，発生量が多くなる。圃場内または周辺に雑草が多いと，そこが発生源になる。暖冬年は越冬量が増加するため，春期の発生が多くなる。

成虫は黄色粘着トラップに誘引されるので，多発地域では4月ころから成虫の誘殺状況を調査し，誘殺成虫数が多くなったら被害の発生に注意する。圃場内や周辺の除草は定植前に行ない，発生源を除去する。施設栽培では定植前に開口部を目合い0.4mmの防虫ネットで被覆し，成虫の侵入を防止する。光反射シートを施設の周囲に設置すると成虫の飛翔行動が阻害され，侵入を抑制することができる。幼虫の寄生が多い下位葉を処分する。栽培期間中にはポインセチアなどの寄主植物を施設内に持ち込まない。施設栽培では収穫終了後に残渣を持ち出し，ポリフィルムで被覆して温度を上昇させ，葉に付着した幼虫を殺虫する。また，施設を閉めきって蒸し込みを行なう。

寄生蜂としてオンシツツヤコバチやサバクツヤコバチがあり，コナジラミ類幼虫の体液を摂取する。捕食性カブリダニとしてスワルスキーカブリダニがあり，コナジラミ類の卵や幼虫の体液を吸汁する。天敵糸状菌としてボーベリア・バシアーナ，バーティシリウム・レカニ，ペキロマイセス・フモソロセウス，ペキロマイセス・テヌイペスがあり，感染したコナジラミ類成幼虫は白色のカビが生えて死亡する。［柴尾　学］

◉オンシツコナジラミ ⇨口絵：虫11

• *Trialeurodes vaporariorum* (Westwood)

●被害と診断　葉や果実に粘液状の排泄物が付着するため，管理作業面での不快度が増す。排泄物にすす病菌がつき，葉や果実が黒く汚れるため，同化作用が妨げられる。果実では排泄物の付着，すす病菌による黒色の汚れなどにより，商品性が著しく低下する。また，汚れの洗浄のための手間がかかる。多くの幼虫による吸汁のため，晴天の日には葉はしおれぎみになり，株の勢いも衰える。施設栽培で問題となる害虫である。

ナスには，近縁のタバココナジラミも発生する。両者の形態は類似するが，オンシツコナジラミは，成虫の翅が水平にたたまれる点や蛹の厚みが均一な点で，タバココナジラミと区別できる。

●虫の生態　成虫，幼虫ともナスの葉裏に寄生し吸汁する。ナスのほか，トマト，キュウリなどの野菜類，ペラルゴニウム，ポインセチア，ランタナなどの花卉類のほか多くの雑草にも寄生する。高温性の虫で，温度が十分にあれば周年発生を続け，施設内では年に10回以上発生をくり返す。露地での越冬はオオアレチノギクのロゼット株上で卵，老熟幼虫，蛹などで行なうが，その密度は低い。加温設備のある施設栽培では，3月下旬～4月下旬から急増して5～6月に多発する。

成虫は成長点に近い新葉に多く寄生するが，幼虫や蛹はやや古くなった葉に多い。雌成虫は約1か月の生存期間中に100～200個の卵を産む。生存期間が長く，だらだらと産卵し続けるのでつねに成虫，卵，幼虫，蛹が見られる。25℃の条件下では，卵期間は6～8日，幼虫期間は8～9日，蛹期間は6日と，約3週間で成虫になる。幼虫は，1齢，2齢，3齢を経過して蛹になるが，蛹は細長い刺状突起を四方に突出するので幼虫と区別できる。

●発生条件と対策　果菜類を連作すると，前作の虫が新しく栽培された作物に移行してくるので，密度の高まりが早まる。圃場内または周辺に広葉雑草が多いと，そこが永続的な虫の発生源となる。暖冬年は露地での越冬虫の歩留りが高くなるので，春期の発生量は多くなる。施設栽培では，室温が高いほど虫の密度の増加も早くなる。

施設栽培では，苗からの持込み防止を徹底する。苗の小さいころは薬剤の付着もよいので，この時期の防除に力を入れる。また，施設外部からの成虫の飛込みを防ぐためにできるだけ目合いの細かい防虫ネット（4㎜以下）をサイドや谷部に設置する。さらに，黄色粘着シートなどによって施設内の虫の発生を把握し，初期防除に重点をおく。ナスではタバココナジラミやミナミキイロアザミウマの発生も多いので，同時防除も考慮する。　［嶽本弘之］

◉カメムシ類 ⇨口絵：虫12

• ミナミアオカメムシ　*Nezara viridula* (Linnaeus)
• アオクサカメムシ　*Nezara antennata* (Scott)
• ブチヒゲカメムシ　*Dolycoris baccarum* (Linnaeus)
• ホオズキカメムシ　*Acanthocoris sordidus* (Thunberg)
• コアオカスミカメ　*Apolygus lucorum* (Meyer-Dür)

●被害と診断　主要種はミナミアオカメムシ，アオクサカメムシ，ブチヒゲカメムシ，ホオズキカメムシであり，成幼虫が葉や茎を加害する。多発生すると加害部から先がしおれたり，茎葉の伸長が停止する。また，前3種は果実も吸汁し，被害部位がくぼむこともあり，品質低下を招く。コアオカスミカメは生長点付近の柔らかい茎葉を加害するため，展葉とともに被害部が拡大し，不規則な孔が多数あくか，奇形葉となる。

●虫の生態　ミナミアオカメムシの越冬態は成虫で，四国や九州では4月上中旬ごろから活動し始め，ナタネなどで第1世代を経過する。その後，おもにイネやダイズなどで増殖し，年間3～4世代を経過する。とくに早期イネと普通期イネの混作地帯では8月以降の密度が高くなる。1雌当たりの産卵数は200個前後で，一度に数十個の卵を六角形の形に産み付ける。卵から成虫になるまでの期間は，夏期で約1か月である。若齢幼虫は集合性があり，集団を形成しているが，3齢以降には分散する。

アオクサカメムシの越冬態は成虫で，四国や九州では3月下旬～4月上旬ごろから活動を始め，年間2～3世代を経過する。寄主植物はマメ科，ナス科，イネ科など広範囲に及ぶ。8，9月になり繁殖地での密度が高くなると，圃場内に侵入してくることが多い。産卵数や発育期間はミナミアオカメムシとほぼ同じである。

ブチヒゲカメムシの越冬態は成虫で，四国では3月下旬～4月上旬ごろから活動を始め，年間2世代を経過する。マメ科，イネ科，ゴマ科など多くの植物に寄生する。ホオズキカメムシの越冬態も成虫で，5月上旬ごろからナス圃場に飛来するようになる。産卵は6月ごろに葉裏に行なわれ，幼虫の発生は6～9月に見られる。年1回の発生と見られ，ナス，ピーマン，ホオズキなどのナス科植物やアサガオなどがおもな寄主植物である。コアオカスミカメの越冬は卵で行なわれ，年間に2回以上発生する。主要な寄主植物はヨモギ類である。

●発生条件と対策　被害のよく見られる作型は露地栽培または雨よけ栽培である。ミナミアオカメムシ，アオクサカメムシ，ブチヒゲカメムシともに，ナスは好適な寄主植物というわけではなく，繁殖はマメ科，イネ科の作物や雑草で行なわれ，そこからナス圃場に侵入してくる場合が多い。とくにナス圃場周辺にイネやダイズが栽培されている場合，それらの収穫に伴い，多飛来を招くことがあり，注意が必要である。ミナミアオカメムシの発生は，以前には紀伊半島以南の太平洋岸の平野部で多かったが，近年分布域が急速に拡大しており，各都道府県の病害虫発生予察情報に注意し，地域内の発生状況を確認する必要がある。

ミナミアオカメムシやアオクサカメムシの産卵はおもに葉裏に卵塊で行なわれ，また，若齢幼虫は集団で加害するため，管理・収穫作業時にはこれらの早期発見に努め，葉ごと取り除くか捕殺する。ホオズキカメムシは成・幼虫が茎葉に群がって加害することから，管理・収穫作業時にはこれらの早期発見に努め，捕殺する。コアオカスミカメによる被害は加害された部位が展葉して初めて気が付く場合が多い。また，本種は小型で動きも俊敏であるため，圃場での発生の確認は難しく，被害症状の早期発見に努める。

［下元満喜］

◉テントウムシダマシ類　⇨口絵：虫12

- ニジュウヤホシテントウ　*Henosepilachna vigintioctopunctata* (Fabricius)
- オオニジュウヤホシテントウ　*Henosepilachna vigintioctomaculata* (Motschulsky)

●被害と診断　両種とも，ナス，ジャガイモなどナス科植物を加害する。成虫・幼虫とも，おもに葉の裏から，表皮を残して網目状に食害するのが特徴である。食われた葉は次第に褐色になって縮んだように枯れる。発生が多いときは葉が食いつくされ，花や茎も食害される。果実がかじられると商品価値がなくなる。

●虫の生態　オオニジュウヤホシテントウは気温の低い地方（北海道，東北，北陸，山陰など）に分布し，ニジュウヤホシテントウは気温の高い地方（関東南部，東海，近畿以西の平野部）に分布している。両種とも，成虫で落葉の下や，草の根元や家の羽目板などにもぐり込んで越冬し，4～5月ごろ，気温が15℃前後になると，ジャガイモ畑やナス科の雑草，ときには早植えのナス畑に飛来して，おもに下葉の葉裏に産卵する。産卵数はかなり多く，雌1頭が一生の間に約600～700粒の卵を産む。卵は約1週間で孵化し，孵化した幼虫は葉裏で小さいうちはかたまって食害するが，成長するにつれて次第に分散する。幼虫は約20日で蛹となり，5～6日を経て新成虫となる（6～7月ごろ）。

低温地域では，この成虫がそのまま越冬するが，暖地では，7月に出た成虫がおもにナスに集まって加害し，葉裏に産卵する。孵化した幼虫はナスの葉や果実を食害し，蛹を経て8～9月に成虫となり，ナスを加害して，越冬場所に飛び去る。加害植物はかなり多く，ナス，ジャガイモ，ホオズキなどナス科植物の大害虫である。

●発生条件と対策　ジャガイモ（春作）の収穫直後からナス（6～7月ごろ）に被害が多くなる。

成虫および孵化幼虫をねらって薬剤散布を行なう。成虫の飛来は 6月ごろから多くなるので，畑をよく観察し，成虫がもっとも多くなった時期と，卵から幼虫が孵化する時期に薬剤散布を行なう。幼虫が分散しないうちに行なうのがもっとも効果的である。

［長森茂之］

◉ナスナガスネトビハムシ ⇨口絵：虫13

• *Psylliodes angusticollis* Baly

●被害と診断　越冬成虫および新成虫が葉の表面を食害する。食害痕は1～1.5mm程度の大きさで，不整形である。新成虫が整枝後に伸張する枝葉を集中して加害し，樹勢の回復を遅延させる場合がある。

●虫の生態　発生は年1回，越冬態は成虫で，おもに圃場周辺の雑草地などで行なわれる。越冬成虫は気温が10℃を超えるようになると活動し始め，露地栽培では定植後まもなく圃場内に侵入してくる。成虫の活動適温は20～30℃である。産卵盛期は6月上中旬ごろで，新成虫の発生は8～9月に見られる。産卵は茎の地ぎわ部付近に行なわれ，孵化した幼虫は地下部を食害し，土中で蛹化する。

●発生条件と対策　発生は露地栽培で多い。越冬成虫および新成虫の発生時期をうまく把握し，適期防除を行なう。

［下元満喜］

◉マメハモグリバエ ⇨口絵：虫13

• *Liriomyza trifolii* (Burgess)

●被害と診断　体長3mm程度の黄色の幼虫が葉を食い進み，食害痕は白色の曲がりくねった細い筋になる。食害痕は幼虫の進み方によってさまざまな形になり，のちに枯れて褐変する。食害痕数が1葉当たり5か所以下であれば実害はないようである。雌成虫は産卵管で葉に孔を開けてにじみ出た汁を吸い，一部の孔には卵を産み込む。この吸汁産卵痕は白色で，直径1mm程度の円形であり，10個以上集まっているとよく目立つが，実害はない。花および果実には食害痕および吸汁産卵痕は見られない。

●虫の生態　ナスのほか，トマト，ジャガイモ，キュウリ，メロン，ダイズ，シュンギク，セルリー，ツケナ類，ニンジン，ダイコン，キク，ガーベラ，シュッコンカスミソウ，トルコギキョウなど非常に多くの作物に寄生し，雑草にも寄生する。寒さに弱いため，冬季は露地では見られず，無加温施設でも実害はない。露地では6月ごろから増加し始め，7～9月にもっとも多くなる。施設では3月ごろから増加し始め，5～9月に多くなる。卵は楕円形，半透明のゼリー状で，長さ0.2mm，幼虫は黄色で，老熟幼虫は体長2.5mm，蛹は俵状で，体長2mmである。成虫は体長2mm，頭部，胸部，腹部の腹面は黄色，腹部の背面は黒色で，光沢がある。卵は葉の内部に産み付けられ，1雌当たり産卵数はキクやセルリーでは300～400個，トマトでは50個である。発育零点は7～10℃，発育日数は25℃で卵2～4日，幼虫4～8日，蛹8～11日である。

●発生条件と対策　露地では寄主作物を栽培する施設の近くで早くから発生が見られ，発生量も多くなる。圃場内または周辺に雑草が多いと，そこが発生源になる。暖冬年は越冬量が増加するため，春季の発生が多くなる。

成虫は黄色粘着トラップに誘引されるので，多発地域では5～6月ごろから成虫の誘殺状況を調査し，誘殺成虫数が多くなったら被害の発生に注意する。圃場内や周辺の除草は定植前に行ない，発生源を除去する。施設栽培では定植前に開口部を目合い1mm以下のネットで被覆し，成虫の侵入を防止する。老熟幼虫は地面に落下し，土中に潜って蛹化するので，うね面をポリフィルムなどの資材でマルチして蛹化を防止する。

施設栽培では収穫終了後に残渣を持ち出し，ポリフィルムで被覆して温度を上昇させ，葉内の幼虫を殺虫する。また，土壌面をポリフィルムで被覆して地温を上昇させるとともに，施設を閉めきって蒸し込みを行ない，土壌中の蛹を殺虫する。露地栽培では収穫終了後に残渣を持ち出して処分した後，4～5日間圃場に水を張り，湛水状態にして土壌中の蛹を殺虫する。寄生蜂としてイサエアヒメコバチやハモグリコマユバチがあり，ハモグリバエ類の幼虫に寄生する。

［柴尾　学］

◉フキノメイガ ⇨口絵：虫13

• *Ostrinia zaguliaevi* Mutuura et Munroe

●被害と診断　茎や幹に食入して枯死させる。ナスの若い茎や幹が途中で折れて枯死しているのは，フキノメイガの幼虫による被害である。折れた部分には幼虫の食入孔があり，この部分から黄褐色の虫糞が出ているのが特徴である。発生が多いと，茎の大部分が食入幼虫のために折れたりすることがある。

●虫の生態　秋期に食入した植物の茎内で越冬した老熟幼虫が，翌春成虫となってナスなどに飛来する。北海道では大部分年1回の発生であり，成虫は7月から8月にかけて見られ，7月下旬が最盛期となる。関東およびそれ以西の暖地では年2～3回の発生である。2回の発生地では，1回目は5月中旬～6月中旬，2回目は8月下旬ごろに成虫がでる。年3回の発生地では，1回目は5月下旬～6月下旬，2回目は7月中旬～8月上旬，3回目は8月下旬～10月上旬に発生すると見られている。また，福岡県では年4回の発生とされる。

卵は，葉裏に卵塊として産み付けられる。成虫は，日中は葉裏などに静止しており，夜行性で夕方になると活動を始める。成虫の寿命は平均6～7日である。孵化直後の幼虫は葉の付け根の部分から食入して加害する。フキノメイガは日本全国に分布し，多くの植物を加害する。

●発生条件と対策　フキノメイガは大部分が被害茎の中で越冬するので，冬に被害茎を処分するなど，圃場の清掃に努める。栽培期間中も被害茎は見付け次第，その下の部分から切り取って処分する。成虫の発生消長がわからないところでは，幼虫の食入初期を調べると発生消長を知る目安になる。定植後しばらくは将来主枝になる枝に食入して枯らすので実害は大きいが，ナスが発育し茎葉が繁茂してくると側枝が多少枯れた程度では補償作用により実害は少なくなると考えられる。チョウ目やアザミウマ目などの害虫を対象に，殺虫スペクトラムの広い薬剤を葉裏や茎にていねいに散布している圃場では，発生が抑制される傾向がある。

［永井一哉］

◉ネキリムシ類 ⇨口絵：虫14

- タマナヤガ　*Agrotis ipsilon* (Hufnagel)
- カブラヤガ　*Agrotis segetum* (Denis et Schiffermüller)

●被害と診断　幼虫が各種野菜の茎の地ぎわをかみ切る。晩春から初夏のころ，越冬してきた大きな幼虫が，苗や定植後の茎を地ぎわからかみ切ってしまうので，茎はそこから折れて枯死する。定植後に被害を受けると株の植えかえが必要となるので，被害は大きい。幼虫は，若齢のころは葉を食害するが，被害としてはあまりひどいことはない。

●虫の生態　幼虫で越冬し，北海道では年2世代，九州や四国の一部では年4回発生するところもあるが，ふつうは年3回である。冬は，かなり大きくなった幼虫で越す。越冬した幼虫は春先から食害をはじめ，4～5月に第1世代成虫が現われる。以後，秋にかけて各ステージの虫が見られる。

両種ともヤガ科に属し，昼間は物陰にひそんでいて，夜間に活動する。成虫は青色蛍光灯にはよく飛来する。カブラヤガは，加害作物の葉裏に点々と産卵する。タマナヤガは地表近くに産卵する。1頭の雌成虫の産卵数は数百個を数える。孵化直後の幼虫および若齢幼虫は葉を食害するが，大きい幼虫は昼間には土中に潜み，夜間にはい出て株の地ぎわをかみ切る。老熟すれば土中1～2cmの深さに土の穴をつくり，その中で蛹化する。

●発生条件と対策　前作末期の圃場に雑草が繁茂していると，そこで幼虫密度が高まり，後作のナスに被害を生じる。前作での除草管理を徹底することによってナスでの被害を回避できるが，定植の直前直後の除草は，雑草中にいる幼虫をナスに追いやってしまい被害を助長することがある。常発地では，薬剤による予防に重点をおく。被害株が発生したときには朝のうちに株元の土中を調べ，幼虫を探しだして捕殺する。播種土，育苗床として畑土をそのまま使用すると幼虫が混入し，壊滅的な被害を受けることがある。株が生長して第2果が着果するころになれば茎が硬化し，被害は少なくなる。　［永井一哉］

◉オオタバコガ ⇨口絵：虫14

- *Helicoverpa armigera* (Hübner)

●被害と診断　若齢幼虫が新芽の先端や葉を食害し，円形または楕円形の孔をあける。中老齢幼虫は茎や腋芽の内部へ食入し，新梢の先端が折れたり，生育が抑制される。また，花および幼果を食害するため着果数が減少する。中老齢幼虫は果実の中にも食入するため，商品価値がなくなる。被害果には侵入口と脱出口があり，果実表面に幼虫の胴回り直径の丸い孔があく。1匹の幼虫が多くの果実を渡り歩いて食害するので，幼虫数が少なくても被害果が多くなる。露地栽培での被害の発生は8～10月に多くなる。

●虫の生態　寄主範囲は広く，ナス科のナス，トマト，ピーマン，アオイ科のオクラ，ウリ科のスイカ，キュウリ，マメ科のエンドウ，バラ科のイチゴ，バラ，アブラナ科のキャベツ，キク科のレタス，キク，イネ科のスイートコーン，ナデシコ科のカーネーション，シュッコンカスミソウ，リンドウ科のトルコギキョウ，ヒユ科のケイトウなど多くの作物を加害する。越冬はおもに施設内で蛹で行なうと考えられている。第1回成虫（越冬世代）は4月下旬ころからフェロモントラップに誘殺される。年間の発生回数は4～5回で，8～10月に多く，10月下旬まで発生する。現在，おもに西日本で発生しており，暖地性の害虫である。

成虫は昼間は作物の葉裏などに静止しており，夜間に活動する。灯火に集まる性質があり，飛翔により長距離移動している可能性がある。成虫は体長が約15mm，開張時約35mm，体色は灰黄褐色であるが，変異が大きい。後翅の外縁部は黒色である。雌成虫は新梢先端部分などに1卵ずつ産み付け，卵塊で産み付けることはない。成虫の生存期間は8～10日，1雌当たり平均産卵数は400～700卵である。

卵は長さ0.4mmでまんじゅう型，色は淡黄色で，孵化直前には褐色になる。幼虫は若齢時は褐色であるが，老齢になると体長約40mmになり，体色は淡緑～褐色と変異が大きい。体には長い刺毛があり，刺毛基部は黒点となるのが特徴である。5～6齢を経た幼虫は土中にもぐって蛹となり，蛹の体色は緑黄～褐色である。産卵から羽化までの発育期間は18℃では約65日，24℃では約34日，30℃では約23日で，夏場の高温時には約1か月で1世代を経過する。

●発生条件と対策　高温，乾燥条件で多発する傾向があり，梅雨期に降雨が少ない年には発生が多くなる。圃場内または周辺に雑草が多いと，そこが発生源になる。

葉，新梢，果実における新しい食害痕や虫糞の排出に注意し，その周辺を中心に幼虫を探して捕殺する。孔のあいた果実は早期に摘果し，果実内に食入している幼虫を捕殺してから処分する。また，摘心した腋芽にも卵や若齢幼虫が付着している可能性があるので，圃場から持ち出して処分する。成虫は夜間，青色蛍光灯，ブラックライト，フェロモントラップに飛来するので，多発地域では5～6月ころから成虫の飛来状況を調査し，飛来数が多くなったら被害の発生に注意する。圃場内や周辺の除草は定植前に行ない，発生源を除去する。ハウス栽培では定植前に開口部を目合い4mm以下のネットで被覆し，成虫の侵入を防止する。圃場内に黄色蛍光灯を10a当たり5～10基設置して終夜点灯し，成虫の交尾行動や産卵行動を抑制する。圃場内にオオタバコガ用のフェロモンディスペンサーを設置し，成虫の交尾行動や産卵行動を抑制する。

天敵昆虫としてタマゴバチ科の卵寄生蜂，ヒメバチ科およびコマユバチ科の幼虫寄生蜂，寄生バエなどが知られているが，現時点では実用化されていない。多角体ウイルスに感染すると，幼虫は葉上などで茶褐色に変色し，軟腐したような状態で死亡し，天敵糸状菌に感染すると，幼虫は白色や緑色のカビが生えて死亡するが，現時点では実用化されていない。

［柴尾　学］

◉ハスモンヨトウ　⇨口絵：虫14

• *Spodoptera litura* (Fabricius)

●被害と診断　卵塊から孵化した幼虫は集団で葉裏から食害するため，被害葉はカスリ状になる。中老齢幼虫になると，次第に葉を暴食し，葉が食いつくされて丸坊主になることもある。多発時には幼虫が果実の表面を食害したり，果実内部に食入したりするため，被害果は商品価値がなくなる。露地栽培での被害の発生は8～10月に多いが，施設栽培では周年発生する。

●虫の生態　暖地性の害虫であるため，関東以西で発生が多い。ウンカ類などと同様に，南方から長距離移動する害虫として知られている。夏季には各地の上空200mぐらいで成虫が捕獲されることから，これらの飛翔個体が各地の発生源になっていると考えられる。年に5～6回発生する。暖地ではおもに蛹で越冬するが，施設内では冬季でも幼虫など各ステージが見られる。第1回成虫は4月上旬ごろからフェロモントラップに誘殺され，8～10月の誘殺がもっとも多くなる。

成虫は体長15～20mm，翅は開張35～42mm，灰黒褐色で，翅の中央部に斜めに白い筋がある。昼間は葉裏や物かげで静止し，夜間に活動する。成虫は灯火に集まり，とくに青色蛍光灯やブラックライトに多く集まる。卵は直径0.5mmのまんじゅう型で，葉裏に卵塊で産み付けられ，茶色の鱗粉で覆われる。雌成虫当たり平均3～6卵塊，約1,000粒の卵を産む。卵期間は夏季では2～3日である。

孵化幼虫は体長1mm，暗緑色で，集団で葉裏に生息する。幼虫は大きくなると次第に分散する。老齢幼虫は体長40mm，体色は褐色～黒褐色と個体変異が大きい。幼虫は5回脱皮し，6齢を経て，土中で蛹になる。蛹は体長20mm，茶褐色である。夏季の幼虫期間は15～20日，蛹期間は7～9日である。幼虫はきわめて雑食性で，ほとんどの野菜類や花卉類を食害する。

●発生条件と対策　高温，乾燥条件で多発する傾向があり，梅雨期に降雨が少ない年には発生が多くなる。圃場内または周辺に雑草が多いと，そこが発生源になる。暖冬年は越冬量が増加するため，春季の発生が多くなる。

成虫は夜間，青色蛍光灯，ブラックライト，フェロモントラップに飛来するので，多発地域では5～6月ごろから成虫の飛来状況を調査し，飛来数が多くなったら被害の発生に注意する。圃場内や周辺の除草は定植前に行ない，発生源を除去する。施設栽培では定植前に開口部を目合い4mm以下のネットで被覆し，成虫の侵入を防止する。圃場内に黄色蛍光灯を10a当たり5～10基設置して終夜点灯し，成虫の交尾行動や産卵行動を抑制する。圃場内にハスモンヨトウ用のフェロモンディスペンサーを設置し，成虫の交尾行動や産卵行動を抑制する。幼虫の食害を早期に発見し，被害葉を幼虫の集団ごと切り取って処分する。

天敵昆虫としてタマゴバチ科の卵寄生蜂，ヒメバチ科およびコマユバチ科の幼虫寄生蜂，寄生バエなどが知られている。多角体ウイルスに感染すると，幼虫は葉上などで茶褐色に変色し，軟腐したような状態で死亡し，天敵糸状菌に感染すると，幼虫は白色や緑色のカビが生えて死亡する。　［柴尾　学］

ピーマン

◉サツマイモネコブセンチュウ ⇨口絵：虫15

• *Meloidogyne incognita* (Kofoid et White) Chitwood

●被害と診断 地下部の根に幼虫が寄生し，コブをつくって加害する。寄生密度が少ない場合は生育の後半になっても，地上部の生育にはほとんど影響はしない。寄生密度が高くなるにしたがって心芽の伸長が緩慢となり，節間が短くなってくる。栽培初期から寄生を受けた場合は，栽培の後半には生長点の周辺葉がまだらに白黄化し，花蕾が減少，着果不良となり，果実の肥大が悪くなる。

前作物に，ネコブセンチュウが寄生していて，土壌内の幼虫生息密度が高い場合には，植付け後しばらくして生育が遅延，ひどい場合は昼間株がしおれてくる。その後，根部の腐敗が進むと株は枯死することがある。

●虫の生態 土中に生息し，寄生する植物がない場合は，卵か線状の1～2期の幼虫態で，土壌孔隙か罹病植物の残渣内などに生息する。植物が植え付けられると，幼虫は根の先端から侵入し養分を吸収して発育する。発育中に体内から毒素を出す。このため根は巨大細胞をつくり独特のコブとなる。

侵入した線状の幼虫は発育するにしたがって，ソーセージ型の3～4期幼虫から，洋ナシ形の体長1mm程度の雌成虫となる。その後ゼラチン状の卵のうを出してこの中に1雌当たり500～1,000個の卵を産み付ける。本虫の発育零点は約10℃，北日本では年3世代，暖地では5世代を経過する。線虫自体はほとんど移動せず，作物に寄生して世代をくり返すにしたがって累積的に土壌内密度・被害が上昇してくる。

●発生条件と対策 砂土や火山灰土など乾燥しやすい土質で，地温が高くなるほど繁殖が旺盛となる。果菜類など寄生繁殖しやすい作物を連作するほど，土壌内の卵・幼虫密度が高くなる。土壌内の生息密度が高い場合には，間作に忌避植物を栽培するか，休閑期に湛水蒸し込みなどを行なうか，栽植前に薬剤で土壌消毒を行なう。

［松崎征美］

◉チャノホコリダニ ⇨口絵：虫15

• *Polyphagotarsonemus latus* (Banks)

●被害と診断 症状は生長点付近の芽や展開直後の葉を中心に見られる。初期の被害は，新葉が葉表側に巻き，葉縁は波形になってやや内側にわん曲する。虫の密度が高くなるにつれ，生長点は縮れて鈍く銀灰色に変色し，やがて心止まりとなる。そのころになると茎の中間部から腋芽が発生し，これらにも次々と寄生し縮れさせる。果実はカスリ状に褐変する。とくに幼果が寄生を受けると，果実全体が褐変硬化し，肥大しない。

●虫の生態 発育は卵→幼虫→静止期→成虫という経過をたどる。25～30℃条件下での卵から成虫までの発育期間は5～7日と短く，増殖はきわめて早い。高温でやや多湿条件が発生に好適な条件である。発育限界温度は約7℃であるので，冬期の気温が低い地方では露地で越冬できない。関東以西の地方では，枯死したトマト，ダイズ，セイタカアワダチソウ，オオアレチノギクなどの茎葉上で成虫越冬する。

越冬後，スベリヒユ，クローバなどの雑草やサザンカ，チャなどで繁殖したものが発生源と考えられる。本圃への侵入は苗による持ち込み，人に付着したりしても行なわれる。コナジラミ類などの脚に取り付いて移動したりもする。

●発生条件と対策　育苗圃や本圃の隣接地でナス，ピーマン，チャなど本種の生息好適作物が栽培されていると寄生が多くなる。また，周囲の除草が不十分な場合には，そこからの侵入により発生が多くなる傾向がある。

　早期発見に努め，少発生時の防除に重点をおく。被害が多発してからの防除では株の勢力回復に時間がかかるうえに，傷果も多くなる。発生圃場では外見上健全な株であってもすでに寄生している可能性が高いので，圃場全体に薬剤散布する。生長点部の葉の隙間や果実のヘタの隙間などに寄生していることから，薬量を十分使い，ていねいに散布する。散布むらがあると，その場所が発生源となって再発生する。育苗は専用ハウスを設ける。雑草防除を十分に行なう。摘除した枝葉は速やかにハウス外に持ち出し，土中に埋めるか焼却する。　［山下　泉］

◉ハダニ類　⇨口絵：虫15

- ナミハダニ　*Tetranychus urticae* Koch
- カンザワハダニ　*Tetranychus kanzawai* Kishida

●被害と診断　低密度の寄生では，ウリ類やナスと異なり，葉の加害された部分が白っぽいカスリ状斑紋とならないので判定は困難である。寄生密度が多くなってくると，中葉位の脈間が次第に黄化し，柔らかい部位はやや萎縮してくる。密度が高くなると新梢やその付近の葉が黄化し落葉が始まる。このようになると，新芽や上位葉にも多数寄生するようになる。寄生密度が高くなる時期は，露地・施設内とも高温で晴天日数が多く，乾燥する初夏から秋期である。施設栽培はつねに高温で管理されているため，いったん発生すると冬季でも増殖し，被害を受ける。とくに高温乾燥する暖房機周辺部での発生が多い。

●虫の生態　両種とも，発育零点は約10℃前後，発育適温は20～28℃，25℃では卵期間は約4日，幼虫から成虫になるまでの期間は約5日，1雌当たり100～150卵を産む。無精卵はすべてが雄となる。

　一般にカンザワハダニは冬季には休眠をする。ナミハダニの黄緑型は北日本では休眠するが，暖地や施設内では冬期でも休眠せずに繁殖加害する。暖地に分布が多い赤色型は短日条件（北海道）でも休眠しない。乾燥高温を好み，適湿・適温になると短日時で急増し，高密度となると生長点付近に移動し，葉先に塊となって糸を張り風に乗って分散する。また，人などに付着して分散し寄生範囲を広げる。

●発生条件と対策　多肥，高温，乾燥で発生しやすい。一度発生すると根絶は困難なので，発生源である圃場内外に雑草を生やさないようにする。苗からの持ち込みを防止するため，定植前に薬剤を十分散布する。早期発見に努め，発生株とその周辺株に薬剤を十分散布する。　［松崎征美］

◉ヒラズハナアザミウマ　⇨口絵：虫16

- *Frankliniella intonsa* (Trybom)

●被害と診断　花に寄生し，おもに花粉を食べる。花に数頭程度の密度では被害は問題とならない。多数寄生すると，萼付近の果皮がしみ状に黒変する。また，落花前には他の花に移動するが，幼虫が多数寄生するようになると，落花後も萼と果実の間に寄生して加害し，しみ状の黒変の程度が高まる。果梗や萼の組織内などに産卵するが，産卵痕が黒変するため，果梗や萼に黒点状の斑点が現われる。密度が高くなると，黒点が合わさって果梗や萼全体が黒変する。黄化えそ病（TSWV）を媒介する。

●虫の生態　卵は果梗や萼などの組織内に産み付

けられ，孵化した幼虫は花粉や組織を食べて発育し，2齢期後半になると地表下に落下して前蛹，蛹となる。羽化した成虫はおもに花に棲息し，交尾，産卵する。1雌当たりの産卵数は約500個と他のアザミウマに比べて大変多く，卵～成虫までの発育期間も25℃で約10日と短く，増殖は速い。ナス科，ウリ科，キク科，アオイ科，ユリ科など広範な植物に寄生する。成・幼虫ともに，おもに花に棲息して花粉などを食べる。

●発生条件と対策　7～9月の抑制型に発生が多く，9～10月にもっとも密度が高くなる。加温ハウスでは冬期間でも発生が認められるが，被害が出るほどの密度になることは少ない。しかし，促成栽培や半促成栽培では3～6月に発生が多くなる。施設栽培では，周辺に開花中の雑草や作物があると，そこが発生源となり発生が多くなりやすい。

圃場周辺の寄主植物を除去する。施設内への成虫の侵入を防止する。苗や寄主となる観葉植物などによる持ち込みを防止する。薬剤散布は，花の内部にもかかるようていねいに行なう。　［山下　泉］

◉ミカンキイロアザミウマ　⇨口絵：虫16

• *Frankliniella occidentalis* (Pergande)

●被害と診断　寄生部位はおもに花であり，加害された果梗部はかすり状に褐変する。幼虫の密度が高まると葉へも移動し，加害する。黄化えそ病（トマト黄化えそウイルス）およびえそ輪点病（キク茎えそウイルス）を媒介する。黄化えそ病に感染すると，はじめ生長点付近の葉がえそを起こして枯れるか，褐色のえそ斑を生じる。症状が進むと茎に縦長の褐色えそ斑を生じ，症状がひどい場合には株全体に萎凋症状が見られるようになり，やがて枯死する。えそ輪点病に感染すると葉に退緑症状や円形のえそ症状，茎にはえそ症状，果実には円形のえそ症状を生じる。

●虫の生態　ピーマン以外にもナス科，ウリ科，キク科，マメ科などの野菜類，多くの花卉類，ミカン，ブドウなどの果樹類に寄生し，被害を及ぼす。また，セイヨウタンポポ，アレチノギク，セイタカアワダチソウなどの雑草類にも寄生するなど寄主範囲は非常に広い。越冬はおもに施設内で行なわれるが，野外でもキク親株やホトケノザ，ノボロギクなどの越年生雑草の芽や株元のすき間などで越冬することも確認されている。産卵は花の組織内などに行なわれ，孵化した幼虫は花弁や花粉を食べて成長し，1回脱皮したのち土中で蛹となる。蛹は1回の脱皮を経て成虫になる。

卵から成虫までの発育期間は15℃で34日，20℃で19日，25℃で12日，30℃では9.5日である。35℃での発育期間は30℃の場合とほとんど変わらないが，成虫になるまでの死亡率がかなり高く，発育適温は15～30℃である。雌成虫の生存期間は15℃で99日，25℃で46日と長く，その間の総産卵数は200～300個である。

黄化えそ病では，1齢幼虫時に感染植物を摂食してウイルス粒子を体内に取り込んだ場合にのみ，ウイルス媒介能力をもつ。2齢幼虫や成虫がウイルス粒子を体内に取り込んでもウイルス媒介能力をもつことはない。また，いったん保毒すると死ぬまでウイルスを媒介することができる。えそ輪点病の媒介様式は不明である。

●発生条件と対策　周辺に増殖に好適な花卉類の栽培圃場があると，そこが発生源となりやすい。圃場周辺にキク親株やホトケノザ，ノボロギクなどの越年生雑草などが多い場合には，越冬虫が多いと考えられるので，注意が必要である。対策は，苗による持ち込みを防ぐ，圃場内への侵入を防ぐ，圃場内外の発生源を断つ。　［下元満喜］

◉ミナミキイロアザミウマ ⇨口絵：虫16

• *Thrips palmi* Karny

●被害と診断　発生の初期は，新葉の展開がやや不良となり伸長が緩慢となるが，ナスやウリ類と異なり葉脈周辺に斑点は生じない。寄生密度が多くなると，葉裏の葉脈沿いに小斑点を生じるが，他作物に比べて葉への寄生が少なく症状がわかりにくい。果実では萼部の外縁部がわずかに褐色となってくる。寄生密度が高くなってくると，新葉が縮れて次第に変形する。葉裏では葉脈ぞいに小白斑が広がり，のちに褐変し，甚だしい場合には落葉する。果実の被害症状は，萼および萼と果実の境目が茶褐色となってくる。近縁のヒラズハナアザミウマによる被害症状は，茶褐色とはならず肌が黒ずんでくるので容易に区別できる。多発生してもウリ科と異なり，株全体が発育抑制を起こすことはない。

●虫の生態　卵は葉肉，葉脈，果梗，萼に産み込まれる。ピーマンでは比較的組織が硬い関係で，産卵場所が傷となって見えやすく，卵の一部が外部に露出して見える。組織内から孵化した幼虫は組織を舐め食いして発育し，2齢期の後半になると大半は地表に落下して土壌内で蛹化する。前蛹・蛹とも脚をもち，土壌孔隙内を歩行する。羽化した成虫は，作物上に飛来して交尾産卵するが，未受精卵はすべてが雄となる。

発育零点は卵・成虫とも11℃前後，適温の20～25℃では卵期間6～7日，幼虫期間6～7日，蛹期間4～5日で，卵から成虫になるまでの日数は約15日である。1日当たりの産卵数は2～3粒，産卵期間は長く，この間に産卵総数は1雌当たり50～100卵となる。露地での越冬は沖縄を除いて確認されていない。施設内では年間を通して繁殖するが，露地では4～11月は雑草や果菜類に寄生し，世代をくり返す。越冬場所は施設内で，施設の発生源は露地の生息虫が侵入したものである。

●発生条件と対策　施設内または施設周辺，果菜類の栽培地，高温で管理し長期間にわたる作型などで発生が多い。本虫は在来のアザミウマ類に比べて増殖が激しく防除が困難である。栽培初期から計画的な防除対策をたてて対応する必要がある。露地栽培では比較的被害は少ないが，施設栽培では高温で管理するため発生被害が大きい。施設栽培では，野外からの成虫の飛び込みを防ぎ，苗からの持ち込みを防止し，早期発見，低密度時の薬剤散布に徹する。

［松崎征美］

◉アブラムシ類 ⇨口絵：虫17

• ワタアブラムシ　*Aphis gossypii* Glover
• モモアカアブラムシ　*Myzus persicae* (Sulzer)
• ジャガイモヒゲナガアブラムシ　*Aulacorthum solani* (Kaltenbach)

●被害と診断　被害としては，直接の吸汁害とウイルス病媒介がある。ピーマンに寄生するおもなアブラムシはモモアカアブラムシ，ワタアブラムシ，ジャガイモヒゲナガアブラムシの3種であるが，とくにモモアカアブラムシとワタアブラムシの寄生が多い。寄生密度が低いときは吸汁害はほとんど問題にならないが，密度が高くなると大量の排泄物を出すため，これにすす病が発生し，葉や果実が汚れる。すす病が多発すると光合成が抑制され，生育が悪くなる。生長点付近や花，蕾への寄生が多くなると，心止まり，葉の奇形が生じ，花や幼果が落ち始める。このような被害症状は施設栽培で多い。露地栽培では施設におけるような多発生は少なく，直接吸汁害よりもウイルス（CMV）の媒介虫として問題になる。

モモアカアブラムシは生長点やその周辺の若い葉，花，蕾に寄生する傾向が強い。ワタアブラムシは生長点付近にも寄生するが，モモアカアブラムシに比べると中～下位葉への寄生が多い。ジャガイモヒゲナガアブラムシの場合，モモアカアブラムシやワタアブラムシのようには高密度にならないため，すす病は発生しにくい。しかし，吸汁された部分が葉では黄化し，果実でも黄化，場合によっては黒変する。

野外では3種とも春から秋にかけて発生が見られるが，モモアカアブラムシ，ジャガイモヒゲナガアブラムシは春と秋に多く，真夏には少ない。ただし，北日本など夏期冷涼な地域では夏に発生が多くなる。ワタアブラムシは梅雨明け後から急速に多くなり始め，9月下旬ころまで発生が続く。施設ピーマンでは冬期でも発生し，防除を怠ると短期間のうちに多発状態になる。施設では天窓，サイド換気を行なう9～10月と3～4月以降に発生が多い。

●虫の生態　モモアカアブラムシは，主(冬)寄生はモモ，スモモなど，中間(夏)寄生はナス科作物，アブラナ科野菜など多くの植物に及ぶ。寒冷地では卵越冬するが，関西以西の温暖な地帯では胎生雌虫や幼虫で越冬していることが多い。ワタアブラムシはムクゲ，ツルウメモドキなどで卵越冬する個体と胎生雌虫で越冬する個体があるが，関西以西の温暖な地帯では胎生雌虫や幼虫で越冬する個体が多い。

ジャガイモヒゲナガアブラムシは寒冷地では卵越冬するが，関西以西の温暖な地帯では胎生雌虫や幼虫で越冬する個体が多い。春期から初夏にかけて有翅虫のピーマン圃場への飛来が頻繁になり，定着した有翅虫はまもなく産子を始める。幼虫が発育して無翅胎生雌虫になると，急速に密度が高くなり始める。幼苗期に寄生が多いと生育が抑制され，ひどい場合にはしおれや葉が黄化する。高密度になり，作物の状態が悪くなると有翅虫が現われ，分散が始まる。春から秋にかけては周辺の雑草でも繁殖しているため，この間は常に有翅虫の飛来が見られる。

●発生条件と対策　一般的には晴天が続き，雨の少ない年に発生が多い。露地ピーマンでは雨や天敵の影響を受けやすいため，すす病の発生するような多発生は比較的少ない。しかし，施設ピーマンは雨や天敵の影響を受けにくいため，防除を怠ると短期間のうちに高密度になり，すす病などの被害が発生する。

アブラムシは増殖力が大きく，短期間のうちに高密度になるが，発生の始まりは有翅虫の飛込みからであり，一斉に圃場全体が多発状態になることはない。初期発生を把握しやすい時期は有翅虫が産子を始め，小さいコロニーを形成したころである。このころまでであれば吸汁害はほとんど問題にならないので，小さなコロニーが散見され始めたらただちに防除対策を講じる。しかし，ウイルス病のまん延を防ぐためには有翅虫の飛込み防止対策を講じるとともに，早めに防除を行ない，圃場内での分散を防ぐ。

露地の場合はシルバーポリフィルムなどでマルチするかシルバーテープを張りめぐらし，有翅虫の飛来防止に努める。施設の場合には近紫外線カットフィルムの展張や天窓，サイドに防虫ネットか寒冷紗を被覆し，有翅虫の飛び込みを防ぐ。両者を組み合わせると効果はより高くなる。シルバーマルチと防虫ネットあるいは寒冷紗被覆との組合わせも効果的である。

近年，アブラムシ類(とくにモモアカアブラムシとワタアブラムシ)の薬剤抵抗性の発達は各地において問題化している。薬剤抵抗性の発達程度は地域による違いだけでなく，同一圃場内の個体群によっても異なることが多い。したがって，防除薬剤の選択にあたっては十分注意する必要がある。ピーマンのアブラムシ類に適用登録のある薬剤は多いが，すでに有機リン剤，カーバメート剤，有機リン剤＋カーバメート剤の混合剤，合成ピレスロイド剤に対して感受性の低下した個体群が広く分布している。くん煙剤は植物体やビニルから離れた場所に設置し，発火させないようにくん煙する。煙が施設内全体によくまわるようにするため，数か所に分けて配置して点火する。30℃を超えるような高温時，風が強い日，幼苗，軟弱徒長ぎみのときには使用を避ける。くん煙は夕方に行ない，終了後はハウスを開放するか換気扇を回して十分換気する。

天敵寄生蜂のコレマンアブラバチは，アブラムシ類の発生初期に放飼する。寄生蜂の入った容器を開封し，アブラムシ寄生株の根元に1週間程度静置する。ただし，ヒゲナガアブラムシ類には寄生しない。アブラムシ類の寄生密度が高い株がある場合には，それらの株を対象に寄生蜂に影響の少ない薬剤をスポット散布しておく。［高井幹夫・下元満喜］

◉タバココナジラミ ⇨口絵：虫17

• *Bemisia tabaci* (Gennadius)

●被害と診断　タバココナジラミには形態上は区別ができないが，遺伝子型の異なるバイオタイプが存在する。現在ピーマンではバイオタイプQの発生が多く，バイオタイプB(シルバーリーフコナジラミ)の発生も見られる。

いずれのバイオタイプとも成虫，幼虫の吸汁による直接的な生育阻害と，すす病の発生による間接的な生育や収量への影響(光合成阻害)がある。成虫や幼虫が多数寄生すると，その下の葉や果実に排泄物が落下し，そこにすす病菌が繁殖して黒く汚れる。バイオタイプBの幼虫が葉に多数寄生すると，葉が退緑するほか，果実に白化症が発生する。寄生密度が低い場合は白化の程度は低いが，商品価値は著しく損なわれ，症状の激しいものは出荷できない。バイオタイプQでも多数寄生すると果色が若干淡くなる傾向があるが，バイオタイプBのように白化することはない。

●虫の生態　卵，幼虫(1～4齢，4齢幼虫を蛹と呼ぶことがある)を経て成虫になる。孵化後の1齢幼虫は歩行，移動するが，2齢になると固着生活に入り，移動しなくなる。発育適温は30℃付近で，オンシツコナジラミよりもやや高い。卵から成虫までの発育期間は27℃で20日程度である。発育限界温度は，高温域が32～36℃，低温域が約10℃である。施設栽培では冬期間でも増殖をくり返し，春先から6月(栽培終期)にかけて密度が高まる。露地栽培では夏期～秋期に発生が多い。春先に施設から野外に分散したものが野外での主要な発生源となっている。野外ではトマト，ナス，キュウリ，カボチャ，サツマイモなどの露地野菜類やノボロギク，オオアレチノギク，セイタカアワダチソウなどの雑草で増殖する。

●発生条件と対策　タバココナジラミは気温が上昇してくると増殖が盛んになるので，施設栽培(促成)では3～6月にすす病や白化症が発生しやすい。栽培圃場周辺の野菜や雑草が発生源となり，成虫が飛来侵入して発生しやすい。施設栽培では本種の寄生しやすい花卉類(ポインセチアなど)を持ち込むと，それが発生源となる場合が多い。

施設内への成虫の侵入を防止する。栽培圃場周辺の寄主植物を除去する。薬剤散布は，葉裏にも十分かかるようていねいに行なう。スワルスキーカブリダニなどの天敵類は，できるだけタバココナジラミが低密度のときから導入する。栽培終了時の作物残渣を適正に処分する。

［山下　泉］

◉オンシツコナジラミ ⇨口絵：虫17

• *Trialeurodes vaporariorum* (Westwood)

●被害と診断　生長点付近に寄生するが，密度が高くなることは少ない。密度が高くなると，寄生部位の下側の葉や果実に排泄物が落下し，そこにすす病菌が繁殖し，黒く汚れる。高密度になると生長点の生育がやや抑えられるが，葉色の変化やちぢれ症状は見られない。

●虫の生態　卵，幼虫(1～4齢，4齢幼虫を蛹と呼ぶことが多い)を経て成虫になる。孵化後の1齢幼虫は歩行，移動するが，2齢になると固着生活に入り，移動しなくなる。発育適温は20～25℃で，タバココナジラミよりもやや低い。卵から成虫までの発育期間は25℃で約20日，施設内では10世代以上を経過する。関東以西の暖地では，キク科植物などに寄生して露地でも越冬する。

暑さに弱いため，夏期の発生は少なく，施設栽培では4～6月と10～12月ごろに発生が多い。一部露地でも越冬するが，春先に施設から野外に分散したものが野外での主要な発生源となっている。野外ではヒメジョオン，オオアレチノギク，セイタカアワダチソウなどのキク科雑草を中心に，キュウリ，カボチャ，ナス，トマトなどの露地野菜類でも増殖する。

●発生条件と対策　栽培圃場周辺に寄主植物が栽培されている場合は，そこが発生源となり，成虫が飛来侵入して発生しやすい。施設栽培では本種の寄生しやすい花卉類(ポインセチア，ホクシャなど)を持ち込むと，それが発生源となる場合が多い。

施設内への成虫の侵入を防止する。栽培圃場周辺の寄主植物を除去する。薬剤散布は，葉裏にも十分かかるようていねいに行なう。栽培終了時の作物残渣を適正に処分する。

［山下　泉］

◉タバコガ類　⇨口絵：虫18

- タバコガ　*Helicoverpa assulta* (Guenée)
- オオタバコガ　*Helicoverpa armigera* (Hübner)

●被害と診断　孵化幼虫は生長点部の展開中の葉や花蕾を食害するが，この時点で発生を確認するのは難しい。中齢幼虫になると果実に頭部を突っ込んで食害したり，食入して果実内部の胎座の種子や果肉を食害する。食害が進むと果実の表皮だけを残して果肉全体が腐敗したように見える。このような果実には直径5～6mmの穴が開いている。老齢幼虫になると，次々と移動しながら果実を食害することから，虫数の割に被害果が急激に増加してくる。果実内には通常幼虫は1頭の場合がほとんどであるが，たまに複数の場合もある。果実内に食入したものが出荷され，流通段階や消費段階で問題となることがある。施設栽培では開口部付近から発生するが，被害は次第に施設全体に広がってくる。

●虫の生態　オオタバコガの寄主範囲は広く，ピーマン，トウガラシ類のほか，トマト，ナス，オクラ，スイカ，キュウリ，イチゴ，バラ，レタス，キク，ガーベラ，スイートコーン，カーネーション，シュッコンカスミソウなど，国内で被害が報告されている作物は50種近くにのぼる。一方，タバコガの寄主範囲は比較的狭く，被害が報告されているのはピーマン，トウガラシ類のほか，タバコ，ホオズキくらいである。

オオタバコガの第1回成虫(越冬世代成虫)は，西日本で5月中旬ごろから，北日本で6月上旬ごろからフェロモントラップに誘殺される。年間の発生回数は西日本で4～5回，北日本で3～4回で，西日本における成虫の発生ピークは，5月下旬，7月上旬，8月中下旬，9月下旬～10月上旬，11月上中旬で，8～10月に多い。

タバコガの第1回成虫も5月中旬ごろからフェロモントラップに誘殺され，西日本での発生ピークは5月下旬～6月上旬，7月上旬，8月上旬，8月下旬～9月上旬，10月上中旬で，やはり8～9月に多い。両種の成虫は，昼間は作物の葉裏などに静止しており，夜間に活動する。ブラックライトなどの灯火に誘引される。卵は両種とも生長点部の葉や花蕾などに1卵ずつ産み付けられる。1雌当たりの平均産卵数は400～700個である。卵から羽化までの発育期間は25℃で，ともに33日(卵期間：4日，幼虫期間：15日，蛹期間：14日)程度である。

●発生条件と対策　夏期が高温少雨の年に発生が多い。露地栽培，雨よけ栽培では8～9月に発生が多く，抑制栽培では収穫初めの8月から12月の収穫後期まで発生する。また，促成栽培では10～12月の栽培初期に被害発生が多い。

施設内への成虫の侵入を防止する。幼虫が果実食入後は薬剤の効果が上がりにくいので，若齢期の防除に努める。幼虫を捕殺するとともに，被害果は圃場外に持ち出して処分する。 ［山下　泉］

◉ハスモンヨトウ ⇨口絵：虫18

• *Spodoptera litura* (Fabricius)

●被害と診断　孵化幼虫は集団で表皮を残して葉裏を食害するため，産卵された葉は白変する。また，一部の孵化幼虫は吐糸して分散し，周辺の葉を食害するが，この場合，食害痕は小さな白斑になる。発育が進んで3齢期ころになると，周辺の葉へ次々と分散し，食害痕も大きくなる。4齢期ころまでは植物体上で食害するが，5～6齢期になると，日中は土中，敷わらの下，株元などに潜み，夜間は植物体上に這い上がって食害する個体が多くなる。食害量も著しく多くなり，葉だけでなく，果実，花蕾，生長点などを暴食する。

本種の越冬場所は施設内と考えられており，施設栽培の盛んな地域では5月ころから発生が見られ始めるが，多くなるのは8月ころから10月にかけてであり，被害もこの時期に集中する。その他の地域では発生がやや遅く，9～10月に被害が多い。施設栽培では一般的に育苗期から本圃初期にかけて発生が多いが，防除を怠ると冬期にも発生し，気温が高くなり始める3月ころから急速に密度が高まり，思わぬ被害を受ける。

●虫の生態　本種は南方系の害虫で寒さに弱く，休眠をしないため，野外での越冬は困難であり，ビニルハウスの存在が本種の生活環境に重要な役割を果たしていると考えられている。したがって，関東以西の施設園芸地帯では毎年発生が見られ，野菜類や花卉類の重要害虫になっている。高知県のような園芸地帯では年間を通して発生が見られるが，通常，露地での発生は春先少なく，世代を重ねながら徐々に増加し，8～10月に多くなり，被害発生もこの時期に集中する。施設園芸があまり盛んでない地帯では多発地帯からの飛来成虫が発生源になるため，発生時期は施設園芸地帯に比べると遅く，多発時期も9～10月ころになることが多い。

年間世代数は暖地の施設園芸地帯では5～6世代と推定されている。成虫の行動範囲はきわめて広く，雄は一晩に2～6km飛翔する。幼虫は通常6齢を経過するが，なかには7齢を経過する個体もある。幼虫の発育期間は25℃恒温条件下で約21日であり，蛹化は土中で行なう。

●発生条件と対策　発生量は年によって著しく変動するが，一般的に春先から降雨が少なく，高温・乾燥が続く年には8月ころから9月にかけて多発することが多い。発生の多い作型は露地栽培である。施設栽培では防除が徹底されるため，多発することは比較的少ないが，露地で発生の多い年には育苗から本圃初期が露地での多発期と重なるため，この時期に被害が多くなる。四国や九州などの西南地域で発生が多いが，そのほかの地域でも施設栽培の盛んなところでは発生が多い。

常発地帯では，定植直後から防蛾灯（黄色蛍光灯）を点灯することで，ハスモンヨトウだけでなくオオタバコガなどの発生もかなり抑えることができる。薬剤に対してもっとも弱い時期は孵化幼虫期であり，この時期が防除適期になる。圃場内のあちこちに白変葉が見られ始めたら多発の前兆であるので，この時期を見逃さないようにときどき圃場を見回り，適期防除に努める。孵化幼虫は集団で葉を食害しているので，収穫・整枝時によく注意し，見つけ次第葉ごと摘葉する。フェロモントラップでの捕獲数が多くなり，周辺のサトイモ，ダイズなどで発生が見られ始めたら，発生が多くなる兆しであるので注意する。［高井幹夫・下元満喜］

トウガラシ類

◉サツマイモネコブセンチュウ ⇨口絵：虫19

• *Meloidogyne incognita* (Kofoid et White) Chitwood

●被害と診断 根にコブ(ゴール)ができる。2期幼虫が根に侵入，定着して成長し始めると，寄生部位には巨大細胞が形成され，外見上ふくれてコブ状になる。寄生密度が低いときは，地上部に目立った症状はでない。寄生密度が高まるにつれ，生長点部の伸長が緩慢となり，節間が短くなってくる。また，着果不良や果実肥大の遅れが見られるようになる。さらに，生長点付近の葉の脈間がまだらに黄化してくる。

作付け前の土壌中の生息密度が高いと生育が遅延し，ひどい場合は日中，株が萎凋するようになる。さらに根の腐敗が進むと枯死することもある。根が加害されることで，青枯病などの発生が助長される。

●虫の生態 土壌中に生息する。寄生する植物がない場合は，通常2期幼虫態で土壌中あるいは寄生植物の残渣(根)内などに生息する。寄主として好適な植物が植えられると，2期幼虫は根の先端付近から侵入し，根の組織内を移動したのち，口針を中心部の細胞に挿入して摂食し成長する。寄生部周辺の細胞は巨大化し，コブが形成される。根に侵入した2期幼虫は，線状であるが，雌ではやがてソーセージ型になり，3回の脱皮を経て洋ナシ型の成虫となる。雌成虫は，ゼラチン状物質の中に1雌当たり数百個の卵を産み，卵塊を形成(卵のう)する。

卵期間は7～10日で，1期幼虫は卵殻内で1回脱皮した後，2期幼虫となって土壌中に遊出する。発育零点は約12℃で，25℃条件では約1か月で1世代を経過する。土壌中の2期幼虫の密度は地表下10～25cmの作土層で高いが，連作圃場では30cm以下の下層部でも高くなる。

●発生条件と対策 砂土や火山灰土など乾燥しやすい土質で発生しやすい。作物の栽培中には防除手段がないので，前作で発生していたら栽培前に土壌消毒を行なう。対抗植物を3か月以上栽培するとセンチュウの抑制効果が得られ，緑肥としても有効である。

［山下　泉］

◉ナメクジ類 ⇨口絵：虫19

• ナメクジ（フタスジナメクジ）　*Meghimatium bilineatum* (Benson)
• ノハラナメクジ　*Deroceras laeve* (Müller)
• チャコウラナメクジ　*Lehmannina valentiana* (Férussac)
• コウラナメクジ（キイロナメクジ）　*Limacus flavus* (Linnaeus)

●被害と診断 幼苗の子葉や新芽が食害されると生育が遅延し，株絶えする場合がある。展開葉が食害されると不定型な穴があく。果実が食害されると不定型な穴があき，商品価値がなくなる。

●虫の生態 ナメクジはきわめて広食性で，成体，幼体とも各種の野菜類や花卉類を食害する。年1回の発生で，成体で越冬し，3～6月に産卵する。卵は40個内外の卵塊としてゼラチン質に包まれ，石や落ち葉の下に産み付けられる。孵化した幼体は秋までに成体となる。

ノハラナメクジは成体で越冬し，3月ごろから活動を始める。年2回の発生で春と秋に産卵する。卵は地表や落ち葉の下に産み付けられ，1頭当たりの産卵数は約300個である。春産卵された卵からかえった幼体が，秋には成体となって産卵する。

チャコウラナメクジは成体で越冬し，3月ごろから活動を始め，春に，1頭当たり約50個の卵を産卵する。耐寒性は強いが，30℃を超えると死滅する。コウラナメクジは幼体で越冬し，3月ごろから活動を始める。秋に成体となり，1頭当たり60個の卵をじゅず状に連ねて産卵する。孵化した幼体は，しばらく加害したのち越冬に入る。

いずれの種も夜行性であるが，雨天の日にも活動する。冬期には野外では越冬状態にあるが，施設栽培では活動を続ける。

●発生条件と対策　敷わら，ポリマルチ，灌水チューブなどの下は湿度が保たれることから，棲息に好適であり発生密度が高まりやすい。潜伏場所をなくして土壌表面の乾燥をはかる。被害が発生したら薬剤を処理する。施設栽培では太陽熱消毒や湛水処理を行なう。小面積の場合は捕殺する。

［山下　泉］

◉ホコリダニ類

⇨口絵：虫19

- チャノホコリダニ　*Polyphagotarsonemus latus* (Banks)
- シクラメンホコリダニ　*Phytonemus pallidus* (Banks)

●被害と診断　両種ともに被害症状は生長点付近の芽や展開直後の葉を中心に見られる。初期の被害は，新葉が葉表側に巻き，葉縁は波形になってやや内側にわん曲する。虫の密度が高くなるにつれ，生長点は縮れて鈍く銀灰色に変色し，やがて心止まりとなる。そのころになると茎の中間部から腋芽が発生し，これらにも次々と寄生し縮れさせる。チャノホコリダニでは果実がかすり状に褐変する。とくに，幼果が寄生を受けると果実全体が褐変硬化し，肥大しない。シクラメンホコリダニでは，果実の溝にそってかすり状に褐変するのが特徴である。

●虫の生態　両種とも，発育は卵→幼虫→静止期→成虫という経過をたどる。25～30℃条件下での卵から成虫までの発育期間は5～7日ときわめて短く，増殖はきわめて早い。高温でやや多湿条件が本種の発生に好適な条件である。

チャノホコリダニの発育限界温度は約7℃であるので，冬期の気温が低い地方では露地で越冬できない。関東以西の地方では，枯死したトマト，ダイズ，セイタカアワダチソウ，オオアレチノギクなどの茎葉上で成虫越冬する。越冬後，スベリヒユ，クローバなどの雑草やサザンカ，チャなどで繁殖したものが発生源と考えられる。本圃への侵入は苗による持ち込み，人に付着したりしても行なわれる。コナジラミ類などの脚に取り付いて移動したりもする。

シクラメンホコリダニは，越冬は成虫でカラムシなどの地中の芽の中で行ない，芽の伸長とともに頂芽の中で繁殖する。トウガラシ類やピーマン以外ではシクラメン，セントポーリア，ガーベラ，ベゴニア，イチゴなどの施設栽培の花卉，野菜で被害が見られている。また，野外ではセンブリ，カラムシなどに寄生する。

●発生条件と対策　チャノホコリダニは，育苗圃や本圃の隣接地でナス，ピーマン，チャなど本種の生息好適作物が栽培されていると寄生が多くなる。また，周囲の除草が不十分な場合には，そこからの侵入により発生が多くなる傾向がある。シクラメンホコリダニは，育苗圃や本圃の周辺にカラムシなどの寄主植物があると，そこからの侵入により発生が多くなる傾向がある。

早期発見に努め，少発生時の防除に重点をおく。被害が多発してからの防除では株の勢力回復に時間がかかるうえに，傷果も多くなる。発生圃場では，外見上健全な株であってもすでに寄生している可能性が高いので，圃場全体に薬剤散布する。生長点部の葉の隙間や果実のヘタの隙間などに寄生していることから，薬量を十分使い，ていねいに散布する。散布むらがあると，その場所が発生源となって再発生する。育苗は専用ハウスを設ける。雑草防除を十分に行なう。摘除した枝葉は速やかにハウス外に持ち出し，土中に埋めるか焼却する。

［山下　泉］

◉ハダニ類 ⇨口絵：虫20

- ナミハダニ　*Tetranychus urticae* Koch
- カンザワハダニ　*Tetranychus kanzawai* Kishida

●被害と診断　トウガラシ類では，低密度時にはナスやイチゴの葉で見られるような小さな白色斑点が現われないので，発生初期には気づきにくい。密度が高くなると，葉脈の間の部分が次第に黄化し，さらに密度が高まると，多くの葉が吸汁によって黄化し，落葉するようになる。また，葉や茎にクモの巣状に糸が張り渡されるようになる。通常，圃場全体に同時に発生することはなく，最初はごく一部の株で発生する。施設栽培では，暖房機の周辺，施設のサイド部，天窓下，出入口付近で最初に発生することが多い。

●虫の生態　卵，幼虫，第1若虫，第2若虫，成虫と発育する。両種ともに25℃における卵～成虫までの期間は約10日である。カンザワハダニは野外では冬期に休眠するが，ナミハダニは暖地ではほとんど休眠しない。また，両種とも施設内では無加温でも休眠せず，冬期にも繁殖する。高温乾燥条件は発生を助長するが，過度の高温乾燥は逆に発生を抑制する。そのため，夏期に晴天が続く場合には発生は抑制される。寄主植物はきわめて広範で，風に乗って遠くまで移動分散する。圃場への侵入は風による移動のほか，苗による持ち込み，人などに付着して行なわれたりもする。

●発生条件と対策　露地栽培では梅雨明け後の7月中旬以降，促成栽培や半促成栽培では気温が上昇してくる3月以降に多発生しやすい。圃場内またはその周辺に発生源となる雑草などがある場合や，施設栽培ではハダニ類の寄生しやすい植物（作物以外の鉢花や観葉植物など）を持ち込むことで，それが発生源となることがある。

発生初期は一部の株に集中的に発生する傾向があるので，葉色の変化などをよく観察して早期発見に努める。多発すると防除は困難になるので，少発時からの防除を徹底する。施設栽培では，内部環境がハダニ類の繁殖に好適条件であるため，いったん発生すると短期間に増殖して落葉するなど著しい被害が出るので，発生を認めたらただちに薬剤散布をする。おもに葉の裏側に寄生しているため，薬量を十分に使い，ていねいに散布する。散布むらがあると，その場所が発生源となって急激に密度が上昇する。薬剤抵抗性虫が出現しやすいので，系統の異なる薬剤でローテーション散布する。チリカブリダニなどの天敵はできるだけ低密度時から導入する。

［山下　泉］

◉アザミウマ類 ⇨口絵：虫20

- ミナミキイロアザミウマ *Thrips palmi* Karny
- ヒラズハナアザミウマ *Frankliniella intonsa* (Trybom)
- ミカンキイロアザミウマ *Frankliniella occidentalis* (Pergande)
- クリバネアザミウマ *Hercinothrips femoralis* (Reuter)
- モトジロアザミウマ *Echinothrips americanus* Morgan
- チャノキイロアザミウマ *Scirtothrips dorsalis* Hood

●被害と診断　ミナミキイロアザミウマ：生長点部は葉縁が波打ち，奇形となる。密度が高くなると心葉が縮れて心止まり状態となる。展開葉では，最初葉裏の葉脈にそって不規則な白斑を生じる。密度が高まると白斑は次第に全面に広がり，銀白色となり落葉する。果実では，幼果期に加害されると奇形となる。また，トウガラシ類は開花後の花弁が果実にリング状に付着して残りやすく，この部分に成虫や幼虫が寄生し加害することから，リング状に褐色のサメ肌状被害が出る。

ヒラズハナアザミウマ，ミカンキイロアザミウマ：両種ともおもに花に寄生し，花粉を食べる。花に数頭程度の密度では被害は問題とならない。多数寄生すると萼付近の果皮がしみ状に黒変する。また，落花前にはほかの花に移動するが，幼虫が多数寄生するようになると，落花後も萼と果実の間に寄生して加害し，しみ状の黒変の程度が高まる。果梗や萼の組織内などに産卵するが，産卵痕が黒変するため，果梗や萼に黒点状の斑点が現われる。密度が高くなると，黒点が合わさって果梗や萼全体が黒変する。

密度が高くなってもミナミキイロアザミウマのように新葉の縮れや果実の奇形症状は見られない。黄化えそ病（トマト黄化えそウイルス）を媒介する。とくに，ミカンキイロアザミウマの媒介能力が高いといわれている。本病に感染すると生長点付近の葉がえそを起こして枯れるか褐色のえそ斑を生じる。症状が進むと茎にも褐色のえそ斑を生じ，症状がひどい場合は，萎凋，枯死する。

クリバネアザミウマ：葉では，最初かすり状の斑点が見られ，次第にそれが葉全体に拡大していく。かすり状の斑点上には黒色の排泄物が付着し，点々と黒く汚れる。密度が高まると，茎や果実も食害される。茎では葉と同様にかすり状に食害され，排泄物で黒点状に汚れる。また，果実は果皮がケロイド状になる。ほかのアザミウマ類と異なり，被害は下葉から発生し始め，順次，株の上方に広がっていく傾向がある。

モトジロアザミウマ：クリバネアザミウマと同様に，かすり状の斑点が見られる。密度が高まると，葉表・葉裏とも全体が白化し，落葉する。クリバネアザミウマのように排泄物で黒く汚れることはない。

チャノキイロアザミウマ：生長点部，葉，果実，果梗部などに寄生，加害するが，花にはほとんど寄生しない。生長点部は葉縁が波打ち，ひどい場合には萎縮し，心止まり状態となる。果実は果皮が暗紫色に変色し，灰白色の傷を生じ，ひどい場合は奇形となる。その症状はミナミキイロアザミウマの被害に似る。

●虫の生態　ミナミキイロアザミウマ：卵は葉や果梗などの組織内に産み込まれる。孵化幼虫は植物組織を摂食して発育し，2齢期後半になると地表下に落下して前蛹，蛹となる。羽化した成虫はおもに花や葉に棲息し，交尾，産卵する。1雌当たりの産卵数は1日当たり2～4個で，総数は100個程度である。発育零点は約11℃で，25℃では卵期間が約6日，孵化～羽化まで約8日で，1世代に要する期間は約14日である。また，雌成虫の生存期間は約30日である。

野外における越冬は沖縄を除いて確認されておらず，本土では施設内で越冬したものが野外に移動分散し，秋に施設内に再侵入してくるというサイクルである。年間の発生世代数は，野外で10世代前後，施設栽培を合わせると20世代前後である。寄主植物はトウガラシ類やピーマンのほか，ナス，キュウリ，メロンなどの野菜類，キク，ガーベラなどの花卉類など多くの農作物のほか，雑草など多岐にわたる。

ヒラズハナアザミウマ：卵はおもに果梗や萼などの組織内に産み付けられ，孵化した幼虫は花粉や組織を食べて発育する。2齢期後半になるとミナミキイロアザミウマと同様に，地表下に落下して前蛹，蛹となる。羽化した成虫はおもに花に棲息し，交尾，産卵する。1雌当たりの産卵数は約500個と他のアザミウマに比べて多い。卵～成虫までの発育期間は25℃で約10日と短く，増殖は早い。また，雌成虫の生存期間は約50日である。ナス科，ウリ科，キク科，アオイ科，ユリ科など広範な植物に寄生する。成・幼虫ともにおもに花に棲息し，花粉などを食べる。黄化えそ病（トマト黄化えそウイルス）を媒介するが，ミカンキイロアザミウマに比べると，媒介能力は低い。

ミカンキイロアザミウマ：産卵習性や加害部位はヒラズハナアザミウマとほぼ同じである。1雌当たりの産卵数は150～300個である。発育零点は約10℃で，卵～成虫までの発育期間は25℃で約13日，雌成虫の生存期間は約45日である。野外での越冬は，成虫や幼虫で越年性雑草の芽や葉柄基部などで行なう。休眠しないので施設内では冬期も世代をくり返す。野外での年間の世代数は，寒冷地で数世代，暖地では7～10世代と考えられている。

トウガラシ類，ピーマンのほかにも，ナス科，ウリ科，キク科などの野菜・花卉類，ミカン，ブドウなどの果樹類，アレチノギク，セイタカアワダチソウなどの雑草類に寄生するなど寄主範囲はきわめて広い。黄化えそ病（トマト黄化えそウイルス）を媒介する。1齢幼虫時に感染植物を摂食することによってウイルス粒子を獲得した場合のみ，媒介能力をもつ。成虫や2齢幼虫がウイルス粒子を取り込んでも媒介能力をもつことはない。また，一度保毒すると死ぬまで媒介能力をもつ。

クリバネアザミウマ：産卵習性などはほかのアザミウマ類と同様で，卵～成虫までの発育期間は，24℃で約24日である。国内ではトウガラシ類やピーマンのほかに，デンフィバキア，ハマユウ，マリーゴールド，シンビジウム，ミョウガなどで発生が確認されている。

モトジロアザミウマ：卵～成虫までの発育期間は，20℃で約34日，30℃で約12日である。ポインセチアやバラなどの花卉類で発生が多いが，トウガラシ類，ピーマン，ナス，キュウリ，メロン，シソ，ミョウガなどの野菜類で寄生と被害発生が確認されている。

チャノキイロアザミウマ：産卵習性などはほかのアザミウマ類と同様である。本種はチャや果樹類の害虫として知られているが，トウガラシ類を加害するものは，東南アジア由来と推定される新系統（C系統）である。九州，四国，関東の一部で発生しているが，発生は拡大傾向にある。トウガラシ類のほかに，ピーマン，イチゴ，トルコギキョウ，マンゴー，ブルーベリーなどにも寄生する。

●発生条件と対策　ミナミキイロアザミウマは施設栽培地帯で発生が多い。本土での越冬は施設内であり，施設内と露地を行き来している。圃場周辺に果菜類や雑草があると，そこが発生源となり発生しやすい。ヒラズハナアザミウマ，ミカンキイロアザミウマとも圃場周辺に開花中の雑草や作物があると，そこが発生源となり発生が多くなりやすい。ミカンキイロアザミウマは，圃場周辺にキクの親株，ホトケノザ，ノボロギクなど越年性雑草が多い場合には，越冬虫が多くなる可能性がある。クリバネアザミウマやモトジロアザミウマは，害虫類の防除対策に天敵類を利用している圃場など，化学合成殺虫剤の使用をひかえた栽培で発生することが多い。また，チャノキイロアザミウマの発生は，圃場周辺にマンゴー，ピーマン，イチゴなど本系統の寄主作物がある場合が多い。

圃場周辺の寄主植物を除去する。圃場内への成虫の侵入を防止する。苗や寄主となる観葉植物などによる持ち込みを防止する。薬剤散布は，花の内部や株のふところ部にもかかるようていねいに行なう。多発してからの薬剤防除は効果が劣るので，発生初期の防除に努める。スワルスキーカブリダニ，タイリクヒメハナカメムシなどの天敵類はアザミウマ類が低密度時から導入する。　　［山下　泉］

◉アブラムシ類 ⇨口絵：虫21

- モモアカアブラムシ　*Myzus persicae* (Sulzer)
- ワタアブラムシ　*Aphis gossypii* Glover
- ジャガイモヒゲナガアブラムシ　*Aulacorthum solani* (Kaltenbach)

●被害と診断　直接の吸汁害と排泄物に発生するすす病の発生による茎葉，果実の汚染，ウイルス病の媒介がある。寄生密度が低いときは吸汁害はほとんど問題とならないが，密度が高まると排泄物の量が増え，これにすす病が発生し，茎葉や果実が汚れる。すす病が多発すると光合成が抑制され，生育が悪くなるばかりでなく品質が低下する。生長点付近への寄生が多くなると，花蕾や幼果が落ちたり，心止まりとなる。CMV（キュウリモザイクウイルス）などのウイルスを媒介する。

モモアカアブラムシは生長点付近の葉，蕾，花，幼果などに寄生する傾向が強い。ワタアブラムシは生長点付近にも寄生するが，おもに中・下位葉に寄生する傾向が強い。ジャガイモヒゲナガアブラムシはモモアカアブラムシやワタアブラムシのように大きなコロニーをつくることはなく，すす病の発生も少ないが，吸汁部が黄化する。露地栽培では作期を通して発生が見られるが，モモアカアブラムシとジャガイモヒゲナガアブラムシは5月ごろと9～10月に多く，夏期には少ない。ただし，北日本などの冷涼地では夏期も発生する。ワタアブラムシは7月の梅雨明け後から発生が増加し，9月にかけ発生が続く。促成栽培では育苗期～栽培初期である8～10月と有翅虫の飛来侵入が多くなる3月以降に発生が多い。半促成栽培も3月以降に発生が多い。

●虫の生態　モモアカアブラムシは，主（冬）寄主植物であるモモ，スモモなどで卵で越冬し，春から秋にかけてナス科植物やアブラナ科植物など中間（夏）寄主植物に移住し増殖する。しかし，関東以西の温暖な地帯では，冬期も中間寄主植物上で胎生雌虫や幼虫で越冬することが多く，施設栽培では冬期も増殖する。年間30世代以上経過するといわれているが，春期と秋期に発生が多く，夏期には一時期発生が減少する。

ワタアブラムシは，主（冬）寄主植物であるムクゲ，フヨウ，クロウメモドキなどで卵で越冬し，春から秋にかけてナス科，ウリ科などの中間（夏）寄主植物に寄生するもの（完全生活環）と，冬期もイヌノフグリ，ナズナなどの中間寄主植物上で胎生雌虫や幼虫で越冬するもの（不完全生活環）がある。関東以西の温暖な地帯では，冬期も胎生雌虫や幼虫で越冬することが多く，施設栽培では冬期も増殖する。年間30世代以上経過し，夏期に発生が多い。

ジャガイモヒゲナガアブラムシは寒冷地ではギシギシやアカツメクサなどで卵越冬するが，暖地では胎生雌虫や幼虫で越冬する個体が多い。春期と秋期に発生が多い。圃場へは，一般的には有翅虫によって飛来侵入する。定着した有翅虫はまもなく産子を始め，幼虫が発育して無翅胎生雌虫になると，産子数が増えて急速に密度が高まる。高密度になりすす病が発生して寄主植物の状態が悪くなると有翅虫が現われ，分散が始まる。

●発生条件と対策　一般的には降雨が少なく，乾燥した条件で発生が多い。施設栽培では降雨や天敵の影響を受けないことから，防除を怠ると短期間のうちに高密度になり，被害が発生しやすい。

トウガラシ類ではアブラムシ類の媒介によるモザイク病が問題になるので，有翅虫の圃場内への侵入防止対策を講じる。小さなコロニーが散見され始めたら，ただちに薬剤散布などの防除対策を講じる。コレマンアブラバチなどの天敵類は，できるだけアブラムシ類が低密度時から導入する。栽培圃場周辺の寄主植物を除去する。

［山下　泉］

◉タバココナジラミ ⇨口絵：虫21

• *Bemisia tabaci* (Gennadius)

●被害と診断　タバココナジラミには形態上は区別ができないが，遺伝子型の異なるバイオタイプが存在する。現在トウガラシ類ではバイオタイプQの発生が多く，バイオタイプB（シルバーリーフコナジラミ）の発生も見られる。

いずれのバイオタイプとも成虫，幼虫の吸汁による直接的な生育阻害と，すす病の発生による間接的な生育や収量への影響（光合成阻害）がある。成虫や幼虫が多数寄生すると，その下の葉や果実に排泄物が落下し，そこにすす病菌が繁殖して黒く汚れる。バイオタイプBの幼虫が葉に多数寄生すると，葉が退緑するほか，果実に白化症が発生する。寄生密度が低い場合は白化の程度は低いが，商品価値は著しく損なわれる。着果節位の葉の幼虫・蛹寄生密度が60頭を超すと白化の程度が高くなり，出荷規格外となる。バイオタイプQも多数寄生すると果色が淡くなる傾向があるが，バイオタイプBのように白化することはない。

●虫の生態　卵，幼虫（1～4齢，4齢幼虫を蛹と呼ぶことがある）を経て成虫になる。孵化後の1齢幼虫は歩行，移動するが，2齢になると固着生活に入り，移動しなくなる。発育適温は30℃付近で，卵から成虫までの発育期間は27℃で20日程度である。発育限界温度は，高温域が32～36℃，低温域が約10℃である。施設栽培では冬期でも増殖をくり返し，春先から6月（栽培終期）にかけて密度が高まる。露地栽培では夏期～秋期に発生が多い。春先に施設から野外に分散したものが野外での主要な発生源となっている。野外ではトマト，ナス，キュウリ，カボチャ，サツマイモなどの露地野菜類やノボロギク，オオアレチノギク，セイタカアワダチソウなどの雑草で増殖する。

●発生条件と対策　気温が上昇してくると増殖が盛んになるので，施設栽培（促成）では3～6月にすす病や白化症が発生しやすい。栽培圃場周辺の野生えの野菜や雑草が発生源となり，成虫が飛来侵入して発生しやすい。施設栽培では本種の寄生しやすい花卉類（ポインセチアなど）を持ち込むと，それが発生源となる場合が多い。

施設内への成虫の侵入を防止する。栽培圃場周辺の寄主植物を除去する。薬剤散布は，葉裏にも十分かかるようていねいに行なう。スワルスキーカブリダニなどの天敵類はできるだけタバココナジラミが低密度のときから導入する。栽培終了時の作物残渣を適正に処分する。

［山下　泉］

◉タバコガ類 ⇨口絵：虫22

• オオタバコガ　*Helicoverpa armigera* (Hübner)
• タバコガ　*Helicoverpa assulta* (Guenée)

●被害と診断　孵化幼虫は生長点部の展開中の葉や花蕾を食害するが，この時点で発生を確認するのは難しい。中齢幼虫になると果実に頭部を突っ込んで果実内部の胎座の種子や果肉を食害する。食害が進むと果実の表皮だけを残して果肉全体が腐敗したように見える。このような果実には直径5～6mmの穴があいている。老齢幼虫になると，次々と移動しながら果実を食害することから，虫数のわりに被害果が急激に増加してくる。果実内に食入したものが出荷され，流通段階や消費段階で問題となることがある。

施設栽培では開口部付近から発生するが，被害は次第に施設全体に広がってくる。露地栽培，雨よけ栽培では8～9月に発生が多く，抑制栽培では収穫初めの8月から12月の収穫後期まで発生する。また，促成栽培では10～12月の栽培初期に被害発生が多い。

●虫の生態　オオタバコガの寄主範囲は広く，ピーマン，トウガラシ類のほか，トマト，ナス，オクラ，スイカ，キュウリ，イチゴ，バラ，レタス，キク，ガーベラ，スイートコーン，カーネーション，シュッコンカスミソウなど被害が報告されている作物は50種近くにのぼる。一方，タバコガの寄主範囲は比較的狭く，被害が報告されているのはピーマン，トウガラシ類のほか，タバコ，ホオズキくらいである。

オオタバコガの第1回成虫(越冬世代成虫)は，西日本で5月中旬ごろから，北日本で6月上旬ごろからフェロモントラップに誘殺される。年間の発生回数は西日本で4～5回，北日本で3～4回で，西日本における成虫の発生ピークは，5月下旬，7月上旬，8月中下旬，9月下旬～10月上旬，11月上中旬で，8～10月に多い。タバコガの第1回成虫も5月中旬ごろからフェロモントラップに誘殺され，西日本での発生ピークは5月下旬～6月上旬，7月上旬，8月上旬，8月下旬～9月上旬，10月上中旬で，やはり8～9月に多い。

両種の成虫は，昼間は作物の葉裏などに静止しており，夜間に活動する。ブラックライトなどの灯火に誘引される。卵は両種とも生長点部の葉や花蕾などに1卵ずつ産み付けられる。1雌当たりの平均産卵数は400～700個である。卵から羽化までの発育期間は25℃で，ともに33日(卵期間：4日，幼虫期間：15日，蛹期間：14日)程度である。

●発生条件と対策　夏期が高温で少雨の年に発生が多い傾向にある。対策は，施設内への成虫の侵入を防止する。幼虫が果実食入後は薬剤の効果が上がりにくいので，若齢期の防除に努める。幼虫を捕殺するとともに，被害果は圃場外に持ち出して処分する。

［山下　泉］

◉ハスモンヨトウ　⇨口絵：虫22

• *Spodoptera litura* (Fabricius)

●被害と診断　孵化幼虫は卵塊の周辺部を表皮を残して集団で食害する。このため，卵塊のあった葉はすかし状に食害され，白変～褐変する。また，一部の幼虫は吐糸して分散し，周辺の葉を食害する。この場合，食害痕は小さな白斑状になる。3齢幼虫になると食害量も増加し，周辺の株へと分散する。4齢幼虫までは日中も植物体上で食害しているが，5，6齢幼虫になると，日中は株元などに潜み，夜間に這い出して食害するようになる。食害量は著しく増加し，葉だけでなく蕾や果実も食害するようになる。

●虫の生態　寄主範囲は広く，ナス科，ウリ科，アブラナ科，マメ科など多くの作物を加害する。施設栽培で越冬したものが発生源となっている。関東以西の施設園芸地帯では毎年発生が見られる。施設栽培が多い九州や四国では6月ごろから発生が見られ始め，8～10月にもっとも発生が多くなる。年間の発生回数は西日本で5～6回である。北日本での発生は少ない。

卵はおもに作物の葉裏に数百粒の卵塊で産み付けられるが，支柱，防虫ネット，ビニルなどにも産卵する。幼虫は6齢(一部7齢)を経て，土中で蛹になる。25℃における幼虫期間は約3週間で，1世代に要する期間は1か月程度である。飛翔により一晩に数

km移動する。ブラックライトなどの灯火に誘引される。

●発生条件と対策　施設栽培の多い九州や四国で発生が多いが，ほかの地域でも施設栽培の盛んなところでは発生が多い。発生量の年次変動が大きい。夏期が高温で少雨の年に発生が多い。露地栽培や雨よけ栽培では8～10月に発生が多く，被害もこの時期に集中する。促成栽培でも育苗期～栽培初期の8～11月に発生が多く，この時期に被害を受けることが多い。しかし，冬期も最低夜温が18～20℃と高温で管理されることから，防除を怠ると冬期でも思わぬ被害を受けることがある。また，気温が上昇してくる3月以降にも発生が見られることがある。施設栽培では開口部付近から発生する場合が多い。

フェロモントラップや予察灯により成虫の発生状況を把握し，誘殺数が多くなったら圃場の被害に注意する。施設栽培では，施設内への成虫の侵入を防止する。若齢幼虫期の防除に努める。薬剤抵抗性の発達を防ぐため同一系統の薬剤の連用を避ける。

［山下　泉］

イチゴ

◉クルミネグサレセンチュウ ⇨口絵：虫23

• *Pratylenchus vulnus* Allen et Jensen

●被害と診断　被害は促成栽培に多く発生する。1番果が収穫される12～1月ごろまでははっきりしないが，2月ごろから次第に症状が現われ，2番果以降の減収が大きい。根の組織中に侵入して根を腐敗させるため株の生長が止まり，はじめ葉縁が赤褐色に変色し，次第に葉の全体が紫褐色になる。連作障害の原因となる。

●虫の生態　根の表皮から組織内に侵入して養分をとり，根の細胞を腐敗させる。最初に寄生した部分の組織が死ぬと新しい組織に移って加害を続け，組織内に産卵し増殖する。1世代は4～5週間である。雌の成虫は根の組織内で産卵し，孵化した幼虫はその組織内で加害をする。そのため，根の一か所に成虫，幼虫，卵が同時に多数見られることが多い。

●発生条件と対策　火山灰土や砂土の畑に発生か多い。これは，排水の良好な土壌で活動や繁殖がよいためであり，逆に粘質土壌では増殖が悪い。収穫期に株を抜き取っても被害根が土の中に残り，次の発生源になる。はじめは発生が少なくても，毎年同じ畑につくると，残ったセンチュウが次第に増えて被害がひどくなる。

センチュウは肉眼では見えないので，土壌の診断を行ない，センチュウがいないことを確かめてから作付けを行なう。発生圃場で採苗するときは，ランナーが発根して土中に入るとセンチュウが根に侵入するので，ビニルなどでマルチングするのがよい。発生のおそれのある圃場では，作付け前に土壌消毒を行なう。

［小山田浩一］

◉ナメクジ類 ⇨口絵：虫23

• ナメクジ（フタスジナメクジ）　*Meghimatium bilineatum* (Benson)
• ノハラナメクジ　*Deroceras laeve* (Müller)
• コウラナメクジ（キイロナメクジ）　*Limacus flavus* (Linnaeus)

●被害と診断　果実が食害される。イチゴは頻繁に灌水をするので，つねに湿気が多い。そのため，ナメクジの生息や繁殖に好適条件となる。好んで果実に集まり穴をあけてしまうので，商品価値がなくなる。

●虫の生態　ナメクジは成体で越冬し，3月ごろから活動を始める。年1回3月から6月にかけて産卵する。ゼラチン質の袋の中に，40粒ぐらいの卵塊として，小枝や雑草に産み付ける。孵化した幼虫は秋までに成体となる。多くの作物を加害し，葉は葉脈だけが残って網のようになる。

ノハラナメクジは，庭や温室などによく見られる種類である。しかし，冬でも温室やハウスなどの暖かい場所では活動していることがある。土の中や落葉など，湿気の多い場所で越冬する。春先，気温が上がってくると活動を始める。産卵は春と秋の2回，土中や落葉の下などにかためて産む。1匹で年間に300粒内外を産む。春に孵化した幼体は秋には成体となり，産卵するので繁殖力が強い。日中は鉢の下や葉裏など物陰に潜んでいて，夜間に活動する。

コウラナメクジは幼体で越冬し，3月ごろから活動を始める。夏に成体となり，秋には産卵する。繁殖力が盛んで各種農作物を加害する。

●発生条件と対策　低温多湿を好むので，被覆前の秋の長雨や湿りやすい圃場で発生が見られる。有機物の多投与も発生を助長する。

夜間に食害するので，被害の出る前に見付けるのは難しい。イチゴでは的確な予防薬剤もないので，被害が出始めたら，速やかに駆除剤をまいて被害の増加を防止する。

［春山直人］

◉チャノホコリダニ ⇨口絵：虫23

- *Polyphagotarsonemus latus* (Banks)

●被害と診断　展開した新葉に褐変があり，その部分が硬くなって，ひきつれなどの奇形葉となる。個体数が増加すると次第に生長点付近が褐変し，ついには枯死する。花では花梗部分が褐変し，花も蕾のまま枯死する。果実は茶褐色になり，肥大せず種が浮き出る。

●虫の生態　雌成虫は0.25mm，雄成虫は0.2mm前後で，発育段階は，卵，幼虫，静止期，成虫の4段階である。雌成虫は1日に2～4卵を産み，10～30℃で順調に発育する。発育所要期間は，夏の高温期で4～10日，20℃前後では2週間から3週間と考えられる。また増殖がもっともよいのは20℃前後で，35℃を超える高温では発育障害があると考えられる。越冬は野外でも可能と考えられ，枯死した雑草の茎葉部などに生息していると考えられている。仮親株などでの発生も見られることから，冬期もイチゴ上で越冬している可能性があり，とくに栽培株を仮親や親として利用する場合にはイチゴで循環し，次第に発生量が増加すると考えられる。

●発生条件と対策　平均気温が25℃を超えるような場合に発生が多くなり，27～28℃での発育速度は4～7日程度で急激に増殖する。被覆後にイチゴの生育を促すために蒸込みを行なう場合があるが，そのような条件下で発生株があれば急激に増殖し，周辺の株も含めて多発状態となる。ハダニ類に対して天敵を利用している場合，薬剤防除が少なくなり発生が多くなる場合がある。本圃への持ち込みは苗および人によるものが中心と考えられる。

仮親株床，親株床を栽培施設外に設け，人による持ち込みを少なくする。育苗床では生長点付近の状態に注意し，奇形葉や褐変葉が見られたら，ただちに別の場所に移す。健全な苗も含めて全体に薬剤防除をするが，発生が多い場合には複数回の散布が必要である。本圃定植前にハダニ防除を兼ねて徹底防除するのがよいが，育苗スペースの関係で株を密に置かなければならない場合は防除効果が劣るので，定植後に防除を徹底する。発生がいったん治まったように見えても，潜在寄生株がある場合，温度が上昇し始める3月ごろから再び発生が始まるので，初期症状を見落とさないように注意する。

［渡邊丈夫］

◉ハダニ類 ⇨口絵：虫23

- ナミハダニ
  Tetranychus urticae Koch
- カンザワハダニ
  Tetranychus kanzawai Kishida

●被害と診断　苗や定植時の発生初期には，下葉の裏に1～数匹ずつ寄生しているので発見は困難である。開花期以降は下葉で増殖したハダニが新葉の展開に伴い上位葉に移動し，加害するため，新葉にカスリ状の小白斑ができる。ハダニの繁殖はきわめて旺盛で，同一株上で個体数が急増する。ただし，隣接株への移動は比較的遅く，発生初期～中期は圃場の数か所につぼ状に発生することが多い。

直接的な加害は葉の食害であり，多発すると果実にも寄生して着色不良となる。第一果房の収穫末期に新葉が再び展開し始め二次果房が出てくるが，この時期にハダニの加害があると，新展開葉はわい化し果房も小さくなる。こうした株のわい化が最大の減収要因となる。少発生のうちは実害は少ないが，放置すると葉は生気を失い，葉裏は褐色になり，株はハダニの吐く糸で覆われ，しまいには枯死するので防除が必要になる。

●虫の生態　25℃では約10日で世代をくり返し，1雌当たり産卵数は100～150で増殖率は高い。発生は苗についたハダニを持ち込むことで始まる。周辺部からの侵入，管理作業に伴う人為的な持ち込みも多い。促成栽培では保温開始前後の密度は低く，見つけるのは困難であるが，ここで防除をしておかないと11月には2～3世代経過し，増殖したハダニが上位葉に上がってくる。厳寒期には増殖がやや鈍るが，この時期には収穫や管理作業に追われて，また花や果実の薬害を嫌って防除が手薄となることも多く，被害が発生する圃場も見られる。その後も春先にかけて徐々に増加し，とくに3月以降急増する。親株，育苗が露地栽培であれば発生は少ないが，雨よけ栽培では対策が必要になる。休眠雌の存在が知られているが，イチゴでは10月初めに保温されるので休眠雌の発生は少ない。寄主植物はきわめて多く，各種の野菜，花卉類，果樹ばかりでなく，圃場周辺の雑草にも寄生する。

●発生条件と対策　カンザワハダニ，ナミハダニともに発生しやすい条件は同じで，降雨が少なく乾燥ぎみに推移したとき，圃場周辺に雑草が繁茂していると発生しやすい。

苗のハダニを本圃へ持ち込まないため，定植前の苗には徹底した防除が必要である。定植後はハダニの密度が低く，もっとも発見の困難な時期であるが，開花・結実期になると薬害が出やすく，多発してからでは防除も困難なので，ハダニが見つからなくても防除する。発生初期は地面に接した葉裏に寄生しているので，新葉が展開するに従い順次葉かきする。このときかいた葉にもハダニが付着しているので，圃場内外に放置せず，ポリ袋などで密封し，日なたに置いて死滅させてから処分する。

カスリ状の小白斑が目立つようになったら，発生株の周辺1～2mの範囲に気門封鎖剤などをスポット散布する。日々の管理作業中に発生株を発見したら，棒などを立てて目印にするとよい。ハダニは主として葉裏に寄生しているので，薬液が葉裏に十分かかるようにていねいに散布する。ハダニは薬剤抵抗性がつきやすいので，異なる系統の薬剤を選び，それぞれ親株，育苗，本圃を通じて年1～2回の使用に抑えることが望ましい。育苗時から気門封鎖剤を定期的に散布することで，ハダニの増殖を抑え，本圃にむけて薬剤の温存もできる。

薬剤抵抗性をもつハダニの対策，花や果実の薬害回避，薬剤散布の労力軽減のために，親株や本圃でチリカブリダニ，ミヤコカブリダニといった天敵製剤の利用も有効である。

チリカブリダニはハダニを旺盛に捕食し，高い増殖能力をもつが，餌であるハダニがいないと飢え死にしてしまう。このため，一度防除に成功しても部分的にハダニが再発することがあり，数回の追加放飼で効果が安定する。ミヤコカブリダニは植物の花蜜や花粉，コナダニなどハダニ以外の餌で生きられるので，開花後ハダニ発生前であっても予防的に放飼し，ハダニの発生に応じてチリカブリダニと併用することで防除の成功率が高まる。ただし，どちらの天敵もハダニが多発していると食べきれないので，ハダニが多すぎるときは天敵に影響のない薬剤でハダニを減らす必要がある。一部の殺虫剤，殺菌剤は天敵に悪影響があるので，使用する薬剤は天敵放飼前から計画的に決める。天敵は放飼後1～2週間は安定しないので，影響が小さい薬剤であっても散布は控える。うどんこ病対策の硫黄くん煙は長時間連続施用すると天敵の定着を妨げるので，短時間の数回処理に分ける。

近年は，苗を密閉して炭酸ガスくん蒸し，ハダニの成虫から卵までをほぼ死滅させる新たな手法も開発されている。ただし，一つの技術だけで作付け終了までハダニの被害を抑えることは難しいので，さまざまな技術を上手に組み合わせることが肝心である。

［春山直人］

◉ヒラズハナアザミウマ ⇨口絵：虫24

• *Frankliniella intonsa* (Trybom)

●被害と診断　アザミウマの成虫，幼虫が花に多数寄生すると，花床が食害され黒褐色に変色し不稔になる。また，幼虫が幼果の表面を加害すると，果実が肥大しても果皮が茶褐色になり，商品価値がなくなる。

●虫の生態　多くの花や雑草に寄生し，イチゴでは一つの花に多いときには20～30頭の成虫，幼虫が寄生する。25℃では卵期間3日，孵化から羽化まで7日，産卵前期間1日，雌の生存期間は約52日，平均産卵数は約500個と繁殖力は旺盛である。島根県出雲地方では年に11世代が可能とされている。一般に秋になると休眠するが，近年は非休眠系統によって施設内で通年発生することがある。

●発生条件と対策　作型の前進化と秋の気候の温暖化に伴い，促成栽培では開花後から11月まで被害が目立つ。厳寒期には被害が減少するが，秋に発生が見られたハウスでは2月ごろから被害が徐々に増え始める。4月以降になると野外でも活発に飛び始めるので，ハウスへの飛び込みも急増する。また，夏の収穫を目的とした四季成りイチゴでは被害が拡大しやすく，とくに問題となっている。

早い作型では開花後11月までの侵入初期と，年明け2月ごろの増加始め，4月以降の急増に注意する。花や果実に被害が出てからでは手遅れなので，花をルーペでよく観察し，成虫や幼虫の寄生を見つけたら薬剤を散布する。ただし，卵は植物体内に産みこまれ，蛹は地中にいるので薬剤がかかりにくく，多発すると一度の薬剤散布では防除は難しい。

［春山直人］

◉ミカンキイロアザミウマ ⇨口絵：虫24

• *Frankliniella occidentalis* (Pergande)

●被害と診断　イチゴでは成幼虫の食害により，果実が褐変する被害が発生する。成虫は花（とくに開葯後から開花終期）に集中して寄生し，組織内に多数の卵を産卵し，やがて幼虫も発生する。開花終期には成虫はほかの花に移動するが，幼虫は幼果の種子周囲のくぼみやがくの下に寄生し，果面を食害する。果実が着色し始めると再び成虫も寄生し，成幼虫の食害により，成熟後に着色不良や褐変の被害が発生する。果実被害はマルチと接した果頂や果側部に発生しやすく，初期には部分的な黄化症状となるが，進行すると光沢がなく，褐変して著しく商品価値を低下させる。密度が増加すると幼果の被害も目立つようになり，種子周囲の黄化や褐変が目立つ。また，花に成虫が多寄生し，花弁が縮れたり花の中央部が黒褐色となる。

幼虫は葉でも発育が可能である。静岡県内のイチゴハウスでは，早ければ年内から発生し始め，1～2月にも少数ながら発生する。3月から密度が増加し，被害が目立つ場合が多く，4月以降はハウス全体の株で被害が発生する。

●虫の生態　雌成虫は体長1.4～1.7mmで，アザミウマ類のなかでは比較的大きい。体色は冬期には茶～褐色であるが，夏期には体全体が淡黄色である。雄成虫は雌よりも小型で，体長約1.0mm，体色は1年を通して淡黄色である。成虫は花粉，蜜，花の表面組織を食べ，15℃では100日程度，20℃では60日程度生存し，200～300卵を産卵する。卵は数日で孵化し，幼虫は花，果実，葉の表面組織や花粉を食べ，2齢を経て土中で蛹となり，新成虫が羽化する。卵から成虫までの発育期間は，15, 20, 25, 30℃でそれぞれ34.2, 19.2, 12.1, 9.5日であり，発育の停止する温度は9.5℃と考えられる。寄主範囲が広く，200種以上の植物で寄生が確認されている。

野外では多種類の春の雑草に寄生し，とくにカラスノエンドウ，セイヨウタンポポ，シロツメクサの花では寄生が多い。秋期以降はキク，セイタカアワダチソウ，ノボロギク，ホトケノザなどの花に寄生・

増殖し，秋の発生源となっている。

●発生条件と対策　周囲に花卉類が栽培されている地域や秋期に開花する雑草が多い地域では，定植後～11月に開口部から侵入するおそれがある。ハウス内に花卉類を持ち込むと発生源や増殖源となる可能性が高い。

施設では開口部に寒冷紗（1mm目以下）を張り，侵入を防止する。このとき，青色のネットはミカンキイロアザミウマを誘引する可能性があるので使用しない。虫の嫌いな光を反射する光反射フィルム混紡ネット（寒冷紗資材）を利用すると，侵入防止効果が増大する。観賞用の花卉類や雑草はハウス内外から除去する。施設周囲の除草に努める。発生地域では第1果房開花前から予防的に防除する。

発生に気づいたらただちに防除を行なう。とくに3月には温度の上昇に伴い密度が急増するため，早めに薬剤防除を実施する。発生した施設では，栽培終了後はただちに残渣をビニル袋に密封するなど，周囲に分散する前に寄生虫を死滅させる。また，土壌中の蛹や成虫を死滅させるために土壌消毒を行なうか，ハウスを密封して次作の定植まで10日以上あける。

［片山晴喜］

◉ワタアブラムシ　⇨口絵：虫25

• *Aphis gossypii* Glover

●被害と診断　イチゴ上に周年発生が見られるが，栽培上問題になるのは本圃における開花期以降である。保温開始期以降の防除を怠ると，収穫期には果房を中心に多発し，直接的な吸汁害のほかに排出物により葉や果実がべとつき，汚れるために実害が大きい。親株床や仮植床での発生は比較的少なく，直接的な害は見られないが，ウイルス病の媒介虫として重要である。

イチゴにおける寄生部位は基本的には地上部全体であるが，定植後は未展開の若い葉に，果房が伸長してくると果房に，果房が老化するにしたがい株全体の葉裏に多くなる。親株床，仮植床での発生部位は，ランナーの先端部や若い葉に多い。

●虫の生態　ムクゲ，クロウメモドキなどに卵態で越冬する完全生活環をもつタイプと，ナズナ，オオイヌノフグリなどの中間寄主植物上で胎生雌虫のまま越冬する不完全生活環をもつタイプとがある。イチゴへはいずれのタイプからも移動し増殖する。親株床では5～6月に盛んに有翅虫が飛来し，ランナーの先端部や未展開葉のすき間に，発生が多いと葉裏にも寄生し増殖する。7月以降は高温抑制を受けて体色は黄色化し，体のサイズも小型と化し，増殖は抑えられる。9月以降になると体サイズは回復し，再び増殖を開始する。温度条件（20～25℃）がよいと7～10日で成虫になる。イチゴ本圃では保温開始後急増する。

●発生条件と対策　夏期の降雨が少なく乾燥が続くと発生が多くなる。雑草にも寄生するので，圃場の周辺に雑草が繁茂すると発生が多くなる。

開花期以降はミツバチの導入や薬剤散布による奇形果発生防止のため，できるだけ殺虫剤の使用は避けたい。そのためには保温開始前後に防除を徹底しておく必要がある。初期防除で1匹でも残ると，それが増殖源となり，開花期にはコロニーを形成する。この時期までは隣接株への移動が少ないので，果房での発生を探し歩きながら発生株とその周辺だけへの部分散布が可能である。親株床ではウイルス病感染防止のため寒冷紗被覆を徹底する。苗による本種の持ち込みや侵入があった場合，4～5月は増殖に好適な時期であり，放っておくと多発することがある。定期的に観察し，発生を見たら防除しておく。また，天敵のコレマンアブラバチ（寄生蜂）を用いた防除も有効である。

［小山田浩一］

◉ドウガネブイブイ

⇨口絵：虫25

• *Anomala cuprea* (Hope)

●被害と診断　被害は露地の親株床，育苗床で発生し，親株床では越冬した3齢幼虫がいる場合，春になって再び活動を始めるので親株やランナーの根が食害され，生育不良や萎凋，枯死することがある。しかし，多発することは少なく，大きな問題にはならない。親株床後半では成虫によって葉が食害される。

7月に仮植床に植え付けられた苗は，8月になると幼虫が根を食害し始める。食害を受けると生気がなくなり萎凋するようになる。ふつう，8月下旬になると苗の萎凋がはっきりしてきて，ついには枯死する苗も見られる。被害苗は引っぱると簡単に抜け，根は少なく，クラウン部まで食害を受けるものもある。仮植床での被害苗の出方は，点々と見られたり，多数の被害苗がまとまっていたり，発生量によりまちまちである。本圃では，春期に越冬した3齢幼虫による被害が，まれに認められる。

●虫の生態　成虫は年1回の発生である。大きくなった3齢幼虫で越冬し，5月に蛹化し，6月に羽化が始まり，ピークは6月中旬，羽化成虫は1週間くらい地中に静止したのち地上に出てくる。成虫は日中，マキ，マサキ，ブドウ，カキなどの植物上にいて葉を食べ，交尾をし，夜間に作物圃場に飛来して，土中に潜って産卵する。雌は1か月ぐらい生存し，100～200粒の卵を何回かに分けて産む。卵期間は夏で10日くらい。イチゴの親株床や仮植床への成虫の飛来は6月中旬ころから見られ，7月上旬～下旬が多い。孵化幼虫は土中の腐植物を食べて成長し，暖地では30日で3齢に達し，盛んにサツマイモや野菜，イチゴなどの根を食害する。

●発生条件と対策　7月に苗を仮植する露地の苗床で被害が多い。ちょうどこの時期から成虫が飛来して苗床に産卵する。この時期は地温も高いので孵化幼虫は成長が速く，30日足らずで大きい幼虫になり，イチゴの根を食い荒らす。また，未熟な有機質や過剰に有機質を施用すると被害が多くなるので，適正な施用を心がける。

最初の対策のポイントは，苗床への成虫の飛来に注意することである。苗床で日中に食害している成虫が少ない場合は捕殺する。飛来が多い地域では，仮植床を寒冷紗で被覆して被害を防止する。成虫が例年発生する地域やイチゴ圃場では，親株床や仮植床に株を植え付ける前に，薬剤を散布して土壌混和し，株の植付け時に土中にいる幼虫あるいは植付け後に発生する幼虫を防除する。　［小山田浩一］

◉ハスモンヨトウ

⇨口絵：虫25

• *Spodoptera litura* (Fabricius)

●被害と診断　幼虫が8月ごろから多く発生し，苗を食い荒らす。とくに小さい幼虫が，苗の新芽の部分を好んで食害するので被害が大きい。定植後の株も芽や葉が食害される。とくに秋期に発生が多く，9～10月ごろの定植後の株が食害される。年によって異常大発生するので，圃場全面の株が食いつくされるような甚しい被害を受ける。促成栽培のイチゴでは，ビニル被覆後，開花，結実のころでも，花や果実が食害されるので被害が大きい。

●虫の生態　もともと暖地の害虫であるので，とくに関東以西に発生が多い。長距離移動性の害虫で，夏期には各地の200mぐらいの上空で捕獲されているから，これらの個体が各地の発生源となっているものと見られている。年に5～6世代をくり返す。わが国での越冬は，中国・九州では幼虫または蛹のようであるが，東海・近畿・関東地方では，施設内で各ステージの虫が認められる。第1回の成虫は，4月中旬ごろからフェロモントラップに少数誘殺され，以後，秋までに5～6回発生をくり返し，9～10月に発生量が多くなる。昼間は作物の葉裏などに静止しているが，夜になると活動を始める。青色蛍光灯には多く飛来が見られる。

卵は葉の裏に卵塊状に産む。1頭の雌成虫は平均3～6卵塊を産み，1卵塊は20～600粒で，卵期間は夏で2～3日である。孵化幼虫は集団で葉裏から表皮を残して食害し，体長が5～10mmぐらいになると，次第に分散する。4回あるいは5回脱皮をし，5齢あるいは6齢を経て成熟すると土中で蛹となる。幼虫期間は夏で15～20日，蛹期間は7～9日である。きわめて雑食性で，ダイズ，サトイモ，サツマイモ，ナス，トマト，ネギなど，ほとんどの畑作物を食害する。

●発生条件と対策　夏期の高温，乾燥によりダイズなどで多発すると，イチゴでも発生が多くなる。雑食性なので，圃場周辺に雑草が繁茂していると発生しやすい。

成虫はフェロモントラップによく集まるので，4～5月ごろから成虫の飛来状況をつかむことが，発生予察として重要である。飛来数が多くなったら，圃場の発生被害に注意する。年により異常大発生して多くの作物を暴食し，次々に移動して食害を続けるので周囲の作物の被害状況に注意する。とくに発生初期には，サトイモやサツマイモ，ダイズ，ネギなどに被害が見られるので，これらの作物に被害が多いときには，イチゴにも被害が多いと予想される。孵化幼虫や若齢幼虫が集団で食害しているうちに見つけて，葉ごと除去するか防除する。幼虫が大きくなると薬剤に対して抵抗力が著しく強くなるので，小さいうちに防除することが決め手である。　［春山直人］

オクラ

◉サツマイモネコブセンチュウ ⇨口絵：虫26

• *Meloidogyne incognita* (Kafoid et White) Chitwood

●被害と診断　ネコブセンチュウに寄生された根は徐々に肥大し，根こぶ(ゴール)を形成する。寄生が少ない場合には，細根に根こぶがぽつぽつ見られる程度であるが，寄生が多くなると根全体が根こぶだらけになり，ひどい場合には根が腐敗する。寄生量が少なければ，地上部の生育にはほとんど影響しない。しかし，寄生密度が高くなると生育が著しく阻害され，ひどい場合には枯死する。本圃初期から寄生が多い場合には生育が著しく悪くなり，周囲の株に比べて草丈が低くなる。

●虫の生態　越冬はおもに卵で行ない，地温が10℃を超すようになると孵化する。第1期幼虫は卵の中で脱皮し，第2期幼虫になって土壌中に出てくる。第2期幼虫は土壌中を移動し，根の先端から侵入して定着する。そして，養分を摂取しながら発育し，第3～4期幼虫を経て成虫になる。適温条件下(35～30℃)では約30日で1世代を完了する。

●発生条件と対策　本種は暖地種であり，高温条件下で増殖が激しく，とくに西南暖地で発生が多い。砂土～砂壌土で増殖が旺盛であり，粘質土壌では増殖が少ない。施設オクラは高温条件下で栽培するため，露地栽培に比べると増殖が激しい。露地栽培では5月から9月ごろにかけて増殖が旺盛である。本種の寄生する作物を連作すると土壌中の密度が高まり，発生が多くなる。

発生後の防除はできないので，植付け前に土壌を採取し，ベルマン法(普及所などに依頼)などでセンチュウの有無を調べ，少しでも生息しているようであれば必ず防除対策を講じる。連作を避け，できるだけ栽培圃場を変える。施設栽培では夏期に湛水蒸込み処理(30℃以上，16日間以上)を行なう。対抗植物であるコブトリソウやギニアグラスを栽培する。

［高井幹夫・下元満喜］

◉ワタアブラムシ ⇨口絵：虫26

• *Aphis gossypii* Glover

●被害と診断　もっとも一般的な害虫であり，発生は6月ごろから10月にかけて多い。おもな寄生部位は葉裏であるが，発生が多くなると幼果や蕾にも寄生する。発生初期には葉裏に黒っぽい小さい虫がぽつぽつ見られる程度であり，ほとんど被害はないが，増殖が激しいため短期間に高密度になる。高密度になると葉裏全体が黒く見えるほどになり，多量の排泄物で下葉が濡れたようになる。その後すす病が発生するため，葉の表面が黒く汚れてくる。生長点付近に多数寄生すると，展葉してくる葉が奇形化するだけでなく，生育が抑制される。吸汁害は植物体が小さいときほど現われやすく，生育初期に寄生が多いと生育が著しく抑制される。

●虫の生態　ムクゲ，ツルウメモドキなどで卵越冬する個体と無翅胎生雌で越冬する個体がある。関東以西の温暖な地域では無翅胎生雌や幼虫で越冬する個体がかなり見られる。5，6月ごろから有翅虫の飛来が多くなり，定着した有翅虫はすぐに産子を始める。産子された幼虫が無翅胎生雌になると次々と産子を始めるため，密度が急速に高くなる。高密度になると有翅虫が現われ始め，次々と分散する。春から秋にかけては周辺の雑草でも繁殖しているため，この間つねに有翅虫の飛来が見られる。

●発生条件と対策　晴天が続き，雨の少ない年に発生が多い。露地作物では雨や天敵の影響を受けやすいため，すす病が発生するような高密度になることは少ないが，オクラではたびたび多発生する。露地ではテントウムシ，寄生蜂などの天敵が密度抑制にかなり重要な働きをしているが，殺虫剤を頻繁に使用するとこれらの天敵を駆除してしまうため，発生したときの密度の回復は早くなる。施設オクラでは天敵類が少ないため，露地に比べると発生は多く増殖も激しい。

多発すると防除が困難になるので，できるだけ少発生時の防除に重点をおく。発生初期には有翅虫が葉裏で産子して小さなコロニーを形成しているので，ときどき葉をめくり，このコロニーをさがす。コロニーが散見され始めたら防除対策を講じる。シルバーポリフィルムによるうねの被覆やシルバーテープを張り巡らすと，有翅虫の飛込み防止に役立つ。とくに生育初期には有効である。施設では天窓やサイドに寒冷紗被覆を行ない，野外からの有翅虫の飛込みを防ぐ。露地では天敵類も密度抑制にかなり重要な役割を果たしているので，むやみな薬剤使用は避け，天敵類を有効に利用する。［高井幹夫・下元満喜］

◉カメムシ類 ⇨口絵：虫26

- ミナミアオカメムシ　*Nezara viridula* (Linnaeus)
- ブチヒゲカメムシ　*Dolycoris baccarum* (Linnaeus)

●被害と診断　オクラ圃場では8月中下旬から10月中旬にかけて発生が多い。ミナミアオカメムシはイネで繁殖するため，イネの収穫後，多数飛来し始める。そのためイネ栽培地帯のオクラではイネ収穫後発生が多くなる。成・幼虫がさく果，蕾を吸汁加害する。発生が多いときは，成・幼虫が1果に数頭寄生し，吸汁加害する。被害症状は外観上ほとんどわからないが，さく果を切断すると内部の子実が変色したり，口針跡が褐色に変色したりしている。さく果の基部が加害されると内部がスポンジ状になる。

ブチヒゲカメムシはオクラの栽培地帯ではどこでも発生する可能性がある。しかし，ミナミアオカメムシほど密度は高くならない。ミナミアオカメムシはかつて紀伊半島以西の太平洋岸に分布し，発生地域も限られたが，近年，温暖化の影響か，関東地域にまで分布域を拡大している。

●虫の生態　ミナミアオカメムシは成虫で越冬し，春になるとナタネやイタリアンライグラスなどに集まり繁殖を始める。オクラは本種にとって好適な繁殖植物であり，周辺のイネや雑草から次々と飛来して産卵し，繁殖を始める。幼虫は5齢を経過するが，加害する虫は2～5齢幼虫である。ブチヒゲカメムシは成虫で越冬し，越冬後キク科やマメ科植物に移り繁殖する。オクラは本種の繁殖植物でもあり，成・幼虫が吸汁加害する。

●発生条件と対策　発生は高温・乾燥の続く年に多いようである。発生の見られる作型は露地栽培であり，施設栽培ではほとんど発生しない。

初めからオクラで繁殖するのではなく，周辺の雑草などで増殖した個体が飛来して繁殖を始めるので，周辺で発生が多いようであれば注意する。とくにミナミアオカメムシはイネでの発生状況に注意していれば，オクラで多くなるか否かの判断は容易にできる。周辺から成虫が次々と飛来するので，防除は容易ではない。周辺の発生源での防除を徹底することが重要である。少発生ならほとんど実害はないが，多発すると幼果に群がって加害するためさく果が変形することがあるので，一度薬剤防除を行ない密度を下げる必要がある。

［高井幹夫・下元満喜］

◉ワタノメイガ ⇨口絵：虫27

• *Haritalodes derogata* (Fabricius)

●被害と診断　淡緑色の幼虫が葉を筒状に巻き，その中で食害している。このような被害症状は，ほかの食葉性害虫では見られないので，種の特定は簡単である。幼虫は一つの巻葉内に留まるのではなく，発育が進むと新しい巻葉をつくり食害する。

●虫の生態　越冬は幼虫で行ない，年間3世代を経過する。オクラでの発生は7月ごろから見られ始め，8～9月に多くなる。産卵は葉裏に1卵ずつ行なう。幼虫は5齢を経過する。1齢幼虫は葉裏の葉脈近くで糸を張り，その中で加害するが，その後葉を巻き，その中で摂食，加害するようになる。蛹化は巻葉の中で行なう。巻葉中の幼虫は刺激を与えるとすばやく動き，地上に落下する。

●発生条件と対策　多発条件はよくわかっていないが，高温多照の年に多い傾向がある。8～9月に栽培する露地作型で発生が多い。施設栽培での被害はあまり問題にならない。葉を巻いてからでは薬液がかかりにくいので，発生初期に薬剤散布を行なう。葉裏の葉脈にそって糸を張る時期は幼虫が小さく薬剤もかかりやすいので，この時期をうまくつかむ。フヨウ，ムクゲ，タチアオイなどアオイ科の植物によく寄生するので，これらでの発生に注意し，発生時期を的確につかむ。　［高井幹夫・下元満喜］

◉フタトガリコヤガ ⇨口絵：虫27

• *Xanthodes transversus* Guenée

●被害と診断　発生は6～7月と9～10月に見られるが，9～10月の発生が多く，被害もこの時期に多い。幼虫は成長すると約40mmの大きさになり，葉を暴食するため，発生が多いと葉脈だけを残した状態になる。幼虫は常時葉の上で食害をしている。

●虫の生態　産卵は生長点付近の若い葉に行なわれる。幼虫は発育するにつれ食害量が多くなり，大きな食害痕が見られ始める。老熟幼虫になると地面に移り，土中で蛹になる。前蛹で越冬し，翌年5月ごろに蛹になり，しばらくして羽化する。

●発生条件と対策　発生は露地栽培で多い。年による変動が大きいが，高温，多照の年に発生が多い傾向がある。薬剤には比較的弱いようだが，老齢幼虫になると食害量が多くなるので，若齢幼虫による生長点付近の食害が見られ始めたら防除を行なう。本種の多発時期はハスモンヨトウやワタノメイガなど，ほかの食葉性害虫の発生時期と重なることが多いので，これらとの同時防除を心がける。本種はフヨウなどで発生が多いので，これらで発生が見られ始めたら注意する。

［高井幹夫・下元満喜］

ウリ類

◉ネコブセンチュウ類 ⇨口絵：虫28

- サツマイモネコブセンチュウ　*Meloidogyne incognita* (Kofoid et White) Chitwood
- ジャワネコブセンチュウ　*Meloidogyne javanica* (Treub) Chitwood
- アレナリアネコブセンチュウ　*Meloidogyne arenaria* (Neal) Chitwood
- キタネコブセンチュウ　*Meloidogyne hapla* Chitwood

●被害と診断　ネコブセンチュウがキュウリ，スイカなどの根に寄生すると細い根がふくれてコブ(ゴール)ができる。収穫末期には根全体がコブ状となっている。株は日中の高温や乾燥でしおれ，葉が黄変して枯上がりが早い。しかし，センチュウの発生が少ないときや生育の後半に寄生を受けたときはコブの数も少なく被害は少ない。

●虫の生態　1年に数世代をくり返す。卵から孵化した幼虫は根の先端近くから組織内に侵入し，やがて定着して養分を吸収し，3回の脱皮を経て成虫になる。雌虫は定着後，ソーセージ型から次第に洋ナシ型の成虫へと変わり，雄虫はウナギ型となって根の組織から土壌中に脱出する。冬は野外では卵で生息することが多く，植物がある場合は成虫や幼虫でも越冬する。春になり地温が10～15℃以上になると活動を始め，夏から秋にかけて増殖する。一世代は適温条件下で約30日である。増殖の適温はサツマイモネコブセンチュウ，ジャワネコブセンチュウで25～30℃である。

雌成虫はゼラチン状の卵のうを体外に出し，その中に産卵する。卵のうは根の中にもあるが，コブの外の表面に出すことも多い。コブの表面をよく見ると，アワ粒状の白色～褐色の卵のうがある。1頭の雌の産卵数は数百個にもおよぶ。ネコブセンチュウの寄主植物は多数にのぼる。

サツマイモネコブセンチュウ，ジャワネコブセンチュウは暖地種で，関東以南の地域に多い。キタネコブセンチュウは寒地種で耐寒性が強く，東北地方，北海道に広く分布している。

●発生条件と対策　砂地や火山灰など排水が良好な土壌で発生しやすい。施設栽培では地温も高く増殖も速いため，被害が発生しやすい。

水田への転換が可能な畑では，2～3年に1回の割で水田に戻すとセンチュウ密度は減少する。施設栽培では，盛夏期に畑全体を耕起し，土壌を平らにならした後に畑全体が水に浸かる程度に湛水し，使用済みの古ビニルフィルムで表面を覆う。その後20日～1か月程度ハウス全体を密閉し，高温状態を保つことによりセンチュウ類は死滅する。水が抜けると効果が落ちるので，必要に応じ補充する。これでネコブセンチュウばかりでなく，土壌病害の防除や除塩効果も期待できる。

苗からの持ち込みを防止するため，センチュウ類や病害のおそれのない用土で育苗する。畑の土壌を用いるときには，播種前に粒剤により土壌消毒を行なう。作付け後の防除対策はないので，すでに発生の確認されている畑，あるいは発生のおそれのある畑では，作付け前に土壌消毒をする。土壌消毒ができなかったときには，定植前に粒剤の土壌施用を行なう。抵抗性台木のアレチウリはネコブセンチュウに対する抵抗性が大きい。キュウリとスイカの台木として利用できるが，メロン類との接ぎ木親和性は低い。　［田中　寛］

◉サツマイモネコブセンチュウ(ニガウリ)

⇨口絵：虫28

• *Meloidogyne incognita* (Kofoid et White) Chitwood

●被害と診断　ニガウリの細根に根コブが形成されると生育がやや抑制され，灌水が十分であるにもかかわらず晴天時にしおれ，夕方になると回復する，という症状をくり返す。症状が悪化すると地ぎわ部にも根コブを形成し，株全体の葉が黄化し果実の肥大が抑制される。

●虫の生態　寄主範囲は広く，ナス科，ウリ科，アブラナ科，バラ科，アオイ科(オクラ)などの根に寄生する。越冬はおもに卵で行ない，地温が約10℃を超えると活動を開始する。卵内の1期幼虫が脱皮して2期幼虫となる。2期幼虫は土壌中を移動し，植物体に侵入して脱皮をくり返し，3期幼虫から4期幼虫そして成虫となる。

成虫のほとんどは雌である。雌成虫は直径約0.4mmの白色洋ナシ形で，尾端部からゼラチン状の卵のうを形成し，その中に500～1,000個の卵を産む。土壌中を移動できるのは2期幼虫のみである。一世代(卵から雌成虫)に要する日数は30～60日であると考えられる。年間の世代数は露地栽培では3～5回，施設栽培では5回以上であると考えられる。

●発生条件と対策　砂地などの排水性の高い土壌で発生しやすい。ウリ科やナス科作物などの連作圃場では発生しやすい。とくに施設栽培においては栽培期間中の地温が高いため，露地栽培に比べ被害が顕著になりやすい。

栽培期間中の防除は困難なので，定植前に防除を実施し予防に努める。水田やイネ科作物などとの輪作により，ネコブセンチュウの密度を低下させることができる。前作で多～甚発生が確認された圃場では，被害株の根を除去し圃場の外で処分する。定植前に薬剤や太陽熱処理，対抗植物を利用した防除を実施する。

［大石　毅］

◉チャノホコリダニ

⇨口絵：虫29

• *Polyphagotarsonemus latus* (Banks)

●被害と診断　症状は生長点付近の芽や展開直後の葉を中心に見られる。初期の被害は，新葉が葉表側に巻き，葉縁は波形になってやや内側にわん曲する。虫の密度が高まると生長点部は灰褐色に変色し，心止まりとなり，やがて枯死する。果実はかすり状に褐変する。とくに幼果が寄生を受けると果実全体が褐変硬化し，肥大しない。露地，施設栽培ともに8～9月に発生が多く，抑制栽培や促成栽培では育苗中から寄生を受けることがある。また，促成栽培，半促成栽培では翌春の3月以降も発生する。

●虫の生態　発育は卵→幼虫→静止期→成虫という経過をたどる。25～30℃条件下での卵から成虫までの発育期間は5～7日と短く，増殖はきわめて早い。高温でやや多湿条件が発生に好適な条件である。発育限界温度は約7℃であるので，冬期の気温が低い地方では露地で越冬できない。関東以西の地方では，枯死したトマト，ダイズ，セイタカアワダチソウ，オオアレチノギクなどの茎葉上で成虫越冬する。越冬後，スベリヒユ，クローバなどの雑草やサザンカ，チャなどで繁殖したものが発生源と考えられる。本圃への侵入は苗による持ち込み，人に付着したりしても行なわれる。コナジラミ類などの脚にとりついて移動したりもする。

●発生条件と対策　育苗圃や本圃の隣接地でナス，ピーマン，チャなど本種の生息好適作物が栽培されていると寄生が多くなる。また，周囲の除草が不十分な場合には，そこからの侵入により発生が多くなる傾向がある。

早期発見に努め，少発生時の防除に重点をおく。被害が多発してからの防除では株の勢力回復に時間がかかるうえに，傷果も多くなる。発生圃場では外見上健全な株であってもすでに寄生している可能性が高いので，圃場全体に薬剤散布する。生長点部の葉の隙間や果実のヘタの隙間などに寄生していることから，薬量を十分使い，ていねいに散布する。散布むらがあると，その場所が発生源となって再発生する。ウリ類でのチャノホコリダニを対象にした登録農薬はないので，アザミウマ類やハダニ類など他の害虫防除との併殺効果をねらう。育苗は専用ハウスを設ける。周辺の雑草は十分に除草する。摘除した枝葉は速やかにハウス外に持ち出し，土中に埋めるか焼却する。

［山下　泉］

◉スジブトホコリダニ ⇨口絵：虫29

- *Tarsonemus bilobatus* Suski

●被害と診断　生長点付近の芽や展開直後の葉が縮れたり，心止まり症状となる。キュウリ果実ではイボがなくなる。施設栽培の栽培初期に発生することが多い。

●虫の生態　発育は卵→幼虫→静止期→成虫という経過をたどる。25～30℃条件下での卵から成虫までの発育期間は3～5日ときわめて短く，増殖はきわめて早い。本来菌食性のダニであり，土壌中に施用された稲わらなどの有機物の分解時に発生する菌が増殖源である。圃場へは稲わらなどによって持ち込まれることが多く，敷わらをした場合にも発生することがある。寄生は生長点部に集中し，下位葉には少ない。しかし，菌食性のためべと病や灰色かび病などの病斑部でも増殖し，成・幼虫や卵が見られる。

●発生条件と対策　未熟な有機物を施用した場合に発生が多くなる傾向がある。土壌消毒を行なっていない圃場で発生が多い傾向にある。敷わらをした場合など，栽培中期でも発生することがある。

有機物は完熟したものを施用する。土壌消毒を実施する。早期発見に努め，少発生時の防除に重点をおく。生長点部の葉の隙間や葉脈の陰に寄生していることから，薬量を十分使い，ていねいに散布する。また，べと病や灰色かび病など病害防除も徹底する。ハダニ類，ハスモンヨトウなど他の害虫防除との併殺効果をねらう。

［山下　泉］

◉ハダニ類 ⇨口絵：虫29

- ナミハダニ　*Tetranychus urticae* Koch
- カンザワハダニ　*Tetranychus kanzawai* Kishida
- アシノワハダニ　*Tetranychus ludeni* Zacher
- クローバービラハダニ　*Bryobia praetiosa* Koch

●被害と診断　ハダニ類が葉裏に寄生して吸汁するため，葉表にカスリ状の白色の小斑点が散らばって生じ，部分的に黄化する。多発すると葉全体が黄化し枯死する。発生が増加し葉裏に成虫や幼虫が群がって吸汁すると，葉全体が黄化し，激しい場合には枯死する。また，葉が小さくなるか奇形になることもある。ハダニ類の発生は下位の葉から多くなり，次第に上位の葉に移っていく。露地栽培での発生は梅雨期を除いて5～10月に多いが，温室など施設栽培では周年発生する。

●虫の生態　ナミハダニは雌成虫の体長が0.6mm，体色は淡黄～淡黄緑色の黄緑型と赤色の赤色型がある。寄主植物は，野菜，花卉，果樹など非常に多い。ほとんど休眠せず，施設栽培では周年発生する。カンザワハダニは雌成虫の体長が0.5mm，体色は赤色である。寄主植物は，野菜，花卉，果樹など非常に多い。休眠した雌成虫で越冬する。アシノワハダニは雌成虫の体長が0.5mm，体色は明るい赤色である。寄主植物は，マメ類，野菜類，花卉類，雑草など多い。雌成虫で越冬する。クローバービラハダニは体長0.8mm，赤褐色～暗褐色で，雄は存在しない。寄主植物はイネ科，クローバー，イチゴ，キャベツ，ミツバなど多い。卵で越冬する。

●発生条件と対策　ハダニ類は高温，乾燥の条件で増殖が盛んになる。なかでも，ナミハダニは25℃では約10日で卵から成虫になり，1雌成虫当たり100～150の卵を産む。梅雨期に降雨が少ない年には発生が多くなる。同一作物を連作すると，前作で発生したハダニ類が新しく栽培された作物に移動するため発生が多くなる。圃場内または圃場周辺に雑草が多いと，そこが発生源になる。

圃場や施設周辺を除草し，発生源を除去する。施設栽培では収穫終了後に残渣を持ち出して処分した後，施設を閉めきって蒸し込みを行なう。ミヤコカブリダニ，ケナガカブリダニ，ケブトカブリダニ，ニセラーゴカブリダニ，コウズケカブリダニなどハダニ類の捕食性天敵が存在するので，これらの天敵類に悪影響を及ぼす薬剤散布は控える。　［柴尾　学］

◉ミナミキイロアザミウマ　⇨口絵：虫30

• *Thrips palmi* Karny

●被害と診断　ウリ類での初期症状は，葉の葉脈ぞいにかすり状の白い斑点を生じる。幼苗では心葉の展開が不揃いとなり，萎縮して茎の伸長が悪くなる。成木では，寄生が多くなると，葉全体に小斑点が生じ，葉脈が拡大したような状態となる。若い葉は縮れて伸長が止まる。その後，葉は葉縁から次第に褐変して枯死し落葉する。

キュウリでは幼果時に寄生をうけると果面が凹凸となったり，いぼが退化して縦の条斑が生じたり，曲がり果となることがある。食害が激しいと果皮がサメ肌状となる。スイカ，メロンでは，幼果は肌がよごれ肥大が遅延する。成果期に加害されると，果実の上部付近の果皮がサメ肌状となり品質が低下する。高密度の寄生をうけると糖度が低下し，メロンではネットの出が悪くなる。株全体の症状としては，生育が鈍化し枯上がりが早くなり，果実の肥大が停止して減収を起こす。カボチャやニガウリは，寄生をうけても密度が高くなることはなく被害は少ないが，ニガウリは裂果を起こすことがある。

●虫の生態　卵は葉の葉脈付近の組織内に産み付けられる。組織内から孵化した幼虫は組織を舐め食いし発育する。2齢期の後半になると，大半が地上部に落下して土壌内で蛹化する。前蛹，蛹とも脚をもち，土壌孔隙内を歩行する。土壌内から羽化した成虫は植物上に飛来して産卵するが，未受精卵はすべてが雄となる。本虫の発育零点は卵，幼虫，蛹，成虫とも11℃前後である。発育日数は適温の20～25℃では卵期4～5日，幼虫期6～7日，蛹期4～5日で，卵から成虫になるまでの日数は約15日である。1日当たりの産卵数は2～3個と少ないが，産卵期間はきわめて長く，1雌当たり50～100個を産む。

露地での越冬は沖縄を除いて確認されていない。施設内では年間を通して，露地では4～11月に果菜類，雑草（イヌビユほか多種類）で繁殖をくり返す。施設栽培が行なわれていない地域では，施設栽培地帯から苗または風に乗って運ばれ6～11月に密度が高くなることが多い。

●発生条件と対策　施設や露地で果菜類が栽培されている地帯，圃場周辺に雑草繁茂地がある場所，施設では高温管理が行なわれ，しかも長期にわたる作型で発生が多く見られる。

在来のアザミウマ類に比べて増殖がきわめて旺盛で，薬剤に対して高い耐性を示すので，通常の防除方法では十分な防除効果は期待できない。このため栽培初期から計画的な防除対策が必要である。1）アザミウマの寄生苗を植え付けない。2)定植時に株元に粒剤を施用する。3)資材などを用いて虫の侵入，寄生繁殖を回避する。4)早期発見に努め，低密度時に薬剤散布を行なう。 ［松崎征美］

◉ミナミキイロアザミウマ(ニガウリ) ⇨口絵：虫30

• *Thrips palmi* Karny

●被害と診断 新葉に寄生しやすく，葉が吸汁されるとやや縮れる。葉裏の葉脈にそって銀色を帯びたかすり状の加害痕が生じるが，キュウリやナスなどの症状と比べると軽微であるためわかりづらい。多発すると，果実がケロイド状(サメ肌状)となる奇形が生じる。

●虫の生態 飛来侵入した成虫が植物の組織内に産卵し，1～2齢幼虫が新葉や果実を加害したのち地表に落下，土中で蛹化後，羽化成虫が再び新芽付近に寄生し産卵，という他の作物と同様なサイクルであると思われる。25℃におけるキュウリを餌とした場合の発育期間は，卵が約6日，幼虫が約4日，蛹が約4日で，卵から成虫まで約14日間である。ニガウリのスイカ灰白色斑紋病ウイルス，キュウリ黄化えそ病ウイルスを媒介するが，果実への被害は現在のところ不明である。

●発生条件と対策 本種の発生しやすいナス科やウリ科の圃場が近くにある場合は注意する。施設栽培の場合は施設内に虫を入れないことが重要で，防虫ネットやUVカットフィルムなどを活用する。定植前に，圃場内外の残渣や雑草などを除去する。苗への寄生を防ぐために粒剤を施用する。薬剤は葉裏へていねいに散布し，抵抗性発達を回避するため異なる系統をローテーション散布する。栽培終了時には，株を引き抜いた後の残渣を施設外へ持ち出す前に施設を密閉して蒸し込み，害虫が野外に分散し次作や周囲の作物に影響することを防止する。

［貴島圭介］

◉ワタアブラムシ ⇨口絵：虫31

• *Aphis gossypii* Glover

●被害と診断 直接の吸汁害と排泄物へのすす病の発生による茎葉，果実の汚れ，ウイルス病の媒介がある。寄生密度が高まると排泄物の量が増え，これにすす病が発生し茎葉や果実が汚れる。すす病が多発すると光合成が抑制され，生育が悪くなるばかりでなく品質が低下する。茎頂部への寄生が多くなると，花や幼果が落ちたり心止まりとなる。

キュウリモザイクウイルス(CMV)，カボチャモザイクウイルス(WMV)，ズッキーニイエローモザイクウイルス(ZYMV)などを媒介する。露地栽培では7～9月の夏場に発生が多い。促成栽培では，育苗期～栽培初期である8～11月と有翅虫の飛来侵入が多くなる3月以降に発生が多い。半促成栽培も3月以降に発生が多い。

●虫の生態 主(冬)寄主植物であるムクゲ，フヨウ，クロウメモドキなどで卵で越冬し，春から秋にかけてナス科，ウリ科などの中間(夏)寄主植物に寄生するもの(完全生活環)と，冬期もイヌノフグリ，ナズナなどの中間寄主植物上で胎生雌虫や幼虫で越冬するもの(不完全生活環)がある。関東以西の温暖な地帯や施設栽培では，冬期も胎生雌虫や幼虫で越冬することが多い。年間30世代以上経過し，夏期に発生が多い。春期から初夏にかけて圃場への有翅虫の飛来が多くなる。定着した有翅虫はまもなく産子を始め，幼虫が発育して無翅胎生雌虫になると産子数が増えて，急速に密度が高まる。高密度になりすす病が発生して寄主植物の状態が悪くなると有翅虫が現われ，分散が始まる。

●発生条件と対策　降雨が少なく乾燥した条件で発生が多い。施設栽培では降雨や天敵の影響を受けないことから，防除を怠ると短期間のうちに高密度になり被害が発生しやすい。

ウリ類ではCMVなどによるモザイク病の対策が重要であり，有翅虫の飛来侵入を防止する。小さなコロニーが散見され始めたら，ただちに薬剤散布などの防除対策を講じる。コレマンアブラバチなどの天敵類は，できるだけアブラムシ類が低密度のときから導入する。栽培圃場周辺の寄主植物を除去する。

［山下　泉］

◉アブラムシ類(ニガウリ)　⇨口絵：虫31

• Aphididae gen. spp.

●被害と診断　発生種はほかのウリ科作物と同様，ワタアブラムシが主体と思われる。被害にはウイルス病の伝搬，直接の吸汁害，甘露の排出に伴うすす病の発生がある。多発すると寄生葉が変形する。寄生部位の下にある葉，果実やマルチが甘露でべたつき，脱皮殻の付着やすす病の発生が見られる。

●虫の生態　受精卵で越冬する完全生活環と，成虫越冬し単為生殖を行なう不完全生活環が見られる。ワタアブラムシでは，生活環や好適寄主が異なる複数のバイオタイプが存在するとされる。野菜，花卉，果樹類など多くの作物に寄生する。圃場への侵入は主として苗による持ち込みと有翅虫の飛来による。いくつかの種はウイルス病を伝搬する。

●発生条件と対策　ワタアブラムシでは，25℃前後が発生に好適だとされる。定植時の対策としては，苗への寄生の有無に注意し，粒剤を処理して予防する。有翅虫の飛来防止法としては，防虫ネットや光反射テープ，シルバーマルチなどの物理的防除が主体となる。発生確認後の防除は農薬散布が主体となり，葉裏への寄生が多いため，葉裏にもかかるようていねいに散布する。増殖力が高いため発生初期の防除が重要である。

［大野　豪］

◉タバココナジラミ　⇨口絵：虫31

• *Bemisia tabaci* (Gennadius)

●被害と診断　成虫・幼虫は，おもに葉裏に生息し，多数寄生した葉の下にある果実や葉には，すす病が発生する。また，苗に多寄生すると生育が抑制される。

メロンでは，成幼虫が400頭/葉以上寄生すると果実糖度が低下する。カボチャおよびズッキーニの葉に幼虫が寄生すると上位葉の葉脈が白化する障害(白化症)が発生するが，タバココナジラミを防除すると新しく展開した葉は正常になる。また，カボチャやメロンの葉に幼虫が寄生すると，寄生部位の葉表に小さな円形の黄斑を生じることがある。

メロンおよびキュウリ退緑黄化病，スイカ退緑えそ病の病原ウイルス，ウリ類退緑黄化ウイルス(CCYV)を媒介する。発病したメロン，キュウリ，スイカは葉が黄化し，スイカではさらにえそ斑を生じる。メロンでは果実の重量，糖度が低下し，キュウリでは減収，スイカでは果実重量が低下する。退緑黄化病と黄化えそ病は低密度でも発生するが，そのほかの被害は葉当たり数十頭以上の密度で発生する。

●虫の生態　タバココナジラミには，生態的な特性が異なるバイオタイプと呼ばれる系統が複数存在する。そのうち問題となるのはバイオタイプBとQである。バイオタイプBとQはともに，ウリ科，ナス科，アブラナ科，キク科，マメ科，ユリ科，シソ科など多くの植物に寄生する。おもな増殖場所は果菜類が栽培される施設であるが，セイタカアワダチソウ，ノゲシ，クズなどの雑草でも増殖する。

卵から成虫になるまでの期間は作物やバイオタイプなどで異なる。キュウリを餌に25℃で飼育した場合，バイオタイプBが22～23日，バイオタイプQが24～25日である。1齢幼虫には脚があり，孵化後，短い時間だが移動し，好適な場所を探して固着する。2～4齢幼虫には脚がなく，ほぼ同じ位置で脱皮をくり返し成虫になる。成虫の生存期間は20～60日と寄主作物によって異なる。バイオタイプBの雌成虫をキュウリで飼育した場合，生存期間は約28日で，死ぬまでに約170個の卵を産む。発育期間が短く産卵数も多いため，寄生密度は急速に高まる。成虫と幼虫はともに口針を植物に挿し込み養分を吸汁する。排泄物には糖分が含まれ，排泄物が付着した部分にすす病が発生する。

バイオタイプBとQは低温に弱い。国内で越冬できないか越冬する頻度は低く，おもな越冬場所は野菜や花卉類が栽培される施設の中である。春，気温が上昇すると施設から野外に移出し，周辺の施設，露地作物，雑草で増殖をくり返す。野外の密度は徐々に高まり，夏から初秋にもっとも高くなる。施設で栽培が終了すると，寄生していたタバココナジラミが移出し，周辺の野外密度は一時的に高まる。秋以降，気温の低下にともない野外の密度は低下し，平均気温10℃以下になると活動は終息する。

●発生条件と対策　施設内の発生は，周辺から成虫が侵入することで始まるため，野外の密度が高まる夏から初秋に多くなる。ただし，ウリ科やナス科野菜が周年栽培される地域では一年を通じて発生が多く，とくに周辺の施設で栽培が終了する時期には注意が必要である。また，施設内やその周辺にキク科，アブラナ科雑草があると発生しやすい。

対策の基本は，施設へ入れない，施設で増やさない，施設の外に出さないの三つであるが，対策の重点はウリ類退緑黄化ウイルスの発生地域と未発生地域で異なる。ウリ類退緑黄化ウイルス発生地域では，入れない対策に重点をおき，出さない，増やさない対策を組み合わせる。一方，未発生地域では，増やさない対策を中心に組み立てる。

侵入を抑制するために，育苗用および栽培施設の開口部に防虫ネットを展張する。侵入防止効果は目合いが小さいほど高く，ほぼ完全に防止するには目合い0.4mm以下が必要である。ただし，目合いが小さいほど施設内の温度が上昇するため，循環扇の設置や遮光ネットの設置など降温対策が必要となる。近紫外線除去フィルムを使用すると，施設内への侵入を抑制できるが，ミツバチなど受粉昆虫の行動も抑制するため，受粉作業が必要となる。

施設から野外への移出を抑制するため，栽培終了時に開口部をすべて締め切り，施設内を高温にすることで成虫および幼虫を死滅させる。処理は1～2週間継続し，作物の枯死を確認し終了する。効果を高めるため，栽培作物の株元を切断あるいは根を抜き取り，施設内を除草したうえで処理する。

成虫は黄色に誘引される。黄色粘着板や粘着テープを設置すると，密度抑制効果がある。また，発生源となる施設内および周辺の雑草は定植前に必ず除草し，栽培期間中も定期的に除草する。

［行徳　裕］

◉タバココナジラミ（バイオタイプB）（ニガウリ）

⇨口絵：虫31

• *Bemisia tabaci* (Gennadius) (B biotype)

●被害と診断　多発すると，幼虫の排泄物（甘露）がもととなり，葉や果実が黒くベタベタと汚れるすす病が発生する。

●虫の生態　日本ではバイオタイプBとQが主要害虫である。25℃での各ステージの発育期間は，卵が約7日，1齢幼虫が約4日，2齢幼虫が約3日，3齢幼虫が約2日，4齢幼虫が約6日であり，卵から成虫までは約22日程度となる。温度が低いとこの期間は長くなり，冬季には約2か月かかる。寄主範囲が非常に広く，作物以外に多くの雑草にも寄生する。キク科，ナス科，トウダイグサ科がとくに重要な寄主雑草である。低温には弱く，九州以北の温帯地域での野外越冬は困難と考えられているが(施設では越冬可能)，沖縄など亜熱帯地域では冬季でも野外での発生が認められる。ウリ類退緑黄化病ウイルスを媒介し，ニガウリも感染する。

●発生条件と対策　沖縄では春～初夏と秋に発生が多く，施設栽培で多発することがある。露地栽培での発生は少ない。施設栽培の場合は施設内に虫を入れないことが重要で，防虫ネットやUVカットフィルムなどを活用する。定植前に，圃場内外の残渣や雑草などを除去する。栽培終了時には残渣を施設外へ持ち出す前に密閉して蒸し込み，害虫が野外に分散するのを防止する。苗への寄生を防ぐために粒剤を施用する。薬剤は葉裏へていねいに散布し，抵抗性の発達を防ぐために異なる系統をローテーションで用いる。

［貴島圭介］

◉オンシツコナジラミ　⇨口絵：虫32

• *Trialeurodes vaporariorum* (Westwood)

●被害と診断　葉の表面が透明な液で濡れて光って見える。これは，コナジラミの幼虫，蛹，成虫が口吻を植物組織に突き刺して吸汁し，余剰の水分を肛門(管状孔)から排泄したもので，甘露と呼ばれる。甘露は高濃度の糖分を含んでいるので粘っこい。甘露で濡れた葉の上方にある葉を裏返してみると，白色のコナジラミが多数寄生している。やがて，葉の表面にたまった甘露にすす病菌が繁殖し始める。最初は小さな菌のコロニーが点々と黒く認められるが，のちには葉の大部分を覆うようになり，葉全体が黒褐色に見える。

●虫の生態　寄生植物はきわめて多く，ウリ類のほか，トマト，ナス，インゲンマメおよび多くの花卉作物に被害が多い。寄主選好性が見られ，ウリ類のなかではキュウリとカボチャに多く寄生するが，マスクメロンでは少ない。休眠しないため，加温した園芸施設では冬期も発生をくり返す。野外では，オオアレチノギクやノゲシなどのロゼット葉のような，冬期も緑色を保っている植物上で越冬する。各態で越冬可能だが，卵，老熟幼虫，蛹の生存率が高い。

成虫は若い葉を好み，そこで吸汁し産卵する。成虫の寿命は3～5週間で，1雌当たりの産卵数は30～500個，卵は約1週間で孵化する。孵化幼虫はしばらく徘徊したのち，固着して吸汁し，3回脱皮して蛹になる。幼虫期間は8～10日，蛹期間は約6日，温室内ではおよそ1か月で世代が入れ替わる。発生が進むと卵，幼虫，蛹，成虫の各態が常時発生するようになり，防除は非常に困難になる。

●発生条件と対策　暖冬年は野外越冬の生存率が高まり，春先に多発しやすい。発育最適温度は23～28℃で，高温，多雨条件は発生を抑制する。作物の栽培が連続している温室では多発しやすい。

圃場衛生など耕種的措置を徹底することにより，コナジラミの発生は著しく軽減できる。耕種的措置を怠ると防除が非常に困難になる。まず，コナジラミの発生を断ち切るため，前作の栽培が終わったら夏場では約1週間温室内を蒸し込み，残り株や雑草を処理してきれいにする。同時に，周辺部，露地の発生源もきれいにする。施設の出入口，換気口に1mm目合いの寒冷紗を張るか近紫外線除去フィルムを被覆すると，成虫の侵入防止効果が高い。次に，育苗期間の管理をよくして寄生を防ぎ，摘み取った茎葉は埋め込むなど完全に処理する。下葉には蛹などが多数寄生している場合があるので，整枝作業で除去する。作物の発育初期はコナジラミの発生が比較的少なく，防除効果をあげやすい。

［林　英明］

◉ウリハムシ ⇨口絵：虫32

• *Aulacophora femoralis* (Motschulsky)

●被害と診断　成虫により，葉が不規則な半円形～円形，あるいは網の目状に食害される。成虫の発生量が多いと苗全体が食害され，株が枯死する。スイカやマクワウリでは，成虫が果実の表面を浅く不規則に食害する。幼虫は，はじめは細根を食害し，次第に太い根，ついには主根の内部も食害する。根部が食害されると地上部は日中しおれるようになり，次第に症状が進んでついには枯死する。被害が発生するのは露地栽培が主で，施設栽培では抑制栽培の育苗期～栽培初期や，半促成栽培の栽培中～後期に被害を受けることがある。

●虫の生態　集団で成虫越冬し，春暖かくなると越冬場所から離れて，ソラマメ，インゲン，ダイコン，ハクサイ，アスターなどの葉を食害する。ウリ科作物には5月ごろから飛来し食害するようになる。雌成虫は株ぎわの土塊の下などに1か所当たり数十個の卵を産む。1雌当たりの産卵数は100～500個で，産卵期間は1～3か月と長い。産卵は4月下旬～7月上旬に行なわれるが，最盛期は6月上旬ごろである。卵期間は10～20日，幼虫期間は3～5週間で，3齢を経過し土中の比較的浅いところに土繭をつくって蛹となる。蛹期間は1～2週間で，新成虫は7～8月に現われる。本州では年1回の発生であるが，四国や九州の南部では2回発生する場合があり，9～10月に現われる。新成虫はウリ類などを摂食した後，9月下旬ごろから越冬場所へと移動する。

●発生条件と対策　春～初夏(越冬後成虫の活動盛期)に直播あるいは移植する露地栽培の発芽期または移植後や，早熟栽培のトンネル被覆除去後の被害が大きい。対策としては，成虫の侵入防止，飛来最盛期の防除の徹底，常発地での定植時粒剤処理がある。

［山下　泉］

◉チビクロバネキノコバエ ⇨口絵：虫32

• *Bradysia agrestis* Sasakawa

●被害と診断　幼虫がメロンの根を加害することにより被害が生じる。初期の被害は点々と1～数株単位で発生し，日中の高温時や土壌が乾いたときにいつもより早めに葉がわずかに萎凋するが，葉からの蒸散が少なくなる夕方や灌水をすることで回復する。また，果実の肥大やネットの発生が遅れたり停止したりする。やがて温室全体に同様の症状の株が広がる。この症状が数日経過した後に葉は一日中しおれるようになり，灌水しても回復せず下葉から徐々に枯れてくる。

発生は10～4月が多い。7～8月に発生した事例はない。1作期間の発生時期は，果実の肥大期から収穫期で，交配以前に発生したことはない。栽培型では，本種は土壌の多湿を好むので，灌水量の多い金網ベッドなどの上げ床栽培に被害が多い。

●虫の生態　幼虫は本来は半分腐植化した有機物を餌としている。雑草の根や茎の腐った部分で生活し，生きた組織で発生することはほとんどない。メロンやキュウリでは，まず有機質を含んだ肥料や未熟堆肥に発生する。これらに大量に発生した幼虫の一部がその後，根を食害する。食害された部分は腐敗し，幼虫の餌としてさらに好適になるので被害が進展する。成虫は羽化翌日から産卵を行ない寿命は施設内では5日以内である。この間，成虫は摂食しない。幼虫の生育適温は18～20℃であり，20℃では約30日で1サイクルを完了する。秋期から春期まで施設の地中温度が適温になるため，この間とくに発生が多くなる。

●発生条件と対策　発生源は野外の農地や雑草地で年間発生している。ここで発生した個体が施設に飛来をするか，前作の発生個体が引き続き次作に継続する。施設栽培では常時発生するが，地温が高温となる夏期を除いて多発生をする場合がある。堆肥による直接の持ち込み，堆肥および肥料の臭いによる野外からの誘引が発生源であり，定植～生育初期の発生はこれらの堆肥および肥料に限られるので被害は発生しない。メロンの被害の発生は早くても定植1か月以降であるが，いったん発生すると収穫時まで継続する。

堆肥や肥料に発生した幼虫の増殖が多くなると，やがて何らかの原因でメロンの根を食害するが，土中の根の被害の進展を見つけることは不可能なので，地上部の葉のしおれで判断する。病気が原因ではなく，水が切れたときに一部の株の葉がしおれたとき，その根部を土壌とともに掘りおこして水につけて幼虫の存在，根部の食害が確認できたら本種の被害であるので防除を行なう。

初期被害が出てからでは遅いので，つねに次の予防対策を図る。施設の換気窓には寒冷紗（1mm目合い，白）を張り，外部からの侵入を防ぐ。完熟堆肥には発生しないので未熟堆肥を使用しない。未熟堆肥を使用した場合には定植まで3週間以上あける。菜種かすが多い有機配合肥料を元肥として使用する場合には，半発酵肥料（ボカシ肥料）を用いるとほとんど発生しない。未発酵肥料を使用する場合には，土壌と十分に混ぜ合わせて塊状とならないようにする。追肥は土壌全面に均等に行ない，塊状とならないようにし，できれば土壌と混和する。また，完熟堆肥も土壌と十分に混用して使用する。発生の多い地域や施設は例年決まっているので，定植前から成虫が多量に誘引される黄色の粘着テープを数本吊るして施設内の発生量を判断する。地床栽培ではマルチをして成虫の飛来を防ぐほか，灌水をひかえた栽培を行なう。連作や施設が多数ある場合には被害が継続する。

［池田二三高］

◉アシグロハモグリバエ ⇨口絵：虫33

• *Liriomyza huidobrensis* (Blanchard)

●被害と診断　幼虫が葉に潜って内部組織をトンネル状に食害するため，葉の表面には白い線状の不規則な食害痕が現われる。葉脈にそって食い進む傾向が強く，多発すると葉の基部や葉柄部分にまで食害がおよび，下位から上位に向かって葉が枯れ上がる。本種は侵入害虫で，新規発生して間もないこともあり不明な点が多い。

ウリ科，ナス科，キク科，セリ科，アブラナ科，ユリ科，アカザ科，ナデシコ科など23科の植物に寄生する。現在わが国で寄生が確認されている主な植物は，野菜ではキュウリ，マクワウリ，カボチャ，トマト，ミニトマト，ピーマン，パプリカ，ジャガイモ，ホウレンソウ，テンサイ，セルリー，ネギ，キャベツ，カブ，ダイズ，インゲンマメ，ツルムラサキ，花卉類ではキク，アスター，トルコギキョウ，シュッコンカスミソウ，カーネーション，マリーゴールド，ペチュニア，ナスタチウム，カンパニュラ，センニチコウ，雑草ではシロザ，ナギナタコウジュ，イヌビユ，ヒメムカシヨモギ，ハコベ，イヌホウズキなどである。北海道や東北では積雪や低温のため野外での越冬は困難であるが，施設栽培では年間を通して発生をくり返すと考えてよい。

●虫の生態　発育所要日数は，24～25℃で卵期間約4日，幼虫期間約5日，蛹期間約7日となり，ほぼ16日間で1世代が回る。卵から羽化までの発育零点は7.5℃，有効積算温度は約280日度であり，20℃における発育所要日数は22～23日，15℃では約40日である。休眠性は認められておらず，温度さえ十分であれば世代をくり返す。トマトハモグリバエよりも発育零点が3～4℃低く，比較的冷涼な地域でも生息可能であるが，逆に35℃以上の高温になると発育できない。産卵数は1雌当たり100～200個と推察される。雌は羽化当日はほとんど産卵せず，羽化1日後から産卵を開始する。トマトハモグリバエと同時に発生する場合もある。

●発生条件と対策　寄生可能な作物の多い園芸地帯での発生は多くなると考えられる。また，冬季に果菜や茎葉菜を作付けする施設栽培では越冬の可能性が高いことから，春季から周辺地域で発生が多くなると予想される。本種およびトマトハモグリバエの未発生地域では，とくにキュウリなどウリ科の作物を作付けしている農家は，過去にハモグリバエ類による被害を受けた経験がないため警戒心が低く，初期発生を見逃して甚大な被害を生じる場合がある。

幼虫の食害痕がある苗はもちろん，成虫による吸汁痕，産卵痕のある苗も本圃には持ち込まないように注意深く観察する。本圃においても同様に観察し，寄生が認められた場合には初期防除を徹底する。発生が多くなると発育ステージがバラバラになり防除が困難になる。地面が露出していない養液栽培や全面マルチ栽培の施設では，マルチ上の蛹を掃除機などで吸い取ることで成虫密度を下げることができる。

［増田俊雄］

◉トマトハモグリバエ ⇨口絵：虫33

• *Liriomyza sativae* Blanchard

●被害と診断　幼虫が葉に潜って葉肉を食害するため，葉にくねくねとした白い線状の食害痕（絵かき症状）が現われる。多発すると食害痕が葉の全面に広がり，減収や糖度低下などの品質低下を招く。産卵は充実した葉に行なわれ，未熟葉には行なわれない。したがって被害葉の発生は下位から上位へと進展する。

●虫の生態　ウリ科，ナス科，マメ科，アブラナ科，キク科などきわめて多くの植物に寄生する。25℃条件下における卵期間は約3日，幼虫期間は約11日である。1世代（卵から成虫になるまで）の期間は，20℃で約27日，25℃で約18日，30℃で約14日である。発育零点は約10℃である。雌成虫の平均寿命（インゲンを寄主とした場合）は約28日，平均総産卵数は約640個である。露地栽培での発生時期は7～11月，施設栽培では冬期間でも増殖をくり返し，翌春の栽培終期まで発生する。

●発生条件と対策　栽培圃場周辺に寄主植物であるイヌホオズキ，スカシタゴボウなどの雑草やキュウリ，スイカなどのウリ科，ナス，トマトなどのナス科，アブラナ科などの好適な寄主作物があり，そこで発生が見られている場合は，そこから成虫が飛来侵入して発生しやすい。

多発後の防除は困難であるため，発生初期からの防除を徹底する。栽培圃場およびその周辺の寄主植物を除去する。施設栽培では防虫ネットや近紫外線カットフィルムを張って成虫の侵入を防止する。ハモグリバエの食害痕のない苗を確保し，本圃には持ち込まない。摘葉や栽培終了時の作物残渣は次作の発生源になるので，圃場外に持ち出し適正に処分する。発生圃場では栽培終了後に土壌消毒を行ない，施設内の蛹の死滅を図る。

［山下　泉］

◉マメハモグリバエ ⇨口絵：虫33

• *Liriomyza trifolii* (Burgess)

●被害と診断　幼虫が葉に潜って食害するため，くねくねとした線状の食害痕が葉面に現われる。発生量が少なければ実質的な被害はないが，多発生に至れば植物体が衰弱し収量が減ってしまう。果実には寄生しない。産卵は充実した葉にのみ行なわれ，展開まもない未熟葉には産卵しない。したがって，幼虫による被害は下葉から上葉へと進展する。寄生範囲はきわめて広く，確認されているだけでもウリ科，キク科，ナス科，マメ科，アブラナ科，セリ科，ナデシコ科，アオイ科，ユリ科，アカザ科，リンドウ科，ヒユ科の12科に及ぶ。

●虫の生態　野外における越冬は蛹が主体と考えられる。施設栽培では1年中発生をくり返し，卵，幼虫，蛹，成虫の各態が混在する。1世代の所要日数は，15℃で約50日，20℃で約25日，25℃で約16日，30℃で約13日である。施設栽培における年間の発生回数は10回以上と推定される。卵，幼虫，蛹の発育零点は9℃前後で，発育上限温度は35℃付近にある。1雌当たりの総産卵数は，ウリ類では100個前後である。

成虫は地上30～50cm付近をもっともよく飛翔する。成虫には趨光性があり，南側や通路に面した箇所に寄生が多い。夜間は活動しない。数時間のうちに100mほど飛翔するといわれている。成虫は黄色に誘引される習性があるため，黄色の粘着リボンや粘着板を設置しておくと多数の成虫を誘殺することができる。しかし，誘殺されるのは主として雄である。粘着トラップは，発生量を把握するモニタリング用と考えたほうがよい。雑草ではキク科やアブラナ科の植物によく寄生する。休眠しない。

●発生条件と対策　苗とともに本圃に持ち込まれることが多い。施設栽培では，前作に発生した蛹が土中に残って発生源となる。殺虫剤の使用がマメハモグリバエの発生をかえって増やしてしまうことがある（リサージェンス）。これは，殺虫剤の使用がマメハモグリバエの天敵（おもに寄生蜂）に悪影響を及ぼすためである。

寄生が疑われる苗は本圃に決して持ち込まない。多発生してからの防除は困難をきわめるため，発生の有無の監視を怠らず，もし発生してしまったら初期防除に努める。

［西東　力］

◉ワタヘリクロノメイガ（ニガウリ）　⇨口絵：虫34

• *Diaphania indica* (Saunders)

●被害と診断　若齢幼虫はニガウリの葉裏から葉肉を食害するため，被害葉は一部が透けて見える。中齢以降になると糸を吐いて葉を綴りその中に隠れて食害し，葉脈を残すのみとなる。幼虫は葉のみならず果実の表面を削り取るように食害し，果実内にも食入し穴をあける。

●虫の生態　25℃でキュウリを餌とした場合の発育期間は，卵が4日，幼虫が約10日，前蛹が2日，蛹が8.1日で，卵～羽化までは約24日である。同条件での成虫の寿命は，雌が16.7日，雄が21.6日で，産卵期間は14.8日，生涯産卵数は約800個である。卵は卵塊ではなく，つるや葉裏に一つずつ産下される。

●発生条件と対策　近隣にほかのウリ科植物（キュウリ，カボチャなど）があると発生しやすい。対策は幼虫の発生を早期に発見し，薬剤による防除を行なう。圃場周辺のウリ科植物での発生にも留意する。施設栽培では，成虫の飛来侵入防止として防虫ネットを展張することが重要である。寄生苗の持ち込みに留意する。中齢・老齢幼虫は巻き葉内や果実内にいて薬剤がかかりにくいため，若齢期の防除が望ましい。幼虫を発見した場合は捕殺する。

［貴島圭介］

◉ウリキンウワバ　⇨口絵：虫34

• *Anadevidia peponis* (Fabricius)

●被害と診断　若齢幼虫は葉の裏側を舐食するか，小孔をあけて食害するだけなのであまり目立たないが，やや大きくなると葉の周縁部から蚕食するようになる。その際，弧状にかみ傷を付けておいてから食害することが多い。中～若齢幼虫による被害症状は葉柄近くを輪状にかみ傷をつけるため，葉身がしおれてちょうど傘を閉じたような状態となる。幼虫はその中に潜んでいることが多い。このような被害症状は比較的若い葉に多く，古く硬くなった葉にはほとんど寄生しない。露地栽培では6～7月から10月ごろまで，施設栽培では9月から11月ごろまで見られる。被害の進展はゆるやかだが，葉全体がしおれてやがて枯れてしまうので，実際の食害量のわりに被害は大きい。

●虫の生態　野外での越冬は蛹または幼虫で行なわれるが，休眠はしないかあるいは休眠してもごく浅い。年間の世代数は東北地方で3～4世代以上，関東地方で4～5世代と推定される。20～25℃で飼育した場合の1世代は約1か月余りである。卵は直径1mm弱の帯緑乳白色球形で，おもに葉裏に1粒ずつ産下される。老熟した幼虫は体長約4cmになり，被害葉などを軽く巻くようにして白色のやや粗いまゆをつくり，その中で蛹化する。

●発生条件と対策　カラスウリやアレチウリなど野生のウリ科植物への寄生も多く，これらで発生した蛾が6～7月ごろ露地のユウガオ，ヒョウタン，キュウリ，スイカ，カボチャなどの栽培作物に飛来・産卵する。9月ごろからは施設内にも発生するようになり，抑制キュウリでは11月ごろまでの間に2世代を経過し，多発生となることもある。

中～上位の比較的若い葉に食害痕がないか注意して観察する。圃場をよく見回り，幼虫が小さいうちに捕殺する。例年被害発生をみる施設では，出入口などの開口部に寒冷紗を張って成虫の侵入を防ぐ。

［上遠野冨士夫］

◉オオタバコガ　⇨口絵：虫34

• *Helicoverpa armigera* (Hübner)

●被害と診断　孵化幼虫による被害は，産卵部位周辺の花弁および新葉の食害から始まる。若齢幼虫では，花弁や新葉の表面に小さな円形または楕円形の食害痕が認められる。花蕾は雄しべ，雌しべのある上部側から食害する。雌花の場合は子房に食入して，表皮を残して内部を食害する。花弁が閉じると食害部分も幼虫も隠れるため，発見が難しくなる。中・老齢幼虫の加害は果実中心となる。雌花の子房や幼果に丸い食入口をあけ，内部を食害し，外部に虫糞を排出する。また，果実表面を浅く面的に食害する被害も見られる。ネット系のメロンでは，ネットが形成された部分を点状または面状に加害するなど，商品価値が著しく低下する。

●虫の生態　年間発生回数は地域によって異なる。鹿児島県および熊本県では4～5回，千葉県では4回，長野県では3～4回，福井県では3回である。露地では蛹で越冬するが，ハウス内では周年発生する。野外の発生は，西南暖地（鹿児島県，熊本県）が5月中旬，その他の地域が6月中旬から認められる。ハウス栽培地帯ではハウス内で周年発生する非休眠個体と休眠個体が混在していると考えられる。なお，福井県では野外で越冬できない。発生量は，7月まで少なく，8月下旬以降に増加し，成虫が断続的に施設へ侵入するようになる。熊本県では11月中旬まで侵入が認められる。

卵は直径0.5mm程度でやや扁平な球形である。幼虫は5～6齢を経過し，地表面から数cmの場所で蛹化する。老熟幼虫の体長は40mm程度である。幼虫の体色は餌や環境条件で変化し，緑色から褐色までさまざまである。成虫は体長約15mm，開張約35mmである。前翅は灰黄褐色で明瞭な斑紋はない。後翅は前翅にくらべてやや色が淡く，外縁部が黒色である。25℃における発育速度は，卵期間が3日，幼虫期間が20日，蛹期間が12～14日，産卵前期間は2日であり，約1か月で1世代を経過する。

メロン，スイカなどのウリ科野菜のほか，トマト，ピーマン，ナス，オクラ，キャベツ，レタス，キク，カーネーションなど多数の作物を加害する。

●発生条件と対策　8月下旬～10月に定植される夏秋，秋冬作での被害が発生する。周辺にトマトやレタスなどの寄主作物が多く栽培されている場合，周辺作物からの侵入に注意する。

幼虫が葉の隙間や花蕾，果実の中に侵入するため農薬がかかりにくく，防除効果が上がりにくいので，発生初期から防除する。肥大期の果実に被害が認められてからの防除では手遅れであり，被害の進行を止めるのは困難である。対策はハウス内への侵入防止と孵化直後幼虫への薬剤散布を主体とする。侵入防止には，ハウス開口部に目合い4mm以下の防虫ネットを設置する。また，各株の生長点や結果枝周辺を中心に観察し，若齢幼虫の食害痕や卵を発見した場合はただちに防除する。摘心，摘花した花蕾や新葉には卵や若齢幼虫が寄生しているので，圃場外に持ち出し処分する。

［行徳　裕］

◉ハスモンヨトウ

⇨口絵：虫34

• *Spodoptera litura* (Fabricius)

●被害と診断　孵化幼虫は卵塊の周辺部から表皮を残して集団で食害する。このため，卵塊のあった葉はすかし状に食害され，白変～褐変する。中齢幼虫になると周辺の株へと分散し，食害量も多くなる。老齢幼虫になると食害量がさらに増え，葉脈や葉柄を残して暴食し，不規則で大きな穴があくようになる。果実の表面を食害することもある。

施設栽培では入り口付近，サイド部，天窓下などの開口部付近から発生する場合が多い。露地栽培，雨よけ栽培では8～9月に発生が多く，抑制栽培では収穫初めの8月から12月の収穫後期まで発生する。促成栽培では10～12月の栽培初期に被害発生が多い。

●虫の生態　寄主範囲は広く，ウリ科のほか，ナス科，アブラナ科，マメ科など多くの作物を加害する。成虫は日中作物の葉裏などに静止しており，夜間に活動する。飛翔により一晩に数km移動する。また，ブラックライトなどの灯火に誘引される。南方系の害虫で本土における露地での越冬はきわめて少ない。おもに施設栽培で越冬したものが発生源となる。施設栽培が多い九州や四国では6月ごろから発生が見られ始め，8～9月にもっとも多くなる。年間の発生回数は西日本で4～5回である。北日本での発生は少ない。

卵はおもに作物の葉裏に数百粒の卵塊で産み付けられるが，植物体以外の支柱，防虫ネット，ビニルなどにも産卵する。1，2齢幼虫は，卵塊付近の葉を集団で食害する。3齢幼虫ころになると分散し，老齢幼虫は日中地ぎわ部などに潜み，夜間に這い出して暴食するようになる。6齢を経て幼虫は土中で蛹になる。25℃における幼虫期間は約2週間で，1世代に要する期間は1か月程度である。

●発生条件と対策　夏期が高温少雨の年に発生が多い。台風後に成虫が多数飛来，産卵し，被害が見られることがある。

施設栽培では，施設内への成虫の侵入を防止する。分散前の若齢幼虫期の防除に努める。薬剤抵抗性の発達を防ぐため同一系統の薬剤の連用は避ける。

［山下　泉］

アブラナ科

◉ナメクジ類 ⇨口絵：虫35

- ナメクジ　*Meghimatium bilineatum* (Benson)
- ノハラナメクジ　*Deroceras laeve* (Müller)
- コウラナメクジ　*Limacus flavus* (Linnaeus)

●被害と診断　葉や茎の被害は，ウスカワマイマイやヨトウムシ老熟幼虫の被害によく似ており，比較的大きな穴があく場合が多い。被害は下葉のほうからでてくる。ウスカワマイマイと同様に，這ったあとの粘液のすじが乾燥して銀色に光って見える。

●虫の生態　ナメクジは年1回発生し，3～6月に鉛色の卵を産む。卵は，40粒内外の卵塊としてゼラチン質に包まれ，小枝や雑草に産み付けられる。これからかえった幼体は，秋までに成熟して土中や積んだ物の下で冬を越す。ノハラナメクジは年2回発生する。土中や落葉の下，石の下，積んだ物の下などで冬を越し，3月ごろから活動を始める。春秋2回産卵し，乳白色・球形に近い卵を地表や落葉の積んだ物の下に産み付ける。1頭で300粒程度産卵し，春の卵からかえった幼体が，秋には成体となって産卵する。コウラナメクジは幼体で冬を越し，3月ごろから活動を始める。繁殖力旺盛で，秋に成体となり，楕円形の卵を60粒ほど，じゅず状に産卵する。孵化した幼体は，しばらく加害したのち越冬に入る。冬でも暖かい雨の続いた日には，潜伏場所から出て活動する。

●発生条件と対策　ナメクジ類は湿った場所を好むので，栽培環境も発生の手がかりになる。有機質肥料を多用すると，被害が多い。

［山田偉雄・杖田浩二］

◉ハクサイダニ ⇨口絵：虫35

- *Penthaleus erythrocephalus* Koch

●被害と診断　ハクサイダニは鋏角で表皮細胞をこわし内容物を吸汁する。このため加害部が灰色から銀色となり，のちには枯死する。幼植物では心葉の加害により心止まり症状を引き起こし，さらに加害が続くと株が枯死する。ハクサイ，ダイコン，カブなどのアブラナ科野菜のほか，ホウレンソウ，レタス，ネギなど冬期間に栽培される多くの作物を加害する。ハクサイ，レタスなどの結球する野菜では結球部に侵入して加害するため，商品価値を著しく低下させる。ダイコンでは心止まり症状を呈し，葉柄基部の小葉が枯死する。根菜類では地上部に露出した可食部が加害されて褐変することもある。

ハクサイダニ雌成虫は体長0.7mm，胴体部は黒色，暗赤紫色の4対の脚をもつ。胴体部背面後方に肛門があり，水滴状の排泄物をつけていることが多い。昼間は葉裏や日陰で加害しているが，夕方や曇りの日には葉表でも加害する。行動はきわめてすばやく，わずかな震動でも葉陰や株元に隠れる。卵は橙赤色，楕円形で植物体上や土壌などいたるところに産み付けられるが，ハクサイでは地ぎわ部や外葉の葉柄(白い部分)に多い。産卵は1粒ずつ行なわれるが，葉脈ぞいや狭い場所が好まれるので，結果的に数段重なった卵塊となっていることも多い。

●虫の生態　夏を休眠卵ですごし，晩秋に幼虫が出現して春まで活動する。この間に2世代を経過する。雄は確認されていない。島根県における自然条件下での飼育調査では，越夏卵(休眠卵)は10月下旬～11月上旬に孵化する。第1世代成虫は11月末ごろから，第2世代成虫は3月中旬ごろから出現する。第2世代の発生時期は暖冬年では1か月近く早まることも珍しくない。第1世代成虫は産卵開始当初の12月上旬から休眠卵を産下するが，その割合は低く，12月下旬以降急激に休眠卵の産下割合が高まり，2月以降に産下された卵の大部分は休眠卵である。第2世代成虫の産下卵はすべて休眠卵である。

休眠卵は高温で休眠から覚醒し，7月中旬ごろには休眠から覚めている。しかし，高温下では卵の孵化が抑制される機能をもつので，気温が低下する秋にならないと孵化しない。ハクサイダニは低温期に活動するダニで低温でもよく育つ。孵化から成虫までの期間は5℃で61.7日，12℃では26.3日である。

●発生条件と対策　暖冬年には第1世代成虫の発生が早く，非休眠卵の産下が多くなるので第2世代の発生量が多くなる。ハクサイダニに登録されている薬剤はないので耕種的対策が中心となる。収穫後の残渣には多数の休眠卵が産み付けられているので，圃場から持ち出すか火炎処理などで適切に処分する。休眠卵は45℃で3日，50℃では1日で死滅するので太陽熱消毒を行ない，休眠卵の低減を図る。また，土壌病害虫を対象としたクロルピクリン灌注処理は，休眠卵の併殺効果が期待できる。　［板垣紀夫］

◉アブラムシ類　⇨口絵：虫35

- モモアカアブラムシ　*Myzus persicae* (Sulzer)
- ニセダイコンアブラムシ　*Lipaphis erysimi* (Kaltenbach)
- ダイコンアブラムシ　*Brevicoryne brassicae* (Linnaeus)

●被害と診断　成虫・幼虫とも葉裏に寄生するので，発生初期には発見が困難である。しかし，増殖を始めると寄生葉はしおれ始める。アブラムシ類，とくにダイコンアブラムシ，ニセダイコンアブラムシは，最初地面に接した一番外側の葉に寄生するが，密度が増加すると外側の葉から内側の葉へと移行するので，縮れや萎凋は外葉から次第に内側の葉におよぶ。

キャベツの小さいものに多数寄生したときは，中心部に寄生して黄色く縮れることがある。寄生された葉は縁から黄変してくるが，このころになると，地面に接した外葉をはがすと土の表面にカビが生え，また外葉の表面にすす病が生じる。よく見ると，アブラムシの脱皮殻が葉や土の表面に白く散らばっている。

●虫の生態　モモアカアブラムシは，バラ科植物の芽や皮目などのくぼみに産み付けられた卵で冬を越すが，暖地ではアブラナ科の野菜や雑草の葉裏で，無翅胎生雌虫で越冬しているものも多い(寒冷地でもハウス内では，同様なことがいえる)。幼虫の孵化は早春に行なわれ，寄生植物が発芽すると，その芽や蕾に寄生して加害する。葉が開くと葉裏に寄生し，これが幹母となって単為生殖を続け，雌だけで増殖する。5月末ごろから有翅虫が現われ，ナス科，マメ科，アブラナ科の作物に移って加害する。ハクサイ，ダイコンでは8月ごろから寄生が多くなり，8月以降に増発する。晩秋に有翅虫が再びバラ科の植物に戻り，最初有翅虫が無翅虫を産み，成虫となると雄の有翅虫が飛来して交尾し(有性世代を経て)，越冬卵を産み付けて卵で越冬する。

ニセダイコンアブラムシは，アブラナ科の野菜か野草の葉裏で幼虫態で冬を越すが，暖地では冬でも無翅胎生雌虫が産子しながら冬を越す。春の野菜の被害はあまり多くないが，アブラナ科の雑草でほそぼそと繁殖をくり返し，7月末ごろから有翅虫が現われて秋まきの菜類に飛来し，秋に入ると急に増発する。

ダイコンアブラムシは，秋の被害はあまり多くない。秋にアブラナ科の野菜に越冬卵を産み付けて卵で冬を越す。春に卵から孵化した幹母から有翅胎生雌虫を生じ，付近に分散して5月ごろから急激に増殖する。ナタネでとくに発生が多い。しかし，梅雨期後には発生は減少する。一般に春季多発型であり，早生種のハクサイや春まきのハクサイ，キャベツ，カブ，ダイコンでは注意が必要である。

●発生条件と対策　アブラムシ類は，少雨のときに多発する。その理由は明らかではないが，おそらく多雨の場合は，雨で流されたり，地面から土がはね上がって虫体を覆うことや寄生菌が発生することで，繁殖が抑制されるためと思われる。また，干ばつのときには汁液の濃度が濃くなって，アブラムシに対する栄養的価値が上がるためと思われるが，いずれにしても干天には注意する必要がある。ことに春の乾燥が虫の密度を早く高め，秋の密度も高くなる。

ハクサイの普通栽培の幼苗期と生育期には，アブラムシの直接加害と同時にウイルスの感染に十分注意する。幼苗期にはウイルスの感染に対する防除に重点をおいて対策をたて，生育期には直接加害に注意し，干天の続くときには防除対策をたてて早期に駆除する。キャベツでは，中心部に寄生したときは生育が遅れる。ダイコン，カブでは，ハクサイと同様に直接の被害とウイルスの感染による被害が発生する。またダイコンやハクサイなどをつくった跡地では，付近にウイルス保毒虫が飛び，それによってウイルス病が多発するので，その面の防除も考えなくてはならない。発生の多い時期，地帯では，播種時・定植時に粒剤を処理する。

［山田偉雄・妙楽　崇］

◉ダイコンハムシ(ダイコンサルハムシ)　⇨口絵：虫36

• *Phaedon brassicae* Baly

●被害と診断　成虫，幼虫ともに，アブラナ科の菜類を好んで食害する。葉脈を残して葉を食害するが，多発したときは葉柄まで食害するので，作物は枯れるか著しく生育が遅れる。被害は，夏の終わりごろから秋にかけて多い。

●虫の生態　本州の暖地から四国，九州に広く分布する。西日本の山間部では，とくに発生が多い。成虫が，近くの草むらや石垣のすき間などで越冬する。4月ごろダイコンやハクサイに移動して加害するものもあるが，多くは夏までそのまますごし，晩夏から秋にかけて移動し加害する。発生回数は不ぞろいで，秋になって活動するものは1～2世代を送る。卵から成虫になるまで約1か月かかるが，成虫はきわめて長命で1～2年生存する。成虫は飛ばず，歩行によってかなり広く移動する。手で触れたり葉を動かしたりすると，すぐ落ちる習性がある。

●発生条件と対策　発生した近くに草むらや石垣など，冬や盛夏に成虫が潜みやすいところがあると，秋に必ず被害を受ける。成虫が集まる盛期に薬剤を散布する。

［山田偉雄・杖田浩二］

◉キスジノミハムシ　⇨口絵：虫36

• *Phyllotreta striolata* (Fabricius)

●被害と診断　成虫による被害は，葉一面に1mm以下の円形のゴマ症状になった食痕が現われる。食痕は，葉が生長すると不規則な裂孔となる。ハクサイ，ダイコン，カブでは，発芽まもない幼苗期に被害が多く，食害の激しいときには，ほとんど原型をとどめないほどに加害され，枯死するか生育が著しく遅れる。キャベツでは，ダイコンやハクサイ，カブほどの被害はないが，幼苗期には被害が見られる。

幼虫による根部の被害は，ダイコン，カブがもっとも受けやすい。被害の軽微なものでは，1mmぐらいの小さい穴が点々とあけられる。ひどいものでは，一面ミミズが走ったようにサメ肌状となる。また，播種20～30日ごろに被害を受け，その後，食害をまぬがれたものは，収穫時には食害部が肥大してデコボコ状となり，なめらかさを欠く。暖地に限らず高冷地帯においても，薬剤散布を逸した夏季収穫のダイコンでは収穫皆無になる場合が多い。ハクサイの場合は，根部に同様の被害を受けるが，被害の軽微なときはとくに生育に影響することはない。一方，根がサメ肌に食害されると細根の伸展が悪くなり，生育がひどく遅れたり結球しなかったりするものがある。

●虫の生態　年4～5回の発生で，発生日数は暖地でもっとも多くなるが，高冷地では3回ぐらいである。成虫態で土中浅く潜入するか，ごみや草の根元，落葉の下や取り残されたアブラナ科の葉の中に隠れて冬を越す。冬でも暖かい日には葉上に出ることがあるが，平年では3月ごろに出現する（高冷地では4月上～下旬，平均気温13℃以上になると出現する）。春まきのハクサイやカブ，ダイコン，その他の漬菜の葉を食べて，早いもので4月下旬から産卵を始める（高冷地は5月）。産卵場所は，土中浅く作物の根の近くであり，長めの白い卵を産み付ける。

産卵開始までの日数は個体により差があり，早いものと遅いものとでは1か月近くの差がある。越冬成虫は，相当葉を食害しないと産卵できない。産卵期間も個体差があり，短いもので20日，長いもので50日に及ぶ。総産卵数は150～200粒で，昼夜ともに産卵する。

成虫の寿命は長く4か月に及ぶものもあり，産卵期間も長いので，初夏以降の発生は，世代がかさなって不整一になる。成虫の数は6～7月に急に増加し，7～8月にピークに達し，その後次第に減少する。発育に要する期間は卵3～5日，幼虫（5～6mmで白色）10～20日，蛹（3mmぐらいで白色）3～15日である。成虫は日中盛んに交尾を行ない，跳躍し，飛翔活動もする。低湿や曇天や雨天の際は，葉の陰や根元に隠れているので目につきにくい。ダイコン，ハクサイ，カブ，キャベツなどがないときは，あぜのイヌガラシ，スカシタゴボウ，ナズナなどに寄生し生育する。近年，外来種のアブラナ科雑草でも増殖し，近隣の圃場に飛来している事例もある。幼虫は，アブラナ科の植物の根部を食害し，3齢で老熟し，地表面近くに移動して蛹化する。

●発生条件と対策　菜類，ダイコンの周年栽培では，被害は増加する。高温乾燥が続くと発生が多くなる。とくに夏まきダイコンに被害が多い。

シルバーマルチ栽培により被害を軽減できる。ハクサイ，ダイコン，カブ，キャベツの毎年発生の多い作期には，播種時，定植時の粒剤処理などの予防的防除が必要である。成虫の発生が多い場合には，薬剤の茎葉散布も必要になる。成虫は，平均気温19℃以上で活動期となり，気温20℃以上で摂食活動を開始し，気温32～34℃のときがもっとも活発となる。ダイコン，カブなどは根部に致命的被害を受けるので，播種30日後までの防除がカギとなる。　［山田偉雄・妙楽　崇］

◉ヤサイゾウムシ　⇨口絵：虫37

• *Listroderes costirostris* Schoenherr

●被害と診断　成虫・幼虫ともに加害する。幼虫の加害時期は10月ごろから翌年5月ごろにわたり，ハクサイ，ダイコン，カブでは繁った茎葉の中にいて食害する。被害は地面に接した葉に多く，葉の縁からは食害せず，葉面に1～2cmの円形の穴を残す。葉の中肋部や茎内にも食い入り，被害がひどいと株は萎縮して伸びない。春まきの幼苗では，葉柄や心葉が食われて生育が止まる。成虫の加害時期は，盛夏を除き10月から翌年6月ごろまでで，葉や心葉を食害する。ハクサイでは，葉柄の中間部分を表からえぐったようにかじることが多いので注意する。

●虫の生態　1年1回発生する。単為生殖で繁殖するので，1頭の雌からどんどん増殖する。成虫の寿命は長く，平均264日であるが1年以上も生存する個体もある。1頭の雌成虫は，加害植物付近の地表または地中に300～1,500粒の卵を産下する。冬の間は卵から70～80日で蛹化するが，春気温が上昇すると1か月以内で蛹化する（1～2月…73日，3月…23日，5月…8日）。幼虫は老熟すると地中に入って蛹化する。蛹化は3月末ごろから始まり，新成虫は4月中旬～6月下旬に羽化する。新成虫は，そのまま地中に潜伏したり，しばらく加害を続けたのち，ごみや落葉の下に潜り込んで越夏する。成虫は夜行性で，夕方から夜間にかけて植物に集まって加害する。食性はきわめて広く，加害はアブラナ科，セリ科，ナス科，アカザ科，キク科の順に多い。

●発生条件と対策　関東以西に広く分布するが，農薬に対する抵抗性は高くないため，あまり問題にならなくなった。しかし，雑草などでも十分繁殖できることから，防除の手を抜くとすぐ発生が増加する恐れがあるので注意する。成虫は飛べず，歩いて移動する。施設栽培では，溝を切った塩化ビニルパイプを，入口付近などに溝か地表面にくるよう埋設することで，成虫を捕殺し，被害を抑制できる。

［山田偉雄・杖田浩二］

◉ナモグリバエ　⇨口絵：虫37

• *Chromatomyia horticola* (Goureau)

●被害と診断　雑食性の害虫で，葉に幼虫がもぐり込み，中を蛇行して食害するので，食痕が白く透けて見える。春，エンドウやナタネなどにかなり被害が出ることもあるが，キャベツなどでは被害は少ない。

●虫の生態　幼虫が葉肉内を蛇行して食害し，食痕が白くなるので目につきやすい。俗に“絵かき虫”や“字かき虫”と呼ばれる。1年に数世代を経過する。成虫は4～5mmの小さな灰褐色のハエで，春先から活動して葉のヘリに長楕円形の卵を産み付ける。幼虫は乳白色のウジで，老熟すると葉肉内で蛹となる。成虫は，風通しの悪い日だまりに集まる習性がある。

●発生条件と対策　多発した場合，薬剤を散布すれば防げる。

［山田偉雄・杖田浩二］

◉コナガ　⇨口絵：虫37

• *Plutella xylostella* (Linnaeus)

●被害と診断　幼虫が，葉裏から円形または不規則な形に小さく葉肉だけを食害する。葉表の表皮を残すため，透けて見える。隣接した株の葉が裏同士密着した場合には，葉と葉のすきまに多数入って加害する。ハクサイなどで収穫時に結球した内部に幼虫が入ったものは，商品価値を落とす。

●虫の生態　25℃で飼育すると，卵期約3日，幼虫期9日，蛹期3～4日で，卵から15～16日で成虫が羽化する。成虫は，葉裏に扁平で乳白色の卵を1粒ずつ点々と産み付ける。孵化幼虫は葉肉内にもぐり，2齢期ころに葉裏に出てくる。幼虫は，葉の裏面の葉脈の凹みにそって1頭ずつ生息し，表皮のみを残して葉肉を食害する。老熟すると，葉裏に網のようなまゆをつくって蛹化する。

●発生条件と対策　関東以西ではおもに春～初夏，秋の発生が多いが，冬期にも成虫・蛹・卵で生息し，盛んに摂食活動を行なう。高冷地・寒冷地では夏期の発生が多い。東北地方北部，北海道など積雪期間の長い地方では越冬の可能性は低く，春期・初夏の発生は南部からの飛来によるものと考えられる。

本虫の対策には，早期防除を心がける。とくに幼苗は予防的に薬剤を散布する。ハクサイ，キャベツなどで，結球を始めたときに防除を怠ると結球内部に入ってしまうので，薬剤の効果がでない。毎年多発生する地帯では，播種時に粒剤を施用したり，長期残効が期待できる薬剤を灌注処理するとよい。薬剤抵抗性の発達がきわめて早い害虫なので，同一系統の薬剤の使用を避ける。栽培面積が広い圃場(3～5ha以上)や，施設栽培では，フェロモン剤の利用も有効である。

［山田偉雄・杖田浩二］

◉ハイマダラノメイガ　⇨口絵：虫38

• *Hellula undalis* (Fabricius)

●被害と診断　被害はアブラナ科野菜の生育初期の株に見られ，後期にはほとんど見られない。幼虫が，生育初期の中心葉を綴り合わせ，生長点付近の心を食害する。ダイコンでは，間引き時期前後に加害されると，茎上部が食べつくされて枯死したり，食害を受けた時点で生育が停止したりするものが多い。キャベツでは，定植前の被害株は生長点部が食害されるため，生育が停止したり，枯死するものが多い。定植後の被害株は，3～4個のわき芽が派生し，正常な結球は望めなくなる。生育中期以降のダイコンやキャベツでは，中心葉での食入被害よりも葉柄内での食入被害が多く，葉柄が折れて葉が垂れ下がっているのが見られる。

●虫の生態　ダイコン圃場の観察では，成虫は1株当たり1～十数卵を，株元の茎や葉に産卵するとされる。1雌当たりの産卵数は100～200卵と推定され，1日当たり20～50卵を産む。ダイコンの茎・葉に産み付けられた卵は3～5日後に孵化し，中心葉の柔らかい葉肉内に潜り込んで食害し，成長すると多くは生長点近くの心部に食入する。成熟した幼虫は地表部に下がり，砂や土を糸で綴ってまゆをつくり蛹化する。孵化から蛹化までの日数は，12～21日である。蛹は6～13日で成虫になり，羽化2～3日後から産卵を始める。卵から成虫羽化・産卵までの期間は，およそ1か月である。年間発生回数は関東・北陸で4～5世代，西日本で6～8世代と推定される。北海道から九州まで分布するが，関東以西での発生が多い。5～12月にかけて発生するが，8月下旬から10月下旬ごろに多く，これ以外ではきわめて少なく問題にならない。

●発生条件と対策　夏季が高温少雨で，残暑のきびしい年には多発する。夏季播種のダイコンやキャベツで多い。

夏季に播種する作型のダイコンでは，日よけやアブラムシ防除用に寒冷紗被覆が行なわれるが，この寒冷紗をすそ開きのないように被覆し，侵入を防止する。初発生にとくに気をつけ，発生を見たらただちに薬剤防除を行なう。多発生が予測される場合には，播種前や定植時に粒剤を処理する。間引き時に被害株を除き，ただちに薬剤を散布し，その1週間後に再度散布する。被害を確認したら，ただちに薬剤を1週間ごとに2回程度散布する。育苗時に長期残効が期待できる薬剤を灌注すると，被害を予防することができる。

［山田偉雄・杖田浩二］

◉モンシロチョウ（アオムシ）　⇨口絵：虫38

• *Pieris rapae crucivora* Boisduval

●被害と診断　幼虫が葉を，冬季を除いて春から秋まで長期間食害する。とくに春から初夏，および10～11月の秋季に被害がひどい。夏季高温時には被害が少ないが，寒冷地・高冷地では夏季の被害が多い。若齢幼虫は，葉肉の厚い植物では表皮を残して葉肉を浅く食害する。成長すると，細い葉脈に関係なく葉縁部や葉の内部から穴をあけて比較的荒い食べ方をする。多発時には葉は網目状となり，しまいには主軸だけ残して食いつくす。幼苗のときは，中心部の若葉をえぐるようにして食害するため生育は止まり，枯死することがある。

被害の症状は，ヨトウムシの場合に似ている。幼虫は葉上にいることが多いが，黄緑色で発見しにくい。糞は緑色で大きく，加害部の下位の葉や葉柄にたまる。これらの点から，ヨトウムシの被害との見分けは簡単である。コナガの被害も発生の多いときには葉が網目状になるが，個々の食痕が小さく，食痕部の周辺に表皮が白く残るので見分けがつく。

●虫の生態　発生回数は，関東以南の暖地では5～6世代。東京付近では4～5世代であるが，北海道などの寒冷地では2～3回の発生である。冬は寄主植物から離れ，垣根や塀などで蛹化し，蛹で越冬する。暖地では幼虫で冬を越すこともある。成虫の出現は，まだ低温の早春にはじまり，暖地では3月に初発生が認められる。この第1回成虫の出現期は，冬季の温度と密接な関係がある。成虫は，雨天や曇天，気温の低い日にはあまり活動しないが，好天の日にはよく飛びまわり，越冬したナタネ，キャベツ，チンゲンサイなどの葉裏に点々と産卵する。1頭の雌成虫が，100～200粒を産下する。適温では卵期3日内外，幼虫期間14～15日で蛹化し，蛹期間5～6日で羽化する。成虫はカラシ油を含有した植物に誘引されて産卵することから，フウチョウソウなども加害する。

●発生条件と対策　晩春から初夏にかけての被害がもっとも激しく，晩生のキャベツや夏ダイコンの被害がひどい。盛夏のころは一時発生が衰えるが，この原因は寄生菌，寄生蜂にやられることのほかに，高温すぎるためと思われる。秋には再び多発して，秋植えのキャベツ，ハクサイ，ナタネ，ダイコンを多く加害する。

ヨトウガ，コナガに比べ薬剤抵抗性の発達が少なく，比較的防除の容易な害虫である。防除適期は，幼虫が1～2齢の若齢期である。このころは被害も目立たないし，薬剤にも弱い。ただし，発生が長いので数回薬剤を散布する必要がある。幼虫の発生最多期は，葉上の卵の最多期から10日ほど後に現われるので，寄主植物上の卵から幼虫の防除適期を推定できる。また，成虫の飛翔状況も，防除適期と発生量の目安になる。発生加害時期はヨトウムシとほぼ一致するので，適切な薬剤を使用すれば両種を同時に防除することができる。発生期に苗をつくる場合，苗床を防虫ネットや寒冷紗で覆い，残効性のある薬剤を散布するか，有効な粒剤の株元処理を行なうとよい。

［山田偉雄・杖田浩二］

◉ネキリムシ類　⇨口絵：虫38

- カブラヤガ　*Agrotis segetum* (Denis et Schiffermüller)
- タマナヤガ　*Agrotis ipsilon* (Hufnagel)

●被害と診断　若齢幼虫はおもに茎葉を食害し，老齢幼虫は株の根元をかみ切る。幼虫は散らばって分布し，若齢時は摂食量が少ないため実害はほとんどないが，中～老齢幼虫になると，生長点を食害したり，株の根元をかみ切ったりするため大きな被害となる。株の根元からの切断はネキリムシ特有の加害で，株はそこから折れて枯死する。苗や定植後間もない株では1頭の幼虫が一夜のうちに数株を加害し，決定的な被害となるので，発生量のわりには被害は大きい。

●虫の生態　中齢～老齢幼虫で越冬し，成虫は年間にカブラヤガが2～4回，タマナヤガが3～5回発生する。土壌中で越冬した中齢～老齢幼虫が4～5月に蛹化し，第1回成虫となる。その後，秋までに数世代を経過する。11月末ごろまで発生が続き，つねに各齢期の幼虫が見られる。暖地では冬でも摂食活動をし，発育を続ける。カブラヤガは関東以南，タマナヤガは北日本で発生が多い。

卵は雑草や作物の地ぎわ部におもに1～2個分散して産み付けられる。総産卵数は多く，1雌当たりカブラヤガで約1,000個，タマナヤガで約2,500個産卵する。適温下（25℃）では4～5日で孵化し，約30日の幼虫期間を経て，土の中で蛹化する。蛹期間は2～3週間である。若齢時は雑草や作物の下葉の裏などに潜んで食害するが，中齢以降は昼間土の中に潜り，夜間に這い出してきて株の根元を切断する。両種ともきわめて雑食性で，野菜類のほか花や多くの雑草の茎も食害する。そのため，休耕地など雑草の繁茂していたところに作付けすると，大きな被害となることがある。

●発生条件と対策　作付けする圃場またはその周辺

で，ギシギシなどの雑草が繁茂しているところでは発生が多い。前作で発生の多かったところや毎年被害を受けるところでは，播種または定植時に土壌施用剤を処理する。多発・常発地以外では，播種または定植後の被害の早期発見に努め，被害が少ないときは株元の土中を調べ，幼虫を探し捕殺する。被害が散見されるときは食餌誘殺剤を株元に施用する。圃場ならびに圃場周辺の除草をこまめに行ない，生息密度を下げる。除草後10日以上あけてから播種または定植する。

［長塚　久］

◉タマナギンウワバ

⇨口絵：虫39

• *Autographa nigrisigna* (Walker)

●被害と診断　幼虫がキャベツ，ハナヤサイを好んで食害し，ときにはハクサイ，ダイコン，ニンジン，セリ，ゴボウ，ダイズ，レタスなどにも発生する。下葉近くのやや硬い葉をおもに加害し，葉に穴をあけたように食害するのが特徴である。ヨトウムシやハスモンヨトウのように，集団で食害することはない。平坦地では多発時でも株当たり数頭であるが，大きくなった幼虫を見のがすと，葉をすっかり食いつくされることがある。高冷地・山間地では多発傾向で，株当たり10頭を超えることも多く，大きな穴のあいた葉が多く見られるようになる。

●虫の生態　全国的に分布し，関東以西では，およそ年5回発生する。暖地では，冬期でも卵から蛹・成虫の各態が生息する。成虫は，キャベツの中葉や下葉の裏に1個ずつ卵を産む。卵は10日ほどで孵化し，幼虫は点々と穴をあけて食害する。老熟した幼虫は，葉裏にまゆをつくり，その中で蛹化する。卵から成虫になるまでの日数は，20～25℃でおよそ30日である。

●発生条件と対策　平坦地では晩夏から秋にかけて，高冷地では夏期に幼虫の発生が多くなる。キャベツなどで，下葉が重なり合うなどして薬剤が十分にかからないような密植栽培圃場で発生が多い。幼虫は外葉の裏側にいることが多いため，葉裏にも薬液が十分にかかるように留意する。

［山田偉雄・杖田浩二］

◉オオタバコガ

⇨口絵：虫39

• *Helicoverpa armigera* (Hübner)

●被害と診断　幼虫がキャベツの葉，生長点を食害する。幼虫は外葉，結球部とも加害する。とくにキャベツでは結球前に生長点を加害されると結球できず，被害が大きい。中齢までの幼虫は葉の表面を荒く食害し，それ以降は不整形に穴をあけ食害する。集団で食害することはなく，多発生のときでも株当たり0.5頭程度である。

●虫の生態　各地での調査結果から，オオタバコガのアブラナ科野菜での発生は夏以降問題になると考えられる。また，キャベツでの発生状況や寄生密度から，オオタバコガにとってアブラナ科植物は好適な寄主ではないと考えられる。卵は直径0.5mm程度の饅頭型をしている。幼虫の齢期は5または6齢で，老熟幼虫は体長40mmくらいになる。体色は老熟幼虫では緑色から褐色までさまざまである。25℃では卵期間が3.0日，幼虫期間が約20日，蛹期間は雌が12.2日，雄が13.5日で，発育零点は卵が8.4℃，幼虫と蛹が13～14℃である。産卵は1粒ずつ行ない，幼虫は外葉，結球部，花蕾などを食害するが，同一部位を連続して食害しないため，幼虫の密度が低くても被害は大きくなる。幼虫は土中で蛹化する。

●発生条件と対策　高温少雨の年に多発生しやすい。対策として，農薬による防除は若齢幼虫期を中心に実施する。若齢幼虫期はフェロモントラップを利用して雄成虫の発生消長を明らかにすると推定できる。

［奈良井祐隆］

◉ヨトウガ ⇨口絵：虫39

• *Mamestra brassicae* (Linnaeus)

●被害と診断　孵化幼虫は淡い緑色でほぼ透明，2～3齢は淡い黄褐色である。1～2齢幼虫は葉裏に群がって集団で加害する。ハクサイでの被害葉は表皮だけを残して食害されるので白色のカスリ状になる。この被害はコナガの被害とも似るが，葉の幼虫の形状などにより判別は可能である。1齢，2齢と齢が進むにしたがい食害量が多くなるので，カスリ状の食痕は拡大する。3齢になると，表皮も残さず網目状に不規則な穴をあけて，葉は食い破られたようになる。さらに成長すると，葉脈だけを残して暴食する。4齢になると，頭部は黄褐色，胴部は淡褐色，灰黄色や灰黒色と変異は多様である。全面に灰黄色の細かい点が密に散らばり，体の側面に黄色～橙黄色の線がある。気門と下面は灰黄色である。

5齢まではキャベツ，ハクサイ，ダイコンなど餌植物の葉上で生活を続けるが，6齢になると昼間は地ぎわの土中や枯葉の下にかくれ住み，夜間現われて摂食する。ただし，暴食されたハクサイなどの株の周辺に糞がたくさん落ちていて，甚しいときには糞が白色のカビで覆われることがある。そのような株の周辺を掘ると，大きな幼虫がごろごろと現われることがある。

キャベツやダイコン，カブなどの場合も，孵化幼虫による初期の被害は，ハクサイと同じように葉の表皮を残してカスリ状になる被害から始まる。その後，葉脈を残すだけの甚しい被害までは同じであるが，キャベツの場合は見事な網目状となり，さらに球の内部へ重なった葉にそって斜めに食い入り，ベトベトした虫糞を出してよごし，まったく食用にならなくなることもある。また，結球する前のキャベツは心葉部まで残らず食われることがある。ダイコンやカブの場合は，葉脈だけを残して坊主にするので，発育が甚しく遅れて収量が激減する。食べる葉がなくなると，地上部に出ている根の部分も食べて浅い穴をあける。被害の甚しい株の周囲の根元には，老熟幼虫がたくさん見られることもハクサイと同じである。

●虫の生態　幼虫は成熟すると土繭をつくって蛹化し，幼虫または蛹で冬を越す。成虫は，暖地では4月上旬～5月下旬に発生するが，北海道では6月上旬～7月中旬に発生し，6月下旬が最盛期である。第1世代の産卵時期は二山の場合があり，1回目は4月下旬，2回目は5月中旬である。卵期間は，前期の山で長く約2週間，後期卵は1週間で孵化するので，両者の孵化期は近接する。前期卵の幼虫は黒色型が多く，後期卵の幼虫は渋色型が多い。

幼虫の発育は前期卵では早く，後期卵では遅い。前期卵からの幼虫は非休眠型だけであるが，後期卵のもののなかには休眠型のものも含まれる。1回目の成虫は1雌平均1,200内外を数卵塊に分けて産み付ける。羽化後間もないときの卵塊より，後半の卵塊で卵粒数は多くなる。卵は必ず葉裏に産み付けられ，1週間内外で孵化して春まき栽培のハクサイ，キャベツ，ダイコン，ブロッコリー，カリフラワー，カブ，ハナヤサイ，ジャガイモ，エンドウなどを加害する。食性の範囲は広く，45科107種の植物を加害する。

幼虫は1か月あまりで成熟して土中で蛹化し，一部羽化するものを除いて大部分が夏眠し，9月上旬～10月下旬に第2回目の成虫が発生する。ただし，北海道では夏眠せず8月上旬～9月上旬に発生する。秋の成虫の発生は，第1回目と比較してだらだらである。秋野菜ではキャベツ，ハクサイ，ダイコン，ブロッコリー，ニンジンなどに産卵する。ダイコンの葉で調べた結果によると，幼虫の食葉量は5齢で全食葉量の約9％だが，6齢では89％に及び，加害量は急激に増加する。成虫の寿命は数日で，あまり長くない。

●発生条件と対策　耕種的防除法として，圃場の周囲をシロクローバなどで額縁状に囲うと，クモやゴミムシなどの地上徘徊性の天敵が維持され，被害を軽減できる。高冷地ではシロクローバなどでうね間を覆うことも有効である。これらの場合，アブラムシなどほかの害虫対策で使用する薬剤は，ヨトウムシ類の密度抑制要因となるクモやゴミムシなどに影響のない薬剤を使用する。

薬剤による防除は，3齢幼虫までは防除しやすい。幼虫はおもに葉裏を食害するので，カスリ状の食害痕によく注意して，発生を見たら早期に，葉裏まで薬液がよくかかるように散布する。近年，薬剤に抵抗性のあるものが現われているが，幼虫期間でも，とくに成熟幼虫は殺虫剤に対して抵抗力が強いので注意する。

［根本　久］

◉ハスモンヨトウ　⇨口絵：虫40

• *Spodoptera litura* (Fabricius)

●被害と診断　孵化幼虫は淡い黒色で，2～3齢幼虫は淡い灰褐～灰緑色である。1～2齢幼虫は葉裏に群がって集団で加害する。被害葉は表皮を残して食害されるので，白色のカスリ状になる。2齢，3齢と齢が進むに従い食害量が多くなるので，カスリ状の食痕は拡大する。中齢以降の被害はヨトウムシと似ていて，網目状に不規則な穴をあけて葉は食い破られたようになる。さらに成長すると，葉脈や葉柄，主脈だけを残して暴食する。おもに関東以西で発生し，被害は7月から10月にかけて現われる。多発の年には北関東や北陸地方でも大きい被害を見ることがある。

●虫の生態　九州，中国地方では幼虫や蛹で越冬する。予察灯や性フェロモントラップには4月上旬ごろから成虫が少数誘殺され始め，夏から秋にかけてピークに達する。野外での発生は5～6世代をくり返す。成虫は昼間は作物の葉裏や物かげに静止し，夜間活動する。卵塊は葉裏にかためて産み付けられ，鱗毛で覆われる。雌は1回に200～600個の卵を産む。卵は，夏期で2～3日，春秋は4～6日くらいで孵化する。幼虫期間は夏期で15～20日，春秋は25～40日を経過し，土中で蛹化する。

夏～秋期に高温乾燥する年に大発生する傾向がある。多発年には各種作物を食い荒らして他の畑に移動することがある。とくに8～9月に熱帯夜が続く年には多発生し，幼虫が集団で畑を移動することもある。

●発生条件と対策　耕種的防除法として，圃場の周囲をシロクローバなどで額縁状に囲うと，クモやゴミムシなどの地上徘徊性の天敵が維持され，被害を軽減できる。高冷地ではシロクローバなどでうね間を覆うことも有効である。これらの場合，アブラムシなど他の害虫対策で使用する薬剤は，ヨトウムシ類の密度抑制要因となるクモやゴミムシなどに影響のない薬剤を使用する。

薬剤による防除は孵化直後がもっとも効果があるが，3齢までの幼虫は防除しやすい。若齢幼虫のカスリ状の食痕によく注意して，発生を確認したら，早期に葉裏まで薬液がよくかかるように薬剤を散布する。多発生時に殺虫範囲の広い殺虫剤を散布すると，害虫がより多発生するリサージェンスを誘発することがあり，これを防ぐためには畑の天敵を殺さないよう，選択性の殺虫剤を使用することが必要である。

［根本　久］

◉カブラハバチ　⇨口絵：虫40

• *Athalia rosae ruficornis* Jakovlev

●被害と診断　幼虫が葉を食害する。被害はモンシロチョウやヨトウムシに似ているが，太い葉脈だけを残して縁から食害する点が異なる。ダイコン，カブでは根部を食害されることもある。幼虫は早朝や曇天の日には葉陰にかくれ，晴天の日に葉上に出て加害する。葉上の幼虫は，手を近づけるだけですぐ落下する習性がある。

●虫の生態　年3回発生する。老熟した幼虫は，寒冷地では建物の南側，土手，石垣の南側などに移動し，土中につくったまゆの中で越冬する。越冬幼虫は，4月下旬ごろから蛹化を始める。蛹期間はきわめて短く，数日で羽化する。第1回の成虫は，5月上旬ごろから出現する。成虫は羽化数日で交尾し，葉の組織の中に1粒ずつ産卵する。産卵した部位は少しふくれ上がり，やがて少し色が淡くなるので，注意すればわかる。

卵は1～2週間で孵化する。幼虫は，はじめ葉に小穴をあけて食害し，成長すると葉の縁から不規則に食害するようになる。幼虫は10～20日で老熟し，土中で蛹化する。幼虫は頭部が大きく，いわゆるハバチ特有の形で，蚕に似たところがある。その後，成虫は6月中旬~7月上旬と10月下旬~11月上旬に羽化する。3回目の成虫が産下した卵から孵化した幼虫は，11月下旬ごろまでに老熟して越冬に入る。

●発生条件と対策　密植を避け，間引きを行なって丈夫な苗を育てる。軟弱にならないように圃場周辺を整理し，通風をよくする。　［山田偉雄・杖田浩二］

ホウレンソウ

◉コナダニ類 ⇨口絵：虫41

- ホウレンソウケナガコナダニ　*Tyrophagus similis* Volgin
- オオケナガコナダニ　*Tyrophagus perniciosus* Zachvatkin
- ニセケナガコナダニ　*Mycetoglyphus fungivorus* Oudemans

●被害のようす　播種後，土壌水分の上昇とともに土壌中で増殖し，ホウレンソウの小さい時期(2～4葉期)までは植物体での寄生は少なく，外見的に奇形，加害あとなどが確認しにくいため被害に気がつきにくい。加害された葉は展開するとともにコブ状の小突起が生じ，光沢を帯びて縮葉し奇形となる。中心の葉は加害により小さな穴があき，その周囲は褐変する。このため，被害株はまったく商品価値がなくなる。加害の激しい株は生育が抑制され，中心の葉は心止まりとなる。土壌中の密度が高い場合には播種した種子を加害し，発芽障害を起こし，発芽できない種子が多く認められる。

本種による被害は，北海道では春期(3～5月播種)のハウス栽培で多発し，露地栽培では少ない傾向がある。また，夏期(6～7月播種)の高温で乾燥する時期には被害が少ない。本州各地でも秋～冬期の栽培で発生，被害とも多い。

●虫の生態　生活環は卵，幼虫，第1若虫，第3若虫を経て成虫になる。湿度87％で卵～成虫までの期間は20℃で17～28日，15℃で25～33日である。産卵数は20℃で200前後である。35℃では増殖できない低温性のダニである。播種後，多湿条件になると土壌中で増殖を始め，ホウレンソウの生育とともに未展開の新芽への寄生量は著しく増加する。夏期の高温・乾燥時期に発生は抑制され，被害も少なくなる。秋期には再び発生量が多くなる。北海道では，冬期の積雪下(12月)に残されたホウレンソウで全ステージの寄生が確認され，雌成虫は蔵卵していた。ホウレンソウケナガコナダニは育苗時のキュウリ，カボチャ，メロン，トマトでも被害が認められている。いずれも無加温育苗での発生である。また，露地栽培のトウモロコシでは，生育初期の加害により外葉から枯れる被害も認められている。

●発生条件と対策　比較的低温と高湿度を好むため，被害の多い作型は低温時のハウス栽培で，ついで雨よけ栽培である。露地栽培では一般的に発生は少なく，夏期の高温時に発生はほとんど見られない。

被害発生圃場のホウレンソウをすき込むと，次作でホウレンソウケナガコナダニの発生量か急激に増えることから，収穫残渣が発生源となっている。ホウレンソウは同一圃場で数回栽培され，連作されることが多いので，被害発生圃場では残渣等を残さず処分する。ダニは土壌中に生息しているので，被害が常発する圃場では土壌施用剤を使用する。また有機質を入れる場合は十分に完熟したものを使用する。発芽直後から被害を受けると，その後の展開葉が奇形となり商品価値がなくなるので，2～4葉期に葉が奇形になっていないかをていねいに観察する。初期防除が重要なため，被害常発圃場では，2～4葉期に茎葉散布剤を十分量散布しておく。薬剤散布後3日目までに未展開葉を中心にコナダニが寄生しているかをルーペで確認する。

コナダニは土壌中で増殖し地上に移動してくるため，その後の発生に注意する。ホウレンソウを加害するコナダニ3種とも比較的低温で高湿度を好むと考えられる。このため，土壌病害虫防除に利用されている太陽熱処理などによる防除も有効と考えられる。

[本田善之]

◉ミナミキイロアザミウマ

⇨口絵：虫41

• *Thrips palmi* Karny

●被害と診断　ホウレンソウでは加害される生育段階と本種の発生量によって被害の状況が大きく変わる。発芽直後に加害された場合には，生長点付近に寄生し加害するため，正常な展開ができなくなり，葉の奇形(ケロイド，わん曲，凹凸)や株の萎縮などの症状を呈する。展開した葉では組織の汁液が吸い尽くされるため表皮だけが残ってはりつき，特有のシルバーリングの症状を呈するようになる。この症状は，はじめ葉裏に現われることが多く，葉表では葉脈にそってかすり状に現われる。作型では，8月中下旬に播種する雨よけ栽培でもっとも被害が大きい。

●虫の生態　成虫が圃場に飛来しておもに生長点付近に寄生し，雌成虫は葉や茎などの組織内に産卵する。孵化幼虫は透明に近い白色で小さく肉眼での確認が難しい。2齢幼虫は成熟すると地表に落下し，土中間隙で蛹になる。その後，羽化成虫は植物体に移動する。成虫は交尾産卵するが，未受精卵の場合はすべて雄となる。キュウリなどでは25℃のとき，およそ2週間で卵から成虫になる。1雌当たりの産卵数は1日に2～3卵と少ないものの，産卵期間は長期にわたり生涯で50～100卵産む。低温に比較的弱く，沖縄地方以外では露地の越冬はできないと考えられる。加害をするステージは成虫と1，2齢幼虫で，口針を植物組織に挿し込み組織中の汁液を吸う。本種は従来のアザミウマ類に効果のある薬剤に対して高い耐性をもつ。

●発生条件と対策　6月から8月までの夏期の高温期に露地での発生がピークとなる。周辺で本種の好適な寄主作物であるナス，ピーマンやウリ科作物が混在する場合は，地域全体の発生密度が高まりやすい。さらにこれら作物の収穫終了時とホウレンソウの播種期が一致すると，大きな被害を招きやすい。

発芽直後から被害を受け，しかもこの時期の被害がもっとも甚大となりやすいため，生育初期段階に防除の重点をおく。そのため本種の侵入防止と，播種時から発芽揃い時までの粒剤処理が防除のポイントとなる。発芽揃い時に大量に侵入し激発してしまった圃場では，収穫できる可能性はほとんどないので，すぐに太陽熱処理を施す。この場合，圃場近くに必ず発生源があるので，そこでの防除を行なうとともに，十分な侵入防止対策を講じたうえ，次作に移る。

夏期の雨よけ栽培ではナスなどの好適寄主が前作の場合，必ず被害残渣を古ビニルに密封するなど適切に処理し，圃場は播種前に太陽熱消毒をして土中に残った蛹を死滅させる。種々の雑草にも寄生するので，周辺の除草を徹底する。施設栽培では近紫外線除去フィルムは侵入防止に効果が高い。目合いが1mm以下の寒冷紗を施設の開口部に展張する。銀色がもっとも効果的である。圃場の外周を寒冷紗で1.5m程度の高さにフェンス状に囲うのも一法である。

［大野　徹］

◉モモアカアブラムシ

⇨口絵：虫42

• *Myzus persicae* (Sulzer)

●被害と診断　新葉に繁殖し，吸汁を受けた葉は縮れて奇形になることがある。発生が多いと，新葉が次々に加害されて変形し，下位葉に粘着性のある排泄物(甘露)と幼虫の脱皮殻とが目立つようになり，生育が極端に悪くなる。幼苗では被害も大きく，枯死することもある。発生密度が高くなると大量の排泄物を出すため，すす病が発生し，葉が黒く汚れたり，生長点付近が著しく萎縮したりする。

●虫の生態　寄生植物が多く，ホウレンソウのほか，アブラナ科やナス科野菜などに寄生する。ホウレンソウやアブラナ科野菜では，胎生を続けながら越冬する型(不完全生活環型)と，冬にはモモ，ウメなどに移って，そこで有性世代を営み卵態で越冬する型(完全生活環型)とがある。発生は4～5月ごろがピークとなり，夏は高温のため少なくなり，9～10

月に再び増加する。移動分散も多発期に多くなる。発育適温は20～25℃で，約25℃での成虫までの幼虫期間は約7日である。有翅アブラムシはCMVをはじめとする各種ウイルス病を伝搬する。

●発生条件と対策　晴天が続き，少雨の年には多発しやすく，施設栽培あるいは雨よけ栽培では注意が必要である。施設では周年繁殖が旺盛で，施設内に取り残した雑草などが後作の発生源となることも多い。

ウイルス病を伝搬するので，被覆資材の直がけやトンネルがけを行ない，有翅アブラムシの飛来防止に努める。シルバーポリフィルムでマルチしたり，シルバーテープをうね上30～40cmに2～3本張って，忌避効果をねらうのも有効である。施設栽培では，開口部やサイドに寒冷紗を張り，有翅虫の飛び込みを防止する。周辺雑草の除草を行なう。　［片山　順］

◉アシグロハモグリバエ　⇨口絵：虫42

• *Liriomyza huidobrensis* (Blanchard)

●被害と診断　雌成虫は産卵や汁液の吸汁のため，腹部末端にある産卵管を葉の表面に突き刺して穴を開け，そこからしみ出た汁液を舐める。その部分は白く色の抜けた小さな斑点(多くは0.5mm以下)となる。ホウレンソウでは，吸汁後，時間の経過に伴い穴付近の組織が盛り上がって穴が塞がり，やや膨らんだ斑点となることが多い。産卵された斑点からは幼虫が孵化し，葉に潜って内部組織をトンネル状に食害するため，葉の表面や裏面に白い線状の不規則な食害痕が現われる。葉表よりも葉裏を食害する傾向が強く，とくに肉厚な葉をもつホウレンソウでは葉表では食害痕が認められない場合でも，葉裏がひどく食害を受けている場合が多い。さらに，本種は葉脈にそって食い進む傾向があり，葉の主脈から葉柄部分に入り込んで食害するため，多発すると外葉から次々に葉が枯れ上がる。

寄主範囲は広く，ウリ科，ナス科，キク科，セリ科，アブラナ科，ユリ科，アカザ科，ナデシコ科など23科の植物に寄生する。寄生が確認されている主要な植物は，野菜ではキュウリ，トマト，ナス，ピーマン，ジャガイモ，ホウレンソウ，ネギ，キャベツ，ダイコン，ダイズ，インゲンマメ，エンドウ，花卉類ではキク，トルコギキョウ，シュッコンカスミソウ，カーネーション，ダリア，サイネリア，ガザニア，ケイトウ，パンジー，バーベナ，雑草ではシロザ，ヒメムカシヨモギ，ハコベ，ツユクサなどである。北海道や東北では積雪や低温のため野外での越冬は困難であるが，施設栽培では越冬が可能である。果菜類など加温施設栽培では年間を通して発生をくり返すものと考えてよい。

●虫の生態　発育所要日数は，24～25℃で飼育すると卵期間約4日，幼虫期間約5日，蛹期間約7日となり，ほぼ16日間で1世代が回る。卵から羽化までの発育零点は7.5℃，有効積算温度は約280日度であり，20℃における発育所要日数は22～23日，約15℃では約40日である。休眠性は認められておらず，温度さえ十分であれば世代をくり返す。トマトハモグリバエなどの他侵入種と比較して発育零点が3～4℃低く，比較的冷涼な地域でも生息可能であるが，逆に35℃以上の高温になると発育できない。産卵数は1雌当たり100～200個と推察される。

●発生条件と対策　寄生可能な作物の多い畑作地帯での発生は多くなる。とくにナス科，ウリ科，キク科，アカザ科，マメ科作物は被害が大きいので，これらの圃場周辺では発生が多くなると考えられる。また，冬期間に果菜や茎葉菜を作付けする施設栽培では越冬可能なことから，春期から周辺地域で発生が多くなる。シロザ，ハコベ，イヌビユなどにも寄生するので，圃場周辺のこれらの雑草が増殖場所となる。

葉に産卵・吸汁痕が認められた場合や，成虫の潜葉痕が認められた場合には，初期防除を徹底する。発生が多くなると発育ステージがバラバラになり防除が困難になる。また，圃場内に黄色粘着トラップを設置して，成虫が捕獲された場合にも薬剤を散布する。圃場内および圃場周辺の雑草は除去する。被害発生圃場では残渣を残さないように処分する。［増田俊雄］

◉タネバエ ⇨口絵：虫42

• *Delia platura* (Meigen)

●被害と診断　幼虫が種子や発芽直後の根部を食害するため，不発芽，立枯れ症状となる。播種後10～14日たっても発芽しないので，周囲の土とともに種子を掘り起こしてみると，幼虫が種子内を食害し，多いときには2～3頭の幼虫が食入していることがある。発生には年次変動があり，大発生のため，まき直しを余儀なくされることがある。魚かす，鶏ふん，菜種かす，大豆かすなどの有機質肥料を施すと，被害が多くなる。

●虫の生態　北海道では，蛹態で5～20cmの深さの地中で越冬し，5月初めごろから越冬世代の羽化が見られ，第1世代成虫が6月末ごろから発生し，年3～4世代くり返す。南下するにしたがい越冬態はさまざまになり，暖地では成虫，幼虫，蛹の各態で越冬する。埼玉県では，各態での越冬が確認され，一般には3月から成虫が飛来し，7月まで2回発生し，年間5～7世代くり返す。和歌山県では約4回，宮崎県では春期に3回の発生がある。西南暖地では秋期発生はごく少なく，夏期にはほとんど発生せず，その期間は南方にいくほど長いようである。

産卵場所は，耕起したばかりの畑面のくぼんだ場所の土中，土塊と土塊の接触部分，地表に出た種子や土に接した葉の裏面などであり，多くは湿気をおびた土中に点々と産卵される。1雌当たりの産卵数は個体によりまちまちであるが，総産卵数は数粒～1,600粒，1回の産卵数は数粒～60粒である。卵期間は5～6日，幼虫期間は約2週間で，蛹化は加害植物付近の土中で行なう。蛹は20℃で7～14日，30℃では5～10日で成虫となる。成虫の寿命は長く，一般に半月～2か月生存する。1世代は約30日で完了すると考えられる。発育零点は6℃付近，卵から羽化までに必要な有効積算温度は約370日度と推定される。

●発生条件と対策　魚かす，大豆かす，鶏ふん，未熟堆肥などの腐敗臭に成虫が誘引され被害が増大するので，播種時の使用は避ける。有機質肥料，堆肥を使用する場合，前年に施すか，ぼかし化を行なうと被害が軽減できる。湿気の多い粘質地に発生が多い。マメ類，アブラナ科野菜，ウリ類など多くの作物を加害するので，他作物での発生にも注意する。

タネバエの被害は，発芽不良，立枯れが出て初めて気づくことが多い。前年，被害にあったり，発生の多い時期に栽培したりする場合は予防対策が必要となり，誘引トラップなどで発生時期を把握する。ホウレンソウの場合，播種直後のべたがけの防除効果が期待できなかったので，薬剤防除を主体に行なう。タネバエが多発する時期に栽培する場合は，あらかじめ薬剤を土壌処理しておくと優れた防除効果が得られる。

［青木克典・妙楽　崇］

◉シロオビノメイガ ⇨口絵：虫43

• *Hymenia recurvalis* (Fabricius)

●被害と診断　幼虫は葉裏に寄生し，表皮だけを薄く残して葉肉を食害する。幼虫は成長すると，糸を吐いて2～3枚の葉を綴り合わせた内部に生息して食害する。幼虫は次々と移動する。

●虫の生態　産卵から成虫までの発育期間は，25℃で約24日で経過する。幼虫は25℃で12日前後で老熟し，地中に潜って蛹化する。年5～7世代をくり返し，初夏から秋にかけて発生し，成虫は11月ごろまで見られる。発育零点は10～11℃で，耐寒性の乏しい暖地系害虫である。

●発生条件と対策　発生は7月までは少なく，その後次第に密度が高まり，9月から10月に発生が多くなる典型的な後期発生型のパターンとなる。秋季の気温が高く，雨が少ない年に発生が多くなる傾向にあり，とくに施設栽培や雨よけ栽培では多発しやすい。

フダンソウ圃場あるいはイヌビユ，アカザ，シロザなどの雑草に発生することが多いので，圃場近くにある野生の寄生作物や防除を行なっていない寄生作物を早期に除去する。施設栽培では，開口部に目合い4〜5mmの防虫ネットを張り，成虫の侵入を阻止する。被覆資材を収穫1週間前まで直がけ，またはトンネルがけを行なうのも有効な手段となる。初めは発生が局地的であることが多いので，防除は発生が認められる範囲だけでよいが，発生は不揃いであるので，幼虫を早期に見つけて薬剤による防除を行なう。

［片山　順］

◉ヨトウガ　⇨口絵：虫43

• *Mamestra brassicae* (Linnaeus)

●被害と診断　孵化幼虫は表皮を残して葉裏から食害するので，発生初期にはスカシ状の被害葉が見られる。幼虫が大きくなると食害も増えて葉に大きな孔が開き，虫糞が多くなる。幼虫の心葉部に若齢幼虫が入ると，新しい葉に小さな孔が多数あいて細かな虫糞が見られる。

●虫の生態　春と秋の2回発生する。土中の蛹で越冬し，春には羽化した雌成虫が夜間に飛来し，交尾後に葉裏に数百個の卵を塊で産卵する。卵塊上に鱗毛はなく，饅頭型の卵が1粒ずつ等間隔に並び，黄白色から紫黒色に変化して5〜7日後に孵化する。孵化した幼虫は集団で葉裏から表皮を残して食害する。幼虫は葉が振動すると糸を吐いて落下し，下の葉や株の心葉などに移動する。2齢幼虫までの体色は緑色で，葉に点々と穴をあけて食害する。3齢幼虫になると分散し，葉と葉の隙間や地表に移動し，体色はさまざまな模様のある褐色になる。幼虫は体長が5cm程度まで成長する。この時期には，隣接する圃場に移動することがあり，ネットを越えて侵入することもある。老熟幼虫は昼間には地ぎわの土の中に移動し，夜間に株に登って大量に食害をする。

●発生条件と対策　前年発生した圃場では越冬虫が多くなり，春の発生は多くなる。キャベツやハクサイ，ブロッコリーなどでも発生しやすいので，それらの後作にホウレンソウを栽培するときは注意が必要である。春よりも秋の発生が多く，秋まきホウレンソウでは生育初期から被害が見られる。

4mm以下の目合いのネットで被覆すると成虫の侵入を阻止できる。施設栽培では換気口にネット被覆をすると防除効果が高い。白いスカシ状の食害葉を見つけ，葉裏の孵化幼虫の集団や卵塊を見つけて捕殺するのが有効である。薬剤散布は葉裏にも十分かかるようにする。

［福井俊男］

◉ハスモンヨトウ　⇨口絵：虫43

• *Spodoptera litura* (Fabricius)

●被害と診断　卵は卵塊として葉裏に産み付けられ，孵化幼虫は2齢までは集団で食害する。若齢は表皮1枚を残して食害するため，食害部位を表から見ると透けて白色のかすり状になる。3齢以降徐々に分散し，齢が進むと食害量が多くなる。中齢以降の幼虫は表皮を残さず食害するため，葉に不定形の穴があくようになり，成熟すると暴食する。卵塊の表面は成虫腹部の黄褐色の鱗毛で覆われる点が，鱗毛で覆われないヨトウガ卵塊や白色の鱗毛で覆われるシロイチモジヨトウ卵塊との区別点の一つである。中齢幼虫の背面は灰色で頭のやや後ろの側面に一対の黒い斑紋が現われるのも大きな特徴。雄成虫の前翅に灰青色の斜めの線状の紋を有することが名前の由来である。

●虫の生態　おもに関東以西で発生し，被害は7月から11月にかけて見られる。発芽間もないころに老齢幼虫が圃場外部から侵入した場合，地上部を食害しつくすことがある。

休眠がなく，野外での越冬は関東以西の太平洋側の温暖地の日だまりの地形に限られるが，施設内では越冬が可能である。年に5～6世代を経過する。成虫の寿命は約15日で，1雌当たりの総産卵数は2,000～3,000卵，1回当たり200～1,000卵を卵塊状に産み付ける。卵から成虫になるまでの日数は25℃で30日，卵期間は3～4日，幼虫期間は16日前後で，6齢を経て土中で蛹になり，蛹は10日で成虫になる。

アスパラガス，キャベツ，ブロッコリー，ハクサイ，ダイコン，レタス，ゴボウ，ニンジン，ネギ，タマネギ，ホウレンソウ，イチゴ，ナス，トマト，ピーマン，サツマイモ，サトイモ，ヤマノイモ，ダイズ，アズキ，キク，バラ，クローバなど，野菜，果樹類，草花など80種以上の植物を食害する。なかでもサトイモは寄生が多い。

●発生条件と対策　発生は気象要因によって大きく左右される。梅雨が空梅雨である年や，8～9月に熱帯夜が続く年には，秋の被害が甚大になることが多い。

ホウレンソウでの初発は確認しづらいので，ダイズやサトイモなど，周辺の好適な寄主作物上の発生状況を観察する。近隣に皆殺しタイプの殺虫剤を多用する畑や施設がある場合は，そこから成熟幼虫が歩行して侵入することもあり，隣接する畑や施設での発生状況にも注意を払う。薬剤による防除は，孵化直後がもっとも効果が高い。幼虫は大きくなるにつれ分散し，昼間は葉裏や株元などにいるため薬液がかかりにくく，薬剤感受性も低下する。そのため，孵化幼虫が集団で食害している時期に防除することが重要である。孵化幼虫が群棲している被害葉を処分するのも効果が高い。施設では，出入り口や側窓，天窓などの開口部に2mmまたは2×4mm程度の目合いの防虫ネットを張り，成虫の飛来侵入を防ぐ。

［林田吉王・根本　久］

レタス

◉アブラムシ類 ⇨口絵：虫44

- チューリップヒゲナガアブラムシ　*Macrosiphum euphorbiae* (Thomas)
- ジャガイモヒゲナガアブラムシ　*Aulacorthum solani* (Kaltenbach)
- タイワンヒゲナガアブラムシ　*Uroleucon formosanum* (Takahashi)
- モモアカアブラムシ　*Myzus persicae* (Sulzer)
- レタスヒゲナガアブラムシ　*Nasonovia ribisnigri* (Mosley)

●被害と診断　レタスに寄生するおもなアブラムシ類はチューリップヒゲナガアブラムシ，ジャガイモヒゲナガアブラムシ，タイワンヒゲナガアブラムシ，モモアカアブラムシの4種である。近年，海外からの新たな侵入害虫として，レタスヒゲナガアブラムシの発生が国内で確認されている。レタスヒゲナガアブラムシ以外のアブラムシ類は，外葉や外葉と結球葉のあいだあたりに発生する。多発した場合は結球部の表面にも多数発生する。レタスヒゲナガアブラムシは，結球内部に発生する傾向がある。

アブラムシ類による被害は，チョウ目害虫などの食害と異なり吸汁による直接的被害はさほど大きくない。しかし，間接的な被害としてアブラムシの排泄物に由来する汚れが生ずることがある。また，脱皮殻が付着し，外観上の品質を落とすことにつながる。さらに，チューリップヒゲナガアブラムシ，ジャガイモヒゲナガアブラムシ，モモアカアブラムシはレタスモザイクウイルスを，チューリップヒゲナガアブラムシ，モモアカアブラムシはキュウリモザイクウイルスを媒介する。レタスヒゲナガアブラムシもウイルス病を媒介することが報告されている。

●虫の生態　チューリップヒゲナガアブラムシは4月ころから発生が認められ，6月ころに春の発生のピークを迎える。その後盛夏期にやや密度が低下するが，9月ころに再び増加する。ジャガイモヒゲナガアブラムシは，タケニグサ，ギシギシ，クローバーなどの雑草にも生息し，これが越冬源となる。寒地ではギシギシやクローバーなどで卵越冬するが，暖地では胎生雌虫で越冬するものが多い。タイワンヒゲナガアブラムシはレタスで大発生する。秋に外葉に群生して加害する。寒地では卵越冬し，暖地では胎生雌虫や幼虫で越冬すると考えられている。モモアカアブラムシは，季節によって非常にダイナミックな寄主転換をする。夏寄主としてはアブラナ科作物のような草本類，冬寄主としてはモモなどの木本類で生活する。冬寄主のモモやスモモなどで卵越冬するが，暖地や暖冬の場合はアブラナ科作物や雑草などの植物体上で産子しながら越冬するものもある。

レタスヒゲナガアブラムシの冬寄主はフサスグリやセイヨウスグリなどのスグリ属，夏寄主はレタス，チコリ，エンダイブ，ペチュニア，タバコなどである。温暖な地域や温室内では，胎生雌虫のまま夏寄主上で越冬する場合もある。上記4種がおもに外葉の表面にコロニーを形成するのに対して，レタスヒゲナガアビラムシは結球内部に入り込んでコロニーを形成する性質があり防除は困難となる。夏秋どりと冬春どりの作型で発生が認められる。

●発生条件と対策　寄主植物の範囲が広く，さまざまな植物に発生するので，圃場周辺にほかの作物が栽培されているところや，雑草が多いと発生しやすくなる。アブラムシ類が発生する時期に圃場をよく見回り，発生が認められたら殺虫剤を散布する。レタスヒゲナガアブラムシの発生が懸念される場合は，結球内部に入り込むのを防ぐため，結球始期以前の防除が重要となる。オオタバコガ，ナモグリバエなど同時に発生する害虫の種類を考慮したうえで，育苗期後半の灌注処理剤を利用することも効果的である。

［豊嶋悟郎］

◉ナモグリバエ ⇨口絵：虫44

• *Chromatomyia horticola* (Goureau)

●被害と診断　育苗期間中から産卵痕やマイン（葉肉内を幼虫がトンネル状に摂食しながら通った後）が見られることが多い。定植後は，発生量が少ない場合は外葉を中心に被害が認められる程度で，収穫に影響することはあまりないが，発生量が多くなってくると結球葉にまでマインが認められるようになり，実害が生じる。春先から初夏にかけて被害の発生が多く，夏以降の作型では被害はほとんど認められなくなる。夏以降の発生が少なくなる理由としては，ヒメコバチ類などの土着天敵の種類や発生量が増加し，密度を抑制すること，アブラムシ類などそのほかの害虫を防除するために殺虫剤が散布されて併殺されていることなどが推測されている。

●虫の生態　レタスでは，春作の育苗期間中に育苗施設の中で越冬虫が活動を始める。雌成虫は産卵管でレタス苗の葉に穴をあけ，そこから浸出する液をなめて餌にしている。雄成虫は産卵管がないため穴をあけることができないので，雌成虫のあけた穴から浸出液をなめている。雌成虫はあけた穴のうちの一部には卵を産み付ける。すべての穴に産卵しているわけではない。葉肉内に産み付けられた卵は孵化し，幼虫は葉肉内をトンネル状に摂食しながら動き回る。そのため葉には白くてくねくねと曲がった模様（マイン）ができる。葉に絵を描いたような状態になるため，俗称「エカキムシ」と呼ばれる。幼虫は葉の中で蛹になり，しばらくすると成虫は羽化してくる。

●発生条件と対策　育苗施設内に雑草などが生えて圃場衛生が悪いと，育苗期間中の発生が多くなる。本圃においても，圃場周辺に雑草が多いと発生源になりやすい。

　産卵されていない苗を定植することが重要である。そのためには，育苗施設内で本種が発生しないように除草管理を徹底する。育苗を始める前に，施設内に殺虫剤を散布しておくことも，そこで発生している成虫の防除に結びつく。施設内に黄色粘着トラップを設置すると成虫を誘殺することができる。育苗前に設置し，成虫が誘引されるようであれば防除しておく。また，育苗期間中も黄色粘着トラップを設置しておくことで誘殺することができる。その場合，黄色のビニルでできた肥料袋や培土の袋に粘着スプレーを吹き付けて施設内に吊るしておいても同様の効果が得られる。産卵痕が認められるような苗の場合は，定植期の殺虫剤の灌注処理か，定植1週間後くらいに必ず薬剤散布のいずれかを行なう。本種が発生する圃場では，圃場周辺の除草管理を徹底し，定植してしばらくしたら外葉にマインはないかを調べ，マインがある場合は薬剤散布を行なう。

［豊嶋悟郎］

◉オオタバコガ ⇨口絵：虫45

• *Helicoverpa armigera* (Hübner)

●被害と診断　圃場内にぽつぽつと被害株が発生する。被害株率はそれほど高くなるわけではないが，幼虫が結球部内に食入していくため，外観からは被害を確認することが難しい。したがって，出荷後に結球内部を加害しているのが見つかることがあり，品質イメージを著しく落とすことになる。

●虫の生態　年間の発生世代数は3～4世代とされている。暖地では蛹で越冬し，5, 6月頃に越冬世代成虫が羽化してくる。暖地では明瞭な発生のピークがなく，常時成虫が確認されるが，長野県内では成虫発生のピークは6月上旬，7月下旬および8月中旬から9月上旬と3回認められる。最初のピークは非常に小さく，2つめ，3つめと進むにしたがって大きくなっていく。このパターンは例年ほとんど変動がない。

卵は葉上に1卵ずつ産み付けられ，2～4日で孵化する。孵化幼虫は若齢期は葉上で食害を加えるが，中齢期以降は結球部に食入し内部を加害する。成熟幼虫は結球内部から脱出して地上に降り，土中に入って蛹化する。人工飼料を餌として25℃条件下で飼育した場合，卵から羽化までに要する期間は約45日とされている。雌成虫の産卵前期間は2～3日である。

●発生条件と対策　長野県内で被害が発生する時期は，8月中旬から9月下旬にかけてで，7月中旬以降に定植したもので被害が認められる。防除対策の前提として，フェロモントラップを利用して成虫の発生パターンを把握することが重要である。幼虫は孵化してしばらくすると結球部に食入してしまうので，殺虫剤を散布してもうまくかからない。また，中齢期以降は農薬に対する感受性が低い。したがって，殺虫剤による防除は孵化直後の幼虫を対象にする。育苗期後半に殺虫剤を灌注処理することも有効である。

［豊嶋悟郎］

◉ハスモンヨトウ　⇨口絵：虫45

• *Spodoptera litura* (Fabricius)

●被害と診断　主として西南暖地の年内どり栽培で，9月中旬から11月上旬にかけて断続的に発生する。集団で食害する齢期は1齢幼虫期で，遅くとも3齢幼虫期には分散を終えているため，ダイズなどと異なり明瞭な白変葉は認められない場合が多い。ヨトウのように結球内部に深く侵入することはないが，中齢以降は結球内に多数見られるようになる。老齢幼虫寄生株では，結球内や地ぎわ部で外葉を食害するため，結球葉や外葉に大きな食害痕が見られる。このような株の被害部位は褐変し，病原菌が侵入して腐敗病などを発病している場合が多い。

苗床で発生した場合は，若齢幼虫が早期に分散するため，表皮だけを残して食害された株がパッチ状に多数見られる。レタスでの初発はなかなか確認しにくいので，8月下旬頃からは，付近のダイズやサトイモでの発生に注意する。ここで多発状態が見られたら苗床から注意して確認するように心がける。

●虫の生態　成虫は夜間に飛来し，作物に卵塊を産卵する。産卵された卵塊は3日から1週間程度で孵化し食害を始める。レタスの生育ステージが進んでいて株同士が接している場合には，早いときには3齢幼虫期から複数の株に同一卵塊由来の虫が寄生する場合がある。中齢以降は株全体に分布して，外葉から結球葉まであらゆる葉を食害し，最終齢の6齢幼虫は土中で蛹化する。温度が高い時期は2週間程度で蛹まで経過するが，しだいに成長速度は遅くなり，11月中旬を過ぎると加齢しないまま食害を続けるようになる。そして12月になると，いつのまにか姿が見えなくなる場合が多い。成虫の発生はフェロモントラップによってモニターすることができ，年間5～6世代発生する。トラップでの誘殺数は，西南暖地で7月下旬頃から増加し始め，9月下旬から10月下旬にかけて多発状態を示すが，11月に入ると発生量は急激に減少する。

●発生条件と対策　ハスモンヨトウの発生量は気象要因によって大きく左右される。暖冬の年には越冬量が増加するためか，早い時期から発生が見られる。その後の発生量の増減は降雨との関係が深く，空梅雨の年には7月中旬ごろから発生量が増加する。その後も降雨がなければ次第に発生量が増加し，9月から10月にかけて多発する。

苗床で発生させて本圃へ持ち込むと，発生量が多くなくても大被害につながる場合があるので，苗床は防虫ネットなどで被覆するようにする。周辺のダイズやサトイモで多くの発生が見られる場合は，発生の有無に関わらず定期的に防除する。大発生の年にはダイズやサトイモなどを食いつくした老齢幼虫が，歩行によって圃場に侵入し，定植間もない株を根だけ残してすべて食べてしまう。このような危険がある場合には，圃場周辺やうねの上に薬剤をまいて被害を回避するように努める。［渡邊丈夫］

シュンギク

◉アザミウマ類 ⇨口絵：虫46

- ネギアザミウマ *Thrips tabaci* Lindeman
- ミナミキイロアザミウマ *Thrips palmi* Karny
- ダイズウスイロアザミウマ *Thrips setosus* Moulton

●被害と診断 成幼虫が葉や新芽を吸汁するので，吸汁された部分は傷つき，葉が縮れたり，奇形となる。発生が多い場合は，新芽が硬化して伸長が止まり，生育が抑制される。3種ともほぼ同じような被害症状が現われるため，被害症状による加害種の区別はできない。

●虫の生態 ネギアザミウマは，成虫の体長が1.1～1.6mm，体色は夏季に黄色，冬季に黒褐色となる。寄主植物は多く，ネギ，タマネギ，メロン，キャベツ，キク，カーネーション，バラなど多くの作物を加害する。休眠性がなく，発生のピークは6～8月である。ミナミキイロアザミウマは，体長が雌成虫では1.2～1.4mm，雄成虫では0.9～1.0mm，体色は雌雄成虫とも黄色である。寄主植物は多く，キュウリ，メロン，スイカ，ナス，ピーマン，ジャガイモ，インゲンマメ，キク，ガーベラなど多くの作物を加害する。休眠性がなく，発生のピークは8～10月である。ダイズウスイロアザミウマは，体長が雌成虫では1.2～1.4mm，雄成虫では0.9～1.0mm，体色は雌成虫では褐色，雄成虫では黄色である。寄主植物は多く，ナス，トマト，ピーマン，ジャガイモ，タバコ，キュウリ，インゲンマメ，キクなど多くの作物を加害する。成虫で越冬し，発生のピークは7～8月である。

●発生条件と対策 3種とも高温，乾燥条件で多発する傾向があり，梅雨期に降雨が少ない年では発生が多くなる。ハウス栽培，雨よけ栽培では周年発生する。同一作物を連作すると，前作で発生した成幼虫が新しく栽培された作物に移動するため発生が多くなる。圃場内または圃場周辺にキク科などの雑草が多いと，そこが発生源となる。暖冬年は越冬量が増加するため，春季の発生量が多くなる。ハウスの加温栽培では冬季でも発生が多くなる。

ハウスや圃場周辺の除草は播種前に行なう。ハウス栽培では播種前に被覆資材として紫外線除去フィルムを展張し，成虫の侵入と交尾行動や産卵行動を抑制する。播種前に開口部を目合い1mm以下のネットで被覆する。収穫終了後に残渣を持ち出して処分した後，ハウスを閉めきって蒸し込みを行なう。露地栽培では目合い1mm以下のネットでべたがけ，トンネルがけを行ない，成虫の飛来を防止する。収穫終了後に残渣を持ち出して処分した後，4～5日間圃場に水を張り，湛水状態にして地中の蛹を殺虫する。成虫は青色や黄色に誘引されるため，これらの色の粘着トラップを設置し，誘殺数が多くなったら被害に注意する。 ［柴尾　学］

◉アブラムシ類 ⇨口絵：虫46

- ワタアブラムシ　*Aphis gossypii* Glover
- モモアカアブラムシ　*Myzus persicae* (Sulzer)
- ムギワラギクオマルアブラムシ　*Brachycaudus helichrysi* (Kaltenbach)

●被害と診断　成幼虫が葉や新芽を吸汁するため，粘液状の排泄物が葉に付着する。排泄物にすす病が発生して黒く汚れるため，商品価値が著しく低下する。ワタアブラムシおよびモモアカアブラムシはおもに葉に発生することが多く，ムギワラギクオマルアブラムシはおもに新芽や茎に発生することが多い。

●虫の生態　ワタアブラムシの体色は黄色，橙黄色，緑色，黒色などさまざまである。寄主植物は多く，キュウリ，サトイモ，スイカ，ジャガイモ，ナス，カボチャ，ワタなど多くの作物を加害する。晩秋にムクゲやワタなどに移動し，卵態で越冬する。モモアカアブラムシの体色は黄緑色，緑色，赤褐色などさまざまである。寄主植物は多く，モモ，ナス，キュウリ，キャベツ，カリフラワー，ジャガイモなど多くの作物を加害する。ムギワラギクオマルアブラムシの体色は淡黄色，黄緑色などで光沢がある。冬季にはウメ，スモモなどに生息し，夏季にはキク科植物に生息する。

●発生条件と対策　同一作物を連作すると，前作で発生した成幼虫が新しく栽培された作物に移動するため発生が多くなる。圃場内または圃場周辺にキク科などの雑草が多いと，そこが発生源となる。暖冬年は越冬量が増加するため，春季の発生量が多くなる。ハウスの加温栽培では冬季でも発生が多くなる。

ハウスや圃場周辺の除草は播種前に行なう。ハウス栽培では播種前に被覆資材として紫外線除去フィルムを展張する。播種前に開口部を目合い1mm以下のネットで被覆する。収穫終了後に残渣を持ち出して処分した後，ハウスを閉めきって蒸し込みを行なう。露地栽培では目合い1mm以下のネットでべたがけ，トンネルがけを行なう。成虫は黄色に誘引されるため，黄色粘着トラップまたは黄色水盤を設置し，誘殺数が多くなったら被害に注意する。

［柴尾　学］

◉ハモグリバエ類 ⇨口絵：虫47

- マメハモグリバエ　*Liriomyza trifolii* (Burgess)
- ナスハモグリバエ　*Liriomyza bryoniae* (Kaltenbach)
- トマトハモグリバエ　*Liriomyza sativae* (Blanchard)
- ナモグリバエ　*Chromatomyia horticola* (Goureau)

●被害と診断　幼虫が葉の内部を食べ進むため，食害痕は曲がりくねった帯状の白い筋となって残る。発生が多い場合は，葉全体が真っ白になる。雌成虫が産卵管で葉に孔をあけて吸汁したり，産卵したりするため，吸汁産卵痕が白い小斑点となって残る。葉の食害痕および吸汁産卵痕により商品価値が大きく低下する。4種ともほぼ同じような被害症状が現われるため，被害症状による加害種の区別はできない。

●虫の生態　成虫は体長が約2mm，体色は頭部と腹部が黄色，背中が黒色である。いずれの種も酷似しており，肉眼またはルーペで種類を見分けるのは困難である。卵は円筒形で約0.2mm，葉の内部に1卵ずつ産下される。幼虫は体長約3mm，体色は淡黄色～黄褐色のうじむしである。老熟幼虫は葉内または地上に落下して蛹化する。蛹は体長約2mm，褐色の俵型である。寄主植物は非常に多く，とくにキク科，ナス科，セリ科，マメ科，アブラナ科の各種作物で発生が多い。

●発生条件と対策　ハモグリバエ類は春季と秋季に多発する傾向があるが，ハウス栽培，雨よけ栽培では周年発生する。同一作物を連作すると，前作で発生した成虫が新しく栽培された作物に移動するため発生が多くなる。圃場内または圃場周辺にキク科などの雑草が多いと，そこが発生源となる。暖冬年は越冬量が増加するため，春季の発生量が多くなる。ハウスの加温栽培では冬季でも発生が多くなる。

ハウスや圃場周辺の除草は播種前に行なう。ハウス栽培では播種前に被覆資材として紫外線除去フィルムを展張し，成虫の侵入と交尾行動や産卵行動を抑制する。播種前に開口部を目合い1mm以下のネットで被覆する。収穫終了後には残渣をハウス外に持ち出して1か所にまとめ，ビニル被覆して太陽熱により幼虫を殺虫する。残渣を持ち出して処分したのち，地表面をビニルで被覆してハウスを閉めきって蒸し込みを行なう。太陽熱により地温を50℃以上に上昇させて地中の蛹を殺虫する。露地栽培では目合い1mm以下のネットでべたがけ，トンネルがけを行なう。収穫終了後には残渣を持ち出して処分した後，4～5日間圃場に水を張り，湛水状態にして地中の蛹を殺虫する。成虫は黄色に誘引されるため，黄色粘着トラップを設置し，誘殺数が多くなったら被害に注意する。　［柴尾　学］

◉ヨトウムシ類　⇨口絵：虫47

- ハスモンヨトウ　*Spodoptera litura* (Fabricius)
- シロイチモジヨトウ　*Spodoptera exigua* (Hübner)
- ヨトウガ　*Mamestra brassicae* (Linnaeus)

●被害と診断　孵化幼虫または体長約1cmの若齢幼虫が集団で葉を食害するため，食害された葉は薄皮を残した透かし状になり，小さな孔が多数あく。体長約2cmの中齢幼虫が葉裏に生息して食害するため，葉に大きな孔があく。体長3～4cmの老齢幼虫が昼間は土中に潜み，夜間に現われて葉を食害する。発生が多い場合は，株が食べつくされることがある。3種とも同じような被害症状が現われるため，被害症状による加害種の区別はできない。

●虫の生態　ハスモンヨトウは，成虫の体長が15～20mm，翅は開張35～42mm，灰褐色で，雄成虫では翅の中央部に斜めに白い帯がある。卵は径0.5mmの饅頭型で，卵塊で産卵され，茶色の鱗毛で覆われる。幼虫は若齢時は淡緑色であるが，老齢になると体長約40mm，褐色～黒褐色となり個体変異が大きい。頭部のやや後方に1対の黒色斑紋がある。年に5～6回発生し，発生のピークは7～11月である。

シロイチモジヨトウは，成虫の体長が約12mm，翅は開張約28mm，灰褐色で，前翅の中央部にオレンジ色の円形斑紋がある。卵は径0.4mmの饅頭型で，卵塊で産卵され，黄白色の鱗毛で覆われる。幼虫は若齢時は淡緑色であるが，老齢になると体長約30mm，淡緑～褐色となり個体変異が大きい。年に5～6回発生し，発生のピークは7～11月である。

ヨトウガは，成虫の体長が約20mm，翅は開張約45mm，灰褐色～黒褐色である。卵は径0.6mmの饅頭型で，卵塊で産卵され，鱗毛で覆われることはない。幼虫は若齢時は淡緑色であるが，老齢になると体長約40mm，緑色～灰褐色となり個体変異が大きい。年に2回発生し，発生のピークは5～6月と9～10月である。

ヨトウムシ類の寄主植物は非常に多く，野菜ではナス，トマト，ピーマン，キュウリ，イチゴ，ダイズ，ジャガイモ，サツマイモ，ダイコン，キャベツ，ニンジン，ネギ，レタス，ミツバ，ホウレンソウなど，花卉ではキク，ケイトウ，カーネーション，パンジー，ハボタン，ストック，トルコギキョウなど，果樹ではブドウ，カンキツ，モモなど多くの作物を加害する。

●発生条件と対策　ヨトウムシ類は高温，乾燥条件で多発する傾向があり，梅雨期に降雨が少ない年では発生が多くなる。ハウス栽培および雨よけ栽培では周年発生する。同一作物を連作すると，前作で発生した幼虫が新しく栽培された作物に移動したり，圃場内で羽化した成虫が新しく栽培された作物に産卵するため発生が多くなる。圃場内または圃場周辺に雑草が多いと，そこが発生源となる。暖冬年は越冬量が増加するため，春季の発生量が多くなる。

ハウスや圃場周辺の除草は播種前に行なう。ハウス栽培では播種前に開口部を目合い4mm以下のネットで被覆する。露地栽培では目合い1mm以下のネットでべたがけ，トンネルがけを行なう。圃場内にフェロモンディスペンサーを設置し，成虫の交尾行動や産卵行動を抑制して被害を軽減する。圃場内に黄色蛍光灯を10a当たり5～10基設置して終夜点灯し，成虫の交尾行動や産卵行動を抑制する。予察灯やフェロモントラップにより成虫の飛来状況を把握し，誘殺数が多くなったら被害の発生に注意する。

［柴尾　学］

セルリー

◉ナメクジ類 ⇨口絵：虫48

- ノハラナメクジ　*Deroceras laeve* (Müller)
- ナメクジ（フタスジナメクジ）　*Meghimatium bilineatum* (Benson)

●被害と診断　葉が，小さな穴があいたように不規則に食害され，とくに若い新葉の被害が目立つ。葉柄や茎の表面は舐められたように浅く食害され，時間がたつと食害痕は褐変する。葉柄基部の隙間にナメクジが隠れたまま出荷され，市場で問題となることがある。

●虫の生態　野外では冬期を除いて周年発生が見られるが，ハウス栽培では冬期も被害が発生し，3～4月の発生が多い。また，露地では梅雨時など雨が続く時期にとくに発生が多い。ナメクジは，昼間はマルチや石の下などに隠れていて夜になると活動し始める。夜間活動する理由として，ナメクジのような陸生有肺類では，行動が夕方から始まり明け方に終わるようにセットされた体内時計があることがわかっている。

ナメクジは梅雨時など雨が続いて湿度が高い時期や湿った場所で活動が活発になる。これは，血液中の血リンパの浸透圧が下がると活動性が高くなるためである。逆に，乾燥条件では血リンパの浸透圧が上昇して活動は抑制される。ナメクジは雌雄同体であるが，一般的に自家受精はせず，生殖のためには交尾を行なう。ナメクジ類は交尾後3週間ほどで産卵し，卵は薄い半透明な卵膜に包まれた弾性のあるもので，20個くらいずつ数回にわたって産卵される。ノハラナメクジはおもに春に産卵する。

●発生条件と対策　ナメクジは湿った場所を好むので，排水の悪い圃場では発生が多い。圃場周辺に雑草地がある場合，雑草地がおもな発生源となっている。敷わらをすると，わらの中は湿って暗い場所になるため格好の生息場所となってしまう。酸性土壌で発生が多い。

ハウス内を乾燥させて発生を抑える。排水不良の圃場は，溝を掘ったり暗渠排水を設置するなどして排水をよくする。ナメクジは酸性土壌を好むので，石灰を施して土壌のpHをできるだけ高くする。雑草を除去して発生源をなくす。一度這い回った場所に後日またもどってくる性質があるので，銀色の這った跡を発見したら，その周囲の生息状況に注意する。

［小澤朗人］

◉ハダニ類 ⇨口絵：虫48

- ナミハダニ　*Tetranychus urticae* Koch
- カンザワハダニ　*Tetranychus kanzawai* Kishida

●被害と診断　葉裏に成幼虫が寄生し吸汁する。発生初期には寄生葉に白いかすり状の斑点が現われ，密度が高まるにつれて葉全体が黄化する。多発すると葉の一部が枯死または葉全体が落葉して生育が抑制され，株全体が萎縮する。発生初期には新葉への寄生は少ないが，高密度になると展開したばかりの新葉にも寄生するようになる。最初，スポット状に被害が発生し，密度が高まると周辺の株へ分散するので，被害は発生株の周りに徐々に広がっていく。露地栽培では3～11月に発生し，5～6月と9～10月ころの発生が多い。施設栽培では周年発生するが，冬期は減少する。ハダニ類は増殖スピードが早く，施設では高温のためとくに早い。

●虫の生態　ナミハダニ(黄緑型)は全国に広く分布し，多くの作物に寄生する。もともとは秋から冬の低温短日条件で成虫休眠する種類であり，休眠雌は黄緑色から淡橙色に体色が変化し，2つの黒斑は消失する。休眠雌は産卵せず，成虫のステージで冬を越し，気温が高まる春先に休眠からさめて産卵を開始する。しかし，近年は西南暖地を中心に休眠しない個体群の分布が拡大しており，休眠性の消失と薬剤抵抗性との関連も指摘されている。

ナミハダニ(赤色型)は過去にニセナミハダニと呼ばれ，ナミハダニとは別種とされてきたが，近年，両種間の生殖的隔離の程度が弱い(F_2以降の世代も生じる場合がある)ことから同種とみなされている。しかし，わが国では両種の生態的特性には違いが見られることなどから，従来どおり別種と見るべきとの意見もある。関東以南の暖地での発生が多く，これは本種が休眠性を有していないためと考えられている。

カンザワハダニは前2種と生態や形態は類似しており，全国に広く分布しているが，ナミハダニが寄生しないチャに寄生するなど生態的特性はやや異なる。ナミハダニ(ニセナミハダニ)とは雄成虫の挿入器の形態に違いが見られ，2種間には完全な生殖的隔離がある。本種は休眠性を有しているがナミハダニより休眠の深さは浅く，暖地では冬期でも卵や幼虫が見られることがある。休眠雌は体色が赤褐色からオレンジ色に変化する。

いずれの種も，高温条件(25℃)では卵から成虫までわずか10日ほどであり，1雌当たり100個以上の卵を産むので，好適条件では急激に増殖する。また，性比は雄：雌が1：3で雌のほうが多く，受精卵は雌に，未受精卵は雄になる。発育段階には卵，幼虫，第1若虫，第2若虫，成虫があり，幼虫～成虫のそれぞれの段階の間に静止期がある。寄主範囲は野菜，花卉，果樹，雑草などきわめて広い。

●発生条件と対策　乾燥が続くと被害が出やすい。とくに夏期に雨が少なく暑い年には，9月ごろから急激に発生が多くなり被害が発生する。施設では高温・乾燥になりやすいので発生には好適である。

本圃でのハダニの発生源としては，苗による持ち込みと圃場周辺の雑草やハダニの発生した作物からの侵入がある。まず，育苗圃場の衛生環境に注意し，育苗圃周辺の除草や防除に努める。育苗の防除を徹底し，クリーンな苗の確保に努める。雑草で増殖したハダニの密度が高まり寄主の栄養状態が悪化すると移動・分散し，圃場内へ歩行して侵入する。したがって，圃場周辺の雑草などの寄主作物を排除するとともに，圃場の周りに波板などに折返しをつけた「ダニ返し」を設置することも有効である。除草した雑草の残渣をそのまま放置するとハダニは寄主を離れて圃場内へ侵入してくるので，殺ダニ活性のある除草剤を使用するか，残渣は焼却する。施設では，ハウスの隅などあまり目の届かない場所に雑草が繁茂し，これが発生源となることがあるので雑草は完全に除去する。

ハダニは増殖が早いので，密度が低いうちに防除を徹底する。卵～成虫が混在しているので，発生の多い場合には7～10日ごとに2～3回薬剤を散布する。薬剤抵抗性が発達しやすいので，異なる薬剤を組み合わせたローテーション散布に心がける。　［小澤朗人］

◉アブラムシ類　⇨口絵：虫48

- ニンジンアブラムシ　*Semiaphis heraclei* (Takahashi)
- モモアカアブラムシ　*Myzus persicae* (Sulzer)

●被害と診断　おもに葉裏に寄生してコロニー(成虫と産下された幼虫による集団)をつくり，集団で養分を吸汁加害する。多発生すると葉色が黄化する。葉柄に寄生することもある。生長点付近の新葉に寄生してコロニーが大きくなり多発生すると，展開葉が萎縮して寄生葉となることがある。モザイク病の病原ウイルス（CMVなど）を媒介し，虫の発生が多くなるとモザイク病の発生も多くなる。モザイク病にいったんかかると商品価値がまったくなくなるため，被害としては，アブラムシの吸汁による直接害よりモザイク病の発生のほうが重要である。

●虫の生態　ニンジンアブラムシは，ニンジンの害虫としても知られている。体色は頭部が暗緑色，胸，腹部は黄緑色から緑色で白色の粉に覆われている。角状管は黒色，尾片は淡褐色である。有翅成虫は，腹部に側斑があり，触角が長い。ハナウド，ヤブニンジン，ミツバ，ニンジン，ヤブジラミのほか，多くのセリ科植物に寄生する。モモアカアブラムシは，さまざまな作物で問題となっており，キャベツ，ダイコンなどのアブラナ科野菜や，ジャガイモ，ナス，トマト，花卉類など200種以上の植物に寄生する。体色は黄緑色，緑色，赤褐色と変異が大きく，角状管と尾片は体と同色である。有翅成虫は，腹部背面中央に四角形の暗黒色の斑紋がある。触角は長い。冬期はモモ，ウメ，サクラなどの樹木上で卵越冬し，春先に暖かくなると有翅虫が発生して野菜類に飛来するが，西南暖地では越冬卵を産まないで，周年胎生生殖を続けることが多い。

●発生条件と対策　全般的には，雨が少なく乾燥した年に発生が多い。圃場周辺の雑草を除草したときなどに，有翅虫の飛来が一時的に多くなることがある。

圃場周辺の植物から飛来した有翅虫が発生源となるので，有翅虫の飛来を防ぐことがもっとも重要である。露地栽培では飛来を完全に防ぐことは難しいが，ハウス栽培では側窓や天窓に1mm目合いの寒冷紗を張ることで圃場内への侵入を防ぐことができる。とくに育苗期は，モザイク病の初期感染を防ぐためにも，寒冷紗で苗床全体を覆って有翅虫の侵入を防ぐ。アブラムシ類は銀色の反射光を嫌うので，うねをシルバーポリフィルムでマルチしたり，銀色の反射素材を織り込んだ寒冷紗を側窓やハウス周辺に張ることで，有翅虫の飛来をある程度抑制することができる。シルバーマルチは葉が繁る前の生育初期には効果が高い。圃場の周りの雑草を完全に除去し，発生源（飛来源）をなくす。隣接する圃場にアブラムシの発生が多い場合にも防除するなどの対策を行なう。

有翅虫はある程度短期間に集中的に飛来することが多い。有翅虫は黄色に誘引されるので，水を浸した黄色水盤（中性洗剤を少量添加する）や市販の黄色粘着トラップを圃場やその周辺に設置して，有翅虫の飛来状況を把握することも防除適期を決めるうえで有効である。飛来した有翅虫アブラムシが増殖して大きなコロニーをつくる前に防除することが重要である。したがって，葉裏にわずかでも有翅虫が確認されたらなるべく早く防除する。

育苗中は，モザイク病の発生を防ぐために定期的に防除する。薬剤抵抗性が発達しやすいので，異なる系統を組み合わせたローテーション散布を行なう。モモアカアブラムシは，各地で有機リン剤，カーバメート剤，合成ピレスロイド剤に対する抵抗性が発達していることが確認されているので，発生の多い場所ではとくに注意する。　［小澤朗人］

◉タバココナジラミ（バイオタイプB）　⇨口絵：虫49

• *Bemisia tabaci* Gennadius (B biotype)〔*Bemisia argentifolii* Bellows et Perring〕

●被害と診断　排泄物に発生するすす病が葉を汚す。幼虫の多寄生により株が黄化・衰弱する。幼虫の寄生により葉柄や葉が白化する。

●虫の生態　成虫は比較的新しい葉に産卵する。卵は紡錘形で，短い柄によって葉裏に直立するように1個ずつ産み付けられる。幼虫は4齢（4齢幼虫は蛹とも呼ばれる）を経過したのち成虫となる。屋外では5～10月に発生が多い。施設内では1年中発生する。

寄主範囲はきわめて広い。暖地では屋外で越冬できるが，低温には弱い。成虫は黄色に強く誘引される。

●発生条件と対策　高温を好み，猛暑の年は多発する。露地栽培より施設栽培で多発する傾向がある。苗からの持ち込みと，本圃への飛び込みが発生源となる。圃場周辺に発生源がある場合は，とくに注意が必要である。

殺虫剤の散布ムラを減らすため，不用な外葉はできるだけ除去する。植物残渣は発生源となるので，埋めるか，ビニルで覆うなどして適切に処理する。セルリーで登録されている殺虫剤は数少ないので，総合的な対策をとる。

［西東　力］

◉マメハモグリバエ　⇨口絵：虫49

• *Liriomyza trifolii* (Burgess)

●被害と診断　幼虫が葉にもぐって食害するため，くねくねとした線状の食害痕が葉面に現われる。発生量が少なくても外観を著しく損ねるため，商品価値が低下する。充実した外葉に産卵し，比較的新しい葉には産卵しない。したがって，幼虫による被害は外側から内側に向かって広がる。冬期の発生は屋外では見られなくなるが，施設栽培では1年中発生する。寄主範囲はきわめて広く，セリ科をはじめ，キク科，マメ科，ナス科，アブラナ科，ウリ科などの各種植物に寄生する。外観が重要視される葉菜類や花卉類で被害はとくに大きい。

●虫の生態　マメハモグリバエは新規の殺虫剤に対して次々と抵抗性を獲得してきた。このことが本種の防除を難しくしている最大の原因である。成虫の生存期間や産卵数は作物によって大きく異なり，好適な農作物としてインゲンマメとチンゲンサイ，不適な農作物としてトマトとダイズ，その中間の農作物としてセルリー，キク，ガーベラなどがあげられる。成虫は屋外で4～11月に発生し，7～9月にもっとも多くなる。休眠性は認められていない。屋外における越冬は蛹態が主体と考えられる。1世代の所要日数は，15℃で約48日，20℃で約25日，25℃で約17日，30℃で約14日である。発育各態の発育零点(発育が停止する温度)はいずれも10℃前後，発育上限温度は35℃付近にある。成虫には趨光性があり，南側や通路に面した箇所に産卵が多い。

成虫は夜間に活動しない。黄色の粘着トラップを設置しておくと多数の成虫を誘殺することができるが，誘殺されるのはおもに雄である。粘着トラップは発生量を把握(モニタリング)するために利用する。雑草では，キク科(チチコグサモドキ，ノボロギクなど)とアブラナ科(ナズナなど)を好む。

●発生条件と対策　植物による持ち込みが主要な発生原因となっている。その後，成虫が隣接圃場に次々と拡散し，地域全体がまん延するようになる。本種はイネ科植物に寄生しないことから，水田地帯にあるセルリー圃場では発生しにくい。

殺虫剤を散布すると，マメハモグリバエがかえって増えてしまうことがある。この原因は，殺虫剤の散布がマメハモグリバエの天敵(おもに寄生蜂)を排除してしまうからである。この現象はリサージェンス(誘導多発生)と呼ばれている。

本圃での発生は苗からの持ち込みによることが多いので，苗の管理を徹底する。

［西東　力］

◉ハスモンヨトウ　⇨口絵：虫49

• *Spodoptera litura* (Fabricius)

●被害と診断　苗の新芽や葉および葉柄が食害される。幼虫は，暖地では梅雨明け後の7月下旬ごろから発生し始める。秋どりや冬どりの作型では育苗期が発生初期に当たるため，若い苗が食害されると被害が大きい。また，幼虫は，若い軟弱な展開葉を好んで食害するので心止まりになり生育が阻害される。本圃では葉柄の表面も食害される。発生が多くなると葉ばかりでなく，葉柄の表面をかじって商品価値をなくしてしまう。

幼虫は，葉柄の重なっている隙間にもぐり込んで食害することがあり，幼虫が大きくなると食害痕も大きく深くなってしまう。9～10月に発生が多くなり，本圃でも定植後の株の葉や新芽および葉柄が食害される。卵塊から孵化した多数の幼虫は，しばらくは分散しないで食害するため卵塊を産卵された株が集中的に食害され，防除が遅れると丸坊主になってしまうこともある。

●虫の生態　もともと南方系の害虫であり，関東以西の暖地で発生が多い。休眠する性質がないため野外での越冬は難しく，おもに施設内で越冬していると考えられている。したがって，施設栽培地帯での発生が多い傾向が見られる。暖地では4月ごろからフェロモントラップに成虫が誘殺され始め，6月ごろから幼虫の発生が見られるようになるが，この時期の発生量は少ない。その後，8月下旬ごろから急激に発生が多くなり，9～10月がピークとなる。本種は長距離移動性の害虫である。成虫は夜活動し，昼間は葉の裏などにじっとしている。幼虫も老齢幼虫になると，昼間は株もとや土中に隠れていることが多い。

25℃では，卵から成虫まで30日である。卵期間は3～4日，幼虫期間は16日で，6齢を経て蛹になる。蛹は10日ほどで成虫になる。寄主範囲が広く，ほとんどの野菜類に被害を与え，キクなどの花卉類でも発生する。

●発生条件と対策　夏期が高温少雨の乾燥した年に発生が多く，畑の作物を食いつくした後，幼虫が大集団で歩行移動することがある。前年に発生が多かった場合には翌年の発生も多くなることがある。

本種に対して特異的に作用する誘引用の合成性フェロモン剤が市販されているので，フェロモントラップや予察灯を利用して発生量や発生時期を把握し，防除計画に役立てる。いろいろな作物に寄生するが，発生初期はサトイモやサツマイモなどへの寄生が多いので，圃場周辺の好適な寄主作物での発生状況をよく観察する。幼虫は大きくなると分散し，昼間は株元などに隠れてしまうため薬液がかからなくなるうえ，大きくなるにつれて薬剤感受性も低下する。したがって，孵化幼虫が卵塊の周りで集団で食害している時期に的確に防除することが大切である。隣接する畑に発生が多い場合には，隣で発生している幼虫が餌を食いつくして圃場内へ侵入するおそれがあるので注意する。施設ではハウスの出入口や側窓，天窓などの開口部に寒冷紗を張って成虫の飛来侵入を防ぐ。成虫は比較的大型なので寒冷紗の目合いは2mm程度でよい。すべての開口部に寒冷紗を設置すれば，本種の発生はきわめて少なくなる。

［小澤朗人］

パセリ

◉ハダニ類 ⇨口絵：虫50

- ナミハダニ　*Tetranychus urticae* Koch
- カンザワハダニ　*Tetranychus kanzawai* Kishida

●被害と診断　おもに葉裏に成幼虫が寄生し吸汁する。パセリは葉が縮れているため，発生初期は外観から寄生の有無を判別しにくい。しかし，よく見ると小さな白い斑点が現われ，密度が高まるにつれて葉全体が黄化し，次第に葉脈間が白くかすり状になって葉全体が枯死する。多発するとハダニは葉表にも寄生し，葉先と葉先の間にクモの巣状の糸を張るようになり，生育が著しく阻害され，株全体が枯死することもある。パセリは，ほかの葉菜類より生育が著しく遅いので，生育初期にハダニの寄生を受けると，植物体が小さいうちにハダニが増殖するため株ごと枯死するなど被害が大きい。また，葉を商品とするのでわずかな被害も経済的なダメージに結びつく。

圃場内では最初，スポット状に被害が発生し，密度が高まると周辺の株へ分散するので，被害は発生株のまわりに徐々に広がっていく。露地栽培では3～11月に発生し，6～9月ころの発生が多い。施設栽培では周年発生するが，冬期は減少する。増殖スピードが早く，施設内では高温のためとくに早い。

●虫の生態　ナミハダニ(黄緑型)は全国に広く分布し，多くの作物に寄生する。もともとは秋から冬の低温短日条件で成虫休眠する種類であり，休眠雌は黄緑色から淡橙色に体色が変化し，2つの黒斑は消失する。休眠雌は産卵せず，成虫のステージで冬を越し，気温が高まる春先に休眠からさめて産卵を開始する。しかし，近年は西南暖地を中心に休眠しない個体群の分布が拡大しており，休眠性の消失と薬剤抵抗性との関連も指摘されている。

ナミハダニ(赤色型)は過去にニセナミハダニと呼ばれ，ナミハダニとは別種とされてきたが，近年，両種間の生殖的隔離の程度が弱い(F_2以降の世代も生じる場合がある)ことから同種とみなされている。しかし，わが国では両種の生態的特性には違いがみられることなどから，従来どおり別種とみるべきとの意見もある。関東以南の暖地での発生が多く，これは本種が休眠性を有していないためと考えられている。

カンザワハダニは前2種と生態や形態は類似しており全国に広く分布しているが，ナミハダニが寄生しないチャに寄生するなど生態的特性はやや異なる。ナミハダニ(ニセナミハダニ)とは雄成虫の挿入器の形態に違いがみられ，2種間には完全な生殖的隔離がある。本種は休眠性を有しているがナミハダニより休眠の深さは浅く，暖地では冬期でも卵や幼虫がみられることがある。休眠雌は体色が赤褐色からオレンジ色に変化する。

いずれの種も，高温条件(25℃)では卵から成虫までわずか10日ほどであり，1雌当たり100個以上の卵を産むので，好適条件では急激に増殖する。性比は雄：雌が1：3で雌のほうが多く，受精卵は雌に，未受精卵は雄になる。発育段階には卵，幼虫，第1若虫，第2若虫，成虫があり，幼虫～成虫のそれぞれの段階の間に静止期がある。寄主範囲は野菜・花卉・果樹・雑草などきわめて広い。

●発生条件と対策　乾燥が続くと被害が出やすい。とくに夏期に雨が少なく暑い年には，8月下旬ころから急激に発生が多くなり被害が発生する。施設では，高温・乾燥になりやすいので露地よりも発生には好適である。

圃場周辺の雑草で増殖したハダニは密度が高まり寄主の栄養状態が悪化すると移動・分散し，圃場内へ歩行して侵入する。したがって，雑草を排除するとともに，圃場の周りに波板などに折返しを付けた「ダニ返し」を設置する。除草した雑草の残渣を放置するとハダニは圃場内へ侵入してくるので，殺ダニ活性のある除草剤を使用するか集めて焼却する。施設では，ハウスの隅などあまり目の届かない場所に雑草が繁茂し，これが発生源となることがあるので雑草は完全に除去する。ハダニは増殖が早いので，密度が低いうちに防除を徹底する。発生の多い場合には7～10日ごとに2～3回薬剤を散布する。パセリは葉が縮んでいるため薬液が均一に付着しにくいのでていねいに散布する。　［小澤朗人］

◉ヨトウムシ類　⇨口絵：虫50

- ハスモンヨトウ　*Spodoptera litura* (Fabricius)
- ヨトウガ　*Mamestra brassicae* (Linnaeus)
- ミツモンキンウワバ　*Ctenoplusia agnata* (Staudinger)

●被害と診断　ハスモンヨトウは葉裏に卵塊で産卵する。卵塊は薄茶色の真綿のようなもので覆われているので，外から卵は見えない。1～2齢幼虫は集団で葉裏から食害する。このとき葉表の表皮を残すようにして加害するので，加害当初は葉表に薄茶色の小さな点々の被害が現われ，数日後には1小葉(葉)全部が表皮を残した被害となる。成熟するにつれて食害量も増すが，葉(小葉)を食べつくすことはなく葉の一部が残る。産卵された株に被害は集中するが，幼虫は成熟するにつれて分散力も大きくなるので，周辺株へも順次被害は広がり，多発生時には丸坊主の被害となる。被害は8月の育苗中から生じ9～10月がもっとも多いが，ビニル被覆後も被害は続く。

ヨトウガは葉裏に卵塊で産卵する。卵は白色で黒灰色になるとふ化する。1～2齢幼虫は集団で葉裏から食害する。被害症状やその進展の仕方はハスモンヨトウと同一である。

ミツモンキンウワバは，葉裏に点々と1卵ずつ産卵する。卵は白色で灰色になるとふ化する。体色は黄緑色で成熟しても変化しない。初期から中期の被害は，少しずつ葉縁から食べてはほかの葉へ移動するため葉が葉柄のみになることはない。1株に5匹以上の発生にはならないので，一部の葉は葉柄のみになることがあるが，株全体が葉柄のみの丸坊主にはならない。

いずれの種類の被害でも，たとえ丸坊主になっても枯死することはないが，生育が遅れたり葉数や葉面積が減少する。食害痕が見えることにより市場性が著しく低下する。日中地中に潜って夜間活動する種類はヨトウガの成熟幼虫のみである。

●虫の生態　ハスモンヨトウは，露地のフェロモントラップによる誘殺は4月から12月まで連続してあるのでこの間が発生期間であるが，パセリでは8～10月に多い。蛹化は地中で行なう。野外では越冬できないが，無暖房のハウス内では幼虫や蛹で越冬できる。夏が高温で経過すると秋には異常発生する傾向が強い。

ヨトウガの発生は年3回であり，2回目の成虫は8月に発生するがごく少量で，パセリには発生しない。3回目の成虫は9月中旬以降10月下旬に発生し，この期間の発生が多い。11月以降の発生は少なくなるので，ビニル被覆後の被害は少ない。蛹化は地中で行なう。無暖房のハウス内では11月いっぱいは幼虫が発生していることがあるが，休眠性があるため，これらの幼虫は蛹化してもハウス内では羽化せずそのまま越冬する。ミツモンキンウワバは発生回数は不明である。

●発生条件と対策　成虫は春と秋に発生するが，とくに10月から11月にかけて発生が多い。しかし，ビニル被覆後の被害は少ない。

ハスモンヨトウは育苗期から収穫時まで連続して発生するので，本種を重点に防除する。ヨトウガ，ミツモンキンウワバは薬剤そのものには弱く，薬剤抵抗性も発達していないので，ハスモンヨトウの防除で同時に防除できる。しかし近年，とくにハスモンヨトウは薬剤抵抗性が極度に発達して防除回数も多くなっているので，防虫網で被覆栽培を行ない成虫の飛来を阻止する。冬～春どりの栽培では7月下旬からの播種となり11月にビニル被覆を行なうが，この栽培型は露地の無被覆栽培となりヨトウムシ類の寄生を受けるので，播種後から防虫網を張ることにより成虫の飛来防止を阻止することがもっとも完全で，省力防除となる。

とくに発生も多く被害の大きいハスモンヨトウ，ヨトウガは，ともに卵塊で産卵し，初期の被害も1葉に集中して生じるので，絶えず圃場を見回り初期被害葉を発見し，若齢幼虫の捕殺に努めることで防除はできる。幼虫は成葉の中に隠れていることが多いので，多発生の場合は思い切って大きな葉を摘み取り，葉ごと捨てると被害も減少する。摘葉してもパセリは枯れることはない。生育は遅れるが品質は揃うので，思いきって摘葉し，ただちに薬剤散布を行なう。ハスモンヨトウは夏が高温で経過すると秋の発生が多いことや，フェロモントラップの 8月の誘殺量と秋の誘殺量とは比例するので，高温の夏には早くから防除対策を講じることが必要である。　［池田二三高］

ミツバ

◉ハダニ類 ⇨口絵：虫51

- カンザワハダニ　*Tetranychus kanzawai* Kishida
- ナミハダニ　*Tetranychus urticae* Koch

●被害と診断　ハダニ類により吸汁された部分は色が抜け，白く見える。多発すると葉全体が白色～淡黄色に変色し，生育不良になる。

●虫の生態　両種とも露地では冬に休眠する個体が多いが，施設内では休眠せずに1年中活動，繁殖する個体が多い。冬は増殖が遅く，被害があまり見られない。5～11月に多発し，7～8月にしばしば激発する。20℃以上では10～20日間で1世代をくり返し，短期間に急激に増加する。

●発生条件と対策　高温乾燥条件で多発する。ネオニコチノイド系薬剤の散布後に多発しやすい。ハウス内やハウス周辺の除草後，枯死した雑草から侵入することが多い。露地では天敵の活動も活発なため，薬剤散布が少ない場合はあまり多発しない。

水耕栽培ではハダニ類を侵入させず，また，ハウス内で増殖させないことがポイントであり，ハウス内およびハウス周辺の除草を徹底する。水耕栽培では春～秋は30～40日，冬でも60日で収穫され，その際に病害虫も同時に持ち出されて除去されるため，「ハウスに入れない，雑草で増やさない」を徹底すれば，ハダニ類だけでなく，各種害虫の被害がほとんど発生しなくなる。土耕栽培（軟化栽培の根株養成期，根ミツバなど）ではアブラムシ類対策にネオニコチノイド系の薬剤を散布した後のハダニ類の発生に注意し，防除を徹底する。

［田中　寛］

◉アブラムシ類 ⇨口絵：虫51

- ワタアブラムシ　*Aphis gossypii* Glover
- モモアカアブラムシ　*Myzus persicae* (Sulzer)
- ニンジンアブラムシ　*Semiaphis heraclei* (Takahashi)
- ヤナギフタオアブラムシ　*Cavariella salicicola* (Matsumura)
- ユキヤナギアブラムシ　*Aphis spiraecola* Patch

●被害と診断　被害株はアブラムシ類成幼虫が分泌する透明の粘液状排泄物質やその上に繁殖するカビ（すす病）で黒く汚れる。多発すると葉や葉柄の汁が吸われ，生育不良になり，枯死する場合もある。

●虫の生態　ワタアブラムシは越冬時と春～秋で寄主植物が変わる。ムクゲやクサギなどで卵越冬し，春に無性繁殖して5月ごろから有翅成虫がウリ類をはじめとする各種農作物・雑草に飛来する。春から秋に無性繁殖と移住をくり返したのち，秋に有性繁殖してムクゲやクサギに産卵する。暖地や施設内では冬も無性繁殖を続け，イヌノフグリなどの雑草や各種農作物で越冬する場合も多い。無性繁殖中は卵を産まずに幼虫を産むことが多く，1～2週間で1世代をくり返し，短期間に急激に増加する。

モモアカアブラムシも季節によって寄主植物が変わり，モモ，スモモなどで越冬する。春～秋は各種農作物・雑草に寄生し，暖地や施設内では冬も無性繁殖を続ける。アブラムシ類ではワタアブラムシと並ぶ農作物の重要害虫である。

ニンジンアブラムシは越冬植物としてヤマウグイスカグラが知られ，春～秋はニンジン，ミツバ，ハナウドなどに寄生する。ヤナギフタオアブラムシはヤナギ類で越冬し，春～秋はセリ，ミツバなどに寄生する。ユキヤナギアブラムシはユキヤナギ，コデマリ，ボケなどで越冬し，春～秋はウンシュウミカン，セリ，ミツバ，コスモス，ウツギなどに寄生する。アブラムシ類はモザイク病（ウイルス病）を媒介する。

●発生条件と対策　晴天，乾燥が続くと発生が多いが，寄生蜂やテントウムシ類などの天敵の活動も活発で，多発ののち，急激に減少することも多い。

水耕栽培ではアブラムシ類を侵入させず，ハウス内で増殖させないことがポイントである。ハウス開口部を0.4～1mm目合いのネットで被覆し，ハウス内の除草を徹底する。ハウスの入口をあけておくと風が入口から入って側面や天窓から抜け，各種害虫が侵入しやすいため，入口は必ず閉める。水耕栽培では春～秋は30～40日，冬でも60日で収穫され，その際に病害虫も同時に持ち出されて除去されるため，「ハウスに入れない，雑草で増やさない」を徹底すれば，各種害虫の被害がほとんど発生しなくなる。土耕栽培（軟化栽培の根株養成期，根ミツバなど）ではモザイク病が問題になるため，アブラムシ類の初期飛来に注意し防除を徹底する。　［田中　寛］

◉チョウ・ガ類　⇨口絵：虫51

- ハスモンヨトウ　*Spodoptera litura* (Fabricius)
- ヨトウガ　*Mamestra brassicae* (Linnaeus)
- ウワバ類　*Noctuidae* sp.
- キアゲハ　*Papilio machaon hippocrates* C. et R. Felder
- キアヤヒメノメイガ　*Diasemia accalis* (Walker)

●被害と診断　葉が食害され，多発すると株がぼろぼろになる。ハスモンヨトウとヨトウガ（ヨトウムシ）の卵は数十～数百個のかたまりで産まれるため，初期は幼虫被害が局在する。

●虫の生態　ハスモンヨトウは寒さに弱く，沖縄地方を除いて露地での越冬率は低く，主として施設内で越冬した虫が翌年の発生源となる。越冬源となる施設が近くにない場合，成虫飛来と幼虫被害は6月から9月にかけて増加し，10月以降は少なくなる。6～9月は約1か月で世代をくり返す。

ヨトウガは本州中部以南では蛹が夏と冬の2回休眠し，1年に2回世代をくり返して5～6月と9～11月に幼虫が発生する。北海道では休眠は冬だけで，1年に2回世代をくり返して6～10月に幼虫が発生する。東北地方では夏に休眠するタイプとしないタイプが混在し，1年に2～3回世代をくり返して6～10月に幼虫が発生する。

キアゲハは蛹が冬に休眠し，信州などの高地や北海道では1年に1回発生する。本州中部以南の暖地では1年に3～4回世代をくり返し，5～10月に幼虫が発生する。ウワバ類，キアヤヒメノメイガの生態，生活史は不詳である。

●発生条件と対策　ハスモンヨトウはミツバの施設内で越冬した場合や，越冬源となる施設が近くにある場合に多発しやすい。

水耕栽培では成虫を侵入させず，また，ハウス内で増殖させないことがポイントであり，アブラムシ類，アザミウマ類，コナジラミ類などの防除を兼ねてハウス開口部を0.4～1mm目合いのネットで被覆するとともに，ハウス内および周辺の雑草を防除する。なお，キアヤヒメノメイガを除けばいずれも成虫が大型のため，鱗翅類のみを防除する場合は

4mm目合いでもよい。ハウス入口を開けておくと風が入口から入って側面や天窓から抜け，各種害虫が侵入しやすいため，入口は必ず閉める。水耕栽培では春～秋は30～40日，冬でも60日で収穫され，その際に病害虫も同時に持ち出されて除去されるため,「ハウスに入れない，雑草で増やさない」を徹底すれば，各種害虫の被害がほとんど発生しなくなる。

［田中　寛］

ネギ類

◉ロビンネダニ ⇨口絵：虫52

• *Rhizoglyphus robini* Claparede

●被害と診断　成幼虫が地下部に寄生する。寄生された株の葉色はさえず，萎凋したり生育不良となる。成虫は洋ナシ型，半透明乳白色，体長は0.7mm内外。ネギ，タマネギだけでなく，ユリ科野菜やチューリップ，ユリ，サンダーソニアなどにも寄生する。連作地でネギ，タマネギの生育がよくない場合は，ロビンネダニが寄生していることが多い。表面的には，萎凋，生育不良，欠株というかたちで，畑全体にわたって被害が現われる場合が多く，そのためかえって見落とされるおそれがある。

●虫の生態　卵，幼虫，第1若虫，第3若虫を経て成虫となる。第1若虫と第3若虫の間に出現するヒポプスは，口器がなく，寒冷，乾燥，飢餓耐性がある。一般に不適環境で発生し，土壌中で長期間生存する。ネギやタマネギに寄生したものは，各種のステージで越冬する。休閑畑では，掘り残しの作物や残渣に付着して地中で越冬する。4月ころから活動を開始し，秋までに十数世代をくり返す。成虫は，根や地ぎわの茎の表面に点々と，あるいは数粒かためて産卵する。1雌で600粒くらい産卵するといわれ，繁殖力は非常に強い。

発育経過は速く，1世代に要する日数は，夏季では10日程度である。気温20～25℃のときが繁殖には好条件である。サトイモなどにも寄生する。ネギ類の連作を避けても，サトイモや花の球根類が間に入るような輪作では，本種の発生を抑える効果は少ない。

●発生条件と対策　高温多湿条件を好み，生育適温に近い初夏と初秋に被害が多い。重粘な土壌より砂地や砂壌土に多く発生する。連作すると発生被害は多くなる。登録農薬が少なく，効果の高い薬剤も少ないので，連作を避ける，健全苗を選ぶなど耕種的防除を併用する。　［清水喜一］

◉ネギアザミウマ ⇨口絵：虫52

• *Thrips tabaci* Lindeman

●被害と診断　成幼虫が葉に寄生し，表層を舐めるように加害して組織を傷つける。食害された痕は，かすり状に色が抜けて白くなり，シルバリング症状を呈する。早生タマネギでは4月ごろから，中生以降では5月ごろから発生が増加し被害も目立ち始める。この時期の定植間もないころに被害を受けると生育不良となり，ひどい場合は枯死する。採取タマネギでは花部に寄生して結実を妨げる。

●虫の生態　ネギにも各種のアザミウマ類が寄生するが，ネギアザミウマがもっとも多い。両生殖系統が発生しているところでは混在することが多い。非休眠で，各種植物体上の折れ曲がった部分や生長点付近に潜み，越冬中も暖かい日には活動し産卵もする。年に10世代以上をくり返し，夏では2～3週間で1世代を完結する。卵は寄主植物の組織内に産み込まれ，幼虫は葉上で生活し，老熟すると地表におりて蛹化する。キャベツ，トマトなど多くの作物に寄生する。

●発生条件と対策　発生には乾燥条件が適しており，とくに空梅雨で高温乾燥年の発生が多い。

年間発生回数が多いので，こまめに発生状況を把握する。施設では粘着トラップによるモニタリングを行なう。産雌性単為生殖系統では合成ピレスロイド系薬剤抵抗性が確認されており，ネオニコチノイド剤に対する感受性低下が懸念されている。産雄性単為生殖系統では合成ピレスロイド系薬剤抵抗性が確認されているほか，有機リン剤およびカーバメイト剤に対して感受性の低い個体群が確認されている。多発期には感受性の高い産雌性単為生殖系統であっても，飛来量が多く，薬剤の残効が短くて思いがけない被害を受けることがあるので効果の確認は必ず行なう。スピノシン系の薬剤に対して感受性の低い個体群は確認されていない。光反射マルチ，防虫ネット，紫外線除去フィルムも有効であるが，0.2mmの目合いも通過することから防虫ネットを過信しないように注意する。

［渡邊丈夫］

◉ネギアブラムシ ⇨口絵：虫52

• *Neotoxoptera formosana* (Takahashi)

●被害と診断　葉に群生し汁液を吸収する。ネギ萎縮病ウイルスを媒介する。ネギの花にも寄生し結実を妨げる。被害株は生育不良となる。薬剤に対する感受性は高いが，増殖率が高く，株が枯死するほどに増えることがある。小さな苗では株全体が枯れ上がるので被害は大きい。

●虫の生態　年に数回発生する。暖地では葉上で越冬する。ふつう，夏季には発生しない。

●発生条件と対策　乾燥状態での発生が多いようである。他害虫の防除をきちんとやっている圃場では，ほとんど発生を見ない。

［清水喜一］

◉ネギハモグリバエ ⇨口絵：虫53

• *Liriomyza chinensis* (Kato)

●被害と診断　成虫は葉の組織内に点々と産卵し，孵化した幼虫は葉の内部に潜入して葉肉を食害する。食害痕は白いすじ状となり，ひどくなると白斑が続いて葉の大部分が白くなることもある。苗では致命的な被害を受け，春のネギ苗では枯死することも少なくない。生育したネギでは枯死することはめったにないが，葉の機能が衰え生育を妨げられる。

●虫の生態　地表下1～2cmの浅いところで蛹越冬し，成虫は5月ころから発生する。年間5～6世代を営む。成虫は葉組織に点々と卵を産みこむ。卵は白色で長楕円形，数日で孵化する。幼虫は葉内にあって葉肉部を食害し，老熟した後に地中に入り蛹化する。

●発生条件と対策　暖冬の後，空梅雨で夏季高温小雨が続くと多発する。連作すると多くなる。

　苗の被害は大きくなるので，手遅れにならないように注意する。本圃では発生加害が継続し薬剤感受性も低いので，長期計画をもって臨まなければならない。

［清水喜一］

◉タマネギバエ ⇨口絵：虫53

• *Delia antiqua* (Meigen)

●被害と診断　幼虫は茎の下端部から食入して内部を食害するので，被害株は萎凋し，被害が多いと黄変して枯死する。茎盤部が食害されて根が切れているので容易に抜ける。被害部には多数の幼虫（うじ）が寄生しており，土中には囲蛹（蛹）が見られる。幼虫は1株を食いつくすと隣接株に移動して食害するので，最初の被害株を中心に，うね沿いに被害が拡大する。タマネギの球茎肥大期には外部から被害を発見することは難しいが，好天時に葉が萎凋，下垂する株では被害を受けている可能性が高い。

●虫の生態　関東地方以南では，タマネギバエは蛹で，タネバエは成虫で夏眠するので，両種とも盛夏には一時密度が低下する。卵は地ぎわの茎葉部，土壌表層に産み付けられ，孵化幼虫は土中浅くに生息し，腐植質または種子や根茎部を食害する。老熟すると食害部から離れ，近くの土中で蛹化する。

タマネギバエの寄主植物は，ユリ科ネギ属だけに限られる。北海道では年3回の発生で，春から秋にかけて発生する。本州では春と秋に発生する。西南地方では夏の休眠期間が長くなる。成虫は2か月ほど生存し，多いときは200～300卵を産するという。卵期間は3～5日で，幼虫は茎の下端部から食入する。幼虫期間は2～3週間で，加害部付近の土中で蛹化する。蛹期間は2～3週間，越冬は蛹態で行なわれる。

なお，タネバエはわが国の古くからの重要害虫であり，全国各地で発生する。寄主植物は各科にわたり，インゲン，キュウリ，スイカ，ダイコンなどで被害が大きい。ネギ類では両種が混発することがあるが，ほかの野菜類で発生するのはタネバエだけである。北海道，東北では，土壌中で蛹越冬，春から秋にかけて継続的に3～4回発生し，夏季に発生が多い。関東以西では幼虫，蛹，成虫が越冬し，早春から初夏に3～4回，秋に2回発生するという。一般的に春の発生量が多く，秋は少ない。卵，幼虫，蛹の経過日数は，タマネギバエとほぼ同様である。

●発生条件と対策　タマネギバエは被害株が発する腐敗臭に誘引され，被害株周辺に産卵することが多い。タネバエは堆肥，鶏ふん，魚かすなどの有機物のにおいに誘引される。乾燥した砂質土壌で被害が多い。

なるべく成虫の活動盛期を避けて播種，移植を行なう。ハエ類を誘引しないように植え傷みを少なくする。被害株の発するにおいが，さらに成虫の産卵を誘発するので被害株を抜き取り，周辺土壌から幼虫，蛹を除去するのが有効である。成虫の飛来を防止するために未熟堆肥，未熟有機質肥料の使用は避ける。施用する場合も植付け直前は避け，完熟肥料を早い時期に施用しておく。　［清水喜一］

◉ネギコガ　⇨口絵：虫54

• *Acrolepiopsis sapporensis* (Matsumura)

●被害と診断　幼虫は，初めは葉肉内にもぐって食害するが，のちには葉の内側から表皮を残して食害する。食害部は，小白点や，やや蛇行した線状の白斑となる。食害が進むと食害痕が白く太い筋となり，葉のところどころに穴があく。ネギハモグリバエの被害に似るが，ネギハモグリバエでは穴があくことはない。ニラでは花も加害し，種子の生産を低下させる。

●虫の生態　成虫の体長は4.5mm程度，開張9mm程度の小型の蛾で前翅の後縁中央に白色斑がある。静止時には背面中央の白紋が鮮やかに目立つ。卵は短楕円形で扁平，乳白色，長径0.7mm程度で葉上に点々と産卵される。幼虫は前後に細まる紡錘形で胴部に黒い小点をそなえ，細い毛を疎生する。幼虫は淡緑色で褐色の縞模様がある。5齢を経て蛹になるが，老齢幼虫の体長は9mm程度になる。終齢幼虫は葉に穴をあけ，表に出てから荒い網のようなまゆをつくって蛹化する。各形態ともコナガによく似る。ネギ属の植物だけを食害する。成虫休眠して越冬する。年間の発生回数は5～8回程度と考えられる。

●発生条件と対策　梅雨明け後の高温乾燥によって急激に増殖する。一般的に発生が多いのは6～10月ごろである。対策の重点を幼虫の葉身内部への侵入防止におく。低密度時からの防除が必要であり，粒剤散布が有効である。

［清水喜一］

◉シロイチモジヨトウ　⇨口絵：虫54

• *Spodoptera exigua* (Hübner)

●被害と診断　露地のネギ圃場では7月ころから認められ，5cm程度に生長したネギの葉に雌が産卵するようになる。被害が激しくなるのは8月以降で9月にピークに達し，11月まで被害を認める。産卵箇所は，細いネギの葉の先近くの葉身であり，縦に10粒～数十粒の卵塊として産卵され，表面は雌成虫の尾毛で灰白色に覆われる。初発はこの尾毛で覆われた卵塊を見つけるとよい。

雌成虫は新しい葉に産卵することが多い。ネギの葉で孵化した幼虫は，集団で葉の先端に近い部分や葉の折れた部分に小さな穴を開けて食入し，3齢までは中から表皮を残し，葉肉だけを食害する。そのため，被害を受けたネギは白い表皮だけになり折れ，草丈も短く，被害が目立つ。4齢以降は分散して食害するため，葉に穴を開けるか途中で葉身を食い切り，外部に出てきて摂食する個体が多くなる。分散移動する範囲は比較的狭く，卵塊があった株を中心に坪状の被害が見られる。

食害による被害だけでなく，葉身内に虫糞が溜まり，とくに根深ネギでは葉身内の底部に虫糞が堆積するため，出荷のときに除去作業が必要となり多くの労力を要する。

●虫の生態　成虫は前翅の長さ12mm程度の小型の蛾である。前翅の色彩は灰褐～黄褐色で斑紋に特徴が少なく，幅は比較的狭い。後翅は白色で半透明である。卵は径0.5mm程度の饅頭形で黄褐色である。老熟幼虫は体長約30mm，体色は寄主により変化に富むが，ネギを寄主とする場合は淡緑～緑褐色の個体が多い。広食性であり，加害植物は50種以上に及んでいる。年間の発生回数は5～6回と推定される。

幼虫，蛹の発育零点が15℃以上であり，高温適応性の害虫であるといえる。幼虫に休眠はない。降雪中で周辺が氷結している環境下でもネギの食害が確認されており，耐寒性が強いことが確認されている。これらのことから，本種は露地の圃場内で発育零点以上の温度域で発育を続け，老齢幼虫か蛹で越冬していると考えられる。施設内では冬期間も発生をくり返すことが可能である。

●発生条件と対策　過去の被害多発の発生事例を考えると，新しい作物の導入時，同一作物の長期栽培，施設栽培など，いずれも環境条件（食餌植物，生息環境）がシロイチモジヨトウにとって好ましい方向に変化したという共通点が指摘される。防除効果の上がりにくい大きな原因として，薬剤感受性の低さを指摘し，国外から薬剤抵抗性個体群が飛来侵入した可能性も考えられてきた。本種が長距離移動性の害虫であることは確かである。低気圧（台風）にのり西南アジア，東南アジア，朝鮮半島から薬剤感受性の低い個体群が飛来した年に大きな被害になる可能性も高い。

本種は薬剤感受性が低いうえに，幼虫の齢が進むと急速に効果が劣る。さらに葉に食入（ネギ類），葉をつづる（ほとんどすべての植物）という生態的特性のため防除効果は上がりにくく，同一薬剤の連用で急速に殺虫効果が低下するなど，非常に防除が困難な害虫である。したがって，薬剤散布は幼虫が若齢のあいだに行なうとともに，同一薬剤の連続使用は避ける。殺虫剤のみに頼らず，フェロモン剤の利用，物理的防除法の活用を積極的に進めるなど，薬剤の使用回数を減らす努力が必要である。　［山下賢一］

アスパラガス

◉ネギアザミウマ ⇨口絵：虫55

• *Thrips tabaci* Lindeman

●被害と診断　成茎の茎葉には白いかすり状の傷が生じる。若茎では傷や鱗片葉の褐変が生じる。若茎の傷の形状は，かたち状やすじ状に加えてコルク化を伴う場合があり，傷の色調も白や淡緑から紫まで多様である。露地栽培でも発生するが，雨よけ状態で成茎が繁茂している状態を維持しながら若茎を収穫する作型（半促成長期どり栽培など）での被害が著しい。被害は夏期を中心として初夏から秋まで発生する。冬期にハウスをビニル被覆して保温する作型では，保温中に伸長してきた若茎が加害されることもある。

●虫の生態　ネギやタマネギ，キャベツ，カーネーションなど寄主植物は非常に多い。全国的に分布している。作物や雑草間に潜んで，おもに成虫で越冬する。しかし，アスパラガスの場合は成茎を晩秋～初冬に刈り取るため，冬期に圃場が裸地となる。ハウスでは，この状態が1か月以上経過した後にビニル被覆して保温するが，この場合は通常，3月下旬以降に圃場外から飛来してきた成虫が発生源となる。4月以降は，周辺の植物で繁殖した成虫が飛来するだけでなく，圃場内の立茎中の若茎や成茎でも繁殖する。飛来と繁殖は晩秋まで続く。圃場内での増殖が旺盛なのは5月，発生最盛期は7月である。

●発生条件と対策　高温少雨で多発生しやすいので，雨よけ状態となる作型での被害が多い。本種の寄主植物には園芸作物が多いので，野菜や花卉の栽培が多い地域で発生しやすい。たとえば，周辺で栽培されているタマネギが倒伏～収穫期になると，アスパラガスへの飛来が増加する。

晩秋～初冬に刈り取った成茎は，圃場外へ持ち出して処分する。圃場内の除草も徹底して裸地状態とする。冬期に保温する作型では，裸地状態の圃場を寒風に1か月以上さらしてからビニル被覆する。3月下旬以降はハウスの開口部をネットで覆い，成虫の侵入を抑制する。ネットの目合いは1mm以下とし，明色よりも暗色や透明に近い色調のほうが望ましい。ハウスの外側を囲うように，1～2mの幅の光反射シートを敷設すると，成虫の侵入を抑制できる。ただし，アブラムシ類の飛来が増加することがあるので，前述のネット被覆と併用して効果を高める。正常な伸長が望めない若茎は収穫時に除去する。放置すると増殖源となる。

［松本英治］

◉ジュウシホシクビナガハムシ ⇨口絵：虫55

• *Crioceris quatuordecimpunctata* (Scopoli)

●被害と診断　成虫は体長7mmほど，赤橙色で，硬い翅に14個の黒い斑紋がある。アスパラガスが萌芽してくると，越冬成虫が集まってきて寄生し食害する。葉芽や茎の表面を食害するので，茎は曲がったり褐変したりする。成虫の産卵が始まると，幼虫の加害も見られる。茎の先端部の食害が多い。若茎の収穫がつねに行なわれているので，この時期には老熟幼虫まで成育するのは少ない。収穫打切り後，茎立ちが始まると幼虫の食害が目立つが，若齢幼虫から老熟幼虫まで見られ，成虫の食害も多い。発生が多いと株全体が枯死することもある。

●虫の生態　発生は年1回。野菜ではアスパラガスを食害するが，通常は野山に生えるキジカクシというユリ科の野草を餌に増える。4～5月ごろに越冬成虫がアスパラガスに飛来し，7月ごろまで葉芽や幼茎の表皮を食害する。4月下旬以降，気温が上昇するに伴い成虫の交尾行動が始まり，幼芽や鱗片，葉柄基部などに1～3個ずつ産卵する。卵は乳黄色，長径1.2mmの長円形をしていて，孵化した幼虫もアスパラガスを食害し，4齢を経過する。成熟幼虫は体長10mmで頭部が黒色，体は緑がかった白色をしている。幼虫は5～9月の間に見られ，成熟すると土中に8mmほどの丸い土部屋（まゆ）をつくり，その中で蛹化する。6月になると蛹から新成虫が羽化し，まだ残っている越冬成虫とともにアスパラガスを加害する。6～7月の間は越冬成虫と新成虫が混在する。9～10月になると周辺の土中や刈り株の中，落葉の下などで，成虫態で越冬する。

●発生条件と対策　ジュウシホシクビナガハムシはユリ科アスパラガス属のキジカクシという常緑多年草で生活しているとされ，キジカクシが自生する山林が多い中間山地などの山沿いの圃場で発生が多い。定植後まだ収穫にならない未成園で放任栽培すると発生が多くなり，収穫年次になって被害を受けるので，防除の徹底が必要である。発生園では，収穫打切り後の幼虫，成虫を捕殺し，翌年の発生源となる越冬密度を低くしておく。秋の枯れ茎や周辺雑草の焼却，落葉処理などによって，越冬密度を地域全体で下げる。

［根本　久］

◉ヨトウガ　⇨口絵：虫56

• *Mamestra brassicae* (Linnaeus)

●被害と診断　収穫後期のものに幼虫による食害が見られる。収穫打ち切り後の株養成のとき，地上部の茎葉を加害して太い主茎だけにしてしまう。寒冷地の露地抑制栽培での収穫期（8月上旬～9月下旬）に萌芽してくるアスパラガスが食害される。

●虫の生態　土中の蛹で越冬する。年2回の発生で，5月中下旬，8～9月に成虫が出現する。暖地ではやや早くなり，大部分のところでは夏眠して発生してくるが，北海道では夏眠しないで発生する。成虫は中型の蛾で，夜間活動しながら数卵塊に分けて産み付ける。1雌で平均1,200粒ほど産卵する。

幼虫はさまざまな種類の植物を加害する。孵化幼虫は弱い集合性があるので，はじめは群となって加害する。3齢ぐらいで分散するが，それ以前でも刺激を与えると吐糸して分散する。アスパラガスでは，分散したものが移動してきて加害するものと考えられる。老齢幼虫になると食害量は著しい。盛夏に食害した幼虫は，老熟すると土中に入って蛹化し越冬する。

●発生条件と対策　分散する前の若齢幼虫のときに防除すると効果的である。3齢までは防除しやすい。幼虫は茎に生息して加害するので，発生を見たら早期に防除する。

［豊嶋悟郎］

◉ハスモンヨトウ　⇨口絵：虫56

• *Spodoptera litura* (Fabricius)

●被害と診断　成茎に寄生した若齢幼虫は擬葉を摂食するとともに，茎表面を舐め取るように食する。伸長している茎葉が深めに摂食されると，萎凋やわん曲が生じることもある。若茎に寄生した若齢幼虫は，鱗片葉の隙間に潜んで加害することが多く，わずかな加害でも，鱗片葉や茎表面に摂食痕が残って商品価値がなくなる。点状の摂食痕が若茎の伸長に伴ってスジ状の傷になったり，摂食痕からわん曲することもある。幼虫の齢期が進むにつれて加害症状が甚だしくなる。成茎の先端部や若茎が老齢幼虫に加害された場合は，原形をとどめないほどに食い尽くされることも少なくない。

●虫の生態　幼虫の餌植物の種類は非常に多く，通常は6齢を経て土中で蛹になる。夏～初秋はおおむね1か月で1世代を経過し，幼虫期間は2～3週間である。寒さに弱く，西南暖地での発生量が多く，施設内で越冬しているものと思われる。8月に初発生する圃場が多く，圃場外から飛来した成虫がアスパラガスでの主要な発生源となる。9月は飛来と産卵が連続的になり，もっとも被害が著しい。

●発生条件と対策　温暖な地域や施設園芸の盛んな地域で発生時期が早まり．発生量が多くなりやすい。

ハウスでは，目合いが4mm以下のネットで開口部を覆い成虫の侵入を防止する。黄色蛍光灯を夜間に点灯し，成虫の行動を阻害する。20Wの場合は10a当たり24本，40Wは20Wの半数を目安とする。サトイモやダイズでの発生時期はアスパラガスよりも早い場合が多いので注意する。管理作業中に卵塊や老齢幼虫などを発見したら捕殺する。ネットなどで侵入を阻止している場合でも若齢幼虫の早期発見に努め，早めに薬剤を散布する。　［松本英治］

シソ

◉チャノホコリダニ ⇨口絵：虫57

• *Polyphagotarsonemus latus* (Banks)

●被害と診断　主として未展開葉や新葉など生長点に近い部分の葉裏に寄生する。発生初期は新葉がやや表側にわん曲し，葉が光沢を帯びたように見える。密度が高まると葉が縮れたようになり，褐変する。発生初期には被害株がスポット状に見られる程度であるが，防除を行なわずに放置すると被害が圃場全体に及ぶ。

●虫の生態　寄主範囲が広く，ナス科，ウリ科などの野菜類のほか，ガーベラなどの花卉類，ミカン，チャなどに寄生する。野外では雑草などで成虫で越冬するとされる。施設栽培では冬期も繁殖を続ける。

●発生条件と対策　露地栽培に比べ施設栽培での発生が多い。繁殖が早いので，被害症状を認めたらただちに薬剤防除を行なう。多発すると1回の薬剤散布では抑えられず，約1週間間隔での連続散布が必要である。手などに付着した虫が未寄生株に移動すると考えられるため，被害株が発生した場合，薬剤防除を行なうまで，できるだけ被害株に触れないようにする。　［広瀬拓也］

◉カンザワハダニ ⇨口絵：虫57

• *Tetranychus kanzawai* Kishida

●被害と診断　幼虫が葉裏に寄生して吸汁加害するので，葉は緑色（赤ジソでは紫色）を失って白い斑点となる。初発時には葉表には白い細かな斑点が見られ，裏面には赤色のダニや白い脱皮殻なども見られる。多発すると葉全体が白くなる。

●虫の生態　露地では成虫が雑草や落葉の下などで越冬し，3～4月に活動を再開する。圃場周辺の雑草で繁殖したダニが圃場内に移動，侵入し，増殖する。この侵入は春～夏にたえずおこっている。梅雨明け頃から急激に増加して8月にピークに達する場合が多いが，9月に入っても多発が続くことがある。10月には越冬に入り始め，11月には葉上の虫がいなくなる。

本州の中部以南で発生が多く，北日本での発生は少ない。ハウスでは冬にも見られることがある。生活サイクルは卵→幼虫→若虫→成虫の順に経過する。1世代の経過に必要な期間は，20℃で約3週間，25℃で約2週間である。

●発生条件と対策　高温乾燥条件下で多発しやすい。ハウスでは露地より多発する傾向がある。圃場周辺に雑草が多い場合や，ハウス内に雑草が見られる場合に発生しやすい。

薬剤防除のほか，発生初期にスパイデックス（ハダニ類の天敵であるチリカブリダニ）を放飼するのもよい。定植前の除草を徹底する。定植後では，雑草に生息していたダニを圃場内に侵入させる結果となるので，その場合はハダニ類の殺虫効果もある薬剤を使用するとよい。青ジソでは収穫などの作業中に摘除した被害葉をその場に落とさずに，集めて圃場外に持ち出して処理する。この処理は被害の拡大を防ぐ効果が非常に高く，通常の作業に組み込むことができるので実用的である。　［田中　寛］

◉アブラムシ類 ⇨口絵：虫58

- エゴマアブラムシ　*Aphis egomae* Shinji
- ワタアブラムシ　*Aphis gossypii* Glover
- モモアカアブラムシ　*Myzus persicae* (Sulzer)

●被害と診断　被害がひどいのはエゴマアブラムシ，ワタアブラムシで，主として未展開葉や新葉の裏に寄生し吸汁する。加害された葉は著しく変形し，縮れたり裏側に巻いたりする。多発すると排泄物にすす病が発生し，葉の表面が黒くなる。株の生長も抑制される。関西地方の露地栽培では春から秋まで発生が見られ，6～9月に多発する。モモアカアブラムシの発生はまれである。しかし，定植直後に多数の有翅虫が飛来した場合，生育が抑制されることがある。斑紋病を引き起こすシソ斑紋ウイルスを媒介する。

●虫の生態　エゴマアブラムシはエゴマ，サルビアなどにも寄生する。施設栽培では胎生雌虫が周年見られる。ワタアブラムシはウリ科，ナス科など多くの植物に寄生する。ムクゲなどで卵で越冬する個体と胎生雌虫や幼虫で越冬する個体とがある。施設栽培では胎生雌虫が周年見られる。モモアカアブラムシはナス科，アブラナ科など多くの植物に寄生する。モモ，スモモなどで卵で越冬する個体と胎生雌虫で越冬する個体とがある。寒冷地では卵で越冬するが，暖地では胎生雌虫や幼虫で越冬する個体が多い。

●発生条件と対策　卵で越冬する個体の少ない暖地では，春先の気温が高いと有翅虫の飛来が早くから始まり，圃場での発生が多くなる。露地栽培に比べ施設栽培のほうが高密度になりやすい。圃場での発生の始まりは有翅虫の飛来による。発生初期は有翅虫が飛来した部分にのみコロニーが見られる。新葉の縮れなどが見られ始めたら，ただちに薬剤防除を行なう。露地栽培ではシルバーポリフィルムによるマルチングやシルバーテープの展張が有翅虫の飛来抑制に有効である。施設栽培では天窓やサイドなど開口部に防虫ネットを展張すると有翅虫の飛来が抑えられる。　［広瀬拓也］

◉ハスモンヨトウ ⇨口絵：虫58

- *Spodoptera litura* (Fabricius)

●被害と診断　幼虫がおもに葉や生長点を食害する。孵化幼虫は卵塊のあった葉やその周辺の葉を，表皮を残して集団で食害するため，卵塊のあったあたりは葉が白～褐変する。産卵は植物体上だけでなく，支柱や施設の鉄骨などにも行なわれる。この場合，白～褐変葉は見られず，産卵された場所の周辺に孵化幼虫が散見される。幼虫は発育するにつれ次第に分散する。

3～4齢幼虫になると表皮を残さず食害するようになり，葉が食い破られた状態になる。生長点が食害されることも多く，その後の生育が著しく悪化する。5～6齢幼虫になると昼間は葉の陰や土塊の下などに隠れていることが多い。食害量が増え，葉柄や太い主脈だけを残して葉を食害するようになる。

●虫の生態　南方系の害虫で休眠しないため，寒さに弱い。露地での越冬はほとんど不可能で，施設がおもな越冬場所と考えられている。高知県の場合，施設栽培では周年発生する。世代数は4月定植の半促成栽培で5～6世代，10月定植の促成栽培で3世代と推定される。露地栽培では通常春先の発生は少ない。その後，世代を重ねるにつれて次第に増加し，8～10月の発生がもっとも多くなる。暖地での年間世代数は5～6世代とされる。幼虫は通常6齢を経過して土中で蛹となる。25℃での幼虫期間は3週間程度で，1世代経過するのに約1か月を要する。

●発生条件と対策　発生量の年次変動が大きい。5月以降高温少雨で経過した年に多発する傾向が見られる。越冬源の多い施設栽培地帯で発生が多い。

薬剤防除は発生初期の若齢幼虫を対象に行なう。施設では成虫の侵入を防ぐため，4mm目以下のネットをサイドや天窓などの開口部に展張する。ネットに産み付けられた卵塊から孵化した幼虫が施設内に侵入することがあるので，定期的にネットを見回り卵塊をすりつぶす。黄色蛍光灯の終夜点灯は成虫の侵入を抑制するが，野外の成虫密度が高い場合は十分な効果が上がらないことがあるので幼虫の発生に注意する。また，合成性フェロモン剤を用いた交信攪乱法も効果がある。 ［広瀬拓也］

ジャガイモ

◉アブラムシ類 ⇨口絵：虫59

- モモアカアブラムシ *Myzus persicae* (Sulzer)
- ジャガイモヒゲナガアブラムシ *Aulacorthum solani* (Kaltenbach)
- ワタアブラムシ *Aphis gossypii* Glover

●被害と診断　3種類とも葉裏に寄生する。モモアカアブラムシは群集して寄生することがないので，葉が巻いたり縮んだりすることが少ない。ジャガイモヒゲナガアブラムシも群集性がないが，若い葉に寄生して寄生部分が縮むようなことがある。ワタアブラムシは前2種と異なり，群集して寄生するので，排泄物により葉が濡れたように光って見える場合がある。各種とも葉だけでなく，花にも寄生する。アブラムシ類の直接の被害はジャガイモでは他の作物に比較して少ないが，ウイルス病を媒介するので恐ろしい。

●虫の生態　モモアカアブラムシの生態はきわめて複雑で，冬はモモ，スモモ，ウメなどのバラ科植物の芽の付近や枝などに産まれた卵態で越冬し，早春孵化したものは無翅の雌で，これを幹母と称する。春はバラ科植物上で胎生を続けながら繁殖し，数世代を経たあとに有翅型(春季移住型)が現われ，ジャガイモやその他各種の植物に移住する。各種の作物・雑草などで増殖・分散をくり返したのち，有翅雄と卵生雌がバラ科植物に現われて，交尾・産卵する。

ジャガイモヒゲナガアブラムシはギシギシ，クローバ類，ゴボウ，フキなどの越年生草本に卵態で越冬する。翌春孵化した幹母が成熟して子虫を産む。この子や孫の世代には多数の有翅虫が現われ，ジャガイモ，ダイズなど各種植物に移住し増殖する。秋季になると有翅雄と卵生雌が現われて，交尾・産卵する。

ワタアブラムシは寒冷地ではムクゲ，ツルウメモドキなどで卵態越冬，暖地ではホトケノザ，オオイヌノフグリなど雑草において胎生雌虫や幼虫で越冬するといわれている。作物での増殖能力から，ウリ科群とナス科群に大別され，両者で薬剤の感受性が異なるといわれている。高密度や栄養条件が不適になると有翅虫が現われ，移動分散する。

ジャガイモへの種類別の寄生量は，北海道ではワタアブラムシとジャガイモヒゲナガアブラムシが多い。ジャガイモヒゲナガアブラムシはジャガイモの萌芽と同時に認められ，6~7月を中心に発生する。モモアカアブラムシは前種より多少遅れて発生する。ワタアブラムシはさらに遅れて発生し，7~8月に発生が多い。暖地ではモモアカアブラムシが最初に発生し，次いでジャガイモヒゲナガアブラムシ，ワタアブラムシが発生する。

これらのアブラムシ類はウイルス病を伝搬する。葉巻病は，モモアカアブラムシ，ジャガイモヒゲナガアブラムシが媒介し，Yモザイク病は，モモアカアブラムシ，ワタアブラムシが媒介する。

●発生条件と対策　高温・少雨条件で多発しやすい。薬剤による防除は，播種前の粒剤の播溝施用と茎葉散布がある。アブラムシ類には，種類や地域によって薬剤抵抗性が認められる場合があるので，それぞれの地域で効果が確認されている薬剤を選択する。

［青木元彦］

◉テントウムシダマシ類　⇨口絵：虫59

- オオニジュウヤホシテントウ　*Henosepilachna vigintioctomaculata* (Motschulsky)
- ニジュウヤホシテントウ　*Henosepilachna vigintioctopunctata* (Fabricius)

●被害と診断　成虫，幼虫ともに，葉の裏側から，やや太い短線を横に並べたような食痕をつくって食害し，葉脈だけを残すので葉は網目状となる。成虫よりも幼虫の食害が甚だしい。被害は急激に進み，葉が褐変し，縮んで枯れてしまう。全圃場が褐変してみえる場合がある。発芽後，作物の幼いころに葉を食われると生育が遅れ収量が減る。いも肥大期の幼虫の加害では，いもの数は減少しないが，大きさや重量が著しく減少する。

●虫の生態　オオニジュウヤホシテントウは寒冷地に，ニジュウヤホシテントウは暖地に分布する。その境界は，だいたい関東の中央部から島根県の西端を結ぶ線で，年平均気温14℃の線であるといわれている。境界線付近では両種が混じって分布しているところがある。

発生回数は，オオニジュウヤホシテントウは年1～2回，ニジュウヤホシテントウは年2～3回である。いずれも成虫の状態で，落葉の下や樹皮の間などに潜って越冬する。春，ジャガイモの萌芽を待ってそれに集まり，葉を摂食する。オオニジュウヤホシテントウの成虫がジャガイモに多く集まるのは5月下旬からである。6月中旬に産卵がもっとも多く，同下旬から幼虫が多くなる。7月中旬には蛹になり，同下旬から新成虫が羽化する。2回発生地域では8月に再び新成虫が出現する。ニジュウヤホシテントウの越冬成虫は4月上旬～5月に観察され，第1世代は6月から7月に羽化する。第2世代は8月以降羽化する。

両種とも産卵は葉裏にする。卵は長さ2mmくらい，鮮黄色，徳利を並べて立てたように集めて産む。幼虫は，体に分岐したトゲを多数生じており，3齢以後の摂食量が甚だしい。蛹は，葉裏に尾端を付着して下がっている。

●発生条件と対策　越冬に好適な場所が得られやすい山間地や，雑木林に隣接した圃場で発生が多い。幼虫の発生時期に1～2回，薬剤散布を行なう。ジャガイモの萌芽時期に成虫の発生が多い場合は，その防除も行なう。

［青木元彦］

◉ナストビハムシ　⇨口絵：虫60

- *Psylliodes angusticollis* Baly

●被害と診断　成虫は葉を摂食し，直径1～2mmの小さい円形の食痕を残す。ただし，食害量は少なく，多発しない限り実害はない。幼虫は地中に潜り，根やストロンを食害する。のちに塊茎も加害し，深さ数mmの食入痕をつくり，実害が大きい。塊茎の食入痕は幼虫のステージや加害時期の早晩によって外観や深さが異なる。また，古い食入痕はコルク化する。

若齢幼虫による古い食入痕は外観がニキビ様で，深さは浅くクサビ状である。老齢幼虫による新しい食入痕は外観が健全部と判別しにくく，塊茎内部へ糸状に長く伸びている。食害を受けた塊茎は生食用では品質が低下し，加工用では製品歩留りが低下する。発生が多いと，塊茎に多数の食入痕ができ，表面があばた状となるばかりか塊茎重量も減少する。

●虫の生態　年1回の発生で，成虫態で越冬する。越冬場所は圃場の周辺にある防風林などの枯れ葉の下や雑草の地ぎわなどである。北海道では，越冬成虫は5月下旬ごろから活動を始め，ジャガイモ圃場への侵入は萌芽直後から始まる。侵入最盛期は6月下旬ごろである。成虫は圃場へ侵入後，まもなく葉を食害する。産卵は6月上旬ごろから始まり，産卵最盛期は6月下旬ごろである。卵は地表や地中のごく浅いところに産み付けられ，約1週間で孵化する。孵化幼虫はただちに地中に潜り，根や塊茎を食害する。幼虫は約3週間かけて成長し，地中で蛹となる。新成虫は8月中旬ごろから現われ，ジャガイモのほか，圃場周辺に自生するナス科植物の葉を摂食する。その後，9月ごろから越冬場所へと移動する。

●発生条件と対策　越冬地となりうる防風林などが周辺にあるジャガイモ圃場では被害が多い。また，圃場の外縁部は中央部と比較して被害が多くなる。早生品種は被害を受けやすい。圃場において越冬成虫の密度を観察し，侵入時期を把握する。圃場へ侵入した越冬成虫は殺虫剤により防除する。

［小野寺鶴将］

サツマイモ

◉ネコブセンチュウ類 ⇨口絵：虫60

- サツマイモネコブセンチュウ　*Meloidogyne incognita* (Kofoid et White) Chitwood
- アレナリアネコブセンチュウ　*Meloidogyne arenaria* (Neal) Chitwood
- ジャワネコブセンチュウ　*Meloidogyne javanica* (Treub) Chitwood
- キタネコブセンチュウ　*Meloidogyne hapla* Chitwood

●被害と診断　植付け2か月後ごろから根に直径2～3mmの小さな根こぶが形成される。しかし，これらの根こぶは果菜類のように多数のこぶが重なり合った大きな根こぶにならず，小さなこぶが連なるように形成される。生育初期から寄生が多いと，本来紡錘形の塊根になるべき根の肥大が阻害されるために，根はゴボウ状や著しい形状不良になって減収する。肥大した塊根も寄生を受けると割れ，裂開，凹み，くびれ，曲がりなどの症状を呈する。多発生しても，地上部に顕著な症状を現わすことは少ない。品種によって抵抗性の程度は大きく異なる。

●虫の生態　多くの場合，サツマイモネコブセンチュウの単独発生であったり優占種となったりしている。また，サツマイモネコブセンチュウは全国の産地で被害が多く，最も重要な種である。

ネコブセンチュウ類は冬期間は土壌中に残された卵および幼虫の状態で生存するが，寒冷地での幼虫越冬は不可能と考えられている。越冬した卵は，地温が10～15℃になるころから孵化を始める。地温が上昇して幼虫の活動適温になっても，圃場に作物が栽培されていないなど，幼虫が植物の根に寄生できない状態のまま数か月経過すると，しだいに衰弱して死亡する。したがって，地温の上昇に伴って4月ごろから土壌中の幼虫密度は急激に低下する。幼虫は根の先端部より侵入し，定着した部分の根の細胞は巨大化して根こぶを形成する。巨大化した細胞から養分を摂取して発育し，雌成虫は数百個の卵を産む。適温条件下では1世代に約1か月を必要とする。塊根には根こぶが形成されず，寄生部分は凹んだり割れるなどの症状を示す。ネコブセンチュウ類は各種の作物や野菜のほか雑草にも寄生し増殖する。

●発生条件と対策　火山灰土壌や砂質土壌など水はけのよい土壌で発生が多い。夏季の低温や日照不足などの天候不順の年にはサツマイモの生育や塊根肥大が抑制されるので，ネコブセンチュウの被害を受けやすい。

発生が少ない圃場であっても，ネコブセンチュウ感受性の青果用品種は被害を受けやすいので必ず防除を行なう。栽培期間中は，土壌に生息している幼虫および根や塊根に寄生している成虫に対して有効な防除手段はないので，植付け前に防除を実施する。未発生の圃場では，トラクタなどの機械に付着した汚染土壌や被害根などの持ち込みが第一次の発生源となる。連作すると生息密度が次第に高まる。ナス科やウリ科などの作物はネコブセンチュウの増殖に好適であるので，これらの作物を栽培した跡地にサツマイモを栽培する場合は被害発生に注意が必要である。品種によって抵抗性程度は異なり，高系14号，ベニコマチ，コガネセンガンなどの感受性品種は，被害が激しく現われるので必ず防除を行なう。ベニアズマ，タマユタカなどの品種は前記感受性品種よりも抵抗性を有しているが，被害は発生するので防除が必要である。シロサツマ，ミナミユタカなどの強度の抵抗性を有する品種は，多発生圃場でも被害を受けることはなく防除の必要はない。生育初期の根に多数の根こぶが見られる場合には改めて防除を行なってから植え直す。

［上田康郎］

◉ミナミネグサレセンチュウ ⇨口絵：虫61

• *Pratylenchus coffeae* (Zimmermann) Filipjev et Schuurmans Stekhoven

●被害と診断　ミナミネグサレセンチュウは根やいもの表層部に寄生し，いもを腐らせてしまう。寄生されると，つるの伸びが悪く，葉がしおれて黄化したり早く落葉したりして，全体の生育が悪くなる。サツマイモを抜いたときに水が浸み込んだような褐色の斑点が認められる。被害がひどいときには黒褐色の病斑が大きく，いもの表皮の組織が腐ってはげ落ちたり，表面がぶつぶつになったり，いもが奇形になることもある。

●虫の生態　強い口針をもち，根やいもの養分を吸いながら移動し，土の中に出てから再び近くにある根に侵入するので病斑は大きくなり，被害も広がる。卵は，移動しながらいもや根の組織に産み付けられる。数日で卵はかえり，幼虫は土中に出て新しい根に寄生する。春，地温が上昇するとともに活動を始め，年間数世代を経過するものと思われる。

●発生条件と対策　幼虫が土壌間隙に生息するので，土壌間隙が豊富な火山灰土や砂質土壌で発生しやすい。逆に，土壌粒子の細かい，粘土質土壌では繁殖しにくい。センチュウは意外と乾燥に強い。トマト，ジャガイモ，ダイズなどを連作すると，一般にセンチュウ類の密度は高くなり，被害も多くなる。センチュウに汚染された種いもは使用しない。抵抗性品種があるので，これを使用する。センチュウ類一般に対して対抗性植物のクロタラリアを輪作体系に組み込む。

［根本　久］

◉アブラムシ類 ⇨口絵：虫61

• モモアカアブラムシ　*Myzus persicae* (Sulzer)
• ジャガイモヒゲナガアブラムシ　*Aulacorthum solani* (Kaltenbach)
• ニワトコヒゲナガアブラムシ　*Aulacorthum magnoliae* (Essig et Kuwana)
• チューリップヒゲナガアブラムシ　*Macrosiphum euphorbiae* (Thomas)
• ワタアブラムシ　*Aphis gossypii* (Glover)

●被害と診断　葉裏や葉柄に寄生し吸汁加害する。とくに新葉の葉裏への寄生が多い。寄生数が多いと葉が縮れたり巻いたりする。サツマイモの場合，アブラムシの直接的な加害による実害は少ないが，モモアカアブラムシが非永続的に媒介するサツマイモ斑紋モザイクウイルス強毒系統（SPFMV-S）による塊根の帯状粗皮病が問題となる。

●虫の生態　モモアカアブラムシは，寒地ではモモ，スモモ，ウメなどのバラ科植物（主寄主植物）に卵態で越冬する。暖地ではアブラナ科やナス科の野菜，野草など（中間寄主植物）で，胎生雌虫およびその幼虫態で越冬するものが多い。5月ごろに有翅胎生雌虫が出現して多くの中間寄主植物に分散移住し，数世代無性的に胎生を続けて大繁殖する。夏季は一般に繁殖が衰え，密度が低下する。秋季に有翅の産雌虫が出現し，主寄主植物に移住して無翅の産卵雌虫を産み，雄虫が飛来して交尾ののち，芽の基部に産卵する。

●発生条件と対策　晴天が続き，雨の少ない年に発生が多い。育苗床では，雨や天敵の影響を受けないため，防除を怠ると短期間のうちに高密度になる。

苗の増殖施設では，親苗による持ち込みに注意する。育苗床では，寒冷紗などの被覆資材を用いて有翅虫の飛び込みを防ぐようにする。周辺雑草の防除を行なって飛来源を断つ。アブラムシの発生が認められたら，速やかに薬剤を散布する。アブラムシは葉裏や心部によく寄生しているので，これらの部分への散布をていねいに行なう。また，薬剤抵抗性の発達を抑えるために，同一薬剤の連用を避け，異なる系統の薬剤を交互に散布する。

［諏訪順子］

◉コガネムシ類 ⇨口絵：虫61

- ドウガネブイブイ *Anomala cuprea* (Hope)
- アカビロウドコガネ *Maladera castanea* (Arrow)
- ヒメコガネ *Anomala rufocuprea* Motschulsky

●被害と診断 主として8～9月に幼虫により塊根(いも)が食害を受ける。多発生地ではドウガネブイブイ，アカビロウドコガネ，ヒメコガネが重要種で，単独で発生するより2種または3種の混発が多い。幼虫によって塊根の表面が不整円形または細長くミミズ状にえぐったようにかじられる。食害痕には土が付きやすいため掘り取ったときは黒く見えるが，水洗いすると新しい食痕は白く，古い食痕は褐色である。

●虫の生態 コガネムシ類の年間の発生回数は，暖地では年1回であって，2～3齢幼虫で越冬する。ドウガネブイブイの成虫は日中，植物上に群生して葉を食べる。成虫の寿命は1か月ぐらいであり，その間に地表下3～5cmのところに産卵する。新生幼虫は6月下旬から見られ，2～3齢幼虫になると食害は激しい。アカビロウドコガネの成虫は強度の夜行性で，昼間はサツマイモの株元や地表浅く潜っていて，夜間地上に出て活動する。成虫は1か月ぐらい生存し，7月下旬ごろから地表下3～5cmのところに産卵する。新生幼虫は8月中旬ごろから塊根を食害する。ヒメコガネの成虫は，昼間は土の中に潜んでいるものが多く，夜間に飛翔活動する。卵は土中に産下され，新生幼虫はアカビロウドコガネよりやや遅れるが，塊根の被害は8月中～下旬から認められる。

●発生条件と対策 砂壌土や火山灰土などの軽い土壌に発生が多い。また，堆厩肥など有機質を多用すると発生が多い。アカビロウドコガネ幼虫の食害は，サツマイモの品種間差異が顕著で，紅赤(金時)がもっとも食害を受ける。幼虫の発生加害は，概して作付けの多いところで激しい傾向が見られる。

早掘り(9月中旬)すると被害は少ない。ドウガネブイブイの成虫は7月に庭木や生垣に群生しているので，広域に防除して発生地域の成虫密度を低下させる。コガネムシ類の成虫がサツマイモ圃場に飛来し産卵する時期に薬剤を散布して，産卵を防止する。新生幼虫を防除するため植付け時に畦内に薬剤を使用する。また，新生幼虫の出現期に畦上または株元に薬剤を散布する。

［石川元一］

◉イモキバガ(イモコガ) ⇨口絵：虫62

- *Helcystogramma triannulellum* Herrich-Schäffer

●被害と診断 成虫は静止すると平たく細長い姿をしており，前翅長7～8mm，前翅は茶褐色，後翅は淡灰色の小さい蛾。成熟幼虫の体長は15mmくらい，頭部は黒色，胸部～腹部前方は黒紫色，白色，黒紫色がリング状に混ざっている。腹部中後部は白色地で背中に黒く太い縦縞がある。

床や畑で幼虫が加害する。孵化から3齢くらいまでは葉裏で糸を綴り，その中で葉を食害，3齢後期には苗葉を裏側や表側に巻き，または葉を綴り合わせて表皮だけを食害する。葉を綴った内側から葉肉を食害するので，葉は網目状に白く透けて見える。被害葉率はふつう20～30%といわれるが，葉の食害による減収調査のデータはなく，収穫部と被害部が異なることと，サツマイモの生育は旺盛だという理由から，ひどく多発したとき以外は収量に影響しないと考えられる。

●虫の生態　幼虫は，サツマイモ，クウシンサイ(エンツァイ)といったヒルガオ科の作物を食害するほか，ヒルガオも食草としている。関東では年に4世代，南九州では年6～7世代を経過し，5月下旬から9月下旬まで加害する。発生のピークは多いのは5～6月と9月で，5～6月発生はとくに多く，盛夏の発生は少ない。夜活動し，葉の裏や表に卵を産み付ける。葉を巻いたり綴り合わせたりしてその中にすむ。蛹は，巻いた葉の中や下葉の枯れ葉の中に多い。巻いた葉を開くと，幼虫がすばしっこく歩きまわり，綴った葉の内側には糞がかためてある。被害は本畑で多く，食害中の葉は白く透けて見えるが，次第に枯れて褐色になる。

●発生条件と対策　乾燥した天候が続く年に発生が多い。サツマイモの畑では，どこでも発生する。苗床や畑では被害が目立つので，発生の多少を知ることができる。初夏にはウイルスを伝搬するアブラムシ，9～10月にはナカジロシタバ，ハスモンヨトウ，エビガラスズメ(イモムシ)の発生などもあり，これらの同時防除をねらった殺虫範囲の広い薬剤を散布しがちである。これらに相当する，合成ピレスロイド剤，有機リン剤，カーバメート系剤などの薬剤を使用しない防除体系を選択すると，イモキバガの被害は気にならなくなる。　［根本　久］

◉エビガラスズメ ⇨口絵：虫62

• *Agrius convolvuli* Linné

●被害と診断　葉を加害する。被害は春季から初夏にかけては比較的に少なく，8月以降多くなる。若中齢幼虫の被害はナカジロシタバ，ハスモンヨトウに類似するが，老齢幼虫は葉脈も食べるので葉柄だけが残る。老齢幼虫による被害は急激に進展し拡大する。

●虫の生態　年間の発生回数は暖地では3～4回で，越冬世代成虫は5月下旬～6月下旬，第1世代成虫は7月～8月上旬，第2世代成虫は8月中旬～9月に発生する。8月中旬以降に発生する幼虫から休眠蛹が出現し越冬する。幼虫は夜間に葉を食害し，ナカジロシタバの約8倍の摂食量である。幼虫期間中の総摂食量の90%を最終齢期で摂食する。各虫態の発育期間は卵が3～5日，幼虫が17～37日，蛹が12～20日である。老熟した幼虫は土壌中に潜って土窩をつくり蛹となる。

●発生条件と対策　マルチ栽培の普及により，植付け時期が早くなっているところでは8月の発生が多い傾向にある。

　卵を容易に発見できるので，産卵数の多少により発生程度を知ることができる。8月以降にはナカジロシタバ，ハスモンヨトウ，イモコガも発生するので，これらとの同時防除を行なう。幼虫は大型であるが，薬剤に対する抵抗性は弱い。移動性があるので，隣接した圃場へ移動する前に防除する。葉柄だけが残るような食害痕が坪状に発生し始めたときは発生が多く，被害が大きいので早急に防除する。幼虫は日没後に葉上に出てきて食害するので，薬剤散布は夕方がよい。　［上和田秀美］

◉ナカジロシタバ ⇨口絵：虫62

• *Aedia leucomelas* (Linnaeus)

●被害と診断　成虫は前翅長約16mm，前翅は暗黒～黒褐色，後翅の外縁が黒褐色で，その内側が白色の夜蛾の仲間。後翅の配色が和名の由来となっている。1～2齢幼虫はシャクトリムシのように歩行する。成熟幼虫は体長40～50mm，体は灰青色で黒色の小班点が密にある。背面中央に1本，側部と気門の上側にそれぞれ両側に，それぞれ1本ずつ黄色い縦線が平行に走る。

5月ごろ苗床に発生し，葉を食害する。また，9～11月ごろ多発して畑のサツマイモがツルばかりを残して丸坊主にされることがある。若い幼虫は，葉の裏から点々と穴をあけて葉脈だけを残して食害するが，多発生すると大きくなった幼虫が葉柄だけを残して食い荒らすので，収量を著しく低下させる。

●虫の生態　サツマイモのみを加害する。1年の間に3世代を経過するが，西南暖地では4世代を経過する。第1世代幼虫は5～6月に，第2世代は7～8月に，第3～4世代は8～10月中旬に出現して食害するが，第3～4世代の被害が大きい。成熟幼虫または蛹が土中で越冬する。4月下旬から5月にかけて羽化，産卵は葉裏に点々と産み付ける。卵は数日で孵化し，幼虫はシャクトリムシのように歩きまわって葉を食害する。大きくなった幼虫は，昼間は下葉のかげや茎などに潜み，夜に這いまわって葉を食害する。

●発生条件と対策　本種は，しばしば秋季に大発生することがある。とくに西南暖地では過去に大被害を受けた記録があるが，発生要因は明確ではない。

［根本　久］

◉ハスモンヨトウ ⇨口絵：虫62

• *Spodoptera litura* (Fabricius)

●被害と診断　卵塊の表面は成虫腹部の黄褐色の鱗毛で覆われる点が，鱗毛で覆われないヨトウガ卵塊や白色の鱗毛で覆われるシロイチモジヨトウ卵塊との区別点の一つである。中齢幼虫の背面は灰色で頭のやや後ろの側面に，一対の黒い斑紋が現われるのも大きな特徴。雄成虫の前翅に灰青色の斜めの線状の紋を有することが名前の由来。

若齢幼虫は集団で葉の表皮だけを残して食害するため，食害部が白く透けて見える。3齢以降比較的早く分散，成熟すると，サツマイモの葉脈や葉柄を残してほとんど食いつくし，同じ卵塊からかえった幼虫が分散するため，圃場が坪枯れ状に丸坊主株ができる。集団で発生するので，多発すると被害はきわめて大きい。

●虫の生態　ハスモンヨトウは暖地性の害虫で，関東以西の太平洋側の地域で発生が多い。休眠がなく，野外での越冬は関東以西の太平洋側の温暖地の日だまりの地形に限られるが，施設内では越冬が可能である。年に5～6世代を経過する。フェロモントラップには4月ごろから誘殺されるが，サトイモ圃場では7月ごろからコロニーが見られるが，被害が目につくのは8月に入ってからである。

卵塊状に産卵され，孵化した幼虫は2齢まで集団で加害し，3齢以降徐々に分散するが，サトイモに寄生した場合はほかの作物と異なり分散の時期が遅く，成熟幼虫も葉の表の集団の中で食害することが多い。若齢期に風雨，あるいはクモなどの天敵によって幼虫の集団が攪乱されると，幼虫が落下したり分散したりするが，分散後の死亡率は高い。梅雨明け前は幼虫期のこのような早期の分散が多いようである。

成虫の寿命は約15日で，1雌当たりの総産卵数は2,000～3,000卵で，1回当たり200～1,000卵を卵塊状に産み付ける。卵から成虫になるまでの日数は25℃で30日，卵期間は3～4日，幼虫期間は16日前後で，6齢を経て土中で蛹になり，蛹は10日で成虫になる。

アスパラガス，キャベツ，ブロッコリー，ハクサイ，ダイコン，レタス，ゴボウ，ニンジン，ネギ，タマネギ，ホウレンソウ，イチゴ，ナス，トマト，ピーマン，サツマイモ，サトイモ，ヤマノイモ，ダイズ，アズキ，キク，バラ，クローバなど，野菜，果樹類，草花など80種以上の植物を食害する。

●発生条件と対策　梅雨明けが早く，7月下旬に降雨が少ない年や8～9月に高温で，熱帯夜が続く年に多発し，薬剤の効果も減少する。ハスモンヨトウには多くの有力な天敵がある。卵に寄生する寄生蜂にはクロタマゴバチ科の一種が知られ，幼虫期にはコサラグモ類，コモリグモ類，ハナグモ，アシナガバチ類，アマガエル，ゴミムシ類などの捕食者，ブランコヤドリバエなどの寄生者がある。とくに，コサラグモ類は孵化幼虫集団をおそい，集団を攪乱して高い死亡率をもたらす。核多角体ウイルスや緑きょう病菌などの昆虫病原微生物の発生もあり，核多角体ウイルスは7～8月の猛暑期に，緑きょう病は秋雨があり気温が低くなりかける9月下旬～10月に多発する。

若齢期の食害はわずかであるが，齢期が進むにしたがって急増し，老齢幼虫(5～6齢期)では1齢期の1,000倍以上，一生に摂食する量の90%を食害する。クモ類，アシナガバチ，アマガエルなどの有力な天敵を有効に活用するために，合成ピレスロイド剤，有機リン剤，カーバメート系剤，ネオニコチノイド系殺虫剤の散布はできるだけ控えることが賢明である。また，これらの天敵が活動しやすいよう，畑の周囲をマリーゴールド(1条，株間20cm)で囲うことも有効である。

［根本　久］

サトイモ

◉ミナミネグサレセンチュウ ⇨口絵：虫63

• *Pratylenchus coffeae* (Zimmermann) Filipjev et Shuurmans Stekhoven

●被害と診断　サトイモ，ジャガイモ，サツマイモなど多くの畑作物に被害が認められる。関東から東北地方にも分布しているが，四国・九州や南西諸島など暖地の畑地でよく検出される。サトイモでの被害は南九州の場合，植付け3～4か月後の6月から7月にかけて認められるようになる。このころからサトイモの根や圃場の根辺土壌からネグサレセンチュウが多数検出される。

被害根には赤褐色条斑が見られ，のちに根全体が褐色に腐敗，消失する。このため地上部の生育が抑えられ，草丈が低く葉も小さい。被害が進むと下葉から枯れ上がる。発生が多い場合，早期に枯れ上がり心葉のみの株，または地上部が枯死する株も見られ，容易に引き抜くことができる。被害根の腐敗消失，茎葉の早期枯れ上がりによる同化作用の低下によって，7月から8月にかけて着生いも数が少なく，その後の肥大も非常に悪い。いもの表面にひび割れも見られ，著しい品質・収量低下をもたらす。

●虫の生態　内部寄生移動性のセンチュウで第2期幼虫が卵より孵化し，3回の脱皮を経て成虫となる。卵は根の組織内にばらばらに産下され，個数は十数個，孵化までの卵期間は25℃前後で7～10日とされている。また，増殖温度は20～35℃で，25～30℃が最適温度とされ，約1か月で1世代をくり返す。どのステージでも根の組織に出入りし，根の皮層中を移動して寄生加害する。

●発生条件と対策　黒ボク土壌で発生が多い。夏季の高温・乾燥など干ばつの年は，サトイモの生育が抑えられ，被害を受けやすい。

サトイモはとくにネグサレセンチュウの被害を受けやすい作物である。栽培期間中の有効な防除手段はなく，植付け前の対策が前提となる。生育最盛期までの根を確保することは，その後の生育収量の面で非常に重要である。そのため少なくとも生育最盛期までは，ネグサレセンチュウの発生を低く抑えることが防除対策のポイントである。ネグサレセンチュウが発生していない圃場では，農作業時のトラクターなどに付着した汚染土壌や汚染種子いもの持ち込みがもっとも問題となる。これらを持ち込まないように留意する。

連作するとネグサレセンチュウの生息密度が徐々に増加し，連作3年目ごろから被害が顕著になる。石川早生丸など早熟マルチ栽培されるサトイモは，大吉などの普通栽培と同様にネグサレセンチュウは増殖するものの，収穫が7月から10月となるため被害を被りにくい。クロタラリアやラッカセイなどの線虫対抗植物（線虫抑制作物）の栽培は密度を低減させる効果がある。サトイモにラッカセイやネグサレセンチュウ抵抗性のサツマイモ品種などを組み合わせる輪作体系は，もっとも有効な対策である。

［鳥越博明］

◉ワタアブラムシ ⇨口絵：虫63

• *Aphis gossypii* Glover

●被害と診断　無翅胎生雌は体長1.2mmほど，成虫および幼虫の体色は暗緑色～黒食，黄色と変化に富む。夏は小型で黄色，冬には黒色の個体が多い傾向がある。角状管は黒色，尾片は淡色である。

葉裏や未展開の新葉の表面に黄色～暗緑色のアブラムシが集団で寄生する。発生が多いと葉裏全体を覆うようになり，葉の生長が抑えられ，下葉にすす病の発生が見られる。アブラムシの大きさや色は変化に富む。

ワタアブラムシは，サトイモのモザイク病の病原ウイルスであるキュウリモザイクウイルス(CMV)，サトイモモザイクウイルス(DMV)を媒介する。ウイルスの媒介は有翅のアブラムシにより行なわれる。

●虫の生態　ワタアブラムシは越冬を受精卵で行なう有性世代と胎生雌による無性世代の両方をもつ完全生活環の系統と，胎生雌による無性世代のみの不完全生活環をもつ系統の2系統がある。受精卵で越冬するものは，冬に一次寄主であるムクゲ類，カンキツ類，クロウメモドキなどに産卵されて越冬し(有性世代)，暖かくなると孵化して二次寄主のウリ科やナス科に移動し，胎生雌による単為生殖(無性世代)を行なう。胎生雌による無性世代のみの系統は，キク，イチゴ，イヌノフグリなどについて越冬する。暖地や施設栽培では後者が多い。

多発する作物はキュウリ，メロン，スイカ，カボチャ，ナス，ピーマン，トマト，サトイモ，イチゴ，ジャガイモ，キク，ユリ，カーネーションなどである。タンポポ，イヌノフグリ，ホトケノザなどの雑草にも多く，寄生植物は270種にも及ぶ。

5月中旬から7月上旬にかけて盛んに有翅虫の飛来が見られる。サトイモでの発生はふつう6月上旬からで，まずアブラムシの寄生する株が急に多くなり7月には100%に達する。次いで株当たりの虫数が増加し，8月に最大となり9月中旬以降急速に減少する。一方，サトイモ畑での有翅虫は5月中旬から増加し，6月下旬と8月下旬にピークとなる。年により前後いずれかの発生にかたよったり，ピークがずれたりすることもある。

●発生条件と対策　サトイモは多肥を好むが，肥料の種類で発生に差があるとはいえない。高温乾燥した環境で発生しやすいので，敷わらのほか，籾がらマルチなどの植物遺体や背の低い植物で地表面を覆うと発生が少ないようである。

発生状況をよく見て，多発が見込まれる場合には早めに薬剤散布する。有力な天敵を有効に活用するために，同時に発生するハスモンヨトウ，セスジスズメ対策を含め，合成ピレスロイド剤，有機リン剤，カーバメート系剤，ネオニコチノイド系殺虫剤の散布はできるだけ控えることが賢明である。

アブラムシが媒介するCMV，DMVは有翅アブラムシの密度と関連が深いので，モザイク病が問題となる地域では，周囲をソルゴーやデントコーンで囲むなど，有翅アブラムシ対策も必要である。［根本　久］

◉ハスモンヨトウ

⇨口絵：虫63

• *Spodoptera litura* (Fabricius)

●被害と診断　若齢幼虫は葉の表層だけを食害し，食害部が酸化されたように褐色になる。中齢幼虫以降は葉肉を深く食害するので，食害部が白く透けて見えるようになり，最後には網目状に太い葉脈を残して暴食する。

卵塊の表面は成虫腹部の黄褐色の鱗毛で覆われる点が，鱗毛で覆われないヨトウガ卵塊や白色の鱗毛で覆われるシロイチモジヨトウ卵塊との区別点の一つである。中齢幼虫の背面は灰色で頭のやや後ろの側面に一対の黒い斑紋が現われるのも大きな特徴。雄成虫の前翅に灰青色の斜めの線状の紋を有することが名前の由来。

●虫の生態　ハスモンヨトウは暖地性の害虫で，関東以西の太平洋側の地域で発生が多い。休眠がなく，野外での越冬は関東以西の太平洋側の温暖地の日だまりの地形に限られるが，施設内では越冬が可能である。年に5～6世代を経過する。フェロモントラップには4月ごろから誘殺される。サトイモ圃場では7月ごろからコロニーが見られるが，被害が目につくのは8月に入ってからである。

卵塊状に産卵され，孵化した幼虫は2齢まで集団で加害し，3齢以降徐々に分散するが，サトイモに寄生した場合は，ほかの作物と異なり分散の時期が遅く，成熟幼虫も葉の表の集団のなかで食害することが多い。若齢期に風雨，あるいはクモなどの天敵によって幼虫の集団が攪乱されると，幼虫が落下したり分散してゆくが，分散後の死亡率は高い。梅雨明け前は幼虫期のこのような早期の分散が多いようだ。

成虫の寿命は約15日で，1雌当たりの総産卵数は2,000～3,000卵で，1回当たり200～1,000卵を卵塊状に産み付ける。卵から成虫になるまでの日数は25℃で30日，卵期間は3～4日，幼虫期間は16日前後で，6齢を経て土中で蛹になり，蛹は10日で成虫になる。

アスパラガス，キャベツ，ブロッコリー，ハクサイ，ダイコン，レタス，ゴボウ，ニンジン，ネギ，タマネギ，ホウレンソウ，イチゴ，ナス，トマト，ピーマン，サツマイモ，サトイモ，ヤマノイモ，ダイズ，アズキ，キク，バラ，クローバなど，野菜，果樹類，草花など80種以上の植物を食害する。なかでもサトイモは寄生が多い。

●発生条件と対策　梅雨明けが早く，7月下旬に降雨が少ない年や8～9月に高温で，熱帯夜が続く年に多発し，薬剤の効果も減少する。ハスモンヨトウには多くの有力な天敵がある。卵に寄生する寄生蜂にはクロタマゴバチ科の一種が知られ，幼虫期にはコサラグモ類，コモリグモ類，ハナグモ，アシナガバチ類，アマガエル，ゴミムシ類などの捕食者，ブランコヤドリバエなどの寄生者がある。とくに，コサラグモ類は孵化幼虫集団をおそい，集団を攪乱して高い死亡率をもたらす。これらの天敵による死亡率は80％前後を占めるといわれる。核多角体ウイルスや緑きょう病菌などの昆虫病原微生物の発生もあり，核多角体ウイルスは7～8月の猛暑期に，緑きょう病は秋雨があり，気温が低くなりかける9月下旬～10月に多発する。

若齢期の食害はわずかであるが，齢期が進むに従って急増し，老齢幼虫（5～6齢期）では1齢期の1,000倍以上，一生に摂食する量の90％を食害する。中筋（1975）によると，ハスモンヨトウ4齢幼虫は株当たり2頭までは収量に影響はないが，3頭になると10％の減収になる。多発は8月以降なので，この時期には発生の状況をよく見て多発する前に防除を行なう。葉裏への産卵，寄生が多いので注意する。中～老齢幼虫は薬が効きにくいので，多発が予想される場合には若齢幼虫のうちに防除する。クモ類，アシナガバチ，アマガエルなどの有力な天敵を有効に活用するために，合成ピレスロイド剤，有機リン剤，カーバメート系剤，ネオニコチノイド系殺虫剤の散布はできるだけ控えることが賢明である。また，これらの天敵が活動しやすいよう，通路や畝間の地表面をシロクローバなどでリビングマルチしたり，畑の周囲をソルゴーやデントコーンで囲うのも有効である。

［根本　久］

ヤマノイモ

◉センチュウ類 ⇨口絵：虫64

- キタネコブセンチュウ　*Meloidogyne hapla* Chitwood
- サツマイモネコブセンチュウ　*Meloidogyne incognita* (Kofoid et White) Chitwood
- ジャワネコブセンチュウ　*Meloidogyne javanica* (Treub) Chitwood
- アレナリアネコブセンチュウ　*Meloidogyne arenaria* (Neal) Chitwood
- ナガイモユミハリセンチュウ　*Paratrichodorus porosus* (Allen) Siddiqi

●被害と診断　いもを掘り上げると表皮に大小のコブが発生している。土壌線虫による被害は，いもを掘り上げてはじめて気づくことが多い。ヤマトイモでの線虫被害は，上記の線虫のうちネコブセンチュウによる場合が多い。

表皮のコブは地下10～20cmの部位に発生することが多く，ネコブセンチュウの寄生が甚だしいといもが隆起して，でこぼことなり商品価値は著しく低下する。また表皮のコブは黒褐色となって腐敗することもある。生育初期に線虫に加害されると，岐根や平いもとなったり，丸いもの発生が増えたりする。地上部の生育は，線虫が寄生している株ほど，つるや葉の繁茂は旺盛となり，健全株にくらべ分枝の発生も多い。線虫の寄生が甚だしい株は8月ごろから葉の黄化が見られ，健全株に比較して落葉が早い。

●虫の生態　種いもに寄生して越冬した雌成虫は，いもが植え付けられると蔵卵し始め，産卵を開始する。孵化した幼虫は，新しい根や塊根(いも)に寄生し定着して養分を吸収する。幼虫は3回の脱皮をくり返し成虫となるが，ヤマノイモでは根よりいもに寄生してコブをつくる。

寄生した雌虫は，はじめソーセージ状に体が肥大し，次第に洋ナシ型となって雌成虫となる。1年に数世代をくり返す。雄虫はミミズのように線形で，洋ナシ型をした雌成虫の体長は0.8mm，雄成虫は1.2mm。雄虫は根内を動きながら生息して土壌中に脱出するが，生殖には関与しない。1世代は適温条件下で約25～30日とされている。コブをつくって定着した雌成虫は，卵のうを体外に出してその中に産卵する。卵のうは，いもの組織内にもあるが，コブの表面に出ていることが多く，1頭当たりの産卵数は300～600個である。またコブ内には数頭の雌虫が寄生して生活している。ヤマノイモではトマトやキュウリの根に発生するコブと比較して大きく，雌成虫も組織の深い部位に生息することが多い。

ヤマノイモには，サツマイモネコブセンチュウやキタネコブセンチュウの寄生が多いが，ジャワネコブセンチュウ，アレナリアネコブセンチュウなども寄生する。サツマイモネコブセンチュウはイチゴ，ラッカセイには寄生せず，キタネコブセンチュウにはオカボ，サツマイモ，コムギ，オオムギ，トウモロコシ，スイカ，キュウリには寄生しない。

●発生条件と対策　ネコブセンチュウの寄生が認められた種いもは使用しない。また連作は避ける。ラッカセイや対抗植物(ギニアグラス，クロタラリアなど)の栽培は土壌中の線虫密度を低下させるので，輪作作物として有効である。ネコブセンチュウは種いもから伝搬することが多いので，採種圃場は必ず土壌消毒を実施する。圃場の耕起や整地に使用した農機具類は必ず水洗し，ほかの圃場への伝搬を防止する。

［根本　久］

◉ナガイモコガ ⇨口絵：虫64

• *Acrolepiopsis nagaimo* Yasuda

●被害と診断　ヤマノイモで，従来ヤマノイモコガとされた被害がナガイモコガによる可能性が出てきた。ナガイモコガの幼虫は体長約4mm，灰褐色で鋭敏に動く。蛹は約4mmで褐色。成虫の体長は3～4mmほどで灰黒色をしている。

5月中旬ごろ新芽の生育がにぶり，芽および新葉に虫の食痕が認められる。被害芽は褐色から次第に黒褐色に枯れ，新芽の先端をよく観察すると内部は甚だしく食害され，虫糞も認められる。むかごの被害は，幼虫が侵入し内部が食害されるために表皮が萎縮し，早期に落下する。葉の食害は，はじめ白色のカスリ状に発生するが，食害部は細長いすじ状の食痕となり，被害が進むと，食痕は葉脈を残し葉全体に広がって褐色に枯れ上がる。

●虫の生態　幼虫は7月中旬ごろから見え始め，9月に多くなる。葉の食害は8月上旬以降多くなり，9月にもっとも多くなる。成虫は6～10月に発生し，年3～4回を経過する。卵は葉脈に沿って1粒ずつ産み付けられる。孵化した幼虫は葉や芽，むかごに潜入して食害する。芽を分解すると灰褐色の幼虫が出現する。幼虫は気配を察知すると鋭敏に動く。成熟すると脱出して紡錘形のまゆをつくり，その中で蛹化する。蛹は葉裏や主柱などに多いが，周囲の雑木や板塀でもまゆをつくり蛹化する。成虫は活発に動きまわり葉裏や新芽に1粒ずつ乳白色の卵を産下する。発生回数は年3～4世代と思われる。被害初期は坪状に褐色の枯上がりが発生するが，次第に広がって圃場全体が褐色となることもある。

●発生条件と対策　窒素過多で茎葉が軟弱な場合や，密植栽培で多発する。夏期に高温乾燥が続くと比較的発生が多く，降雨が多いと少発生の傾向を示す。合成ピレスロイド剤や有機リン剤など徘徊性天敵に影響が大きい薬剤を多用すると発生しやすい。逆にいうと，種々の害虫に対する防除体系に合成ピレスロイド剤や有機リン剤，カーバメイト系剤，ネオニコチノイド系剤を使用しない体系を構築すると，害虫としては問題にならないようになる。〔根本　久〕

ニンジン

◉センチュウ類 ⇨口絵：虫65

- キタネコブセンチュウ　*Meloidogyne hapla* Chitwood
- サツマイモネコブセンチュウ　*Meloidogyne incognita* (Kofoid et White)
- アレナリアネコブセンチュウ　*Meloidogyne arenaria* (Neal) Chitwood
- キタネグサレセンチュウ　*Pratylenchus penetrans* (Cobb) Filipjev et Schuurmans Stekhoven

●被害と診断　ネコブセンチュウ類：センチュウの多いところでは，発芽は正常でもその生育が悪く，葉は黄色くあせて伸びが悪い。このような株は根に小さいコブがたくさんできている。被害のひどい株は枯れるか，枯れなくても生育はきわめて悪く，根全体がコブだらけになる。生育中に葉が黄変し，外葉が上に立たずに横に広がって伸びの悪い株はセンチュウに侵されていることが多い。主根はコブでごつごつになり，ヒゲ根には小さいコブがたくさん付いている。被害が比較的軽い場合は，地上部の生育を見ただけではわからないことが多いが，収穫してみると，主根やヒゲ根にコブがたくさん付いていることがある。また，主根は分岐してマタ根になり，意外にセンチュウの被害が大きいことがわかる。ごく軽い場合は，主根は正常でヒゲ根だけにコブができる。

ネグサレセンチュウ：葉の症状はネコブセンチュウの被害と同じで区別がつかないが，ネグサレセンチュウの多発生畑では，坪枯れ状に極端に生育が悪くなる部分ができる。その周囲は比較的生育がよいが，根ではかなりの被害を受けている。また，根にコブをつくらないで，腐らせる。センチュウの多いところでは，本葉が2～3枚になったころから生育が止まり，甚だしいときは，天気のよい日中には萎凋する。このような株は根に赤褐色の小さいシミがたくさんでき，シミは根をとり巻いて，その部分から腐って根は切れる。

センチュウに侵された株は，その後の生育がきわめて悪く，間引きごろの幼苗の根は，表面の皮目が飛び出して肌はざらざらになる。また，ひどく加害された主根は10～20cmぐらいのところで腐って消失し，そのまま肥大するため寸詰まりとなり，切れた部分からヒゲ根をブラシ状に出したり，菱形の亀裂を生じたりする。センチュウの少ないところでは地上部の被害はわからないが，根では皮目からブラシ状にヒゲ根を出し，また黒褐色のシミや亀裂ができる。このような株は，収穫後水洗いしておくと，加害部に水浸状のシミができて腐ることが多い。

近年，ネグサレセンチュウの被害を受けても，主根に黒褐色のシミや斑点がまったくない例が多く見られる。この場合でも，地上部の生育や地下部の肥大が劣り，形状不良など品質が低下する。

●虫の生態　ネコブセンチュウ類：種類は多いが，ニンジンに被害を与えるのはサツマイモネコブセンチュウとキタネコブセンチュウが多く，それにアレナリアネコブセンチュウが混発する場合もある。サツマイモネコブセンチュウは，根にコブが数珠状に連続してできることが多く，キタネコブセンチュウのコブは小さくて丸く，コブから小根を出す。関東以北に多い。卵からかえった幼虫は，地中を移動して根の先端に集まり，組織内に侵入する。侵入した幼虫は，口から出す分泌液と口針の刺激で組織に大きな細胞をつくり，これが根のコブとなる。そこから養分を吸って成長し，ソーセージ型にふくれ，雌はだんだん肥大して洋ナシ型になる。大きさは0.4mmくらいで，やっと肉眼で見える程度である。

コブを針でていねいにほぐすと，白い雌成虫を見ることができる。雄はソーセージ型からミミズのような線形になって飛び出してくる。雌虫は，成熟すると尻にゼラチン状の卵のうをつけ，その中に，ふつう300～500個の卵を産む。卵のうはコブの外表面に出すことが多いので，コブをよく見ると，表面に小さいアワ粒のようなものが見える。卵は，温度と湿度が適当であれば幼虫になるが，不良な環境での抵抗力は強く，長く生き残ることができる。冬は大部分，卵ですごすが，植物体内で成虫・幼虫で越冬するものもある。春，温度が10～15℃以上になると，卵から幼虫にかえり，さかんに活動する。適当な条件下では1世代の期間は25～30日を要し，年に4～5回の発生をくり返す。

キタネグサレセンチュウ：ネコブセンチュウが根の先端から侵入しコブをつくるのに対し，ネグサレセンチュウは根のどの部分からも侵入し，土中と根内を自由に入ったり出たりして加害部を腐らせる。成虫・幼虫ともミミズのように線形で，大きさは雌成虫は0.5～0.7mmである。根に侵入したセンチュウは移動しながら加害し，雌成虫は組織内に移動しながら産卵する。

被害は最初，侵入した表皮の細胞を壊死させるので，赤褐色の小斑点ができる。この斑点はセンチュウの加害が進むにつれて周囲に広がり，加害部が互いに癒合して腐り，根はここから脱落する。冬は土中や植物の根内で，卵または幼虫・成虫態で越冬し，春に温度が高まると活動し，20～30℃でもっとも活発になる。1世代の期間は30～40日で，年に3～4回の発生をくり返すが，地域や環境により異なる。ニンジン，ゴボウのほか多くの植物に寄生する。

●発生条件と対策　センチュウが加害しやすい作物を連作すると，センチュウの多発を招くことになる。サツマイモネコブセンチュウは関東以南に多く，北東北～北海道ではキタネコブセンチュウの発生が多い。逆に，キタネグサレセンチュウの発生は北海道，本州に多く，四国，九州での発生は点在的であるといわれている。粘土質土壌ではセンチュウの発生が少ないが，センチュウのつきやすい作物を連作すると粘土質土壌でも多発するようになる。

ネコブセンチュウ対策は露地栽培では輪作を基本とする。サツマイモネコブセンチュウはイチゴおよびラッカセイには寄生せず，キタネコブセンチュウにはオカボ，サツマイモ，コムギ，オオムギ，トウモロコシ，スイカ，キュウリには寄生しない。これらの作物をニンジンの間に2, 3作栽培する。とくに，ニンジンの連作が原因で多発していると考えられる場合には有効と思われる。輪作を主体として，薬剤防除は補助的に考える。

ネグサレセンチュウ対策でも，同様に輪作を基本とする。対抗植物のマリーゴールドを前作に作付けると，ネグサレセンチュウの密度が大幅に低下する。ほかに，野生エンバクが対抗植物として市販されている。マリーゴールドより効果は劣るものの，栽培時期がニンジンと重ならないことやコストが軽減されるメリットがあり，利用場面は大きい。輪作を主体として，薬剤防除は補助的に考える。

［根本　久］

◉キアゲハ　⇨口絵：虫65

• *Papilio machaon hippocrates* C. et R. Felder

●被害と診断　成熟幼虫は葉を大食するが，キアゲハの発生で株が枯死するほどの被害になることは少ない。1株に数頭が寄生して，株が丸坊主にされる場合もあるものの，畑が丸坊主にされる事例は認められず，経済的に大きな被害は認められない。

ナミアゲハより大きく黄色くしたようなチョウで，学名にギリシャの科学者ヒポクラテスの名前を取り込んでいる。

●虫の生態　アゲハチョウ科の仲間で，成虫は開けた環境を好み，やや小型の春型と形の大きな夏型がある。高冷地や寒地で発生が多い。北日本では年2回，関東以西では年3回の発生をくり返し，蛹で越冬する。成虫の発生は，第1回目は3～5月，第

2回目は5~7月，第3回目は7~9月で，ニンジンでは5月から10月にかけて幼虫が見られる。成虫は日中に盛んにニンジン畑の上を飛びまわり，葉に点々と卵を産み付ける。卵からかえった幼虫が葉を食害するが，被害は目立たない。老熟した幼虫は下葉の葉柄や枯れ葉や付近などに，体を糸でくくって蛹になる。ニンジン，ミツバ，ウド，セリ，パセリ，ハマウドやシシウドなどセリ科植物を食害する。

●発生条件と対策　5月から10月にかけてたえず発生しているので，ときどき畑を見まわり，目立つ幼虫を見つけて捕殺してもよい。多発生でなければ防除の必要はない。

天敵を保護するため，ヨトウガなどほかの害虫防除を含めた防除体系に合成ピレスロイド剤，有機リン剤，カーバメート剤，ネオニコチノイド剤を使用しないラインナップを構築できると，被害を防止できる可能性が高い。

［根本　久］

◉キンウワバ類　⇨口絵：虫65

- ミツモンキンウワバ　*Ctenoplusia agnata* (Staudinger)
- キクキンウワバ　*Thysanoplusia intermixta* (Warren)

●被害と診断　キクキンウワバとミツモンキンウワバは混発することが多く，被害の症状は同じである。幼虫が小さいときは葉の上にいて食害するが，被害は目立たない。大きくなると盛んに葉を食い荒らし，軸だけを残して丸坊主にすることもある。被害の様子はキアゲハと似ていて，キアゲハは小葉の細い軸の部分だけ食べて主軸を残すのに対し，キンウワバの幼虫は細い軸も残すことが多く，おおよその判別はできる。発生が少ないときは被害が目立たないが，発生の多いときは局部的に集団で発生して移動・加害を続ける。丸坊主にされた被害はかたまって現われ，それが次第に広がっていく。

●虫の生態　ミツモンキンウワバは年3世代の発生をくり返す。成虫は夜間活動性で，日中は葉陰などに潜み，日没後葉に1卵ずつ産卵する。卵期間は5~6日ぐらい。幼虫はシャクトリムシのようにシャクをとって歩く。20日ぐらいで幼虫は成熟し，葉間に糸を綴って薄いまゆをつくり，その中で蛹化する。越冬は成熟幼虫または蛹で行なうと考えられている。

幼虫には寄生蜂（キンウワバトビコバチ）の寄生が多く，年によってはほとんどの幼虫が寄生されていることがある。寄生を受けた幼虫は，まゆをつくって蛹になる前に死ぬ。コバチの成長に伴い幼虫の体は俵のようにふくれ，体内には無数のコバチの幼虫がびっしり詰まっている。キンウワバの幼虫が死亡するとコバチは体内で蛹化し，その後，1mmほどの微小な成虫が4,000~5,000頭も出てくる。夏期に雨天が続くと，秋に緑きょう病菌に侵された死虫を多く見かける。

●発生条件と対策　5月ごろから幼虫が見えるようになるが，発生は少なくほとんど問題にならない。被害は9~11月ごろの第3世代で多くなることがあるが，多発要因は不明である。多発生の多くは9月以降の第3世代で見られるので，このころから発生に注意する。天敵を保護するため，ヨトウガなどほかの害虫防除を含めた防除体系に合成ピレスロイド剤，有機リン剤，カーバメート剤，ネオニコチノイド剤を使用しないラインナップを構築できると，多発生を防止できる可能性が高い。

［根本　久］

ゴボウ

◉センチュウ類 ⇨口絵：虫66

- キタネグサレセンチュウ　*Pratylenchus penetrans* (Cobb) Filipjev et Schuurmans Stekhoven
- サツマイモネコブセンチュウ　*Meloidogyne incognita* (Kofoid et White)
- キタネコブセンチュウ　*Meloidogyne hapla* Chitwood

●被害と診断　ネグサレセンチュウの多発生畑では，坪枯れ状に生育が極端に悪くなる部分ができる。根の生長点の部分を侵すので，根が黒変したり，主根が10～20cmのところで腐って消失したりする。そのまま肥大するから収穫期には寸詰まり状になり，切れた部分からひげ根を多発する。ゴボウの肌にはシミや小さい亀裂が見られ，きたなくなる。ネコブセンチュウが寄生すると細い根がふくれて小さいコブ(ゴール)ができる。

●虫の生態　キタネグサレセンチュウは根の表皮から組織内に侵入して養分を吸収し，根の細胞を腐らせる。被害は最初侵入した表皮の細胞を壊死させるので，黒褐色の小斑点ができる。この小斑点はセンチュウの加害が進むにつれて大きくなり，根はここから脱落する。最初に寄生した部分が死ぬと新しい組織に移って加害し，再び根を腐らせる。雌成虫は根の組織内で産卵し，孵化した幼虫はその組織内で加害する。冬は土中や植物の根内で卵または幼虫，成虫で越冬し，春地温が高まると活動を始め，25℃前後でもっとも活発になる。適温条件下での1世代は約30日である。

ネコブセンチュウ類は卵からかえった幼虫が根の先端近くから組織中に侵入して養分を吸収し，口から出す分泌液と口針の刺激で組織に大きな細胞をつくる。これが根のコブとなる。冬は卵で大部分が過ごすが，植物体内で幼虫，成虫で越冬するものもある。春地温が15℃ぐらいになると活動を始め，夏から秋にかけて増殖する。雌成虫はゼラチン状の卵のうを体外に出し，その中に産卵する。卵のうは根の中にもあるが，コブの外表面に出すことが多い。適温条件下での1世代は約30日である。

●発生条件と対策　火山灰土や砂壌土の畑に発生が多い。排水の良好な土壌で繁殖がよくなる。連作すると発生が多くなる。収穫後の被害の残根が発生源になったりして，少発生の畑でも連作によって次第に増えてくる。

前作にマリーゴールドを栽植するとキタネグサレセンチュウに有効である。マリーゴールドを3か月以上栽植し，栽植後すき込む。栽植時期は4～8月にうね幅30～40cmに条播または点播する。あるいは育苗して移植する。単作で効果が高いが，ゴボウと混作しても効果がある。堆廐肥など有機質資材は作物を健全に生育させ，センチュウ類に対する抵抗性をつけるとともに，天敵微生物を増やす効果がある。播種前に殺線虫剤で土壌消毒する。　［石川元一］

◉アブラムシ類 ⇨口絵：虫66

- ゴボウヒゲナガアブラムシ
  Uroleucon gobonis (Matsumura)

●被害と診断　成虫，幼虫とも葉裏に寄生するため，発生初期には発見がきわめて困難である。しかし無翅虫が増殖を始めると寄生葉は裏側にわん曲する。寄生は2～3葉期に多く，無翅虫は主葉で増殖するため生育は遅延する。ゴボウヒゲナガアブラムシは初夏と秋期に発生するが，とくに秋まきゴボウで翌春から初夏に増殖は多く，葉裏が黒色になるほど寄生して加害することがある。幼苗期に寄生が甚だしいと，しおれを生じ枯死株も多くなる。

●虫の生態　ゴボウヒゲナガアブラムシの成虫は体長3.0〜3.5mm，キク科植物に寄生し，ゴボウのほかにはキタネアザミ，ベニバナなどにも寄生するとされているが詳細は不明である。ゴボウでは6〜7月と9〜10月に寄生密度が高くなるが，夏期になるとほとんど生息は見られなくなる。初秋になると再び有翅虫の飛来が見られ，無翅虫は葉裏で増殖する。晩秋になると両生個体が出現して卵で越冬する。また胎生雌虫で越冬するものもある。

記載としては，モモアカアブラムシやゴボウクギケアブラムシが寄生することになっているが，発生は少なく実害はほとんどない。

●発生条件と対策　高温乾燥のときに多発する。とくに春期に高温が続き乾燥した年に発生は多い。春に発生が多いと秋の生息密度も高くなる。窒素過多で軟弱徒長すると発生しやすい。窒素過多のゴボウでは寄生が多い。種子取り用のゴボウでは発生が多い。

幼苗期にアブラムシが多発生すると大きな減収となるので注意する。早期多発は萎縮病の感染となるので注意する。主葉が展開したら，葉の裏側をよく観察し，アブラムシの寄生を認めたら早めに防除する。常発地では播種前に薬剤をまき溝施用する。

［根本　久］

根菜類

◉コガネムシ類

⇨口絵：虫66

- ドウガネブイブイ　*Anomala cuprea* (Hope)
- ヒメコガネ　*Anomala rufocuprea* Motschulsky
- アカビロウドコガネ　*Maladera castanea* (Arrow)

●被害と診断　被害は春と秋に見られるが，8〜9月ごろの被害が甚大である。春の被害は越冬後の成虫によって幼根が食害されて切断し枯死する被害で，秋は幼虫による食害で，ドウガネブイブイでは食害部が浅くへこんだ痕跡となる。アカビロウドコガネでは根の表皮をミミズ状に食害する。春の被害は5月中旬から6月上旬に多く，本葉が展開してまもない株が急激にしおれて枯死する。これは土壌中で越冬した幼虫が地表近くに移動して作物の根を暴食するためで，被害はうね状に拡大し坪枯れになることもあるが，秋の被害ほどではない。

土壌中の幼虫密度が高いと全株が枯死する。枯死した株元をよく観察すると，茎が土中に引き込まれて加害されている。枯死株は地下2〜3cm部で切断されることが多く，手で容易に引き抜くことができる。麦間に栽培されたゴボウは，裸地栽培ものより被害の発生時期が遅く，食害も少ない。秋は早期に加害されるとミミズ状の食痕に亀裂を生ずることもある。ヒメコガネ幼虫による食痕は，アカビロウドコガネに比較してやや大きい。食痕は9月上旬から発生し，地下 10〜30cmに多い傾向を示す。幼虫の生息密度が高いと根を切断することもある。

●虫の生態　ドウガネブイブイはもっとも被害の大きいコガネムシで，雌成虫の体長は18〜25mm，翅の背面は黒褐色で光沢がなく年1回発生する。成虫は5〜9月に発生するが6〜7月にピークとなり，広葉樹の葉を食害したりして，野菜，イモ類，花き類，果樹など60種以上の作物を加害する。成虫は6〜7月に現われ，トウモロコシ，イチゴ，マメ科植物のほか，ブドウ，クリ，キウイフルーツ，カキ，ウメ，バラ，アジサイ，アメリカフヨウ，イヌマキなどの果樹や庭木などの広葉樹の新葉や花などを食害する。成虫は日没後に畑に飛来し，深さ10〜20cmの土中に産卵する。

幼虫は7月以降に各種の作物の根をかじったり，成虫（体長18〜25mm）が幼虫は7月以降にサツマイモ，サトイモ，ラッカセイ，イチゴ，ゴボウ，メロン，ピーマン，レタス，ハクサイ，ニンジン，花き類，林木の苗木など各種の作物の根を食害する。8～9月ごろには2～3齢となるが，この時期は食害量も多く，その被害は大きい。10～11月には土壌深く移動し，多くは3齢幼虫で越冬するが2齢幼虫で越冬するものもある。越冬幼虫は4月ごろには活動を始め，各種野菜の根部を食害するが8～9月ごろほどの被害にはならない。

ヒメコガネ成虫は体長15mm内外，背面は光沢のある緑，銅赤，緑黒と変化に富む。年1回の発生で，成虫は6月上旬～9月上旬に発生，7月にピークとなる。幼虫はエダマメやラッカセイ，イモ類，トウモロコシ，インゲンマメ，ピーマン，ナス，ウリ類，アブラナ科野菜，ゴボウ，サトイモ，イチゴ，花き類，林木苗木などを加害。成虫は果樹や広葉樹の葉や花，芽を食害する。

幼虫は頭部が黄褐色で体は乳白色，前蛹期になると黄化するが，加害期は尾腹部の体内が青黒色で活発に動きまわる。1齢から3齢を経過するが，体長は3齢幼虫で約1. 8cmで，関東地域では2～3齢幼虫が土壌中に越冬する。ゴボウの被害は2齢幼虫の発生する9月から見られ，3齢幼虫は土壌中を活発に動きまわるので被害は大きい。

アカビロウドコガネの成虫は赤褐色で体長約1cm，サツマイモやラッカセイの圃場に生息し，葉を好んで摂食する。ゴボウの葉もよく食べる。成虫は夜行性のため，日中は株元や枯草下の土中に潜んでいるので目に付きにくい。日没とともに活動し摂食，交尾，産卵などを行ない，灯火にも飛来する。関東地域では6月上旬から発生を認め，9月上旬まで生息する。年1回発生で産卵は7月中下旬にもっとも多く，株元の地下3～ 5cm部に潜んで卵塊で産む。

幼虫は頭部が黄褐色で体は乳白色，3齢幼虫の体長は約1.2cmと，ヒメコガネ幼虫にくらべて小型である。1齢幼虫は7月下旬から見られ，9月には3齢幼虫が出現する。関東地域では2～3齢幼虫が土壌中の耕盤に潜んで越冬する。ゴボウの被害はヒメコガネと同様であるが，春期の被害が多く発生する。

●発生条件と対策　成虫は，未熟な有機物を施用した畑に誘引され，集中的に産卵するといわれる。有機物の多い畑には幼虫の密度が高い。越冬幼虫は秋が暖かく経過すると3齢幼虫の密度が高く，低温で降雨の多い年には2齢幼虫の越冬個体が多くなる。2齢で越冬した幼虫は翌春に3齢幼虫となり暴食するので，被害は多発生する。ヒメコガネ成虫は膨軟な乾燥ぎみの土壌に多く産卵する。

コガネムシ類の多発地域では幼虫の生息も多いので十分注意する。ドウガネブイブイはサツマイモ，ヤマノイモ，イチゴやラッカセイで幼虫の生息が多い。ヒメコガネはオカボやラッカセイ圃場に産卵が多く，幼虫の生息も多い。アカビロウドコガネはサツマイモやラッカセイ圃場で幼虫の生息が多い。したがってこれら栽培圃場の跡作にゴボウを作付けするときは，春期の被害に注意する。緑肥作物や未熟な堆肥などを土中にすき込むと，コガネムシ類の産卵を誘起するので，作付け1か月以内のすき込みは避ける。

［根本　久］

ショウガ

◉アワノメイガ　⇨口絵：虫67

• *Ostrinia furnacalis* (Guenée)

●被害と診断　はじめ茎の上部がしおれ，次いで心枯れ茎となる。茎の中位部に食入孔があり，そこから虫糞がおがくず様に出ている。被害の出始めの心枯れ茎は1～2本であるが，次第に増えてきて，はじめの株の周りに広がっていく。強風などによって食入孔の部分から茎が折れたり曲がったりする。心枯れ茎を割ってみると茎内が縦に食害されている。

●虫の生態　トウモロコシ，ソルゴーなどのイネ科作物を広く食害する。ショウガは秋冬は茎葉が枯死または腐敗してしまうので越冬植物とはなりえないようであり，イネ科作物または雑草で越冬する。九州，四国などの西南暖地では年4回，関東では年3回，北海道では年1回発生する。九州では5月上旬～6月下旬ごろに第1回成虫が発生するが，この時期はショウガは萌芽していないか，萌芽後日も浅く，大部分のアワノメイガはイネ科作物を加害する。

ショウガでの成虫の発生は，西南暖地では第2回が6月下旬～7月下旬，第3回が8月中下旬，第4回が9月上～下旬にみられ，もっとも被害が大きい時期は8月下旬から9月上旬にかけての第3世代幼虫によるものである。関東地方での被害は市原らによれば7月下旬～8月下旬，8月下旬～9月上旬に多いとされている。

産卵はショウガの上位葉の葉身基部裏面に行なわれ，5～7日で孵化し，上位葉の葉鞘部から茎内に食入する。卵から成虫までの期間は約40日を必要とし，この間隔で成虫が発生する。

●発生条件と対策　ショウガ畑の周辺にイネ科作物が混在する環境では被害が多くなる。

周辺のイネ科作物との間で成虫の移出入があり，発生消長は乱れがちなので，誘蛾灯により成虫の消長を把握する。

［中須賀孝正］

◉ネキリムシ類　⇨口絵：虫67

• カブラヤガ　*Agrotis segetum* (Denis et Schiffermüller)
• タマナヤガ　*Agrotis ipsilon* (Hufnagel)

●被害と診断　老齢幼虫が茎（偽茎）を地ぎわ部からかみ切る。5～6月に萌芽してくる1次茎を食害されると，収量に大きく影響する。1頭の幼虫が次々と加害していくので，棲息密度がそれほど高くなくても被害は大きい。また，9～10月には地表部に露出した塊茎が食害されることもある。

●虫の生態　卵は雑草や作物の下葉などに1粒ずつ産み付けられる。1雌当たりの産卵数は数百個～数千個である。カブラヤガの卵期間（25℃）は4～5日，幼虫期間は約30日，蛹期間は約15日である。成虫は年3～4回発生し，5月，7月，9月にピークを示す。したがって，幼虫の発生は5～6月，7～8月，9～10月となる。ショウガでは5～6月に発生する第1世代幼虫による被害がもっとも大きい。

タマナヤガの成虫も年3～5回発生する。発生時期はカブラヤガとほぼ同時期であるが，秋は11月まで発生する。両種とも中齢～老齢幼虫で越冬する。越冬した幼虫が3～4月に蛹化し，4～5月に越冬世代成虫が発生する。若齢幼虫期は雑草や作物の下葉の葉裏などに潜んで食害する。中齢幼虫期以降は昼間は土中に潜み，夜間に這い出して株元を食害する。老齢幼虫では食害量も大きく，一晩に複数の茎を切断する。きわめて雑食性で，ショウガのほか，キャベツ，レタス，ハクサイ，トマトなどの野菜類や花卉類，雑草の茎も食害する。

●発生条件と対策　作付けする圃場，またはその周辺に雑草が繁茂しているところでの発生が多い。被害が少ないときは被害株付近の土中を調べて，幼虫を探して捕殺する。圃場や圃場周辺の除草をこまめに行ない，棲息密度を下げる。被害が散見されるときは食餌誘殺剤を施用する。できるだけ高うねにして幼虫の移動を防ぐ。　[山下　泉]

ミョウガ

◉ハスモンヨトウ ⇨口絵：虫68

• *Spodoptera litura* (Fabricius)

●被害と診断 幼虫がおもに葉や生長点，花蕾を食害する。1～3齢幼虫は卵塊のあった葉やその周辺の葉を，表皮を残して食害する。若い葉を筋状に食害することが多く，食害された部分は白変する。成虫は植物体上だけでなく，支柱や施設の鉄骨，防虫ネットなどにも産卵する。この場合，産卵された場所の周辺に，1～3齢幼虫や一部白変した葉が散見される。

4齢幼虫になると表皮を残さず加害するようになり，葉が食い破られたような状態になる。生長点が食害されることも多く，茎の伸長が停止したり，食害後に展開した葉に穴が開いたり，ちぎれたような状態になる。5，6齢幼虫になると昼間は葉の陰や地ぎわなどに隠れていることが多い。葉だけでなく，花蕾を食害することもある。

●虫の生態 ハスモンヨトウは南方系の害虫で，休眠せず寒さに弱い。このため，露地での越冬はほとんど不可能で，施設がおもな越冬場所と考えられている。施設栽培では周年発生するが，多いのは8～11月である。露地栽培での発生も春先は少なく，8～10月に多くなる。幼虫は通常6齢を経過して土中で蛹となる。25℃での幼虫期間は3週間程度で，1世代を経過するのに約1か月を要する。

●発生条件と対策 発生量の年次変動が大きい。5月以降に高温少雨で経過した年に多発する傾向が見られる。越冬源の多い施設栽培地帯で発生が多い。

薬剤防除はできるだけ3齢期までの幼虫を対象に行なう。施設栽培では4mm目以下のネットをサイドや天窓の開口部に展張する。ネットに産み付けられた卵塊からの孵化幼虫が施設内に侵入することがあるので，定期的にネットを見回り孵化幼虫をすりつぶす。黄色蛍光灯の終夜点灯は成虫の侵入を抑制する。ただし，野外の成虫密度が高い場合は防除効果が十分でないことがあるので，黄色蛍光灯を点灯しても圃場内での幼虫の発生に注意する。

［広瀬拓也］

レンコン

◉レンコンネモグリセンチュウ　⇨口絵：虫68

• *Hirschmanniella diversa* Sher

●被害と診断　レンコン肥大期に根茎内に寄生し，肥大したレンコンの表皮にゆず肌のような凹凸の症状を発生させる。地上部の生育への影響は認められない。

●虫の生態　寄生した種レンコンによる伝染や，線虫が寄生した掘り取り後の作物残渣，土壌などが灌がい水とともに移動するなどして伝搬される。成虫，幼虫がレンコン肥大期に根茎内に寄生し，雌成虫は組織内で産卵する。孵化した幼虫はその組織内で加害し，ゆず肌症を引き起こす。その後，9～12月に根部から土壌に幼虫，成虫が拡散すると考えられる。レンコン節間部の細根部分に多数寄生が認められるが，ゆず肌部分もしくは黒点部分ではほとんど確認できない。先端1～2節に症状が大きい傾向がある。

●発生条件と対策　掘り取り後も常時灌水状態の圃場や，水分の多い還元状態の圃場は被害が出やすい。したがって対策は，掘り取り後に落水し冬期は圃場を乾燥させ，レンコン根茎部や作物残渣の腐敗を促進させる。早掘りすることで被害を軽減できる。寄生が認められる種レンコンの使用は避け，汚染圃場で使用した農機具は必ず洗浄し，他圃場への伝搬を防止する。　［阿部成人］

◉クワイクビレアブラムシ　⇨口絵：虫68

• *Rhopalosiphum nymphaeae* (Linnaeus)

●被害と診断　萌芽後まもないハスの浮葉や立葉(巻葉)などに有翅虫が飛来し，その後無翅虫が増殖する。増殖した無翅虫は葉裏あるいは葉柄に寄生し，大きなコロニーを形成する。作型に関係なく4月下旬～5月上旬から寄生が始まる。ハスに対する加害ピークは生育初期の5月上旬から6月上旬の間の1か月余りであるが，ハスへの寄生は10月末まで見られる。

●虫の生態　本虫はウメ，モモ，スモモ，サクラなどの樹上で卵態越冬し，春季には成虫，幼虫がウメなどで群生する。4月ごろ有翅虫がクリークや水辺に自生するスイレン，ハス，オモダカ属などの水生植物に移住し，続いて5月ごろレンコン田へ侵入し，ハスの葉や雑草に寄生して10月末まで生息する。ハスの生育中後期は立葉が圃場全般に密生し，葉が生長して大きくなるので，アブラムシの寄生による直接の影響はほとんどない。

●発生条件と対策　周辺水路などにおいてアブラムシ類の発生源となる水生植物が多く発生し，またそれらがハス田に流入しやすいと発生が多くなりやすい。ハスの葉が出る前の4月に，ハス田にアブラムシ類の寄生する植物(雑草)が散見されると発生しやすい。

アブラムシの発生源となるウキクサ，ヒシ，クワイなど水生植物を4月中に除去するとともに，ハス田への流入を防止する。5月になると，露地栽培のハス田ではウキクサをはじめ各種水生植物が発生し，アブラムシ類が増殖するので，発生が多い場合は除草する。植付け時あるいは発生初期に粒剤などによる薬剤防除を実施する。

種レンコンの育成圃場やえそ条斑病の発生歴のある圃場が周辺にある場合には発生初期からの防除が必要で，中後期における発生にも注意しながら，収穫期まで発生密度を抑制する。　［金磯泰雄］

ワサビ

◉アブラムシ類　⇨口絵：虫69

- ニセダイコンアブラムシ　*Lipaphis erysimi* (Kaltenbach)
- モモアカアブラムシ　*Myzus persicae* (Sulzer)

●被害と診断　葉裏や幼葉に寄生し，汁液を吸汁して葉の黄化や萎縮を引き起こす。静岡県ではワサビ田でも発生は見られるが，問題となることは少なく，とくに苗床で被害が大きい。被害が大きい場合には生育が停止したり枯死したりすることもある。萎縮病の病原ウイルスを媒介する。盛夏には発生は少なく，春，秋に発生が多い。ただし，ビニルハウスで冬季保温するような栽培においては秋から春にかけて発生が続き，被害が大きくなる傾向がある。

●虫の生態　ニセダイコンアブラムシはほとんどのアブラナ科植物を寄主とし，これらの寄主植物に成虫や幼虫態で越冬する。春になると越冬場所の周囲で世代をくり返し，7月ごろから有翅虫を生じて拡散し，加害を開始する。秋になると個体数を増加し被害が目立つようなる。

　モモアカアブラムシの寄生植物は200種以上に及び，おもにバラ科の木本植物に卵で越冬する。越冬卵は早春に孵化し，その後初夏と秋に有翅虫を生じて拡散する。両者ともに暖地や保温下では秋～翌春まで増殖しながら加害を続ける。また，春，秋の胎生増殖時には，晴天が続き気温が高いと大発生することがある。静岡県のワサビ田では，ほかの害虫の防除に使用した防虫網内でアブラムシの被害が問題となったことがあり，何らかの天敵の影響により発生が少ないものと考えられる。

●発生条件と対策　ワサビ田にも発生は見られるが，おもに苗床で被害が大きい。日の当たる場所や風通しの悪い場所で多発する傾向がある。

　苗床では発生を見たら薬剤で防除する。ビニルハウスなどでは開口部に防虫網を張り，有翅虫の侵入を防止する。

［杉山泰昭］

◉アオムシ類　⇨口絵：虫69

- スジグロシロチョウ　*Pieris melete* Ménétriès
- モンシロチョウ　*Pieris rapae crucivora* Boisduval

●被害と診断　静岡県ではワサビの葉を食害する害虫のなかでもっとも被害が大きい。若齢期には虫体が小さく，被害も小さいが，やがて大型となり被害が大きくなる。とくに定植後，株が小さいうちに食害されると，きわめて被害は大きく生育遅延，欠株が生じることもある。静岡県では，ワサビに発生するアオムシはほとんどスジグロシロチョウだが，ごく一部の平坦地のワサビ田や苗床など限られた場所でモンシロチョウが見られることもある。若齢幼虫は小さく，発見は困難な場合もあるが，加害に先立って成虫の飛来，産卵が行なわれるため，これらに注意していれば，卵，幼虫の発見は可能である。

●虫の生態　スジグロシロチョウは蛹で越冬し，4月に成虫が現われる。卵期間は約3日，幼虫期間は14～15日，蛹期間は5～6日で，約1か月で1世代を完了する。静岡県のワサビ田では年数回発生し，幼虫は5月下旬，7月上旬，8月下旬に多い。

●発生条件と対策　静岡県のワサビ田では，毎年ほぼ同じ時期に発生するため，成虫の飛来に注意し，発生を見たら幼虫の小さいうちに薬剤により防除を行なう。また，ビニルハウスでは開口部に防虫網を張り，成虫の飛来を防止する。ワサビ田においても，防虫網を設置することにより，成虫の産卵を防止でき，被害を減らすことができる。 ［杉山泰昭］

◉カブラハバチ ⇨口絵：虫69

• *Athalia rosae ruficornis* Jakovlev

●被害と診断　柔らかい新葉では全体を，やや硬い葉では太い葉脈を残して葉を縁から食害する。古い葉にはほとんど加害しない。幼虫は全身が黒に近い色のイモムシ状の虫で，加害時にはよく目立つ。静岡県のワサビ田では6月ごろにおもな発生期がある。ほかの時期にも発生は見られるが，少ない。

●虫の生態　土中につくったまゆの中で幼虫態で越冬する。翌春蛹化して5月ごろ成虫となり，年間5～6世代を過ごす。静岡県のワサビ田では初夏に1回おもな発生期がある。苗床では秋の加害が多いように感じる。幼虫は手で触れるなどの刺激により葉上から容易に落下する性質があるが，ワサビ田にあっても水に浮き，下流の株に登ろうとする行動が見られる。

●発生条件と対策　現在は薬剤による防除は適用がないため困難である。防虫網による物理的防除の効果が認められている。 ［杉山泰昭］

マメ類

◉ハダニ類 ⇨口絵：虫70

- ナミハダニ　*Tetranychus urticae* Koch
- カンザワハダニ　*Tetranychus kanzawai* Kishida

●被害と診断　発生初期は針の先程度の細かい点状に葉の色が抜ける。そのような葉を裏返すと付近にハダニの発生が認められる。多発してくると葉全体の色は灰白緑色状になり，さらに多発すると葉は褐変して落葉することもある。被害葉は下葉から発生して，順次上位葉に広がっていく。初期は圃場全体に一様に発生することはなく局部的で，だんだんと周りの株に移っていく。

●虫の生態　卵から孵化した幼虫は，脱皮して第1若虫，第2若虫を経て成虫になる。幼虫時代は脚は3対だが，若虫と成虫は4対である。

ナミハダニは体長0.6mm内外で，黄緑型と赤色型があり，黄緑型は冬期休眠するが，施設内で発生しているものは休眠しない。赤色型は休眠する性質をもたない。1雌の産卵数は平均で90～130卵，最大178卵に達する。孵化適温は18～28℃，湿度は46～81%である。黄緑型と赤色型では低温に対する耐性が異なる。

カンザワハダニは体長0.5mm内外である。孵化適温は23～26℃，湿度は65～75%である。

ハダニの移動分散は風による浮遊，激しい雨による流出，昆虫や鳥，作業者の衣服や農機具などへの付着で行なわれる。クモのように吐糸する習性があり，寄主植物の生理機能が衰弱して葉の栄養価が低下したり，生息密度が異常に高まったりした場合に，盛んに吐糸する。

●発生条件と対策　圃場周辺に雑草が多いと発生源になりやすい。ハダニ類は発生初期の防除がポイントとなるので，早期防除に努める。ハダニが発生している葉裏に十分到達するように散布する。薬剤に対する抵抗性が発達しやすいので同一作用機構の薬剤を連用しない。ほかの害虫の防除で合成ピレスロイド剤を散布すると天敵相に影響を及ぼし，ハダニ類が急激に増加することがあるので注意が必要である。

［豊嶋悟郎］

◉アブラムシ類 ⇨口絵：虫70

- マメアブラムシ　*Aphis craccivora* Koch
- ソラマメヒゲナガアブラムシ　*Megoura crassicauda* Mordvilko

●被害と診断　マメアブラムシの無翅胎生雌は体長1.6～2.1mm，成虫は有翅型ともに光沢がある。幼虫の体は黒いものが多く，全体に白い粉状物質をまとう。ソラマメヒゲナガアブラムシの無翅胎成虫は体長3～4mmで，明るい緑色～濃い緑色をしていて，頭部，角状管，尾片は黒い。

4～5月ごろソラマメの株が伸長し，開花，結実の時期になると急激に発生が増加して，とくに若い茎，莢，花，幼葉に群生する。養分を吸収するので生育が止まり，先端部が萎縮や奇形を呈し，莢の発育が不良になる。発生が著しく多いと，莢が枯死したり畑全体の株が枯れ上がったりすることもあるので被害は大きい。

マメアブラムシはソラマメモザイク病の媒介虫で，

生育初期から発生が見える場合はモザイク病の発生も多くなる。ソラマメではマメアブラムシがつねに優占するが，次いでソラマメヒゲナガアブラムシが多い。

●虫の生態　有翅虫の飛来は10月下旬ごろから見られ，11月中旬～12月中旬ごろが多い。10月下旬ごろに定植する暖地では，定植後からすぐに有翅虫の飛来が見られるが，11月上旬ごろから増加し，11月中旬～12月中旬ごろにもっとも多く飛来し子虫を産む。有翅胎生雌が産んだ子虫は，次第に成長して無翅胎生雌になる。暖地では，無翅胎生雌は冬でも暖かい日には産子を続けるので，定植後からこの無翅虫が徐々に増加する。発生の多くなるのは4～5月ごろで，寄生が目につくようになるとその後急激に増加する。幼虫期間は，15℃では11日くらい，20℃では8日くらい，25℃では6.4日くらいで，高温になると幼虫期間が短くなる。また，無翅胎生雌の産子数は，産子を始めてから数日後が最高となり，次第に減少する。雌1頭当たりの産子数は25℃で15日間に90頭くらいという。

マメアブラムシはアズキ，ラッカセイなどのマメ科植物にも寄生するが，ソラマメへの寄生がもっとも多い。雑草ではカラスノエンドウで多い。

●発生条件と対策　冬季暖冬で，春季に降雨が少なく乾燥状態が続くと繁殖が盛んとなり多発生する。マメアブラムシはソラマメモザイク病を非永続的に，ソラマメ黄化病を半永続的に媒介する。ウイルス病の感染を防止するためには，ウイルス病が発生したり，アブラムシの寄生を発見してからでは遅いので，あらかじめシルバーマルチで忌避するなど予防に努めることが肝心である。ウイルス病発病株を発見した場合は，見つけ次第抜き取る。

4～5月ごろになるとアブラムシが急激に繁殖して大きな被害を受けるので，過繁茂とならないように管理する。発生を認めたら早めに薬剤で防除する。

［根本　久］

◉インゲンテントウ　⇨口絵：虫70

• *Epilachna varivestis* Mulstant

●被害と診断　成虫，幼虫ともに葉裏から葉脈の間を網目状に激しく加害する。したがって，多発した場合は，葉がレース状に食いつくされて真っ白になってしまう。幼虫は表皮1枚を残して食害するが，成虫はしばしば葉表まで食い破る。葉を食べつくすと，新芽，蕾さらに茎なども加害し，植物体が枯死する場合もある。

同じ場所にインゲン類とほかのマメ科植物が混在するとインゲン類から加害を始め，インゲン類を食いつくした場合は，ほかのマメ科植物も加害する。インゲンテントウによる被害は，インゲン類のなかでもベニバナインゲンで顕著であり，冷涼な気候を好むベニバナインゲンの栽培特性とも関係していると考えられる。

●虫の生態　春の降雨と気温の上昇が越冬後の成虫の発生刺激であると考えられる。越冬場所から現われたのち，成虫は餌を求めて分散する。越冬後は，まず最初に8～15日間摂食したのち，成虫は交尾し，雌成虫が寄主植物の葉裏に産卵を開始する。越冬雌成虫は約48日間生きて摂食を続け，1雌当たり750卵近くを産下することが可能である。産卵後5～14日後に孵化する。幼虫はマメ科の葉を集合して摂食し，4齢を経過する。各齢期の長さは4～7日の範囲で変異し，幼虫期間は16～27日である。4齢幼虫は葉裏で蛹化する。蛹化後約10日で羽化する。本種はかなり寒い地方でも十分越冬する能力をもっていると考えられる。

●発生条件と対策　比較的低温を好むので，長野県では標高700m以上の冷涼な地域で発生している。

殺虫剤に対する感受性が高いので，インゲンマメに適用登録がある殺虫剤が散布されていると発生はほとんど見られない。幼虫は葉裏に生息していることが多いので，葉裏によくかかるように散布する。

蛹は薬剤が効きにくく，成虫は薬剤散布をすると飛翔して逃げてしまうので，防除対象は幼虫とする。老熟幼虫よりも若齢幼虫のほうが防除効果は高い。

［豊嶋悟郎］

◉シロイチモジヨトウ ⇨口絵：虫71

• *Spodoptera exigua* (Hübner)

●被害と診断　孵化幼虫は集団で葉裏から食害する。表皮を残して食べるため，卵塊が産み付けられた葉やその周辺の葉が白変する。幼虫は発育するにつれ次第に分散し，生長点付近の葉を加害する。表皮を残さず食害し，葉が食い破られた状態になる。

●虫の生態　南方系の害虫で休眠しないため寒さに弱く，施設がおもな越冬場所と考えられている。露地栽培では通常春先の発生は少なく，5月下旬ごろから気温の上昇とともに発生が増加してくる。その後，世代を重ねるにつれて次第に増加し，8～10月の発生がもっとも多くなる。施設栽培では周年発生する。幼虫は通常5齢を経過して土中で蛹となる。25℃での幼虫期間は17日程度で，1世代経過するのに約1か月を要する。

●発生条件と対策　発生量の年次変動が大きい。夏季を高温少雨で経過した年には9月から10月ごろに多発する傾向が見られる。越冬源の多い施設栽培地帯で発生が多い。

8～9月播種の作型のエンドウマメでは，ウイルス病や鳥害防止および風対策をかねて，播種後に寒冷紗を被覆する。小トンネル上に被覆し，裾に土を被せることにより成虫に対する産卵防止効果が高く，被害がかなり軽減される。作物に悪影響を及ぼさない範囲の期間(30～40日程度)，できるだけ遅くまで被覆することが望ましい。発生初期は局部的に被害が発生するので，収穫作業時などに卵塊や孵化幼虫の集団を見つけたらただちに捕殺する。　［井口雅裕］

◉ハスモンヨトウ ⇨口絵：虫71

• *Spodoptera litura* (Fabricius)

●被害と診断　孵化幼虫は集団で葉裏から葉を食害する。表皮を残して食べるため，卵塊が産み付けられた葉やその周辺の葉が白変する。幼虫は発育するにつれ次第に分散する。3～4齢の中齢幼虫になると表皮を残さず食害するようになり，葉が食い破られた状態になる。5～6齢の老齢幼虫になると摂食量が増え，葉柄や太い主脈だけを残して葉を食害する。

●虫の生態　南方系の害虫で休眠しないため，寒さに弱い。露地での越冬は困難であり，施設がおもな越冬場所と考えられている。露地栽培では通常春先の発生は少ない。その後，世代を重ねるにつれて次第に増加し，8～10月の発生がもっとも多くなる。暖地での年間世代数は5～6世代とされる。施設栽培では周年発生する。幼虫は通常6齢を経過して土中で蛹となる。25℃での幼虫期間は3週間程度で，1世代経過するのに約1か月を要する。

●発生条件と対策　発生量の年次変動が大きい。夏季を高温少雨で経過した年には9月から10月頃に多発する傾向が見られる。越冬源の多い施設栽培地帯で発生が多い。

8～9月播種の作型のエンドウマメでは，ウイルス病や鳥害防止および風対策をかねて，播種後に寒冷紗を被覆する。小トンネル上に被覆し，裾に土を被せることにより成虫に対する産卵防止効果が高く，被害がかなり軽減される。作物に悪影響を及ぼさない範囲の期間(30～40日程度)，できるだけ遅くまで被覆することが望ましい。収穫作業時などに卵塊や孵化幼虫の集団を見つけたらただちに捕殺する。

［井口雅裕］

スイートコーン（トウモロコシ）

◉アブラムシ類 ⇨口絵：虫71

- キビクビレアブラムシ　*Rhopalosiphum maidis* (Fitch)
- ムギクビレアブラムシ　*Rhopalosiphum padi* (Linnaeus)

●被害と診断　葉裏，雄穂，雄穂軸，雌花の苞などに青緑色の小さな虫が群生して汁を吸う。キビクビレアブラムシは主として上位葉，雄穂，雄穂軸に寄生して大きなコロニーをつくる。ムギクビレアブラムシは主として葉裏，雄花の外皮に寄生して大きなコロニーをつくる。

小発生の場合には，吸汁による直接被害は外見上はほとんどわからない。展開中の新葉は，吸汁されると縮れて奇形になる。ふつう発生は多くないが，ときどき局地的に多発し，株全体が虫で包まれることがある。多発すると草丈が低くなり，株全体の勢いが衰え子実の充実も悪くなる。つねにコロニーを形成するため，葉や雌花の外皮は吸汁中の虫と白い脱皮殻で覆われ，そのうえ排せつ物にすす病が発生するので，株全体が黒くよごれる。そのため，とくに雌花での被害は農産物としての価値を低下させる。

●虫の生態　キビクビレアブラムシはトウモロコシ，ヒエ，アワ，オオムギ，ハトムギなどに寄生する。暖地では周年これらの作物上で姿が見られる。寒い地方では卵越冬と思われる。ムギクビレアブラムシは春から秋までの間はトウモロコシ，ムギ類，多くのイネ科雑草などに寄生する。リンゴ，サクラ，カイドウなどの樹木の小枝の粗皮の間，越冬芽の基部などで卵越冬する。

越冬卵は翌春4月，新芽がゆるみだすころに孵化し，展開中の葉に寄生する。そのため寄生葉は縮れて十分に開かなくなる。樹上で2世代過ごしたアブラムシは5～6月にイネ科植物に移住する。また夏にはオカボの根に寄生するものもある。9～10月になると冬寄主の樹木に帰って産卵する。本州中部以南の暖地ではムギ類上で成・幼虫で越冬するものが多く，春暖かくなるとムギ類上で増殖し，乳熟期の4月下旬～5月中旬に多発する。そのためムギ類の主要害虫の一つになっている。ムギ類が糊熟期に入るころには，すべてスイートコーンなどの夏寄主に移住する。幼虫期間は，春には約20日間であるが，夏は7～8日間と短くなる。成虫は約1か月間生存し，その間に80頭前後の幼虫を産み続ける。

●発生条件と対策　ムギ類の圃場近くでスイートコーンを栽培すると発生が多くなる。とくに西南暖地では多くなる。防除は少発生時に行なう。多発してからの防除では雌花の苞に虫の脱皮殻が残り，すす汚染も生じるので商品価値が低下する。［木村　裕］

◉アワノメイガ ⇨口絵：虫72

- *Ostrinia furnacalis* (Guenée)

●被害と診断　幼虫が茎，雄穂，雌花などに食入して髄の部分を食害する。茎での被害は，幼虫が髄の部分を上方に，または下方にトンネルを掘るように食い進み，食入孔から多量の黄褐色の虫糞を排せつする。茎の食入被害によって株が枯死することはないが，株の成熟が進んで十分な草丈がないままに開花結実し，結果的に減収をきたす。

茎の内部が空洞になるため支持力が弱まり，強い風雨などでたやすく折れて倒伏する。雄穂では幼虫が各雄花と雄花，雄花と穂軸などを糸で綴って食害する。食害された穂軸はその部分から折れて枯死する。太い中心となる穂軸が食害されると穂全体が白穂になり開花しない。また開花しても食入部位から折れて枯れることが多い。雌花での食入被害がもっとも重要で，幼虫が内部の子実を食い荒らして壊滅的な被害をもたらす。食入孔からの虫糞の排せつは，茎や雄穂での排せつに比べかなり少なく，よく注意しないとわからない。そのため外皮をはいで被害の大きさに驚くことがある。食害された傷害粒はやがて腐敗し，その腐敗は隣接の健全粒へ広がっていき，カビなども発生し，子実全体が腐敗することがある。

●虫の生態　北海道，長野県では年1回発生で，成虫は7月中旬～8月中旬に出現する。東北，関東，北陸では年2回発生で，5月下旬～6月下旬，8月上旬～9月上旬に成虫が現われる。東海，近畿，九州地方では年3回発生で，5月上～下旬，7月中～下旬，8月下旬～9月上旬に現われる。越冬は老熟幼虫態でトウモロコシの茎中，支柱用資材（竹，木）の中やすきま，枯れ草の間などで行ない，翌春，越冬場所内で蛹化する。

成虫は翅開張30mmくらい，全体黄色ないし黄褐色の小型の蛾で，前翅には波形の模様がある。おもに夕刻から夜間にかけて羽化する。成虫の生存期間は平均11日間である。成虫は，日中は葉裏などで静止し，主として夕方から夜間に活動し，雌成虫は50粒前後の卵を一塊として葉裏に産み付ける。生存期間中に雌成虫は約300粒の卵を十数個の卵塊に分けて産み続ける。卵は長さ1mm前後，扁平，円形で，やや不規則に1～3列に魚のうろこ状に並べて産み付けられる。色は白色であるが，孵化が近づくと中央部が黒くなる。卵期間は4～10日である。

孵化幼虫は葉裏から葉肉を表皮だけを残して食害するが，食害量が少ないし食害位置を変えるので，その被害はほとんどわからない。各幼虫は分散して単独で2～3日歩き回ったのち，おもに葉の基部（茎との接点）から茎内に食入する。雄穂に到着した幼虫は，穂の上に並んだ小さな雄花に食入するが，この雄花は食入幼虫にとっては好適な部位である。幼虫は淡灰黄色で，頭部だけ黒褐色，各節には淡褐色のゴマ粒状の小斑点がある。幼虫期間は，夏は27日前後，秋は45日前後で，幼虫は5齢を経過するが，4齢または6齢を経過する個体もある。老熟すると25mm前後となり，茎中で赤褐色の蛹になる。茎中の幼虫は，環境条件が悪くなると新しい好適な部位に移動する。とくに雌花は，幼虫にとって住みごこちのよい部位である。

●発生条件と対策　スイートコーンでは本種は必ず発生して大きな食害を与えるので，被害発生前から十分な防除対策を実施する。茎，雄穂，雌花などに食入した幼虫に対しては効果的な防除方法がないので，食入前の防除対策が重要である。雌花への寄生の足がかりとなる雄穂を穂の出揃い期に圃場全体の5%，その後7～15日後に25%切り，さらにその7～10日後にはすべての雄穂を切り取るとよい。産卵開始時期は雄穂が中央の筒の中から上方へ伸びだしてきたころで，それ以前の幼苗期では産卵は行なわれない。雌花の被害は若齢幼虫の食入もあるが，雄穂や茎で成長した中・老齢幼虫の移動食入がきわめて大きいので，雄穂，茎での防除を徹底することが雌花の被害防止につながる。雄穂の防除が完全なら雌花の被害はほとんど発生しない。

［木村　裕］

◉アワヨトウ　⇨口絵：虫72

• *Mythimna separata* (Walker)

●被害と診断　葉を周縁部から中肋を残して食害する。食害部分がかなり広いにもかかわらず，ふつう加害虫の姿は見られない。多発すると左右に伸びた葉は食いつくされて中肋だけとなり，株は中央の筒状部分だけが残る。食葉被害の激しいときには，生育は遅れて出穂時になっても葉数は少なく草丈も低い。その結果，小さな株に小さな雄穂をつけることになり，雌花はつかないか，ついても貧弱で充実した子実は得られず，その被害は大きい。

●虫の生態　アワヨトウはスイートコーンのほか，イネ，アワ，ヒエ，ソルゴーなどのイネ科作物を食害する。年3～4回発生で，関東地方では第1回幼虫は6月下旬～7月中旬に発生し，スイートコーンでの被害が大きい。第2回幼虫は8月上中旬でスイートコーンの被害はなく，ほとんど牧草地か雑草地で多発する。第3回幼虫は9月に牧草地などで発生する。また，暖地では第4回幼虫が10月下旬～11月に発生する。越冬は第3回幼虫，暖地では第4回幼虫が土中浅く，地表面近くにひそみ翌春まで休眠する。また，蛹越冬もあるといわれている。

越冬虫は3月ごろから活動を始めてムギ類などのイネ科植物を食害し，5月ごろには，作物の株元で枯葉，土などで粗雑なまゆをつくって蛹化する。成虫は体長17mm，翅開張40mmくらいの蛾で，全体灰黄褐色，前翅には2個の小さな淡黄灰色の斑紋があり，翅の先端部に向かって灰黒色の1斜線がある。後翅は淡黄灰色。成虫の蛾は夜行性で飛翔力は強く，かなり遠方まで移動し，灯火などの明りにもよく集まる。雌成虫は羽化2～3日後からイネ科植物の枯れ草の折れ曲がったすき間に好んで産卵するが，生葉の葉裏，葉鞘のくぼみなどにも産卵する。

雌成虫は午後8～10時ごろ，数十粒ないし200粒の卵を一塊にして産みつける。そして生存期間中に700～800粒の卵を産む。

幼虫の頭部は黄褐色であるが，胴部は緑色～淡灰黄色～黒色と非常に変化があり，少発生のときには緑色個体が多いが，多発時には黒色個体が多くなる。背面には前方から後方にかけて数本の白色線が縦走する。1～2齢の若齢幼虫は，昼夜の別なく葉上で食害を続けるが，3齢以後の幼虫は，昼間は筒状部の中や土中，株ぎわなどにひそみ，夜間にだけ現われて食害する。幼虫は5～7齢を経て約1か月たつと長さ35mm前後となり，蛹化する。

●発生条件と対策　新しく開いた畑地，山林に囲まれた畑地では発生が多くなる。天敵とのバランスがくずれるためと思われる。発生を早期に発見して，若齢幼虫時に防除を行なう。中・老齢幼虫になると薬剤に対する抵抗力が強くなり，かつ昼間は筒状部などに潜んでいるため防除効果が上がらない。被害が問題となるのは出穂直前なので，この時期を重点的に注意する。　［木村　裕］

病気名索引

【ア】

【サ】

【タ】

【ナ】

【マ】

害虫名索引

口絵ページにアンダーラインのある害虫は，本文が当該害虫を含む「〇〇類」として解説されている。

【ア】

【カ】

【ナ】

【ハ】

【マ】

【ヤ】

【ラ】

【ワ】

病気学名索引

【C】

【D】

【P】

【T】

【U】

【V】

【X】

【Z】

ウイルス学名・和名索引

【R】

【S】

【T】

【W】

【Z】

害虫学名索引

【A】

【H】

【L】

【M】

【R】

【S】

【T】

【U】

【X】

執筆・写真提供(執筆順)

○岡田清嗣(大阪府立環境農林水産総合研究所)
○大西　純(農研機構　野菜茶業研究所)
○奥田　充(農研機構　中央農業総合研究センター)
○中保一浩(農研機構　中央農業総合研究センター)
○坂元秀彦(長野県野菜花き試験場)
○川口　章(岡山県農林水産総合センター農業研究所)
○黒田克利(三重県農業研究所)
○窪田昌春(農研機構　野菜茶業研究所)
○草刈眞一(大阪府立環境農林水産総合研究所)
○森田泰彰(高知県農業技術センター)
○神頭武嗣(兵庫県立農林水産技術総合センター)
○山本　馨(高知県農業技術研究所)
○野々村照雄(近畿大学)
○松田克礼(近畿大学)
○豊田秀吉(近畿大学)
○下元祥史(高知県農業技術センター)
○久下一彦(京都府農林水産技術センター)
○石井貴明(福岡県農林業総合試験場)
○矢野和孝(高知県農業技術センター)
○松崎聖史(愛知県農業総合試験場)
○岡田知之(高知県農業技術センター)
○小川孝之(茨城県農業総合センター鹿島地帯特産指導所)
○櫛間義幸(宮崎県総合農業試験場)
○堀江博道(法政大学植物医科学センター)
○勝部和則(岩手県農林水産部農業普及技術課)
○高橋尚之(高知県須崎農業振興センター)
○中山喜一(栃木県農業試験場)
○木嶋利男(公益財団法人農業・環境・健康研究所・元栃木県農業試験場)
○松崎正文(元佐賀県職員)
○古田明子(佐賀県農業技術防除センター)
○石川成寿(法政大学生命科学部)
○羽山　潔(栃木県立栃木農業高校)
○橋本光司(元埼玉県農林総合研究センター)
○竹内繁治(高知県農業技術センター)
○武山桂子(愛知県農業総合試験場)
○山岸菜穂(長野県野菜花き試験場)
○長井雄治(元千葉県農業試験場)
○加藤公彦(静岡県農林技術研究所)
○加藤智弘(山形県立園芸試験場)
○鐘ヶ江良彦(千葉県農林総合研究センター暖地園芸研究所)
○市川　健(静岡県農業試験場)
○大沢高志(元静岡県農業試験場)
○米山伸吾(元茨城県園芸試験場)
○河野伸二(八重山農林水産振興センター農業改良普及課)
○澤岻哲也(沖縄県農業研究センター)
○金磯泰雄(元徳島県立農業試験場)
○千葉恒夫(元茨城県農業総合センター)
○小林正伸(神奈川県農業技術センター)
○手塚信夫(元農林水産省野菜・茶業試験場)
○竹内妙子(元千葉県農林総合研究センター)
○棚橋一雄(岐阜県恵那農林事務所)
○堀之内勇人(岐阜県農業技術センター)
○岩本　豊(兵庫県立農林水産技術総合センター)
○小木曽秀紀(長野県野菜花き試験場)
○阿部秀夫(元北海道立上川農業試験場)
○三澤知央(北海道立総合研究機構　道南農業試験場)
○菅野博英(宮城県古川農業試験場)
○西口真嗣(兵庫県立農林水産技術総合センター)
○入江和己(元兵庫県立農林水産技術総合センター)
○佐古　勇(鳥取県西部総合事務所農林局)
○山下一夫(青森県産業技術センター野菜研究所)
○橋本典久(京都府農業総合試験場)
○飯嶋　勉(元東京都農業試験場)
○萩田孝志(一般社団法人北海道植物防疫協会)
○田中文夫(北海道立総合研究機構　道南農業試験場)
○中山尊登(農研機構　北海道農業研究センター)
○小川　奎(茨城県農業試験場)
○古谷眞二(高知県農業技術センター)
○野中英作(高知県病害虫防除所)
○杉山泰昭(静岡県農林技術研究所　伊豆農業研究センター)

執筆・写真提供

○石井ちか子（静岡県賀茂農林事務所）
○増田吉彦（和歌山県果樹試験場）
○福西　務（元京都府農業総合研究所）
○水久保隆之（農研機構　中央農業総合研究センター）
○田中　寛（大阪府立環境農林水産総合研究所）
○柴尾　学（大阪府立環境農林水産総合研究所）
○片山晴喜（静岡県農林技術研究所　果樹研究センター）
○奈良井祐隆（島根県農業技術センター）
○本多健一郎（農研機構　中央農業総合研究センター）
○林　英明（出光興産）
○下元満喜（高知県農業技術センター）
○德丸　晋（京都府農林水産技術センター）
○西東　力（静岡大学農学部）
○根本　久（保全生物的防除研究事務所）
○古家　忠（熊本県農業研究センター）
○永井一哉（一般社団法人日本植物防疫協会）
○山下　泉（高知県農業技術センター）
○嶽本弘之（福岡県農業総合試験場）
○長森茂之（岡山県農林水産総合センター農業研究所）
○松崎征美（元高知県植物防疫協会）
○高井幹夫（高知県農業技術センター）
○小山田浩一（栃木県農業環境指導センター）
○春山直人（栃木県農業環境指導センター）
○渡邊丈夫（香川県農業試験場）
○大石　毅（沖縄県農業研究センター）
○貴島圭介（沖縄県農業研究センター）
○大野　豪（沖縄県農業研究センター）
○行徳　裕（熊本県農業研究センター）
○池田二三高（元静岡県農業試験場）
○増田俊雄（宮城県農業・園芸総合研究所）
○上遠野冨士夫（法政大学生命科学部）
○山田偉雄（元岐阜県蚕糸研究所）
○杖田浩二（岐阜県農業技術センター）
○板垣紀夫（元島根県農業技術センター）
○妙楽　崇（岐阜県農業技術センター）
○長塚　久（茨城県農業総合センター園芸研究所）
○本田善之（山口県農林総合技術センター）
○大野　徹（愛知県農業総合試験場）
○片山　順（京都府京都乙訓農業改良普及センター）
○青木克典（元岐阜県農業総合研究センター）
○福井俊男（一般社団法人奈良県植物防疫協会）
○林田吉王（京都府病害虫防除所）
○豊嶋悟郎（長野県農業技術課）
○小澤朗人（静岡県茶業試験場）
○清水喜一（千葉県農林総合研究センター）
○山下賢一（兵庫県立農林水産技術総合センター）
○松本英治（香川県立農業大学校）
○広瀬拓也（高知県農業技術センター）
○青木元彦（北海道立総合研究機構　上川農業試験場）
○小野寺鶴将（北海道立総合研究機構　十勝農業試験場）
○上田康郎（元茨城県農業総合センター）
○諏訪順子（茨城県農業総合センター農業研究所）
○石川元一（元埼玉県農業試験場）
○上和田秀美（鹿児島県農業試験場）
○鳥越博明（鹿児島県農業開発総合センター）
○中須賀孝正（長崎県総合農林試験場）
○阿部成人（徳島県立水産総合技術支援センター）
○井口雅裕（和歌山県農林水産部）
○木村　裕（元大阪府農林技術センター）

※所属は2015年2月現在

写真提供（五十音順）

○青木忠文
○我孫子和雄
○安藤さやか
○石井正義
○稲田　稔
○井上幸次
○今村幸久
○岩舘康哉
○岩手県農研センター
○植松清次
○漆原寿彦
○大城　篤
○小畠博文
○加々美好信
○川越　仁
○岸　国平
○倉田宗良
○児玉不二雄
○小林達男
○篠原弘亮
○清水寛二
○清水時哉
○下長根鴻
○神納　浄
○善林六朗
○園田高広
○田口義広
○竹内　純
○谷井昭夫
○中曽根渡
○長浜　恵
○新村昭憲
○布村　伊
○野中耕次
○挾間　渉
○深谷雅博
○外間教男
○堀田治邦
○本間宏基
○牧野孝宏
○松尾和敏
○三浦猛夫
○武藤正義
○山崎基嘉
○吉野正義
○吉松英明
○渡辺秀樹

原色　野菜の病害虫診断事典

2015年 3 月20日　第1刷発行
2020年10月30日　第2刷発行

[編者]　一般社団法人 農山漁村文化協会

[発行所]　一般社団法人　農山漁村文化協会
〒107-8668　東京都港区赤坂7丁目6－1
電話／03(3585)1142(営業)，03(3585)1147(編集)
FAX／03(3585)3668　　振替／00120-3-144478
URL／http://www.ruralnet.or.jp/

ISBN978-4-540-14218-5 〈検印廃止〉

DTP制作／(株)農文協プロダクション
印刷／(株)新協・藤原印刷(株)　　製本／(株)渋谷文泉閣
定価はカバーに表示　　乱丁・落丁本はお取り替えいたします。